国外电子与通信教材系列

自适应滤波器原理

（第五版）

Adaptive Filter Theory
Fifth Edition

［加］ Simon Haykin 著

郑宝玉 等译

U0259317

电子工业出版社

Publishing House of Electronics Industry

北京·BEIJING

内 容 简 介

本书是自适应信号处理领域的一本经典教材。全书共 17 章，系统全面、深入浅出地讲述了自适应信号处理的基本理论与方法，充分反映了近年来该领域的新理论、新技术和新应用。内容包括：随机过程与模型、维纳滤波器、线性预测、最速下降法、随机梯度下降法、最小均方(LMS)算法、归一化 LMS 自适应算法及其推广、分块自适应滤波器、最小二乘法、递归最小二乘(RLS)算法、鲁棒性、有限字长效应、非平衡环境下的自适应、卡尔曼滤波器、平方根自适应滤波算法、阶递归自适应滤波算法、盲反卷积，以及它们在通信与信息系统中的应用。

全书取材新颖、内容丰富、概念清晰、阐述明了，适合于通信与电子信息类相关专业的高年级本科生、研究生、教师及工程技术人员阅读。

Authorized Translation from the English language edition, entitled Adaptive Filter Theory, Fifth Edition, 9780132671453 by Simon Haykin, published by Pearson Education, Inc., Copyright © 2014 by Pearson Education, Inc. All rights reserved. No part of this book may be reproduced or transmitted in any form or by any means, electronic or mechanical, including photocopying, recording or by any information storage retrieval system, without permission from Pearson Education, Inc.

CHINESE SIMPLIFIED language edition published by PEARSON EDUCATION ASIA LTD., and PUBLISHING HOUSE OF ELECTRONICS INDUSTRY Copyright © 2016.

本书中文简体字版专有出版权由 Pearson Education(培生教育出版集团)授予电子工业出版社。未经出版者预先书面许可，不得以任何方式复制或抄袭本书的任何部分。

本书贴有 Pearson Education(培生教育出版集团)激光防伪标签，无标签者不得销售。

版权贸易合同登记号　图字：01-2013-4706

图书在版编目(CIP)数据

自适应滤波器原理：第 5 版／(加)赫金(Haykin, S.)著；郑宝玉等译. —北京：电子工业出版社，2016.5
(国外电子与通信教材系列)
书名原文：Adaptive Filter Theory, Fifth Edition
ISBN 978-7-121-25052-1

I. ①自…　II. ①赫…②郑…　III. ①跟踪滤波器-高等学校-教材　IV. ①TN713

中国版本图书馆 CIP 数据核字(2014)第 286314 号

策划编辑：马　岚
责任编辑：冯小贝
印　　刷：北京虎彩文化传播有限公司
装　　订：北京虎彩文化传播有限公司
出版发行：电子工业出版社
　　　　　北京市海淀区万寿路 173 信箱　邮编　100036
开　　本：787×1092　1/16　印张：44　字数：1150 千字
版　　次：2003 年 8 月第 1 版(原著第 4 版)
　　　　　2016 年 5 月第 2 版(原著第 5 版)
印　　次：2023 年 9 月第 5 次印刷
定　　价：119.00 元

凡所购买电子工业出版社图书有缺损问题，请向购买书店调换。若书店售缺，请与本社发行部联系，联系及邮购电话：(010)88254888，88258888。

质量投诉请发邮件至 zlts@phei.com.cn，盗版侵权举报请发邮件至 dbqq@phei.com.cn。

本书咨询联系方式：classic-series-info@phei.com.cn。

译 者 序

自适应信号处理是信号与信息处理学科一个重要的学科分支，并成功地应用于通信、控制、雷达、声呐、地震和生物医学工程等领域。由国际著名学者西蒙·赫金（Simon Haykin）教授编著并为我国广大读者所熟悉的《自适应滤波器原理》一书，全面、系统地介绍了这方面的基本理论和应用技术，充分反映了该领域的最新成果，是自适应信号处理领域一部与时俱进的佳作。

该书自第一版 1986 年问世以来，三十年间，已出五版。从第一版仅仅涉及常规自适应滤波，到第二版引入盲自适应方法，再到第三版引入人工神经方法，直到第四版的局部修改和第五版的进一步修订，始终贯穿着一条基本脉络：体系愈加合理，日臻完善；内容紧跟时代，不断更新。正因为这样，该书备受读者欢迎，影响与日俱增，赢得很高的声誉。相信该书第五版及其中译本的出版，必将对我国高校相关课程体系和内容改革起到一定的借鉴作用。

该书第五版除保持原书构思新颖、取材得当、概念清楚、论述严谨等特色外，内容有所取舍。例如：

- 增加了第 5 章“随机梯度下降法”和第 11 章“鲁棒性”；
- 在新版第 6 章的 LMS 算法和第 10 章的 RLS 算法中引入“统计效率”的概念，并用统计学习理论重新论述和分析了这两类算法的收敛性问题；
- 将原版第 14 章更名为“非平稳环境下的自适应”，并增加了相关内容，以作为新版的第 13 章；
- 删除了旧版本中与本书主题或实际应用关系不大的自适应 IIR 滤波器（原第 11 章）和反向传播学习（原第 17 章）两章内容，并把有关学习的概念放到新版第 13 章做适当介绍；
- 在“后记”中删除了与本书主题关系不大的“递归神经网络”和“非线性动力学”等内容，并引入反映该领域新进展的基于核（函数）的非线性自适应滤波等内容。

尽管有上述修改，但其涉及的主要内容和该书的适用范围没有大的变化。根据译者使用该书所积累的经验，再结合第五版翻译过程的体会，我们认为，新版本至少有以下几个特点：

- 进一步完善了体系结构，强化了数学基础。
- 更加注重新颖性、系统性与实用性的紧密结合。
- 更加突出通信信号处理应用。

本书由郑宝玉教授主持翻译，并负责全书统稿和审校。在本书翻译过程中，得到多方面的支持和帮助。除主持者外，为本书提供初稿和参与翻译工作的还有：王磊、朱艳、陈守宁、赵玉娟、孔繁坤、郑冬生、杜月林、余文斌、江雪、魏浩、林碧兰、钱程等老师和研究生。电子工业出版社的各级领导和编辑为本书的出版付出了辛勤的劳动，借此机会，表示诚挚的谢意。由于全书篇幅太大，时间仓促，加之译者水平有限，错误和不妥之处在所难免，恳望读者批评指正。

前　言①

新旧版本比较

本书新版本(第五版)对旧版本(第四版)进行了大量的修订。主要修改如下②：

1. 引入了全新的第 5 章关于随机梯度下降法的内容。
2. 根据朗之万(Langevin)函数及相应的布朗运动，修改了第 6 章(旧版本第 5 章)中最小均方(LMS)的统计学习理论。
3. 引入了全新的第 11 章关于鲁棒性的内容。
4. 在第 13 章后半部引入非平稳环境下自适应的新内容，并将其应用于增量 Delta-Bar-Delta(IDBD)算法和自动步长方法。
5. 在附录 B 和附录 F 中分别引入关于微积分及朗之万函数的新内容。
6. 更新了参考文献，增列了"建议阅读文献"。
7. 删除了旧版本中"自适应 IIR 滤波器"和关于复数神经网络的"反向传播学习"两章。

本书新版要点

自适应滤波器是统计信号处理中的一个重要组成部分。它可对未知统计环境或非平稳环境下的各种信号处理问题，提供一种十分吸引人的解决方案，并且其性能通常远优于用常规方法设计的固定滤波器。此外，自适应滤波器还能够提供非自适应方法所不能提供的信号处理能力。因此，自适应滤波器已经成功应用于诸如通信、控制、雷达、声呐、地震和生物医学工程等许多领域。

本书写作目的

本书写作的主要目的是研究各种线性自适应滤波器的数学原理。所谓自适应性是根据输入数据调整滤波器中的自由参数(系数)来实现的，从而使得自适应滤波器实际上是非线性的。我们说自适应滤波器是"线性"的，指的是如下含义：

> 无论何时滤波器的输入－输出映射都服从叠加原理，无论何时，在任意特定时刻，滤波器的参数都是固定的。

---

① 本书中文翻译版的一些字体、正斜体、图示、符号保留英文原版的写作风格，特此说明。——编者注
② 除这里所罗列的修改外，还包括散布在其他章节的许多修改。例如，第 6 章增加了关于 LMS 算法的最优性考虑和统计效率的新内容，第 10 章引入了关于 RLS 算法统计效率的新内容，第 14 章新增了关于信息滤波算法的独特特性和 Fisher 信息等内容。——译者注

线性自适应滤波问题不存在唯一的解。但存在由各种递归算法所表示的"一套工具"，每一工具给出它所拥有的期望特性。本书就提供了这样一套工具。

在背景方面，假设读者已学过概率论、数字信号处理等大学本科的导论性课程及通信和控制系统等先修课程。

本书组成结构

本书绪论部分从一般性地讨论自适应滤波器的运算及其不同形式开始，并以其发展历史的注释作为结束。其目的是想通过该课题的丰富历史，向那些对该领域感兴趣并有志潜心钻研的读者追溯这些研究动机的由来。

本书主体内容共 17 章，具体安排如下。

1）随机过程与模型，这方面内容在第 1 章介绍，着重讲解平稳随机过程的部分特征（如二阶统计描述）。它是本书其余部分内容的主要基础。

2）维纳滤波器理论及其在线性预测中的应用（第 2 章和第 3 章），维纳滤波器在第 2 章中介绍，它定义了平稳环境下的最佳线性滤波器，而且提供了线性自适应滤波器的一个基本框架。第 3 章讲述了线性预测理论，着重讲述了前向预测和后向预测及其变种，并以线性预测在语音编码中的应用作为该章的结束。

3）梯度下降法，在第 4 章和第 5 章中讲述。第 4 章介绍了一种固定型的古老最优化技术（即所谓最速下降法）的基础；该方法提供了维纳滤波器波的一种迭代演变框架。作为直接对比，第 5 章介绍了随机梯度下降法的基本原理；该方法非常适合处理非平稳环境，而且通过最小均方（LMS，least-mean-square）和梯度自适应格型（GAL，gradient adaptive lattice）算法阐明了其适用性。

4）LMS 算法族，涵盖了第 6 章、第 7 章、第 8 章三章，具体如下：

- 第 6 章讨论了 LMS 算法的各种不同应用，详尽阐述了小步长统计理论。这一新的理论来源于非平衡热力学的朗之万方程，这为 LMS 算法的瞬态过程提供了一个比较准确的评估。计算机仿真证明了该理论的有效性。

- 第 7 章和第 8 章扩展了传统的 LMS 算法族。这一点是通过详细论述归一化 LMS 算法、仿射投影自适应滤波算法、频域和子带自适应 LMS 滤波算法来实现的。仿射投影算法可看做介于 LMS 算法与递归最小二乘（RLS）算法的中间算法。频域和子带自适应 LMS 滤波算法将在后面讨论。

5）最小二乘法和 RLS 算法，分别在第 9 章和第 10 章介绍。第 9 章论述了最小二乘法，它可看做源于随机过程的维纳滤波器的确定性副本。在最小二乘法中，输入数据是以块（block-by-block）为基础进行处理的。过去因其数值计算复杂性而被忽视的分块方法正日益引起人们的关注，这得益于数字计算机技术的不断进步。第 10 章在最小二乘法的基础上设计了 RLS 算法，并详尽阐述了其瞬态过程的统计理论。

6）鲁棒性、有限字长效应和非平稳环境下的自适应问题，分别在第 11 章、第 12 章和第 13 章介绍。具体如下：

- 第 11 章介绍了 H^∞ 理论，它为鲁棒性提供数学基础。在这一理论下，只要所选的步长参数很小，LMS 算法在 H^∞ 的意义下就是鲁棒的；但在面对内在或外在干扰的非平稳环境时，RLS 算法的鲁棒性不如 LMS 算法。本章也讨论了确定性鲁棒性与统计有效性(效率)之间的折中问题。

- 第 5～10 章的线性自适应滤波算法理论以无限精度(字长)运算为基础。然而，当用数字形式实现任何自适应滤波算法时，将产生由有限精度运算所引起的有限字长效应。第 12 章讨论了 LMS 和 RLS 算法数字实现时的有限字长效应。

- 第 13 章扩展了 LMS 和 RLS 算法理论。这是通过评价和比较运行于非稳定环境(设其为马尔可夫模型)下 LMS 和 RLS 算法的性能来实现的。这一章的第二部分主要研究两个新算法：其一为增量 Delta-Bar-Delta(IDBD)算法，它由传统 LMS 算法的步长参数的向量化实现；其二为自动步长法，它以 IDBD 算法为基础，通过实验构成一个自适应步骤，以避免手动调整步长参数。

7) 卡尔曼滤波理论及相关的自适应滤波算法，这些内容在第 14 章、第 15 章、第 16 章中介绍，具体如下：

- 第 14 章介绍了 RLS 算法。实际上，RLS 算法是著名的卡尔曼滤波的一个特例。突出状态的概念是卡尔曼滤波的一个重要特点。因此，很好地理解卡尔曼滤波理论(也包括将平稳环境下的维纳滤波器作为其特例)是十分重要的。此外，应注意到协方差滤波和信息滤波算法是卡尔曼滤波器的变种。

- 第 15 章在协方差滤波和信息滤波的基础上导出了它们各自的平方根形式。具体而言，就是引入前阵列和后阵列的思想，从而促使一类使用吉文斯(Givens)旋转脉动阵列的新的自适应滤波算法的产生。

- 第 16 章介绍了另一类新的阶递归最小二乘格型(LSL)滤波算法，该算法也建立在协方差型和信息算法型卡尔曼滤波器的基础上。为了实现这类算法，需要利用一种数值鲁棒的所谓 QR 分解方法。阶递归 LSL 算法的另一个有吸引力的特点是其计算复杂度遵循线性规律。但是，这些算法的所有优点都是以数学和编码上的高度复杂性为代价的。

8) 无监督(自组织)自适应，即盲反卷积，在本书的最后一章即第 17 章介绍。这里所谓的"盲"表示在完成自适应滤波的过程中不需要期望响应的协助。这个艰巨任务是采用基于如下概念的模型完成的：

- 子空间分解，在本章第一部分介绍，提供了一个灵巧的数学上解决盲均衡问题的方法。为了解决这个问题，我们使用通信系统中固有的循环平稳性来寻找信道输入的二阶统计量，以便用无监督方式均衡信道。

- 高阶统计量，在本章第二部分介绍，它可以是显式的或者隐式的。这部分内容致力于导出一类盲均衡算法，统称为 Bussgang 类盲均衡算法。本章第二部分还包含一类以源于最大熵法的信息理论方法为基础的新的盲均衡算法。

本书还包含一个后记，它分为两个部分：

- 后记第一部分回顾前面章节中介绍的内容，最后总结了鲁棒性、有效性(效率)和复杂性，并且说明了 LMS 和 RLS 算法在这三个根本性的重要工程问题上所起的作用。

- 后记第二部分包括以核函数(它起着计算单元隐层的作用)为基础的一类新的非线性

自适应滤波算法。这些核函数来源于再生核希尔伯特空间(RKHS)，而且这里给出的内容源自机器学习文献中已被很好研究的那些资料。特别是，后记将注意力聚焦于LMS滤波，包括传统LMS算法在其中所起的关键性作用；而且简要讨论了自适应滤波中这个相对较新的方法的属性和限制。

本书还包含如下内容的附录：

- 复变函数
- 沃廷格(Wirtinger)微分
- 拉格朗日(Lagrange)乘子法
- 估计理论
- 特征值分析
- 朗之万函数
- 旋转和反射
- 复数维萨特(Wishart)分布

在本书的不同部分，应用了由这些附录中给出的基本思想和方法。

辅助材料

- 本书还附有一个术语表，由一系列定义、记号、约定、缩略词和书中涉及的主要符号组成。
- 本书中引用的所有出版物都汇编在参考文献中。每篇参考文献包括作者姓名和出版年份。本书也包括了一个建议阅读部分，增加了许多其他参考文献以便读者进一步阅读。

例题、习题与计算机实验

本书各章包括大量例题，用来说明书中讨论的概念和理论。

本书还包括许多计算机实验，用来说明 LMS 和 RLS 算法的基础理论和应用。这些实验可以帮助读者比较这两种线性自适应滤波算法的不同性能。

本书每一章(除了绪论外)以习题作为结束，这出于以下两点考虑：

- 帮助读者更深刻地理解该章所包含的内容。
- 激励读者扩展该章所讨论的原理和方法。

题解手册

本书还配有对第 1~17 章所有习题详细解答的题解手册。选用本书作为教材的教师可直接向出版商申请题解手册。[①]

---

① 教辅申请方式请参见书末的"教学支持说明"。

所有计算机实验的 MATLAB 代码，可在网站 http://www.pearsonhighered.com/haykin/上获得。①

两个值得注意的符号

习惯上，－1 的平方根一般用斜体符号 j 表示，而微分算子(用于微分和积分中)一般用斜体符号 d 表示。然而，在实际中，这些术语既表示算子又表示符号，各自按照不同的方式行使功能，因此使用斜体符号表示它们并不正确。此外，斜体符号 j 和 d 也经常用做指数来表示其他事项，从而增加了潜在混淆的可能性。因此，在本书中，用正体 j 和 d 分别表示 －1 的平方根和微分算子。

使用说明

本书适合作为自适应信号处理方面的研究生课程的教材。在这个范围内，本书内容的组织为读者选择适合这一主题的感兴趣内容提供了很大的灵活性。

我们希望本书对工业界的研究者和工程师，以及从事与自适应滤波器理论和应用有关的工作的人员也是有用的。

Simon Haykin
Ancaster, Ontario, Canada

---

① 也可登录华信教育资源网(http://www.hxedu.com.cn)免费注册下载。

目　　录

背景与预览

1. 滤波问题

估计器或滤波器通常用来从含有噪声的数据中提取人们感兴趣的、接近规定质量的信息。在这个意义下,估计理论及其方法应用于诸如通信、雷达、声呐、导航、地震学、生物医学工程、金融工程等众多不同领域。例如,考虑一个数字通信系统,其基本形式由发射机、信道和接收机连接组成,如图 1 所示。发射机的作用是把数字源(例如计算机)产生的由 0、1 符号序列组成的消息信号变换为适合于信道上传送的波形。典型地,信道主要受到下列两种损伤:

- **符号间干扰**　理想上,线性传输媒介定义为

$$h(t) = A\delta(t - \tau) \tag{1}$$

式中,t 表示连续时间,$h(t)$ 表示冲激响应,A 为幅度标度因子,$\delta(t)$ 是 Dirac δ 函数(即单位脉冲函数),τ 表示信号沿信道传送过程所产生的传播时延。式(1)是某一理想传输媒介的时域描述。等效地,我们可以在频域表征它,并写为

$$H(j\omega) = A \exp(-j\omega\tau) \tag{2}$$

式中,j 是 −1 的平方根,ω 表示角频率,$H(j\omega)$ 是传输媒介的频率响应,而 exp(·) 表示指数函数。实际上,对任何物理信道,不可能满足由式(1)给出的理想时域描述[或式(2)等效频域描述]所包含的严格要求。我们尽最大努力所能做到的,也只是在表示发送信号基本谱内容的频带上逼近式(2),它将使物理信道发生色散(dispersive)。在数字通信系统中,这种信道损伤将引起符号间干扰(intersymbol interference),由此造成紧接着的脉冲(表示 1、0 发送序列)相互间模糊不清,以至于它们不再可区分。

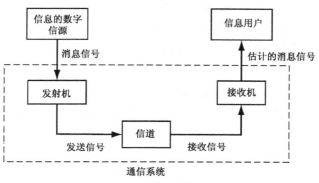

图 1　通信系统框图

- **噪声**　某种形式的噪声出现在每个通信信道的输出端。该噪声可以是系统内部的(由接收机前端放大器产生的热噪声)或系统外部的(由其他信源产生的干扰信号)。

　　这两种损伤的最终结果是，信道输出端收到的信号是含有噪声的或失真的发送信号。接收机作用是，操作接收信号并把原消息信号的一个可靠估值传递给系统输出端的某个用户。

　　作为估计理论及滤波器理论应用的另一个例子，考虑图 2 所示情况。图中表示一个连续时间动态系统，其 t 时刻的状态由多维向量 $\mathbf{x}(t)$ 表示。描述状态 $\mathbf{x}(t)$ 演变的方程通常受到系统误差的影响。滤波问题是复杂的，因为 $\mathbf{x}(t)$ 是隐蔽的而且能够观测它的唯一方法是通过间接测量，其测量方程是状态 $\mathbf{x}(t)$ 自身的函数。再则，该测量方程不可避免地受到它所拥有的噪声的影响。图 2 所描述的动态系统可以是飞行中的飞机，在这种情况下，飞机的位置和速度组成状态 $\mathbf{x}(t)$ 的元素，而测量系统可以是跟踪雷达。总之，给定测量系统在间隔 $[0, T]$ 内产生的可测向量 $\mathbf{y}(t)$ 及先验信息，我们的要求是估计动态系统的状态 $\hat{\mathbf{x}}(t)$。

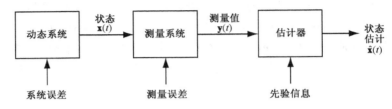

图 2　描绘状态估计中所涉及成分的框图

　　前面所述两个例子所阐明的估计理论实际上是统计的，因为不可避免地存在影响所研究系统正常运行的噪声或系统误差。

三种基本估计

　　三种基本的信息处理运算是滤波、平滑和预测，每一个运算由某一估计器来完成。这些估计方法之间的差异用图 3 来说明。

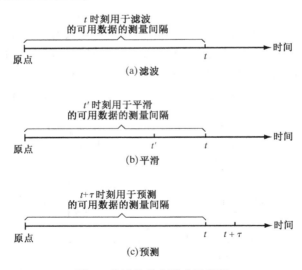

图 3　估计的基本形式示意图

- 滤波(filtering)　它是用 t 时刻及以前的数据来提取或估计 t 时刻感兴趣信息的一种运算过程。
- 平滑(smoothing)　它是一种后验形式的估计，它用感兴趣时刻之后的观测数据进行这种估计。特别地，时刻 t' 的平滑估计可利用时间间隔 $[0, t]$（$t' < t$）内的观测数据来获得。因而在平滑估计的计算中，包含有 $t - t'$ 的时延。平滑估计涉及等待更多的数据积累，故可得到比滤波更精确的估值。

- 预测（prediction） 它是估计的遗忘方面（forecasting side）。其目的是用 t 时刻及以前的数据来推出未来某些 $t + \tau$（$\tau > 0$）时刻感兴趣信息的一种估计。

由这个图可以明显看出，滤波和预测是实时运算，而平滑是非实时的。实时运算意指在该运算中，以当前可得到的数据为基础完成人们感兴趣的估计。

2. 线性最优滤波器

滤波器可分为线性滤波器和非线性滤波器两种。若滤波器输出端滤波、平滑或预测的量是它的输入观测量的线性函数，则认为该滤波器是线性的；否则，认为该滤波器是非线性的。

在解线性滤波问题的统计方法中，通常假设已知有用信号及其附加噪声的某些统计参数（例如，均值和自相关函数），而且需要设计含噪数据作为其输入的线性滤波器，使得在某种统计准则下噪声对滤波器的影响最小。实现该滤波器优化问题的一个有用方法是使误差信号（定义为期望响应与滤波器实际输出之差）的均方值最小化。对于平稳输入，其解决方案通常是采用维纳（Wiener）滤波器。该滤波器在均方误差意义上是最优的。误差信号均方值相对于线性滤波器可调参数的曲线通常称为误差性能曲面。该曲面的极小点即为维纳解。

维纳滤波器不适合于应对信号和/或噪声非平稳的问题。在这种情况下，必须假设最优滤波器为时变形式。对于这个更加困难的问题，十分成功的一个解决方案是采用卡尔曼（Kalman）滤波器。该滤波器在各种工程应用中是一个强有力的系统。

包括维纳滤波器和卡尔曼滤波器的线性滤波器理论已经在连续时间信号和离散时间信号文献中获得广泛的研究。然而，由于数字计算机的广泛普及和数字信号处理器件与日俱增的应用等技术原因，离散时间线性滤波器通常更为人们所乐意使用。因此，在后续章节中，我们仅仅考虑离散时间形式的维纳滤波器和卡尔曼滤波器。在这种形式中，输入和输出信号，以及滤波器自身特征都定义在时间的离散时刻。在任何情况下，连续时间信号总可由均匀时间间隔观测信号定义的一系列样值来表示。在从连续时间信号到离散时间信号的变换过程中并不会发生信息丢失，只需要满足众所周知的抽样定理。该定理表明，抽样率必须高于连续时间信号最高频率的两倍。因此，我们用序列 $u(n)$（$n = 0, \pm 1, \pm 2, \cdots$）来表示离散时间信号 $u(t)$，为方便起见，这里把抽样周期归一化为 1。这一约定将贯穿全书。

3. 自适应滤波器

维纳滤波器的设计要求所要处理的数据统计方面的先验知识。只有当输入数据的统计特性与滤波器设计所依赖的某一先验知识匹配时，该滤波器才是最优的。当这个信息完全未知时，就不可能设计维纳滤波器，或者该设计不再是最优的。在这种情况下，我们可采用的一个直接方法是"估计和插入"（estimate and plug）过程。该过程包含两个步骤，首先是"估计"有关信号的统计参数，然后将所得到的结果"插入"非递归公式以计算滤波器参数。对于实时运算，该过程的缺点是要求特别精心制作，而且要求价格昂贵的硬件。为了消除这个限制,可采用自适应滤波器(adaptive filter)。采用这样一种系统,意味着滤波器是自设计的(self-designing),即自适应滤波器依靠递归算法进行其运算,这使得它有可能在无法获得有关信号特征完整知识的环境下,完满地完成滤波运算。该算法将从某些预先确定的初始条件集出发。这些初始条件代表了人们所知道的上述环境的任何一种情况。我们还发现,在平稳环境下,该算法经一些成功的自适应循环后收敛于某种统计意义上的最优维纳解。在非平稳环境下,该算法提供了一种跟踪能力,即跟踪输入数据统计特性随时间的变化,只要这种变化是足够缓慢的。

作为递归算法应用的一个直接结果,自适应滤波器的参数将借此从一次自适应循环到下一次自适应循环进行更新,滤波器参数变成与数据相关。因此,这意味着自适应滤波器实际上是一个非线性系统。从这个意义上来讲,它不遵循叠加原理。尽管有这个特性,自适应滤波器通常还是分为线性和非线性两种。如果输入-输出映射遵循叠加原理,就认为这个自适应滤波器是线性的;否则,就认为该滤波器是非线性的。

在线性自适应滤波器的文献中,已经研究了大量的递归算法。在下面分析中,自适应算法的选择取决于如下一个或多个因素:

- **收敛速率**　它定义为算法在响应平稳输入时足够接近地收敛于均方误差意义上最优维纳解所需要的自适应循环数。快速收敛允许算法快速自适应于统计意义上未知的平稳环境。

- **失调(misadjustment)**　对于一个感兴趣的算法,这个参数提供了自适应滤波器集平均的最终均方误差与维纳滤波器所产生的最小均方误差之间偏离程度的一个定量测量。

- **跟踪(tracking)**　当一个自适应滤波算法运行在非平稳环境时,该算法需要跟踪环境的统计量变化。然而,算法的跟踪性能受到两个相互矛盾的特性的影响:(1)收敛速率,(2)由算法噪声引起的稳态波动。

- **鲁棒性(robustness)**　对于一个鲁棒的自适应滤波器,小的扰动(disturbance)只会产生小的估计误差。这些扰动来源于各种因素,包括滤波器内部或外部的因素。

- **计算要求**　这里关心的问题包括:(a)完成算法的一次完整自适应循环所需要的运算量(即乘法、除法、加/减法),(b)存储数据和程序所需要的存储器位置的大小,(c)在计算机上对算法编程所需要的时间。

- **结构**　涉及算法的信息流结构及硬件实现的方式。例如,其结构呈现高度模块化、并行或并发的算法很适合于使用超大规模集成电路(VLSI)实现。

- **数值特性**　当一个算法数值实现时,将产生由量化误差所引起的不精确性,该量化误差依次由输入数据的模数变换和内部计算的数字表示所产生。一般来说,造成严重设计问题的是后者的量化误差源。特别地,存在人们所关心的两种基本问题:数值稳定性和数值精确性问题。数值稳定性是自适应滤波算法固有的特征。另一方面,数值精确性由表示数据样值和滤波器系数的位数(即二进制数字)确定。当某种算法对其数字实现的字长变化不敏感时,就说该自适应滤波算法是数值鲁棒的。

这些因素以其特有的方式也出现在非线性自适应滤波器设计中,除非在维纳滤波器形式中不再有一个明确规定的参考格式。另外,非线性滤波算法可能收敛于误差性能曲面某一局部极小点,也可能收敛于其某一全局极小点。

4. 线性滤波器结构

线性滤波算法的运行涉及两个基本过程：(1)滤波过程，用来对一系列输入数据产生输出响应；(2)自适应过程，其目的是提供滤波过程中可调参数自适应控制的一种机制(算法)。这两个过程相互影响地工作。自然，滤波过程结构的选择总体上对算法的运行具有深刻的影响。

线性滤波器的冲激响应决定了滤波器的记忆能力。另一方面，可把线性滤波器分为有限冲激响应(FIR)和无限冲激响应(IIR)滤波器，分别由有限记忆和无限记忆来表征。

具有有限记忆的线性滤波器

在有限记忆自适应滤波器中，存在三种类型的滤波器结构，如下所述。

FIR 滤波器

FIR 滤波器，也称为抽头延迟线滤波器或横向滤波器，它由如图 4 所示的三个基本单元组成：(a)单位延迟单元，(b)乘法器，(c)加法器。滤波器中延迟单元的个数确定了冲激响应的持续时间。延迟单元个数(如图中 M 所示)通常称为滤波器阶数。在该图中，每个延迟单元用单位延迟算子 z^{-1} 表示。特别地，当对 $u(n)$ 进行 z^{-1} 运算时，其结果输出为 $u(n-1)$。滤波器中每个乘法器的作用是用滤波器系数[也称为抽头权值(tap weight)]乘以与其相连的抽头输入，于是，连到第 k 个抽头输入 $u(n-k)$ 的乘法器产生 $w_k^* u(n-k)$ 的输出，其中 w_k 是抽头权值，$k=0,1,\cdots,M$，星号表示复数共轭。这里假设抽头输入和抽头权值都是复数。滤波器中加法器的合并作用是对各个乘法器输出求和，并产生总的滤波器输出。对于所示的 FIR 滤波器，其输出为

$$y(n) = \sum_{k=0}^{M} w_k^* u(n-k) \tag{3}$$

上式叫做有限卷积和，因为它将滤波器的有限冲激响应 w_n^* 与滤波器输入 $u(n)$ 卷积以便产生滤波器的输出 $y(n)$。

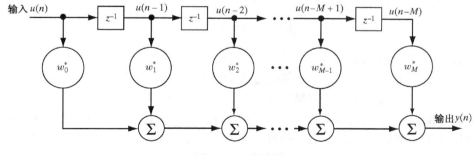

图 4　FIR 滤波器

格型预测器

格型预测器(lattice predictor)具有模块结构。这种模块结构由一系列独立的基本节(即

级)组成,每一级具有格型的形式。图5表示由 M 级组成的格型预测器, M 称为预测器阶数。图中示出的第 m 级格型预测器由下列一对输入-输出关系(假设使用复数值、广义平稳输入数据)描述:

$$f_m(n) = f_{m-1}(n) + \kappa_m^* b_{m-1}(n-1) \tag{4}$$

$$b_m(n) = b_{m-1}(n-1) + \kappa_m f_{m-1}(n) \tag{5}$$

式中 $m = 1, 2, \cdots, M$, M 为预测器的最终阶数。$f_m(n)$ 是第 m 级前向预测误差, $b_m(n)$ 是第 m 级后向预测误差。κ_m 叫做 m 阶发射系数。前向预测误差 $f_m(n)$ 定义为输入 $u(n)$ 与基于 m 个过去输入 $u(n-1), \cdots, u(n-m)$ 所做出的预测值之差。相应地,后向预测误差 $b_m(n)$ 定义为输入 $u(n-m)$ 与一组基于 m 个未来输入 $u(n), \cdots, u(n-m+1)$ 所做出的预测值之差。考虑图中第1级输入的条件,我们有

$$f_0(n) = b_0(n) = u(n) \tag{6}$$

式中 $u(n)$ 为 n 时刻格型预测器输入。于是,从式(6)的初始条件出发并给定一组发射系数 κ_1, κ_2, $\cdots$, κ_M, 则可通过格型预测器一级一级地向前推进,最终确定出一对输出 $f_M(n)$ 和 $b_M(n)$。

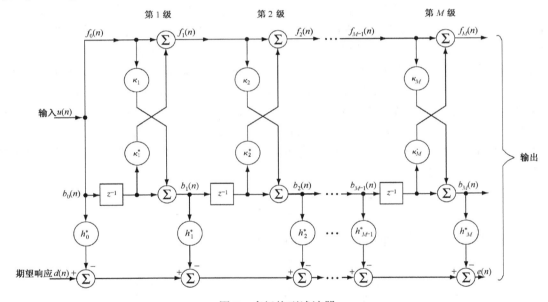

图5　多级格型滤波器

对于由统计过程获得的相关输入序列 $u(n)$, $u(n-1)$, $\cdots$, $u(n-M)$, 后向预测误差 $b_0(n)$, $b_1(n)$, $\cdots$, $b_M(n)$ 组成一个非相关随机变量序列。再则,两个随机变量序列之间在如下意义上存在着一一对应关系:如果给定其中的一个,可以唯一地确定另一个,反之亦然。因此,后向预测误差 $b_0(n)$, $b_1(n)$, $\cdots$, $b_M(n)$ 的线性组合可给出期望响应序列 $d(n)$ 的一个估计,如图5下半部所示。$d(n)$ 与其估计值之间的差表示估计误差 $e(n)$。这里描述的过程称为联合过程估计。当然,也可以直接应用原输入序列 $u(n)$, $u(n-1)$, $\cdots$, $u(n-M)$ 产生期望响应 $d(n)$ 的估计。然而,图中所述的间接法具有简化抽头权值 h_0, h_1, $\cdots$, h_M 计算的优点,因为它利用了估计中所采用的后向预测误差的非相关特性。

脉动阵列

脉动阵列(systolic array)表示并行计算网络,它非常适合于映射大量重要的代数计算,诸如矩阵乘法、三角化和反向替代。脉动阵列的基本处理单元有两种:边界单元和内部单元,其功能分别画在图6(a)和图6(b)中。在每一种情况中,参数 r 表示存储在单元中的一个数值。边界单元的作用是产生等于 u/r(即输入 u 除以存储在单元中的数 r)的输出。内部单元的作用有两方面:(a)用存储在单元中的 r 乘输入 s(来自顶部),再从第二个输入(来自左边)中减去乘积 rs,从而产生差 $u-rs$ 作为该单元右边的输出,(b)不用交替地向下发送第一个输入 s。

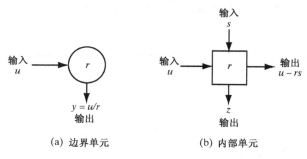

(a) 边界单元 (b) 内部单元

图6 脉动阵列的两种基本单元

例如,考虑图7所示的 3×3 三角波前阵列。该阵列涉及边界单元和内部单元的组合。在这种情况下,三角阵列计算与输入向量 **u** 有关的输出向量 **y**:

$$\mathbf{y} = \mathbf{R}^{-T}\mathbf{u} \tag{7}$$

式中 $\mathbf{R}^{-T}$ 是转置矩阵 $\mathbf{R}^{T}$ 的逆矩阵。$\mathbf{R}^{T}$ 的元素是三角阵列中各自单元的内容。零加到图中阵列的输入中是为了提供式(7)流水线计算所需的延迟。

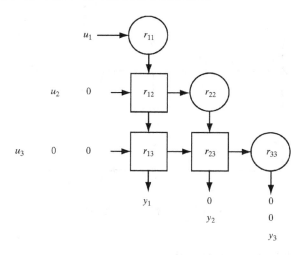

图7 三角脉动阵列

如前所述,脉动阵列结构提供了模块化、局部互连、高度流水线和同步并行处理,其中同步借助于全球时钟获得。

具有无限记忆的线性滤波器

注意到图4的FIR滤波器、图5的格型预测器中联合过程估计和图7的三角波前阵列都具有共同特性：它们都是由有限冲激响应表征的。换句话说，它们都是FIR滤波器的一些例子，其结构只含前馈支路。另一方面，图8所示的结构是IIR滤波器的一个例子。IIR滤波器不同于FIR滤波器的特征是它包含有反馈支路。反馈的存在使得IIR滤波器的冲激响应的持续时间变为无限长。此外，反馈的存在引入新的问题：潜在的不稳定。特别地，IIR滤波器有可能变成不稳定(即发生振荡)，除非在选择反馈系数时采取特殊的预防措施。相反地，FIR滤波器总是稳定的。这就解释了为什么流行使用FIR滤波器，并将其作为设计线性自适应滤波器的结构基础。

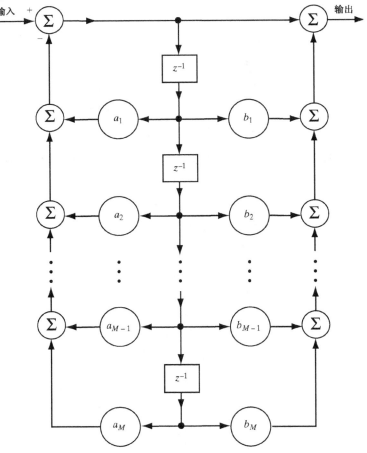

图8　IIR滤波器(假设实值数据)

5.线性自适应滤波器的研究方法

线性自适应滤波问题不存在唯一的解决方案。但存在表示各种递归算法的"工具包"，它可提供每一种算法可能达到的滤波特性。自适应滤波用户所面临的挑战包括：首先要了解各种自适应滤波算法的能力和限制，其次要把了解到的知识用于选择合适的算法以满足各自的应用需要。

线性自适应滤波器基本上存在如下两种不同的推导方法。

随机梯度下降法

随机梯度法（stochastic gradient approach）使用抽头延迟线或者 FIR 滤波器作为实现线性自适应滤波器的构造基础。对于平稳输入的情况，代价函数（也称为性能指标）定义为均方误差（即期望响应与 FIR 滤波器输出之差的均方值）。代价函数刚恰好是 FIR 滤波器中抽头权值的二次函数。该抽头权值的均方误差函数可看做是具有唯一确知的极小点的多维抛物面。如前所述，我们把这个抛物面称为误差性能曲面；对应于该曲面极小点的抽头权值定义了最优维纳解。

为了利用随机梯度法推导自适应 FIR 滤波器抽头权值的递归更新算法，正如其名字所隐含的，我们需要从某一随机代价函数出发。例如，对于这样一个函数，可以利用误差信号的瞬时平方值，这个误差信号定义为外部强加的期望响应与对应于输入信号的 FIR 滤波器实际输出响应之差。然后，该随机代价函数相对于滤波器抽头权向量求导，得到一个自然随机的梯度向量。为了达到最优值，需沿着负梯度方向进行自适应更新。根据上述思想导出的自适应滤波算法可表述如下：

（更新的抽头权向量）=（老的抽头权向量）+（学习速率参数）×（抽头输入向量）×（误差信号）

该学习速率参数决定了自适应速率。这种递归算法称为最小均方（LMS）算法。该算法计算简单且性能有效，其缺点是收敛速度慢且数学上研究困难。

最小二乘法

线性自适应滤波算法的第二种方法基于最小二乘法。根据这个方法，我们将加权误差平方和形式的代价函数最小化，其中误差或残差定义为期望响应与实际滤波器输出之差。不同于随机梯度法，这个最小化过程利用了线性代数中的矩阵处理，产生的更新法则可以表述为如下形式：

（更新的抽头权向量）=（老的抽头权向量）+（增益向量）×（新息）

其中，新息表示更新时进入滤波过程的"新"的信息。这种自适应滤波算法称为递归最小二乘（RLS）算法。该算法的一个独特之处是其快速收敛性，但以增加计算复杂度为代价。

两个线性自适应滤波算法族

LMS 和 RLS 算法组成了两个基本算法，围绕着这两个基本算法构成了两个算法族。在每一个算法族中，自适应滤波算法的滤波结构组成都互不相同。但是，不管是哪一种滤波结构，都进行参数的自适应，每一个算法族中的算法都具有 LMS 和 RLS 算法的某种固有特性。具体如下：

- 在推导算法时无须统计假设的意义上，基于 LMS 的算法是模型独立的。
- 推导算法时需假设使用多元高斯模型，基于 RLS 的算法是模型相关的。

这些区别对算法的收敛速度、跟踪及鲁棒性具有深远的影响。

6. 自适应波束形成

上面讨论的自适应滤波方法和结构都是属于时间域的。在这类滤波器中,滤波运算在时域进行。当然,自适应滤波也可以是空间域的,在这类滤波器中,独立传感器阵列代替了空间的不同点,以便"听到"来自某一距离的信号。实际上,传感器提供了在空间对接收信号抽样的一种手段。在某一特殊时刻收集的传感器输出集构成信源的一个"快照"。当传感器均匀地位于某一直线上的时候,空间滤波器中的数据快照起到了类似于某一特定时刻 FIR 滤波器中一组连续抽头输入的作用。

阵列信号处理的重要应用包括如下方面:

- **雷达**   这里的传感器由能够对入射电磁波做出响应的天线元素组成,而且要求能对辐射电磁波做出响应的信号源进行检测,估计波到达角,并提取有关信号源的信息。
- **声呐**   这里的传感器由用来对入射声波做出响应的水中听音器组成,而且要求其信号处理类似于雷达中的信号处理。
- **语音增强**   这里的传感器由麦克风组成,而且要求在有背景噪声的情况下能听到期望说话者的声音。

在这些应用中,所谓波束形成(beamforming)的目的在于区分信号和噪声的空间特性。用来做波束形成的系统叫做波束形成器(beamformer)。"波束形成器"这个术语来自这样一个事实:早期的天线被设计成射束的形式,以便接收从特定方向发射的信源信号并衰减不感兴趣的其他方向的信号。波束形成应用于能量的发射和接收。

图 9 示出使用相同传感器的线性阵列的自适应波束形成器框图。传感器输出(假设是基带形式)信号各自加权并求和,以便产生波束形成器的总输出。波束形成器必须满足两个要求:

- **转向(steering)能力**   借此,目标(源)信号总是被保护。
- **干扰消除**   这样,使得输出信噪比最大。

满足这些要求的一种方法是:自适应过程中,$M \times 1$ 权向量 $\mathbf{w}(n)$ 满足如下条件:

$$\mathbf{w}^{\mathrm{H}}(n)\,\mathbf{s}(\theta) = 1 \quad \text{对于所有 } n \text{ 和 } \theta = \theta_t \tag{8}$$

的约束下,使波束形成器输出的方差(平均功率)极小化。式中,$\mathbf{s}(\theta)$ 是 $M \times 1$ 转向向量,上标 H 表示埃尔米特(Hermitian)转置(即转置结合复数共轭)。假设基带信号是复数值,因而需要复数共轭运算。角度 $\theta = \theta_t$ 的值由目标的方向来确定。角度 θ 以传感器 0 作为参考点进行自我测量。

转向向量对 θ 的依赖性用如下关系来定义:

$$\mathbf{s}(\theta) = [1, \mathrm{e}^{-\mathrm{j}\theta}, \cdots, \mathrm{e}^{-\mathrm{j}(M-1)\theta}]^{\mathrm{T}} \tag{9}$$

令 ϕ 表示平面波实际入射角,它是相对于线性阵列的法线测得的。则根据图 10,容易看出

$$\theta = \frac{2\pi d}{\lambda}\sin\phi, \quad -\pi/2 \leqslant \phi \leqslant \pi/2 \tag{10}$$

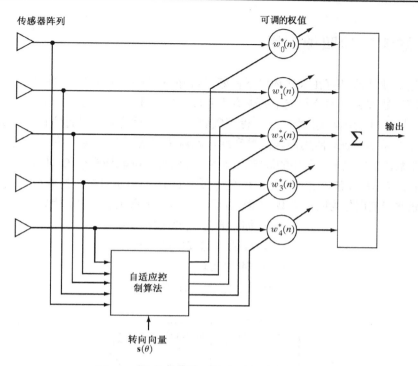

图9　五个传感器阵列的自适应波束形成器

式中 d 是该阵列相邻传感器之间的间隔，λ 是入射波的波长。由于 ϕ 限制在 $[-\pi/2, \pi/2]$ 范围内而 θ 的允许值位于 $[-\pi, \pi]$ 范围内，故由式(10)可见，d 必须小于 $\lambda/2$，以使得 ϕ 与 θ 值之间存在一一对应关系。于是，要求 $d < \lambda/2$ 可看做抽样定理的空间域表示。如果这个要求不满足，则波束形成器的辐射(天线)模式将呈现格栅型波瓣(grating lobe)。该辐射模式就是波束形成器输出功率作为其测量方向函数的一个关系图。

对式(8)所强加的信号保护约束保证：对于规定的观察方向 $\theta = \theta_t$，不管权向量 $\mathbf{w}$ 的元素取什么值，阵列响应将维持不变(等于1)。在这个约束下，使波束形成器输出方差最小化的算法很自然地称为最小方差失真响应(MVDR, minimum-variance distortionless response)波束形成算法。注意，强加的信号保护约束使可用自由度数变为 $M-2$，其中 M 是阵列中传感器的数目。因此，由 MVDR 产生的独立空值数(即能够消除独立干扰的数目)为 $M-2$。

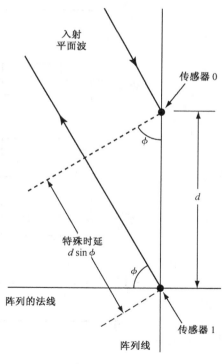

图10　当平面波入射到线性阵列上所产生的空间时延

7. 自适应滤波器的四种应用

由于自适应滤波器具有在未知环境下良好运行并跟踪时变输入统计量的能力，使得自适应滤波器成为信号处理和自动控制应用的强有力手段。实际上，自适应滤波器已经成功地应用于通信、雷达、声呐、地震学和生物医学工程等领域。尽管这些应用在特性方面千变万化，但它们都有一个共同的基本特征：使用输入向量和期望响应来计算估计误差，并用该误差依次控制一组可调滤波器系数。取决于所采用的滤波器结构，可调系数可取抽头权值、反射系数或旋转参数等形式。然而，自适应滤波器各种应用之间的本质不同在于其期望响应的获取方式不同。就此，可把自适应滤波器应用分为四种类型，如图 11 所示。为方便起见，图中使用如下记号：

$$u = \text{加到自适应滤波器的输入}$$
$$y = \text{自适应滤波器的输出}$$
$$d = \text{期望响应}$$
$$e = d - y = \text{估计误差}$$

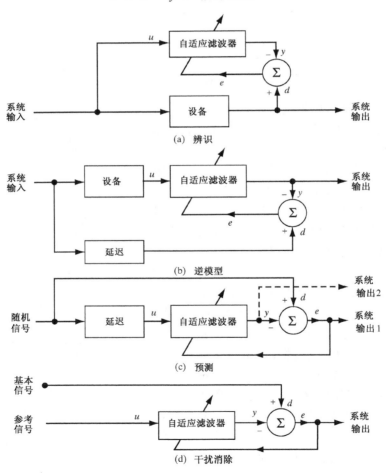

图 11　自适应滤波器应用的四种基本类型

自适应滤波器应用的四种基本类型的作用描述如下。

1）辨识［见图［11（a）］　数学模型概念是科学与工程的基础。在这类涉及辨识的应用中，自适应滤波器用来提供一个在某种意义上能够最好拟合未知装置的线性模型。该装置和自适应滤波器由相同的输入激励。该装置的输出作为自适应滤波器的期望响应。如果该装置具有动态特性，则自适应滤波器所提供的模型将是时变的。

2）逆模型［见图11（b）］　在第二类应用中，自适应滤波器的作用是提供一个逆模型，该模型可在某种意义上最好地拟合未知噪声装置。理想地，在线性系统的情况下，该逆模型具有等于未知装置转移函数倒数的转移函数，使得二者的组合构成一个理想的传输媒介。该装置（系统）输入的延迟构成自适应滤波器的期望响应。在某些应用中，该装置（系统）输入不加延迟地用做期望响应。

3）预测［见图11（c）］　这里，自适应滤波器的作用是对随机信号的当前值提供某种意义上的一个最好预测。于是，信号的当前值用做自适应滤波器的期望响应。信号的过去值加到滤波器的输入端。取决于感兴趣的应用，自适应滤波器的输出或估计（预测）误差均可作为系统的输出。在第一种情况下，系统作为一个预测器；而在后一种情况下，系统作为预测误差滤波器。

4）干扰消除［见图11（d）］　在最后一种应用中，自适应滤波器以某种意义上的最优化方式消除包含在基本信号中的未知干扰（类似于一个承载信息的信号分量）。基本信号用做自适应滤波器的期望响应，参考（辅助）信号用做滤波器的输入。参考信号来自定位的某一传感器或一组传感器，并以承载信息的信号是微弱的或基本不可预测的方式而加到基本信号上。

表1列出某些特定的应用以便说明自适应滤波器应用的四种基本类型。所列出的应用来自控制系统、地震学、心电图学、通信和雷达等领域。其用途列在表中最后一列。

表1　自适应滤波器应用

自适应滤波的类型	应用	用途
辨识	系统辨识	给定一个未知的动态系统，系统辨识的目的是设计一个自适应滤波器以逼近该动态系统
	分层地球建模	在地震探测中，开发研究地球的分层模型，以便解释地球表面的复杂问题
逆模型	均衡	给定一个未知冲激响应的信道，自适应均衡器的用途是通过操作信道输出，使得信道与均衡器的级联提供理想传输媒介的一个良好逼近
预测	预测编码	自适应预测用来开发感兴趣信号（如语音信号）的模型，而不是直接对信号编码，在该编码中，预测误差被编码以便传输和存储。典型地，预测误差比原信号具有更小的方差，从而作为改进编码的基础
	谱分析	在这个应用中，预测模型用于估计某一感兴趣信号的功率谱
干扰消除	噪声消除	自适应噪声消除器的目的是从接收信号中减去噪声以便改善信噪比。电话电路中遇到的回音消除是噪声消除的一种特殊形式。噪声消除也用在心电图学中
	波束形成	波束形成器是由具有可调加权系数的天线阵元组成的空间滤波器。自适应波束形成器的双重目的是，自适应地控制加权系数以便消除与未知方向阵列密切相关的干扰信号，并同时对感兴趣的目标信号提供保护

8. 历史回顾

> ——为了理解一种科学，必须知道它的历史 [Auguste Comte(1798 – 1857)]

我们将通过回顾与本书感兴趣课题紧密相关的三个研究领域来完成这个导引性章节。这三个领域是：线性估计理论、线性自适应滤波器、自适应信号处理应用。

线性估计理论

最早促使人们研究线性估计(滤波器)理论[1]的动因明显来自于天文学研究。在这些研究中，人们利用望远镜观测数据以研究行星和彗星的运动。为了尝试求取各种误差函数的极小值，伽利略(Galileo)开启了估计理论研究，并在1632年进行了一些开创性的研究工作。然而，线性估计理论的发明要归功于高斯(Gauss)，他在1795年18岁的时候发明了最小二乘法以便研究天体的运动(Gauss, 1809)。不过，关于最小二乘法的实际发明者，在19世纪初存在很大的争论。争论的发生是因为高斯并没有在发明最小二乘法的当年(1795年)发表他的发现，而先是由Legendre首先在1805年发表的，后者独立发明了该方法(Legendre, 1810)。

随机过程中的最小均方估计的最初研究是由Kolmogorov、Krein和Wiener在20世纪30年代末和40年代进行的(Kolmogorov, 1939；Krein, 1945；Wiener, 1949)。Kolmogorov和Krein的工作与Wiener的工作是独立进行的，尽管其结果存在某些重叠，但其目标却十分不同。在Gauss问题与Kolmogorov、Krein和Wiener所研究问题之间存在着许多概念上的差异(如140年后人们所期待的)。

受Wold的离散时间平稳过程早期工作(Wold, 1938)的启发，Kolmogorov提出了离散随机过程线性预测问题的一个综合性论述。Krein注意到Kolmogorov的研究结果与Szegö关于正交多项式某些早期工作之间的关系(Szegö, 1939；Grenander & Szegö, 1958)，并通过线性变换的灵巧应用推广了该结果。

Wiener独立地系统阐述了连续时间预测问题并导出了最优预测器的公式。他也考虑了估计含加性噪声过程的滤波问题。求解该积分问题所需要的最优估计公式称为维纳–霍夫(Wiener-Hopf)方程(Wiener & Hopf, 1931)。

在1947年，Levinson系统地研究了离散时间维纳滤波问题。在离散时间信号情况下，维纳–霍夫方程取为矩阵形式[2]：

$$\mathbf{R}\mathbf{w}_o = \mathbf{p} \tag{11}$$

式中 $\mathbf{w}_o$ 是FIR滤波器形式的维纳滤波问题的抽头加权向量，$\mathbf{R}$ 是抽头输入的相关矩阵，$\mathbf{p}$ 是抽头输入与期望响应之间的互相关向量。对于平稳输入，相关矩阵 $\mathbf{R}$ 假设是特殊结构的所谓的托普利兹(Toeplitz)矩阵，它是用数学家托普利兹的名字命名的。通过利用托普利兹矩阵的性质，Levinson导出了求解矩阵形式维纳–霍夫方程的极其灵巧的递归步骤(Levinson, 1947)。在1960年，Durbin重新发现了Levinson递归步骤，并将其作为标量时间序列数据自回归

---

① 关于线性估计的要点受到下列评论文章的影响：Sorenson(1970)、Kailath(1974)和Makhoul(1975)。

② 维纳–霍夫方程(原表示为积分方程)为因果约束下连续线性滤波器的最优解。这个方程很难解，因此导致包括谱分解在内的大量理论问题的研究。该课题的综述见Gardner(1990)的论文。

模型递归拟合的一种方案。由 Durbin 考虑的问题是式(11)的一个特例，其中列向量 **p** 由相关矩阵 **R** 中找到的相同元素组成。在 1963 年，Whittle 证明了 Levinson-Durbin 递归公式与 Szegö 正交多项式之间存在着密切关系，而且导出了 Levinson-Durbin 递归公式的多变量推广形式。

Wiener 和 Kolmogorov 假设无限长数据，并且假设随机过程是非平稳的。在 20 世纪 50 年代，Wiener-Kolmogorov 滤波器理论已由许多学者进行了推广，以便仅对有限观测间隔的平稳过程进行估计，而且包含了非平稳随机过程的估计。然而，由于这些结果太复杂，很难随观测间隔的增加而更新，而且很难修改成可用于向量情况，因此许多研究者不满意这个时期大多数有意义的结果。后面两种困难在 20 世纪 50 年代后期确定卫星运行轨道中变得特别明显。在这种应用中，一般存在位置和速度的某些组合构成的向量观测，而且随跟踪站卫星的每个通路也相继累积了大量的数据。Swerling 是最早提出某些有用的递归算法以着手解决这个问题的人(Swerling,1958)。由于不同的原因，卡尔曼(Kalman)研究出比 Swerling 算法稍多一点约束的算法，但它似乎是更能匹配空间时代所带来的动态估计问题的一种算法(Kalman, 1960)。在卡尔曼发表这篇论文并且获得相当高的声誉之后，Swerling(1963)写了一封信，声称对卡尔曼滤波方程具有优先权。然而，Swerling 的诉求没有被人理睬。令人啼笑皆非的是，轨道确定问题极大地促进了高斯最小二乘法和卡尔曼滤波器的研究，但在每种情况下都存在有关它们发明者的争吵。卡尔曼原来的线性滤波公式已被推导用于离散时间过程。在与 Bucy 的一系列合作中，卡尔曼提出了连续时间卡尔曼滤波器，因此这种连续时间滤波器有时也称为 Kalman-Bucy 滤波器(Kalman & Bucy, 1961)。

在一系列令人兴奋的论文中，Kailath 利用新息方法重新表示了线性滤波问题的解决方案(Kailath,1968,1970; Kailath & Frost, 1968; Kailath & Geesey, 1973)。在这个方法中，随机过程 $u(n)$ 被表示为一个由白噪声过程 $v(n)$ 激励的因果和因果可逆滤波器的输出，它被称为新息过程(innovations process)，其中术语"innovation"表示新的事务。使用这个术语的原因在于过程 $v(n)$ 的每个样值提供了全新的信息，其含义是它统计独立于原过程 $u(n)$ 的所有过去样值，并假设为高斯性；否则，每个样值与 $u(n)$ 的所有过去样值不相关。新息方法之后的思想由 Kolmogorov 引入(1939)。

线性自适应滤波器

随机梯度算法

最早的自适应滤波器工作可以追溯到 20 世纪 50 年代末期，在这个时期大量的研究者独立工作于这种滤波器的不同应用领域。根据这个早期工作，出现了最小均方(LMS)算法，它成为实现 FIR 滤波器的一种简单但很有效的算法。LMS 算法是 Widrow 和 Hoff 在 1959 年研究自适应线性(门限逻辑)元素的模式识别方案时发明的，这些自适应线性元素在文献中通常称为 Adaline(Widrow 和 Hoff, 1960; Widrow, 1970)。LMS 算法是一种随机梯度算法，它在相对于抽头权值的误差信号平方幅度的梯度方向上迭代调整 FIR 滤波器的每个抽头权值。因此，LMS 算法与 Robbins & Monro(1951)在统计学中求解某些序贯参数估计问题的随机逼近概念有密切的关系。它们之间的主要差异在于：LMS 算法采用固定的步长参数控制从一次迭代到另一次迭代的每个抽头权值的修正；而在随机逼近方法中，步长参数与时间 n 或 n 的幂次成正比。另外一种与 LMS 算法紧密相关的随机梯度算法是梯度自适应格型(GAL)算法

(Griffiths，1977，1978)。它们之间的差异是结构上的差异，GAL 算法以格型结构为基础，而 LMS 算法使用 FIR 滤波器。

递归最小二乘算法

在转向递归最小二乘(RLS)族自适应滤波算法时，我们发现标准的 RLS 算法似乎就是 Plackett 算法(1950)，尽管人们可能会说，其他许多研究者也推导或重新推导了各种形式的 RLS 算法。1974 年，Godard 应用卡尔曼滤波器理论导出了一种变形算法，文献中有时称之为 Godard 算法。此前，若干研究者已经把卡尔曼滤波器理论应用于解决自适应滤波问题，但在 20 年间，Godard 算法一直被广泛认为是卡尔曼滤波器理论最成功的一项应用。后来，Sayed 和 Kailath(1994)发表了一篇述评文章，首次确立了 RLS 算法与卡尔曼滤波器理论之间的精确关系，它为如何利用大量卡尔曼滤波器文献解决线性自适应滤波问题奠定了基础。

1981 年，Gentleman 和 Kung 引入一种基于矩阵代数中 QR 分解的数值鲁棒的方法来求解 RLS 问题。得到的自适应滤波器结构[有时称为 Gentleman 和 Kung 脉动(systolic)阵列]接着被许多其他研究者重新提炼，并以各种方法加以推广。

在 20 世纪 70 年代及其后，人们耗费大量精力努力研究开发数值稳定的快速 RLS 算法，其目的是把 RLS 算法的计算复杂性降低到可与 LMS 算法相比较的水平。RLS 算法的研究可以追溯到 1974 年 Morf 求解随机滤波问题(对于平稳输入，该问题可利用 Levinson-Durbin 算法有效地解决)的确定性对应问题所导出的结果。

H^∞ 意义上的鲁棒性

鲁棒性特别是控制系统中的鲁棒性已经在 20 世纪的许多年中引起控制理论界的广泛关注，Zames(1996)回顾了 1959 年–1985 年输入-输出反馈稳定性和鲁棒性的研究历史。

20 世纪 70 年代产生的突破是，在灵敏度问题的优化方面获得了显式甚至闭式解。这个思想打开了建立优化鲁棒性实际理论之门。其标志是 Zames 在 1979 年 Allerton 会议上宣读的论文和其后发表于 IEEE 自动控制汇刊的杂志论文，以及 Francis 和 Zames(1984)在同一刊物上合作发表的杂志论文。此外，现称为 H^∞ 鲁棒性理论的那些论文的发表，说明从稳定性理论派生出的 H^∞ 鲁棒性理论问世了。

然而，信号处理界接受这个新的鲁棒性理论已超过了 10 年时间。其标志是 Hassibi、Sayed 和 Kailath 在信号处理汇刊(1996)上合作论文的发表。在该论文中，首次讨论了 LMS 算法的鲁棒性问题，从理论上证实了 LMS 算法长期实际应用中已经知道的鲁棒性。接着，Hassibi 和 Kailath(2001)发表了 H^∞ 意义上鲁棒性的杂志论文。

自适应信号处理应用

自适应均衡

直到 20 世纪 60 年代初期，能消除符号间干扰对数据传输恶化影响的电话信道均衡由固定均衡器(引起性能丢失)或人工调整参数的均衡器(步骤相当麻烦)来完成。1965 年，Lucky 在均衡问题方面取得了突破性的进展，他提出迫零算法并用来自动调整 FIR 均衡器的抽头加权系数。Lucky 工作的显著特征是使用极大-极小型性能准则。特别地，他使用称之为峰值失真的性能指标，该失真直接与所能发生的最大符号间干扰(ISI)有关。它对 FIR 均衡器内的邻近脉冲所引起的符号间干扰具有强迫为零的作用，从而取名为迫零算法。最优迫零算法的充分条件(不是必要条件)是其初始失真(存在于均衡器输入端的失真)小于 1。1965 年，DiToro 独立地把自适应均衡器应用于对抗符号间干扰对高频链路数据传输的影响。

Lucky 的开创性工作以这样或那样的方式受到自适应均衡问题其他各方面重要贡献的鼓舞和激励。Gersho(1969)及 Proakis 和 Miller(1969)使用最小均方误差准则，独立地重新描述了自适应均衡问题。1972 年，Ungerboeck 使用 LMS 算法对自适应 FIR 均衡器的收敛性进行了详细的数学分析。如前所述，Godard 于 1974 年应用卡尔曼滤波器理论导出了调整 FIR 均衡器抽头加权系数的一种高效算法。1978 年，Falconer 和 Ljung 介绍了该算法的一种修正，从而将其计算复杂性简化到可与简单的 LMS 算法相比较的程度。Satorius 和 Alexander(1979)及 Satorius 和 Pack(1981)证明了色散信道格型自适应均衡算法的实用性。

前面的历史回顾主要包括线性同步接收机中自适应均衡器应用，其中"同步"一词意味着该接收机中均衡器的抽头间隔等于符号率的倒数。尽管我们对自适应均衡器的兴趣大量集中于上述这类均衡器，但如果不提及分数间隔均衡器和判决反馈均衡器，这样的历史回顾将是不完整的。

在分数间隔均衡器(FSE)中，均衡器抽头间隔严格地大于符号率的倒数。FSE 比传统的同步均衡器具有强得多的有效补偿延迟失真的能力。FSE 的另一优点是数据传输可从任意抽样阶段开始。然而，FSE 的数学分析比传统的同步均衡器要复杂得多。FSE 的早期工作可认为开始于 Brady(1970)的工作。有关该课题的其他文献还包括 Ungerboeck(1976)及 Gitlin 和 Weinstein (1981)的著作。在 20 世纪 90 年代初期，人们把更多的目光投向分数均衡器的效益，即研究如何仅仅使用二阶统计量就能将分数均衡器用于信道盲均衡。此前，一般的常识是只有最小相位信道能够以这种方式辨识或均衡，因为二阶统计量并不关注信道输出的相位信息(即二阶统计量中不含有信道输出的相位信息)。然而，这个结论仅仅对平稳二阶统计量成立。用于分数间隔均衡器的过抽样表明，二阶统计量是循环平稳的，它把一个新的维数(即周期)增加到信道输出的描述中(Franks,1969; Gardner & Franks,1975; Gardner,1994a,b)。Tong 及其合作者(1993, 1994a,b)示出如何在弱运行条件下能够把循环平稳性有效地用于盲均衡。他们的论文已经极大地推动该领域的研究活动，包括各种推广、重新改进及相继出现的许多变种，例如 Tong 和 Perreau 的综述性论文(Tong & Perreau, 1998)。

判决反馈均衡器包括前馈部分和反馈部分。前馈部分由其抽头具有符号率间隔的 FIR 滤波器组成。待均衡的数据序列被用做这部分的输入。反馈部分由其抽头也具有符号率间隔的另一个 FIR 滤波器组成。加到反馈部分的输入按前面检测的符号做判决。前馈部分的作用是减去来自未来符号估计的前面检测符号所产生的符号间干扰。这种方法通常称为自举技术 (bootstrap technique)。在出现严重符号间干扰时(例如，无线衰落信道所经受的那种干扰)，判决反馈均衡器可获得良好的性能。Austin(1967)最先报道了判决反馈均衡器，而 Monsen (1971)第一个完成了最小均方误差分析中判决反馈接收机的优化。

语音编码

1966 年，Saito 和 Itakura 把最大似然法(maximum-likelihood approach)用于语音预测。在

最大似然原理的应用中,一般假设输入过程是高斯过程。在这个条件下,该原理的正确应用将获得一个关于预测器系数的非线性方程组。为了克服这个困难,Saito 和 Itakura 利用了那些具有可用数据点数大大超过预测阶数的逼近。该假设的使用使得由最大似然原理获得的结果与线性预测自相关法的近似形式相同。最大似然原理的应用证实了关于语音信号是平稳高斯过程的假设是正确的,尤其在清音情况下这种假设看来是可行的。

1970 年,Atal 介绍了线性预测在语音分析中的首次应用。这个语音分析和合成的新方法是 1971 年由 Atal 和 Hanauer 发表的。这个新方法叫做线性预测编码(LPC)。在 LPC 中,按照与声道转移函数和所提取特征有关的时变参数直接表示语音波形。人们通过使均方误差(定义为语音样值的实际值与其预测值之差)最小化来确定预测器系数。在 Atal 和 Hanauer 的工作中,语音以 10 kHz 速率抽样,然后预测当前语音样值作为前面 12 个样值的线性组合,并进行语音分析。于是,15 个参数[12 预测参数、基音周期、表示语音是浊音还是清音的二进制参数、语音样值的平方根均值(rms)]。对于语音合成,使用全极点滤波器,并带有提供激励的准周期脉冲序列或白噪声源。

语音线性预测的另一个重要贡献是由 Saito 和 Itakura 在 1972 年做出的,他们使用偏相关技术研究出一种新的结构——格型结构,并用它表示线性预测问题[①]。这个用来表征格型预测器的参数叫做反射系数。尽管到 1972 年,若干其他研究者已经考虑格型结构的要素,但格型结构的发明仍然应该归功于 Saito 和 Itakura。1973 年,Wakita 证明了格型预测器模型的滤波作用和语音的声道模型是相同的,二者均以声道模型中的反射系数作为共同因子。这一发现使得有可能利用格型预测器提取反射系数。

语音信号线性预测模型的局限性在于不能恢复离散频谱样值的修正包络,而且这个局限性可追溯到选择最小均方误差作为线性预测建模的准则。为了缓解这个问题,Itakura 和 Saito (1970) 研究开发了浊音谱包络估计的最大似然步骤;在这个工作中,他们引入一个称之为 Itakura-Saito 距离测度的新准则。这个研究还伴随以 McAulay (1984) 及 EI-Jaroudi 和 Makhoul (1991) 所做出的进一步贡献。

格型预测器的早期工作以块处理方法(Burg, 1967)为基础。1981 年,Makhoul 和 Cossell 用自适应方法设计用于语音分析与合成的格型预测器。他们证明了在其性能与最佳(但更昂贵)自适应自相关方法相同的情况下,自适应格型预测器的收敛仍然足够快。

直到现在,我们所介绍的语音编码一直与 LPC 声码器有关。下面,我们将从原始的脉码调制(PCM)开始,给出语音自适应预测编码的历史回顾。

PCM 是 Reeves (1975) 在 1937 年发明的。后来 Cutler (1952) 发明了差分脉码调制 (DPCM)。语音信号自适应编码中早期使用的 DPCM 限于固定参数的线性预测器(McDonald, 1966)。然而,因为语音信号的非平稳特性,固定预测器不能在所有时间都能有效地预测信号值。为了响应语音信号的非平稳特性,预测器必须是自适应的。在 1970 年,Atal 和 Schroeder 阐述了一种实现语音自适应预测编码的高级方案。该方案认为,在语音中存在冗余度有两个主要原因(Schroeder, 1966):(1)浊音块的准周期性,(2)短时谱包络的不平坦性。于是,为了去除信号冗余度,预测器设计成两级:首先去除信号的准周期性,其次从谱包络中移走共振峰。该方案惊人地降低了比特率,但以大量增加电路复杂性为代价。Atal 和

---

① 根据 Markel 和 Gray(1976),日本的 Itakura 和 Saito 于 1969 年介绍了线性预测 PARCOR 公式。

Schroeder(1970)报道,该方案能以 10 kb/s 传送语音,它比对数 PCM 编码所要求的比特率低很多,并具有可比的语音质量。

谱分析

20 世纪末,Schuster 引入时间序列功率谱分析的周期图法(Schuster,1898)。周期图定义为序列离散傅里叶变换的幅度平方。周期图原来由 Schuster 应用于检测和估计含有噪声的已知频率正弦波的幅度。直到 1927 年 Yule 完成他的工作之前,周期图法是可用于谱分析的唯一数值方法。然而,当周期图法用于自然界中观测到的高度不稳定时间序列时,该方法受到很大限制。这一限制导致 Yule 在他的有关 Wolfer 太阳黑子数时间序列周期研究中,引入基于平稳随机过程有限参数模型概念的新方法(Yule, 1927)。事实上,Yule 创造性地提出随机反馈模型,在该模型中时间序列的当前样值假设由过去样值的线性组合加上误差项组成。这个模型叫做自回归(AR)模型(autoregressive model),在该模型中时间序列的某一样值按其自身过去值回归而成,因此基于这一模型的谱分析方法叫做自回归谱分析(autoregressive spectrum analysis)。"自回归"这个名字是由 Wold 在他的博士论文中创造的(Wold,1938)。

Burg 的研究工作重新燃起人们对自回归方法的研究兴趣(Burg, 1967, 1975),他引入术语"最大熵方法"(maximum-entropy method),并用它来描述直接从得到的时间序列估计功率谱的方法。最大熵方法的基本思想是以外推的方法推出序列的自相关函数,该方法在外推的每一步都使相应的概率密度函数极大化。1971 年,Van den Bos 证明了最大熵方法等效于自回归模型对已知自相关序列的最小二乘拟合。

谱分析另一个重要贡献是由 Thomson(1982)做出的。他的基于长椭球面波函数的多窗口法是一种非参数谱估计法,该方法克服了前面所述技术的许多限制。

自适应噪声消除

自适应回音消除器的最初工作大约始于 1965 年。就语音信号自身用于完成自适应而言,贝尔电话实验室的 Kelly 第一个提出把自适应滤波器用于回音消除。Kelly 的贡献为 Sondhi (1967)的论文所认同。该发明及其改进体现在 Kelly 和 Logan(1970)及 Sondhi(1967)的专利中。

由 Widrow 及其斯坦福大学的合作者发明了自适应谱线增强器(adaptive line enhancer)。该装置的初型构建于 1965 年,用来消除心电图放大器和译码器输出端的 60 Hz 干扰。Widrow 等(1975b)在其论文中介绍了这个工作。自适应谱线增强器及其用做自适应检测器等内容在 McCool 等(1980)的专利中进行了介绍。

尽管自适应回音消除器和自适应谱线增强器作为不同应用,但均可看做 Widrow 等 (1975b)所述的自适应噪声消除器的应用实例。这个方案运行在两个传感器(提供感兴趣含噪期望信号的基本传感器和只提供噪声的参考传感器)的输出端。假设:(1)基本传感器输出的信号与噪声不相关,(2)参考传感器输出的噪声与基本传感器输出的噪声分量相关。

自适应噪声消除器由运行在参考传感器输出端的自适应滤波器组成。这个自适应滤波器用来估计噪声,然后从基本传感器输出中减去该噪声估值。消除器的总输出用来控制自适应滤波器中抽头加权系数的调整。自适应消除器趋于使总输出的均方值最小,从而产生在最小均方误差意义下期望信号最好估计的输出。

自适应波束成形

自适应波束成形的研究可追溯到 20 世纪 50 年代后期 Howells 发明中频(IF)旁瓣消除器(sidelobe canceller)。在 IEEE 天线与广播汇刊 1976 年专辑发表的一篇论文中, Howells 介绍了他对通用电气公司和 Syracuse 大学研究公司自适应天线早期工作的个人意见和评论。根据这个历史性报告, Howells 早在 1957 年就已经开发出能够自动使人为干扰影响降为零的旁瓣消除器。该旁瓣消除器使用一个基本(高增益)天线和一个非定向参考(低增益)天线, 并由此组成具有一个自由度的双天线阵, 该天线阵能够在组合天线模式旁瓣区域内的任何地方控制极端微弱的信号。特别地, 一个微弱信号被放在人为干扰方向上, 并且仅有主瓣的某一微小扰动。其后, Howells(1965)获得旁瓣消除器专利。

自适应天线阵的第二个主要贡献是由 Applebaum 在 1966 年做出的。在一个权威报告中, 他推导了带有各种环路作为阵元的管理自适应天线阵运行的控制定律(Applebaum, 1966)。由 Applebaum 导出的算法以任意噪声环境下使天线阵输出信噪比(SNR)最大化为基础。Applebaum 的理论包括将旁瓣消除器作为一个特例。他于 1966 年发表的有名的报告在 IEEE 天线与广播汇刊 1976 年专辑中被重新刊登。

自适应阵列天线中加权调整的另一个算法是 Widrow 与其斯坦福大学合作者在 1967 年独立提出的。他们将其理论建立在简单而有效的 LMS 算法的基础上。Widrow 等 1967 年的论文不仅是有关自适应阵列天线公开发表的文献中的首篇出版物, 而且也被认为是该领域的另一经典之作。

值得一提的是, 自适应阵列天线的最大 SNR 算法(被 Applebaum 采用)与 LMS 算法(被 Widrow 及其合作者使用)是相当类似的。二者都通过自动检测天线阵元信号之间的自相关, 推导出阵列天线中加权自适应调整的控制定律。对于平稳输入, 它们都收敛于最佳维纳解(Gabriel, 1976)。

Capon(1969)提出了求解自适应波束形成问题的各种方法, 他认为延迟和(delay-and-sum)波束形成器的性能差是由于它沿感兴趣方向的响应不仅取决于入射目标信号的功率, 而且取决于从其他干扰源接收到的不想要的成分。为了克服这个限制, Capon 提出一个新的波束形成器, 它对所有 n, 通过选择权向量 $\mathbf{w}(n)$, 使得在 $\mathbf{w}^{\mathrm{H}}(n)\mathbf{s}(\theta) = 1$ 的约束条件下输出方差(即平均功率)最小, 其中 $\mathbf{s}(\theta)$ 是转向向量。该约束极小化得到一个具有最小方差无失真响应(MVDR)的自适应波束形成器。

1983 年, McWhirter 提出用于最小二乘估计的简化形式的 Gentleman-Kung(脉动)阵列。由此得到的滤波结构称为 McWhirter(脉动)阵列, 它特别适合于自适应波束形成应用。

在这个导引性章节中, 我们并不试图对自适应滤波器原理及应用做出全面完整的历史回顾。相反, 我们力图将注意力集中于那些对日益扩大的自适应信号处理领域的重要部分做出重要贡献的方面。最重要的是, 我们希望这样做能够对读者有所激励和启迪。

第1章 随机过程与模型

随机过程(stochastic process 或 random process)这个术语用来描述按照概率规律随时间变化的统计现象的时间演变。该现象的时间演变意味着随机过程是定义在某些观测间隔上的时间函数。该现象的统计特性表明,在进行一次实验之前是不可能精确定义其时间上的演变方式的。随机过程的例子包括语音信号、电视信号、雷达信号、数字计算机数据、通信信道的输出、地震学数据和噪声。

我们感兴趣的一种随机过程是在离散时间均匀间隔抽样下定义的(Box & Jenkins, 1976; Priestley, 1981)。在实践中自然会提出这样一个限制条件,比如雷达信号或数字计算机数据。相反地,随机过程也可以对连续范围实数时间值定义,但在处理前,它要经过均匀抽样,而且要选择抽样率大于该过程最高频率分量的两倍以上(Haykin, 2013)。

随机过程并不只是时间的函数。实际上,在理论上它表示了该过程的无限多个不同实现,其中离散时间随机过程的一个特殊实现称为时间序列。例如,序列 $u(n), u(n-1), \cdots,$ $u(n-M)$ 表示这样一个时间序列,它包含时刻 n 所得的当前观测值 $u(n)$ 和在时刻 $n-1$, $n-2, \cdots, n-M$ 所得的 M 个过去观测值。

如果随机过程的性质不随着时间变化而变化,则称该过程严格平稳。具体地,如果时间序列 $u(n), u(n-1), \cdots, u(n-M)$ 表示的离散时间随机过程是严格平稳的,则 M 一定时,无论对 n 赋什么值,用时刻 $n, n-1, n-2, \cdots, n-M$ 表示的随机变量的联合概率密度都必须保持不变。

1.1 离散时间随机过程的部分特性

在实际中,我们经常发现不可能确定随机过程的任意观测值集合的联合概率密度。因此,必须用其第一和第二时刻规定的过程部分特性来自我满足。

考虑由时间序列 $u(n), u(n-1), \cdots, u(n-M)$(该序列可以是复数值序列)表示的离散时间随机过程。为简化术语[①],我们用 $u(n)$ 来表示这样一个过程;而且该简化术语贯穿全书。该过程的均值函数定义为

$$\mu(n) = \mathbb{E}[u(n)] \tag{1.1}$$

其中 $\mathbb{E}$ 表示统计期望运算符。定义过程的自相关函数为

$$r(n, n-k) = \mathbb{E}[u(n)u^*(n-k)] \quad k = 0, \pm1, \pm2, \cdots \tag{1.2}$$

其中星号(*)表示复数共轭。过程的自协方差函数定义为

$$c(n, n-k) = \mathbb{E}[(u(n) - \mu(n))(u(n-k) - \mu(n-k))^*] \quad k = 0, \pm1, \pm2, \cdots \tag{1.3}$$

---

① 严格来说,我们应该使用大写符号——$U(n)$ 表示一个离散时间随机过程,其相应的小写符号 $u(n)$ 表示过程的样本。我们并未这样做的目的是为了简化说明。

由式(1.1)到式(1.3)可见,过程的均值、自相关和自协方差函数之间的关系如下

$$c(n, n - k) = r(n, n - k) - \mu(n)\mu^*(n - k) \tag{1.4}$$

对于随机过程的局部(二阶)特性,有必要对 n, $k(n, k$ 为整数)的不同取值,规定如下函数:(1)均值函数 $\mu(n)$;(2)自相关函数 $r(n, n - k)$ 或自协方差函数 $c(n, n - k)$。注意,对所有 n,当均值 $\mu(n)$ 都为零时,自相关和自协方差函数具有相同的值。

这种形式的局部特性有两个重要优点:

1) 适合于实际测量。

2) 适合于随机过程线性运算。

对于一个严格平稳的离散时间随机过程,式(1.1)到式(1.3)定义的所有三个量都假设为简化形式。具体来说,它们满足如下两个条件:

1)过程的均值函数是一个常数 μ(假定),因此可以写成

$$\mu(n) = \mu \quad \text{对于所有 } n \tag{1.5}$$

2)自相关和自协方差函数只依赖于观测时刻 n 和 $n - k$ 之差 k,即

$$r(n, n - k) = r(k) \tag{1.6}$$

和

$$c(n, n - k) = c(k) \tag{1.7}$$

当 $k = 0$ 时,对应于零时间差或零延迟,$r(0)$ 等于 $u(n)$ 的均方值,

$$r(0) = \mathbb{E}\big[|u(n)|^2\big] \tag{1.8}$$

同样,$c(0)$ 等于 $u(n)$ 的方差,

$$c(0) = \sigma_u^2 \tag{1.9}$$

式(1.5)到式(1.7)并不足以保证离散时间随机过程是严格平稳的。而具有上述条件的离散时间随机过程称为广义平稳或二阶平稳的。严格平稳过程 $\{u(n)\}$ 或其简写 $u(n)$ 是广义平稳的,当且仅当(Doob, 1953)

$$\mathbb{E}\big[|u(n)|^2\big] < \infty \quad \text{对于所有 } n$$

在物理科学和工程中遇到的随机过程普遍满足这个条件。

1.2 平均各态历经定理

随机过程的期望,或其集平均,是"跨过程"(across the process)的平均。显然,可以定义长期样本平均,或长过程的时间平均。实际上,通过估计模型的未知参数,时间平均可用来建立物理过程的随机模型。然而,对于这样一种严格的方法,必须证明在统计意义上时间平均收敛于对应的集平均。均方误差准则是一种流行的收敛判别准则。

有鉴于此,考虑广义平稳的离散时间随机过程 $u(n)$。设常数 μ 表示过程的均值,$c(k)$ 表示其自协方差函数(k 为自变量)。为估计均值 μ,可以使用时间平均

$$\hat{\mu}(N) = \frac{1}{N} \sum_{n=0}^{N-1} u(n) \tag{1.10}$$

其中 N 为估计中使用的样本总数。注意，$\hat{\mu}(N)$ 为一个具有均值和方差的随机变量。特别地，从式(1.10)容易发现，$\hat{\mu}(N)$ 的均值(期望)为

$$\mathbb{E}\left[\hat{\mu}(N)\right] = \mu \quad \text{对于所有 } N \tag{1.11}$$

式(1.11)表明，时间平均 $\hat{\mu}(N)$ 是过程集平均(均值)的无偏(unbiased)估计器。

再则，当样本 N 趋向于无穷大时，集平均 μ 与时间平均 $\hat{\mu}(N)$ 之差的均方值趋向于零。这时，就说过程 $u(n)$ 在均方误差意义上是平均各态历经的(mean ergodic)。即

$$\lim_{N \to \infty} \mathbb{E}\left[\left|\mu - \hat{\mu}(N)\right|^2\right] = 0$$

利用时间平均公式(1.10)，我们有

$$\begin{aligned}
\mathbb{E}\left[\left|\mu - \hat{\mu}(N)\right|^2\right] &= \mathbb{E}\left[\left|\mu - \frac{1}{N}\sum_{n=0}^{N-1} u(n)\right|^2\right] \\
&= \frac{1}{N^2}\mathbb{E}\left[\left|\sum_{n=0}^{N-1}\left(u(n) - \mu\right)\right|^2\right] \\
&= \frac{1}{N^2}\mathbb{E}\left[\sum_{n=0}^{N-1}\sum_{k=0}^{N-1}\left(u(n) - \mu\right)\left(u(k) - \mu\right)^*\right] \\
&= \frac{1}{N^2}\sum_{n=0}^{N-1}\sum_{k=0}^{N-1}\mathbb{E}\left[\left(u(n) - \mu\right)\left(u(k) - \mu\right)^*\right] \\
&= \frac{1}{N^2}\sum_{n=0}^{N-1}\sum_{k=0}^{N-1} c(n-k)
\end{aligned} \tag{1.12}$$

设 $l = n - k$，则可将式(1.12)中的双累加符号简化为

$$\mathbb{E}\left[\left|\mu - \hat{\mu}(N)\right|^2\right] = \frac{1}{N}\sum_{l=-N+1}^{N-1}\left(1 - \frac{|l|}{N}\right)c(l)$$

故可得出，过程 $u(n)$ 在均方误差意义上为平均各态历经的充分必要条件为

$$\lim_{N \to \infty}\frac{1}{N}\sum_{l=-N+1}^{N-1}\left(1 - \frac{|l|}{N}\right)c(l) = 0 \tag{1.13}$$

换句话说，如果从式(1.13)的意义上说过程 $u(n)$ 是渐近不相关的，那么过程的时间平均 $\hat{\mu}(N)$ 收敛于集平均 μ(利用均方误差准则)。这就是特殊形式的平均各态历经定理(Gray & Davisson, 1986)的表述。

平均各态历经定理的使用可以推广到过程的其他时间平均。例如，考虑如下用来估计广义平稳随机过程自相关函数的时间平均：

$$\hat{r}(k, N) = \frac{1}{N}\sum_{n=0}^{N-1} u(n)u(n-k) \qquad 0 \leqslant k \leqslant N - 1 \tag{1.14}$$

若真实值 $r(k)$ 和估计值 $\hat{r}(k,N)$ 之差的均方值随着 N 趋于无穷大而趋向零，则称过程 $u(n)$ 为相关遍历的。设 $z(n,k)$ 表示与原过程 $u(n)$ 相关的新离散时间随机过程，即

$$z(n, k) = u(n)u(n-k) \tag{1.15}$$

于是，通过用 $z(n,k)$ 代替 $u(n)u(n-k)$，我们可使用平均各态历经定理来建立使 $z(n,k)$ 为平均各态历经或相当于 $u(n)$ 为相关遍历的条件。

从参数估计的观点来看,均值的求解(如直流分量)是在对感兴趣的分量估计之前,对时间序列进行的最重要的预处理操作。这个预处理得到一个零均值残差时间序列,其中不同延迟的自相关函数的计算对过程的局部特性来讲已经完全足够。

此后,我们假设随机过程 $u(n)$ 为零均值,即

$$\mathbb{E}[u(n)] = 0 \qquad 对于所有 n$$

有限个延迟的 $u(n)$ 的自相关函数集定义了过程的相关矩阵。

1.3   相关矩阵

设 $M \times 1$ 观测向量 $\mathbf{u}(n)$ 表示以零均值时间序列 $u(n)$,$u(n-1)$,$\cdots$,$u(n-M+1)$ 为元素组成的向量。为清楚表示 $\mathbf{u}(n)$ 的组成,我们写出

$$\mathbf{u}(n) = [u(n), u(n-1), \cdots, u(n-M+1)]^{\mathrm{T}} \qquad (1.16)$$

其中,上标 T 表示转置。我们把该时间序列表示的平稳离散时间随机过程的相关矩阵,定义为观测向量 $\mathbf{u}(n)$ 与其自身外积的期望。用 $\mathbf{R}$ 表示用这个方法定义的 $M \times M$ 相关矩阵。故有

$$\mathbf{R} = \mathbb{E}[\mathbf{u}(n)\mathbf{u}^{\mathrm{H}}(n)] \qquad (1.17)$$

其中上标 H 表示复数共轭与转置相结合的所谓埃尔米特(Hermitian)转置(即复共轭转置)。将式(1.16)代入式(1.17)并使用广义平稳条件,得到相关矩阵的扩展形式

$$\mathbf{R} = \begin{bmatrix} r(0) & r(1) & \cdots & r(M-1) \\ r(-1) & r(0) & \cdots & r(M-2) \\ \vdots & \vdots & \ddots & \vdots \\ r(-M+1) & r(-M+2) & \cdots & r(0) \end{bmatrix} \qquad (1.18)$$

在主对角线上的元素 $r(0)$ 总为实值。对于复值数据,$\mathbf{R}$ 的其余元素为复数值。

1.3.1   相关矩阵的性质

相关矩阵 $\mathbf{R}$ 在统计分析和离散时间滤波器设计中起着重要作用。因此理解其性质及这些性质的含义是很重要的。特别地,利用式(1.17)中给出的定义,我们发现平稳离散时间随机过程的相关矩阵具有如下性质。

性质 1   平稳离散时间随机过程的相关矩阵是埃尔米特矩阵。

当一个复值矩阵等于它的共轭转置时,我们就说该矩阵是埃尔米特矩阵。因此可以将相关矩阵 $\mathbf{R}$ 的埃尔米特矩阵性质写为

$$\mathbf{R}^{\mathrm{H}} = \mathbf{R} \qquad (1.19)$$

这个性质可从式(1.17)的定义中直接得出。该性质亦可表示为

$$r(-k) = r^*(k) \qquad (1.20)$$

其中,$r(k)$ 是延迟为 k 的随机过程 $u(n)$ 的自相关函数。因此,对于一个广义平稳过程,只需要自相关函数 $r(k)$ ($k = 0, 1, \cdots, M-1$) 的 M 个值就可以完全定义相关矩阵 $\mathbf{R}$。可以将式(1.18)重写为

$$\mathbf{R} = \begin{bmatrix} r(0) & r(1) & \cdots & r(M-1) \\ r*(1) & r(0) & \cdots & r(M-2) \\ \vdots & \vdots & \ddots & \vdots \\ r*(M-1) & r*(M-2) & \cdots & r(0) \end{bmatrix} \tag{1.21}$$

此后，我们将使用这种方法来表示广义平稳离散随机过程的相关矩阵的展开形式。应注意到，对于实数据的特殊情况，自相关函数 $r(k)$ 对所有 k 都是实数，并且相关矩阵 $\mathbf{R}$ 是对称的。

性质 2　平稳离散时间随机过程的相关矩阵是托伯利兹(Toeplitz)矩阵。

若一个方阵的主对角线上的所有元素相等，而且任意条平行于主对角线的对角线上的元素也相等，我们就说该方阵为托伯利兹矩阵。从式(1.21)中给出的相关矩阵 $\mathbf{R}$ 的展开形式可以看出，所有主对角线上的元素都等于 $r(0)$，所有在主对角线上一行的对角线上的元素都等于 $r(1)$，所有在主对角线下一行的对角线上的元素都等于 $r*(1)$。其他对角线也是如此。因此，我们得出结论：相关矩阵 $\mathbf{R}$ 是托伯利兹矩阵。

应该看到，相关矩阵 $\mathbf{R}$ 的托伯利兹性质是假设观测向量 $\mathbf{u}(n)$ 所表示的离散时间随机过程是广义平稳的一个直接结果。实际上，可以这样表述：如果离散时间随机过程是广义平稳的，则它的自相关矩阵 $\mathbf{R}$ 一定是托伯利兹矩阵；反之，如果相关矩阵 $\mathbf{R}$ 为托伯利兹矩阵，则该离散时间随机过程一定是广义平稳的。

性质 3　离散时间随机过程的相关矩阵总是非负定的，并且几乎总是正定的。

设 $\mathbf{a}$ 为任意(非零) $M \times 1$ 的复值向量。定义标量随机变量 y 为 $\mathbf{a}$ 和观测向量 $\mathbf{u}(n)$ 的内积，即

$$y = \mathbf{a}^{\mathrm{H}}\mathbf{u}(n)$$

两边取埃尔米特转置并将 y 看做标量因子，得到

$$y* = \mathbf{u}^{\mathrm{H}}(n)\mathbf{a}$$

其中星号表示复数共轭。随机变量 y 的均方值为

$$\begin{aligned} \mathbb{E}[|y|^2] &= \mathbb{E}[yy*] \\ &= \mathbb{E}[\mathbf{a}^{\mathrm{H}}\mathbf{u}(n)\mathbf{u}^{\mathrm{H}}(n)\mathbf{a}] \\ &= \mathbf{a}^{\mathrm{H}}\mathbb{E}[\mathbf{u}(n)\mathbf{u}^{\mathrm{H}}(n)]\mathbf{a} \\ &= \mathbf{a}^{\mathrm{H}}\mathbf{R}\mathbf{a} \end{aligned}$$

其中，$\mathbf{R}$ 为式(1.17)中定义的相关矩阵。$\mathbf{a}^{\mathrm{H}}\mathbf{R}\mathbf{a}$ 称为埃尔米特形式。因为

$$\mathbb{E}[|y|^2] \geqslant 0$$

故有

$$\mathbf{a}^{\mathrm{H}}\mathbf{R}\mathbf{a} \geqslant 0 \tag{1.22}$$

对于每一个非零的 $\mathbf{a}$，满足这个条件的埃尔米特形式就说是非负定或半正定的。

如果埃尔米特形式对所有非零 $\mathbf{a}$ 满足如下条件：

$$\mathbf{a}^{\mathrm{H}}\mathbf{R}\mathbf{a} > 0$$

则称该相关矩阵 $\mathbf{R}$ 是正定的。除非组成 M 个分量观测向量 $\mathbf{u}(n)$ 的每个随机变量间存在线性关系，否则广义平稳随机过程满足这个条件。上述情况基本上只出现在过程 $u(n)$ 是由 $K \leqslant M$ 时 K 个正弦波之和组成的(更多细节参见 1.4 节)。在实际中我们发现，这种理想状况极少发生，以至于相关矩阵 $\mathbf{R}$ 几乎都是正定的。

性质 4 由于不可避免地存在加性噪声，广义平稳过程的相关矩阵是非奇异的。

如果非零矩阵 $\mathbf{R}$ 的行列式[记为 $\det(\mathbf{R})$]是非零的，则说 $\mathbf{R}$ 是非奇异的。典型地，观测向量 $\mathbf{u}(n)$ 的每个元素都包含一个加性噪声分量。因此，我们发现，对所有 $l \neq 0$ 的 l，

$$|r(l)| < r(0)$$

其中 $\det(\mathbf{R}) \neq 0$ 且相关矩阵是非奇异的。

性质 4 有一个重要的计算隐含：矩阵 $\mathbf{R}$ 的非奇异性意味着，其逆 $\mathbf{R}^{-1}$ 存在且可定义为

$$\mathbf{R}^{-1} = \frac{\mathrm{adj}(\mathbf{R})}{\det(\mathbf{R})} \tag{1.23}$$

其中，$\mathrm{adj}(\mathbf{R})$ 是 $\mathbf{R}$ 的伴随(adjoint)矩阵。根据定义，$\mathrm{adj}(\mathbf{R})$ 是以 $\det(\mathbf{R})$ 中元素的代数余子式为元素的矩阵的转置。式(1.23)表明，当 $\det(\mathbf{R}) \neq 0$(即 $\mathbf{R}$ 非奇异)时，其逆矩阵存在从而可以计算。

性质 5 当组成平稳离散时间随机过程的观测向量的元素反向重排时，其效果相当于求该过程相关矩阵的转置。

设 $\mathbf{u}^{\mathrm{B}}(n)$ 表示观测向量 $\mathbf{u}(n)$ 的元素反向重排列得到的 $M \times 1$ 向量，从而有

$$\mathbf{u}^{\mathrm{BT}}(n) = [u(n - M + 1), u(n - M + 2), \cdots, u(n)] \tag{1.24}$$

其中上标 B 表示某一向量的反序重排。向量 $\mathbf{u}^{\mathrm{B}}(n)$ 的相关矩阵定义为

$$\mathbb{E}[\mathbf{u}^{\mathrm{B}}(n)\mathbf{u}^{\mathrm{BH}}(n)] = \begin{bmatrix} r(0) & r^*(1) & \cdots & r^*(M-1) \\ r(1) & r(0) & \cdots & r^*(M-2) \\ \vdots & \vdots & \ddots & \vdots \\ r(M-1) & r(M-2) & \cdots & r(0) \end{bmatrix} \tag{1.25}$$

因此，通过比较式(1.25)中展开形式的相关矩阵与式(1.21)，有

$$\mathbb{E}[\mathbf{u}^{\mathrm{B}}(n)\mathbf{u}^{\mathrm{BH}}(n)] = \mathbf{R}^{\mathrm{T}}$$

这就是我们所期望的结果。

性质 6 平稳离散时间随机过程的相关矩阵 $\mathbf{R}_M$ 和 $\mathbf{R}_{M+1}$(分别属于过程的 M 和 $M+1$ 个观测值)之间的关系为

$$\mathbf{R}_{M+1} = \begin{bmatrix} r(0) & \mathbf{r}^{\mathrm{H}} \\ \hline \mathbf{r} & \mathbf{R}_M \end{bmatrix} \tag{1.26}$$

或等价地

$$\mathbf{R}_{M+1} = \begin{bmatrix} \mathbf{R}_M & \mathbf{r}^{\mathrm{B}*} \\ \hline \mathbf{r}^{\mathrm{BT}} & r(0) \end{bmatrix} \tag{1.27}$$

其中 $r(0)$ 为零延迟时过程的自相关，且

$$\mathbf{r}^{\mathrm{H}} = [r(1), r(2), \cdots, r(M)] \tag{1.28}$$

和

$$\mathbf{r}^{\mathrm{BT}} = [r(-M), r(-M+1), \cdots, r(-1)] \tag{1.29}$$

注意在性质 6 中，我们已经为相关矩阵的符号加了 M 或 $M+1$ 的下标，以显示对用于定义矩阵的观测数的依赖关系。只有当所考虑的问题涉及观测数或矩阵维数的依赖性时才遵从这一准则（在相关矩阵和其他向量范围内）。

为了得到式(1.26)，将相关矩阵 $\mathbf{R}_{M+1}$ 用其展开形式来表示，并分块为

$$\mathbf{R}_{M+1} = \begin{bmatrix} r(0) & r(1) & r(2) & \cdots & r(M) \\ \hdashline r*(1) & r(0) & r(1) & \cdots & r(M-1) \\ r*(2) & r*(1) & r(0) & \cdots & r(M-2) \\ \vdots & \vdots & \vdots & \ddots & \vdots \\ r*(M) & r*(M-1) & r*(M-2) & \cdots & r(0) \end{bmatrix} \tag{1.30}$$

在式(1.30)中利用式(1.18)、式(1.20)和式(1.28)，可以得到式(1.26)。注意，对应于这种联系，观测向量 $\mathbf{u}_{M+1}(n)$ 可分块为

$$\mathbf{u}_{M+1}(n) = \begin{bmatrix} u(n) \\ \hdashline u(n-1) \\ u(n-2) \\ \vdots \\ u(n-M) \end{bmatrix}$$

$$= \begin{bmatrix} u(n) \\ \hdashline \mathbf{u}_M(n-1) \end{bmatrix} \tag{1.31}$$

式中，下标 $M+1$ 用来注明 $\mathbf{u}_{M+1}(n)$ 有 $M+1$ 个分量，$\mathbf{u}_M(n)$ 也类似。

为证明式(1.27)的关系，将相关矩阵 $\mathbf{R}_{M+1}$ 用其展开形式表示为另一种分块形式

$$\mathbf{R}_{M+1} = \begin{bmatrix} r(0) & r(1) & \cdots & r(M-1) & r(M) \\ r*(1) & r(0) & \cdots & r(M-2) & r(M-1) \\ \vdots & \vdots & \ddots & \vdots & \vdots \\ r*(M-1) & r*(M-2) & \cdots & r(0) & r(1) \\ \hdashline r*(M) & r*(M-1) & \cdots & r*(1) & r(0) \end{bmatrix} \tag{1.32}$$

然后再一次在式(1.32)中利用式(1.18)、式(1.20)和式(1.29)，可得到式(1.27)给出的结果。注意，对应于第二种关系，观测向量 $\mathbf{u}_{M+1}(n)$ 可用另一种分块方法表示为

$$\mathbf{u}_{M+1}(n) = \begin{bmatrix} u(n) \\ u(n-1) \\ \vdots \\ u(n-M+1) \\ \hdashline u(n-M) \end{bmatrix}$$

$$= \begin{bmatrix} \mathbf{u}_M(n) \\ \hdashline u(n-M) \end{bmatrix} \tag{1.33}$$

1.4 正弦波加噪声的相关矩阵

一种特别受关注的时间序列由被加性噪声污染的复正弦信号组成。这种时间序列代表了若干重要的信号处理应用。例如,在时间域中,这类序列表示一个接收器输入端的合成信号,其中复正弦信号表示目标信号,而噪声表示在接收器前端产生的热噪声。在空间域,它代表某一传感器线性阵列所接收的信号,其中复正弦信号表示由远端信源(发射器)产生的平面波,而噪声表示传感器噪声。

设 α 表示复正弦信号的幅度,ω 表示其角频率。同时设 $\nu(n)$ 表示零均值噪声的样本。那么,可将复正弦信号加噪声组成的时间序列样本表示为

$$u(n) = \alpha \exp(j\omega n) + \nu(n) \qquad n = 0, 1, \cdots, N - 1 \tag{1.34}$$

复正弦信号源和噪声源相互独立。由于假设噪声分量 $\nu(n)$ 具有零均值,可由式(1.34)中得出 $u(n)$ 的均值为 $\alpha \exp(j\omega n)$。

为了计算过程 $u(n)$ 的自相关函数,显然需要知道噪声 $\nu(n)$ 的自相关函数。为此,假设由自相关函数表征一种特殊形式的噪声,即

$$\mathbb{E}\big[\nu(n)\nu^*(n - k)\big] = \begin{cases} \sigma_\nu^2 & k = 0 \\ 0 & k \neq 0 \end{cases} \tag{1.35}$$

这样一种噪声通常称为白噪声,我们将在 1.14 节详细介绍它。既然产生复正弦信号和噪声的源是相互独立的(即不相关的),则可以推断,过程 $u(n)$ 的自相关函数等于它的两个独立分量的自相关函数之和。因此,利用式(1.34)和式(1.35)可以发现,延迟为 k 的过程 $u(n)$ 的自相关函数为

$$
\begin{aligned}
r(k) &= \mathbb{E}[u(n)u^*(n - k)] \\
&= \begin{cases} |\alpha|^2 + \sigma_\nu^2 & k = 0 \\ |\alpha|^2 \exp(j\omega k) & k \neq 0 \end{cases}
\end{aligned}
\tag{1.36}
$$

其中 $|\alpha|$ 为复振幅 α 的模。应注意到,如果延迟 $k \neq 0$,则当 $u(n)$ 的样本随 n 变化时,除了幅度变化之外,同一正弦信号的自相关函数 $r(k)$ 也随着 k 的变化而变化。给定样本序列 $u(n)$, $u(n-1)$, $\cdots$, $u(n-M+1)$,我们可以将 $u(n)$ 的相关矩阵表示为

$$
\mathbf{R} = |\alpha|^2 \begin{bmatrix}
1 + \dfrac{1}{\rho} & \exp(j\omega) & \cdots & \exp(j\omega(M - 1)) \\
\exp(-j\omega) & 1 + \dfrac{1}{\rho} & \cdots & \exp(j\omega(M - 2)) \\
\vdots & \vdots & \ddots & \vdots \\
\exp(-j\omega(M - 1)) & \exp(-j\omega(M - 2)) & \cdots & 1 + \dfrac{1}{\rho}
\end{bmatrix}
\tag{1.37}
$$

其中

$$\rho = \frac{|\alpha|^2}{\sigma_\nu^2} \tag{1.38}$$

为信噪比。式(1.37)中的相关矩阵 $\mathbf{R}$ 具有 1.3 节中描述的所有性质,读者可以证明之。

式(1.36)提供了含加性噪声的复正弦信号中估计参数时两步操作的数学基础:

1) 测量过程 $u(n)$ 的均方值 $r(0)$。从而可根据给定的噪声方差 σ_{ν}^2，确定幅值 $|\alpha|$。

2) 测量延迟 $k \neq 0$ 时过程 $u(n)$ 的自相关函数 $r(k)$。从而可根据步骤 1 给定的 $|\alpha|^2$，确定角频率 ω。

注意，这种估计步骤不随 α 相位的改变而改变，这是由自相关函数 $r(k)$ 定义的一个直接结果。

例1　考虑理想状态下角频率为 ω 的无噪声正弦波。为便于说明，假设我们感兴趣的时间序列是由该正弦波获得的三种均匀间隔样本组成的。因此，设信噪比 $\rho = \infty$，抽样数 $M = 3$，从式 (1.37) 中可以得到时间序列的相关矩阵为

$$\mathbf{R} = |\alpha|^2 \begin{bmatrix} 1 & \exp(j\omega) & \exp(j2\omega) \\ \exp(-j\omega) & 1 & \exp(j\omega) \\ \exp(-j2\omega) & \exp(-j\omega) & 1 \end{bmatrix}$$

由上式容易看出，$\mathbf{R}$ 的行列式和各个主子式都为 0，故这个相关矩阵为退化的。

我们可以推广刚刚得到的结果，表述为在过程 $u(n)$ 包含从 K 个正弦波之和中抽取的 M 个样本 $(K < M)$。并且在无加性噪声的情况下，该过程的相关矩阵是退化的。

1.5　随机模型

模型这个术语用于任何假设，这些假设可用来解释或描述应该操纵或约束感兴趣物理数据所隐含的规律。用模型数据表示随机过程可追溯到 Yule(1927) 的想法。这个想法是：由高度相关的观测值组成的时间序列 $u(n)$，可通过一系列统计独立的脉冲激励一个线性滤波器来产生，如图 1.1 所示。该冲击是从某一固定分布(通常假设具有零均值和常数方差的高斯分布)中获取的随机变量。这样，一系列随机变量就组成了一个纯随机过程，通常称为高斯白噪声。特别地，可用统计术语描述图中的输入 $\nu(n)$ 为

$$\mathbb{E}\big[\nu(n)\big] = 0 \qquad 对于所有 n \tag{1.39}$$

和

$$\mathbb{E}\big[\nu(n)\nu^*(k)\big] = \begin{cases} \sigma_{\nu}^2 & k = n \\ 0 & 其他 \end{cases} \tag{1.40}$$

其中 σ_{ν}^2 为噪声方差。式 (1.39) 由零均值假设得出，式 (1.40) 由白噪声的假设推出。高斯过程的假设的含义在 1.11 节中讨论。

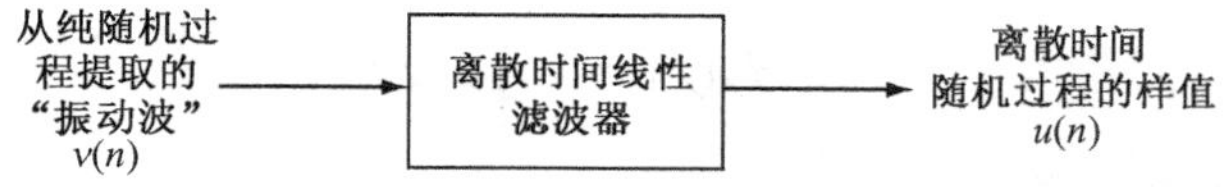

图 1.1　随机模型

一般来讲，图 1.1 中随机模型的输入-输出关系的时域描述可以表述如下：

$$\begin{pmatrix} 模型输出 \\ 当前值 \end{pmatrix} + \begin{pmatrix} 模型输出 \\ 过去值的 \\ 线性组合 \end{pmatrix} = \begin{pmatrix} 模型输入当前 \\ 值和过去值的 \\ 线性组合 \end{pmatrix} \tag{1.41}$$

以上描述的随机过程称为线性过程。

图 1.1 中所示随机模型的结构由式(1.41)中两个线性组合表示的方式来决定。于是,我们可以辨认出三种流行类型的线性随机模型:

1) 自回归模型,其中没有使用模型输入的过去值。
2) 滑动平均(MA)模型,其中没有使用模型输出的过去值。
3) 混合的自回归–滑动平均(ARMA)模型,以其完整形式使用式(1.41)的描述。因此,这类随机模型包含了自回归和滑动平均作为特例。

1.5.1　自回归模型

如果时间序列 $u(n)$, $u(n-1)$, $\cdots$, $u(n-M)$ 满足下列差分方程

$$u(n) + a_1^* u(n-1) + \cdots + a_M^* u(n-M) = \nu(n) \qquad (1.42)$$

则称 $u(n)$, $u(n-1)$, $\cdots$, $u(n-M)$ 实现了 M 阶自回归(AR, autoregressive)过程,其中常数 a_1, a_2, $\cdots$, a_M 称为 AR 参数, $\nu(n)$ 为白噪声。$a_k^* u(n-k)$ 为 a_k 与 $u(n-k)$ 内积的标量形式,其中 $k = 1, \cdots, M$。

为解释"自回归"这个术语,我们将式(1.42)重写为

$$u(n) = w_1^* u(n-1) + w_2^* u(n-2) + \cdots + w_M^* u(n-M) + \nu(n) \qquad (1.43)$$

式中 $w_k = -a_k$。由此可见,过程的当前值 $u(n)$ 等于过程的过去值 $u(n-1)$, $\cdots$, $u(n-M)$ 的有限线性组合,再加上一个误差项 $\nu(n)$。现在可以看出自回归的含义:反映相关变量 y 与一组独立变量 x_1, x_2, $\cdots$, x_M 加上误差项 $\nu(n)$ 之间关系的线性模型

$$y = \sum_{k=1}^{M} w_k^* x_k + \nu$$

称为自回归模型(regression model)。在式(1.43)中,变量 $u(n)$ 在其自身的过去值上回归,故称为自回归。

式(1.42)的左侧表示输入序列 $\{u(n)\}$ 与参数序列 $\{a_n^*\}$ 的卷积。为强调这点,将它以卷积和的形式重写为

$$\sum_{k=0}^{M} a_k^* u(n-k) = \nu(n) \qquad (1.44)$$

其中 $a_0 = 1$。对式(1.44)两边取 z 变换,可将式左边的卷积和转化为序列 $\{u(n)\}$ 与参数序列 $\{a_n^*\}$ 的 z 变换的乘积。设

$$H_A(z) = \sum_{n=0}^{M} a_n^* z^{-n} \qquad (1.45)$$

表示序列 $\{a_n^*\}$ 的 z 变换,并设

$$U(z) = \sum_{n=0}^{\infty} u(n) z^{-n} \qquad (1.46)$$

为输入序列 $\{u(n)\}$ 的 z 变换,其中 z 为复变量,可以将式(1.42)的差分方程转化成

$$H_A(z) U(z) = V(z) \qquad (1.47)$$

其中

$$V(z) = \sum_{n=0}^{\infty} \nu(n) z^{-n} \qquad (1.48)$$

取决于是否可将 AR 过程 $u(n)$ 看成感兴趣的输入或输出,式(1.47)的 z 变换有两种解释:

1) 给定 AR 过程 $u(n)$,我们可以用图 1.2(a)所示的滤波器来产生白噪声 $\nu(n)$ 作为输出。滤波器参数与 $u(n)$ 的参数之间有一一对应关系。因此,这样一个滤波器代表了一个具有离散转移函数 $H_A(z) = V(z)/U(z)$ 的过程分析器。AR 过程分析器[即 $H_A(z)$ 的 z 反变换]的冲激响应是有限持续的。

2) 使用白噪声 $\nu(n)$ 作为输入,可以用如图 1.2(b)所示的滤波器来产生 AR 过程 $u(n)$ 的输出。相应地,这个滤波器表示一个过程发生器,其转移函数等于

$$H_G(z) = \frac{U(z)}{V(z)} = \frac{1}{H_A(z)} = \frac{1}{\displaystyle\sum_{n=0}^{M} a_n^* z^{-n}} \tag{1.49}$$

AR 过程发生器[即 $H_G(z)$ 的 z 反变换]的冲激响应是有限持续的。

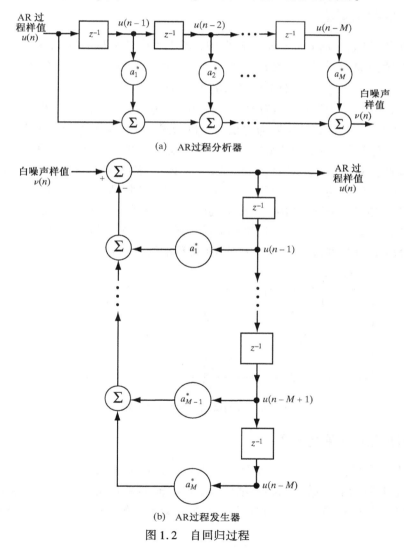

(a)　AR过程分析器

(b)　AR过程发生器

图 1.2　自回归过程

图 1.2(a) 的 AR 过程分析器是一个全零点滤波器。之所以这么称呼它，是因为其转移函数 $H_A(z)$ 完全由它的零点位置所定义。这个滤波器从本质上就是稳定的。

图 1.2(b) 的 AR 过程发生器是一个全极点滤波器。之所以这么称呼它，是因为其转移函数 $H_G(z)$ 完全由它的极点位置所定义，即

$$H_G(z) = \frac{1}{(1 - p_1 z^{-1})(1 - p_2 z^{-1}) \cdots (1 - p_M z^{-1})} \tag{1.50}$$

参数 $p_1, p_2, \cdots, p_M$ 为 $H_G(z)$ 的极点，它们由特征方程的根定义为

$$1 + a_1^* z^{-1} + a_2^* z^{-2} + \cdots + a_M^* z^{-M} = 0 \tag{1.51}$$

要使图 1.2(b) 中的全极点 AR 过程发生器稳定，特征方程(1.51)的所有根都必须位于 z 平面的单位圆内。这也是由图 1.2(b) 产生的 AR 过程为广义平稳的充分必要条件。在 1.7 节中我们将更多地讨论平稳性问题。

1.5.2　滑动平均模型

在滑动平均(MA, moving-average)模型中，图 1.1 中的离散时间线性滤波器由一个受白噪声驱动的全零点滤波器组成。在滤波器输出端所产生的过程 $u(n)$ 由如下差分方程

$$u(n) = \nu(n) + b_1^* \nu(n-1) + \cdots + b_K^* \nu(n-K) \tag{1.52}$$

来描述。其中 $b_1, \cdots, b_K$ 为常数，称为 MA 参数，$\nu(n)$ 为具有零均值和方差为 σ_ν^2 的白噪声。除了 $\nu(n)$，式(1.52)右边的每一项皆为内积的标量形式。这个 MA 过程为 K 阶。滑动平均只是近似的称呼，但其用法已在文献中确立。它的使用是这样的：如果给定白噪声 $\nu(n)$ 的一个瞬态实现，则可以通过建立样本值 $\nu(n), \nu(n-1), \cdots, \nu(n-K)$ 的加权平均来计算 $u(n)$。

从式(1.52)，我们容易获得如图 1.3 所示的 MA 模型(即过程产生器)。具体来说，我们从模型输入端的白噪声 $\nu(n)$ 开始，在输出端产生一个 K 阶 MA 过程 $u(n)$。如以相反方式进行[即给定 MA 过程 $u(n)$，产生白噪声 $\nu(n)$]，则需要一个全极点的滤波器。换言之，用于产生和分析 MA 过程的滤波器正好与用于 AR 过程的滤波器相反。

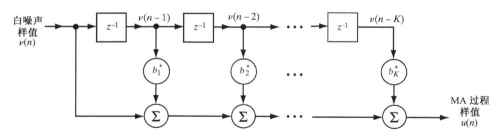

图 1.3　滑动平均模型(过程发生器)

1.5.3　自回归滑动平均模型

为了产生一个混合的自回归滑动平均(ARMA, autoregressive-moving-average)过程 $u(n)$，我们使用图 1.1 所示的离散时间线性滤波器，该滤波器具有同时含极点和零点的转移函数。因此，给定白噪声 $\nu(n)$ 作为滤波器输入，在输出端产生的 ARMA 过程 $u(n)$ 基于如下差分方程

$$u(n) + a_1^* u(n-1) + \cdots + a_M^* u(n-M) =$$
$$\nu(n) + b_1^* \nu(n-1) + \cdots + b_K^* \nu(n-K) \tag{1.53}$$

式中, $a_1 \cdots, a_M$ 和 $b_1, \cdots, b_K$ 称为 ARMA 参数。除了式(1.53)左边的 $u(n)$ 和右边的 $\nu(n)$ 外, 其他所有项都表示内积的标量形式, 该 ARMA 过程的阶数为 (M, K)。

从式(1.53)容易导出图 1.4 中的 ARMA 模型(即过程产生器)。将它与图 1.2(b)和图 1.3 比较, 可明显看出 AR 和 MA 模型实际上是 ARMA 模型的特例。

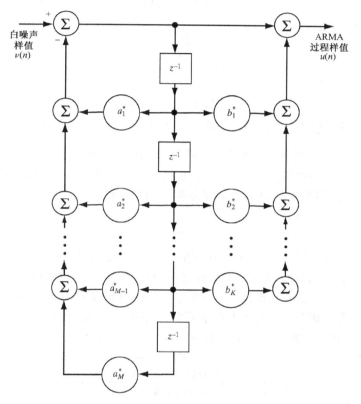

图 1.4 (M, K) 阶 ARMA 模型(过程产生器), 假设 $M > K$

图 1.4 中 ARMA 过程产生器的转移函数同时具有零点、极点。类似地, 给定一个 ARMA 过程 $u(n)$, 用来产生白噪声 $\nu(n)$ 的 ARMA 分析器的转移函数也同时包含零点和极点。

从计算的观点来看, AR 模型较 MA 和 ARMA 模型有一个优点: 图 1.2(a)模型中 AR 系数的计算涉及称为尤尔-沃克(Yule-Walker)方程的系统线性方程。其细节将在 1.8 节中阐述。另一方面, 图 1.3 模型中 MA 系数的计算比图 1.4 模型中 ARMA 系数的计算要复杂得多。二者均要求解非线性方程组。实际上, 正是由于这个原因, 我们发现 AR 模型比 MA 和 ARMA 模型更流行。AR 模型的广泛运用也已为时间序列分析基本理论的优点所证明, 这将在以后讨论。

1.6 Wold 分解

Wold(1938)证明了一个基本理论: 任意一个平稳离散时间随机过程, 都可被分解成两个互不相关的一般线性过程和可预测过程之和。更准确地说, Wold 证明了以下结果: 任意平稳

离散时间随机过程 $x(n)$ 都可以表示为如下形式

$$x(n) = u(n) + s(n) \tag{1.54}$$

其中

1）$u(n)$ 和 $s(n)$ 为两个互不相关的过程。

2）$u(n)$ 是由 MA 模型表示的一般线性过程，即

$$u(n) = \sum_{k=0}^{\infty} b_k^* \nu(n - k) \tag{1.55}$$

式中 $b_0 = 1$，且

$$\sum_{k=0}^{\infty} |b_k|^2 < \infty$$

$\nu(n)$ 是与 $s(n)$ 不相关的白噪声，即

$$\mathbb{E}[\nu(n) s^*(k)] = 0 \qquad 对于所有 (n, k)$$

3）$s(n)$ 为可预测过程，也就是说，该过程可从零预测方差的过去值进行预测。

这个结果称为 Wold 分解理论。该理论的证明由 Priestley(1981)给出。

根据式(1.55)，一般线性过程 $u(n)$ 可由白噪声 $\nu(n)$ 通过一个全零点滤波器来产生，如图 1.5(a)所示。该滤波器的转移函数的零点等于如下方程

$$B(z) = \sum_{n=0}^{\infty} b_n^* z^{-n} = 0$$

的根。一个令人感兴趣的结果是一个最小相位全零点滤波器，即多项式 $B(z)$ 的所有零点都在单位圆内。在这种情况下，可以用一个具有相同冲激响应 $h_n = b_n$ 的等效全极点滤波器来代替全零点滤波器，如图 1.5(b)所示。这意味着，除了可预测分量外，平稳离散时间随机过程同样可以表示为适当阶数的 AR 过程，其阶数受到上述 $B(z)$ 的约束条件的限制。MA 和 AR 模型的基本区别在于：在 MA 模型中 $B(z)$ 对输入 $\nu(n)$ 进行操作，而在 AR 模型中，$B^{-1}(z)$ 对输出 $u(n)$ 进行操作。

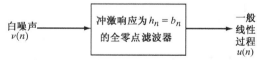

(a) 基于全零点滤波器用来产生一般线性过程 $u(n)$ 的模型

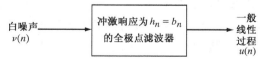

(b) 基于全极点滤波器用来产生一般线性过程 $u(n)$ 的模型

图 1.5　两种完全相同的冲激响应滤波器

1.7　回归过程的渐近平稳

式(1.42)是一个 M 阶常系数线性差分方程，其中 $\nu(n)$ 起输入和驱动函数的作用，而 $u(n)$ 为输出或解(solution)。利用经典方法[①]求解这个方程，可把解 $u(n)$ 表示为补函数 $u_c(n)$

————————————

① 也可以用 z 变换的方法来求解差分方程(1.42)，不过对这里的讨论而言，用经典方法更有意义。

和特解 $u_p(n)$ 之和，即

$$u(n) = u_c(n) + u_p(n) \tag{1.56}$$

于是，求解 $u(n)$ 分为两个步骤：

1）补函数 $u_c(n)$ 是齐次方程

$$u(n) + a_1^* u(n-1) + a_2^* u(n-2) + \cdots + a_M^* u(n-M) = 0$$

的解。一般地，$u_c(n)$ 的形式如下

$$u_c(n) = B_1 p_1^n + B_2 p_2^n + \cdots + B_M p_M^n \tag{1.57}$$

式中 $B_1, B_2, \cdots, B_M$ 是任意常数，而 $p_1, p_2, \cdots, p_M$ 为特征方程（1.51）的根。

2）特解定义为

$$u_p(n) = H_G(D)[\nu(n)] \tag{1.58}$$

式中 D 为单位延迟算子，而且通过用 D 代替式（1.49）离散变换函数中的 z^{-1} 获得算子 $H_G(D)$。单位延迟算子 D 具有如下性质

$$D^k[u(n)] = u(n-k) \qquad k = 0, 1, 2, \cdots \tag{1.59}$$

常数 $B_1, B_2, \cdots, B_M$ 通过选择初始条件来决定。通常，将 M 个初始条件设置为

$$u(0) = 0$$
$$u(-1) = 0$$
$$\vdots$$
$$u(-M+1) = 0 \tag{1.60}$$

这等效于设置图 1.2(b) 中模型的输出及随后的 $(M-1)$ 抽头输入，而且在 $n=0$ 时刻令其为 0。将这些初始条件代入式（1.56）到式（1.58），得到 M 个联立方程组，由此可解出常数 $B_1, B_2, \cdots, B_M$。

　　将式（1.60）中的初始条件强加于解 $u(n)$，其结果是使该离散时间随机过程非平稳化。经再三考虑后，显然必须如此，因为已经对时间点 $n=0$ 给定一个特殊状态，而且即使对于二阶矩，时移原点不变性的性质也不成立。但是，如果 $u(n)$ 可以"遗忘"其初始条件，则所产生的过程是渐近平稳的，即随着 n 趋向于无穷大，它趋向于平稳过程（Priestley, 1981）。这个要求可通过如下步骤满足：选择图 1.2(b) 中的 AR 模型参数，使得随着 n 趋于无穷大，补函数 $u_c(n)$ 衰减到 0。由式（1.57）可见，对于式中的任意常数，当且仅当

$$|p_k| < 1 \qquad \text{对于所有 } k$$

上述要求能够满足。因此，为使以方程解 $u(n)$ 表示的离散时间随机过程渐近平稳，要求 AR 模型中滤波器的全部极点都位于 z 平面上的单位圆内。这个条件直观上是满足的。

1.7.1　渐近平稳 AR 过程的自相关函数

　　假设渐近平稳的条件都满足，可以导出所产生的 AR 过程自相关函数的一个重要递归关系。从式（1.42）两边同乘以 $u^*(n-l)$ 开始，然后对其两边求统计期望，可得

$$\mathbb{E}\left[\sum_{k=0}^{M} a_k^* u(n-k) u^*(n-l) \right] = \mathbb{E}[\nu(n) u^*(n-l)] \tag{1.61}$$

其次,简化式(1.61)的左边,即交换期望与求和,而且认为期望 $\mathbb{E}[u(n-k)u^*(n-l)]$ 等于延迟为 $l-k$ 的 AR 过程的自相关函数。接着通过观测当 $l > 0$ 时期望 $\mathbb{E}[\nu(n)u^*(n-l)] = 0$。简化其右边,这是因为 $u(n-l)$ 只涉及图 1.2(b)中到时间 $(n-l)(l > 0)$ 为止滤波器输入端的白噪声样值,而与白噪声样值 $\nu(n)$ 无关。因此,可将式(1.61)简化为

$$\sum_{k=0}^{M} a_k^* r(l-k) = 0 \qquad l > 0 \qquad (1.62)$$

其中 $a_0 = 1$。由此可见,AR 过程的自相关函数满足差分方程

$$r(l) = w_1^* r(l-1) + w_2^* r(l-2) + \cdots + w_M^* r(l-M) \qquad l > 0 \qquad (1.63)$$

式中,$w_k = -a_k$,$k = 1, 2, \cdots, M$。注意式(1.63)类似于 AR 过程 $u(n)$ 自身满足的差分方程。

我们将式(1.63)的通解表示为

$$r(m) = \sum_{k=1}^{M} C_k p_k^m \qquad (1.64)$$

其中,$C_1, C_2, \cdots, C_M$ 为常数,$p_1, p_2, \cdots, p_M$ 为特征方程(1.51)的根。注意,当图 1.2(b)的 AR 模型满足渐近平稳条件时(即对所有 k,有 $|p_k| < 1$),当延迟 m 趋向于无穷大时,自相关函数 $r(m)$ 趋向于 0。

式(1.64)中极点 p_k 所做贡献的精确形式取决于该极点是实数还是复数。当 p_k 为实数时,相应的贡献随延迟 m 的减小而几何衰减到 0,这种贡献称为指数衰减。另一方面,复数极点出现在共轭复数对中,其共轭复数极点对的贡献为阻尼正弦曲线形式。由此可以发现,渐近平稳 AR 过程的自相关函数由阻尼指数和阻尼正弦曲线混合构成。

1.8 尤尔–沃克方程

为了唯一定义图 1.2(b)所示的 M 阶 AR 模型,需要规定两组模型参数:

1)AR 系数 a_1,a_2,$\cdots$,a_M;
2)作为激励的白噪声 $\nu(n)$ 的方差 σ_ν^2。

下面,我们依次阐述这两个问题。

首先,对 $l = 1, 2, \cdots, M$ 写出式(1.63),得到一组以 AR 过程自相关函数 $r(0)$,$r(1)$,$\cdots$,$r(M)$ 为已知数、AR 参数 a_1,a_2,$\cdots$,a_M 为未知数的 M 联立方程组。该方程组可用矩阵展开形式表示为

$$\begin{bmatrix} r(0) & r(1) & \cdots & r(M-1) \\ r^*(1) & r(0) & \cdots & r(M-2) \\ \vdots & \vdots & \ddots & \vdots \\ r^*(M-1) & r^*(M-2) & \cdots & r(0) \end{bmatrix} \begin{bmatrix} w_1 \\ w_2 \\ \vdots \\ w_M \end{bmatrix} = \begin{bmatrix} r^*(1) \\ r^*(2) \\ \vdots \\ r^*(M) \end{bmatrix} \qquad (1.65)$$

其中 $w_k = -a_k$。方程组(1.65)称为尤尔–沃克方程(Yule, 1927; Walker, 1931)。

可用矩阵形式将尤尔–沃克方程表示为

$$\mathbf{Rw} = \mathbf{r} \qquad (1.66)$$

假设相关矩阵是非奇异的(即逆矩阵存在),可得式(1.66)的解为

$$\mathbf{w} = \mathbf{R}^{-1}\mathbf{r} \qquad (1.67)$$

其中

$$\mathbf{w} = [w_1, w_2, \cdots, w_M]^\mathrm{T}$$

相关矩阵 $\mathbf{R}$ 由式(1.21)定义，向量 $\mathbf{r}$ 由式(1.28)定义。从这两个方程可以看出，给定自相关序列 $r(0), r(1), \cdots, r(M)$，可以唯一地确定矩阵 $\mathbf{R}$ 和向量 $\mathbf{r}$。因此，利用式(1.67)，可以计算系数向量 $\mathbf{w}$，这样 AR 系数 $a_k = -w_k$，$k = 1, 2, \cdots, M$。换句话说，AR 模型系数 $a_1, a_2, \cdots, a_M$ 和 AR 过程 $u(n)$ 的归一化相关系数 $\rho_1, \rho_2, \cdots, \rho_M$ 之间存在唯一的关系，即

$$\{a_1, a_2, \cdots, a_M\} \Longleftrightarrow \{\rho_1, \rho_2, \cdots, \rho_M\} \tag{1.68}$$

其中第 k 个相关系数定义为

$$\rho_k = \frac{r(k)}{r(0)} \qquad k = 1, 2, \cdots, M \tag{1.69}$$

1.8.1　白噪声的方差

对于 $l = 0$，利用式(1.42)可以发现，式(1.61)右边的方差具有如下特殊形式

$$\begin{aligned}
\mathbb{E}[\nu(n)u^*(n)] &= \mathbb{E}[\nu(n)\nu^*(n)] \\
&= \sigma_\nu^2
\end{aligned} \tag{1.70}$$

其中 σ_ν^2 为零均值白噪声 $\nu(n)$ 的方差。相应地，令式(1.61)中 $l = 0$，对其两边取共轭，得到

$$\sigma_\nu^2 = \sum_{k=0}^{M} a_k r(k) \tag{1.71}$$

其中对白噪声的方差，$a_0 = 1$。因而，给定自相关 $r(0), r(1), \cdots, r(M)$，可确定白噪声的方差 σ_ν^2。

1.9　计算机实验：二阶自回归过程

为了说明 AR 过程建模理论的发展，我们考虑一个二阶实值 AR 过程的例子[①]。图 1.6 给出了用于产生该过程的模型的框图。这个过程可用如下二阶差分方程时域描述为

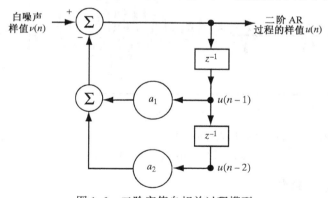

图 1.6　二阶实值自相关过程模型

---

① 在这个例子中，我们沿用 Box 和 Jenkins(1976)描述的方法。

$$u(n) + a_1 u(n-1) + a_2 u(n-2) = \nu(n) \tag{1.72}$$

式中 $\nu(n)$ 是均值为零、方差为 σ_ν^2 的白噪声过程。图 1.7(a)说明了该白噪声的一种实现。我们可选择方差 σ_ν^2，使得 $u(n)$ 的方差等于 1。

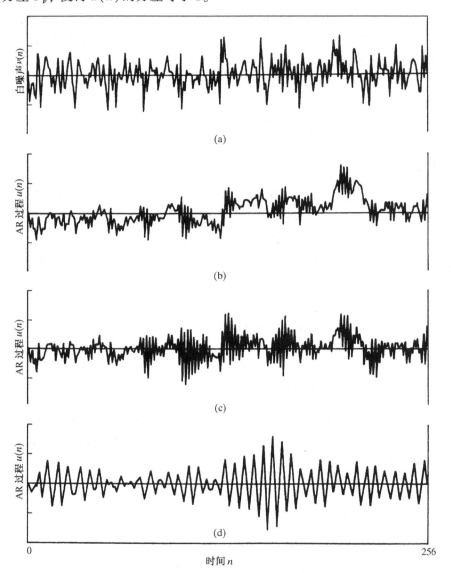

图 1.7　(a)白噪声输入的一种实现；(b)、(c)、(d)分别对应于
式(1.79)、式(1.80)、式(1.81)二阶 AR 模型的输出

1.9.1　渐近平稳的条件

二阶 AR 过程 $u(n)$ 具有如下特征方程

$$1 + a_1 z^{-1} + a_2 z^{-2} = 0 \tag{1.73}$$

令 p_1 和 p_2 表示该方程的两个根，即

$$p_1, p_2 = \frac{1}{2}\left(-a_1 \pm \sqrt{a_1^2 - 4a_2}\right) \tag{1.74}$$

为了使 $u(n)$ 渐近平稳，要求这两个根位于 z 平面单位圆内。即 p_1 和 p_2 都必须小于 1。这个条件又反过来要求 AR 参数 a_1 和 a_2 位于由下式

$$-1 \leqslant a_2 + a_1$$
$$-1 \leqslant a_2 - a_1 \tag{1.75}$$
$$-1 \leqslant a_2 \leqslant 1$$

定义的三角形区域内，如图 1.8 所示。

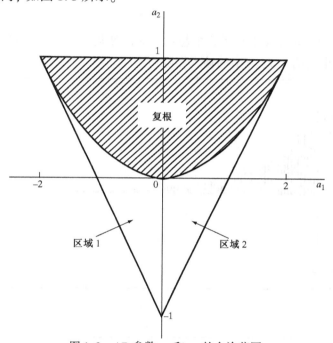

图 1.8　AR 参数 a_1 和 a_2 的允许范围

1.9.2　自相关函数

延迟为 m 的渐近平稳 AR 过程的自相关函数 $r(m)$ 满足差分方程(1.63)。利用这个方程，可得到如下二阶 AR 过程自相关函数的二阶差分方程

$$r(m) + a_1 r(m-1) + a_2 r(m-2) = 0 \quad m > 0 \tag{1.76}$$

根据初始条件，我们有(后面将解释)

$$r(0) = \sigma_u^2 \tag{1.77}$$

和

$$r(1) = \frac{-a_1}{1 + a_2} \sigma_u^2$$

于是，对 $r(m)$ 求解方程(1.76)，得到

$$r(m) = \sigma_u^2 \left[\frac{p_1(p_2^2 - 1)}{(p_2 - p_1)(p_1 p_2 + 1)} p_1^m - \frac{p_2(p_1^2 - 1)}{(p_2 - p_1)(p_1 p_2 + 1)} p_2^m \right] \tag{1.78}$$

其中，$m > 0$，p_1 和 p_2 由式(1.74)定义。

根据 p_1 和 p_2 是实数还是复数,考虑两种特殊情况。

情况1:实根的情况。当

$$a_1^2 - 4a_2 > 0$$

时,将发生这种情况,它对应于图1.8中抛物线下面的区域1和区域2。在区域1,自相关函数随着衰减保持为正,这对应于正根占支配地位的情况。这种情况对应于图1.9(a)中的 AR 参数取如下值

$$a_1 = -0.10$$

和

$$a_2 = -0.8 \tag{1.79}$$

在图1.7(b)中,可以看出图1.6中模型的输出随时间变化的情况,a_1 和 a_2 被赋予式(1.79)给出的值。这个输出由图1.7(a)中的输入白噪声产生。

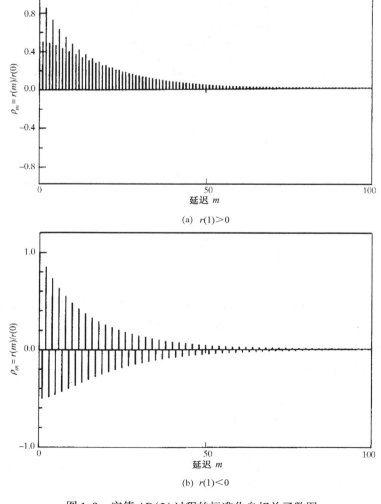

图1.9 实值 AR(2) 过程的标准化自相关函数图

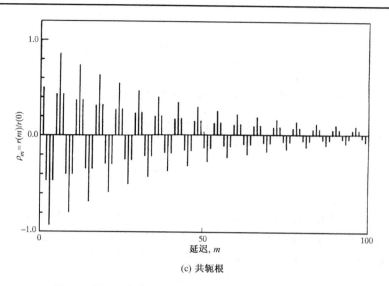

(c) 共轭根

图 1.9(续)   实值 AR(2)过程的标准化自相关函数图

在图 1.8 的区域 2 中，自相关函数随其衰减而改变符号，这对应于负根占支配地位的情况。当 AR 参数为

$$a_1 = 0.1$$

和

$$a_2 = -0.8 \tag{1.80}$$

时，这种情况在图 1.9(b) 中示出。在图 1.7(c) 中，我们示出图 1.6 模型输出随时间变化的情况，a_1 和 a_2 的值由式(1.80)给出。这个输出也由图 1.7(a) 中给出的输入白噪声来产生。

情况 2：共轭复根的情况。当

$$a_1^2 - 4a_2 < 0$$

时，将发生这种情况，对应于图 1.8 中抛物线上面的阴影部分。这里，自相关函数呈现出伪周期特性。当 AR 参数为

$$a_1 = -0.975$$

和

$$a_2 = 0.95 \tag{1.81}$$

时，如图 1.9(c) 所示。在图 1.7(d) 中，我们示出图 1.6 中模型的输出随时间变化的情况，其中 a_1 和 a_2 的值由式(1.81)给出。这个输出同样由图 1.7(a) 中给出的输入白噪声来产生。

1.9.3   尤尔-沃克方程

在式(1.65)中取 AR 模型的阶数 $M = 2$，得到二阶 AR 过程的尤尔-沃克方程

$$\begin{bmatrix} r(0) & r(1) \\ r(1) & r(0) \end{bmatrix} \begin{bmatrix} w_1 \\ w_2 \end{bmatrix} = \begin{bmatrix} r(1) \\ r(2) \end{bmatrix} \tag{1.82}$$

这里，我们使用了实值过程 $r(-1) = r(1)$ 这样一个事实。对 w_1 和 w_2 解式(1.82)，得到

$$w_1 = -a_1 = \frac{r(1)[r(0) - r(2)]}{r^2(0) - r^2(1)}$$

和

$$w_2 = -a_2 = \frac{r(0)r(2) - r^2(1)}{r^2(0) - r^2(1)} \qquad (1.83)$$

也可以用式(1.82)依据 AR 参数 a_1 和 a_2 来表示 $r(1)$ 和 $r(2)$，即

$$r(1) = \left(\frac{-a_1}{1 + a_2}\right)\sigma_u^2$$

和

$$r(2) = \left(-a_2 + \frac{a_1^2}{1 + a_2}\right)\sigma_u^2 \qquad (1.84)$$

其中 $\sigma_u^2 = r(0)$，这个解很好地解释了式(1.77)中引用 $r(0)$ 和 $r(1)$ 初始值的原因。

二阶过程渐近平稳的条件可按照式(1.75)中的 AR 参数 a_1 和 a_2 给出。在式(1.84)中用 a_1 和 a_2 表示 $r(1)$ 和 $r(2)$，我们可以重新表示渐近平稳的条件为

$$\begin{aligned}-1 < \rho_1 < 1\\ -1 < \rho_2 < 1\end{aligned} \qquad (1.85)$$

和

$$\rho_1^2 < \frac{1}{2}(1 + \rho_2)$$

其中

$$\rho_1 = \frac{r(1)}{r(0)}$$

和

$$\rho_2 = \frac{r(2)}{r(0)} \qquad (1.86)$$

为归一化相关系数。图 1.10 给出了 ρ_1 和 ρ_2 的允许区域。

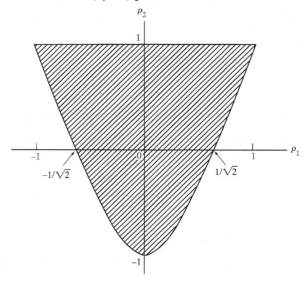

图 1.10　依据归一化自相关系数的二阶 AR 过程参数的允许区域 ρ_1 和 ρ_2

1.9.4　白噪声的方差

令式(1.71)中 $M=2$，可将白噪声 $\nu(n)$ 的方差表示为

$$\sigma_\nu^2 = r(0) + a_1 r(1) + a_2 r(2) \tag{1.87}$$

其次，将式(1.84)代入式(1.87)，求解 $\sigma_u^2 = r(0)$，得到

$$\sigma_u^2 = \left(\frac{1+a_2}{1-a_2}\right) \frac{\sigma_\nu^2}{\left[(1+a_2)^2 - a_1^2\right]} \tag{1.88}$$

对于以前考虑的三组 AR 参数，我们发现白噪声 $\nu(n)$ 的方差具有表 1.1 所给的值(假设 $\sigma_u^2 = 1$)。

表 1.1　AR 参数和噪声方差

a_1	a_2	σ_ν^2
-0.10	-0.8	0.27
0.1	-0.8	0.27
-0.975	0.95	0.0731

1.10　选择模型的阶数

用线性模型表示随机过程的方法可用于综合或分析。在综合情况下，对模型参数赋予一组给定值，并输入零均值、给定方差的白噪声以产生期望的时间序列。另一方面，在分析情况下，通过处理有限长度的给定时间序列来估计模型参数。由于估计是统计性的，我们需要模型和观测数据之间拟合的一个适当度量。这意味着除非我们有某些先验信息，否则估计程序应当包括定阶的准则(即模型中的自由度)。在式(1.42)定义的 AR 过程的情况下，模型阶数等于 M。在由式(1.52)定义的 MA 过程的情况下，模型阶数为 K。在式(1.53)定义的 ARMA 过程的情况下，模型阶数为 (M,K)。模型定阶的各种选择原则已在文献(Priestley, 1981; Kay, 1988)中介绍。在这一节，我们描述两个重要准则，一个由 Akaike(1973, 1974)提出，另一个由 Rissanen(1978)和 Schwartz(1978)提出。这两个准则都用信息理论得出结果，但使用了完全不同的方法。

1.10.1　信息理论准则

设 $u_i = u(i)$，$i = 1, 2, \cdots, N$，表示平稳离散时间随机过程的 N 个独立观测得到的数据，$g(u_i)$ 表示 u_i 的概率密度函数。设 $f_U(u_i | \hat{\boldsymbol{\theta}}_m)$ 表示 u_i 的条件概率密度函数，并给定用于对过程建模的参数估计向量 $\hat{\boldsymbol{\theta}}_m$。设 m 为模型阶数，则可以写出

$$\hat{\boldsymbol{\theta}}_m = [\hat{\theta}_{1m}, \hat{\theta}_{2m}, \cdots, \hat{\theta}_{mm}]^{\mathrm{T}} \tag{1.89}$$

从而得到表示感兴趣过程的相互竞争的若干模型。用 Akaike 提出的信息理论准则选择模型，使得

$$\mathrm{AIC}(m) = -2L(\hat{\boldsymbol{\theta}}_m) + 2m \tag{1.90}$$

最小化。函数 $L(\hat{\boldsymbol{\theta}}_m)$ 定义为

$$L(\hat{\boldsymbol{\theta}}_m) = \max \sum_{i=1}^{N} \ln f_U(u_i \,|\, \hat{\boldsymbol{\theta}}_m) \tag{1.91}$$

式中 ln 表示自然对数。式(1.91)所示准则是通过使 Kullback-Leibler 偏差[①]最小化导出的,该方法可用来为未知真实概率密度函数 $g(u)$ 与根据观测值由模型给出的条件概率密度函数 $f_U(u_i \,|\, \hat{\boldsymbol{\theta}}_m)$ 之差提供一种度量(方法)。

函数 $L(\hat{\boldsymbol{\theta}}_m)$ 构成了式(1.90)右边除了标度因子外的第一项,称为模型参数的最大对数似然估计(最大似然估计法在附录 D 中进行了简要介绍)。第二项 $2m$ 代表模型复杂性惩罚(model complexity penalty),它使 AIC(m)为 Kullback-Leibler 偏差估计。

方程中的第一项容易引起模型阶数 m 迅速下降。另一方面,第二项随 m 线性增加。结果是,如果画出 AIC(m)随 m 的变化曲线,一般来说,该图将给出明确的最小值并定出 AIC(m)取得最小值时由 m 确定的模型最佳阶数。这种方法称为 MAIC(最小 AIC)。

1.10.2　最小描述长度准则

Rissanen(1978,1989)采用一种完全不同的方法来解决统计模型定阶问题。具体来说,它出自如下基本思想:模型可以看做一个用来描述一组观测数据规律性特征的装置,其目标是寻找一个模型,使得该模型最能捕获这些特征或最能捕获将数据送给特定结构的那些约束条件。而且我们认为,约束的存在降低了以最短或最低冗余方式编码的数据的不确定性。这里所说的"编码",指的是观测值的精确描述。因此,编码观测值(当考虑模型所提供的约束的优点时)和模型本身所需的二进制数字可用做度量相同约束量的准则,从而衡量模型的好坏。

于是,Rissanen 的最小描述长度(MDL,minimum description length)准则[②]可表述如下:

给定一个感兴趣数据集和一族竞争统计模型,能提供对数据最短描述长度者即最佳模型。

该模型可用数学语言定义为[③](Rissanen,1978,1989;Wax,1995)

$$\text{MDL}(m) = -L(\hat{\boldsymbol{\theta}}_m) + \frac{1}{2} m \ln N \tag{1.92}$$

其中 m 为模型中独立可调参数的个数,N 为样本大小(即观测值的个数)。采用 Akaike 的信息理论准则时,$L(\hat{\boldsymbol{\theta}}_m)$ 是模型参数最大似然估计的对数。比较式(1.90)和式(1.92)可以看出,AIC 和 MDL 准则的根本区别在于结构依赖方面。

根据 Rissanen(1989),MDL 准则具有如下优点:

---

① 在 Akaike(1973,1974,1977)与 Ulrych 和 Ooe(1983)的描述中,式(1.90)的推导基于下式的最小期望原理

$$D_{g\|f}(\hat{\boldsymbol{\theta}}_m) = \int_{-\infty}^{\infty} g(u) \ln g(u)\,\mathrm{d}u - \int_{-\infty}^{\infty} g(u) \ln f_U(u \,|\, \hat{\boldsymbol{\theta}}_m)\,\mathrm{d}u$$

我们称 $D_{g\|f}(\hat{\boldsymbol{\theta}}_m)$ 为 Kullback-Leibler 偏差,用来区分 $g(u)$ 和 $f_U(u \,|\, \hat{\boldsymbol{\theta}}_m)$ 这两个概率密度函数(Kullback & Leibler,1951)。其思想是把将时间序列建模为 AR、MA 或 ARMA 有限阶过程时的附加信息降到最低,因为现实世界的任意附加信息事实上都是错误信息。由于 $g(u)$ 是固定且未知的,问题就变为求组 $D_{g\|f}(\hat{\boldsymbol{\theta}}_m)$ 的第二项的最大值。

② 单独递归可定义对象的最小描述长度的思想最早由 Kolmogorov(1968)提出。

③ Schwartz(1989)已经利用贝叶斯方法推出了类似的结果。特别地,他考虑了在特殊类先验知识情况下贝叶斯估计器的渐近特性。这些先验知识对相应于竞争模型的子空间强加正的概率,并通过选择获得最大后验概率的模型进行判定。
在大样本情况下,Schwartz 和 Rissanen 所用的两种方法得到相同的结果。然而,Rissanen 的方法更通用,而 Schwartz 的方法受到观测值不相关的指数分布情况的限制。

- 模型允许对观测数据最短编码,并以最可能的方式获取对观测数据的可学习性。
- MDL 准则在如下意义上是一个模型阶数一致估计器:当样本数增加时,它收敛于真实模型阶数。
- 除了 ARMA 模型外,在线性回归范畴内,MDL 模型是最优的。

也许要注意的最重要的一点是:在几乎所有涉及 MDL 准则的应用中,未见文献中有关异常结果或不希望特性模型的报道。

1.11　复值高斯过程

高斯随机过程(或简称为高斯过程),在理论和应用分析中会频繁遇到。在本节,列出了复值[①]高斯过程的一些重要性质的总结。

设 $u(n)$ 表示含 N 个样本的复值高斯过程,对该过程的一阶和二阶统计,假设如下:

1)均值为 0,即

$$\mu = \mathbb{E}\big[u(n)\big] = 0 \quad \text{对于} 1, 2, \cdots, N \tag{1.93}$$

2)自相关函数表示为

$$r(k) = \mathbb{E}\big[u(n)u^*(n-k)\big] \quad k = 0, 1, \cdots, N-1 \tag{1.94}$$

自相关函数集 $\{r(k), k=0,1,\cdots,N-1\}$ 定义了高斯过程 $u(n)$ 的自相关矩阵 $\mathbf{R}$。

通常用记号 $\mathcal{N}(\mathbf{0}, \mathbf{R})$ 表示具有零均值向量和相关矩阵为 $\mathbf{R}$ 的高斯过程。

式(1.93)和式(1.94)隐含过程的广义平稳性。均值 μ 和不同延迟 k 的自相关函数 $r(k)$ 的信息足以描述复值高斯过程 $u(n)$ 的完整特性。特别地,该过程 N 个样本的联合概率密度函数定义为(Kelly et al., 1960)

$$\mathbf{f}_U(\mathbf{u}) = \frac{1}{(2\pi)^N \det(\mathbf{\Lambda})} \exp\left(-\frac{1}{2}\mathbf{u}^{\mathrm{H}}\mathbf{\Lambda}^{-1}\mathbf{u}\right) \tag{1.95}$$

式中

$$\mathbf{u} = \big[u(1), u(2), \cdots, u(N)\big]^{\mathrm{T}}$$

为 $N \times 1$ 数据向量,$\mathbf{\Lambda}$ 是过程的 $N \times N$ 埃尔米特对称矩矩阵(moment matrix),按相关矩阵 $\mathbf{R} = \{r(k)\}$ 定义为

$$\begin{aligned}\mathbf{\Lambda} &= \frac{1}{2}\mathbb{E}\big[\mathbf{u}\mathbf{u}^{\mathrm{H}}\big] \\ &= \frac{1}{2}\mathbf{R}\end{aligned} \tag{1.96}$$

注意联合概率密度函数 $f_U(\mathbf{u})$ 是 $2N$ 维的,其中因子 2 表明过程的 N 个样本的每一个都有实部和虚部。也应注意到,过程的单个样本的概率密度函数由下式给出:

$$f_U(u) = \frac{1}{\pi\sigma^2}\exp\left(-\frac{|u|^2}{\sigma^2}\right) \tag{1.97}$$

其中 $|u|$ 为样本 $u(n)$ 的幅值,σ^2 为其方差。

[①]　复值高斯过程的详细介绍见 Miller(1974)的书。复值高斯过程的性质在 Kelly 等(1960)、Reed(1962)和 McGee(1971)的书中也有讨论。

基于上面的描述，现在可以总结出零均值广义平稳高斯过程 $u(n)$ 的一些重要性质：

1) 过程 $u(n)$ 是严格意义上的平稳随机过程。

2) 过程 $u(n)$ 是循环复数，由于过程的任意两个不同样本 $u(n)$ 和 $u(k)$ 满足条件

$$\mathbb{E}[u(n)u(k)] = 0 \qquad n \neq k$$

这就是过程 $u(n)$ 通常称为循环复值高斯过程的原因。

3) 设 $u_n = u(n)(n = 1, 2, \cdots, N)$ 表示零均值复值高斯过程的样本，则有(Reed,1962)

(a) 若 $k \neq l$，则

$$\mathbb{E}[u_{s_1}^* u_{s_2}^* \cdots u_{s_k}^* u_{t_1} u_{t_2} \cdots u_{t_l}] = 0 \qquad (1.98)$$

其中 s_i 和 t_j 是从可用集 $\{1, 2, \cdots, N\}$ 取出的整数。

(b) 若 $k = l$，则

$$\mathbb{E}[u_{s_1}^* u_{s_2}^* \cdots u_{s_l}^* u_{t_1} u_{t_2} \cdots u_{t_l}] = \pi \mathbb{E}[u_{s_{\pi(1)}}^* u_{t_1}] \mathbb{E}[u_{s_{\pi(2)}}^* u_{t_2}] \cdots \mathbb{E}[u_{s_{\pi(l)}}^* u_{t_l}] \qquad (1.99)$$

其中 π 为整数集 $\{1, 2, \cdots, l\}$ 的排列，$\pi(j)$ 为其第 j 个元素。对于整数集 $\{1, 2, \cdots, l\}$，我们总共有 $l!$ 个可能的排列。这意味着式(1.99)的右边包含 $l!$ 个期望值乘积项相乘。式(1.99)称为高斯矩分解定理(Gaussian moment-factoring theorem)。

例2　考虑 $N = 3$ 的奇数情况，此时复值高斯过程 $u(n)$ 由三个样本 u_1、u_2、u_3 组成。使用式(1.98)得到零结果

$$\mathbb{E}[u_1^* u_2^* u_3] = 0 \qquad (1.100)$$

再考虑 $N = 4$ 的偶数情况，此时复值高斯过程 $u(n)$ 由四个样本 u_1、u_2、u_3、u_4 组成。使用式(1.99)给出的高斯矩分解定理，得到如下恒等式

$$\mathbb{E}[u_1^* u_2^* u_3 u_4] = \mathbb{E}[u_1^* u_3] \mathbb{E}[u_2^* u_4] + \mathbb{E}[u_2^* u_3] \mathbb{E}[u_1^* u_4] \qquad (1.101)$$

(由高斯矩分解定理推出的其他有用的恒等式可参见习题13。)

1.12　功率谱密度

在1.1节中定义并在以后使用的自相关函数是随机过程二阶统计的时域描述。该统计参数的频域描述即为功率谱密度(power spectral density)，也称为功率谱(power spectrum)或简称谱。实际上，随机过程的功率谱牢固地确立了其作为工程和物理科学常遇到的时间序列的最有用描述的地位。

为了着手定义功率谱，再次考虑零均值自相关函数为 $r(l)(l = 0, \pm 1, \pm 2, \cdots)$ 的广义平稳离散时间随机过程。设无限长时间序列 $u(n)(n = 0, \pm 1, \pm 2, \cdots)$ 表示该过程的单一实现。一开始，我们将注意力集中于加窗时间序列，即

$$u_N(n) = \begin{cases} u(n) & n = 0, \pm 1, \cdots, \pm N \\ 0 & |n| > N \end{cases} \qquad (1.102)$$

然后允许长度 $2N + 1$ 趋向无穷。根据定义，加窗时间序列 $u_N(n)$ 的离散傅里叶变换为

$$U_N(\omega) = \sum_{n=-N}^{N} u_N(n) e^{-j\omega n} \qquad (1.103)$$

式中的 ω 为角频率, 范围为 $(-\pi, \pi]$。一般来说, $U_N(\omega)$ 为复值; 特别地, 其复共轭为

$$U_N^*(\omega) = \sum_{k=-N}^{N} u_N^*(k)\mathrm{e}^{\mathrm{j}\omega k} \tag{1.104}$$

其中星号表示复共轭运算。在式(1.104)中, 由于显而易见的原因, 使用延迟 k 表示离散时间。特别地, 将式(1.103)乘以式(1.104)以表示 $U_N(n)$ 的平方幅值

$$|U_N(\omega)|^2 = \sum_{n=-N}^{N}\sum_{k=-N}^{N} u_N(n)u_N^*(k)\mathrm{e}^{-\mathrm{j}\omega(n-k)} \tag{1.105}$$

每个实现 $U_N(n)$ 都产生这样一个结果。对式(1.105)两边取统计期望并交换期望和双求和的顺序, 即得到期望的结果

$$\mathbb{E}\big[|U_N(\omega)|^2\big] = \sum_{n=-N}^{N}\sum_{k=-N}^{N}\mathbb{E}\big[u_N(n)u_N^*(k)\big]\mathrm{e}^{-\mathrm{j}\omega(n-k)} \tag{1.106}$$

在进行线性操作时允许进行这样的交换。现在看到, 对于所讨论的广义平稳离散时间随机过程, 延迟为 $n-k$ 的 $u_N(n)$ 的自相关函数为

$$r_N(n-k) = \mathbb{E}\big[u_N(n)u_N^*(k)\big] \tag{1.107}$$

按照式(1.102)中的定义, 也可以将其写成如下形式

$$r_N(n-k) = \begin{cases} \mathbb{E}\big[u(n)u^*(k)\big] = r(n-k) & \text{对于 } -N \leqslant (n,k) \leqslant N \\ 0 & \text{其他} \end{cases} \tag{1.108}$$

相应地, 式(1.106)取为

$$\mathbb{E}\big[|U_N(\omega)|^2\big] = \sum_{n=-N}^{N}\sum_{k=-N}^{N} r(n-k)\mathrm{e}^{-\mathrm{j}\omega(n-k)} \tag{1.109}$$

设 $l=n-k$, 可重写式(1.109)为

$$\frac{1}{N}\mathbb{E}\big[|U_N(\omega)|^2\big] = \sum_{l=-N}^{N}\left(1-\frac{|l|}{N}\right)r(l)\mathrm{e}^{-\mathrm{j}\omega l} \tag{1.110}$$

式(1.110)可以看成两个时间函数[延迟为 l 的自相关函数 $r_N(l)$ 和称为 Bartlett 窗的三角形窗函数]的乘积的离散时间傅里叶变换。Bartlett 窗定义为

$$w_B(l) = \begin{cases} 1-\dfrac{|l|}{N} & |l| \leqslant N \\ 0 & |l| \geqslant N \end{cases} \tag{1.111}$$

当 N 趋向无穷大时, 对所有 l, $w_B(l)$ 趋向 1。相应地, 可以写出如下结果

$$\lim_{N\to\infty}\frac{1}{N}\mathbb{E}\big[|U_N(\omega)|^2\big] = \sum_{l=-\infty}^{\infty} r(l)\mathrm{e}^{-\mathrm{j}\omega l} \tag{1.112}$$

式中 $r(l)$ 为原始时间序列 $u(n)$ 的自相关函数。确切地说, 式(1.112)成立于条件

$$\lim_{N\to\infty}\frac{1}{2N+1}\sum_{l=-N+1}^{N-1}|l|r(l)\mathrm{e}^{-\mathrm{j}\omega l} = 0$$

式(1.112)可引导我们定义如下物理量

$$S(\omega) = \lim_{N\to\infty}\frac{1}{N}\mathbb{E}\big[|U_N(\omega)|^2\big] \tag{1.113}$$

其中，$|U_N(\omega)|^2/N$ 称为加窗时间序列 $u_N(n)$ 的周期图(periodogram)。注意，统计期望的阶数和式(1.113)中的极限符号不能改变。同时还要注意，周期图收敛于 $S(\omega)$，它只是均值，而不是均方值或其他意义上的平均值。

当式(1.113)中的极限存在时，$S(\omega)$ 具有如下解释(Priestley, 1981)

$$S(\omega)\mathrm{d}(\omega) = \omega \text{ 与 } \omega + \mathrm{d}\omega \text{ 之间广义平稳随机过程各分量功率成分的平均} \qquad (1.114)$$

因此，$S(\omega)$ 为"期望功率的谱密度"，简称为过程的功率谱密度。于是，利用式(1.113)给定的功率谱密度定义，可以将式(1.112)重写为

$$S(\omega) = \sum_{l=-\infty}^{\infty} r(l)\mathrm{e}^{-\mathrm{j}\omega l} \qquad (1.115)$$

总之，式(1.113)给出了广义平稳随机过程的功率谱密度的基本定义。式(1.115)定义了该过程自相关函数和功率谱密度之间的数学关系。

1.13 功率谱密度的性质

性质 1 广义平稳随机过程的自相关函数与功率谱密度组成了一个傅里叶变换对。

考虑由时间序列 $u(n)$ 表示的广义平稳随机过程，假设该过程为无限长度。设 $r(l)$ 表示延迟为 l 的过程的自相关函数，$S(\omega)$ 为过程的功率谱密度。根据性质 1，这两个物理量之间的关系是一个关系对

$$S(\omega) = \sum_{l=-\infty}^{\infty} r(l)\mathrm{e}^{-\mathrm{j}\omega l} \qquad -\pi < \omega \leqslant \pi \qquad (1.116)$$

和

$$r(l) = \frac{1}{2\pi} \int_{-\pi}^{\pi} S(\omega)\mathrm{e}^{\mathrm{j}\omega l}\,\mathrm{d}\omega \qquad l = 0, \pm 1, \pm 2, \cdots \qquad (1.117)$$

式(1.116)指出功率谱密度是自相关函数的离散傅里叶变换。另一方面，式(1.117)说明自相关函数是功率谱密度的离散傅里叶反变换。这对基本方程构成了爱因斯坦-维纳-辛钦关系式(Einstein-Wiener-Khintchine relations)，简称 EWK 关系式。

用某种方法，我们已经证明了这个性质。具体来说，式(1.116)仅仅是上一节确立的式(1.115)的重述。式(1.117)通过引用离散傅里叶反变换公式直接从该结果导出。

性质 2 功率谱密度 $S(\omega)$ 的频率支撑是奈奎斯特(Nyquist)间隔 $-\pi < \omega \leqslant \pi$。

在这个间隔之外，$S(\omega)$ 是周期性的，即

$$S(\omega + 2k\pi) = S(\omega) \qquad \text{对于整数 } k \qquad (1.118)$$

性质 3 离散时间随机过程的功率谱密度是实数。

为了得到这个性质，我们重写式(1.116)为

$$S(\omega) = r(0) + \sum_{k=1}^{\infty} r(k)\mathrm{e}^{-\mathrm{j}\omega k} + \sum_{k=-\infty}^{-1} r(k)\mathrm{e}^{-\mathrm{j}\omega k}$$

将右边第三项中的 k 换成 $-k$，并利用 $r(-k)=r^*(k)$，即得

$$
\begin{aligned}
S(\omega) &= r(0) + \sum_{k=1}^{\infty}\left[r(k)\mathrm{e}^{-\mathrm{j}\omega k} + r^*(k)\mathrm{e}^{\mathrm{j}\omega k}\right] \\
&= r(0) + 2\sum_{k=1}^{\infty}\mathrm{Re}\left[r(k)\mathrm{e}^{-\mathrm{j}\omega k}\right]
\end{aligned} \tag{1.119}
$$

式中 Re 表示取实部运算符。式(1.119)表明功率谱密度 $S(\omega)$ 是 ω 的实函数。正是由于这个性质，我们经常使用 $S(\omega)$ 而不是 $S(\mathrm{e}^{\mathrm{j}\omega})$ 来表示功率谱密度。

性质 4　实值广义平稳离散时间随机过程的功率谱密度(函数)是偶函数(即对称的)；如果过程是复值的，则其功率谱密度就不是偶函数。

对于实值随机过程，我们发现 $S(-\omega)=S(\omega)$。这意味着 $S(\omega)$ 是 ω 的偶函数，即关于原点对称。如果过程是复值的，即 $r(-k)=r^*(k)$，此时发现 $S(-\omega)\neq S(\omega)$，且 $S(\omega)$ 不是 ω 的偶函数。

性质 5　平稳离散时间随机过程的均方值等于 $1/2\pi$ 乘以 $-\pi<\omega\leqslant\pi$ 范围内功率谱密度曲线所围的面积。

这个性质可直接从 $l=0$ 时的式(1.117)导出。根据这个条件，我们可以写出

$$
r(0) = \frac{1}{2\pi}\int_{-\pi}^{\pi}S(\omega)\,\mathrm{d}\omega \tag{1.120}
$$

由于 $r(0)$ 等于过程的均方值，可以看出，式(1.120)是性质 5 的数学描述，过程的均方值等于负载为 1 欧姆电阻时过程的期望功率。在这个基础上，"期望功率"和"均方值"在下面的叙述中可以互换。

性质 6　平稳离散时间随机过程的功率谱密度非负。

这个性质意指

$$
S(\omega) \geqslant 0 \qquad \text{对于所有}\ \omega \tag{1.121}
$$

它可直接从式(1.113)的基本公式中导出，为便于表示重写如下：

$$
S(\omega) = \lim_{N\to\infty}\frac{1}{N}\mathbb{E}\left[|U_N(\omega)|^2\right]
$$

首先应注意到，$|U_N(\omega)|^2$ 表示时间序列 $u(n)$ 加窗部分的离散时间傅里叶变换的平方幅值，它对所有 ω 都非负。期望 $\mathbb{E}[|U_N(\omega)|^2]$ 同样对所有 ω 都非负。因此，利用由 $U_N(\omega)$ 表示的 $S(\omega)$ 的基本定义可立即得出式(1.121)所述的性质。

1.14　平稳过程通过线性滤波器传输

考虑一个线性时不变和稳定的离散时间滤波器。设滤波器由离散转移函数 $H(z)$ 表示，$H(z)$ 定义为滤波器输出的 z 变换与滤波器输入的 z 变换的比值。假设把功率谱密度为 $S(\omega)$ 的平稳离散时间随机过程输入滤波器，如图 1.11 所示。又设 $S_o(\omega)$ 表示滤波器输出的功率谱密度，则可以写出

$$S_o(\omega) = |H(e^{j\omega})|^2 S(\omega) \tag{1.122}$$

式中 $H(e^{j\omega})$ 为滤波器的频率响应，即离散转移函数 $H(z)$ 在 z 平面单位圆上的值。该结果的重要特征在于角频率为 ω 的输出谱密度值完全由滤波器的振幅特性的平方和角频率为 ω 的输入功率谱密度决定。

图 1.11　通过离散时间线性滤波器传输平稳过程

式(1.122)是随机过程理论中的一个基本关系。为得到这个式子，我们进行如下步骤：设 $y(n)$ 表示图 1.11 中由输入 $u(n)$ 产生的滤波器输出。我们发现 $y(n)$ 也是一个可由滤波运算修正的广义平稳离散时间随机过程。因此，给定滤波器输入端 $u(n)$ 的自相关函数，即

$$r_u(l) = \mathbb{E}\big[u(n)u^*(n-l)\big]$$

我们可以将滤波器输出 $y(n)$ 的自相关函数用相应的方法表示为

$$r_y(l) = \mathbb{E}\big[y(n)y^*(n-l)\big] \tag{1.123}$$

其中 $y(n)$ 与 $u(n)$ 之间的关系可表示为卷积和的形式

$$y(n) = \sum_{i=-\infty}^{\infty} h(i)u(n-i) \tag{1.124}$$

类似地，可以写出如下式子

$$y^*(n-l) = \sum_{k=-\infty}^{\infty} h^*(k)u^*(n-l-k) \tag{1.125}$$

将式(1.124)、式(1.125)代入式(1.123)中，并交换期望和求和的次序，可知自相关函数 $r_y(l)$ 和 $r_u(l)$（对较大的 l）之间的关系为

$$r_y(l) = \sum_{i=-\infty}^{\infty} \sum_{k=-\infty}^{\infty} h(i)h^*(k)r_u(k-i+l) \tag{1.126}$$

最后，对式(1.126)两边同时取离散傅里叶变换，并引用功率谱密度的性质1及线性滤波器的转移函数等于其冲激响应的傅里叶变换这一事实，即得式(1.122)的结果。

1.14.1　功率谱分析仪

假设图 1.11 中的离散时间滤波器设计成具有带通特性，即滤波器的幅度响应定义为

$$|H(e^{j\omega})| = \begin{cases} 1 & |\omega - \omega_c| \leqslant \Delta\omega \\ 0 & \text{区间}-\pi < \omega \leqslant \pi \text{的剩余部分} \end{cases} \tag{1.127}$$

该幅度响应如图 1.12 所示。再假设滤波器的角频率宽度为 $2\Delta\omega$，它取足够小以使得其内部的频谱为常数。然后，利用式(1.122)可以写出

$$S_o(\omega) = \begin{cases} S(\omega_c) & |\omega - \omega_c| \leqslant \Delta\omega \\ 0 & \text{区间}-\pi < \omega \leqslant \pi \text{的剩余部分} \end{cases} \tag{1.128}$$

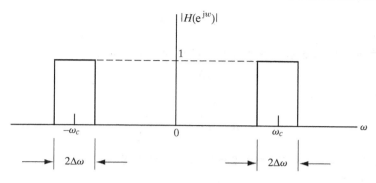

图 1.12　理想带通特性

其次，利用功率谱密度的性质 4 和性质 5，可将随机输入得到的滤波器输出的均方值表示为

$$P_o = \frac{1}{2\pi}\int_{-\pi}^{\pi} S_o(\omega)\,\mathrm{d}\omega$$

$$= \frac{2\Delta\omega}{2\pi}S(\omega_c) + \frac{2\Delta\omega}{2\pi}S(-\omega_c)$$

$$= 2\frac{\Delta\omega}{\pi}S(\omega_c) \qquad （对实数据）$$

等价地，可写出

$$S(\omega_c) = \frac{\pi P_o}{2\Delta\omega} \tag{1.129}$$

式中 $\Delta\omega/\pi$ 为对应于滤波器通带的分数倍奈奎斯特间隔。式(1.129)表明，在中心频率 ω_c 处测出的滤波器输入 $u(n)$ 的功率谱密度值，等于滤波器输出的均方值 P_o 乘以一个常数因子。因此，式(1.129)可作为构建功率谱分析仪的数学基础，如图 1.13 所示。在理想情况下，此处采用的离散时间带通滤波器应该满足两个要求：即应该具有固定带宽和可调中心频率。很明显，在实际的滤波器设计中，我们只能逼近这两个理想要求。另外必须注意到，图中输出端平均功率计的读数仅仅是有限平均时间内各态历经过程 $y(n)$ 的期望功率的近似值。

图 1.13　功率谱分析器

例 3　白噪声

如果一个零均值随机过程的功率谱密度对所有频率都为常数，即

$$S(\omega) = \sigma^2 \quad 对于 -\pi < \omega \leqslant \pi$$

其中 σ^2 为过程的一个样本的方差，则该过程称为白噪声。设该过程通过图 1.12 中所示的离散带通滤波器，则由式(1.129)可知，滤波器输出的均方值为

$$P_o = \frac{2\sigma^2 \Delta\omega}{\pi}$$

白噪声具有任意两个样本都不相关的性质, 用自相关函数表示为

$$r(\tau) = \sigma^2 \delta_{\tau,0}$$

其中 $\delta_{\tau,0}$ 为 Kronecker-δ 函数

$$\delta_{\tau,0} = \begin{cases} 1 & \tau = 0 \\ 0 & \text{其他} \end{cases}$$

若白噪声是高斯白噪声, 则该过程的任意两个样本是统计独立的。从某种意义上说, 高斯噪声表示了最大随机性。

1.15 平稳过程的 Cramér 谱表示

式(1.113)提供了确定广义平稳过程功率谱密度的一种方法。另一方法是使用平稳过程的 Cramér 谱表示。根据该表示法, 离散随机过程 $u(n)$ 可用傅里叶反变换描述为(Thomson, 1982)

$$u(n) = \frac{1}{2\pi} \int_{-\pi}^{\pi} e^{j\omega n} \, dZ(\omega) \tag{1.130}$$

如果该过程 $u(n)$ 为没有周期分量的广义平稳过程, 则增量过程(increment process) $dZ(\omega)$ 具有如下基本性质:

1) $dZ(\omega)$ 的均值为 0, 即

$$\mathbb{E}[dZ(\omega)] = 0 \qquad \text{对于所有} \omega \tag{1.131}$$

2) 广义谱密度可依据增量过程表示为

$$\mathbb{E}[dZ(\omega) dZ^*(\nu)] = S(\omega)\delta(\omega - \nu) \, d\omega \, d\nu \tag{1.132}$$

$\delta(\omega)$ 是 ω 域中的 δ 函数, 且对于一个连续函数 $G(\omega)$, 它满足如下筛选特性(sifting property)

$$\frac{1}{2\pi} \int_{-\pi}^{\pi} G(\nu)\delta(\omega - \nu) \, d\nu = G(\omega) \tag{1.133}$$

换句话说, 对于广义平稳离散随机过程 $u(n)$, 由式(1.130)定义的增量过程 $dZ(\omega)$ 是一个零均值正交过程。更确切地说, $dZ(\omega)$ 可看做以类似于时域中描述普通白噪声的方法在频域中描述的白噪声过程。

式(1.133)连同式(1.132), 为功率谱密度 $S(\omega)$ 提供了另一个基本定义。对式(1.130)两边取复共轭并用 ν 代替 ω, 可得

$$u^*(n) = \frac{1}{2\pi} \int_{-\pi}^{\pi} e^{-j\nu n} \, dZ^*(\nu) \tag{1.134}$$

因此, 用式(1.134)乘以式(1.130), 可将 $u(n)$ 的平方幅值表示为

$$|u(n)|^2 = \frac{1}{(2\pi)^2} \int_{-\pi}^{\pi} \int_{-\pi}^{\pi} e^{jn(\omega - \nu)} \, dZ(\omega) dZ^*(\nu) \tag{1.135}$$

其次, 对式(1.135)两边取数学期望并交换期望与双积分的顺序, 即得

$$\mathbb{E}\big[|u(n)|\big]^2 = \frac{1}{(2\pi)^2} \int_{-\pi}^{\pi} \int_{-\pi}^{\pi} \mathrm{e}^{jn(\omega-\nu)} \mathbb{E}\big[\mathrm{d}Z(\omega)\,\mathrm{d}Z^*(\nu)\big] \tag{1.136}$$

如果利用式 (1.132) 和式 (1.133) 描述的增量过程 $\mathrm{d}Z(\omega)$ 的基本性质, 可将式 (1.136) 简化为

$$\mathbb{E}\big[|u(n)|^2\big] = \frac{1}{2\pi} \int_{-\pi}^{\pi} S(\omega)\,\mathrm{d}\omega \tag{1.137}$$

式 (1.137) 左边的期望 $\mathbb{E}\big[|u(n)|^2\big]$ 称为 $u(n)$ 的均方值。右边等于功率谱密度 $S(\omega)$ 曲线下面的面积乘以因子 $1/2\pi$。相应地, 式 (1.137) 只是式 (1.120) 描述的功率谱密度 $S(\omega)$ 的性质 5 的重述。

1.15.1　基本方程

用空变量 ν 代替式 (1.130) Cramér 谱表示中的 ω, 并将结果代入式 (1.103) 中, 我们得到

$$U_N(\omega) = \frac{1}{2\pi} \int_{-\pi}^{\pi} \sum_{n=-N}^{N} \big(\mathrm{e}^{-j(\omega-\nu)n}\big)\,\mathrm{d}Z(\nu) \tag{1.138}$$

其中我们交换了累加和积分的次序。然后, 定义

$$K_N(\omega) = \sum_{n=-N}^{N} \mathrm{e}^{-j\omega n} \tag{1.139}$$

它称为 Dirichlet 核。该核 $K_N(\omega)$ 表示首项为 $\mathrm{e}^{j\omega N}$、公比为 $\mathrm{e}^{-j\omega}$、总项数为 $2N+1$ 的几何级数。为了求这个级数之和, 我们可重新定义这个核为

$$\begin{aligned}
K_N(\omega) &= \frac{\mathrm{e}^{j\omega N}\big(1 - \mathrm{e}^{-j\omega(2N+1)}\big)}{1 - \mathrm{e}^{-j\omega}} \\
&= \frac{\sin\big((2N+1)\omega/2\big)}{\sin(\omega/2)}
\end{aligned} \tag{1.140}$$

注意 $K_N(0) = 2N+1$。回到式 (1.138), 我们可利用式 (1.139) 中给出的 Dirichlet 核 $K_N(\omega)$ 的定义将式 (1.138) 写为

$$U_N(\omega) = \frac{1}{2\pi} \int_{-\pi}^{\pi} K_N(\omega - \nu)\,\mathrm{d}Z(\nu) \tag{1.141}$$

上式是一种线性关系, 称为功率谱分析的基本方程。

一个积分方程即在积分符号下包含一个未知函数。在式 (1.141) 所述功率谱分析范围内, 增量 $\mathrm{d}Z(\omega)$ 是一个未知函数, $U_N(\omega)$ 是已知的。故该方程可看做第一类弗雷德霍尔姆积分方程 (Fredholm integral equation of the first kind) 的一个例子 (Morse & Feshbach, 1953; Whittaker & Watson, 1965)。

注意, $U_N(\omega)$ 可以是傅里叶反变换以便恢复原数据, 故可推知, $U_N(\omega)$ 是确定功率谱密度的一个足够的统计量。这个性质使得运用式 (1.141) 进行谱分析显得更加重要。

1.16　功率谱估计

有实际重要性的一个问题是如何估计广义平稳过程的功率谱密度。遗憾的是, 这个问题是很复杂的, 因为存在一系列令人迷惑不解的功率谱估计方法, 而且每个方法都声称具有或表现出某些最优性质。更糟糕的是, 除非小心地选择正确的方法, 否则可能得到误导的结论。

两种原理上不同族的功率谱估计方法在文献中被标记为参数法和非参数法。这些方法的基本思想将在下文中讨论。

1.16.1　参数法

在谱估计的参数法中,我们从假定手头掌握的代表这种情况的某一随机模型出发。取决于所采用的特殊模型,容易区别三种不同的参数法谱估计。

1) **模型辨识法**(model-identification procedure)　在这类参数法中,假设模型的转移函数是一个关于 $e^{-j\omega}$ 的有理函数或多项式,白噪声源用来激励该模型,如图 1.14 所示。所产生的模型输出功率谱提供了所期望的谱估计。取决于感兴趣的应用,可采用下列模型之一(Kay & Marple,1981;Marple,1987;Kay,1988):

(ⅰ) 具有全极点转移函数的 AR 模型;

(ⅱ) 具有全零点转移函数的 MA 模型;

(ⅲ) 具有零极点转移函数的 ARMA 模型。

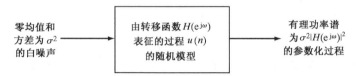

图 1.14　功率谱估计模型辨识法示意图

在这些模型输出端所测得的功率谱分别称为 AR 谱、MA 谱和 ARMA 谱。利用式(1.122)的输入-输出关系,设模型输入的功率谱 $S(\omega)$ 等于白噪声的方差 σ^2,则可求出模型输出端的功率谱 $S_o(\omega)$ 等于平方幅度响应 $|H(e^{j\omega})|^2$ 乘以 σ^2。问题变为估计模型参数[即参数化转移函数 $H(e^{j\omega})$],以使得模型输出端所产生的过程在某种统计意义上为研究中的随机过程提供一个可接受的表示。这样一种功率谱估计实际上可看做模型(系统)辨识问题。在这里所定义的依赖模型的谱中,AR 谱最流行。原因有两点:(1)包含未知 AR 模型参数的联立方程组具有线性形式;(2) 存在求解的高效算法。

2) **最小方差无失真响应法**(MVDR, minimum-variance distortionless response method)　为了描述功率谱估计的第二种参数法,考虑图 1.15 所示的情形。过程 $u(n)$ 被加到一个 FIR 滤波器(一个具有全零点转移函数的离散时间滤波器)。在 MVDR 法中,选择滤波器系数,使得在某些角频率 ω_0 处滤波器频率响应等于 1 的约束下滤波器输出方差(该方差等同于零均值过程的期望功率)最小。在这个约束下,过程 $u(n)$ 以角频率 ω_0 无失真地通过滤波器,而 ω_0 以外的信号被衰减掉。

图 1.15　功率谱估计 MVDR 法示意图

3) **基于特征分解法**(eigendecomposition-based method)　在最后一种参数谱估计法中,过

程 $u(n)$ 的集平均相关矩阵 $\mathbf{R}$ 的特征分解通常把信息空间分为两个独立的子空间：信号子空间和噪声子空间。这种分解方法可用来导出一个适当的算法以便估计功率谱（Schmidt, 1979, 1981）（特征分析和子空间分解的概念将在附录 E 中讨论）。

1.16.2　非参数法

在非参数法功率谱估计中，没有对研究的随机过程做假设。讨论的出发点是基本方程(1.141)。依据解释该方程的方法不同，我们可以区分出两种不同的非参数法：

1）周期图法　传统上，把基本方程(1.141)看做两个频率函数的卷积。其一，函数 $U(\omega)$ 表示无限长时间序列 $\{u(n)\}$ 的离散傅里叶变换；该函数源于增量变量 $\mathrm{d}Z(\omega)$ 作为 $U(\omega)$ 与频率增量 $\mathrm{d}\omega$ 乘积的定义。另一个频率函数是式(1.140)定义的核 $K_N(\omega)$。这个方法引导我们将式(1.113)看做功率谱密度 $S(\omega)$ 的基本定义，从而将周期图 $|U_N(\omega)|^2/N$ 作为数据分析的出发点。但是，由于周期图不是功率谱密度的充分统计而受到一系列限制。其实质是因为在周期图法中忽略了相位信息的使用。因此，周期图法的统计不充分性为所有基于或等效于周期图法的方法所固有。

2）多窗口法　一个更有建设性的非参数法是将基本方程(1.141)看做增量变量 $\mathrm{d}Z(\omega)$ 的第一类弗雷德霍尔姆积分方程，其目的是用统计性质获得在某种意义上接近于 $\mathrm{d}Z(\omega)$ 的近似解（Thomson, 1982）。达到这个重要目标的关键是使用由一组特殊序列（如 Slepian 序列[①]或称为离散长球面序列）定义的窗口。这些序列是研究时间受限或频率受限系统的基础。这族窗口的著名性质是它们的能量分布以一种特殊的方法相加，该方法共同定义了一个理想的（从库内相当于库外总能量集中的意义上）矩形频率柜（bin）。这个性质也允许我们用谱分辨率来换取谱特性的改善（如降低谱估计的方差）。

一般来说，离散随机过程 $u(n)$ 具有一个混合谱，其功率谱包含两个分量：确定性分量和连续分量。前者表示增量过程 $\mathrm{d}Z(\omega)$ 的一阶矩，并可由下式显式给出

$$\mathbb{E}\big[\mathrm{d}Z(\omega)\big] = \sum_k a_k \delta(\omega - \omega_k)\,\mathrm{d}\omega \tag{1.142}$$

其中 $\delta(\omega)$ 为频域中的迪拉克(Dirac) δ 函数。ω_k 为过程 $u(n)$ 包含的周期性分量或线性分量的角频率，a_k 为其幅度。另一方面，连续分量表示增量过程的二阶中心矩，即

$$\mathbb{E}\big[|\mathrm{d}Z(\omega) - \mathbb{E}[\mathrm{d}Z(\omega)]|^2\big] \tag{1.143}$$

仔细注意一阶矩和二阶矩的差别是很重要的。

用参数法计算得到的谱比用非参数法（经典法）得到的谱一般具有更陡峭的峰值和更高的分辨率。因此，应用参数法更适合于估计确定性分量。而且特别地，在信噪比较高时，这些方法常用来定位加性噪声中周期性确定性分量的频率。另一种已被证明的确定性分量估计技术是经典的最大似然法（前面已经提到过，附录 D 将简要介绍最大似然估计）。当然，如果支配一个过程发生的物理定律以精确的方式或某种统计意义上的近似方式匹配一个随机模型（如 AR 模型），则对应于该模型的参数法可以用来估计该过程的功率谱。但如果感兴趣的随

---

① Slepian 序列的详细信息在 Slepian(1978)的论文中给出。计算这种长数据长度序列的方法在 Thomson(1982)论文的附录中给出。[其他信息，见 Thomson 的论文；Mullis 和 Scharf(1991)也在频谱分析中讨论了 Slepian 序列的作用。]

机过程只有连续功率谱而且不知道产生该过程的物理机制,则推荐人们使用多窗口非参数法。

本书集中讨论了第一类和第二类谱估计参数法,这是因为其理论很自然地与自适应滤波器相适应[①]。

1.17 随机过程的其他统计特征

迄今为止在所讨论的内容中,我们将注意力集中于离散随机过程的局部特性上。根据这种特殊性质,只需要将均值指定为过程的一阶矩,并把它的自相关函数指定为二阶矩。由于自相关函数和功率谱密度形成一个傅里叶变换对,我们可以等效地用功率谱密度取代自相关函数。1.1 节到 1.14 节描述的二阶统计量,适合于研究教师监督下的线性自适应滤波器的工作原理。但是,当我们学习到本书后面以便考虑困难应用(例如盲反卷积)时,必须求助于使用随机过程的其他统计特性。

能给我们带来随机过程附加信息的随机过程的两个特殊性质(这些性质在盲反卷积的研究中已被证明是有用的)如下:

1) 高阶统计量(HOS, high-order statistics) 扩展平稳随机过程特性的明显方法就是包含过程的高阶统计量。这可通过引入累积量及其傅里叶变换(称为多谱)来获得。实际上,零均值随机过程的累积量(cumulant)和多谱(polyspectra)可被分别看做自相关函数和功率谱密度的推广。重要的是,应注意到高阶统计量仅在非高斯过程范围内才有意义。更进一步,为了利用非高斯过程或高阶统计量,我们需要利用某些形式的非线性滤波。

2) 循环平稳特性(cyclostationarity) 在实际中我们常常遇到的一类重要随机过程中,过程的均值和自相关函数呈现周期性,如对所有 t_1 和 t_2 有如下关系

$$\mu(t_1 + T) = \mu(t_1) \tag{1.144}$$

和

$$r(t_1 + T, t_2 + T) = r(t_1, t_2) \tag{1.145}$$

其中 t_1 和 t_2 表示连续时间变量 t 的值,T 表示周期。满足式(1.144)和式(1.145)的随机过程在广义上说它是循环平稳的(Franks, 1969; Gardner & Franks, 1975; Gardner,1994a,b)。将随机过程建模为具有循环平稳性,需要把一个新的维数(即周期 T)增加到过程的局部描述中。循环平稳过程的例子包括通过改变幅度、相位或正弦载波频率而获得的调制过程。注意,不像高阶统计,人们可借助线性滤波方法来开发利用循环平稳特性。

在 1.18 节和 1.19 节中,我们将讨论随机过程的两个特殊方面,即多谱和谱相关密度。上面已经提到过,多谱提供了平稳随机过程的高阶统计的频域描述。类似地,谱相关密度提供了循环平稳随机过程的频域描述。

---

① 关于谱分析的其他方法,可参见 Gardner(1987)、Marple(1987)、Kay(1988)、Thomson(1982)及 Mullis 和 Scharf(1991)。

1.18　多谱

考虑零均值平稳随机过程。设 $u(n)$，$u(n+\tau_1)$，$\cdots$，$u(n+\tau_{k-1})$ 分别表示在时刻 n，$n+\tau_1$，$\cdots$，$n+\tau_{k-1}$ 获得的该过程的观测值。这些随机变量组成 $k\times1$ 向量

$$\mathbf{u} = \big[u(n), u(n+\tau_1), \cdots, u(n+\tau_{k-1})\big]^{\mathrm{T}}$$

相应地，定义 $k\times1$ 向量

$$\mathbf{z} = \big[z_1, z_2, \cdots, z_k\big]^{\mathrm{T}}$$

则我们可以定义 $u(n)$ 第 k 个阶的累积量，表示为 $c_k(\tau_1,\tau_2,\cdots,\tau_{k-1})$，作为累积量生成函数泰勒展开式中向量 $\mathbf{z}$ 的系数（Priestley,1981；Swami & Mendel,1990；Gardner,1994a,b），即

$$K(\mathbf{z}) = \ln \mathbb{E}\big[\exp(\mathbf{z}^{\mathrm{T}}\mathbf{u})\big] \qquad (1.146)$$

于是，过程 $u(n)$ 的 k 阶累积量可按照最高阶数为 k 阶的联合矩来定义；为了简化表示，设 $u(n)$ 为实值。特别地，二阶、三阶和四阶累积量分别定义为

$$c_2(\tau) = \mathbb{E}\big[u(n)u(n+\tau)\big] \qquad (1.147)$$

$$c_3(\tau_1,\tau_2) = \mathbb{E}\big[u(n)u(n+\tau_1)u(n+\tau_2)\big] \qquad (1.148)$$

和

$$\begin{aligned}
c_4(\tau_1,\tau_2,\tau_3) = {} & \mathbb{E}\big[u(n)u(n+\tau_1)u(n+\tau_2)u(n+\tau_3)\big] \\
& - \mathbb{E}\big[u(n)u(n+\tau_1)\big]\mathbb{E}\big[u(n+\tau_2)u(n+\tau_3)\big] \\
& - \mathbb{E}\big[u(n)u(n+\tau_2)\big]\mathbb{E}\big[u(n+\tau_3)u(n+\tau_1)\big] \\
& - \mathbb{E}\big[u(n)u(n+\tau_3)\big]\mathbb{E}\big[u(n+\tau_1)u(n+\tau_2)\big]
\end{aligned} \qquad (1.149)$$

根据式（1.147）~式（1.149）的定义，我们注意到以下几点：

1）二阶累积量 $c_2(\tau)$ 和自相关函数 $r(\tau)$ 一样；
2）三阶累积量 $c_3(\tau_1,\tau_2)$ 和三阶矩 $\mathbb{E}\big[u(n)u(n+\tau_1)u(n+\tau_2)\big]$ 一样；
3）四阶累积量 $c_4(\tau_1,\tau_2,\tau_3)$ 和四阶矩 $\mathbb{E}\big[u(n)u(n+\tau_1)u(n+\tau_2)u(n+\tau_3)\big]$ 不一样。为产生四阶累积量，需要知道四阶矩和自相关函数的 6 个不同值。

注意，第 k 个阶的累积量 $c(\tau_1,\tau_2,\cdots,\tau_{k-1})$ 并不依赖于时间 n。为了使之有效，过程 $u(n)$ 必须是 k 阶平稳的。如果对于任意允许的时间集 $\{n_1,n_2,\cdots,n_p\}$，$\{u(n_1),u(n_2),\cdots,u(n_p)\}$ 直到 k 阶的所有联合矩存在且等于相应的 $\{u(n_1+\tau),u(n_2+\tau),\cdots,u(n_p+\tau)\}$ 直到 k 阶的所有联合矩，则称过程 $u(n)$ 是 k 阶平稳的，其中 $\{n_1+\tau,n_2+\tau,\cdots,n_p+\tau\}$ 也是一个允许集（Priestley,1981）。

下面，考虑由冲激响应 h_n 表征的线性时不变系统。设系统由过程 $x(n)$ 激励，该过程由独立等分布（i.i.d）的样本组成。设 $u(n)$ 表示所产生的系统输出。则 $u(n)$ 的 k 阶累积量为

$$c_k(\tau_1,\tau_2,\cdots,\tau_{k-1}) = \gamma_k \sum_{i=-\infty}^{\infty} h_i h_{i+\tau_1}\cdots h_{i+\tau_{k-1}} \qquad (1.150)$$

式中 γ_k 为输入过程 $x(n)$ 的 k 阶累积量。注意，式（1.150）的右边除了用累加符号代替期望符号外，都类似于 k 阶矩。

k 阶多谱或 k 阶累积量谱定义为(Priestley,1981;Nikias & Raghuveer,1987)

$$C_k(\omega_1, \omega_2, \cdots, \omega_{k-1}) = \sum_{\tau_1=-\infty}^{\infty} \cdots \sum_{\tau_{k-1}=-\infty}^{\infty} c_k(\tau_1, \tau_2, \cdots, \tau_{k-1})$$
$$\times \exp\left[-j(\omega_1\tau_1 + \omega_2\tau_2 + \cdots + \omega_{k-1}\tau_{k-1})\right] \quad (1.151)$$

多谱 $C_k(\omega_1, \omega_2, \cdots, \omega_{k-1})$ 存在的充分条件是相关的 k 阶累积量 $c_k(\tau_1, \tau_2, \cdots, \tau_{k-1})$ 为绝对可加的,即

$$\sum_{\tau_1=-\infty}^{\infty} \cdots \sum_{\tau_{k-1}=-\infty}^{\infty} \left|c_k(\tau_1, \tau_2, \cdots, \tau_{k-1})\right| < \infty \quad (1.152)$$

功率谱、双谱和三谱是式(1.151)中定义的 k 阶多谱的特例。具体地,表述如下:

1) 当 $k = 2$ 时,有一般的功率谱

$$C_2(\omega_1) = \sum_{\tau_1=-\infty}^{\infty} c_2(\tau_1) \exp(-j\omega_1\tau_1) \quad (1.153)$$

即式(1.116)给出的 EWK 关系的重述。

2) 当 $k = 3$ 时,有双谱,定义为

$$C_3(\omega_1, \omega_2) = \sum_{\tau_1=-\infty}^{\infty} \sum_{\tau_2=-\infty}^{\infty} c_3(\tau_1, \tau_2) \exp\left[-j(\omega_1\tau_1 + \omega_2\tau_2)\right] \quad (1.154)$$

3) 当 $k = 4$ 时,有三谱,定义为

$$C_4(\omega_1, \omega_2, \omega_3) = \sum_{\tau_1=-\infty}^{\infty} \sum_{\tau_2=-\infty}^{\infty} \sum_{\tau_3=-\infty}^{\infty} c_4(\tau_1, \tau_2, \tau_3) \exp\left[-j(\omega_1\tau_1 + \omega_2\tau_2 + \omega_3\tau_3)\right] \quad (1.155)$$

多谱的一个著名性质就是,当过程 $u(n)$ 为高斯过程时,所有高于二阶的多谱都为零。这个性质是从多元高斯分布中所有高于二阶的联合累积量都为零的事实直接推出的结果。因此,如果过程 $u(n)$ 为高斯过程,则双谱、三谱及所有更高阶谱都为零。于是,高阶谱提供了随机过程偏离高斯特性的测度。

k 阶累积量 $c_k(\tau_1, \tau_2, \cdots, \tau_{k-1})$ 和 k 阶多谱 $C_k(\omega_1, \omega_2, \cdots, \omega_{k-1})$ 组成多维傅里叶变换对。确切地说,多谱 $C_k(\omega_1, \omega_2, \cdots, \omega_{k-1})$ 是 $c_k(\tau_1, \tau_2, \cdots, \tau_{k-1})$ 的多维离散傅里叶变换;$c_k(\tau_1, \tau_2, \cdots, \tau_{k-1})$ 则是 $C_k(\omega_1, \omega_2, \cdots, \omega_{k-1})$ 的多维离散傅里叶反变换。例如,给定双谱 $C_3(\omega_1, \omega_2)$,利用二维傅里叶反变换可以确定三阶累积量 $c_3(\tau_1, \tau_2)$ 如下

$$c_3(\tau_1, \tau_2) = \left(\frac{1}{2\pi}\right)^2 \int_{-\pi}^{\pi} \int_{-\pi}^{\pi} C_3(\omega_1, \omega_2) \exp\left[j(\omega_1\tau_1 + \omega_2\tau_2)\right] d\omega_1 d\omega_2 \quad (1.156)$$

我们可以用这个关系来给出双谱的另一种定义,即根据 Cramér 谱表示,我们有

$$u(n) = \frac{1}{2\pi} \int_{-\pi}^{\pi} e^{j\omega n} dZ(\omega) \quad \text{对于所有} n \quad (1.157)$$

因此,在式(1.148)中利用式(1.157),可得到

$$c_3(\tau_1, \tau_2) = \left(\frac{1}{2\pi}\right)^3 \int_{-\pi}^{\pi} \int_{-\pi}^{\pi} \int_{-\pi}^{\pi} \exp\left[jn(\omega_1 + \omega_2 + \omega_3)\right]$$
$$\times \exp\left[j(\omega_1\tau_1 + \omega_2\tau_2)\right] \mathbb{E}\left[dZ(\omega_1) dZ(\omega_2) dZ(\omega_3)\right] \quad (1.158)$$

比较式(1.156)和式(1.158)的右边,可导出如下结果

$$\mathbb{E}\big[dZ(\omega_1)dZ(\omega_2)dZ(\omega_3)\big] = \begin{cases} C_3(\omega_1, \omega_2)\,d\omega_1\,d\omega_2 & \omega_1 + \omega_2 + \omega_3 = 0 \\ 0 & \text{其他} \end{cases} \qquad (1.159)$$

从式(1.159)可知，双谱 $C_3(\omega_1, \omega_2)$ 表示各自频率相加到零的三个傅里叶分量平均积的贡献。这个性质是1.14节中普通功率谱解释的推广。用类似的方法，可以得出三谱的解释。

一般地，当阶数 k 大于 2 时，多谱 $C_k(\omega_1, \omega_2, \cdots, \omega_{k-1})$ 为复数，即

$$C_k(\omega_1, \omega_2, \cdots, \omega_{k-1}) = |C_k(\omega_1, \omega_2, \cdots, \omega_{k-1})| \exp[j\phi_k(\omega_1, \omega_2, \cdots, \omega_{k-1})] \qquad (1.160)$$

式中 $|C_k(\omega_1, \omega_2, \cdots, \omega_{k-1})|$ 为多谱幅度，而 $\phi_k(\omega_1, \omega_2, \cdots, \omega_{k-1})$ 为其相位。而且，多谱是周期为 2π 的周期函数，即

$$C_k(\omega_1, \omega_2, \cdots, \omega_{k-1}) = C_k(\omega_1 + 2\pi, \omega_2 + 2\pi, \cdots, \omega_{k-1} + 2\pi) \qquad (1.161)$$

既然平稳随机过程的功率谱密度对相位是盲的(phaseblind)，那么过程的多谱对相位是敏感的。更确切地说，功率谱密度为实值：参考式(1.122)的输入-输出关系可以看出，当平稳随机过程通过线性系统时，系统相位响应的信息在输出功率谱中被完全破坏。与此相对照，多谱是复值的，因此在类似情况下，输出信号的多谱保留了系统相位响应信息。这就是为什么多谱能够为那些只能以输入信号概率模型形式获取输出信号和某些附加信息的未知系统的盲辨识提供有用的工具。

1.19　谱相关密度

通过引用过程的高阶统计，多谱保存了随机过程的相位信息，但只有当过程为非高斯过程时才是可行的。当过程是广义循环平稳时，如式(1.144)和式(1.145)所定义的，也有可能保存相位信息。后者具有如下两个超过高阶统计量方法的重要优点：

1) 相位信息包含在过程的二阶循环平稳统计中；因此，能够以高效的计算方式利用相位信息，从而避免使用高阶统计量。

2) 相位信息的有效保存，不要考虑高斯特性。

然后，我们考虑一个广义循环平稳的离散随机过程 $u(n)$。不失一般性，假设过程是零均值的，$u(n)$ 的集平均自相关函数的常用定义方式为

$$r(n, n-k) = \mathbb{E}\big[u(n)u^*(n-k)\big]$$

在循环平稳的条件下，对于每一个 k，自相关函数 $r(n, n-k)$ 是以 n 为周期的周期函数。考虑到 $u(n)$ 的离散时间特性，可以将自相关函数 $r(n, n-k)$ 扩展为傅里叶序列(Gardner, 1994a,b)

$$r(n, n-k) = \sum_{\{\alpha\}} r^\alpha(k) e^{j2\pi\alpha n - j\pi\alpha k} \qquad (1.162)$$

式中 n 和 k 都只取整数值，且集合 $\{\alpha\}$ 包括了所对应的傅里叶系数不为 0 时 α 的所有值。傅里叶系数 $r^\alpha(k)$ 自身定义为

$$r^\alpha(k) = \frac{1}{N} \sum_{n=0}^{N-1} r(n, n-k) e^{-j2\pi\alpha n + j\pi\alpha k} \qquad (1.163)$$

其中，样本数 N 表示周期。等效地，根据式(1.163)，可定义

$$r^\alpha(k) = \frac{1}{N} \left\{ \sum_{n=0}^{N-1} \mathbb{E}\left[u(n)u^*(n-k)e^{-j2\pi\alpha n}\right] \right\} e^{j\pi\alpha k} \tag{1.164}$$

其中 $r^\alpha(k)$ 称为循环自相关函数(cyclic autocorrelation function),它具有如下性质:

1)循环自相关函数 $r^\alpha(k)$ 是以 α 为周期的周期函数且周期为2。

2)对于任意 α,根据式(1.164),我们有

$$r^{\alpha+1}(k) = (-1)^k r^\alpha(k) \tag{1.165}$$

3)对于 $\alpha = 0$ 的特例,式(1.164)变为

$$r^0(k) = r(k) \tag{1.166}$$

其中 $r(k)$ 是平稳过程的普通自相关函数。

根据式(1.116)和式(1.117)给出的爱因斯坦-维纳-辛钦(Einstein-Wiener-Khintchine)关系式,普通型自相关函数和广义平稳随机过程的功率谱组成一个傅里叶变换对。相应地,我们可把循环自相关函数 $r^\alpha(k)$ 的离散傅里叶变换定义为(Gardner,1994a,b)

$$S^\alpha(\omega) = \sum_{k=-\infty}^{\infty} r^\alpha(k)e^{-j\omega k} \qquad -\pi < \omega \leqslant \pi \tag{1.167}$$

$S^\alpha(\omega)$ 称为谱相关密度(spectral-correlation density),当 $\alpha \neq 0$ 时它为复值。当 $\alpha = 0$ 时,上式变为

$$S^0(\omega) = S(\omega)$$

式中 $S(\omega)$ 是普通功率谱密度。

根据定义式(1.164)和式(1.167),我们可建立图1.16所示的框图,用来测量谱相关密度 $S^\alpha(\omega)$。为此,假设过程 $u(n)$ 是循环各态历经的(cycloergodic),这意味着时间平均可用集平均代替,"具有每个周期抽样一次的样值"(Gardner,1994a,b)。根据图1.16所示的实现,在允许谱分量带宽可以接近零的极限情况下,$S^\alpha(\omega)$ 是角频率 $\omega + \alpha\pi$ 和 $\omega - \alpha\pi$ 处时间序列 $u(n)$ 中所包含的带宽归一化型互相关窄带谱分量(Gardner,1994a,b)。注意,图中两个窄带滤波器是相同的,二者都有一个频带中心角频率 ω 和带宽 $\Delta\omega$,且 $\Delta\omega$ 小于 ω,但大于图中输出端互相关器中所用的平均时间的倒数。这个方案的一个通道中,输入 $u(n)$ 和 $\exp(-j\pi\alpha n)$ 相乘;在另一个通道中,$u(n)$ 与 $\exp(j\pi\alpha n)$ 相乘,滤波结果的信号再送入互相关器。正是这两个乘法操作(优先级高于相关器)在 α 非零值的情况下提供了具有相位保护特性的谱相关密度 $S^\alpha(\omega)$。

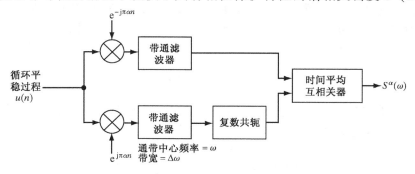

图1.16 循环平稳过程谱相关密度的测试方案

1.20　小结与讨论

本章研究了平稳离散时间随机过程的部分特性,它在时域中由两个统计参数唯一描述:

1)均值,为常数。

2)自相关函数,它只依赖于过程的任意两个样本间的时间差。

过程的均值或者自然为零,或者可以从这个过程减为一个新的零均值过程。因此,在本书后续章节的讨论中,一般均假设过程的均值为零。于是,给定一个零均值复值平稳离散时间随机过程的 $M \times 1$ 观测向量 $\mathbf{u}(n)$,我们可通过定义 $M \times M$ 自相关矩阵 $\mathbf{R}$ 作为 $\mathbf{u}(n)$ 与其自身外积的统计期望[即 $\mathbf{R} = \mathbf{u}(n)\mathbf{u}^{\mathrm{H}}(n)$]部分地描述了这个过程。矩阵 $\mathbf{R}$ 为埃尔米特-托伯利兹(Hermitian-Toeplitz)矩阵,它几乎总是绝对正定的。

本章讨论的另一个课题是随机模型概念。当给定一组已知统计特性的实验数据而且需要分析这些数据时,就有这种需求。就此而言,对于一个合适的模型,一般有两个要求:

1)足够数量的模型可调参数,用来捕获输入数据中的基本信息内容。

2)模型数学上易处理。

第一个要求实际上意味着模型的复杂度应该紧密匹配产生输入数据的基本物理机制。只有这种情况下,对输入数据的欠匹配和过匹配才可以避免。第二个要求通常可通过选择线性模型得到满足。

在线性随机模型族中,自回归(AR)模型通常比滑动平均(MA)模型和自回归滑动平均(ARMA)模型更流行的一个重要原因是:不同于 MA 或 ARMA 模型的情形,AR 系数的计算可由称为尤尔-沃克方程的线性方程系统控制。再则,除了可预测分量外,我们可用满足一定约束的足够高阶的 AR 模型来近似一个平稳离散时间随机过程。为了选择合适的模型阶数,可利用 Akaike 的信息理论准则或 Rissanen 的最小描述长度(MDL)准则。MDL 准则的一个有用特性在于,它是一个一致模型阶数估计器。

表征广义平稳随机过程的另一个重要办法是用功率谱密度或功率谱。在本章的后半部分,我们认识了依赖于过程统计特性的三种不同谱参数:

1)功率谱密度 $S(\omega)$　　它定义为广义平稳过程的普通自相关函数的离散傅里叶变换。对于这样的过程,自相关函数为埃尔米特的,总是使 $S(\omega)$ 为一个实值的量。因此,$S(\omega)$ 破坏了过程的相位信息。除了这个限制之外,功率谱密度被用做显示广义平稳过程的相关性质的有用参数。

2)多谱 $C_k(\omega_1, \omega_2, \cdots, \omega_{k-1})$　　它定义为平稳过程的累积量的多维傅里叶变换。对于 $k = 2$ 的二阶统计量,$C_2(\omega_1)$ 退化为普通功率谱密度 $S(\omega)$。对 $k > 2$ 的高阶统计量,多谱 $C_k(\omega_1, \omega_2, \cdots, \omega_{k-1})$ 取复数形式。正是多谱的这个性质,使它在处理需要相位信息的场合成为有用的工具。但是,为了使多谱有意义,过程必须是非高斯的,而且开发利用多谱中所包含的相位信息要求使用非线性滤波。

3)谱相关密度 $S^\alpha(\omega)$　　它定义为广义循环平稳过程的循环自相关函数的离散傅里叶变换。当 $\alpha \neq 0$ 时,$S^\alpha(\omega)$ 为复值;当 $\alpha = 0$ 时,$S^\alpha(\omega)$ 退化为 $S(\omega)$。$S^\alpha(\omega)$ 的有用特征在于它保留了相位信息,而且可借助线性滤波这一特性,不需考虑过程是否为高斯过程。

普通功率谱密度，多谱和谱相关密度的不同性质使得这些统计参数在自适应滤波方面有各自的应用领域。

最后一个需要说明的是：二阶循环平稳过程和常规的多谱理论已经聚集在循环多谱的保护伞之下。简言之，循环多谱是谱累积量，它所涉及的各个频率(分量)可合计为任意循环频率 α，而对于多谱它们必须合计为零。

1.21 习题

1. 序列 $y(n)$ 与 $u(n)$ 之间的关系由如下差分方程给出

$$y(n) = u(n+a) - u(n-a)$$

其中 a 为常数。试用 $u(n)$ 表示 $y(n)$ 的自相关函数。

2. 考虑一个存在逆矩阵 $\mathbf{R}^{-1}$ 的自相关矩阵 $\mathbf{R}$。证明 $\mathbf{R}^{-1}$ 是埃尔米特矩阵。

3. 一个数字通信系统的接收信号为

$$u(n) = s(n) + \nu(n)$$

$s(n)$ 为失真后的传输信号，$\nu(n)$ 表示加性高斯白噪声，$s(n)$ 和 $\nu(n)$ 的自相关矩阵分别为 $\mathbf{R}_s$ 和 $\mathbf{R}_\nu$。设 $\mathbf{R}_\nu$ 的元素定义为

$$r_\nu(l) = \begin{cases} \sigma^2 & \text{对于 } l = 0 \\ 0 & \text{对于 } l \neq 0 \end{cases}$$

确定条件，使噪声方差 σ^2 必须满足 $u(n)$ 的自相关矩阵为非奇异的。注意，读者必须通过考虑 2×2 相关矩阵来说明这个推导。

4. 理论上，方阵可以是绝对非负定和非奇异的。试基于如下 2×2 矩阵

$$\mathbf{R} = \begin{bmatrix} 1 & 1 \\ 1 & 1 \end{bmatrix}$$

证明这个命题的正确性。

5. (a) 式(1.26)为平稳随机过程观测向量 $\mathbf{u}_{M+1}(n)$ 有关的 $(M+1) \times (M+1)$ 自相关矩阵 $\mathbf{R}_{M+1}$ 与同一过程观测向量 $\mathbf{u}_M(n)$ 有关的 $M \times M$ 自相关矩阵 $\mathbf{R}_M$ 之间的关系，试用 $\mathbf{R}_M$ 表示 $\mathbf{R}_{M+1}$。
   (b) 用式(1.27)重复上述过程。

6. 一个一阶实值自回归(AR)过程 $u(n)$ 满足如下实值差分方程

$$u(n) + a_1 u(n-1) = \nu(n)$$

式中 a_1 为常数，$\nu(n)$ 是方差为 σ_ν^2 的白噪声过程。
   (a) 证明 $\nu(n)$ 如果具有非零均值，则 AR 过程 $u(n)$ 是不平稳的。
   (b) 对于 $\nu(n)$ 具有零均值且 a_1 满足 $|a_1| < 1$ 条件的情况，证明 $u(n)$ 的方差为

$$\text{var}[u(n)] = \frac{\sigma_\nu^2}{1 - a_1^2}$$

   (c) 在(b)中给定的条件下，对于 $0 < a_1 < 1$ 和 $-1 < a_1 < 0$ 两种情况找出 AR 过程 $u(n)$ 的自相关函数。

7. 考虑由如下差分方程描述的二阶 AR 过程 $u(n)$

$$u(n) = u(n-1) - 0.5u(n-2) + \nu(n)$$

其中，$\nu(n)$ 是零均值和方差为 0.5 的白噪声。
   (a) 写出该过程的尤尔-沃克方程。
   (b) 对自相关函数值 $r(1)$ 和 $r(2)$，求解这两个方程。
   (c) 求 $u(n)$ 的方差。

8. 考虑建模为 M 阶 AR 过程的广义平稳随机过程 $u(n)$。由平均功率 P_0 和 AR 系数 a_1, a_2, $\cdots$, a_M 组成的一组参数与自相关序列 $r(0)$, $r(1)$, $\cdots$, $r(M)$ 一一对应,如下式
$$\{r(0), r(1), r(2), \cdots, r(M)\} \rightleftharpoons \{P_0, a_1, a_2, \cdots, a_M\}$$
证明该命题正确。

9. 写出下列两个随机模型的转移函数:
   (a) 图 1.3 的 MA 模型
   (b) 图 1.4 的 ARMA 模型
   (c) 写出图 1.4 所示的 ARMA 模型的转移函数退化为(1) AR 模型转移函数;(2) MA 模型转移函数时的条件。

10. 考虑由如下差分方程描述的二阶 MA 过程 $x(n)$
$$x(n) = \nu(n) + 0.75\nu(n-1) + 0.25\nu(n-2)$$
其中 $\nu(n)$ 是方差为 1 的零均值白噪声过程。要求用一个 M 阶 AR 过程 $u(n)$ 近似该过程。对于下列阶数
   (a) $M = 2$ (b) $M = 5$ (c) $M = 10$
做上述逼近,并评价所得结果。如果 AR 过程 $u(n)$ 要与 MA 过程 $x(n)$ 精确等价,则 M 必须多大?

11. 从零均值广义平稳随机过程和自相关矩阵 $\mathbf{R}$ 得到的时间序列 $u(n)$ 被加到冲激响应为 w_n 的 FIR 滤波器。这个冲激响应定义了权向量 $\mathbf{w}$。
   (a) 证明滤波器输出的平均功率为 $\mathbf{w}^H \mathbf{R} \mathbf{w}$。
   (b) 若滤波器输入端的随机过程是一个方差为 σ^2 的白噪声,则(a)中的结果会如何改变?

12. 一个一般的线性复值过程定义为
$$u(n) = \sum_{k=0}^{\infty} b_k^* \nu(n-k)$$
其中 $\nu(n)$ 为白噪声,b_k 为复系数。证明下列命题:
   (a) 如果 $\nu(n)$ 为高斯过程,则 $u(n)$ 也为高斯过程。
   (b) 反之,如果 $u(n)$ 为高斯过程,则 $\nu(n)$ 必须为高斯过程。

13. 考虑复高斯过程 $u(n)$。设 $u(n) = u_n$,用高斯矩分解理论,证明下列等式:
   (a) $\mathbb{E}[(u_1^* u_2)^k] = k! (\mathbb{E}[u_1^* u_2])^k$
   (b) $\mathbb{E}[|u|^{2k}] = k! (\mathbb{E}[|u|^2])^k$

14. 考虑式(1.113)给出的功率谱密度的定义。这个方程是否可以交换求极限和期望的操作?证明之。

15. 在推导式(1.126)时,我们引用了概念:如果一个广义平稳过程通过线性时不变、稳定的滤波器,则滤波器输出随机过程也是广义平稳的。证明式(1.126)的结果是下式的一个特例
$$r_y(n, m) = \sum_{i=-\infty}^{\infty} \sum_{k=-\infty}^{\infty} h(i)h^*(k)r_u(n-i, m-k)$$

16. 在求式(1.129)中滤波器输出的均方值时假设:滤波器带宽小于其频带中心频率。对于白噪声过程,这个假设对获得例 3 的相应结果是否必要?试证明这个结论。

17. 方差为 0.1 的白噪声加到带宽为 1 Hz 的离散时间低通滤波器,该过程为实值。
   (a) 计算滤波器输出的方差;
   (b) 假设输入信号为高斯过程,确定滤波器输出的概率密度函数。

18. 实值平稳随机过程 $u(n)$ 称为周期性的,如果它的相关函数是周期性的,即
$$r(l) = \mathbb{E}[u(n)u(n-l)]$$
$$= r(l+N)$$

其中 N 为周期。扩展 $r(l)$ 为傅里叶级数

$$r(l) = \frac{1}{N} \sum_{k=0}^{N-1} S_k \exp(\mathrm{j}l\omega_k) \qquad l = 0, 1, \cdots, N-1$$

其中

$$\omega_k = \frac{2\pi k}{N}$$

和

$$S_k = \sum_{k=0}^{N-1} r(l) \exp(-\mathrm{j}l\omega_k) \qquad k = 0, 1, \cdots, N-1$$

且参数

$$S_k = \mathbb{E}\left[|U_k|^2\right]$$

具体化了离散功率谱，U_k 为复随机变量，它定义为

$$U_k = \sum_{n=0}^{N-1} u(n) \exp(-\mathrm{j}n\omega_k) \qquad k = 0, 1, \cdots, N-1$$

和

$$u(n) = \frac{1}{N} \sum_{k=0}^{N-1} U_k \exp(\mathrm{j}n\omega_k) \qquad n = 0, 1, \cdots, N-1$$

（a）证明频谱抽样 $U_0, U_1, \cdots, U_{N-1}$ 互不相关，即证明

$$\mathbb{E}\left[U_k U_j^*\right] = \begin{cases} S_k & \text{对于 } j = k \\ 0 & \text{其他} \end{cases}$$

（b）假设 $u(n)$，从而 U_k 是高斯分布的，证明 $U_0, U_1, \cdots, U_{N-1}$ 的联合概率密度函数由下式给出

$$f_{\mathbf{U}}(U_0, U_1, \cdots, U_{N-1}) = \pi^{-N} \exp\left(-\sum_{k=0}^{N-1} \frac{|U_k|^2}{S_k} - \ln S_k\right)$$

19. 证明 $|\mathrm{d}Z(\omega)|^2$ 的期望具有功率的物理意义，其中 $\mathrm{d}Z(\omega)$ 为增量过程。

20. 证明高斯过程的三阶及更高阶累积量都为 0。

21. 给出平稳随机过程 $u(n)$ 的三谱 $C_4(\omega_1, \omega_2, \omega_3)$ 的物理解释。假设 $u(n)$ 为实值。

22. 考虑转移函数为 $H(z)$ 的线性时不变系统。系统被具有零均值、方差为 1 的独立等分布(i.i.d)随机变量组成的实值序列 $x(n)$ 激励。$x(n)$ 的概率分布是非对称的。

   （a）求出系统输出 $u(n)$ 的三阶累积量和双谱。

   （b）证明 $u(n)$ 的双谱的相位分量与转移函数 $H(z)$ 的相位响应之间的关系为

$$\arg\left[C_3(\omega_1, \omega_2)\right] = \arg\left[H(\mathrm{e}^{\mathrm{j}\omega_1})\right] + \arg\left[H(\mathrm{e}^{\mathrm{j}\omega_2})\right] - \arg\left[H(\mathrm{e}^{\mathrm{j}(\omega_1+\omega_2)})\right]$$

23. 式(1.150)给出了冲激响应为 h_n 的线性时不变系统的输出的 k 阶累积量，该系统由i.d.d随机变量组成的序列 $x(n)$ 激励，试推导该等式。

24. 对于广义循环平稳随机过程 $u(n)$，证明循环自相关函数 $r^\alpha(k)$ 满足如下性质

$$r^\alpha(-k) = r^{\alpha*}(k)$$

其中 $*$ 表示复共轭。

25. 图 1.16 描述了广义循环平稳过程 $u(n)$ 的谱相关密度的测量方法。证明当 $\alpha = 0$ 时，图 1.16可简化为图 1.13的形式。

第 2 章　维纳滤波器

有了第 1 章平稳随机过程的统计特性，就可以为评价线性自适应滤波器的性能提供一个框架。特别地，本章将研究一类线性最优离散滤波器，即所谓的维纳（Wiener）滤波器。维纳滤波器理论系统阐述了由其冲激响应所表征的滤波器的一般复值随机过程。采用复值时间序列的原因是，在大量实际应用中（如通信、雷达、声呐等），许多应用都是以基带形式给出的。正如第 1 章所述，基带用来表示由信息源传递的原始信号所占用的频带。实值时间序列理所当然地可看做复值理论的一个特例。下面，我们首先将概述线性最优滤波问题，以便为后续的维纳滤波理论及其变种的研究搭建平台。

2.1　线性最优滤波：问题综述

图 2.1 建立了线性离散时间滤波器的框图。滤波器的输入时间序列为 $u(0)$，$u(1)$，…，并用其冲激响应为 w_0，w_1，w_2，…来表征该滤波器。而且在某些离散时刻 n，滤波器输出为 $y(n)$。这个输出信号用来产生期望响应的估值 $d(n)$。由于滤波器的输入信号和期望响应表示各自随机过程的实现，使得估计通常带有其自身统计特性的误差 $e(n)$。在实际中，估计误差是用期望响应 $d(n)$ 与滤波器输出 $y(n)$ 之差来表示。其要求的就是在某种统计意义上使估计误差 $e(n)$ 尽可能小。

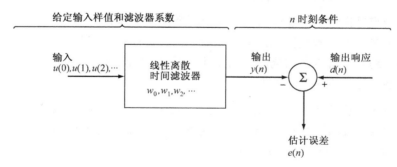

图 2.1　统计滤波问题示意框图

这里，滤波器需要有两个约束条件：

1）滤波器是线性的，使得数学分析容易进行；
2）滤波器是离散时间的，使得它可用数字硬件或软件来实现。

滤波器的具体实现还依赖于另外两个选择：

1）滤波器的冲激响应的选择问题（是选择有限冲激响应，还是无限冲激响应）；
2）统计优化准则的选择问题。

选择有限冲激响应(FIR, finite-duration impulse response)或者无限冲激响应(IIR, infinite-duration impulse response)取决于实际应用场合;滤波器设计中选用哪种优化统计准则,则与数学处理的难易程度有关。以下我们依次探讨这两个问题。

我们从考虑 IIR 滤波器开始阐述维纳滤波理论,这样可以将 FIR 滤波器看做它的一个特例。然而,本章大部分内容的描述及本书的后续部分中,我们主要集中讨论 FIR 滤波器。这是因为 FIR 滤波器结构中只用到前向路径而使其具有固有的稳定性。换句话说,FIR 滤波器中输入-输出相互作用的唯一方式是通过滤波器从输入到输出的前向路径完成的。实际上,这种信号传输方式使滤波器的冲激响应限制为有限长度。而 IIR 滤波器同时包含了前向和反馈路径,反馈路径意味着有一部分滤波器的输出和其他可能的中间变量要反馈到输入端。其结果是,除非经过合理的设计,滤波器的反馈会使输出结果不稳定,甚至导致滤波器发生振荡。这种现象在一些要求"必须"保证稳定性的场合是不能接受的。尽管 IIR 滤波器的稳定性问题本身在理论上和实际中都是可以驾驭的,但当滤波器需要自适应时,同时包含自适应和反馈(IIR 滤波器固有的)所带来的稳定性问题已成为一个十分难处理的难题。正是由于这个原因,在大部分需要自适应的滤波应用中,FIR 滤波器大大优于 IIR 滤波器,即使后者需要很少的计算要求也是如此。

下面转向考虑第二个问题:统计优化准则的选择问题。各种准则都有其自身的适用场合。在滤波器优化设计中,可以考虑采用某种最小代价函数或者某个性能指标来衡量,一般有下列几种选择:

1)估计误差的均方值;
2)估计误差绝对值的期望值;
3)估计误差绝对值的三阶或高阶期望值。

选项 1 由于容易进行数学处理而优于其他两个选项。实际上,选择均方误差准则导致滤波器冲激响应未知系数代价函数的二阶相关性(dependence)。而且,该代价函数有一个独特的最小值能唯一地定义滤波器的统计优化设计。因此,我们将注意力集中于均方误差准则。

现将滤波器问题的本质表述如下:

给定一个输入抽样序列 $u(0)$, $u(1)$, $u(2)$, $\cdots$, 设计一个线性离散滤波器 [其输出 $y(n)$ 提供了期望响应 $d(n)$ 的一个估值],使得其估计误差的均方值 $e(n)$ [定义为期望响应 $d(n)$ 与实际响应 $y(n)$ 之差]为最小。

我们将通过两种完全不同、互相补充的方法来阐述该统计优化问题的数学解决方案。一种方法导致一个重要的定理(通常称为正交性原理)。另一种方法着重讲述误差性能曲面,即描述以滤波器系数为变量的代价函数的二阶相关性。下面首先着手推导正交性原理,因为这个推导过程相对简单,且具有重要意义。

2.2 正交性原理

再看如图 2.1 所示的随机信号滤波问题。滤波器的输入用时间序列 $u(0)$, $u(1)$, $u(2)$, $\cdots$ 表示,冲激响应用 w_0, w_1, w_2, $\cdots$ 表示,设它们都是复值且无限长度的。n 时刻的滤波器输出为线性卷积

$$y(n) = \sum_{k=0}^{\infty} w_k^* u(n-k) \qquad n = 0, 1, 2, \cdots \tag{2.1}$$

其中星号表示复共轭。注意，复值意义上的 $w_k^* u(n-k)$ 表示滤波器系数 w_k 与滤波器输入 $u(n-k)$ 的内积。图 2.2 示出当式(2.1)中为实数据时计算线性离散时间卷积的步骤。

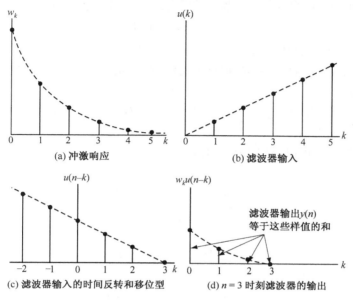

(a) 冲激响应　　　　　　　　　　(b) 滤波器输入

(c) 滤波器输入的时间反转和移位型　　(d) $n=3$ 时刻滤波器的输出

图 2.2　线性卷积

图 2.1 的滤波器的目的是要产生一个期望响应 $d(n)$ 的估值，设滤波器输入序列和期望响应是联合广义平稳随机过程，且均值为零。如果均值不为零，则依据 1.2 节介绍的预处理，在滤波之前先从 $u(n)$ 和 $d(n)$ 中减去均值，估计值 $d(n)$ 自然带有误差，该误差定义为

$$e(n) = d(n) - y(n) \tag{2.2}$$

估计误差 $e(n)$ 是一个随机变量的抽样值。为了优化滤波器的设计，选择 $e(n)$ 的最小均方值。因此，定义代价函数为均方误差

$$\begin{aligned} J &= \mathbb{E}[e(n)e^*(n)] \\ &= \mathbb{E}[|e(n)|^2] \end{aligned} \tag{2.3}$$

其中 $\mathbb{E}$ 表示统计期望运算符。因此，其要求是确定使 J 获得最小值的运行条件。

对于复值的输入数据，滤波器系数通常也为复值。设第 k 个滤波器系数 w_k 表示为实部与虚部形式

$$w_k = a_k + \mathrm{j}b_k \qquad k = 0, 1, 2, \cdots \tag{2.4}$$

相应地，可以定义一个梯度算子，其中第 k 个元素可写成实部 a_k 和虚部 b_k 的一阶偏微分形式

$$\nabla_k = \frac{\partial}{\partial a_k} + \mathrm{j}\frac{\partial}{\partial b_k} \qquad k = 0, 1, 2, \cdots \tag{2.5}$$

因此，将算子 ∇ 用于代价函数 J，得到一个多维复值梯度向量 ∇J，其中第 k 个元素为

$$\nabla_k J = \frac{\partial J}{\partial a_k} + \mathrm{j}\frac{\partial J}{\partial b_k} \qquad k = 0, 1, 2, \cdots \tag{2.6}$$

式(2.6)表明实系数函数梯度可以自然扩展应用到复系数函数的更一般情况①。注意式(2.6)中复梯度的定义是有效的,这里重要的是 J 为实数。梯度算子往往用来寻找所感兴趣的代价函数的稳定点。复数约束可以转换成一对实数约束。在式(2.6)中,一对实数约束可通过将 $\nabla_k J$ 的实部和虚部都置为零来获得。

为了从代价函数 J 中得到其最小值,梯度向量 ∇J 的所有元素必须同时都等于零,即

$$\nabla_k J = 0 \qquad k = 0, 1, 2, \cdots \tag{2.7}$$

在这组约束条件下,就说滤波器在均方误差意义下最优②。

依据式(2.3),代价函数 J 将是独立于时间 n 的标量。因此,将式(2.3)的第一个式子代入式(2.6),得到

$$\nabla_k J = \mathbb{E}\left[\frac{\partial e(n)}{\partial a_k}e^*(n) + \frac{\partial e^*(n)}{\partial a_k}e(n) + \frac{\partial e(n)}{\partial b_k}je^*(n) + \frac{\partial e^*(n)}{\partial b_k}je(n)\right] \tag{2.8}$$

由式(2.2)和式(2.4),可以得到4个偏微分

$$\begin{aligned}\frac{\partial e(n)}{\partial a_k} &= -u(n-k)\\[4pt]\frac{\partial e(n)}{\partial b_k} &= ju(n-k)\\[4pt]\frac{\partial e^*(n)}{\partial a_k} &= -u^*(n-k)\\[4pt]\frac{\partial e^*(n)}{\partial b_k} &= -ju^*(n-k)\end{aligned} \tag{2.9}$$

将这些偏微分代入式(2.8),整理得到

$$\nabla_k J = -2\mathbb{E}\left[u(n-k)e^*(n)\right] \tag{2.10}$$

现在我们准备求使代价函数 J 最小时所要求的工作条件。设 e_o 表示滤波器工作在最优条件下估计误差的特定值,则式(2.7)中规定的条件等效为

$$\mathbb{E}\left[u(n-k)e_o^*(n)\right] = 0 \qquad k = 0, 1, 2, \cdots \tag{2.11}$$

总之,对式(2.11)可做如下表述:

> 使代价函数 J 获得最小值的充要条件是其对应的估计误差 $e_o(n)$ 正交于 n 时刻进入期望响应估计的每个输入样值。

实际上,这段表述构成正交性原理。它是线性优化滤波理论中的最重要原理之一,也为验证线性滤波器是否工作于最优状态提供了数学基础。

---

① 对于复数据的一般情况,代价函数 J 是不可微的,其原因见附录B,其示例见本章习题1。
　　在本章中,以式(2.6)所描述的方式,定义了代价函数 J 相对于一组滤波器系数的复梯度向量。该复梯度向量的第 k 个偏导数由两部分组成:一个相对于第 k 个滤波器系数的实部,另一个相对于其虚部。根据代数观点,这个计算过程是很直观的。
　　在附录B中,描述了另一种基于沃廷格(Wirtinger)微分的计算过程。这个过程是简单且直接的,但它在数学上比本章描述的过程更复杂。

② 注意,在式(2.7)中,我们已经假设稳定点的最优性。在线性滤波问题中,由于误差性能曲面的二次特性(见2.5节),求出的稳定点一定是全局最优的。

2.2.1　正交性原理推论

当考虑滤波器输出信号 $y(n)$ 与估计误差 $e(n)$ 之间的相关特性时,可以得到正交性原理的推论。利用式(2.1),可以将相关函数表示为

$$\mathbb{E}\big[y(n)e*(n)\big] = \mathbb{E}\bigg[\sum_{k=0}^{\infty} w_k^* u(n-k)e*(n)\bigg]$$
$$= \sum_{k=0}^{\infty} w_k^* \mathbb{E}\big[u(n-k)e*(n)\big] \tag{2.12}$$

令 $y_o(n)$ 表示在均方误差最优意义下滤波器的输出,而 $e_o(n)$ 表示响应的估计误差。因此,利用式(2.11)描述的正交性原理,可得如下结果

$$\mathbb{E}\big[y_o(n)e_o^*(n)\big] = 0 \tag{2.13}$$

由此,我们可以得到正交性原理的推论:

当滤波器工作于最优条件下,期望响应的估值用滤波器的输出 $y_o(n)$ 表示,相应的估计误差 $e_o(n)$ 与它们相互正交。

令 $\hat{d}(n\,|\,\mathcal{U}_n)$ 表示在均方误差意义下最优的期望响应的估值,给定输入信号直到时刻 n(包括 n)张成的空间为 $\mathcal{U}_n$[①],则有

$$\hat{d}(n\,|\,\mathcal{U}_n) = y_o(n) \tag{2.14}$$

注意,估值 $\hat{d}(n\,|\,\mathcal{U}_n)$ 具有零均值,因为其抽头的输入是设为零均值的。这个条件也符合期望响应 $d(n)$ 为零均值的假设。

2.2.2　正交性原理推论的几何解释

式(2.13)提供了一个存在于最优滤波器输出端最优条件的有趣的几何解释,如图2.3所示。图中,期望响应、滤波器的输出及响应的估计误差分别用向量 **d**、**y**$_o$、**e**$_o$ 表示,**y**$_o$、**e**$_o$ 中的下标 o 表示优化条件的时刻。可以看出,对于最优滤波器,估计误差向量垂直(正交)于滤波器的输出向量。需要强调的是,图2.3描述的状态只是一个比拟,此处随机变量和期望分别用向量和向量内积代替。同样,为了便于观察,几何描述图可被看做是统计学的毕达哥拉斯(Pythagorean)定理。

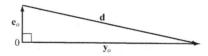

图 2.3　期望响应、滤波器输出估值和估计误差之间关系的几何表示

---

① 如果空间 $\mathcal{U}_n$ 由随机变量 $u_1, u_2, \cdots, u_n$ 全体线性组合而成,就说这些随机变量张成该特殊空间。换言之,$\mathcal{U}_n$ 中的每个随机变量可表示为 $u_i(i=1,2,\cdots,n)$ 的某种组合

$$u = w_1^* u_1 + \cdots + w_n^* u_n$$

其中 $w_1, w_2, \cdots, w_n$ 为组合系数。这里假设空间 $\mathcal{U}_n$ 是有限维的。

2.3 最小均方误差

线性离散时间滤波器如图 2.1 所示。当达到最优时, 式(2.2)可以写成以下形式

$$
\begin{aligned}
e_o(n) &= d(n) - y_o(n) \\
&= d(n) - \hat{d}(n \mid \mathcal{U}_n)
\end{aligned}
\tag{2.15}
$$

式中第二行, 我们利用了式(2.14)。重新安排式(2.15), 有

$$
d(n) = \hat{d}(n \mid \mathcal{U}_n) + e_o(n)
\tag{2.16}
$$

令

$$
J_{\min} = \mathbb{E}\big[|e_o(n)|^2\big]
\tag{2.17}
$$

表示最小均方误差, 对式(2.16)两边同时取均方值, 并应用式(2.13)和式(2.14)表示的正交性原理推论, 可得

$$
\sigma_d^2 = \sigma_{\hat{d}}^2 + J_{\min}
\tag{2.18}
$$

其中 σ_d^2 是期望响应的方差, $\sigma_{\hat{d}}^2$ 是估值 $\hat{d}(n \mid \mathcal{U}_n)$ 的方差; 它们都假设为零均值。依据最小均方误差准则求解式(2.18), 得到

$$
J_{\min} = \sigma_d^2 - \sigma_{\hat{d}}^2
\tag{2.19}
$$

这个关系式表明, 对于最优滤波器, 最小均方误差等于期望响应方差与滤波器输出估值方差的差值。

通过将均方误差的最小值限定在 0 与 1 之间, 可以方便地将式(2.19)归一化。具体做法是, 将式(2.19)两边同时除以 σ_d^2, 从而得到

$$
\frac{J_{\min}}{\sigma_d^2} = 1 - \frac{\sigma_{\hat{d}}^2}{\sigma_d^2}
\tag{2.20}
$$

因为除非出现期望响应 $d(n)$ 均为零这种极为罕见的情况(对于所有 n), 一般 σ_d^2 为非零, 所以上式显然成立。现在令

$$
\varepsilon = \frac{J_{\min}}{\sigma_d^2}
\tag{2.21}
$$

其中 ε 称为归一化均方误差。因此式(2.20)可以写成如下形式

$$
\varepsilon = 1 - \frac{\sigma_{\hat{d}}^2}{\sigma_d^2}
\tag{2.22}
$$

应注意到: (1)比率 ε 非负; (2)比率 $\sigma_{\hat{d}}^2 / \sigma_d^2$ 总是正数, 因此有

$$
0 \leqslant \varepsilon \leqslant 1
\tag{2.23}
$$

如果 ε 等于 0, 最优滤波器工作在理想状态下, 此时滤波器输出估值 $\hat{d}(n \mid \mathcal{U}_n)$ 与期望响应 $d(n)$ 完全一致。相反, 如果 ε 等于 1, 二者很不一致, 这对应于最坏的可能情况。

2.4　维纳–霍夫方程

式(2.11)描述的正交性原理是最优滤波器的充要条件。若将式(2.1)与式(2.2)代入式(2.11)，可以得到另一个充要条件

$$\mathbb{E}\left[u(n-k)\left(d^*(n) - \sum_{i=0}^{\infty} w_{oi}u^*(n-i)\right)\right] = 0 \qquad k = 0, 1, 2, \cdots$$

其中 w_{oi} 是优化滤波器冲激响应的第 i 个系数。展开并整理该式，得到

$$\sum_{i=0}^{\infty} w_{oi}\mathbb{E}\left[u(n-k)u^*(n-i)\right] = \mathbb{E}\left[u(n-k)d^*(n)\right] \qquad k = 0, 1, 2, \cdots \qquad (2.24)$$

式(2.24)中的两个期望解释如下：

1）期望 $\mathbb{E}\left[u(n-k)u^*(n-i)\right]$ 等于相隔 $i-k$ 个延迟的滤波器输入的自相关函数，即

$$r(i-k) = \mathbb{E}\left[u(n-k)u^*(n-i)\right] \qquad (2.25)$$

2）期望 $\mathbb{E}\left[u(n-k)d^*(n)\right]$ 等于滤波器输入 $u(n-k)$ 与期望响应 $d(n)$ 相隔 $-k$ 个延迟的互相关，即

$$p(-k) = \mathbb{E}\left[u(n-k)d^*(n)\right] \qquad (2.26)$$

因此，利用式(2.24)中式(2.25)与式(2.26)的定义，得到最优滤波器的另一个充要条件，即

$$\sum_{i=0}^{\infty} w_{oi}r(i-k) = p(-k) \qquad k = 0, 1, 2, \cdots \qquad (2.27)$$

式(2.27)从更普遍的相关函数的角度定义了最优滤波器的系数，其中一个相关函数是滤波器输入的自相关函数，另一个相关函数是滤波器输入与期望响应的互相关函数。这个方程称为维纳–霍夫(Wiener-Hopf)方程[①]。

2.4.1　线性 FIR 滤波器的维纳–霍夫方程解

当线性 FIR 滤波器或者 FIR 滤波器用于获取图 2.1 中期望响应 $d(n)$ 的估值时，维纳–霍夫方程的求解将大大简化。现考虑图 2.4 的 FIR 滤波器结构。该滤波器包括三种基本运算：存储、相乘、相加。具体描述如下：

1）存储可用 $M-1$ 个单样值延迟即延迟单元的级联来表示，图中每个延迟单元标识为 z^{-1}。我们把各延迟单元被接入的点称为抽头点。每个抽头的输入为 $u(n), u(n-1),$ $\cdots, u(n-M+1)$。因此，当将 $u(n)$ 看做滤波器输入的当前值时，其余 $M-1$ 个抽头输入 $u(n-1), \cdots, u(n-M+1)$ 都称为滤波器输入的过去值。

2）抽头输入 $u(n), u(n-1), \cdots, u(n-M+1)$ 与抽头权值 $w_0, w_1, \cdots, w_{M-1}$ 的内积是用

---

① 为了从维纳–霍夫方程(2.27)求解出最优滤波器系数，需要应用称为谱分解的特殊技术。对于这个技术的描述及如何用它求解维纳–霍夫方程(2.27)，感兴趣的读者可参考 Haykin(1989a)。

还应该注意到，原来由 Wiener 和 Hopf(1931)系统阐述的线性最优滤波器方程是用于连续时间滤波器的，而式(2.27)所述系统是表述离散时间滤波器的。

一系列乘法器来实现的,图中每个乘法操作都用 w_0^* 等表示的 $u(n)$ 和 w_0 的标量内积形成的,对其他内积也是如此。

3)加法器的作用是将乘法器的输出相加,形成一个总的滤波器输出。

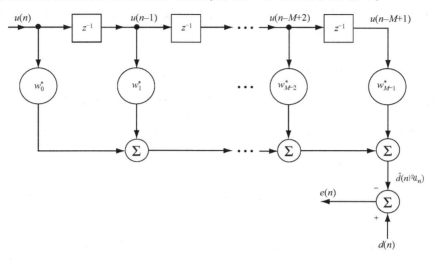

图 2.4　FIR 滤波器

图 2.4 所示的 FIR 滤波器冲激响应是用一系列有限抽头权值 $w_0, w_1, \cdots, w_{M-1}$ 表示的,因此,式(2.27)的维纳-霍夫方程变成 M 个线性方程组

$$\sum_{i=0}^{M-1} w_{o,i} r(i - k) = p(-k) \qquad k = 0, 1, \cdots, M - 1 \tag{2.28}$$

式中 $w_{o,0}, w_{o,1}, \cdots, w_{o,M-1}$ 是滤波器抽头权值的最优值。

2.4.2　维纳-霍夫方程的矩阵形式

令 $\mathbf{R}$ 表示图 2.4 的 FIR 滤波器中抽头输入 $u(n), u(n-1), \cdots, u(n-M+1)$ 组成的 $M \times M$ 相关矩阵,即

$$\mathbf{R} = \mathbb{E}\big[\mathbf{u}(n)\mathbf{u}^{\mathrm{H}}(n)\big] \tag{2.29}$$

其中上标 H 表示埃尔米特(Hermitian)转置(即复共轭转置),且

$$\mathbf{u}(n) = \big[u(n), u(n - 1), \cdots, u(n - M + 1)\big]^{\mathrm{T}} \tag{2.30}$$

是 $M \times 1$ 的抽头输入向量,上标 T 表示转置运算。以展开的形式,相关矩阵 $\mathbf{R}$ 可表示为

$$\mathbf{R} = \begin{bmatrix} r(0) & r(1) & \cdots & r(M - 1) \\ r^*(1) & r(0) & \cdots & r(M - 2) \\ \vdots & \vdots & \ddots & \vdots \\ r^*(M - 1) & r^*(M - 2) & \cdots & r(0) \end{bmatrix} \tag{2.31}$$

相应地,令 $\mathbf{p}$ 为滤波器抽头输入与期望响应 $d(n)$ 的 $M \times 1$ 的互相关向量

$$\mathbf{p} = \mathbb{E}\big[\mathbf{u}(n)d^*(n)\big] \tag{2.32}$$

其展开形式为

$$\mathbf{p} = \big[p(0), p(-1), \cdots, p(1 - M) \big]^{\mathrm{T}} \tag{2.33}$$

注意，$\mathbf{p}$ 定义式中的延迟为零或负数，故可将式 (2.28) 的维纳–霍夫方程写成紧凑的矩阵形式

$$\mathbf{R}\mathbf{w}_o = \mathbf{p} \tag{2.34}$$

其中 $\mathbf{w}_o$ 表示均方误差意义上的最优 FIR 滤波器的 $M \times 1$ 抽头权向量，即

$$\mathbf{w}_o = \big[\mathbf{w}_{o,0}, \mathbf{w}_{o,1}, \cdots, \mathbf{w}_{o,M-1} \big]^{\mathrm{T}} \tag{2.35}$$

如果相关矩阵 $\mathbf{R}$ 是非奇异的，可从式 (2.34) 中解出 $\mathbf{w}_o$。为此，式 (2.34) 两边同时左乘逆阵 $\mathbf{R}^{-1}$，得

$$\mathbf{w}_o = \mathbf{R}^{-1}\mathbf{p} \tag{2.36}$$

最优抽头权向量 $\mathbf{w}_o$ 的计算需要知道两个条件：(1) 抽头输入向量 $\mathbf{u}(n)$ 的相关矩阵 $\mathbf{R}$；(2) 抽头输入向量 $\mathbf{u}(n)$ 与期望响应 $d(n)$ 的互相关向量 $\mathbf{p}$。

2.5　误差性能曲面

前几节导出的式 (2.34) 的维纳–霍夫方程源于 2.2 节讲述的正交性原理。我们也可以从图 2.4 中 FIR 滤波器的抽头权值的代价函数 J 的关系式中导出维纳–霍夫方程。首先，将估计误差 $e(n)$ 写成

$$e(n) = d(n) - \sum_{k=0}^{M-1} w_k^* u(n - k) \tag{2.37}$$

式中 $d(n)$ 是期望响应，$w_0, w_1, \cdots, w_{M-1}$ 是滤波器抽头权值，$u(n), u(n-1), \cdots, u(n-M+1)$ 是相应的抽头输入。因此，我们定义图 2.4 的 FIR 滤波器的代价函数为

$$\begin{aligned} J &= \mathbb{E}\big[e(n)e^*(n) \big] \\ &= \mathbb{E}\big[|d(n)|^2 \big] - \sum_{k=0}^{M-1} w_k^* \mathbb{E}\big[u(n-k)d^*(n) \big] - \sum_{k=0}^{M-1} w_k \mathbb{E}\big[u^*(n-k)d(n) \big] \\ &\quad + \sum_{k=0}^{M-1} \sum_{i=0}^{M-1} w_k^* w_i \mathbb{E}\big[u(n-k)u^*(n-i) \big] \end{aligned} \tag{2.38}$$

我们看出，上式第二行右边的四个期望为

- 对于第一个期望，有

$$\sigma_d^2 = \mathbb{E}\big[|d(n)|^2 \big] \tag{2.39}$$

式中 σ_d^2 为期望响应 $d(n)$ 的方差，设其为零均值。
- 对于第二个和第三个期望，分别有

$$p(-k) = \mathbb{E}\big[u(n-k)d^*(n) \big] \tag{2.40}$$

和

$$p^*(-k) = \mathbb{E}\big[u^*(n-k)d(n)\big] \tag{2.41}$$

式中 $p(-k)$ 是抽头输入 $u(n-k)$ 与期望响应 $d(n)$ 的互相关。

● 最后,对于第四个期望,有

$$r(i-k) = \mathbb{E}\big[u(n-k)u^*(n-i)\big] \tag{2.42}$$

式中 $r(i-k)$ 是相隔 $i-k$ 个点的抽头输入自相关函数。

因此,可把式(2.38)写成

$$J = \sigma_d^2 - \sum_{k=0}^{M-1} w_k^* p(-k) - \sum_{k=0}^{M-1} w_k p^*(-k) + \sum_{k=0}^{M-1} \sum_{i=0}^{M-1} w_k^* w_i r(i-k) \tag{2.43}$$

式(2.43)表明,当 FIR 滤波器的抽头输入与期望响应是联合平稳时,其代价函数或者均方误差 J 正是滤波器抽头权值的二次函数。因此,可以将 J 与抽头权值 $w_0, w_1, \cdots, \omega_{M-1}$ 之间的依赖关系想象为 $(M+1)$ 维碗状曲面。该曲面具有用滤波器抽头权值所表示的 M 个自由度,且有唯一的最小值。显然,可将该曲面当做描述图 2.4 的 FIR 滤波器的误差性能表面。

在误差性能表面的碗底或极小点处,代价函数 J 获得其最小值,表示为 $J_{\min}$。在该点处,梯度向量 ∇J 等于零,即

$$\nabla_k J = 0 \qquad k = 0, 1, \cdots, M-1 \tag{2.44}$$

其中 $\nabla_k J$ 是梯度向量的第 k 个元素。把第 k 个抽头权值写为

$$w_k = a_k + \mathrm{j}b_k$$

因此,利用式(2.43),可以将 $\nabla_k J$ 写为

$$\begin{aligned}
\nabla_k J &= \frac{\partial J}{\partial a_k} + \mathrm{j}\frac{\partial J}{\partial b_k} \\
&= -2p(-k) + 2\sum_{i=0}^{M-1} w_i r(i-k)
\end{aligned} \tag{2.45}$$

将式(2.44)的充要条件用于优化式(2.45),我们发现图 2.4 的 FIR 滤波器的最优抽头权值 $w_{o,0}, w_{o,1}, \cdots, w_{o,M-1}$ 满足如下方程

$$\sum_{i=0}^{M-1} w_{o,i} r(i-k) = p(-k) \qquad k = 0, 1, \cdots, M-1$$

这个方程即 2.4 节导出的维纳–霍夫方程(2.28)。

2.5.1　最小均方误差

令 $\hat{d}(n \mid \mathcal{U}_n)$ 表示期望响应 $d(n)$ 的估值,该期望响应是在均方误差意义上最优化图2.4 的 FIR 滤波器所产生的输出。滤波器输入 $u(n), u(n-1), \cdots, u(n-M+1)$ 张成空间 $\mathcal{U}_n$,从图中可以推出

$$\begin{aligned}
\hat{d}(n \mid \mathcal{U}_n) &= \sum_{k=0}^{M-1} w_{ok}^* u(n-k) \\
&= \mathbf{w}_o^{\mathrm{H}} \mathbf{u}(n)
\end{aligned} \tag{2.46}$$

式中 $\mathbf{w}_o$ 是最优滤波器的抽头权向量，其元素为 $w_{o,0}$，$w_{o,1}$，$\cdots$，$w_{o,M-1}$，$\mathbf{u}(n)$ 是式(2.30)中定义的抽头输入向量。注意 $\mathbf{w}_o^H\mathbf{u}(n)$ 表示最优抽头权向量 $\mathbf{w}_o$ 和抽头输入向量 $\mathbf{u}(n)$ 的内积。设 $\mathbf{u}(n)$ 是零均值的，它使估值 $\hat{d}(n\mid\mathcal{U}_n)$ 也是零均值的。用式(2.46)来估算 $\hat{d}(n\mid\mathcal{U}_n)$ 的方差，得

$$
\begin{aligned}
\sigma_{\hat{d}}^2 &= \mathbb{E}[\mathbf{w}_o^H\mathbf{u}(n)\mathbf{u}^H(n)\mathbf{w}_o] \\
&= \mathbf{w}_o^H\mathbb{E}[\mathbf{u}(n)\mathbf{u}^H(n)]\mathbf{w}_o \\
&= \mathbf{w}_o^H\mathbf{R}\mathbf{w}_o
\end{aligned}
\tag{2.47}
$$

其中 $\mathbf{R}$ 是式(2.29)定义的抽头权向量 $\mathbf{u}(n)$ 的相关矩阵。利用式(2.34)我们可以消除方差 $\sigma_{\hat{d}}^2$ 对优化抽头权向量 $\mathbf{w}_o$ 的依赖关系。特别地，可将式(2.47)改写为

$$
\begin{aligned}
\sigma_{\hat{d}}^2 &= \mathbf{p}^H\mathbf{w}_o \\
&= \mathbf{p}^H\mathbf{R}^{-1}\mathbf{p}
\end{aligned}
\tag{2.48}
$$

为了计算由图 2.4 中 FIR 滤波器产生的最小均方误差，将式(2.47)或式(2.48)代入式(2.19)，得到

$$
\begin{aligned}
J_{\min} &= \sigma_{\hat{d}}^2 - \mathbf{w}_o^H\mathbf{R}\mathbf{w}_o \\
&= \sigma_{\hat{d}}^2 - \mathbf{p}^H\mathbf{w}_o \\
&= \sigma_{\hat{d}}^2 - \mathbf{p}^H\mathbf{R}^{-1}\mathbf{p}
\end{aligned}
\tag{2.49}
$$

这就是所要的结果。

2.5.2　误差性能曲面的规范形式

式(2.43)定义了图 2.4 中 FIR 滤波器所产生的均方误差 J 的展开形式。分别利用式(2.31)和式(2.33)给出的相关矩阵 $\mathbf{R}$ 和互相关向量 $\mathbf{p}$ 的定义，可以把式(2.43)重写出为

$$
J(\mathbf{w}) = \sigma_{\hat{d}}^2 - \mathbf{w}^H\mathbf{p} - \mathbf{p}^H\mathbf{w} + \mathbf{w}^H\mathbf{R}\mathbf{w}
\tag{2.50}
$$

其中，均方误差写成 $J(\mathbf{w})$ 是为了强调它是抽头权向量 $\mathbf{w}$ 的函数。第 1 章指出相关矩阵 $\mathbf{R}$ 总是非奇异的，即它的逆阵 $\mathbf{R}^{-1}$ 总存在。因此，可以把式(2.50)写成如下形式

$$
J(\mathbf{w}) = \sigma_{\hat{d}}^2 - \mathbf{p}^H\mathbf{R}^{-1}\mathbf{p} + (\mathbf{w} - \mathbf{R}^{-1}\mathbf{p})^H\mathbf{R}(\mathbf{w} - \mathbf{R}^{-1}\mathbf{p})
\tag{2.51}
$$

从上式可以立刻得到

$$
\min_{\mathbf{w}} J(\mathbf{w}) = \sigma_{\hat{d}}^2 - \mathbf{p}^H\mathbf{R}^{-1}\mathbf{p}
$$

此时，

$$
\mathbf{w}_o = \mathbf{R}^{-1}\mathbf{p}
$$

实际上，从式(2.50)出发，我们以相当简单的方法重新导出了维纳滤波器。此外，我们可利用维纳滤波器的这个定义式写出

$$
J(\mathbf{w}) = J_{\min} + (\mathbf{w} - \mathbf{w}_o)^H\mathbf{R}(\mathbf{w} - \mathbf{w}_o)
\tag{2.52}
$$

这个方程式表明，抽头权向量唯一的最优解为 $\mathbf{w}_o$，因为这时 $J(\mathbf{w}_o) = J_{\min}$。

尽管式(2.52)右边的二次型表达式含有丰富的物理意义，但还是有必要通过改变基底使

误差性能曲面的表达式简单化。为此,利用特征分解(见附录 E)并按照其特征值和特征向量把抽头输入向量的相关矩阵 $\mathbf{R}$ 表示为

$$\mathbf{R} = \mathbf{Q}\boldsymbol{\Lambda}\mathbf{Q}^{\mathrm{H}} \tag{2.53}$$

其中 $\boldsymbol{\Lambda}$ 是一个包含相关矩阵特征值 λ_1, λ_2, $\cdots$, λ_M 的对角矩阵,矩阵 $\mathbf{Q}$ 的列是与特征值有关的特征向量 $\mathbf{q}_1$, $\mathbf{q}_2$, $\cdots$, $\mathbf{q}_M$。将式(2.53)代入式(2.52),得到

$$J = J_{\min} + (\mathbf{w} - \mathbf{w}_o)^{\mathrm{H}}\mathbf{Q}\boldsymbol{\Lambda}\mathbf{Q}^{\mathrm{H}}(\mathbf{w} - \mathbf{w}_o) \tag{2.54}$$

如果令最优解 $\mathbf{w}_o$ 与抽头权向量 $\mathbf{w}$ 之差的变换形式为

$$\mathbf{v} = \mathbf{Q}^{\mathrm{H}}(\mathbf{w}_o - \mathbf{w}) \tag{2.55}$$

则将式(2.54)的二次表达式代入它的规范形式,可得

$$J = J_{\min} + \mathbf{v}^{\mathrm{H}}\boldsymbol{\Lambda}\mathbf{v} \tag{2.56}$$

这个不含有交叉乘积项的新的均方误差表达式为

$$\begin{aligned} J &= J_{\min} + \sum_{k=1}^{M} \lambda_k v_k v_k^* \\ &= J_{\min} + \sum_{k=1}^{M} \lambda_k |v_k|^2 \end{aligned} \tag{2.57}$$

其中 v_k 是向量 $\mathbf{v}$ 的第 k 个元素,它使式(2.57)所表达的误差性能曲面的规范形式变得非常有用,因为变换后的系数向量 $\mathbf{v}$ 的元素构成了曲面的主轴。这个结果的实际意义将在后续章节中看到。

2.6 多重线性回归模型

式(2.49)定义的维纳滤波器的最小均方误差 $J_{\min}$ 是用于长度规定(即规定抽头加权数)的 FIR 滤波器结构。若 FIR 滤波器长度可调而且将其作为设计参数,如何将 $J_{\min}$ 降到不可能再降的程度呢? 显然,应该从描述期望响应 $d(n)$ 与输入向量 $\mathbf{u}(n)$ 之间关系的模型来寻找答案。

为回答这个基础性问题,做以下三个合理的假设:

1) 模型是线性的;
2) 可观测(可测量)数据是受噪声影响的;
3) 噪声是加性白噪声。

图 2.5 给出符合这三个假设的模型。这个模型称为多重线性回归模型,它基于如下公式(Weisberg,1980)

$$d(n) = \mathbf{a}^{\mathrm{H}}\mathbf{u}_m(n) + v(n) \tag{2.58}$$

式中 $\mathbf{a}$ 表示模型的未知参数向量, $\mathbf{u}_m(n)$ 表示输入向量或回归器, $v(n)$ 代表统计独立于 $\mathbf{u}_m(n)$ 的加性白噪声;参数 $\mathbf{a}$ 也称为回归向量。只要研究的随机环境是线性的且模型的阶数足够大,响应 $\mathbf{u}_m(n)$ 的可测数据 $d(n)$ 所产生的潜在机制就可以准确地逼近式(2.58)的多重回归模型。

这里向量 $\mathbf{a}$ 和 $\mathbf{u}_m(n)$ 皆为 m 维。设 σ_ν^2 表示噪声 $\nu(n)$ 的方差,则提供期望响应的可测数据 $d(n)$ 的方差为

$$\sigma_d^2 = \mathbb{E}[d(n)d^*(n)]$$
$$= \sigma_\nu^2 + \mathbf{a}^{\mathrm{H}}\mathbf{R}_m\mathbf{a} \qquad (2.59)$$

其中

$$\mathbf{R}_m = \mathbb{E}[\mathbf{u}_m(n)\mathbf{u}_m^{\mathrm{H}}(n)] \qquad (2.60)$$

是输入向量的 $m \times m$ 相关矩阵。

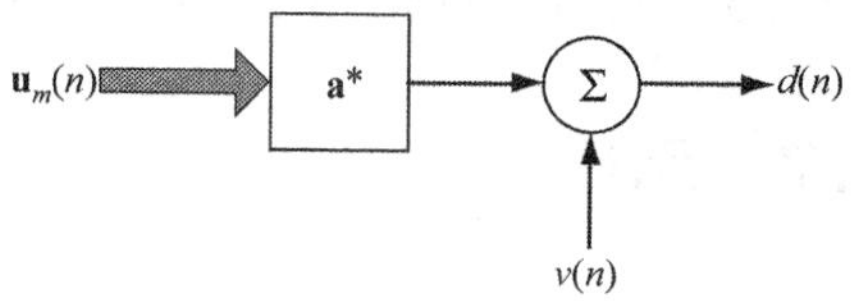

图 2.5 多重线性回归模型

现在考虑一个维纳滤波器,其输入向量为 $\mathbf{u}(n)$,期望响应为 $d(n)$,产生的最小均方误差为 $J_{\min}(M)$,且可通过改变滤波器的长度 M 来调整它。输入向量 $\mathbf{u}(n)$ 与相应的抽头权向量 $\mathbf{w}_o$ 都是 $M \times 1$ 的向量。将式(2.59)代入式(2.49)的第一行,得到

$$J_{\min}(M) = \sigma_\nu^2 + (\mathbf{a}^{\mathrm{H}}\mathbf{R}_m\mathbf{a} - \mathbf{w}_o^{\mathrm{H}}\mathbf{R}\mathbf{w}_o) \qquad (2.61)$$

式中唯一可调项为 $\mathbf{w}_o^{\mathrm{H}}\mathbf{R}\mathbf{w}_o$,是一个二次型。选择模型可以有三种方式:

1) 欠拟合模型(underfitted model):$M < m$

这种类型中,对于给定的 m,随着 M 的提高,维纳滤波器的性能也提高。从最坏的情况出发,最小均方误差也可能以滤波器长度 M 的二次速率下降,即

$$J_{\min}(0) = \sigma_\nu^2 + \mathbf{a}^{\mathrm{H}}\mathbf{R}_m\mathbf{a} \qquad (2.62)$$

2) 临界拟合模型(critically fitted model):$M = m$

在临界点 $M = m$,维纳滤波器与回归模型理想匹配,即 $\mathbf{w}_o = \mathbf{a}$, $\mathbf{R} = \mathbf{R}_m$。相应地,维纳滤波器的最小均方误差获得不可再降的值[①],且定义为

$$J_{\min}(0) = \sigma_\nu^2 \qquad (2.63)$$

3) 过拟合模型(overfitted model):$M > m$

当维纳滤波器长度大于模型阶数 M 时,维纳滤波器抽头权向量的尾端为零,即

$$\mathbf{w}_o = \begin{bmatrix} \mathbf{a} \\ \mathbf{0} \end{bmatrix} \qquad (2.64)$$

相应地,维纳滤波器抽头输入向量为

$$\mathbf{u}(n) = \begin{bmatrix} \mathbf{u}_m(n) \\ \mathbf{u}_{M-m}(n) \end{bmatrix} \qquad (2.65)$$

其中,$\mathbf{u}_{M-m}(n)$ 是一个 $(M-m) \times 1$ 向量,该向量由紧接着前面 $m \times 1$ 向量 $\mathbf{u}_m(n)$ 的过去数据样值组成。从理论上讲,这个最后结果与临界拟合模型得到的结果具有相同的最小均方误差性能,只是滤波器的长度不同而已。

[①] 正如这里所述的,"不可再降误差"(irreducible error)不同于最优滤波中所用的术语。我们说"不可再降误差",意指由一个可实现的离散时间维纳滤波器产生的最优估计误差,该滤波器的长度与式(2.58)所述多重回归模型的阶数相匹配。另一方面,在文献中(如 Thomas, 1969),"不可再降"这个术语原称谓不可实现的维纳滤波器,该滤波器是非因果的(即当时间为负数时,其冲激响应并不为零)。

从上述讨论可以明显看出, 理想的设计策略是使维纳滤波器长度 M 与回归模型阶数 m 匹配。在这种临界情况下, 维纳滤波器产生的估计误差 $e_o(n)$ 是方差为 σ_ν^2 的白噪声, 即具有式(2.58)回归模型中加性噪声 $\nu(n)$ 的统计特性。

2.7　示例

为了解释前几节阐述的最优滤波理论, 考虑一个回归模型, 其阶数 $m = 3$, 参数向量表示为

$$\mathbf{a} = \begin{bmatrix} a_0, a_1, a_2 \end{bmatrix}^{\mathrm{T}}$$

设模型为实数, 其统计特性如下:

(a) 输入向量 $\mathbf{u}(n)$ 的相关矩阵为

$$\mathbf{R}_4 = \begin{bmatrix} 1.1 & 0.5 & 0.1 & -0.05 \\ 0.5 & 1.1 & 0.5 & 0.1 \\ 0.1 & 0.5 & 1.1 & 0.5 \\ -0.05 & 0.1 & 1.5 & 1.1 \end{bmatrix}$$

其中虚线标识对应于可变滤波器长度的子矩阵。

(b) 输入向量 $\mathbf{u}(n)$ 和观测数据 $d(n)$ 的互相关向量为

$$\mathbf{p} = [0.5272, -0.4458, -0.1003, -0.0126]^{\mathrm{T}}$$

其中, 第 4 个模型参数 a_3 等于零(即模型阶数 m 等于 3, 参见习题 9)。

(c) 观测数据的方差为

$$\sigma_d^2 = 0.9486$$

(d) 加性白噪声的方差为

$$\sigma_\nu^2 = 0.1066$$

要求做三件事:

1) 求可变长度分别为 $M = 1, 2, 3, 4$ 的维纳滤波器最小均方误差 $J_{\min}$ 的方差;
2) 画出长度为 $M = 2$ 的维纳滤波器的误差性能曲面;
3) 计算误差性能曲面的规范形式。

滤波器长度为 M 时最小均方误差 $J_{\min}$ 的方差

模型阶数 $M = 3$ 的实值回归模型为

$$d(n) = a_o u(n) + a_1 u(n-1) + a_2 u(n-2) + \nu(n) \tag{2.66}$$

其中 $a_k = 0$, 对所有 $k \geqslant 3$。表 2.1 总结了由 $M = 1, 2, 3, 4$ 维纳滤波器产生的 $M \times 1$ 最优抽头权向量和最小均方误差 $J_{\min}(M)$ 的计算结果。该表也给出计算式(2.36)和式(2.49)所需要的相关矩阵 $\mathbf{R}$ 和互相关向量 $\mathbf{p}$ 的合适值。

图 2.6 显示出长度为 M 的维纳滤波器最小均方误差 $J_{\min}(M)$ 的方差, 图中包含了对应于最坏可能情况的点: $M = 0$, $J_{\min}(0) = \sigma_d^2$。注意当滤波器长度 M 从 1 变到 2 时, 最小均方误差值有一个很陡峭的下降。

表 2.1　可变长度为 M 的维纳滤波器总结

滤波器长度 M	相关矩阵 R	互相关向量 p	最优抽头权向量 $\mathbf{w}_o$	最小均方误差 $J_{\min}(M)$
1	$[1.1]$	$[0.5272]$	$[0.4793]$	0.6959
2	$\begin{bmatrix} 1.1 & 0.5 \\ 0.5 & 1.1 \end{bmatrix}$	$\begin{bmatrix} 0.5272 \\ -0.4458 \end{bmatrix}$	$\begin{bmatrix} 0.8360 \\ -0.7853 \end{bmatrix}$	0.1576
3	$\begin{bmatrix} 1.1 & 0.5 & 0.1 \\ 0.5 & 1.1 & 0.5 \\ 0.1 & 0.5 & 1.1 \end{bmatrix}$	$\begin{bmatrix} 0.5272 \\ -0.4458 \\ -0.1003 \end{bmatrix}$	$\begin{bmatrix} 0.8719 \\ -0.9127 \\ 0.2444 \end{bmatrix}$	0.1066
4	$\begin{bmatrix} 1.1 & 0.5 & 0.1 & -0.05 \\ 0.5 & 1.1 & 0.5 & 0.1 \\ 0.1 & 0.5 & 1.1 & 0.5 \\ -0.05 & 0.1 & 0.5 & 1.1 \end{bmatrix}$	$\begin{bmatrix} 0.5272 \\ -0.4458 \\ -0.1003 \\ -0.0126 \end{bmatrix}$	$\begin{bmatrix} 0.8719 \\ -0.9129 \\ 0.2444 \\ 0 \end{bmatrix}$	0.1066

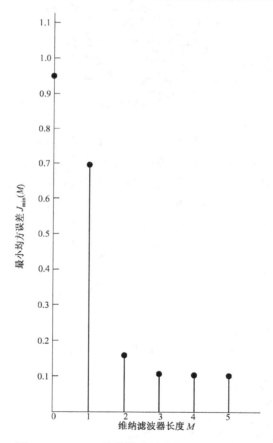

图 2.6　$J_{\min}(M)$ 随维纳滤波器长度的变化情况

误差性能曲面

当滤波器长度 $M = 2$ 时，最小均方误差与 2×1 抽头权向量 $\mathbf{w}$ 之间的函数关系 [根据式 (2.50)] 为

$$J(w_0, w_1) = 0.9486 - 2[0.5272, -0.4458]\begin{bmatrix} w_0 \\ w_1 \end{bmatrix} + [w_0, w_1]\begin{bmatrix} 1.1 & 0.5 \\ 0.5 & 1.1 \end{bmatrix}\begin{bmatrix} w_0 \\ w_1 \end{bmatrix}$$

$$= 0.9486 - 1.0544\, w_0 + 0.8961\, w_1 + w_0 w_1 + 1.1(w_0^2 + w_1^2) \tag{2.67}$$

图 2.7 是以抽头权值 w_0 和 w_1 为变量的均方误差 $J(w_0, w_1)$ 的三维图。

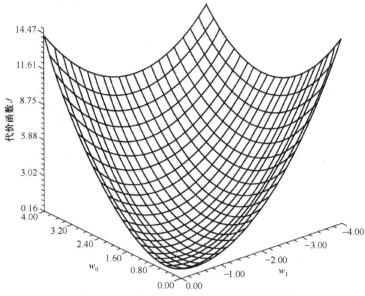

图 2.7　两抽头 FIR 滤波器误差性能曲面

图 2.8 是最小均方误差 J 变化时抽头权值 w_0 与 w_1 的等高线图。由图可见,对于固定的 J, w_0 与 w_1 的轨迹是一个椭圆,椭圆形轨迹随着 J 逐渐趋向于最小值 $J_{\min}$ 而渐渐收缩。当 $J = J_{\min}$ 时,轨迹收缩成一个点:$w_{o,0} = 0.8360$,$w_{o,1} = -0.7853$,即最优抽头权向量为

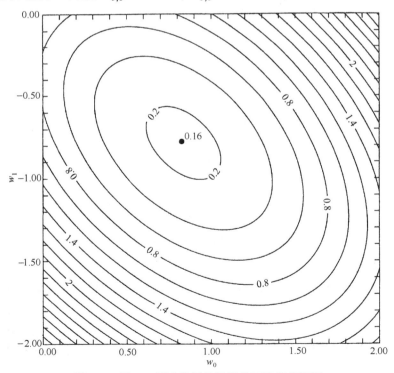

图 2.8　图 2.7 描述的误差性能曲面的等高线图

$$\mathbf{w}_o = \begin{bmatrix} 0.8360 \\ -0.7853 \end{bmatrix} \tag{2.68}$$

根据式（2.49），得最小均方误差为

$$J_{\min} = 0.9486 - \begin{bmatrix} 0.5272 & -0.4458 \end{bmatrix} \begin{bmatrix} 0.8360 \\ -0.7853 \end{bmatrix} \tag{2.69}$$
$$= 0.1579$$

最优抽头权向量 $\mathbf{w}_o = \begin{bmatrix} 0.8360, & -0.7853 \end{bmatrix}^{\mathrm{T}}$ 与最小均方误差 $J_{\min} = 0.1579$ 的联合所表示的点确定了图 2.7 中误差性能曲面的底部，或者图 2.8 中等高线的中心。

2.7.1　误差性能曲面规范形式的计算

为了进行特征值分析，首先表示 2×2 相关矩阵

$$\mathbf{R} = \begin{bmatrix} 1.1 & 0.5 \\ 0.5 & 1.1 \end{bmatrix}$$

的特征方程，它由该矩阵的行列式

$$\begin{bmatrix} 1.1 - \lambda & 0.5 \\ 0.5 & 1.1 - \lambda \end{bmatrix}$$

给出，即

$$(1.1 - \lambda)^2 - (0.5)^2 = 0$$

因此，相关矩阵 $\mathbf{R}$ 的两个特征值为

$$\lambda_1 = 1.6 \qquad \lambda_2 = 0.6$$

根据式（2.57），规范的误差性能曲面定义为

$$J(v_1, v_2) = J_{\min} + 1.6 v_1^2 + 0.6 v_2^2 \tag{2.70}$$

对于某一固定的 $J - J_{\min}$ 值，v_2 与 v_1 的轨迹是一个椭圆。实际上，这个椭圆沿 v_1 方向有副轴 $\left(\dfrac{J - J_{\min}}{\lambda_1} \right)^{\frac{1}{2}}$，沿 v_2 方向有主轴 $\left(\dfrac{J - J_{\min}}{\lambda_2} \right)^{\frac{1}{2}}$，其中假设 $\lambda_1 > \lambda_2$。

2.8　线性约束最小方差滤波器

维纳滤波器的本质是使估计误差（定义为期望响应与滤波器实际输出之差）均方值最小化。在解决这个最优化问题时，没有对它的解施加任何约束条件。然而，在一些滤波应用中，人们希望所设计的滤波器在一定约束条件下使均方误差最小化。例如，要求最小化线性滤波器的平均输出功率而同时约束滤波器在一些特定的感兴趣频率上响应保持恒定。本节研究两种不同场景下这类问题的解决方案。

场景 1：时域信号处理

考虑图 2.9 所示的线性 FIR 滤波器。滤波器输入为 $u(n), u(n-1), \cdots, u(n-M+1)$，

则输出为

$$y(n) = \sum_{k=0}^{M-1} w_k^* u(n-k) \tag{2.71}$$

对于正弦激励这一特殊情况

$$u(n) = e^{j\omega n} \tag{2.72}$$

可以将式(2.71)写为

$$y(n) = e^{j\omega n} \sum_{k=0}^{M-1} w_k^* e^{-j\omega k} \tag{2.73}$$

式中，ω 是归一化激励角频率，而和式是滤波器的频率响应。

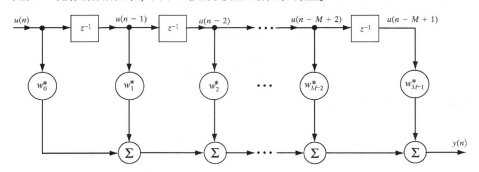

图 2.9   线性 FIR 滤波器

现在想要解决的约束最优化问题可描述如下：

寻找一组最优的滤波器系数 $w_{o,0}, w_{o,1}, \cdots, w_{o,M-1}$，使得在如下线性约束条件下

$$\sum_{k=0}^{M-1} w_k^* e^{-j\omega_0 k} = g \tag{2.74}$$

滤波器输出 $y(n)$ 的均方误差最小，其中 ω_0 是归一化角频率 ω 的指定值，取值范围为 $-\pi < \omega \leqslant \pi$，$g$ 是一个复值增益。

场景 2：空域信号处理

式(2.71)和式(2.74)描述的是时域约束最优滤波问题。我们可通过考虑图 2.10 中权值可调（没有画在图中）、天线元素均匀间隔的线性阵列构成的波束成形器，从空间角度表示该问题。这个阵列被来自远方的各向同性的源信号照射，比如在时刻 n，一个平面波沿着与阵列垂直方向（法线）成 ϕ_0 角度的方向入射到阵列上。假设阵列元素间的间隔小于 $\lambda/2$（λ 为传输信号的波长），以满足空间域抽样理论。所产生的波束成形器输出为

$$y(n) = u_0(n) \sum_{k=0}^{M-1} w_k^* e^{-jk\theta_0} \tag{2.75}$$

其中用电角度 θ_0 表示的到达方向与实际角度 ϕ_0 有关；$u_0(n)$ 是天线元素采集到的电信号；图 2.10 中 0 表示参考点；w_k 表示波束成形器的权值。因此空间型约束优化问题可以描述为

寻找一组权值元素 $w_{o,0}, w_{o,1}, \cdots, w_{o,M-1}$，使得在如下线性约束条件下

$$\sum_{k=0}^{M-1} w_k^* \mathrm{e}^{-\mathrm{j}k\theta_0} = g \tag{2.76}$$

波束成形器的输出均方值最小化；其中，θ_0 是电子角频率 θ 的指定值，取值范围在 $-\pi < \theta \leqslant \pi$，$g$ 是一个复增益。波束成形器响应仅仅被约束在单频范围内。从这个意义上，我们说波束成形器是窄带的。

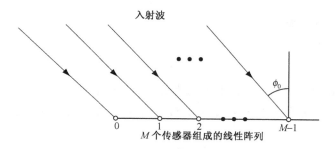

入射波

图 2.10　平面波入射到线性阵列天线上

比较图 2.9 的时间域结构和图 2.10 的空间图可以看出，虽然它们表示了完全不同的物理状态，但从数学角度看是等效的。实际上，对我们来讲，都是对同一个约束最优化问题进行研究。

我们采用将在附录 C 中讨论的拉格朗日乘子法（method of Lagrange multiplier）来求解这个约束最优化问题。首先定义一个实值代价函数 J，它包含约束优化问题的两个部分，即

$$J = \underbrace{\sum_{k=0}^{M-1}\sum_{i=0}^{M-1} w_k^* w_i r(i-k)}_{\text{输出功率}} + \underbrace{\mathrm{Re}\left[\lambda^*\left(\sum_{k=0}^{M-1} w_k^* \mathrm{e}^{-\mathrm{j}\theta_0 k} - g\right)\right]}_{\text{线性约束}} \tag{2.77}$$

其中 λ 是一个复值拉格朗日乘子。注意，在 J 的定义中没有期望响应，而是包含了波束成形中指定电角度值 θ_0 必须满足的线性约束；或者等效地，FIR 滤波中角频率 ω_0 必须满足的线性约束。但是无论对哪种情况，强加的线性约束条件都保护了感兴趣的信号，代价函数 J 的最小化削弱了干扰或噪声，但若不加限制也会带来某些麻烦。

波束成形问题的最优解

我们希望解出波束成形器元素权值的最优值，即最小化式（2.77）定义的 J。为此，定义梯度向量 ∇J，并设其为零。因此，采用与 2.2 节类似的做法，得到梯度向量 ∇J 的第 k 个元素为

$$\nabla_k J = 2\sum_{i=0}^{M-1} w_i r(i-k) + \lambda^* \mathrm{e}^{-\mathrm{j}\theta_0 k} \tag{2.78}$$

令 $w_{o,i}$ 为最优权向量 $\mathbf{w}_o$ 的第 i 个元素，则波束成形器的最优性条件描述为

$$\sum_{i=0}^{M-1} w_{o,i} r(i-k) = -\frac{\lambda^*}{2} \mathrm{e}^{-\mathrm{j}\theta_0 k} \quad k = 0, 1, \cdots, M-1 \tag{2.79}$$

这 M 个联立方程组定义了波束成形器的最优权值。它在形式上有些类似于维纳-霍夫方程（2.28）。

据此分析，我们可以方便地将它转成矩阵形式，从而将式（2.79）的 M 个联立方程组写成

$$\mathbf{R}\mathbf{w}_o = -\frac{\lambda^*}{2}\mathbf{s}(\theta_0) \qquad (2.80)$$

式中 $\mathbf{R}$ 是 $M \times M$ 相关矩阵；$\mathbf{w}_o$ 是带约束波束成形器的 $M \times 1$ 最优权向量。$M \times 1$ 转向(steering)向量定义为

$$\mathbf{s}(\theta_0) = \left[1, \mathrm{e}^{-\mathrm{j}\theta_0}, \cdots, \mathrm{e}^{-\mathrm{j}(M-1)\theta_0}\right]^{\mathrm{T}} \qquad (2.81)$$

求解式(2.80)，得到 $\mathbf{w}_o$ 为

$$\mathbf{w}_o = -\frac{\lambda^*}{2}\mathbf{R}^{-1}\mathbf{s}(\theta_0) \qquad (2.82)$$

式中 $\mathbf{R}^{-1}$ 是相关矩阵 $\mathbf{R}$ 的逆阵，并设 $\mathbf{R}$ 是非奇异的。这个假设在实际中已被完全证实，因为在波束成形器中，系统的每个天线元素输出的接收信号包含了表示传感器噪声的白(热)噪声分量。

式(2.82)给出的最优权向量 $\mathbf{w}_o$ 的求解并不十分完整，因为它包含了未知的拉格朗日乘子 λ(或者准确地说是其复共轭)。要从表达式中消去 λ^*，先利用式(2.76)的线性约束条件写出

$$\mathbf{w}_o^{\mathrm{H}}\mathbf{s}(\theta_0) = g \qquad (2.83)$$

因此，对式(2.82)两边做埃尔米特变换，再乘以 $\mathbf{s}(\theta_0)$，然后利用式(2.83)的线性约束条件，即得

$$\lambda = -\frac{2g}{\mathbf{s}^{\mathrm{H}}(\theta_0)\mathbf{R}^{-1}\mathbf{s}(\theta_0)} \qquad (2.84)$$

这里利用了等式 $\mathbf{R}^{-\mathrm{H}} = \mathbf{R}^{-1}$。二次型 $\mathbf{s}^{\mathrm{H}}(\theta_0)\mathbf{R}^{-1}\mathbf{s}(\theta_0)$ 是一个实数。因此，将式(2.84)代入式(2.82)，可得期望的最优权向量为

$$\mathbf{w}_o = \frac{g^*\mathbf{R}^{-1}\mathbf{s}(\theta_0)}{\mathbf{s}^{\mathrm{H}}(\theta_0)\mathbf{R}^{-1}\mathbf{s}(\theta_0)} \qquad (2.85)$$

注意，由于在式(2.83)的线性约束条件下使输出功率最小化，沿不同于 θ_0 的方向入射到天线阵列上的信号被削弱了。

显然，以权向量 $\mathbf{w}_o$ 表征的波束成形器称为线性约束最小方差(LCMV，linearly constrained minimum-variance)波束成形器。对于零均值输入而零均值输出的情况，"最小方差"与"最小均方差"是同义的。而且，根据前述，用 ω_0 代替 θ_0 后，式(2.85)的解称为 LCMV 滤波器。尽管 LCMV 波束成形器与 LCMV 滤波器在物理上是完全不同的，但其最优性在数学上是一样的。

2.8.1 最小方差无失真响应波束成形器

复常数 g 定义了电角度为 θ_0 的 LCMV 波束成形器的响应。在 $g = 1$ 的特殊情况下，式(2.85)的最优解可简化为

$$\mathbf{w}_o = \frac{\mathbf{R}^{-1}\mathbf{s}(\theta_0)}{\mathbf{s}^{\mathrm{H}}(\theta_0)\mathbf{R}^{-1}\mathbf{s}(\theta_0)} \qquad (2.86)$$

式(2.86)定义的波束成形器响应是在电角度 θ_0 等于 1 的约束条件下获得的。换句话说，这个波束成形器被约束成沿着对应于 θ_0 的观测方向产生无失真响应。

现在，最优波束成形器输出的最小均方值可表示为二次型

$$J_{\min} = \mathbf{w}_o^H \mathbf{R} \mathbf{w}_o \qquad (2.87)$$

因此，将式(2.86)代入式(2.87)并简化后得到

$$J_{\min} = \frac{1}{\mathbf{s}^H(\theta_0)\mathbf{R}^{-1}\mathbf{s}(\theta_0)} \qquad (2.88)$$

最优波束成形器被限制为在单位响应下通过目标信号，同时使总输出方差最小化。方差的最小化过程削弱了不在电角度 θ_0 方向上的干扰和噪声。因此，$J_{\min}$ 表示沿 θ_0 方向入射到天线阵列的信号方差估值。我们可以通过将 $J_{\min}$ 表示为 θ 的函数，推广这个结果并获得以方向为变量的方差估值函数。为此，定义 MVDR(空间)功率谱为

$$S_{\mathrm{MVDR}}(\theta) = \frac{1}{\mathbf{s}^H(\theta)\mathbf{R}^{-1}\mathbf{s}(\theta)} \qquad (2.89)$$

式中

$$\mathbf{s}(\theta) = \left[1, e^{-j\theta}, \cdots, e^{-j\theta(M-1)}\right]^T \qquad (2.90)$$

在图 2.10 的波束形成情况下，我们将 $M \times 1$ 向量 $\mathbf{s}(\theta)$ 称为空间扫描向量，并用带 ω 的频率扫描向量代替图 2.9 的 FIR 滤波器中的 θ。依据定义，$S_{\mathrm{MVDR}}(\theta)$ 或 $S_{\mathrm{MVDR}}(\omega)$ 都具有功率的量纲。对波束成形器输入来讲，它依赖于电角度 θ；而对 FIR 滤波器输入而言，则依赖于角频率 ω，故皆称之为功率谱估计。实际上，它通常称为 MVDR 谱[①]。注意，对于某一瞬间的任意一个 ω，对应于其他角频率的功率都被最小化了。因此，与第 1 章所讨论的以功率谱定义为基础的非参数法相比，MVDR 谱具有更尖的峰值和更高的分辨率。

2.9　广义旁瓣消除器

继续讨论式(2.76)的线性约束定义的 LCMV 窄带波束成形器，注意这个约束实际上是一个内积

$$\mathbf{w}^H \mathbf{s}(\theta_0) = g$$

其中 $\mathbf{w}$ 是权向量，$\mathbf{s}(\theta_0)$ 是指向电角度 θ_0 的 $M \times 1$ 转向向量，其中 M 是波束成形器天线元素的数目。我们将这个线性约束的概念推广，引入多重线性约束的定义，即

$$\mathbf{C}^H \mathbf{w} = \mathbf{g} \qquad (2.91)$$

矩阵 $\mathbf{C}$ 称为约束矩阵，向量 $\mathbf{g}$ 称为增益向量，其元素为常数元素。设共有 L 个线性约束条件，则 $\mathbf{C}$ 是一个 $M \times L$ 矩阵，$\mathbf{g}$ 是一个 $L \times 1$ 向量；矩阵 $\mathbf{C}$ 的每一列表示一个线性约束。更进一步，假设约束矩阵 $\mathbf{C}$ 拥有线性独立的列。例如，具有

---

① 式(2.89)给出的公式归功于 Capon(1969)。在文献中，它称为最大似然方法(MLM, maximum-likelihood method)。然而，这个公式实际上对经典的最大似然原理并没有什么影响。因此，对该公式不推荐使用 MLM 术语。

$$\left[s(\theta_0), s(\theta_1)\right]^{\mathrm{H}}\mathbf{w} = \begin{bmatrix} 1 \\ 0 \end{bmatrix}$$

窄带波束成形器受到约束,以便保护沿电角度 θ_0 方向投射到阵列上的感兴趣信号,同时抑制沿电角度 θ_1 方向发生的已知干扰。

令 $M \times (M-L)$ 矩阵 $\mathbf{C}_a$ 的列向量定义为矩阵 $\mathbf{C}$ 的列向量张成的空间的正交补(orthogonal complement)空间的基。利用正交补空间的定义,我们可以写出

$$\mathbf{C}^{\mathrm{H}}\mathbf{C}_a = \mathbf{0} \tag{2.92}$$

或者

$$\mathbf{C}_a^{\mathrm{H}}\mathbf{C} = \mathbf{0} \tag{2.93}$$

式(2.92)中的零矩阵 $\mathbf{0}$ 是 $L \times (M-L)$ 矩阵,而在式(2.93)中,零矩阵 $\mathbf{0}$ 是 $(M-L) \times L$ 维的,自然有 $M > L$。现在,我们定义一个 $M \times M$ 分块矩阵

$$\mathbf{U} = \begin{bmatrix} \mathbf{C} & \vdots & \mathbf{C}_a \end{bmatrix} \tag{2.94}$$

其列向量张成 M 维信号空间。由于矩阵 $\mathbf{U}$ 的行列式是非零的,因此逆矩阵 $\mathbf{U}^{-1}$ 总是存在。

其次,将 $M \times 1$ 波束成形器权向量依据矩阵 $\mathbf{U}$ 写为

$$\mathbf{w} = \mathbf{U}\mathbf{q} \tag{2.95}$$

等效地,$M \times 1$ 向量 $\mathbf{q}$ 定义为

$$\mathbf{q} = \mathbf{U}^{-1}\mathbf{w} \tag{2.96}$$

按照与式(2.94)相容的方式,将 $\mathbf{q}$ 分割为两部分

$$\mathbf{q} = \begin{bmatrix} \mathbf{v} \\ \hdashline -\mathbf{w}_a \end{bmatrix} \tag{2.97}$$

其中 $\mathbf{v}$ 是一个 $L \times 1$ 向量; $\mathbf{w}_a$ 是一个 $(M-L) \times 1$ 向量,它为权向量 $\mathbf{w}$ 不受约束的部分。将式(2.94)和式(2.97)代入式(2.95),得到

$$\begin{aligned} \mathbf{w} &= \begin{bmatrix} \mathbf{C} & \vdots & \mathbf{C}_a \end{bmatrix} \begin{bmatrix} \mathbf{v} \\ \hdashline -\mathbf{w}_a \end{bmatrix} \\ &= \mathbf{C}\mathbf{v} - \mathbf{C}_a\mathbf{w}_a \end{aligned} \tag{2.98}$$

利用式(2.91)的多重线性约束,得到

$$\mathbf{C}^{\mathrm{H}}\mathbf{C}\mathbf{v} - \mathbf{C}^{\mathrm{H}}\mathbf{C}_a\mathbf{w}_a = \mathbf{g} \tag{2.99}$$

但是,从式(2.92)可知, $\mathbf{C}^{\mathrm{H}}\mathbf{C}_a$ 等于零;从而式(2.99)变为

$$\mathbf{C}^{\mathrm{H}}\mathbf{C}\mathbf{v} = \mathbf{g} \tag{2.100}$$

对向量 $\mathbf{v}$ 求解上式,得到

$$\mathbf{v} = (\mathbf{C}^{\mathrm{H}}\mathbf{C})^{-1}\mathbf{g} \tag{2.101}$$

从中可以看出,多重约束并没有影响 $\mathbf{w}_a$。

下面,将固定的波束成形器分量定义为

$$\mathbf{w}_q = \mathbf{Cv} = \mathbf{C}(\mathbf{C}^H\mathbf{C})^{-1}\mathbf{g} \qquad (2.102)$$

由于式(2.93)所描述的特性，$\mathbf{w}_q$ 正交于矩阵 $\mathbf{C}_a$ 的列向量。在 $\mathbf{w}_q$ 中采用下标 q 的合理性在后面将会看得很清楚。依据这个定义，可利用式(2.98)将波束成形器中的所有权向量表示为

$$\mathbf{w} = \mathbf{w}_q - \mathbf{C}_a\mathbf{w}_a \qquad (2.103)$$

将式(2.103)代入式(2.91)，得到

$$\mathbf{C}^H\mathbf{w}_q - \mathbf{C}^H\mathbf{C}_a\mathbf{w}_a = \mathbf{g}$$

利用式(2.92)，上式可简化为

$$\mathbf{C}^H\mathbf{w}_q = \mathbf{g} \qquad (2.104)$$

式(2.104)表明，权向量 $\mathbf{w}_q$ 是权向量 $\mathbf{w}$ 满足约束条件的部分。相反，向量 $\mathbf{w}_a$ 是不受约束条件影响的部分，因此它提供了构成波束成形器设计的自由度。因此，依据式(2.103)，波束成形器可以用如图 2.11(a)所示的框图来表示，这样设计的波束成形器称为广义旁瓣消除器（GSC，generalized sidelobe canceller）[①]。

依据式(2.102)，可进行波束成形器输出 $y(n)$ 的均方值相对于可调权向量 $\mathbf{w}_a$ 的无约束最小化。依据式(2.75)，波束成形器的输出定义为如下内积形式

$$y(n) = \mathbf{w}^H\mathbf{u}(n) \qquad (2.105)$$

式中

$$\mathbf{u}(n) = u_0(n)\big[1, e^{-j\theta_0}, \cdots, e^{-j(M-1)\theta_0}\big]^T \qquad (2.106)$$

是输入信号向量。其中，电角度 θ_0 定义为入射平面波的到达方向，$u_0(n)$ 是 n 时刻被图 2.10 中线性天线阵列的元素 0 捕捉到的电信号。因此，将式(2.103)代入式(2.105)，得到

$$y(n) = \mathbf{w}_q^H\mathbf{u}(n) - \mathbf{w}_a^H\mathbf{C}_a^H\mathbf{u}(n) \qquad (2.107)$$

如果定义

$$\mathbf{w}_q^H\mathbf{u}(n) = d(n) \qquad (2.108)$$

和

$$\mathbf{C}_a^H\mathbf{u}(n) = \mathbf{x}(n) \qquad (2.109)$$

则可以将式(2.107)重写成类似于标准维纳滤波器的形式，即

$$y(n) = d(n) - \mathbf{w}_a^H\mathbf{x}(n) \qquad (2.110)$$

式中 $d(n)$ 起到 GSC 中的"期望响应"的作用，而 $\mathbf{x}(n)$ 扮演了输入向量的角色，如图 2.11(b)所示。可以看出，向量 $\mathbf{w}_q$ 和矩阵 $\mathbf{C}_a$ 的结合可将线性约束优化问题转化为一个标准的最优滤波问题。具体来讲，我们现在有只涉及权向量中可调部分 $\mathbf{w}_a$ 的无约束最优化问题，即

$$\min_{\mathbf{w}_a} \mathbb{E}\big[|y(n)|^2\big] = \min_{\mathbf{w}_a}(\sigma_d^2 - \mathbf{w}_a^H\mathbf{p}_x - \mathbf{p}_x^H\mathbf{w}_a + \mathbf{w}_a^H\mathbf{R}_x\mathbf{w}_a) \qquad (2.111)$$

---

① 广义旁瓣消除器的本质可追溯到由 Hanson 和 Lawson(1969)提出的线性约束二次优化问题的求解方法。术语"广义旁瓣消除器"是由 Griffiths 和 Jim(1982)创造的。对于该消除器的讨论，参见 Van Veen 和 Buckley(1988)及 Van Veen (1992)。

其中，$\mathbf{p}_x$ 为 $(M-L) \times 1$ 互相关向量

$$\mathbf{p}_x = \mathbb{E}[\mathbf{x}(n)d^*(n)] \tag{2.112}$$

$\mathbf{R}_x$ 为 $(M-L) \times (M-L)$ 相关矩阵

$$\mathbf{R}_x = \mathbb{E}[\mathbf{x}(n)\mathbf{x}^{\mathrm{H}}(n)] \tag{2.113}$$

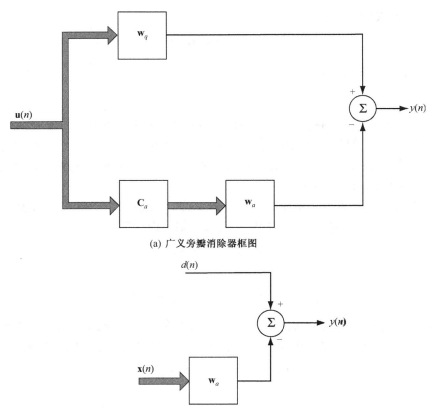

(a) 广义旁瓣消除器框图

(b) 作为标准最优滤波问题的广义旁瓣消除器问题示意图

图 2.11　广义旁瓣消除器框图及其问题示意图

　　式(2.111)的代价函数是未知向量 $\mathbf{w}_a$ 的二次函数，它体现了前面所阐明的 GSC 的可用自由度。更重要的是，这个代价函数与式(2.50)定义的标准维纳滤波器具有完全相同的数学形式。因此，很容易利用前面的结果得到 $\mathbf{w}_a$ 的优化值

$$\mathbf{w}_{ao} = \mathbf{R}_x^{-1}\mathbf{p}_x \tag{2.114}$$

将式(2.108)和式(2.109)代入式(2.112)，得到

$$
\begin{aligned}
\mathbf{p}_x &= \mathbb{E}[\mathbf{C}_a^{\mathrm{H}}\mathbf{u}(n)\mathbf{u}^{\mathrm{H}}(n)\mathbf{w}_q] \\
&= \mathbf{C}_a^{\mathrm{H}}\mathbb{E}[\mathbf{u}(n)\mathbf{u}^{\mathrm{H}}(n)]\mathbf{w}_q \\
&= \mathbf{C}_a^{\mathrm{H}}\mathbf{R}\mathbf{w}_q
\end{aligned} \tag{2.115}
$$

式中 $\mathbf{R}$ 是输入数据向量 $\mathbf{u}(n)$ 的相关矩阵。同样，将式(2.109)代入式(2.113)可得到矩阵 $\mathbf{R}_x$ 的表达式为

$$\begin{aligned}\mathbf{R}_x &= \mathbb{E}\left[\mathbf{C}_a^{\mathrm{H}}\mathbf{u}(n)\mathbf{u}^{\mathrm{H}}(n)\mathbf{C}_a\right]\\ &= \mathbf{C}_a^{\mathrm{H}}\mathbf{R}\mathbf{C}_a\end{aligned} \tag{2.116}$$

因为输入数据总是包含一些加性传感器噪声且 $\mathbf{R}_x$ 是非奇异的，故矩阵 $\mathbf{C}_a$ 是满秩矩阵，而相关矩阵 $\mathbf{R}$ 是正定矩阵。因此，式(2.114)的最优解可重写为

$$\mathbf{w}_{ao} = \left(\mathbf{C}_a^{\mathrm{H}}\mathbf{R}\mathbf{C}_a\right)^{-1}\mathbf{C}_a^{\mathrm{H}}\mathbf{R}\mathbf{w}_q \tag{2.117}$$

设 P_o 表示利用最优解 $\mathbf{w}_{ao}$ 得到的 GSC 最小输出功率。那么，改写前面式(2.49)导出的标准维纳滤波器的结果，并继续采用类似于刚刚介绍的方法，我们可将 P_o 表示为

$$\begin{aligned}P_o &= \sigma_d^2 - \mathbf{p}_x^{\mathrm{H}}\mathbf{R}_x^{-1}\mathbf{p}_x\\ &= \mathbf{w}_q^{\mathrm{H}}\mathbf{R}\mathbf{w}_q - \mathbf{w}_q^{\mathrm{H}}\mathbf{R}\mathbf{C}_a\left(\mathbf{C}_a^{\mathrm{H}}\mathbf{R}\mathbf{C}_a\right)^{-1}\mathbf{C}_a^{\mathrm{H}}\mathbf{R}\mathbf{w}_q\end{aligned} \tag{2.118}$$

现在考虑静噪环境(quiet environment)的特殊情况，即接收到的信号只包含起作用的白噪声的情况。设相关矩阵满足如下方程

$$\mathbf{R} = \sigma^2\mathbf{I} \tag{2.119}$$

其中 $\mathbf{I}$ 是 $M \times M$ 的单位矩阵，σ^2 是噪声方差。在这个条件下，从式(2.117)容易发现

$$\mathbf{w}_{ao} = \left(\mathbf{C}_a^{\mathrm{H}}\mathbf{C}_a\right)^{-1}\mathbf{C}_a^{\mathrm{H}}\mathbf{w}_q$$

根据定义，权向量 $\mathbf{w}_q$ 正交于矩阵 $\mathbf{C}_a$ 的列向量。由此可知，最优权向量 $\mathbf{w}_{ao}$ 在式(2.119)所示的静噪环境下等于零。由于 $\mathbf{w}_{ao}$ 等于零，则从式(2.103)可求出 $\mathbf{w} = \mathbf{w}_q$。正是由于这个原因，$\mathbf{w}_q$ 通常称为静态权向量(quiescent weight vector)，因而用下标 q 表示它。

2.9.1　$\mathbf{w}_q$ 和 $\mathbf{C}_a$ 的滤波解释

静态权向量 $\mathbf{w}_q$ 和矩阵 $\mathbf{C}_a$ 在 GSC 工作中起着关键作用。为了导出其物理解释，考虑时域表示的 MVDR 谱估计器。对此，我们有

$$\begin{aligned}\mathbf{C} &= \mathbf{s}(\omega_0)\\ &= \left[1, \mathrm{e}^{-\mathrm{j}\omega_0}, \cdots, \mathrm{e}^{-\mathrm{j}(M-1)\omega_0}\right]^{\mathrm{T}}\end{aligned} \tag{2.120}$$

和

$$\mathbf{g} = 1$$

因此，使用式(2.102)中的这些值，得到对应的静态权向量，即

$$\begin{aligned}\mathbf{w}_q &= \mathbf{C}\left(\mathbf{C}^{\mathrm{H}}\mathbf{C}\right)^{-1}\mathbf{g}\\ &= \frac{1}{M}\left[1, \mathrm{e}^{-\mathrm{j}\omega_0}, \cdots, \mathrm{e}^{-\mathrm{j}(M-1)\omega_0}\right]^{\mathrm{T}}\end{aligned} \tag{2.121}$$

它表示一个长度为 M 的 FIR 滤波器，这个滤波器的频率响应为

$$\begin{aligned}\mathbf{w}_q^{\mathrm{H}}\mathbf{s}(\omega) &= \frac{1}{M}\sum_{k=0}^{M-1}\mathrm{e}^{\mathrm{j}k(\omega_0-\omega)}\\ &= \frac{1 - \mathrm{e}^{\mathrm{j}M(\omega_0-\omega)}}{1 - \mathrm{e}^{\mathrm{j}(\omega_0-\omega)}}\end{aligned} \tag{2.122}$$

$$= \left(\frac{\sin\left(\dfrac{M}{2}(\omega_0 - \omega) \right)}{\sin\left(\dfrac{1}{2}(\omega_0 - \omega) \right)} \right) \exp\left(\frac{\mathrm{j}(M-1)}{2}(\omega_0 - \omega) \right)$$

图 2.12(a)示出当 $M=4$、$\omega_0=1$ 时该滤波器的幅度响应。从图中可清楚看出，基于静态权向量 $\mathbf{w}_q$ 的 FIR 滤波器起着类似于以角频率 ω_0 为谐振频率的带通滤波器那样的作用，其中 MVDR 频谱估计器受到某种约束以便产生无失真响应。

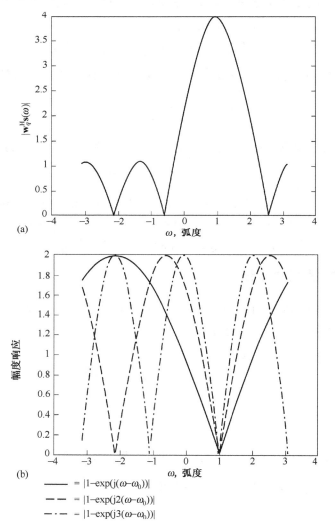

图 2.12　(a)将 $\mathbf{w}_q^{\mathrm{H}}\mathbf{s}(\omega)$ 看做 FIR 滤波器响应；(b)将矩阵 $\mathbf{C}_a$
的每一列看做一个带阻滤波器。图中假设 $\omega_0=1$

下面考虑矩阵 $\mathbf{C}_a$ 的物理解释，将式(2.120)用于式(2.92)，得到

$$\mathbf{s}^{\mathrm{H}}(\omega_0)\mathbf{C}_a = \mathbf{0} \tag{2.123}$$

根据式(2.123)，$(M-L)$ 列矩阵 $\mathbf{C}_a$ 中的每一列都表示一个在 ω_0 处幅度响应为零的 FIR 滤波器，当 $\omega_0=1$，$M=4$，$L=1$，以及

$$\mathbf{C}_a = \begin{bmatrix} -1 & -1 & -1 \\ e^{-j\omega_0} & 0 & 0 \\ 0 & e^{-j2\omega_0} & 0 \\ 0 & 0 & e^{-j3\omega_0} \end{bmatrix}$$

如图 2.12(b)所示。换句话说，矩阵 $\mathbf{C}_a$ 可以用带阻滤波器组来表示，其中的每个滤波器调谐在 ω_0 上。因此，$\mathbf{C}_a$ 称为信号阻塞矩阵(signal-blocking matrix)，它阻断了角频率处的接收信号。矩阵 $\mathbf{C}_a$ 的功能是消除静态权向量为 $\mathbf{w}_q$ 的带通滤波器旁瓣渗漏出来的干扰。

2.10　小结与讨论

本章讨论的离散时间维纳滤波理论是从维纳关于连续时间信号的线性最优滤波器这个开拓性工作演变过来的。维纳滤波器的重要性在于，它为广义平稳随机信号的线性滤波提供了一个参考框架。

维纳滤波器具有两个重要特性：

1）正交性原理　维纳滤波器产生的误差信号(估计误差)正交于它的抽头输入信号。
2）误差信号统计表征为白噪声　当滤波器长度与描述观测数据(即期望响应)产生的多重回归模型阶数匹配时，这个条件成立。

归入维纳滤波理论范围的滤波器结构有两种不同的物理类型：

● FIR 滤波器，以有限冲激响应为特征。
● 窄带波束成形器，由一组权值可调、间隔均匀的天线元素组成。

这两个结构具有相同的特征：它们都是线性系统的实例，其输出都定义为权向量与输入向量的内积。涉及这种结构的最优滤波器都是维纳-霍夫方程的具体体现，其解都包含两个集平均参数：

● 输入向量的相关矩阵。
● 输入向量与期望响应的互相关矩阵。

维纳滤波的标准表达式中要求具备期望响应。但在许多应用中，无法得到这样的响应。对于这些应用，可以利用一类称为线性约束最小方差(LCMV)的线性最优滤波器或者 LCMV 波束成形器，这取决于该应用是在时间域还是空间域。LCMV 方法的本质在于，在对权向量的一组线性约束条件下使滤波器平均输出功率最小。施加约束的目的是为了防止权向量消除了感兴趣的信号。为了满足多重约束要求，可利用广义旁瓣消除器(GSC)，其权向量分为两个部分：

● 静态权向量，它满足规定的约束条件。
● 无约束权向量，对这部分权向量的优化就是依据维纳滤波理论使接收机噪声和干扰信号的影响最小。

2.11 　习题

1. 复变量 $z = x + jy$ 的函数 $f(z)$ 成为解析函数的必要条件是它的实部 $u(x,y)$ 和虚部 $v(x,y)$ 必须满足柯西-黎曼(Cauchy-Riemann)方程(对于复变量情况的讨论,参见附录 A)。通过如下步骤证明式(2.43)定义的代价函数 J 不是权值的解析函数。

   (a) 证明乘积 $p^*(-k)w_k$ 是复抽头权值(滤波器的系数)w_k 的解析函数。

   (b) 证明乘积 $w_k^* p(-k)$ 不是解析函数。

2. 考虑一个维纳滤波问题,其抽头输入向量 $\mathbf{u}(n)$ 的相关矩阵 $\mathbf{R}$ 为

$$\mathbf{R} = \begin{bmatrix} 1 & 0.5 \\ 0.5 & 1 \end{bmatrix}$$

   抽头输入向量 $\mathbf{u}(n)$ 与期望响应 $d(n)$ 的互相关向量为

$$\mathbf{p} = [0.5, 0.25]^{\mathrm{T}}$$

   (a) 求维纳滤波器的抽头权值。

   (b) 这个维纳滤波器所产生的最小均方误差是多少?

   (c) 用矩阵 $\mathbf{R}$ 的特征值和相应的特征向量表示维纳滤波器。

3. 给定如下条件,重复习题 2 的(a),(b),(c)

$$\mathbf{R} = \begin{bmatrix} 1 & 0.5 & 0.25 \\ 0.5 & 1 & 0.5 \\ 0.25 & 0.5 & 1 \end{bmatrix}$$

$$\mathbf{p} = [0.5, 0.25, 0.125]$$

   注意,这些数值要求使用具有 3 个抽头输入的维纳滤波器。

4. 假设给定两个时间序列 $u(0), u(1), \cdots, u(N)$ 和 $d(0), d(1), \cdots, d(N)$,二者都是两个联合广义平稳随机过程的实现。该序列分别是长度为 M 的 FIR 滤波器的抽头输入和期望响应。假设这两个过程是各态历经的,通过使用时间平均方法导出维纳滤波器抽头权向量的估计值。

5. FIR 滤波器的抽头权向量定义为

$$\mathbf{u}(n) = \alpha(n)\mathbf{s}(n) + \boldsymbol{\nu}(n)$$

   其中

$$\mathbf{s}(\omega) = \left[1, \mathrm{e}^{-j\omega}, \cdots, \mathrm{e}^{-j\omega(M-1)}\right]^{\mathrm{T}}$$

   和

$$\boldsymbol{\nu}(n) = \left[\nu(n), \nu(n-1), \cdots, \nu(n-M+1)\right]^{\mathrm{T}}$$

   正弦向量 $\mathbf{s}(\omega)$ 的复数幅度是零均值、方差为 $\sigma_\alpha^2 = \mathbb{E}[|\alpha(n)|^2]$ 的随机变量。试完成如下工作:

   (a) 确定抽头输入向量 $\mathbf{u}(n)$ 的相关矩阵。

   (b) 设期望响应 $d(n)$ 和 $\mathbf{u}(n)$ 不相关,对应的维纳滤波器的抽头权向量是什么?

   (c) 假设方差 $\sigma_\alpha^2 = 0$,目标响应 $d(n)$ 定义为

$$d(n) = \nu(n-k)$$

   这里 $0 \leqslant k \leqslant M-1$。维纳滤波器新的抽头权向量是什么?

   (d) 确定期望响应的维纳滤波器的抽头权向量

$$d(n) = \alpha(n)\mathrm{e}^{-\mathrm{j}\omega\tau}$$

这里 τ 是时延。

6. 证明式(2.34)定义维纳滤波器抽头权向量 $\mathbf{w}_o$ 的维纳–霍夫方程和定义最小均方误差 $J_{\min}$ 的式(2.49)可以合并成简单的矩阵关系式

$$\mathbf{A}\begin{bmatrix} 1 \\ -\mathbf{w}_o \end{bmatrix} = \begin{bmatrix} J_{\min} \\ \mathbf{0} \end{bmatrix}$$

其中矩阵 $\mathbf{A}$ 是增广向量

$$\begin{bmatrix} d(n) \\ \mathbf{u}(n) \end{bmatrix}$$

的相关矩阵,式中期望响应为 $d(n)$,维纳滤波器抽头输入向量为 $\mathbf{u}(n)$。

7. 最小均方误差定义为[见式(2.49)]

$$J_{\min} = \sigma_d^2 - \mathbf{p}^{\mathrm{H}}\mathbf{R}^{-1}\mathbf{p}$$

其中 σ_d^2 为期望响应 $d(n)$ 的方差,$\mathbf{R}$ 为抽头输出向量 $\mathbf{u}(n)$ 的相关矩阵,$\mathbf{p}$ 为 $\mathbf{u}(n)$ 和 $d(n)$ 间的互相关向量。将特征值分解应用于相关矩阵(例如 $\mathbf{R}^{-1}$),证明

$$J_{\min} = \sigma_d^2 - \sum_{k=1}^{M} \frac{\left|\mathbf{q}_k^{\mathrm{H}}\mathbf{p}\right|^2}{\lambda_k}$$

其中 λ_k 和 $\mathbf{q}_k$ 分别是矩阵 $\mathbf{R}$ 的第 k 个特征值及其对应的特征向量。注意 $\mathbf{q}_k^{\mathrm{H}}\mathbf{p}$ 是标量。

8. 参见 2.6 节介绍的关于最优滤波多重回归模型的讨论,证明对于过拟合模型唯一的可能解由式(2.64)定义。

9. 考虑一个线性回归模型,其输入–输出特性定义为

$$d(n) = \mathbf{a}_M^{\mathrm{H}}\mathbf{u}_M(n) + \nu(n)$$

其中

$$\mathbf{a}_M = \begin{bmatrix} \mathbf{a}_m & \vdots & \mathbf{0}_{M-m} \end{bmatrix}^{\mathrm{T}}$$

和

$$\mathbf{u}_M(n) = \begin{bmatrix} \mathbf{u}_m(n), \mathbf{u}_{M-m}(n-m) \end{bmatrix}^{\mathrm{T}}$$

假设 M 大于模型阶数 m,输入向量 $\mathbf{u}_M(n)$ 的相关矩阵分块为

$$\mathbf{R}_M = \left[\begin{array}{c|c} \mathbf{R}_m & \mathbf{r}_{M-m} \\ \hline \mathbf{r}_{M-m}^{\mathrm{H}} & \mathbf{R}_{M-m, M-m} \end{array} \right]$$

抽头输入向量 $\mathbf{u}(n)$ 与期望响应的互相关向量 $d(n)$ 分块为

$$\mathbf{p}_M = \left[\begin{array}{c} \mathbf{p}_m \\ \hline \mathbf{p}_{M-m} \end{array} \right]$$

试完成如下工作:

(a) 寻找条件使得 $(M-m) \times 1$ 向量 $\mathbf{p}_{M-m}$ 对于 $\mathbf{a}_m$、$\mathbf{R}_m$ 和 $\mathbf{p}_m$ 满足维纳方程。

(b) 将(a)的结果运用到 2.7 节的例子中,证明对于 $M = 4$,互相关向量 $\mathbf{p}$ 的最后一个元素为

$$p(3) = -0.0126$$

10. 四阶多重回归模型的统计特征如下:

● 抽头输入向量 $\mathbf{u}(n)$ 的相关矩阵为

$$\mathbf{R}_4 = \begin{bmatrix} 1.1 & 0.5 & 0.1 & -0.1 \\ 0.5 & 1.1 & 0.5 & 0.1 \\ 0.1 & 0.5 & 1.1 & 0.5 \\ -0.1 & 0.1 & 0.5 & 1.1 \end{bmatrix}$$

● 观测的数据和输入向量的互相关向量为

$$\mathbf{p}_4 = [0.5, -0.4, -0.2, -0.1]^\mathrm{T}$$

● 观测数据 $d(n)$ 的方差为

$$\sigma_d^2 = 1.0$$

● 加性白噪声的方差为

$$\sigma_\nu^2 = 0.1$$

可变长度为 M 的维纳滤波器工作在输入向量 $\mathbf{u}(n)$ 和期望响应的观测数据为 $d(n)$ 的情况下。试计算并画出 $M = 0, 1, 2, 3, 4$ 时维纳滤波器所产生的均方误差。

11. 图 P2.1(a) 和图 P2.1(b) 分别表示期望响应为 $d(n)$ 的自回归模型和含有噪声的通信信道模型。在图 P2.1 (a) 中，$\nu_1(n)$ 是零均值、方差为 $\sigma_1^2 = 0.27$ 的白噪声过程；在图 P2.1(b) 中，$\nu_2(n)$ 是零均值、方差为 $\sigma_2^2 = 0.1$ 的白噪声过程。两个噪声源 $\nu_1(n)$ 和 $\nu_2(n)$ 是统计独立的。

(a) 证明信道输出为

$$u(n) = x(n) + \nu_2(n)$$

其中

$$x(n) = 0.1x(n-1) + 0.8x(n-2) + \nu_1(n)$$

(b) 假设使用长度为 2 的维纳滤波器，确定抽头输入向量的相关矩阵 $\mathbf{R}$ 和抽头输入向量与滤波器期望响应的互相关向量。

(c) 利用 (a) 和 (b) 的结果，确定维纳滤波器的最优权向量和维纳滤波器产生的最小均方误差。

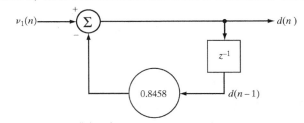

(a) 期望响应为 $d(n)$ 的自回归模型

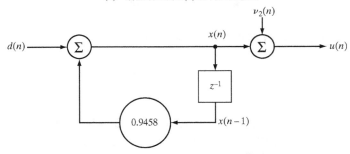

(b) 期望响应为 $d(n)$ 的含噪通信信道模型

图 P2.1 期望响应为 $d(n)$ 的两种模型

12. 在这个习题中，我们探讨对于习题 11 中所描述的环境使用更为复杂的维纳滤波器所带来的性能提高。具体来说，新的维纳滤波器有 3 个抽头。

(a) 寻找这个滤波器的抽头输入的相关矩阵、期望响应和抽头输入的互相关向量。

(b) 计算维纳滤波器的抽头权向量和最小均方误差。

13. 在这个习题中，我们研究维纳滤波器应用于雷达。传输的雷达信号的抽样形式为 $A_0 \mathrm{e}^{\mathrm{j}\omega_0 n}$，其中 ω_0 是传输的角频率，A_0 是传输的复幅度。接收信号为

$$u(n) = A_1 \mathrm{e}^{-\mathrm{j}\omega_1 n} + \nu(n)$$

其中 $|A_1| < |A_0|$，由于多普勒(Doppler)频移，ω_1 不同于 ω_0，$\nu(n)$ 是白噪声的抽样值。

(a) 证明由 M 个元素组成的时间序列 $u(n)$ 的相关矩阵可表示为

$$\mathbf{R} = \sigma_\nu^2 \mathbf{I} + \sigma_1^2 \mathbf{s}(\omega_1)\mathbf{s}^{\mathrm{H}}(\omega_1)$$

其中 σ_ν^2 是零均值、白噪声 $\nu(n)$ 的方差，且

$$\sigma_1^2 = \mathbb{E}\left[|A_1|^2\right]$$

和

$$\mathbf{s}(\omega_1) = \left[1, \mathrm{e}^{-\mathrm{j}\omega_1}, \cdots, \mathrm{e}^{-\mathrm{j}\omega_1(M-1)}\right]^{\mathrm{T}}$$

(b) 时间序列 $u(n)$ 应用于 M 抽头的维纳滤波器，$u(n)$ 与期望响应 $d(n)$ 之间的互相关向量置为

$$\mathbf{p} = \sigma_0^2 \mathbf{s}(\omega_0)$$

其中

$$\sigma_0^2 = \mathbb{E}\left[|A_0|^2\right]$$

和

$$\mathbf{s}(\omega_0) = \left[1, \mathrm{e}^{-\mathrm{j}\omega_0}, \cdots, \mathrm{e}^{-\mathrm{j}\omega_0(M-1)}\right]^{\mathrm{T}}$$

试推导维纳滤波器抽头权向量的表达式。

14. 阵列处理器由一个基本传感器和参考传感器相连组成。参考传感器的输出经过 w 加权，然后从基本传感器中减去。证明当权值 w 达到其最优值

$$w_o = \frac{\mathbb{E}\left[u_1(n)u_2^*(n)\right]}{\mathbb{E}\left[|u_2(n)|^2\right]}$$

时阵列处理器输出的均方值达到最小值。其中，$u_1(n)$ 和 $u_2(n)$ 分别代表 n 时刻基本传感器和参考传感器的输出。

15. 离散随机过程 $u(n)$ 由 K 个(不相关)复正弦加上噪声组成。噪声是零均值、方差为 σ^2 的白噪声，即

$$u(n) = \sum_{k=1}^{K} A_k \mathrm{e}^{\mathrm{j}\omega_k n} + \nu(n)$$

其中，$A_k \mathrm{e}^{\mathrm{j}\omega_k n}$ 和 $\nu(n)$ 分别表示第 k 个正弦和噪声，将 $u(n)$ 应用于 M 个抽头的 FIR 滤波器得到的输出为

$$e(n) = \mathbf{w}^{\mathrm{H}}\mathbf{u}(n)$$

假设 $M > K$，选择抽头权向量 $\mathbf{w}$ 使得在多信号保护约束条件

$$\mathbf{S}^{\mathrm{H}}\mathbf{w} = \mathbf{D}^{1/2}\mathbf{1}$$

下使 $e(n)$ 的均方误差最小。其中 $\mathbf{S}$ 是 $M \times K$ 信号矩阵，其第 k 列为 1，$\exp(\mathrm{j}\omega_k)$，$\cdots$，$\exp[\mathrm{j}\omega_k(M-1)]$，$\mathbf{D}$ 是 $K \times K$ 对角矩阵，它的非零元素等于每个正弦的平均功率，$\mathbf{1}$ 是 $K \times 1$ 向量，其 K 个元素均为 1。利用拉格朗日乘子，证明在约束条件下最优权向量为

$$\mathbf{w}_o = \mathbf{R}^{-1}\mathbf{S}(\mathbf{S}^{\mathrm{H}}\mathbf{R}^{-1}\mathbf{S})^{-1}\mathbf{D}^{1/2}\mathbf{1}$$

其中 $\mathbf{R}$ 是 $M \times 1$ 抽头输入向量 $\mathbf{u}(n)$ 的相关矩阵。该公式表示了 MVDR 公式的时间泛化。

16. LCMV 波束成形器的权向量 $\mathbf{w}_o$ 由式(2.85)定义。一般地，这个定义的 LCMV 波束成形器并没有使输出

信噪比最大。具体来说，令输入向量为

$$\mathbf{u}(n) = \mathbf{s}(n) + \boldsymbol{\nu}(n)$$

其中 $\mathbf{s}(n)$ 代表信号分量，$\nu(n)$ 代表加性噪声分量。证明权向量 $\mathbf{w}$ 不满足如下条件

$$\max_{\mathbf{w}} \frac{\mathbf{w}^{\mathrm{H}} \mathbf{R}_s \mathbf{w}}{\mathbf{w}^{\mathrm{H}} \mathbf{R}_\nu \mathbf{w}}$$

其中 $\mathbf{R}_s$、$\mathbf{R}_\nu$ 分别是 $\mathbf{s}(n)$ 和 $\nu(n)$ 的相关矩阵。

17. 在本习题中，我们探讨非等间隔阵列天线元素的波束成形器约束条件的设计问题。令 t_i 表示当一个平面波从实际观察方向 ϕ 入射到阵列上时第 i 个元素的传输时延，时延 t_i 是以零时刻为参考点计算的。

(a) 求基本权向量 $\mathbf{w}$ 随信号角频率 ω（由实际观察方向 ϕ 引起的）变化时波束成形器的响应。

(b) 确定强加于阵列的线性约束以便产生等于沿方向 ϕ 的响应 g。

18. 考虑存在加性噪声的情况下已知信号的检测问题。假设噪声是高斯的且独立于信号，并具有零均值和正定的相关矩阵 $\mathbf{R}_\nu$。证明：在这些条件下，以下三个准则，即最小均方误差，最大信噪比和似然比测试对于 FIR 滤波器产生同样的设计效果。

设 $u(n)(n = 1, 2, \cdots, M)$ 表示 M 个复数值的数据样值。并设 $\nu(n)(n = 1, 2, \cdots, M)$ 表示零均值高斯噪声过程的抽样值。最后令 $s(n)(n = 1, 2, \cdots, M)$ 表示信号样值。确定该检测问题输入信号中是否包含信号加噪声，还是仅有噪声。即检验如下两个假设：

假设 H_1: $u(n) = s(n) + v(n)$ $\qquad n = 1, 2, \cdots, M$

假设 H_0: $u(n) = \nu(n)$ $\qquad n = 1, 2, \cdots, M$

(a) 维纳滤波器使均方误差最小化。证明对于估计信号向量 $\mathbf{s}$ 的第 k 个分量 s_k，这个准则（即假设 H_1 或假设 H_0）获得最优抽头权向量

$$\mathbf{w}_o = \frac{s_k}{1 + \mathbf{s}^{\mathrm{H}} \mathbf{R}_\nu^{-1} \mathbf{s}} \mathbf{R}_\nu^{-1} \mathbf{s}$$

提示：为了在假设 H_1 下计算 $\mathbf{u}(n)$ 的相关矩阵的逆，可使用矩阵求逆引理。为此，令

$$\mathbf{A} = \mathbf{B}^{-1} + \mathbf{C} \mathbf{D}^{-1} \mathbf{C}^{\mathrm{H}}$$

式中 $\mathbf{A}$、$\mathbf{B}$、$\mathbf{D}$ 都是正定矩阵，则有

$$\mathbf{A}^{-1} = \mathbf{B} - \mathbf{B} \mathbf{C} (\mathbf{D} + \mathbf{C}^{\mathrm{H}} \mathbf{B} \mathbf{C})^{-1} \mathbf{C}^{\mathrm{H}} \mathbf{B}$$

(b) 最大信噪比滤波器使得如下比值最大

$$\rho = \frac{\text{滤波器信号输出的平均功率}}{\text{滤波器噪声输出的平均功率}}$$
$$= \frac{\mathbb{E}\left[(\mathbf{w}^{\mathrm{H}} \mathbf{s})^2 \right]}{\mathbb{E}\left[(\mathbf{w}^{\mathrm{H}} \boldsymbol{\nu})^2 \right]}$$

证明：输出信噪比 ρ 最大时，抽头权向量为

$$\mathbf{w}_{SN} = \mathbf{R}_\nu^{-1} \mathbf{s}$$

（提示：因为 $\mathbf{R}_\nu$ 是正定的，可以使用 $\mathbf{R}_\nu = \mathbf{R}_\nu^{1/2} \mathbf{R}_\nu^{1/2}$。）

(c) 似然比处理器计算对数似然比，并将它与门限值进行比较。如果超出门限值，判定为假设 H_1，否则假设为 H_0。似然比定义为

$$\Lambda = \frac{\mathbf{f}_{\mathbf{U}}(\mathbf{u} \mid \mathrm{H}_1)}{\mathbf{f}_{\mathbf{U}}(\mathbf{u} \mid \mathrm{H}_0)}$$

其中 $\mathbf{f}_U(\mathbf{u}|H_i)$ 是在给定假设 $H_i(i=0,1)$ 为真时, 观察向量 $\mathbf{u}$ 的联合条件概率密度函数。证明似然比测试等价于如下测试

$$\mathbf{w}_{ml}^H \mathbf{u} \underset{H_0}{\overset{H_1}{\lessgtr}} \eta$$

其中 η 为门限值, 且

$$\mathbf{w}_{ml} = \mathbf{R}_\nu^{-1}\mathbf{s}$$

(提示: 参考 1.11 节的零均值、相关矩阵为 $\mathbf{R}_\nu$ 的 $M \times 1$ 高斯噪声向量 v 的联合概率函数。)

19. 2.4 节的维纳-霍夫方程应用于无限冲激响应滤波器。然而, 这个式子受到因果性限制, 即对于负数时间滤波器的冲激响应为零。在这个习题中, 我们通过取消该限制来扩展这个理论, 即允许滤波器是非因果的。

（a）令

$$S(z) = \sum_{k=-\infty}^{\infty} r(k)z^{-k}$$

表示抽头输入的自相关序列的双边 z 变换。类似地, 令

$$P(z) = \sum_{k=-\infty}^{\infty} p(k)z^{-k}$$

表示抽头输入和期望响应之间互相关序列的双边的 z 变换(注意对于 $z = e^{j\omega}$, 这两个式子可简化为功率谱密度的定义)。从将下限改为 $i = -\infty$ 的式(2.27)出发, 证明不可实现的维纳滤波器的转移函数可定义为

$$H_u(z) = \frac{P(1/z)}{S(z)}$$

其中

$$H_u(z) = \sum_{k=-\infty}^{\infty} w_{u,k}z^{-k}$$

（b）假设给定

$$P(z) = \frac{0.36}{(1 - 0.2z^{-1})(1 - 0.2z)}$$

和

$$S(z) = \frac{1.37(1 - 0.146z^{-1})(1 - 0.146z)}{(1 - 0.2z^{-1})(1 - 0.2z)}$$

确定不可实现的维纳滤波器的转移函数, 画出滤波器的冲激响应。

（c）假设在滤波器的冲激响应中加入时延, 选择一个合适的时延值使得滤波器是可实现的。

第3章 线 性 预 测

在时间序列分析中一个最重要的问题是：给定一个平稳离散随机过程的一组过去样值，预测该过程的将来值。更详细地说，考虑时间序列 $u(n), u(n-1), \cdots, u(n-M)$，它们分别代表该过程 n 时刻及其之前的 $(M+1)$ 个样值。预测过程的一个例子就是使用 $u(n-1), u(n-2), \cdots, u(n-M)$ 来估计 $u(n)$。给定这组样值，用 $\mathcal{U}_{n-1}$ 表示由样值 $u(n-1)$，$u(n-2), \cdots, u(n-M)$ 张成的 M 维空间，并用 $\hat{u}(n|\mathcal{U}_{n-1})$ 表示 $u(n)$ 的预测值。在线性预测中，这个预测值可用样值 $u(n-1), u(n-2), \cdots, u(n-M)$ 的线性组合来表达。对时刻 $n-1$ 而言，这个运算相当于对其将来值的一步预测，因此我们称这种预测形式为前向一步线性预测，或者简称为前向线性预测（FLP, forward linear prediction）。在另一种预测形式中，我们使用样值 $u(n), u(n-1), \cdots, u(n-M+1)$ 对过去值 $u(n-M)$ 进行预测。我们称这种预测形式为后向线性预测（BLP, backward linear prediction）[①]。

在这一章里，我们既研究前向线性预测（FLP），也研究后向线性预测（BLP）。特别地，我们使用第2章的维纳滤波器理论来优化前向和后向预测器的设计。对广义平稳的离散随机过程而言，这是在均方误差意义上取得最优。正如第2章所述，这个过程的相关矩阵具有托伯利兹（Toeplitz）结构，在研究高效计算算法时要充分利用这个结构。

3.1 前向线性预测

图3.1（a）表示前向预测器，它由 M 个抽头权值为 $w_{f,1}$，$w_{f,2}, \cdots, w_{f,M}$，抽头输入为 $u(n-1), u(n-2), \cdots, u(n-M)$ 的线性 FIR 滤波器组成。假设抽头输入来自均值为零的广义平稳随机过程，并进一步假设在与维纳滤波器理论相一致的均方误差意义上抽头权值是最优的。则预测值为

$$\hat{u}(n|\mathcal{U}_{n-1}) = \sum_{k=1}^{M} w_{f,k}^* u(n-k) \tag{3.1}$$

对于上述情况，目标响应 $d(n)$ 等于 $u(n)$ 表示时刻 n 输入过程的实际样值，故可写出

$$d(n) = u(n) \tag{3.2}$$

前向预测误差等于输入样值 $u(n)$ 与它预测值 $\hat{u}(n|\mathcal{U}_{n-1})$ 的差值，用 $f_M(n)$ 表示，可写为

$$f_M(n) = u(n) - \hat{u}(n|\mathcal{U}_{n-1}) \tag{3.3}$$

其中下标 M 表示预测器的阶数，它等于需要存储的、用来进行给定样值预测的延迟单元数。使用这个下标的原因将在本章的后面加以阐明。

----

① "后向预测"这个词用得有些不当，更为合适的描述应为"后见之明"。因此与之相关的使用"前向"这个词也有些多余。然而，"前向预测"和"后向预测"这两个词已经在线性预测的有关文献中固定使用了。

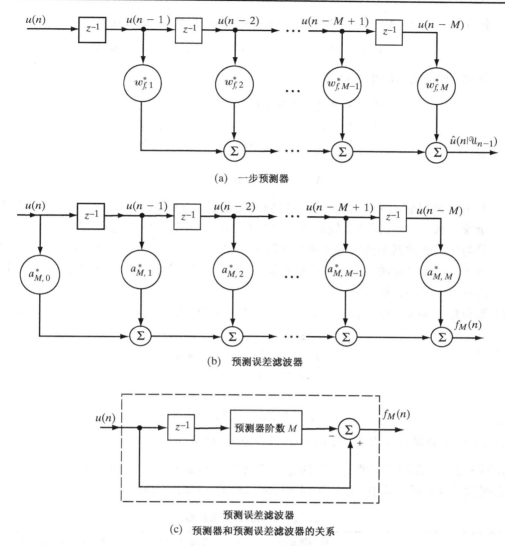

图 3.1　不同前向、后向预测器的示意图及关系图

　　令

$$P_M = \mathbb{E}\big[|f_M(n)|^2\big] \quad 对于所有 n \tag{3.4}$$

表示最小均方预测误差。假设抽头输入为零均值，则前向预测误差 $f_M(n)$ 也同样具有零均值。在这个条件下，P_M 等于前向预测误差的方差。P_M 亦可解释为，它可以看做平均的前向预测误差功率，其中假设 $f_M(n)$ 通过 1 欧姆的负载。我们将使用后者来解释 P_M。

　　令 $\mathbf{w}_f$ 表示图 3.1(a)中前向预测器的 $M \times 1$ 最优抽头权向量，其展开式为

$$\mathbf{w}_f = \big[w_{f,1}, w_{f,2}, \cdots, w_{f,M}\big]^{\mathrm{T}} \tag{3.5}$$

其中上标 T 表示转置。为了使用维纳-霍夫方程求权向量 $\mathbf{w}_f$，需要知道两个量：(1)抽头输入 $u(n-1), u(n-2), \cdots, u(n-M)$ 的 $M \times M$ 相关矩阵；(2)这些抽头输入与期望响应 $u(n)$ 之间的 $M \times 1$ 互相关向量。为了得到 P_M，还需要第三个量 $u(n)$ 的方差。现分别考虑这三个量：

1) 抽头输入 $u(n-1),u(n-2),\cdots,u(n-M)$ 定义了 $M \times 1$ 抽头输入向量

$$\mathbf{u}(n-1) = [u(n-1),u(n-2),\cdots,u(n-M)]^{\mathrm{T}} \tag{3.6}$$

因此，抽头输入的相关矩阵为

$$\mathbf{R} = \mathbb{E}[\mathbf{u}(n-1)\mathbf{u}^{\mathrm{H}}(n-1)]$$

$$= \begin{bmatrix} r(0) & r(1) & \cdots & r(M-1) \\ r^*(1) & r(0) & \cdots & r(M-2) \\ \vdots & \vdots & \ddots & \vdots \\ r^*(M-1) & r^*(M-2) & \cdots & r(0) \end{bmatrix} \tag{3.7}$$

其中 $r(k)$ 是延迟为 k 时输入过程的自相关函数，这里 $k=0,1,\cdots,M-1$；上标 H 表示埃尔米特转置(即复共轭转置)。应注意到表示图 3.1(a)中抽头输入相关矩阵的符号与维纳滤波器中抽头输入相关矩阵的符号一样。业已证实，这样使用符号是有道理的。由于在这两种情况下都假设输入过程为广义平稳的，因此这个过程的相关矩阵具有时移不变性。

2) 抽头输入 $u(n-1),u(n-2),\cdots,u(n-M)$ 和目标响应 $u(n)$ 之间的互相关向量为

$$\mathbf{r} = \mathbb{E}[\mathbf{u}(n-1)u^*(n)]$$

$$= \begin{bmatrix} r^*(1) \\ r^*(2) \\ \vdots \\ r^*(M) \end{bmatrix} = \begin{bmatrix} r(-1) \\ r(-2) \\ \vdots \\ r(-M) \end{bmatrix} \tag{3.8}$$

3) 由于 $u(n)$ 具有零均值，因此 $u(n)$ 的方差为 $r(0)$。

在表 3.1 中，总结了维纳滤波器的各个量及图 3.1(a)中前向预测器和后向预测器中各种量之间的对应关系。其中，最后一列为后向预测器，其细节将在后面讲述。

表 3.1　维纳滤波变量总结

量	维纳滤波器	图 3.1(a)的前向预测器	图 3.2(a)的后向预测器
抽头输入向量	$\mathbf{u}(n)$	$\mathbf{u}(n-1)$	$\mathbf{u}(n)$
期望响应	$d(n)$	$u(n)$	$u(n-M)$
抽头权向量	$\mathbf{w}_o$	$\mathbf{w}_f$	$\mathbf{w}_b$
估计误差	$e(n)$	$f_M(n)$	$b_M(n)$
抽头输入相关矩阵	$\mathbf{R}$	$\mathbf{R}$	$\mathbf{R}$
抽头输入与期望响应之间的互相关向量	$\mathbf{p}$	$\mathbf{r}$	$\mathbf{r}^{\mathrm{B}*}$
最小均方误差	$J_{\min}$	P_M	P_M

因此，使用表中的对应量，可以采用维纳–霍夫方程(2.45)来求解平稳输入的前向线性预测(FLP)问题，于是有

$$\mathbf{R}\mathbf{w}_f = \mathbf{r} \tag{3.9}$$

类似地，使用式(3.8)和式(2.49)，可以得到前向预测误差功率的表达式，即

$$P_M = r(0) - \mathbf{r}^{\mathrm{H}}\mathbf{w}_f \tag{3.10}$$

从式(3.8)和式(3.9)可以看出，前向预测器与前向预测误差功率的 $M \times 1$ 抽头权向量可以唯一地由时刻 $0, 1, \cdots, M$ 输入的 $(M+1)$ 自相关函数值集合来确定。

3.1.1 线性预测和自回归模型的关系

比较线性预测的维纳-霍夫方程(3.9)与自回归(AR)模型-沃克方程(1.66)可获得很多有用的信息。首先，我们看到这两个系统具有同样的数学形式。此外，定义前向预测误差平均功率(即方差)的式(3.10)与式(1.71)有相同的数学形式。后者定义了用来激励自回归模型的白噪声过程的方差。对于 M 阶 AR 过程，我们有如下结论：当前向预测器在均方误差意义上达到理论上最优时，其抽头权值与该过程的相应参数值相同。因为定义前向预测误差的方程与定义自回归模型的差分方程具有相同的数学形式，因此得到这样的结论并不奇怪。当这个过程不是自回归时，预测器的使用提供了对该过程的一个近似。

3.1.2 前向预测误差滤波器

图 3.1(a)的前向预测器由 M 个单位延迟单元和 M 个抽头权值 $w_{f,1}, w_{f,2}, \cdots, w_{f,M}$ 组成，这些抽头权值的输入分别为 $u(n-1), u(n-2), \cdots, u(n-M)$。输出结果为 $u(n)$ 的预测值，它由式(3.1)定义。因此，如将式(3.1)代入式(3.3)，前向预测误差可表示为

$$f_M(n) = u(n) - \sum_{k=1}^{M} w_{f,k}^* u(n-k) \tag{3.11}$$

令 $a_{M,k}(k=0,1,\cdots,M)$ 表示新的 FIR 滤波器的抽头权值，它和前向预测器抽头权值的关系为

$$a_{M,k} = \begin{cases} 1 & k = 0 \\ -w_{f,k} & k = 1, 2, \cdots, M \end{cases} \tag{3.12}$$

因此，可将式(3.11)右边的两项合并为单一的求和形式

$$f_M(n) = \sum_{k=0}^{M} a_{M,k}^* u(n-k) \tag{3.13}$$

这个输入-输出关系用图 3.1(b) 的 FIR 滤波器来表示。这种对样值 $u(n), u(n-1), \cdots, u(n-M)$ 进行运算，在输出端产生前向预测误差 $f_M(n)$ 的滤波器称为前向预测误差滤波器。

前向预测误差滤波器与前向预测器的关系如图 3.1(c)所示。注意预测误差滤波器的长度比一步预测器的长度大 1。然而，这两个预测器具有同样的阶数 M，因为它们用同样的延迟单元存储过去的数据。

3.1.3 前向预测用增广维纳-霍夫方程

维纳-霍夫方程(3.9)定义了前向预测器的抽头权向量，式(3.10)定义了前向预测误差功率 P_M。这两个方程可合并为一个简单的矩阵关系

$$\begin{bmatrix} r(0) & \mathbf{r}^{\mathrm{H}} \\ \mathbf{r} & \mathbf{R} \end{bmatrix} \begin{bmatrix} 1 \\ -\mathbf{w}_f \end{bmatrix} = \begin{bmatrix} P_M \\ \mathbf{0} \end{bmatrix} \tag{3.14}$$

其中 **0** 是 $M \times 1$ 零向量。$M \times M$ 相关矩阵 **R** 由式(3.7)定义, 式(3.8)定义了 $M \times 1$ 的相关向量 **r**。在 1.3 节已经讨论过将式(3.14)左边的 $(M+1) \times (M+1)$ 相关矩阵分解为这种形式的方法。注意这个 $(M+1) \times (M+1)$ 矩阵等于图 3.1(b) 中抽头输入 $u(n), u(n-1), \cdots,$ $u(n-M)$ 的相关矩阵。此外, 式(3.14)左边的 $(M+1) \times 1$ 系数向量等于前向预测误差滤波器向量, 即

$$\mathbf{a}_M = \begin{bmatrix} 1 \\ -\mathbf{w}_f \end{bmatrix} \tag{3.15}$$

我们也可将式(3.14)的矩阵关系表示为 $(M+1)$ 个联立方程组

$$\sum_{l=0}^{M} a_{M,l} r(l-i) = \begin{cases} P_M & i=0 \\ 0 & i=1,2,\cdots,M \end{cases} \tag{3.16}$$

式(3.14)或式(3.16)称为 M 阶前向预测误差滤波器的增广维纳-霍夫方程。

例 1　对于一阶预测误差滤波器 $(M=1)$, 由式(3.14)得到一对联立方程

$$\begin{bmatrix} r(0) & r(1) \\ r^*(1) & r(0) \end{bmatrix} \begin{bmatrix} a_{1,0} \\ a_{1,1} \end{bmatrix} = \begin{bmatrix} P_1 \\ 0 \end{bmatrix}$$

解以上方程 $a_{1,0}$ 和 $a_{1,1}$, 得

$$a_{1,0} = \frac{P_1}{\Delta_r} r(0) \qquad a_{1,1} = -\frac{P_1}{\Delta_r} r^*(1)$$

其中

$$\Delta_r = \begin{vmatrix} r(0) & r(1) \\ r^*(1) & r(0) \end{vmatrix}$$
$$= r^2(0) - |r(1)|^2$$

是相关矩阵的行列式, 而 $a_{1,0}=1$; 因此

$$P_1 = \frac{\Delta_r}{r(0)} \qquad a_{1,1} = -\frac{r^*(1)}{r(0)}$$

其次, 考虑二阶预测误差滤波器 $(M=2)$, 由方程(3.14)得如下联立方程

$$\begin{bmatrix} r(0) & r(1) & r(2) \\ r^*(1) & r(0) & r(1) \\ r^*(2) & r^*(1) & r(0) \end{bmatrix} \begin{bmatrix} a_{2,0} \\ a_{2,1} \\ a_{2,2} \end{bmatrix} = \begin{bmatrix} P_2 \\ 0 \\ 0 \end{bmatrix}$$

解以上这个方程组 $a_{2,0}$、$a_{2,1}$ 和 $a_{2,2}$, 得

$$a_{2,0} = \frac{P_2}{\Delta_r} \left[r^2(0) - |r(1)|^2 \right]$$

$$a_{2,1} = -\frac{P_2}{\Delta_r} \left[r^*(1)r(0) - r(1)r^*(2) \right]$$

$$a_{2,2} = \frac{P_2}{\Delta_r} \left[(r^*(1))^2 - r(0)r^*(2) \right]$$

其中

$$\Delta_r = \begin{vmatrix} r(0) & r(1) & r(2) \\ r^*(1) & r(0) & r(1) \\ r^*(2) & r^*(1) & r(0) \end{vmatrix}$$

是相关矩阵的行列式。系数 $a_{2,0} = 1$；因此预测误差功率为

$$P_2 = \frac{\Delta_r}{r^2(0) - |r(1)|^2}$$

预测误差滤波器系数为

$$a_{2,1} = -\frac{r^*(1)r(0) - r(1)r^*(2)}{r^2(0) - |r(1)|^2}$$

$$a_{2,2} = \frac{(r^*(1))^2 - r(0)r^*(2)}{r^2(0) - |r(1)|^2}$$

3.2　后向线性预测

　　3.1 节考虑的线性预测形式叫做前向预测。也就是说，给定时间序列 $u(n)$，$u(n-1)$，$\cdots$，$u(n-M)$，使用 M 个样值的子集 $u(n-1), u(n-2), \cdots, u(n-M)$ 对样值 $u(n)$ 进行预测。这个运算对应于在时间 $n-1$ 对未来所做的一步前向线性预测。我们自然也想到，在反方向对这个时间序列进行运算。也就是说，可利用 M 个样值的子集 $u(n), u(n-1), \cdots$，$u(n-M+1)$ 对样值 $u(u-M)$ 进行预测。这个运算对应于在时间 $n-M+1$ 的后向一步线性预测。

　　令 $\mathcal{U}_n$ 表示 $u(n), u(n-1), \cdots, u(n-M+1)$ 张成的 M 维空间，用它来做后向预测。使用这组样值作为抽头输入，做样值 $u(n-M)$ 的线性预测，则有

$$\hat{u}(n - M \mid \mathcal{U}_n) = \sum_{k=1}^{M} w_{b,k}^* u(n - k + 1) \tag{3.17}$$

其中 $w_{b,1}$，$w_{b,2}$，$\cdots$，$w_{b,M}$ 为抽头权值。式(3.17)的后向预测器如图 3.2(a)所示。在与维纳滤波器理论相一致的均方误差意义上假设这些抽头权值是最优的。

　　在后向预测情况下，期望响应为

$$d(n) = u(n - M) \tag{3.18}$$

后向预测误差 $b_M(n)$ 等于实际样值 $u(n-M)$ 与预测值 $\hat{u}(n-M \mid \mathcal{U}_n)$ 之差，即

$$b_M(n) = u(n - M) - \hat{u}(n - M \mid \mathcal{U}_n) \tag{3.19}$$

其中下标 M 表示延迟单元 $b_M(n)$ 的数目，即预测器的阶数。

　　令

$$P_M = \mathbb{E}\big[|b_M(n)|^2\big] \quad \text{对于所有} n \tag{3.20}$$

表示最小均方误差。我们亦可将 P_M 看做集平均后向预测误差功率，其中假设 $b_M(n)$ 通过 1 欧姆的负载。

　　令 $\mathbf{w}_b$ 表示图 3.2(a)中的后向预测器的 $M \times 1$ 最优抽头权向量。其展开形式为

$$\mathbf{w}_b = \left[w_{b,1}, w_{b,2}, \cdots, w_{b,M} \right]^{\mathrm{T}} \tag{3.21}$$

为了利用维纳–霍夫方程求取权向量 $\mathbf{w}_b$，我们需要知道两个量：(1) 抽头输入 $u(n)$，$u(n-1)$，$\cdots$，$u(n-M+1)$ 的 $M \times M$ 相关矩阵；(2) 这些抽头输入与期望响应 $u(n-M)$ 之间的 $M \times 1$ 互相关向量。为了得到 P_M，我们还需要第三个量，即 $u(n-M)$ 的方差。下面分别考虑这三个量。

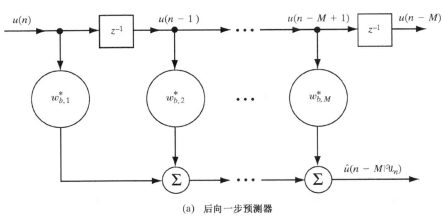

(a) 后向一步预测器

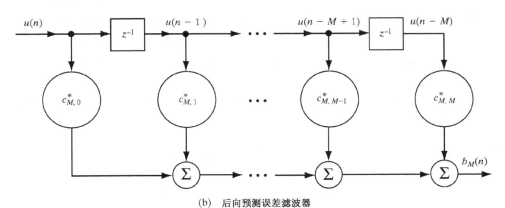

(b) 后向预测误差滤波器

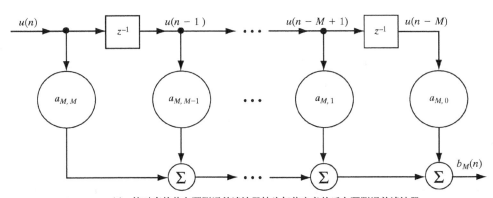

(c) 按对应的前向预测误差滤波器抽头权值定义的后向预测误差滤波器

图 3.2 不同后向预测器的示意图及关系图

1）令 $\mathbf{u}(n)$ 表示图 3.2(a) 后向预测器的 $M \times 1$ 抽头输入向量，其展开形式为

$$\mathbf{u}(n) = \left[u(n), u(n-1), \cdots, u(n-M+1) \right]^{\mathrm{T}} \tag{3.22}$$

图 3.2(a) 中抽头输入的 $M \times M$ 相关矩阵为

$$\mathbf{R} = \mathbb{E} \left[\mathbf{u}(n) \mathbf{u}^{\mathrm{H}}(n) \right]$$

其相关矩阵 $\mathbf{R}$ 的展开形式参见式 (3.7)。

2）抽头输入 $u(n), u(n-1), \cdots, u(n-M+1)$ 与期望响应 $u(n-M)$ 之间的 $M \times 1$ 互相关向量为

$$\mathbf{r}^{\mathrm{B}*} = \mathbb{E} \left[\mathbf{u}(n) u^*(n-M) \right]$$

$$= \begin{bmatrix} r(M) \\ r(M-1) \\ \vdots \\ r(1) \end{bmatrix} \tag{3.23}$$

相关相量 $\mathbf{r}$ 的展开形式已在式 (3.8) 中给出。式中 $\mathbf{r}$ 的上标 B 表示反向排列，星号表示复共轭。

3）$u(n-M)$ 的方差为 $r(0)$。

表 3.1 的最后一列总结了对应于图 3.2(a) 的后向预测器的各个量。

因此，使用表中的对应量，我们可采用维纳–霍夫方程 (2.34) 来求解平稳输入后向线性预测 (BLP) 问题，即

$$\mathbf{R} \mathbf{w}_b = \mathbf{r}^{\mathrm{B}*} \tag{3.24}$$

类似地，使用式 (3.24) 和式 (2.49) 可以得到后向预测误差功率表达式为

$$P_M = r(0) - \mathbf{r}^{\mathrm{BT}} \mathbf{w}_b \tag{3.25}$$

从而，我们再一次看到后向预测器 $M \times 1$ 和后向预测误差功率 P_M 的 $M \times 1$ 抽头权向量 $\mathbf{w}_b$ 可以唯一地由延迟为 $0, 1, \cdots, M$ 的输入自相关函数值集合来决定。

3.2.1　前向与后向预测器的关系

通过比较分别属于前向和后向预测的式 (3.9) 与式 (3.24) 两组维纳–霍夫方程可以看出，式 (3.24) 与式 (3.9) 右边的向量有两点不同：(1) 其元素是反向排列的；(2) 它们是复共轭的。为了对第一个不同点做出修正，对式 (3.24) 右边向量元素的排列次序进行反转处理。这个操作相当于式 (3.24) 用乘以 $\mathbf{R}^{\mathrm{T}} \mathbf{w}_b^{\mathrm{B}}$ 代替而其右边用 $\mathbf{r}^*$ 代替，其中 $\mathbf{R}^{\mathrm{T}}$ 是相关矩阵 $\mathbf{R}$ 的转置，而 $\mathbf{w}_b^{\mathrm{B}}$ 是抽头权向量 $\mathbf{w}_b$ 的反向形式（见习题 3）。于是，我们可以写出

$$\mathbf{R}^{\mathrm{T}} \mathbf{w}_b^{\mathrm{B}} = \mathbf{r}^* \tag{3.26}$$

为了对第二个不同点做出修正，我们对式 (3.26) 两边取复共轭，从而得到

$$\mathbf{R}^{\mathrm{H}} \mathbf{w}_b^{\mathrm{B}*} = \mathbf{r}$$

由于相关矩阵 $\mathbf{R}$ 是埃尔米特矩阵，故可重写后向预测 $\mathbf{R}^{\mathrm{H}} = \mathbf{R}$ 的维纳–霍夫方程为

$$\mathbf{R} \mathbf{w}_b^{\mathrm{B}*} = \mathbf{r} \tag{3.27}$$

比较式(3.27)和式(3.9),即得后向预测器与对应的前向预测器之间的基本关系

$$\mathbf{w}_b^{B*} = \mathbf{w}_f \tag{3.28}$$

式(3.28)表明,通过反转抽头权值序列并对其取复共轭,可将后向预测器修改为前向预测器。

其次,我们要证明后向预测与前向预测的集平均误差功率相同。为此,首先看出 $\mathbf{r}^{BT}\mathbf{w}_b = \mathbf{r}^T\mathbf{w}_b^B$;于是,式(3.25)可重写为

$$P_M = r(0) - \mathbf{r}^T\mathbf{w}_b^B \tag{3.29}$$

对其两边取复共轭,而且考虑到 P_M 和 $r(0)$ 均不受这个操作的影响(因为它们都是实值的标量),我们得到

$$P_M = r(0) - \mathbf{r}^H\mathbf{w}_b^{B*} \tag{3.30}$$

将这个结果与式(3.10)比较,并利用式(3.28)的等价性,我们发现:后向预测误差功率与前向预测误差功率具有完全相同的值。实际上,这个等式是可以预料的,以至于我们可使用同一符号 P_M 表示这两个量。但要注意,这个等式仅对广义平稳过程线性预测才成立。

3.2.2　后向预测误差滤波器

给定样值 $u(n), u(n-1), \cdots, u(n-M+1)$,后向预测误差 $b_M(n)$ 等于期望响应 $u(n-M)$ 与其线性预测值之差。该预测由式(3.17)定义。因此,将式(3.17)代入式(3.19),得到

$$b_M(n) = u(n-M) - \sum_{k=1}^{M} w_{b,k}^* u(n-k+1) \tag{3.31}$$

现根据后向预测器,将后向预测误差滤波器抽头权值定义为

$$c_{M,k} = \begin{cases} -w_{b,k+1} & k = 0, 1, \cdots, M-1 \\ 1 & k = M \end{cases} \tag{3.32}$$

因此,可将式(3.31)重写为[见图3.2(b)]

$$b_M(n) = \sum_{k=0}^{M} c_{M,k}^* u(n-k) \tag{3.33}$$

式(3.28)定义了后向预测器抽头权向量与前向预测器抽头权向量之间的关系,该关系的标量表达式为

$$w_{b,M-k+1}^* = w_{f,k} \qquad k = 1, 2, \cdots, M$$

或等价地

$$w_{b,k} = w_{f,M-k+1}^* \qquad k = 1, 2, \cdots, M \tag{3.34}$$

因此,将式(3.34)代入式(3.32),可得

$$c_{M,k} = \begin{cases} -w_{f,M-k}^* & k = 0, 1, \cdots, M-1 \\ 1 & k = 0 \end{cases} \tag{3.35}$$

于是,利用前向预测误差滤波器与前向预测器抽头权值之间的关系[见式(3.12)],可以写出

$$c_{M,k} = a_{M,M-k}^* \qquad k = 0, 1, \cdots, M \tag{3.36}$$

相应地,后向预测误差滤波器的输入-输出关系,可用等价形式表示为

$$b_M(n) = \sum_{k=0}^{M} a_{M, M-k} u(n - k) \tag{3.37}$$

式(3.37)的输入-输出关系如图 3.2(c)所示。通过比较图 3.2(c)(后向预测误差滤波器表示)与图 3.1(b)(相应的前向预测误差滤波器表示)可见:对平稳输入而言,这两种形式的预测误差滤波器是彼此唯一相关的。特别地,通过反转抽头权值序列并对其取复共轭,可将前向预测误差滤波器变成对应的后向预测误差滤波器。注意,在这两幅图中,各个抽头输入具有相同的值。

3.2.3 后向预测的增广维纳-霍夫方程

后向预测的维纳-霍夫方程由式(3.24)定义,式(3.25)定义了后向预测误差功率。我们可合并这两个方程为单一关系

$$\begin{bmatrix} \mathbf{R} & \mathbf{r}^{B*} \\ \mathbf{r}^{BT} & r(0) \end{bmatrix} \begin{bmatrix} -\mathbf{w}_b \\ 1 \end{bmatrix} = \begin{bmatrix} \mathbf{0} \\ P_M \end{bmatrix} \tag{3.38}$$

其中 $\mathbf{0}$ 是 $M \times 1$ 零向量。$M \times M$ 矩阵 $\mathbf{R}$ 是 $M \times 1$ 抽头输入向量 $\mathbf{u}(n)$ 的相关矩阵,由于假设输入过程为广义平稳的,故该矩阵具有式(3.7)第 2 行所示的展开形式。$M \times 1$ 向量 $\mathbf{r}^{B*}$ 是抽头输入向量与期望响应 $u(n-M)$ 的互相关向量。这里再一次看到,所假设的输入过程的广义平稳性意味着向量 $\mathbf{r}$ 具有式(3.8)第 2 行所示的展开形式。式(3.38)左边的 $(M+1) \times (M+1)$ 矩阵等于图 3.2(c)中后向预测误差滤波器抽头输入 $u(n)$ 的相关矩阵。1.3 节介绍了如何将这个 $(M+1) \times (M+1)$ 矩阵分解为式(3.38)的形式。

我们也可以将式(3.38)的矩阵关系表示为 $M \times 1$ 个联立方程

$$\sum_{l=0}^{M} a_{M, M-l}^* r(l - i) = \begin{cases} 0 & i = 0, \cdots, M - 1 \\ P_M & i = M \end{cases} \tag{3.39}$$

式(3.38)或式(3.39)称为 M 阶后向预测误差滤波器的增广维纳-霍夫方程。

注意,在式(3.38)所定义的增广维纳-霍夫方程的矩阵形式中,抽头输入的相关矩阵与相应的式(3.14)中的抽头输入相关矩阵相同。这只不过是重申如下事实:图 3.2(c)的后向预测误差滤波器的 $(m+1) \times 1$ 抽头输入与图 3.1(b)的前向预测误差滤波器的抽头输入完全相同。

3.3 列文森-杜宾算法

现在通过求解增广维纳-霍夫方程来描述一种计算预测误差滤波器系数和预测误差功率的直接方法。该方法在本质上是递归的,而且具体利用了滤波器抽头输入的相关矩阵的托伯利兹结构。这种思想由 Levinson(1947)首先使用,后为 Durbin(1960)重新独立表述,故称为列文森-杜宾(Levinson-Durbin)算法。这个方法利用阶预测误差滤波器的增广维纳-霍夫方程的解来计算相应阶(即高一阶)的预测误差滤波器的解。阶数 $m = 1, 2, \cdots, M$,其中 M 为滤波器的最终阶数。列文森-杜宾算法的主要优点是其计算效率,因为与标准的算法如高斯消去法(Makhoul,1975)相比,该算法的使用导致运算(乘法和除法)量和存储空间的大大节约。为了导出列文森-杜宾递推方法,我们以巧妙的方式使用前向和后向预测矩阵表示(Burg,1968,1975)。

令$(m+1)\times1$向量表示$\mathbf{a}_m$阶前向预测误差滤波器的$(m+1)\times1$抽头权向量。对应$\mathbf{a}_m$的后向预测误差滤波器的$(m+1)\times1$抽头权向量可通对元素的后向排列和复共轭得到,这两个运算的合并效应用$\mathbf{a}_m^{B*}$表示。设$m\times1$向量$\mathbf{a}_{m-1}$与$\mathbf{a}_{m-1}^{B*}$分别表示$m-1$阶前向和后向预测误差滤波器对应的抽头权向量。列文森–杜宾递推可用下面两种等效方式之一来表述:

1)前向预测误差滤波器的抽头权向量的阶更新方程为

$$\mathbf{a}_m = \begin{bmatrix} \mathbf{a}_{m-1} \\ 0 \end{bmatrix} + \kappa_m \begin{bmatrix} 0 \\ \mathbf{a}_{m-1}^{B*} \end{bmatrix} \tag{3.40}$$

其中κ_m是一个常数。这个阶更新方程的标量形式为

$$a_{m,l} = a_{m-1,l} + \kappa_m a_{m-1,m-l}^* \qquad l = 0,1,\cdots,m \tag{3.41}$$

式中$a_{m,l}$是m阶后向预测误差滤波器的第l个抽头权值,对$a_{m-1,l}^*$也做同样处理。$a_{m-1,m-l}^*$是$m-1$阶后向预测误差滤波器的第l个抽头权值。注意,在式(3.41)中$a_{m-1,0}=1$,$a_{m-1,m}=0$。

2)后向预测误差滤波器抽头权向量的阶更新方程为

$$\mathbf{a}_m^{B*} = \begin{bmatrix} 0 \\ \mathbf{a}_{m-1}^{B*} \end{bmatrix} + \kappa_m^* \begin{bmatrix} \mathbf{a}_{m-1} \\ 0 \end{bmatrix} \tag{3.42}$$

其标量形式为

$$a_{m,m-l}^* = a_{m-1,m-l}^* + \kappa_m^* a_{m-1,l} \qquad l = 0,1,\cdots,m \tag{3.43}$$

其中$a_{m,m-l}^*$是m阶后向预测误差滤波器的第l个抽头权值,其他符号的定义如前所述。

列文森–杜宾递推通常可用前向预测的向量形式[见式(3.40)]或标量形式[见式(3.41)]来表示,也可以用式(3.42)中的后向预测的向量形式或式(3.43)中的标量形式表示。它们可通过反向重排和复共轭的组合,分别从式(3.40)或式(3.41)直接得出(见习题8)。

为了确定常数κ_m必须满足的条件以证明列文森–杜宾算法的有效性,我们将算法分为四个阶段:

1)式(3.40)两边乘以$\mathbf{R}_{m+1}$[m阶前向预测误差滤波器中抽头输入$u(n)$,$u(n-1)$,$\cdots$,$u(n-M)$的$(m+1)\times(m+1)$相关矩阵]。于是,对于式(3.40)左边,我们有

$$\mathbf{R}_{m+1}\mathbf{a}_m = \begin{bmatrix} P_m \\ \mathbf{0}_m \end{bmatrix} \tag{3.44}$$

其中P_m是前向预测误差功率,$\mathbf{0}_m$是$m\times1$零向量。$\mathbf{R}_{m+1}$和$\mathbf{0}_m$中的下标表示它们的维数,而$\mathbf{a}_m$和P_m中的下标表示预测阶数。

2)对于式(3.40)右边的第一项,使用相关矩阵$\mathbf{R}_{m+1}$[与式(1.32)比较]的如下分块形式

$$\mathbf{R}_{m+1} = \begin{bmatrix} \mathbf{R}_m & \mathbf{r}_m^{B*} \\ \mathbf{r}_m^{BT} & r(0) \end{bmatrix}$$

其中,$\mathbf{R}_m$是抽头输入$u(n)$,$u(n-1)$,$\cdots$,$u(n-m+1)$的$m\times m$相关矩阵,$\mathbf{r}_m^{B*}$是抽头输入与$u(n-m)$的互相关向量。故可写出

$$\mathbf{R}_{m+1}\begin{bmatrix}\mathbf{a}_{m-1}\\0\end{bmatrix} = \begin{bmatrix}\mathbf{R}_m & \mathbf{r}_m^{B*}\\\mathbf{r}_m^{BT} & r(0)\end{bmatrix}\begin{bmatrix}\mathbf{a}_{m-1}\\0\end{bmatrix}$$
$$= \begin{bmatrix}\mathbf{R}_m\mathbf{a}_{m-1}\\\mathbf{r}_m^{BT}\mathbf{a}_{m-1}\end{bmatrix} \tag{3.45}$$

$m-1$ 阶前向预测误差滤波器的增广维纳-霍夫方程为

$$\mathbf{R}_m\mathbf{a}_{m-1} = \begin{bmatrix}P_{m-1}\\\mathbf{0}_{m-1}\end{bmatrix} \tag{3.46}$$

其中 P_{m-1} 是该滤波器的预测误差功率，$\mathbf{0}_{m-1}$ 是 $(m-1)\times1$ 零向量。下面，定义标量

$$\Delta_{m-1} = \mathbf{r}_m^{BT}\mathbf{a}_{m-1}$$
$$= \sum_{l=0}^{m-1} r(l-m)a_{m-1,l} \tag{3.47}$$

将式(3.46)和式(3.47)代入式(3.45)，可得

$$\mathbf{R}_{m+1}\begin{bmatrix}\mathbf{a}_{m-1}\\0\end{bmatrix} = \begin{bmatrix}P_{m-1}\\\mathbf{0}_{m-1}\\\Delta_{m-1}\end{bmatrix} \tag{3.48}$$

3）对于式(3.40)右边的第二项，采用相关矩阵 $\mathbf{R}_{m+1}$ 的如下分块形式

$$\mathbf{R}_{m+1} = \begin{bmatrix}r(0) & \mathbf{r}_m^H\\\mathbf{r}_m & \mathbf{R}_m\end{bmatrix}$$

其中 $\mathbf{R}_m$ 是抽头输入 $u(n-1), u(n-2), \cdots, u(n-m)$ 的 $m\times m$ 相关矩阵，$\mathbf{r}_m$ 是抽头输入与 $u(n)$ 的互相关向量。于是可以写出

$$\mathbf{R}_{m+1}\begin{bmatrix}0\\\mathbf{a}_{m-1}^{B*}\end{bmatrix} = \begin{bmatrix}r(0) & \mathbf{r}_m^H\\\mathbf{r}_m & \mathbf{R}_m\end{bmatrix}\begin{bmatrix}0\\\mathbf{a}_{m-1}^{B*}\end{bmatrix}$$
$$= \begin{bmatrix}\mathbf{r}_m^H\mathbf{a}_{m-1}^{B*}\\\mathbf{R}_m\mathbf{a}_{m-1}^{B*}\end{bmatrix} \tag{3.49}$$

该标量

$$\mathbf{r}_m^H\mathbf{a}_{m-1}^{B*} = \sum_{k=1}^{m} r^*(-k)a_{m-1,m-k}^*$$
$$= \sum_{l=0}^{m-1} r^*(l-m)a_{m-1,l}^* \tag{3.50}$$
$$= \Delta_{m-1}^*$$

此外，$m-1$ 阶后向预测误差滤波器的增广维纳-霍夫方程为

$$\mathbf{R}_m\mathbf{a}_{m-1}^{B*} = \begin{bmatrix}\mathbf{0}_{m-1}\\P_{m-1}\end{bmatrix} \tag{3.51}$$

将式(3.50)和式(3.51)代入式(3.49)，可写出

$$\mathbf{R}_{m+1}\begin{bmatrix}0\\\mathbf{a}_{m-1}^{B*}\end{bmatrix} = \begin{bmatrix}\Delta_{m-1}^*\\\mathbf{0}_{m-1}\\P_{m-1}\end{bmatrix} \tag{3.52}$$

4) 总结1)、2)、3)阶段的结果。特别地,应用式(3.44)、式(3.48)、式(3.52),我们可以看出,式(3.40)两边左乘以相关矩阵 $\mathbf{R}_{m+1}$,得到

$$\begin{bmatrix} P_m \\ \mathbf{0}_m \end{bmatrix} = \begin{bmatrix} P_{m-1} \\ \mathbf{0}_{m-1} \\ \Delta_{m-1} \end{bmatrix} + \kappa_m \begin{bmatrix} \Delta_{m-1}^* \\ \mathbf{0}_{m-1} \\ P_{m-1} \end{bmatrix} \tag{3.53}$$

因此,我们得出结论:如果式(3.40)的阶更新递归公式成立,则式(3.53)所述结果是该递归公式的直接结果。相反地,如果应用式(3.53)的所述条件,则可用式(3.40)进行前向预测误差滤波器抽头权向量的阶更新。

根据式(3.53),我们可做出以下两个重要推断:

1) 通过考虑式(3.53)两边向量的第一个元素,有

$$P_m = P_{m-1} + \kappa_m \Delta_{m-1}^* \tag{3.54}$$

2) 通过考虑式(3.53)两边向量的最后一个元素,有

$$0 = \Delta_{m-1} + \kappa_m P_{m-1} \tag{3.55}$$

由式(3.55),可得到如下常数

$$\kappa_m = -\frac{\Delta_{m-1}}{P_{m-1}} \tag{3.56}$$

其中 Δ_{m-1} 由式(3.47)定义。此外,在式(3.54)和式(3.55)中消去 Δ_{m-1},可得到预测误差功率的阶更新关系

$$P_m = P_{m-1}(1 - |\kappa_m|^2) \tag{3.57}$$

随着预测误差滤波器阶数 m 的增大,对应的预测误差功率 P_m 减小或者保持不变。当然,P_m 不可能是负的;因此,总有

$$0 \leqslant P_m \leqslant P_{m-1} \qquad m \geqslant 1 \tag{3.58}$$

对于零阶预测误差滤波器这个基本情况,自然有

$$P_0 = r(0)$$

其中 $r(0)$ 为零时延输入过程的自相关函数。

从 $m=0$ 开始,依次增加滤波器的阶数,通过反复应用式(3.57),可以得到最终的 M 阶预测误差滤波器的预测误差功率为

$$P_M = P_0 \prod_{m=1}^{M} (1 - |\kappa_m|^2) \tag{3.59}$$

3.3.1　参数 κ_m 和 Δ_{m-1} 的解释

参数 $\kappa_m (1 \leqslant m \leqslant M)$ 是列文森-杜宾递推过程中的参数,称为反射系数。该术语的使用来源于式(3.57)与传输线理论的相似性,其中传输线理论中的 κ_m 可看做具有不同特征阻抗的两部分之间界面上的反射系数。注意,对应于式(3.58)的反射系数的条件为

$$|\kappa_m| \leqslant 1 \qquad \text{对于所有 } m$$

由式(3.41)可见,对于 m 阶预测误差滤波器,反射系数 κ_m 等于滤波器最后一个抽头权值 $a_{m,m}$,即

$$\kappa_m = a_{m,m}$$

就参数 Δ_{m-1} 而言,它可解释为前向预测误差 $f_{m-1}(n)$ 与延迟的后向预测误差 $b_{m-1}(n-1)$ 之间的互相关。特别地,可以写出(见习题9)

$$\Delta_{m-1} = \mathbb{E}\big[b_{m-1}(n-1)f_{m-1}^*(n)\big] \tag{3.60}$$

其中 $f_{m-1}(n)$ 是对应于抽头输入为 $u(n),u(n-1),\cdots,u(n-m+1)$ 的 $m-1$ 阶前向预测误差滤波器的输出,$b_{m-1}(n-1)$ 是对应于抽头输入为 $u(n-1),u(n-2),\cdots,u(n-m)$ 的 $m-1$ 阶后向预测误差滤波器输出的延迟值(延迟为 1)。

应注意到

$$f_0(n) = b_0(n) = u(n)$$

其中 $u(n)$ 是时刻 n 预测误差滤波器的输入。故由式(3.60)可见,互相关参数具有零阶值

$$\begin{aligned} \Delta_0 &= \mathbb{E}\big[b_0(n-1)f_0^*(n)\big] \\ &= \mathbb{E}\big[u(n-1)u^*(n)\big] \\ &= r^*(1) \end{aligned}$$

其中 $r(1)$ 是延迟为 1 的自相关函数。

3.3.2 反射系数与偏相关系数的关系

前向预测误差 $f_{m-1}(n)$ 与反向预测误差 $b_{m-1}(n-1)$ 之间的偏相关(PARCOR, partial correlation)系数定义为(Makhoul,1977)

$$\rho_m = \frac{\mathbb{E}\big[b_{m-1}(n-1)f_{m-1}^*(n)\big]}{\big(\mathbb{E}\big[|b_{m-1}(n-1)|^2\big]\mathbb{E}\big[|f_{m-1}(n)|^2\big]\big)^{1/2}} \tag{3.61}$$

根据这个定义,我们有

$$|\rho_m| \leqslant 1 \qquad \text{对于所有 } m$$

ρ_m 的上界易由柯西–许瓦茨不等式(Cauchy-Schwarz inequality)得出。对于现有问题,结果为[1]

$$\big|\mathbb{E}\big[b_{m-1}(n-1)f_{m-1}^*(n)\big]\big|^2 \leqslant \mathbb{E}\big[|[b_{m-1}(n-1)]|^2\big]\mathbb{E}\big[|f_{m-1}(n)|^2\big]$$

使用式(3.56)和式(3.60),可将第 m 个反射系数表示为

$$\kappa_m = -\frac{\mathbb{E}\big[b_{m-1}(n-1)f_{m-1}^*(n)\big]}{P_{m-1}} \tag{3.62}$$

---

[1] 考虑两个复数集 $\{a_n\}_{n=1}^N$ 和 $\{b_n\}_{n=1}^N$。根据柯西–许瓦茨不等式

$$\left|\sum_{n=1}^N a_n b_n^*\right|^2 \leqslant \sum_{n=1}^N |a_n|^2 \sum_{n=1}^N |b_n|^2$$

用期望取代求和可得

$$\big|\mathbb{E}[a_n b_n^*]\big|^2 \leqslant \mathbb{E}[|a_n|^2]\mathbb{E}[|b_n|^2]$$

在式(3.61)中,令 $a_n = f_{m-1}(n)$,$b_n = b_{m-1}(n-1)$,使用柯西–许瓦茨不等式可得到 $|\rho_m| \leqslant 1$。

根据式(3.4)和式(3.20),可以写出

$$P_{m-1} = \mathbb{E}\big[|f_{m-1}(n)|^2\big] = \mathbb{E}\big[|b_{m-1}(n-1)|^2\big]$$

因此,通过比较式(3.61)和式(3.62)可以看出,反射系数 κ_m 是 PARCOR 偏相关系数 ρ_m 的负数。然而,这个关系仅仅在广义平稳条件下成立。也就是说,对于一个给定的预测误差,仅仅当前向预测误差功率与所描述的后向预测误差功率相等时,该关系才成立。

3.3.3　列文森–杜宾算法的应用

使用列文森–杜宾算法计算预测误差滤波器系数 $a_{M,k}(k=0,1,\cdots,M)$ 和最终的预测阶数为 M 的预测误差功率 P_M,有两种可能的方式:

1) 假设我们已经知道输入过程的自相关函数的明确信息,并设 $r(0)$, $r(1)$, $\cdots$, $r(M)$ 分别表示延迟为 $0,1,\cdots,M$ 的自相关函数。例如,这些参数有偏估计的计算可利用如下时间平均公式

$$\hat{r}(k) = \frac{1}{N}\sum_{n=1+k}^{N} u(n)u^*(n-k) \qquad k = 0,1,\cdots,M \tag{3.63}$$

其中 $N \geqslant M$ 是输入时间序列的长度。当然,也存在其他可以使用的估计器[①]。但无论怎样,给定 $r(0)$, $r(1)$, $r(M)$,可利用式(3.47)和式(3.57)分别计算 Δ_{m-1} 和 P_m。递归计算的初始条件为 $m=0$,此时 $P_0 = r(0)$, $\Delta_0 = r^*(1)$。注意,对于所有的 m,$a_{m,0}=1$, $a_{m,k}=0(k>m)$。当 $m=M$ 时计算结束。通过这种方法得到的预测误差滤波器系数和预测误差功率的估计称为尤尔–沃克估计。

2) 假设知道反射系数 κ_1, κ_2, $\cdots$, κ_M 和自相关函数 $r(0)$。对于列文森–杜宾算法的第二个应用,我们仅需知道如下关系

$$a_{m,k} = a_{m-1,k} + \kappa_m a_{m-1,m-k}^* \qquad k = 0,1,\cdots,m$$

和

$$P_m = P_{m-1}\big(1 - |\kappa_m|^2\big)$$

其中,递归计算 M 的初始化和算法终止判则同上。

例2　为了说明如何应用列文森–杜宾算法的第二个方法,假设给定反射系数 κ_1, κ_2, κ_3 和平均功率 P_0。我们希望解决的问题是,使用这些参数决定对应的抽头权值 $a_{3,1}$, $a_{3,2}$, $a_{3,3}$ 和三阶预测误差滤波器的预测误差功率 P_3。应用由式(3.41)和式(3.57)所述的列文森–杜宾递推,可产生如下结果:

1. 阶数为 $m=1$ 的预测误差滤波器

---

① 事实上,采用式(3.63)的有偏估计而不用无偏估计的原因在于:当 k 值接近于数据长度 N 时,它可得到低得多的 $\hat{r}(k)$ 估值的方差(更多细节见 Box & Jenkins,1976)。对于自相关函数 $r(k)$ 更精细的估计,可采用 McWhorter 和 Scharf (1995)的多窗口法。该方法使用多重特殊窗口,产生更一般的埃尔米特、非负定和调制不变的估计。埃尔米特特性、非负定特性见第 1 章。调制不变性定义为:令 $\hat{\mathbf{R}}$ 表示相关矩阵估计,给定输入向量 $\mathbf{u}$; 若 $\mathbf{D}(e^{j\phi})\mathbf{u}$ 有一个等于 $\mathbf{D}(e^{j\phi})\hat{\mathbf{R}}\mathbf{D}(e^{-j\phi})$ 的相关矩阵,则说该估计是调制不变的,其中 $\mathbf{D}(e^{j\phi}) = \mathrm{diag}(\Psi(e^{j\phi}))$ 为调制矩阵,$\Psi(e^{j\phi}) = [1, e^{j\phi}, \cdots, e^{j\phi(M-1)}]^\mathrm{T}$。

$$a_{1,0} = 1$$
$$a_{1,1} = \kappa_1$$

和

$$P_1 = P_0\left(1 - |\kappa_1|^2\right)$$

2. 阶数 $m = 2$ 的预测误差滤波器

$$a_{2,0} = 1,$$
$$a_{2,1} = \kappa_1 + \kappa_2\kappa_1^*$$
$$a_{2,2} = \kappa_2$$

和

$$P_2 = P_1\left(1 - |\kappa_2|^2\right)$$

其中 P_1 是对 $m = 1$ 定义的。

3. 阶数 $m = 3$ 的预测误差滤波器

$$a_{3,0} = 1$$
$$a_{3,1} = a_{2,1} + \kappa_3\kappa_2^*$$
$$a_{3,2} = \kappa_2 + \kappa_3 a_{2,1}^*$$
$$a_{3,3} = \kappa_3$$

和

$$P_3 = P_2\left(1 - |\kappa_3|^2\right)$$

其中，$a_{2,1}$ 和 P_2 是对 $m = 2$ 定义的。

从这个例子可见，列文森–杜宾递推不仅得到了抽头权值和阶数为 M 的预测误差滤波器的预测误差功率，还分别给出了阶数为 $M-1, \cdots, 1$ 时预测误差滤波器参数的相应值。

3.3.4 反向列文森–杜宾算法

如例 2 所示，列文森–杜宾递推的正常应用中，给定一组反射系数 κ_1，$\kappa_2, \cdots, \kappa_M$，要求是：计算最终阶数为 M 的预测误差滤波器对应的一组抽头权值 $a_{M,1}$，$a_{M,2}, \cdots, a_{M,M}$。当然，余下的滤波器系数 $a_{M,0} = 1$。但是，人们往往需要解决如下逆问题：给定抽头权值 $a_{M,1}$，$a_{M,2}$，$\cdots, a_{M,M}$，求相应的反射系数 κ_1，$\kappa_2, \cdots, \kappa_M$。对于这样一个逆问题，可通过应用列文森–杜宾算法的反向形式来解决。

为了推导反向递推，首先合并式（3.41）和式（3.43）（它们分别表示前向和后向预测误差滤波器的标量形式）为矩阵形式

$$\begin{bmatrix} a_{m,k} \\ a_{m,m-k}^* \end{bmatrix} = \begin{bmatrix} 1 & \kappa_m \\ \kappa_m^* & 1 \end{bmatrix} \begin{bmatrix} a_{m-1,k} \\ a_{m-1,m-k}^* \end{bmatrix} \qquad k = 0, 1, \cdots, m \qquad (3.64)$$

其中阶数 $m = 1, 2, \cdots, M$。假设 $|\kappa_m| < 1$ 并解式（3.64），可得

$$a_{m-1,k} = \frac{a_{m,k} - a_{m,m}a_{m,m-k}^*}{1 - |a_{m,m}|^2} \qquad k = 0, 1, \cdots, m \qquad (3.65)$$

这里利用了关系式：$\kappa_m = a_{m,m}$。现在，我们可以描述这个过程：从抽头权值集为 $\{a_{M,k}\}$ 的 M

阶预测误差滤波器出发,使用式(3.65)的反向递推,从 $m = M, M-1, \cdots, 2$ 依次计算对应的 $M-1$, $M-2$, $\cdots$, 1 阶预测误差滤波器的抽头权值。最后,当求出所有抽头权值后,利用

$$\kappa_m = a_{m,m} \qquad m = M, M-1, \cdots, 1$$

得到相应的反射系数集合 κ_M, κ_{M-1}, $\cdots$, κ_1。例3将给出它的一个应用。

例3 假设给定三阶预测误差滤波器抽头权值 $a_{3,1}$, $a_{3,2}$, $a_{3,3}$,要求计算相应的反射系数 κ_1, κ_2, κ_3。对于 $m = 3, 2$,使用式(3.65)的反向递推,得到如下的抽头权值:

1) 对于二阶预测误差滤波器[对应于式(3.65)中 $m = 3$]

$$a_{2,1} = \frac{a_{3,1} - a_{3,3}a_{3,2}^*}{1 - |a_{3,3}|^2}$$

和

$$a_{2,2} = \frac{a_{3,2} - a_{3,3}a_{3,1}^*}{1 - |a_{3,3}|^2}$$

2) 对于一阶预测误差滤波器[对应于式(3.65)中 $m = 2$]

$$a_{1,1} = \frac{a_{2,1} - a_{2,2}a_{2,1}^*}{1 - |a_{2,2}|^2}$$

其中 $a_{2,1}$ 和 $a_{2,2}$ 与二阶滤波器定义一样。因此,反射系数为

$$\kappa_3 = a_{3,3}$$
$$\kappa_2 = a_{2,2}$$
$$\kappa_1 = a_{1,1}$$

这里 $a_{3,3}$ 给定,$a_{2,2}$ 和 $a_{1,1}$ 通过计算得到。

3.4　预测误差滤波器的性质

性质1:自相关函数和反射系数的关系

通常,平稳时间序列的二阶统计量用自相关函数或者功率谱表示。这个自相关函数和功率谱组成离散傅里叶变换对(见第1章)。另一个描述平稳时间序列的二阶统计量方法是使用 P_0, κ_1, κ_2, $\cdots$, κ_M,其中 $P_0 = r(0)$ 是零延迟自相关函数,κ_1, κ_2, $\cdots$, κ_M 是 M 阶预测误差滤波器的反射系数。其重要意义在于:P_0, κ_1, κ_2, $\cdots$, κ_M 可以唯一确定自相关函数 $r(0)$, $r(1)$, $\cdots$, $r(M)$;反之亦然。

为了证明这个性质,首先消去式(3.47)和式(3.55)之间的 Δ_{m-1},从而得到

$$\sum_{k=0}^{m-1} a_{m-1,k} r(k-m) = -\kappa_m P_{m-1} \tag{3.66}$$

对于 $r(m) = r^*(-m)$,解式(3.66),并利用 $a_{m-1,0} = 1$,可得

$$r(m) = -\kappa_m^* P_{m-1} - \sum_{k=1}^{m-1} a_{m-1,k}^* r(m-k) \tag{3.67}$$

这就是所期望的递推关系。若给定集合 $r(0)$，κ_1，κ_2，$\cdots$，κ_M，则通过使用式(3.67)及列文森–杜宾递推方程(3.41)和方程(3.57)，可递归地产生相应的集合 $r(0)$，$r(1)$，$\cdots$，$r(M)$。

对于 $|\kappa_m| \leqslant 1$，由式(3.67)可知，$r(m)$（延迟为 m 的输入信号的自相关函数值）的允许区域是以复数值

$$-\sum_{k=1}^{m-1} a_{m-1,k}^* r(m-k)$$

为圆心、以 P_{m-1} 为半径的圆的内部（包括圆周），如图 3.3 所示。

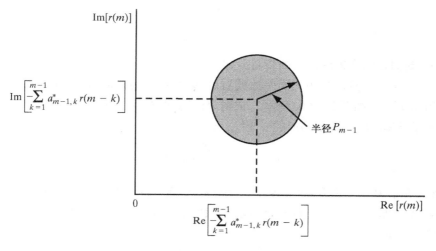

图 3.3　$r(m)$ 的允许区域由灰色区域表示（$|\kappa_M| \leqslant 1$）

假设给定自相关函数值集合 $r(1),r(2),\cdots,r(M)$，则可通过如下关系递归地产生对应的反射系数 κ_1，κ_2，$\cdots$，κ_M，即

$$\kappa_m = -\frac{1}{P_{m-1}} \sum_{k=0}^{m-1} a_{m-1,k} r(k-m) \tag{3.68}$$

由求解式(3.66)得到。在式(3.68)中，假设 P_{m-1} 不为 0。若 $P_{m-1}=0$，则 $|\kappa_{m-1}|=1$，反射系数序列 κ_1，κ_2，$\cdots$，κ_{m-1} 的计算就终止。

因此，我们可做如下表述：

在 $\{P_0$，κ_1，κ_2，$\cdots$，$\kappa_M\}$ 和 $\{r(0)$，$r(1)$，$\cdots$，$r(M)\}$ 两个集合之间存在一对一的对应关系；若给定一个，则可用递归方式唯一地确定另一个。

例 4　设给定 P_0，κ_1，κ_2 和 κ_3，要求计算 $r(0)$，$r(1)$，$r(2)$ 和 $r(3)$。从 $m=1$ 开始，由式(3.67)得到

$$r(1) = -P_0 \kappa_1^*$$

其中

$$P_0 = r(0)$$

对于 $m=2$，由式(3.67)得到

$$r(2) = -P_1 \kappa_2^* - r(1)\kappa_1^*$$

其中

$$P_1 = P_0\left(1 - |\kappa_1|^2\right)$$

对于 $m = 3$，由式(3.67)得到

$$r(3) = -P_2\kappa_3^* - \left[a_{2,1}^* r(2) + \kappa_2^* r(1)\right]$$

其中

$$P_2 = P_1\left(1 - |\kappa_2|^2\right)$$

和

$$a_{2,1} = \kappa_1 + \kappa_2\kappa_1^*$$

性质 2：前向预测误差滤波器的转移函数

令 $H_{f,m}(z)$ 表示 m 阶前向预测误差滤波器的转移函数，其冲激响应由 $a_{m,k}^*(k = 0, 1, \cdots, m)$ 定义，当 $m = M$ 时如图 3.1(b)所示。根据离散时间(数字)信号处理可知，离散时间滤波器转移函数等于其对应的冲激响应的 z 变换，即

$$H_{f,m}(z) = \sum_{k=0}^{m} a_{m,k}^* z^{-k} \tag{3.69}$$

其中 z 是复变量。基于列文森-杜宾递推，特别是式(3.41)，我们可得到 m 阶滤波器系数与对应的 $m-1$ 阶(即小一阶)预测误差滤波器系数之间的关系。特别地，即将式(3.41)代入式(3.69)中，可得

$$\begin{aligned}
H_{f,m}(z) &= \sum_{k=0}^{m} a_{m-1,k}^* z^{-k} + \kappa_m^* \sum_{k=0}^{m} a_{m-1,m-k} z^{-k} \\
&= \sum_{k=0}^{m-1} a_{m-1,k}^* z^{-k} + \kappa_m^* z^{-1} \sum_{k=0}^{m-1} a_{m-1,m-1-k} z^{-k}
\end{aligned} \tag{3.70}$$

其中，在第 2 行利用了 $a_{m-1,m} = 0$。序列 $a_{m-1,k}^*(k = 0, 1, \cdots, m-1)$ 定义了 $m-1$ 阶前向预测误差滤波器的冲激响应。因此，可以写出

$$H_{f,m-1}(z) = \sum_{k=0}^{m-1} a_{m-1,k}^* z^{-k} \tag{3.71}$$

序列 $a_{m-1,m-1-k}(k = 0, 1, \cdots, m-1)$ 定义了 $m-1$ 阶后向预测误差滤波器的冲激响应；当 $m = M$ 时，如图 3.2(c)所示。式(3.70)右边第二个求和项表示这个后向预测误差滤波器的转移函数。令 $H_{b,m-1}(z)$ 表示该转移函数，即

$$H_{b,m-1}(z) = \sum_{k=0}^{m-1} a_{m-1,m-1-k} z^{-k} \tag{3.72}$$

将式(3.71)和式(3.72)代入式(3.70)，则可写出

$$H_{f,m}(z) = H_{f,m-1}(z) + \kappa_m^* z^{-1} H_{b,m-1}(z) \tag{3.73}$$

以式(3.73)的阶更新递归关系式为基础，可表述如下：

给定反射系数 κ_m 和 $m-1$ 阶前向和反向预测误差滤波器的转移函数，则可唯一地确定相应的 m 阶前向预测误差滤波器的转移函数。

性质3：前向预测误差滤波器是最小相位的

在 z 平面单位圆（$|z|=1$）上，可发现

$$|H_{f,m-1}(z)| = |H_{b,m-1}(z)| \qquad |z|=1$$

通过在式（3.71）和式（3.72）中令 $z = \exp(j\omega)$，$-\pi < \omega \leq \pi$，很容易证明上式。假设对所有 m，反射系数 κ_m 满足 $|\kappa_m| < 1$。则可发现，在 z 平面单位圆上，式（3.73）右边第 2 项满足如下条件

$$|\kappa_m^* z^{-1} H_{b,m-1}(z)| < |H_{b,m-1}(z)| = |H_{f,m-1}(z)| \qquad |z|=1 \tag{3.74}$$

这时，有必要回忆一下复变函数论中的儒歇（Rouché）定理，该定理表述如下：

[儒歇定理] 如果函数 $F(z)$ 和 $G(z)$ 在 z 平面简单闭曲线（轮廓线）$\mathscr{C}$ 及 $\mathscr{C}$ 所围成的区域内解析，且在 $\mathscr{C}$ 上 $|F(z)| > |G(z)|$，则在 $\mathscr{C}$ 的内部，$F(z)$ 与 $F(z) + G(z)$ 有相同的零点个数（详见附录 A）。

通常，闭曲线 $\mathscr{C}$ 沿逆时针方向，则该闭曲线所围成的区域位于它的左边，如图 3.4 所示。如果函数在 $\mathscr{C}$ 及 $\mathscr{C}$ 围成的区域内部处处连续可导，我们就说函数在 $\mathscr{C}$ 及 $\mathscr{C}$ 围成的区域内部是解析的。如果满足这个条件，函数在 $\mathscr{C}$ 上或 $\mathscr{C}$ 围成的区域内部没有极点。

设闭曲线 $\mathscr{C}$ 为 z 平面的单位圆，且沿顺时针方向，如图 3.5 所示。则根据上述内容，这个假设意味着闭曲线 $\mathscr{C}$ 所围成的区域可用该单位圆外的区域来表示。

根据式（3.73）右边的两项，令

$$F(z) = H_{f,m-1}(z) \tag{3.75}$$

和

$$G(z) = \kappa_m^* z^{-1} H_{b,m-1}(z) \tag{3.76}$$

我们观察到如下现象：

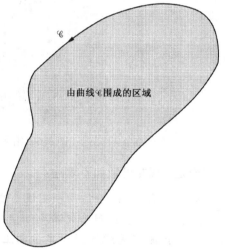

由曲线 $\mathscr{C}$ 围成的区域

- 函数 $F(z)$ 和 $G(z)$ 在图 3.5 所定义的闭曲线 $\mathscr{C}$ 的内部没有极点。事实上，在这个闭曲线所围成的区域内，它们具有连续导数。因此，$F(z)$ 和 $G(z)$ 在单位圆上及其外部处处解析。

- 由式（3.74）和 $|\kappa_m| < 1$ 可知，在单位圆上 $|F(z)| > |G(z)|$。

图 3.4 平面逆时针方向的闭曲线 $\mathscr{C}$ 及其所围成的 z 区域

因此，就图 3.5 单位圆所定义的闭曲线 $\mathscr{C}$ 而言，分别由式（3.75）和式（3.76）所定义的函数 $F(z)$ 和 $G(z)$ 满足儒歇定理的所有条件。

假设已知 $H_{f,m-1}(z)$，从而 $F(z)$ 在 z 平面单位圆外没有零点，则应用儒歇定理可知，$F(z) + G(z)$ 或等价的 $H_{f,m}(z)$ 在单位圆上或单位圆外没有零点。

特别是对于 $m = 0$，转移函数 $H_{f,0}(z)$ 为恒等于 1 的常数；因此，它没有零点。利用以上的推导可知，既然 $H_{f,0}(z)$ 在单位圆外没有零点，在 $|\kappa_1| < 1$ 的条件下，$H_{f,1}(z)$ 在这个区域也没

有零点。事实上，很容易证明这个结果，只须注意到

$$H_{f,1}(z) = a_{1,0}^* + a_{1,1}^* z^{-1}$$
$$= 1 + \kappa_1^* z^{-1}$$

因此，$H_{f,1}(z)$ 在 $z = -\kappa_1^*$ 有一个单零点，在 $z = 0$ 有一个极点。当 $|\kappa_1| < 1$ 时，这个零点一定位于单位圆内。换句话说，$H_{f,1}(z)$ 在单位圆及其外部没有零点。在这种情况下，只要 $|\kappa_2| < 1$，则 $H_{f,2}(z)$ 在单位圆及其外部也没有零点。

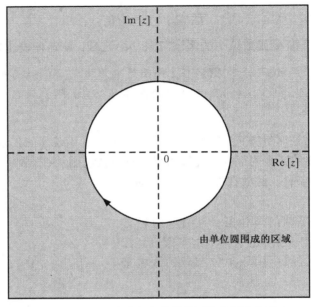

图 3.5　沿顺时针方向的单位圆作为闭曲线 $\mathscr{C}$

于是，现在可做如下表述：

对于所有 m，m 阶前向预测误差滤波器传输函数 $H_{f,m}(z)$ 在 z 平面单位圆或其外部没有零点，当且仅当反射系数满足 $|\kappa_m| < 1$ 时。换句话说，对于某一给定的幅度响应，若一个前向预测误差滤波器对单位圆上 z 的所有可能取值具有最小相位响应，则在这个意义上，我们就说它是最小相位的。

性质 4：后向预测误差滤波器是最大相位的

同阶后向和前向预测误差滤波器的转移函数是相关的，因为给定一个，就可以唯一地确定另一个。为了寻找这种关系，我们首先估计 m 阶前向预测误差滤波器的复共轭函数 $H_{f,m}^*(z)$，即如下函数[见式(3.69)]

$$H_{f,m}^*(z) = \sum_{k=0}^{m} a_{m,k}(z^*)^{-k} \tag{3.77}$$

用 z 的复共轭 z^* 的倒数取代 z，上式可重写为

$$H_{f,m}^*\left(\frac{1}{z^*}\right) = \sum_{k=0}^{m} a_{m,k} z^k$$

用 $m-k$ 取代 k，得

$$H_{f,m}^{*}\left(\frac{1}{z^{*}}\right) = z^{m} \sum_{k=0}^{m} a_{m,m-k} z^{-k} \qquad (3.78)$$

上式右边求和项组成 m 阶后向预测误差滤波器的转移函数，即

$$H_{b,m}(z) = \sum_{k=0}^{m} a_{m,m-k} z^{-k} \qquad (3.79)$$

因此，$H_{b,m}(z)$ 与 $H_{f,m}(z)$ 之间的关系为

$$H_{b,m}(z) = z^{-m} H_{f,m}^{*}\left(\frac{1}{z^{*}}\right) \qquad (3.80)$$

其中 $H_{f,m}^{*}(1/z^{*})$ 通过取 $H_{f,m}(z)$ 的复共轭，并用 z^{*} 的倒数取代 z 得到。式(3.80)表明，用这个方法得到的新函数乘以 z^{-m}，即得 $H_{b,m}(z)$，即相应的后向预测误差滤波器的转移函数。

设传输函数 $H_{f,m}(z)$ 用其分解形式表示为

$$H_{f,m}(z) = \prod_{i=1}^{m}\left(1 - z_{i} z^{-1}\right) \qquad (3.81)$$

其中 $z_{i}(i=1,2,\cdots,m)$ 表示前向预测误差滤波器的零点。因此，将式(3.81)代入式(3.80)，可用分解形式将后向预测误差滤波器表示为

$$H_{b,m}(z) = z^{-m} \prod_{i=1}^{m}\left(1 - z_{i}^{*} z\right) = \prod_{i=1}^{m}\left(z^{-1} - z_{i}^{*}\right) \qquad (3.82)$$

该函数的零点位于 $1/z_{i}^{*}$，$i=1,2,\cdots,m$。即后向和前向预测误差滤波器的零点在 z 平面的单位圆上是彼此相逆的。当 $m=1$ 时，其几何特性如图 3.6 所示。前向预测误差滤波器具有零点 $z = -\kappa_{1}^{*}$，如图 3.6(a)所示；而后向预测误差滤波器具有零点 $z = -1/\kappa_{1}$，如图 3.6(b)所示。图 3.6 的两幅图中都假设反射系数 κ_{1} 是复数值。由于 $|\kappa_{m}| < 1$(对所有 m)，故后向预测误差滤波器的所有零点位于 z 平面单位圆的外部。

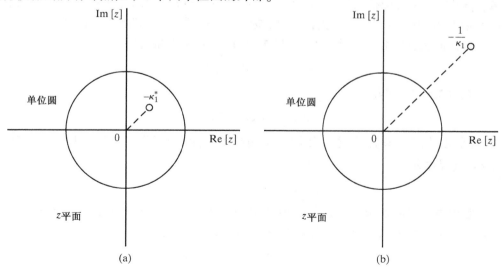

图 3.6   (a)前向预测误差滤波器在 $z = -\kappa_{1}^{*}$ 处的零点；
(b)后向预测误差滤波器在 $z = -1/\kappa_{1}$ 处的对应零点

因此，我们有如下表述：

对于某一给定的幅度响应，如果反向预测误差滤波器对单位圆上 z 的所有可能取值具有最大相位响应，我们就说该滤波器是最大相位的。

性质5：前向预测误差滤波器是白化滤波器

由定义可知，白噪声过程由一系列不相关的随机变量组成。因此，如设这个过程用 $\nu(n)$ 表示，其均值为0，方差为 σ_ν^2，则可写出(见1.5节)

$$\mathbb{E}[\nu(k)\nu^*(n)] = \begin{cases} \sigma_\nu^2 & k = n \\ 0 & k \neq n \end{cases} \tag{3.83}$$

由于在时刻 n 过程的值与直到 $n-1$ 时刻(包括 $n-1$ 时刻)该过程的所有过去值无关(实际上，它也与该过程的所有未来值无关)，在这个意义上，我们说白噪声是不可预测的。

于是，我们可以表述预测误差滤波器的另一个重要特性：

如果滤波器阶数足够高，预测误差滤波器能够白化加到其输入端的平稳离散随机过程。

本质上，预测依赖于输入过程相邻样值间存在的相关性。其含义是：如果增加预测误差滤波器的阶数，则可连续减小输入过程相邻样值间的相关性，直到最终到达某一个点。在该处滤波器具有足够高的阶数，以便产生由一系列不相关样值组成的输出过程，从而完成了加到滤波器输入端的原过程的白化。

性质6：前向预测误差滤波器的特征向量表示

前向预测误差滤波器的表示很自然地与滤波器中抽头输入相关矩阵的特征值及相关的特征向量有关。为了推导这种表示，首先用复数形式重写 M 阶前向预测误差滤波器的增广维纳–霍夫方程(3.14)为

$$\mathbf{R}_{M+1}\mathbf{a}_M = P_M \mathbf{i}_{M+1} \tag{3.84}$$

其中 $\mathbf{R}_{M+1}$ 是图3.1(b)中抽头输入 $u(n)$，$u(n-1)$，$\cdots$，$u(n-M)$ 的 $(M+1) \times (M+1)$ 相关矩阵，$\mathbf{a}_M$ 是滤波器的 $(M+1) \times 1$ 抽头权向量，标量 P_M 是预测误差功率，$(M+1) \times 1$ 向量 $\mathbf{i}_{M+1}$ 称为第一坐标向量，其第一个元素为1，其他均为0。这个向量可写为

$$\mathbf{i}_{M+1} = [1, 0, \cdots, 0]^T \tag{3.85}$$

对 $\mathbf{a}_M$ 求解式(3.84)，可得

$$\mathbf{a}_M = P_M \mathbf{R}_{M+1}^{-1} \mathbf{i}_{M+1} \tag{3.86}$$

式中 $\mathbf{R}_{M+1}^{-1}$ 是相关矩阵 $\mathbf{R}_{M+1}$ 的逆。使用相关矩阵 $\mathbf{R}_{M+1}$ 的特征值–特征向量表示，可将矩阵 $\mathbf{R}_{M+1}^{-1}$ 表示为(见附录E)

$$\mathbf{R}_{M+1}^{-1} = \mathbf{Q}\mathbf{\Lambda}^{-1}\mathbf{Q}^H \tag{3.87}$$

其中 $\mathbf{\Lambda}$ 是由相关矩阵 $\mathbf{R}_{M+1}$ 的特征值组成的 $(M+1) \times (M+1)$ 对角矩阵，$\mathbf{Q}$ 是 $(M+1) \times (M+1)$ 矩阵，它的列所对应的特征向量，即

$$\mathbf{\Lambda} = \mathrm{diag}[\lambda_0, \lambda_1, \cdots, \lambda_M] \tag{3.88}$$

和

$$\mathbf{Q} = [\mathbf{q}_0, \mathbf{q}_1, \cdots, \mathbf{q}_M] \tag{3.89}$$

式中 λ_0，λ_1，$\cdots$，λ_M 是相关矩阵 $\mathbf{R}_{M+1}$ 的实特征值，$\mathbf{q}_0$，$\mathbf{q}_1$，$\cdots$，$\mathbf{q}_M$ 是所对应的特征向量。将式(3.87)、式(3.88)和式(3.89)代入式(3.86)，得到

$$\mathbf{a}_M = P_M \mathbf{Q} \mathbf{\Lambda}^{-1} \mathbf{Q}^{\mathrm{H}} \mathbf{i}_{M+1}$$

$$= P_M [\mathbf{q}_0, \mathbf{q}_1, \cdots, \mathbf{q}_M] \operatorname{diag}[\lambda_0^{-1}, \lambda_1^{-1}, \cdots, \lambda_M^{-1}] \begin{bmatrix} \mathbf{q}_0^{\mathrm{H}} \\ \mathbf{q}_1^{\mathrm{H}} \\ \vdots \\ \mathbf{q}_M^{\mathrm{H}} \end{bmatrix} \begin{bmatrix} 1 \\ 0 \\ \vdots \\ 0 \end{bmatrix} \tag{3.90}$$

$$= P_M \sum_{k=0}^{M} \left(\frac{q_{k0}^*}{\lambda_k} \right) \mathbf{q}_k$$

其中，q_{k0}^* 是相关矩阵 $\mathbf{R}_{M+1}$ 的第 k 个特征向量的第一个元素。注意到前向预测误差滤波器的第一个元素 $\mathbf{a}_M$ 为 1；故由式(3.90)可知，预测误差功率为

$$P_M = \frac{1}{\sum_{k=0}^{M} |q_{k0}|^2 \lambda_k^{-1}} \tag{3.91}$$

因此，在式(3.90)和式(3.91)的基础上，我们有如下结论：

> M 阶前向预测误差滤波器的抽头权向量及所产生的预测误差功率可由滤波器抽头输入相关矩阵的 $(M+1)$ 个特征值和对应的 $(M+1)$ 个特征向量唯一定义。

3.5　舒尔–科恩测试

如果已知相关的反射系数 κ_1，κ_2，$\cdots$，κ_M，则 3.4 节中性质 3 的 M 阶前向预测误差最小相位条件的检验是相当简单适用的。对于其转移函数 $H_{f,m}(z)$，所有零点均在单位圆内的最小相位滤波器，可简单地要求：对所有 m，$|\kappa_m| < 1$。假设除了已知反射系数外，还给定滤波器的抽头权值 $a_{M,1}$，$a_{M,2}$，$\cdots$，$a_{M,M}$。在这种情况下，首先可利用反向递推［见式(3.65)］计算出反射系数 κ_1，κ_2，$\cdots$，κ_M，然后对所有的 m，检查 $|\kappa_m| < 1$ 是否成立。

刚刚描述的方法，是在给定系数 $a_{M,1}$，$a_{M,2}$，$\cdots$，$a_{M,M}$ 的情况下，确定 $H_{f,m}(z)$ 的零点是否在单位圆内。这种方法本质上等同于舒尔–科恩(Schur-Cohn)测试[①]。

为了表示舒尔–科恩测试，令

$$x(z) = a_{M,M} z^M + a_{M,M-1} z^{M-1} + \cdots + a_{M,0} \tag{3.92}$$

它是 z 的多项式，其中 $x(0) = a_{M,0} = 1$。定义

$$\begin{aligned} x'(z) &= z^M x^*(1/z^*) \\ &= a_{M,M}^* + a_{M,M-1}^* z + \cdots + a_{M,0}^* z^M \end{aligned} \tag{3.93}$$

该式为 $x(z)$ 的倒序多项式(reciprocal polynomial)，因为 $x'(z)$ 的零点是 $x(z)$ 的零点的倒数。

[①]　经典的舒尔–科恩测试是由 Marden(1949)和 Tretter(1976)讨论的。其来源可追溯到 Schur(1917)和 Cohn(1922)，因此也就有了这个名字。舒尔–科恩测试也称为 Lehmer-Schur(Ralston,1965)方法，由于 Lehmer(1961)利用 Schur 理论而得名。

当 $z=0$ 时，有 $x'(0)=a_{M,M}^*$。其次，特别地，定义其线性组合

$$T[x(z)] = a_{M,0}^* x(z) - a_{M,M} x'(z) \tag{3.94}$$

使得如下值

$$\begin{aligned} T[x(0)] &= a_{M,0}^* x(0) - a_{M,M} x'(0) \\ &= 1 - |a_{M,M}|^2 \end{aligned} \tag{3.95}$$

为实数。注意 $T[x(z)]$ 不含 z^M 项。如果我们定义

$$T^i[x(z)] = T\{T^{i-1}[x(z)]\} \tag{3.96}$$

而且尽可能地重复这个运算，则将生成降序的 z 的有限多项式序列，其中系数 $a_{M,0}$ 为 1。再假设：

1) $x(z)$ 的多项式在单位圆上无零点。

2) m 为满足下式的最小者

$$T^m[x(z)] = 0 \qquad 其中 m \leqslant M + 1$$

则可将舒尔–科恩定理描述如下(Lehmer,1961)：

[舒尔–科恩定理] 如果对于某个 $i(1 \leqslant i \leqslant m)$，$T^i[x(0)] < 0$ 成立，那么 $x(z)$ 在单位圆内至少有一个零点。如果对于 $1 \leqslant i < m$，有 $T^i[x(0)] > 0$ 且 $T^{m-1}[x(z)]$ 为一常数，那么 $x(z)$ 在单位圆内没有零点。

为了应用该定理判断，当 $a_{M,0} \neq 0$ 时，式(3.92)中 $x(z)$ 的多项式在单位圆内是否存在零点。我们进行如下工作(Ralston,1965)：

1) 计算 $T[x(z)]$。看 $T[x(0)]$ 是否为负。若为负，则在单位圆内存在一个零点，否则进行下一步。

2) 计算 $T^i[x(z)]$，$i=1,2,\cdots$，直到 $T^i[x(0)] < 0 (i<m)$ 或 $T^i[x(0)] > 0 (i<m)$。如果前者发生，则说明在单位圆内存在零点，而如果后者发生且 $T^{m-1}[x(z)]$ 为一常数，则在单位圆内不存在零点。

注意：当 $x(z)$ 在单位圆内存在零点时，该算法并未告诉零点的个数，而仅仅证实它的存在。通过观测(见习题10)可以发现，舒尔–科恩方法与后向递归算法之间存在如下联系：

1) $x(z)$ 与 M 阶后向预测误差滤波器转移函数之间具有如下关系

$$x(z) = z^M H_{b,M}(z) \tag{3.97}$$

因此，如果舒尔–科恩测试表明 $x(z)$ 在单位圆内含有一个或多个零点，则可得出转移函数 $H_{b,M}(z)$ 不是最大相位的。

2) 倒序多项式 $x'(z)$ 与相关的 M 阶前向预测误差滤波器之间具有如下关系

$$x'(z) = z^M H_{f,M}(z) \tag{3.98}$$

因此，如果舒尔–科恩测试表明与 $x'(z)$ 相关的原多项式 $x(z)$ 在单位圆内没有零点，则可得出传输函数 $H_{f,M}(z)$ 是非最小相位的。

3) 一般地，有

$$T^i[x(0)] = \prod_{j=0}^{i-1}(1 - |a_{M-j,M-j}|^2) \qquad 1 \leqslant i \leqslant M \tag{3.99}$$

和

$$H_{b,M-i}(z) = \frac{z^{i-M}T^i[x(z)]}{T^i[x(0)]} \tag{3.100}$$

其中 $H_{b,M-i}(z)$ 为 $M-i$ 阶后向预测误差滤波器的传输函数。

3.6 平稳随机过程的自回归建模

平稳离散时间随机过程的前向预测滤波器的白化特性和该过程的自回归建模有着密切的关系。事实上，从图 3.7 中可以看出，二者是互补的。图 3.7 (a) 表示 M 阶前向预测滤波器，图 3.7 (b) 表示相应的自回归模型。我们有下面两个观察结果。

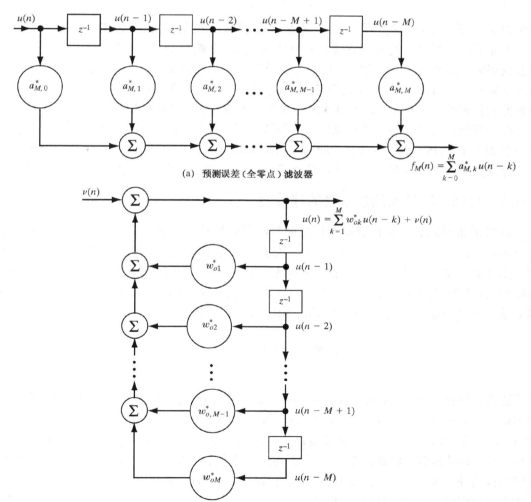

(a) 预测误差（全零点）滤波器

(b) 自回归（全极点）模型，当 $k=1,2,\cdots,M$ 时 $w_{ok}=-a_{M,k}$；输入 $v(n)$ 为白噪声

图 3.7　M 阶前向预测滤波器及其相应的自回归模型

1）可把用于平稳过程 $u(n)$ 的预测误差滤波运算看做一种分析运算。特别地，通过选择阶数 M 足够大的预测误差滤波器，可把这种分析运算用于白化 $u(n)$ 过程。在这种情况下，滤波器输出端的预测误差过程 $f_M(n)$ 包含不相关的样值。一旦这个唯一性条件获得满足，原随机过程 $u(n)$ 可用滤波器抽头权值 $\{a_{M,k}\}$ 和预测误差功率 P_M 表示。

2）可把平稳过程 $u(n)$ 的自回归(AR)建模看做一种综合运算。特别地，我们可将零均值、方差为 σ_ν^2 的白噪声 $\nu(n)$ 作为逆滤波器(其参数置为 AR 参数 $w_{ok}, k = 1, 2, \cdots, M$)的输入来生成 AR 过程的 $u(n)$。该模型的输出[记为 $u(n)$]就是其输入的 M 个过去值，即 $[u(n-1), \cdots, u(n-M)]$ 的回归，因而该模型取名为自回归模型。

图 3.7 中的两种滤波器结构组成了一个匹配对，其系数具有如下关系

$$a_{M,k} = -w_{ok} \qquad k = 1, 2, \cdots, M$$

且

$$P_M = \sigma_\nu^2$$

图 3.7(a) 中预测误差滤波器是一个具有有限冲激响应的全零点滤波器。另一方面，在图 3.7(b) 的 AR 模型中的逆滤波器是一个具有有限冲激响应的全极点滤波器。图 3.7 (a) 中的预测误差滤波器具有最小相位，且其转移函数的零点和图 3.7 (b) 中逆滤波器转移函数的极点在同一个位置(在 z 平面中的单位圆内)。在有界输入-有界输出的意义上，它保证了逆滤波器的稳定性，或者说保证了该滤波器输出端生成的 AR 过程的渐近平稳性。

前向预测误差滤波与自回归建模之间的数学等效性的实际应用基于如下方式：假设我们有一个 M 阶自回归过程，该过程的回归系数是未知的。在这种情况下，可用自适应线性滤波来估计回归系数。线性预测器自适应算法或预测误差滤波器的设计在以后的章节中讨论。

3.6.1　自回归和最大熵功率谱的等价性

前向预测误差滤波和自回归建模之间数学等价性的另一方法体现在参数法功率谱估计(parametric power spectrum estimation)中。为了解决这个问题，首先考虑图 3.7(b) 的 AR 模型。模型输入端 $\nu(n)$ 是一个零均值、方差为 σ_ν^2 的白噪声。通过模型输入 $\nu(n)$ 的功率谱密度和模型的幅度响应的平方相乘，即得模型输出端生成的 AR 过程 $u(n)$ 的功率谱密度(参考第 1 章)。用 $S_{\mathrm{AR}}(\omega)$ 表示 $u(n)$ 的功率谱，则可写出

$$S_{\mathrm{AR}}(\omega) = \frac{\sigma_\nu^2}{\left| 1 - \sum_{k=1}^{M} w_{ok}^* \mathrm{e}^{-\mathrm{j}\omega k} \right|^2} \tag{3.101}$$

上式称为自回归功率谱(autoregressive power spectrum)或简称 AR 谱。功率谱可用最大熵方法(MEM, maximum entropy method) 得到。假设给定一个广义平稳过程 $u(n)$ 的自相关函数的 $2M+1$ 值。最大熵方法的实质就是确定这个过程的功率谱，该过程对应于最具随机性的时间序列，其自相关函数与已知的 $2M+1$ 个自相关函数值相一致(Burg, 1968, 1975)。这样得到的结果称为最大熵功率谱，或简称 MEM 谱，并用 $S_{\mathrm{MEM}}(\omega)$ 表示该功率谱。$S_{\mathrm{MEM}}(\omega)$ 的定义与 M 阶预测误差滤波器的特性相联系，即

$$S_{\text{MEM}}(\omega) = \frac{P_M}{\left| 1 + \sum_{k=1}^{M} a_{M,k}^* e^{-jk\omega} \right|^2} \tag{3.102}$$

其中 $a_{M,k}$ 表示预测误差滤波器系数，P_M 表示预测误差功率，所有这些都对应于 M 阶预测。

由于图 3.7(a) 预测误差滤波器与图 3.7(b) 中 AR 模型的一一对应关系，我们有

$$a_{M,k} = -w_{ok} \qquad k = 1, 2, \cdots, M \tag{3.103}$$

和

$$P_M = \sigma_\nu^2 \tag{3.104}$$

因此，式(3.101) 和式(3.102) 完全是一回事。换句话说，在广义平稳过程的情况下，AR 谱（对于 M 阶模型）和 MEM 谱（对于 M 阶预测）实际上是等价的(Van den Bos,1971)。

3.7　Cholesky 分解

考虑一组阶数为 0 到 M 且并行连接的后向预测误差滤波器，如图 3.8 所示。这些滤波器由同一个输入信号 $u(n)$ 激励。注意，在零阶预测误差的情况下，它是直通的，如图 3.8 顶端所示。令 $b_0(n)$，$b_1(n)$，$\cdots$，$b_M(n)$ 表示由这些滤波器产生的后向预测误差序列，则可根据滤波器各自的输入与系数表示这些误差如下[见图 3.2(c)]：

$$\begin{aligned}
b_0(n) &= u(n) \\
b_1(n) &= a_{1,1}u(n) + a_{1,0}u(n-1) \\
b_2(n) &= a_{2,2}u(n) + a_{2,1}u(n-1) + a_{2,0}u(n-2) \\
&\ \vdots \\
b_M(n) &= a_{M,M}u(n) + a_{M,M-1}u(n-1) + \cdots + a_{M,0}u(n-M)
\end{aligned}$$

将 $M+1$ 个线性联立方程组合成更紧凑的矩阵形式，有

$$\mathbf{b}(n) = \mathbf{L}\mathbf{u}(n) \tag{3.105}$$

其中

$$\mathbf{u}(n) = \left[u(n), u(n-1), \cdots, u(n-M) \right]^{\mathrm{T}}$$

是一个 $(M+1) \times 1$ 输入向量；

$$\mathbf{b}(n) = \left[b_0(n), b_1(n), \cdots, b_M(n) \right]^{\mathrm{T}}$$

$b(n)$ 是一个 $(M+1) \times 1$ 后向预测误差输出向量。而式(3.105) 右边 $(M+1) \times (M+1)$ 系数矩阵 $\mathbf{L}$ 按零阶到 M 阶后向预测误差滤波器系数定义为

$$\mathbf{L} = \begin{bmatrix} 1 & 0 & \cdots & 0 \\ a_{1,1} & 1 & \cdots & 0 \\ \vdots & \vdots & \ddots & \vdots \\ a_{M,M} & a_{M,M-1} & \cdots & 1 \end{bmatrix} \tag{3.106}$$

矩阵 $\mathbf{L}$ 具有如下三个有用的特性：

1) 矩阵 $\mathbf{L}$ 是一个主对角系数皆为 1 的下三角矩阵，在主对角上面的所有元素皆为 0。

2) 矩阵 **L** 的行列式等于 1,因此它是非奇异的。

3) 除了复共轭外,矩阵 **L** 中每一行的非零系数等于后向预测误差滤波器的权值,其阶数对应于该行在矩阵中的位置。

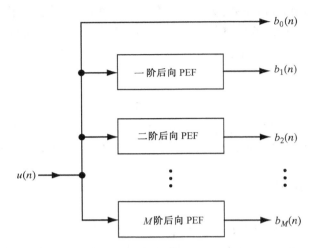

图 3.8　阶数从 0 到 M 且并行连接的后向预测误差滤波器

基于式(3.105)的算法称为 Gram-Schmidt 正交化算法[①]。根据该算法,在输入向量 **u**(n)和后向预测误差向量 **b**(n)之间存在着一一对应关系。特别地,给定 **u**(n),通过式(3.105)即得 **b**(n)。反之,给定 **b**(n),通过式(3.105)求逆运算,就可得到对应的向量 **u**(n),即

$$\mathbf{u}(n) = \mathbf{L}^{-1}\mathbf{b}(n) \tag{3.107}$$

其中 $\mathbf{L}^{-1}$ 是矩阵 **L** 的逆矩阵。

3.7.1　预测误差的正交性

组成向量 **b**(n)的后向预测误差 $b_0(n)$,$b_1(n)$,$\cdots$,$b_M(n)$ 有一个重要特性:它们互相正交,即

$$\mathbb{E}\left[b_m(n)b_i^*(n)\right] = \begin{cases} P_m & i = m \\ 0 & i \neq m \end{cases} \tag{3.108}$$

为了推导这个性质,我们进行如下工作:首先,不失一般性。假设 $m \geq i$,然后,根据输入 $u(n)$,将后向预测误差 $b_i(n)$ 表示成线性卷积和

$$b_i(n) = \sum_{k=0}^{i} a_{i,i-k} u(n-k) \tag{3.109}$$

除了用预测阶数 i 代替 M 外,其他和式(3.37)一样。用这个关系计算 $b_m(n)b_i^*(n)$ 的期望,得

$$\mathbb{E}\left[b_m(n)b_i^*(n)\right] = \mathbb{E}\left[b_m(n)\sum_{k=0}^{i} a_{i,i-k}^* u^*(n-k)\right] \tag{3.110}$$

---

① 对于 Gram-Schmidt 算法及其改进方法的详细实现参见 Haykin(2013)。

根据正交性原理,有

$$\mathbb{E}\big[b_m(n)u^*(n-k)\big] = 0 \quad 0 \leqslant k \leqslant m-1 \tag{3.111}$$

对于 $m > i$ 和 $0 \leqslant k \leqslant i$ 两种情况,我们发现,式(3.110)右边的所有期望都等于0。相应地,

$$\mathbb{E}\big[b_m(n)b_i^*(n)\big] = 0 \qquad m \neq i$$

当 $m = i$ 时,式(3.110)可简化为

$$\mathbb{E}\big[b_m(n)b_i^*(n)\big] = \mathbb{E}\big[b_m(n)b_m^*(n)\big]$$
$$= P_m \quad m = 1$$

从而得到式(3.108)。然而,必须注意到,它仅适用于广义平稳输入数据。

于是,我们看到,由式(3.105)给出的 Gram-Schmidt 正交化算法,把包含相关样值的输入向量 $\mathbf{u}(n)$ 变换为等效的不相关的后向预测误差向量 $\mathbf{b}(n)$[1]。

3.7.2 相关矩阵 R 的逆矩阵的分解

有了后向预测误差相互正交这一重要性质后,我们回到式(3.105)的 Gram-Schmidt 正交化算法所描述的变换。特别地,使用这个变换,即可依照输入向量 $\mathbf{u}(n)$ 的相关矩阵把后向预测误差向量 $\mathbf{b}(n)$ 的相关矩阵表示为

$$\mathbb{E}\big[\mathbf{b}(n)\mathbf{b}^{\mathrm{H}}(n)\big] = \mathbb{E}\big[\mathbf{Lu}(n)\mathbf{u}^{\mathrm{H}}(n)\mathbf{L}^{\mathrm{H}}\big]$$
$$= \mathbf{L}\,\mathbb{E}\big[\mathbf{u}(n)\mathbf{u}^{\mathrm{H}}(n)\big]\mathbf{L}^{\mathrm{H}} \tag{3.112}$$

令

$$\mathbf{D} = \mathbb{E}\big[\mathbf{b}(n)\mathbf{b}^{\mathrm{H}}(n)\big] \tag{3.113}$$

表示后向预测误差向量 $\mathbf{b}(n)$ 的相关矩阵。如前,用 $\mathbf{R}$ 表示输入向量 $\mathbf{u}(n)$ 的相关矩阵。于是,式(3.112)可重写为

$$\mathbf{D} = \mathbf{LRL}^{\mathrm{H}} \tag{3.114}$$

至此,我们可得到两个结论:

1) 当输入向量 $\mathbf{u}(n)$ 的相关矩阵 $\mathbf{R}$ 是正定的且其逆矩阵存在时,则后向预测误差向量 $\mathbf{b}(n)$ 的相关矩阵 $\mathbf{D}$ 也是正定的,它的逆矩阵也同样存在。

2) 由于 $\mathbf{b}(n)$ 包含的元素相互正交,故相关矩阵 $\mathbf{D}$ 为对角矩阵。特别地,我们可把 $\mathbf{D}$ 表示为

$$\mathbf{D} = \mathrm{diag}(P_0, P_1, \cdots, P_M) \tag{3.115}$$

其中 P_i 就是后向预测误差 $b_i(n)$ 的平均功率,即

$$P_i = \mathbb{E}\big[|b_i(n)|^2\big] \qquad i = 0, 1, \cdots, M \tag{3.116}$$

---

[1] 两个随机变量 X 和 Y 是正交的条件为 $\mathbb{E}[XY^*] = 0$,不是正交的条件为 $\mathbb{E}[(X-\mathbb{E}[X])(Y-\mathbb{E}[Y])^*] = 0$。如果 X, Y 中的一个或全部具有零均值,那么这两个条件就是一样的。对于上面的讨论,输入数据、后向预测误差都假设为零均值。在这个假设下,正交和不相关是等价的。

D 的逆矩阵也是一个对角矩阵, 即

$$\mathbf{D}^{-1} = \mathrm{diag}\big(P_0^{-1}, P_1^{-1}, \cdots, P_M^{-1}\big) \tag{3.117}$$

因此, 可用式(3.114)把相关矩阵 **R** 的逆矩阵表示为

$$\begin{aligned}\mathbf{R}^{-1} &= \mathbf{L}^{\mathrm{H}}\mathbf{D}^{-1}\mathbf{L} \\ &= (\mathbf{D}^{-1/2}\mathbf{L})^{\mathrm{H}}(\mathbf{D}^{-1/2}\mathbf{L})\end{aligned} \tag{3.118}$$

这就是我们所要的结果。

式(3.118)第一行中的逆矩阵 $\mathbf{D}^{-1}$ 是由式(3.117)定义的对角矩阵。式(3.118)第二行中的 $\mathbf{D}^{-1/2}$ 表示矩阵 $\mathbf{D}^{-1}$ 的平方根。它也是对角矩阵, 定义为

$$\mathbf{D}^{-1/2} = \mathrm{diag}\big(P_0^{-1/2}, P_1^{-1/2}, \cdots, P_M^{-1/2}\big)$$

式(3.118)中所表示的变换称为逆矩阵 $\mathbf{R}^{-1}$ 的 Cholesky 分解(Stewart, 1973)。应注意到, 矩阵 $\mathbf{D}^{-1/2}\mathbf{L}$ 是一个不同于式(3.106)的下三角矩阵 **L**, 因为此处对角元素不等于1。同时也应注意到, 埃尔米特转置矩阵 $(\mathbf{D}^{-1/2}\mathbf{L})^{\mathrm{H}}$ 是一个上三角矩阵, 其对角元素也不等于1。故有

根据 Cholesky 分解, 逆相关矩阵 $\mathbf{R}^{-1}$ 可分解为一个上三角矩阵和一个下三角矩阵之积, 二者互为埃尔米特转置。

3.8　格型预测器

为了实现式(3.105)的 Gram-Schmidt 算法, 以便把相关样值组成的输入向量 $\mathbf{u}(n)$ 变换为由不相关后向预测误差样值组成的等效向量 $\mathbf{b}(n)$, 可采用直接路径与合适数量后向预测误差滤波器并联的方法, 如图3.8所示。向量 $\mathbf{b}(n)$ 和向量 $\mathbf{u}(n)$ 在包含相同信息量的意义上是等价的(见习题21)。然而, 实现该算法的另一种有效得多的方法是采用梯状的阶递归结构, 称为格型预测器(lattice predictor)。该系统把若干前向和后向预测误差滤波运算整合成单一结构。具体来说, 一个格型预测器是一些基本单元(级)的级联。所有基本单元具有类似于格型的结构, 故取名为格型预测器。因此, 对于 m 阶预测误差滤波器, 在该滤波器格型实现中有 m 级。

3.8.1　用于预测误差的阶更新递归关系

一个格型预测器的输入-输出关系可用不同的方法导出, 取决于列文森-杜宾算法使用的特殊形式。根据此处介绍的推导, 我们将从式(3.40)和式(3.42)(分别表示一个预测误差滤波器的前向和后向运算)给出的算法矩阵分解形式出发进行讨论。为了表述方便, 重写这两个关系式如下:

$$\mathbf{a}_m = \begin{bmatrix} \mathbf{a}_{m-1} \\ 0 \end{bmatrix} + \kappa_m \begin{bmatrix} 0 \\ \mathbf{a}_{m-1}^{\mathrm{B}*} \end{bmatrix} \tag{3.119}$$

$$\mathbf{a}_m^{\mathrm{B}*} = \begin{bmatrix} 0 \\ \mathbf{a}_{m-1}^{\mathrm{B}*} \end{bmatrix} + \kappa_m^* \begin{bmatrix} \mathbf{a}_{m-1} \\ 0 \end{bmatrix} \tag{3.120}$$

$(m+1) \times 1$ 向量 $\mathbf{a}_m$ 和 $m \times 1$ 向量 $\mathbf{a}_{m-1}$ 分别指 m 阶和 $m-1$ 阶前向预测误差滤波器。$(m+1) \times 1$

向量 $\mathbf{a}_m^{\mathrm{B}*}$ 和 $m \times 1$ 向量 $\mathbf{a}_{m-1}^{\mathrm{B}*}$ 分别表示 m 阶和 $m-1$ 阶后向预测误差滤波器。标量 κ_m 与反射系数有关。

首先考虑 m 阶前向预测误差滤波器, 其输入记为 $u(n), u(n-1), \cdots, u(n-m)$。我们把该滤波器的 $(m+1) \times 1$ 抽头输入向量 $\mathbf{u}_{m+1}(n)$ 写为如下形式

$$\mathbf{u}_{m+1}(n) = \left[\begin{array}{c} \mathbf{u}_m(n) \\ \hline u(n-m) \end{array} \right] \tag{3.121}$$

或其等价形式

$$\mathbf{u}_{m+1}(n) = \left[\begin{array}{c} u(n) \\ \hline \mathbf{u}_m(n-1) \end{array} \right] \tag{3.122}$$

其次, 用 $\mathbf{a}_m$ 的埃尔米特转置左乘 $\mathbf{u}_{m+1}(n)$ 后组成 $(m+1) \times 1$ 向量 $\mathbf{a}_m$ 与向量 $\mathbf{u}_{m+1}(n)$ 的内积。因此, 利用式(3.119), 对 $\mathbf{a}_m$, 可对这个乘法得到的各项结果处理如下:

1) 对于式(3.119)左边, 用 $\mathbf{a}_m^{\mathrm{H}}$ 左乘 $\mathbf{u}_{m+1}(n)$ 得到

$$f_m(n) = \mathbf{a}_m^{\mathrm{H}} \mathbf{u}_{m+1}(n) \tag{3.123}$$

其中 $f_m(n)$ 表示 m 阶前向预测误差滤波器输出的前向预测误差。

2) 对于式(3.119)右边的第一项, 利用式(3.121)给出的 $\mathbf{u}_{m+1}(n)$ 的分块形式, 有

$$\begin{aligned} \left[\mathbf{a}_{m-1}^{\mathrm{H}} \mid 0 \right] \mathbf{u}_{m+1}(n) &= \left[\mathbf{a}_{m-1}^{\mathrm{H}} \mid 0 \right] \left[\begin{array}{c} \mathbf{u}_m(n) \\ \hline u(n-m) \end{array} \right] \\ &= \mathbf{a}_{m-1}^{\mathrm{H}} \mathbf{u}_m(n) \\ &= f_{m-1}(n) \end{aligned} \tag{3.124}$$

其中 $f_{m-1}(n)$ 表示 $m-1$ 阶前向预测误差滤波器输出的前向预测误差。

3) 对于式(3.119)右边的第二个矩阵项, 利用式(3.122)给出的 $\mathbf{u}_{m+1}(n)$ 的分块形式, 可写出

$$\begin{aligned} \left[0 \mid \mathbf{a}_{m-1}^{\mathrm{BT}} \right] \mathbf{u}_{m+1}(n) &= \left[0 \mid \mathbf{a}_{m-1}^{\mathrm{BT}} \right] \left[\begin{array}{c} u(n) \\ \hline \mathbf{u}_m(n-1) \end{array} \right] \\ &= \mathbf{a}_{m-1}^{\mathrm{BT}} \mathbf{u}_m(n-1) \\ &= b_{m-1}(n-1) \end{aligned} \tag{3.125}$$

其中 $b_{m-1}(n-1)$ 表示 $m-1$ 阶后向预测误差滤波器输出延迟后的后向预测误差。

组合式(3.123)、式(3.124)、式(3.125)的结果, 可得

$$f_m(n) = f_{m-1}(n) + \kappa_m^* b_{m-1}(n-1) \tag{3.126}$$

下面, 考虑 m 阶后向预测误差滤波器, 其输入记为 $u(n), u(n-1), \cdots, u(n-m)$。这里, 我们再一次把该滤波器的 $(m+1) \times 1$ 抽头输入向量 $\mathbf{u}_{m+1}(n)$ 写成式(3.121)或式(3.122)的分块形式。在这种情况下, 有如下类似于前向预测滤波的结果:

1) 对于式(3.120)的左边, 用 $\mathbf{a}_m^{\mathrm{B}*}$ 的埃尔米特转置左乘 $\mathbf{u}_{m+1}(n)$, 得到

$$b_m(n) = \mathbf{a}_m^{\mathrm{BT}} \mathbf{u}_{m+1}(n) \tag{3.127}$$

$b_m(n)$ 为 m 阶后向预测误差滤波器输出的后向预测误差。

2) 对于式(3.120)右边的第一项, 利用式(3.122)给出的 $\mathbf{u}_{m+1}(n)$ 的分块形式。该项的

埃尔米特转置乘以 $\mathbf{u}_{m+1}(n)$, 得到

$$
\begin{aligned}
\left[0 \vdots \mathbf{a}_{m-1}^{\mathrm{BT}}\right]\mathbf{u}_{m+1}(n) &= \left[0 \vdots \mathbf{a}_{m-1}^{\mathrm{BT}}\right]\left[\begin{array}{c} u(n) \\ \hline \mathbf{u}_m(n-1) \end{array}\right] \\
&= \mathbf{a}_{m-1}^{\mathrm{BT}}\mathbf{u}_m(n-1) \\
&= b_{m-1}(n-1)
\end{aligned}
\tag{3.128}
$$

3) 对于式(3.120)右边的第二个矩阵项, 利用式(3.121)给出的 $\mathbf{u}_{m+1}(n)$ 的分块形式。该项的埃尔米特转置乘以 $\mathbf{u}_{m+1}(n)$, 得到

$$
\begin{aligned}
\left[\mathbf{a}_{m-1}^{\mathrm{H}} \vdots 0\right]\mathbf{u}_{m+1}(n) &= \left[\mathbf{a}_{m-1}^{\mathrm{H}} \vdots 0\right]\left[\begin{array}{c} \mathbf{u}_m(n) \\ \hline u(n-m) \end{array}\right] \\
&= \mathbf{a}_{m-1}^{\mathrm{H}}\mathbf{u}_m(n) \\
&= f_{m-1}(n)
\end{aligned}
\tag{3.129}
$$

把式(3.127)、式(3.128)、式(3.129)组合在一起, 可得如下结果

$$
b_m(n) = b_{m-1}(n-1) + \kappa_m f_{m-1}(n) \tag{3.130}
$$

式(3.126)和式(3.130)就是我们所要寻找的一对阶更新递归关系(order-update recursions)。它表征 m 级格型预测器, 其矩阵形式为

$$
\left[\begin{array}{c} f_m(n) \\ b_m(n) \end{array}\right] = \left[\begin{array}{cc} 1 & \kappa_m^* \\ \kappa_m & 1 \end{array}\right]\left[\begin{array}{c} f_{m-1}(n) \\ b_{m-1}(n-1) \end{array}\right] \qquad m = 1, 2, \cdots, M \tag{3.131}
$$

我们可把 $b_{m-1}(n-1)$ 看做将单位延迟算子 z^{-1} 作用于后向预测误差 $b_{m-1}(n)$ 的结果, 即

$$
b_{m-1}(n-1) = z^{-1}\left[b_{m-1}(n)\right] \tag{3.132}
$$

因此, 利用式(3.131)和式(3.132), 可用图3.9(a)所示的信号流图表示第 m 级格型预测器。除了用方块记号表示的 z^{-1} 外, 这个信号流图看起来很像个网格, 因此取名为格型预测[1]。注意, 格型预测器的第 m 级参数仅由反射系数 κ_m 决定。

对于 $m = 0$ 的情况, 有以下初始条件

$$
f_0(n) = b_0(n) = u(n) \tag{3.133}
$$

其中 $u(n)$ 是时刻 n 的输入信号。因此, 从 $m = 0$ 开始依次递增滤波器的阶数, 每次增1, 则可得到图3.9(b)所描述的 M 阶预测误差滤波器的等价格型模型。在这幅图中, 我们仅仅要求知道反射系数完备集 κ_1, κ_2, $\cdots$, κ_M, 一个系数对应于滤波器的一级。

图3.9(b)给出的格型滤波器具有如下吸引人的特点:

1) 对于同时生成前向和后向预测误差序列来说, 格型滤波器是一种高效的结构。

2) 各级格型滤波器是相互"解耦的"。这个解耦特性实际上可由3.7节得到。在该处已经证明, 对于广义平稳输入, 各级格型预测器产生的后向预测误差彼此"正交"。

---

[1] Itakura 和 Saito(1971)首先把格型滤波器应用于语音分析领域中的一维信号处理。等效的格型滤波器模型和地理信号处理中的分层地球模型很相像。饶有趣味的是, 这种格型滤波器在网络理论, 特别是在多端口网络级联综合中得到了深入研究。

实际上, 线性预测器还有一种基于 Schur 算法的结构(Schur, 1917)。类似于列文森-杜宾算法, Schur 算法提供了一种利用已知的自相关序列计算反射系数的方法。Schur 算法便于并行实现, 因此可获得比列文森-杜宾算法更高的数据吞吐率。关于 Schur 算法的讨论, 包括它的数学细节和实现考虑, 参见 Haykin(1989a)。

3）格型滤波器在结构上是模块化的；因此，如果需要增加预测器的阶数，仅需增加一级
或多级格型滤波器的基本单位(级)而不影响以前的计算。

3.9　全极点、全通格型滤波器

图 3.9(b)所示的多级格型预测器把两种全零点预测误差滤波器组合成一个单一结构。
特别地，利用 3.4 节中介绍的预测误差滤波器的性质 3 和性质 4，我们可做如下表述：

- 从公共输入 $u(n)$ 到前向预测误差 $f_M(n)$ 的电路是一个最小相位全零点滤波器。
- 从公共输入 $u(n)$ 到后向预测误差 $b_M(n)$ 的电路是一个最大相位全零点滤波器。

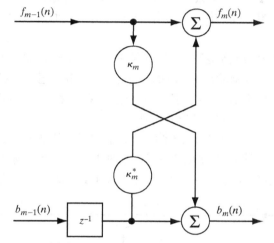

(a) 第 m 级格型预测器基本单元的信号流图

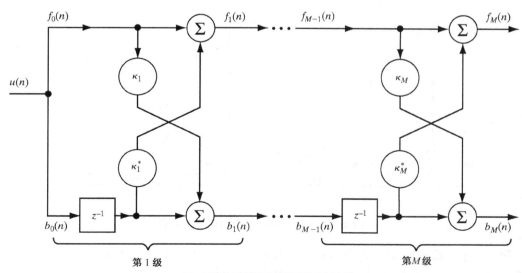

(b)　M 阶格型预测误差滤波器(全零点)

图 3.9　多级格型预测器

图 3.9(b)所示的多级格型预测器可重组为全极点、全通结合的格型滤波器。为此,我们首先安排式(3.126)的各个项,从而得到

$$f_{m-1}(n) = f_m(n) - \kappa_m^* b_{m-1}(n-1) \tag{3.134}$$

其中,前向预测误差 $f_m(n)$ 现被作为重组的格型滤波器的第 m 级输入变量。为了便于表示,重写式(3.130)如下:

$$b_m(n) = b_{m-1}(n-1) + \kappa_m f_{m-1}(n) \tag{3.135}$$

式(3.134)和式(3.135)定义了重组的格型滤波器第 m 级的输入-输出关系。于是,式(3.133)的初始化条件对应于阶数 $m = 0$,依次增加滤波器的阶数,将得到重组的格型滤波器结构,如图 3.10 所示。然而,注意到图 3.10 中公共终端产生的 $u(n)$ 是输出信号,而在图 3.9(b)中它是作为输入信号。同样,在图 3.10 中 $f_m(n)$ 作为输入信号,而在图 3.9(b)中它作为输出信号。

为了激励图 3.10 所示的多级格型滤波器,取自白噪声 $\nu(n)$ 的抽样序列被用做输入信号 $f_M(n)$。图 3.10 中从输入 $f_m(n)$ 到输出 $u(n)$ 的电路构成了 M 阶全极点滤波器。因此,根据 3.6 节关于平稳随机过程自回归建模的讨论,我们把这种全极点滤波器看做综合器,而把图 3.9(b)中相应的全零点格型预测器视为分析器。

后向预测误差 $b_M(n)$ 构成图 3.10 中滤波器的第二个输出。从输入 $f_M(n)$ 到输出 $b_M(n)$ 的电路构成一个 M 阶全通滤波器。滤波器的极点和零点相对于 z 平面单位圆互为倒数(见习题 18)。于是,图 3.10 中重组的多级格型滤波器将全极点滤波器和全通滤波器组合为一个单一结构。

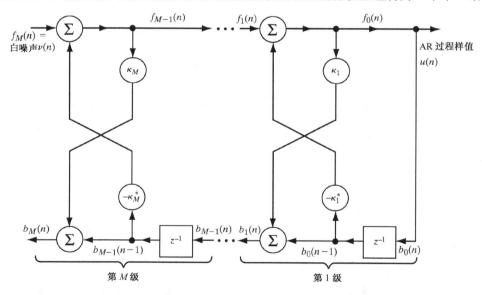

图 3.10　M 阶全零点、全通格型滤波器

例 5　考虑图 3.11 的二阶全极点格型滤波器。存在 4 种可能的电路可作为输出 $u(n)$ 的候选方案,如图 3.12 所示。特别地,我们有

$$u(n) = \nu(n) - \kappa_1^* u(n-1) - \kappa_1 \kappa_2^* u(n-1) - \kappa_2^* u(n-2)$$
$$= \nu(n) - (\kappa_1^* + \kappa_1 \kappa_2^*) u(n-1) - \kappa_2^* u(n-2)$$

回顾例 2 可知

$$a_{2,1} = \kappa_1 + \kappa_1^* \kappa_2$$

和

$$a_{2,2} = \kappa_2$$

因此，我们可把控制过程 $u(n)$ 产生的机制表示为

$$u(n) + a_{2,1}^* u(n-1) + a_{2,2}^* u(n-2) = \nu(n)$$

这就是二阶 AR 过程的差分方程。

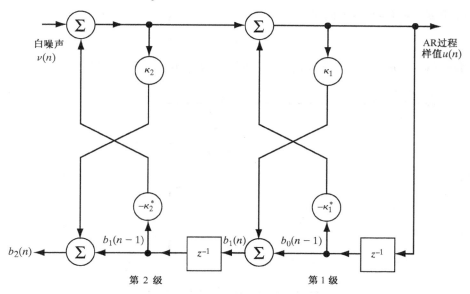

图 3.11　二阶全极点格型滤波器

3.10　联合过程估计

在本节，我们利用格型预测器作为一个子系统来解决在均方误差意义上最优联合过程的估计问题(Griffiths, 1978; Makhoul, 1978)。特别地，通过使用来自相关过程 $u(n)$ 的一组可观测值，考虑期望响应过程 $d(n)$ 的最小均方误差估计问题。我们假定过程 $d(n)$ 和 $u(n)$ 是联合平稳的。这种估计问题类似于第 2 章所考虑的问题，其基本不同是：在第 2 章，我们直接把过程 $u(n)$ 的样值用做可观测值，而此处，对于可观测值，我们使用的是一组由馈送多级格型预测器输入[带有过程 $u(n)$ 的样值]得到的后向预测误差。后向预测误差彼此互相正交的事实大大简化了问题的解决方案。

联合过程估计器结构如图 3.13 所示。该系统联合完成两种最优估计：

1) 格型预测器　它由反射系数 $\kappa_1, \kappa_2, \cdots, \kappa_M$ 表征的 M 级单元级联组成，完成对输入的预测。它把相关输入样值序列 $u(n), u(n-1), \cdots, u(n-M)$ 转换成相应的非相关后向预测误差序列 $b_0(n), b_1(n), \cdots, b_M(n)$。

2) 多重回归滤波器　它由一组权值 $h_0, h_1, \cdots, h_M$ 来表征，分别对作为输入的后向预测误差序列 $b_0(n), b_1(n), \cdots, b_M(n)$ 进行运算，产生对期望响应 $d(n)$ 的估计。其结果定

义为这两组量的各自标量内积之和, 即

$$\hat{d}(n \mid \mathcal{U}_n) = \sum_{i=0}^{M} h_i^* b_i(n) \tag{3.136}$$

其中 $\mathcal{U}_n$ 是由 $u(n), u(n-1), \cdots, u(n-M)$ 张成的空间。式(3.136)亦可写为矩阵形式

$$\hat{d}(n \mid \mathcal{U}_n) = \mathbf{h}^{\mathrm{H}} \mathbf{b}(n) \tag{3.137}$$

式中 $\mathbf{h}$ 是 $(M+1) \times 1$ 向量

$$\mathbf{h} = [h_0, h_1, \cdots, h_M]^{\mathrm{T}} \tag{3.138}$$

我们将 $h_0, h_1, \cdots, h_M$ 称为估计器的回归系数, 并把 $\mathbf{h}$ 称为回归系数向量。

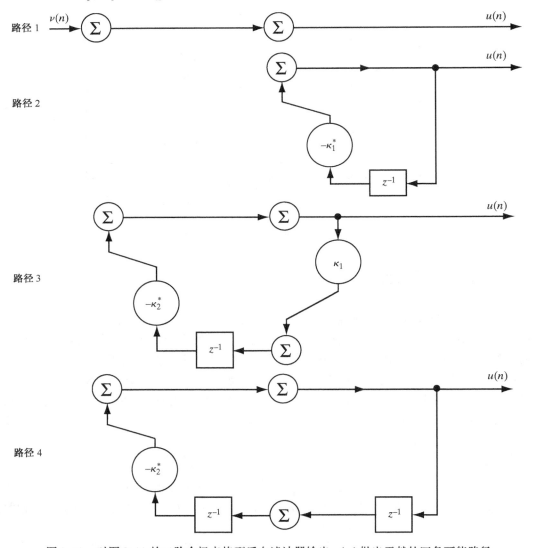

图 3.12   对图 3.11 的二阶全极点格型反向滤波器输出 $u(n)$ 做出贡献的四条可能路径

    令 **D** 表示 $\mathbf{b}(n)$ [后向预测误差 $b_0(n)$，$b_1(n)$，$\cdots$，$b_M(n)$ 的 $(M+1)\times 1$ 向量] 的 $(M+1)$ $\times(M+1)$ 相关向量，**z** 表示后向预测误差和期望响应的 $(M+1)\times 1$ 互相关向量；则有

$$\mathbf{z} = \mathbb{E}\left[\mathbf{b}(n)d^*(n)\right] \tag{3.139}$$

因此，若将维纳-霍夫方程用于这种情况，则最优回归系数向量 $\mathbf{h}_o$ 可定义为

$$\mathbf{Dh}_o = \mathbf{z} \tag{3.140}$$

由此可得

$$\mathbf{h}_o = \mathbf{D}^{-1}\mathbf{z} \tag{3.141}$$

其中逆矩阵 $\mathbf{D}^{-1}$ 是按照各预测误差功率定义的对角矩阵，如式 (3.117) 所示。注意，与维纳滤波器通常的 FIR 滤波器实现不同，图 3.12 联合过程估计器中 $\mathbf{h}_o$ 的计算完成起来相对简单。

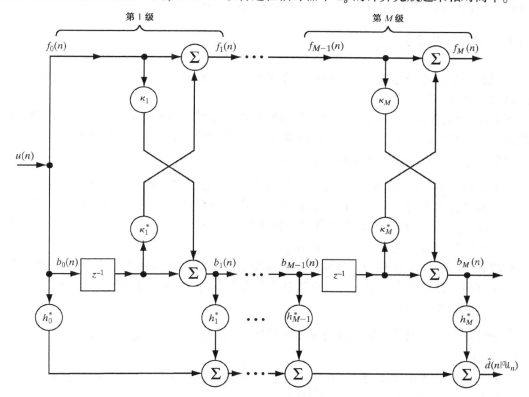

图 3.13   基于格型结构的联合过程估计

3.10.1   最优回归系数向量与维纳解的关系

    根据式 (3.118) 给出的 Cholesky 分解，可导出

$$\mathbf{D}^{-1} = \mathbf{L}^{-H}\mathbf{R}^{-1}\mathbf{L}^{-1} \tag{3.142}$$

于是，将式 (3.142) 代入式 (3.141)，可得

$$\mathbf{h}_o = \mathbf{L}^{-H}\mathbf{R}^{-1}\mathbf{L}^{-1}\mathbf{z} \tag{3.143}$$

而且，从式 (3.105)，有

$$\mathbf{b}(n) = \mathbf{L}\mathbf{u}(n) \tag{3.144}$$

因此，将式(3.144)代入式(3.139)，得到

$$\mathbf{z} = \mathbf{L}\mathbb{E}\big[\mathbf{u}(n)d^*(n)\big] = \mathbf{L}\mathbf{p} \tag{3.145}$$

其中，$\mathbf{p}$ 是抽头输入向量 $\mathbf{u}(n)$ 与期望响应 $d(n)$ 的互相关向量。于是，利用式(3.145)和式(3.143)，最后得到

$$
\begin{aligned}
\mathbf{h}_o &= \mathbf{L}^{-\mathrm{H}}\mathbf{R}^{-1}\mathbf{L}^{-1}\mathbf{L}\mathbf{p} \\
&= \mathbf{L}^{-\mathrm{H}}\mathbf{R}^{-1}\mathbf{p} \\
&= \mathbf{L}^{-\mathrm{H}}\mathbf{w}_o
\end{aligned}
\tag{3.146}
$$

其中，$\mathbf{L}$ 是式(3.106)中等价前向误差滤波器系数定义的下三角矩阵。式(3.146)就是我们所要寻找的最优回归系数向量 $\mathbf{h}_o$ 与维纳解 $\mathbf{w}_o = \mathbf{R}^{-1}\mathbf{p}$ 之间的关系。

3.11 语音预测建模

　　本章研究的线性预测理论已经在语音和视频信号的线性预测编码方面得到了应用。本节我们将讨论语音编码。

　　语音线性预测编码利用了语音产生过程经典模型的特殊性质。图3.14是这个模型的简化框图。该模型假定声音产生机制(即激励源)可与智能调制声道滤波器线性分离。激励的精确模型依赖于语音是浊音还是清音。具体如下：

- 浊音(比如"*eve*"中的/*i*/)由某一声道的准周期激励源产生(其中符号/·/用来表示作为基本语言单元的音素)。在图3.14的模型中，脉冲发生器产生一个脉冲串(非常短的脉冲)，该脉冲串被基本周期分割成基音周期。这个信号依次激励一个线性滤波器，该滤波器的频响决定了声音的特性。
- 清音(比如"*fish*"中的/*f*/)是通过声道收缩引起的嘈杂气流所产生的随机声音获得的。在这第二种情形中，激励由一个简单的白噪声源(宽频谱声源)构成。噪声样值的概率分布函数并不十分重要。

　　不论是浊音还是清音，其语音信号的短时频谱[1]由信号源频谱与声道滤波器的频率响应

---

① 短时频谱，或者更确切地说，连续时间信号 $x(t)$ 的短时傅里叶变换，由以下两个步骤获得：首先，以时间 t 为中心的窗口函数 $h(t)$ 与信号 $x(t)$ 相乘得到调制信号

$$x_t(\tau) = x(\tau)h(\tau - t)$$

它是一个两变量函数：

- 感兴趣的固定时间 t
- 记为 τ 的运行时间

窗口函数 $h(t)$ 的选择原则是信号 $x(t)$ 在时间 t 附近基本上保持不变，但是离开感兴趣时间的信号被抑制(Cohen, 1995)。于是，信号 $x(t)$ 的短时傅里叶变换定义为

$$
\begin{aligned}
x_t(\omega) &= \int_{-\infty}^{\infty} x_t(\tau)\exp(-\mathrm{j}\omega\tau)\,\mathrm{d}\tau \\
&= \int_{-\infty}^{\infty} x(\tau)h(t - \tau)\exp(-\mathrm{j}\omega\tau)\,\mathrm{d}\tau
\end{aligned}
$$

该式强化了信号在时间 t 附近的频率分布。

相乘获得。不论信号源是周期脉冲序列还是白噪声，它的谱包络都是平坦的。因此，语音信号的短时频谱包络是由声道滤波器的频响决定的。

　　线性预测编码（LPC，linear predictive coding）是一种模型相关的信源编码形式，它广泛应用于低比特率（2.4 kb/s 或者更低）语音信号的数字表示。LPC 还为产生基本语音参数的准确估计提供了一种方法。LPC 的开发依赖于图 3.14 所示的模型，在该模型中，声道滤波器由全极点传输函数表示为

$$H(z) = \frac{G}{1 + \sum_{k=1}^{M} a_k z^{-k}} \tag{3.147}$$

式中 G 是增益系数。应用于这个滤波器的激励形式随浊音和清音之间的交换而改变。于是，传输函数为 $H(z)$ 的滤波器由冲激序列激励，从而产生浊音或者用来产生清音的白噪声序列。在这个应用中，数据是实数，因而滤波器的系数也是实数。

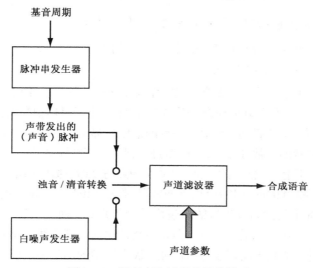

图 3.14　语音产生过程的简化模型

　　图 3.15 是一个 LPC 系统的框图，这个 LPC 系统可用于通信信道上语音信号的数字传送或接收。发送器首先让语音信号通过一个窗口（典型的值是 10～30 ms），以便获取一段处理用的语音样值。这个窗口应当足够短以便使声道形状可被看做是准平稳的，并使得图 3.14 中语音产生模型的参数在窗口持续时间内基本上被看做是常数。接着，发送器依次分析输入的语音信号，其分析逐块进行，并采用两种运算形式：线性预测和基音检测。最后，为了方便信号在通信信道上传输，需要编码下列参数：

- 由 LPC 分析器计算得到的系数集
- 基音周期
- 增益参数
- 清音/浊音参数

　　接收器在信道输出端进行相反的操作，首先是对输入参数进行解码，然后利用图 3.14 的模型和上述参数合成语音信号，使其听起来像是原来的语音信号。

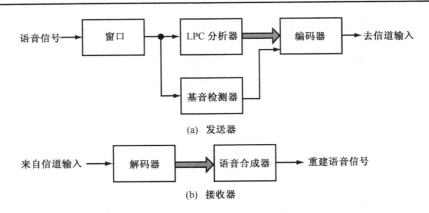

图 3.15　LPC 语音编码器框图

3.11.1　Itakura-Saito 距离测量

在使用语音的全极点模型时,需要考虑两个不同的问题:

1) 建模语音信号谱包络的全极点滤波器的可应用性。

2) 用来估计全极点滤波器的方法。

如果真正的谱包络只有极点,那么全极点模型就是正确的模型。相反,如果谱包络有极点和零点,那么全极点模型就不是正确的模型。但是不管怎样,全极点模型在大多数情况下是适用的。

现在假设全极点模型对于任何我们试图估计的谱包络都是正确的。如果语音是非浊音的,那么计算全极点滤波器系数的通常方法(线性预测)将会产生一个好的估计。相反地,如果语音是浊音的,那么随着基音频率上升、估计的劣化,计算全极点滤波器系数的通常方法将会产生一个带偏差的估计。El-Jaroudi 和 Makhoul(1991)用下面将要讨论的 Itakura-Saito 距离测量法解决了这个问题。特殊情况下,如果初始语音信号的谱包络是全极点的,而且语音是浊音的,El-Jaroudi 和 Makhoul 证明了恢复真实的包络是可行的,但是不能使用通常基于线性预测的方法。

图 3.16 的例子说明了基于周期波形的标准全极点模型的局限性。该例子的技术条件如下:

1) 全极点滤波器的阶数,$M = 12$。

2) 输入信号:在每个周期内有 $N = 32$ 个样点的周期脉冲序列。

图中的实线是原来的通过所有频率点的 12 极点谱包络。虚线包络是周期脉冲串经线性预测模型计算后得到的对应结果。该图表明用线性预测方法计算全极点模型系数是失败的。

这里所列举的问题,其来源可追溯到选择最小均方误差作为周期波形线性预测模型判则。为解决该问题,需要为从离散频谱样点中恢复出正确谱包络提供基础的误差判则。达到这个目标的一个准则是离散型 Itakura-Saito 距离测量[①]。

---

① Itakura 和 Saito(1970)最先指出,随机过程频谱包络估计的基本理论可以建立在利用线性预测编码的最大似然函数的基础上。他们提出了 Itakura-Saito 距离测量法作为自回归过程抽样函数语音信号频谱匹配的误差判决准则。这个新的误差判决准则最初是用连续谱的方式表达出的,这种模型适用于非浊音的语音。随后,McAulay(1984)实现了适用于具有任意模型谱的周期过程的 Itakura-Saito 距离测量法。接着,El-Jaroudi 和 Makhoul(1991)用 Itakura-Saito 距离测量法的离散版本发展了离散的全极点模型,这个模型克服了浊音的语音模型中线性预测的不足。
在 3.11 节中,我们重点讨论了 Itakura-Saito 距离测量方法的离散形式。误差判决准则的连续形式可以从式(3.156)的对数似然函数 $L(\mathbf{a})$ 的负数得出。特殊地,如果频率点数 N 允许接近无穷大,那么式(3.156)的和可以用积分来替代。最终形式的负数确实是 Itakura-Saito 距离测量法的连续形式。

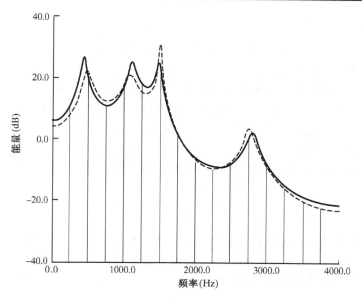

图 3.16 线性预测谱分析局限性示例。实线是原始的 12 极点的谱包络。虚线是 $N = 30$ 时谱线的 12 个极点线性预测模型(El-Jaroudil & Makhoul,1991;IEEE授权使用)

为了导出这个新的误差判则,考虑一个周期为 N 的周期序列 $u(n)$ 作为要研究的实值平稳随机过程。将 $u(n)$ 展成傅里叶级数,有

$$u(n) = \frac{1}{N} \sum_{k=0}^{N-1} U_k \exp(jn\omega_k) \qquad n = 0, 1, \cdots, N - 1 \qquad (3.148)$$

其中 $\omega_k = 2\pi k/N$,且

$$U_k = \sum_{n=0}^{N-1} u_n \exp(-jn\omega_k) \qquad k = 0, 1, \cdots, N - 1 \qquad (3.149)$$

也就是说,$u(n)$ 和 U_k 形成离散傅里叶变换对。类似地,延迟为 m 的 $u(n)$ 的自相关函数展成傅里叶级数为

$$r(m) = \frac{1}{N} \sum_{k=0}^{N-1} S_k \exp(jm\omega_k) \qquad m = 0, 1, \cdots, N - 1 \qquad (3.150)$$

其中

$$S_k = \sum_{m=0}^{N-1} r(m) \exp(-jm\omega_k) \qquad k = 0, 1, \cdots, N - 1 \qquad (3.151)$$

是一个频谱样值,即 $r(m)$ 和 S_k 也形成了离散傅里叶变换对。式(3.149)中定义的复数随机变量 $U_0, U_1, \cdots, U_{N-1}$ 是彼此不相关的,其表达式如下(参见第 1 章的习题 18)

$$\mathbb{E}[U_k U_j^*] = \begin{cases} S_k & \text{对于} j = k \\ 0 & \text{其他} \end{cases} \qquad (3.152)$$

有了随机过程 $u(n)$ 的参数模型之后,我们注意到,$u(n)$ 的频谱在功能上一般依赖于一组谱参数,即向量

$$\mathbf{a} = [a_1, a_2, \cdots, a_M]^\mathrm{T}$$

其中 M 是模型的阶数。我们所关注的问题是用观测的随机变量 $u(0)$，$u(1)$，$\cdots$，$u(N-1)$ 中获得的统计信息来估计谱参数向量 $\mathbf{a}$，或者等效地，估计复随机变量 U_0，U_1，$\cdots$，U_{N-1}。为了这样的估值，可采用具有若干渐近类最优性的最大似然函数法(Van Trees, 1968; McDonough & Whalen, 1995; Quatieri, 2001)(最大似然函数估计的简介请参看附录 D)。

为了表达这个估计过程，很自然需要一个随机过程 $u(n)$ 的概率模型。而且为了给出数学上易于处理的公式，我们假设了一个零均值的高斯分布。于是，给定参数向量 $\mathbf{a}$，根据式(3.152)中的第一行，可表示随机变量 U_k 的复密度概率函数为(参见第 1 章的习题 18)

$$f_U(U_k|\mathbf{a}) = \frac{1}{\pi S_k(\mathbf{a})} \exp\left(-\frac{|U_k|^2}{S_k(\mathbf{a})}\right) \qquad k = 0, 1, \cdots, N-1 \tag{3.153}$$

这里，为了强调随机过程对向量 $\mathbf{a}$ 的依存关系，我们用 $S_k(\mathbf{a})$ 来表示随机过程的第 k 个谱样值。从式(3.152)的第二行可以看出，这些随机变量是互不相关的，高斯假设表明它们也是统计独立的。从而，给定向量 $\mathbf{a}$，随机变量 U_0，U_1，$\cdots$，U_{N-1} 的联合概率密度函数为

$$\begin{aligned} f_U(U_0, U_1, \cdots, U_N|\mathbf{a}) &= \prod_{k=0}^{N-1} f_U(U_k|\mathbf{a}) \\ &= \prod_{k=0}^{N-1} \frac{1}{\pi S_k(\mathbf{a})} \exp\left(-\frac{|U_k|^2}{S_k(\mathbf{a})}\right) \end{aligned} \tag{3.154}$$

根据定义，用 $l(\mathbf{a})$ 表示并看做向量 $\mathbf{a}$ 函数的似然函数与式(3.154)中的联合密度函数相同。因此，我们有

$$l(\mathbf{a}) = \prod_{k=0}^{N-1} \frac{1}{\pi S_k(\mathbf{a})} \exp\left(-\frac{|U_k|^2}{S_k(\mathbf{a})}\right) \tag{3.155}$$

为了简化问题，采用对数形式，并把对数似然函数表示为

$$\begin{aligned} L(\mathbf{a}) &= \ln l(\mathbf{a}) \\ &= -\sum_{k=0}^{N-1} \left(\frac{|U_k|^2}{S_k(\mathbf{a})} + \ln S_k(\mathbf{a})\right) \end{aligned} \tag{3.156}$$

此处，我们忽略了常数 $-N\ln\pi$，因为它与问题无关。

对于无约束问题(即在缺乏参数模型的情况下)，令 N 个未知参数为 $S_k(k = 0, 1, \cdots, N-1)$。由式(3.156)可知，$S_k$ 的最大似然函数估计为 $|U_k|^2$。从而，使用式(3.156)中的 $S_k = |U_k|^2$，可获得对数似然函数的最大值

$$L_{\max} = -\sum_{k=0}^{N-1} \left(1 + \ln|U_k|^2\right) \tag{3.157}$$

因此，向量 $\mathbf{a}$ 的差分对数似然函数定义为

$$\begin{aligned} D_{\mathrm{IS}}(\mathbf{a}) &= L_{\max} - L(\mathbf{a}) \\ &= \sum_{k=0}^{N-1} \left(\frac{|U_k|^2}{S_k(\mathbf{a})} - \ln\left(\frac{|U_k|^2}{S_k(\mathbf{a})}\right) - 1\right) \end{aligned} \tag{3.158}$$

式(3.158)是离散形式的 Itakura-Saito 距离测量公式(McAulay, 1984)；$D_{\mathrm{IS}}(\mathbf{a})$ 中的下标

表示连续型 Itakura-Saito 距离测量的发明者。注意，$D_{\text{IS}}(\mathbf{a})$ 总是非负的，而且仅当对所有 k 都有 $S_k(\mathbf{a}) = |U_k|^2$ 时，$D_{\text{IS}}(\mathbf{a})$ 才为零。

3.11.2　离散全极点模型

给定一组离散点，El-Jaroudi 和 Makhoul（1991）利用式（3.158）的误差准则导出了谱包络的一个参数模型，这个新模型叫做离散全极点模型。该模型的推导基于一个匹配条件，这个匹配条件使对应于给定离散谱的自相关函数 $r(i)$ 与对应于全极点模型的自相关函数 $\hat{r}(i)$ 相等，而该模型是在与给定谱相同的离散频率点上抽样得到的。这一匹配条件，导致一组与给定离散谱自相关函数模型参数有关的非线性方程。为了简化这个非线性问题的求解，可以利用如下抽样的全极点滤波器的性质

$$\sum_{k=0}^{M} a_k \hat{r}(i-k) = \hat{h}(-i) \quad\quad 对于所有 i \tag{3.159}$$

在式（3.159）中 $a_0 = 1$，且

$$\hat{h}(-i) = \frac{1}{N} \sum_{m=1}^{N} \left(\frac{\exp(-\mathrm{j}\omega_m i)}{\sum_{k=0}^{M} a_k \exp(-\mathrm{j}\omega_m k)} \right) \tag{3.160}$$

$\hat{h}(-i)$ 是离散频率抽样全极点滤波器的时间翻转冲激响应。把式（3.159）的全极点特性代入最小化条件

$$\frac{\partial D_{\text{IS}}(\mathbf{a})}{\partial a_k} = 0 \quad\quad 对于 \ k = 1, 2, \cdots, M$$

可获得与给定自相关序列全极点预测器系数有关的一组方程

$$\sum_{k=0}^{M} a_k r(i-k) = \hat{h}(-i) \quad\quad 0 \leqslant i \leqslant M \tag{3.161}$$

［从式（3.161）导出式（3.159）的过程可参见本章习题 30。］

为了计算全极点模型参数 a_k，$k = 1, 2, \cdots, M$，El-Jaroudi 和 Makhoul（1991）提出如下两步迭代算法：

- 给定一个模型的估值，用式（3.160）估计 $\hat{h}(-i)$。
- 给定新的估计值 $\hat{h}(-i)$，对模型参数的新估值，求解线性方程组（3.161）。

按照 El-Jaroudi 和 Makhoul 的思想，该模型算法收敛于唯一的全局极小点。令人感兴趣的是，这个算法产生图 3.16 所示问题的正确的全极点包络。一般来说，El-Jaroudi-Makhoul 算法比基于线性预测的相应解决方案的偏差要小。

3.12　小结与讨论

给定一组物理数据，线性预测构成建模问题的基础。本章详细探讨了与广义平稳随机过程相关的线性预测问题。特别地，我们用维纳滤波器理论研究了两种线性预测基本模型的优化方案：

- 前向线性预测：在该方案中，我们已知输入序列 $u(n-1)$, $u(n-2)$, $\cdots$, $u(n-M)$, 目的是对当前时刻 n 的样值 $u(n)$ 做出最优预测。
- 后向线性预测：在该方案中，我们已知输入序列 $u(n)$, $u(n-1)$, $\cdots$, $u(n-M+1)$, 目的是对老的时刻$(n-m)$的样值 $u(n-M)$ 做出最优预测。

在这两种情况下，期望响应是从时间序列中导出的。在前向线性预测中，$u(n)$ 作为期望响应；而在反向线性预测中，$u(n-M)$ 作为期望响应。

预测过程可用预测器来描述，或者等价地，可用预测误差滤波器来描述。这两个线性系统各自的输出相互不同：前向预测器的输出是其输入的一阶预测；前向预测误差滤波器的输出是预测误差。我们可用类似的方法区分后向预测器和后向预测误差滤波器。

构建预测误差滤波器的两个最通用的方法如下：

- FIR 滤波器：需要关注的问题是抽头权值的确定。
- 格型滤波器：需要关注的问题是反射系数的确定。

这两组参数实际上相互有关，二者通过列文森-杜宾递推相关联。

预测误差滤波器的重要特性可以总结如下：

- 前向预测误差滤波器是最小相位的，这意味着转移函数的所有零点位于 z 平面单位圆内。对应的逆滤波器，由于表示了输入过程的自回归模型，因而是稳定的。
- 后向预测误差滤波器是最大相位的，这意味着转移函数的所有零点位于 z 平面单位圆外。在这种情况下，逆滤波器是不稳定的，因而没有实用价值。
- 前向预测误差滤波器是白化滤波器，而后向预测误差滤波器是反因果白化滤波器(参见习题 14)。

格型预测器提供了一些人们十分期望的特性：

- 阶递归结构：这意味着预测阶数可以通过增加一级或更多级来获得，而不需要破坏以前的计算。
- 模块化：这一事实的示例是格型预测器的所有级都有完全相同的物理结构。
- 前向和后向预测误差同时计算：这极大地提高了计算效率。
- 各级间统计解耦：它是格型预测器不同级产生的可变阶后向预测误差不相关的另外一种说法。这在 Cholesky 分解中得到体现。这个特性在联合估计过程中得到使用，其中，后向预测误差用来提供某些期望响应的估计。

3.13　习题

1. 前向预测误差滤波器的增广维纳-霍夫方程(3.14)首先由均方误差意义上的优化线性预测滤波器导出，然后合并两个结果：用于权向量的维纳-霍夫方程和最小均方预测误差。试通过如下过程导出该方程：
   (a) 把前向预测误差均方值的表达式表示为前向预测误差滤波器的抽头权向量的函数。
   (b) 在前向预测误差滤波器抽头权向量第一个元素恒为 1 的约束下使均方预测误差最小。
      [提示：使用拉格朗日乘子法解决约束优化问题。关于这个方法的细节，请参看附录 C。这个提示同样适用于习题 2(b)。]

2. 后向预测误差滤波器的增广维纳-霍夫方程(3.38)可直接从本书 3.2 节导出。试通过如下过程导出该方程：

(a) 用后向预测误差滤波器的抽头权向量来表达后向预测误差的均方值。

(b) 在后向预测误差滤波器抽头权向量最后一个元素为 1 的约束下使均方预测误差最小化。

[提示：参看习题 1]

3. (a) 式(3.24)定义了后向线性预测维纳-霍夫方程。为了方便，该方程重写如下

$$\mathbf{Rw}_b = \mathbf{r}^{B*}$$

其中，$\mathbf{w}_b$ 是预测器的抽头权向量，$\mathbf{R}$ 是抽头输入 $u(n), u(n-1), \cdots, u(n-M+1)$ 的相关矩阵，$\mathbf{r}^{B*}$ 是这些抽头输入与期望响应 $u(n-M)$ 的互相关矩阵。试证明如果列向量 $\mathbf{r}^{B*}$ 的元素以反序重排，则其结果将把维纳-霍夫方程修正为

$$\mathbf{R}^{\mathrm{T}}\mathbf{w}_b^{B} = \mathbf{r}^*$$

(b) 证明内积 $\mathbf{r}^{\mathrm{BT}}\mathbf{w}_b$ 与 $\mathbf{r}^{\mathrm{T}}\mathbf{w}_b^{B}$ 相等。

4. 考虑一个广义随机过程 $u(n)$，其自相关函数在不同的延迟下有如下值

$$r(0) = 1$$
$$r(1) = 0.8$$
$$r(2) = 0.6$$
$$r(3) = 0.4$$

(a) 利用列文森-杜宾递推计算反射系数 κ_1，κ_2 和 κ_3。

(b) 利用(a)中求出的反射系数，为该过程建立一个三级格型预测器。

(c) 计算三级格型预测器每级输出预测误差的平均功率，画出预测误差功率对预测阶数的变化图，并对结果做出评价。

5. 考虑如图 P3.1 所描述的滤波器结构，其中延迟 Δ 是大于 1 的整数。请选择权向量 $\mathbf{w}$ 使得估计误差 $e(n)$ 的均方值最小。求 $\mathbf{w}(n)$ 的最优值。

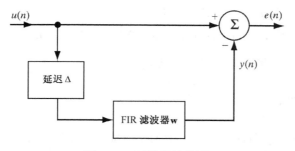

图 P3.1　滤波器结构图

6. 考虑由如下一阶差分方程

$$u(n) = 0.9u(n-1) + v(n)$$

产生的平稳自回归过程 $u(n)$ 的线性预测。其中，$v(n)$ 是零均值、方差为 1 的白噪声。

(a) 确定前向预测误差滤波器抽头权值 $a_{2,1}$ 和 $a_{2,2}$。

(b) 确定相应的格型预测器的反射系数 κ_1 和 κ_2。

对(a)和(b)的结果做出评价。

7. (a) 一个过程 $u_1(n)$ 由复包络为 α、角频率为 ω 的单一正弦函数过程和均值为零、方差为 σ_v^2 的加性白噪

声构成，即

$$u_1(n) = \alpha e^{j\omega n} + \nu(n)$$

其中

$$\mathbb{E}\big[|\alpha|^2\big] = \sigma_\alpha^2$$

且

$$\mathbb{E}\big[|\nu(n)|^2\big] = \sigma_\nu^2$$

该过程 $u_1(n)$ 应用于一个 M 阶线性预测器，并在均方误差意义上将其最优化。试解答如下问题：

(i) 计算 M 阶预测误差滤波器抽头权值及最终预测误差功率 P_M。

(ii) 计算相应的格型预测器的反射系数 $\kappa_1, \kappa_2, \cdots, \kappa_M$。

(iii) 当方差 σ_ν^2 趋于 0 时，(i)和(ii)的结果有何变动。

(b) 考虑如下 AR 过程

$$u_2(n) = -\alpha e^{j\omega} u_2(n-1) + \nu(n)$$

如前所述，这里 $\nu(n)$ 是零均值、方差为 σ_ν^2 的白噪声。假定 $0 < |\alpha| < 1$，但又非常接近于 1。过程 $u_2(n)$ 应用于一个 M 阶线性预测器，在均方误差意义上将其最优化。

(i) 计算新的 M 阶预测误差滤波器的抽头权值。

(ii) 计算对应的格型预测器的反射系数 $\kappa_1, \kappa_2, \cdots, \kappa_M$。

(c) 使用由(a)和(b)所得到的结果，比较 $u_1(n)$ 和 $u_2(n)$ 经过线性预测器后的异同之处。

8. 式(3.40)定义了前向线性预测的列文森-杜宾递推。通过首先重新排列抽头权向量 $\mathbf{a}_m$ 的元素，然后取其复共轭，重新表示出如式(3.42)所示的后向线性预测列文森-杜宾递推。

9. 从式(3.47)的定义 Δ_{m-1} 出发，证明 Δ_{m-1} 是带延迟的后向预测误差 $b_{m-1}(n-1)$ 与前向预测误差 $f_{m-1}(n)$ 的互相关。

10. 详细推演 Schur-Cohn 方法与式(3.97)～式(3.100)所概括的反向回归之间的关系。

11. 考虑一个二阶自回归过程 $u(n)$，其表达式如下

$$u(n) = u(n-1) - 0.5u(n-2) + \nu(n)$$

其中 $\nu(n)$ 是均值为零、方差为 0.5 的白噪声过程。

(a) 求 $u(n)$ 的均值。

(b) 求反射系数 κ_1 和 κ_2。

(c) 求平均预测误差功率 P_1 和 P_2。

12. 利用两个序列 $\{P_0, \kappa_1, \kappa_2\}$ 与 $\{r(0), r(1), r(2)\}$ 之间的一一对应关系，计算对应于上题中二阶自回归过程 $u(n)$ 的反射系数 κ_1 和 κ_2 的自相关函数 $r(1)$ 和 $r(2)$。

13. 在 3.4 节中，我们利用儒歇(Rouché)定理导出了一个预测误差滤波器的最小相位特性。在本题中，我们探讨这个性质的另一种推导方法——基于反证法的方法。考虑图 P3.2，预测误差滤波器(M 阶)表示为两个功能块的级联，其中一个的转移函数为 $C_i(z)$，另一个的转移函数为 $(1 - z_i z^{-1})$。令 $S(\omega)$ 表示预测误差滤波器输入过程 $u(n)$ 的功率谱密度。

(a) 证明前向预测误差 $f_M(n)$ 的均方值为

$$\varepsilon = \int_{-\pi}^{\pi} S(\omega) |C_i(e^{j\omega})|^2 \big[1 - 2\rho_i \cos(\omega - \omega_i) + \rho_i^2\big] d\omega$$

其中 $z_i = \rho_i e^{j\omega_i}$，并计算导数 $\partial \varepsilon / \partial \rho_i$。

（b）假定 $\rho_i > 1$，即零点位于单位圆之外。证明：在该条件下，$\partial\varepsilon/\partial\rho_i > 0$。当滤波器最佳工作时，这样的条件可行吗？根据这个回答，能得出什么结论？

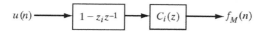

$$u(n) \longrightarrow \boxed{1 - z_i z^{-1}} \longrightarrow \boxed{C_i(z)} \longrightarrow f_M(n)$$

图 P3.2　M 阶预测误差滤波器示例

14. 当一个 M 阶自回归过程应用于同阶的前向误差滤波器时，其输出包含白噪声。证明当这个过程用于 M 阶后向预测误差滤波器时，其输出由白噪声的非因果实现组成。

15. 考虑实系数为 $a_{m,1}$，$a_{m,2}$，$\cdots$，$a_{m,m}$ 的前向预测滤波器。定义多项式 $\phi_m(z)$ 如下：

$$\sqrt{P_m}\,\phi_m(z) = z^m + a_{m,1}z^{m-1} + \cdots + a_{m,m}$$

其中 P_m 是 m 阶平均预测误差功率，z^{-1} 是单位延迟算子。［请注意 $\phi_m(z)$ 的定义与相应的滤波器传输函数 $H_{f,m}(z)$ 之间的差别。］滤波器系数与自相关序列 $r(0)$，$r(1)$，$\cdots$，$r(m)$ 之间呈现一一对应关系。现定义

$$S(z) = \sum_{i=-m}^{m} r(i) z^{-i}$$

证明

$$\frac{1}{2\pi j} \oint_{\mathscr{C}} \phi_m(z)\phi_k(z^{-1})S(z)\,\mathrm{d}z = \delta_{mk}$$

其中

$$\delta_{mk} = \begin{cases} 1 & k = m \\ 0 & k \neq m \end{cases}$$

是 Kronecker-δ 序列，路径 $\mathscr{C}$ 是单位圆。多项式 ϕ_m 称为 Szegö 多项式（见附录 A）。

16. 零均值广义平稳过程 $u(n)$ 通过 M 阶前向预测误差滤波器，产生输出 $f_M(n)$。相同的过程通过相应的后向预测误差滤波器，产生输出 $b_M(n)$。证明 $f_M(n)$ 和 $b_M(n)$ 具有完全相同的功率谱密度。

17. （a）构建习题 11 中二阶自回归过程 $u(n)$ 的两级格型预测器。

（b）给定白噪声 $\nu(n)$，构建自回归过程 $u(n)$ 的两级格型合成器。并将结果与习题 11 中过程 $u(n)$ 的二阶差分方程进行比较。

18. 考虑图 3.10 中重组的多级格型滤波器。利用 3.4 节中预测误差滤波器的性质 3 和性质 4，证明：

（a）从输入 $f_M(n) = \nu(n)$ 到输出 $u(n)$ 的电路构成 M 阶全极点滤波器，其中 $\nu(n)$ 是白噪声。

（b）从输入 $f_M(n)$ 到第二个输出 $b_M(n)$ 的电路构成全极点滤波器。

19. （a）考虑分解式（3.114）的矩阵乘积 **LR**，其中 **L** 为式（3.106）定义的 $(M+1) \times (M+1)$ 下三角矩阵，而 **R** 是 $(M+1) \times (M+1)$ 的相关矩阵。令 **Y** 为这两个矩阵的积，y_{mk} 是矩阵 **Y** 的第 m 行、第 k 列元素。证明

$$y_{mm} = P_m \qquad m = 0, 1, \cdots, M$$

其中 P_m 是 m 阶预测误差功率。

（b）证明矩阵 **Y** 的第 m 行是由自相关序列 $\{r(0), r(1), \cdots, r(m)\}$ 通过转移函数为 $H_{b,0}(z)$，$H_{b,1}(z)$，$\cdots$，$H_{b,m}(z)$ 的后向预测误差滤波器获得的。

（c）假定我们把自相关序列 $\{r(0), r(1), \cdots, r(m)\}$ 加到 m 阶格型预测器的输入端。证明出现在 m 时刻预测器低行（lower line）各点上的变量与矩阵 **Y** 的第 m 列元素相等。

（d）在上题的条件下，证明 m 时刻 m 级预测器的下部输出（lower output）为 P_m，而在 $m+1$ 时刻相同级

的上部输出(upper output)为 Δ_m^*；并回答两个输出的比值与第 $m+1$ 级的反射系数的关系如何？

(e) 利用(d)的结果，给出计算自相关序列的反射系数序列的一种递归算法。

20. 证明如下格型滤波器的相关特性：

(a)

$$\mathbb{E}\left[f_m(n)u^*(n-k)\right] = 0 \quad 1 \leqslant k \leqslant m$$

$$\mathbb{E}\left[b_m(n)u^*(n-k)\right] = 0 \quad 0 \leqslant k \leqslant m-1$$

(b)

$$\mathbb{E}\left[f_m(n)u^*(n)\right] = \mathbb{E}\left[b_m(n)u^*(n-m)\right] = P_m$$

(c)

$$\mathbb{E}\left[b_m(n)b_i^*(n)\right] = \begin{cases} P_m & m = i \\ 0 & m \neq i \end{cases}$$

(d)

$$\mathbb{E}\left[f_m(n)f_i^*(n-l)\right] = \mathbb{E}\left[f_m(n+l)f_i^*(n)\right] = 0 \quad \begin{aligned} &1 \leqslant l \leqslant m-i \\ &m > i \end{aligned}$$

$$\mathbb{E}\left[b_m(n)b_i^*(n-l)\right] = \mathbb{E}\left[b_m(n+l)b_i^*(n)\right] = 0 \quad \begin{aligned} &0 \leqslant l \leqslant m-i-1 \\ &m > i \end{aligned}$$

(e)

$$\mathbb{E}\left[f_m(n+m)f_i^*(n+i)\right] = \begin{cases} P_m & m = i \\ 0 & m \neq i \end{cases}$$

$$\mathbb{E}\left[b_m(n+m)b_i^*(n+i)\right] = P_m \quad m \geqslant i$$

(f)

$$\mathbb{E}\left[f_m(n)b_i^*(n)\right] = \begin{cases} \kappa_i^* P_m & m \geqslant i \\ 0 & m < i \end{cases}$$

21. 联合概率密度函数的随机输入向量 $\mathbf{u}(n)$ 的香农熵(Shannon entropy)由多重积分定义为

$$H_u = -\int_{-\infty}^{\infty} f_U(\mathbf{u}) \ln\left[f_U(\mathbf{u})\right] \mathrm{d}\mathbf{u}$$

后向预测误差向量 $\mathbf{b}(n)$ 与 $\mathbf{u}(n)$ 的关系由式(3.105)的格拉姆-施密特算法给出。证明向量 $\mathbf{b}(n)$ 和向量 $\mathbf{u}(n)$ 具有相同的熵，因此具有相同的信息量。

22. 考虑优化 m 级格型预测器的问题，其代价函数为

$$J_m(\kappa_m) = a\mathbb{E}\left[|f_m(n)|^2\right] + (1-a)\mathbb{E}\left[|b_m(n)|^2\right]$$

其中 a 是介于 0 和 1 之间的常数，$f_m(n)$ 和 $b_m(n)$ 分别是第 m 级输出的前向和后向预测误差。

(a) 证明 J_m 取最小值时，反射系数 κ_m 的最优值为

$$\kappa_{m,o}(a) = -\frac{\mathbb{E}\left[b_{m-1}(n-1)f_{m-1}^*(n)\right]}{(1-a)\mathbb{E}\left[|f_{m-1}(n)|^2\right] + a\mathbb{E}\left[|b_{m-1}(n-1)|^2\right]}$$

(b) 在下面三种条件下，计算 $\kappa_{m,o}(a)$

(1) $a = 1$

(2) $a = 2$

（3）$a = 1/2$

注意：当 $a = 1$ 时，代价函数可简化为

$$J_m(\kappa_m) = \mathbb{E}\big[|f_m(n)|^2\big]$$

我们把这个准则叫做前向方法。

当 $a = 0$ 时，代价函数可简化为

$$J_m(\kappa_m) = \mathbb{E}\big[|b_m(n)|^2\big]$$

我们把这个准则叫做后向方法。

当 $a = \dfrac{1}{2}$ 时，$\kappa_{m,o}(a)$ 公式变为 Burg 公式

$$\kappa_{m,o} = -\frac{2\,\mathbb{E}\big[b_{m-1}(n-1)f_{m-1}^*(n)\big]}{\mathbb{E}\big[|f_{m-1}(n)|^2 + |b_{m-1}(n-1)|^2\big]} \qquad m = 1, 2, \cdots, M$$

23. 设 $\kappa_{m,o}^{(1)}$ 和 $\kappa_{m,o}^{(0)}$ 是 m 级格型预测器反射系数 κ_m 的最优值，分别利用上题定义的前向法和后向法，证明如下问题：

（a）证明从 Burg 公式获得的 $\kappa_{m,o}$ 的最优值是 $\kappa_{m,o}^{(1)}$ 和 $\kappa_{m,o}^{(0)}$ 的调和均值，即

$$\frac{2}{\kappa_{m,o}} = \frac{1}{\kappa_{m,o}^{(1)}} + \frac{1}{\kappa_{m,o}^{(0)}}$$

（b）利用（a）的结果证明

$$|\kappa_{m,o}| \leqslant 1 \qquad \text{对于所有} m$$

（c）对于使用 Burg 公式的格型预测器，证明在 m 级输出前向和后向预测误差均方值与输入均方值的关系为

$$\mathbb{E}\big[|f_m(n)|^2\big] = (1 - |\kappa_{m,o}|^2)\mathbb{E}\big[|f_{m-1}(n)|^2\big]$$

及

$$\mathbb{E}\big[|b_m(n)|^2\big] = (1 - |\kappa_{m,o}|^2)\mathbb{E}\big[|b_{m-1}(n-1)|^2\big]$$

24. 根据 3.3 节的列文森–杜宾算法，m 级格型预测器反射系数 κ_m 可用等效集平均形式表示为

$$\kappa_m = -\frac{\mathbb{E}\big[b_{m-1}(n-1)f_{m-1}^*(n)\big]}{\mathbb{E}\big[|b_{m-1}(n-1)|^2\big]} = -\frac{\mathbb{E}\big[b_{m-1}(n-1)f_{m-1}^*(n)\big]}{\mathbb{E}\big[|f_{m-1}(n)|^2\big]}$$

$$= -\frac{\mathbb{E}\big[b_{m-1}(n-1)f_{m-1}^*(n)\big]}{\big(\mathbb{E}\big[|f_{m-1}(n)|^2\big]\mathbb{E}\big[|b_{m-1}(n-1)|^2\big]\big)^{1/2}}$$

作为一个结果，对于所有的 m，$|\kappa_m| \leqslant 1$。然而我们发现，当反射系数 κ_m 的估计基于有限数据时，只有最后这个公式的时间平均形式才能保证对于所有的 m，$|\kappa_m| \leqslant 1$。试证明上述结论的正确性。

25. 图 3.10 所示的全极点、全通格型滤波器要求实现如下转移函数

$$G(z) = \frac{z^2}{(1 - z/0.4)(1 + z/0.8)}$$

（a）确定该滤波器的反射系数 κ_1 和 κ_2。

（b）确定由这个格型滤波器实现的全通转移函数。

26. 在 3.9 节中，我们将全极点格型滤波器用做自回归过程的发生器。该滤波器也可以有效地用来计算相

对于 $r(0)$ 归一化的自相关序列 $r(1), r(2), \cdots, r(m)$。这一过程包括将格型后向滤波器的状态(即单位延迟元素)初始化为 $1, 0, \cdots, 0$ 并允许滤波器工作在零输入情况下。事实上,这个过程提供了式(3.67)的一个格型解释。它使得自相关序列 $\{r(0), r(1), \cdots, r(M)\}$ 与增广反射系数序列 $\{P_0, \kappa_1, \cdots, \kappa_M\}$ 有关。证明最终阶数 M 为如下取值时上述过程的正确性:

(a) $M = 1$;   (b) $M = 2$;   (c) $M = 3$

27. 图 3.13 的联合估计处理器使用后向预测误差作为计算期望响应 $d(n)$ 估值的基础。试解释在此处为什么使用后向预测误差,而不是前向预测误差。

28. 图 P3.3 给出一个零极点格型滤波器的模型。这个模型是一个如图 3.10 所示的扩展型的全极点、全通格型滤波器。该图实现了如下 M 个极点、M 个零点的转移函数

$$G(z) = G_0 \frac{\prod_{i=1}^{M}(1 - z/z_i)}{\prod_{i=1}^{M}(1 - z/p_i)}$$

其中 G_0 是标量因子。根据 3.9 节的讨论,如图 P3.3 的格型滤波器可以通过正确地选择反射系数 κ_1, $\kappa_2, \cdots, \kappa_M$ 实现 $G(z)$ 的极点:

(a) 已知转移函数 $G(z)$ 的极点位于 $p_1, p_2, \cdots, p_M$,给出求相应反射系数值的步骤。

(b) 给定 G_0 和转移函数 $G(z)$ 的零点位置 $z_1, z_2, \cdots, z_m$,给出计算回归系数 $h_0, h_1, \cdots, h_M$ 的步骤。

(c) 图 P3.3 所示的结构能够实现一个非最小相位转移函数吗? 验证你的答案。

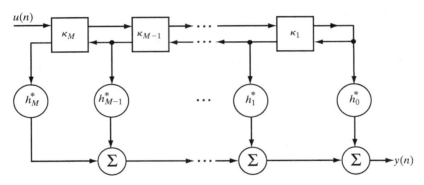

图 P3.3   零极点格型滤波器模型

29. 继续习题 28,确定图 P3.3 的零极点格型滤波器的反射系数和回归系数,以实现如下传输函数

(a) $G(z) = \dfrac{10(1 + z/0.1)(1 + z/0.6)}{(1 - z/0.4)(1 + z/0.8)}$ (b) $G(z) = \dfrac{10(1 + z + z^2)}{(1 - z/0.4)(1 + z/0.8)}$

(c) $G(z) = \dfrac{10(1 + z/0.6)(1 + z/1.5)}{(1 - z/0.4)(1 + z/0.8)}$ (d) $G(z) = \dfrac{10(1 + z + 0.5z^2)}{(1 - z/0.4)(1 + z/0.8)}$

30. 在本习题中,我们通过式(3.161)来导出式(3.159),以便计算离散全极点滤波器及相关的匹配条件。

(a) 令

$$A(\mathrm{e}^{\mathrm{j}\omega}) = \sum_{k=0}^{M} a_k \mathrm{e}^{-\mathrm{j}\omega k}$$

且

$$\hat{H}(\mathrm{e}^{\mathrm{j}\omega}) = \sum_{i=1}^{N} \hat{h}(i) \mathrm{e}^{-\mathrm{j}\omega i}$$

对于 $\omega = \omega_m$，从恒等式

$$\hat{H}(e^{j\omega_m})A(e^{j\omega_m}) = 1$$

出发，推导式(3.159)和式(3.160)。

(b) 令 $r(i)$ 表示对应于给定离散谱的自相关函数，并记 $\hat{r}(i)$ 为在与给定谱相同的离散频率点上抽样的全极点模型的自相关函数。同时令

$$D(\omega) = \left| A(e^{j\omega}) \right|^2$$

$$= \sum_{k=0}^{M} d_k \cos(\omega k)$$

其中

$$d_0 = \sum_{k=0}^{M} a_k^2$$

且

$$d_i = 2 \sum_{k=0}^{M-i} a_k a_{k+1} \qquad 1 \leqslant i \leqslant M$$

通过置

$$\frac{\partial D_{\text{IS}}}{\partial d_i} = 0 \qquad 对于 \ i = 0, 1, \cdots, M$$

其中 D_{IS} 表示离散型 Itakura-Saito 距离测量，推导相关匹配条件

$$\hat{r}(i) = r(i) \qquad 对于 \ 0 \leqslant i \leqslant M$$

尽管相关匹配条件提供了对 Itakura-Saito 距离测量应用的了解，但从计算的观点，应用最小化条件(El-Jaroudi & Makhoul, 1991)

$$\frac{\partial D_{\text{IS}}}{\partial a_i} = 0 \qquad 对于 \ i = 0, 1, \cdots, M$$

将更加有用。当式(3.158)中的 $D_{\text{IS}}(\mathbf{a})$ 由下式

$$S_k(\mathbf{a}) = \frac{1}{\left| \displaystyle\sum_{k=0}^{M} a_k e^{-j\omega k} \right|^2}$$

给出时，试利用它表征全极点模型，并由此导出式(3.161)。

第 4 章　最速下降法

本章通过描述一种古老的最优化技术即最速下降法（method of steepest descent）来研究基于梯度的自适应方法。这种方法是理解各种基于梯度的自适应方法的基础。

最速下降法可用反馈系统来表示，滤波器的计算是一步一步迭代进行的。从这个意义上讲，最速下降法是递归的。把这种方法应用于维纳滤波时，可得到一种能跟踪信号统计量随时间变化的算法，而不必在每次统计量变化时都求解维纳-霍夫方程。在平稳过程这个特殊情况下，给定任意初始抽头权向量，问题的解将随自适应循环次数的增加而改善。值得一提的重要一点是，在适当条件下，上述方法的解收敛于维纳解（即集平均误差曲面的极小点）而不需要求输入向量相关矩阵的逆矩阵。

4.1　最速下降算法的基本思想

考虑一个代价函数 $J(\mathbf{w})$，它是某个未知向量 $\mathbf{w}$ 的连续可微函数。函数 $J(\mathbf{w})$ 将 $\mathbf{w}$ 的元素映射为实数。这里，我们要寻找一个最优解 $\mathbf{w}_o$，使它满足如下条件

$$J(\mathbf{w}_o) \leqslant J(\mathbf{w}) \quad \text{对于所有} \mathbf{w} \tag{4.1}$$

这也是无约束最优化的数学表示。

特别适合于自适应滤波的一类无约束最优化算法基于局部迭代下降的思想：

从某一初始猜想 $\mathbf{w}(0)$ 出发，产生一系列权向量 $\mathbf{w}(1)$，$\mathbf{w}(2)$，$\cdots$，使得代价函数 $J(\mathbf{w})$ 在算法的每一次迭代都是下降的，即

$$J(\mathbf{w}(n+1)) < J(\mathbf{w}(n)) \tag{4.2}$$

其中 $\mathbf{w}(n)$ 是权向量的过去值，而 $\mathbf{w}(n+1)$ 是其更新值。

我们希望算法最终收敛到最优值 $\mathbf{w}_o$（这里之所以说"希望"，是因为如不采取特殊的预防措施，算法有可能发散）。

迭代下降的一种简单形式是最速下降法，该方法是沿最速下降方向[负梯度方向，即代价函数 $J(\mathbf{w})$ 的梯度向量 $\nabla J(\mathbf{w})$ 的反方向]连续调整权向量 $\mathbf{w}$。为方便起见，我们将梯度向量表示为

$$\mathbf{g} = \nabla J(\mathbf{w}) = \frac{\partial J(\mathbf{w})}{\partial \mathbf{w}} \tag{4.3}$$

因此，最速下降算法可以表示为

$$\mathbf{w}(n+1) = \mathbf{w}(n) - \frac{1}{2}\mu\mathbf{g}(n) \tag{4.4}$$

其中 n 表示自适应循环（即迭代过程中的每一步），μ 是正常数，称为步长参数，1/2 因子的引入是为了数学上处理方便。在从自适应循环 n 到自适应循环 $n+1$ 的迭代中，权向量的调整量为

$$\delta \mathbf{w}(n) = \mathbf{w}(n+1) - \mathbf{w}(n)$$
$$= -\frac{1}{2}\mu \mathbf{g}(n) \tag{4.5}$$

为了证明最速下降算法满足式(4.2)，在 $\mathbf{w}(n)$ 处进行一阶泰勒(Taylor)展开，得到

$$J(\mathbf{w}(n+1)) \approx J(\mathbf{w}(n)) + \mathbf{g}^{\mathrm{H}}(n)\delta \mathbf{w}(n) \tag{4.6}$$

此式对于 μ 较小时是成立的，其中上标 H 表示埃尔米特转置（即复共轭转置）。在式(4.6)中假设 $\mathbf{w}$ 为复值向量，因而梯度向量 $\mathbf{g}$ 也为复值向量，所以使用埃尔米特转置。将式(4.5)用到式(4.6)中，得到

$$J(\mathbf{w}(n+1)) \approx J(\mathbf{w}(n)) - \frac{1}{2}\mu \|\mathbf{g}(n)\|^2$$

这表明当 μ 为正数时，$J(\mathbf{w}(n+1)) < J(\mathbf{w}(n))$。因此，随着 n 的增加，代价函数 $J(n)$ 减小；当 $n = \infty$ 时，代价函数趋于最小值 $J_{\min}$。

4.2　最速下降算法应用于维纳滤波器

考虑一个 FIR 滤波器，其抽头输入为 $u(n), u(n-1), \cdots, u(n-M+1)$，对应的抽头权值为 $w_0(n), w_1(n), \cdots, w_{M-1}(n)$。抽头输入是来自零均值、相关矩阵为 $\mathbf{R}$ 的广义平稳随机过程的抽样值。除了这些输入外，滤波器还需要一个期望响应 $d(n)$，以便为最优滤波提供一个参考。图 4.1 描述了这个滤波过程。

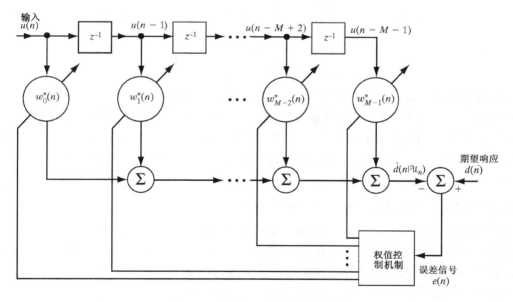

图 4.1　自适应 FIR 滤波器的结构

在时刻 n 抽头输入向量表示为 $\mathbf{u}(n)$，滤波器输出端期望响应的估计值为 $\hat{d}(n|\mathcal{U}_n)$，其中 $\mathcal{U}_n$ 是由抽头输入 $u(n), u(n-1), \cdots, u(n-M+1)$ 所张成的空间。通过比较期望响应 $d(n)$ 及其估计值，可以得到一个估计误差 $e(n)$，即

$$e(n) = d(n) - \hat{d}(n | \mathcal{U}_n)$$
$$= d(n) - \mathbf{w}^{\mathrm{H}}(n)\mathbf{u}(n) \tag{4.7}$$

这里 $\mathbf{w}^{\mathrm{H}}(n)\mathbf{u}(n)$ 是抽头权向量 $\mathbf{w}(n)$ 与抽头输入向量 $\mathbf{u}(n)$ 的内积。$\mathbf{w}(n)$ 可进一步表示为

$$\mathbf{w}(n) = [w_0(n), w_1(n), \cdots, w_{M-1}(n)]^{\mathrm{T}}$$

其中上标 T 表示转置,且抽头输入向量 $\mathbf{u}(n)$ 可表示为

$$\mathbf{u}(n) = [u(n), u(n-1), \cdots, (n-M+1)]^{\mathrm{T}}$$

如果抽头输入向量 $\mathbf{u}(n)$ 和期望响应 $d(n)$ 是联合平稳的,此时均方误差或者在时刻 n 的代价函数 $J(\mathbf{w}(n))$[或 $J(n)$]是抽头权向量的二次函数,于是可以得到[见式(2.50)]

$$J(n) = \sigma_d^2 - \mathbf{w}^{\mathrm{H}}(n)\mathbf{p} - \mathbf{p}^{\mathrm{H}}\mathbf{w}(n) + \mathbf{w}^{\mathrm{H}}(n)\mathbf{R}\mathbf{w}(n) \tag{4.8}$$

其中,

$\sigma_d^2 = $ 目标函数 $d(n)$ 的方差

$\mathbf{p} = $ 抽头输入向量 $\mathbf{u}(n)$ 与期望响应 $d(n)$ 的互相关向量

$\mathbf{R} = $ 抽头输入向量 $\mathbf{u}(n)$ 的相关矩阵

由第 2 章可知,梯度向量可写为

$$\nabla J(n) = \begin{bmatrix} \dfrac{\partial J(n)}{\partial a_0(n)} + \mathrm{j}\dfrac{\partial J(n)}{\partial b_0(n)} \\ \dfrac{\partial J(n)}{\partial a_1(n)} + \mathrm{j}\dfrac{\partial J(n)}{\partial b_1(n)} \\ \vdots \\ \dfrac{\partial J(n)}{\partial a_{M-1}(n)} + \mathrm{j}\dfrac{\partial J(n)}{\partial b_{M-1}(n)} \end{bmatrix} = -2\mathbf{p} + 2\mathbf{R}\mathbf{w}(n) \tag{4.9}$$

其中在列向量中 $\partial J(n)/\partial a_k(n)$ 和 $\partial J(n)/\partial b_k(n)$ 分别是代价函数 $J(n)$ 对第 k 个抽头权值 $w_k(n)$ 的实部 $a_k(n)$ 和虚部 $b_k(n)$ 的偏导数,$k = 1, 2, \cdots, M-1$。对最速下降算法应用而言,假设式(4.9)中的相关矩阵 $\mathbf{R}$ 和互相关向量 $\mathbf{p}$ 已知,则对于给定的抽头权向量 $\mathbf{w}(n)$,可以计算出梯度向量 $\nabla J(n)$。因此,将式(4.9)代入式(4.4),可得更新的抽头向量 $\mathbf{w}(n+1)$ 为

$$\mathbf{w}(n+1) = \mathbf{w}(n) + \mu[\mathbf{p} - \mathbf{R}\mathbf{w}(n)] \qquad n = 0, 1, 2, \cdots \tag{4.10}$$

它描述了维纳滤波中最速下降算法的数学表达式。

根据式(4.10),在时刻 $n+1$ 加到抽头权向量的调整量 $\delta\mathbf{w}(n)$ 等于 $\mu[\mathbf{p} - \mathbf{R}\mathbf{w}(n)]$。这个调整量也可以表示成抽头输入向量 $\mathbf{u}(n)$ 和估计误差 $e(n)$ 内积期望的 μ 倍(详见习题7)。这表明可以用一组互相关器来计算抽头权向量 $\mathbf{w}(n)$ 的校正量 $\delta\mathbf{w}(n)$,如图 4.2 所示。在这幅图中,校正向量 $\delta\mathbf{w}(n)$ 可用 $\delta w_0(n), \delta w_1(n), \cdots, \delta w_{M-1}(n)$ 表示。

从另一个角度,我们可以将式(4.10)的最速下降算法看做一个反馈模型,如图 4.3 的信号流图所示。图中每个节点的"信号"都由向量组成,图中每一分支的传递系数(transmittance)或者为标量,或者为平方矩阵,从这个意义上讲该模型是多维的。对于图中的每一分支,信号向量流出等于信号向量流入与分支传递系数矩阵的乘积。对于并行连接的两个分支,整个传递系数矩阵等于各个分支传递系数矩阵的和。对于级联的两个分支,总的传递系

数矩阵等于按有关分支次序排列的各个传递系数矩阵的乘积。最后，符号 z^{-1} 是一个单位延迟符号，$z^{-1}\mathbf{I}$ 是代表某一自适应循环时延的单位延迟分支的传递系数矩阵。

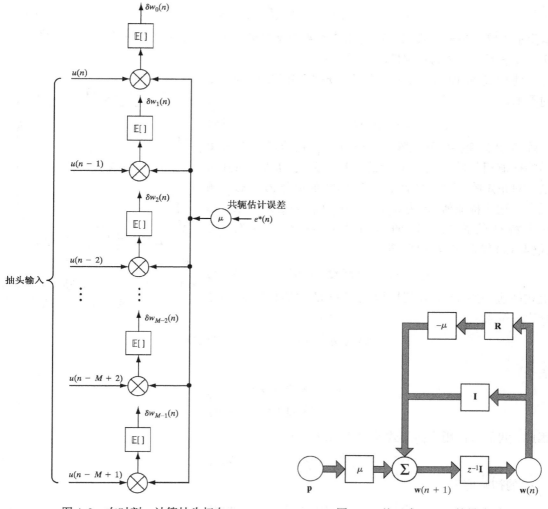

图 4.2　在时刻 n 计算抽头权向　　　　图 4.3　基于式(4.10)的最速下
　　　　量各元素的互相关器组　　　　　　　　　　降算法的信号流图表示

4.3　最速下降算法的稳定性

因为最速下降算法含有反馈，如图 4.3 的模型所示，这个算法就有不稳定的可能性。由图中的反馈模型可以看出，该算法的稳定性取决于两个因素：(1)步长参数 μ；(2)抽头输入向量 $\mathbf{u}(n)$ 的相关矩阵 $\mathbf{R}$。这两个参数完全决定了反馈环的转移函数。为了得到最速下降算法的稳定性条件，我们研究算法的自然模型(Widrow, 1970)。特别地，我们用特征值和特征向量来表示相关矩阵 $\mathbf{R}$ 以便定义抽头加权向量的变换形式。

在开始分析时，首先定义时刻 n 的加权误差向量

$$\mathbf{c}(n) = \mathbf{w}_o - \mathbf{w}(n) \qquad (4.11)$$

其中 $\mathbf{w}_o$ 是由维纳-霍夫方程(2.34)定义的抽头权向量的最优值。然后,消去式(2.34)与式(4.10)之间的互相关向量 $\mathbf{p}$,并按照加权误差向量 $\mathbf{c}(n)$ 重写该结果,可得

$$\mathbf{c}(n+1) = (\mathbf{I} - \mu\mathbf{R})\mathbf{c}(n) \tag{4.12}$$

这里 $\mathbf{I}$ 为单位矩阵。式(4.12)可由图 4.4 的反馈模型来表示。此图再一次强调了这样一个事实:最速下降算法的稳定性取决于 μ 和 $\mathbf{R}$。

使用特征值分解,可将相关矩阵 $\mathbf{R}$ 表示为(见附录 E)

$$\mathbf{R} = \mathbf{Q}\mathbf{\Lambda}\mathbf{Q}^{\mathrm{H}} \tag{4.13}$$

矩阵 $\mathbf{Q}$ 称为变换的酉矩阵(unitary matrix),具有与矩阵 $\mathbf{R}$ 的特征值相关的一组正交特征向量作为它的列。矩阵 $\mathbf{\Lambda}$ 是一对角矩阵,而且具有矩阵 $\mathbf{R}$ 的特征值作为它的对角元素。这些特征值(记为 $\lambda_1, \lambda_2, \cdots, \lambda_M$)都是正实数。每一个特征值都与特征向量或矩阵 $\mathbf{Q}$ 的列有关。将式(4.13)代入式(4.12),得

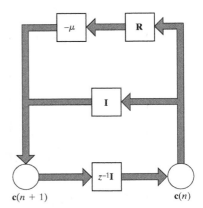

图 4.4　基于式(4.12)的加权误差向量的最速下降算法的信号流图

$$\mathbf{c}(n+1) = (\mathbf{I} - \mu\mathbf{Q}\mathbf{\Lambda}\mathbf{Q}^{\mathrm{H}})\mathbf{c}(n) \tag{4.14}$$

上式两边左乘 $\mathbf{Q}^{\mathrm{H}}$,并利用酉矩阵 $\mathbf{Q}$ 的性质(即 $\mathbf{Q}^{\mathrm{H}}$ 等于 $\mathbf{Q}^{-1}$),可得

$$\mathbf{Q}^{\mathrm{H}}\mathbf{c}(n+1) = (\mathbf{I} - \mu\mathbf{\Lambda})\mathbf{Q}^{\mathrm{H}}\mathbf{c}(n) \tag{4.15}$$

定义

$$\begin{aligned} \mathbf{v}(n) &= \mathbf{Q}^{\mathrm{H}}\mathbf{c}(n) \\ &= \mathbf{Q}^{\mathrm{H}}[\mathbf{w}_o - \mathbf{w}(n)] \end{aligned} \tag{4.16}$$

因此,我们可以用变换形式重写式(4.14)为

$$\mathbf{v}(n+1) = (\mathbf{I} - \mu\mathbf{\Lambda})\mathbf{v}(n) \tag{4.17}$$

$\mathbf{v}(n)$ 的初始值为

$$\mathbf{v}(0) = \mathbf{Q}^{\mathrm{H}}[\mathbf{w}_o - \mathbf{w}(0)] \tag{4.18}$$

假设初始抽头加权向量为零,则式(4.18)变为

$$\mathbf{v}(0) = \mathbf{Q}^{\mathrm{H}}\mathbf{w}_o \tag{4.19}$$

对于最速下降算法的第 k 个自然模式,我们有

$$v_k(n+1) = (1 - \mu\lambda_k)v_k(n) \quad k = 1, 2, \cdots, M \tag{4.20}$$

其中 λ_k 是相关矩阵 $\mathbf{R}$ 的第 k 个特征值。式(4.20)可用图 4.5 所示的标量值反馈模型来表示,z^{-1} 表示单位延迟。很明显,这个模型的结构要比先前图 4.3 的矩阵值的反馈模型简单。这两个模型虽然表现形式不一样,但它们是等效的。

式(4.20)是一阶齐次差分方程,假设 $v_k(n)$ 有初始值 $v_k(0)$,则很容易得到它的解为

$$v_k(n) = (1 - \mu\lambda_k)^n v_k(0) \quad k = 1, 2, \cdots, M \tag{4.21}$$

由于相关矩阵 $\mathbf{R}$ 的所有特征值都是正实数,故响应 $v_k(n)$ 将不会振荡。此外,如图 4.6 所示,

式(4.21)产生的数构成一个公比为 $1 - \mu\lambda_k$ 的几何级数。为了满足最速下降算法的稳定性或收敛性,对所有 k,几何级数的公比的值应小于 1。也就是说,我们有

$$-1 < 1 - \mu\lambda_k < 1 \quad 对于所有 k$$

则随着自适应循环次数 n 趋近无穷时,最速下降算法的所有自然模式将消失,而不管初始条件怎么样。这等于说,当自适应循环次数 n 趋近无穷时,抽头加权向量 $\mathbf{w}(n)$ 逼近最优解 $\mathbf{w}_o$。

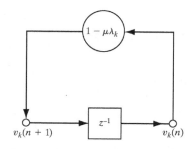

图 4.5　基于式(4.20)的最速下降算法
的第 k 个自然模式的信号流图

由于相关矩阵 $\mathbf{R}$ 的所有特征值都是正实数,由此得出,最速下降算法稳定的充分和必要条件是步长因子 μ 满足不等式

$$0 < \mu < \frac{2}{\lambda_{\max}} \tag{4.22}$$

其中 $\lambda_{\max}$ 是相关矩阵 $\mathbf{R}$ 的最大特征值。

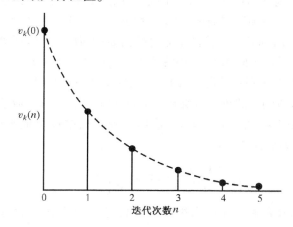

图 4.6　最速下降算法的第 k 个自然模式随时间变化的情况(设 $1 - \mu\lambda_k$ 小于 1)

由图 4.6 可见,假设单位时间就是一个自适应循环的持续时间,而且选择可用时间常数 τ_k 使得

$$1 - \mu\lambda_k = \exp\left(-\frac{1}{\tau_k}\right)$$

则 τ_k 的指数包络拟合几何级数。因而,第 k 个常数可按照步长参数 μ 和第 k 个特征值表示为

$$\tau_k = \frac{-1}{\ln\left(1 - \mu\lambda_k\right)} \tag{4.23}$$

τ_k 定义了第 k 个自然模式 $v_k(n)$ 衰减为其初始值 $v_k(0)$ 的 $1/e$ 时所需要的自适应循环次数,这里 e 是自然对数的底。对于慢自适应的特殊情况,步长参数 μ 很小,则

$$\tau_k \approx \frac{1}{\mu\lambda_k} \qquad \mu \ll 1 \tag{4.24}$$

现在,我们可以表示初始抽头权向量 $\mathbf{w}(n)$ 的瞬态特性。特别地,在式(4.16)两边左乘以 $\mathbf{Q}$,使用 $\mathbf{Q}\mathbf{Q}^{\mathrm{H}} = \mathbf{I}$ 的特性,可得

$$\mathbf{w}(n) = \mathbf{w}_o - \mathbf{Q}\mathbf{v}(n)$$

$$= \mathbf{w}_o - [\mathbf{q}_1, \mathbf{q}_2, \cdots, \mathbf{q}_M] \begin{bmatrix} v_1(n) \\ v_2(n) \\ \vdots \\ v_M(n) \end{bmatrix} \tag{4.25}$$

$$= \mathbf{w}_o - \sum_{k=1}^{M} \mathbf{q}_k v_k(n)$$

这里 $\mathbf{q}_1$，$\mathbf{q}_2$，$\cdots$，$\mathbf{q}_M$ 是与相关矩阵 $\mathbf{R}$ 的特征值 λ_1，λ_2，$\cdots$，λ_M 对应的特征向量，第 k 个自然模式 $v_k(n)$ 由式(4.21)定义。将式(4.21)代入式(4.25)，第 i 个抽头权值的瞬态特性可表示为

$$w_i(n) = w_{oi} - \sum_{k=1}^{N} q_{ki} v_k(0)(1 - \mu\lambda_k)^n \qquad i = 1, 2, \cdots, M \tag{4.26}$$

其中 w_{oi} 是第 i 个抽头权值最优值，q_{ki} 是第 k 个特征向量 $\mathbf{q}_k$ 的第 i 个分量。

式(4.26)表明，最速下降算法中每一个抽头权值收敛于指数形式 $(1 - \mu\lambda_k)^n$ 的加权和。达到其初始值的 $1/e$ 时每一项所需要的时间 τ_k 由式(4.23)给出。然而，整个时间常数 τ_a，定义为式(4.26)中和项衰落到其初始值的 $1/e$ 时所需要的时间，不能用类似于式(4.23)的简单闭式来表示。不过，除了与矩阵 $\mathbf{R}$ 的最小特征值 $\lambda_{\min}$ 相对应的模式外，当 $q_{ki} v_k(0)$ 为零(对所有 k)时，可获得最低收敛速率；因此，τ_a 的上界可定义为 $-1/\ln(1 - \mu\lambda_{\min})$。而除了与矩阵 $\mathbf{R}$ 的最大特征值 $\lambda_{\max}$ 相对应的模式外，当所有 $q_{ki} v_k(0)$ 为零时，可达到最高收敛速率；于是，τ_a 的下界可定义为 $-1/\ln(1 - \mu\lambda_{\max})$。因此，最速下降算法中任意抽头权值的时间常数 τ_a 的上、下界定义如下(*Griffiths*, 1975)：

$$\frac{-1}{\ln(1 - \mu\lambda_{\max})} \leqslant \tau_a \leqslant \frac{-1}{\ln(1 - \mu\lambda_{\min})} \tag{4.27}$$

由此可见，当相关矩阵 $\mathbf{R}$ 的特征值分布很广(即抽头输入相关矩阵病态)时，最速下降算法的完成时间受到最小特征值(或最小模式)的限制。

4.3.1　均方误差的瞬态特性

通过观察均方误差 $J(n)$ 的瞬态特性，可以进一步深刻了解最速下降算法的运行过程。根据式(2.56)，有

$$J(n) = J_{\min} + \sum_{k=1}^{M} \lambda_k |v_k(n)|^2 \tag{4.28}$$

其中 $J_{\min}$ 是最小均方误差。第 k 个自然模式 $v_k(n)$ 由式(4.21)定义，故将式(4.21)代入式(4.28)，可得

$$J(n) = J_{\min} + \sum_{k=1}^{M} \lambda_k (1 - \mu\lambda_k)^{2n} |v_k(0)|^2 \tag{4.29}$$

其中 $v_k(0)$ 是 $v_k(n)$ 的初始值。当算法收敛时[即 μ 满足式(4.22)]，无论什么初始条件，都有

$$\lim_{n \to \infty} J(n) = J_{\min} \tag{4.30}$$

描述自适应循环次数 n 与均方误差 $J(n)$ 关系的曲线称为学习曲线。由式(4.29)可知：

最速下降算法学习曲线由一组指数和组成，每一指数对应算法的一个自然模式。

一般来说，自然模式数等于抽头权值数。从初始值 $J(0)$ 到最终值 $J_{\min}$，第 k 个自然模式指数衰减的时间常数为

$$\tau_{k,\mathrm{mse}} \approx \frac{-1}{2\ln(1 - \mu\lambda_k)} \tag{4.31}$$

当步长参数 μ 较小时，时间常数近似为

$$\tau_{k,\mathrm{mse}} \approx \frac{1}{2\mu\lambda_k} \tag{4.32}$$

式(4.32)表明，步长参数 μ 越小，最速下降算法中每一个自然模式的衰减速率越慢。

4.4 示例

在这个示例中，我们考察最速下降算法用于预测器时的瞬态特性，该预测器运行在实值自回归(AR)过程中。图 4.7 给出了预测器的结构，假设它包含两个抽头权值 $w_1(n)$ 和 $w_2(n)$，这两个抽头权值对自适应循环次数 n 的依赖性突显出预测器的瞬态特性。AR 过程 $u(n)$ 可以用二阶差分方程描述为

$$u(n) + a_1u(n - 1) + a_2u(n - 2) = \nu(n) \tag{4.33}$$

其中抽样值 $\nu(n)$ 来自零均值、方差为 σ_ν^2 的白噪声过程。自回归参数 a_1 和 a_2 的选择应使得如下特征方程

$$1 + a_1z^{-1} + a_2z^{-2} = 0$$

的根为复数值，即 $a_1^2 < 4a_2$。a_1 和 a_2 的特定值由其相关矩阵的特征值扩散度(即条件数) $\chi(\mathbf{R})$ 所决定。对于特定的 a_1 和 a_2，白噪声 $\nu(n)$ 的方差 σ_ν^2 应使得过程 $u(n)$ 具有方差 $\sigma_u^2 = 1$。

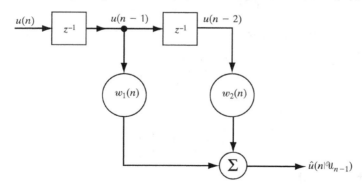

图 4.7 实数输入的两个抽头预测器

计算最速下降算法瞬态特性要求满足如下条件：

- 改变特征值扩散度 $\chi(\mathbf{R})$，而固定步长参数 μ。
- 改变步长参数 μ，而固定特征值扩散度 $\chi(\mathbf{R})$。

4.4.1　AR 过程的特征

因为图 4.7 的预测器有两个抽头权值且 AR 过程 $u(n)$ 是实数值的, 故抽头输入相关矩阵 $\mathbf{R}$ 是一个 2×2 的对称矩阵, 即

$$\mathbf{R} = \begin{bmatrix} r(0) & r(1) \\ r(1) & r(0) \end{bmatrix}$$

其中(见第 1 章)

$$r(0) = \sigma_u^2$$

和

$$r(1) = -\frac{a_1}{1 + a_2} \sigma_u^2$$

且

$$\sigma_u^2 = \left(\frac{1 + a_2}{1 - a_2} \right) \frac{\sigma_v^2}{(1 + a_2)^2 - a_1^2}$$

矩阵 $\mathbf{R}$ 的两个特征值为

$$\lambda_1 = \left(1 - \frac{a_1}{1 + a_2} \right) \sigma_u^2$$

和

$$\lambda_2 = \left(1 + \frac{a_1}{1 + a_2} \right) \sigma_u^2$$

因此, 矩阵 $\mathbf{R}$ 的特征值扩散度(假设 a_1 为负数)为

$$\chi(\mathbf{R}) = \frac{\lambda_1}{\lambda_2} = \frac{1 - a_1 + a_2}{1 + a_1 + a_2}$$

对应于特征值 λ_1 和 λ_2 的特征向量分别为

$$\mathbf{q}_1 = \frac{1}{\sqrt{2}} \begin{bmatrix} 1 \\ 1 \end{bmatrix}$$

和

$$\mathbf{q}_2 = \frac{1}{\sqrt{2}} \begin{bmatrix} 1 \\ -1 \end{bmatrix}$$

它们均已对单位长度归一化。

4.4.2　实验 1——变化特征值扩散度

在这个实验中步长参数 μ 固定为 0.3, 我们对表 4.1 的四组 AR 参数进行评估。

对给定的一组参数, 我们使用变换的抽头权值误差 $v_1(n)$ 相对于 $v_2(n)$ 的二维图来显示最速下降算法的瞬态特性。特别地, 利用式(4.21), 得

$$\mathbf{v}(n) = \begin{bmatrix} v_1(n) \\ v_2(n) \end{bmatrix}$$

$$= \begin{bmatrix} (1 - \mu\lambda_1)^n v_1(0) \\ (1 - \mu\lambda_2)^n v_2(0) \end{bmatrix} \qquad n = 1, 2, \cdots \tag{4.34}$$

表 4.1 表征二阶 AR 建模问题的参数值小结

组别	AR 参数值		特征值		特征值扩散度	最小均方误差
	a_1	a_2	λ_1	λ_2	$\chi = \lambda_1/\lambda_2$	$J_{\min} = \sigma_\nu^2$
1	−0.1950	0.95	1.1	0.9	1.22	0.0965
2	−0.9750	0.95	1.5	0.5	3	0.0731
3	−1.5955	0.95	1.818	0.182	10	0.0322
4	−1.9114	0.95	1.957	0.0198	100	0.0038

为了计算初始值 $\mathbf{v}(0)$，我们使用式(4.19)，假设抽头权向量 $\mathbf{w}(n)$ 的初始值 $\mathbf{w}(0)$ 为零。这个公式需要知道最优抽头权向量 $\mathbf{w}_o$ 的信息。当优化图 4.7 的两个抽头预测器时，将式(4.33)的二阶 AR 过程用于抽头输入，可求出最优抽头权向量

$$\mathbf{w}_o = \begin{bmatrix} -a_1 \\ -a_2 \end{bmatrix}$$

及最小均方误差

$$J_{\min} = \sigma_\nu^2$$

因此，利用式(4.19)，可得初始值

$$\mathbf{v}(0) = \begin{bmatrix} v_1(0) \\ v_2(0) \end{bmatrix}$$

$$= \frac{1}{\sqrt{2}} \begin{bmatrix} 1 & 1 \\ 1 & -1 \end{bmatrix} \begin{bmatrix} -a_1 \\ -a_2 \end{bmatrix} \tag{4.35}$$

$$= \frac{-1}{\sqrt{2}} \begin{bmatrix} a_1 + a_2 \\ a_1 - a_2 \end{bmatrix}$$

于是，对于特定的参数，用式(4.35)计算出初始值 $\mathbf{v}(0)$，再用式(4.34)计算 $\mathbf{v}(1), \mathbf{v}(2), \cdots$，并连接 $\mathbf{v}(n)$ 这些随着 n 变化而变化的点，即得特定参数集情况下描述最速下降算法瞬态特性的轨迹。

在 $v_2(n)$ 相对于 $v_1(n)$ 的二维图中，推断当固定的 n 时式(4.28)所表示的轨迹是很有益的。在这个示例中，由式(4.28)得到

$$J(n) - J_{\min} = \lambda_1 v_1^2(n) + \lambda_2 v_2^2(n) \tag{4.36}$$

当 $\lambda_1 = \lambda_2$ 且 n 固定时，式(4.36)表示一个圆，其中心在初始点，半径等于 $[J(n) - J_{\min}]/\lambda$ 的平方根，其中 λ 是两个特征值的共同值。当 $\lambda_1 \neq \lambda_2$ 且 n 固定时，式(4.36)表示一个椭圆，其长轴为 $[J(n) - J_{\min}]/\lambda_2$ 的平方根，短轴为 $[J(n) - J_{\min}]/\lambda_1$ 的平方根，$\lambda_1 > \lambda_2$。

情况 1：特征值扩散度 $\chi(\mathbf{R}) = 1.22$

在表 4.1 的第一组参数的条件下，特征值扩散度 $\chi(\mathbf{R}) = 1.22$。也就是说，特征值 λ_1 和 λ_2 几乎相等。将这些参数代入式(4.34)和式(4.35)，可得 n 变动时 $[v_1(n), v_2(n)]$ 的轨迹，

如图4.8(a)所示。在式(4.36)中使用同样的参数，可得对应于 $n = 0,1,2,3,4,5, J(n)$ 取固定值时的近似圆周轨迹。

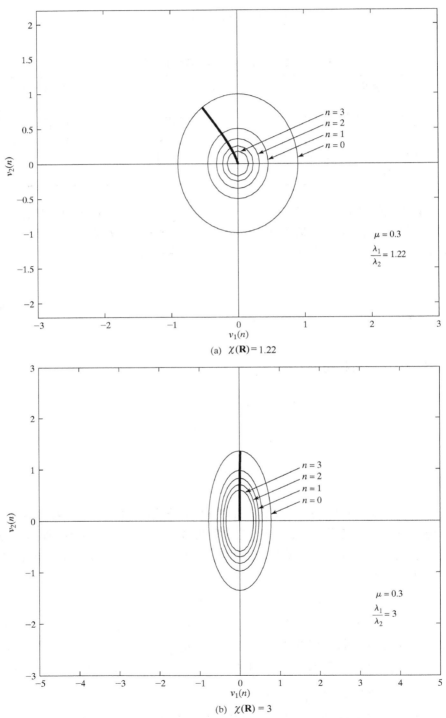

(a) $\chi(\mathbf{R}) = 1.22$

(b) $\chi(\mathbf{R}) = 3$

图 4.8　最速下降算法中 $v_2(n)$ 相对于 $v_1(n)$ 的轨迹图

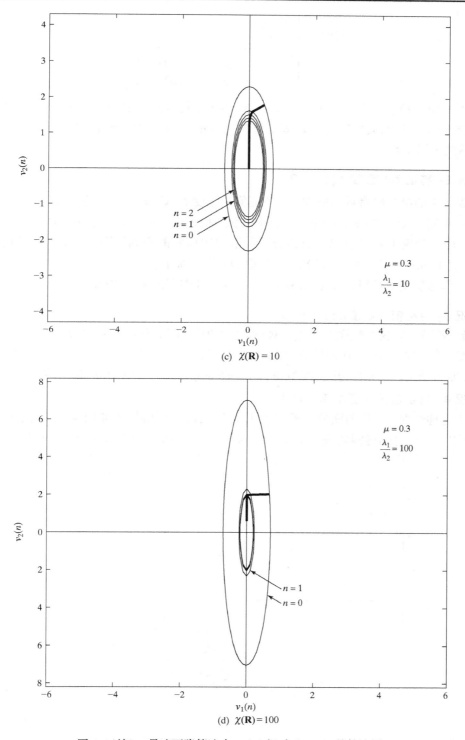

图 4.8(续)　最速下降算法中 $v_2(n)$ 相对于 $v_1(n)$ 的轨迹图

通过描述抽头权值 $w_2(n)$ 相对于 $w_1(n)$ 的曲线，亦可得到最速下降算法的瞬态特性。特别是对于本例，利用式(4.25)可得抽头权向量

$$\mathbf{w}(n) = \begin{bmatrix} w_1(n) \\ w_2(n) \end{bmatrix}$$

$$= \begin{bmatrix} -a_1 - (v_1(n) + v_2(n))/\sqrt{2} \\ -a_2 - (v_1(n) - v_2(n))/\sqrt{2} \end{bmatrix} \qquad (4.37)$$

应用式(4.37),可得 n 变动时 $[w_1(n),w_2(n)]$ 的轨迹,如图 4.9(a)所示。这里已经包含了对应于 $n=0,1,2,3,4,5,J(n)$ 取固定值时 $[w_1(n),w_2(n)]$ 的轨迹。要注意这些轨迹是椭圆,而不同于图 4.8(a)。

情况 2:特征值扩散度 $\chi(\mathbf{R})=3$

在表 4.1 的第二组参数的条件下,特征值扩散度 $\chi(\mathbf{R})=3$,将这些参数代入式(4.34)和式(4.35)可得 n 变动时 $[v_1(n),v_2(n)]$ 的轨迹,如图 4.8(b)所示。在式(4.36)中使用同样的参数,可得对应于 $n=0,1,2,3,4,5,J(n)$ 取固定值时的椭圆轨迹。注意,对于这组参数,初始值 $v_2(0)$ 几乎为零,因此初始值 $v(0)$ 实际位于 v_1 轴上。

当 n 作为变动参数时,对应的 $[w_1(n),w_2(n)]$ 的轨迹如图 4.9(b)所示。

情况 3:特征值扩散度 $\chi(\mathbf{R})=10$

在此条件下,将这些参数代入式(4.34)和式(4.35),可得图 4.8(c)中 $[v_1(n),v_2(n)]$ 随 n 变动的轨迹。在式(4.36)中使用同样的参数,可得对应于 $n=0,1,2,3,4,5,J(n)$ 取固定值时包括在该图中的椭圆轨迹。当 n 作为变动参数时,对应的 $[w_1(n),w_2(n)]$ 的轨迹如图 4.9(c)所示。

情况 4:特征值扩散度 $\chi(\mathbf{R})=100$

对于这种情况,应用前面的式子,可得 $[v_1(n),v_2(n)]$ 的轨迹如图 4.8(d)所示,还可得到 $J(n)$ 取固定值时的椭圆轨迹;而 $[w_1(n),w_2(n)]$ 的相应轨迹如图 4.9(d)所示。

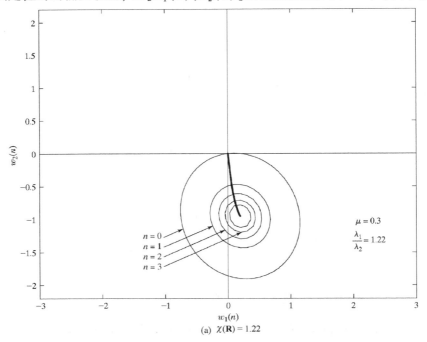

(a) $\chi(\mathbf{R})=1.22$

图 4.9   最速下降算法中 $w_1(n)$ 与 $w_2(n)$ 的轨迹图

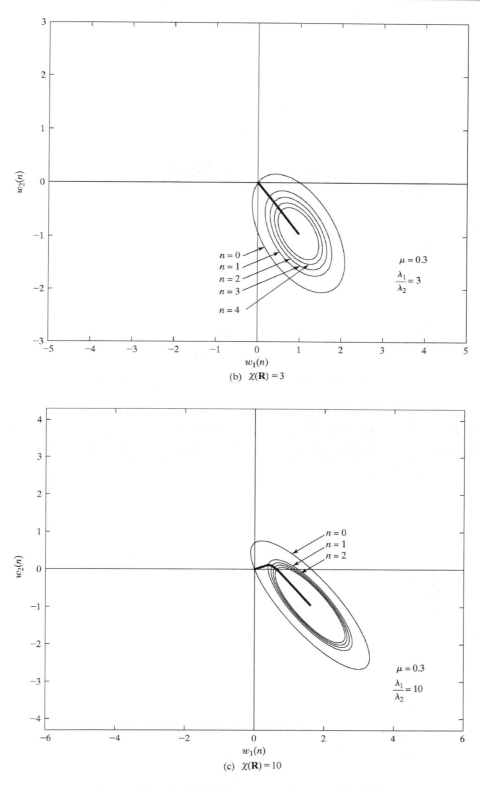

(b)　$\chi(\mathbf{R}) = 3$

(c)　$\chi(\mathbf{R}) = 10$

图 4.9(续)　最速下降算法中 $w_1(n)$ 与 $w_2(n)$ 的轨迹图

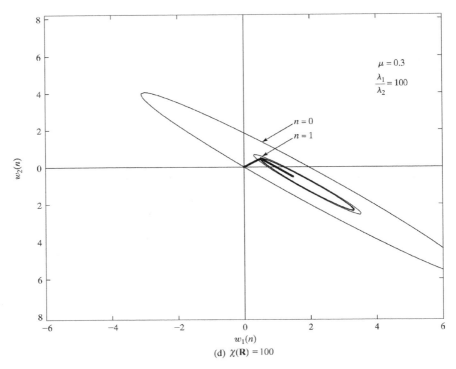

图 4.9(续)　最速下降算法中 $w_1(n)$ 与 $w_2(n)$ 的轨迹图

图 4.10 是在四个特征值扩散分别为 1.22, 3, 10, 100 的情况下 $J(n)$ 与 n 的关系图。从图中可以看出，随着特征值扩散度的增加(输入过程更加相关)，最小均方误差 $J_{\min}$ 减小。这个观测结果也表明了我们最初的直觉：输入的相关性越强，预测器的效果就越好。

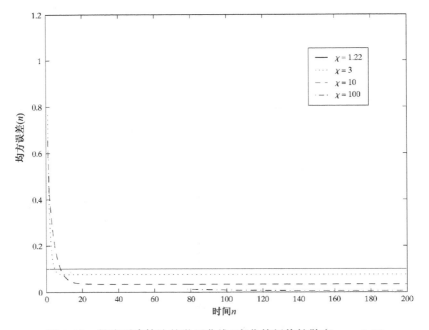

图 4.10　最速下降算法的学习曲线(变化特征值扩散度，$\mu = 0.3$)

4.4.3　实验 2——变步长参数

在这个实验中固定特征值扩散度 $\chi(\mathbf{R})=10$，而且步长参数 μ 可变。特别地，我们观察 μ 分别为 0.3 和 1.0 时最速下降算法的瞬态特性。对应的变换抽头加权误差 $v_1(n)$ 与 $v_2(n)$ 的关系分别如图 4.11(a) 和图 4.11(b) 所示。图 4.11(a) 中的结果与图 4.8(c) 相同。注意，根据式 (4.22)，步长参数的关键值为 $\mu_{\max}=2/\lambda_{\max}=1.1$，稍微超出了图 4.11(b) 中的实际值 $\mu=1$。

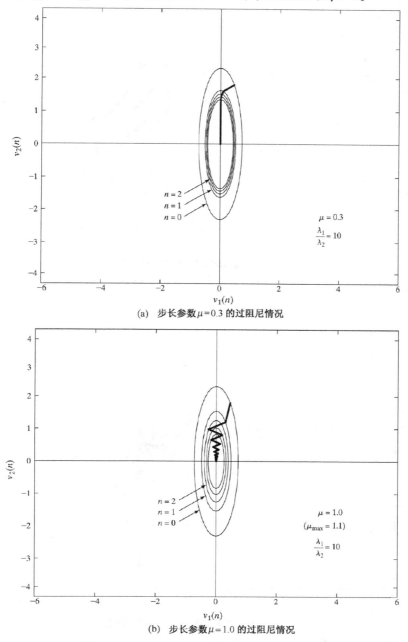

(a)　步长参数 $\mu=0.3$ 的过阻尼情况

(b)　步长参数 $\mu=1.0$ 的过阻尼情况

图 4.11　最速下降算法中 $v_1(n)$ 与 $v_2(n)$ 的轨迹图（其中特征值扩散度 $\chi(\mathbf{R})=10$）

μ 分别为 0.3 和 1.0 时 $w_1(n)$ 和 $w_2(n)$ 的轨迹如图 $4.12(\mathrm{a})$ 和图 $4.12(\mathrm{b})$ 所示。这里再一次看到，图 $4.12(\mathrm{a})$ 的结果与图 $4.9(\mathrm{c})$ 相同。

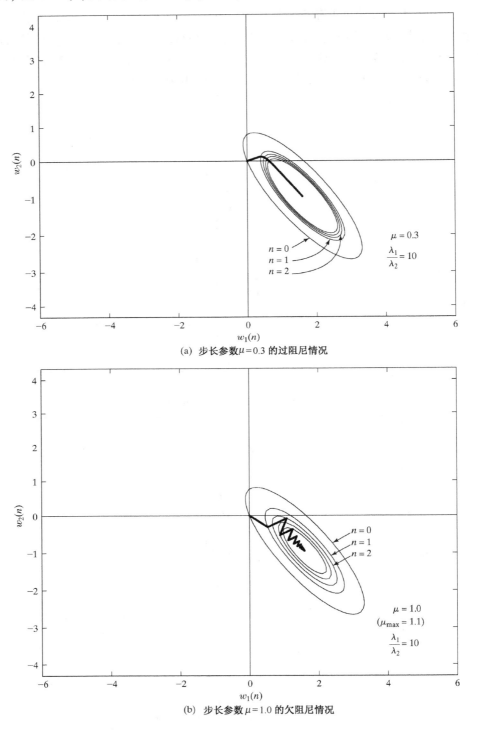

(a) 步长参数 $\mu = 0.3$ 的过阻尼情况

(b) 步长参数 $\mu = 1.0$ 的欠阻尼情况

图 4.12　最速下降算法中 $w_1(n)$ 与 $w_2(n)$ 的轨迹图[其中特征值扩散度 $\chi(\mathbf{R}) = 10$]

4.4.4　观测结果

根据实验 1 和实验 2，我们可以得到如下观测结果：

1）对于固定的 $J(n)$，$[v_1(n), v_2(n)]$ 随 n 变动的轨迹正交于 $J(n)$ 固定时 $[v_1(n), v_2(n)]$ 的轨迹。这也适用于 $J(n)$ 固定时 $[w_1(n), w_2(n)]$ 的轨迹。

2）当特征值 λ_1 与 λ_2 相等时，$[v_1(n), v_2(n)]$ 和 $[w_1(n), w_2(n)]$ 随 n 变动的轨迹是一条直线，这个情况如图 4.8(a) 或图 4.9(a) 所示，这时特征值 λ_1 与 λ_2 几乎相等。

3）当变换的抽头权值误差向量 $v(n)$ 的初始值 $v(0)$ 位于 v_1 轴或 v_2 轴的条件满足时，$[v_1(n), v_2(n)]$ 随 n 变动的轨迹是一条直线，这个情况如图 4.8(b) 所示，这时 $v_1(0)$ 几乎为零。相应地，$[w_1(n), w_2(n)]$ 随 n 变动的轨迹也是一条直线，如图 4.9(b) 所示。

4）除了两种特殊情况：（1）特征值相等；（2）正确选择初始条件，$[v_1(n), v_2(n)]$ 随 n 变动的轨迹沿着一条弯曲的路径，如图 4.8(c) 所示。相应地，$[w_1(n), w_2(n)]$ 随 n 变动的轨迹也是一条弯曲的路径，如图 4.9(c) 所示。当特征值分布很广（即输入数据相关性很强）时，将出现如下两种情况：

- 误差性能曲面具有深谷的形状。
- $[v_1(n), v_2(n)]$ 和 $[w_1(n), w_2(n)]$ 的轨迹显现不同程度的弯曲，当 $\chi(\mathbf{R}) = 100$ 时分别如图 4.8(d) 和图 4.9(d) 所示。

5）当两个特征值 λ_1 和 λ_2 相等或初始点选择合适时最速下降算法收敛最快。在这种情况下，连接点 $v(0), v(1), v(2), \cdots$ 组成的轨迹是一条直线，这是最短路径。

6）对于固定的步长参数 μ，当特征值扩散度增大（抽头输入相关矩阵病态加剧）时，对于固定的 $J(n)$，$n = 0, 1, 2, \cdots$，$[v_1(n), v_2(n)]$ 的椭圆轨迹愈加变窄（即短轴更短）和拥挤。

7）当步长参数 μ 较小时，最速下降算法的瞬态性能是过阻尼（*overdamped*）的，即连接点 $v(0), v(1), v(2), \cdots$ 所组成的轨迹沿着一条连续路径；当步长参数 μ 达到最大值 $\mu_{max} = 2/\lambda_{max}$ 时，最速下降算法的瞬态特性是欠阻尼（*underdamped*）的，即轨迹显现振荡现象。依据 $v_1(n)$ 和 $v_2(n)$，这两种不同形式的瞬态特性如图 4.11 所示。而依据 $w_1(n)$ 和 $w_2(n)$ 的相应结果则如图 4.12 所示。

从这些观测结果可见：最速下降算法的瞬态特性对步长参数 μ 和特征值扩散度增大的变化是高度敏感的。

4.5　作为确定性搜索法的最速下降算法

在广义平稳随机过程条件下，自适应 FIR 滤波器误差性能曲面是一个碗状（即二次）曲面，并有明显的极小点。最速下降算法提供了从任意初始点出发寻找误差性能曲面极小点的局部搜索方法。最速下降算法的运行，取决于如下三个量：

- **起始点**　由抽头权向量初始值 $\mathbf{w}(0)$ 确定。
- **梯度向量**　位于误差性能曲面的特殊点（例如，抽头权向量的特殊值），并由互相关向量 $\mathbf{p}$ 和相关向量矩阵 $\mathbf{R}$ 唯一确定。

- 步长参数 μ　控制 FIR 滤波器抽头权向量从算法的某一次自适应循环到下一次自适应循环的增量变化。为了保证算法稳定性，μ 必须满足式(4.22)。

一旦规定了这三个量，最速下降算法将沿着多维权值空间独特的路径前进，它从初始点 $\mathbf{w}(0)$ 出发，终止于最优解 $\mathbf{w}_o$。换句话说，在权值空间中最速下降算法是一种确定性的搜索方法。这已被 4.4 节的实验结果所证明。在理论上，从初始点 $\mathbf{w}(0)$ 到最优解 $\mathbf{w}_o$ 需要无穷多次自适应循环。然而，实际上，为了获得足够接近最优解 $\mathbf{w}_o$ 的抽头权向量，我们只需要对 FIR 滤波器进行有限次自适应循环，具体自适应循环次数可由设计者的设计目标来定。

4.6　最速下降算法的优点与局限性

最速下降算法的优点在于它的简单性，这一点很容易从式(4.10)看出。然而，正如 4.5 节所指出的，我们需要大量的自适应循环，才能使该算法收敛于充分接近最优解 $\mathbf{w}_o$ 的点。这个性能限制是由于最速下降算法是以围绕当前点的误差性能曲面的线性(一阶)近似为基础的。

4.6.1　牛顿法

为了克服最速下降算法的局限性，可围绕当前点[记为 $\mathbf{w}(n)$]进行误差性能曲面的二次(即二阶)逼近。为此，我们可引用 $\mathbf{w}(n)$ 处代价函数 $J(\mathbf{w})$ 的二阶泰勒级数展开式。这样一个展开式要求代价函数 $J(\mathbf{w})$ 的梯度(一阶导数)和海森(Hessian)矩阵(二阶导数)信息。当训练数据[即 $u(n)$ 和 $d(n)$]是复数时，海森矩阵的计算比梯度的计算要困难得多；详见附录 B 中的泰勒级数展开式。由于本节篇幅相当有限，故此处只限于考虑实数据的情况。

在这个限制下，可将 $J(\mathbf{w})$ 二阶泰勒级数展开式表示为

$$J(\mathbf{w}) \approx J(\mathbf{w}(n)) + (\mathbf{w} - \mathbf{w}(n))^{\mathrm{T}}\mathbf{g}(n) + \frac{1}{2}(\mathbf{w} - \mathbf{w}(n))^{\mathrm{T}}\mathbf{H}(n)(\mathbf{w} - \mathbf{w}(n)) \qquad (4.38)$$

其中右上角的 T 表示矩阵转置，向量

$$\mathbf{g}(n) = \left.\frac{\partial J(\mathbf{w})}{\partial \mathbf{w}}\right|_{\mathbf{w}=\mathbf{w}(n)} \qquad (4.39)$$

是 $\mathbf{w}(n)$ 处计算的梯度，而矩阵

$$\mathbf{H}(n) = \left.\frac{\partial^2 J(\mathbf{w})}{\partial \mathbf{w}^2}\right|_{\mathbf{w}=\mathbf{w}(n)} \qquad (4.40)$$

是 $\mathbf{w}(n)$ 处代价函数 $J(\mathbf{w})$ 的海森矩阵。当前点 $\mathbf{w}(n)$ 处 $J(\mathbf{w})$ 的线性逼近是式(4.38)的简化形式。式(4.38)对 $\mathbf{w}$ 求导并令导数为零，可求出下一个迭代结果(即误差性能曲面的更新点)为

$$\mathbf{w}(n + 1) = \mathbf{w}(n) - \mathbf{H}^{-1}\mathbf{g}(n) \qquad (4.41)$$

其中 $\mathbf{H}^{-1}(n)$ 是海森矩阵 $\mathbf{H}(n)$ 的逆矩阵。这个迭代方程就是最优化理论中的牛顿法迭代公式(牛顿算法的修改形式见习题 15)。

对于式(4.8)的二次代价函数，梯度向量由式(4.9)定义。另外，式(4.9)最后一行对 $\mathbf{w}(n)$ 求导，可得

$$\mathbf{H}(n) = 2\mathbf{R} \tag{4.42}$$

除了标度因子外，式(4.8)的二次代价函数的海森矩阵等于抽头输入向量 $\mathbf{u}(n)$ 的相关矩阵 $\mathbf{R}$。因此，将式(4.9)和式(4.42)代入式(4.41)，我们得到

$$
\begin{aligned}
\mathbf{w}(n+1) &= \mathbf{w}(n) - \frac{1}{2}\mathbf{R}^{-1}(-2\mathbf{p} + 2\mathbf{R}\mathbf{w}(n)) \\
&= \mathbf{R}^{-1}\mathbf{p} \\
&= \mathbf{w}_o
\end{aligned}
\tag{4.43}
$$

式(4.43)表明，牛顿法可以从该(二次)误差曲面任意一点 $\mathbf{w}(n)$ 经一次迭代(即一次自适应循环)即达最优解 $\mathbf{w}_o$。然而性能的改善需要使用相关矩阵 $\mathbf{R}$ 的求逆运算，这也是为什么使用最速下降算法的一个原因。

从以上讨论可得如下结论：如果计算的简单性相对重要，那么在广义平稳随机过程中，人们更喜欢采用最速下降法计算自适应 FIR 滤波器抽头权向量；另一方面，如果收敛速率是人们感兴趣的问题，则牛顿法及其改进型是首选方案。

4.7　小结与讨论

给定如下两种集平均量：

- 抽头输入向量的相关矩阵。
- 抽头输入向量和期望响应的互相关向量。

最速下降法提供了计算维纳滤波器抽头权向量的简单步骤。最速下降法的一个重要特点是存在反馈，换句话说，这个算法实际上是递归的。因此，我们必须特别注意算法的稳定性问题，而稳定性受制于算法反馈环中的两个参数：

- 步长大小参数 μ。
- 抽头输入向量的相关矩阵 $\mathbf{R}$。

特别地，算法稳定性的充要条件具体化为如下条件

$$0 < \mu < \frac{2}{\lambda_{\max}}$$

其中 $\lambda_{\max}$ 是相关矩阵 $\mathbf{R}$ 的最大特征值。

此外，依赖于步长参数 μ 的值，最速下降算法的瞬态响应特性呈现如下三种形式之一：

- 欠阻尼响应，这种情况下抽头权向量向最优维纳解逼近时的轨迹是振荡的；当 μ 较大时会出现这种情况。
- 过阻尼响应，其轨迹不呈现振荡特性，它发生在 μ 较小时。
- 临界阻尼响应，这是一种介于欠阻尼与过阻尼条件之间的分界点。

遗憾的是，这些条件一般不能用来进行精确的数学分析，而通常只能用来做实验评价。

4.8　习题

1. 考虑维纳滤波问题，其有关参数如下：抽头输入向量 $\mathbf{u}(n)$ 的相关矩阵 $\mathbf{R}$ 及 $\mathbf{u}(n)$ 与期望响应 $d(n)$ 之间的互相关向量 $\mathbf{p}$ 分别为

$$\mathbf{R} = \begin{bmatrix} 1 & 0.5 \\ 0.5 & 1 \end{bmatrix}$$

$$\mathbf{p} = \begin{bmatrix} 0.5 \\ 0.25 \end{bmatrix}$$

(a) 寻找步长参数 μ 的一个适当的值, 使得基于给定矩阵 $\mathbf{R}$ 的最速下降法收敛。

(b) 使用(a)中得到的值, 确定计算抽头权向量 $\mathbf{w}(n)$ 的 $w_1(n)$ 和 $w_2(n)$ 元素时的递归。计算时假设初始值为

$$w_1(0) = w_2(0) = 0$$

(c) 当 n 由 0 趋近于无限时, 考察步长参数 μ 变化对抽头权向量 $\mathbf{w}(n)$ 的影响。

2. 使用单个抽头权值 w 的实值滤波器的误差性能[见式(2.50)]定义为

$$J = J_{\min} + r(0)(w - w_o)^2$$

其中 $r(0)$ 是抽头输入 $u(n)$ 在零延迟时的自相关函数, $J_{\min}$ 是最小均方误差, w_o 是抽头权值 w 最优维纳解。

(a) 确定用来递归计算最优解 w_o 的最速下降算法的步长参数 μ 的界。

(b) 确定滤波器的时间常数。

(c) 画出滤波器的学习曲线。

3. 继续习题 2, 做如下处理:

(a) 根据其仅有的自然模式 $\nu(n)$ 表示滤波器的学习曲线。

(b) 计算均方误差 J 对滤波器自然模式的一阶导数。

4. 从估计误差的公式出发, 通过如下公式

$$e(n) = d(n) - \mathbf{w}^H(n)\mathbf{u}(n)$$

其中 $d(n)$ 是目标响应, $\mathbf{u}(n)$ 是抽头输入向量, $\mathbf{w}(n)$ 是 FIR 滤波器的抽头权向量, 证明瞬态平方误差 $|e(n)|^2$ 梯度为

$$\hat{\boldsymbol{\nabla}} J(n) = -2\mathbf{u}(n)d^*(n) + 2\mathbf{u}(n)\mathbf{u}^H(n)\mathbf{w}(n)$$

5. 在这个习题中, 我们采用另外一种方法来推导基于式(4.9)的调整 FIR 滤波器抽头权向量的最速下降算法。正定矩阵的逆矩阵可展成级数形式

$$\mathbf{R}^{-1} = \mu \sum_{k=0}^{\infty} (\mathbf{I} - \mu\mathbf{R})^k$$

其中 $\mathbf{I}$ 是单位矩阵, μ 是正常数。为了保证级数收敛, 常数 μ 应当在如下区间

$$0 < \mu < \frac{2}{\lambda_{\max}}$$

式中 $\lambda_{\max}$ 是矩阵 $\mathbf{R}$ 的最大特征值。通过使用维纳-霍夫方程中相关矩阵之逆矩阵的上述级数展开, 得到如下递归关系式

$$\mathbf{w}(n + 1) = \mathbf{w}(n) + \mu[\mathbf{p} - \mathbf{R}\mathbf{w}(n)]$$

其中

$$\mathbf{w}(n) = \mu \sum_{k=0}^{n-1} (\mathbf{I} - \mu\mathbf{R})^k \mathbf{p}$$

是抽头权向量维纳解的近似。

6. 当步长参数 μ 为负值时, 最速下降法将不稳定。试证明这个结论的正确性。

7. 在最速下降法中, 经过 $n+1$ 次自适应循环后的抽头权向量的校正可以表达为

$$\delta \mathbf{w}(n+1) = \mu \, \mathbb{E}\big[\mathbf{u}(n)e^*(n)\big]$$

其中 $\mathbf{u}(n)$ 是抽头输入向量，$e(n)$ 是估计误差。在误差性能曲面极小点处，这个调整会发生什么情况？根据正交性原理，讨论这个答案。

8. 式(4.29)定义了最速下降算法中均方误差 $J(n)$ 随 n 变化的瞬态特性。令 $J(0)$ 和 $J(\infty)$ 分别表示 $J(n)$ 的初始值和最终值。假设我们用单一指数形式

$$J_{\text{approx}}(n) = \big[J(0) - J(\infty)\big]\mathrm{e}^{-n/\tau} + J(\infty)$$

拟合该瞬态特性，式中 τ 为有效时间常数。并令 τ 的选择满足如下条件

$$J_{\text{approx}}(1) = J(1)$$

证明最速下降算法初始收敛率(定义为 τ 的倒数)为

$$\frac{1}{\tau} = \ln\left[\frac{J(0) - J(\infty)}{J(1) - J(\infty)}\right]$$

并使用式(4.29)，找到 $\dfrac{1}{\tau}$ 的值。假设初始值 $\mathbf{w}(0)$ 为 0，步长参数 μ 较小。

9. 考虑一阶自回归(AR)过程，其差分方程描述为

$$u(n) = -au(n-1) + \nu(n)$$

其中 a 是过程的 AR 参数，$\nu(n)$ 是零均值、方差为 σ_ν^2 的白噪声。

(a) 建立一个一阶线性预测器来计算参数 a。特别地，使用最速下降法递归求解参数 a 的维纳解。

(b) 画出这个习题的误差性能曲线，并根据已知参数标明曲线的极小点。

(c) 步长参数 μ 满足什么条件才能保证收敛？并证明你的结论。

10. 二阶差分方程描述的 AR 过程为

$$u(n) = -0.5u(n-1) + u(n-2) + \nu(n)$$

式中 $\nu(n)$ 为零均值、单位方差的白噪声。最速下降法用来递归计算 $u(n)$ 的前向线性预测器的最优权向量。试求能保证最速下降算法稳定性的步长参数 μ 的界。

11. 对于二阶 AR 过程 $u(n)$ 的后向预测器，重复习题 10 的计算。

12. 三阶 AR 过程的预测误差滤波器用差分方程描述为

$$u(n) = -0.5u(n-1) - 0.5u(n-2) + 0.5u(n-3) + \nu(n)$$

式中 $\nu(n)$ 为零均值、单位方差的白噪声。最速下降法用来递归计算预测误差滤波器的系数向量。

(a) 计算 AR 过程 $u(n)$ 的相关矩阵 $\mathbf{R}$。

(b) 计算矩阵 $\mathbf{R}$ 的特征值。

(c) 计算用于最速下降算法的步长参数 μ 的界。

13. 考虑一阶滑动平均(MA, moving-average)过程，其差分方程为

$$u(n) = \nu(n) - 0.2\nu(n-1)$$

其中 $\nu(n)$ 为零均值、单位方差的白噪声。将 MA 过程应用于前向线性预测器。

(a) MA 过程 $u(n)$ 用二阶 AR 过程近似。试使用这个近似，讨论递归计算预测器权向量的最速下降算法的步长参数 μ 的界。

(b) 重复(a)的计算，此处 $u(n)$ 用三阶 AR 过程来近似。

(c) 讨论(a)和(b)计算结果的不同特性。

14. (1,1)阶的自回归滑动平均(ARMA)过程的差分方程描述为

$$u(n) = -0.5u(n-1) + \nu(n) - 0.2\nu(n-1)$$

其中 $\nu(n)$ 为零均值、单位方差的白噪声。过程 $u(n)$ 应用于预测误差滤波器。为了计算滤波器的系数向量，ARMA 过程用三阶 AR 过程近似。

（a）确定近似的 AR 过程的系数，进而求对应的 3×3 相关矩阵 $\mathbf{R}$。

（b）计算（a）中得到的相关矩阵 $\mathbf{R}$ 的特征值。

（c）确定递归计算预测误差滤波器系数向量的最速下降算法中的步长参数 μ 的界。

15. 将步长参数 μ 引入到牛顿方程中，我们修改式（4.43）为

$$\mathbf{w}(n+1) = \mathbf{w}(n) + \mu \mathbf{R}^{-1}(\mathbf{p} - \mathbf{R}\mathbf{w}(n))$$
$$= (1 - \mu)\mathbf{w}(n) + \mu\mathbf{R}^{-1}\mathbf{p}$$

并遵循类似于 4.3 节最速下降法所描述的步骤，研究牛顿算法的瞬态特性。即证明

（a）牛顿算法的瞬态特性是一个单一的指数形式，其时间常数 τ 定义为

$$(1 - \mu)^{2k} = \mathrm{e}^{-k/\tau}$$

（b）当 μ 小于 1 时，时间常数为

$$\tau \approx \frac{1}{2\mu}$$

第 5 章　随机梯度下降法

在前面章节中，我们研究了维纳滤波器递归计算的最速下降法，它基于如下两个假设：

1）环境的联合平稳　据此，采集回归量（即输入向量）$\mathbf{u}(n)$ 和相应的期望响应 $d(n)$，其中 $n = 1,2,\cdots$。
2）环境的有关信息　该信息由 $\mathbf{u}(n)$ 构成的相关矩阵 $\mathbf{R}$ 及由 $\mathbf{u}(n)$ 和 $d(n)$ 构成的互相关向量 $\mathbf{p}$ 组成。

就维纳滤波器的代价函数即 $J(\mathbf{w}(n))$［其中 $\mathbf{w}(n)$ 是一个未知的抽头权向量］而言，在目前的讨论中［见式（4.8）］，由 $\mathbf{R}$ 和 $\mathbf{p}$ 组成的 $J(\mathbf{w}(n))$ 是最优的。正如4.5节所指出的，最速下降法是确定性的搜索法。在这个意义上，这就要求确定从某一次自适应循环到下一次自适应循环的梯度（即搜索方向）。

遗憾的是，在许多实际情况下，$\mathbf{R}$ 和 $\mathbf{p}$ 中所包含的环境信息是不可用的。因此，我们必须寻找一类具有适应未知环境统计变化能力的新算法。导出这些算法有以下两种不同的方法：

1）一种是基于随机梯度下降的方法，将在本章讨论。
2）另一种是基于最小二乘的方法，将在第9章讨论。

5.1　随机梯度下降原理

"随机"（stochastic）源自于希腊文，它是一个通用的术语，表示从某一次自适应循环到下一次自适应循环的自适应滤波算法中梯度的"随机选择"。随机梯度下降法[①]和最速下降法都有一个共同的属性：它们都是一种局部滤波方法。

远远超出最小均方（LMS）算法及其变形的广泛应用，随机梯度下降法已被应用于随机控制（Stengel，1986）、自组织最大特征值滤波器（Oja，1982）、最近邻聚类（Duda et al.，2001）、多层感知器监督训练用的反向传播算法（Rumelhart & McLelland，1986）和强化学习（Sutton，1992）。

5.1.1　最优化和复杂性

在严格意义上，不把随机梯度下降法看成是一种优化算法，其理由如下：

当考虑其随机性时，随机梯度下降法永远也无法达到一个凸优化问题所期望的最优解；相反，一旦它到达最优解的邻域，它将用一种随机游走的方式持续在该解的周围徘徊，从而无法停留一个平衡点上。

因此，随机梯度下降法是次优的。

---

① 　随机梯度下降法有很长的历史。它最初是由 Robbins 和 Monro（1951）引入统计文献中，这个方法被用于解决某些序参量估计问题。对于详细的处理方法，读者可以参阅 Kushner 和 Clark（1978）、Kushner（1984）及 Spall（2003）。

然而,从复杂度的观点来看,随机梯度下降法可能是最简单的;其计算复杂度与可调参数的数量呈线性关系,可弥补其计算效率的不足。因此,该方法在实际应用中很流行,因为无论什么时候计算复杂度都是人们感兴趣的。特别是在处理信息承载的数据时,其规模随时间连续增长。

5.1.2 效率

自适应滤波器算法中的另一个关键问题是其计算效率(有效性),即寻找一个满意的解决方案的代价。分析效率有各种方法:计算机运行时间、算法的自适应循环次数、收敛速度。在下文中,使用收敛速度来衡量效率,原因如下:

> 收敛速度不仅包括统计学习理论,而且包括维纳解作为线性自适应滤波算法的参考框架,例如在平稳环境下工作的 LMS 和递归最小二乘(RLS)算法。

5.1.3 鲁棒性

自适应滤波算法中的另一个关键问题是鲁棒性。它提供了评价准则,以评价某一特定自适应滤波算法如何像实际所希望的那样在面对未知干扰时还能保持满意的性能。评价鲁棒性的经典方法源于 H^∞ 理论[该理论首见于控制理论(Zames, 1981)]的确定性方法。鲁棒性的详细论述见第 11 章。至此,已足以说明鲁棒性和有效性(效率)是自适应滤波算法特性中两个相互矛盾的方面,详见第 11 章。

5.1.4 维数灾难

一般来说,搜索空间(在该空间内优化算法的每个自适应循环选取某一代价函数的梯度)随着算法的维数(即可调参数的数量)呈指数增长。这种特性是由维数灾难问题(curse of dimensionality problem)引起的(Bellman, 1961)。在贯穿本书的随机梯度下降算法中,算法复杂度服从线性关系,如本节开始所指出的。幸运的是,维数灾难与源于随机梯度下降的线性自适应滤波算法的研究无关。

5.1.5 时变问题

在自适应滤波算法的大量实际应用中,相关环境是非平稳的。因此,其统计特性随时间而变。在这种情况下,某一自适应滤波问题的"最佳"解此时可能不是最佳的,甚至不是一个好的解。为使一个自适应滤波算法成功地工作于非平稳环境,它必须能随时间连续跟踪该环境下信号的统计变化。

5.1.6 蒙特卡罗仿真

在刚才所描述的实际情况下,如何在实验中研究一个自适应滤波算法的性能呢?这个重要问题的答案在于使用蒙特卡罗(Monte Carlo)仿真,它为实验者提供了实验手段,借助该手段不仅可以了解该算法,而且可以在不同条件下将该算法与各种自适应滤波算法进行比较。为了使这种面向计算机的方法更好用,必须注意以下几点:

- 首先，运行的独立蒙特卡罗仿真次数要足够大（至少 100 次），以使得仿真结果在统计学上是可靠的。
- 其次，尽可能将理论结果与数值结果结合在一起来评估来自于仿真的见解。

利用上面介绍的随机梯度下降法的有关知识，下面考虑线性自适应滤波方法的两个应用。

5.2 应用 1：最小均方（LMS）算法

这里选择广受欢迎的自适应滤波算法——LMS 算法作为随机梯度下降法的第一个应用，该算法是由 Widrow 和 Hoff（1960）首创。该算法所具有的独特特征可以概括如下：

1）LMS 算法简易，这意味着算法的计算复杂度与有限冲激响应（FIR）滤波器的维数（阶数）呈线性关系，算法围绕此运行。
2）与维纳滤波器不同，该算法不需要其工作环境统计特性的相关知识。
3）在未知环境干扰的情况下，该算法在某一确定性意义（即算法的单一实现）下具有鲁棒性。
4）最后但并非最不重要的一点是，该算法不需要回归量（即输入向量）的相关矩阵求逆运算，因此，它比 RLS 算法更简单。

鉴于这些重要特性，LMS 算法是目前使用的最流行的自适应滤波算法之一。

5.2.1 LMS 算法的结构描述

图 5.1 包括三个部分，论述不同视角下 LMS 算法结构，其中图 5.1（a）的总体框图示出构成算法的三个组成部分：

1）FIR 滤波器　它工作在回归量（输入向量）$\mathbf{u}(n)$ 上，以便生成期望响应的估计值，记做 $\hat{d}(n\,|\,\mathcal{U}_n)$，其中 $\mathcal{U}_n$ 表示输入向量 $\mathbf{u}(n)$ 所在的空间。
2）比较器　它加在 FIR 滤波器的输出端，将期望响应 $d(n)$ 减去其估计值 $\hat{d}(n\,|\,\mathcal{U}_n)$，其结果为估计误差（也称作为误差信号），记做 $e(n)$。
3）自适应权值控制机制　其功能是通过利用包含在估计误差 $e(n)$ 中的信息来控制加到 FIR 滤波器上各抽头权值增量的调整。

FIR 滤波器的细节如图 5.1（b）所示。抽头输入的 $u(n),u(n-1),\cdots,u(n-M+1)$ 形成 $M \times 1$ 抽头输入向量 $\mathbf{u}(n)$，这里的 $M-1$ 是延迟元素的数目；这些输入跨越多维空间（记做 $\mathcal{U}_n$）。相应地，抽头权值 $\hat{w}_0(n),\hat{w}_1(n),\cdots,\hat{w}_{M-1}(n)$ 形成 $M \times 1$ 维抽头权向量 $\hat{\mathbf{w}}(n)$。使用 LMS 算法计算得到的权向量是一个估计值，当自适应循环数 n 趋于无穷大时，该估计值的数学期望值可能接近广义平稳环境下的维纳解 $\mathbf{w}_o$。

图 5.1（c）表示自适应权值控制机制的细节。具体来说，对于 $k = 0,1,2,\cdots,M-2,M-1$，计算估计误差 $e(n)$ 与抽头输入 $u(n-k)$ 的内积。这样获得的结果定义为自适应循环 $n+1$ 时加到抽头权值 $\hat{w}_k(n)$ 的校正值 $\delta\hat{w}_k(n)$。在图 5.1（c）中，该计算中所使用的标度因子表示为正实数 μ，称其为步长参数。

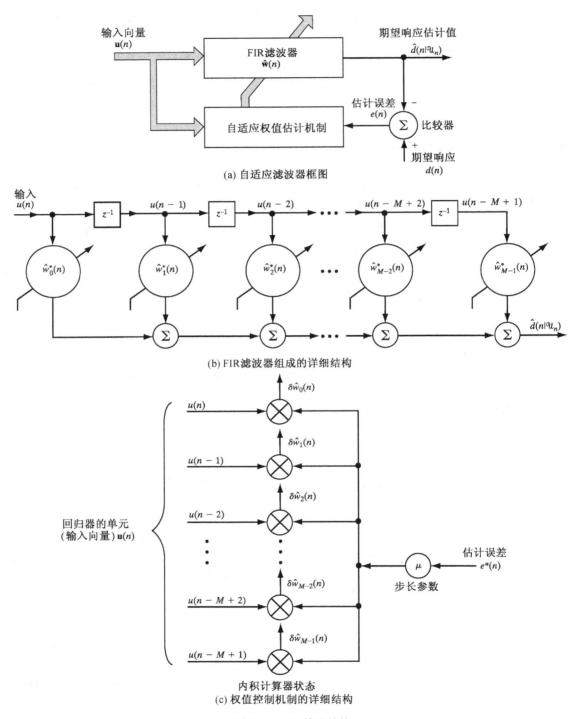

(a) 自适应滤波器框图

(b) FIR滤波器组成的详细结构

(c) 权值控制机制的详细结构

图 5.1 LMS 算法结构

通过比较 LMS 算法的图 5.1(c)与最速下降法的图 4.2 的控制机制可以看出，LMS 算法用乘积 $u(n-k)e^*(k)$ 作为表征最速下降法的梯度向量 $\nabla J(n)$ 的第 k 个元素的估计值。换句话说,从图5.1(c)的所有路径中移走了期望算子。这样,LMS算法每个抽头权值的递归计算中都含有梯度噪声。

在这一章中,假设抽头输入向量 $\mathbf{u}(n)$ 和期望响应 $d(n)$ 来自某一联合广义平稳环境。特别是,期望响应 $d(n)$ 通过其参数向量未知的多重线性回归模型与输入向量(即回归量)$\mathbf{u}(n)$ 线性相关,从而需要自适应滤波器。从第4章可知,在这样的环境下,当用最速下降法计算抽头权向量 $\mathbf{w}(n)$ 时,该权向量沿集平均误差性能曲面的最速下降方向来向下搜索曲面的最低点(即维纳解 $\mathbf{w}_o$),并最终收敛于维纳解。另一方面,由于梯度噪声的存在,LMS算法将呈现不同于最速下降法的特征:它不是终止于维纳解,而是由LMS算法计算的抽头权向量 $\hat{\mathbf{w}}(n)$[不同于 $\mathbf{w}(n)$]以随机游走的方式围绕误差性能曲面的最低点(即维纳解)徘徊。

在第2章维纳滤波器的式(2.3)(为方便计,重写在这里)中,代价函数定义为估计误差的均方值

$$J = \mathbb{E}[|e(n)|^2] \tag{5.1}$$

式中 $\mathbb{E}$ 是统计期望算子。在那里,假设维纳滤波器工作在广义平稳环境下,它导致代价函数 J 与时间 n 无关,如式(5.1)所示。至此,我们有

期望算子对 n 时刻大量统计独立实现的瞬时平方估计,误差 $|e(n)|^2$ 进行集平均。

遗憾的是,在自适应滤波器的实际应用中,以刚刚描述的方式使用集平均是不可行的。我们如此说是因为使用自适应滤波的动机是基于估计误差 $e(n)$(随时间 n 而变)的单一实现,以在线方式来自适应未知环境的统计变化。这样做恰恰与随机梯度下降法是一回事。故可忽略式(5.1)中的期望算子,于是该式可简化为

$$\begin{aligned} J_s(n) &= |e(n)|^2 \\ &= e(n)e^*(n) \end{aligned} \tag{5.2}$$

式中,星号 $*$ 表示复共轭,$J_s(n)$ 中的下标 s 用以表示有别于其集平均表达式中的 J。估计误差 $e(n)$ 是随机过程的样本函数,其代价函数 $J_s(n)$ 本身就是一个随机过程的样值。因此,$J_s(n)$ 相对于 FIR 滤波器第 k 个抽头权值 $w_k(n)$ 的导数也是随机的。这在随机下降梯度法中已经说明为什么应该这样。

利用沃廷格(Wirtinger)微分计算复数梯度的方法(见附录B,在第2章讨论维纳滤波器时已用到它),代价函数 $J_s(n)$ 对 $w_k^*(n)$ 求偏导可表示为

$$\begin{aligned} \nabla J_{s,k}(n) &= \frac{\partial J_s(n)}{\partial w_k^*(n)} \\ &= -2u(n-k)e^*(n), \quad k = 0, 1, \cdots, M-1 \end{aligned} \tag{5.3}$$

除了期望算子 $\mathbb{E}$ 外,上式恰好与第2章中的式(2.10)一样。利用式(5.3)的随机梯度,可得LMS算法的更新规则如下:

$$\hat{w}_k(n+1) = \hat{w}_k(n) - \frac{1}{2}\mu\nabla J_{s,k}(n) \tag{5.4}$$

这里,标量因子 1/2 的引入仅仅是为了数学上处理方便。因此,将式(5.3)代入式(5.4),可得

$$\hat{w}_k(n+1) = \hat{w}_k(n) + \mu u(n-k)e^*(n), \quad k = 0, 1, \cdots, M-1 \tag{5.5}$$

式中 μ 是一个固定的正步长参数。

式(5.5)是 LMS 算法的标量形式。为了用向量形式表示它,令

$$\hat{\mathbf{w}}(n) = [\hat{w}_0(n), \hat{w}_1(n), \cdots, \hat{w}_{M-1}(n)]^{\mathrm{T}}$$

此处上标 T 表示转置,

$$\mathbf{u}(n) = [u(n), u(n-1), \cdots, u(n-M-1)]^{\mathrm{T}}$$

从而,可将式(5.5)改写成以下紧凑的形式:

$$\hat{\mathbf{w}}(n+1) = \hat{\mathbf{w}}(n) + \mu\mathbf{u}(n)e^*(n) \tag{5.6}$$

其中星号 * 表示复共轭。

根据定义,我们有

$$e(n) = d(n) - \hat{d}(n\,|\,\mathcal{U}_n) \tag{5.7}$$

其中

$$\hat{d}(n\,|\,\mathcal{U}_n) = \hat{\mathbf{w}}^{\mathrm{H}}(n)\mathbf{u}(n) \tag{5.8}$$

这里上标 H 表示埃尔米特转置(即复共轭转置)。因此,式(5.6)~式(5.8)定义了 LMS 算法。

5.2.2 导出 LMS 算法的另一种方法

亦可从式(4.10)获得与式(5.6)相同的更新公式,即第 4 章最速下降法中所描述的维纳滤波器迭代计算。具体来说,我们必须做的事情仅仅是将相关矩阵 **R** 和互相关向量 **p** 用其瞬时样值代替,即

- 式(2.29)中的矩阵 **R** 由外积 $\mathbf{u}(n)\,\mathbf{u}^{\mathrm{H}}(n)$ 代替。
- 式(2.32)中的向量 **p** 由乘积 $\mathbf{u}(n)d^*(n)$ 取代。

然后,经简单的代数运算,即得到更新式(5.6)。这里,还应注意的重要一点是:

不管 LMS 算法与维纳滤波之间可能存在何种联系,一旦从维纳滤波器导出 LMS 算法时删除了期望算子 $\mathbb{E}$,它们之间的联系就被完全破坏了。

5.2.3 如何说明 LMS 算法的滤波能力

乍一看,可能因为相关矩阵 **R** 和互相关向量 **p** 的瞬时估计有比较大的偏差,会出现 LMS 算法不能完成满意滤波功能的现象。然而,必须注意到 LMS 算法是递归的,式(5.5)或式(5.6)都可证实这一点。因此,LMS 算法有一个内置的反馈机制,**R** 和 **p** 的瞬时估计可根据该机制在自适应过程中取时间平均得到。于是,尽管 LMS 算法所遵循的收敛轨迹完全不同于维纳滤波器的递归计算所产生的收敛轨迹,但在如下条件下 LMS 算法可以产生令人满意的性能:

步长参数 μ 取一个较小的正值。

上述规定也适用于 LMS 算法的鲁棒性特性,这一问题将在第 11 章中讨论。

5.2.4 LMS 算法的小结

表 5.1 中,我们给出了 LMS 算法的一个小结,包含了从式(5.6)到式(5.8)和算法的初

始化。表中也包括对步长参数允许值的约束，它必须确保算法的收敛性。第 6 章将更详细地讨论 LMS 算法收敛的这一必要条件。

表 5.1　LMS 算法的总结

参数：$M =$ 抽头数（即滤波器长度）

$\qquad \mu =$ 步长参数，

$$0 < \mu < \frac{2}{\lambda_{\max}}$$

其中 $\lambda_{\max}$ 是抽头输入 $u(n)$ 的相关矩阵的最大值，滤波器长度 M 从中等到大。

初始化：如果已知抽头权向量 $\hat{\mathbf{w}}(n)$，则用它来选择一个合适的 $\hat{\mathbf{w}}(0)$，否则，置 $\hat{\mathbf{w}}(0) = \mathbf{0}$。

数据：

· 已知 $\mathbf{u}(n) =$ 在 n 时刻 $M \times 1$ 的抽头输入向量

$\qquad\qquad = [u(n),\ u(n-1),\cdots,\ u(n-M+1)]^{\mathrm{T}}$

$\qquad d(n) =$ 在时刻 n 的期望响应。

· 计算：

$\qquad \hat{\mathbf{w}}(n+1) =$ 在时刻 $n+1$ 时抽头权向量的估计。

计算：对于 $n = 0, 1, 2, \cdots,$ 计算

$$e(n) = d(n) - \hat{\mathbf{w}}^{\mathrm{H}}(n)\mathbf{u}(n)$$

$$\hat{\mathbf{w}}(n+1) = \hat{\mathbf{w}}(n) + \mu\mathbf{u}(n)e^*(n)$$

5.3　应用 2：梯度自适应格型滤波算法

另一种源于随机梯度下降法的算法是梯度自适应格型（GAL）算法。它与 LMS 算法的区别在于，GLA 算法中有一个联合估计（Griffiths，1977，1978）。为解释这个新术语的含义，考虑基于多级格型预测器的图 5.2（即图 3.13 的重现）。与 LMS 算法直接由输入信号激励不同，GAL 算法的可调抽头权值是由多级格型预测器产生的后向预测误差激励的。因此，GAL 算法有两级：

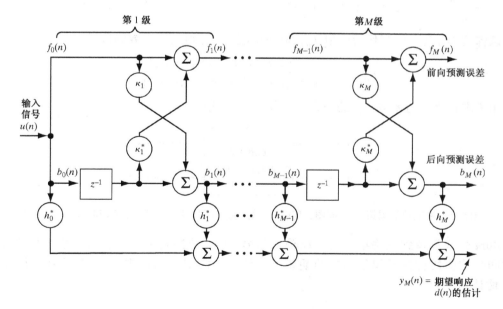

图 5.2　基于格型结构的联合过程估计，其中每一级（格型级）含有一个反射系数

- 第 1 级包括后向预测误差的递归计算,导致反射系数的递归更新。
- 第 2 级包括 GAL 算法中抽头权值的递归更新,伴随以期望响应的递归估计。

这两级联合进行,从而构成所谓的"联合估计"。

5.3.1　多级格型预测器

图 5.3 表示单级格型预测器的框图,其输入-输出关系由单个参数即反射系数 κ_m 来表征。假设输入数据是广义平稳且 κ_m 为复数。对于 κ_m 的估计首先考虑代价函数

$$J_{fb,m} = \frac{1}{2}\,\mathbb{E}[\,|f_m(n)|^2 + |b_m(n)|^2\,] \tag{5.9}$$

其中 $f_m(n)$ 为前向预测误差, $b_m(n)$ 为后向预测误差,二者都是在本级格型预测器输出端测得的; $\mathbb{E}$ 是统计期望算子,引入因子 1/2 为了简化表达式。从 3.8 节我们已经知道,所考虑的格型级输入-输出关系可以描述为(见图 5.3)

$$f_m(n) = f_{m-1}(n) + \kappa_m^* b_{m-1}(n-1) \tag{5.10}$$

和

$$b_m(n) = b_{m-1}(n-1) + \kappa_m f_{m-1}(n) \tag{5.11}$$

将式(5.10)和式(5.11)代入式(5.9),我们得到

$$\begin{aligned}
J_{fb,m} = &\frac{1}{2}(\mathbb{E}[\,|f_{m-1}(n)|^2\,] + \mathbb{E}[\,|b_{m-1}(n-1)|^2\,])(1 + |\kappa_m|^2) \\
&+ \kappa_m \mathbb{E}[f_{m-1}(n)b_{m-1}^*(n-1)] + \kappa_m^* \mathbb{E}[b_{m-1}(n-1)f_{m-1}^*(n)]
\end{aligned} \tag{5.12}$$

将代价函数 $J_{fb,m}$ 对复反射系数 κ_m 求偏导,可得

$$\frac{\partial J_{fb,m}}{\partial \kappa_m} = \kappa_m(\mathbb{E}[\,|f_{m-1}(n)|^2\,] + \mathbb{E}[\,|b_{m-1}(n-1)|^2\,]) + 2\mathbb{E}[b_{m-1}(n-1)f_{m-1}^*(n)] \tag{5.13}$$

如令该梯度等于零,则当代价函数 $J_{fb,m}$ 取最小值时,即得反射系数的最优值为

$$\kappa_{m,o} = -\frac{2\mathbb{E}[b_{m-1}(n-1)f_{m-1}^*(n)]}{\mathbb{E}[\,|f_{m-1}(n)|^2\,] + |b_{m-1}(n-1)|^2} \tag{5.14}$$

这个用来求最优反射系数 $\kappa_{m,o}$ 的公式,称为 Burg 公式(Burg,1968)[①]。

图 5.3　格型预测器第 m 级框图,其输出-输入量之间的关系由式(5.10)和式(5.11)给出

Burg 公式涉及到使用集平均。设输入信号 $u(n)$ 是各态历经的,则如第 1 章所述,可用时间平均值代替分子和分母中的期望值。于是,格型预测器中第 m 级反射系数 $\kappa_{m,o}$ 的 Berg 估计为

---

① 该公式由 Burg 在 1968 年提出,Childer 在其 1978 年编辑的书中引用了该公式。

$$\hat{\kappa}_m(n) = -\frac{2\sum_{i=1}^{n} b_{m-1}(i-1)f_{m-1}^*(i)}{\sum_{i=1}^{n}(|f_{m-1}(i)^2| + |b_{m-1}(i-1)|^2)} \tag{5.15}$$

其中，估计值 $\hat{\kappa}_m(n)$ 对数据块长度 n 的依赖性也反映出该估计与数据有关这一事实。

5.3.2　GAL 算法

式(5.15)是反射系数 κ_m 的一个块估计器；它以块为基础对格型预测器的第 m 级输入预测变量 $f_{m-1}(i)$ 和 $b_{m-1}(i-1)$ 进行运算。因此，可通过下述步骤把该估计器重新表示为等效的递归结构。

首先，定义

$$\mathscr{E}_{m-1}(n) = \sum_{i=1}^{n}(|f_{m-1}(i)|^2 + |b_{m-1}(i-1)|^2) \tag{5.16}$$

它是直到时刻 n（包含 n）测得的第 m 级输入前向预测误差和延迟的后向预测误差的总能量。将式(5.16)中 $|f_{m-1}(n)|^2 + |b_{m-1}(n-1)|^2$ 与该和式的剩余部分相分离，可得计算 $\mathscr{E}_{m-1}(n)$ 即式(5.15)中分母和式的递归公式

$$\begin{aligned}\mathscr{E}_{m-1}(n) &= \sum_{i=1}^{n-1}(|f_{m-1}(i)|^2 + |b_{m-1}(i-1)|^2) + |f_{m-1}(n)|^2 + |b_{m-1}(n-1)|^2 \\ &= \mathscr{E}_{m-1}(n-1) + |f_{m-1}(n)|^2 + |b_{m-1}(n-1)|^2\end{aligned} \tag{5.17}$$

类似地，可对式(5.15)中分子写出递归公式，它表示时间平均互相关

$$\sum_{i=1}^{n} b_{m-1}(i-1)f_{m-1}^*(i) = \sum_{i=1}^{n-1} b_{m-1}(i-1)f_{m-1}^*(i) + b_{m-1}(n-1)f_{m-1}^*(n) \tag{5.18}$$

因此，将式(5.17)和式(5.18)代入式(5.15)，可重新写出反射系数 κ_m 的 Burg 估计公式

$$\hat{\kappa}_m(n) = -\frac{2\sum_{i=1}^{n-1} b_{m-1}(i-1)f_{m-1}^*(i) + 2b_{m-1}(n-1)f_{m-1}^*(n)}{\mathscr{E}_{m-1}(n-1) + |f_{m-1}(n)|^2 + |b_{m-1}(n-1)|^2} \tag{5.19}$$

式(5.19)仍然不是递归计算估计值 $\hat{\kappa}_m(n)$ 的标准形式。为了得到标准的递归形式，继续进行如下步骤：

1）用时变估计 $\hat{\kappa}_m(n-1)$ 代替 κ_m，将式(5.10)和式(5.11)分别重新写为

$$f_m(n) = f_{m-1}(n) + \hat{\kappa}_m^*(n-1)b_{m-1}(n-1) \tag{5.20}$$

和

$$b_m(n) = b_{m-1}(n-1) + \hat{\kappa}_m(n-1)f_{m-1}(n) \tag{5.21}$$

其中，$m = 1, 2, \cdots, M$。至于为什么用 $\hat{\kappa}_m(n-1)$ 而不用 $\hat{\kappa}_m(n)$ 作为式(5.20)和式(5.21)的正确选择的实际证明，读者可参阅习题8。

2）用改写后的式(5.20)和式(5.21)与式(5.17)联立，有

$$2b_{m-1}(n-1)f_{m-1}^*(n) = b_{m-1}(n-1)f_{m-1}^*(n) + f_{m-1}^*(n)b_{m-1}(n-1)$$
$$= b_{m-1}(n-1)(f_m(n) - \hat{\kappa}_m^*(n-1)b_{m-1}(n-1))^*$$
$$+ f_{m-1}^*(n)(b_m(n) - \hat{\kappa}_m(n-1)f_{m-1}(n))$$
$$= -\hat{\kappa}_m(n-1)(|f_{m-1}(n)|^2 + |b_{m-1}(n-1)|^2)$$
$$+ (f_{m-1}^*(n)b_m(n) + b_{m-1}(n-1)f_m^*(n))$$
$$= -\hat{\kappa}_m(n-1)(\mathcal{E}_{m-1}(n-1) + |f_{m-1}(n)|^2 + |b_{m-1}(n-1)|^2)$$
$$+ \hat{\kappa}_m(n-1)\mathcal{E}_{m-1}(n-1) + (f_{m-1}^*(n)b_m(n) + b_{m-1}(n-1)f_m^*(n))$$
$$= -\hat{\kappa}_m(n-1)\mathcal{E}_{m-1}(n) + \hat{\kappa}_m(n-1)\mathcal{E}_{m-1}(n-1)$$
$$+ (f_{m-1}^*(n)b_m(n) + b_{m-1}(n-1)f_m^*(n))$$

3) 使用刚刚导出的关系式和由式(5.15)重新定义的 $\hat{\kappa}_m(n-1)$，可将式(5.19)的分子改写为

$$2\sum_{i=1}^{n-1} b_{m-1}(i-1)f_{m-1}^*(i) + 2b_{m-1}(n-1)f_{m-1}^*(n)$$
$$= -\hat{\kappa}_m(n-1)\mathcal{E}_{m-1}(n-1) - \hat{\kappa}_m(n-1)\mathcal{E}_{m-1}(n) + \hat{\kappa}_m(n-1)\mathcal{E}_{m-1}(n-1)$$
$$+ (f_{m-1}^*(n)b_m(n) + b_{m-1}(n-1)f_m^*(n))$$
$$= -\hat{\kappa}_m(n-1)\mathcal{E}_{m-1}(n) + (f_{m-1}^*(n)b_m(n) + b_{m-1}(n-1)f_m^*(n))$$

因此，将这个关系式代入式(5.19)的分子并化简，可得选递归关系式

$$\hat{\kappa}_m(n) = \hat{\kappa}_m(n-1) - \frac{f_{m-1}^*(n)b_m(n) + b_{m-1}(n-1)f_m^*(n)}{\mathcal{E}_{m-1}(n)}, \qquad m = 1, 2, \cdots, M$$

$$(5.22)$$

为了最终确定梯度格型滤波器算法的表达式，对式(5.17)和式(5.22)做如下两个修改(Griffiths, 1977, 1978)：

1) 引入步长参数 $\tilde{\mu}$，用来控制从一次自适应循环到下一次自适应循环中每个反射系数的调整量：

$$\hat{\kappa}_m(n) = \hat{\kappa}_m(n-1) - \frac{\tilde{\mu}}{\mathcal{E}_{m-1}(n)}(f_{m-1}^*(n)b_m(n) + b_{m-1}(n-1)f_m^*(n)), \quad m = 1, 2, \cdots, M$$

$$(5.23)$$

2) 修正式(5.17)中的能量估计器，即先将它改写成单极点平均滤波器形式，并针对如下凸组合

$$\mathcal{E}_{m-1}(n) = \beta\mathcal{E}_{m-1}(n-1) + (1-\beta)(|f_{m-1}(n)|^2 + |b_{m-1}(n-1)|^2) \quad (5.24)$$

给出的平方预测误差进行操作；式中 β 是一个介于 $0 < \beta < 1$ 之间的新参数。

在导出式(5.22)的递归估计器时，原来假设它工作在伪平稳环境下。为了应对非平稳环境下信号的统计变化，引入修改后的式(5.24)。修正的目的是使估计器具有记忆功能，并借助预测能量 $\mathcal{E}_{m-1}$ 最接近的过去值及其当前值来计算估值 $\hat{\kappa}_m(n)$ 的当前值。

5.3.3　期望响应估计器

下面转到期望响应 $d(n)$ 的估计。为此，考虑图 5.4 所示的结构，它是图 5.2 中 m 级估

计的一部分,其中 $m = 0, 1, \cdots, M$。此时,我们有由后向误差 $b_0(n), b_1(n), \cdots, b_m(n)$ 组成的输入向量(即回归器) $\mathbf{b}_m(n)$ 和由 $\hat{h}_0, \hat{h}_1, \cdots, \hat{h}_m$ 组成的相应向量 $\hat{\mathbf{h}}_m(n)$。回归器作用于该参数向量,以产生输出信号 $y_m(n)$,即期望响应 $d(n)$ 的估计值。

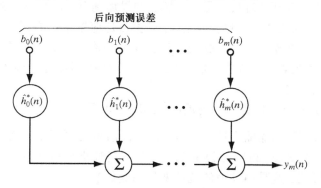

图5.4 利用 m 个后向预测误差序列的期望响应估计器

对 $\hat{\mathbf{h}}$ 的估计,可采用随机梯度法和将在第 7 章 7.1 节讨论的归一化 LMS 算法。首先,参考图 5.4 容易看出,期望响应 $d(n)$ 的阶更新估计定义为

$$
\begin{aligned}
y_m(n) &= \sum_{k=0}^{m} \hat{h}_k^*(n) b_k(n) \\
&= \sum_{k=0}^{m-1} \hat{h}_k^*(n) b_k(n) + \hat{h}_m^*(n) b_m(n) \\
&= y_{m-1}(n) + \hat{h}_m^*(n) b_m(n)
\end{aligned} \tag{5.25}
$$

相应地,预测误差定义为

$$
e_m(n) = d(n) - y_m(n) \tag{5.26}
$$

根据习题 7,可将第 m 个回归系数的时间更新表示为

$$
\hat{h}_m(n+1) = \hat{h}_m(n) + \frac{\tilde{\mu}}{\| \mathbf{b}_m(n) \|^2} b_m(n) e_m^*(n) \tag{5.27}
$$

其中 $\tilde{\mu}$ 为步长参数,欧氏范数平方 $\| \mathbf{b}_m(n) \|^2$ 由阶更新定义为

$$
\begin{aligned}
\| \mathbf{b}_m(n) \|^2 &= \sum_{k=0}^{m} | b_k(n) |^2 \\
&= \sum_{k=0}^{m-1} | b_k(n) |^2 + | b_m(n) |^2 \\
&= \| \mathbf{b}_{m-1}(n) \|^2 + | b_m(n) |^2
\end{aligned} \tag{5.28}
$$

5.3.4 GAL 算法的性质

当反射系数 $\hat{\kappa}_m(n)$ 更新公式中使用时变步长参数 $\mu_m(n) = \tilde{\mu} / \mathcal{E}_{m-1}(n)$ 时,引入了一种类似于第 7 章讨论的归一化 LMS 算法的归一化形式。由式(5.24)可以看出,对于较小的前后向预测误差,参数 $\mathcal{E}_{m-1}(n)$ 相应较小,或者等价地,步长参数 $\tilde{\mu}(n)$ 相应较大。从实用观点来看,这种性能比较合乎需要。本质上,小的预测误差意味着自适应格型预测器正在为它所运

行的外部环境提供一个精确的模型。因此，如果预测误差增大，应该归因于外部环境的变化；在这种情况下，能够对这种变化做出快速响应的自适应格型预测器是高度合乎需要的。事实上，可通过设定 $\tilde{\mu}(n)$ 为一个较大值来实现这一目的，这也使得 GAL 算法中的式(5.23)一开始就能够快速收敛到新的环境。另一方面，如果加到自适应格型预测器的输入数据含噪过多(即有用信号上加有很强的白噪声成分)，则由自适应格型预测器所产生的预测误差相应就大。在这个情况下，参数 $\mathscr{E}_{m-1}(n)$ 取较大值，或者等价地，步长参数 $\tilde{\mu}(n)$ 取较小值。因此，这时 GAL 算法中的式(5.23)并不恰好像我们所期望的那样，能对外界环境的变化做出快速响应(Alexander,1986a)。

前面，我们将 GAL 算法作为实际的近似，其理由如下：

- 在假设多级格型预测器输入信号 $u(n)$ 为平稳信号的情况下，我们分别得到前后向预测误差的阶更新式(5.20)和式(5.21)。为了应对非平稳环境，将能量估计器修改为式(5.24)的形式，这是由环境的统计变化引起的。
- 最重要的是，在非平稳环境下，图 5.2 所示的多级格型预测器将无法保证通过采用 GAL 算法来保持其解耦性质(即后向预测误差的正交性)。

最后结果表明，尽管 GAL 算法的收敛性比 LMS 算法要好，它却没有第 16 章中将要讨论的最小二乘格型算法好。但另一方面，GAL 算法的实现相对简单，从实用角度上看很有吸引力。

5.3.5 GAL 算法小结

式(5.20)和式(5.21)与式(5.23)和式(5.24)分别为 GAL 算法多级格型预测器的阶更新与时间更新。式(5.25)和式(5.28)与式(5.27)分别为算法的期望响应估计器的阶更新与时间更新。所有这些见表 5.2，表中还包含 GAL 算法的初始化。

为了保证 GAL 算法具有良好的收敛性，推荐取 $\tilde{\mu} < 0.1$。

表 5.2　GAL 算法小结

参数：　　　　$M =$ 最终预测阶数
　　　　　　　$\beta =$ 常数，位于范围 $(0,1)$
　　　　　　　$\hat{\mu} < 0.1$
　　　　　　　δ：小的正常数
　　　　　　　a：另一小的正常数

多级格型预测器：
　　对于预测阶数 $m = 1, 2, \cdots, M$，置
　　　　$f_m(0) = b_m(0) = 0$
　　　　$\mathscr{E}_{m-1}(0) = a$
　　　　$\hat{\kappa}_m(0) = 0$
　　对于时间步 $n = 1, 2, \cdots$，置
　　　　$f_0(n) = b_0(n) = u(n)$　　$u(n) =$ 格型预测器输入
　　对于预测阶数 $m = 1, 2, \cdots, M$ 和时间步 $n = 1, 2, \cdots$，计算

$$\mathscr{E}_{m-1}(n) = \beta \mathscr{E}_{m-1}(n-1) + (1-\beta)\left(|f_{m-1}(n)|^2 + |b_{m-1}(n-1)|^2\right)$$

$$f_m(n) = f_{m-1}(n) + \hat{\kappa}_m^*(n-1)b_{m-1}(n-1)$$

$$b_m(n) = b_{m-1}(n-1) + \hat{\kappa}_m(n-1)f_{m-1}(n)$$

$$\hat{\kappa}_m(n) = \hat{\kappa}_m(n-1) - \frac{\tilde{\mu}}{\mathscr{E}_{m-1}(n)}\left[f_{m-1}^*(n)b_m(n) + b_{m-1}(n-1)f_m^*(n)\right]$$

（续表）

期望响应估计器：

对预测阶数 $m = 0, 1, \cdots, M$，置

$$\hat{h}_m(0) = 0$$

对时间步 $n = 0, 1, \cdots$，置

$$y_{-1}(n) = 0; \|\mathbf{b}_{-1}(n)\|^2 = \delta$$

对于预测阶数 $m = 0, 1 \cdots, M$ 和时间步 $n = 0, 1, \cdots$，计算

$$y_m(n) = y_{m-1}(n) + \hat{h}_m^*(n)b_m(n)$$
$$e_m(n) = d(n) - y_m(n)$$
$$\|\mathbf{b}_m(n)\|^2 = \|\mathbf{b}_{m-1}(n)\|^2 + |b_m(n)|^2$$
$$\hat{h}_m(n+1) = \hat{h}_m(n) + \frac{\tilde{\mu}}{\|\mathbf{b}_m(n)\|^2} b_m(n)e_m^*(n)$$

5.4　随机梯度下降法的其他应用

在关于泄漏 LMS 算法和第四最小均值（FLM）算法的习题 5 和习题 6 中，涉及随机梯度下降法的其他应用，这些应用包含在本书后续章节中。

第 7 章将讨论归一化 LMS 算法，这是为了减少由于梯度噪声加大所引起的对 LMS 算法的限制。事实上，此时步长参数 μ 相对于输入向量 $\mathbf{u}(n)$ 与某一很小固定参数相加后的平方欧氏范数进行归一化；换句话说，步长参数是一个时变归一化形式。

如同 5.1 节所讨论的，使用随机梯度下降法的问题之一是必须跟踪非平稳环境下信号或数据流的统计变化。尽管，LMS 算法确实有一个内置的处理这个跟踪问题的能力，但当应对数据流的处理时（例如，应对随时间快速变化的海量数据流时），它是无能为力的。

在第 13 章中，我们将讨论一个称为增量 delta-bar-delta（IDBD）算法的新的随机梯度下降算法。在该算法中，步长参数不仅是时变的，而且是一个向量形式，其各个元素与输入向量的元素是相关的。

所有讨论过的随机梯度算法，也包括第 11 章，都是监督式学习类型。第 17 章将转向研究不需要监督的盲自适应（即不需要期望响应）。盲均衡作为一种有趣的应用，描述了所谓的 Bussgang 算法，其实现涉及联合使用零记忆非线性估计器和 LMS 算法。

5.5　小结与讨论

本章讨论了随机梯度下降法的原理，它以 LMS 和 GAL 算法为例，提供了一族自适应滤波算法的基础。

这族自适应滤波算法的显著特点是其计算复杂度与有限冲激响应（FIR）滤波器可调参数的数量（即抽头权值数）呈线性关系，而且围绕这个关系进行自适应。当处理随时间快速变化的海量数据流时，计算简单是特别重要的。在这类应用中，处理时间是至关重要的，因此需要使每个自适应循环所需要的运算量最小。

由线性关系支配的计算复杂度（即线性复杂度）是 LMS 算法的一个重要特点。此外，LMS 算法的另一个重要特点是其鲁棒性，它表示面对实际应用中出现未知干扰（disturbance）

时仍能提供满意性能的能力。这里要注意：鲁棒性总是以牺牲效率为代价获得的。在第 11 章中将详细讨论这种权衡。

自适应滤波器中另一个需要解决的问题是跟踪非平稳环境下信号或数据流随时间的统计变化。参考那个处理快速变化的海量数据的例子，我们可能必须改善 LMS 算法的跟踪能力。实现这个要求的一个灵巧的办法是做如下两件事：

- 其一，使用向量化的步长参数，其维数等同于要估计的抽头权向量的维数。
- 其二，扩展 LMS 算法，使之具有"学习再学习(learning within learning)"方案的形式。

在这一方案中，抽头权向量的每个元素分配了一个自己的步长参数，使之具有更多关注与输入数据相关的部分和更少关注与输入数据无关部分的能力。基于 LMS 算法的学习再学习的思想加强了算法的信号处理能力，以解决超越传统形式算法能力的应用。更重要的是，如同第 13 章所示，修正的算法仍然保留随机梯度下降算法的基本思想。

总之，随机梯度下降法为自适应滤波算法的设计提供了许多有益的启示。

5.6 习题

1. 图 P5.1 的(a)和(b)部分描绘了凸函数梯度产生的两种方式。在(a)部分中，梯度是正数；在(b)部分中，梯度是复数。试证明，尽管存在这种差异，这两部分的梯度下降法的算法描述是完全相同的。

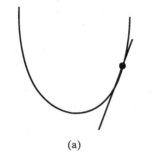 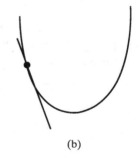

(a)   (b)

图 P5.1 凸函数的梯度

2. LMS 是一个 $O(M)$ 算法，其中 O 表示算法的数量级，M 是 FIR 滤波器的长度。

3. 所谓实值型符号误差 LMS 算法的更新公式如下：

$$\hat{\mathbf{w}}(n+1) = \hat{\mathbf{w}}(n) + \mu\mathbf{u}(n-i)\mathrm{sgn}[e(n)], \quad i = 0,1,\cdots, M-1$$

（a）将该算法的计算复杂度与 LMS 算法的复杂度进行比较。

（b）如何将该更新公式修改为复值型符号误差 LMS 算法的更新公式？

4. 在 5.2 节，我们讨论了如何通过移走式(2.29)和式(2.30)中期望算子来导出 LMS 算法的另一种方法。试证明：将最速下降法中的更新公式(4.10)应用于维纳滤波器，可以得到与式(5.6)完全一样的公式。

5. 泄漏 LMS 算法(the leaky LMS algorithm)。考虑时变代价函数

$$J(n) = |e(n)|^2 + \alpha\|\mathbf{w}(n)\|^2$$

其中 $\mathbf{w}(n)$ 是 FIR 滤波器的抽头权向量，$e(n)$ 是估计误差，α 是一个常数，与往常一样，

$$e(n) = d(n) - \mathbf{w}^{\mathrm{H}}(n)\mathbf{u}(n)$$

其中 $d(n)$ 是期望响应，$\mathbf{u}(n)$ 是抽头输入向量。在泄漏 LMS 算法中，代价函数 $J(n)$ 相对于权向量 $\mathbf{w}(n)$ 最小化。

（a）试证明：抽头权值 $\hat{\mathbf{w}}(n)$ 的时间更新可以定义为

$$\hat{\mathbf{w}}(n+1) = (1 - \mu\alpha)\hat{\mathbf{w}}(n) + \mu\mathbf{u}(n)e^*(n)$$

（b）如何修正常规 LMS 算法中的抽头权向量来获得（a）中描述的等价结果？

6. 最小四阶矩（FLM，fourth-least-mean）算法的瞬时代价函数定义为

$$J_s(w) = |e(n)|^4$$

（a）证明：该算法的更新公式如下：

$$\hat{\mathbf{w}}(n+1) = \hat{\mathbf{w}}(n) + \mu\mathbf{u}(n-i)e^*(n)|e(n)|^2 \quad i = 0, 1, \cdots, M-1$$

（b）比较 LMS 算法与 FLM 算法的计算复杂度。

（c）相对于 LMS 算法，FLM 算法有什么优势？

7. 参照图 5.4，证明基于 m 个后向预测误差序列的预测器，通过将该估计看做一个约束优化问题，可导出式（5.27）和式（5.28）的更新公式。（提示：参考第 7 章中的最小干扰原理）。

8. 作为 5.3 节中推导 GAL 算法递归关系式（5.22）的一种替代，可尝试进行如下工作：首先，用 $\hat{\kappa}_m(n)$ 代替式（5.20）和式（5.21）中的 $\hat{\kappa}_m(n-1)$，即

$$f_m(n) = f_{m-1}(n) + \hat{\kappa}_m^*(n)b_{m-1}(n-1)$$
$$b_m(n) = b_{m-1}(n-1) + \hat{\kappa}_m(n)f_{m-1}(n)$$

其次，由式（5.15）中的交叉项相乘法并化简，可导出如下更新反射系数的递归关系式：

$$\hat{\kappa}_m(n) = \hat{\kappa}_m(n-1) - \frac{f_{m-1}^*(n)b_m(n) + b_{m-1}(n-1)f_m^*(n)}{\mathscr{E}_{m-1}(n-1)}, \quad m = 1, 2, \cdots, M$$

其中，$\mathscr{E}_{m-1}(n-1)$ 由式（5.17）定义，不过此时用 $n-1$ 代替了 n。试做如下工作：

（a）导出 $\hat{\kappa}_m(n)$ 的替代递归关系式。

（b）给出这个习题的关系式，并解释为什么这样一个算法在计算上是不切实际的？并据此证明式（5.22）的正确性。

9. 对于相同数的可调参数，如何比较 GAL 算法与 LMS 算法的计算复杂度？

第6章 最小均方(LMS)算法

作为前一章随机梯度下降法的一种应用,本章给出最小均方(LMS)算法,特别说明了为什么 LMS 算法在线性自适应滤波理论与应用方面起着基础性的重要作用。

本章首先给出 LMS 算法的信号流图表示,以说明 LMS 算法本质上是一种非线性反馈控制系统。由于反馈是一把"双刃剑",它既有用也有害。因此并不奇怪,LMS 算法中的控制机制直接依赖于步长参数 μ 的选择,该参数在保证算法是否收敛方面起着关键性作用。

本章将在 LMS 算法的统计学习理论指导下研究其收敛性。尽管 LMS 算法易于实现,但难以进行数学分析。然而,可通过蒙特卡罗仿真支持从这一理论导出的算法效率的思想。

6.1 信号流图

为了便于介绍,重写表5.1给出的 LMS 算法如下:

$$y(n) = \hat{\mathbf{w}}^{\mathrm{H}}(n)\mathbf{u}(n) \tag{6.1}$$

$$e(n) = d(n) - y(n) \tag{6.2}$$

和

$$\hat{\mathbf{w}}(n+1) = \hat{\mathbf{w}}(n) + \mu\mathbf{u}(n)e^*(n) \tag{6.3}$$

其中 $\mathbf{u}(n)$ 是输入向量(回归量), $d(n)$ 是相应的期望相应, $\hat{\mathbf{w}}(n)$ 是未知的抽头权向量 $\mathbf{w}(n)$ 的估计, $\mathbf{w}(n)$ 是线性多重回归模型的解,这一模型用来表示 $\mathbf{u}(n)$ 和 $d(n)$ 共同选择的环境。上标 H 表示埃尔米特转置(即复共轭转置),而星号表示复共轭。

给定方程组(6.1)~(6.3),可以构造出图 6.1 所示的 LMS 算法的信号流图。基于该框图可以看出,LMS 算法包含如下两个相互关联的基本过程:

1)**滤波过程** 该过程包含两个操作:

- 计算算法中有限冲激响应(FIR)滤波器的输出 $y^*(n)$ 对输入信号 $\mathbf{u}(n)$ 的响应;
- 由期望响应 $d^*(n)$ 与输出 $y^*(n)$ 之差产生估计误差 $e^*(n)$。

2)**自适应过程** 该过程包括所估计的当前权向量 $\hat{\mathbf{w}}(n)$ 的更新,即可由乘积项 $\mu\mathbf{u}(n)e^*(n)$ 作为当前权向量 $\hat{\mathbf{w}}(n)$ 的一个"增量",从而得到 $\hat{\mathbf{w}}(n+1)$,该增量的大小可通过选择较小的步长参数 μ 来确定。

这两个过程分别示于图 6.1 的右边和左边①。后面,我们把 LMS 算法的每一次完整的循环看做一次自适应循环。

由图 6.1 容易发现:

---

① 图6.1左边的乘法器表示一般乘法,右边的乘法器表示内积。

LMS 算法的计算复杂度与估值 $\hat{\mathbf{w}}(n)$ 的维数呈线性关系。

这一观点再次强调了第 5 章中所指出的 LMS 算法的简单性。

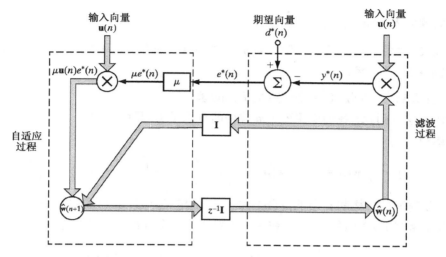

图 6.1　LMS 算法的信号流图表示，其中 $\mathbf{I}$ 是单位矩阵，z^{-1} 是延迟单元算符

6.2　最优性考虑

考虑 LMS 算法的最优性有两种方法：其一是使 LMS 算法在局部意义下达到最优；其二是使 LMS 算法在全局意义下达到次优；前者涉及数据引起的扰动。

6.2.1　局部最优性

在第 5 章中我们指出，随机梯度下降法是一种局部方法。它表明搜索一个梯度向量不仅是随机的，而且是以一种局部的方式进行的。暂且不管其随机性，LMS 算法在欧氏意义下呈现局部最优性，只要从一次自适应循环到下一次自适应循环由数据引起的扰动充分小（见 Sayed，2003）。在某种程度上，这要求自适应滤波器以最感兴趣的算法工作。

为了解释我们此时所想到的，考虑以下两种不同的场景：

1）当前估计误差　给定监督训练集合 $\{\mathbf{u}(n),d(n)\}$，则可以写出

$$e(n) = d(n) - \mathbf{w}^{\mathrm{H}}(n)\mathbf{u}(n) \tag{6.4}$$

其中 $\mathbf{w}(n)$ 是未知的抽头权值向量，它将在局部欧氏意义下是最优的。

2）后验估计误差　在该场景下，要求使更新的抽头权值向量 $\mathbf{w}(n+1)$ 达到最优。为此，可以写出

$$r(n) = d(n) - \mathbf{w}^{\mathrm{H}}(n+1)\mathbf{u}(n) \tag{6.5}$$

这里，需要注意的是，误差 $r(n)$ 有别于包含乘积项 $\mathbf{w}^{\mathrm{H}}(n)\mathbf{u}(n+1)$ 的一步预测误差。

为了使局部扰动比较小，要求步长参数 μ 充分小，即满足如下条件：

$$|1 - \mu\|\mathbf{u}(n)\|^2| < 1 \quad \text{对于所有}\,\mathbf{u}(n)$$

其中 $\|\mathbf{u}(n)\|^2$ 是输入向量 $\mathbf{u}(n)$ 的平方欧氏范数。同样,需满足如下条件:

$$0 < \frac{1}{2}\mu\|\mathbf{u}(n)\|^2 < 1 \quad 对于所有\mathbf{u}(n) \tag{6.6}$$

上述问题可表述如下:

在式(6.6)的约束条件下,寻找使 $\mathbf{w}(n+1)$ 与其过去值 $\mathbf{w}(n)$ 的平方欧氏范数达到最小的 $\mathbf{w}(n+1)$ 的最优值。

实际上,局部收益问题是一个约束最优化问题。

为了求解这一问题,我们应用著名的拉格朗日乘子法(见附录C)。具体来说,首先引入拉格朗日函数:

$$L(n) = \frac{1}{2}\|\mathbf{w}(n+1) - \mathbf{w}(n)\|^2 + \lambda(n)\left(r(n) - \left(1 - \frac{\mu}{2}\|\mathbf{u}(n)\|^2\right)e(n)\right) \tag{6.7}$$

其中 $\lambda(n)$ 是时变的拉格朗日乘子,$e(n)$ 和 $r(n)$ 的定义见式(6.4)和式(6.5)。应用附录B,求 $L(n)$ 关于 $\mathbf{w}^{\mathrm{H}}(n+1)$ 的导数,且将 $\mathbf{w}(n)$ 看成是一个常数,我们得到

$$\frac{\partial L(n)}{\partial \mathbf{w}^{\mathrm{H}}(n+1)} = \mathbf{w}(n+1) - \mathbf{w}(n) - \lambda(n)\mathbf{u}(n)$$

令 $\hat{\mathbf{w}}(n+1)$ 和 $\hat{\mathbf{w}}(n)$ 是使上式偏导数为零的抽头权向量,故有

$$\hat{\mathbf{w}}(n+1) = \hat{\mathbf{w}}(n) + \lambda(n)\mathbf{u}(n) \tag{6.8}$$

为了找到相应的拉格朗日乘子值,将式(6.8)的解代入式(6.7),并消去所得结果的公共项,我们得到

$$\lambda(n) = \mu e^*(n)$$

此时,拉格朗日函数 $L(n)$ 达到其最小值零。注意参数 μ 为正常数,故对于所有的 n,拉格朗日乘子 $\lambda(n)$ 为复值。

最后,将 $\lambda(n)$ 代入式(6.8),我们得到约束最优化问题的期望解:

$$\hat{\mathbf{w}}(n+1) = \hat{\mathbf{w}}(n) + \mu\mathbf{u}(n)e^*(n)$$

这个公式与式(6.3)完全一样。至此,LMS算法的局部最优性问题得到了证明。

6.2.2　较之维纳解的次优性

第4章中已经证明,当步长参数 μ 满足式(4.22)的条件且自适应循环次数 n 趋于无限大时,维纳滤波器的最速下降算法的解接近于维纳解 $\mathbf{w}_o$。此外,学习曲线接近于渐近值 $J_{\min}$。

在6.4节中我们将说明,与维纳滤波器相比,LMS算法的相应学习曲线接近一个最终值 $J(\infty)$,$J(\infty)$ 与 $J_{\min}$ 之差就是额外均方误差。因此,与维纳解相比,LMS算法是次优的。

在概念性的统计意义上,我们可以区分如下两种学习曲线:

1) 在最速下降法中,在计算学习曲线之前要进行集平均,如图6.2(a)所示;因此,在假设环境是广义平稳的条件下,相关矩阵 $\mathbf{R}$ 和互相关向量 $\mathbf{p}$ 中包含了环境的完全信息。这样最速下降法的学习曲线在性质上是确定性的。

2) 在LMS算法中,在计算独立自适应的 FIR 滤波器集平均的"噪声"学习曲线之后进行

了集平均,如图6.2(b)所示;该噪声来自于梯度噪声。因此,LMS的学习曲线在性质上是统计的。

集平均的重要差异,解释了 LMS 算法实验中所具有的额外均方误差及其相对于维纳解的次优性。

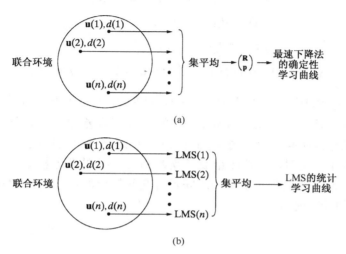

(a)

(b)

图 6.2　说明相同平稳环境下的不同学习曲线

6.3　应用示例

在进一步分析 LMS 算法收敛性之前,了解这个重要的信号处理算法的通用性是很有好处的。下面,我们通过介绍 LMS 算法的 6 个不同应用来进行这一工作。

6.3.1　应用之一:复数 LMS 算法的典型模型

式(6.1)~式(6.3)所描述的 LMS 算法是复数形式的,因为输入和输出及抽头权值都是复数的。为了说明这个算法的复数特点,我们使用如下复数形式的记号:

抽头输入向量

$$\mathbf{u}(n) = \mathbf{u}_I(n) + j\mathbf{u}_Q(n) \tag{6.9}$$

期望响应

$$d(n) = d_I(n) + jd_Q(n) \tag{6.10}$$

抽头权向量

$$\hat{\mathbf{w}}(n) = \hat{\mathbf{w}}_I(n) + j\hat{\mathbf{w}}_Q(n) \tag{6.11}$$

FIR 滤波器输出

$$y(n) = y_I(n) + jy_Q(n) \tag{6.12}$$

估计误差

$$e(n) = e_I + je_Q(n) \tag{6.13}$$

式中，右下角的 I、Q 分别表示同相和正交分量，即实部和虚部。在式(6.1)~式(6.3)中，利用上述定义分别对实部与虚部进行运算，可得

$$y_I(n) = \hat{\mathbf{w}}_I^{\mathsf{T}}(n)\mathbf{u}_I(n) - \hat{\mathbf{w}}_Q^{\mathsf{T}}(n)\mathbf{u}_Q(n) \tag{6.14}$$

$$y_Q(n) = \hat{\mathbf{w}}_I^{\mathsf{T}}(n)\mathbf{u}_Q(n) + \hat{\mathbf{w}}_Q^{\mathsf{T}}(n)\mathbf{u}_I(n) \tag{6.15}$$

$$e_I(n) = d_I(n) - y_I(n) \tag{6.16}$$

$$e_Q(n) = d_Q(n) - y_Q(n) \tag{6.17}$$

$$\hat{\mathbf{w}}_I(n+1) = \hat{\mathbf{w}}_I(n) + \mu\big[e_I(n)\mathbf{u}_I(n) - e_Q(n)\mathbf{u}_Q(n)\big] \tag{6.18}$$

$$\hat{\mathbf{w}}_Q(n+1) = \hat{\mathbf{w}}_Q(n) + \mu\big[e_I(n)\mathbf{u}_Q(n) + e_Q(n)\mathbf{u}_I(n)\big] \tag{6.19}$$

式中上标 T 表示转置运算。式(6.14)~式(6.17)定义了误差和输出信号，可用图 6.3(a)所示的交叉耦合的信号流图来表示。同样，式(6.18)和式(6.19)可用图 6.3(b)所示的交叉耦合的信号流图来表示。这对信号流图组成了复数 LMS 算法的典型模型。这个模型清楚地说明，一个复数 LMS 算法等效于一组它们之间具有交叉耦合的 4 个实数 LMS 算法，从而说明了复数 LMS 算法的计算能力。

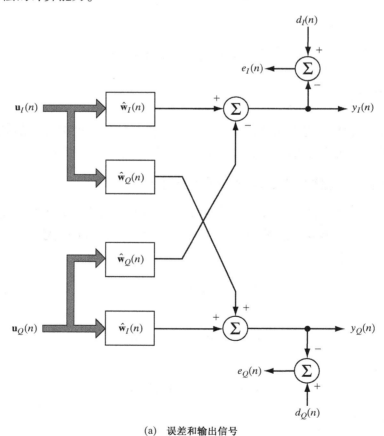

(a) 误差和输出信号

图 6.3 复数 LMS 算法的典型模型流图表示

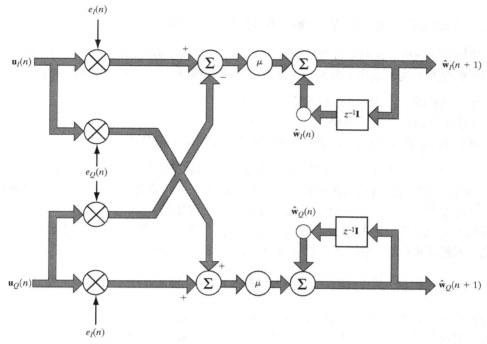

(b) 抽头权值更新方法

图 6.3(续) 复数 LMS 算法的典型信号流图表示

在色散信道上传输二进制数据的通信系统自适应均衡中,需要复数 LMS 算法的典型模型。为了便于在信道上传输数据,应采用某种调制形式,以使得发送信号的频谱落在信道的带宽之内。此外,为了使频谱有效,要使用诸如四相脉移键控(QPSK)或 M 进制正交调幅(QAM)等调制技术,这里信道输出的基带信号是复数形式,这是使用复数 LMS 算法的原因。在任何情况下,信道中的数据传输受制于下面两个因素:

* 符号间干扰(ISI) 主要由信道色散引起。
* 热噪声 它产生在信道输出端(即接收机的输入端)。

对于带限信道(如语音级的电话信道),ISI 是限制数据高速传输的主要因素。自适应均衡器通常放在接收机中。由于信道输出作为激励源应用于均衡器,其自由参数通过 LMS 算法进行调整以便为当前传输符号提供一个估计。在接收端,提供期望响应。特别地,在训练模式下,期望响应的副本存储在接收机中。自然地,这个存储参考信号的发生器必须与数据传输之前发送的训练序列同步。广泛应用的训练序列是具有像噪声那样宽带特性的伪噪声(PN,pseudonoise)序列;实际上,它是一种周期性出现的确定性信号。PN 序列借助于反馈移位寄存器产生,它由大量受单个时钟控制的连贯双状态记忆级(双稳态触发器)组成。由记忆级输出的"模 2 和"组成的反馈信号,用于移位寄存器的第一级,以防止它是空的。一旦训练模式完成,数据即开始在信道中传输。为了使自适应均衡器能够在信号传输时跟踪信道的统计变化,均衡器切换到面向判决的模式,更多细节参见第 17 章的讲述。

6.3.2　应用之二：处理时变地震数据的自适应反卷积

在地震学研究中，我们经常考虑到地球分层模型。为了收集(即记录)地震数据以表征这种模型并由此揭示地球表面的复杂性，通常使用反射地震学的方法。这包括如下部分：

- 地震能量源，其典型活动在地球表面进行。
- 地层间界面的地震波传播。
- 获得并记录地震波的返回(地质界面地震波的反射)，它携带关于地球内部的结构信息。

地震探测中的一个重要问题是，解释来自不同地层返回的地震波。这种解释是辨识不同地壳层(如岩石层、砂层或沉积层)的基础。这些沉积层是人们特别感兴趣的，因为它可能包含碳氢化合物储油层。地球分层模型的思想在这里起着关键作用。

图 6.4 给出分层地球的抽头延迟线模型。该模型表示地球表面传播(散射)现象的局部参数化。根据图中模型，输入地震波 $s(n)$ 与输出地震波 $u(n)$ 之间的卷积和关系为

$$u(n) = \sum_{k=0}^{M-1} w_k s(n-k)$$

这里假设了一个长度为 $M-1$ 的模型，其中 $w_0, w_1, \cdots, w_{M-1}$ 为抽头权值序列，它代表了权值的空间映射或传播介质的冲激响应。要解决的问题可表示为如下的系统辨识问题：

给定地震波图，即地震波返回的记录[如 $u(n)$]，估计介质的冲激响应 w_n。

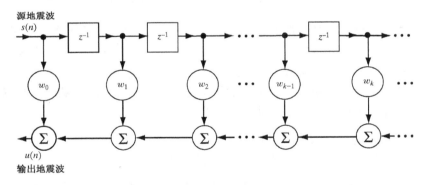

图 6.4　分层地球抽头延迟线模型

该估计(称为地震反卷积)去除了 $s(n)$ 与 w_n 卷积的影响。然而，由于输入地震波 $s(n)$ 实际上未知，因此这个问题是很复杂的。为了克服这个困难，可用下面两种方法：

1) 预测反卷积(predictive deconvolution)[①]　之所以这样称呼是因为该过程依赖于线性预测理论。

2) 盲反卷积(blind deconvolution)　它考虑了反射地震图中所包含的有价值相位信息，而在预测反卷积中忽略了该信息。

[①]　Schneider(1978, p.29)给出了对预测反卷积的评价：过去 15 年来，统计小波反卷积的工具都是预测反卷积方法，它假设反射函数是统计上白色的，且卷积小波是最小相位的。有人说这不是一种有效工具，这等于宣告几十英里的地震探测处理不合适，也是对根据这些数据探测出数百万桶石油这一事实的否定。

在这一节，我们描述预测反卷积。盲反卷积将在第 17 章阐述。在这两种方法中，LMS算法都起着重要作用。

预测反卷积依据以下两个假设(Robinson & Durrani,1986)：

1)反馈假设　把 w_n 视为自回归模型的冲激响应，它隐含分层地球模型是最小相位的。

2)随机假设　假设反射函数(反卷积的结果)具有白噪声特性，至少在某些选通时间内。

给定实值地震波图 $u(n)$，我们可使用实值 LMS 算法解预测反卷积问题，其步骤如下(Griffiths et al., 1977)：

- 利用 M 维算子 $\hat{\mathbf{w}}(n)$ 并根据数据产生一个预测轨迹，即

$$u(n + \Delta) = \hat{\mathbf{w}}^{\mathrm{T}}(n)\mathbf{u}(n) \tag{6.20}$$

其中

$$\hat{\mathbf{w}}(n) = \left[\hat{w}_0(n), \hat{w}_1(n), \cdots, \hat{w}_{M-1}(n)\right]^{\mathrm{T}}$$
$$\mathbf{u}(n) = \left[u(n), u(n - 1), \cdots, u(n - M + 1)\right]^{\mathrm{T}}$$

且 $\Delta \geqslant 1$ 是预测深度(prediction depth)或解相关延迟(decorrelation delay)，它是在单位抽样周期内测量的。

- 反卷积后的轨迹 $y(n)$ 定义为输入与预测样值之差，即

$$y(n) = u(n) - \hat{u}(n)$$

- 算子 $\hat{\mathbf{w}}(n)$ 的更新值为

$$\hat{\mathbf{w}}(n + 1) = \hat{\mathbf{w}}(n) + \mu\left[u(n + \Delta) - \hat{u}(n + \Delta)\right]\mathbf{u}(n) \tag{6.21}$$

式(6.20)和式(6.21)组成了基于 LMS 算法的自适应地震反卷积算法。该自适应从初始点 $\hat{\mathbf{w}}(0)$ 开始进行。

6.3.3　应用之三：瞬态频率测量

在这个例子中，我们研究如何以 LMS 算法为基础对快变功率谱表征的窄带信号频率进行估计(Griffiths, 1975)。为此，首先说明三个基本思路之间的联系：第 1 章所研究的描述随机过程的自回归(AR)模型，第 3 章介绍的分析该过程的线性预测器，以及估计 AR 参数的 LMS 算法。

所谓窄带信号指的是，与信号中心角频率 ω_c 相比，其带宽 Ω 较小，如图 6.5 所示。调频(FM, frequency-modulated)信号就是窄带信号的一个例子，只要其载波频率足够高。调频信号的瞬态频率(定义为相位对时间的导数)随着调制信号线性变化。考虑一个 M 阶时变 AR 模型产生的窄带信号 $u(n)$，其差分方程为(假设为实数据)

$$u(n) = -\sum_{k=1}^{M} a_k(n)u(n - k) + \nu(n) \tag{6.22}$$

其中 $a_k(n)$ 为时变模型的参数，$\nu(n)$ 是零均值、方差为 $\sigma_\nu^2(n)$ 的白噪声。窄带过程 $u(n)$ 的时变 AR 功率谱为[见式(3.101)]

$$S_{\text{AR}}(\omega;n) = \frac{\sigma_\nu^2(n)}{\left|1 + \sum\limits_{k=1}^{M} a_k(n)\mathrm{e}^{-\mathrm{j}\omega k}\right|^2} \qquad -\pi < \omega \leqslant \pi \tag{6.23}$$

注意，极点聚集在 z 平面单位圆附近的 AR 过程具有窄带信号的一些特点。

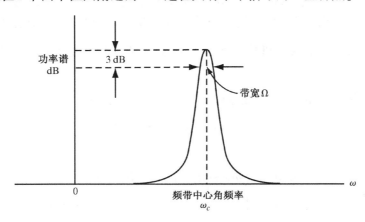

图 6.5　根据频谱定义的窄带信号

为了估计模型参数，我们采用 M 阶线性预测自适应 FIR 滤波器。预测器的抽头权值表示为 $\hat{w}_k(n)$，$k = 1,2,\cdots,M$。当接收到输入信号时，连续地自适应调整抽头权值。特别地，可用如下 LMS 算法自适应调整抽头权值

$$\hat{w}_k(n+1) = \hat{w}_k(n) + \mu u(n-k)f_M(n) \qquad k = 1,2,\cdots,M \tag{6.24}$$

其中

$$f_M(n) = u(n) - \sum\limits_{k=1}^{M} \hat{w}_k(n)u(n-k) \tag{6.25}$$

是预测误差。自适应预测器的抽头权值与 AR 模型参数的关系为

$$-\hat{w}_k(n) = n \text{ 时刻 } a_k(n) \text{ 的估值} \qquad k = 1,2,\cdots,M$$

此外，预测误差 $f_M(n)$ 的平均功率提供了对噪声方差 $\sigma_\nu^2(n)$ 的估计。我们感兴趣的是确定窄带信号的频率，因此下面将不考虑 $\sigma_\nu^2(n)$ 的估计。特别地，可以只用自适应预测器的抽头权值来定义时变频率函数

$$F(\omega;n) = \frac{1}{\left|1 - \sum\limits_{k=1}^{M} \hat{w}_k(n)\mathrm{e}^{-\mathrm{j}\omega k}\right|^2} \tag{6.26}$$

给定 $\hat{w}_k(n)$ 与 $a_k(n)$ 之间的关系，我们看到，式(6.26)中频率函数 $F(\omega;n)$ 与式(6.23)AR 功率谱 $S_{\text{AR}}(\omega;n)$ 之间的主要差异在于其分子的标度因子。$F(\omega;n)$ 的分子恒为 1，而 $S_{\text{AR}}(\omega;n)$ 是一个等于 $\sigma_\nu^2(n)$ 的时变常数。$F(\omega;n)$ 优于 $S_{\text{AR}}(\omega;n)$ 之处有两个方面：首先，式(6.23)中窄带频谱所固有的不确定性 0/0 为式(6.26)中计算上易于处理的极限 1/0 所替代；第二，频率函数 $F(\omega;n)$ 不受输入信号 $u(n)$ 幅度变化的影响，这是因为 $F(\omega;n)$ 的峰值直接与输入信号的频谱宽度有关。

我们可以使用频率函数 $F(\omega; n)$ 测量调频信号 $u(n)$ 的瞬态频率,只要满足如下假设(Griffiths,1975):

- 自适应预测器要运行足够长的时间,以便消除由抽头权值初始化所引起的任何过渡现象。
- 正确选择步长参数 μ,以使得对所有 n 预测误差 $f_M(n)$ 很小。
- 在从自适应循环$(n-M)$到自适应循环$(n-1)$的自适应预测器抽样范围内,调制信号基本不变。

如果以上假设成立,则频率函数 $F(\omega;n)$ 在输入信号 $u(n)$ 的瞬态频率处有峰值点,而且 LMS 算法可以跟踪瞬态频率随时间的变化。

6.3.4　应用之四:应用于正弦干扰的自适应噪声消除

对承载信息的信号造成损害的正弦干扰进行抑制的传统方法,是使用能调整干扰频率的固定陷波器。为了设计这个滤波器,需要知道干扰的精确频率。但是,如果要求陷波器非常陡峭,而受干扰的正弦信号变化很慢,又该怎么办呢?显然,这是一个需要应用自适应方案才能解决的问题。一种解决方法是使用自适应噪声消除,这种应用不同于前面的三个例子,因为它并不是基于随机激励的。

图6.6 给出两输入自适应噪声消除器的框图。基本输入由携带信息的信号和互不相关的正弦干扰组成,而参考输入,为相关形式的正弦干扰。对于自适应滤波器,采用基于 LMS 算法进行抽头权值自适应的 FIR 滤波器。该滤波器使用参考输入,对包含在基本输入端的正弦信号进行估计。因此,从基本输入中减去自适应滤波器输出,即可消除正弦噪声的影响。特别地,使用 LMS 算法的自适应噪声消除器有如下两个重要特征(Widrow et al., 1976; Glover,1977):

1)消除器像自适应陷波器一样工作,其零值点由正弦干扰的角频率 ω_0 决定。因此,消除器是可调的,其调谐频率随 ω_0 而变。

2)通过选择足够小的 μ,可使得消除器频率响应的陷波在正弦干扰处很陡峭。

因此,与普通陷波器不同,我们可以控制自适应噪声消除器的频率响应。

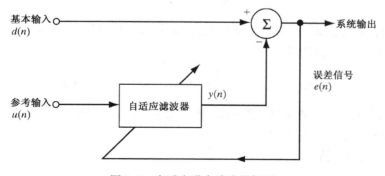

图 6.6　自适应噪声消除器框图

在这里所考虑的应用中,输入数据假设是实数,则有

- 对于基本输入

$$d(n) = s(n) + A_0\cos(\omega_0 n + \phi_0) \tag{6.27}$$

式中 $s(n)$ 是承载信息的信号,A_0 是正弦干扰的幅度, ω_0 是归一化角频率, ϕ_0 是相位。

- 对于参考输入

$$u(n) = A\cos(\omega_0 n + \phi) \tag{6.28}$$

式中幅度 A 和相位 ϕ 为不同于基本输入的物理量,但角频率 ω_0 是一样的。

如果使用实数形式的 LMS 算法,则抽头权值的更新基于如下等式

$$y(n) = \sum_{i=0}^{M-1} \hat{w}_i(n)u(n-i) \tag{6.29}$$

$$e(n) = d(n) - y(n) \tag{6.30}$$

和

$$\hat{w}_i(n+1) = \hat{w}_i(n) + \mu u(n-i)e(n) \qquad i = 0,1,\cdots,M-1 \tag{6.31}$$

其中 M 是 FIR 滤波器的长度,常数 μ 为步长因子。为表示简单起见,假设 LMS 算法中输入数据和其他信号的抽样周期取为单位时间。这个假设实际上贯穿全书。

用正弦激励作为感兴趣的输入,重建自适应滤波器框图,如图 6.7(a) 所示。根据这个新的表示,可将正弦输入 $u(n)$、FIR 滤波器和 LMS 算法的权值更新方程组合为一个单一(开环)的系统。输入为 $e(n)$、输出为 $y(n)$ 的自适应系统随时间变化,而且不能用转移函数来表示。避开这个困难,可得如下结果:由于 $z = e^{j\omega}$ 和 $z_0 = e^{j\omega_0}$,如令自适应系统的激励为 $e(n) = z^n$,则输出 $y(n)$ 包含三个分量:其一正比于 z^n,其二正比于 $z^n(z_0^{2n})^*$,其三正比于 $z^n(z_0^{2n})$。第一个分量代表转移函数为 $G(z)$ 的时变系统。现在的工作是寻找 $G(z)$。

为此,使用如图 6.7(b) 所示的 LMS 算法的详细信号流图表示(Glover,1977)。在这个框图中,我们对第 i 个抽头权值予以特别的关注,该抽头输入的相应值为

$$\begin{aligned}
u(n-i) &= A\cos[\omega_0(n-i) + \phi] \\
&= \frac{A}{2}\left[e^{j(\omega_0 n + \phi_i)} + e^{-j(\omega_0 n + \phi_i)}\right]
\end{aligned} \tag{6.32}$$

其中

$$\phi_i = \phi - \omega_0 i$$

在图 6.7(b) 中,输入 $u(n-i)$ 与估计误差 $e(n)$ 相乘。因此,对乘积 $u(n-i)e(n)$ 做 z 变换并用 $z[\cdot]$ 表示该运算,我们得到

$$z[u(n-i)e(n)] = \frac{A}{2}e^{j\phi_i}E(ze^{-j\omega_0}) + \frac{A}{2}e^{-j\phi_i}E(ze^{j\omega_0}) \tag{6.33}$$

其中 $E(ze^{-j\omega_0})$ 是围绕单位圆逆时针旋转 ω_0 角度后 $e(n)$ 的 z 变换 $E(z)$;类似地, $E(ze^{j\omega_0})$ 是围绕单位圆顺时针旋转 ω_0 后的变换。

其次,对式(6.31)进行 z 变换,得

$$z\hat{W}_i(z) = \hat{W}_i(z) + \mu z[u(n-i)e(n)] \tag{6.34}$$

其中 $\hat{W}_i(z)$ 是 $\hat{w}_i(n)$ 的 z 变换。对 $\hat{W}_i(z)$ 求解方程式(6.34)并利用式(6.33)的 z 变换,可得

$$\hat{W}_i(z) = \frac{\mu A}{2} \frac{1}{z-1}\left[e^{j\phi_i}E(ze^{-j\omega_0}) + e^{-j\phi_i}E(ze^{j\omega_0})\right] \tag{6.35}$$

下面回到定义自适应滤波器输出的式(6.29)。将式(6.32)代入式(6.29)，得到

$$y(n) = \frac{A}{2} \sum_{i=0}^{M-1} \hat{w}_i(n) \big[e^{j(\omega_0 n + \phi_i)} + e^{-j(\omega_0 n + \phi_i)} \big]$$

对上式 z 变换，则得

$$Y(z) = \frac{A}{2} \sum_{i=0}^{M-1} \big[e^{j\phi_i} \hat{W}_i(ze^{-j\omega_0}) + e^{j\phi_i} \hat{W}_i(ze^{-j\omega_0}) \big] \tag{6.36}$$

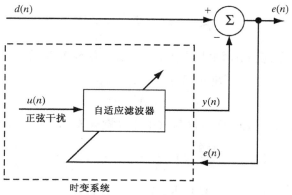

(a) 自适应噪声消除器的新表示

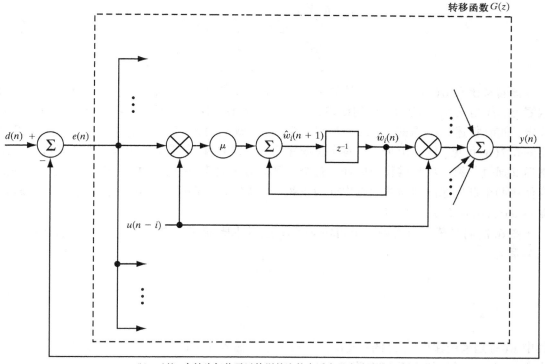

(b) 对第 i 个抽头权值予以特别关注的自适应噪声消除信号流图

图6.7 自适应噪声消除器及其信号流图

于是，将式(6.35)代入式(6.36)，可得 $Y(z)$ 的表达式。该表达式包括两个分量(Glover,1977):

1)时不变分量，定义为

$$\frac{\mu M A^2}{4}\left(\frac{1}{z\mathrm{e}^{-\mathrm{j}\omega_0}-1}+\frac{1}{z\mathrm{e}^{\mathrm{j}\omega_0}-1}\right)$$

它与相位 ϕ_i 无关，因此也与时间下标 i 无关。

2)与相位 ϕ_i 相关从而与时间 i 有关的时变分量。第二个分量在幅度上具有标度因子

$$\beta(\omega_0,M)=\frac{\sin(M\omega_0)}{\sin\omega_0}$$

对于给定的角频率 ω_0，假设 FIR 滤波器中抽头权值的总数 M 足够大，以满足如下近似

$$\frac{\beta(\omega_0,M)}{M}=\frac{\sin(M\omega_0)}{M\sin\omega_0}\approx 0 \tag{6.37}$$

可忽略 z 变换的时变部分，从而 $Y(z)$ 仅与时不变分量有关，故可近似为

$$Y(z)\approx\frac{\mu M A^2}{4}E(z)\left(\frac{1}{z\mathrm{e}^{-\mathrm{j}\omega_0}-1}+\frac{1}{z\mathrm{e}^{\mathrm{j}\omega_0}-1}\right) \tag{6.38}$$

于是，开环转移函数[将 $y(n)$ 与 $e(n)$ 相关]为

$$
\begin{aligned}
G(z)&=\frac{Y(z)}{E(z)}\\
&\approx\frac{\mu M A^2}{4}\left(\frac{1}{z\mathrm{e}^{-\mathrm{j}\omega_0}-1}+\frac{1}{z\mathrm{e}^{\mathrm{j}\omega_0}-1}\right)\\
&=\frac{\mu M A^2}{2}\left(\frac{z\cos\omega_0-1}{z^2-2z\cos\omega_0+1}\right)
\end{aligned} \tag{6.39}
$$

该转移函数 $G(z)$ 在 $z=\mathrm{e}^{\pm\mathrm{j}\omega_0}$ 处的单位圆上有两个复共轭极点，而在 $z=1/\cos\omega_0$ 处有一实数零点，如图 6.8(a)所示。换句话说，自适应噪声消除器的零值点由正弦噪声的角频率 ω_0 决定，如前所述。根据式(6.39)，可将 $G(z)$ 看做一对旋转了 $\pm\omega_0$ 的积分器。事实上，由图 6.7(b)可见，输入由于先与参考正弦序列 $u(n)$ 相乘再在零频处积分而首先频移了 $\pm\omega_0$，然后又通过与第二项相乘移回原处。整个运算类似于通信中一项众所周知的技术，即涉及结合使用两个低通滤波器与共振频率处的正弦、余弦外差来获得共振滤波器的技术(Wozencraft & Jacobs,1965;Glover,1977)。

图 6.7(a)的模型可看做一个闭环反馈系统，其闭环转移函数 $H(z)$ 与开环转移函数 $G(z)$ 的关系为

$$
\begin{aligned}
H(z)&=\frac{E(z)}{D(z)}\\
&=\frac{1}{1+G(z)}
\end{aligned} \tag{6.40}
$$

其中 $E(z)$ 是系统输出 $e(n)$ 的 z 变换，$D(z)$ 是系统输入 $d(n)$ 的 z 变换。因此，将式(6.39)代入式(6.40)，可得如下近似结果

$$H(z)\approx\frac{z^2-2z\cos\omega_0+1}{z^2-2(1-\mu M A^2/4)z\cos\omega_0+(1-\mu M A^2/2)} \tag{6.41}$$

式(6.41)是二阶数字陷波器的 z 变换,其陷波点即归一化角频率 ω_0。$H(z)$ 的零点就是 $G(z)$ 的极点,即它们均位于单位圆上的 $z = \mathrm{e}^{\pm \mathrm{j}\omega_0}$ 处。对于较小的步长参数 μ(即慢收敛速率),有

$$\frac{\mu M A^2}{4} \ll 1$$

由此,可求出 $H(z)$ 的极点位于

$$z \approx \left(1 - \frac{\mu M A^2}{4}\right) \mathrm{e}^{\pm \mathrm{j}\omega_0} \tag{6.42}$$

换句话说,$H(z)$ 的两个极点位于单位圆内,半径距离大约为 $\dfrac{\mu M A^2}{4}$,如图 6.8(b)所示。$H(z)$ 的两个极点位于单位圆内,这意味着自适应噪声消除器是稳定的,从而可应用在实际中。

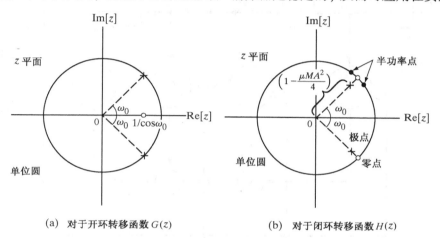

(a) 对于开环转移函数 $G(z)$　　　　(b) 对于闭环转移函数 $H(z)$

图 6.8　近似零极点分布模式

图 6.8(b)也包括了 $H(z)$ 的半功率点,既然 $H(z)$ 的零点位于单位圆上,那么理论上自适应噪声消除器在 $\omega = \omega_0$ 处有无限深度陷波点。陷波的陡峭度由 $H(z)$ 的极点与零点接近程度决定。3 dB 带宽 B 由单位圆上的两个半功率点(即极点到零点距离的 $\sqrt{2}$ 倍)确定。利用这个几何方法,可求出自适应噪声消除器的 3 dB 带宽近似为

$$B \approx \frac{\mu M A^2}{2} \ \text{弧度} \tag{6.43}$$

因此,步长参数 μ 越小,B 越小,陷波越陡峭,这也证明了前面提到的自适应噪声消除器的特征 2。至此,自适应噪声消除器的分析全部完成。

6.3.5　应用之五：自适应谱线增强

如图 6.9 所示,自适应谱线增强器(ALE, adaptive line enhancer)是一个可用来检测淹没在宽带噪声环境中的正弦信号的系统[①]。图说明谱线增强器实际上是自适应噪声消除器的一

[①] ALE 起源于 Widrow 等(1975b)的工作。对于宽带噪声的正弦信号检测中性能的统计分析,可参见 Zeidler 等 (1978)、Treichler(1979)、Rickard 和 Zeidler(1979)的有关文献。关于 ALE 的综述,见 Zeidler(1990)。信号带宽的影响、输入 SNR、噪声相关性和噪声非平稳性在 Zeidler(1990)的论文中均有详细讨论。

种退化形式,在这个退化形式中参考信号由基本(输入)信号的延迟组成。图中用 Δ 表示的延迟,称为 ALE 的预测深度或解相关时延,它以抽样周期为单元来衡量。参考信号 $u(n-\Delta)$ 由 FIR 滤波器处理以便产生误差信号 $e(n)$,该误差定义为实际输入 $u(n)$ 与 ALE 输出 $y(n) = u(n)$ 之差。误差信号 $e(n)$ 依次用来激励 LMS 算法以便调整 FIR 滤波器的 M 个抽头权值。

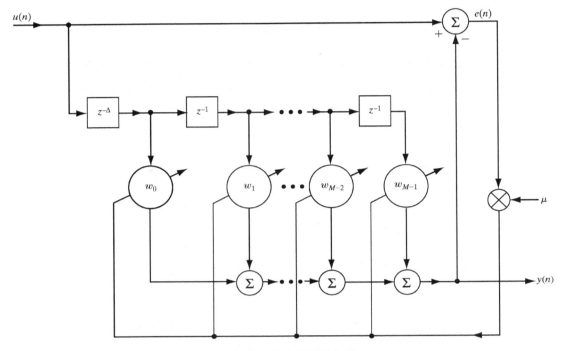

图6.9　自适应谱线增强器

考虑一个由淹没在宽带噪声 $u(n)$ 的正弦分量 $A\sin(\omega_0 n + \phi_0)$ 组成的输入信号 $v(n)$,即

$$u(n) = A\sin(\omega_0 n + \phi_0) + v(n) \tag{6.44}$$

式中 ϕ_0 是随机相移,$v(n)$ 为零均值、方差为 σ_v^2 的噪声。ALE 作为信号检测器基于如下两个作用(Treichler,1979):

1)预测深度 Δ 假设大到足以消除原始输入信号中噪声 $v(n)$ 与参考信号中噪声 $v(n-\Delta)$ 之间的自相关,而在这两个输入正弦分量之间引入相移 $\omega_0\Delta$。

2)FIR 滤波器的抽头权值用 LMS 算法进行调整,以使得误差信号的均方误差最小,从而补偿未知相移 $\omega_0\Delta$。

这两个作用的最后结果是产生由包含在零均值噪声中正弦波组成的输出信号 $y(n)$。特别地,当 ω_0 是除 0 或 π 以外 π/M 的倍数时,输出信号可以表示为(见习题 3)

$$y(n) = aA\sin(\omega_0 n + \phi) + v_{\text{out}}(n) \tag{6.45}$$

式中 ϕ 为相移,$v_{\text{out}}(n)$ 表示噪声输出。比例因子定义为

$$a = \frac{(M/2)\text{SNR}}{1 + (M/2)\text{SNR}} \tag{6.46}$$

其中 M 为 FIR 滤波器的长度,且

$$\text{SNR} = \frac{A^2}{2\sigma_\nu^2} \tag{6.47}$$

表示 ALE 输入端的信噪比。根据式(6.45),ALE 起到自调谐滤波器的作用,其频率响应在输入正弦波的角频率 ω_0 处出现一个峰值,从而命名为"谱线增强器"(spectral line enhancer 或 line enhancer)。

Rickard 和 Zeidler(1979)已经证明,ALE 输出的 $y(n)$ 功率谱密度可表示为

$$S(\omega) = \frac{\pi A^2}{2}\big(a^2 + \mu\sigma_\nu^2 M\big)\delta(\omega - \omega_0) + \delta(\omega + \omega_0) + \mu\sigma_\nu^4 M$$
$$+ \frac{a^2\sigma_\nu^2}{M^2}\left[\frac{1 - \cos M(\omega - \omega_0)}{1 - \cos(\omega - \omega_0)} + \frac{1 + \cos M(\omega - \omega_0)}{1 + \cos(\omega - \omega_0)}\right] \quad -\pi < \omega \leqslant \pi \tag{6.48}$$

其中 $\delta(\cdot)$ 表示 Dirac δ 函数。为了理解式(6.48)的组成,首先注意到:在平稳条件下,LMS 算法的权向量 $\hat{\mathbf{w}}(n)$ 的均值收敛于维纳解 $\mathbf{w}_o(n)$。该特性合乎逻辑的分析将在下一节介绍。现在可以有把握地说,收敛权向量的稳态模型由维纳解 $\mathbf{w}_o$ 和零均值随机分量 $\hat{\mathbf{w}}_{\text{mis}}(n)$ 组成,后者是由梯度噪声引起的并与慢波动并行起作用。因此,ALE 可表达为图6.10所示的模型。

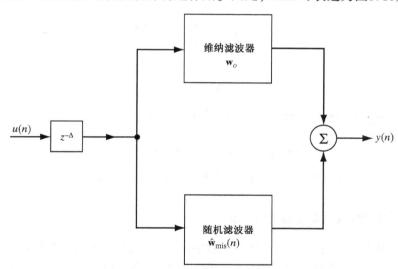

图 6.10　自适应线性增强的模型

考虑到 ALE 输入自身包含两个分量——角频率为 ω_0 的正弦分量和零均值、方差为 σ_ν^2 的宽带噪声分量 $\nu(n)$,因此可将式(6.48)的四个分量分类为(Zeidler,1990)

- 角频率为 ω_0、平均功率为 $\pi a^2 A^2/2$ 的正弦分量,它是权向量为 $\mathbf{w}_o$ 的维纳滤波器处理输入正弦信号的结果。
- 角频率为 ω_0、平均功率为 $\pi\mu A^2\sigma_\nu^2 M/2$ 的正弦分量,它是权向量为 $\hat{\mathbf{w}}_{\text{mis}}(n)$ 的随机滤波器对输入正弦信号作用的结果。
- 方差为 $\mu\sigma_\nu^4 M$ 的宽带噪声,它是随机滤波器对噪声 $\nu(n)$ 作用的结果。
- 经中心为 ω_0 窄带滤波的噪声分量,它是维纳滤波器对噪声 $\nu(n)$ 作用的结果。

图 6.11 描述了这四个分量。由此可知，ALE 输出功率谱由基准窄带滤波噪声为中心的正弦信号组成，其组合嵌入在宽带噪声背景之中。更重要的是，当 ALE 输入的 SNR 合适时，ALE 输出平均意义上将与输入的正弦分量近似相等，从而只要一个简单的自适应系统就能检测宽带噪声中的正弦信号。

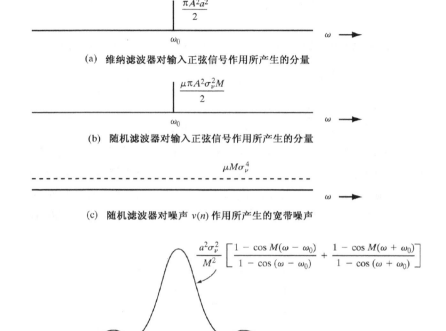

$$\frac{\pi A^2 a^2}{2}$$

(a)　维纳滤波器对输入正弦信号作用所产生的分量

$$\frac{\mu \pi A^2 \sigma_\nu^2 M}{2}$$

(b)　随机滤波器对输入正弦信号作用所产生的分量

$$\mu M \sigma_\nu^4$$

(c)　随机滤波器对噪声 $v(n)$ 作用所产生的宽带噪声

$$\frac{a^2 \sigma_\nu^2}{M^2}\left[\frac{1 - \cos M(\omega - \omega_0)}{1 - \cos(\omega - \omega_0)} + \frac{1 - \cos M(\omega + \omega_0)}{1 - \cos(\omega + \omega_0)}\right]$$

(d)　维纳滤波器对噪声 $v(n)$ 作用所产生的窄带滤波噪声

图 6.11　ALE 输出信号功率谱密度的四个基本频谱分量

6.3.6　应用之六：自适应波束成形

在最后一个例子中，我们考虑 LMS 算法的一个空间应用，即自适应波束成形。为此，我们重新审视第 2 章讨论维纳滤波器理论时所研究的广义旁瓣消除器(GSC, generalized sidelobe canceller)。

图 6.12 是 GSC 的框图，其运行隐含着如下两个作用的结合：

1)强加线性多重约束，用来保护沿着感兴趣方向入射的信号。

2)根据 LMS 算法调整某些权值，以使干扰影响和波束成形器输出噪声最小。

线性多重约束可由 $M \times L$ 矩阵 $\mathbf{C}$ 来描述，它以 $M \times (M-L)$ 信号矩阵块 $\mathbf{C}_a$ 为基础，该矩阵定义为

$$\mathbf{C}_a^{\mathrm{H}} \mathbf{C} = \mathbf{O} \tag{6.49}$$

在 GSC 中，线性天线阵元的权向量可表示为

$$\mathbf{w}(n) = \mathbf{w}_q - \mathbf{C}_a\mathbf{w}_a(n) \tag{6.50}$$

其中 $\mathbf{w}_a(n)$ 是可调整权向量，$\mathbf{w}_q$ 是静止权向量。后者可根据约束向量 $\mathbf{C}$ 定义为

$$\mathbf{w}_q = \mathbf{C}(\mathbf{C}^H\mathbf{C})^{-1}\mathbf{g} \tag{6.51}$$

式中 $\mathbf{g}$ 是预给的增益向量。

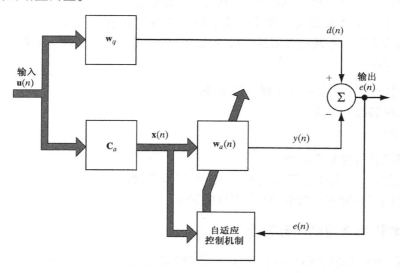

图 6.12　广义旁瓣消除器(GSC)的框图

波束成形器输出为

$$\begin{aligned}
e(n) &= \mathbf{w}^H(n)\mathbf{u}(n)\\
&= \big(\mathbf{w}_q - \mathbf{C}_a\mathbf{w}_a(n)\big)^H\mathbf{u}(n)\\
&= \mathbf{w}_q^H\mathbf{u}(n) - \mathbf{w}_a^H(n)\mathbf{C}_a^H\mathbf{u}(n)
\end{aligned} \tag{6.52}$$

总之，静止权向量 $\mathbf{w}_q$ 影响输入向量 $\mathbf{u}(n)$ 中的一部分，它位于约束向量 $\mathbf{C}$ 的列所张成的子空间中；而可调权向量 $\mathbf{w}_a(n)$ 影响输入向量 $\mathbf{u}(n)$ 的余下部分，它位于信号矩阵块 $\mathbf{C}_a$ 的列所张成的互补子空间中。注意，式(6.52)中的 $e(n)$ 等同于式(2.107)中的 $y(n)$。

根据式(6.52)，内积 $\mathbf{w}_q^H\mathbf{u}(n)$ 与期望响应的关系为

$$d(n) = \mathbf{w}_q^H\mathbf{u}(n)$$

通过采取相同的做法，矩阵积 $\mathbf{C}_a^H\mathbf{u}(n)$ 起到可调权向量 $\mathbf{w}_a(n)$ 中输入向量的作用。为了强调这一点，令

$$\mathbf{x}(n) = \mathbf{C}_a^H\mathbf{u}(n) \tag{6.53}$$

现在，我们准备用公式表示 GSC 中自适应调整权向量 $\mathbf{w}_a(n)$ 的 LMS 算法。具体来说，即

$$\begin{aligned}
\mathbf{w}_a(n+1) &= \mathbf{w}_a(n) + \mu\mathbf{x}(n)e^*(n)\\
&= \mathbf{w}_a(n) + \mu\mathbf{C}_a^H\mathbf{u}(n)\big(\mathbf{w}_q^H\mathbf{u}(n) - \mathbf{w}_a^H(n)\mathbf{C}_a^H\mathbf{u}(n)\big)^*\\
&= \mathbf{w}_a(n) + \mu\mathbf{C}_a^H\mathbf{u}(n)\mathbf{u}^H(n)\big(\mathbf{w}_q - \mathbf{C}_a\mathbf{w}_a(n)\big)
\end{aligned} \tag{6.54}$$

其中 μ 为步长参数，其他量在图 6.12 中标明。

6.4 统计学习理论

第 5 章介绍了 LMS 算法,本章前面几节继续探究了其信号流图表示、最优性考虑和算法的应用。所包含的一个主题是 LMS 算法的统计学习理论。

本章的余下部分主要致力于这个主题,即步长参数 μ 所起的关键作用。当 μ 很小时,LMS 算法表现为具有较小截止频率的低通滤波器特性。基于这一特性,算法的统计学习理论主要处理如下问题:

- 为满足算法收敛,必须对 μ 强加的条件。
- 梯度噪声引起的失调。
- 算法的效率。

以上三个问题都具有实际重要性。

值得注意的是,在某些合理假设下,LMS 统计学习理论与郎之万(Langevin)的非平衡态热力学理论之间存在紧密的数学关系,详见附录 F。

6.4.1 基本非线性随机差分方程

为了进行 LMS 算法的统计分析,我们发现处理加权误差向量比处理抽头权向量本身更方便。这样选择的原因是,误差向量能以一种紧凑的方式提供更多有关环境的有用信息。

为此,引入下面两个定义:

1)加权误差向量

$$\boldsymbol{\varepsilon}(n) = \mathbf{w}_o - \hat{\mathbf{w}}(n) \tag{6.55}$$

其中,$\mathbf{w}_o$ 表示最优维纳解;$\hat{\mathbf{w}}(n)$ 表示 LMS 算法第 n 次自适应循环中产生的抽头权向量的估计。

2)最优维纳滤波器产生的估计误差

$$e_o(n) = d(n) - \mathbf{w}_o^{\mathrm{H}}\mathbf{u}(n) \tag{6.56}$$

然后,将这两个定义用到式(6.3)的更新公式并化简,即得

$$\boldsymbol{\varepsilon}(n+1) = [\mathbf{I} - \mu\mathbf{u}(n)\mathbf{u}^{\mathrm{H}}(n)]\boldsymbol{\varepsilon}(n) - \mu\mathbf{u}(n)e_o^*(n) \tag{6.57}$$

式(6.57)是非线性随机差分方程,也就是 LMS 算法的统计学习理论所要遵循的基本方程。

6.4.2 Kushner 直接平均法

式(6.57)是加权误差向量 $\boldsymbol{\varepsilon}(n)$ 的随机差分方程,其系统矩阵为 $[\mathbf{I} - \mu\mathbf{u}(n)\mathbf{u}^{\mathrm{H}}(n)]$。为了研究在平均意义上该随机算法的收敛性,可引用 Kushner(1984)描述的直接平均法(direct-averaging method)。根据这个方法,如果 LMS 算法在小步长参数假设下运行,则由于 LMS 算法的低通滤波作用,式(6.57)随机差分方程的解接近于另一个随机差分方程的解,而后者的系统矩阵等于集平均,即

$$\mathbb{E}[\mathbf{I} - \mu\mathbf{u}(n)\mathbf{u}^{\mathrm{H}}(n)] = \mathbf{I} - \mu\mathbf{R}$$

式中 $\mathbf{R}$ 是抽头输入向量 $\mathbf{u}(n)$ 的相关矩阵。具体来说,我们可用如下随机差分方程

$$\boldsymbol{\varepsilon}_0(n+1) = (\mathbf{I} - \mu\mathbf{R})\boldsymbol{\varepsilon}_0(n) - \mu\mathbf{u}(n)e_o^*(n) \tag{6.58}$$

来代替式(6.57)的随机差分方程。这里为了清楚起见,我们使用符号 $\boldsymbol{\varepsilon}_0(n)$ 表示加权误差向量,它不同于式(6.57)的表示。当然,对于限制为小步长参数 μ 的情况,式(6.57)的解和式(6.58)的解是一样的。

6.4.3　Butterweck 迭代过程

在 Butterweck(1995,2001,2003)给出的迭代过程中,式(6.58)的解被用做产生原随机差分方程式(6.57)全部解的一个出发点。这样得到的解,其精度将随着迭代次数的增加而改善。因此,从解 $\boldsymbol{\varepsilon}_0(n)$ 出发,式(6.57)的解可表示为部分函数之和

$$\boldsymbol{\varepsilon}(n) = \boldsymbol{\varepsilon}_0(n) + \boldsymbol{\varepsilon}_1(n) + \boldsymbol{\varepsilon}_2(n) + \cdots \tag{6.59}$$

其中, $\boldsymbol{\varepsilon}_0(n)$ 是 $\mu \to 0$ 时式(6.57)的零阶解, $\boldsymbol{\varepsilon}_1(n), \boldsymbol{\varepsilon}_2(n), \cdots$ 是 $\mu > 0$ 时式(6.57)的高阶解。如果把零均值差分矩阵定义为

$$\mathbf{P}(n) = \mathbf{u}(n)\mathbf{u}^H(n) - \mathbf{R} \tag{6.60}$$

并将式(6.59)和式(6.60)代入式(6.57),可得

$$\boldsymbol{\varepsilon}_0(n+1) + \boldsymbol{\varepsilon}_1(n+1) + \boldsymbol{\varepsilon}_2(n+1) + \cdots$$
$$= (\mathbf{I} - \mu\mathbf{R})[\boldsymbol{\varepsilon}_0(n) + \boldsymbol{\varepsilon}_1(n) + \boldsymbol{\varepsilon}_2(n) + \cdots]$$
$$- \mu\mathbf{P}(n)[\boldsymbol{\varepsilon}_0(n) + \boldsymbol{\varepsilon}_1(n) + \boldsymbol{\varepsilon}_2(n) + \cdots] - \mu\mathbf{u}(n)e_o^*(n)$$

根据上式,很容易导出联立差分方程组

$$\boldsymbol{\varepsilon}_i(n+1) = (\mathbf{I} - \mu\mathbf{R})\boldsymbol{\varepsilon}_i(n) + \mathbf{f}_i(n), \quad i = 0, 1, 2, \cdots \tag{6.61}$$

其中下标 i 表示迭代次数。差分方程式(6.61)的激励函数 $\mathbf{f}_i(n)$ 定义为

$$\mathbf{f}_i(n) = \begin{cases} -\mu\mathbf{u}(n)e_o^*(n) & i = 0 \\ -\mu\mathbf{P}(n)\boldsymbol{\varepsilon}_{i-1}(n) & i = 1, 2, \cdots \end{cases} \tag{6.62}$$

因此,由式(6.57)表征的时变系统,变换为与式(6.61)具有相同基本形式的方程组,使得方程组的第 i 个方程的解(即第 i 次迭代)可以从第 $(i-1)$ 次方程推出。特别地,LMS 算法的分析就变为研究步长参数 μ 趋于 0 时平稳随机过程通过极低截止频率低通滤波器的传输问题。

在式(6.59)的基础上,可利用相应的级数,把权值向量 $\boldsymbol{\varepsilon}(n)$ 的相关矩阵表示为

$$\mathbf{K}(n) = \mathbb{E}[\boldsymbol{\varepsilon}(n)\boldsymbol{\varepsilon}^H(n)]$$
$$= \sum_i \sum_k \mathbb{E}[\boldsymbol{\varepsilon}_i(n)\boldsymbol{\varepsilon}_k^H(n)] \quad (i, k) = 0, 1, 2, \cdots \tag{6.63}$$

根据式(6.61)和式(6.62)给出的定义将该级数展开,并把步长参数 μ 中的同阶项归并,可得相应级数的展开式

$$\mathbf{K}(n) = \mathbf{K}_0(n) + \mu\mathbf{K}_1(n) + \mu^2\mathbf{K}_2(n) + \cdots \tag{6.64}$$

其中各种矩阵系数定义如下

$$\mu^j\mathbf{K}_j(n) = \begin{cases} \mathbb{E}[\boldsymbol{\varepsilon}_0(n)\boldsymbol{\varepsilon}_0^H(n)] & \text{对于 } j = 0 \\ \sum_i \sum_k \mathbb{E}[\boldsymbol{\varepsilon}_i(n)\boldsymbol{\varepsilon}_k^H(n)] & \text{对于所有 } (i, k) \geqslant 0 \\ & \text{例如 } i + k = 2j - 1, 2j \end{cases} \tag{6.65}$$

当 $i + k = 2j$ 时,式(6.65)的第二部分是容易理解的,因为它只涉及 $\varepsilon_i(n)$ 和 $\varepsilon_k(n)$ 的数量级。然而,如果将下标 i 相同的项合并,并用 $k-1$ 代替 k 使得下标之和为 $2j-1$,可望得到更高数量级的结果,因为 $\varepsilon_{k-1}(n)$ 比 $\varepsilon_k(n)$ 高一个数量级。而出人意外的低数量级结果,则归因于 $\varepsilon_{k-1}(n)$ 与 $\varepsilon_k(n)$ 之间的相关性很弱,即两个权值误差向量几乎是正交的。也注意到,$\mathbf{K}_j$ 并不是与 μ 无关的。相反,其泰勒展开式包含高阶项,这实际上使 $\mathbf{K}(n)$ 的级数展开式不会比式(6.64)更好。

尽管式(6.65)中的矩阵系数以相当复杂的一种形式出现,但它可由 LMS 滤波器工作时的频谱和概率分布来确定。在输入信号为任意有色信号的更一般情况下,除了某些特例(Butterweck,1995)外,$j \geq 1$ 时 $\mathbf{K}_j(n)$ 的计算将是十分乏味的。然而,Butterweck 迭代过程揭示出 LMS 滤波器统计特性中一种令人感兴趣的结构。

6.4.4　三种简化假设

下面,我们把统计 LMS 理论限制为小步长的情况,这表现为如下假设:

假设 1:步长参数 μ 很小时,LMS 滤波器起着一个低截止频率低通滤波器的作用。

在这个假设下,我们就可以把实际的 $\varepsilon(n)$ 和 $\mathbf{K}(n)$ 分别近似为零阶项 $\varepsilon_0(n)$ 和 $\mathbf{K}_0(n)$。

为了说明假设 1 的有效性,考虑单个权值 LMS 算法的例子。在这个例子中,随机差分方程式(6.57)简化为下面的标量方程

$$\varepsilon_0(n+1) = (1 - \mu\sigma_u^2)\varepsilon_0(n) + f_0(n)$$

其中 σ_u^2 为输入信号 $u(n)$ 的方差。这个差分方程代表了一个低通滤波器,其传递函数具有单极点

$$z = (1 - \mu\sigma_u^2)$$

对于小的 μ,这个极点位于 z 平面上的单位圆内(很接近单位圆),这表明该滤波器具有很低的截止频率。

假设 2:产生可观测数据[即期望响应 $d(n)$]的物理机制可用一个线性多重回归模型来描述,该模型与维纳滤波器完全匹配,即

$$d(n) = \mathbf{w}_o^H \mathbf{u}(n) + e_o(n) \tag{6.66}$$

其中不可约的估计误差向量 $e_o(n)$ 是一个与输入向量 $\mathbf{u}(n)$ 统计独立的白噪声过程。

$e_o(n)$ 的白噪声特性表明,其相继样值是不相关的,即

$$\mathbb{E}[e_o(n)e_o^*(n-k)] = \begin{cases} J_{\min} & \text{对于 } k = 0 \\ 0 & \text{对于 } k \neq 0 \end{cases} \tag{6.67}$$

第二个假设的主要部分已在 2.8 节讨论过。在该节已经证明,只要使用线性多重回归模型是合理的,且维纳滤波器长度刚好等于回归模型阶数,则由维纳滤波器产生的估计向量 $e_o(n)$ 就继承了模型误差的白噪声统计特性[注意:$e_o(n)$ 与 $\mathbf{u}(n)$ 之间的统计独立性比第 2 章中所讨论的正交性来得强]。

(说明假设 1 和假设 2 的正确性的实验,见习题 18。)

根据假设 1，小步长选择一定是在设计者控制之下进行的。在假设 2 中，为了使 LMS 算法的长度与多重回归模型阶数匹配，要求使用某种模型选择准则，比如 Akaike 的信息论准则或 Rissanen 的最小描述长度准则，这些均已在第 1 章讨论过。若由于各种原因，式(6.66)所表述的多重回归模型成立，但维纳滤波器与模型失配，又该怎么办呢？在这种情况下，把估计误差统计特性作为白噪声看待可能不合适。此时，作为假设 2 的替代，使用如下假设：

假设 3：输入向量 $\mathbf{u}(n)$ 和期望响应 $d(n)$ 是联合高斯分布的。

由物理现象产生的随机过程常常是符合高斯模型的。而且，用高斯模型描述物理现象的可行性已得到实验证实。

因此，代表 LMS 算法统计学习特例的小步长理论可应用于下面两种情况：其一是假设 2 成立，其二是假设 3 成立。这两种情况包括了 LMS 算法的大多数运行环境。最为重要的是，在推导小步长理论时，我们避免对输入数据的统计独立性做任何假设。这个问题将在后面做进一步讨论。

6.4.5　LMS 滤波器的自然模式

在假设 1 的条件下，Butterweck 迭代过程变为下面一对方程

$$\boldsymbol{\varepsilon}_0(n+1) = (\mathbf{I} - \mu\mathbf{R})\boldsymbol{\varepsilon}_0(n) + \mathbf{f}_0(n) \tag{6.68}$$

$$\mathbf{f}_0(n) = -\mu\mathbf{u}(n)e_o^*(n) \tag{6.69}$$

在进一步处理之前，通过把酉相似变换(unitary similarity transformation)应用于相关矩阵 $\mathbf{R}$，把差分方程式(6.68)转换为一个更加简化的形式将是十分有益的(见附录 E)。当我们这样做时，将得到

$$\mathbf{Q}^H\mathbf{R}\mathbf{Q} = \boldsymbol{\Lambda} \tag{6.70}$$

其中 $\mathbf{Q}$ 是一个酉矩阵(unitary matrix)，其列将组成与相关矩阵 $\mathbf{R}$ 的特征值有关的特征向量的正交集，而 $\boldsymbol{\Lambda}$ 是由特征值组成的对角矩阵。为了获得期望的简化，引入如下定义

$$\mathbf{v}(n) = \mathbf{Q}^H\boldsymbol{\varepsilon}_0(n) \tag{6.71}$$

因此，使用式(6.70)和式(6.71)以及酉矩阵 $\mathbf{Q}$ 的特性，即

$$\mathbf{Q}\mathbf{Q}^H = \mathbf{I} \tag{6.72}$$

式中 $\mathbf{I}$ 为单位矩阵，可把式(6.68)转化为如下形式

$$\mathbf{v}(n+1) = (\mathbf{I} - \mu\boldsymbol{\Lambda})\mathbf{v}(n) + \boldsymbol{\phi}(n) \tag{6.73}$$

这里，新的向量 $\boldsymbol{\phi}(n)$ 按照 $\mathbf{f}_0(n)$ 和矩阵 $\mathbf{Q}$ 来定义，即

$$\boldsymbol{\phi}(n) = \mathbf{Q}^H\mathbf{f}_0(n) \tag{6.74}$$

对于随机激励向量 $\boldsymbol{\phi}(n)$ 的部分特性，可在 LMS 算法集上将其均值和相关矩阵表示为

1)随机激励向量 $\boldsymbol{\phi}(n)$ 的均值为零，即

$$\mathbb{E}[\boldsymbol{\phi}(n)] = \mathbf{0} \quad \text{对于所有} n \tag{6.75}$$

2)随机激励向量 $\boldsymbol{\phi}(n)$ 的相关矩阵是一个对角矩阵，即

$$\mathbb{E}[\boldsymbol{\phi}(n)\boldsymbol{\phi}^H(n)] = \mu^2 J_{\min}\boldsymbol{\Lambda} \tag{6.76}$$

其中，$J_{\min}$ 是维纳滤波器产生的最小均方误差，$\boldsymbol{\Lambda}$ 是抽头输入向量 $\mathbf{u}(n)$ 的相关矩阵的特征值组成的对角矩阵。

这两个性质意味着变换的随机激励向量 $\boldsymbol{\phi}(n)$ 的各个分量互不相关。

性质 1 将直接遵循维纳滤波器固有的正交性原理[见式(2.11)]。特别地，利用式(6.69)和式(6.74)，有

$$\mathbb{E}[\boldsymbol{\phi}(n)] = -\mu \mathbf{Q}^{\mathrm{H}} \mathbb{E}[\mathbf{u}(n)e_o^*(n)]$$
$$= \mathbf{0}$$

其中，由于正交性原理，期望值为零。

相关矩阵 $\boldsymbol{\phi}(n)$ 定义为

$$\mathbb{E}[\boldsymbol{\phi}(n)\boldsymbol{\phi}^{\mathrm{H}}(n)] = \mu^2 \mathbf{Q}^{\mathrm{H}} \mathbb{E}[\mathbf{u}(n)e_o^*(n)e_o(n)\mathbf{u}^{\mathrm{H}}(n)]\mathbf{Q} \qquad (6.77)$$

为了计算式(6.77)的期望值，可视工作情况，引用假设 2 或假设 3。

- 当维纳滤波器与式(6.66)所描述的多重回归模型理想匹配时，估计误差 $e_o(n)$ 是个白噪声(见假设 2)。因此，可将式(6.77)的期望项分解为

$$\mathbb{E}[\mathbf{u}(n)e_o^*(n)e_o(n)\mathbf{u}^{\mathrm{H}}(n)] = \mathbb{E}[e_o^*(n)e_o(n)]\mathbb{E}[\mathbf{u}(n)\mathbf{u}^{\mathrm{H}}(n)]$$
$$= J_{\min}\mathbf{R}$$

从而有

$$\mathbb{E}[\boldsymbol{\phi}(n)\boldsymbol{\phi}^{\mathrm{H}}(n)] = \mu^2 J_{\min}\mathbf{Q}^{\mathrm{H}}\mathbf{R}\mathbf{Q}$$
$$= \mu^2 J_{\min}\boldsymbol{\Lambda}$$

这证明了性质 2。

- 当维纳滤波器与式(6.66)描述的多重回归模型不匹配时，可引用假设 3。特别地，在假设输入数据 $\mathbf{u}(n)$ 和 $d(n)$ 为联合高斯分布条件下，估计误差 $e_o(n)$ 近似高斯分布。此时，把高斯矩分解定理(Gaussian moment-factoring theorem)用于式(1.101)，可得

$$\mathbb{E}[\mathbf{u}(n)e_o^*(n)e_o(n)\mathbf{u}^{\mathrm{H}}(n)]$$
$$= \mathbb{E}[\mathbf{u}(n)e_o^*(n)]\mathbb{E}[e_o(n)\mathbf{u}^{\mathrm{H}}(n)] + \mathbb{E}[e_o^*(n)e_o(n)]\mathbb{E}[\mathbf{u}(n)\mathbf{u}^{\mathrm{H}}(n)]$$

利用正交性原理，上式变为

$$\mathbb{E}[\mathbf{u}(n)e_o^*(n)e_o(n)\mathbf{u}^{\mathrm{H}}(n)] = \mathbb{E}[e_o^*(n)e_o(n)]\mathbb{E}[\mathbf{u}(n)\mathbf{u}^{\mathrm{H}}(n)]$$
$$= J_{\min}\mathbf{R}$$

因此，利用式(6.77)的结果，我们得到

$$\mathbb{E}[\boldsymbol{\phi}(n)\boldsymbol{\phi}^{\mathrm{H}}(n)] = \mu^2 J_{\min}\mathbf{Q}^{\mathrm{H}}\mathbf{R}\mathbf{Q}$$
$$= \mu^2 J_{\min}\boldsymbol{\Lambda}$$

这再次证明了性质 2。

根据式(6.73)，组成 LMS 算法瞬态响应的自然模式数与滤波器可调参数的数目相等。特别地，LMS 算法的第 k 个自然模式可表示为

$$v_k(n+1) = (1 - \mu\lambda_k)v_k(n) + \phi_k(n) \qquad k = 1, 2, \cdots, M \qquad (6.78)$$

通过比较上式与最速下降算法的对应式(4.20)可以发现，LMS 算法的瞬时特性不同于随机激

励 $\phi_k(n)$ 存在时的最速下降算法。这一差异具有深刻的含义。特别地,由式 (6.78) 可见,自然模式 v_k 从某一次自适应循环到下一次自适应循环的变化可表示为

$$\begin{aligned} \Delta v_k(n) &= v_k(n+1) - v_k(n) \\ &= -\mu\lambda_k v_k(n) + \phi_k(n) \qquad k = 1, 2, \cdots, M \end{aligned} \tag{6.79}$$

它可分为两部分:阻尼激励 $\mu\lambda_k v_k(n)$ 和随机激励 $\phi_k(n)$。

6.4.6 LMS 统计学习理论与非平衡热力学朗之万方程之间关系

线性差分方程 (6.79) 与非平衡态热力学的朗之万方程有着密切的关系,见附录 F。实际上,式 (6.79) 是离散形式的朗之万方程,见表 6.1。正像由其自身的随机激励(即所谓随机波动力)驱动的朗之万方程不能达到热力学的平衡条件一样,LMS 算法也不能像式 (6.79) 那样达到信号处理的平衡条件。而且正如朗之万方程表征布朗运动那样,LMS 算法也完成了其自身的布朗运动,6.7 节和 6.8 节将用实验证明它。

表 6.1 LMS 算法与朗之万方程之间的相似性

	LMS 算法 (离散时间 n)	朗之万方程 (连续时间 t)
随机动力	$\phi_k(n)$	$\Gamma(t)$
阻尼力	$-\mu\lambda_k$	$-\gamma$
抽样方程	$\Delta v_k(n)$	$v(t)$

为了进一步详细探讨式 (6.79),我们注意到,像 $\phi_k(n)$ 一样,LMS 滤波器的自然模式 $v_k(n)$ 也是随机的,并具有其自身的均值和均方值。令 $v_k(0)$ 表示 $v_k(n)$ 的初始值,解式 (6.78) 的差分方程可得

$$v_k(n) = (1 - \mu\lambda_k)^n v_k(0) + \sum_{i=0}^{n-1} (1 - \mu\lambda_k)^{n-1-i} \phi_k(i) \tag{6.80}$$

其中,第一项为 $v_k(n)$ 的自然分量(natural component),求和项为激励分量(forced component)。引用式 (6.75) 和式 (6.76) 所描述的随机激励 $\phi_k(n)$ 的统计特性,可以得到自然模式 $v_k(n)$ $(k = 1, 2, \cdots, M)$ 的一、二阶矩公式(见习题 11):

1)均值

$$\mathbb{E}[v_k(n)] = v_k(0)(1 - \mu\lambda_k)^n \tag{6.81}$$

2)均方值

$$\mathbb{E}[|v_k(n)|^2] = \frac{\mu J_{\min}}{2 - \mu\lambda_k} + (1 - \mu\lambda_k)^{2n}\left(|v_k(0)|^2 - \frac{\mu J_{\min}}{2 - \mu\lambda_k}\right) \tag{6.82}$$

现在,可将 LMS 算法的小步长理论总结如下:

当 LMS 滤波器的步长参数较小时,滤波器的自然模式将关于某些固定值做布朗运动,自然模式的一、二阶矩分别由式 (6.81) 和式 (6.82) 定义。

利用以上理论,很容易更深入地研究 LMS 滤波器的统计特性。

6.4.7 学习曲线

使用集平均学习曲线研究自适应滤波器的统计特性是一种通用的方法。特别地,我们来辨别两种曲线:

1)均方误差(MSE, mean-square error)学习曲线　它基于均方估计误差$|e(n)|^2$的集平均值。这个学习曲线因此也是均方误差

$$J(n) = \mathbb{E}\big[|e(n)|^2\big] \qquad (6.83)$$

在自适应循环n的图形。

2)均方偏差(MSD, mean-square deviation)学习曲线　它基于均方估计误差$\|\boldsymbol{\varepsilon}(n)\|^2$偏差的集平均值。这个学习曲线因此也是均方误差的偏差

$$\mathscr{D}(n) = \mathbb{E}[\|\boldsymbol{\varepsilon}(n)\|^2] \qquad (6.84)$$

在自适应循环n的图形。

与第4章最速下降算法的情况不同,LMS算法的均方误差$J(n)$和均方偏差$\mathscr{D}(n)$都取决于自适应循环n,因为估计误差$e(n)$和权值误差向量$\boldsymbol{\varepsilon}(n)$都是非平稳过程。

LMS滤波器的估计误差可表达为

$$
\begin{aligned}
e(n) &= d(n) - \hat{\mathbf{w}}^{\mathrm{H}}(n)\mathbf{u}(n) \\
&= d(n) - \mathbf{w}_o^{\mathrm{H}}\mathbf{u}(n) + \boldsymbol{\varepsilon}^{\mathrm{H}}(n)\mathbf{u}(n) \\
&= e_o(n) + \boldsymbol{\varepsilon}^{\mathrm{H}}(n)\mathbf{u}(n) \\
&\approx e_o(n) + \boldsymbol{\varepsilon}_o^{\mathrm{H}}(n)\mathbf{u}(n) \qquad \text{当}\mu\text{较小时}
\end{aligned}
\qquad (6.85)
$$

其中$e_o(n)$为维纳滤波器所产生的估计误差,而$\boldsymbol{\varepsilon}_0(n)$是LMS滤波器的零阶权值误差向量。因此,对应的LMS滤波器所产生的均方误差为

$$
\begin{aligned}
J(n) &= \mathbb{E}[|e(n)|^2] \\
&\approx \mathbb{E}[(e_o(n) + \boldsymbol{\varepsilon}_0^{\mathrm{H}}(n)\mathbf{u}(n))(e_o^*(n) + \mathbf{u}^{\mathrm{H}}(n)\boldsymbol{\varepsilon}_0(n))] \\
&= J_{\min} + 2\mathrm{Re}\{\mathbb{E}[e_o^*(n)\boldsymbol{\varepsilon}_0^{\mathrm{H}}(n)\mathbf{u}(n)]\} + \mathbb{E}[\boldsymbol{\varepsilon}_0^{\mathrm{H}}(n)\mathbf{u}(n)\mathbf{u}^{\mathrm{H}}(n)\boldsymbol{\varepsilon}_0(n)]
\end{aligned}
\qquad (6.86)
$$

式中$J_{\min}$是维纳滤波器所产生的最小均方误差,$\mathrm{Re}\{\cdot\}$表示取实部运算。

在下列情况下,式(6.86)右边第2项为零:

- 在假设2条件下,由维纳滤波器所得到的不能变小的估计误差$e_o(n)$与输入向量$\mathbf{u}(n)$统计独立。在时刻n,零阶权值误差向量$\boldsymbol{\varepsilon}_0(n)$取决于$e_o(n)$的过去值,这一关系是重复应用式(6.58)得到的结果。从而得到

$$
\begin{aligned}
\mathbb{E}[e_o^*(n)\boldsymbol{\varepsilon}_0^{\mathrm{H}}(n)\mathbf{u}(n)] &= \mathbb{E}[e_o^*(n)]\mathbb{E}[\boldsymbol{\varepsilon}_0^{\mathrm{H}}(n)\mathbf{u}(n)] \\
&= 0
\end{aligned}
\qquad (6.87)
$$

- 在假设3条件下,式(6.87)的结果也成立。对于$\boldsymbol{\varepsilon}_0(n)$和$\mathbf{u}(n)$的第$k$个元素,其数学期望为

$$\mathbb{E}[e_o^*(n)\varepsilon_{0,k}^*(n)u(n-k)] \qquad k = 0, 1, \cdots, M-1$$

假设输入向量$\mathbf{u}(n)$和期望响应$d(n)$是联合高斯过程,估计误差$e_o(n)$因而也是高斯的,则应用式(1.100),即得

$$\mathbb{E}[e_o^*(n)\varepsilon_{0,k}^*(n)u(n-k)] = 0 \qquad \text{对所有}k$$

从而得到式(6.87)。

为了计算式（6.86）的其他项，作为假设 1 的结果，我们使用如下事实：与输入向量 $\mathbf{u}(n)$ 相比，权值误差向量 $\boldsymbol{\varepsilon}_0(n)$ 随时间的变化是很慢的；也就是说，输入信号 $u(n)$ 的谱内容大大不同于权值误差 $\varepsilon_k(n), k = 0, 1, \cdots, M-1$。因此，利用直接平均法，我们可用其期望值代替 $\mathbf{u}(n)\mathbf{u}^{\mathrm{H}}(n)$，从而可写出

$$\mathbb{E}[\boldsymbol{\varepsilon}_0^{\mathrm{H}}(n)\mathbf{u}(n)\mathbf{u}^{\mathrm{H}}(n)\boldsymbol{\varepsilon}_0(n)] \approx \mathbb{E}[\boldsymbol{\varepsilon}_0^{\mathrm{H}}(n)\mathbb{E}[\mathbf{u}(n)\mathbf{u}^{\mathrm{H}}(n)]\boldsymbol{\varepsilon}_0(n)]$$
$$= \mathbb{E}[\boldsymbol{\varepsilon}_0^{\mathrm{H}}(n)\mathbf{R}\boldsymbol{\varepsilon}_0(n)]$$

由于一个标量的迹等于其本身，因此取这个期望的迹并交换期望与求迹的顺序，得到

$$\mathbb{E}[\boldsymbol{\varepsilon}_0^{\mathrm{H}}(n)\mathbf{u}(n)\mathbf{u}^{\mathrm{H}}(n)\boldsymbol{\varepsilon}_0(n)] \approx \mathrm{tr}\{\mathbb{E}[\boldsymbol{\varepsilon}_0^{\mathrm{H}}(n)\mathbf{R}\boldsymbol{\varepsilon}_0(n)]\}$$
$$= \mathbb{E}\{\mathrm{tr}[\boldsymbol{\varepsilon}_0^{\mathrm{H}}(n)\mathbf{R}\boldsymbol{\varepsilon}_0(n)]\}$$

其次，利用矩阵代数，使用如下等式

$$\mathrm{tr}[\mathbf{AB}] = \mathrm{tr}[\mathbf{BA}]$$

其中 $\mathbf{A}$ 和 $\mathbf{B}$ 是维数相容的矩阵。因此，如令 $\mathbf{A} = \boldsymbol{\varepsilon}_0^{\mathrm{H}}$，$\mathbf{B} = \mathbf{R}\boldsymbol{\varepsilon}_0$，可以写出

$$\begin{aligned}\mathbb{E}[\boldsymbol{\varepsilon}_0^{\mathrm{H}}(n)\mathbf{u}(n)\mathbf{u}^{\mathrm{H}}(n)\boldsymbol{\varepsilon}_0(n)] &\approx \mathbb{E}\{\mathrm{tr}[\mathbf{R}\boldsymbol{\varepsilon}_0(n)\boldsymbol{\varepsilon}_0^{\mathrm{H}}(n)]\}\\ &= \mathrm{tr}\{\mathbb{E}[\mathbf{R}\boldsymbol{\varepsilon}_0(n)\boldsymbol{\varepsilon}_0^{\mathrm{H}}(n)]\}\\ &= \mathrm{tr}\{\mathbf{R}\mathbb{E}[\boldsymbol{\varepsilon}_0(n)\boldsymbol{\varepsilon}_0^{\mathrm{H}}(n)]\}\\ &= \mathrm{tr}[\mathbf{R}\mathbf{K}_0(n)]\end{aligned} \tag{6.88}$$

其中 $\mathbf{R}$ 是抽头输入相关矩阵，$\mathbf{K}_0(n)$ 是式（6.65）第一行定义的权值误差相关矩阵的零阶近似。

因此，将式（6.87）和式（6.88）代入式（6.86），可把 LMS 算法产生的均方误差近似地表示为

$$J(n) \approx J_{\min} + \mathrm{tr}[\mathbf{R}\mathbf{K}_0(n)] \tag{6.89}$$

式（6.89）表明，对于所有 n，LMS 算法估计误差的均方值包含两个部分：最小均方误差 $J_{\min}$ 及依赖于零阶权值相关矩阵 $\mathbf{K}_0(n)$ 过渡特性的分量。由于后一分量对于所有的 n 是非负定的，因此 LMS 算法所产生的均方误差 $J(n)$ 超过最小均方误差 $J_{\min}$。

现在定义额外均方误差为自适应循环 n 时 LMS 算法所产生的均方误差 $J(n)$ 与相应的维纳滤波器所产生的最小均方误差 $J_{\min}$ 之差。如用 $J_{\mathrm{ex}}(n)$ 表示额外均方误差，则有

$$\begin{aligned}J_{\mathrm{ex}}(n) &= J(n) - J_{\min}\\ &\approx \mathrm{tr}[\mathbf{R}\mathbf{K}_0(n)]\end{aligned} \tag{6.90}$$

使用式（6.65）第一行的定义，并以类似于式（6.88）的方式处理它，$J_{\mathrm{ex}}(n)$ 可表示为

$$\begin{aligned}J_{\mathrm{ex}}(n) &\approx \mathrm{tr}\{\mathbf{R}\mathbb{E}[\boldsymbol{\varepsilon}_0(n)\boldsymbol{\varepsilon}_0^{\mathrm{H}}(n)]\}\\ &= \mathrm{tr}\{\mathbf{R}\mathbb{E}[\mathbf{Q}\mathbf{v}(n)\mathbf{v}^{\mathrm{H}}(n)\mathbf{Q}^{\mathrm{H}}]\}\\ &= \mathbb{E}\{\mathrm{tr}[\mathbf{R}\mathbf{Q}\mathbf{v}(n)\mathbf{v}^{\mathrm{H}}(n)\mathbf{Q}^{\mathrm{H}}]\}\\ &= \mathbb{E}\{\mathrm{tr}[\mathbf{v}^{\mathrm{H}}(n)\mathbf{Q}^{\mathrm{H}}\mathbf{R}\mathbf{Q}\mathbf{v}(n)]\}\\ &= \mathbb{E}\{\mathrm{tr}[\mathbf{v}^{\mathrm{H}}(n)\boldsymbol{\Lambda}\mathbf{v}(n)]\}\\ &= \sum_{k=1}^{M}\lambda_k\mathbb{E}[|v_k(n)|^2]\end{aligned} \tag{6.91}$$

在假设 1 的条件下，再一次使用 $\boldsymbol{\varepsilon}_0(n)$ 作为权值误差向量 $\boldsymbol{\varepsilon}(n)$ 的近似，则可使用式(6.71)将式(6.84)的均方偏差近似表示为

$$
\begin{aligned}
\mathscr{D}(n) &\approx \mathbb{E}[\|\boldsymbol{\varepsilon}_0(n)\|^2] \\
&= \mathbb{E}[\|\mathbf{v}(n)\|^2] \\
&= \sum_{k=1}^{M} \mathbb{E}[|v_k(n)|^2]
\end{aligned}
\tag{6.92}
$$

式中，第二行利用了这样一个事实：向量的欧氏范数(Euclidean norm)对酉相似变换的旋转是不变的。现令 $\lambda_{\min}$ 和 $\lambda_{\max}$ 分别表示相关矩阵 $\mathbf{R}$ 的最小和最大特征值，即

$$
\lambda_{\min} \leqslant \lambda_k \leqslant \lambda_{\max} \qquad k = 1, 2, \cdots, M
\tag{6.93}
$$

利用式(6.91)和式(6.92)，可以定出均方偏差的界为

$$
\lambda_{\min} \mathscr{D}(n) \leqslant J_{\mathrm{ex}}(n) \leqslant \lambda_{\max} \mathscr{D}(n) \quad 对于所有 n
$$

等效地，上式可以写为

$$
\frac{J_{\mathrm{ex}}(n)}{\lambda_{\min}} \geqslant \mathscr{D}(n) \geqslant \frac{J_{\mathrm{ex}}(n)}{\lambda_{\max}} \quad 对于所有 n
\tag{6.94}
$$

这两个不等式表明，对于所有的 n，均方偏差 $\mathscr{D}(n)$ 的下界为 $J_{\mathrm{ex}}(n)/\lambda_{\max}$，上界为 $J_{\mathrm{ex}}(n)/\lambda_{\min}$。相应地，可以指出，均方偏差以类似于额外均方误差变化的方式，随着迭代次数的增加而变小。因此，我们有充分的理由把注意力集中于 $J_{\mathrm{ex}}(n)$ 的收敛性问题上。

6.5 瞬态特性和收敛性考虑

根据式(6.81)，指数因子 $(1 - \mu\lambda_k)^n$ 支配着自适应循环 n 时 LMS 算法第 k 个自然模式均值的演变。该指数因子衰减到零的必要条件为

$$
-1 < 1 - \mu\lambda_k < +1 \quad 对于所有 k
$$

依次，它对步长参数施加如下约束条件

$$
0 < \mu < \frac{2}{\lambda_{\max}}
\tag{6.95}
$$

这里 $\lambda_{\max}$ 是相关矩阵 $\mathbf{R}$ 的最大特征值。然而，在研究 LMS 滤波器的瞬态特性时，要考虑到式(6.81)的推导受到要求步长参数 μ 较小的约束。通过对 μ 赋予比 $1/\lambda_{\max}$ 更小的值，可以满足这个要求。对于所有的 k，可保证指数因子 $(1 - \mu\lambda_k)^n$ 随着迭代次数的增加衰减到零。在这种情况下，可得到

$$
\mathbb{E}([v_k(n)]) \to 0 \quad 当 \ n \to \infty \quad 对于所有 k
\tag{6.96}
$$

等效地，利用式(6.55)和式(6.71)，以及用 $\boldsymbol{\varepsilon}_0(n)$ 近似 $\boldsymbol{\varepsilon}(n)$，我们有

$$
\mathbb{E}[\hat{\mathbf{w}}(n)] \to \mathbf{w}_o \qquad 当 \ n \to \infty
\tag{6.97}
$$

式中 $\mathbf{w}_o$ 是维纳解。然而，由于渐近零均值随机变量序列不需要趋近于零，这样的收敛准则几乎没有实际价值。

为了避免上述均值收敛的缺点，可考虑一种更强的准则：以均方方式收敛。该收敛方式

与集平均学习曲线有关,因此它可解释学习曲线在研究自适应滤波器中的重要性。在式(6.90)的第一行中利用式(6.82)和式(6.91),可将 LMS 算法所产生的均方误差表示为

$$J(n) = J_{\min} + \mu J_{\min} \sum_{k=1}^{M} \frac{\lambda_k}{2 - \mu\lambda_k} + \sum_{k=1}^{M} \lambda_k \left(|v_k(0)|^2 - \frac{\mu J_{\min}}{2 - \mu\lambda_k} \right)(1 - \mu\lambda_k)^{2n}$$

$$\approx J_{\min} + \frac{\mu J_{\min}}{2} \sum_{k=1}^{M} \lambda_k + \sum_{k=1}^{M} \lambda_k \left(|v_k(0)|^2 - \frac{\mu J_{\min}}{2} \right)(1 - \mu\lambda_k)^{2n} \tag{6.98}$$

对于 LMS 算法的大多数应用,应用式(6.98)第二行的近似所产生的误差,相较于其第一行而言很少,可忽略不计。

对于所有自然模式 $k = 1, 2, \cdots, M$,自适应循环 n 的 $J(n)$ 的演变由指数因子 $(1 - \mu\lambda_k)^{2n}$ 控制。考虑到式(6.97)的推导受到小步长参数 μ 的约束,我们再一次通过选择比 $1/\lambda_{\max}$ 更小的 μ 值来满足这个要求。在这种条件下,则可保证指数因子 $(1 - \mu\lambda_k)^{2n}$ 随着迭代次数的增加衰减到零。因此,我们可将 μ 较小时 LMS 算法学习曲线的特点表述为如下原理:

LMS 算法的集平均学习曲线不存在振荡,而是指数衰减到如下常数值

$$J(\infty) = J_{\min} + \mu J_{\min} \sum_{k=1}^{M} \frac{\lambda_k}{2 - \mu\lambda_k}$$

$$\approx J_{\min} + \frac{\mu J_{\min}}{2} \sum_{k=1}^{M} \lambda_k \quad \text{当}\mu\text{较小时} \tag{6.99}$$

然而,应当注意到这个原理的可用性是以零阶解 $\varepsilon_0(n)$ 为基础的,而且仅当 μ 较小时才是正确的[①]。正如 5.2 节所指出的,步长参数 μ 取小的值也使 LMS 算法呈现鲁棒性,这一具有重要实际应用价值的重要特性详见第 11 章的讨论。因此可以说,步长参数 μ 取小的值,无论从实际应用的角度还是从统计学习理论的观点,都是合适的。

6.5.1 失调

下面,引入一个新的参数——失调(misadjustment)来表征 LMS 算法,它定义为

$$\mathcal{M} = \frac{J_{\text{ex}}(\infty)}{J_{\min}} \tag{6.100}$$

表面上,失调定义为额外均方误差的稳态值 $J_{\text{ex}}(\infty)$ 与最小均方误差 $J_{\min}$ 之比。使用式(6.99)和式(6.100),在小 μ 值情况下可写出下式

$$\mathcal{M} = \frac{\mu}{2} \sum_{k=1}^{M} \lambda_k \tag{6.101}$$

失调 $\mathcal{M}$ 是一个无量纲的参数,它提供了如何选择 LMS 算法使得在均方误差意义下达到最优的一个测度。与 1 相比,失调 $\mathcal{M}$ 越小,由 LMS 算法完成的自适应滤波作用越精确。通常用百分比表示失调参数 $\mathcal{M}$。例如,10% 的失调意味着 LMS 算法产生的均方误差要比最小均方误差 $J_{\min}$ 大 10%。这样的性能在实际应用中被认为是满意的。

根据附录 E 介绍的特征值分解理论可知,矩阵 **R** 的迹等于它的特征值的和。因此,可用

---

① 当 μ 取中等值和大值的情况下,还没有一种可信赖的方法来描述 LMS 算法的稳定性。对于后者,必须考虑所有的 LMS 算法(包括零阶和高阶解决方案)。遗憾的是,在这种复杂情况下,LMS 算法的统计学理论在数学上将难以处理。

等效形式重写式(6.101)为

$$\mathcal{M} = \frac{\mu}{2} \, \text{tr}[\mathbf{R}] \tag{6.102}$$

这个式子是特征值分解的结果。也可以不必用这种方法而直接导出此式,正如习题12那样。

不管用何种方法导出式(6.102),我们注意到,对于由图5.1所示 FIR 滤波器抽头输入组成的平稳过程中,相关矩阵 $\mathbf{R}$ 不仅是非负定的而且是托伯利兹(Toeplitz)的,其矩阵的主对角线元素等于 $r(0)$。由于 $r(0)$ 本身等于 FIR 滤波器每一个抽头输入的均方值,因此有

$$\begin{aligned}
\text{tr}[\mathbf{R}] &= Mr(0) \\
&= \sum_{k=0}^{M-1} \mathbb{E}\big[|u(n-k)|^2\big] \\
&= \mathbb{E}\big[\|\mathbf{u}(n)\|^2\big]
\end{aligned}$$

于是,使用"总的抽头输入功率"来称谓 LMS 算法的 FIR 滤波器中抽头输入 $u(n), u(n-1), \cdots, u(n-M+1)$ 的均方值之和,可将失调式(6.102)重写为

$$\mathcal{M} = \frac{\mu}{2} \times (\text{总的抽头输入功率}) \tag{6.103}$$

6.6 统计效率

在第 5 章随机梯度下降法中,介绍了统计效率的概念。在那里,我们把收敛速率作为统计效率的一个度量,对于线性自适应滤波算法,其定义如下:

　　收敛速度是运行于平稳环境的相关算法的统计学习理论统领下的线性自适应滤波算法收敛于维纳解所涉及的代价的一个典型度量。

这个度量为评价不同的线性自适应滤波算法提供了一个共同的原理,这已被本章研究的 LMS 算法和第 10 章的 RLS 算法所证明。它可以理解为,对由输入向量和相应的期望响应构成的可观测数据所选择的环境做出类似的统计假设。

6.6.1 学习曲线的时间常数

LMS 算法的收敛速度取决于其离散瞬态响应的时间常数。为了处理这个问题,考虑式(6.98),该式包含了瞬态响应 $(1-\mu\lambda_k)^{2n}$,如用 $t_k(n)$ 表示,可表示为

$$\begin{aligned}
t_k(n) &= (1-\mu\lambda_k)^{2n} \\
&= (1-2\mu\lambda_k+\mu^2\lambda_k^2)^n
\end{aligned}$$

当 μ 较小时,对于所有实际应用,平方项 $\mu^2\lambda_k^2$ 足够小,可以忽略不计,故有

$$t_k(n) \approx (1-2\mu\lambda_k)^n \quad \text{对于} \; k=1,2,\cdots,M \tag{6.104}$$

当初始条件 $n=0$ 和自适应循环次数 $n=1$ 时,由式(6.104)可得

$$\begin{aligned}
t_k(0) &= 1 \\
t_k(1) &= 1-2\mu\lambda_k
\end{aligned}$$

令 $\tau_{\text{mse},k}$ 表示对应于第 k 个特征值的时间常数。参考图 6.13,则有

$$\frac{1}{\tau_{\text{mse},k}} = t(0) - t(1)$$
$$\approx 1 - (1 - 2\mu\lambda_k)$$
$$= 2\mu\lambda_k, \quad k = 1, 2, \cdots, M$$

等价地,上式可以写为

$$\tau_{\text{mse},k} \approx \frac{1}{2\mu\lambda_k}, \quad k = 1, 2, \cdots, M \tag{6.105}$$

由此,可以得出如下结论(Widrow & Kamenetsky, 2003):

1)由于 LMS 算法的抽头权值收敛于维纳解,故其学习曲线围绕最小均方误差 $J_{\min}$ 呈几何递增。

2)由于 LMS 算法对相关矩阵 **R** 的特征值分布敏感,故其潜在弱点是易受特征值分布的影响(这个问题将通过 6.7 节和 6.8 节的实验做进一步的讨论)。

3)在最差条件下,收敛速度将取决于最小特征值 $\lambda_{\min}$,故学习曲线的最小时间常数可近似为

$$\tau_{\text{mse, min}} \approx \frac{1}{2\mu\lambda_{\min}}$$

这导致很慢的收敛速度。

必须始终注意到,式(6.95)的 LMS 算法的稳定性条件与最大特征值 $\lambda_{\max}$ 有关。

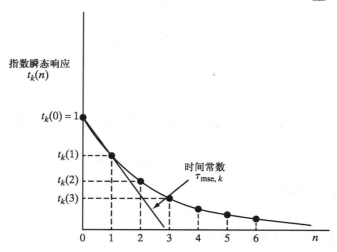

图 6.13　与 LMS 算法第 k 个特征值有关的指数瞬态响应 $t_k(n)$

6.6.2　失调与收敛速度的关系

根据式(6.103),LMS 算法的失调量 M 与步长参数 μ 成正比;当 M 小时,相应的 μ 也应当保持较小。在第 11 章,我们还将证明:当 μ 较小时,H^{∞} 理论可以保证 LMS 算法的鲁棒性。后者表明,保持 μ 较小对 LMS 算法具有最实际意义。

但是,学习曲线的时间常数及 LMS 算法的收敛速度与步长参数 μ 成反比。因此,保持 μ

较小会导致收敛速度变慢，并且降低 LMS 算法的统计效率。换句话说，当 μ 较小时，LMS 算法的鲁棒性与效率是一对折中关系。详见第 11 章。

6.7   自适应预测的计算机实验

对于 LMS 算法的第一个实验，我们使用实数据研究一阶自回归(AR)过程。该过程可用差分方程描述为

$$u(n) = -au(n-1) + v(n) \tag{6.106}$$

其中 a 是该过程唯一的参数，$v(n)$ 是均值为零、方差为 σ_v^2 的白噪声。为了估计参数 a，采用图 6.14 的一阶自适应预测器。这个单抽头预测器自适应过程的实 LMS 算法可以写为

$$\hat{w}(n+1) = \hat{w}(n) + \mu u(n-1)f(n) \tag{6.107}$$

其中

$$f(n) = u(n) - \hat{w}(n)u(n-1)$$

是预测误差。

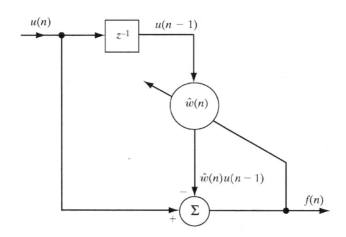

图 6.14   一阶自适应预测器

实验中，AR 过程的参数设置如下：

AR 参数，$a = -0.99$
AR 过程的方差，$\sigma_u^2 = 0.936$，均值为零

该实验有两个目标：

1)实验研究 μ 变化时算法的学习曲线图。
2)实验验证 μ 很小时算法的统计学习理论。

下面将按此顺序讨论这两个问题。

6.7.1   目标 1：不同的 μ 的学习曲线

图 6.15 给出 AR 参数 a 为前面所列数值、可变步长 μ 变化时 LMS 算法的学习曲线图(即

均方误差 $J(n)$ 与自适应循环次数 n 的关系图)。特别地，所用的 μ 值为 0.01,0.05 和 0.1。
集平均在 100 次独立蒙特卡罗实验后完成。图 6.15 证实了如下特性：

- 当步长参数 μ 减小时，LMS 算法的收敛速率相应减小。
- 步长参数 μ 的减小也使实验计算的学习曲线的变化减小。

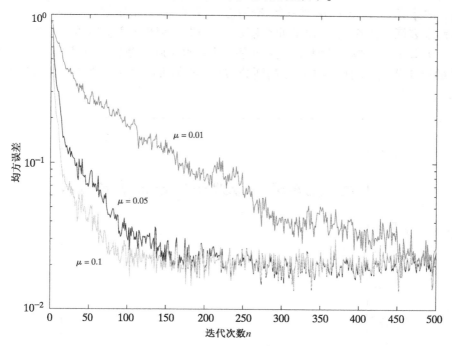

图 6.15　不同步长参数 μ 下，一阶自适应预测器的实验学习曲线

6.7.2　目标 2：验证统计学习理论

对于式(6.106)描述的一阶(即 $M=1$)AR 过程，我们注意到如下几个问题：

1)相关矩阵 $\mathbf{R}$ 是一个具有特征谱的标量，该特征谱由等于 σ_u^2 的特征值 λ_1 和等于 1 的相应特征向量 $\mathbf{q}_1$ 组成。

2)预测器抽头权值的维纳解 w_o 等于 $-a$。

3)最小均方误差 $J_{\min}$ 等于加性白噪声 $\nu(n)$ 的方差 σ_ν^2。

这些值总结如下：

$$\left.\begin{array}{c} \lambda_1 = \sigma_u^2 \\ q_1 = 1 \\ w_o = -a \\ J_{\min} = \sigma_\nu^2 \end{array}\right\} \qquad (6.108)$$

要检查的第一项是选择 μ 值，以证实 6.5 节中小步长理论是正确的。如前所述，可通过选择
一个与 $2/\lambda_{\max}$ 相比很小的 μ 值来满足这个要求，其中 $\lambda_{\max}$ 是矩阵 $\mathbf{R}$ 的最大特征值。对于这
个实验，$\lambda_{\max} = \lambda_1$。由于 $\lambda_1 = \sigma_u^2$，故可通过选择 $\mu = 0.001$，使得对于 σ_u^2 的特定值，小步长

理论的要求得到满足。在这个背景下,现可着手实现实验的第二个目标,以专注于 LMS 统计学习理论的两个相关方面。

随机游走特性   图6.16给出 μ =0.001 时 LMS 算法的一个实现。由图可以看出,从初始条件 $\hat{w}(0)$ = 0 开始,抽头权 $\hat{w}(n)$ 随着自适应循环次数 n 的增加而逐渐增长。经约 n =500 的循环次数后,估计值 $\hat{w}(n)$ 可以达到一个"准稳态",它可通过围绕最佳维纳解 w_o = $-a$ = 0.99 的随机特性来表征。图6.17给出的曲线图放大了这个围绕该稳态的随机行为,它呈现均值为 0.0439、方差为 0.0074 的随机游走;这些结果是经 100 次蒙特卡罗仿真后得到的。因此,当假设 $\hat{w}$ 的更新公式中的加性噪声为高斯分布时,我们可以进一步说这个随机游走是布朗运动形式。

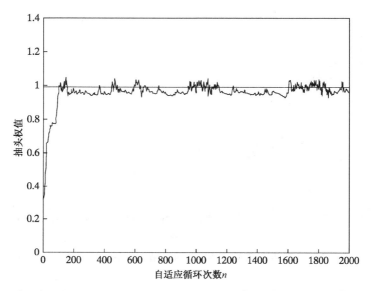

图 6.16   单步自适应预测器的抽头权值围绕维纳解(即水平线)随时间演变的瞬态响应

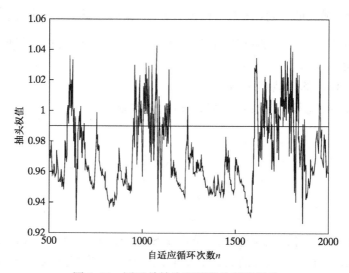

图 6.17   图示单抽头预测器的随机行为

理论与实验的一致性 最后, 图 6.18 给出小步长理论在学习曲线上的另一个验证。标有"实验"的实验曲线是在不同 n 值下经 100 次蒙特卡罗后预测误差 $f(n)$ 平方值的集平均获得的。标有"理论"的理论曲线由式(6.98)导出, 其第二行可以简化为

$$J(n) \approx \sigma_\nu^2\left(1 + \frac{\mu}{2}\sigma_u^2\right) + \sigma_u^2\left(a^2 - \frac{\mu}{2}\sigma_\nu^2\right)(1 - \mu\sigma_u^2)^{2n} \qquad \mu 较小时 \tag{6.109}$$

对于一阶 AR 过程, 白噪声 $\nu(n)$ 的方差定义为[见式(1.71)]

$$\sigma_\nu^2 = \sigma_u^2(1 - a^2) \tag{6.110}$$

因此, 将式(6.110)应用于式(6.109), 得到

$$J(n) \approx \sigma_u^2(1 - a^2)\left(1 + \frac{\mu}{2}\sigma_u^2\right) + \sigma_u^2\left(a^2 + \frac{\mu}{2}a^2\sigma_u^2 - \frac{\mu}{2}\sigma_u^2\right)(1 - \mu\sigma_u^2)^{2n} \qquad \mu 较小时$$

$$\tag{6.111}$$

图 6.18 中的实验曲线使用的参数为: $a = -0.99$、$\sigma_u^2 = 0.936$、$\mu = 0.001$。从图中可以看出, 理论与实验之间的一致性对整个学习曲线都非常好, 从而证实了 6.5 节 LMS 瞬态特性的效率。

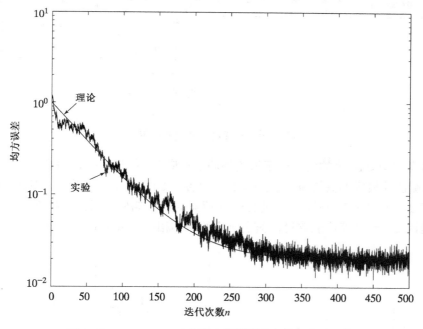

图 6.18 $\mu = 0.001$ 时自适应预测器的理论与实验比较

6.8 自适应均衡的计算机实验

在第二个计算机实验中, 我们研究用 LMS 算法自适应均衡引起(未知)失真的线性色散信道问题。这里再一次假设数据是实数的。图 6.19 表示用来进行该项研究的系统框图。随机数发生器 1 产生用来探测信道的测试信号 x_n; 而随机数发生器 2 用来干扰信道输出的白噪声源 $\nu(n)$。这两个随机数发生器是彼此独立的。自适应均衡器用来纠正存在加性白噪声的

信道的畸变。经过适当延迟,随机数发生器 1 也提供用做训练序列的自适应均衡器的期望响应。

加到信道输入的随机序列 $\{x_n\}$ 由伯努利(Bernoulli)序列组成,$x_n = \pm 1$,随机变量 x_n 具有零均值和单位方差。信道的冲激响应用升余弦[1]表示为

$$h_n = \begin{cases} \dfrac{1}{2}\left[1 + \cos\left(\dfrac{2\pi}{W}(n-2)\right)\right] & n = 1, 2, 3 \\ 0, \quad \text{其他} \end{cases} \tag{6.112}$$

等价地,参数 W 控制均衡器抽头输入的相关矩阵的特征值分布 $\chi(\mathbf{R})$,并且特征值分布随着 W 的增大而扩大。随机数发生器 2 产生的序列 $\nu(n)$ 具有零均值,方差为 $\sigma_\nu^2 = 0.001$。

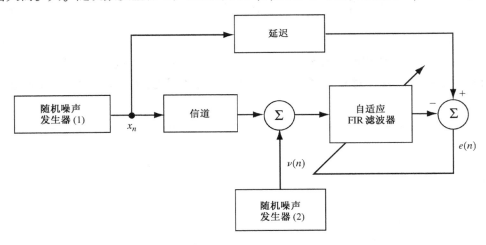

图 6.19 自适应均衡实验的框图

均衡器具有 $M = 11$ 个抽头。由于信道的冲激响应 h_n 关于 $n = 2$ 时对称,如图 6.20(a)所示,那么均衡器的最优抽头权值 w_{on} 在 $n = 5$ 时对称,如图 6.20(b)所示。因此,信道的输入 x_n 被延迟了 $\Delta = 2 + 5 = 7$ 个样值,以便提供均衡器的期望响应。通过选择匹配 FIR 均衡器中点的合适延迟 Δ,LMS 算法能够提供信道响应的最小相位分量和非最小相位分量之逆。

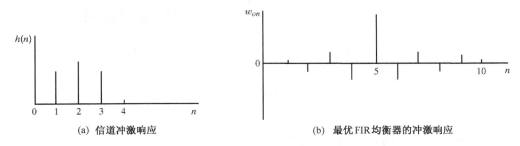

(a) 信道冲激响应　　　　　　　　　　(b) 最优FIR均衡器的冲激响应

图 6.20 均衡器冲激响应分析图

实验分为相同的两个部分,用来估计基于 LMS 算法的自适应均衡器的响应,以便改变特

---

① 实验中的参数严格按照 Satorius 和 Alexander(1979)的方法选取。

征值扩散度 $\chi(\mathbf{R})$ 与步长参数 μ。在描述这个结果之前,我们首先计算 11 个抽头均衡器相关的矩阵 $\mathbf{R}$ 的特征值。

6.8.1 均衡器输入的相关矩阵

在自适应循环 n,均衡器第 1 个抽头输入为

$$u(n) = \sum_{k=1}^{3} h_k x(n - k) + \nu(n) \qquad (6.113)$$

其中所有参数均为实数。因此,均衡器输入的 11 个抽头 $u(n), u(n-1), \cdots, u(n-10)$ 的相关矩阵 $\mathbf{R}$ 是一个对称的 11×11 矩阵。此外,因为其冲激响应 h_n 仅当 $n = 1, 2, 3$ 时是非零的,且噪声过程 $\nu(n)$ 是零均值、方差为 σ_ν^2 的白噪声,因此相关矩阵 $\mathbf{R}$ 是主对角线(quintdiagonal)的,即矩阵 $\mathbf{R}$ 在主对角线及其上下紧密相邻的两条(分居两侧,共 4 条)对角线上的元素是非零的,如以下特殊结构所示

$$\mathbf{R} = \begin{bmatrix} r(0) & r(1) & r(2) & 0 & \cdots & 0 \\ r(1) & r(0) & r(1) & r(2) & \cdots & 0 \\ r(2) & r(1) & r(0) & r(1) & \cdots & 0 \\ 0 & r(2) & r(1) & r(0) & \cdots & 0 \\ \vdots & \vdots & \vdots & \vdots & \ddots & \vdots \\ 0 & 0 & 0 & 0 & \cdots & r(0) \end{bmatrix} \qquad (6.114)$$

其中

$$r(0) = h_1^2 + h_2^2 + h_3^3 + \sigma_\nu^2$$
$$r(1) = h_1 h_2 + h_2 h_3$$

和

$$r(2) = h_1 h_3$$

方差为 $\sigma_\nu^2 = 0.001$。因此, h_1, h_2, h_3 由赋予式(6.112)的参数 W 的值来确定。

表 6.2 中列出:(1)自相关函数 $r(l), l = 0, 1, 2$ 的值;(2)最小特征值 $\lambda_{\min}$,最大特征值 $\lambda_{\max}$,特征值扩散度 $\chi(\mathbf{R}) = \lambda_{\max}/\lambda_{\min}$。由表可见,这些特征值扩散度范围为 $6.078(W = 2.9)$ 到 $46.822(W = 3.5)$。

表 6.2 自适应均衡实验参数小结

W	2.9	3.1	3.3	3.5
$r(0)$	1.096	1.157	1.226	1.302
$r(1)$	0.439	0.560	0.673	0.777
$r(2)$	0.048	0.078	0.113	0.151
$\lambda_{\min}$	0.33	0.214	0.126	0.066
$\lambda_{\max}$	2.030	2.376	2.726	3.071
$\chi(\mathbf{R}) = \lambda_{\max}/\lambda_{\min}$	6.078	11.124	21.713	46.822

实验 1:特征值扩散度的影响

实验的第一部分,步长参数固定为 $\mu = 0.075$。选择这个值的根据是:步长参数 μ 必须小

于 $1/\lambda_{\max}$，其中 $\lambda_{\max}$ 表示相关矩阵 $\mathbf{R}$ 的最大特征值(实际上，用在实验中的所有 3 个步长参数 μ 都满足这个要求)。

对于每一个特征值扩散度，经过 200 次独立计算机实验，通过对瞬时均方误差 $e^2(n)$ 与 n 的关系曲线平均，可获得自适应滤波器的集平均学习曲线。这个计算结果如图 6.21 所示。由图可见，特征值扩散度变化范围的扩大降低了自适应均衡器的收敛速率，同时也提高了平均平方误差的稳态值。例如，当 $\chi(\mathbf{R})=6.0782$ 时，自适应滤波器以平方方式收敛大约要 80 次自适应循环，500 次自适应循环后平均均方误差值大约等于 0.003；另一方面，当 $\chi(\mathbf{R})=46.8216$ 时(即均衡器输入处在不恰当的条件下)，均衡器在均方意义上收敛大约要 200 次自适应循环，500 次自适应循环后平均平方误差值大约等于 0.04。

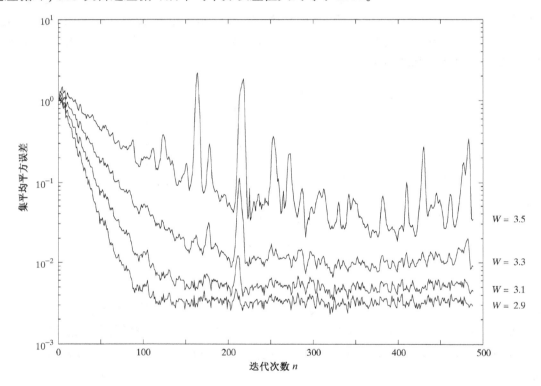

图 6.21 $M=11$ 抽头的自适应均衡器 LMS 算法的学习曲线 $[\mu=0.075$，改变特征值扩散度 $\chi(\mathbf{R})]$

在图 6.22 中，对于四个感兴趣的特征值分布，我们画出了 1000 次自适应循环后自适应均衡器的集平均冲激响应。这个结果基于 200 次独立实验。我们看到，在每种情况下自适应均衡器的冲激响应关于中心抽头对称，这正是我们所希望的。从一个特征值扩散度到另一个特征值扩散度，其冲激响应的变化仅仅反映信道冲激响应相应变化的影响。

实验 2：步长参数的影响

对于实验的第二部分，式(6.112)的参数固定为 3.1，从而均衡器抽头输入相关矩阵的特征值扩散度为 11.1238。步长参数 μ 分别取为 0.075、0.025、0.0075。

图 6.23 示出计算的结果。与前面一样，每一条学习曲线都是瞬态均方误差 $e^2(n)$ 与 n 的关系曲线经过 200 次独立实验后得到的集平均结果。

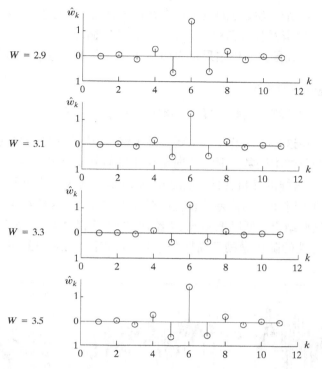

图 6.22　四个不同特征值扩散度的自适应均衡器的集平均冲激响应(经 1000 次自适应循环)

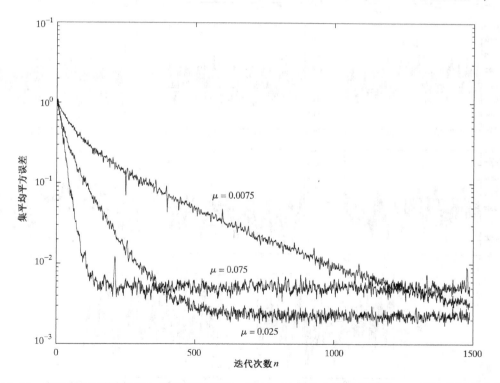

图 6.23　当固定特征值扩散度,改变步长参数 μ 时 $M=11$ 抽头自适应均衡器 LMS 算法的学习曲线

这个结果证明了自适应均衡器的收敛速率在很大程度取决于步长参数 μ。当步长参数较大时(如 $\mu = 0.075$),均衡器收敛到稳态需 120 次自适应循环。当 μ 较小时(如 $\mu = 0.0075$),收敛速率降低超过一个数量级。该结果也表明平均均方误差的稳态值随着 μ 的变大而增大。

实验 3:验证统计学习理论

与自适应预测器的计算机实验一样,也将本实验分为两部分。

随机游走特性　在这部分实验中,主要关注 LMS 算法的准稳态响应,此处由 LMS 算法估计的抽头权向量的单样本函数,围绕着向量化维纳解随机变化。由 11 个元素组成的抽头权向量 $\hat{\mathbf{w}}(n)$ 有 11 个这样的随机特性,如图 6.24 所示。表 6.3 给出所估计的每个抽头权值的均值偏离其实际值的时间平均偏差及相应的时间平均方差,这些结果是经 100 次蒙特卡罗仿真得到的。基于这些结果,可以把图 6.24 给出的 11 个随机特性表征为随机游走。此外,当假设导出该随机特性的随机激励呈高斯分布时,可将图 6.24 中的每个随机特性描述为布朗运动的一个例子。

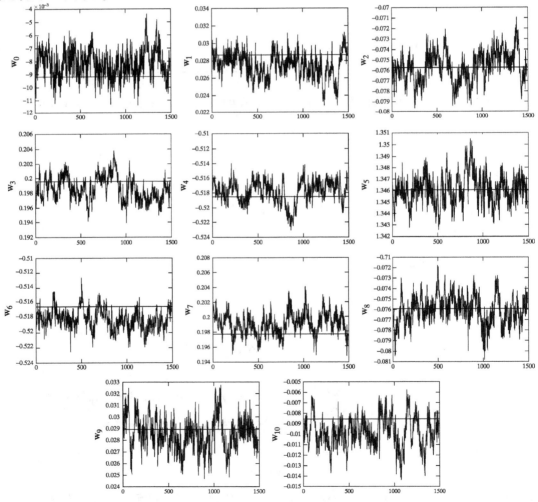

图 6.24　由 LMS 算法估计的每个抽头权值 $\hat{w}_k(n)$ ($k = 0, 1, \cdots, 10$) 的随机特性

表6.3　LMS算法估算的11个抽头权值的二阶统计偏差

	平均	偏差
$\mathbf{w}_{o0} - \hat{w}_0$	-0.0010	1.146×10^{-6}
$\mathbf{w}_{o1} - \hat{w}_1$	0.0012	2.068×10^{-6}
$\mathbf{w}_{o2} - \hat{w}_2$	-0.0001	2.134×10^{-6}
$\mathbf{w}_{o3} - \hat{w}_3$	0.0010	2.701×10^{-6}
$\mathbf{w}_{o4} - \hat{w}_4$	-0.0006	2.229×10^{-6}
$\mathbf{w}_{o5} - \hat{w}_5$	-0.0001	1.737×10^{-6}
$\mathbf{w}_{o6} - \hat{w}_6$	0.0017	1.878×10^{-6}
$\mathbf{w}_{o7} - \hat{w}_7$	-0.0014	2.138×10^{-6}
$\mathbf{w}_{o8} - \hat{w}_8$	0.0001	1.880×10^{-6}
$\mathbf{w}_{o9} - \hat{w}_9$	0.0004	1.934×10^{-6}
$\mathbf{w}_{o10} - \hat{w}_{10}$	0.0012	2.068×10^{-6}

注：相对于实际抽头权值 $w_k, k = 0, 1, \cdots, 10$ 的偏差。

理论和实验的一致性　当式(6.98)的第二行应用于本节所描述的自适应均衡器时，可得到特征值扩散度 $W = 3.3$ 和步长参数分别为 $\mu = 0.0075, 0.025, 0.075$ 时的理论连续曲线图，如图6.25所示。相应的实验曲线图也分别呈现在该图的(a)、(b)、(c)中；第二组结果都是经400次蒙特卡罗仿真获得的。

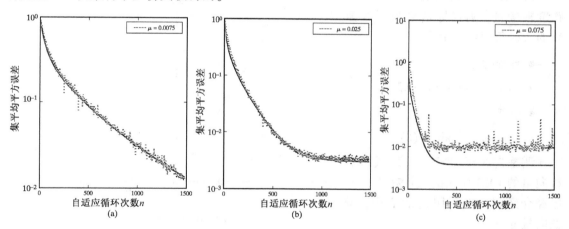

图6.25　当特征值扩散度 $W = 3.3$、步长参数 μ 取三个不同值
时,用蒙特卡罗仿真比较LMS统计学习理论的结果

根据图6.25, 我们可以观察到下面三个结果：

1）$\mu = 0.0075$ 时, 实验学习曲线与理论学习曲线非常接近。

2）$\mu = 0.025$ 时, 理论与实验结果仍然保持较好的一致性。

3）$\mu = 0.075$ 时, 理论学习曲线的瞬态部分与其对应的实验部分在大约200次自适应循环之后有较好的一致性, 但其算法的准稳态响应上明显失效。

基于这些结果, 可以得出如下两个更重要的结论：

1）当步长参数 μ 较小时, LMS统计学习理论与采用蒙特卡罗仿真得到的实验结果之间具有较好的一致性。

2)当步长参数 μ 较大且足以保证收敛时,LMS 算法的学习曲线呈现如下两种模式[1]:

    (a)初始模式(initial mode),遵循本章描述的统计学习理论;

    (b)滞后模式(later mode),快速收敛到该算法的准稳态条件。

6.9   最小方差无失真响应波束成形器的计算机实验

对于最后一个实验,我们考虑 LMS 算法应用于最小方差无失真响应(MVDR,minimum-variance distortionless-response)波束成形器的情况,它由 5 个完全一样的空间传感器(如天线)的线性阵列组成,如图 6.26 所示。相邻两个阵列的距离等于接收波长的一半以避免栅栏波瓣的出现。波束成形器工作的环境包含两个分量:对感兴趣方向上阵列产生影响的目标信号和来自未知方向的单一干扰源。假设这两个分量来自独立的信源,而且接收信号包括每一个传感器输出端的加性白高斯噪声。

这个实验的目标包括两个方面:

- 在给定的目标–信噪比下,考察 MVDR 波束成形器的自适应空间响应随时间的演变。
- 计算目标–噪声比对波束成形器零干扰性能变化的影响。

若相对于阵列线的法线方向用弧度来度量,则目标信号与干扰信号的入射角度可表示为

- 目标信号

    $\phi_{\text{target}} = \arcsin(-0.2)$

- 干扰

    $\phi_{\text{interf}} = \arcsin(0)$

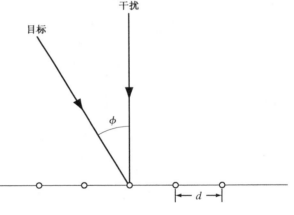

图 6.26   线性阵列天线

调整自适应 MVDR 波束成形器权向量的 LMS 算法的设计在 1.8 节已经介绍过。对于眼前的应用,增益向量 $\mathbf{g} = 1$。

图 6.27 给出了信噪比为 10 dB、改变干扰噪声比(INR,interference-to-noise ratio)和自适应循环次数时 MVDR 波束成形器的自适应空间响应。空间响应的定义为 $20 \log_{10} |\hat{\mathbf{w}}^{\text{H}}(n)\mathbf{s}(\theta)|^2$,其中

$$\mathbf{s}(\theta) = [1, e^{-j\theta}, e^{-j2\theta}, e^{-j3\theta}, e^{-j4\theta}]^{\text{T}}$$

是转向向量。用弧度表示的电角度 θ 与入射角 ϕ 的关系为

$$\theta = \pi \sin\phi \tag{6.115}$$

当步长参数分别为 $\mu = 10^{-8}, 10^{-9}, 10^{-10}$,即 INR $=20, 30, 40$ dB 时,波束成形器的权向量 $\hat{\mathbf{w}}(n)$ 利用 LMS 算法进行计算。变化步长参数 μ 是为了保证在给定干扰噪声比情况下算法收敛。

---

[1]   Nascimento 和 Sayed(2000)在他们的论文中也给出一个类似的观察,他们通过几乎完全可靠的收敛性分析说明了第二模式,这一分析基于 LMS 算法以概率 1 收敛的准则。

图 6.28 表示经过 20、25 和 30 次自适应循环后 MVDR 波束成形器的自适应空间响应。图中三条曲线的条件为：INR = 20 dB，固定信噪比 = 10 dB。

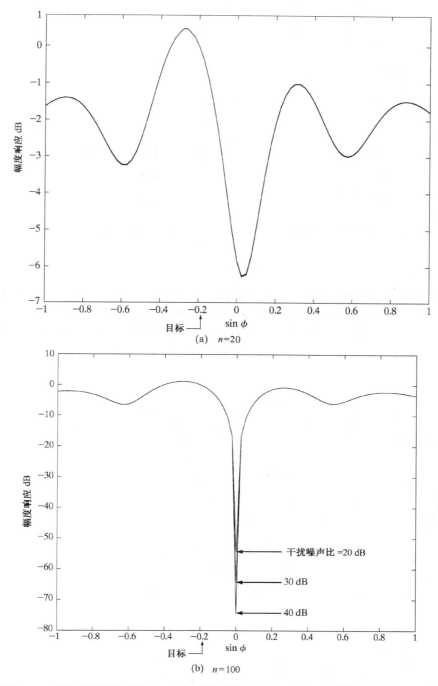

图 6.27　当改变干扰噪声比(INR)和迭代次数时 MVDR 波束成形器的自适应空间响应：(a)$n = 20$；(b)$n = 100$；(c)$n = 200$。图中每一部分干扰噪声比假设为三者之一。其中(a)的自适应循环次太少以至于对这些变化没有显著影响

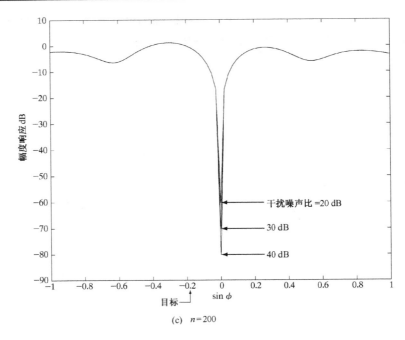

(c) $n = 200$

6.27(续)　当改变干扰噪声比(INR)和迭代次数时 MVDR 波束成形器的自适应空间响
应:(a)$n = 20$;(b)$n = 100$;(c)$n = 200$。图中每一部分干扰噪声比假设为
三者之一。其中(a)的自适应循环次数太少以至于对这些变化没有显著影响

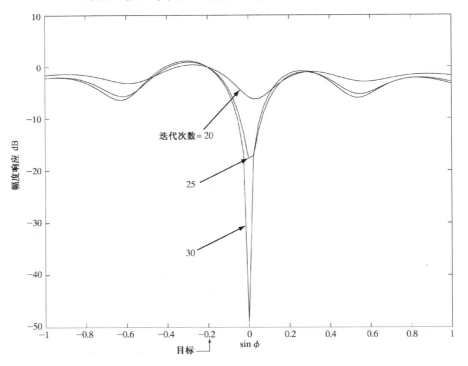

图 6.28　当信噪比 $= 10$ dB、干扰噪声比 $= 20$ dB、步长参数为 10^{-8}、
迭代次数变化时 MVDR 波束成形器的自适应空间响应

在图 6.27 和图 6.28 的基础上, 我们可得如下观察结果:

- MVDR 波束成形器的自适应空间响应通常被固定在沿着给定的入射角 $\phi_{\text{target}} = \arcsin$ (-0.2) 为 0 dB 的地方。
- 波束成形器的零干扰容量随着(a)自适应循环次数的增加和(b)干扰目标信号比的增大而改善。

6.10　小结与讨论

在本章的第一部分, 首先讨论了两种情形下与算法最优性有关的问题: 在局部意义下, LMS 算法表现为某种欧氏意义下的最优性和准稳态下相比于维纳解的次优性, 其中次优性是由梯度噪声引起的。然后, 讨论了 LMS 算法在均衡、地震数据的反卷积、瞬时频率测量、消噪、线谱增强和自适应波束成形等方面的应用。

6.10.1　小步长理论要点

在本章的第二部分, 主要致力于第 2 章维纳滤波器理论基础上导出的 LMS 算法的小步长理论。它在如下场景下提供了评估 LMS 算法瞬态与稳态响应的一种原则性的方法:

场景 1　期望响应 $d(n)$ 对抽头输入向量 $\mathbf{u}(n)$ 的统计依赖性由多重线性回归模型决定, 该模型的未知参数向量由长度等于模型阶数的维纳滤波器来计算。此外, 不需要对环境的统计特性做任何其他假设。

场景 2　期望响应 $d(n)$ 对抽头输入向量 $\mathbf{u}(n)$ 的统计依赖性是线性的, 而且是任意的。期望响应 $d(n)$ 与抽头输入向量 $\mathbf{u}(n)$ 是联合高斯分布的。此外, 不需要对环境的统计特性做任何其他假设。

小步长理论的基本结果是 LMS 算法的集平均学习曲线呈现出与式(6.98)相一致的确定性特性。此外, 通过与式(4.28)比较可以清楚地看出: LMS 算法的集平均学习曲线偏离了相应于维纳滤波器的最速下降算法的集平均学习曲线, 这是因为随机激励的存在引起的。

小步长理论的另一显著特点在于, 它提供了 LMS 算法的随机特性与布朗运动之间的深层次关系, 其数学描述由朗之万方程给出。

6.10.2　与独立性理论比较

更为重要的是, 小步长理论克服了源于 LMS 算法的统计文献(Widrow et al,1976; Mazo, 1979; Gardner,1984)中独立性理论的缺陷。LMS 算法的独立性理论做了如下假设:

- 抽头输入向量 $\mathbf{u}(1),\mathbf{u}(2),\cdots,\mathbf{u}(n)$ 组成了统计独立的向量序列。
- 在自适应循环 n 时, 抽头输入向量 $\mathbf{u}(n)$ 与期望响应的所有过去值 $d(1),d(2),\cdots,d(n-1)$ 统计独立。
- 在自适应循环 n 时, 期望响应 $d(n)$ 与相应的抽头输入向量 $\mathbf{u}(n)$ 有关, 但与期望响应的所有过去值统计独立。

独立性理论可在某些应用场合获得证实, 例如自适应波束成形应用, 在该应用中天线阵元从周围环境中接收到的连续快照数据(即输入向量)有可能是相互统计独立的。然而,在通信自适应滤波应用(如信号预测、信道均衡、回波消除)中,引导权值向量向最优维纳解搜索的输入向量实际上是统计相关的,原因在于输入数据的移位特性。具体而言,在自适应循环 n 时,抽头输入向量为

$$\mathbf{u}(n) = [u(n), u(n-1), \cdots, u(n-M+1)]^{\mathrm{T}}$$

在自适应循环 $n+1$ 时,该向量变为

$$\mathbf{u}(n+1) = [u(n+1), u(n), \cdots, u(n-M+2)]^{\mathrm{T}}$$

于是,当新的样值 $u(n+1)$ 到达时,最旧的样值 $u(n-M+1)$ 将从 $\mathbf{u}(n)$ 中被废弃,而余下的那些样值 $u(n), u(n-1), \cdots, u(n-M+2)$ 将按时间反向移位一个单元,以便腾出空间给新的样值 $u(n+1)$。由此可见,在某一瞬态确立过程中,抽头输入向量及相应的由 LMS 算法计算的梯度方向实际上是统计相关的。

独立性理论导出 LMS 算法瞬态和稳态响应的某些结论,这类似于小步长理论获得的结果。然而,在进行 LMS 算法的统计分析时,人们更喜欢采用小步长理论。其原因在于小步长理论:(1)原理上基础牢固,(2)见解深刻,(3)易于应用。

另外需要指出的是,在推导小步长理论时,我们忽略了式(6.59)所给出的加权误差向量 $\boldsymbol{\varepsilon}(n)$ 展开式中的高阶项 $\boldsymbol{\varepsilon}_1(n)$,$\boldsymbol{\varepsilon}_2(n)$,…。然而,当采用较大步长来加速算法收敛时,这些高阶项对 LMS 算法统计分析中的贡献将变得很有意义,因此不得不顾及。高阶项 $\boldsymbol{\varepsilon}_1(n)$,$\boldsymbol{\varepsilon}_2(n)$,…所具有的随机特性,将招致加大步长时 LMS 算法学习曲线中噪声特性影响的增大。但是,把高阶项包含在内将会加大 LMS 算法统计分析时数学上的处理难度。

6.11　习题

1. LMS 算法用来实现双输入、单权值自适应噪声消除器。建立一个方程来定义该算法的运算。

2. 6.3节的应用 2 所讨论的基于 LMS 的自适应反卷积过程应用于前向时间自适应(即前向预测)。试对于后向时间自适应(即后向预测)重新推导这个过程。

3. 考虑式(6.44)的含噪正弦信号应用于图 6.9 的自适应谱线增强器。试证明所产生的输出[记为 $y(n)$]由式(6.45)和式(6.46)所定义。

4. 某一未知实值系统的零均值输出 $d(n)$ 用多重线性回归模型表示为

$$d(n) = \mathbf{w}_o^{\mathrm{T}} \mathbf{u}(n) + \nu(n)$$

其中 $\mathbf{w}_o$ 是模型的(未知)参数向量,$\mathbf{u}(n)$ 是输入向量,$\nu(n)$ 是零均值、方差为 σ_ν^2 的白噪声样值。图 P6.1 的框图给出未知系统的自适应模型,其中自适应 FIR 滤波器由改进的 LMS 算法控制。特别地,FIR 滤波器的抽头权向量 $\mathbf{w}(n)$ 的选择使得如下性能指标

$$J(\mathbf{w}, K) = \mathbb{E}[e^{2K}(n)]$$

最小化,其中 $K = 1, 2, 3, \cdots$。

(a)使用瞬态梯度向量,证明相应抽头权向量估计新的自适应规则为

$$\hat{\mathbf{w}}(n+1) = \hat{\mathbf{w}}(n) + \mu K \mathbf{u}(n) e^{2K-1}(n)$$

其中 μ 是步长参数,而

$$e(n) = d(n) - \mathbf{w}^{\mathrm{T}}(n) \mathbf{u}(n)$$

为估计误差。

(b) 假设加权误差向量

$$\boldsymbol{\varepsilon}(n) = \mathbf{w}_o - \hat{\mathbf{w}}(n)$$

为零，$\nu(n)$ 与 $\mathbf{u}(n)$ 独立。试证明

$$\mathbb{E}[\boldsymbol{\varepsilon}(n+1)] = (\mathbf{I} - \mu K(2K-1)\mathbb{E}[\nu^{2K-2}(n)]\mathbf{R})\mathbb{E}[\boldsymbol{\varepsilon}(n)]$$

其中 $\mathbf{R}$ 是输入向量 $\mathbf{u}(n)$ 的相关矩阵。

(c) 证明如果步长参数 μ 满足如下条件

$$0 < \mu < \frac{2}{K(2K-1)\mathbb{E}[\nu^{2(K-1)}(n)]\lambda_{\max}}$$

其中 $\lambda_{\max}$ 是矩阵 $\mathbf{R}$ 的最大特征值，则(a)中描述的改进的 LMS 算法在均值意义上收敛。

(d) 对于 $K=1$，证明(a)、(b)和(c)的结果退化为相应的传统 LMS 算法的解。

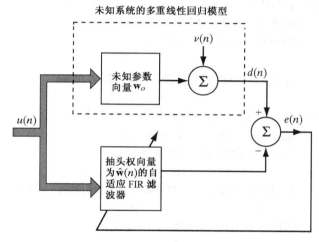

图 P6.1　未知系统的自适应模型

5. (a) 令 $\mathbf{m}(n)$ 表示 LMS 算法在自适应循环 n 时的权向量均值，即

$$\mathbf{m}(n) = \mathbb{E}[\hat{\mathbf{w}}(n)]$$

利用 6.4 节的小步长理论证明

$$\mathbf{m}(n) = (\mathbf{I} - \mu\mathbf{R})^n[\mathbf{m}(0) - \mathbf{m}(\infty)] + \mathbf{m}(\infty)$$

其中 μ 是步长参数，$\mathbf{R}$ 是输入向量的相关矩阵，$\mathbf{m}(0)$ 和 $\mathbf{m}(\infty)$ 分别表示权向量均值的初始值和最终值。

(b) 证明：为了满足均值 $\mathbf{m}(n)$ 收敛，步长参数 μ 必须满足如下条件

$$0 < \mu < \frac{2}{\lambda_{\max}}$$

其中 $\lambda_{\max}$ 是相关矩阵 $\mathbf{R}$ 的最大特征值。

6. 在这个习题中，我们回顾 6.5 节讨论的 LMS 算法的收敛速率。具体来说，使用相关矩阵特征值 M 的平均来计算平均收敛率 $\tau_{\text{mse,av}}$。

(a) 能够提供收敛率合适答案的 $\tau_{\text{mse,av}}$ 公式成立的条件是什么？

(b) 假设最小特征值可从余下的特征值中分离出来。在这种情况下，试对 $\tau_{\text{mse,av}}$ 的可靠性做出评论，并证实你的答案。

7. 考虑均值为 0、方差为 σ^2 的白噪声序列作为 LMS 算法的输入。试给出
   (a) 在均方意义上算法收敛的条件,并计算
   (b) 额外均方误差

8. 对这组技术条件,研究以下两种情况:
$$u_a(n) = \cos(1.2n) + 0.5\cos(0.1n)$$
$$u_b(n) = \cos(0.6n) + 0.5\cos(0.23n)$$

第一个输入 $u_a(n)$ 具有特征值扩散度 $\chi(\mathbf{R}) = 2.9$,而第二个 $u_b(n)$ 具有特征值扩散度 $\chi(\mathbf{R}) = 12.9$。试证实这两种扩散度。

考虑如下 4 种组合:

情况 1:最小特征值,此时,维纳滤波器的最优权向量
$$\mathbf{w}_o = \begin{bmatrix} -1, 1 \end{bmatrix}^{\mathrm{T}}$$

证明 $\mathbf{w}_o = \mathbf{q}_2$,其中 $\mathbf{q}_2$ 是与特征值 λ_2 有关的特征向量。并证明如下:
(a) 对于输入 $u_a(n)$,LMS 算法的收敛沿着"慢"轨迹收敛。
(b) 对于输入 $u_b(n)$,LMS 算法的收敛与(a)相比减速。
图解说明两个结果。

情况 2:最大特征值,此时,维纳滤波器的最优权向量有
$$\mathbf{w}_o = \begin{bmatrix} 1, 1 \end{bmatrix}^{\mathrm{T}}$$

证明 $\mathbf{w}_o = \mathbf{q}_1$,其中 $\mathbf{q}_1$ 是与特征值 λ_1 有关的特征向量。并证明如下:
(a) 对于输入 $u_a(n)$,LMS 算法的收敛沿着"快"轨迹收敛。
(b) 对于输入 $u_b(n)$,LMS 算法的收敛与(a)相比加速。
图解说明两个结果。

9. 考虑在低信噪比条件下使用 LMS 算法进行自适应谱线增强。抽头输入向量的相关矩阵定义为
$$\mathbf{R} = \sigma^2 \mathbf{I}$$

其中 $\mathbf{I}$ 是单位矩阵。试证明加权误差相关矩阵 $\mathbf{K}(n)$ 的稳态值为
$$\mathbf{K}(\infty) \approx \frac{\mu}{2} J_{\min} \mathbf{I}$$

式中 μ 是步长参数,$J_{\min}$ 是最小均方误差,且可以假设自适应 FIR 滤波器的抽头数较多。

10. 从式(6.58)的小步长出发,证明
$$\mathbf{R}\mathbf{K}_0(n) + \mathbf{K}_0(n)\mathbf{R} = \mu \sum_{l=0}^{\infty} J_{\min}^{(l)} \mathbf{R}^l$$

其中
$$J_{\min}^{(l)} = \mathbb{E}\left[e_o(n) e_o^*(n-l) \right] \qquad l = 0, 1, 2, \cdots$$

及
$$\mathbf{R}^l = \mathbb{E}\left[\mathbf{u}(n) \mathbf{u}^{\mathrm{H}}(n-l) \right] \qquad l = 0, 1, 2, \cdots$$

[由于求和项 $\mathbf{R}\mathbf{K}_0(n) + \mathbf{K}_0(n)\mathbf{R}$ 的特殊结构,涉及该求和项的方程通常称为李雅普诺夫方程(Lyapunov equation)。]

11. 推导 LMS 滤波器的自然模式 $\nu_k(n)$ 的均值和均方值,它们分别由式(6.81)和式(6.82)定义。

12. 利用 6.4 节的小步长理论,做如下工作:
   (a) 证明 $\mathscr{D}(\infty)$ 独立于输入信号,即
$$\mathscr{D}(\infty) = \frac{1}{2} \mu M J_{\min}$$

   (b) 推导失调公式

$$\mathcal{M} = \frac{\mu}{2}\operatorname{tr}[\mathbf{R}]$$

而不必检查相关矩阵 $\mathbf{R}$ 的对角化。

13. 自适应算法的收敛速率可用权值误差向量定义为

$$\mathscr{C}(n) = \frac{\mathbb{E}[\|\boldsymbol{\varepsilon}(n+1)\|^2]}{\mathbb{E}[\|\boldsymbol{\varepsilon}(n)\|^2]}$$

试证明,对于小的 n 值和平稳输入,LMS 算法的收敛速率约等于

$$\mathscr{C}(n) \approx (1 - \mu\sigma_u^2)^2 \qquad n\ 较小$$

这里,假设抽头输入向量 $\mathbf{u}(n)$ 的相关矩阵近似等于 $\sigma_u^2\mathbf{I}$。

14. 自适应滤波器的直通连接发生在某些应用(如回声消除)中。考虑图 P6.2,它给出包含一对 LMS 滤波器 (Ho,2000)的一个简单的直通结构。输入向量 $\mathbf{u}(n)$ 同时作用于两个滤波器,而且由滤波器 I 产生的误差信号 $e_1(n)$ 作为滤波器 II 的期望响应。试做如下工作:

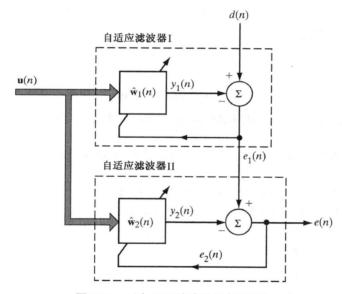

图 P6.2　两个 LMS 滤波器的直通结构

（a）用公式表示图中直通结构的更新方程。

（b）证明若两个自适应滤波器各自在均方意义上收敛,则这个直通结构系统在均方意义上收敛。

15. 在6.9 节使用 LMS 算法进行自适应波束成形的计算机实验中,给出了结果,但没有说明 LMS 算法是如何应用的。从式(2.77)的代价函数出发,试推导该实验中定义自适应波束成形器权值调整的递归关系。

计算机实验

16. 在包含 AR 过程产生的计算机实验中,有时没有足够的时间使瞬态消失。这个实验的目的是为了估计这种瞬态对于 LMS 算法的影响。因此,考虑6.7 节中描述的一阶 AR 过程$u(n)$。这个过程的参数如下:

AR 参数: $a = -0.99$;

AR 过程方差: $\sigma_u^2 = 0.936$;

噪声方差: $\sigma_\nu^2 = 0.02$

对于 $1 \leqslant n \leqslant 100$,在假设为零初始的条件下,产生所述的过程 $u(n)$。使用 $u(n)$ 作为线性自适应预测器的

输入,该预测器建立在步长参数 $\mu = 0.05$ 的 LMS 算法的基础上。特别地,通过预测器输出平方 100 次独立实验结果的集平均,可画出它与时间 $n(1 \leqslant n \leqslant 100)$ 之间关系的学习曲线。不同于 LMS 算法的正规运算,这样计算出来的学习曲线应当从原点出发达到最高点,然后衰减到稳态值。试解释这个现象的原因。

17. 考虑 AR 过程 $u(n)$,其差分方程为

$$u(n) = -a_1 u(n-1) - a_2 u(n-2) + \nu(n)$$

其中 $\nu(n)$ 是零均值、方差为 σ_ν^2 的加性白噪声。AR 参数 a_1 和 a_2 都是实数

$$a_1 = 0.1$$
$$a_2 = -0.8$$

(a) 计算噪声方差 σ_ν^2,使得 AR 过程 $u(n)$ 的方差为 1。从而产生过程 $u(n)$ 的不同实现。

(b) 给定输入 $u(n)$,长度为 $M = 2$ 的 LMS 滤波器用来估计未知的 AR 参数 a_1 和 a_2,步长参数 $\mu = 0.05$。证明 6.4 节小步长理论应用中使用这个设计值是正确的。

(c) 对于 LMS 滤波器的一种实现,计算预测误差

$$f(n) = u(n) - \hat{u}(n)$$

以及两个抽头权值误差

$$\varepsilon_1(n) = -a_1 - \hat{w}_1(n)$$

和

$$\varepsilon_2(n) = -a_2 - \hat{w}_2(n)$$

并利用 $f(n)$、$\varepsilon_1(n)$ 和 $\varepsilon_2(n)$ 的功率谱曲线,证明 $f(n)$ 表现为白噪声,而 $\varepsilon_1(n)$ 和 $\varepsilon_2(n)$ 表现为低通过程。

(d) 在滤波器 100 次独立实验的基础上,通过平均预测误差 $f(n)$ 的平方值,计算 LMS 滤波器的集平均学习曲线。

(e) 应用 6.4 节的小步长统计理论,计算 LMS 滤波器的理论学习曲线,并将这个结果与(d)的结果比较。

18. 考虑一个线性通信信道,其转移函数采用下列三种可能形式之一:

(i) $H(z) = 0.25 + z^{-1} + 0.25z^{-2}$

(ii) $H(z) = 0.25 + z^{-1} - 0.25z^{-2}$

(iii) $H(z) = -0.25 + z^{-1} + 0.25z^{-2}$

对输入 x_n 做出响应的信道输出定义为

$$u(n) = \sum_k h_k x_{n-k} + \nu(n)$$

其中 h_n 是信道冲激响应,$\nu(n)$ 是零均值、方差为 $\sigma_\nu^2 = 0.01$ 的加性高斯白噪声。信道的输入由具有 $x_n = \pm 1$ 的伯努利序列组成。

这个实验的目的是设计一个自适应均衡器,该均衡器利用步长参数 $\mu = 0.001$ 的 LMS 算法来训练。在结构方面,该均衡器由具有 21 个抽头的 FIR 滤波器构成。信道的输入的延迟型(即 $x_{n-\Delta}$)被加到均衡器作为期望响应。对于上述所列出的每一种可能的信道传输函数,做如下工作:

(a) 确定延迟 Δ 的最优值,使得均衡器输出均方误差最小。

(b) 对(a)中所确定的最优延迟 Δ,在实验的 100 次独立实验的基础上,通过误差信号均方值的集平均,画出均衡器的学习曲线。

19. 在 6.4 节中,我们介绍了 LMS 滤波器的小步长理论。本习题的目的是研究当小步长假设不满足时,应用这个理论会发生什么情况。重复图 6.18 关于一阶自适应预测器的学习曲线的实验,但这一次使用如下步长参数:0.001, 0.003, 0.01, 0.03, 0.1, 0.3, 1, 3;并对所得的结果进行讨论。

20. 参考式(6.98)描述 LMS 算法的瞬态特性。此处,该式第二行的近似式对 LMS 算法的大多数应用来说是

足够精确的。当特征值扩散度 $W = 3.3$ 且改变步长参数为 $\mu = 0.0075$、0.025、0.075 时,通过重复 6.8 节中的计算机实验,证明这个近似式的效率。

21. 当特征值扩散度 $W = 3.3$、步长参数 μ 取三个不同值时,LMS 统计学习理论的结果由 6.8 节的自适应均衡实验获得。试做如下工作:

(a) 当特征值扩散度分别为 $W = 2.9$,3.1,3.5 时,重复该实验。

(b) 评论 6.4 节中描述的 LMS 统计学习理论获得的结果。

22. 当目标信噪比为 10 dB、干扰噪声比为 40 dB、步长参数 $\mu = 10^{-10}$ 时,重复 6.9 节关于 MVDR 波束形成的计算机实验。如前,干扰的入射角为

$$\phi_{\text{interf}} = \arcsin(0)$$

然而,这一次我们将研究当目标接近干扰源时,波束成形器的空间响应发生什么情况?特别地,对于如下目标到达角:

(a) $\phi_{\text{target}} = \arcsin(-0.15)$

(b) $\phi_{\text{target}} = \arcsin(-0.10)$

(c) $\phi_{\text{target}} = \arcsin(-0.05)$

说明你的结果。

第7章 归一化最小均方(LMS)自适应算法及其推广

在第6章所研究的LMS算法的标准形式中,自适应循环 $n+1$ 中应用于滤波器抽头权向量的失调包含以下三项:

- 步长参数 μ,它在设计者控制之下。
- 抽头输入向量 $\mathbf{u}(n)$,它由信息源提供。
- 实数据的估计误差 $e(n)$ 或者复数据的估计误差 $e^*(n)$,它是自适应循环 n 中计算的结果。

失调直接与抽头输入向量 $\mathbf{u}(n)$ 成正比。因此,当 $\mathbf{u}(n)$ 较大时,LMS算法遇到梯度噪声放大问题。为了克服这个困难,可使用归一化LMS算法[①]。特别地,自适应循环 $n+1$ 时抽头权向量的失调相对于自适应循环 n 时抽头输入向量 $\mathbf{u}(n)$ 的平方欧氏范数进行"归一化"。

本章讨论归一化LMS算法及其在回声消除中的应用。本章也讨论了仿射投影自适应滤波器,它可看做归一化LMS算法的推广。

7.1 归一化LMS算法作为约束最优化问题的解

就结构而言,归一化LMS算法与标准LMS算法完全一样,如图7.1的框图所示。二者都是FIR滤波器,其不同仅仅在于权值控制器的机理。$M \times 1$ 抽头输入向量 $\mathbf{u}(n)$ 产生输出 $y(n)$,将与期望响应 $d(n)$ 相减得到估计误差,或误差信号 $e(n)$。在对输入向量 $\mathbf{u}(n)$ 和误差信号 $e(n)$ 组合作用的响应中,权值控制器将权值调整应用到FIR滤波器。在大量自适应循环中,反复调整滤波器的权向量,直到滤波器达到稳态。

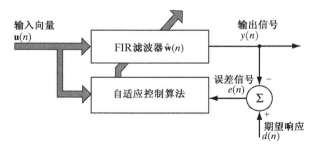

图7.1　自适应FIR滤波器的框图

我们可把归一化LMS算法看做对普通LMS算法所做的性能改进(见习题1)。另外,我们也可以按其自身导出归一化LMS算法;这里,我们采用后者,因为这样可更深入了解该滤波器如何运行。

---

① 称为归一化LMS算法的随机梯度算法,由 Nagumo 和 Noda(1967)及 Albert 和 Gardner(1967)分别独立提出。Nagumo 和 Noda 对于这个算法没有使用特别的名字,而 Albert 和 Gardner 将它称为"快且脏的回归"方案。Bitmead 和 Anderson(1980a, b)则把它叫做"归一化LMS算法"。

归一化 LMS 算法是最小化干扰原理(principle of minimal disturbance)的一种表现形式,这个原理可表述如下:

从一次自适应循环到下一次自适应循环中,自适应滤波器的权向量应当以最小方式改变,而且受到更新的滤波器输出所施加的约束。

为了用数学术语考虑这个原理,令 $\hat{\mathbf{w}}(n)$ 表示自适应循环 n 时滤波器旧的权向量,$\hat{\mathbf{w}}(n+1)$ 表示自适应循环 $n+1$ 时滤波器新的权向量。则可把归一化 LMS 算法设计准则表述为约束优化问题:给定抽头输入向量 $\mathbf{u}(n)$ 和目标响应 $d(n)$,确定更新的抽头向量 $\hat{\mathbf{w}}(n+1)$,以使如下增量

$$\delta\hat{\mathbf{w}}(n+1) = \hat{\mathbf{w}}(n+1) - \hat{\mathbf{w}}(n) \tag{7.1}$$

的欧氏范数最小化,并受制于以下约束条件

$$\hat{\mathbf{w}}^{\mathrm{H}}(n+1)\mathbf{u}(n) = d(n) \tag{7.2}$$

其中上标 H 表示埃尔米特转置(即复共轭转置)。

为了解决这个约束优化问题,我们使用拉格朗日乘子法(method of Lagrange multiplier),对于复数据的一般情况,该方法可参见附录 C。根据这个方法,目前所考虑问题的代价函数为

$$J(n) = \|\delta\hat{\mathbf{w}}(n+1)\|^2 + \mathrm{Re}[\lambda^*(d(n) - \hat{\mathbf{w}}^{\mathrm{H}}(n+1)\mathbf{u}(n))] \tag{7.3}$$

其中,λ 为复数拉格朗日乘子,* 表示复共轭;$\mathrm{Re}[\cdot]$ 表示取实部运算,约束对代价函数的贡献是实值的;$\|\delta\hat{\mathbf{w}}(n+1)\|^2$ 表示欧式范数的平方运算,其结果也是实值的。从而,代价函数 $J(n)$ 是实值的二次函数 $\hat{\mathbf{w}}(n+1)$,且可表示为

$$J(n) = (\hat{\mathbf{w}}(n+1) - \hat{\mathbf{w}}(n))^{\mathrm{H}}(\hat{\mathbf{w}}(n+1) - \hat{\mathbf{w}}(n)) + \mathrm{Re}[\lambda^*(d(n) - \hat{\mathbf{w}}^{\mathrm{H}}(n+1)\mathbf{u}(n))] \tag{7.4}$$

为了寻找使代价函数 $J(n)$ 为最小的最优更新权向量,采用如下步骤:

1) 代价函数 $J(n)$ 对 $\hat{\mathbf{w}}^{\mathrm{H}}(n+1)$ 求导。则根据实函数对复值向量的求导规则(见附录 B),可得

$$\frac{\partial J(n)}{\partial \hat{\mathbf{w}}^{\mathrm{H}}(n+1)} = 2(\hat{\mathbf{w}}(n+1) - \hat{\mathbf{w}}(n)) - \lambda^*\mathbf{u}(n)$$

令其为零,即得最优解为

$$\hat{\mathbf{w}}(n+1) = \hat{\mathbf{w}}(n) + \frac{1}{2}\lambda^*\mathbf{u}(n) \tag{7.5}$$

2) 将第一步的结果代入式(7.2),求解未知乘子 λ。首先写出

$$\begin{aligned}
d(n) &= \hat{\mathbf{w}}^{\mathrm{H}}(n+1)\mathbf{u}(n) \\
&= \left(\hat{\mathbf{w}}(n) + \frac{1}{2}\lambda^*\mathbf{u}(n)\right)^{\mathrm{H}}\mathbf{u}(n) \\
&= \hat{\mathbf{w}}^{\mathrm{H}}(n)\mathbf{u}(n) + \frac{1}{2}\lambda\mathbf{u}^{\mathrm{H}}(n)\mathbf{u}(n) \\
&= \hat{\mathbf{w}}^{\mathrm{H}}(n)\mathbf{u}(n) + \frac{1}{2}\lambda\|\mathbf{u}(n)\|^2
\end{aligned}$$

然后对 λ 求解,得

$$\lambda = \frac{2e(n)}{\|\mathbf{u}(n)\|^2} \tag{7.6}$$

其中

$$e(n) = d(n) - \hat{\mathbf{w}}^{\mathrm{H}}(n)\mathbf{u}(n) \tag{7.7}$$

是误差信号。

3) 结合第一步和第二步的结果,以表示增量变化的最优值。即由式(7.5)和式(7.6)可得

$$\delta\hat{\mathbf{w}}(n+1) = \hat{\mathbf{w}}(n+1) - \hat{\mathbf{w}}(n)$$
$$= \frac{1}{\|\mathbf{u}(n)\|^2}\mathbf{u}(n)e^*(n) \tag{7.8}$$

为了对一次自适应循环到下一次自适应循环抽头权向量的增量变化进行控制而不改变向量的方向,引入一个正的实数标度因子 $\tilde{\mu}$。即定义该增量为

$$\delta\hat{\mathbf{w}}(n+1) = \hat{\mathbf{w}}(n+1) - \hat{\mathbf{w}}(n)$$
$$= \frac{\tilde{\mu}}{\|\mathbf{u}(n)\|^2}\mathbf{u}(n)e^*(n) \tag{7.9}$$

等价地,我们写出

$$\hat{\mathbf{w}}(n+1) = \hat{\mathbf{w}}(n) + \frac{\tilde{\mu}}{\|\mathbf{u}(n)\|^2}\mathbf{u}(n)e^*(n) \tag{7.10}$$

实际上,这就是计算归一化 LMS 算法 $M \times 1$ 阶抽头权向量所期望的递归结果。式(7.10)清楚地表明使用"归一化"的原因:乘积向量 $\mathbf{u}(n)e^*(n)$ 相对于抽头输入向量 $\mathbf{u}(n)$ 的平方欧氏范数进行了归一化。

比较归一化 LMS 算法的递归表达式(7.10)与传统 LMS 算法的递归表达式(5.6),可知如下观测结果:

- 归一化 LMS 算法的自适应常数 $\tilde{\mu}$ 是无量纲的,而 LMS 算法的自适应常数 μ 有反向功率的量纲。

- 设

$$\mu(n) = \frac{\tilde{\mu}}{\|\mathbf{u}(n)\|^2} \tag{7.11}$$

我们可以把归一化 LMS 算法看做时变步长参数的 LMS 算法。

- 更重要的是,无论对于不相关数据还是相关数据,归一化 LMS 算法要比标准 LMS 算法可能呈现更快的收敛速度(Nagumo & Noda, 1967; Douglas & Meng, 1994)。

在克服 LMS 算法梯度噪声影响方面,人们关心的问题是归一化 LMS 算法自身所引起的问题,即当抽头输入向量 $\mathbf{u}(n)$ 较小时,不得不用较小的平方范数 $\|\mathbf{u}(n)\|^2$ 除以 $\tilde{\mu}$,以致有可能出现数值计算困难。为了克服这个问题,将式(7.10)递归表达式修改为

$$\hat{\mathbf{w}}(n+1) = \hat{\mathbf{w}}(n) + \frac{\tilde{\mu}}{\delta + \|\mathbf{u}(n)\|^2}\mathbf{u}(n)e^*(n) \tag{7.12}$$

其中 $\delta > 0$。当 $\delta = 0$ 时,式(7.12)变为式(7.10)的形式。

基于式(7.10)的归一化 LMS 算法总结在表 7.1 中。表中的归一化步长参数 $\widetilde{\mu}$ 的上界将在下一节导出。

表 7.1 归一化 LMS 算法小结

参数：M = 抽头数(即滤波器长度)

$\widetilde{\mu}$ = 自适应常数

$0 < \widetilde{\mu} < 2 \dfrac{\mathbb{E}[|u(n)|^2]\mathscr{D}(n)}{\mathbb{E}[|e(n)|^2]}$

其中

$\mathbb{E}[|e(n)|^2]$ = 误差信号功率

$\mathbb{E}[|u(n)|^2]$ = 输入信号功率

$\mathscr{D}(n)$ = 均方偏差

初始化：

如果知道抽头权向量 $\hat{\mathbf{w}}(n)$ 的先验知识，则用它来为 $\hat{\mathbf{w}}(0)$ 选择适当的值；否则令 $\hat{\mathbf{w}}(0) = \mathbf{0}$

数据：

(a) 给定的：$\mathbf{u}(n)$ = 第 n 时间 $M \times 1$ 抽头输入向量

　　　　　　$d(n)$ = 第 n 时间步的期望响应

(b) 要计算的：$\hat{\mathbf{w}}(n+1)$ = 第 $n+1$ 步抽头权向量估计

计算：

对 $n = 0, 1, 2, \cdots$，计算

$e(n) = d(n) - \hat{\mathbf{w}}^{\mathrm{H}}(n)\mathbf{u}(n)$

$\hat{\mathbf{w}}(n+1) = \hat{\mathbf{w}}(n) + \dfrac{\widetilde{\mu}}{\|\mathbf{u}(n)\|^2}\mathbf{u}(n)e^*(n)$

7.2　归一化 LMS 算法的稳定性

假设负责产生期望响应 $d(n)$ 的物理机制由多重回归模型控制。为表示方便起见，将其重写如下

$$d(n) = \mathbf{w}^{\mathrm{H}}\mathbf{u}(n) + \nu(n) \tag{7.13}$$

式中，$\mathbf{w}$ 是模型的未知参数向量，$\nu(n)$ 是加性干扰。归一化 LMS 滤波器计算得到的抽头权向量 $\hat{\mathbf{w}}(n)$ 是对 $\mathbf{w}$ 的估计。它们之间的失配用加权误差向量

$$\boldsymbol{\varepsilon}(n) = \mathbf{w} - \hat{\mathbf{w}}(n)$$

来衡量。于是，从 $\mathbf{w}$ 中减去式(7.10)，得到

$$\boldsymbol{\varepsilon}(n+1) = \boldsymbol{\varepsilon}(n) - \frac{\widetilde{\mu}}{\|\mathbf{u}(n)\|^2}\mathbf{u}(n)e^*(n) \tag{7.14}$$

正如前面所指出的，归一化 LMS 算法的基本思想就是对抽头权向量 $\hat{\mathbf{w}}(n+1)$ 强加约束的条件下，对自适应循环 n 到自适应循环 $n+1$ 的抽头权向量的增量变化 $\delta\hat{\mathbf{w}}(n+1)$ 最小化。按照这个思想，一种合乎逻辑的做法是：以均方偏差[见式(6.84)]

$$\mathscr{D}(n) = \mathbb{E}[\|\boldsymbol{\varepsilon}(n)\|^2] \tag{7.15}$$

为基础，进行归一化算法的稳定性分析。对式(7.14)两边取平方欧氏范数，而且各项重排后取期望值，即得

$$\mathscr{D}(n+1) - \mathscr{D}(n) = \widetilde{\mu}^2\mathbb{E}\left[\frac{|e(n)|^2}{\|\mathbf{u}(n)\|^2}\right] - 2\widetilde{\mu}\mathbb{E}\left\{\mathrm{Re}\left[\frac{\xi_u(n)e^*(n)}{\|\mathbf{u}(n)\|^2}\right]\right\} \tag{7.16}$$

其中 $\xi_u(n)$ 是无干扰误差信号, 定义为

$$
\begin{aligned}
\xi_u(n) &= \left(\mathbf{w} - \hat{\mathbf{w}}(n)\right)^{\mathrm{H}}\mathbf{u}(n) \\
&= \boldsymbol{\varepsilon}^{\mathrm{H}}(n)\mathbf{u}(n)
\end{aligned} \tag{7.17}
$$

根据式(7.16)容易看出, 均方偏差 $\mathscr{D}(n)$ 随自适应循环次数 n 呈指数形式减小, 因此归一化 LMS 算法在均方误差意义下是稳定的(即收敛过程是单调的), 只要归一化步长参数 $\tilde{\mu}$ 的界为

$$
0 < \tilde{\mu} < 2\,\frac{\mathrm{Re}\left\{\mathbb{E}\left[\xi_u(n)e*(n)/\|\mathbf{u}(n)\|^2\right]\right\}}{\mathbb{E}\left[|e(n)|^2/\|\mathbf{u}(n)\|^2\right]} \tag{7.18}
$$

从式(7.18)也容易发现, 均方偏差 $\mathscr{D}(n)$ 的最大值在此处定义区间的中点得到。因此, 最优步长参数为

$$
\tilde{\mu}_{\mathrm{opt}} = \frac{\mathrm{Re}\left\{\mathbb{E}\left[\xi_u(n)e*(n)/\|\mathbf{u}(n)\|^2\right]\right\}}{\mathbb{E}\left[|e(n)|^2/\|\mathbf{u}(n)\|^2\right]} \tag{7.19}
$$

7.2.1 特殊情况：实数据

对于实数据的情况(例如, 在下一节所考虑的回声消除器中), 式(7.10)的归一化 LMS 算法取如下形式

$$
\hat{\mathbf{w}}(n+1) = \hat{\mathbf{w}}(n) + \frac{\tilde{\mu}}{\|\mathbf{u}(n)\|^2}\mathbf{u}(n)e(n) \tag{7.20}
$$

类似地, 式(7.19)中的最优步长变为

$$
\tilde{\mu}_{\mathrm{opt}} = \frac{\mathbb{E}\left[\xi_u(n)e(n)/\|\mathbf{u}(n)\|^2\right]}{\mathbb{E}\left[e^2(n)/\|\mathbf{u}(n)\|^2\right]} \tag{7.21}
$$

为了使最优步长 $\tilde{\mu}_{\mathrm{opt}}$ 计算易于进行, 现引入三个假设：

假设 1：从一次自适应循环到下一次自适应循环的输入信号能量 $\|\mathbf{u}(n)\|^2$ 的波动足够小以满足近似

$$
\mathbb{E}\left[\frac{\xi_u(n)e(n)}{\|\mathbf{u}(n)\|^2}\right] \approx \frac{\mathbb{E}\left[\xi_u(n)e(n)\right]}{\mathbb{E}\left[\|\mathbf{u}(n)\|^2\right]} \tag{7.22}
$$

和

$$
\mathbb{E}\left[\frac{e^2(n)}{\|\mathbf{u}(n)\|^2}\right] \approx \frac{\mathbb{E}\left[e^2(n)\right]}{\mathbb{E}\left[\|\mathbf{u}(n)\|^2\right]} \tag{7.23}
$$

相应地, 式(7.21)近似为

$$
\tilde{\mu}_{\mathrm{opt}} \approx \frac{\mathbb{E}\left[\xi_u(n)e(n)\right]}{\mathbb{E}\left[e^2(n)\right]} \tag{7.24}
$$

假设 2：无干扰误差信号 $\xi_u(n)$ 与期望响应 $d(n)$ 的多重回归模型干扰(噪声) $\nu(n)$ 无关。

干扰误差信号 $e(n)$ 与无干扰误差信号 $\xi_u(n)$ 有关

$$
e(n) = \xi_u(n) + \nu(n) \tag{7.25}
$$

使用式(7.25)并引用假设 2, 可得

$$\mathbb{E}\big[\xi_u(n)e(n)\big] = \mathbb{E}\big[\xi_u(n)(\xi_u(n) + \nu(n))\big] = \mathbb{E}\big[\xi_u^2(n)\big] \qquad (7.26)$$

将式(7.26)代入式(7.24)，可进一步简化最优步长公式为

$$\widetilde{\mu}_{\mathrm{opt}} \approx \frac{\mathbb{E}\big[\xi_u^2(n)\big]}{\mathbb{E}\big[e^2(n)\big]} \qquad (7.27)$$

与干扰误差信号 $e(n)$ 不同，无干扰误差信号 $\xi_u(n)$ 是难以得到的，因此不直接可测。为了克服计算困难，我们引入最后一个假设。

假设 3：输入信号 $u(n)$ 的谱内容在比加权误差向量 $\boldsymbol{\varepsilon}(n)$ 的每一个分量所占频带更宽的频带上基本上是平坦的，因此证实了如下近似

$$\begin{aligned}
\mathbb{E}\big[\xi_u^2(n)\big] &= \mathbb{E}\big[|\boldsymbol{\varepsilon}^{\mathrm{T}}(n)\mathbf{u}(n)|^2\big] \\
&\approx \mathbb{E}\big[\|\boldsymbol{\varepsilon}(n)\|^2\big]\mathbb{E}\big[u^2(n)\big] \qquad (7.28) \\
&= \mathscr{D}(n)\mathbb{E}\big[u^2(n)\big]
\end{aligned}$$

其中 $\mathscr{D}(n)$ 为均方偏差。注意，式(7.28)包含输入信号 $u(n)$ 而不是抽头输入向量 $\mathbf{u}(n)$。

假设 3 是对 LMS 算法低通滤波作用的表述。因此，如在式(7.26)中使用式(7.28)，则可得近似式

$$\widetilde{\mu}_{\mathrm{opt}} \approx \frac{\mathscr{D}(n)\mathbb{E}\big[u^2(n)\big]}{\mathbb{E}\big[e^2(n)\big]} \qquad (7.29)$$

式(7.29)定义的 $\widetilde{\mu}_{\mathrm{opt}}$ 的近似公式的实际意义源于如下事实：仿真和实时实现证明了，在大滤波器长度和语音输入的情况下，式(7.29)提供了对 $\widetilde{\mu}_{\mathrm{opt}}$ 的良好近似(Mader et al., 2000)。

7.3　回声消除中的步长控制

几乎所有的谈话都是在存在回声的情况下进行的。是否可觉察到或者可区分，取决于所涉及的时延。如果语音与其回声之间的时延较短，回声是察觉不到的，但可理解为频谱失真(称为反射)的一种形式。反之，如果语音与其回声之间的时延较长，超过几十毫秒，回声就可单独觉察到。

通信环境不可避免地受到声音回波的干扰，它包含如下情况(Sondhi & Berkley, 1980; Breiniing et al., 1999; Mader et al., 2000; Hänsler and Schmidt, 2004,2008)：

电话电路：在给定的地理区域，每一电话机都与中心局通过两条线(称为用户环路)相连，以便为通话者提供通信服务。然而，当电话线路超过 35 千米时，在不同的通信方向使用不同的线路是必要的。因此，要有装置完成两线到四线的转换，这通过混合变换器(即具有三个端口的桥型电路)来实现。当桥式电路平衡得不好时，输入端口与输出端口之间存在耦合，从而引起回声。

免提电话：使用免提电话时，我们经常发现扬声器和麦克风彼此的距离像会议电视环境一样。在这种情况下，麦克风不仅得到扬声器发出的语音信号，而且也得到经机壳反射获得的回波信号。结果，回声电路可能不稳定而产生所谓"啸叫"声。此外，该系统的用户也因为听到经系统环绕–往返时间而延迟了的他们自己的声音而感到烦恼。

为了克服这种通信环境下存在回声所造成的烦恼，通常的做法是使用自适应回声消除器(EC, echo canceller)[①]。在电话电路中，无论距离有多远，自适应回声消除器可以使通话者

[①]　对于回声和噪声控制及其实现的论述，可参阅 Hänsler 和 Schmidt(2004)的著作。

之间免受回声影响。在免提电话中，啸叫声音和说话者自己的延迟声音都可以最小化。

回声消除的基本原理可概括如下：

自适应地合成回声，并从有回声干扰的信号中减去该合成回声。

实际上，回声消除器是6.3节介绍的噪声消除过程的一种形式。为了说明该原理，考虑图7.2。它属于免提电话环境(Mader et al., 2000)。示于图中的两个主要功能单元是

- 扬声器-机壳-麦克风(LEM, loudspeaker-enclosure-microphone)
- 回声消除器(EC)

远端说话者的信号[用$u(n)$表示]通过扬声器发出，被麦克风接收，而且与LEM的冲激响应卷积产生一个输出[用$d(n)$表示]。由于$u(n)$被周围环境反射，信号$d(n)$受到回声的污染。

回声消除器包含两部分：(1)FIR滤波器；(2)自适应和步长控制器。FIR滤波器用冲激响应$\hat{w}(n)$与远端说话者信号$u(n)$卷积得到回声估计，并用$y(n)$表示该估值。就所关心的回声消除器而言，麦克风输出组成了"期望响应"。从其输出$d(n)$中减去滤波器所产生的"合成回声"$y(n)$，即产生误差信号$e(n)$。远端信号$u(n)$与$e(n)$起到自适应和步长控制器的作用，以便按照归一化LMS算法调整滤波器的抽头权值，使得误差信号的均方值最小化。其结果是，回声消除器输出误差信号为受到污染的本地说话者信号提供了一个估计。

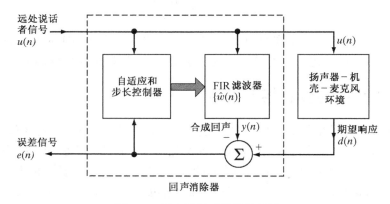

图7.2   回声控制系统结构框图

7.3.1   步长控制

式(7.10)中的归一化LMS算法假设使用常数的归一化步长参数$\tilde{\mu}$。然而，如果式(7.13)的多重回归模型的干扰$\nu(n)$特性发生变化，算法可能会因为估计误差$\xi_u(n)$与$e(n)$间的不匹配引起机能失常。具体来说，假设本地干扰$\nu(n)$增大。由于误差信号$e(n)$随$\nu(n)$的增大而增大，则由式(7.29)可知，$e(n)$的增加将导致步长参数$\tilde{\mu}$的上界下降。对于目前情况，$\tilde{\mu}$可能将变得过大，从而导致回声消除器不稳定。

影响回声消除器工作的干扰$\nu(n)$的产生(Breining et al., 1999)，有以下几个因素：

- 本地说话者的语音信号导致自适应滤波器的干扰。当本地说话者和远端说话者同时激活时，则有所谓的双说话(double-talk)。
- 存在永久的本地噪声(如汽车内的背景噪声)，它也将干扰误差信号。
- 事实上，由于需要长的滤波器长度，如果不可能，也很难考虑周围环境全部的冲激响

应。源自不能建模的那部分系统的剩余回声代表了本地噪声的另一来源。

- 定点数字信号处理器经常用在自适应滤波器的实现中，以便限制系统开销。用在该实现中定点运算的量化噪声也是本地干扰的一个源头，它也影响了回声消除器的运行。

为了对付这些因素的影响，必须减小步长参数$\tilde{\mu}$。然而，使用固定不变的小步长参数$\tilde{\mu}$并不是人们所期望的，原因如下：

1)在本地干扰较大时，$\tilde{\mu}$可能仍然很高，由此引起滤波器不稳定。

2)当本地干扰较小时，这种情况也可能出现，小步长的使用降低了自适应滤波器的收敛速率。

所有这些都是使用步长控制的原因，因此需要用式(7.20)的时变步长参数$\tilde{\mu}(n)$来取代$\tilde{\mu}$。

两级控制原理(two-stage control principle)基于如下方程

$$\tilde{\mu}(n) = \begin{cases} 0 & \text{如果 } \tilde{\mu}_{\text{opt}}(n) < \dfrac{1}{2}\tilde{\mu}_{\text{fix}} \\ \tilde{\mu}_{\text{fix}} & \text{其他} \end{cases} \qquad (7.30)$$

其中$\tilde{\mu}_{\text{fix}}$是固定的非零步长，而$\tilde{\mu}_{\text{opt}}(n)$是自适应循环$n$时的最优步长。根据式(7.30)，如果自适应循环$n$时的计算值$\tilde{\mu}_{\text{opt}}(n)$小于$\tilde{\mu}_{\text{fix}}$的一半，则不存在滤波器的自适应。相反，$\tilde{\mu}(n)$在$\tilde{\mu}_{\text{fix}}$处为常数。使用式(7.30)，需要知道最优步长$\tilde{\mu}_{\text{opt}}(n)$的某些知识。Mader 等(2000)代之以使用最优步长的近似来解决这个问题。获得这个近似的一种方案将在后面介绍。

正如前面所指出的，式(7.29)给出了$\tilde{\mu}_{\text{opt}}(n)$的很好近似。根据此式，$\tilde{\mu}_{\text{opt}}(n)$的估计变为下面三个独立的估计问题：

1)误差信号功率的估计，即$\mathbb{E}[e^2(n)]$

2)输入信号功率的估计，即$\mathbb{E}[u(n)^2]$

3)均方偏差的估计，即$\mathcal{D}(n)$

输入信号$u(n)$和误差信号$e(n)$都是可得到的，所以对它们各自平均功率的估计是直接的。然而，均方偏差$\mathcal{D}(n)$的估计需要更多对细节方面的考虑，因为表征扬声器-机壳-麦克风环境的多重回归模型的参数$\mathbf{w}$是未知的。

对于信号$x(n)$的短时功率估计，可以使用凸组合思想表示一阶递归过程为

$$\overline{x^2(n+1)} = (1-\gamma)x^2(n+1) + \gamma\overline{x^2(n)} \qquad (7.31)$$

其中$\overline{x^2(n)}$表示n时刻(time step)的功率估计，γ是平滑常数。γ的取值一般在$[0.9, 0.999]$内。于是，我们可以使用式(7.31)估计误差信号功率$\mathbb{E}[e^2(n)]$和输入信号功率$\mathbb{E}[u^2(n)]$，并令$x(n)=e(n)$，$x(n)=u(n)$。

下面转到对于均方偏差$\mathcal{D}(n)$的估计，我们使用一种将人工时延(artificial delay)插入到扬声器-机壳-麦克风系统的方法(Yamamoto & Kitayama, 1982; Mader et al., 2000)。这种方法如图7.3所示，其中远端说话者信号$u(n)$被人为地延迟了M_D样值。在回声消除器中，该延迟用自适应 FIR滤波器来建模。因此，对应于人工时延的"真实"参数向量$\mathbf{w}$为零，在这种情况下，我们可令

$$\varepsilon_k(n) = -\hat{w}_k(n) \qquad \text{对于 } k = 0,1,\cdots,M_D-1 \qquad (7.32)$$

下面，我们使用如下已知特性：自适应滤波器趋向于均匀地将加权误差(滤波器失配)向量$\boldsymbol{\varepsilon}(n)$扩展到它的$M$个抽头上(Yamamoto & Kitayama, 1982)。于是，使用式(7.32)所定义的

部分滤波器失配,将均方偏差近似为

$$\mathscr{D}(n) \approx \frac{M}{M_D} \sum_{k=0}^{M_D-1} \hat{w}_k^2(n) \tag{7.33}$$

其中 M 是归一化 LMS 滤波器的长度,$\hat{w}_k(n)$ 是 $M \times 1$ 抽头权向量 $\hat{\mathbf{w}}(n)$ 的第 k 个分量。最后,给定由式(7.31)获得的信号功率估计 $\mathbb{E}[e^2(n)]$ 和 $\mathbb{E}[u^2(n)]$,以及由式(7.33)得到的偏差 $\mathscr{D}(n)$ 的估计,可由 $\mathscr{D}(n)\mathbb{E}[u^2(n)]/\mathbb{E}[e^2(n)]$ 计算最优步长 $\tilde{\mu}_{\text{opt}}(n)$。

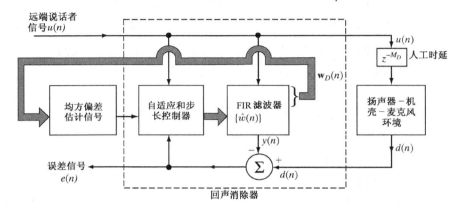

图 7.3   含有均方偏差估计 $D(n)$ 的框图结构,其中 z^{-M_D} 表示 M_D 个样值的人工时延

一般地,图 7.3 中基于人工时延的步长控制具有良好的性能。具体来说,当由本地激励引起的误差信号 $e(n)$ 增大时,步长参数减小,从而避免了滤波器的发散。然而遗憾的是,LEM 环境的变化可能导致系统卡滞(freezing),因为它阻断了滤波器新的自适应和"延迟"系数。为了克服这个问题,需要一个用于 LEM 的附加检测器,它能通过设置延迟系数或步长大小为较大值而使滤波器重新自适应[①]。

7.4   实数据时收敛过程的几何考虑

根据式(7.9),它把权向量调整量 $\delta\hat{\mathbf{w}}(n+1)$ 用于自适应循环 $n+1$ 时的归一化滤波器,我们观察到如下现象:

---

① Mader 等(2000)给出一个在人工时延方法中可能发生"卡滞"现象的例子,见该文第 5 页。
  Mader 等也描述了另一个估计均方偏差的方法。无干扰误差信号 $\xi_u(n)$ 可用误差信号来 $e(n)$ 近似,只要满足以下两个条件:
  · 采用足够的激励。
  · 本地说话者没有激活,它需要使用可靠的单谈话检测方案。
  当远端单谈话存在时,一种回归平滑形式被用来估计均方偏差;否则,旧的值保留。于是,$\mathscr{D}_p(n)$ 表示基于功率估计的均方偏差。对于实数据,它可写为(Mader et al., 2000)

$$\mathscr{D}_p(n) = \frac{\overline{e^2(n)}|_{\nu(n)=0}}{\overline{u^2(n)}}$$

$$\simeq \begin{cases} \gamma\mathscr{D}_p(n-1) + (1-\gamma)\dfrac{\overline{e^2(n)}}{\overline{u^2(n)}} & \text{如果检测到远端单谈话} \\ \mathscr{D}_p(n-1) & \text{其他} \end{cases}$$

  其中 γ 为小于 1 的正常数。上式步长控制的优点在于,当 LEM 系统受到干扰时它不会产生自适应卡滞。

1) 调整量 $\delta\hat{\mathbf{w}}(n+1)$ 的方向与输入向量 $\mathbf{u}(n)$ 的方向一致。

2) 调整量 $\delta\hat{\mathbf{w}}(n+1)$ 的大小取决于输入向量 $\mathbf{u}(n)$ 与 $\mathbf{u}(n-1)$ 的样值相关系数。对于实数据而言，该系数定义为

$$\rho_{\text{sample}}(n) = \frac{\mathbf{u}^{\mathrm{T}}(n)\mathbf{u}(n-1)}{\|\mathbf{u}(n)\| \cdot \|\mathbf{u}(n-1)\|} \tag{7.34}$$

(本节仅讨论实数据，原因在于减轻几何表示的负担。)

从几何观点来看，式(7.34)具有很深的含义，当 $\tilde{\mu}=1$ 和 $M=3$ 时如图 7.4(a)所示。两个 M 维空间的元素，即输入数据空间和权值空间已经在图中表示。具体来说，π_n 是所有权向量 $\hat{\mathbf{w}}(n)$ 的集合，它作用于输入向量 $\mathbf{u}(n)$ 以产生输出 $y(n)$，而且类似的定义用于 π_{n-1}。超平面 π_n 与 π_{n-1} 的夹角 θ 就是输入向量 $\mathbf{u}(n)$ 与 $\mathbf{u}(n-1)$ 的夹角。由信号空间理论可知，向量 $\mathbf{u}(n)$ 与 $\mathbf{u}(n-1)$ 的夹角的余弦定义为它们的内积 $\mathbf{u}^{\mathrm{T}}(n)\mathbf{u}(n-1)$ 被其欧氏范数 $\|\mathbf{u}(n)\|$ 和 $\|\mathbf{u}(n-1)\|$ 的乘积相除(Wozencraft & Jacobs, 1965)。因此，可将观察2)细化为

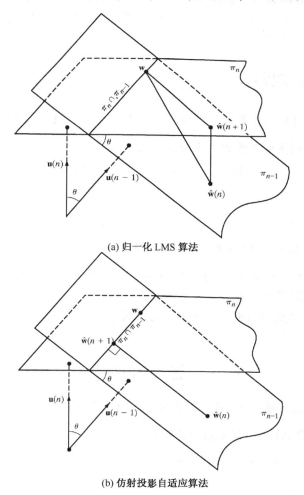

(a) 归一化 LMS 算法

(b) 仿射投影自适应算法

图7.4　归一化 LMS 算法和仿射投影自适应算法的几何解释。
图中向量 **w** 表示多重回归模型的未知参数向量

2a) 当 $\theta = \pm 90°$[即输入向量 $\mathbf{u}(n)$ 与 $\mathbf{u}(n-1)$ 相互正交]时，归一化 LMS 滤波器的收敛速率最快。

2b) 当 $\theta = 0°$ 或 $180°$[即输入向量 $\mathbf{u}(n)$ 与 $\mathbf{u}(n-1)$ 处于相同方向或相反方向]时，归一化 LMS 滤波器的收敛速率最慢。

为了防止 2b) 的情况出现[即保持收敛速率基本上为常数，独立于输入向量 $\mathbf{u}(n)$ 与 $\mathbf{u}(n-1)$ 之间的夹角 θ]，我们使用称为仿射投影滤波器(affine projection filter)的广义归一化 LMS 滤波器(Ozeki & Umeda, 1984)。

当 $\tilde{\mu} = 1$ 和 $M = 3$ 时，这个新的滤波器工作原理的几何描述如图 7.4(b) 所示。在图中，$\pi_n \cap \pi_{n-1}$ 表示它们的交集。将它与图 7.4(a) 的归一化滤波器相比较可以发现，在权值空间内，$\hat{\mathbf{w}}(n+1)$ 与 $\hat{\mathbf{w}}(n)$ 的连线正交于 $\pi_n \cap \pi_{n-1}$，而不是 π_n。

在多维空间下，我们应当区别子空间和仿射子空间(affine subspace)。根据定义，子空间通过多维空间的原点，而仿射子空间不会。参考图 7.4(b)，我们注意到超平面 π_n 与 π_{n-1} 并没有包含 M 维权值空间。因此 $\pi_n \cap \pi_{n-1}$ 是仿射子空间，从而得到"仿射投影滤波器"的名字。其算法将在后面讨论[①]。

7.5　仿射投影滤波器

我们用数学形式将仿射投影滤波器设计准则表示为如下约束最优化问题：

最小化如下权值向量变化量的平方欧氏范数

$$\delta\hat{\mathbf{w}}(n+1) = \hat{\mathbf{w}}(n+1) - \hat{\mathbf{w}}(n) \tag{7.35}$$

其约束条件为

$$d(n-k) = \hat{\mathbf{w}}^{\mathrm{H}}(n+1)\mathbf{u}(n-k) \quad 对于 \ k = 0, 1, \cdots, N-1 \tag{7.36}$$

式中 N 小于输入数据空间(或权值空间)的维数 M。

这个约束最优性准则将归一化 LMS 算法作为其一个特例，$N = 1$。我们可以将约束个数 N 看做仿射投影自适应滤波器的阶数。

根据附录 C 的多约束拉格朗日乘子法，可结合式(7.35)和式(7.36)建立如下仿射投影滤波器的代价函数

$$J(n) = \|\hat{\mathbf{w}}(n+1) - \hat{\mathbf{w}}(n)\|^2 + \sum_{k=0}^{N-1} \mathrm{Re}[\lambda_k^*(d(n-k) - \hat{\mathbf{w}}^{\mathrm{H}}(n+1)\mathbf{u}(n-k))] \tag{7.37}$$

在这个函数中，拉格朗日乘子 λ_k 属于多个约束。为了表示方便起见，引入如下定义：

- $N \times M$ 数据矩阵 $\mathbf{A}(n)$，其埃尔米特转置定义为

$$\mathbf{A}^{\mathrm{H}}(n) = [\mathbf{u}(n), \mathbf{u}(n-1), \cdots, \mathbf{u}(n-N+1)] \tag{7.38}$$

---

① Gay 和 Benesty(2000)编辑的书介绍了仿射投影滤波器的详细表述及其"快速"实现与在回声消除和噪声控制中的应用。除了单信道回声消除器外，该书还讨论了多信道回声消除和涉及麦克风阵列的进一步改进系统。仿射投影滤波器及它在回声消除中的应用，在 Benesty 等(2001)的书中有所讨论。

- $N \times 1$ 期望响应向量, 它的埃尔米特转置定义为

$$\mathbf{d}^{\mathrm{H}}(n) = [d(n), d(n-1), \cdots, d(n-N+1)] \tag{7.39}$$

- $N \times 1$ 拉格朗日向量, 它的埃尔米特转置定义为

$$\boldsymbol{\lambda}^{\mathrm{H}} = [\lambda_0, \lambda_1, \cdots, \lambda_{N-1}] \tag{7.40}$$

利用式(7.37)的矩阵定义, 可用更紧凑的形式重新定义代价函数为

$$J(n) = \|\hat{\mathbf{w}}(n+1) - \hat{\mathbf{w}}(n)\|^2 + \mathrm{Re}[(\mathbf{d}(n) - \mathbf{A}(n)\hat{\mathbf{w}}(n+1))^{\mathrm{H}}\boldsymbol{\lambda}] \tag{7.41}$$

则根据附录 B 的复值向量的微分规则可见, 代价函数 $J(n)$ 对权向量 $\hat{\mathbf{w}}(n+1)$ 的微分为

$$\frac{\partial J(n)}{\partial \hat{\mathbf{w}}^{\mathrm{H}}(n+1)} = 2(\hat{\mathbf{w}}(n+1) - \hat{\mathbf{w}}(n)) - \mathbf{A}^{\mathrm{H}}(n)\boldsymbol{\lambda}$$

设该导数为零, 可得

$$\delta\hat{\mathbf{w}}(n+1) = \frac{1}{2}\mathbf{A}^{\mathrm{H}}(n)\boldsymbol{\lambda} \tag{7.42}$$

为了从式(7.42)中消去拉格朗日乘子向量 $\boldsymbol{\lambda}$, 首先使用式(7.38)和式(7.39)的定义, 以等价形式重写式(7.36)为

$$\mathbf{d}(n) = \mathbf{A}(n)\hat{\mathbf{w}}(n+1) \tag{7.43}$$

然后, 在式(7.42)两边同时左乘以 $\mathbf{A}(n)$ 并使用式(7.35)和式(7.43)消去更新的权向量 $\hat{\mathbf{w}}(n+1)$, 则得

$$\mathbf{d}(n) = \mathbf{A}(n)\hat{\mathbf{w}}(n) + \frac{1}{2}\mathbf{A}(n)\mathbf{A}^{\mathrm{H}}(n)\boldsymbol{\lambda} \tag{7.44}$$

由此, 可以推出如下结果:

- 基于自适应循环 n 时得到的数据 $\mathbf{d}(n)$ 与 $\mathbf{A}(n)\hat{\mathbf{w}}(n)$ 之间的差是一个 $N \times 1$ 误差向量

$$\mathbf{e}(n) = \mathbf{d}(n) - \mathbf{A}(n)\hat{\mathbf{w}}(n) \tag{7.45}$$

- 矩阵乘积 $\mathbf{A}(n)\mathbf{A}^{\mathrm{H}}(n)$ 是一个 $N \times N$ 矩阵, 它的逆为 $(\mathbf{A}(n)\mathbf{A}^{\mathrm{H}}(n))^{-1}$。

因此, 对拉格朗日乘子向量 $\boldsymbol{\lambda}$ 求解式(7.44), 得

$$\boldsymbol{\lambda} = 2(\mathbf{A}(n)\mathbf{A}^{\mathrm{H}}(n))^{-1}\mathbf{e}(n) \tag{7.46}$$

将这个解代入式(7.42), 得到权向量的最优变化量为

$$\delta\hat{\mathbf{w}}(n+1) = \mathbf{A}^{\mathrm{H}}(n)(\mathbf{A}(n)\mathbf{A}^{\mathrm{H}}(n))^{-1}\mathbf{e}(n) \tag{7.47}$$

最后, 我们需要对从一次自适应循环到下一次自适应循环的权向量进行控制, 但保持方向相同。为此, 把步长参数 $\tilde{\mu}$ 引入式(7.47), 结果得到

$$\delta\hat{\mathbf{w}}(n+1) = \tilde{\mu}\mathbf{A}^{\mathrm{H}}(n)(\mathbf{A}(n)\mathbf{A}^{\mathrm{H}}(n))^{-1}\mathbf{e}(n) \tag{7.48}$$

等价地, 可写出

$$\hat{\mathbf{w}}(n+1) = \hat{\mathbf{w}}(n) + \tilde{\mu}\mathbf{A}^{\mathrm{H}}(n)(\mathbf{A}(n)\mathbf{A}^{\mathrm{H}}(n))^{-1}\mathbf{e}(n) \tag{7.49}$$

它就是我们所期望的仿射投影滤波器的更新方程。这个算法列在表 7.2 中。

表 7.2　仿射投影自适应滤波器小结

参数：

　　M = 抽头数

　　$\tilde{\mu}$ = 自适应常数

　　N = 多重约束数，它定义了滤波器阶数

初始化：

　　如果知道抽头权向量的先验知识，则用它来选择 $\hat{\mathbf{w}}(0)$ 的适当值；否则令 $\hat{\mathbf{w}}(0) = \mathbf{0}$

数据：

　　· 给定的：$\mathbf{u}(n)$ = 第 n 时间步 $M \times 1$ 抽头输入向量

　　　　　　　　 $= [u(n), u(n-1), \cdots, u(n-M+1)]^T$

　　　　　 $d(n)$ = 第 n 步期望响应

　　· 要计算的：$\hat{\mathbf{w}}(n+1)$ = 第 $n+1$ 时间步抽头权向量估计

计算：

　　对 $n = 0, 1, 2\cdots$，计算

　　$\mathbf{A}^H(n) = [\mathbf{u}(n), \mathbf{u}(n-1), \cdots, \mathbf{u}(n-z+1)]$

　　$\mathbf{d}^H(n) = [d(n), d(n-1), \cdots, d(n-z+1)]$

　　$\mathbf{e}(n) = \mathbf{d}(n) - \mathbf{A}(n)\hat{\mathbf{w}}(n)$

　　$\hat{\mathbf{w}}(n+1) = \hat{\mathbf{w}}(n) + \tilde{\mu}\mathbf{A}^H(n)(\mathbf{A}(n)\mathbf{A}^H(n))^{-1}\mathbf{e}(n)$

7.5.1　仿射投影算子

　　正如 7.4 节所阐述的，更新的权向量 $\hat{\mathbf{w}}(n+1)$ 是仿射投影算子作用于 $\hat{\mathbf{w}}(n)$ 的结果。为了确定该算子，将式(7.45)代入式(7.49)，得到

$$\hat{\mathbf{w}}(n+1) = [\mathbf{I} - \tilde{\mu}\mathbf{A}^H(n)(\mathbf{A}(n)\mathbf{A}^H(n))^{-1}\mathbf{A}(n)]\hat{\mathbf{w}}(n)$$
$$+ \tilde{\mu}\mathbf{A}^H(n)(\mathbf{A}(n)\mathbf{A}^H(n))^{-1}\mathbf{d}(n) \qquad (7.50)$$

式中 $\mathbf{I}$ 是单位矩阵。定义投影算子(projection operator)

$$\mathbf{P} = \mathbf{A}^H(n)(\mathbf{A}(n)\mathbf{A}^H(n))^{-1}\mathbf{A}(n) \qquad (7.51)$$

它由数据矩阵 $\mathbf{A}(n)$ 唯一确定。对于给定的 $\tilde{\mu}$、$\mathbf{A}(n)$ 和 $\mathbf{d}(n)$，互补投影算子(complement projector) $[\mathbf{I} - \tilde{\mu}\mathbf{P}]$ 作用于旧的权向量 $\hat{\mathbf{w}}(n)$ 产生更新后的权向量 $\hat{\mathbf{w}}(n+1)$。更重要的是，式(7.50)的第 2 项 $\tilde{\mu}\mathbf{A}^H(n)(\mathbf{A}(n)\mathbf{A}^H(n))^{-1}\mathbf{d}(n)$ 使得互补投影成为仿射投影而不是一般的映射。

　　在第 9 章讨论最小二乘法时将会看到，当 N 小于 M 时，矩阵 $\mathbf{A}^H(n)(\mathbf{A}(n)\mathbf{A}^H(n))^{-1}$ 是数据 $\mathbf{A}(n)$ 的伪逆(pseudoinverse)。用 $\mathbf{A}^+(n)$ 表示伪逆，则式(7.50)可简化为

$$\hat{\mathbf{w}}(n+1) = [\mathbf{I} - \tilde{\mu}\mathbf{A}^+(n)\mathbf{A}(n)]\hat{\mathbf{w}}(n) + \tilde{\mu}\mathbf{A}^+(n)\mathbf{d}(n) \qquad (7.52)$$

事实上，正是因为定义式(7.52)，使得我们可依据计算复杂性和性能将仿射投影滤波器看做 7.1 节介绍的归一化 LMS 算法与第 10 章介绍的递归最小二乘(RLS)算法之间的中间自适应滤波器。

7.5.2　仿射投影自适应滤波器的稳定性分析

　　与归一化 LMS 算法一样，可把仿射投影滤波器的稳定性分析建立在式(7.15)定义的均方偏差 $\mathfrak{D}(n)$ 的基础上。从作为参考框架的多重回归模型的未知权向量 $\mathbf{w}$ 中减去式(7.49)，

得到

$$\boldsymbol{\varepsilon}(n+1) = \boldsymbol{\varepsilon}(n) - \widetilde{\mu}\mathbf{A}^{\mathrm{H}}(n)(\mathbf{A}(n)\mathbf{A}^{\mathrm{H}}(n))^{-1}\mathbf{e}(n) \tag{7.53}$$

在 $\mathscr{D}(n)$ 的定义式中使用这个更新方程,重排并简化各项,得到

$$\begin{aligned}
\mathscr{D}(n+1) - \mathscr{D}(n) &= \widetilde{\mu}^2\mathbb{E}[\mathbf{e}^{\mathrm{H}}(n)(\mathbf{A}(n)\mathbf{A}^{\mathrm{H}}(n))^{-1}\mathbf{e}(n)] \\
&\quad - 2\widetilde{\mu}\mathbb{E}\{\mathrm{Re}[\boldsymbol{\xi}_u^{\mathrm{H}}(n)(\mathbf{A}(n)\mathbf{A}^{\mathrm{H}}(n))^{-1}\mathbf{e}(n)]\}
\end{aligned} \tag{7.54}$$

其中

$$\boldsymbol{\xi}_u(n) = \mathbf{A}(n)(\mathbf{w} - \hat{\mathbf{w}}(n)) \tag{7.55}$$

是无干扰误差向量。由式(7.54)可知,均方偏差 $\mathscr{D}(n)$ 随着自适应循环次数 n 的增大单调下降,只要假设步长参数 $\widetilde{\mu}$ 满足如下条件

$$0 < \widetilde{\mu} < \frac{2\mathbb{E}\{\mathrm{Re}[\boldsymbol{\xi}_u^{\mathrm{H}}(n)(\mathbf{A}(n)\mathbf{A}^{\mathrm{H}}(n))^{-1}\mathbf{e}(n)]\}}{\mathbb{E}[\mathbf{e}^{\mathrm{H}}(n)(\mathbf{A}(n)\mathbf{A}^{\mathrm{H}}(n)]^{-1}\mathbf{e}(n)]} \tag{7.56}$$

它包含式(7.18)归一化 LMS 滤波器的相应公式作为其特例。最优步长定义为

$$\widetilde{\mu}_{\mathrm{opt}} = \frac{\mathbb{E}\{\mathrm{Re}[\boldsymbol{\xi}_u^{\mathrm{H}}(n)\mathbf{A}(n)\mathbf{A}^{\mathrm{H}}(n)^{-1}\mathbf{e}(n)]\}}{\mathbb{E}[\mathbf{e}^{\mathrm{H}}(n)(\mathbf{A}(n)\mathbf{A}^{\mathrm{H}}(n))^{-1}\mathbf{e}(n)]} \tag{7.57}$$

为了简化这个公式,我们把归一化 LMS 算法中的假设 1 和假设 2 推广为如下假设:

假设 4:从一个自适应循环到下一个自适应循环,矩阵乘积 $\mathbf{A}(n)\mathbf{A}^{\mathrm{H}}(n)$ 之逆的波动足够小以使得 $\widetilde{\mu}_{\mathrm{opt}}$ 近似为

$$\widetilde{\mu}_{\mathrm{opt}} \approx \frac{\mathbb{E}\{\mathrm{Re}[\boldsymbol{\xi}_u^{\mathrm{H}}(n)\mathbf{e}(n)]\}}{\mathbb{E}[\|\mathbf{e}(n)\|^2]} \tag{7.58}$$

假设 5:无干扰误差向量 $\boldsymbol{\xi}_u(n)$ 与干扰误差(噪声)向量不相关

$$\boldsymbol{\nu}^{\mathrm{H}}(n) = [\nu(n), \nu(n-1), \cdots, \nu(n-N+1)] \tag{7.59}$$

推广到复数据时,假设 3 可很好地用于仿射投影滤波器。从而,引用假设 3 到假设 5,可将式(7.57)简化为

$$\begin{aligned}
\widetilde{\mu}_{\mathrm{opt}} &\approx \frac{\mathbb{E}\{\|\boldsymbol{\xi}_u(n)\|^2\}}{\mathbb{E}[\|\mathbf{e}(n)\|^2]} \\
&= \frac{\displaystyle\sum_{k=0}^{N-1}\mathbb{E}[|\boldsymbol{\xi}_u(n-k)|^2]}{\displaystyle\sum_{k=0}^{N-1}\mathbb{E}[|e(n-k)|^2]} \\
&\approx \frac{\displaystyle\sum_{k=0}^{N-1}\mathscr{D}(n-k)\mathbb{E}[|u(n-k)|^2]}{\displaystyle\sum_{k=0}^{N-1}\mathbb{E}[|e(n-k)|^2]}
\end{aligned} \tag{7.60}$$

对于实数据,上式中取滤波器阶数 $N=1$,式(7.60)退化为归一化 LMS 算法的式(7.29)。

7.5.3 仿射投影自适应滤波器小结

仿射投影滤波器的一个主要优点是其收敛速率优于归一化 LMS 算法。关于仿射投影滤波器的收敛特性,有如下结果(Sankaran & Beex, 2000):

1) 仿射投影自适应滤波器的学习曲线由指数项之和组成。
2) 仿射投影自适应滤波器的收敛速率快于对应的归一化 LMS 算法。
3) 随着使用更多的延迟型抽头输入向量 $\mathbf{u}(n)$(即随着滤波器阶数 N 增大),收敛速率加快,但获得的收敛率改善变小。

在任何情况下,收敛特性的改善以计算复杂度的增加为代价。[①]

7.6 小结与讨论

在这一章中,通过引入归一化 LMS 算法和仿射投影滤波器扩展了 LMS 算法的范围。归一化 LMS 算法不同于传统的 LMS 算法,其不同在于控制滤波器抽头权向量调整的步长参数的定义方式不同。在传统 LMS 算法中步长大小为一标量参数 μ,在归一化 LMS 算法情况下,步长参数定义为 $\tilde{\mu}/(\parallel \mathbf{u}(n) \parallel^2 + \delta)$,这里 $\tilde{\mu}$ 是没有量纲的,$\parallel \mathbf{u}(n) \parallel$ 是抽头输入向量 $\mathbf{u}(n)$ 的欧氏范数,δ 是一个小的正常数。归一化 LMS 算法的优点如下:

1) 归一化 LMS 算法减轻了梯度噪声放大问题,当抽头输入向量 $\mathbf{u}(n)$ 较大时,将会发生这个问题。
2) 无论是不相关还是相关数据,归一化 LMS 算法的收敛速率都可能快于传统 LMS 算法。

仿射投影滤波器是归一化 LMS 算法的推广。具体来说,归一化 LMS 算法抽头权向量的调整项 $\tilde{\mu}\mathbf{u}(n)e^*(n)/(\parallel \mathbf{u}(n) \parallel^2 + \delta)$ 为更复杂的 $\tilde{\mu}\mathbf{A}^{\mathrm{H}}(n)(\mathbf{A}(n)\mathbf{A}^{\mathrm{H}}(n) + \delta\mathbf{I})^{-1}\mathbf{e}(n)$ 所代替,其中 $\mathbf{I}$ 是单位矩阵,δ 是一个小正常数。

$$\mathbf{A}^{\mathrm{H}}(n) = \left[\mathbf{u}(n), \mathbf{u}(n-1), \mathbf{u}(n-N+1)\right]$$
$$\mathbf{e}(n) = \mathbf{d}(n) - \mathbf{A}(n)\hat{\mathbf{w}}(n)$$

和

$$\mathbf{d}^{\mathrm{H}}(n) = \left[d(n), d(n-1), \cdots, d(n-N+1)\right]$$

---

① 仿射投影滤波器更新方程式(7.49)中的 $N \times N$ 乘积矩阵 $\mathbf{A}(n)\mathbf{A}^{\mathrm{H}}(n)$ 的求逆需做如下修改:
  1) 正则化 在含噪情况下,$N \times N$ 乘积矩阵 $\mathbf{A}(n)\mathbf{A}^{\mathrm{H}}(n)$ 的求逆可能发生数值的困难。为了防止这种情况发生,可在该乘积中增加一个修正项 $\delta\mathbf{I}$(其中 δ 是一个很小的正常数,$\mathbf{I}$ 是 $N \times N$ 单位矩阵),这种修改称为正则化,详见第 10 章。
  2) 快速实现 当投影维数增加时,仿射投影自适应滤波器的收敛速率上升。遗憾的是,该滤波器性能的改善是以增加计算复杂度为代价的。为了降低计算复杂度,可采用如下方法:
    ● 时域方法 利用输入向量 $\mathbf{u}(n)$ 的时移特性。这个特性具体表现为:$\mathbf{u}(n)$ 及其过去值 $\mathbf{u}(n-1)$ 共享其元素 $u(n-1), u(n-2), \cdots, u(n-M+1)$,其中 M 是输入空间的维数。由 Gay & Tavathia(1995)导出的快速仿射投影(FAP)滤波器采用这个方法。
    ● 频域方法 利用基于快速卷积思想和快速傅里叶变换(FFT)算法的 FIR 滤波技术。由 Tanaka 等(1999)导出的精确分块快速仿射投影(BEFAP)滤波器使用了这个方法。
  遗憾的是,仿射投影滤波器的正则化和快速实现很可能冲突,因为前面提到的快速型滤波器依赖某种近似,而如果进行正则化就会违背这一近似(Rombouts & Moonen, 2000)。

由于抽头输入向量 $\mathbf{u}(n)$ 和期望响应 $d(n)$ 使用 $(N-1)$ 个过去值，因此仿射投影滤波器可看做是介于归一化 LMS 算法与递归最小二乘(RLS)算法之间的自适应滤波器(将在第 10 章讨论)。所以，仿射投影滤波器以计算复杂性为代价来换取收敛性的改善。

7.7　习题

1. 在 7.1 节，我们推导了归一化 LMS 算法。在这个问题中，我们通过修改传统 LMS 算法中的最速下降法来推导归一化 LMS 算法。这种修改涉及将该方法中的抽头权向量更新值写为

$$\mathbf{w}(n+1) = \mathbf{w}(n) - \frac{1}{2}\mu(n)\boldsymbol{\nabla}(n)$$

其中 $\mu(n)$ 是时变步长参数，$\boldsymbol{\nabla}(n)$ 是梯度向量，其定义如下

$$\boldsymbol{\nabla}(n) = 2\big[\mathbf{R}\mathbf{w}(n) - \mathbf{p}\big]$$

式中 $\mathbf{R}$ 是抽头输入向量 $\mathbf{u}(n)$ 的相关矩阵，$\mathbf{p}$ 是抽头输入向量 $\mathbf{u}(n)$ 和期望响应 $d(n)$ 的互相关向量。

(a) 在 $n+1$ 时刻，均方误差定义为

$$J(n+1) = \mathbb{E}\big[|e(n+1)|^2\big]$$

其中

$$e(n+1) = d(n+1) - \mathbf{w}^{\mathrm{H}}(n+1)\mathbf{u}(n+1)$$

确定步长参数的值 $\mu_o(n)$ 使得作为 $\mathbf{R}$ 和 $\boldsymbol{\nabla}(n)$ 函数的 $J(n+1)$ 最小化。

(b) 使用(a)导出的 $\mu_o(n)$ 表达式中 $\mathbf{R}$ 和 $\boldsymbol{\nabla}(n)$ 的瞬态估计，确定相应 $\mu_o(n)$ 的瞬态估计。由此，表示抽头权向量 $\hat{\mathbf{w}}(n)$ 的更新公式，并将所得结果与归一化 LMS 算法得到的结果进行比较。

2. 完成式(7.8)推导的细节。除了标度因子 $\tilde{\mu}$ 外，式(7.8)定义了归一化 LMS 滤波器的抽头权向量 $\hat{\mathbf{w}}(n)$ 的失调量 $\delta\hat{\mathbf{w}}(n+1)$。

3. 用两个统计量表示归一化 LMS 算法的权值更新。给定步长参数 $\tilde{\mu}$，抽头输入向量

$$\mathbf{u}(n) = \big[u(n), u(n-1), \cdots, u(n-M+1)\big]^{\mathrm{T}}$$

及对应的期望响应 $d(n)$，一个统计量的更新公式为

(1) $$\hat{w}_k(n+1) = \hat{w}_k(n) + \frac{\tilde{\mu}}{\big|u(n-k)\big|^2}u(n-k)e^*(n) \qquad k = 0, 1, \cdots, M-1$$

其中

$$e(n) = d(n) - \sum_{k=0}^{M-1}\hat{w}_k^*(n)u(n-k)$$

另一个统计量的更新公式为

(2) $$\hat{w}_k(n+1) = \hat{w}_k(n) + \frac{\tilde{\mu}}{\|\mathbf{u}(n)\|^2}u(n-k)e^*(n) \qquad k = 0, 1, \cdots, M-1$$

其中 $e(n)$ 的定义如前，$\|\mathbf{u}(n)\|$ 是 $\mathbf{u}(n)$ 的欧氏范数。

这两个式子的不同在于其归一化方式不同。考虑 7.1 节提出的归一化 LMS 滤波器理论，哪一个公式是正确的？试证明你的结论。

4. 完成式(7.47)推导的细节。除了需要标度因子 $\tilde{\mu}$ 外，式(7.47)定义了仿射投影滤波器的抽头权向量 $\hat{\mathbf{w}}(n)$ 的失调量 $\delta\hat{\mathbf{w}}(n+1)$。

5. 给出一个表格，总结以下三个 LMS 系列的优缺点：

(a) 传统的 LMS 滤波器

(b) 归一化 LMS 滤波器

(c) 仿射投影自适应滤波器

6. 设

$$\hat{\mathbf{u}}_{\text{scaled}}(n) = a\mathbf{u}(n)$$

其中 a 是标度因子。令 $\hat{\mathbf{w}}(n)$ 和 $\hat{\mathbf{w}}_{\text{scaled}}(n)$ 表示迭代次数为 n 时计算得到的抽头权向量,它们分别对应输入 $\mathbf{u}(n)$ 和 $\mathbf{u}_{\text{scaled}}(n)$。证明从相同的初始条件出发,等式

$$\hat{\mathbf{w}}_{\text{scaled}}(n) = \hat{\mathbf{w}}(n)$$

对于归一化 LMS 滤波器和仿射投影自适应滤波器都成立。

7. 仿射投影自适应滤波算法用来估计自回归(AR)过程的相关系数,该自回归过程定义为

$$u(n) = \sum_{k=1}^{N-1} w_k^* u(n-k) + \nu(n)$$

其中 $\nu(n)$ 是零均值的白高斯噪声过程。

(a) 假设算法中的约束个数为 N,推导计算 AR 相关系数 $w_1, w_2, \cdots, w_{N-1}$ 的算法。

(b) 定义 $M \times 1$ 向量

$$\boldsymbol{\phi}(n) = \left[\mathbf{I} - \mathbf{A}^{\mathrm{H}}(n)\left(\mathbf{A}(n)\mathbf{A}^{\mathrm{H}}(n)\right)^{-1}\mathbf{A}(n) \right]\mathbf{u}(n)$$

其中

$$\mathbf{u}(n) = \left[u(n), u(n-1), \cdots, u(n-M+1) \right]^{\mathrm{T}}$$

且

$$\mathbf{A}^{\mathrm{H}}(n) = \left[\mathbf{u}(n), \mathbf{u}(n-1), \cdots, \mathbf{u}(n-N+1) \right]$$

证明 $\boldsymbol{\phi}(n)$ 是一个向量,其元素是零均值白高斯噪声过程的估值。

8. 在关于归一化 LMS 滤波器和仿射投影自适应滤波器文献中,条件

$$0 < \tilde{\mu} < 2$$

通常作为这些滤波器稳定的必要条件。对于归一化 LMS 滤波器的式(7.19)和仿射投影滤波器的式(7.57),讨论什么情况下 $\tilde{\mu}$ 的上界为 2 是正确的。

9. 说明如下的陈述是正确的:

(a) 归一化 LMS 滤波器的计算复杂度为 $O(M)$,其中 O 是阶数、M 是滤波器的长度。

(b) 仿射投影自适应滤波器的计算复杂度为 $O(MN)$,其中 N 是滤波器的阶数。

计算机实验

10. 在本习题中,我们重新考虑第 6 章习题 18 的计算机实验。给定 AR 过程为

$$u(n) = -a_1 u(n-1) - a_2 u(n-2) + \nu(n)$$

其中 $a_1 = 0.1$, $a_2 = -0.8$, $\nu(n)$ 是均值为零的白噪声,方差的选择使得 $u(n)$ 的方差为 1。

(a) 画出用来估计 AR 参数 a_1 和 a_2 的归一化 LMS 滤波器的学习曲线。计算中使用如下参数

$$\tilde{\mu} = 0.2$$

和

$$\delta = 0.5$$

图中结果是该实验的 100 次独立实验集的平方误差信号 $e(n)$ 的平均。

(b) 画出抽头权值估计的相应误差。

(c) 当 δ 分别为 0.25 和 0.75 时,重复(a)和(b)的实验,并考察 δ 的变化对观测结果有什么影响?

第8章 分块自适应滤波器

在第6章和第7章所介绍的传统和归一化 LMS 算法中，有限冲激响应（FIR, finite-duration impulse response）滤波器的抽头权值在时域进行调整。考虑到傅里叶变换将时域映射为频域，而反变换则将频域映射为时域。因此，在频域进行滤波器参数自适应调整是同样可行的。这就是频域自适应滤波（FDAF, frequency-domain adaptive filtering），它的起源可以追溯到 Walzman 和 Schwartz(1973) 的早期论文。

在频域寻求自适应的原因如下：

1. 在特定应用领域，如电视会议中回声消除，自适应滤波器需要有很长的冲激响应来处理同样长的回声持续时间。当 LMS 算法进行时域自适应时，其长记忆要求将导致算法计算复杂度增加。频域自适应滤波器提供了解决计算复杂性问题的一种可能方案。
2. 其机理不同于第1点所述的自正交化自适应滤波器，也可用来改善传统 LMS 算法的收敛性能。在这种情况下，通过利用离散傅里叶变换（DFT, discrete Fourier transform）和相关离散变换的正交性，可以获得更加一致的收敛速率。

本章将讨论上述两种频域自适应滤波方法。同时也讨论了不同于自正交自适应滤波器的子带自适应滤波器。在子带自适应滤波器中，具有高阻带衰减的滤波器用来进行输入信号的频带划分，从而有可能在频域改善频域自适应滤波器的收敛特性。此外，通过抽取子带信号（即降低抽样速率），有可能获得计算复杂度的大大降低。因此，子带自适应滤波器是频域自适应滤波器另外一种颇具吸引力的选择。

频域自适应滤波（FDAF）、自正交自适应滤波和子带自适应滤波共同组成分块自适应滤波。为了简化表述，本章仅限于讨论其实数据的情况。

8.1 分块自适应滤波器：基本思想

在如图 8.1 所示的分块自适应滤波器中，输入数据序列 $u(n)$ 通过串-并变换器被分成 L 点的块，而且这样产生的输入数据块被一次一块地加到长度为 M 的 FIR 滤波器。在收集到每一块数据样值后，进行滤波器抽头权值的更新，使得滤波器的自适应一块一块地进行，而不是像传统 LMS 滤波器那样一个样值一个样值地进行（Clark et al., 1981; Shynk, 1992）。

根据前几章引入的符号，令

$$\mathbf{u}(n) = [u(n), u(n-1), \cdots, u(n-M+1)]^{\mathrm{T}} \tag{8.1}$$

表示时刻 n 输入信号向量，上标 T 表示转置。相应地，令

$$\hat{\mathbf{w}}(n) = [\hat{w}_0(n), \hat{w}_1(n), \cdots, \hat{w}_{M-1}(n)]^{\mathrm{T}} \tag{8.2}$$

表示时刻 n 滤波器抽头权向量。令 k 表示块的下标，它与原始样值时间 n 的关系为

$$n = kL + i \qquad i = 0, 1, \cdots, L-1$$
$$k = 1, 2, \cdots \qquad\qquad (8.3)$$

其中 L 是块的长度。第 k 块的输入数据定义为 $\{\mathbf{u}(kL+i)\}_{i=0}^{L-1}$，其矩阵形式为

$$\mathbf{A}^{\mathrm{T}}(k) = \left[\mathbf{u}(kL), \mathbf{u}(kL+1), \cdots, \mathbf{u}(kL+L-1)\right] \qquad (8.4)$$

在这个输入数据块持续期间，滤波器的抽头权向量保持为 $\hat{\mathbf{w}}(k)$，它是 $n=k$ 时 $\hat{\mathbf{w}}(n)$ 的一个改写。图 8.2 说明了滤波器长度 $M=6$ 和块长度 $L=4$ 时数据矩阵 $\mathbf{A}(k)$ 的结构。

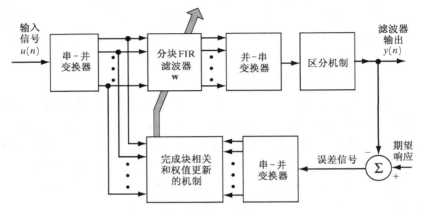

图 8.1　分块自适应滤波器

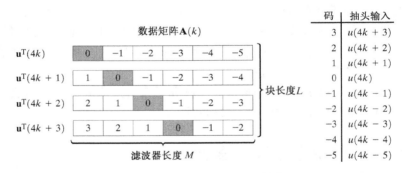

图 8.2　数据矩阵 $\mathbf{A}(k)$ 的结构

滤波器对输入信号向量 $\mathbf{u}(kL+i)$ 做出响应所产生的输出定义为

$$y(kL+i) = \hat{\mathbf{w}}^{\mathrm{T}}(k)\mathbf{u}(kL+i)$$
$$= \sum_{j=0}^{M-1} \hat{w}_j(k)u(kL+i-j) \qquad i = 0, 1, \cdots, L-1 \qquad (8.5)$$

令 $d(kL+i)$ 表示期望响应的相应值。误差信号

$$e(kL+i) = d(kL+i) - y(kL+i) \qquad (8.6)$$

是通过比较滤波器输出与期望响应而产生的。因此，误差信号随抽样率而变，如同传统 LMS 算法那样。如图 8.1 所示，误差信号以与自适应滤波器输入端信号同步的方式分成 L 点的块，然后用于计算应用于滤波器抽头权值的校正值。

例 1　为了说明分块自适应滤波器中的运算, 考虑滤波器长度 $M = 3$ 和块长度 $L = 3$ 的某一滤波器的例子。则对于三个相继数据块 $k-1$、k 和 $k+1$, 可将滤波器计算得到的输出序列表示如下:

第 $(k-1)$ 块 $\left\{ \begin{bmatrix} u(3k-3) & u(3k-4) & u(3k-5) \\ u(3k-2) & u(3k-3) & u(3k-4) \\ u(3k-1) & u(3k-2) & u(3k-3) \end{bmatrix} \begin{bmatrix} w_0(k-1) \\ w_1(k-1) \\ w_2(k-1) \end{bmatrix} = \begin{bmatrix} y(3k-3) \\ y(3k-2) \\ y(3k-1) \end{bmatrix} \right.$

第 k 块 $\left\{ \begin{bmatrix} u(3k) & u(3k-1) & u(3k-2) \\ u(3k+1) & u(3k) & u(3k-1) \\ u(3k+2) & u(3k+1) & u(3k) \end{bmatrix} \begin{bmatrix} w_0(k) \\ w_1(k) \\ w_2(k) \end{bmatrix} = \begin{bmatrix} y(3k) \\ y(3k+1) \\ y(3k+2) \end{bmatrix} \right.$

第 $(k+1)$ 块 $\left\{ \begin{bmatrix} u(3k+3) & u(3k+2) & u(3k+1) \\ u(3k+4) & u(3k+3) & u(3k+2) \\ u(3k+5) & u(3k+4) & u(3k+3) \end{bmatrix} \begin{bmatrix} w_0(k+1) \\ w_1(k+1) \\ w_2(k+1) \end{bmatrix} = \begin{bmatrix} y(3k+3) \\ y(3k+4) \\ y(3k+5) \end{bmatrix} \right.$

注意, 这里定义的数据矩阵是托伯利兹矩阵, 其根据是任何主对角元素都相同。

8.1.1　分块 LMS 算法

由第 5 章 LMS 算法的推导可知, 假设输入数据为实数据时从算法的一次自适应循环到下一次自适应循环抽头权向量调整的公式如下:

（权向量的调整）＝（步长参数）×（抽头输入向量）×（误差信号）

因为在分块 LMS 算法中误差信号随抽样速率而变, 故可得出: 对于每一个数据块, 我们有不同的用于自适应过程的误差信号值。因此, 对于第 k 个数据块, 可以对所有的可能值求乘积 $\mathbf{u}(kL+i)e(kL+i)$ 之和, 并由此定义运行在实数据上的分块 LMS 算法的抽头权向量的更新公式如下:

$$\hat{\mathbf{w}}(k+1) = \hat{\mathbf{w}}(k) + \mu \sum_{i=0}^{L-1} \mathbf{u}(kL+i)e(kL+i) \tag{8.7}$$

其中 μ 为步长参数。为表示方便起见, 改写式 (8.7) 为如下形式

$$\hat{\mathbf{w}}(k+1) = \hat{\mathbf{w}}(k) + \mu \boldsymbol{\phi}(k) \tag{8.8}$$

式中 $M \times 1$ 向量 $\boldsymbol{\phi}(k)$ 是互相关的, 定义为

$$\begin{aligned} \boldsymbol{\phi}(k) &= \sum_{i=0}^{L-1} \mathbf{u}(kL+i)e(kL+i) \\ &= \mathbf{A}^{\mathrm{T}}(k)\mathbf{e}(k) \end{aligned} \tag{8.9}$$

其中 $L \times M$ 数据矩阵 $\mathbf{A}(k)$ 定义在式 (8.4) 中, 而 $L \times 1$ 向量

$$\mathbf{e}(k) = [e(kL), e(kL+1), \cdots, e(kL+L-1)]^{\mathrm{T}} \tag{8.10}$$

是误差信号向量。

分块 LMS 算法的一个显著特点是在它的设计中结合了如下梯度向量的估计

$$\hat{\mathbf{v}}(k) = -\frac{2}{L} \sum_{i=0}^{L-1} \mathbf{u}(kL+i)e(kL+i) \tag{8.11}$$

其中因子 2 是为了与第 4 章和第 6 章的定义相一致,而引入因子 $1/L$ 是为了使 $\hat{\mathbf{v}}(k)$ 成为无偏时间平均。因此,可重新按照 $\hat{\mathbf{v}}(k)$ 表示块 LMS 算法为

$$\hat{\mathbf{w}}(k+1) = \hat{\mathbf{w}}(k) - \frac{1}{2}\mu_B\hat{\mathbf{v}}(k) \tag{8.12}$$

其中

$$\mu_B = L\mu \tag{8.13}$$

这个新的常数 μ_B 可看做块 LMS 算法的"有效"步长参数。

8.1.2　分块 LMS 算法的收敛性

分块 LMS 算法具有与传统 LMS 算法相似的特性。其基本差异在于各自实现中梯度向量的估计方法不同。将分块 LMS 算法的梯度估计式(8.11)与传统 LMS 算法的相应公式进行比较可以看出,分块 LMS 算法使用了更精确的梯度向量估计。由于时间平均的缘故,它具有估计精度随着块长度 L 增大而提高的特性。然而,这个改善并不意味着快速自适应,这个事实可通过考察分块 LMS 算法的收敛特性显露出来。

我们以类似于第 6 章分析传统 LMS 算法的方式进行分块 LMS 算法收敛性的分析。事实上,除了少量修改外,这里的分析遵循同于第 5 章所述的步骤,即在下标 $i = 0, 1, \cdots, L-1$ 范围内求期望和,这与式(8.3)的样点时间 n 有关,并且其用途凭借式(8.6)而得到提高。于是,我们将分块 LMS 算法的"小步长"统计分析结果总结如下:

1)**平均时间常数**　分块 LMS 算法的第 k 个时间常数为

$$\tau_{\mathrm{mse,av}} = \frac{L}{2\mu_B\lambda_{akv}}, \qquad k = 1, 2, \cdots, M \tag{8.14}$$

其中,λ_{akv} 是相关矩阵 $\mathbf{R} = \mathbb{E}[\mathbf{u}(n)\mathbf{u}^{\mathrm{T}}(n)]$ 的第 k 个特征值。以步长参数 μ 运行的传统 LMS 算法第 k 个时间常数的相应公式由式(6.105)给出,重写如下:

$$\tau_{\mathrm{mse},k} = \frac{1}{2\mu\lambda_k}$$

对于给定的相关矩阵 $\mathbf{R}$,两个算法的第 k 个特征值相同且皆为 λ_k。因此,将上式与式(8.14)相比较并注意到式(8.13)的关系,我们发现:对于某一固定的 λ_k,这两个算法的第 k 个时间常数相同。

为了使式(8.14)的零阶公式成立,分块 LMS 算法的有效步长大小参数 μ_B 必须小于 $2/\lambda_{\max}$,其中 $\lambda_{\max}$ 是相关矩阵 $\mathbf{R}$ 的最大特征值。现假设我们要得到快速自适应,从而要求较小的 $\tau_{\mathrm{mse},k}$,但所需要的块长度 L 很大以至于式(8.14)计算得到 μ_B 的值相应地也很大。在这种情况下,有可能 μ_B 的计算值很大,以至于对分块 LMS 算法的高阶影响变得十分大,足以使算法由于不稳定而变得很不实际。

2)**失调**　分块 LMS 算法所产生的失调为

$$\mathcal{M} = \frac{\mu_B}{2L}\mathrm{tr}[\mathbf{R}] \tag{8.15}$$

式中 $\mathrm{tr}[\mathbf{R}]$ 表示相关矩阵 $\mathbf{R}$ 的迹。这里,再一次利用式(8.13),我们发现式(8.15)与第 6 章传统 LMS 算法得到的式(6.102)一样。

8.1.3　块长度的选择

此前，在讨论分块 LMS 滤波器时，我们没有对与自适应滤波器长度 M 有关的块长度 L 施加任何约束。我们认为，在这方面存在三种可能的选择，每一种选择都有其各自的实际应用。这三种可能的选择是：

1）$L = M$，从计算复杂性观点来看，这是最佳选择。
2）$L < M$，这种情况具有降低处理时延的好处。此外，由于块长度小于滤波器长度，此时还有自适应滤波算法计算效率优于传统 LMS 算法的优点。
3）$L > M$，会产生自适应过程的冗余运算，因为此时梯度向量的估计使用了比滤波器本身更多的信息。

此后，我们将注意力限于 $L = M$ 的情况，它是大多数实际应用中人们更喜欢的一种分块自适应滤波选择。

当我们谈到计算复杂性时，指的是快速傅里叶变换的次数和分块 LMS 滤波器频域实现所需要的每一个变换的大小[①]，其实现方法将在下面讨论。

8.2　快速分块 LMS 算法

给定一个能用分块 LMS 算法给出满意解决方案的自适应信号处理应用，关键问题就在于如何以计算上有效的方式实现该算法。参考式（8.5）和式（8.9）（由该式可见分块 LMS 算法的计算负担），我们观察到如下情况：

- 式（8.5）定义了滤波器抽头输入信号与抽头权值的线性卷积。
- 式（8.9）定义了滤波器抽头输入信号与误差信号的线性相关。

根据数字信号处理理论可知，快速傅里叶变换（FFT, fast Fourier transform）算法为快速卷积和快速相关运算提供了强有力的工具（Oppenheim & Schafer, 1989）。这些观察结果表明分块 LMS 算法的有效实现方法。具体来说，不像前一节在时域执行自适应那样，此处实际上是利用 FFT 算法在频域上完成滤波器系数的自适应。这样实现的分块 LMS 算法称为快速分块 LMS 算法（fast block LMS algorithm），它由 Clark 等（1981, 1983）和 Ferrara（1980）各自独立提出。

根据数字信号处理理论，我们还可以知道重叠存储方法和重叠相加方法为快速卷积运算提供了两种高效方法，即利用离散傅里叶变换（Oppenheim & Schafer, 1989）计算线性卷积。重叠存储方法是非自适应滤波的两种方法中更常用的一种方法。此外，值得注意的是，尽管滤波器能够以任意数量的重叠来实现，但当 50% 重叠时（例如，块的大小等于权值个数时）运算效率达到最高。此后，我们将重点讨论 50% 重叠率的重叠存储法[②]。

---

① Benesty 等（2001）提出一种采用递归最小二乘准则的频域自适应滤波器的一般框架，其理论的新颖特点如下：
　·块大小的选择独立于自适应滤波器的长度；
　·用于这个理论的各种逼近导致快速分块 LMS 滤波器、无约束块 LMS 滤波器及多时延自适应滤波器；
　·其中的某些结构可推广到多信道的情况。
② Sommen 和 Jayasinghe（1988）描述了重叠相加方法的一种简化形式，节省了两个 IDFT 结构。

依据重叠存储方法,将滤波器 M 个抽头权值用等个数的零来填补,并采用 N 点 FFT 进行计算,其中

$$N = 2M$$

因此, $N \times 1$ 的向量

$$\hat{\mathbf{W}}(k) = \mathrm{FFT}\begin{bmatrix} \hat{\mathbf{w}}(k) \\ \mathbf{0} \end{bmatrix} \tag{8.16}$$

表示 FFT 补零后的系数,抽头权向量为 $\hat{\mathbf{w}}(k)$。其中, $\mathbf{0}$ 是 $M \times 1$ 零向量,FFT[ ] 表示快速傅里叶变换。值得注意的是,频域权向量 $\hat{\mathbf{W}}(k)$ 的长度是时域权向量 $\hat{\mathbf{w}}(k)$ 长度的两倍。相应地,令

$$\mathbf{U}(k) = \mathrm{diag}\{\mathrm{FFT}[\underbrace{u(kM - M), \cdots, u(kM - 1)}_{\text{第 } (k-1) \text{ 块}}, \underbrace{u(kM), \cdots, u(kM + M - 1)}_{\text{第 } k \text{ 块}}]\}$$

$$\tag{8.17}$$

表示对输入数据的两个相继子块进行傅里叶变换得到的一个 $N \times N$ 对角矩阵。我们亦可用一个向量定义输入信号向量 $\mathbf{u}(M)$ 的变换型;然而,为了叙述方便,采用式(8.17)的矩阵形式将更合适。因此,将重叠存储方法应用于式(8.5)的线性卷积中,得到 $M \times 1$ 向量

$$\begin{aligned} \mathbf{y}^{\mathrm{T}}(k) &= [y(kM), y(kM + 1), \cdots, y(kM + M - 1)] \\ &= \mathrm{IFFT}[\mathbf{U}(k)\hat{\mathbf{W}}(k)] \text{ 的最后 } M \text{ 个元素} \end{aligned} \tag{8.18}$$

其中 IFFT[ ] 表示傅里叶反变换。式(8.18)中只有最后 M 个元素被保留,这是因为最前面的 M 个元素是循环卷积的结果。

下面考虑式(8.9)的线性相关。对于第 k 块,定义 $M \times 1$ 期望响应向量

$$\mathbf{d}(k) = [d(kM), d(kM + 1), \cdots, d(kM + M - 1)]^{\mathrm{T}} \tag{8.19}$$

及相应的 $M \times 1$ 误差信号向量

$$\begin{aligned} \mathbf{e}(k) &= [e(kM), e(kM + 1), \cdots, e(kM + M - 1)]^{\mathrm{T}} \\ &= \mathbf{d}(k) - \mathbf{y}(k) \end{aligned} \tag{8.20}$$

如果注意到,在式(8.18)所述的线性卷积实现中,开始的 M 个元素已从输出中废弃掉,则可将误差信号向量 $\mathbf{e}(k)$ 变换到频域,即

$$\mathbf{E}(k) = \mathrm{FFT}\begin{bmatrix} \mathbf{0} \\ \mathbf{e}(k) \end{bmatrix} \tag{8.21}$$

由于线性相关实际上就是线性卷积的一种"翻转"形式,因此将重叠存储方法应用于式(8.9)所示的线性相关,可得

$$\boldsymbol{\phi}(k) = \mathrm{IFFT}[\mathbf{U}^{\mathrm{H}}(k)\mathbf{E}(k)] \text{ 的最前面的 } M \text{ 个元素} \tag{8.22}$$

其中上标 H 表示埃尔米特转置(即复共轭转置)。容易推断,既然在式(8.18)所考虑的线性卷积情况下废弃了最前面的 M 个元素,那么在式(8.22)的情况下可舍弃其最后的 M 个元素。

最后,考虑滤波器抽头权向量更新过程的式(8.8),注意到式(8.16)所示的频域权向量 $\hat{\mathbf{W}}(k)$ 的定义中,时域权向量 $\hat{\mathbf{w}}(k)$ 后面跟着 M 个零元素,因此可将式(8.8)变换为如下频域表达式

$$\hat{\mathbf{W}}(k+1) = \hat{\mathbf{W}}(k) + \mu \mathrm{FFT} \begin{bmatrix} \boldsymbol{\phi}(k) \\ \mathbf{0} \end{bmatrix} \tag{8.23}$$

从式(8.16)到式(8.23),目的都是为了定义快速分块 LMS 算法。图 8.3 给出了快速分块 LMS 算法的信号流图(Shynk,1992)。这个算法准确地描述了分块 LMS 算法的频域实现。照此,其收敛性与 8.1 节所讨论的分块 LMS 算法一样。

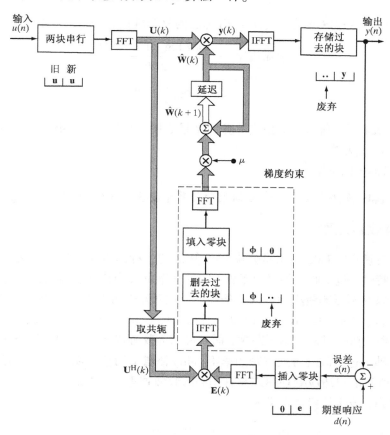

图 8.3　重叠存储 FDAF(一种基于重叠存储实现线性卷积和线性相关
算法的分段处理方法)(选自 IEEE SP Magzaine,IEEE授权使用)

8.2.1　计算复杂性

现将运行在频域的快速分块 LMS 算法的计算复杂性与运行在时域的传统 LMS 算法的计算复杂性进行比较。以块长度为 M 时两种实现各自涉及的总乘法次数为基础进行比较。虽然在实际实现中存在其他要考虑的因素(例如加法次数和存储要求等),但使用乘法次数为比较两个算法的计算复杂性提供了一个合理准确的基础。

首先考虑具有 M 个实数据抽头权值的传统 LMS 算法。这种情况下,每计算一个输出需要 M 次乘法,而更新一次抽头权值还需要 M 次乘法,故每次自适应循环总共需要 $2M$ 次乘法。因此,对于 M 个输出样值,所需要的乘法次数总共为 $2M^2$ 次。

现在考虑快速分块 LMS 算法。每个 N 点 FFT(或 IFFT)需要约 $N \log_2 N$ 次实数乘法运算(Oppenheim & Schafer,1989),其中 $N = 2M$。根据图 8.3 所示的快速分块 LMS 算法的结构,

要执行 5 次频率变换, 因此共计 $5N \log_2 N$ 次乘法。此外, 计算频域输出向量需要 $4N$ 次乘法, 计算与梯度向量估计有关的互相关运算也需要 $4N$ 次乘法。因此, 快速分块 LMS 算法总共需要的乘法次数为

$$5N \log_2 N + 8N = 10M \log_2(2M) + 16M$$
$$= 10M \log_2 M + 26M$$

因此, 快速分块 LMS 算法与传统 LMS 算法的复杂度比为(Shynk, 1992)

$$\text{复杂度比} = \frac{10M \log_2 M + 26M}{2M^2}$$
$$= \frac{5 \log_2 M + 13}{M}$$

例如, 当 $M = 1024$ 时, 利用这个公式计算的结果表明, 快速分块 LMS 算法比传统 LMS 算法在计算方面快 16 倍左右。

因此, 可以得出以下结论:

快速分块 LMS 算法在每个自适应周期的计算量要少于传统的 LMS 算法。

8.2.2 改善收敛速率

实际上, 快速分块 LMS 算法是分块 LMS 算法的一种高效频域实现。因此这两种算法具有相同的收敛特性, 包括收敛的必要条件、收敛速率及失调特性。然而, 快速分块 LMS 算法的收敛速率可以在不影响最小均方误差条件下通过对每个可调权值赋予不同的步长来获得改善(Sommen et al., 1987; Lee & Un, 1989)。特别地, 在快速分块 LMS 算法中采用重叠存储方法, 不仅能够降低执行时的计算复杂性, 而且可以为改善快速分块 LMS 算法的收敛速率提供一个实际的基础。这个改善可通过跨频率柜(bin)补偿平均信号功率的变化量来获得。具体来说, 就是使所有的自适应处理模式具有相同的收敛速率, 这可通过对每个权值赋予各自的步长参数来达到, 该步长参数定义为

$$\mu_i = \frac{\alpha}{P_i} \qquad i = 0, 1, \cdots, 2M - 1 \tag{8.24}$$

其中 α 是个常数, P_i 是第 i 个频率柜的平均功率估计。注意, 由于实信号在频域具有对称性, 式(8.24)中 P_i 取前 M 个值就足够了。

当快速分块 LMS 算法运行的环境为广义平稳时, 式(8.24)的条件可以应用。然而, 当运行环境为非平稳时, 或者当每个频率柜的平均输入功率估值无法得到时, 就要采用以下简单的递归方式来估计快速分块 LMS 算法的性能(Griffiths, 1978; Shynk, 1992)

$$P_i(k) = \gamma P_i(k - 1) + (1 - \gamma)|U_i(k)|^2 \qquad i = 0, 1, \cdots, 2M - 1 \tag{8.25}$$

其中, $U_i(k)$ 是时刻 k 加到快速分块 LMS 算法第 i 个权值的输入信号, γ 是一个取值范围为 $0 < \gamma < 1$ 的常数, 而参数 γ 是一个遗忘因子, 用来控制上式迭代过程的有效"记忆"。特别地, 将输入功率 $P_i(k)$ 表示为输入信号幅度平方的加权指数和形式

$$P_i(k) = (1 - \gamma) \sum_{l=0}^{\infty} \gamma^l |U_i(k - l)|^2 \tag{8.26}$$

于是,当已知第 i 个频率柜的平均信号功率估值 $P_i(k)$ 时,依据式(8.24),步长参数 μ 可用 $M \times M$ 对角矩阵替代为

$$\boldsymbol{\mu}(k) = \alpha \mathbf{D}(k) \tag{8.27}$$

其中

$$\mathbf{D}(k) = \mathrm{diag}\big[P_0^{-1}(k), P_1^{-1}(k), \cdots, P_{2M-1}^{-1}(k)\big] \tag{8.28}$$

因此,快速分块 LMS 算法可修改如下(Ferrara,1985;Shynk,1992):

1)在式(8.22)中,涉及互相关向量 $\boldsymbol{\phi}(k)$ 的计算,乘积项 $\mathbf{U}^{\mathrm{H}}(k)\mathbf{E}(k)$ 用 $\mathbf{D}(k)\mathbf{U}^{\mathrm{H}}(k)\mathbf{E}(k)$ 来代替,从而得到

$$\boldsymbol{\phi}(k) = \mathrm{IFFT}\big[\mathbf{D}(k)\mathbf{U}^{\mathrm{H}}(k)\mathbf{E}(k)\big] \text{的最前面的 } M \text{ 个元素} \tag{8.29}$$

2)在式(8.23)中,μ 用常数 α 代替;否则,频域权向量 $\hat{\mathbf{W}}(k)$ 的计算与以前一样。

表 8.1 总结了上述修改后的快速分块 LMS 算法(Shynk,1992)。

表 8.1 基于重叠存储分段法的快速分块 LMS 算法小结(假设实数据情况)

初始化:

$\hat{\mathbf{W}}(0) = 2M \times 1$ 零向量

$P_i(0) = \delta_i$,其中 δ_i 是小的正常数且 $i = 0, 1, \cdots, 2M-1$

记号:

$\mathbf{0} = M \times 1$ 零向量

FFT = 快速傅里叶变换

IFFT = 快速傅里叶反变换

α = 自适应常数

计算:对于 M 个输入样值的每个新的数据块,计算:

滤波:

$\mathbf{U}(k) = \mathrm{diag}\{\mathrm{FFT}[u(kM-M), \cdots, u(kM-1), u(kM), \cdots, u(kM+M-1)]^{\mathrm{T}}\}$

$\mathbf{y}^{\mathrm{T}}(k) = \mathrm{IFFT}[\mathbf{U}(k)\hat{\mathbf{W}}(k)]$ 的最后 M 个元素

误差估计:

$\mathbf{e}(k) = \mathbf{d}(k) - \mathbf{y}(k)$

$\mathbf{E}(k) = \mathrm{FFT}\begin{bmatrix} \mathbf{0} \\ \mathbf{e}(k) \end{bmatrix}$

信号功率谱:

$P_i(k) = \gamma P_i(k-1) + (1-\gamma)|U_i(k)|^2 \qquad i = 0, 1, \cdots, 2M-1$

$\mathbf{D}(k) = \mathrm{diag}[P_0^{-1}(K), P_1^{-1}(k), \cdots, P_{2M-1}^{-1}(k)]$

抽头权值自适应:

$\boldsymbol{\phi}(k) = \mathrm{IFFT}[\mathbf{D}(k)\mathbf{U}^{\mathrm{H}}(k)\mathbf{E}(k)]$ 的最前 M 个元素

$\hat{\mathbf{W}}(k+1) = \hat{\mathbf{W}}(k) + \alpha\,\mathrm{FFT}\begin{bmatrix} \boldsymbol{\phi}(k) \\ \mathbf{0} \end{bmatrix}$

8.3 无约束频域自适应滤波器

图 8.3 中信号流图所述的快速分块 LMS 算法可看做一种约束形式的频域自适应滤波器。具体来说,图中运行算法所涉及的 5 个 FFT 中有 2 个需要强加时域约束(time-domain constraint)，以便完成式(8.9)规定的线性相关。时域约束包括如下运算：

- 舍弃 IFFT[$\mathbf{U}^{\mathrm{H}}(k)\mathbf{E}(k)$] 运算中的最后 M 个元素，如式(8.22)所述。
- 在进行 FFT 之前将舍弃的元素用一个长度为 M 的零数据块来代替，如式(8.23)所述。

这里所述的一组运算包含在图 8.3 的虚线框里；这个运算组合称为梯度约束(gradient constraint)，因为它涉及计算梯度向量的估值。注意，梯度约束实际上是一种时域约束，它主要是为了保证 $2M$ 个频域权值与 M 个时域权值一一对应。这就是为什么一个零数据块添加在图中的梯度约束中的原因。

在无约束频域自适应滤波器(Mansour & Gray, 1982)理论中，梯度约束被彻底从图 8.3 所示的信号流图中去掉。最后的结果是只涉及 3 个 FFT 的简单实现。因此，快速分块 LMS 算法中式(8.22)与式(8.23)的联合运算现被一种简单得多的算法

$$\hat{\mathbf{W}}(k+1) = \hat{\mathbf{W}}(k) + \mu\mathbf{U}^{\mathrm{H}}(k)\mathbf{E}(k) \tag{8.30}$$

所代替。然而，更值得注意的是，此处计算得到的梯度向量估值，不再对应于式(8.9)所规定的线性相关，而是一种循环相关。

因而，我们发现，式(8.30)所表示的无约束频域 FDAF 算法总体上偏离了快速分块 LMS 算法，因为其抽头权向量随着块自适应循环次数趋于无穷而不再收敛于维纳解(Sommen et al., 1987; Lee & Un, 1989; Shynk, 1992)。需要注意的另一点是，尽管无约束频域自适应滤波算法的收敛速率随着时变步长的增大而提高，但其改善由失调的恶化所消除。实际上，根据 Lee 和 Un(1989)的研究，当产生相同程度的失调时，无约束算法需要两倍于约束算法的自适应循环次数。

8.4　自正交化自适应滤波器

在前面几节，我们讲述当感兴趣的应用要求自适应滤波器长记忆时，如何利用频域技术改善 LMS 算法计算效率的问题。在这一节，我们考虑另一种重要的自适应滤波问题，即改善 LMS 算法收敛性的问题。然而，这种改善是以增加计算复杂性为代价。

为了便于讨论，设输入信号向量为 $\mathbf{u}(n)$，相关矩阵为 $\mathbf{R}$。广义平稳环境下自正交化自适应滤波算法(self-orthogonalizing adaptive filtering algorithm)表示为(Chang, 1971; Cowan, 1987)

$$\hat{\mathbf{w}}(n+1) = \hat{\mathbf{w}}(n) + \alpha\mathbf{R}^{-1}\mathbf{u}(n)e(n) \tag{8.31}$$

其中 $\mathbf{R}^{-1}$ 是相关矩阵 $\mathbf{R}$ 的逆矩阵，$e(n)$ 是误差信号。[式(8.31)与牛顿法有关，已在 4.6 节中讨论过。]常数 α 的取值范围为 $0 < \alpha < 1$，根据 Cowan(1987)的研究，其值取为

$$\alpha = \frac{1}{2M} \tag{8.32}$$

其中 M 是滤波器的长度。式(8.31)的自正交化滤波算法的一个重要性质是：理论上，不管输入信号的统计特性如何，式(8.31)可保证其收敛速率为常数。

为了证明这个有用的性质，定义加权误差向量为

$$\boldsymbol{\varepsilon}(n) = \mathbf{w}_o - \hat{\mathbf{w}}(n) \tag{8.33}$$

其中权向量 $\mathbf{w}_o$ 是维纳解。我们可按照 $\boldsymbol{\varepsilon}(n)$ 将式(8.31)的算法重写为

$$\boldsymbol{\varepsilon}(n+1) = \big(\mathbf{I} - \alpha\mathbf{R}^{-1}\mathbf{u}(n)\mathbf{u}^{\mathrm{T}}(n)\big)\boldsymbol{\varepsilon}(n) - \alpha\mathbf{R}^{-1}\mathbf{u}(n)e_o(n) \tag{8.34}$$

其中 $\mathbf{I}$ 为单位矩阵，$e_o(n)$ 是由维纳解产生的误差信号的最优值。对式(8.34)两边取数学期望，并在假设 α 很小的条件下引用直接平均法(见6.4节)，可得以下结果：

$$\mathbb{E}[\boldsymbol{\varepsilon}(n+1)] \approx \big(\mathbf{I} - \alpha\mathbf{R}^{-1}\mathbb{E}[\mathbf{u}(n)\mathbf{u}^{\mathrm{T}}(n)]\big)\mathbb{E}[\boldsymbol{\varepsilon}(n)] - \alpha\mathbf{R}^{-1}\mathbb{E}[\mathbf{u}(n)e_o(n)] \tag{8.35}$$

据此，在实数据情况下，我们可看出以下几点：

- 根据广义平稳过程的相关矩阵定义，有

$$\mathbb{E}[\mathbf{u}(n)\mathbf{u}^{\mathrm{T}}(n)] = \mathbf{R}$$

- 根据正交性原理，有(见2.2节)

$$\mathbb{E}[\mathbf{u}(n)e_o(n)] = \mathbf{0}$$

因此，可以将式(8.35)简化为

$$\begin{aligned}
\mathbb{E}[\boldsymbol{\varepsilon}(n+1)] &= (\mathbf{I} - \alpha\mathbf{R}^{-1}\mathbf{R})\mathbb{E}[\boldsymbol{\varepsilon}(n)] \\
&= (1 - \alpha)\mathbb{E}[\boldsymbol{\varepsilon}(n)]
\end{aligned} \tag{8.36}$$

式(8.36)是一个自治一阶差分方程，其解为

$$\mathbb{E}[\boldsymbol{\varepsilon}(n)] = (1-\alpha)^n \mathbb{E}[\boldsymbol{\varepsilon}(0)] \tag{8.37}$$

其中 $\boldsymbol{\varepsilon}(0)$ 是加权误差向量的初始值。因此，当 α 的取值范围为 $0 < \alpha < 1$ 时，可写出

$$\lim_{n\to\infty} \mathbb{E}[\boldsymbol{\varepsilon}(n)] = \mathbf{0} \tag{8.38}$$

或等效地，有

$$\lim_{n\to\infty} \mathbb{E}[\hat{\mathbf{w}}(n)] = \mathbf{w}_o \tag{8.39}$$

最重要的是，我们从式(8.37)看出，收敛速率完全独立于输入信号的统计特性，正如前面所指出的。

例2　白噪声输入

为了说明自正交化自适应滤波算法的收敛特性，考虑白噪声输入的情况，其相关矩阵定义为

$$\mathbf{R} = \sigma^2 \mathbf{I} \tag{8.40}$$

其中 σ^2 是白噪声方差，$\mathbf{I}$ 是单位矩阵。对于这个输入，当 $\alpha = 1/2M$ 时，利用式(8.31)得

$$\hat{\mathbf{w}}(n+1) = \hat{\mathbf{w}}(n) + \frac{1}{2M\sigma^2}\mathbf{u}(n)e(n) \tag{8.41}$$

这个算法可看做步长参数 μ 取为

$$\mu = \frac{1}{2M\sigma^2} \tag{8.42}$$

的传统 LMS 算法。换句话说，对于由特征值扩散度为 1 所表征的白噪声序列这个特殊情况，传统 LMS 算法以相同于自正交化自适应滤波算法的方式表现出来。

8.4.1　两级自适应滤波器

最后一个例子指出，我们可通过分两级处理使得任意环境下的自正交化自适应滤波器机械化(mechanize)[Narayan et al., 1983；Cowan & Grant, 1985]，即

1) 将输入向量 $\mathbf{u}(n)$ 变换为一个由互不相关变量组成的对应向量;

2) 将变换后的向量用做 LMS 算法的输入向量。

根据附录 E 关于特征分析的讨论容易看出,第一目标在理论上可利用 K-L 变换(KLT, Karhunen-Loève transform)来实现。如给定一个取自某一广义平稳过程的零均值输入向量 $\mathbf{u}(n)$,则当实数据时 KLT 的第 i 个输出定义为

$$v_i(n) = \mathbf{q}_i^{\mathrm{T}} \mathbf{u}(n) \qquad i = 0, 1, \cdots, M-1 \tag{8.43}$$

其中 $\mathbf{q}_i$ 是与输入向量 $\mathbf{u}(n)$ 的相关矩阵 $\mathbf{R}$ 的第 i 个特征值 λ_i 有关的特征向量。KLT 的各个输出都是零均值的不相关变量,即

$$\mathbb{E}\left[v_i(n)v_j(n)\right] = \begin{cases} \lambda_i & j = i \\ 0 & j \neq i \end{cases} \tag{8.44}$$

因此,我们可以将 KLT 产生的 $M \times 1$ 向量 $\mathbf{v}(n)$ 的相关矩阵表示为对角矩阵

$$\boldsymbol{\Lambda} = \mathbb{E}\left[\mathbf{v}(n)\mathbf{v}^{\mathrm{T}}(n)\right] = \mathrm{diag}\left[\lambda_0, \lambda_1, \cdots, \lambda_{M-1}\right] \tag{8.45}$$

$\boldsymbol{\Lambda}$ 的逆阵也是一个对角矩阵,即

$$\boldsymbol{\Lambda}^{-1} = \mathrm{diag}\left[\lambda_0^{-1}, \lambda_1^{-1}, \cdots, \lambda_{M-1}^{-1}\right] \tag{8.46}$$

现在,考虑分别用变换后向量 $\mathbf{v}(n)$ 及其逆相关矩阵 $\boldsymbol{\Lambda}^{-1}$ 代替 $\mathbf{u}(n)$ 和 $\mathbf{R}^{-1}$ 后的式(8.31)的自正交化自适应滤波算法。在这个新情况下,式(8.31)取为如下形式

$$\hat{\mathbf{w}}(n+1) = \hat{\mathbf{w}}(n) + \alpha \boldsymbol{\Lambda}^{-1} \mathbf{v}(n)e(n) \tag{8.47}$$

其第 i 个元素可写为

$$\hat{w}_i(n+1) = \hat{w}_i(n) + \frac{\alpha}{\lambda_i} v_i(n)e(n) \qquad i = 0, 1, \cdots, M-1 \tag{8.48}$$

注意式(8.47)中 $\hat{\mathbf{w}}(n)$ 的意义不同于式(8.31),因为输入向量替换为变换的向量 $\mathbf{v}(n)$。式(8.48)显然是 LMS 算法的归一化形式,这里的"归一化"意指每个抽头权值都取值为其自身的步长参数,它与原来的输入向量 $\mathbf{u}(n)$ 的相关矩阵所对应的特征值有关。于是,式(8.48)解决了本节开始提到的第二个问题。然而,要注意的是,这里描述的算法不同于第 7 章所讨论的传统归一化 LMS 算法。

KLT 是与信号特性有关的变换,其实现需要输入向量相关矩阵的估计、该矩阵的对角化及所需的基向量的结构。这些计算使得 KLT 无法在实时应用中使用。所幸的是,离散余弦变换(DCT, discrete cosine transform)提供了预先确定的有关基向量集,它可很好地逼近 KLT。实际上,对于信号处理研究中足够通用的零均值、一阶马尔可夫平稳过程,当序列长度增加且相邻相关系数趋于 1 时,DCT 渐近逼近于 KLT(Rao & Yip, 1990)[①];一个随机过程的相邻相关系数定义为单位延迟自相关函数与零延迟自相关函数(即均方值)之比。既然 KLT 与信号特性有关,而 DCT 与信号特性无关,因此 DCT 能够以高计算效率实现。对于某些信号,DCT 基向量可以很好地逼近 KLT。

---

① Grenander 和 Szegö(1958)及 Gray(1972)。注意,对于高阶马尔可夫输入信号,DFT 的渐近特征值扩展比 DCT 差得多,这使 DCT 比 DFT 更接近于 KLT。特别对于这种输入信号,DFT 的渐近特征值扩展为 $\left[(1+\rho)/(1-\rho)\right]$,而 DCT 的渐近特征值扩展为 $(1+\rho)$,其中 ρ 是输入信号的相邻相关系数(Beaufays, 1995a)。

现在，我们备有用来表示实际逼近兼有 DCT 和 LMS 期望特性的自正交化自适应滤波器所需要的工具。图 8.4 显示了这种滤波器的框图。该滤波器由两级组成，第一级实现滑动 DCT 算法，第二级实现归一化 LMS 算法（Beaufays & Widrow, 1994; Beaufays, 1995a）。实际上，第一级起着一个预处理器的作用，它以一种近似的方式完成对输入向量的正交化处理。

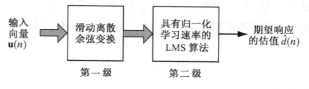

图 8.4 DCT-LMS 算法的框图

8.4.2 滑动 DCT

对于我们介绍的应用，所考虑到的 DCT 使用一个滑动窗口，它对每个新的输入样值都要进行计算。因此，这使得 LMS 算法（采用 DCT 后的）能够如同传统方式那样以输入数据的速率进行运算。因此，不像快速分块 LMS 算法，这里阐述的频域自适应滤波算法是一种非分块算法，因此在运算精度上不如分块算法。

根据傅里叶变换理论，偶函数的离散傅里叶变换导致离散余弦变换。利用这个简单性质，可以导出一种计算滑动 DCT 的高效算法。为此，考虑一个有 M 个样值的序列 $u(n), u(n-1), \cdots, u(n-M+1)$。我们可构造一个扩展序列 $a(i)$，它关于点 $n-M+1/2$ 具有如下对称性（见图 8.5）

$$a(i) = \begin{cases} u(i), & i = n, n-1, \cdots, n-M+1 \\ u(-i+2n-2M+1) & i = n-M, n-M-1, \cdots, n-2M+1 \end{cases} \quad (8.49)$$

为了表达方便，定义

$$W_{2M} = \exp\left(-\frac{\mathrm{j}2\pi}{2M}\right) \quad (8.50)$$

在第 n 时刻，式（8.49）的扩展序列的 $2M$ 点DFT 的第 m 个元素定义为

$$A_m(n) = \sum_{i=n-2M+1}^{n} a(i) W_{2M}^{m(n-i)} \quad (8.51)$$

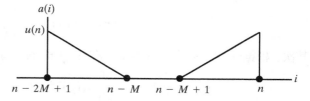

图 8.5 扩展序列 $a(i)$ 的构造

将式（8.49）代入式（8.51），可以写出

$$
\begin{aligned}
A_m(n) &= \sum_{i=n-M+1}^{n} a(i) W_{2M}^{m(n-i)} + \sum_{i=n-2M+1}^{n-M} a(i) W_{2M}^{m(n-i)} \\
&= \sum_{i=n-M+1}^{n} u(i) W_{2M}^{m(n-i)} + \sum_{i=n-2M+1}^{n-M} u(-i+2n-2M+1) W_{2M}^{m(n-i)} \\
&= \sum_{i=n-M+1}^{n} u(i) W_{2m}^{m(n-i)} + \sum_{i=n-M+1}^{n} u(i) W_{2M}^{m(i-n+2M-1)}
\end{aligned}
\quad (8.52)
$$

提出公因子 $W_{2M}^{m(M-1/2)}$，并合并两个和式，则上式可重新定义为

$$
\begin{aligned}
A_m(n) &= W_{2M}^{m(M-1/2)} \sum_{i=n-M+1}^{n} u(i) \left(W_{2M}^{-m(i-n+M-1/2)} + W_{2M}^{m(i-n+M-1/2)} \right) \\
&= 2(-1)^m W_{2M}^{-m/2} \sum_{i=n-M+1}^{n} u(i) \cos\left(\frac{m(i-n+M-1/2)\pi}{M}\right)
\end{aligned}
\quad (8.53)
$$

式中，最后一行利用了 W_{2M} 的定义和余弦函数的欧拉(Euler)公式。除了比例因子外，式(8.53)中的和式就是 n 时刻序列 $u(n)$ 的 DCT，即

$$C_m(n) = k_m \sum_{i=n-M+1}^{n} u(i) \cos\left(\frac{m(i-n+M-1/2)\pi}{M}\right) \tag{8.54}$$

其中常数 k_m 为

$$k_m = \begin{cases} 1/\sqrt{2} & m = 0 \\ 1 & \text{其他} \end{cases} \tag{8.55}$$

因此，根据式(8.53)和式(8.54)，序列 $u(n)$ 的 DCT 与扩展序列 $a(n)$ 的 DFT 之间的关系为

$$C_m(n) = \frac{1}{2} k_m (-1)^m W_{2M}^{m/2} A_m(n) \qquad m = 0, 1, \cdots, M-1 \tag{8.56}$$

式(8.52)给出的扩展序列 $a(n)$ 的 DFT 可以看成两个互补 DFT 之和

$$A_m(n) = A_m^{(1)}(n) + A_m^{(2)}(n) \tag{8.57}$$

其中

$$A_m^{(1)}(n) = \sum_{i=n-M+1}^{n} u(i) W_{2M}^{m(n-i)} \tag{8.58}$$

和

$$A_m^{(2)}(n) = \sum_{i=n-M+1}^{n} u(i) W_{2M}^{m(i-n+2M-1)} \tag{8.59}$$

首先，考虑第一个 DFT $A_m^{(1)}(n)$。把样值 $u(n)$ 分离出来，可将 n 时刻计算的 DFT 重写为如下形式

$$A_m^{(1)}(n) = u(n) + \sum_{i=n-M+1}^{n-1} u(i) W_{2M}^{m(n-i)} \tag{8.60}$$

其次，根据式(8.58)我们注意到，在 $n-1$ 时刻计算的 DFT 的前一个值为

$$A_m^{(1)}(n-1) = \sum_{i=n-M}^{n-1} u(i) W_{2M}^{m(n-1-i)}$$

$$= (-1)^m W_{2M}^{-m} u(n-M) + W_{2M}^{-m} \sum_{i=n-M+1}^{n} u(i) W_{2M}^{m(n-i)} \tag{8.61}$$

式中最后一行的第一项中，我们利用了如下等式

$$W_{2M}^{mM} = e^{-jm\pi} = (-1)^m$$

将式(8.61)乘以 W_{2M}^m，再减去式(8.60)的结果，经整理后得

$$A_m^{(1)}(n) = W_{2M}^m A_m^{(1)}(n-1) + u(n) - (-1)^m u(n-M) \qquad m = 0, 1, \cdots, M-1 \tag{8.62}$$

式(8.62)是一阶差分方程式，当已知前一时刻的值 $A_m^{(1)}(n-1)$、新样值 $u(n)$ 和旧样值 $u(n-M)$ 时，则式(8.62)可用来更新 $A_m^{(1)}(n)$ 的计算。

下面，考虑式(8.59)定义的第二个 DFT 即 $A_m^{(2)}(n)$ 的递归计算。对于所有整数 m，我们有 $W_{2M}^{2mM} = 1$。从而，把样值 $u(n)$ 所涉及的项分离出来，可将这个 DFT 表示为如下形式

$$A_m^{(2)}(n) = W_{2M}^{-m} u(n) + W_{2M}^{-m} \sum_{i=n-M+1}^{n-1} u(i) W_{2M}^{m(i-n)} \tag{8.63}$$

现在，使用式(8.59)计算 $n-1$ 时刻的第二个 DFT，然后着手分离出含 $u(n-M)$ 样值的项，

则可写出

$$
\begin{aligned}
A_m^{(2)}(n-1) &= \sum_{i=n-M}^{n-1} u(i)W_{2M}^{m(i-n)} \\
&= W_{2M}^{mM}u(n-M) + \sum_{i=n-M+1}^{n-1} u(i)W_{2M}^{m(i-n)} \qquad (8.64)\\
&= (-1)^m u(n-M) + \sum_{i=n-M+1}^{n-1} u(i)W_{2M}^{m(i-n)}
\end{aligned}
$$

将式(8.64)乘以 W_{2M}^{-m}，再减去式(8.63)的结果，经整理后得

$$
A_m^{(2)}(n) = W_{2M}^{-m}A_m^{(2)}(n-1) + W_{2M}^{-m}\big(u(n) - (-1)^m u(n-M)\big) \qquad (8.65)
$$

最后，利用式(8.56)、式(8.57)、式(8.62)和式(8.65)，可构造出序列 $u(n)$ 的离散余弦变换 $C_m(n)$ 递归计算的框图，如图 8.6 所示。该结构的简化基于以下两点：

- 当前样值 $u(n)$ 和过去样值 $u(n-M)$ 所涉及的运算，对计算离散傅里叶变换 $A_m^{(1)}(n)$ 和 $A_m^{(2)}(n)$ 来说是相同的，从而图 8.6 的前端部分是共用的。

- 图中前向路径上的算子 z^{-M} 乘以 $\beta^M(-1)^m$，其中 β 是一个新的参数；而图中两个反馈环路内部的算子 z^{-1} 则乘以 β。引入这个新参数的原因，后面将会简要说明。

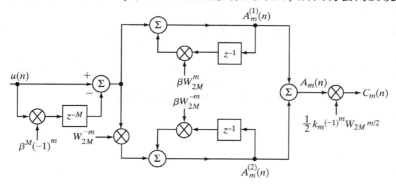

图 8.6 滑动离散余弦变换的间接计算

如图 8.6 所示的离散时间系统称为频域抽样滤波器。它呈现结构对称的形式，这是构成离散余弦变换定义的数学对称性所固有的。

图 8.6 中从输入 $u(n)$ 到第 m 个 DCT 输出 $C_m(n)$ 所表示的滤波器的转移函数为

$$
H_m(z) = \frac{1}{2}k_m\left(\exp\left(-\frac{\mathrm{j}m\pi}{2M}\right)\frac{(-1)^m - z^{-M}}{1 - \exp\left(\frac{\mathrm{j}m\pi}{M}\right)z^{-1}} + \exp\left(\frac{\mathrm{j}m\pi}{2M}\right)\frac{(-1)^m - z^{-M}}{1 - \exp\left(-\frac{\mathrm{j}m\pi}{M}\right)z^{-1}}\right)
$$

$$(8.66)$$

式(8.66)中的公共分子，即因子$((-1)^m - z^{-M})$，表示围绕 z 平面单位圆等间隔分布的零点集合。这些零点为

$$
z_m = \exp\left(\frac{\mathrm{j}\pi m}{M}\right) \qquad m = 0, \pm 1, \cdots, \pm(M-1) \qquad (8.67)
$$

式(8.66)中第一个部分分式有一个位于 $z = \exp(\mathrm{j}m\pi/M)$ 的单极点，而第二个部分分式有一

个在 $z_m = \exp(-jm\pi/M)$ 的单极点。每一个极点都与分子上的一个特殊零点精确消除。其最后结果是图 8.6 的滤波器结构等效于并行工作的两组窄带全零滤波器,其中每个滤波器组对应于 M 个 DCT 柜。图 8.7(a)显示出由系数 $m=0$ 和 $m=1$ 表示的相邻两个 DCT 柜相匹配的频域抽样滤波器的频率响应,而图 8.7(b)显示出 $M=8$ 柜时该滤波器的冲激响应。

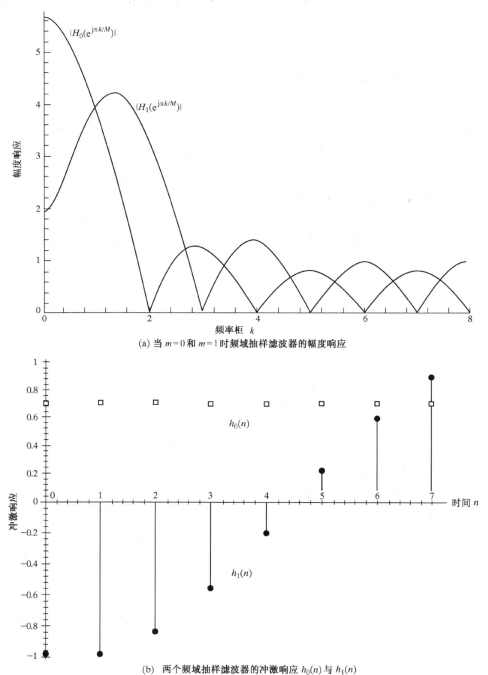

(a) 当 $m=0$ 和 $m=1$ 时频域抽样滤波器的幅度响应

(b) 两个频域抽样滤波器的冲激响应 $h_0(n)$ 与 $h_1(n)$

图 8.7 频域抽样滤波器的幅度响应和冲激响应

当 $\beta = 1$ 时，此处所述的频域抽样滤波器处于"临界"稳定状态，这是因为对于每个 DCT 柜，图 8.6 中两个反馈支路的极点正好在单位圆上，而舍入误差的存在（尽管很小）可能会使这些极点中的一个或多个跑到单位圆外，从而导致系统不稳定。这个问题可通过将前向支路的零点和反馈支路的极点稍微往单位圆内移一点而得到缓解（Shynk & Widrow, 1986）。因此在图 8.6 中引入参数 β，$0 < \beta < 1$。例如，取 $\beta = 0.99$，那么频域抽样滤波器转移函数 $H_m(z)$ 表达式（8.66）中各部分分式展开式的所有零点和极点都被移到半径为 $\beta = 0.99$ 的圆上，从而使频域抽样滤波器的稳定性得到保证，尽管并没有实现严格的零极点消除（Shynk, 1992）。

8.4.3　特征值估计

在 DCT-LMS 算法设计中，最后剩下要考虑的一个问题是如何估计输入向量 $\mathbf{u}(n)$ 的相关矩阵 $\mathbf{R}$ 的特征值。这些特征值定义了式（8.48）LMS 算法中用来修正各权值的步长大小。假设产生输入向量 $\mathbf{u}(n)$ 的随机过程是各态历经的，那么对于实数据，我们可将其相关矩阵 $\mathbf{R}$ 的估值定义为

$$\hat{\mathbf{R}}(n) = \frac{1}{n} \sum_{i=1}^{n} \mathbf{u}(i)\mathbf{u}^{\mathrm{T}}(i) \tag{8.68}$$

它称为样值相关矩阵。DCT 系数提供了 $M \times M$ 矩阵 $\mathbf{Q}$ 的一种近似，该矩阵的列向量表示了相关矩阵 $\mathbf{R}$ 的特征值所对应的特征向量。如用 $\hat{\mathbf{Q}}$ 表示这个近似矩阵，则 DCT 所产生的输出向量 $C_0(n), C_1(n), \cdots, C_{M-1}(n)$ 与输入向量 $\mathbf{u}(n)$ 的关系为

$$\hat{\mathbf{v}}(n) = \left[C_0(n), C_1(n), \cdots, C_{M-1}(n) \right]^{\mathrm{T}} = \hat{\mathbf{Q}}\mathbf{u}(n) \tag{8.69}$$

此外，根据式（8.68）和式（8.69），DCT 所实现的正交变换可近似表示为如下形式

$$\hat{\mathbf{\Lambda}}(n) = \hat{\mathbf{Q}}\hat{\mathbf{R}}(n)\hat{\mathbf{Q}}^{\mathrm{T}} = \frac{1}{n} \sum_{i=1}^{n} \hat{\mathbf{Q}}\mathbf{u}(i)\mathbf{u}^{\mathrm{T}}(i)\mathbf{Q}^{\mathrm{T}} = \frac{1}{n} \sum_{i=1}^{n} \hat{\mathbf{v}}(i)\hat{\mathbf{v}}^{\mathrm{T}}(i) \tag{8.70}$$

等效地，有

$$\hat{\lambda}_m(n) = \frac{1}{n} \sum_{i=1}^{n} C_m^2(i) \qquad m = 0, 1, \cdots, M-1 \tag{8.71}$$

式（8.71）可写成如下递归形式

$$\hat{\lambda}_m(n) = \frac{1}{n} C_m^2(n) + \frac{1}{n} \sum_{i=1}^{n-1} C_m^2(i) = \frac{1}{n} C_m^2(n) + \frac{n-1}{n} \cdot \frac{1}{n-1} \sum_{i=1}^{n-1} C_m^2(i) \tag{8.72}$$

根据式（8.71）的定义，我们有

$$\hat{\lambda}_m(n-1) = \frac{1}{n-1} \sum_{i=1}^{n-1} C_m^2(i)$$

因此，式（8.72）可进一步改写为递归形式

$$\hat{\lambda}_m(n) = \hat{\lambda}_m(n-1) + \frac{1}{n} \left(C_m^2(n) - \hat{\lambda}_m(n-1) \right) \tag{8.73}$$

式（8.73）适用于广义平稳情况。为了说明非平稳条件下自适应滤波运行情况，将递归方程（8.73）修正为（Chao et al., 1990）

$$\hat{\lambda}_m(n) = \gamma \hat{\lambda}_m(n-1) + \frac{1}{n} \left(C_m^2(n) - \gamma \hat{\lambda}_m(n-1) \right) \qquad m = 0, 1, \cdots, M-1 \tag{8.74}$$

其中 γ 是遗忘因子(forgetting factor),其取值范围为 $0 < \gamma < 1$。式(8.74)是人们所期望的递归计算输入向量 $\mathbf{u}(n)$ 相关矩阵特征值的表达式。

8.4.4　DCT-LMS 算法小结

至此,容易总结出计算 DCT-LMS 算法中所涉及的步骤。在表8.2 中总结出这些步骤,它由图8.6 及式(8.48)、式(8.74)、式(8.62)和式(8.65)得出。

表8.2　DCT-LMS 算法小结

初始化:
对 $m = 0, 1, \cdots, M-1$,令

$$A_m^{(1)}(0) = A_m^{(2)}(0) = 0$$
$$\hat{\lambda}_m(0) = 0$$
$$\hat{w}_m(0) = 0$$
$$k_m = \begin{cases} 1/\sqrt{2} & m = 0 \\ 1 & \text{其他} \end{cases}$$

参数选择:　$\alpha = \dfrac{1}{2M}$　　$\beta = 0.99$　　$0 < \gamma < 1$

滑动 DCT:
对 $m = 0, 1, \cdots, M-1$ 和 $n = 1, 2, \cdots$,计算

$$A_m^{(1)}(m) = \beta W_{2M}^m A_m^{(1)}(n-1) + u(n) - \beta^M(-1)^m u(n-M)$$
$$A_m^{(2)}(n) = \beta W_{2M}^{-m} A_m^{(2)}(n-1) + W_{2M}^{-m}(u(n) - \beta^M(-1)^m u(n-M))$$
$$A_m(n) = A_m^{(1)}(n) + A_m^{(2)}(n)$$
$$C_m(n) = \frac{1}{2} k_m (-1)^m W_{2M}^{m/2} A_m(n)$$

其中 W_{2M} 定义为

$$W_{2M} = \exp\left(\frac{-j2\pi}{2M}\right)$$

LMS 算法:

$$y(n) = \sum_{m=0}^{M-1} C_m(n) \hat{w}_m(n)$$
$$e(n) = d(n) - y(n)$$
$$\hat{\lambda}_m(n) = \gamma \hat{\lambda}_m(n-1) + \frac{1}{n}(C_m^2(n) - \gamma \hat{\lambda}_m(n-1))$$
$$\hat{w}_m(n+1) = \hat{w}_m(n) + \frac{\alpha}{\hat{\lambda}_m(n)} C_m(n) e(n)$$

表注:在计算更新权值 $\hat{w}_m(n+1)$ 时,应该注意防止 LMS 算法不稳定。不稳定将发生在某些特征值估值接近于零时。解决的技巧是在 $\hat{\lambda}_m(n)$ 中加上一个很小的常数 δ。另一种更好的方法是,通过加入少量白噪声来改变输入信号向量的相关矩阵的条件数(F. Beaufays 的私人通信, 1995)。

8.5　自适应均衡的计算机实验

在这个计算机实验中,我们重新考虑了 6.7 节所讨论的自适应信道均衡的例子,该处使用传统 LMS 算法完成自适应运算。这里,我们使用 8.4 节导出的 DCT-LMS 算法(关于信道冲激响应和用于信道输入的随机序列的细节,参见 6.7 节)。

该实验分为两个部分：

- 第一部分，研究均衡器输入相关矩阵不同特征值扩散度情况下 DCT-LMS 算法的瞬态特性。
- 第二部分，比较 DCT-LMS 算法与传统 LMS 算法的瞬态特性。

在整个实验中，信噪比保持在 30 dB，参数 β 值取为 0.99。

实验 1：DCT-LMS 算法的瞬态行为

在图 8.8 中，给出了不同信道参数 W 下 DCT-LMS 算法的集平均学习曲线（不要将用于这项实验的参数 W 与 DCT 中的参数 W 混淆）。特别地，我们有 $W = 2.9$、3.1、3.3 和 3.5，一个对应于特征值扩散度为 $\chi(\mathbf{R}) = 6.078$、11.124、21.713 和 46.822 的序列（见表 6.2）。图中结果清楚地表明，与传统 LMS 算法不同，DCT-LMS 算法的集平均瞬态特性对输入向量 $\mathbf{u}(n)$ 相关矩阵 $\mathbf{R}$ 的特征值扩散情况不太敏感。这种期望的特性是由于用做 LMS 算法预处理的 DCT 的正交归一化作用（即正交化与归一化的结合）。

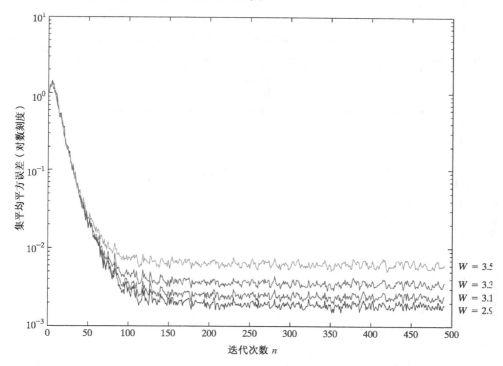

图 8.8　对于不同的特征值扩散度 $\chi(\mathbf{R})$ 的 DCT-LMS 学习曲线

实验 2：DCT-LMS 算法和其他自适应滤波算法的比较

图 8.9(a)～图 8.9(d)给出了四种不同信道参数 W 下 DCT-LMS 算法与其他两种算法[传统 LMS 算法和递归最小二乘(RLS)算法]的集平均误差性能比较。传统 LMS 算法的运行遵循第 6 章所讨论的理论；而 RLS 算法的理论在第 10 章介绍，这里包含它作为另一种感兴趣的参考框架。基于图 8.9 给出的结果，我们观察到所考虑的三种自适应滤波算法的瞬态特性如下：

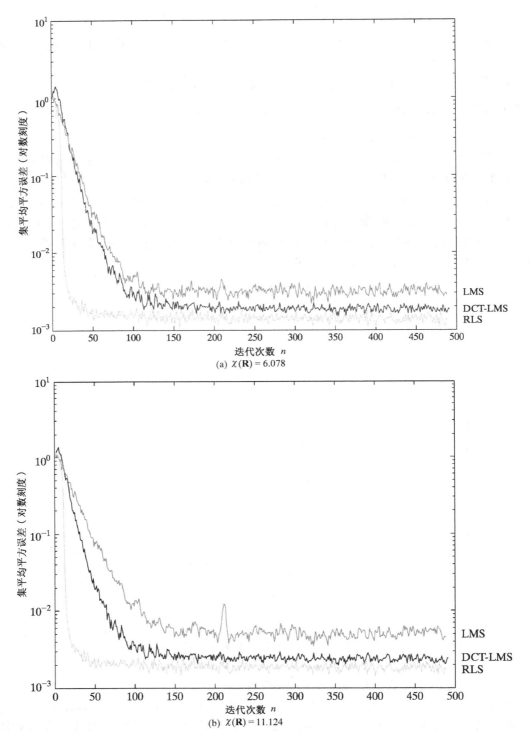

(a) $\chi(\mathbf{R}) = 6.078$

(b) $\chi(\mathbf{R}) = 11.124$

图 8.9　传统 LMS、DCT-LMS 和 RLS 算法的学习曲线比较

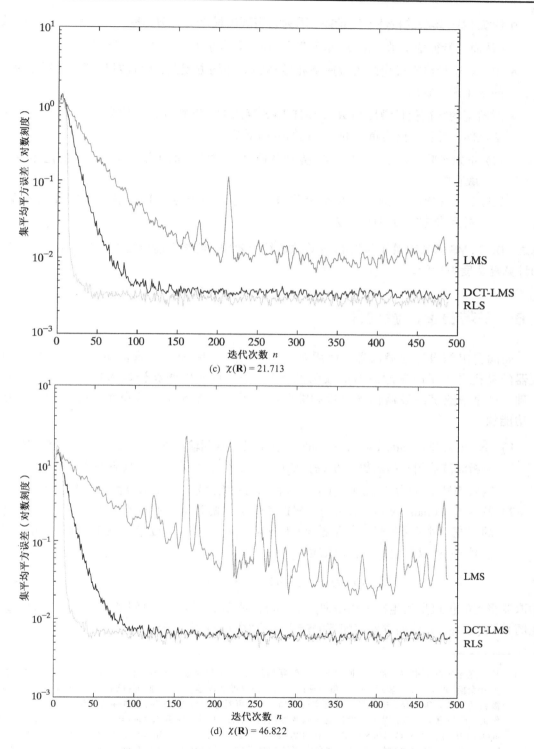

(c) $\chi(\mathbf{R}) = 21.713$

(d) $\chi(\mathbf{R}) = 46.822$

图 8.9(续)　传统 LMS、DCT-LMS 和 RLS 算法的学习曲线比较

- 传统 LMS 算法的特性始终最差,因为它表现出最慢的收敛速率,对参数 W 变化最敏感 [从而对特征值扩散度 $\chi(\mathbf{R})$ 最敏感],而且具有最大的额外均方误差。

- RLS 算法始终有最快的收敛速率和最小的额外均方误差,而且对特征值扩散度 $\chi(\mathbf{R})$ 的变化最不敏感。

- 对给定的特征值扩散度 $\chi(\mathbf{R})$,DCT-LMS 算法的瞬态特性介于传统 LMS 算法与 RLS 算法之间。然而,更为重要的是,我们有如下结果:

  (ⅰ) 正如实验 1 所示,DCT-LMS 算法的收敛性对特征值扩散度 $\chi(\mathbf{R})$ 的变化相对不太敏感。

  (ⅱ) DCT-LMS 算法所产生的额外均方误差远远小于传统 LMS 算法的额外均方误差,并且非常接近 RLS 算法。

总之,DCT-LMS 算法改善了传统 LMS 算法的统计效率,使该性能更接近于 RLS 算法,但以增加计算复杂度为代价。

8.6　子带自适应滤波器

如同自组织自适应滤波器,使用基于 LMS 算法(因为其实现简单)的子带自适应滤波器的动机是为了改善滤波器的收敛性能[①]。子带自适应滤波器以多速率数字滤波器为基础,多速率数字滤波器包含分析和综合两个部分。图 8.10(a)所示的分析部分包括两个功能块:

1) 分析滤波器组(analysis filter bank):它由具有共同输入的长度为 L 的数字滤波器组成。分析滤波器的转移函数用 $H_1(z),H_2(z),\cdots,H_L(z)$ 表示,且其频率响应略有重叠。故其输入信号 $u(n)$ 分割成用 $\{u_k(n)\}_{k=1}^L$ 表示的一组信号,这组信号称为子带信号。

2) 抽取器组(bank of decimators):根据子带信号的带宽都必须小于整个频带信号 $u(n)$ 的带宽,对子带信号进行下抽样(down-sample)。第 k 个 L 倍(L-fold)抽取器采用子带信号 $u_k(n)$ 以产生如下输出信号

$$u_{k,D}(n) = u_k(Ln) \qquad k = 1, 2, \cdots, L \qquad (8.75)$$

抽取器得到的仅仅是发生在 L 倍数时刻 $u_k(n)$ 的样值。图 8.11 说明了 $L=2$ 时的抽取过程。在图 8.11(a)中,L 倍抽取器用朝下的箭头加抽取因子 L 来表示。

---

① 从较宽松的意义来讲,如果将抽取器和存储器加到 Widrow 和 Stearns (1985)著作的图 8.23 中标有"离散傅里叶变换"的方块(它表示一用预处理产生正交信号的滤波器)里,我们可得到一个类似于子带自适应滤波器的系统。很明显,这不是一个真实的事情,但它可看做与历史上感兴趣事件的一种联系。
　然而,严格意义上讲,对于子带自适应滤波器的研究工作可以追溯到 Kellermann(1985)、Yasukawa 和 Shimada(1987)、Chen 等(1988)、Gilloire 和 Vetterli(1992)、Petraglia 和 Mittra(1993)的某些早期的论文。Gilloire 和 Vetterli (1992)的论文被一些研究者认为是子带自适应滤波方面的开创性论文。尽管这篇论文并不完美,但它的思想是正确的。其他关于子带自适应滤波器设计方面的论述包括 de Courville 和 Duhamel (1998)、Pradhan 和 Reddy(1999)及 Farhang-Boroujeny(1998)的著作。8.6 节所介绍的材料基于 Pradhan 和 Reddy 的论文。

图 8.10(a)所示多速率数字滤波器分析部分的实际优点在于,它能使每个抽取信号$u_{k,D}(n)$的处理充分利用第 k 个抽取子带信号的特殊性质(例如,子带信号的能量级或感知意义)。经这个处理过程得到的信号应用于多速率数字滤波器的综合部分,以便进行进一步处理。

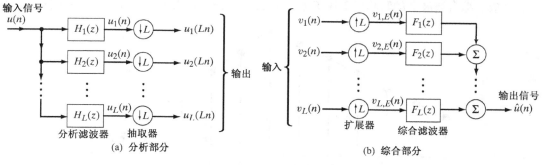

图 8.10　多速率数字滤波器

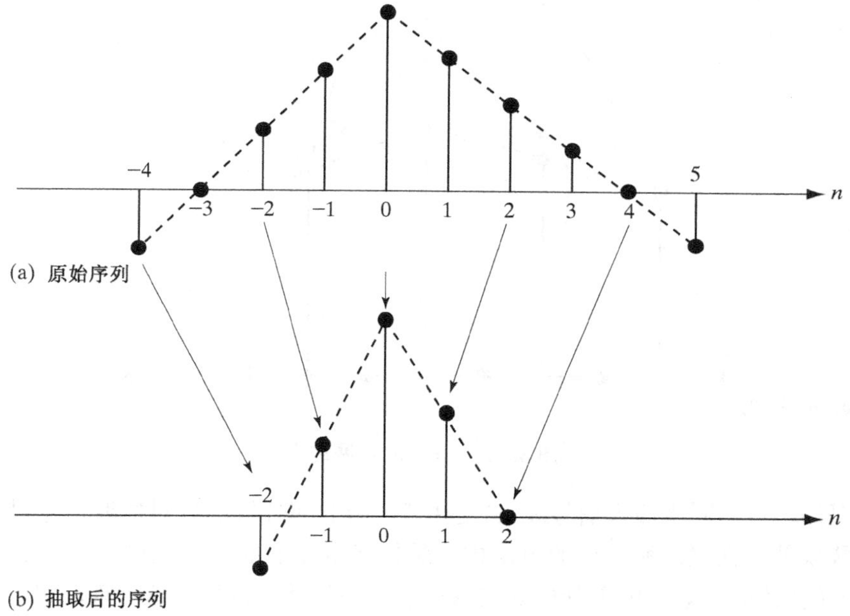

图 8.11　$L=2$ 的抽取过程

综合滤波器还包含如下两个功能块[如图 8.10(b)所示]:

1) 扩展器组(bank of expanders):用来对其各个输入信号进行上抽样(up-sample)。第 k 个 L 倍扩展器采用输入信号 $v_k(n)$ 以产生如下输出信号

$$v_{k,E}(n) = \begin{cases} v_k(n/L) & \text{如果 } n \text{ 是 } L \text{ 的整数倍} \\ 0 & \text{其他} \end{cases} \tag{8.76}$$

图 8.12 表示 $L=2$ 的扩展过程。在图 8.12(b)中,L 倍扩展器用朝上的箭头加上扩展因子 L 来表示。对于完成内插过程来说,每个扩展器是必不可少的;然而,也需要滤波器将扩展器中为零的样值转换为内插样值,从而完成内插操作。为了解释这个必要性,根据傅里叶变换所固有的时-频二元性,可以认为第 k 个扩展器的输出频谱

$V_{k,E}(e^{j\omega})$是扩展器输入频谱$V_{k,E}(e^{j\omega})$的L倍压缩形式。特别地,扩展器产生了压缩频谱的多个图像,因而综合部分需要滤波器来抑制不想要的图像。

2) 综合滤波器组(synthesis filter bank):它由具有共同输出的一组L个数字滤波器并联组成。综合滤波器的转移函数用$F_1(z),F_2(z),\cdots,F_L(z)$表示,其输出结果用$\hat{u}(n)$表示。

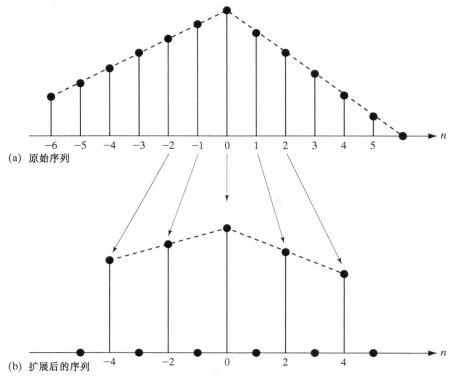

(a) 原始序列

(b) 扩展后的序列

图 8.12　$L=2$ 的扩展过程

输出信号$\hat{u}(n)$不同于输入信号$u(n)$是由于:(1) 在分析部分对抽取信号进行的外部处理;(2)混叠误差。在我们所讨论的范围内,混叠意指在抽取形式频谱中高频分量呈现出与低频分量一样特性的现象。由于分析滤波器的非理想特性所发生的这种现象也包括由于抽取产生了多个副本所引起的低频分量(如H_1)混入到高频带(如H_2或H_3),对于低频带信号,其他一些地方出现这一现象也是可能的。

令$T(z)$表示整个多速率数字滤波器(即分析/综合滤波器)的转移函数。假设在分析滤波器输出信号不做任何外部处理的条件下,选择分析滤波器转移函数$H_1(z),H_2(z),\cdots,H_L(z)$和对应的综合滤波器转移函数$F_1(z),F_2(z),\cdots,F_L(z)$,迫使$T(z)$是一个纯粹的时延,即

$$T(z) = cz^{-\Delta} \tag{8.77}$$

式中c是标量因子,Δ是分析滤波器与综合滤波器级联所引入的处理时延。当这个条件满足时,就说无混叠多速率滤波器具有理想重建特性(perfect reconstruction property)。

在子带自适应滤波中,在多速率数字滤波器抽取器的输出端进行误差信号计算,因此可借助于抽取的抽样率获得计算复杂性降低。此外,通过精心设计近似满足理想重建条件式(8.77)的分析和综合滤波器,有可能显著改善自适应滤波器的收敛特性。然而,对于某些

应用，例如回声消除，对子带自适应滤波器的研究兴趣主要集中于这个应用领域，处理时延 Δ 控制在某一范围之内是很重要的，这是一项不易完成的任务(Pradhan & Reddy, 1999)。为了描述子带滤波器的组成，我们选择图 8.13(a)的系统辨识问题。给定一个具有长冲激响应的未知线性动态系统，问题是设计 LMS 子带自适应滤波器来提供未知系统的近似，使得误差信号 $e(n)$ 的变化(即起着期望响应作用的未知系统响应与 LMS 算法实际响应之差)最小。子带自适应滤波器完成多速率数字滤波器子带中误差信号的计算，两个子带($L = 2$)的例子如图 8.13(b)所示。特别地，由未知系统 $H(z)$ 和 LMS 算法 $\hat{W}(z)$ 产生的输出信号进行了如下处理：(1)用两对分析滤波器 $H_1(z)$ 和 $H_2(z)$ 来划分子带；(2)进行 $L = 2$ 的抽取；(3)相减后得到一对误差信号 $e_1(n)$ 和 $e_2(n)$。接着，这两个误差信号再做以下处理：(1)进行 $L = 2$ 的扩展；(2)通过一对综合滤波器进行滤波；(3)合并产生误差信号 $e(n)$，并根据 LMS 算法依次用于调整自适应滤波器的自由参数。分析滤波器 $H_1(z)$ 和 $H_2(z)$ 及综合滤波器 $F_1(z)$ 和 $F_2(z)$ 的选择满足理想重建条件，以构成一个理想重建滤波器对。

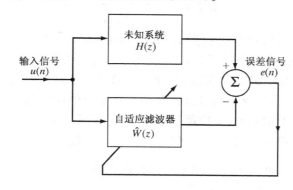

(a) 系统辨识

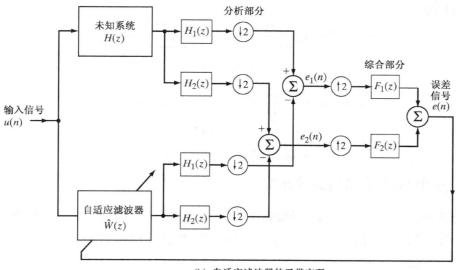

(b) 自适应滤波器的子带实现

图 8.13　有两个子带的子带自适应滤波器

根据 Bellanger 等(1976)的研究,可由多相分解(polyphase decomposition)高效地实现滤波器组。在子带自适应滤波中,可将多相分解用于 LMS 算法。按照定义,我们有

$$\hat{W}(z) = \sum_{k=0}^{M-1} \hat{w}_k z^{-k} \qquad (8.78)$$

式中 $\{\hat{w}_k\}_{k=0}^{M}$ 是长度为 M 的 LMS 算法的冲激响应,这里假设 M 为偶数。将 $\hat{w}_n$ 中的偶数项系数和奇数项系数分开,并用多相分解形式将式(8.78)改写为

$$\hat{W}(z) = \hat{W}_1(z^2) + z^{-1}\hat{W}_2(z^2) \qquad (8.79)$$

其中当 $\hat{w}_{2k} = \hat{w}_{1,k}$ 时

$$\hat{W}_1(z^2) = \sum_{k=0}^{(M-2)/2} \hat{w}_{1,k} z^{-2k} \qquad (8.80)$$

和当 $\hat{w}_{2k+1} = \hat{w}_{2,k}$ 时

$$\hat{W}_2(z^2) = z^{-1}\sum_{k=0}^{(M-2)/2} \hat{w}_{2,k} z^{-2k} \qquad (8.81)$$

多相分解的使用为应用著名恒等式(noble identities)[1]提供了方法,如图 8.14 所示。图 8.14(a)的恒等关系 1 表明,转移函数为 $G(z^L)$ 的滤波器伴随以 L 倍抽取器恒等于 L 倍抽取器伴随以转移函数为 $G(z)$ 的滤波器;图 8.14(b)的恒等关系 2 表明,L 倍扩展器伴随以转移函数为 $G(z^L)$ 的滤波器恒等于转移函数为 $G(z)$ 的滤波器伴随以 L 倍扩展器。

因此,将多相分解和恒等式 1 应用于图 8.13(b)的子带自适应滤波器,可将它重新构造为图 8.15 的形式(Pradhan & Reddy, 1999)。这种新的自适应滤波器可分为下列两种方式[2]:

- 分量 $x_{11}(n)$、$x_{12}(n)$、$x_{21}(n)$ 和 $x_{22}(n)$ 是输入信号 $u(n)$ 的子带;这些分量导致分析滤波器 $H_1(z)$ 和 $H_2(z)$ 的输出信号。
- $\hat{W}_1(z^2)$ 和 $\hat{W}_2(z^2)$ 的两个副本,每一长度为 $M/2$,用于图 8.15 结构中,其中 M 是 $\hat{W}(z)$ 的长度。

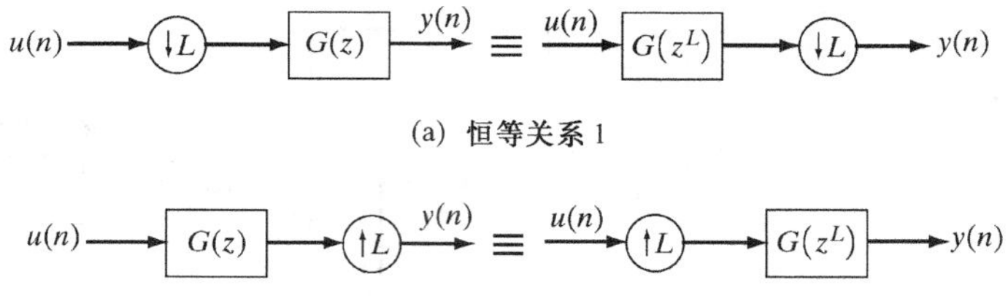

(a) 恒等关系 1

(b) 恒等关系 2

图 8.14   多速率系统的著名恒等关系

8.6.1   子带 LMS 自适应滤波算法

下面来讲述由图 8.15 中两个子带系统 $\hat{W}_1(z^2)$ 和 $\hat{W}_2(z^2)$ 所表示的滤波器权值的自适应。根据这个图可知,误差信号 $e_1(n)$ 和 $e_2(n)$ 的 z 变换形式分别为

[1]   包括著名恒等式和多相分解的多速率系统和滤波器组的详细讨论,可参见 Vaidyanathan(1993)的著作。

[2]   图 8.15 中自适应子带滤波器的另一个新颖特点是相邻子带之间避免使用"互滤波器"(cross-filters)。Gilloire 和 Vetterli(1992)的著作已经证明,使用互滤波器的子带自适应滤波器的收敛性能要劣于全频带自适应滤波器。

$$E_1(z) = Y_1(z) - X_{11}(z)\hat{W}_1(z^2) - X_{12}(z)\hat{W}_2(z^2) \tag{8.82}$$

和

$$E_2(z) = Y_2(z) - X_{21}(z)\hat{W}_1(z^2) - X_{22}(z)\hat{W}_2(z^2) \tag{8.83}$$

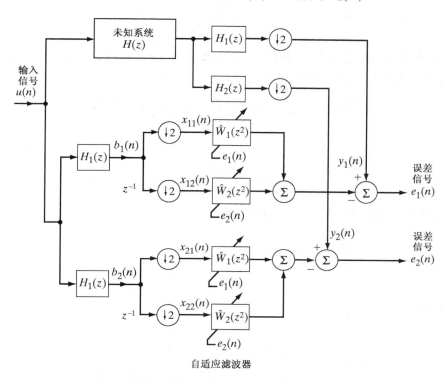

图 8.15　著名的恒等关系 1 应用到图 8.13(b) 的滤波
器所合成的子带自适应滤波器的改进形式

注意 LMS 自适应的形式，最小化用瞬态代价函数定义为

$$J(n) = \frac{1}{2}\mathbf{e}^{\mathrm{T}}(n)\mathbf{P}\mathbf{e}(n)$$

其中

$$\mathbf{e}(n) = \big[e_1(n), e_2(n)\big]^{\mathrm{T}}$$

是误差信号向量，而 $\mathbf{P}$ 是正定矩阵。如选择

$$\mathbf{P} = \begin{bmatrix} \alpha_1 & 0 \\ 0 & \alpha_2 \end{bmatrix}$$

则可将瞬态代价函数写成如下形式

$$J(n) = \frac{1}{2}\big(\alpha_1 e_1^2(n) + \alpha_2 e_2^2(n)\big) \tag{8.84}$$

式中权值系数 α_1 和 α_2 分别正比于分析滤波器 $H_1(z)$ 和 $H_2(z)$ 输出所产生的信号 $b_1(n)$ 和 $b_2(n)$ 的反向功率（见图 8.15）。用来调整滤波器 $\hat{W}_1(z^2)$ 和 $\hat{W}_2(z^2)$ 系数的基于梯度的算法定义为

$$\hat{w}_{1,k}(n+1) = \hat{w}_{1,k}(n) - \mu \frac{\partial J(n)}{\partial \hat{w}_{1,k}(n)} \qquad k = 0, 1, \cdots, \frac{M}{2} - 1 \tag{8.85}$$

和

$$\hat{w}_{2,k}(n+1) = \hat{w}_{2,k}(n) - \mu \frac{\partial J(n)}{\partial \hat{w}_{2,k}(n)} \qquad k = 0, 1, \cdots, \frac{M}{2} - 1 \tag{8.86}$$

其中 $\hat{w}_{1,k}(n)$ 和 $\hat{w}_{2,k}(n)$ 是自适应循环 n 时滤波器 $\hat{W}_1(z^2)$ 和 $\hat{W}_2(z^2)$ 的第 k 个系数。由式(8.84),偏导数 $\partial J(n)/\partial \hat{w}_{1,k}(n)$ 和 $\partial J(n)/\partial \hat{w}_{2,k}(n)$ 分别为

$$\frac{\partial J(n)}{\partial \hat{w}_{1,k}(n)} = \alpha_1 e_1(n) \frac{\partial e_1(n)}{\partial \hat{w}_{1,k}(n)} + \alpha_2 e_2(n) \frac{\partial e_2(n)}{\partial \hat{w}_{1,k}(n)} \tag{8.87}$$

和

$$\frac{\partial J(n)}{\partial \hat{w}_{2,k}(n)} = \alpha_1 e_1(n) \frac{\partial e_1(n)}{\partial \hat{w}_{2,k}(n)} + \alpha_2 e_2(n) \frac{\partial e_2(n)}{\partial \hat{w}_{2,k}(n)} \tag{8.88}$$

此外,由式(8.82)和式(8.83)可导出如下一组偏导数

$$\frac{\partial E_i(n)}{\partial \hat{w}_{j,k}} = -X_{ij}(z)z^{-k} \qquad \begin{aligned} & i = 1, 2 \\ & j = 1, 2 \\ & k = 0, 1, \cdots, \frac{M}{2} - 1 \end{aligned} \tag{8.89}$$

对上式进行 z 变换,得

$$\frac{\partial e_i(n)}{\partial \hat{w}_{j,k}} = -x_{ij}(n-k) \qquad \begin{aligned} & i = 1, 2 \\ & j = 1, 2 \\ & k = 0, 1, \cdots, \frac{M}{2} - 1 \end{aligned} \tag{8.90}$$

将式(8.90)代入式(8.87)和式(8.88),对于图 8.15 的系统,可得如下子带 LMS 算法

$$\hat{w}_{1,k}(n+1) = \hat{w}_{1,k}(n) + \mu[\alpha_1 e_1(n)x_{11}(n-k) + \alpha_2 e_2(n)x_{21}(n-k)] \tag{8.91}$$

$$\hat{w}_{2,k}(n+1) = \hat{w}_{2,k}(n) + \mu[\alpha_1 e_1(n)x_{12}(n-k) + \alpha_2 e_2(n)x_{22}(n-k)] \tag{8.92}$$

在式(8.91)和式(8.92)中,假设两个子带的 LMS 算法的结果相同,且 $k = 0, 1, \cdots, (M/2) - 1$。

图 8.15 的两个子带自适应滤波器及式(8.91)和式(8.92)的相应 LMS 算法可以很容易地推广到 L 个子带的一般情况。由此得到的自适应滤波器的计算复杂性与全频带 LMS 算法的自适应算法几乎一样。Pradhan 和 Reddy(1999)介绍了这种新算法的收敛性,包括计算机模拟和验证了子带自适应算法改进的收敛性能,并与传统算法相比较。

8.7 小结与讨论

频域自适应滤波技术提供了时域 LMS 自适应的一种替代途径。基于分块自适应滤波思想的快速分块 LMS 算法为实现具有很长记忆功能的自适应 FIR 滤波器提供了一种计算上高效的方法。这种算法充分利用了称为重叠存储方法的快速卷积技术所提供的计算优势,它依靠快速傅里叶变换来实现。快速分块 LMS 算法呈现出类似于传统 LMS 算法的收敛特性。特

别地，其收敛权向量、失调和快速 LMS 算法的平均时间常数完全相同于传统 LMS 算法的对应部分。这两种算法的主要区别在于：（1）快速分块 LMS 算法较传统的 LMS 算法有更紧的稳定界限；（2）快速分块 LMS 算法对梯度向量提供了更为精确的估计，并且其精确度随块大小的增加而提高。遗憾的是，这种改善并不意味着会有更快的收敛特性，因为输入向量的相关矩阵的特征值扩散度（它决定了算法的收敛特性）与块大小无关。

本章讨论的另一种频域自适应滤波技术利用了离散余弦变换对统计最优 K-L 变换的渐近等价性关系。这种 DCT-LMS 算法为自正交化自适应滤波方法提供了一种较为准确的近似。与快速分块 LMS 算法不同，DCT-LMS 算法是一种非块的算法，它以输入数据率运行；因此其计算效率不如快速分块 LMS 算法。

快速分块 LMS 算法和 DCT-LMS 算法有一个共同的特征：它们都是基于卷积的频域自适应滤波方法。作为替代，可使用 8.6 节介绍的子带自适应滤波器。采用这种方法的一个动机是，在执行自适应过程之前通过抽取信号以提高计算效率。抽取是指通过数字方法将感兴趣信号的抽取率从给定的速率变为更低速率的过程。这个方法的使用，使得有可能实现长记忆的 FIR 滤波器，而且有可能提高计算效率。这样，设计一个单一的长记忆滤波器的任务转变为设计一个以低速率并行工作的简单滤波器组。

8.8　习题

1. 例 1 表示滤波器长度 $M=3$ 和块长 $L=3$ 的情况下分块自适应滤波器的运算。当 $M=6$ 和 $L=4$ 时重复这个过程。

2. 这个习题的目的在于推导图 8.3 信号流图所描述的快速分块 LMS 算法的矩阵形式。

　（a）为了定义一个构成该算法运算的时域约束，令

$$\mathbf{G}_1 = \begin{bmatrix} \mathbf{I} & \mathbf{O} \\ \mathbf{O} & \mathbf{O} \end{bmatrix}$$

　其中 $\mathbf{I}$ 是 $M \times M$ 的单位矩阵，$\mathbf{O}$ 是 $M \times M$ 的零矩阵。试证明式（8.23）的权值更新公式可以改写为如下紧凑形式

$$\hat{\mathbf{W}}(k+1) = \hat{\mathbf{W}}(k) + \mu \mathbf{G} \mathbf{U}^{\mathrm{H}}(k) \mathbf{W}(k)$$

　式中矩阵 $\mathbf{G}$ 表示强加于梯度向量计算上的约束，且定义为

$$\mathbf{G} = \mathbf{F} \mathbf{G}_1 \mathbf{F}^{-1}$$

　其中矩阵算子 $\mathbf{F}$ 表示离散傅里叶变换，$\mathbf{F}^{-1}$ 表示离散傅里叶反变换。

　（b）为了定义构成快速分块 LMS 算法运算的另一个时域约束，令

$$\mathbf{G}_2 = [\mathbf{O}, \mathbf{I}]$$

　其中 $\mathbf{I}$ 和 $\mathbf{O}$ 与先前的规定一样，分别表示单位矩阵和零矩阵。试证明式（8.21）可重新定义为如下紧凑形式

$$\mathbf{E}(k) = \mathbf{F} \mathbf{G}_2^{\mathrm{T}} \mathbf{e}(k)$$

　（c）使用矩阵 $\mathbf{G}_1$ 和 $\mathbf{G}_2$ 所表示的时域约束，试给出快速分块 LMS 算法每一步的矩阵表示。

　（d）矩阵 $\mathbf{G}$ 为何值时快速分块 LMS 变为 8.3 节的无约束频域自适应滤波算法？

3. 8.3 节的无约束频域自适应滤波算法具有应用方面的限制范围。至少找出一种不受忽略图 8.3 中梯度约束影响的自适应滤波应用，并加以讨论。

4. 图 P8.1 表示变换域 LMS 滤波器的框图(Narayan et al., 1983)。抽头输入向量 $\mathbf{u}(n)$ 首先加到一组带通数字滤波器，它通过离散傅里叶变换(DFT)来实现。令 $\mathbf{x}(n)$ 表示 DFT 输出产生的变换向量。特别地，向量 $\mathbf{x}(n)$ 的元素 k 可表示为

$$x_k(n) = \sum_{i=0}^{M-1} u(n-i)\mathrm{e}^{-\mathrm{j}(2\pi/M)ik} \qquad k = 0, 1, \cdots, M-1$$

其中 $u(n-i)$ 是抽头输入向量 $\mathbf{u}(n)$ 的第 i 个元素。每一个 $x_k(n)$ 对它的平均功率估值进行归一化。向量 $\mathbf{x}(n)$ 与频域权向量 $\mathbf{h}(n)$ 的内积构成如下滤波器的输出

$$y(n) = \mathbf{h}^{\mathrm{H}}(n)\mathbf{x}(n)$$

权向量更新方程为

$$\mathbf{h}(n+1) = \mathbf{h}(n) + \mu\mathbf{D}^{-1}(n)\mathbf{x}(n)e^*(n)$$

其中 $\mathbf{D}(n)$ 是 $M \times M$ 对角矩阵，其第 k 个元素表示的 DFT 输出 $x_k(n)$ 是对 $k = 0, 1, \cdots, M-1$ 的平均功率，而 μ 为自适应常数。如常，估计误差定义为

$$e(n) = d(n) - y(n)$$

其中 $d(n)$ 是期望响应。

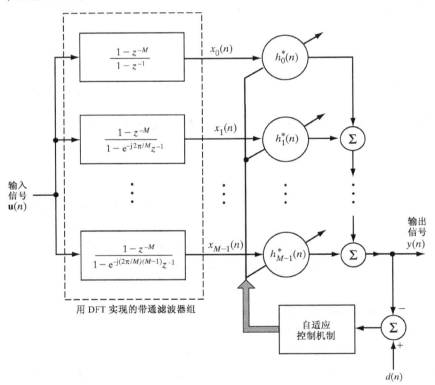

图 P8.1　变换域 LMS 滤波器的框图

(a) 试证明 DFT 输出 $x_k(n)$ 可利用下式递归计算

$$x_k(n) = \mathrm{e}^{\mathrm{j}(2\pi/M)k}x_k(n-1) + u(n) - u(n-M) \qquad k = 0, 1, \cdots, M-1$$

(b) 假设适当选择 μ，试证明权向量 $\mathbf{h}(n)$ 收敛于如下频域最优解

$$\mathbf{h}_o = \mathbf{Q}\mathbf{w}_o$$

并确定 $\mathbf{Q}$ 的分量,其中 $\mathbf{w}_o$ 是时域维纳解,而 $\mathbf{Q}$ 是由 DFT 定义的酉矩阵。

(c) 当控制应用于频域权向量的调整量时,矩阵 $\mathbf{D}^{-1}$ 及 DFT 的使用对预白化(prewhitening)的抽头权向量 $\mathbf{u}(n)$ 具有近似的影响。试做如下事情:

(i) 验证预白化效应;

(ii) 讨论如何对 DFT 输出向量 $\mathbf{x}(n)$ 的特征值扩展进行预白化压缩;

(iii) 转换域 LMS 算法比传统 LMS 算法具有更快的收敛速率。为什么?

5. 序列 $u(n)$ 的离散余弦变换 $C_m(n)$ 可分解为

$$C_m(n) = \frac{1}{2} k_m [C_m^{(1)}(n) + C_m^{(2)}(n)]$$

其中 k_m 由式(8.55)定义。

(a) 证明 $C_m^{(1)}(n)$ 和 $C(2)_m(n)$ 可分别递归计算为

$$C_m^{(1)}(n) = W_{2M}^{m/2}[W_{2M}^{m/2}C_m^{(1)}(n-1) + (-1)^m u(n) - u(n-M)]$$

和

$$C_m^{(2)}(n) = W_{2M}^{-m/2}[W_{2M}^{-m/2}C_m^{(2)}(n-1) + (-1)^m u(n) - u(n-M)]$$

其中

$$W_{2M} = \exp\left(-\frac{j2\pi}{2M}\right)$$

(b) 如何分别在图 8.6 的前向支路和反馈支路中利用与 z^{-M} 及 z^{-1} 有关的乘法因子修改 $C_m(n)$ 的计算(其中 $0 < \beta < 1$)?

6. 说明图 8.15 的子带自适应滤波器可应用著名恒等式 1 从图 8.13(b)的子带自适应滤波器导出。

7. 式(8.91)和式(8.92)所述的子带 LMS 算法是应用于实数据的。试将该算法推广到复数据。

8. 式(8.91)和式(8.92)所述的子带自适应滤波器使用传统 LMS 算法。利用归一化 LMS 算法重新表示这两个式子,并说明这种表示有什么优点。

第9章 最小二乘法

在这一章中，我们将利用所谓的最小二乘法(method of least squares)来解决线性滤波问题，这种方法不需要对滤波器输入信号的统计特性进行假设。为了说明最小二乘法的基本思想，假定有一组实数据 $u(1)$，$u(2)$，$\cdots$，$u(N)$，它们分别取自 t_1，t_2，$\cdots$，t_N 时刻。要求构造一条曲线，这条曲线能够以某种最优方式拟合这些数据点。现用 $f(t_i)$ 表示这条曲线与时间的函数关系。根据最小二乘法，"最优"拟合是使 $f(t_i)$ 与 $u(i)$($i=1$, 2,$\cdots$, N)之差的平方和最小。

最小二乘法可看成维纳滤波器理论的另一种表示方法。本质上，维纳滤波器是从集平均导出的，其结果是一种统计意义上最优的、在各种现实运行环境下获得的滤波器；并假定该滤波器所处的环境是广义平稳的。另一方面，最小二乘法是确定性的。具体来说，由于该方法涉及使用时间平均，因此该滤波器取决于计算中所用的样本数。在计算过程中，最小二乘法是一种批处理方法，因为最小二乘滤波器用来处理一批输入数据(即数据块)。这种滤波器通过一个数据块接一个数据块的重复计算来适应非平稳数据。因此其运算量比递归最小二乘法要多得多。不过，由于计算能力已不再像以前那样成为这种方法的障碍，所以，这种批处理方法正在变得越来越具有吸引力。

我们从概述最小二乘估计问题的存在性开始，对这一方法进行讨论。

9.1 线性最小二乘估计问题

考虑某一物理现象，它可以用两组变量 $d(i)$ 和 $u(i)$ 来表征。变量 $d(i)$ 是 i 时刻观测到的响应，此时加在滤波器输入端的是变量 $u(i)$，$u(i-1)$,$\cdots$，$u(i-M+1)$ 构成的子集。也就是说，$d(i)$ 是输入 $u(i)$，$u(i-1)$,$\cdots$，$u(i-M+1)$ 的函数。假定该函数关系是线性的，并且响应 $d(i)$ 可建模为

$$d(i) = \sum_{k=0}^{M-1} w_{ok}^* u(i-k) + e_o(i) \tag{9.1}$$

其中 w_{ok} 是模型的未知参数，$e_o(i)$ 表示测量误差，并用这个量来描述该物理现象的统计特性；星号表示复共轭。式(9.1)中求和项的每一项都表示标量的内积。实际上，式(9.1)表示的模型说明，除误差 $e_o(i)$ 外的变量 $d(i)$ 可由输入变量 $u(i)$，$u(i-1)$,$\cdots$，$u(i-M+1)$ 的线性组合来确定。该模型称为多重线性回归模型，其信号流图如图 9.1 所示(多重线性回归模型用于第 6 章和第 7 章以产生 LMS 算法所需要的观测数据)。

测量误差 $e_o(i)$ 是不可测的随机信号，它用来说明模型的不精确程度。习惯上，认为测量误差过程 $e_o(i)$ 是均值为 0、方差为 σ^2 的白噪声，即

$$\mathbb{E}[e_o(i)] = 0 \qquad 对于所有 i$$

和

$$\mathbb{E}[e_o(i)e_o^*(k)] = \begin{cases} \sigma^2 & i = k \\ 0 & i \neq k \end{cases}$$

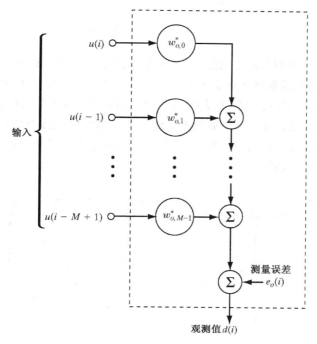

图 9.1　多重线性回归模型

这个假设隐含意味着我们可用集平均的形式将式(9.1)改写为

$$\mathbb{E}\big[d(i)\big] = \sum_{k=0}^{M-1} w_{ok}^* u(i-k)$$

其中, $u(i)$, $u(i-1)$, $\cdots$, $u(i-M+1)$的值是已知的(即确定性的)。因此, 响应$d(i)$的均值理论上由模型唯一确定。

　　我们必须解决的问题是, 在给定两个可测变量集$u(i)$和$d(i)(i=1, 2, \cdots, N)$的情况下, 估计图 9.1 所示的多重线性回归模型的未知参数w_{ok}。为此, 假定采用图 9.2 所示的线性 FIR 滤波器作为该问题的模型。通过组成抽头输入$u(i)$, $u(i-1)$, $\cdots$, $u(i-M+1)$与相应的抽头权值w_0, w_1, $\cdots$, w_{M-1}之间的内积, 并用$d(i)$作为期望响应, 我们将估计误差或残差$e(i)$定义为期望响应$d(i)$和滤波器输出$y(i)$之间的差值, 即

$$e(i) = d(i) - y(i) \tag{9.2}$$

其中

$$y(i) = \sum_{k=0}^{M-1} w_k^* u(i-k) \tag{9.3}$$

将式(9.3)代入式(9.2)可得

$$e(i) = d(i) - \sum_{k=0}^{M-1} w_k^* u(i-k) \tag{9.4}$$

在最小二乘法中, FIR 滤波器抽头权值的选择应使得误差平方和构成的代价函数为最小, 该代价函数定义为

$$\mathscr{E}(w_0,\ldots,w_{M-1}) = \sum_{i=i_1}^{i_2} |e(i)|^2$$

$$(9.5)$$

其中 i_1 和 i_2 定义了 i 的取值范围，我们在这一范围内考虑使误差最小化，式中的和也可看成误差能量。i_1 和 i_2 的取值取决于数据开窗的情况，该内容将在 9.2 节中讨论。总体来说，我们要解决的问题就是将式(9.4)代入式(9.5)，然后使得到的代价函数 $\mathscr{E}(w_0,\cdots,w_{M-1})$ 相对于 FIR 滤波器(如图9.2所示)的抽头权值为最小。当该代价函数为最小(即实现最小化)时，滤波器的抽头权值 $w_0,w_1,\cdots,w_{M-1}$ 在 $i_1 \leqslant i \leqslant i_2$ 的间隔内保持不变。最小化结果得到的滤波器叫做线性最小二乘滤波器。

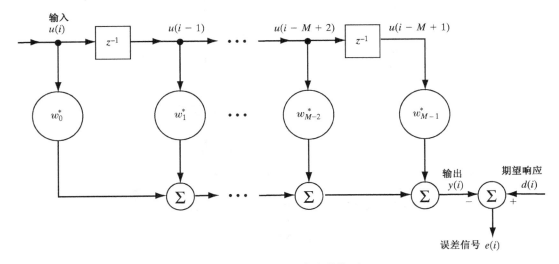

图 9.2   线性 FIR 滤波器模型

9.2   数据开窗

假定图9.2中 FIR 滤波器模型所用的抽头权值共有 M 个，根据赋给式(9.5)的 i_1 和 i_2 之值，由输入数据 $u(1)$，$u(2)$，$\cdots$，$u(N)$ 构成的矩阵可以有不同的形式。比较典型的数据开窗(data windowing)方法有四种：

1) **协方差法(covariance method)**   这种方法对时间段$[1,N]$之外的数据不做假设。因此，由定义的极限范围 $i_1 = M$ 和 $i_2 = N$ 可以将输入数据用矩阵表示为

$$\begin{bmatrix} u(M) & u(M+1) & \cdots & u(N) \\ u(M-1) & u(M) & \cdots & u(N-1) \\ \vdots & \vdots & \ddots & \vdots \\ u(1) & u(2) & \cdots & u(N-M+1) \end{bmatrix}$$

2) **自相关法(autocorrelation method)**   这种方法假定时间 $i=1$ 之前及 $i=N$ 之后的数据为0。故取 $i_1 = 1$ 和 $i_2 = N + M - 1$，于是输入数据的矩阵形式为

$$
\begin{bmatrix}
u(1) & u(2) & \cdots & u(M) & u(M+1) & \cdots & u(N) & & 0 & \cdots & 0 \\
0 & u(1) & \cdots & u(M-1) & u(M) & \cdots & u(N-1) & & u(N) & \cdots & 0 \\
\vdots & \vdots & \ddots & \vdots & \vdots & \ddots & \vdots & & \vdots & \ddots & \vdots \\
0 & 0 & \cdots & u(1) & u(2) & \cdots & u(N-M+1) & u(N-M) & \cdots & u(N)
\end{bmatrix}
$$

3）前开窗法（prewindowing method）　这种方法将 $i=1$ 之前的输入数据假定为 0，但对 $i=N$ 之后的数据不做假设。故取 $i_1=1$ 和 $i_2=N$，于是输入数据的矩阵为

$$
\begin{bmatrix}
u(1) & u(2) & \cdots & u(M) & u(M+1) & \cdots & u(N) \\
0 & u(1) & \cdots & u(M-1) & u(M) & \cdots & u(N-1) \\
\vdots & \vdots & \ddots & \vdots & \vdots & \ddots & \vdots \\
0 & 0 & \cdots & u(1) & u(2) & \cdots & u(N-M+1)
\end{bmatrix}
$$

4）后开窗法（postwindowing method）　这种方法对 $i=1$ 之前的输入数据不做假设，但将 $i=N$ 之后的数据假设为 0。故取 $i_1=M$ 和 $i_2=N+M-1$，于是输入数据的矩阵为

$$
\begin{bmatrix}
u(M) & u(M+1) & \cdots & u(N) & 0 & \cdots & 0 \\
u(M-1) & u(M) & \cdots & u(N-1) & u(N) & \cdots & 0 \\
\vdots & \vdots & & \vdots & \vdots & \ddots & \vdots \\
u(1) & u(2) & \cdots & u(N-M+1) & u(N-M) & \cdots & u(N)
\end{bmatrix}
$$

"协方差法"和"自相关法"这两个术语通常用于语音处理文献中（Makhoul，1975；Markel & Gray，1976）。但这两个术语的应用并不是基于协方差函数的标准定义（即作为去除均值的相关函数）的。由式（9.5）表示的性能指标的最小化可导出一个方程组，对该方程组中已知参数含义的解释就是这两个术语的由来。协方差法的名称来自控制论，其中抽头输入的均值为零，协方差矩阵的元素可用这些已知参数表示。而自相关法的名称来自上述条件下用已知参数表示抽头输入的短项自相关函数。值得注意的是，在上面所述的四种开窗方法中，只有自相关法中输入数据生成的相关矩阵是托伯利兹矩阵。

在本章的其余部分，除了习题 4 涉及自相关法外，我们将集中讨论协方差法；预开窗法将在后续章节中讨论。

9.3　正交性原理的进一步讨论

第 2 章推导维纳滤波理论时，我们首先在集平均意义上导出了广义平稳离散随机过程的正交性原理，然后用该原理导出维纳–霍夫方程，此方程是维纳滤波器的数学基础。本章我们将以类似的方法进行讨论，首先在时间平均的基础上导出正交性原理，然后应用该原理导出方程组（称为正则方程），该方程组构成线性最小二乘滤波器的数学基础。该理论由协方差法推导得出。

协方差法中的代价函数，或者说误差的平方和定义为

$$
\mathscr{E}(w_0,\cdots,w_{M-1}) = \sum_{i=M}^{N} |e(i)|^2 \tag{9.6}
$$

按照式（9.6）的方式选取时标 i 的范围，实际上保证了对任意的 i，图 9.2 所示 FIR 滤波器的全部 M 个抽头输入具有非零值。正如上面提到的，我们所要解决的问题是确定使误差平方

和为最小的 FIR 滤波器的抽头权值。为此,先将式(9.6)改写为

$$\mathscr{E}(w_0, \cdots, w_{M-1}) = \sum_{i=M}^{N} e(i)e^*(i) \tag{9.7}$$

其中估计误差 $e(i)$ 由式(9.4)定义。设第 k 个抽头权值用实部和虚部表示为

$$w_k = a_k + \mathrm{j}b_k \qquad k = 0, 1, \cdots, M-1 \tag{9.8}$$

将式(9.8)代入式(9.4),可得

$$e(i) = d(i) - \sum_{k=0}^{M-1} (a_k - \mathrm{j}b_k)u(i-k) \tag{9.9}$$

将梯度向量$\nabla\mathscr{E}$的第 k 个分量定义为代价函数$\mathscr{E}(w_0, \cdots, w_{M-1})$对抽头权值 w_k 实部和虚部的导数

$$\nabla_k \mathscr{E} = \frac{\partial \mathscr{E}}{\partial a_k} + \mathrm{j}\frac{\partial \mathscr{E}}{\partial b_k} \tag{9.10}$$

将式(9.7)代入式(9.10),并注意到估计误差 $e(i)$ 在一般情况下是复值函数,于是有

$$\nabla_k \mathscr{E} = -\sum_{i=M}^{N} \left[e(i)\frac{\partial e^*(i)}{\partial a_k} + e^*(i)\frac{\partial e(i)}{\partial a_k} + \mathrm{j}e(i)\frac{\partial e^*(i)}{\partial b_k} + \mathrm{j}e(i)\frac{\partial e(i)}{ab_k} \right] \tag{9.11}$$

将式(9.9)中的 $e(i)$ 对 w_k 的实部和虚部求导数,得到以下四个偏导数

$$\frac{\partial e(i)}{\partial a_k} = -u(i-k)$$

$$\frac{\partial e^*(i)}{\partial a_k} = -u^*(i-k)$$

$$\frac{\partial e(i)}{\partial b_k} = \mathrm{j}u(i-k) \tag{9.12}$$

$$\frac{\partial e^*(i)}{\partial b_k} = -\mathrm{j}u^*(i-k)$$

将这四个偏导数代入式(9.11),即得

$$\nabla_k \mathscr{E} = -2\sum_{i=M}^{N} u(i-k)e^*(i) \tag{9.13}$$

为了使代价函数$\mathscr{E}(w_0, \cdots, w_{M-1})$关于图 9.2 的 FIR 滤波器抽头权值 $w_0, \cdots, w_{M-1}$ 最小化,要求同时满足下列条件

$$\nabla_k \mathscr{E} = 0 \qquad k = 0, 1, \cdots, M-1 \tag{9.14}$$

用 $e(i)$ 表示按照式(9.14)使代价函数$\mathscr{E}(w_0, \cdots, w_{M-1})$为最小(亦即 FIR 滤波器最优)时求出的估计误差 $e_{\min}(i)$ 的特殊值。从式(9.13)容易看出,式(9.14)表示的条件等效于下列方程组

$$\sum_{i=M}^{N} u(i-k)e^*_{\min}(i) = 0 \qquad k = 0, 1, \cdots, M-1 \tag{9.15}$$

式(9.15)是正交性原理的瞬时描述。式(9.15)左边的时间平均[①],表示 k 值固定的时间间隔

[①] 为了准确应用"时间平均"这一术语,应该在式(9.15)的左边除以求和项的总数 $N - M + 1$。显然,这种运算对等式没有影响。为了表示方便,我们不考虑这个比例因子。

$[M, N]$ 上 i 时刻的抽头输入 $u(i-k)$ 与最小估计误差 $e_{\min}(i)$ 之间的互相关。相应地，可以将正交性原理描述如下：

在最小二乘条件下，最小误差时间序列 $e_{\min}(i)$ 与 FIR 滤波器第 k 个抽头上的输入序列 $u(i-k)$ 正交，$k=0, 1, \cdots, M-1$，M 为 FIR 滤波器长度。

这一原理为我们检查 FIR 滤波器是否工作在最小二乘条件下提供了简单的测试方法。需要确定的只有估计误差和输入到滤波器各个抽头的时间序列之间的时间平均互相关。当且仅当 M 个互相关函数全都为零时，代价函数 $\mathscr{E}(w_0, \cdots, w_{M-1})$ 才是最小的。

9.3.1　推论

用 $\hat{w}_0, \hat{w}_1, \cdots, \hat{w}_{M-1}$ 表示图 9.2 所示 FIR 滤波器在最小二乘条件下达到最优时抽头权值 $w_0, w_1, \cdots, w_{M-1}$ 的取值。由式(9.3)可得到该滤波器的输出为

$$y_{\min}(i) = \sum_{k=0}^{M-1} \hat{w}_k^* u(i-k) \tag{9.16}$$

这个输出给出了期望响应 $d(i)$ 的最小二乘估计，它是抽头输入 $u(i), u(i-1), \cdots, u(i-M+1)$ 的线性组合，故称此估计为线性估计。用 $\mathscr{U}_i$ 表示由 $u(i), \cdots, u(i-M+1)$ 生成的空间，用 $\hat{d}(i|\mathscr{U}_i)$ 表示给定空间 $\mathscr{U}_i$ 时期望响应 $d(i)$ 的最小二乘估计。于是有

$$\hat{d}(i|\mathscr{U}_i) = y_{\min}(i) \tag{9.17}$$

或

$$\hat{d}(i|\mathscr{U}_i) = \sum_{k=0}^{M-1} \hat{w}_k^* u(i-k) \tag{9.18}$$

现假设式(9.15)两边同乘以 $\hat{w}_k^*$，然后在区间 $[0, M-1]$ 上对 k 求和。通过交换求和次序，可以得到

$$\sum_{i=M}^{N} \left[\sum_{k=0}^{M-1} \hat{w}_k^* u(i-k) \right] e_{\min}^*(i) = 0 \tag{9.19}$$

上式 $\hat{d}(i|\mathscr{U}_i)$ 左边方括号内的求和项是式(9.18)表示的最小二乘估计。因此，可将式(9.19)简化为

$$\sum_{i=M}^{N} \hat{d}(i|\mathscr{U}_i) e_{\min}^*(i) = 0 \tag{9.20}$$

式(9.20)是对正交性原理推论的数学描述。由此可见，上式左边的时间平均是 $\hat{d}(i|\mathscr{U}_i)$ 与 $e_{\min}(i)$ 两个时间序列的互相关。因此，可将正交性原理的推论描述如下：

当 FIR 滤波器在最小二乘条件下运行时，滤波器输出端产生并用时间序列 $\hat{d}(i|\mathscr{U}_i)$ 表示的期望响应最小二乘估值与最小估计误差时间序列 $e_{\min}(i)$ 在时刻 i 相互正交。

该推论的几何表示可参见 9.6 节。

9.4　误差的最小平方和

式(9.15)给出的正交性原理描述了代价函数 $\mathscr{E}(w_0, \cdots, w_{M-1})$ 相对于滤波器抽头权值 $w_0, w_1, \cdots, w_{M-1}$ 取最小值时图 9.2 所示 FIR 滤波器的最小二乘条件。为求出代价函数的最

小值，也就是误差的最小平方和$\mathscr{E}_{\min}$，显然可以写出

$$\underbrace{d(i)}_{\substack{\text{期望}\\\text{响应}}} = \underbrace{\hat{d}(i\mid\mathcal{U}_i)}_{\substack{\text{期望响}\\\text{应的估值}}} + \underbrace{e_{\min}(i)}_{\text{估值误差}} \tag{9.21}$$

在区间$[M, N]$上计算时间序列$d(i)$的能量，并应用正交性原理的推论[即式(9.20)]可得

$$\mathscr{E}_d = \mathscr{E}_{\text{est}} + \mathscr{E}_{\min} \tag{9.22}$$

其中

$$\mathscr{E}_d = \sum_{i=M}^{N}|d(i)|^2 \tag{9.23}$$

$$\mathscr{E}_{\text{est}} = \sum_{i=M}^{N}|\hat{d}(i\mid\mathcal{U}_i)|^2 \tag{9.24}$$

$$\mathscr{E}_{\min} = \sum_{i=M}^{N}|e_{\min}(i)|^2 \tag{9.25}$$

整理式(9.22)，可用分别在时间序列$d(i)$和$\hat{d}(i\mid\mathcal{U}_i)$中的能量$\mathscr{E}_d$和能量$\mathscr{E}_{\text{est}}$，将误差的最小平方和$\mathscr{E}_{\min}$表示为

$$\mathscr{E}_{\min} = \mathscr{E}_d - \mathscr{E}_{\text{est}} \tag{9.26}$$

显然，对不同的i给定期望响应$d(i)$，则可由式(9.23)计算能量$\mathscr{E}_d$，至于$\hat{d}(i\mid\mathcal{U}_i)$(表示期望响应估计的时间序列)中所含能量$\mathscr{E}_{\text{est}}$的计算将在下一节讨论。

因为$\mathscr{E}_{\min}$是非负的，所以式(9.26)右边的第二项不会超过$\mathscr{E}_d$。事实上，只有当多重线性回归模型(如图9.1所示)的测量误差$e_o(i)$对所有的i都为零时，式(9.26)中的第二项才会达到$\mathscr{E}_d$的值，而这种情况是不可能的。

另一种情况是$\mathscr{E}_{\min}$等于$\mathscr{E}_d$，此时最小二乘问题是欠定的。这种情况发生在数据点比参数少的情况下，此时估计误差为零，从而$\mathscr{E}_{\text{est}}$也为零。但需要注意的是，当最小二乘问题为欠定时，该问题没有唯一解。此情况将在本章的稍后部分讨论。

9.5　正则方程和线性最小二乘滤波器

图9.2所示的线性FIR滤波器，有两种基本上等效的、描述滤波器最小二乘条件的方法。式(9.15)描述的正交性原理代表一种方法，而正则方程代表另一种方法(值得注意的是，之所以称之为正则方程是因为它是由正交性原理推出的)。当然，我们可以列出梯度向量$\nabla\mathscr{E}$与滤波器抽头权值之间的关系式，然后解出梯度$\nabla\mathscr{E}$为零时的权向量$\hat{\mathbf{w}}$，由此导出此方程组。我们也可以从正交性原理导出正则方程。在本节，我们用后一种方法(间接法)。至于前一种方法(直接法)，感兴趣的读者可参见习题7。

式(9.15)所描述的正交性原理建立了一组抽头输入与最小估计误差$e_{\min}(i)$之间的关系。令式(9.4)中的抽头权值为最小二乘意义下的最优权值，可得

$$e_{\min}(i) = d(i) - \sum_{t=0}^{M-1}\hat{w}_t^* u(i-t) \tag{9.27}$$

这里，我们特意使用 t 作为等式右边虚设的求和下标。将式(9.27)代入式(9.15)，整理后可得 M 个联立方程组

$$\sum_{t=0}^{M-1} \hat{w}_t \sum_{i=M}^{N} u(i-k)u^*(i-t) = \sum_{i=M}^{N} u(i-k)d^*(i) \qquad k = 0, \cdots, M-1 \qquad (9.28)$$

式(9.28)中两个以 i 为下标的和式表示求时间平均，只是没考虑比例因子。这可解释如下：

1）式(9.28)左边的时间平均（对 i）表示图 9.2 所示线性 FIR 滤波器中抽头输入的时间平均自相关函数，可以写为

$$\phi(t, k) = \sum_{i=M}^{N} u(i-k)u^*(i-t) \qquad 0 \leqslant (t, k) \leqslant M-1 \qquad (9.29)$$

2）式(9.28)右边的时间平均（也对 i）表示抽头输入与期望响应之间的时间平均互相关函数，可以写为

$$z(-k) = \sum_{i=M}^{N} u(i-k)d^*(i) \qquad 0 \leqslant k \leqslant M-1 \qquad (9.30)$$

相应地，可将瞬态方程组(9.28)改写为

$$\sum_{t=0}^{M-1} \hat{w}_t \phi(t, k) = z(-k) \qquad k = 0, 1, \cdots, M-1 \qquad (9.31)$$

方程组(9.31)是线性最小二乘滤波器正则方程的展开形式。

9.5.1 正则方程的矩阵形式

我们可以将式(9.31)表示的方程组改写为矩阵形式。首先引入如下定义：

1）输入 $u(i)$，$u(i-1)$，$\cdots$，$u(i-M+1)$ 的 $M \times M$ 时间平均自相关矩阵（简称相关矩阵）为

$$\boldsymbol{\Phi} = \begin{bmatrix} \phi(0, 0) & \phi(1, 0) & \cdots & \phi(M-1, 0) \\ \phi(0, 1) & \phi(1, 1) & \cdots & \phi(M-1, 1) \\ \vdots & \vdots & \ddots & \vdots \\ \phi(0, M-1) & \phi(1, M-1) & \cdots & \phi(M-1, M-1) \end{bmatrix} \qquad (9.32)$$

2）抽头输入 $u(i)$，$u(i-1)$，$\cdots$，$u(i-M+1)$ 与期望响应 $d(i)$ 之间的 $M \times 1$ 时间平均互相关向量为

$$\mathbf{z} = \begin{bmatrix} z(0), z(-1), \cdots, z(-M+1) \end{bmatrix}^T \qquad (9.33)$$

3）最小二乘滤波器的 $M \times 1$ 抽头权向量为

$$\hat{\mathbf{w}} = \begin{bmatrix} \hat{w}_0, \hat{w}_1, \cdots, \hat{w}_{M-1} \end{bmatrix}^T \qquad (9.34)$$

其中上标 T 表示转置。

现在，可按照这些矩阵定义，将 M 个联立方程组(9.31)简单地改写为

$$\boldsymbol{\Phi}\hat{\mathbf{w}} = \mathbf{z} \qquad (9.35)$$

式(9.35)是线性最小二乘滤波器正则方程的矩阵形式。

假定 $\mathbf{\Phi}$ 是非奇异矩阵,因此逆矩阵 $\mathbf{\Phi}^{-1}$ 存在,可由式(9.35)解得线性最小二乘滤波器的抽头权向量为

$$\hat{\mathbf{w}} = \mathbf{\Phi}^{-1}\mathbf{z} \tag{9.36}$$

逆矩阵 $\mathbf{\Phi}^{-1}$ 存在的条件将在9.6节中讨论。

式(9.36)是一个很重要的结果:它是矩阵形式的维纳-霍夫方程(2.36)在线性最小二乘条件下的解。式(9.36)表明线性最小二乘滤波器的抽头权向量 $\hat{\mathbf{w}}$ 由滤波器抽头输入的时间平均相关矩阵 $\mathbf{\Phi}$ 的逆矩阵与抽头输入和期望响应之间时间平均互相关向量 $\mathbf{z}$ 的乘积唯一确定。实际上,该方程是导出线性最小二乘滤波器各种递推公式的基础,相关内容将在本书的后续章节中讨论。

9.5.2 误差的最小平方和

式(9.26)定义了误差的最小平方和 $\mathscr{E}_{\min}$。下面我们来计算 $\mathscr{E}_{\min}$,即期望响应能量 $\mathscr{E}_d$ 与期望响应估计能量 $\mathscr{E}_{est}$ 之差。通常,$\mathscr{E}_d$ 由表示期望响应的时间序列确定。为计算 $\mathscr{E}_{est}$,有

$$
\begin{aligned}
\mathscr{E}_{est} &= \sum_{i=M}^{N} |\hat{d}(i \mid \mathcal{U}_i)|^2 \\
&= \sum_{i=M}^{N} \sum_{t=0}^{M-1} \sum_{k=0}^{M-1} \hat{w}_t \hat{w}_k^* u(i-k) u^*(i-t) \\
&= \sum_{t=0}^{M-1} \sum_{k=0}^{M-1} \hat{w}_t \hat{w}_k^* \sum_{i=M}^{N} u(i-k) u^*(i-t)
\end{aligned} \tag{9.37}
$$

式中第二行利用了式(9.18)。式(9.37)最后一行中最里层对时间 i 求和表示时间平均自相关函数 $\phi(t,k)$ [见式(9.29)]。因此,可将式(9.37)改写为

$$
\begin{aligned}
\mathscr{E}_{est} &= \sum_{t=0}^{M-1} \sum_{k=0}^{M-1} \hat{w}_k^* \phi(t,k) \hat{w}_t \\
&= \hat{\mathbf{w}}^H \mathbf{\Phi} \hat{\mathbf{w}}
\end{aligned} \tag{9.38}
$$

其中,$\hat{\mathbf{w}}$ 是最小二乘抽头权向量,$\mathbf{\Phi}$ 是抽头输入的时间平均相关矩阵,上标 H 表示埃尔米特转置(即复共轭转置)。根据正则方程(9.35),矩阵的乘积 $\mathbf{\Phi}\hat{\mathbf{w}}$ 等于互相关向量 $\mathbf{z}$,可进一步简化 $\mathscr{E}_{est}$ 的计算公式。因此,我们有

$$\mathscr{E}_{est} = \hat{\mathbf{w}}^H \mathbf{z} = \mathbf{z}^H \hat{\mathbf{w}} \tag{9.39}$$

最后,将式(9.39)代入式(9.26),并且对 $\hat{\mathbf{w}}$ 应用式(9.36),可得

$$\mathscr{E}_{\min} = \mathscr{E}_d - \mathbf{z}^H \hat{\mathbf{w}} = \mathscr{E}_d - \mathbf{z}^H \mathbf{\Phi}^{-1} \mathbf{z} \tag{9.40}$$

式(9.40)是用三个已知量表示的误差最小平方和的计算公式。这三个已知量分别是:期望响应的能量 $\mathscr{E}_d$、抽头输入的时间平均相关矩阵 $\mathbf{\Phi}$ 及抽头输入与期望响应之间的时间平均互相关向量 $\mathbf{z}$。

9.6 时间平均相关矩阵 $\mathbf{\Phi}$

式(9.32)给出了抽头输入对时间平均的相关矩阵(或简称相关矩阵)$\mathbf{\Phi}$ 的展开形式,其元素 $\phi(t,k)$ 由式(9.29)定义。$\phi(t,k)$ 中的下标 k 对应矩阵 $\mathbf{\Phi}$ 的行,下标 t 则对应列。令

$M \times 1$ 抽头输入向量为

$$\mathbf{u}(i) = \big[u(i), u(i-1), \cdots, u(i-M+1)\big]^{\mathrm{T}} \tag{9.41}$$

则可利用式(9.29)和式(9.41)将相关矩阵 $\boldsymbol{\Phi}$ 重新定义为外积 $\mathbf{u}(i)\mathbf{u}^{\mathrm{H}}(i)$ 的时间平均如下：

$$\boldsymbol{\Phi} = \sum_{i=M}^{N} \mathbf{u}(i)\mathbf{u}^{\mathrm{H}}(i) \tag{9.42}$$

为了得到真正意义上的时间平均相关矩阵 $\boldsymbol{\Phi}$，式(9.42)中的和式应该除以比例因子($N - M + 1$)。在统计学文献中，含有比例因子的 $\boldsymbol{\Phi}$ 称做样本相关矩阵。不管是否含有比例因子，按照式(9.42)给出的定义，可以很容易地得到相关矩阵的如下性质。

性质1 相关矩阵 $\boldsymbol{\Phi}$ 是埃尔米特矩阵，即

$$\boldsymbol{\Phi}^{\mathrm{H}} = \boldsymbol{\Phi}$$

这一性质可由式(9.42)直接得出。

性质2 相关矩阵 $\boldsymbol{\Phi}$ 是非负定的，即对任意 $M \times 1$ 向量 $\mathbf{x}$，有

$$\mathbf{x}^{\mathrm{H}}\boldsymbol{\Phi}\mathbf{x} \geqslant 0$$

应用式(9.42)的定义，可导出性质2如下

$$\begin{aligned}
\mathbf{x}^{\mathrm{H}}\boldsymbol{\Phi}\mathbf{x} &= \sum_{i=M}^{N} \mathbf{x}^{\mathrm{H}}\mathbf{u}(i)\mathbf{u}^{\mathrm{H}}(i)\mathbf{x} \\
&= \sum_{i=M}^{N} \big[\mathbf{x}^{\mathrm{H}}\mathbf{u}(i)\big]\big[\mathbf{x}^{\mathrm{H}}\mathbf{u}(i)\big]^* \\
&= \sum_{i=M}^{N} |\mathbf{x}^{\mathrm{H}}\mathbf{u}(i)|^2 \geqslant 0
\end{aligned}$$

性质3 当且仅当相关矩阵 $\boldsymbol{\Phi}$ 的行列式非零时，相关矩阵 $\boldsymbol{\Phi}$ 是非奇异的。

所谓非奇异的，是指其逆矩阵存在。$\boldsymbol{\Phi}$ 的逆矩阵用 $\boldsymbol{\Phi}^{-1}$ 表示，定义为

$$\boldsymbol{\Phi}^{-1} = \frac{\mathrm{adj}(\boldsymbol{\Phi})}{\det(\boldsymbol{\Phi})} \tag{9.43}$$

其中 $\mathrm{adj}(\boldsymbol{\Phi})$ 是 $\boldsymbol{\Phi}$ 的伴随矩阵，矩阵的每一项分别是 $\det(\boldsymbol{\Phi})$ 中元素的余子式。由式(9.43)很容易看出，当且仅当 $\det(\boldsymbol{\Phi}) \neq 0$ 时逆矩阵 $\boldsymbol{\Phi}^{-1}$ 存在。因此可知，当且仅当 $\det(\boldsymbol{\Phi}) \neq 0$ 时，相关矩阵 $\boldsymbol{\Phi}$ 是非奇异的。

性质4 相关矩阵 $\boldsymbol{\Phi}$ 的特征值全为实数且非负。

$\boldsymbol{\Phi}$ 的特征值为实数由性质1可得，所有的特征值非负由性质2可得。

性质5 相关矩阵是两个托伯利兹矩阵的乘积，它们互为埃尔米特转置。

一般来说，相关矩阵 $\boldsymbol{\Phi}$ 不是托伯利兹矩阵。这一点由矩阵的展开式(9.32)可以得到验证。主对角线元素 $\phi(0,0)$，$\phi(1,1)$，$\cdots$，$\phi(M-1,M-1)$ 具有不同的值；对于主对角线上面或下面的第二对角线，情况也一样。然而，矩阵 $\boldsymbol{\Phi}$ 的结构在某种意义上具有特殊性，即它是两个托伯利兹矩阵的乘积。为证明该特性，首先用式(9.42)将矩阵 $\boldsymbol{\Phi}$ 表示如下：

$$\Phi = \left[\mathbf{u}(M), \mathbf{u}(M+1), \cdots, \mathbf{u}(N) \right] \begin{bmatrix} \mathbf{u}^{\mathrm{H}}(M) \\ \mathbf{u}^{\mathrm{H}}(M-1) \\ \vdots \\ \mathbf{u}^{\mathrm{H}}(N) \end{bmatrix}$$

下面,为表示方便,引入数据矩阵 $\mathbf{A}$,其埃尔米特转置定义为

$$\begin{aligned} \mathbf{A}^{\mathrm{H}} &= \left[\mathbf{u}(M), \qquad \mathbf{u}(M+1), \cdots, \mathbf{u}(N) \right] \\ &= \begin{bmatrix} u(M) & u(M+1) & \cdots & u(N) \\ u(M-1) & u(M) & \cdots & u(N-1) \\ \vdots & \vdots & & \vdots \\ u(1) & u(2) & \cdots & u(N-M+1) \end{bmatrix} \end{aligned} \tag{9.44}$$

可以看出,式(9.44)右边是用协方差方法对数据开窗后的输入数据矩阵(见9.2节)。因此,根据式(9.44)的定义,可以用紧凑的形式将矩阵 Φ 重新定义为

$$\Phi = \mathbf{A}^{\mathrm{H}}\mathbf{A} \tag{9.45}$$

从式(9.44)的第二行可以看出,$\mathbf{A}^{\mathrm{H}}$ 是 $M \times (N-M+1)$ 托伯利兹矩阵。数据矩阵 $\mathbf{A}$ 本身是一个 $(N-M+1) \times M$ 托伯利兹矩阵。因此,从式(9.45)可以看出,相关矩阵 Φ 是两个托伯利兹矩阵的乘积,它们互为埃尔米特转置。于是,就完成了性质5的推导。

9.7　根据数据矩阵构建正则方程

根据相关矩阵 Φ 和互相关向量 $\mathbf{z}$,式(9.35)给出了最小二乘 FIR 滤波器的正则方程组。我们可以利用式(9.45)中的数据矩阵表示抽头输入的相关矩阵 Φ 及抽头输入与期望响应之间的互相关向量 $\mathbf{z}$ 来重新构建正则方程。为此,引入期望数据向量 $\mathbf{d}$,该向量由 $[M, N]$ 间隔内 i 时刻的期望响应 $d(i)$ 构成,即

$$\mathbf{d}^{\mathrm{H}} = \left[d(M), d(M+1), \cdots, d(N) \right] \tag{9.46}$$

注意,为了与式(9.44)中数据矩阵 $\mathbf{A}$ 的定义相一致,在向量 $\mathbf{d}$ 的定义中我们应用了埃尔米特转置来代替一般的转置。有了式(9.44)和式(9.46)的定义,就可以利用式(9.30)和式(9.33)来表示互相关向量

$$\mathbf{z} = \mathbf{A}^{\mathrm{H}}\mathbf{d} \tag{9.47}$$

另外,我们还可以将式(9.45)和式(9.47)代入式(9.35)中,将正则方程组用数据矩阵 $\mathbf{A}$ 和期望数据向量 $\mathbf{d}$ 表示为

$$\mathbf{A}^{\mathrm{H}}\mathbf{A}\hat{\mathbf{w}} = \mathbf{A}^{\mathrm{H}}\mathbf{d}$$

从这一方程可以看出,使代价函数 $\mathscr{E}$ 最小的方程组可以表示为 $\mathbf{A}\hat{\mathbf{w}} = \mathbf{d}$。假定逆矩阵 $(\mathbf{A}^{\mathrm{H}}\mathbf{A})^{-1}$ 存在,我们可以解此方程组,得最优权向量为

$$\hat{\mathbf{w}} = (\mathbf{A}^{\mathrm{H}}\mathbf{A})^{-1}\mathbf{A}^{\mathrm{H}}\mathbf{d} \tag{9.48}$$

因此,通过将式(9.45)和式(9.47)代入式(9.40)及将式(9.46)代入式(9.23),可根据数据矩阵 $\mathbf{A}$ 和 $\mathbf{d}$ 重新表示线性最小二乘问题的求解结果。这样,就可以将误差的最小平方和改写为

$$\mathscr{E}_{\min} = \mathbf{d}^H\mathbf{d} - \mathbf{d}^H\mathbf{A}(\mathbf{A}^H\mathbf{A})^{-1}\mathbf{A}^H\mathbf{d} \tag{9.49}$$

虽然这个公式看起来有点麻烦,但有其突出的特点,即可直接用数据矩阵 $\mathbf{A}$ 和期望数据向量 $\mathbf{d}$ 显式表示最优解。

9.7.1 投影算子

式(9.48)根据数据矩阵 $\mathbf{A}$ 和期望数据向量 $\mathbf{d}$ 定义了最小二乘抽头权向量 $\hat{\mathbf{w}}$。因此, $\mathbf{d}$ 的最小二乘估计可表示为

$$\begin{aligned}\hat{\mathbf{d}} &= \mathbf{A}\hat{\mathbf{w}} \\ &= \mathbf{A}(\mathbf{A}^H\mathbf{A})^{-1}\mathbf{A}^H\mathbf{d}\end{aligned} \tag{9.50}$$

相应地,可将矩阵连乘 $\mathbf{A}(\mathbf{A}^H\mathbf{A})^{-1}\mathbf{A}^H$ 看成是线性空间上的投影算子。该空间由数据矩阵 $\mathbf{A}$ 的列生成,就是当 $i = N$ 时前面提到的空间 $\mathscr{U}_i$。用 $\mathbf{P}$ 表示该投影算子,于是有

$$\mathbf{P} = \mathbf{A}(\mathbf{A}^H\mathbf{A})^{-1}\mathbf{A}^H \tag{9.51}$$

矩阵的差为

$$\mathbf{I} - \mathbf{A}(\mathbf{A}^H\mathbf{A})^{-1}\mathbf{A}^H = \mathbf{I} - \mathbf{P}$$

是正交补投影算子(orthogonal complement projector)。容易看出,投影算子及正交补投影算子均由数据矩阵 $\mathbf{A}$ 唯一确定。投影算子 $\mathbf{P}$ 作用于期望数据向量 $\mathbf{d}$,得到相应的估计 $\hat{\mathbf{d}}$。另一方面,正交补投影算子 $\mathbf{I} - \mathbf{P}$ 作用于期望数据向

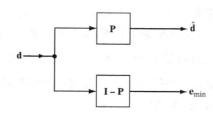

图 9.3　投影算子 $\mathbf{P}$ 和正交补投影算子 $\mathbf{I} - \mathbf{P}$

量 $\mathbf{d}$,得到估计误差向量 $\mathbf{e}_{\min} = \mathbf{d} - \hat{\mathbf{d}}$。图 9.3 说明了投影算子及正交补投影算子的功能。

例 1　有一具有两个抽头(即 $M = 2$)的线性最小二乘滤波器,其输入时间序列由 4 个实样值组成(即 $N = 4$)。因此, $N - M + 1 = 3$。输入数据矩阵 $\mathbf{A}$ 和期望数据向量 $\mathbf{d}$ 如下:

$$\mathbf{A} = \begin{bmatrix} u(2) & u(1) \\ u(3) & u(2) \\ u(4) & u(3) \end{bmatrix} = \begin{bmatrix} 2 & 3 \\ 1 & 2 \\ -1 & 1 \end{bmatrix}$$

$$\mathbf{d} = \begin{bmatrix} d(2) \\ d(3) \\ d(4) \end{bmatrix} = \begin{bmatrix} 2 \\ 1 \\ 1/34 \end{bmatrix}$$

此例的目的是计算投影算子及正交补投影算子,并利用它说明正交性原理。

对实数据,式(9.51)可重写为

$$\begin{aligned}\mathbf{P} &= \mathbf{A}(\mathbf{A}^T\mathbf{A})^{-1}\mathbf{A}^T \\ &= \frac{1}{35}\begin{bmatrix} 26 & 15 & -2 \\ 15 & 10 & 5 \\ -3 & 5 & 34 \end{bmatrix}\end{aligned}$$

相应的正交补投影算子为

$$\mathbf{I} - \mathbf{P} = \frac{1}{35}\begin{bmatrix} 9 & -15 & 3 \\ -15 & 25 & -5 \\ -3 & -5 & 1 \end{bmatrix}$$

于是，期望数据向量的估计及估计误差向量分别为

$$\hat{\mathbf{d}} = \mathbf{P}\mathbf{d}$$

$$= \begin{bmatrix} 1.91 \\ 1.15 \\ 0 \end{bmatrix}$$

$$\mathbf{e}_{\min} = (\mathbf{I} - \mathbf{P})\mathbf{d}$$

$$= \begin{bmatrix} 0.09 \\ -0.15 \\ 0.03 \end{bmatrix}$$

图9.4给出了上述例题中向量 $\hat{\mathbf{d}}$ 及 $\mathbf{e}_{\min}$ 的三维几何表示。图中明确地表示出两个向量之间的正交关系(即垂直的)，这一结论与正交性原理的推论相一致(因此习惯上称为正则方程)。该条件是如下情况的几何描述：在线性最小二乘滤波器中，内积 $\mathbf{e}_{\min}^{\mathrm{H}}\mathbf{d}$ 为零。图中还将期望数据向量 $\mathbf{d}$ 表示成估计向量 $\hat{\mathbf{d}}$ 和误差向量 $\mathbf{e}_{\min}$ 的和。可以发现，向量与空间 span($\mathbf{A}$) 也是正交的，空间 span($\mathbf{A}$) 定义为数据矩阵 $\mathbf{A}$ 中列向量所有线性组合的集合。估计向量 $\hat{\mathbf{d}}$ 只是空间 span($\mathbf{A}$) 中的一个向量。

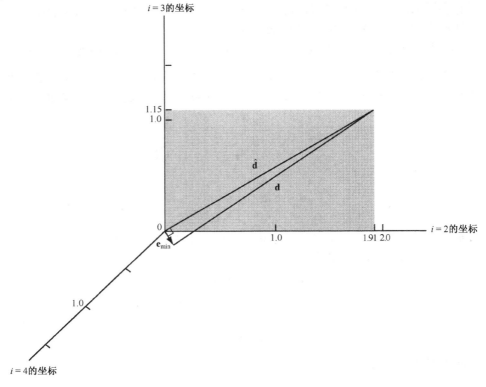

图9.4　例1中的向量 $\mathbf{d}$、$\hat{\mathbf{d}}$ 和 $\mathbf{e}_{\min}$ 的三维几何表示

9.7.2　唯一性定理

使误差平方和 $\mathscr{E}(n)$ 最小的线性最小二乘问题，其解总是存在的。也就是说，对于给定的数据矩阵 $\mathbf{A}$ 和期望数据向量 $\mathbf{d}$，我们总可以找到符合正则方程的向量 $\hat{\mathbf{w}}$。因此，了解符合该条件的解是否唯一、何时唯一就显得很重要了。如下唯一性定理(Stewart, 1973)回答了这一问题：

当且仅当数据矩阵 $\mathbf{A}$ 的零维数等于 0 时，最小二乘估计 $\hat{\mathbf{w}}$ 是唯一的。

假定数据矩阵 $\mathbf{A}$ 由式(9.44)定义，且为 $K \times M$ 矩阵，其中 $K = N - M + 1$。将矩阵 $\mathbf{A}$ 的零空间[用 $\mathscr{N}(\mathbf{A})$ 表示]定义为使 $\mathbf{Ax} = \mathbf{0}$ 的所有向量 $\mathbf{x}$ 构成的空间，将矩阵 $\mathbf{A}$ 的零维数[用 $\mathrm{null}(\mathbf{A})$ 表示]定义为零空间 $\mathscr{N}(\mathbf{A})$ 的维数。在一般情况下，有

$$\mathrm{null}(\mathbf{A}) \neq \mathrm{null}(\mathbf{A}^{\mathrm{H}})$$

根据唯一性定理，很容易得出，只有当数据矩阵 $\mathbf{A}$ 的列向量线性无关，亦即数据矩阵 $\mathbf{A}$ 满列秩时，线性最小二乘问题有唯一解。这就意味着，矩阵 $\mathbf{A}$ 的行数至少应与列数一样，即 $N - M + 1 \geqslant M$。后一个条件表明，用于最小化问题的方程组 $\mathbf{A}\hat{\mathbf{w}} = \mathbf{d}$ 是超定的，其中方程的个数多于未知数的个数。因此，如果数据矩阵 $\mathbf{A}$ 是满列秩的，则 $M \times M$ 矩阵 $\mathbf{A}^{\mathrm{H}}\mathbf{A}$ 是非奇异的，最小二乘估计具有唯一解，如式(9.48)所示。

然而，当矩阵 $\mathbf{A}$ 的列向量线性相关时(即矩阵是非满秩矩阵)，矩阵 $\mathbf{A}$ 的零维数不是零，而且可以找到无限多个使误差的平方和最小的解。在这种情况下，线性最小二乘问题就变得很复杂，因为我们又面临着采用哪一个特解这样一个新问题。我们将这一问题放在后面的 9.14 节讨论。在这里，我们假定数据矩阵 $\mathbf{A}$ 是满列秩的，以保证最小二乘估计 $\hat{\mathbf{w}}$ 具有如式(9.48)给出的唯一解。

9.8　最小二乘估计的性质

人们可通过如下性质，对最小二乘法获得更加清楚的认识。下面在假定已知数据矩阵 $\mathbf{A}$ 的情况下介绍这些性质(Miller, 1974; Goodwin & Payne, 1977)。

性质 1　如果假定测量误差过程 $e_o(i)$ 具有零均值，则最小二乘估计 $\hat{\mathbf{w}}$ 是无偏估计。

根据图 9.1 所示的多重线性回归模型，并利用式(9.44)和式(9.46)的定义，可得

$$\mathbf{d} = \mathbf{A}\mathbf{w}_o + \boldsymbol{\varepsilon}_o \qquad (9.52)$$

其中

$$\boldsymbol{\varepsilon}_o^{\mathrm{H}} = [e_o(M), e_o(M+1), \cdots, e_o(N)]$$

将式(9.52)代入式(9.48)，可将最小二乘估计表示为

$$\begin{aligned}
\hat{\mathbf{w}} &= (\mathbf{A}^{\mathrm{H}}\mathbf{A})^{-1}\mathbf{A}^{\mathrm{H}}\mathbf{A}\mathbf{w}_o + (\mathbf{A}^{\mathrm{H}}\mathbf{A})^{-1}\mathbf{A}^{\mathrm{H}}\boldsymbol{\varepsilon}_o \\
&= \mathbf{w}_o + (\mathbf{A}^{\mathrm{H}}\mathbf{A})^{-1}\mathbf{A}^{\mathrm{H}}\boldsymbol{\varepsilon}_o
\end{aligned} \qquad (9.53)$$

矩阵乘积 $(\mathbf{A}^{\mathrm{H}}\mathbf{A})^{-1}\mathbf{A}^{\mathrm{H}}$ 是已知量，因为数据矩阵 $\mathbf{A}$ 完全由一组给定的观测值 $u(1), u(2), \cdots, u(N)$ 确定[见式(9.44)]。因此，如果测量误差过程 $e_o(i)$ 或者其等效的误差向量 $\boldsymbol{\varepsilon}_o$ 具有零均值，则通过对式(9.53)两边取期望，我们发现估计 $\hat{\mathbf{w}}$ 是无偏的，即

$$\mathbb{E}[\hat{\mathbf{w}}] = \mathbf{w}_o \qquad (9.54)$$

性质2　当测量误差过程 $e_o(i)$ 是零均值、方差为 σ^2 的白噪声时，最小二乘估计 $\hat{\mathbf{w}}$ 的协方差矩阵等于 $\sigma^2 \mathbf{\Phi}^{-1}$。

应用式(9.53)中的关系，可以求出最小二乘估计 $\hat{\mathbf{w}}$ 的协方差矩阵为

$$\begin{aligned}
\text{cov}[\hat{\mathbf{w}}] &= \mathbb{E}\big[(\hat{\mathbf{w}} - \mathbf{w}_o)(\hat{\mathbf{w}} - \mathbf{w}_o)^{\mathrm{H}}\big] \\
&= \mathbb{E}\big[(\mathbf{A}^{\mathrm{H}}\mathbf{A})^{-1}\mathbf{A}^{\mathrm{H}}\boldsymbol{\varepsilon}_o\boldsymbol{\varepsilon}_o^{\mathrm{H}}\mathbf{A}(\mathbf{A}^{\mathrm{H}}\mathbf{A})^{-1}\big] \\
&= (\mathbf{A}^{\mathrm{H}}\mathbf{A})^{-1}\mathbf{A}^{\mathrm{H}}\mathbb{E}\big[\boldsymbol{\varepsilon}_o\boldsymbol{\varepsilon}_o^{\mathrm{H}}\big]\mathbf{A}(\mathbf{A}^{\mathrm{H}}\mathbf{A})^{-1}
\end{aligned} \qquad (9.55)$$

由于假设测量误差过程 $e_o(i)$ 是零均值、方差为 σ^2 的白噪声，故有

$$\mathbb{E}[\boldsymbol{\varepsilon}_o\boldsymbol{\varepsilon}_o^{\mathrm{H}}] = \sigma^2\mathbf{I} \qquad (9.56)$$

其中 $\mathbf{I}$ 是单位矩阵。因此式(9.55)变为

$$\begin{aligned}
\text{cov}[\hat{\mathbf{w}}] &= \sigma^2(\mathbf{A}^{\mathrm{H}}\mathbf{A})^{-1}\mathbf{A}^{\mathrm{H}}\mathbf{A}(\mathbf{A}^{\mathrm{H}}\mathbf{A})^{-1} \\
&= \sigma^2(\mathbf{A}^{\mathrm{H}}\mathbf{A})^{-1} \\
&= \sigma^2\mathbf{\Phi}^{-1}
\end{aligned} \qquad (9.57)$$

于是证明了性质2。

性质3　当测量误差过程 $e_o(i)$ 为零均值的白噪声时，最小二乘估计 $\hat{\mathbf{w}}$ 是最佳线性无偏估计。

考虑由下式定义的任一线性无偏估计

$$\tilde{\mathbf{w}} = \mathbf{B}\mathbf{d} \qquad (9.58)$$

其中 $\mathbf{B}$ 是 $M \times (N - M + 1)$ 矩阵。将式(9.52)代入式(9.58)，可得

$$\tilde{\mathbf{w}} = \mathbf{B}\mathbf{A}\mathbf{w}_o + \mathbf{B}\boldsymbol{\varepsilon}_o \qquad (9.59)$$

由于假设误差向量 $\boldsymbol{\varepsilon}_o$ 的均值为零，与性质1相似，可得 $\tilde{\mathbf{w}}$ 的期望值为

$$\mathbb{E}[\tilde{\mathbf{w}}] = \mathbf{B}\mathbf{A}\mathbf{w}_o$$

因为线性估计 $\tilde{\mathbf{w}}$ 是无偏的，故要求矩阵 $\mathbf{B}$ 满足如下条件

$$\mathbf{B}\mathbf{A} = \mathbf{I}$$

因此，可将式(9.59)改写为

$$\tilde{\mathbf{w}} = \mathbf{w}_o + \mathbf{B}\boldsymbol{\varepsilon}_o$$

于是，$\tilde{\mathbf{w}}$ 的协方差矩阵为

$$\begin{aligned}
\text{cov}[\tilde{\mathbf{w}}] &= \mathbb{E}\big[(\tilde{\mathbf{w}} - \mathbf{w}_o)(\tilde{\mathbf{w}} - \mathbf{w}_o)^{\mathrm{H}}\big] \\
&= \mathbb{E}\big[\mathbf{B}\boldsymbol{\varepsilon}_o\boldsymbol{\varepsilon}_o^{\mathrm{H}}\mathbf{B}^{\mathrm{H}}\big] \\
&= \sigma^2\mathbf{B}\mathbf{B}^{\mathrm{H}}
\end{aligned} \qquad (9.60)$$

这里，我们利用了式(9.56)。它假设误差向量 $\boldsymbol{\varepsilon}_o$ 的各元素互不相关，且具有共同的方差 σ^2，即测量误差过程 $e_o(i)$ 是白色的。下面，我们依据矩阵 $\mathbf{B}$ 将新矩阵 $\mathbf{\Psi}$ 定义为

$$\mathbf{\Psi} = \mathbf{B} - (\mathbf{A}^{\mathrm{H}}\mathbf{A})^{-1}\mathbf{A}^{\mathrm{H}} \qquad (9.61)$$

现组成矩阵乘积 $\mathbf{\Psi}\mathbf{\Psi}^{\mathrm{H}}$，并注意到 $\mathbf{B}\mathbf{A} = \mathbf{I}$，有

$$\Psi\Psi^H = \left[\mathbf{B} - (\mathbf{A}^H\mathbf{A})^{-1}\mathbf{A}^H\right]\left[\mathbf{B}^H - \mathbf{A}(\mathbf{A}^H\mathbf{A})^{-1}\right]$$
$$= \mathbf{B}\mathbf{B}^H - \mathbf{B}\mathbf{A}(\mathbf{A}^H\mathbf{A})^{-1} - (\mathbf{A}^H\mathbf{A})^{-1}\mathbf{A}^H\mathbf{B}^H + (\mathbf{A}^H\mathbf{A})^{-1}$$
$$= \mathbf{B}\mathbf{B}^H - (\mathbf{A}^H\mathbf{A})^{-1}$$

因为 $\Psi\Psi^H$ 的对角线元素总是非负的, 由这一关系可得

$$\sigma^2 \operatorname{diag}\left[\mathbf{B}\mathbf{B}^H\right] \geqslant \sigma^2 \operatorname{diag}\left[(\mathbf{A}^H\mathbf{A})^{-1}\right] \tag{9.62}$$

由于 $\sigma^2\mathbf{B}\mathbf{B}^H$ 等于线性估计 $\tilde{\mathbf{w}}$ 的协方差矩阵, 如式 (9.60) 所示。根据性质 2, $\sigma^2(\mathbf{A}^H\mathbf{A})^{-1}$ 等于最小二乘估计 $\hat{\mathbf{w}}$ 的协方差矩阵。因此, 式 (9.62) 表明, 在线性无偏估计范围内, 在最小二乘估计 $\hat{\mathbf{w}}$ 的每一个元素都具有最小方差的意义下, 最小二乘估计 $\hat{\mathbf{w}}$ 是多重线性回归模型中未知向量 $\mathbf{w}_o$ 的最佳估计。这样有以下结论:

因此, 当模型所包含的测量误差过程 e_o 是均值为零的白噪声时, 最小二乘估计 $\hat{\mathbf{w}}$ 是最佳线性无偏估计 (BLUE, best linear unbiased estimate)。

迄今为止, 我们对测量误差过程 $e_o(i)$ 的统计分布没做任何假设, 只是假定它是均值为零的白噪声。如果进一步假定测量误差过程 $e_o(i)$ 是高斯分布的, 则可获得线性最小二乘估计最优性更有力的结果, 正如下面所讨论的。

性质 4　当测量误差过程 $e_o(i)$ 是均值为零的高斯白噪声时, 最小二乘估计 $\hat{\mathbf{w}}$ 达到了无偏估计的 Cramér-Rao 下界。

用 $f_E(\boldsymbol{\varepsilon}_o)$ 表示误差向量 $\boldsymbol{\varepsilon}_o$ 的联合概率密度函数, 用 $\tilde{\mathbf{w}}$ 表示多重线性回归模型中未知向量 $\mathbf{w}_o$ 的任意无偏估计, 则 $\tilde{\mathbf{w}}$ 的协方差矩阵符合如下不等式

$$\operatorname{cov}[\tilde{\mathbf{w}}] \geqslant \mathbf{J}^{-1} \tag{9.63}$$

其中

$$\operatorname{cov}[\tilde{\mathbf{w}}] = \mathbb{E}\left[(\tilde{\mathbf{w}} - \mathbf{w}_o)(\tilde{\mathbf{w}} - \mathbf{w}_o)^H\right] \tag{9.64}$$

矩阵 $\mathbf{J}$ 叫做 Fisher 信息矩阵, 且定义如下[①]:

$$\mathbf{J} = \mathbb{E}\left[\left(\frac{\partial l}{\partial \mathbf{w}_o^H}\right)\left(\frac{\partial l}{\partial \mathbf{w}_o}\right)\right] \tag{9.65}$$

其中

$$l = \ln f_E(\boldsymbol{\varepsilon}_o) \tag{9.66}$$

是对数似然函数, 即 $\boldsymbol{\varepsilon}_o$ 的联合概率密度的自然对数。

因为测量误差 $e_o(n)$ 是白色的, 故向量 $\boldsymbol{\varepsilon}_o$ 中元素互不相关。另外, $e_o(n)$ 是高斯的, 故 $\boldsymbol{\varepsilon}_o$ 中元素是统计独立的。如设 $e_o(i)$ 是均值为零、方差为 σ^2 的复数, 则有 (见 1.11 节)

$$f_E(\boldsymbol{\varepsilon}_o) = \frac{1}{(\pi\sigma^2)^{(N-M+1)}} \exp\left[-\frac{1}{\sigma^2}\sum_{i=M}^{N}|e_o(i)|^2\right] \tag{9.67}$$

因此, 对数似然函数为

---

① 实参数情况下的费希尔信息矩阵将在附录 D 中进行讨论。

$$l = F - \frac{1}{\sigma^2} \sum_{i=M}^{N} |e_o(i)|^2 \tag{9.68}$$
$$= F - \frac{1}{\sigma^2} \boldsymbol{\varepsilon}_o^{\mathrm{H}} \boldsymbol{\varepsilon}_o$$

其中

$$F = -(N - M + 1)\ln(\pi\sigma^2)$$

是一常量。由式(9.52),得

$$\boldsymbol{\varepsilon}_o = \mathbf{d} - \mathbf{A}\mathbf{w}_o$$

将此关系式代入式(9.68),可以用 $\mathbf{w}_o$ 将 l 改写为

$$l = F - \frac{1}{\sigma^2}\mathbf{d}^{\mathrm{H}}\mathbf{d} + \frac{1}{\sigma^2}\mathbf{w}_o^{\mathrm{H}}\mathbf{A}^{\mathrm{H}}\mathbf{d} + \frac{1}{\sigma^2}\mathbf{d}^{\mathrm{H}}\mathbf{A}\mathbf{w}_o - \frac{1}{\sigma^2}\mathbf{w}_o^{\mathrm{H}}\mathbf{A}^{\mathrm{H}}\mathbf{A}\mathbf{w}_o \tag{9.69}$$

将式(9.68)的实值的对数似然函数 l 对复值的未知参数向量 $\mathbf{w}_o$ 求导数(与附录 B 中的沃廷格微分一致),可得

$$\frac{\partial l}{\partial \mathbf{w}_o^{\mathrm{H}}} = \frac{1}{\sigma^2}\mathbf{A}^{\mathrm{H}}(\mathbf{d} - \mathbf{A}\mathbf{w}_o) = \frac{1}{\sigma^2}\mathbf{A}^{\mathrm{H}}\boldsymbol{\varepsilon}_o \tag{9.70}$$

将式(9.70)代入式(9.65),得到目前所考虑问题的 Fisher 信息矩阵

$$\mathbf{J} = \frac{1}{\sigma^4}\mathbb{E}\left[\left(\frac{1}{\sigma^2}\mathbf{A}^{\mathrm{H}}\boldsymbol{\varepsilon}_o\right)\left(\frac{1}{\sigma^2}\mathbf{A}^{\mathrm{H}}\boldsymbol{\varepsilon}_o\right)^{\mathrm{H}}\right]$$
$$= \frac{1}{\sigma^4}\mathbf{A}^{\mathrm{H}}\mathbb{E}[\boldsymbol{\varepsilon}_o\boldsymbol{\varepsilon}_o^{\mathrm{H}}]\mathbf{A} \tag{9.71}$$
$$= \frac{1}{\sigma^2}\mathbf{A}^{\mathrm{H}}\mathbf{A}$$
$$= \frac{1}{\sigma^2}\boldsymbol{\Phi}$$

注意到式中第三行应用了式(9.56),即假设测量误差过程 $e_o(i)$ 是均值为零、方差为 σ^2 的白噪声。因此,利用式(9.63)可以证明,无偏估计 $\hat{\mathbf{w}}$ 的协方差矩阵满足下列不等式

$$\mathrm{cov}[\hat{\mathbf{w}}] \geqslant \sigma^2\boldsymbol{\Phi}^{-1} \tag{9.72}$$

然而,根据性质 2 可知,$\sigma^2\boldsymbol{\Phi}^{-1}$ 等于最小二乘估计 $\hat{\mathbf{w}}$ 的协方差矩阵。因而,$\hat{\mathbf{w}}$ 获得了 Cramér-Rao 下界。此外,利用性质 1 可进一步得出如下结论:

当测量误差过程 $e_o(i)$ 是零均值的高斯白噪声过程时,最小二乘估计 $\hat{\mathbf{w}}$ 是最小方差无偏估计(MVUE, minimum-variance unbiased estimate)。

9.9 最小方差无失真响应(MVDR)的谱估计

在上述的最小二乘法中,没有对解施加任何限制。然而,在有些应用中,这种方法并不令人满意,这时,可采用约束最小二乘法。例如,在涉及空间信号处理的自适应波束成形中,通常希望使波束成形器输出的方差(也就是平均功率)最小化,同时在感兴趣的目标信号方向上保持无失真响应。在瞬态情况下,相应的问题就变为使谱估计器的平均功率最小,而在某一特定频率上保持无失真响应。在这样的应用中,其解决方案称为最小方差无失真响应

（MVDR，minimum-variance distortionless response）估计器。为了和前面的描述保持一致，我们将用公式表示瞬态形式的 MVDR 算法。

考虑如图 9.5 所示的线性 FIR 滤波器，$y(i)$ 表示滤波器的输出，它是抽头输入为 $u(i)$，$u(i-1)$，$\cdots$，$u(i-M)$ 时滤波器的输出响应。具体来说，我们有

$$y(i) = \sum_{t=0}^{M} a_t^* u(i-t) \tag{9.73}$$

其中 a_0，a_1，$\cdots$，a_m 是 FIR 滤波器的系数。如果采用协方差方法对数据开窗，则应使输出能量

$$\mathcal{E}_{\text{out}} = \sum_{i=M+1}^{N} |y(i)|^2$$

最小，且满足约束条件

$$\sum_{k=0}^{M} a_k^* e^{-jk\omega_0} = 1 \tag{9.74}$$

其中 ω_0 是感兴趣的角频率。与经典的最小二乘法一样，滤波器系数 a_0，a_1，$\cdots$，a_M 在观测间隔 $1 \leqslant i \leqslant N$ 内保持不变，N 是数据的总长度。

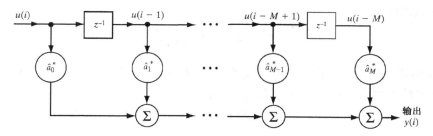

图 9.5　FIR 滤波器

为了求解约束最小化问题，我们应用拉格朗日（Lagrange）乘子法；该最优化过程将在附录 C 中讨论。具体地，我们定义约束代价函数

$$\mathcal{E} = \underbrace{\sum_{i=M+1}^{N} |y(i)|^2}_{\text{输出能量}} + \underbrace{\lambda \left(\sum_{k=0}^{M} a_k^* e^{-jk\omega_0} - 1 \right)}_{\text{线性约束}} \tag{9.75}$$

其中 λ 是复数拉格朗日乘子。注意，这里所述的约束问题中没有期望响应，取而代之的是一组线性约束条件。同时注意，没有期望响应也就没有参考机制，正交性因此失去了意义。

为了得到最优滤波器系数，首先确定相对于 a_k^* 的梯度向量 $\nabla\mathcal{E}$ 并令其等于零。然后，采用类似于 9.3 节的方法，对式（9.75）表示的约束代价函数，可求出其梯度向量的第 k 个分量为

$$\nabla_k \mathcal{E} = 2 \sum_{i=M+1}^{N} u(i-k) y^*(i) + \lambda^* e^{-jk\omega_0} \tag{9.76}$$

其次，将式（9.73）代入式（9.76），并经整理后得

$$\nabla_k \mathcal{E} = 2 \sum_{t=0}^{M} a_t \sum_{i=M+1}^{N} u(i-k) u^*(i-t) + \lambda^* e^{-jk\omega_0}$$

$$= 2 \sum_{t=0}^{M} a_t \phi(t,k) + \lambda^* e^{-jk\omega_0} \tag{9.77}$$

其中, 第二行的第一项中, 我们已对抽头输入的时间平均自相关函数 $\phi(t,k)$ 使用了式(9.29) 的定义。为使约束代价函数 $\mathcal{E}$ 最小化, 令

$$\nabla_k \mathcal{E} = 0 \qquad k = 0, 1, \cdots, M \qquad (9.78)$$

则从式(9.77)可以发现, 最优 FIR 滤波器的抽头权值应满足如下 $M+1$ 个联立方程

$$\sum_{t=0}^{M} \hat{a}_t \phi(t, k) = -\frac{1}{2} \lambda^* e^{-jk\omega_0} \qquad k = 0, 1, \cdots, M \qquad (9.79)$$

使用矩阵表示, 上述方程组可改写为

$$\mathbf{\Phi}\hat{\mathbf{a}} = -\frac{1}{2} \lambda^* \mathbf{s}(\omega_0) \qquad (9.80)$$

式中 $\mathbf{\Phi}$ 是抽头输入的 $(M+1) \times (M+1)$ 时间平均相关矩阵, $\hat{\mathbf{a}}$ 是 $(M+1) \times 1$ 最佳抽头权向量, 且

$$\mathbf{s}(\omega_0) = [1, e^{-j\omega_0}, \cdots, e^{-jM\omega_0}]^T \qquad (9.81)$$

是 $(M+1) \times 1$ 维固定频率向量。如果假定 $\mathbf{\Phi}$ 是非奇异的, 则它的逆阵 $\mathbf{\Phi}^{-1}$ 存在, 解式(9.80)可得最佳抽头权向量

$$\hat{\mathbf{a}} = -\frac{1}{2} \lambda^* \mathbf{\Phi}^{-1} \mathbf{s}(\omega_0) \qquad (9.82)$$

现在要解决的问题就是求拉格朗日乘子 λ 的值。为解出 λ, 我们应用式(9.74)给出的最优 FIR 滤波器的线性约束条件。为此, 将此式改写为

$$\hat{\mathbf{a}}^H \mathbf{s}(\omega_0) = 1 \qquad (9.83)$$

计算向量 $\mathbf{s}(\omega_0)$ 与式(9.82)中的向量 $\hat{\mathbf{a}}$ 的内积, 并令内积等于1, 则可求出 λ 的最优解

$$\lambda^* = -\frac{2}{\mathbf{s}^H(\omega_0) \mathbf{\Phi}^{-1} \mathbf{s}(\omega_0)} \qquad (9.84)$$

最后, 将上述 λ 值代入式(9.82), 即得 MVDR 解为

$$\hat{\mathbf{a}} = \frac{\mathbf{\Phi}^{-1} \mathbf{s}(\omega_0)}{\mathbf{s}^H(\omega_0) \mathbf{\Phi}^{-1} \mathbf{s}(\omega_0)} \qquad (9.85)$$

于是, 如果已知抽头输入的时间平均相关矩阵 $\mathbf{\Phi}$ 和频率向量 $\mathbf{s}(\omega_0)$, 我们可用式(9.85)给出的 MVDR 公式计算图9.5中 FIR 滤波器的最优抽头权向量 $\hat{\mathbf{a}}$。

用 $S_{\text{MVDR}}(\omega_0)$ 表示输出能量 $\mathcal{E}_{\text{out}}$ 的最小值, 它是输出响应调谐在角频率 ω_0 条件下把式(9.85)的 MVDR 解 $\hat{\mathbf{a}}$ 用做抽头权向量时所得到的结果。于是有

$$S_{\text{MVDR}}(\omega_0) = \hat{\mathbf{a}}^H \mathbf{\Phi} \hat{\mathbf{a}} \qquad (9.86)$$

将式(9.85)代入式(9.86), 化简后最终得到

$$S_{\text{MVDR}}(\omega_0) = \frac{1}{\mathbf{s}^H(\omega_0) \mathbf{\Phi}^{-1} \mathbf{s}(\omega_0)} \qquad (9.87)$$

式(9.87)可写成更一般的形式。如定义一个频率扫描向量

$$\mathbf{s}(\omega) = [1, e^{-j\omega}, \cdots, e^{-j\omega M}]^T \qquad -\pi < \omega \leqslant \pi \qquad (9.88)$$

式中角频率 ω 是区间 $(-\pi, \pi]$ 内的变量,则对于每一个 ω,MVDR 估值可作为相应的 FIR 滤波器的抽头权向量。于是,最优滤波器的输出能量成为 ω 的函数。相应地,设 $S_{\text{MVDR}}(\omega)$ 表示这个函数关系,则可写出[1]

$$S_{\text{MVDR}}(\omega) = \frac{1}{\mathbf{s}^H(\omega)\boldsymbol{\Phi}^{-1}\mathbf{s}(\omega)} \tag{9.89}$$

我们将式(9.89)称为 MVDR 谱估计,将式(9.85)给出的解叫做 $\omega = \omega_0$ 时抽头权向量的 MVDR 估计。注意,对任意的 ω,其他频率的信号功率都被最小化。因此,根据式(9.89)得出的 MVDR 谱呈现相对陡峭的峰值。

9.10　MVDR 波束成形的正则化

式(9.85)的 MVDR 公式也为雷达、声呐、无线通信方面的自适应波束的成形提供了基础。促使这一方法得到应用的原因主要有以下两方面:

- 快速收敛性。
- 对存在大量干扰源的复杂干扰环境的处理能力。

考虑图 9.6 所示由具有 M 个天线单元的线性阵列组成的自适应波束成形器。设 $\mathbf{s}(\theta)$ 表示感兴趣的观测方向(该方向用电气角度 θ 表示,且 $-\pi/2 < \theta \leqslant \pi/2$)上指定的波束转向向量(beam-steering vector),即天线阵元中每个单元的线性相移向量。角度 θ 与相对于阵列法线测得的实际到达方向 φ 有关,可表示为

$$\theta = \frac{2\pi d}{\lambda}\varphi \tag{9.90}$$

式中 d 是阵列中相邻单元之间的间隔,λ 是入射电磁波的波长(参见 "背景与预览" 中的图 9)。针对现有问题,对式(9.85)做适当的调整,可以将波束成形器权向量的 MVDR 解表示为

$$\hat{\mathbf{w}} = \frac{\boldsymbol{\Phi}^{-1}\mathbf{s}(\theta)}{\mathbf{s}^H(\theta)\boldsymbol{\Phi}^{-1}\mathbf{s}(\theta)} \tag{9.91}$$

这很容易用批(块)处理来实现。因此,如果假定已知一批输入数据 $\{\mathbf{u}(n)\}_{n=1}^{K}$,其中 K 个输入的每一项都叫做环境的一个"快照"(snapshot)。给定这样的数据块,可用以下公式来计算时间平均相关矩阵 $\boldsymbol{\Phi}$

$$\boldsymbol{\Phi} = \sum_{n=1}^{K}\mathbf{u}(n)\mathbf{u}^H(n) \tag{9.92}$$

将其代入式(9.91),可得权向量 $\hat{\mathbf{w}}$ 的相应值。为了适应环境统计特性的变化,必须对每个快照块重复进行整个"估计和插入"过程。正如本章引言中所指出的,虽然批处理方法的运算量比递归最小二乘法要大,但随着计算机技术的不断进步,计算复杂性已不再是需要实际关心的主要问题。

---

① 用式(9.89)计算谱的方法在文献中又称做 Capon 方法(Capon, 1969)。"最小方差无失真响应"这一说法来自 Owsley(1985)。

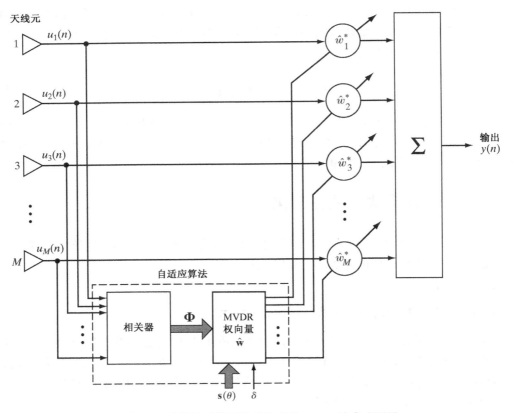

图 9.6   由线性天线元阵列构成的 MVDR 波束成形器

9.10.1   正则化

式(9.85)的 MVDR 权向量 $\hat{\mathbf{w}}$ 是病态逆估计问题(ill-posed inverse estimation problem)的解:

- 该问题是一个逆问题,因为从输入数据到加权向量实际上是以与产生这些数据的物理过程相反的方向进行的。
- 该问题是病态的,主要是由于:(1)输入数据不充分;(2)存在噪声和干扰信号。这两个因素导致解的不唯一性。

因此,使用式(9.91)将会导致一个具有较大旁瓣的天线模式(即相对于观测方向的波束成形器功率响应的曲线),而较大的旁瓣是不允许的。另外,在相邻数据块之间可能会引起来自下一个快照块的天线模式随机波动,这将对紧接着的信号处理产生破坏性的影响。

为了减轻估计器(例如,自适应波束成形器)的病态影响,需要通过正则化(Tikhonov, 1963,1973)[1]来稳定解。其基本原理是,利用与结构有关的正则化分量来增强通常与数据有关的代价函数,其目的就是对估计器建立的输入-输出映射强加一个平滑约束,从而使解稳定。因此,正则化估计器的代价函数为

---

① 关于正则理论的详细论述,读者可参考 Haykin(2009)著作的第 7 章。

（正则化代价函数）＝（数据相关的代价函数）＋（正则化参数）×（结构相关的正则化项）　　（9.93）

从某种意义上讲，可以将正则化参数看做规定该解时输入数据是否充分的一个指示器。特别地，当正则化参数接近零时，解完全由输入数据决定。另一方面，当正则化参数接近无穷时，通过正则化所加的平滑约束足以规定这个解，它是输入数据不可靠时的另外一种解决方法。实际上，正则化参数的值一般介于这两种极端情况之间。

9.10.2　具有可控旁瓣的正则化自适应波束成形器

对于 MVDR 波束成形，我们用如下目标来介绍正则化设计的一种改进形式（Hughes & McWhirter, 1995；McWhirter et al., 2000）：

目标　防止对应于 MVDR 解的空间响应不必要地背离静态响应，这一点在环境特性已知的非自适应波束成形器中已得到详细说明。

这一目标的满足，将以有意义的方式影响最小二乘解中不必要的自由度的去除。特别地，我们现在可用图 9.6 所示的方式将正则化 MVDR 波束成形器设计问题表示如下：

确定最优加权因子 $\hat{\mathbf{w}}$，使得在如下约束条件下

$$\mathbf{w}^{\mathrm{H}}\mathbf{s}(\theta) = 1 \qquad \mathbf{s}(\theta) = 波束转向向量$$

使波束成形器输出能量

$$\sum_{n=1}^{K} \left|\mathbf{w}^{\mathrm{H}}\mathbf{u}(n)\right|^2 \qquad 对于 K 个快照的块$$

最小，而且要求旁瓣按照上述目标是可控的。

在线性阵列的情况下，上述两项目标可通过下面的正则化（McWhirter et al., 2000）

$$
\begin{aligned}
（正则化分量）&= \int_{-\pi/2}^{\pi/2} h(\theta)\left|(\mathbf{w} - \mathbf{w}_q)^{\mathrm{H}}\mathbf{s}(\theta)\right|^2 \mathrm{d}\theta \\
&= (\mathbf{w} - \mathbf{w}_q)^{\mathrm{H}}\mathbf{Z}(\mathbf{w} - \mathbf{w}_q)
\end{aligned}
\tag{9.94}
$$

来实现，式中 $\mathbf{w}_q$ 是静态权向量且

$$\mathbf{Z} = \int_{-\pi/2}^{\pi/2} h(\theta)\mathbf{s}(\theta)\mathbf{s}^{\mathrm{H}}(\theta)\mathrm{d}\theta \tag{9.95}$$

是一个 $M \times M$ 矩阵。标量函数 $h(\theta)$ 用来对波束成形器的观测范围加一个非负的权。于是，根据式（9.93），可将式（9.94）的正则分量与 MVDR 问题的约束代价函数合并，则有

$$\mathscr{E}_{\mathrm{reg}}(\mathbf{w}) = \sum_{n=1}^{K} \left|\mathbf{w}^{\mathrm{H}}\mathbf{u}(n)\right|^2 + \lambda(\mathbf{w}^{\mathrm{H}}\mathbf{s}(\theta) - 1) + \delta(\mathbf{w} - \mathbf{w}_q)^{\mathrm{H}}\mathbf{Z}(\mathbf{w} - \mathbf{w}_q) \tag{9.96}$$

式中 λ 是拉格朗日乘子，δ 是正则化参数。根据附录 B 的广义沃廷格微分，将 $\mathscr{E}_{\mathrm{reg}}(\mathbf{w})$ 对权向量 $\mathbf{w}$ 求导，并令其等于零，即得最优权向量 $\mathbf{w}$ 为

$$\hat{\mathbf{w}} = (\mathbf{\Phi} + \delta\mathbf{Z})^{-1}\Big(\delta\mathbf{Z}\mathbf{w}_q - \lambda\mathbf{s}(\theta)\Big) \tag{9.97}$$

式中 $\mathbf{\Phi}$ 是由式（9.92）定义的时间平均相关矩阵，再使式（9.97）满足约束条件

$$\hat{\mathbf{w}}^{\mathrm{H}}\mathbf{s}(\theta) = 1$$

并对拉格朗日乘子 λ 求解，得

$$-\lambda = \frac{1 - \delta \mathbf{w}_q^{\mathrm{H}} \mathbf{Z}(\boldsymbol{\Phi} + \delta \mathbf{Z})^{-1}\mathbf{s}(\theta)}{\mathbf{s}^{\mathrm{H}}(\theta)(\boldsymbol{\Phi} + \delta \mathbf{Z})^{-1}\mathbf{s}(\theta)} \tag{9.98}$$

此处，我们利用了 $M \times M$ 增广相关矩阵 $\boldsymbol{\Phi} + \delta \mathbf{Z}$ 的埃尔米特性质。最后，将式(9.98)代入式(9.97)，则得如下正则化 MVDR 解

$$\hat{\mathbf{w}} = \frac{(\boldsymbol{\Phi} + \delta \mathbf{Z})^{-1}\mathbf{s}(\theta)}{\mathbf{s}^{\mathrm{H}}(\theta)(\boldsymbol{\Phi} + \delta \mathbf{Z})^{-1}\mathbf{s}(\theta)} + \delta (\boldsymbol{\Phi} + \delta \mathbf{Z})^{-1}\mathbf{Z}\mathbf{w}_q$$

$$- \frac{\delta \mathbf{w}_q^{\mathrm{H}} \mathbf{Z}(\boldsymbol{\Phi} + \delta \mathbf{Z})^{-1}\mathbf{s}(\theta)(\boldsymbol{\Phi} + \delta \mathbf{Z})^{-1}\mathbf{s}(\theta)}{\mathbf{s}^{\mathrm{H}}(\theta)(\boldsymbol{\Phi} + \delta \mathbf{Z})^{-1}\mathbf{s}(\theta)} \tag{9.99}$$

对式(9.99)要注意以下几点：

- 在 $\delta = 0$ 的极端情况下(也就是没有正则化)，式(9.99)退化为式(9.85)的非正则化的 MVDR 解 $\boldsymbol{\Phi}^{-1}\mathbf{s}(\theta)/\mathbf{s}^{\mathrm{H}}(\theta)\boldsymbol{\Phi}^{-1}\mathbf{s}(\theta)$。
- 尽管式(9.99)的形式复杂，但在实际实现中，这种正则化解的运算量远远低于基于奇异值分解的子空间投影算法(McWhirter et al., 2000)(奇异值分解将在下一节讨论)。

图 9.7 给出了功率响应与信号实际到达方向 φ 之间的关系曲线，该曲线显示出基于式(9.99)的正则化 MVDR 波束成形器的卓越性能。这里给出的结果来自 McWhirter 等(2000)，其实验参数为

- 具有均匀半波长间隔的 16 单元线性阵列。
- 观测方向 $\varphi = 0$。
- 从一个天线单元到下一个天线单元空间不相关的加性高斯白噪声。
- $\varphi = 45°$ 的单一干扰器，相对于阵列中每一天线单元的发射功率为 30 dB。
- 计算中的快照数 $K = 32$。
- 加权函数为

$$h(\theta) = \begin{cases} \cos\theta & \text{对于 } \theta > 0° \\ 0 & \text{对于 } \theta < 0° \end{cases}$$

当 $\theta > 0°$ 时，使用该加权函数可使天线模式接近于固定的切比雪夫模式(Chebyshev pattern)，其旁瓣在 -30 dB 左右。当 $\theta < 0°$ 时，天线模式是非正则化的，与观测区域内没有干扰存在一样。

- 静态加权向量 $\mathbf{w}_q$ 由 Dolph-Chebyshev 天线模式确定(Dolph, 1946)。
- 正则化参数 $\delta = 30K = 960$。

从图中可以看出，当 $\varphi > 0°$ 时，使用正则化将对观测区域的天线模式产生很大影响。特别是，当输入数据从一个块到下一个块时，加权向量的波动显著减少了。同时，旁瓣被控制在接近 Dolph-Chebyshev 数量级内。但相同取值时，对于 $\varphi < 0°$ 所表示的非正则化观测区域，天线模式有明显的波动，而且旁瓣性能较差。另外，在 $\varphi = 0°$ 这一指定的观测方向上，正则化的波束成形器仍能产生 0 dB 的响应，而在 $\varphi = 45°$ 的干扰方向上响应为零。

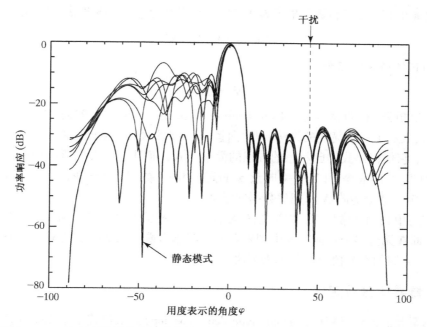

图 9.7 正则化 MVDR 波束成形器的旁瓣稳定性，其中实线表示静态波束模式（British Crown 授权使用）

9.11 奇异值分解

现在，我们通过介绍所谓的奇异值分解（singular-value decomposition）的计算工具来完成对最小二乘法的讨论。这一工具的优势在于它适用于方阵及矩形阵，而不管它们是实数还是复数。因此，在奇异值分解可直接应用于数据矩阵这个意义上，它非常适合于求线性最小二乘问题的数值解。

在 9.5 节和 9.7 节，我们介绍了下列两种形式的计算线性最小二乘解的正则方程：

1）式（9.36）给出的形式，即

$$\hat{\mathbf{w}} = \boldsymbol{\Phi}^{-1}\mathbf{z}$$

式中 $\hat{\mathbf{w}}$ 是多重回归模型未知参数向量的最小二乘估计，$\boldsymbol{\Phi}$ 是用来完成估计的横向滤波器抽头输入的时间平均相关矩阵，$\mathbf{z}$ 是抽头输入和回归模型输出（也就是期望响应）之间的时间平均互相关向量。

2）直接用数据矩阵表示的式（9.48），即

$$\hat{\mathbf{w}} = (\mathbf{A}^{H}\mathbf{A})^{-1}\mathbf{A}^{H}\mathbf{d}$$

式中 $\mathbf{A}$ 是数据矩阵，表示抽头输入向量的时间更新，$\mathbf{d}$ 是期望数据向量，表示期望响应的时间评估。

这两种形式在数学上是等效的，但是它们却代表了求最小二乘 $\hat{\mathbf{w}}$ 解的不同计算方法。式（9.36）要求已知时间平均相关矩阵 $\boldsymbol{\Phi}$，它等于 $\mathbf{A}^{H}$ 和 $\mathbf{A}$ 的乘积。另一方面，在式（9.48）中，根据数据矩阵 $\mathbf{A}$ 的奇异值分解，$(\mathbf{A}^{H}\mathbf{A})^{-1}\mathbf{A}$ 能够这样来理解：在相同数字精度的情况下，由式（9.48）计

算得到的解 $\hat{\mathbf{w}}$ 的正确数字位数两倍于式(9.36)计算得到的解。具体来说，如果定义矩阵

$$\mathbf{A}^+ = (\mathbf{A}^H\mathbf{A})^{-1}\mathbf{A}^H \tag{9.100}$$

则式(9.36)可简单地重写为

$$\hat{\mathbf{w}} = \mathbf{A}^+\mathbf{d} \tag{9.101}$$

矩阵 $\mathbf{A}^+$ 称为矩阵 $\mathbf{A}$ 的伪逆或 Moore-Penrose 广义逆(Stewart，1973；Golub & Van Loan，1996)。上式表示了一种简便的说法，即"向量 $\hat{\mathbf{w}}$ 是线性最小二乘问题的解"。

事实上，它仅仅是我们已熟悉的方程的简单形式，而且也是人们所希望的、与 9.5 节所用时间平均相关矩阵 $\mathbf{\Phi}$ 和互相关向量 $\mathbf{z}$ 的定义相一致，以至于我们可根据式(9.44)和式(9.46)来定义数据矩阵 $\mathbf{A}$ 和期望数据向量 $\mathbf{d}$。

实际应用中我们经常发现，数据矩阵 $\mathbf{A}$ 含有线性相关的列向量。因此，我们又面临一个新的情况，即在无穷多个可能的解中判别哪一个解作为最小二乘问题的解。这个问题可通过采用 9.14 节介绍的奇异值分解技术来解决。

9.11.1　奇异值分解定理

矩阵的奇异值分解(SVD，singular-value decomposition)是数值代数中提供线性方程组结构信息方面最精巧的算法之一(Klema & Laub，1980)。我们所特别感兴趣的线性方程组可描述为

$$\mathbf{A}\hat{\mathbf{w}} = \mathbf{d} \tag{9.102}$$

式中 $\mathbf{A}$ 是 $K \times M$ 矩阵，$\mathbf{d}$ 是 $K \times 1$ 向量，$\hat{\mathbf{w}}$(表示未知参数向量的估计)是 $M \times 1$ 向量。式(9.102)表示矩阵形式的正则方程。如果等式的两边前乘向量 $\mathbf{A}^H$，即得式(9.48)定义的最小二乘权向量 $\hat{\mathbf{w}}$ 的正则方程。

给定数据矩阵 $\mathbf{A}$，则存在两个酉矩阵 $\mathbf{V}$ 和 $\mathbf{U}$，使得

$$\mathbf{U}^H\mathbf{A}\mathbf{V} = \begin{bmatrix} \mathbf{\Sigma} & \mathbf{0} \\ \mathbf{0} & \mathbf{0} \end{bmatrix} \tag{9.103}$$

其中

$$\mathbf{\Sigma} = \mathrm{diag}(\sigma_1, \sigma_2, \cdots, \sigma_W) \tag{9.104}$$

是一对角矩阵。σ 满足 $\sigma_1 \geqslant \sigma_2 \geqslant \cdots \geqslant \sigma_W > 0$。式(9.103)是奇异值分解定理的数学表述，并以其创始人的名字命名为 Autonne-Eckart-Young 定理[①]。

图 9.8 给出了式(9.103)所述的奇异值分解定理的一种图示。该图中，我们已经假定数据矩阵 $\mathbf{A}$ 所包含的行数 K 大于列数 M，且非零奇异值的数目 W 小于 M。当然，我们也可以用酉矩阵 $\mathbf{V}$ 和 $\mathbf{U}$ 及对角矩阵 $\mathbf{\Sigma}$ 来表示数据矩阵，从而可以给出奇异值分解定理的另一种图示。这个问题留给读者作为练习。

式(9.104)中的下标 W 表示矩阵 $\mathbf{A}$ 的秩，记为 $\mathrm{rank}(\mathbf{A})$，它定义为 $\mathbf{A}$ 中线性无关的列数。注意，总是有 $\mathrm{rank}(\mathbf{A}^H) = \mathrm{rank}(\mathbf{A})$。

因为 $K > M$ 或 $K < M$ 都是可能的，所以需要考虑两种不同的情况。我们将对这两种情况

[①]　奇异值分解的一般形式由 Autonne 于 1902 年提出，Eckart 和 Young(1936)介绍了它的一个重要特性。关于奇异值分解的发展过程，可参见 Klema 和 Laub(1980)的文章。

独立地证明奇异值分解定理。当 $K > M$ 时，我们有一个超定方程组，此时方程的数目大于未知数的数目；而当 $K < M$ 时，我们有一个欠定方程组，此时方程的数目小于未知数的数目。下面，我们将依次讨论这两种情况。

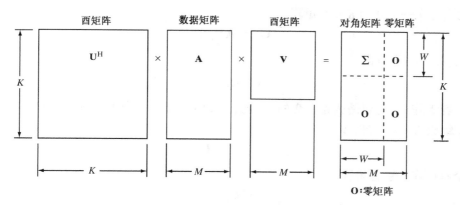

图 9.8　奇异值分解定理的一种图示

情况 1：超定方程组　对 $K > M$ 的情况，用矩阵 $\mathbf{A}$ 的埃尔米特转置矩阵 $\mathbf{A}^H$ 前乘矩阵 $\mathbf{A}$，得到 $M \times M$ 矩阵 $\mathbf{A}^H\mathbf{A}$。由于矩阵 $\mathbf{A}^H\mathbf{A}$ 是埃尔米特矩阵和非负定矩阵，其特征值全是非负实数。将这些特征值表示为 σ_1^2，σ_2^2，$\cdots$，σ_M^2，其中 $\sigma_1 \geq \sigma_2 \geq \cdots \geq \sigma_W > 0$ 且 σ_{W+1}，σ_{W+2}，$\cdots$ 全为零，$1 \leq W \leq M$。由于矩阵 $\mathbf{A}^H\mathbf{A}$ 和 $\mathbf{A}$ 有相同的秩，因此 $\mathbf{A}^H\mathbf{A}$ 有 W 个非零特征值。再用 $\mathbf{v}_1$，$\mathbf{v}_2$，$\cdots$，$\mathbf{v}_M$ 分别表示矩阵 $\mathbf{A}^H\mathbf{A}$ 对应于特征值 σ_1^2，σ_2^2，$\cdots$，σ_M^2 的正交化特征向量，$\mathbf{V}$ 表示 $M \times M$ 酉矩阵，其列由特征向量 $\mathbf{v}_1$，$\mathbf{v}_2$，$\cdots$，$\mathbf{v}_M$ 组成。接着，通过矩阵 $\mathbf{A}^H\mathbf{A}$ 的特征分解，可以写出

$$\mathbf{V}^H\mathbf{A}^H\mathbf{A}\mathbf{V} = \begin{bmatrix} \boldsymbol{\Sigma}^2 & \mathbf{0} \\ \mathbf{0} & \mathbf{0} \end{bmatrix} \tag{9.105}$$

将酉矩阵 $\mathbf{V}$ 分块为

$$\mathbf{V} = \begin{bmatrix} \mathbf{V}_1, \mathbf{V}_2 \end{bmatrix} \tag{9.106}$$

其中

$$\mathbf{V}_1 = \begin{bmatrix} \mathbf{v}_1, \mathbf{v}_2, \cdots, \mathbf{v}_W \end{bmatrix} \tag{9.107}$$

是一个 $M \times W$ 矩阵，且

$$\mathbf{V}_2 = \begin{bmatrix} \mathbf{v}_{W+1}, \mathbf{v}_{W+2}, \cdots, \mathbf{v}_M \end{bmatrix} \tag{9.108}$$

是一个 $M \times (M - W)$ 矩阵，且

$$\mathbf{V}_1^H\mathbf{V}_2 = \mathbf{0} \tag{9.109}$$

由式（9.105），可以得到如下两个推论：

1）对于矩阵 $\mathbf{V}_1$，有

$$\mathbf{V}_1^H\mathbf{A}^H\mathbf{A}\mathbf{V}_1 = \boldsymbol{\Sigma}^2$$

故

$$\boldsymbol{\Sigma}^{-1}\mathbf{V}_1^H\mathbf{A}^H\mathbf{A}\mathbf{V}_1\boldsymbol{\Sigma}^{-1} = \mathbf{I} \tag{9.110}$$

2）对于矩阵 $\mathbf{V}_2$，有

$$\mathbf{V}_2^H \mathbf{A}^H \mathbf{A} \mathbf{V}_2 = \mathbf{0}$$

故

$$\mathbf{A}\mathbf{V}_2 = \mathbf{0} \tag{9.111}$$

现在,我们定义一个新的 $K \times W$ 矩阵

$$\mathbf{U}_1 = \mathbf{A}\mathbf{V}_1 \mathbf{\Sigma}^{-1} \tag{9.112}$$

则根据式(9.110)可得出

$$\mathbf{U}_1^H \mathbf{U}_1 = \mathbf{I} \tag{9.113}$$

这就意味着矩阵 $\mathbf{U}_1$ 的列是彼此正交的。其次,我们选择另一个 $K \times (K-W)$ 矩阵 $\mathbf{U}_2$,并由 $\mathbf{U}_1$ 和 $\mathbf{U}_2$ 组成 $K \times K$ 矩阵,即

$$\mathbf{U} = \begin{bmatrix} \mathbf{U}_1, \mathbf{U}_2 \end{bmatrix} \tag{9.114}$$

这是一个酉矩阵。它意味着

$$\mathbf{U}_1^H \mathbf{U}_2 = \mathbf{0} \tag{9.115}$$

因此,利用式(9.106)、式(9.114)、式(9.111)、式(9.112)和式(9.115),可以得到

$$
\begin{aligned}
\mathbf{U}^H \mathbf{A} \mathbf{V} &= \begin{bmatrix} \mathbf{U}_1^H \\ \mathbf{U}_2^H \end{bmatrix} \mathbf{A} \begin{bmatrix} \mathbf{V}_1, \mathbf{V}_2 \end{bmatrix} \\
&= \begin{bmatrix} \mathbf{U}_1^H \mathbf{A} \mathbf{V}_1 & \mathbf{U}_1^H \mathbf{A} \mathbf{V}_2 \\ \mathbf{U}_2^H \mathbf{A} \mathbf{V}_1 & \mathbf{U}_2^H \mathbf{A} \mathbf{V}_2 \end{bmatrix} \\
&= \begin{bmatrix} (\mathbf{\Sigma}^{-1} \mathbf{V}_1^H \mathbf{A}^H) \mathbf{A} \mathbf{V}_1 & \mathbf{U}_1^H (\mathbf{0}) \\ \mathbf{U}_2^H (\mathbf{U}_1 \mathbf{\Sigma}) & \mathbf{U}_2^H (\mathbf{0}) \end{bmatrix} \\
&= \begin{bmatrix} \mathbf{\Sigma} & \mathbf{0} \\ \mathbf{0} & \mathbf{0} \end{bmatrix}
\end{aligned}
$$

这就证明了超定情况下的式(9.103)。

情况2:欠定方程组　下面,考虑 $K < M$ 的情况。这时用矩阵 $\mathbf{A}$ 的埃尔米特转置矩阵 $\mathbf{A}^H$ 后乘矩阵 $\mathbf{A}$,得到 $K \times K$ 矩阵 $\mathbf{A}\mathbf{A}^H$。它也是埃尔米特矩阵和非负定矩阵,因此其特征值也同样是非负实数。$\mathbf{A}\mathbf{A}^H$ 的非零特征值与 $\mathbf{A}^H \mathbf{A}$ 的相同。由此,可以将 $\mathbf{A}\mathbf{A}^H$ 的特征值表示为 σ_1^2, $\sigma_2^2, \cdots, \sigma_K^2$,其中 $\sigma_1 \geqslant \sigma_2 \geqslant \cdots \geqslant \sigma_W > 0$ 且 σ_{W+1}, $\sigma_{W+2}, \cdots$ 全为零,$1 \leqslant W \leqslant K$。用 $\mathbf{u}_1$, $\mathbf{u}_2, \cdots, \mathbf{u}_K$ 分别表示矩阵 $\mathbf{A}\mathbf{A}^H$ 对应于特征值 σ_1^2, $\sigma_2^2, \cdots, \sigma_K^2$ 的正交化特征向量,$\mathbf{U}$ 表示酉矩阵,其列由特征向量 $\mathbf{u}_1$, $\mathbf{u}_2, \cdots, \mathbf{u}_K$ 组成。于是,通过矩阵 $\mathbf{A}\mathbf{A}^H$ 的特征分解,可以写出

$$\mathbf{U}^H \mathbf{A} \mathbf{A}^H \mathbf{U} = \begin{bmatrix} \mathbf{\Sigma}^2 & \mathbf{0} \\ \mathbf{0} & \mathbf{0} \end{bmatrix} \tag{9.116}$$

将酉矩阵 $\mathbf{U}$ 分块为

$$\mathbf{U} = \begin{bmatrix} \mathbf{U}_1, \mathbf{U}_2 \end{bmatrix} \tag{9.117}$$

其中

$$\mathbf{U}_1 = \begin{bmatrix} \mathbf{u}_1, \mathbf{u}_2, \cdots, \mathbf{u}_W \end{bmatrix} \tag{9.118}$$

$$\mathbf{U}_2 = \begin{bmatrix} \mathbf{u}_{W+1}, \mathbf{u}_{W+2}, \cdots, \mathbf{u}_K \end{bmatrix} \tag{9.119}$$

且

$$\mathbf{U}_1^H \mathbf{U}_2 = \mathbf{0} \tag{9.120}$$

由式(9.116)，可以得到如下两个推论：

1) 对于矩阵 $\mathbf{U}_1$，有

$$\mathbf{U}_1^H \mathbf{A} \mathbf{A}^H \mathbf{U}_1 = \mathbf{\Sigma}^2$$

故

$$\mathbf{\Sigma}^{-1} \mathbf{U}_1^H \mathbf{A} \mathbf{A}^H \mathbf{U}_1 \mathbf{\Sigma}^{-1} = \mathbf{I} \tag{9.121}$$

2) 对于矩阵 $\mathbf{U}_2$，有

$$\mathbf{U}_2^H \mathbf{A} \mathbf{A}^H \mathbf{U}_2 = \mathbf{0}$$

故

$$\mathbf{A}^H \mathbf{U}_2 = \mathbf{0} \tag{9.122}$$

现在，我们定义一个 $M \times W$ 矩阵

$$\mathbf{V}_1 = \mathbf{A}^H \mathbf{U}_1 \mathbf{\Sigma}^{-1} \tag{9.123}$$

由式(9.121)可得

$$\mathbf{V}_1^H \mathbf{V}_1 = \mathbf{I} \tag{9.124}$$

这就意味着矩阵 $\mathbf{V}_1$ 的列是彼此正交的。接着，我们选择另一个 $M \times (M-W)$ 矩阵 $\mathbf{V}_2$，并由 $\mathbf{V}_1$ 和 $\mathbf{V}_2$ 组成 $M \times M$ 矩阵，即

$$\mathbf{V} = [\mathbf{V}_1, \mathbf{V}_2] \tag{9.125}$$

这是一个酉矩阵。它意味着

$$\mathbf{V}_2^H \mathbf{V}_1 = \mathbf{0} \tag{9.126}$$

因此，利用式(9.117)、式(9.125)、式(9.122)、式(9.123)和式(9.126)，可以得到

$$\mathbf{U}^H \mathbf{A} \mathbf{V} = \begin{bmatrix} \mathbf{U}_1^H \\ \mathbf{U}_2^H \end{bmatrix} \mathbf{A} [\mathbf{V}_1, \mathbf{V}_2]$$

$$= \begin{bmatrix} \mathbf{U}_1^H \mathbf{A} \mathbf{V}_1 & \mathbf{U}_1^H \mathbf{A} \mathbf{V}_2 \\ \mathbf{U}_2^H \mathbf{A} \mathbf{V}_1 & \mathbf{U}_2^H \mathbf{A} \mathbf{V}_2 \end{bmatrix}$$

$$= \begin{bmatrix} \mathbf{U}_1^H \mathbf{A} (\mathbf{A}^H \mathbf{U}_1 \mathbf{\Sigma}^{-1}) & (\mathbf{\Sigma} \mathbf{V}_1^H) \mathbf{V}_2 \\ (\mathbf{0}) \mathbf{V}_1 & (\mathbf{0}) \mathbf{V}_2 \end{bmatrix}$$

$$= \begin{bmatrix} \mathbf{\Sigma} & \mathbf{0} \\ \mathbf{0} & \mathbf{0} \end{bmatrix}$$

这就证明了欠定情况下的式(9.103)。至此，完成了奇异值分解定理的证明。

9.11.2　术语及与特征分解的关系

组成对角矩阵 $\mathbf{\Sigma}$ 的 σ_1，σ_2，$\cdots$，σ_W 称为矩阵 $\mathbf{A}$ 的奇异值，酉矩阵 $\mathbf{V}$ 的列向量(即 $\mathbf{v}_1$，$\mathbf{v}_2$，$\cdots$，$\mathbf{v}_M$)称为 $\mathbf{A}$ 的右奇异向量，第二个酉矩阵 $\mathbf{U}$ 的列向量(即 $\mathbf{u}_1$，$\mathbf{u}_2$，$\cdots$，$\mathbf{u}_K$)叫做 $\mathbf{A}$ 的左奇异向量。从前面的讨论注意到，右奇异向量 $\mathbf{v}_1$，$\mathbf{v}_2$，$\cdots$，$\mathbf{v}_M$ 是 $\mathbf{A}^H \mathbf{A}$ 的特征向量，而左奇异向量 $\mathbf{u}_1$，$\mathbf{u}_2$，$\cdots$，$\mathbf{u}_K$ 是 $\mathbf{A} \mathbf{A}^H$ 的特征向量。并且，正奇异值的个数等于数据矩阵 $\mathbf{A}$ 的秩。因此，奇异值分解为确定性矩阵的秩提供了基础。

由于 $\mathbf{U} \mathbf{U}^H$ 为单位矩阵，故由式(9.103)可得

$$\mathbf{AV} = \mathbf{U}\begin{bmatrix} \boldsymbol{\Sigma} & \mathbf{0} \\ \mathbf{0} & \mathbf{0} \end{bmatrix}$$

因此

$$\mathbf{Av}_i = \sigma_i \mathbf{u}_i \qquad i = 1, 2, \cdots, W$$

和

$$\mathbf{Av}_i = \mathbf{0} \qquad i = W + 1, \cdots, K \tag{9.127}$$

相应地,可以将数据矩阵 $\mathbf{A}$ 用展开形式表示为

$$\mathbf{A} = \sum_{i=1}^{W} \sigma_i \mathbf{u}_i \mathbf{v}_i^{\mathrm{H}} \tag{9.128}$$

由于 $\mathbf{VV}^{\mathrm{H}}$ 为单位矩阵,故由式(9.103)可得

$$\mathbf{U}^{\mathrm{H}}\mathbf{A} = \begin{bmatrix} \boldsymbol{\Sigma} & \mathbf{0} \\ \mathbf{0} & \mathbf{0} \end{bmatrix}\mathbf{V}^{\mathrm{H}}$$

或者等效地,有

$$\mathbf{A}^{\mathrm{H}}\mathbf{U} = \mathbf{V}\begin{bmatrix} \boldsymbol{\Sigma} & \mathbf{0} \\ \mathbf{0} & \mathbf{0} \end{bmatrix}$$

由此可得出

$$\mathbf{A}^{\mathrm{H}}\mathbf{u}_i = \sigma_i \mathbf{v}_i \qquad i = 1, 2, \cdots, W$$
$$\mathbf{A}^{\mathrm{H}}\mathbf{u}_i = \mathbf{0} \qquad i = W + 1, \cdots, M \tag{9.129}$$

在这种情况下,我们可以将数据矩阵 $\mathbf{A}$ 的埃尔米特转置用展开形式表示为

$$\mathbf{A}^{\mathrm{H}} = \sum_{i=1}^{W} \sigma_i \mathbf{v}_i \mathbf{u}_i^{\mathrm{H}} \tag{9.130}$$

这与式(9.128)完全相符。

　　例2　在这个例子中,我们应用 SVD 来处理矩阵秩的不同方面。$\mathbf{A}$ 表示一个秩为 W 的 $K \times M$ 的数据矩阵,如果

$$W = \min(K, M)$$

则 $\mathbf{A}$ 是满秩的。否则就说 $\mathbf{A}$ 是降秩的(rank deficient)。正如前面所提到的,秩 W 就是矩阵 $\mathbf{A}$ 非零奇异值的个数。

　　下面考虑一个计算环境,计算产生的矩阵 $\mathbf{A}$ 的每一个元素的数值精度在 $\pm \varepsilon$ 范围内。用矩阵 $\mathbf{B}$ 表示矩阵 $\mathbf{A}$ 的这种近似矩阵,并定义矩阵 $\mathbf{A}$ 的 ε 秩(Golub & Van Loan, 1996)为

$$\mathrm{rank}(\mathbf{A}, \varepsilon) = \min_{\|\mathbf{A}-\mathbf{B}\|<\varepsilon} \mathrm{rank}(\mathbf{B}) \tag{9.131}$$

其中 $\|\mathbf{A}-\mathbf{B}\|$ 表示不精确计算产生的误差矩阵 $\mathbf{A}-\mathbf{B}$ 的谱范数(spectral norm)。将附录 E 介绍的矩阵谱范数的定义推广到现在这种情况,我们发现谱范数 $\|\mathbf{A}-\mathbf{B}\|$ 等于差矩阵 $\mathbf{A}-\mathbf{B}$ 的最大奇异值。在任何情况下,如果

$$\mathrm{rank}(\mathbf{A}, \varepsilon) < \min(K, M)$$
$$\scriptstyle \|\mathbf{A}-\mathbf{B}\|<\varepsilon$$

就说 $K \times M$ 矩阵 $\mathbf{A}$ 在数值上是降秩的。SVD 为表征矩阵的 ε 秩与数值降秩提供了一种切合实际的方法,因为由其应用得出的奇异值以一种简单的方式指出如何使一个给定矩阵 $\mathbf{A}$ 接近于另一较低秩的矩阵 $\mathbf{B}$。

9.12　伪逆

我们对 SVD 的兴趣是用公式表示出伪逆的一般定义。用 $\mathbf{A}$ 表示一个 $K \times M$ 矩阵，其 SVD 如式（9.103）所示。将数据矩阵 $\mathbf{A}$ 的伪逆（Stewart，1973；Golub & Van Loan，1996）定义为

$$\mathbf{A}^+ = \mathbf{V}\begin{bmatrix} \mathbf{\Sigma}^{-1} & \mathbf{0} \\ \mathbf{0} & \mathbf{0} \end{bmatrix}\mathbf{U}^{\mathrm{H}} \tag{9.132}$$

式中

$$\mathbf{\Sigma}^{-1} = \mathrm{diag}(\sigma_1^{-1}, \sigma_2^{-1}, \cdots, \sigma_W^{-1})$$

W 是 $\mathbf{A}$ 的秩。伪逆 $\mathbf{A}^+$ 也可以用展开形式表示为

$$\mathbf{A}^+ = \sum_{i=1}^{W} \frac{1}{\sigma_i}\mathbf{v}_i\mathbf{u}_i^{\mathrm{H}} \tag{9.133}$$

下面，我们就可能出现的两种情况进行讨论。

情况 1：超定方程组　这种情况下，$K > M$，我们假定秩 W 等于 M，这时逆矩阵 $(\mathbf{A}^{\mathrm{H}}\mathbf{A})^{-1}$ 存在。数据矩阵 $\mathbf{A}$ 的伪逆定义为

$$\mathbf{A}^+ = (\mathbf{A}^{\mathrm{H}}\mathbf{A})^{-1}\mathbf{A}^{\mathrm{H}} \tag{9.134}$$

为证明此式有效，由式（9.110）和式（9.112）分别得到

$$(\mathbf{A}^{\mathrm{H}}\mathbf{A})^{-1} = \mathbf{V}_1\mathbf{\Sigma}^{-2}\mathbf{V}_1^{\mathrm{H}}$$

和

$$\mathbf{A}^{\mathrm{H}} = \mathbf{V}_1\mathbf{\Sigma}\mathbf{U}_1^{\mathrm{H}}$$

应用这对关系式，可将式（9.134）的右边表示为

$$\begin{aligned}
(\mathbf{A}^{\mathrm{H}}\mathbf{A})^{-1}\mathbf{A}^{\mathrm{H}} &= (\mathbf{V}_1\mathbf{\Sigma}^{-2}\mathbf{V}_1^{\mathrm{H}})(\mathbf{V}_1\mathbf{\Sigma}\mathbf{U}_1^{\mathrm{H}}) \\
&= \mathbf{V}_1\mathbf{\Sigma}^{-1}\mathbf{U}_1^{\mathrm{H}} \\
&= \mathbf{V}\begin{bmatrix} \mathbf{\Sigma}^{-1} & \mathbf{0} \\ \mathbf{0} & \mathbf{0} \end{bmatrix}\mathbf{U}^{\mathrm{H}} \\
&= \mathbf{A}^+
\end{aligned}$$

情况 2：欠定方程组　第二种情况下，$M > K$。我们假定秩 W 等于 K，这时逆矩阵 $(\mathbf{A}\mathbf{A}^{\mathrm{H}})^{-1}$ 存在。数据矩阵 $\mathbf{A}$ 的伪逆现在定义为

$$\mathbf{A}^+ = \mathbf{A}^{\mathrm{H}}(\mathbf{A}\mathbf{A}^{\mathrm{H}})^{-1} \tag{9.135}$$

为证明此式有效，由式（9.121）和式（9.123）分别得到

$$(\mathbf{A}\mathbf{A}^{\mathrm{H}})^{-1} = \mathbf{U}_1\mathbf{\Sigma}^{-2}\mathbf{U}_1^{\mathrm{H}}$$

和

$$\mathbf{A}^{\mathrm{H}} = \mathbf{V}_1\mathbf{\Sigma}\mathbf{U}_1^{\mathrm{H}}$$

应用这对关系式, 可将式(9.135)的右边表示为

$$\mathbf{A}^H(\mathbf{A}\mathbf{A}^H)^{-1} = (\mathbf{V}_1\mathbf{\Sigma}\mathbf{U}_1^H)(\mathbf{U}_1\mathbf{\Sigma}^{-2}\mathbf{U}_1^H)$$

$$= \mathbf{V}_1\mathbf{\Sigma}^{-1}\mathbf{U}_1^H$$

$$= \mathbf{V}\begin{bmatrix} \mathbf{\Sigma}^{-1} & \mathbf{0} \\ \mathbf{0} & \mathbf{0} \end{bmatrix}\mathbf{U}^H$$

$$= \mathbf{A}^+$$

注意, 式(9.132)或式(9.133)所表示的伪逆 $\mathbf{A}^+$ 的应用是很广泛的, 它不用考虑数据矩阵 $\mathbf{A}$ 对应的是超定方程组还是欠定方程组, 也不在乎秩 W 等于多少。更重要的是它在数值上是稳定的。

9.13 奇异值和奇异向量的解释

考虑一个 $K \times M$ 数据矩阵 $\mathbf{A}$, 其 SVD 由式(9.103)给出, 相应的伪逆由式(9.132)给出。我们假定方程组是超定的, 并定义一个 $K \times 1$ 向量 $\mathbf{y}$ 和一个 $M \times 1$ 向量 $\mathbf{x}$, 它们之间的关系用变换矩阵 $\mathbf{A}$ 表示为

$$\mathbf{y} = \mathbf{A}\mathbf{x} \tag{9.136}$$

限制向量 $\mathbf{x}$ 的欧氏范数为单位长度, 即

$$\|\mathbf{x}\| = 1 \tag{9.137}$$

给定式(9.136)的变换和式(9.137)的约束条件, 我们希望在 K 维空间里找到由向量 $\mathbf{y}$ 定义的点所形成的轨迹。

由式(9.136)解 $\mathbf{x}$, 得

$$\mathbf{x} = \mathbf{A}^+\mathbf{y} \tag{9.138}$$

式中 $\mathbf{A}^+$ 是 $\mathbf{A}$ 的伪逆。将式(9.133)代入上式, 得

$$\mathbf{x} = \sum_{i=1}^{W} \frac{1}{\sigma_i}\mathbf{v}_i\mathbf{u}_i^H\mathbf{y}$$

$$= \sum_{i=1}^{W} \frac{(\mathbf{u}_i^H\mathbf{y})}{\sigma_i}\mathbf{v}_i \tag{9.139}$$

式中 W 是矩阵 $\mathbf{A}$ 的秩, 内积 $\mathbf{u}_i^H\mathbf{y}$ 是一个标量。将式(9.137)的约束条件用于上式, 注意到右奇异向量 $\mathbf{v}_1, \mathbf{v}_2, \cdots, \mathbf{v}_W$ 形成一个正交系, 于是得到

$$\sum_{i=1}^{W} \frac{|\mathbf{y}^H\mathbf{u}_i|^2}{\sigma_i^2} = 1 \tag{9.140}$$

式(9.140)定义了向量 $\mathbf{y}$ 在 K 维空间上描绘出的轨迹。这实际上是一个超椭圆方程。

为了帮助理解, 我们定义复标量

$$\zeta_i = \mathbf{y}^H\mathbf{u}_i$$

$$= \sum_{k=1}^{K} y_k^* u_{ik} \qquad i = 1, \cdots, W \tag{9.141}$$

也就是说，ζ_i 是左奇异向量 $\mathbf{u}_i$ 的各种可能元素值的线性组合，所以 ζ_i 是 $\mathbf{u}_i$ "间隔" 的空间。于是，可将式(9.140)表示为

$$\sum_{i=1}^{W} \frac{|\zeta_i|^2}{\sigma_i^2} = 1 \qquad (9.142)$$

这是一个坐标为 $|\zeta_1|, \cdots, |\zeta_W|$ 的超椭圆方程，其半轴长度分别为奇异值 $\sigma_1, \cdots, \sigma_W$。图 9.9 所示的是在 $W = 2$ 和 $\sigma_1 > \sigma_2$ 的条件下，由式(9.140)绘出的轨迹(假定数据矩阵 $\mathbf{A}$ 是实型的)。

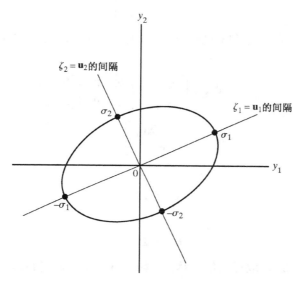

图 9.9 实数据情况下由式(9.140)绘出的轨迹(其中 $W = 2$ 和 $\sigma_1 > \sigma_2$)

9.14 线性最小二乘问题的最小范数解

前面已经按其 SVD 对矩阵 $\mathbf{A}$ 的伪逆做了一般性定义，下面我们将求出线性最小二乘问题的解[即使当 $\text{null}(\mathbf{A}) \neq \varnothing$ 时]。前面已提到，最小二乘问题的解由式(9.101)给出，为方便计算，这里重写如下：

$$\hat{\mathbf{w}} = \mathbf{A}^+ \mathbf{d} \qquad (9.143)$$

伪逆矩阵 $\mathbf{A}^+$ 由式(9.132)定义。我们发现，当 $\text{null}(\mathbf{A}) \neq \varnothing$ 时，在求解最小二乘问题的众多向量中，由式(9.143)定义的那个向量有其独特之处，因为该向量的欧氏长度最短(Stewart, 1973)。

我们可以通过处理最小二乘法中定义误差平方和最小值的那个方程来证明这个重要结论。注意矩阵乘积 $\mathbf{V}\mathbf{V}^{\mathrm{H}}$ 和 $\mathbf{U}\mathbf{U}^{\mathrm{H}}$ 都等于单位矩阵，因此可从式(9.49)出发，并将它与式(9.48)相结合，从而写出

$$\begin{aligned}
\mathscr{E}_{\min} &= \mathbf{d}^{\mathrm{H}}\mathbf{d} - \mathbf{d}^{\mathrm{H}}\mathbf{A}\hat{\mathbf{w}} \\
&= \mathbf{d}^{\mathrm{H}}(\mathbf{d} - \mathbf{A}\hat{\mathbf{w}}) \\
&= \mathbf{d}^{\mathrm{H}}\mathbf{U}\mathbf{U}^{\mathrm{H}}(\mathbf{d} - \mathbf{A}\mathbf{V}\mathbf{V}^{\mathrm{H}}\hat{\mathbf{w}}) \\
&= \mathbf{d}^{\mathrm{H}}\mathbf{U}(\mathbf{U}^{\mathrm{H}}\mathbf{d} - \mathbf{U}^{\mathrm{H}}\mathbf{A}\mathbf{V}\mathbf{V}^{\mathrm{H}}\hat{\mathbf{w}})
\end{aligned} \qquad (9.144)$$

令

$$\mathbf{V}^{\mathrm{H}}\hat{\mathbf{w}} = \mathbf{b}$$
$$= \begin{bmatrix} \mathbf{b}_1 \\ \mathbf{b}_2 \end{bmatrix} \tag{9.145}$$

和

$$\mathbf{U}^{\mathrm{H}}\mathbf{d} = \mathbf{c}$$
$$= \begin{bmatrix} \mathbf{c}_1 \\ \mathbf{c}_2 \end{bmatrix} \tag{9.146}$$

其中 $\mathbf{b}_1$ 和 $\mathbf{c}_1$ 是 $W \times 1$ 向量，$\mathbf{b}_2$ 和 $\mathbf{c}_2$ 是另两个向量。将式(9.103)、式(9.145)和式(9.146)代入式(9.144)，可得

$$\mathcal{E}_{\min} = \mathbf{d}^{\mathrm{H}}\mathbf{U}\left(\begin{bmatrix} \mathbf{c}_1 \\ \mathbf{c}_2 \end{bmatrix} - \begin{bmatrix} \mathbf{\Sigma} & \mathbf{0} \\ \mathbf{0} & \mathbf{0} \end{bmatrix} \begin{bmatrix} \mathbf{b}_1 \\ \mathbf{b}_2 \end{bmatrix} \right)$$
$$= \mathbf{d}^{\mathrm{H}}\mathbf{U} \begin{bmatrix} \mathbf{c}_1 - \mathbf{\Sigma}\mathbf{b}_1 \\ \mathbf{c}_2 \end{bmatrix} \tag{9.147}$$

要使 $\mathcal{E}_{\min}$ 最小，必须有

$$\mathbf{c}_1 = \mathbf{\Sigma}\mathbf{b}_1 \tag{9.148}$$

或者等效地

$$\mathbf{b}_1 = \mathbf{\Sigma}^{-1}\mathbf{c}_1 \tag{9.149}$$

注意 $\mathcal{E}_{\min}$ 与 $\mathbf{b}_2$ 无关，故 $\mathbf{b}_2$ 可取任意值。然而，如令 $\mathbf{b}_2 = \mathbf{0}$，则可得特殊的结果

$$\hat{\mathbf{w}} = \mathbf{V}\mathbf{b}$$
$$= \mathbf{V} \begin{bmatrix} \mathbf{\Sigma}^{-1}\mathbf{c}_1 \\ \mathbf{0} \end{bmatrix} \tag{9.150}$$

我们也可以将 $\hat{\mathbf{w}}$ 表示为如下等效形式

$$\hat{\mathbf{w}} = \mathbf{V} \begin{bmatrix} \mathbf{\Sigma}^{-1} & \mathbf{0} \\ \mathbf{0} & \mathbf{0} \end{bmatrix} \begin{bmatrix} \mathbf{c}_1 \\ \mathbf{c}_2 \end{bmatrix}$$
$$= \mathbf{V} \begin{bmatrix} \mathbf{\Sigma}^{-1} & \mathbf{0} \\ \mathbf{0} & \mathbf{0} \end{bmatrix} \mathbf{U}^{\mathrm{H}}\mathbf{d}$$
$$= \mathbf{A}^{+}\mathbf{d}$$

上式最后一行与式(9.143)相同，其中伪逆 $\mathbf{A}^{+}$ 由式(9.132)定义。至此，已经证明 $\hat{\mathbf{w}}$ 的这个值的确就是线性最小二乘问题的解。

此外，这样定义的向量 $\hat{\mathbf{w}}$，就其具有可能的最小欧氏范数这一点来说，它是唯一的。特别是，因为 $\mathbf{V}\mathbf{V}^{\mathrm{H}} = \mathbf{I}$，故从式(9.150)可以发现，$\hat{\mathbf{w}}$ 的欧氏范数的平方等于

$$\|\hat{\mathbf{w}}\|^2 = \|\mathbf{\Sigma}^{-1}\mathbf{c}_1\|^2$$

下面，我们考虑线性最小二乘问题另一种可能的解，它定义为

$$\mathbf{w}' = \mathbf{V} \begin{bmatrix} \mathbf{\Sigma}^{-1}\mathbf{c}_1 \\ \mathbf{b}_2 \end{bmatrix} \qquad \mathbf{b}_2 \neq \mathbf{0}$$

$\mathbf{w}'$ 的欧氏范数的平方等于

$$\|\mathbf{w}'\|^2 = \|\boldsymbol{\Sigma}^{-1}\mathbf{c}_1\|^2 + \|\mathbf{b}_2\|^2$$

可以看出，对任意的 $\mathbf{b}_2 \neq \mathbf{0}$，有

$$\|\hat{\mathbf{w}}\| < \|\mathbf{w}'\| \tag{9.151}$$

总之，对于一个线性 FIR 滤波器，由式(9.143)定义的抽头权向量 $\hat{\mathbf{w}}$ 是线性最小二乘问题的唯一解，即使 $\mathrm{null}(\mathbf{A}) \neq \varnothing$。向量 $\hat{\mathbf{w}}$ 是唯一能同时满足如下两个要求的抽头权向量：(1)产生最小误差平方和；(2)具有可能的最小欧氏范数。

于是，我们有如下结论：

式(9.143)定义的抽头权向量 $\hat{\mathbf{w}}$ 的这个特解称为最小范数解。

9.14.1　最小范数解的另一公式

取决于处理的是超定情况还是欠定情况，我们可得出最小范数解的展开式。因此，下面依次考虑这两种情况。

情况 1：超定　在这种情况下，方程的个数 K 大于未知参数的个数 M。将式(9.132)代入式(9.143)，并结合分别由式(9.106)和式(9.114)给出的酉矩阵 $\mathbf{V}$ 和 $\mathbf{U}$ 的分块表示，再对 $\mathbf{U}_1$ 利用式(9.112)，可得到

$$
\begin{aligned}
\hat{\mathbf{w}} &= (\mathbf{V}_1\boldsymbol{\Sigma}^{-1})(\mathbf{A}\mathbf{V}_1\boldsymbol{\Sigma}^{-1})^{\mathrm{H}}\mathbf{d} \\
&= \mathbf{V}_1\boldsymbol{\Sigma}^{-1}\boldsymbol{\Sigma}^{-1}\mathbf{V}_1^{\mathrm{H}}\mathbf{A}^{\mathrm{H}}\mathbf{d} \\
&= \mathbf{V}_1\boldsymbol{\Sigma}^{-2}\mathbf{V}_1^{\mathrm{H}}\mathbf{A}^{\mathrm{H}}\mathbf{d}
\end{aligned}
\tag{9.152}
$$

如在式(9.152)中利用以下定义[见式(9.107)]

$$\mathbf{V}_1 = [\mathbf{v}_1, \mathbf{v}_2, \cdots, \mathbf{v}_W]$$

则可在超定情况下得到 $\hat{\mathbf{w}}$ 的展开式

$$\hat{\mathbf{w}} = \sum_{i=1}^{W} \frac{(\mathbf{v}_i^{\mathrm{H}}\mathbf{A}^{\mathrm{H}}\mathbf{d})}{\sigma_i^2}\mathbf{v}_i \tag{9.153}$$

情况 2：欠定　对于第二种情况，方程的个数 K 少于未知数的个数 M。在超定情况下，估计值 $\hat{\mathbf{w}}$ 由式(9.153)中的 $\mathbf{v}_i$ 确定；而在欠定情况下，它由 $\mathbf{u}_i$ 确定。为此，我们回看式(9.135)，而且作为导引，把后续表达式 $\mathbf{U}_1\boldsymbol{\Sigma}^{-2}\mathbf{U}_1^{\mathrm{H}}$ 看做等于逆矩阵 $(\mathbf{A}\mathbf{A}^{\mathrm{H}})^{-1}$。具体来说，利用该背景知识，可将式(9.143)重新定义为

$$\hat{\mathbf{w}} = \mathbf{A}^{\mathrm{H}}\mathbf{U}_1\boldsymbol{\Sigma}^{-2}\mathbf{U}_1^{\mathrm{H}}\mathbf{d} \tag{9.154}$$

如在式(9.154)中利用以下定义[见式(9.118)]

$$\mathbf{U}_1 = [\mathbf{u}_1, \mathbf{u}_2, \cdots, \mathbf{u}_W]$$

则可在欠定情况下得到 $\hat{\mathbf{w}}$ 的展开式

$$\hat{\mathbf{w}} = \sum_{i=1}^{W} \frac{(\mathbf{u}_i^{\mathrm{H}}\mathbf{d})}{\sigma_i^2}\mathbf{A}^{\mathrm{H}}\mathbf{u}_i \tag{9.155}$$

显然,该式与超定情况下的式(9.153)不同。

这里需要注意的重要一点是,在超定和欠定两种情况下,分别由式(9.153)和式(9.155)给出的 $\hat{\mathbf{w}}$ 的展开形式的解,二者都包含在式(9.143)的紧凑表达式中。实际上,从数值计算的角度来看,式(9.143)是计算最小二乘估计 $\hat{\mathbf{w}}$ 的首选方法。

9.15 归一化 LMS 算法看做欠定最小二乘估计问题的最小范数解

在第 7 章中,我们得出了归一化最小均方(LMS)算法是约束最优化问题的解。这一节,我们将根据由 SVD 得到的定理来讨论这一算法。特别是我们要说明,归一化最小均方算法确实是欠定线性最小二乘问题的最小范数解,该问题包含一个具有 M 个未知数的误差方程,其中 M 是算法中抽头权向量的维数。

为了具体说明,考虑误差方程(参见 5.2 节的 LMS 算法)

$$r(n) = d(n) - \hat{\mathbf{w}}^{\mathrm{H}}(n + 1)\mathbf{u}(n) \tag{9.156}$$

式中 $d(n)$ 是期望响应,$\mathbf{u}(n)$ 是抽头输入向量,二者都是在时刻 n 测量的。要求是找到时刻 $n+1$ 的抽头权向量 $\hat{\mathbf{w}}(n+1)$,使得由

$$\delta\hat{\mathbf{w}}(n + 1) = \hat{\mathbf{w}}(n + 1) - \hat{\mathbf{w}}(n) \tag{9.157}$$

给出的抽头权向量的变化最小,且满足约束条件

$$r(n) = 0 \tag{9.158}$$

将式(9.157)用于式(9.156),可将误差公式重写为

$$r(n) = d(n) - \hat{\mathbf{w}}^{\mathrm{H}}(n)\mathbf{u}(n) - \delta\hat{\mathbf{w}}^{\mathrm{H}}(n + 1)\mathbf{u}(n) \tag{9.159}$$

现在,我们可看到估计误差的习惯定义,即

$$e(n) = d(n) - \hat{\mathbf{w}}^{\mathrm{H}}(n)\mathbf{u}(n) \tag{9.160}$$

因此,可将式(9.159)简化为

$$r(n) = e(n) - \delta\hat{\mathbf{w}}^{\mathrm{H}}(n + 1)\mathbf{u}(n) \tag{9.161}$$

对上式两边取复共轭,并注意到式(9.158)的约束条件等效于

$$\mathbf{u}^{\mathrm{H}}(n)\delta\hat{\mathbf{w}}(n + 1) = e^*(n) \tag{9.162}$$

因此,可以将约束最优化问题重述如下:

在时刻 $n+1$ 对抽头权向量的变化量 $\delta\hat{\mathbf{w}}(n+1)$ 求最小范数解,使其满足约束条件

$$\mathbf{u}^{\mathrm{H}}(n)\delta\hat{\mathbf{w}}(n + 1) = e^*(n)$$

这是一个欠定线性最小二乘估计问题。为了求得此问题的解,可利用式(9.155)描述的 SVD。为了帮助我们应用这个方法,利用式(9.162),比较归一化 LMS 算法与线性最小二乘估计,并将其特征列于表 9.1 中。特别是,我们注意到归一化 LMS 算法只有一个非零奇异值等于抽头输入向量 $\mathbf{u}(n)$ 的范数,即 $\mathrm{rank}\, W = 1$。因此,相应的左奇异向量等于单位长度。因此,借助于这个表,由式(9.155)可得

$$\delta\hat{\mathbf{w}}(n + 1) = \frac{1}{\|\mathbf{u}(n)\|^2}\mathbf{u}(n)e^*(n) \tag{9.163}$$

这正是我们在第 7 章导出的结论[见式(7.8)]。

下面，我们遵照类似于导出式(7.8)的推理，而且通过引入标度因子 $\tilde{\mu}$，可将变化量 $\delta\hat{\mathbf{w}}(n+1)$ 重新定义为

$$\delta\hat{\mathbf{w}}(n+1) = \frac{\tilde{\mu}}{\|\mathbf{u}(n)\|^2}\mathbf{u}(n)e*(n)$$

等效地，还可以写为

$$\hat{\mathbf{w}}(n+1) = \hat{\mathbf{w}}(n) + \frac{\tilde{\mu}}{\|\mathbf{u}(n)\|^2}\mathbf{u}(n)e*(n) \tag{9.164}$$

这样，我们能够对抽头权向量从一次自适应循环到下一次自适应循环过程中的变化进行控制，而不需要改变向量的方向。式(9.164)是归一化 LMS 算法中抽头权向量的更新公式[见式(7.10)]。

在这一节的讨论中需要注意的重要一点是，SVD 为欠定线性最小二乘估计与 LMS 理论之间提供了很有价值的联系。特别是，我们已经证明了归一化 LMS 算法的权值更新实际上可看做欠定线性最小二乘问题的最小范数解。在这个算法中，该问题涉及一个未知数个数等于抽头权向量维数的单一误差方程。

表 9.1　线性最小二乘估计与归一化 LMS 算法之间的对应关系小结

	最小二乘估计(欠定)	归一化 LMS 算法
数据矩阵	$\mathbf{A}$	$\mathbf{u}^{\mathrm{H}}(n)$
期望数据向量	$\mathbf{d}$	$e^*(n)$
参数向量	$\hat{\mathbf{w}}$	$\delta\hat{\mathbf{w}}(n+1)$
秩	W	1
奇异值	$\sigma_i, i=1,\cdots,W$	$\|\mathbf{u}(n)\|$
左奇异向量	$\mathbf{u}_i, i=1,\cdots,W$	1

9.16　小结与讨论

在这一章中，我们详细讨论了最小二乘法，该方法是通过采用批(块)处理方法求解线性自适应滤波问题。这种方法的显著特点如下：

- 它是一种基于模型的分块处理输入数据的方法，它所依据的模型是一个多重线性回归模型。
- 假定多重回归模型的测量误差过程是零均值的白噪声，该方法可获得具有最佳线性无偏估计(BLUE)的 FIR 滤波器抽头权向量的一个解。

最小二乘法非常适用于求解谱估计/波束成形问题，诸如那些基于自回归(AR)模型和最小方差无失真响应(MVDR)模型的方法。为了有效地计算最小二乘解，推荐的方法是直接处理输入数据的奇异值分解(SVD)方法。SVD 由以下参数定义：

- 构成酉矩阵的一组左奇异向量
- 构成另一个酉矩阵的一组右奇异向量
- 相应的一组非零奇异值

用 SVD 解线性最小二乘问题的突出优点是,用输入数据矩阵伪逆定义的解在数值上是稳定的。因此,我们有如下表述:

> 如果一个算法对干扰的敏感程度不会超过研究中的问题所固有的,我们就说该算法在数值上是稳定的或鲁棒的。

SVD 的另一个应用是确定性矩阵的秩。一个矩阵的列秩定义为矩阵中线性无关的列数。具体地,我们说一个 $M \times K$ 矩阵$(M \geqslant K)$,当且仅当它有 K 个独立的列时是满列秩的。在理论上,满秩的确定只有"是"和"不是"两种情况,从这种意义上说,我们碰到的矩阵要么是满秩的,要么不是。然而在实际中,由于数据矩阵的模糊性及运算的不精确性(有限精度),使得秩确定问题复杂化了。在给定模糊数据和有限精度运算所引入的舍入误差的情况下,SVD为确定性矩阵的秩提供了一种切实可行的方法。于是,我们有如下结论:

> 最后(但不是最不重要),最小二乘法通过 SVD 提供了它与归一化 LMS 滤波器之间颇有价值的数学联系,因为该滤波器是欠定最小二乘估计问题的最小范数解。

9.17　习题

1. 考虑由 M 个均匀间隔的传感器组成的线性阵列,在 i 时刻观测到的第 k 个传感器的输出为$u(k,i)$,其中 $k = 1, 2, \cdots, M$ 和 $i = 1, 2, \cdots, n$。实际上,观测值 $u(1,i)$, $u(2,i)$, $\cdots$, $u(M,i)$ 定义了 i 时刻的"快照"。用 $\mathbf{A}$ 表示 $n \times M$ 数据矩阵,其埃尔米特转置定义为

$$\mathbf{A}^H = \begin{bmatrix} u(1,1) & u(1,2) & \cdots & u(1,n) \\ u(2,1) & u(2,2) & \cdots & u(2,n) \\ \vdots & \vdots & \ddots & \vdots \\ u(M,1) & u(M,2) & \cdots & u(M,n) \end{bmatrix}$$

其中,列数等于快照数,行数等于阵列中传感器的数目。请证明下列结论:

(a) $M \times M$ 矩阵 $\mathbf{A}^H\mathbf{A}$ 是时间平均的空间相关矩阵,这种形式的平均假设环境在时间上是平稳的。

(b) $n \times n$ 矩阵 $\mathbf{A}\mathbf{A}^H$ 是空间平均的时间相关矩阵,这种形式的平均假设环境在空间上是平稳的。

2. 如果最小二乘估计 $\hat{\mathbf{w}}$ 与式(9.52)多重线性回归模型的未知参数 $\mathbf{w}_o$ 之差,可在均方误差意义上最终达到足够小,我们就说最小二乘估计 $\hat{\mathbf{w}}$ 是一致估计。由此有:误差向量 $\boldsymbol{\varepsilon}_o$ 的均值为零且它的元素互不相关;当样本数 N 趋于无穷时,逆矩阵 $\boldsymbol{\Phi}^{-1}$ 的迹趋于 0。试在上述条件下,证明最小二乘估计 $\hat{\mathbf{w}}$ 是一致估计。

3. 在 9.7 节的例 1 中,我们利用一个 3×2 输入数据矩阵和一个 3×1 期望数据向量说明了正交性原理的推论。根据例中给出的数据,计算线性最小二乘滤波器两个抽头权值。

4. 在线性预测的自相关法中,可通过使误差能量

$$\mathscr{E}_f = \sum_{n=1}^{\infty} |f(n)|^2$$

达到最小来确定 FIR 预测器的抽头权向量,式中 $f(n)$ 是预测误差。证明(前向)预测误差滤波器的传递函数 $H(z)$ 是最小相位的,因为其根严格位于 z 平面上的单位圆内。

[提示:1) 将 M 阶传递函数 $H(z)$ 表示为一个简单的零因子$(1 - z_i z^{-1})$ 和某一函数 $H'(z)$ 的乘积,然后使预测误差能量关于零点 z_i 的幅度为最小。

2) 利用柯西–许瓦茨不等式

$$\mathrm{Re}\left[\sum_{n=1}^{\infty} e^{j\theta} g(n-1)g^*(n)\right] \leqslant \left[\sum_{n=1}^{\infty} |g(n)|^2\right]^{1/2}\left[\sum_{n=1}^{\infty} |e^{j\theta}g(n-1)|^2\right]^{1/2}$$

当且仅当 $g(n) = \mathrm{e}^{\mathrm{j}\theta} g(n-1)$ 时，上式成立，其中 $n = 1, 2, \cdots, \infty$。]

5. 图 P9.1 所示是一个具有 FIR 结构的前向预测误差滤波器，利用抽头输入 $u(i-1)$，$u(i-2)$，$\cdots$，$u(i-M)$ 对 $u(i)$ 进行线性预测，并将预测结果记为 $\hat{u}(i)$。试求出使前向预测误差平方和

$$\mathscr{E}_f = \sum_{i=M+1}^{N} |f_M(i)|^2$$

为最小的抽头权向量 $\hat{\mathbf{w}}$ [式中的 $f_M(i)$ 是前向预测误差]；并求以下参数：

（a）预测器抽头输入的 $M \times M$ 相关矩阵。

（b）预测器抽头输入与期望响应 $u(i)$ 之间的 $M \times 1$ 的互相关向量。

（c）$\mathscr{E}_f$ 的最小值。

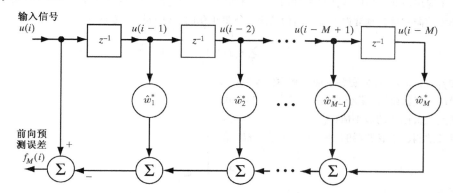

图 P9.1   FIR 结构的前向预测误差滤波器

6. 图 P9.2 所示是一个具有 FIR 结构的后向预测误差滤波器，利用抽头输入 $u(i-M+1)$，$\cdots$，$u(i-1)$，$u(i)$ 对输入 $u(i-M)$ 进行线性预测，并将预测结果记为 $\hat{u}(i-M)$。试求出使后向预测误差平方和

$$\mathscr{E}_b = \sum_{i=M+1}^{N} |b_M(i)|^2$$

为最小的抽头权向量 $\hat{\mathbf{w}}$ [式中的 $b_M(i)$ 是后向预测误差]；并求以下参数：

（a）抽头输入的 $M \times M$ 相关矩阵。

（b）抽头输入与期望响应 $u(i-M)$ 之间的 $M \times 1$ 互相关向量。

（c）$\mathscr{E}_b$ 的最小值。

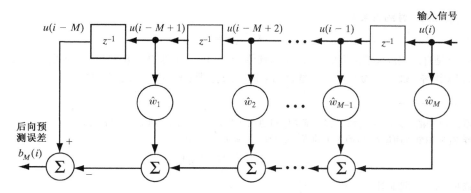

图 P9.2   FIR 结构的后向预测误差滤波器

7. 试用直接法导出式（9.31）中以展开形式给出的正则方程组，即用协方差方法使误差的平方和最小。

8. 应用于 MVDR 波束成形器的一种简单的正则化形式是将计算 $M \times M$ 时间平均相关矩阵 $\mathbf{\Phi}$ 的式（9.92）修正为

$$\mathbf{\Phi} = \sum_{n=1}^{K} \mathbf{u}(n)\mathbf{u}^{\mathrm{H}}(n) + \delta\mathbf{I}$$

式中，$\mathbf{I}$ 是 $M \times M$ 单位矩阵，δ 是正则化参数。由于这个原因，将这种形式的正则化称为对角线加载(diagonal loading)。试证明，用这种方式进行正则化的 MVDR 波束成形器，可通过使代价函数

$$\mathcal{E}_{\mathrm{reg}} = \sum_{n=1}^{K} \left|\mathbf{w}^{\mathrm{H}}\mathbf{u}(n)\right|^2 + \lambda(\mathbf{w}^{\mathrm{H}}\mathbf{s}(\theta) - 1) + \delta\|\mathbf{w}\|^2$$

关于权向量 $\mathbf{w}$ 最小化来获得。式中符号的含义与 9.10 节一致：$\mathbf{s}(\theta)$ 是波束转向向量，λ 是拉格朗日乘子，δ 是正则化参数。

9. 考虑一个应用前向和后向线性预测(FBLP)的自回归谱估计过程。图 P9.1 和图 P9.2 分别给出用 FIR 滤波器作为前向和后向预测误差滤波器的情况。待最小化的代价函数定义为

$$\mathcal{E} = \sum_{i=M+1}^{N} \left(\left|f_M(i)\right|^2 + \left|b_M(i)\right|^2\right)$$

式中的 $f_M(i)$ 和 $b_M(i)$ 分别表示前向和后向预测误差。
(a) 导出使代价函数 $\mathcal{E}$ 最小的抽头权向量 $\hat{\mathbf{w}}$ 的公式。
(b) 确定代价函数的最小值 $\mathcal{E}_{\min}$。
(c) 定义预测误差滤波器的 $(M+1) \times 1$ 抽头权向量为

$$\hat{\mathbf{a}} = \begin{bmatrix} 1 \\ -\hat{\mathbf{w}} \end{bmatrix}$$

并设

$$\mathbf{\Phi}\hat{\mathbf{a}} = \begin{bmatrix} \mathcal{E}_{\min} \\ \mathbf{0} \end{bmatrix}$$

式中的 $\mathbf{0}$ 表示全零向量。试确定相关矩阵 $\mathbf{\Phi}$，并证明 $\mathbf{\Phi}$ 是完全埃尔米特对称的，即证明

$$\phi(k, t) = \phi^*(t, k) \qquad 0 \leqslant (t, k) \leqslant M$$

和

$$\phi(M - k, M - t) = \phi^*(t, k) \qquad 0 \leqslant (t, k) \leqslant M$$

10. 考虑一般的信号干扰比最大化问题[①]

$$\max_{w} \left(\frac{\mathbf{w}^{\mathrm{H}}\mathbf{s}\mathbf{s}^{\mathrm{H}}\mathbf{w}}{\mathbf{w}^{\mathrm{H}}\mathbf{R}\mathbf{w}}\right)$$

它满足附加的线性约束条件

$$\mathbf{C}_{N-1}^{\mathrm{H}}\mathbf{w} = \mathbf{f}_{N-1}$$

式中，$\mathbf{w}$ 是自适应波束成形器的 $M \times 1$ 的权向量，$\mathbf{s}$ 是 $M \times 1$ 复值波束转向向量，$\mathbf{R}$ 是干扰信号的 $M \times M$ 未知相关矩阵，$\mathbf{C}_{N-1}$ 是 $M \times (N-1)$ 线性约束矩阵，$\mathbf{f}_{N-1}$ 是 $(N-1) \times 1$ 约束向量。

---

① 习题 10 中的约束信号干扰比最大化问题，可追溯到 Frost(1972) 的早期论文。Abramovich(2000) 研究使用相关矩阵 $\mathbf{R}$[它由输入向量 $\mathbf{u}(n)$ 的 K 个训练样本得到] 的最大似然估计

$$\hat{\mathbf{R}} = \frac{1}{K} \sum_{n=1}^{K} \mathbf{u}(n)\mathbf{u}^{\mathrm{H}}(n)$$

或对角线"加载"估计

$$\hat{\mathbf{R}}_L = \hat{\mathbf{R}} + \delta\mathbf{I}$$

产生的"损耗"因子的概率分布。上式中，$\mathbf{I}$ 是单位矩阵，δ 是加载因子(正则化参数)。Abramovich 给出的统计分析对分析线性约束样本矩阵求逆算法的性能具有特别的意义。这一算法适合于训练样本数有限的空中和地平面雷达应用。

（a）证明该约束优化问题的解为

$$\mathbf{w}_o = \mathbf{R}^{-1}\mathbf{C}(\mathbf{C}^H\mathbf{R}^{-1}\mathbf{C})^{-1}\mathbf{f}$$

式中，$\mathbf{C}$ 是 $M \times N$ 矩阵，它通过对矩阵 $\mathbf{C}_{N-1}$ 增加一列转向量 $\mathbf{s}$ 得到，向量 $\mathbf{f}$ 通过对 $\mathbf{f}_{N-1}$ 增加固定值 f_0 得到，f_0 是转向向量 $\mathbf{s}$ 方向上的增益（辐射模式），即

$$\mathbf{w}^H\mathbf{s} = f_0$$

（b）求出应用（a）中定义的最优解得到的最大信号干扰比。

（c）求当附加的线性约束条件为零时的最优权向量及相应的最大信号干扰比。

（d）给出对未知相关矩阵 $\mathbf{R}$ 的估计过程。

11. 设有实矩阵

$$\mathbf{A} = \begin{bmatrix} 1 & -1 \\ 0.5 & 2 \end{bmatrix}$$

试用以下两种不同的方法求该 2×2 实矩阵的奇异值和奇异向量：

（a）矩阵积 $\mathbf{A}^T\mathbf{A}$ 的特征分解。

（b）矩阵积 $\mathbf{A}\mathbf{A}^T$ 的特征分解。

进而求矩阵 $\mathbf{A}$ 的伪逆。

12. 考虑一个 2×2 复数矩阵

$$\mathbf{A} = \begin{bmatrix} 1+j & 1+0.5j \\ 0.5-j & 1-j \end{bmatrix}$$

按以下要求计算 $\mathbf{A}$ 的奇异值和奇异向量：

（a）构造矩阵 $\mathbf{A}^H\mathbf{A}$，求出它的特征值和特征向量。

（b）构造矩阵 $\mathbf{A}\mathbf{A}^H$，求出它的特征值和特征向量。

（c）找出（a）和（b）中所求出的特征值和特征向量与 $\mathbf{A}$ 的奇异值和奇异向量的关系。

13. 参照 9.7 节的例 1 给出的数据，完成以下计算：

（a）计算 3×2 数据矩阵 $\mathbf{A}$ 的伪逆。

（b）利用（a）中得到的伪逆 $\mathbf{A}^+$，计算线性最小二乘滤波器的两个抽头权值。

14. 本题中，我们应用奇异值分解的思想，研究式（7.12）给出的归一化 LMS 算法权值更新表达式的推导。这个问题可以看做 9.15 节中所述问题的延伸。试求系数向量

$$\mathbf{c}(n+1) = \begin{bmatrix} \delta\hat{\mathbf{w}}(n+1) \\ 0 \end{bmatrix}$$

的最小范数解，使得满足方程

$$\mathbf{x}^H(n)\mathbf{c}(n+1) = e*(n)$$

其中

$$\mathbf{x}(n) = \begin{bmatrix} \mathbf{u}(n) \\ \sqrt{\delta} \end{bmatrix}$$

并由此证明

$$\hat{\mathbf{w}}(n+1) = \hat{\mathbf{w}}(n) + \frac{\tilde{\mu}}{\delta + \|\mathbf{u}(n)\|^2}\mathbf{u}(n)e*(n)$$

式中 $\delta > 0$，$\tilde{\mu}$ 是步长参数。

15. 假设给定一处理器，可用来计算 $K \times M$ 数据矩阵 $\mathbf{A}$ 的奇异值分解，试用该处理器推出计算式（9.85）中权向量 $\hat{\mathbf{a}}$ 的框图，该式定义了谱估计中 MVDR 问题的解。

第 10 章　递归最小二乘(RLS)算法

在本章中，我们将推广最小二乘法的应用，以便推出一种设计自适应 FIR 滤波器的递归算法。即给定自适应循环 $n-1$ 时滤波器抽头权向量最小二乘估计，依据新到达的数据计算自适应循环 n 时权向量的更新估计。我们把这一算法称为递归最小二乘(RLS, recursive least-squares)算法。

在 RLS 算法的推导过程中，我们首先回顾最小二乘法的一些基本关系式。然后，应用矩阵代数中矩阵求逆引理所揭示的关系，导出 RLS 算法。RLS 算法的一个重要特点是，它的收敛速率比一般的 LMS 算法快一个数量级。这是因为 RLS 算法通过利用数据相关矩阵之逆，对输入数据(假定这些数据的均值为零)进行了白化处理。然而，性能的改善以 RLS 算法计算复杂性的增加为代价。

10.1　预备知识

在最小二乘法的递归实现中，我们从给定的初始条件出发，通过应用新的数据样值中所包含的信息对旧的估值进行更新。因此我们发现，可测数据的长度是可变的。因而，把待最小化的代价函数表示为 $\mathscr{E}(n)$，其中 n 是可测数据的可变长度。另外，习惯上还在 $\mathscr{E}(n)$ 的定义中引入加权因子。于是，可以写出

$$\mathscr{E}(n) = \sum_{i=1}^{n} \beta(n,i) |e(i)|^2 \tag{10.1}$$

其中 $e(i)$ 是期望响应 $d(i)$ 与 i 时刻抽头输入为 $u(i), u(i-1), \cdots, u(i-M+1)$ 的 FIR 滤波器输出 $y(i)$ 之差，如图 10.1 所示。即

$$\begin{aligned} e(i) &= d(i) - y(i) \\ &= d(i) - \mathbf{w}^{\mathrm{H}}(n)\mathbf{u}(i) \end{aligned} \tag{10.2}$$

其中 $\mathbf{u}(i)$ 是 i 时刻的抽头输入向量，定义为

$$\mathbf{u}(i) = [u(i), u(i-1), \cdots, u(i-M+1)]^{\mathrm{T}} \tag{10.3}$$

式中 $\mathbf{w}(n)$ 是 n 时刻的抽头权向量，定义为

$$\mathbf{w}(n) = [w_0(n), w_1(n), \cdots, w_{M-1}(n)]^{\mathrm{T}} \tag{10.4}$$

上述式子中的上标 T 表示转置，而上标 H 表示埃尔米特转置(即复共轭转置)。注意，在代价函数 $\mathscr{E}(n)$ 定义的观测区间 $1 \leqslant i \leqslant n$ 内，FIR 滤波器的抽头权值保持不变。

式(10.1)中的加权因子 $\beta(n,i)$ 满足如下关系

$$0 < \beta(n,i) \leqslant 1 \qquad i = 1, 2, \cdots, n \tag{10.5}$$

一般来说，加权因子 $\beta(n,i)$ 的使用是为了保证"遗忘"掉久远的过去数据，以便当滤波器工作

在非平稳环境时,能跟踪观测数据的统计变化。通常所用的加权因子是指数加权因子,或所谓的遗忘因子,定义为

$$\beta(n, i) = \lambda^{n-i} \qquad i = 1, 2, \cdots, n \tag{10.6}$$

式中 λ 是一个接近1,但又小于1的正常数。当 $\lambda = 1$ 时,对应一般的最小二乘法。粗略地说,$1 - \lambda$ 的倒数可以用来衡量算法的记忆能力;而 $\lambda = 1$ 的特殊情况,则对应于无限记忆。

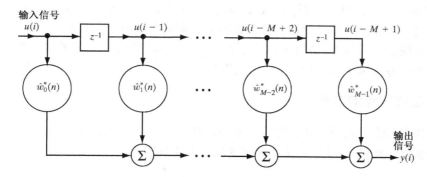

图 10.1　具有时变抽头权值的 FIR 滤波器

10.1.1　正则化

最小二乘估计和最小二乘法一样,是一个病态的反问题。在该问题中,给定构成抽头输入向量 $\mathbf{u}(n)$ 的输入数据和相应的期望响应 $d(n)$(其中 n 是变量),要求估计出多重回归模型中的未知参数向量,该向量与 $d(n)$ 和 $\mathbf{u}(n)$ 有关。

最小二乘估计的病态特性源于以下原因:

- 输入数据中的信息不足以唯一地重建输入-输出间的映射关系。
- 在输入数据中不可避免地存在着噪声或不精确,这为重建的输入-输出映射关系增加了不确定性。

为使估计问题变为非病态,需要某种与输入-输出映射关系有关的先验信息。这意味着必须扩展代价函数公式,使其能考虑先验信息。

为满足这一需要,我们把待最小化的代价函数扩展为两部分之和

$$\mathscr{E}(n) = \sum_{i=1}^{n} \lambda^{n-i} |e(i)|^2 + \delta \lambda^n \|\mathbf{w}(n)\|^2 \tag{10.7}$$

(这里,假设使用了预加窗。)代价函数的两个分量如下:

1) 误差平方加权和

$$\sum_{i=1}^{n} \lambda^{n-i} |e(i)|^2 = \sum_{i=1}^{n} \lambda^{n-i} |d(i) - \mathbf{w}^{\mathrm{H}}(n)\mathbf{u}(i)|^2$$

它与输入数据有关。这个分量反映出期望响应 $d(i)$ 与滤波器实际响应 $y(i)$ 之间的指数加权误差,且 $y(i)$ 与抽头输入向量 $\mathbf{u}(i)$ 的关系可用公式表示为

$$y(i) = \mathbf{w}^{\mathrm{H}}(n)\mathbf{u}(i)$$

2) 正则化项

$$\delta\lambda^n\|\mathbf{w}(n)\|^2 = \delta\lambda^n\mathbf{w}^H(n)\mathbf{w}(n)$$

式中 δ 是一个正实数, 称为正则化参数。除了因子 $\delta\lambda^n$ 外, 正则化项只取决于抽头权向量 $\mathbf{w}(n)$。将这一项包含在代价函数中, 以便通过平滑作用来稳定递归最小二乘问题的解。

从严格意义上说, $\delta\lambda^n\|\mathbf{w}(n)\|^2$ 项是正则化的近似形式。原因有两个: 首先, 指数加权因子 λ 介于 $0 < \lambda \le 1$ 之间; 从而, 当 $\lambda < 1$ 时, λ^n 随着 n 的增大趋于零。这意味着随着时间的推移, $\delta\lambda^n\|(\hat{\mathbf{w}}(n)\|^2$ 项对代价函数的影响会逐渐减小(即逐渐被遗忘)。其次, 而且更为重要的是, 正则化项应是 $\delta\|\mathbf{D}F(\hat{\mathbf{w}})\|^2$ 形式, 其中 $F(\hat{\mathbf{w}})$ 是由 RLS 滤波器实现的输入-输出映射关系, $\mathbf{D}$ 是差分算子[①]。式(10.7)的正则化项通常用在 RLS 滤波器设计中。

10.1.2　正则方程的变形

将式(10.7)展开并进行整理, 我们发现, 在代价函数 $\mathscr{E}(n)$ 中增加正则化项 $\delta\lambda^n\|\mathbf{w}(n)\|^2$, 相当于将抽头输入向量 $\mathbf{u}(i)$ 的 $M \times M$ 时间平均相关矩阵表示为

$$\boldsymbol{\Phi}(n) = \sum_{i=1}^{n} \lambda^{n-i}\mathbf{u}(i)\mathbf{u}^H(i) + \delta\lambda^n\mathbf{I} \tag{10.8}$$

式中 $\mathbf{I}$ 是 $M \times M$ 单位矩阵。很容易发现, 增加正则化项还有这样的作用: 它使得相关矩阵 $\boldsymbol{\Phi}(n)$ 在从 $n = 0$ 开始的整个计算过程中非奇异。将式(10.8)修正为相关矩阵的过程叫做对角加载。

FIR 滤波器抽头输入与期望响应之间的 $M \times 1$ 时间平均互相关向量 $\mathbf{z}(n)$ 为

$$\mathbf{z}(n) = \sum_{i=1}^{n} \lambda^{n-i}\mathbf{u}(i)d^*(i) \tag{10.9}$$

它将不受正则化的影响, 此处依然假定使用预加窗法, 且星号表示复共轭。

根据第 9 章中讨论的最小二乘法, 可使式(10.7)的代价函数 $\mathscr{E}(n)$ 获得最小值的最优 $M \times 1$ 抽头权向量 $\hat{\mathbf{w}}(n)$ 由正则方程定义。递归最小二乘问题的正则方程可用矩阵形式写为

$$\boldsymbol{\Phi}(n)\hat{\mathbf{w}}(n) = \mathbf{z}(n) \tag{10.10}$$

这里的 $\boldsymbol{\Phi}(n)$ 和 $\mathbf{z}(n)$ 分别由式(10.8)和式(10.9)定义。

10.1.3　$\Phi(n)$ 和 $z(n)$ 的递归计算

将对应于 $i = n$ 的项与式(10.8)右边的求和项分开, 可写出

$$\boldsymbol{\Phi}(n) = \lambda\left[\sum_{i=1}^{n-1} \lambda^{n-1-i}\mathbf{u}(i)\mathbf{u}^H(i) + \delta\lambda^{n-1}\mathbf{I}\right] + \mathbf{u}(n)\mathbf{u}^H(n) \tag{10.11}$$

根据定义, 式(10.11)右边括号内的表达式等于相关矩阵 $\boldsymbol{\Phi}(n-1)$。于是, 可得用于更新抽

---

① 正则理论来自于 Tikhonov(1963)。对于这一问题的详细讨论, 可参见 Tikhonov 和 Arsenin(1977)、Kirsch(1996)及 Haykin(2009)。

用来处理适当正则化项 $\delta\|\mathbf{D}F(\hat{\mathbf{w}})\|^2$ 的分析方法建立在函数空间[称为函数的范数空间(normed space)]思想的基础上。在这样一个多维(严格意义上说为无限维)空间里, 连续函数表示为向量。通过应用这个几何图像, 可建立线性差分算子和矩阵之间的紧密联系(Lanczos,1964)。因此, 符号 $\|\cdot\|$ 表示作用于 $\mathbf{D}F(\hat{\mathbf{w}})$ 所属的函数空间的一个范数。

头输入相关矩阵的递归公式

$$\boldsymbol{\Phi}(n) = \lambda\boldsymbol{\Phi}(n-1) + \mathbf{u}(n)\mathbf{u}^{\mathrm{H}}(n) \tag{10.12}$$

其中 $\boldsymbol{\Phi}(n-1)$ 是相关矩阵的过去值,矩阵乘积 $\mathbf{u}(n)\mathbf{u}^{\mathrm{H}}(n)$ 在更新过程中起着"修正"项的作用。注意,式(10.12)的递归过程与初始条件无关。

类似地,可用式(10.9)导出抽头输入与期望响应之间互相关向量的更新公式

$$\mathbf{z}(n) = \lambda\mathbf{z}(n-1) + \mathbf{u}(n)d^*(n) \tag{10.13}$$

为了按式(10.8)计算抽头权向量 $\hat{\mathbf{w}}(n)$ 的最小二乘估计,必须确定相关矩阵 $\boldsymbol{\Phi}(n)$ 的逆。然而在实际中,我们通常尽量避免这样做,因为这种运算非常耗时,特别是当抽头数 M 很大时。另外,我们希望能够递归计算出 $n = 1, 2, \cdots, \infty$ 时抽头权向量 $\hat{\mathbf{w}}(n)$ 的最小二乘估计。我们发现,利用矩阵代数中的矩阵求逆引理,可以实现上述两个目标。下面我们将讨论这一问题。

10.2　矩阵求逆引理

设 $\mathbf{A}$ 和 $\mathbf{B}$ 是两个 $M \times M$ 正定阵,它们之间的关系为

$$\mathbf{A} = \mathbf{B}^{-1} + \mathbf{C}\mathbf{D}^{-1}\mathbf{C}^{\mathrm{H}} \tag{10.14}$$

其中,$\mathbf{D}$ 是 $N \times M$ 正定阵,$\mathbf{C}$ 是 $M \times N$ 矩阵。根据矩阵求逆引理,可将 $\mathbf{A}$ 的逆矩阵表示为

$$\mathbf{A}^{-1} = \mathbf{B} - \mathbf{B}\mathbf{C}(\mathbf{D} + \mathbf{C}^{\mathrm{H}}\mathbf{B}\mathbf{C})^{-1}\mathbf{C}^{\mathrm{H}}\mathbf{B} \tag{10.15}$$

要证明该引理,可将式(10.14)与式(10.15)相乘,利用方阵与其逆阵的乘积等于单位矩阵得到(见习题2)。矩阵求逆引理表明,如果给定一个如式(10.14)定义的矩阵 $\mathbf{A}$,我们可以通过式(10.15)计算 $\mathbf{A}^{-1}$。实际上,上面两个方程描述了这一引理。矩阵求逆引理在文献中也称为 Woodbury 恒等式[①]。

在下一节,我们将说明怎样应用矩阵求逆引理,得到计算抽头权向量 $\hat{\mathbf{w}}(n)$ 最小二乘解的递归公式。

10.3　指数加权递归最小二乘算法

假定相关矩阵 $\boldsymbol{\Phi}(n)$ 是非奇异的,因而它可逆。我们对式(10.12)所表示的递归方程应用矩阵求逆引理,首先做如下设定

$$\mathbf{A} = \boldsymbol{\Phi}(n)$$
$$\mathbf{B}^{-1} = \lambda\boldsymbol{\Phi}(n-1)$$
$$\mathbf{C} = \mathbf{u}(n)$$
$$\mathbf{D} = 1$$

---

① 矩阵求逆引理的确切起源并不清楚。Householder(1964)把它归功于 Woodbury(1950)。这一引理首先被 Kailath 应用在滤波理论中。他用这一引理证明,对受到加性高斯白噪声干扰的随机、线性、时不变信道,其输出的最大似然估计与维纳滤波器是等价的(Kailath,1960)。矩阵求逆引理的早期应用还包括 Ho(1963)的工作。矩阵求逆引理另外一个不寻常的应用来自 Brooks 和 Reed 的工作,他们应用该引理证明,维纳滤波器、最大信噪比滤波器和似然比处理器在检测含加性高斯白噪声信号时是等价的(Brooks & Reed,1972)(见第 2 章中的习题18)。

然后,将这些定义代入矩阵求逆引理,可得计算相关矩阵逆阵的递归方程如下:

$$\boldsymbol{\Phi}^{-1}(n) = \lambda^{-1}\boldsymbol{\Phi}^{-1}(n-1) - \frac{\lambda^{-2}\boldsymbol{\Phi}^{-1}(n-1)\mathbf{u}(n)\mathbf{u}^{\mathrm{H}}(n)\boldsymbol{\Phi}^{-1}(n-1)}{1 + \lambda^{-1}\mathbf{u}^{\mathrm{H}}(n)\boldsymbol{\Phi}^{-1}(n-1)\mathbf{u}(n)} \tag{10.16}$$

为了方便计算,令

$$\mathbf{P}(n) = \boldsymbol{\Phi}^{-1}(n) \tag{10.17}$$

和

$$\mathbf{k}(n) = \frac{\lambda^{-1}\mathbf{P}(n-1)\mathbf{u}(n)}{1 + \lambda^{-1}\mathbf{u}^{\mathrm{H}}\mathbf{P}(n-1)\mathbf{u}(n)} \tag{10.18}$$

用上面的定义,可将式(10.16)改写为

$$\mathbf{P}(n) = \lambda^{-1}\mathbf{P}(n-1) - \lambda^{-1}\mathbf{k}(n)\mathbf{u}^{\mathrm{H}}(n)\mathbf{P}(n-1) \tag{10.19}$$

$M \times M$ 矩阵 $\mathbf{P}(n)$ 叫做逆相关矩阵[1], $M \times 1$ 向量 $\mathbf{k}(n)$ 叫做增益向量,后面将会解释这种称谓的原因。式(10.19)是 RLS 算法的 Riccati 方程。

整理式(10.18),可得

$$\begin{aligned}\mathbf{k}(n) &= \lambda^{-1}\mathbf{P}(n-1)\mathbf{u}(n) - \lambda^{-1}\mathbf{k}(n)\mathbf{u}^{\mathrm{H}}(n)\mathbf{P}(n-1)\mathbf{u}(n) \\ &= \left[\lambda^{-1}\mathbf{P}(n-1) - \lambda^{-1}\mathbf{k}(n)\mathbf{u}^{\mathrm{H}}(n)\mathbf{P}(n-1)\right]\mathbf{u}(n)\end{aligned} \tag{10.20}$$

从式(10.19)可以看出,式(10.20)右边最后一行括号中的表达式等于 $\mathbf{P}(n)$。因此,我们可以将式(10.20)简化为

$$\mathbf{k}(n) = \mathbf{P}(n)\mathbf{u}(n) \tag{10.21}$$

这一结论,连同 $\mathbf{P}(n) = \boldsymbol{\Phi}^{-1}(n)$,可以用来定义增益向量

$$\mathbf{k}(n) = \boldsymbol{\Phi}^{-1}(n)\mathbf{u}(n) \tag{10.22}$$

换句话说,增益向量 $\mathbf{k}(n)$ 可定义为经相关矩阵 $\boldsymbol{\Phi}(n)$ 逆矩阵变换的抽头输入向量 $\mathbf{u}(n)$。

10.3.1 抽头权向量的时间更新

下面,我们要导出更新抽头权向量最小二乘估计 $\hat{\mathbf{w}}(n)$ 的递归公式。为此,用式(10.8)、式(10.13)和式(10.17)来表示抽头权向量在自适应循环 n 时的最小二乘估计

$$\begin{aligned}\hat{\mathbf{w}}(n) &= \boldsymbol{\Phi}^{-1}(n)\mathbf{z}(n) \\ &= \mathbf{P}(n)\mathbf{z}(n) \\ &= \lambda\mathbf{P}(n)\mathbf{z}(n-1) + \mathbf{P}(n)\mathbf{u}(n)d^*(n)\end{aligned} \tag{10.23}$$

将式(10.23)右边第一项中 $\mathbf{P}(n)$ 用式(10.19)代替,可得

$$\begin{aligned}\hat{\mathbf{w}}(n) &= \mathbf{P}(n-1)\mathbf{z}(n-1) - \mathbf{k}(n)\mathbf{u}^{\mathrm{H}}(n)\mathbf{P}(n-1)\mathbf{z}(n-1) \\ &\quad + \mathbf{P}(n)\mathbf{u}(n)d^*(n) \\ &= \boldsymbol{\Phi}^{-1}(n-1)\mathbf{z}(n-1) - \mathbf{k}(n)\mathbf{u}^{\mathrm{H}}(n)\boldsymbol{\Phi}^{-1}(n-1)\mathbf{z}(n-1) \\ &\quad + \mathbf{P}(n)\mathbf{u}(n)d^*(n) \\ &= \hat{\mathbf{w}}(n-1) - \mathbf{k}(n)\mathbf{u}^{\mathrm{H}}(n)\hat{\mathbf{w}}(n-1) + \mathbf{P}(n)\mathbf{u}(n)d^*(n)\end{aligned} \tag{10.24}$$

---

[1] 矩阵 $\mathbf{P}(n)$ 也可看做是 RLS 估计 $\hat{\mathbf{w}}(n)$ 的协方差矩阵关于噪声方差 σ^2 的归一化(参见图 9.1 所示的多重线性回归模型)。对 $\mathbf{P}(n)$ 的这一解释来自本书第 9 章 9.8 节介绍的线性最小二乘估计的性质 2。

最后,应用 $\mathbf{P}(n)\mathbf{u}(n)$ 等于增益向量 $\mathbf{k}(n)$[见式(10.21)],可得更新抽头权向量的递归方程为

$$\hat{\mathbf{w}}(n) = \hat{\mathbf{w}}(n-1) + \mathbf{k}(n)[d^*(n) - \mathbf{u}^H(n)\hat{\mathbf{w}}(n-1)]$$
$$= \hat{\mathbf{w}}(n-1) + \mathbf{k}(n)\xi^*(n) \tag{10.25}$$

其中

$$\xi(n) = d(n) - \mathbf{u}^T(n)\hat{\mathbf{w}}^*(n-1)$$
$$= d(n) - \hat{\mathbf{w}}^H(n-1)\mathbf{u}(n) \tag{10.26}$$

是一个先验估计误差。内积 $\hat{\mathbf{w}}^H(n-1)\mathbf{u}(n)$ 表示基于 $n-1$ 时刻抽头权向量最小二乘估计旧值的期望响应 $d(n)$ 的估值。

根据调整抽头权向量的式(10.25)和表示先验估计误差的式(10.26),可用图 10.2(a)所示的框图表示递归最小二乘算法。

一般说来,先验估计误差 $\xi(n)$ 不同于下式的后验估计误差

$$e(n) = d(n) - \hat{\mathbf{w}}^H(n)\mathbf{u}(n) \tag{10.27}$$

其计算涉及抽头权向量在时刻 n(当前时刻)的最小二乘估计。实际上,我们可以将 $\xi(n)$ 视为更新抽头权向量之前 $e(n)$ 的暂时值。但要注意的是,在导出式(10.25)递归算法的最小二乘优化问题中,我们实际上是基于 $e(n)$ 而不是基于 $\xi(n)$ 使代价函数 $\mathscr{E}(n)$ 最小。还要注意,RLS 算法中误差信号的定义不同于 LMS 算法中的定义。

10.3.2　信号流图

图 10.2(b)画出 RLS 算法的信号流图。具体来说,表示滤波过程的式(10.26)和表示自适应过程的式(10.25)均可在该图中得到体现。然而,这个图是不完整的,因为该图没有表示出增益向量 $\mathbf{k}(n)$ 的计算。通过考察式(10.21)很容易看出,该计算遵循平方率。换句话说,较之 LMS 算法的信号流图表示(即图 6.1),RLS 算法更加需要完整的信号流图表示。

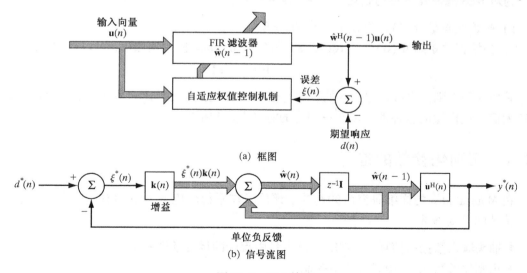

(a) 框图

(b) 信号流图

图 10.2　RLS 算法

10.3.3 RLS 算法小结

表10.1 给出依次利用式(10.18)、式(10.26)、式(10.25)和式(10.19)的 RLS 算法小结。

由考察式(10.18)可以看出，该式分子和分母中均含有乘积项 $\lambda^{-1}\mathbf{P}(n-1)\mathbf{u}(n)$。因此，增益向量 $\mathbf{k}(n)$ 的计算可简化为两个步骤：首先，引入向量 $\boldsymbol{\pi}(n)$ 来表示公共项 $\lambda^{-1}\mathbf{P}(n-1)\mathbf{u}(n)$；其次，将标度后的向量 $\boldsymbol{\pi}(n)/(1+\mathbf{u}^{H}(n)\boldsymbol{\pi}(n))$ 用来计算 $\mathbf{k}(n)$。

表 10.1　RLS 算法小结

算法初始化

$$\hat{\mathbf{w}}(0) = \mathbf{0}$$

$$\mathbf{P}(0) = \delta^{-1}\mathbf{I}$$

和

$$\delta = \begin{cases} \text{高 SNR 时取小的正常数} \\ \text{低 SNR 时取大的正常数} \end{cases}$$

对每一时刻，$n = 1, 2, \cdots$ 计算

$$\mathbf{k}(n) = \frac{\lambda^{-1}\mathbf{P}(n-1)\mathbf{u}(n)}{1 + \lambda^{-1}\mathbf{u}^{H}\mathbf{P}(n-1)\mathbf{u}(n)}$$

$$\xi(n) = d(n) - \hat{\mathbf{w}}^{H}(n-1)\mathbf{u}(n)$$

$$\hat{\mathbf{w}}(n) = \hat{\mathbf{w}}(n-1) + \mathbf{k}(n)\xi^{*}(n)$$

和

$$\mathbf{P}(n) = \lambda^{-1}\mathbf{P}(n-1) - \lambda^{-1}\mathbf{k}(n)\mathbf{u}^{H}(n)\mathbf{P}(n-1)$$

从有限精度运算的角度来看，分两步计算 $\mathbf{k}(n)$ 比直接用式(10.18)计算 $\mathbf{k}(n)$ 更可取(详见第 13 章关于这一问题的讨论)。

为对 RLS 滤波器进行初始化，需要指定两个量：

1) 初始权向量 $\hat{\mathbf{w}}(0)$。习惯上令 $\hat{\mathbf{w}}(0) = \mathbf{0}$。
2) 初始相关矩阵 $\boldsymbol{\Phi}(0)$。令式(10.8)中的 $n = 0$，如果使用预加窗，可以得到

$$\boldsymbol{\Phi}(0) = \delta\mathbf{I}$$

其中 δ 是正则化参数。参数 δ 的设定与信噪比有关，高信噪比时取小值，低信噪比时则取较大值。这样做的合理性可以在正则化的意义上得到证明。

10.4　正则化参数的选择

在 Moustakides 的详细研究(1997)中，评价了在平稳环境下 RLS 算法的收敛性能，它有两个特殊的可变参数：

- 抽头输入数据的信噪比(SNR)，这个量由流行的运行条件决定。
- 正则化参数 δ，它由设计人员控制。

为了总结 Moustakides 研究成果的实验条件,用 $\mathbf{F}(x)$ 表示一个关于 x 的矩阵函数,用 $f(x)$ 表示一个关于 x 的非负标量函数。其中,变量 x 属于集合 $\mathscr{A}_x$。于是,我们可引入如下定义

$$\mathbf{F}(x) = \mathbf{\Theta}(f) \tag{10.28}$$

这里存在独立于变量 x 的常数 c_1 和 c_2,使得

$$c_1 f(x) \leqslant \|\mathbf{F}(x)\| \leqslant c_2 f(x) \quad \text{对所有} x \in \mathscr{A}_x \tag{10.29}$$

其中 $\|\mathbf{F}(x)\|$ 是 $\mathbf{F}(x)$ 的矩阵范数,定义为

$$\|\mathbf{F}(x)\| = \left(\text{tr}\left[\mathbf{F}^{\mathrm{H}}(x)\mathbf{F}(x)\right]\right)^{1/2} \tag{10.30}$$

式(10.28)中,$\mathbf{\Theta}(f)$ 是 $f(x)$ 的函数,这里引入的定义的意义将变得很明显。

如 10.3 节中所指出的那样,RLS 滤波器的初始化包括设定时间平均相关矩阵的初始值,即

$$\mathbf{\Phi}(0) = \delta\mathbf{I}$$

正则化参数 δ 与信噪比的关系已由 Moustakides(1997)给出详细说明。特别是,$\mathbf{\Phi}(0)$ 可表示为

$$\mathbf{\Phi}(0) = \mu^{\alpha} \mathbf{R}_0 \tag{10.31}$$

其中

$$\mu = 1 - \lambda \tag{10.32}$$

$\mathbf{R}_0$ 是一个确定的正定阵,定义为

$$\mathbf{R}_0 = \sigma_u^2 \mathbf{I} \tag{10.33}$$

其中,σ_u^2 是数据样值 $u(n)$ 的方差。因此,根据式(10.31)和式(10.33),正则化参数 δ 可定义为

$$\delta = \sigma_u^2 \mu^{\alpha} \tag{10.34}$$

[在第 13 章中将看到,RLS 算法中的因子 $1 - \lambda$ 与 LMS 算法中的步长参数 μ 的作用相似。因此,引入式(10.32)的记号。]

参数 α 为区分相关矩阵 $\mathbf{\Phi}(n)$ 初始值的大、中、小提供了数学基础。特别是对下列情况

$$\mu \in [0, \mu_0] \quad \text{其中} \mu_0 \ll 1 \tag{10.35}$$

我们可根据式(10.31)的定义来区别以下三种情况:

1)$\alpha > 0$,对应于小初始值 $\mathbf{\Phi}(0)$。

2)$0 > \alpha \geqslant -1$,对应于中等初始值 $\mathbf{\Phi}(0)$。

3)$-1 \geqslant \alpha$,对应于大初始值 $\mathbf{\Phi}(0)$。

有了这些定义和三种不同的初始条件,我们可以总结出式(10.35)支配下 RLS 算法初始化过程中有关正则化参数 δ 的选择方法(Moustakides,1997)如下:

1)高信噪比:当抽头输入噪声电平较低(即输入 SNR 较高,如 30 dB 或更高数量级)时,RLS 算法呈现指数级的快速收敛速率,只要相关矩阵以足够小的范数初始化。典型地,

通过设定 $\alpha = 1$ 来满足这个要求。随着 α 减小到零[即随着 $\Phi(0)$ 的矩阵范数增加],RLS 算法的收敛性会变差。

2) 中等信噪比:在中等 SNR 环境下(即输入 SNR 为 10 dB 数量级时),RLS 算法的收敛速率比高信噪比情况下的最佳收敛速率要差。但是,RLS 算法的收敛特性对 $-1 \leqslant \alpha < 0$ 范围内矩阵 $\Phi(0)$ 范数的变化不敏感。

3) 低信噪比:最后一点,当抽头输入的噪声电平较高(即输入信噪比 SNR 为 -10 dB 数量级或更低)时,用具有较大矩阵范数的相关矩阵 $\Phi(0)$ 对 RLS 算法初始化(即 $\alpha \leqslant -1$)更可取,因为这种条件可以产生最好的全局性能。

这些结论对平稳环境或慢时变环境成立。但是,如果环境状态突变,而且这一变化发生在 RLS 滤波器达到稳态时,则该滤波器就会将这一突变视为用较大的 $\Phi(0)$ 进行新一轮的初始化,这里的 $n = 0$ 对应于环境突变的那个瞬间。在这种情况下,最好停止 RLS 滤波器的工作,改用一个较小的 $\Phi(0)$ 进行初始化而重新开始新一轮的计算。

10.5　误差平方加权和的更新递归

当抽头权向量等于其最小二乘估计 $\hat{\mathbf{w}}(n)$ 时,误差平方加权和可达到最小值 $\mathscr{E}_{\min}(n)$。为计算 $\mathscr{E}_{\min}(n)$,可用关系式[见式(9.40)第一行]

$$\mathscr{E}_{\min}(n) = \mathscr{E}_d(n) - \mathbf{z}^{\mathrm{H}}(n)\hat{\mathbf{w}}(n) \tag{10.36}$$

其中 $\mathscr{E}_d(n)$ 定义(使用本章的表示)为

$$\begin{aligned}
\mathscr{E}_d(n) &= \sum_{i=1}^{n} \lambda^{n-i}|d(i)|^2 \\
&= \lambda\mathscr{E}_d(n-1) + |d(n)|^2
\end{aligned} \tag{10.37}$$

因此,将式(10.13)、式(10.25)和式(10.37)代入式(10.36),可得

$$\begin{aligned}
\mathscr{E}_{\min}(n) &= \lambda\big[\mathscr{E}_d(n-1) - \mathbf{z}^{\mathrm{H}}(n-1)\hat{\mathbf{w}}(n-1)\big] \\
&\quad + d(n)\big[d^*(n) - \mathbf{u}^{\mathrm{H}}(n)\hat{\mathbf{w}}(n-1)\big] \\
&\quad - \mathbf{z}^{\mathrm{H}}(n)\mathbf{k}(n)\xi^*(n)
\end{aligned} \tag{10.38}$$

上式最后一项中的 $\mathbf{z}(n)$ 已被还原为原来的形式。根据定义,式(10.38)右边第一个括号中的表达式等于 $\mathscr{E}_{\min}(n-1)$。另外,根据定义,第二个括号中的表达式等于先验估计误差 $\xi(n)$ 的复共轭。对最后一项,我们用增益向量 $\mathbf{k}(n)$ 的定义来表示内积

$$\begin{aligned}
\mathbf{z}^{\mathrm{H}}(n)\mathbf{k}(n) &= \mathbf{z}^{\mathrm{H}}(n)\Phi^{-1}(n)\mathbf{u}(n) \\
&= \big[\Phi^{-1}(n)\mathbf{z}(n)\big]^{\mathrm{H}}\mathbf{u}(n) \\
&= \hat{\mathbf{w}}^{\mathrm{H}}(n)\mathbf{u}(n)
\end{aligned}$$

上式中,第二行应用了相关矩阵 $\Phi(n)$ 的埃尔米特性质,在第三行用到了 $\Phi^{-1}(n)\mathbf{z}(n)$ 等于最小二乘估计 $\hat{\mathbf{w}}(n)$。因此,式(10.38)可简化为

$$\mathcal{E}_{\min}(n) = \lambda \mathcal{E}_{\min}(n-1) + d(n)\xi^*(n) - \hat{\mathbf{w}}^H(n)\mathbf{u}(n)\xi^*(n)$$

$$= \lambda \mathcal{E}_{\min}(n-1) + \xi^*(n)\big[d(n) - \hat{\mathbf{w}}^H(n)\mathbf{u}(n)\big] \tag{10.39}$$

$$= \lambda \mathcal{E}_{\min}(n-1) + \xi^*(n)e(n)$$

其中 $e(n)$ 是后验估计误差。式(10.39)是更新误差平方加权和的递归公式。由此可见，$\xi(n)$ 的复共轭与 $e(n)$ 的乘积表示更新过程中的修正项。注意，该乘积是实数，这意味着，总有

$$\xi(n)e^*(n) = \xi^*(n)e(n) \tag{10.40}$$

10.5.1　收敛因子

式(10.39)涉及两种不同的估计误差：先验估计误差 $\xi(n)$ 和后验估计误差 $e(n)$，它们之间有着本质的联系。为了建立这两种估计误差之间的联系，可从式(10.27)的定义出发，将式(10.25)代入式(10.27)，得

$$e(n) = d(n) - \big[\hat{\mathbf{w}}(n-1) + \mathbf{k}(n)\xi^*(n)\big]^H \mathbf{u}(n)$$

$$= d(n) - \hat{\mathbf{w}}^H(n-1)\mathbf{u}(n) - \mathbf{k}^H(n)\mathbf{u}(n)\xi(n) \tag{10.41}$$

$$= (1 - \mathbf{k}^H(n)\mathbf{u}(n))\xi(n)$$

上式中的最后一行，应用了式(10.26)的定义。后验估计误差 $e(n)$ 与先验估计误差 $\xi(n)$ 的比值称为收敛因子，记为 $\gamma(n)$。因此，可以写出

$$\gamma(n) = \frac{e(n)}{\xi(n)}$$

$$= 1 - \mathbf{k}^H(n)\mathbf{u}(n) \tag{10.42}$$

其值由增益向量 $\mathbf{k}(n)$ 和抽头输入向量 $\mathbf{u}(n)$ 唯一确定。

10.6　示例：单个权值自适应噪声消除器

下面，我们考虑如图10.3所示的单一加权双输入自适应噪声消除器。两个输入为基本信号 $d(n)$（由承载信息的信号分量和加性干扰组成）和参考信号 $u(n)$（它与干扰相关而与承载信息的信号无关）。要求利用参考信号与基本信号的相关性，抑制自适应噪声消除器输出端的干扰。

应用 RLS 算法可得该消除器的一组方程(见表10.1)，经整理为

$$k(n) = \left[\frac{1}{\lambda \hat{\sigma}_u^2(n-1) + |u(n)|^2}\right]u(n) \tag{10.43}$$

$$\xi(n) = d(n) - \hat{w}^*(n-1)u(n) \tag{10.44}$$

$$\hat{w}(n) = \hat{w}(n-1) + k(n)\xi^*(n) \tag{10.45}$$

$$\hat{\sigma}_u^2(n) = \lambda \hat{\sigma}_u^2(n-1) + |u(n)|^2 \tag{10.46}$$

在最后一个方程 $\hat{\sigma}_u^2(n)$ 中，零均值参考信号 $u(n)$ 的方差估计是 $P(n)$ 的倒数，它是 RLS 算法中矩阵 $\mathbf{P}(n)$ 的标量形式，即

$$\hat{\sigma}_u^2(n) = P^{-1}(n) \qquad (10.47)$$

将式(10.43)~式(10.46)描述的算法与应用归一化 LMS 算法得到的一组方程进行比较,能够获得一些新的认识。在我们所介绍的范围内,人们特别感兴趣的归一化 LMS 算法由式(7.12)给出。RLS 算法与归一化 LMS 算法之间的主要差别在于,归一化 LMS 算法中的常数 δ 被 RLS 算法的增益因子 $k(n)$ 的分母中的时变项 $\lambda\hat{\sigma}_u^2(n-1)$ 所替代,该因子控制着式(10.45)中抽头权值的修正。

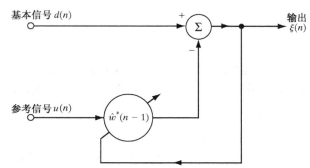

图 10.3　单一加权自适应噪声消除器

10.7　统计学习理论

本节将讨论平稳环境下 RLS 算法的收敛特性,此处假定 λ 为 1(λ 小于 1 的情况将在第 13 章讨论)。为了便于讨论,我们做如下三个假设:

假设 I　期望响应 $d(n)$ 与抽头输入向量 $\mathbf{u}(n)$ 之间的关系由如下多重线性回归模型描述

$$d(n) = \mathbf{w}_o^{\mathrm{H}}\mathbf{u}(n) + e_o(n) \qquad (10.48)$$

其中 $\mathbf{w}_o$ 是回归参数向量,$e_o(n)$ 是测量噪声,它是均值为零、方差为 σ_o^2 的白噪声,因而与回归量 $\mathbf{u}(n)$ 无关。

图 10.4 给出了式(10.48)的所述关系,它与第 9 章中讨论最小二乘算法时所用的图 9.1 相似。

假设 II　输入信号向量 $\mathbf{u}(n)$ 由随机过程生成,其自相关函数是各态历经的。

假设 II 意味着,可用时间平均代替集平均,这一点在第 1 章中已做说明。特别地,可将输入向量 $\mathbf{u}(n)$ 的集平均相关矩阵表示为

$$\mathbf{R} \approx \frac{1}{n}\mathbf{\Phi}(n) \qquad \text{对于 } n > M \qquad (10.49)$$

其中 $\mathbf{\Phi}(n)$ 是 $\mathbf{u}(n)$ 的时间平均相关矩阵,且要求 $n > M$,以保证 FIR 滤波器的每一个抽头上都有输入信号。式(10.49)的近似将随着时间 n 的增加得到改善。

假设 III　加权误差向量 $\mathbf{\varepsilon}(n)$ 的波动比输入信号向量 $\mathbf{u}(n)$ 的波动慢。

　　假设Ⅲ成立的合理性在于,加权误差向量 $\boldsymbol{\varepsilon}(n)$ 是 RLS 算法 n 次自适应循环中一系列变化量的累加。这一性质可表示为

$$\boldsymbol{\varepsilon}(n) = \mathbf{w}_o - \hat{\mathbf{w}}(n)$$
$$= \boldsymbol{\varepsilon}(0) - \sum_{i=1}^{n} \mathbf{k}(i)\xi^*(i) \qquad (10.50)$$

此式由式(10.25)得出(见习题6)。尽管 $\mathbf{k}(i)$ 和 $\boldsymbol{\xi}(i)$ 都与 $\mathbf{u}(i)$ 有关,但式(10.50)中的和对 $\boldsymbol{\varepsilon}(n)$ 具有平滑作用。实际上,RLS 算法起到了时变低通滤波器的作用。

　　上述假设均有其各自的合理性,以下是基于这些关于 $\mathbf{u}(n)$ 和 $d(n)$ 的假设展开的。

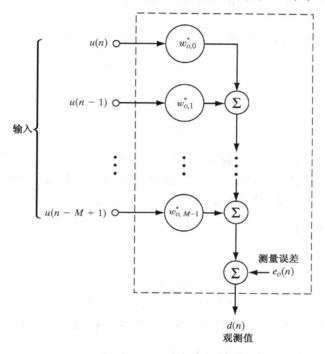

图 10.4　多重线性回归模型

10.7.1　均值收敛性

　　由正则方程(10.10)解 $\hat{\mathbf{w}}(n)$,可得

$$\hat{\mathbf{w}}(n) = \boldsymbol{\Phi}^{-1}(n)\mathbf{z}(n) \qquad n > M \qquad (10.51)$$

其中,对 $\lambda = 1$ 有

$$\boldsymbol{\Phi}(n) = \sum_{i=1}^{n} \mathbf{u}(i)\mathbf{u}^{\mathrm{H}}(i) + \boldsymbol{\Phi}(0) \qquad (10.52)$$

和

$$\mathbf{z}(n) = \sum_{i=1}^{n} \mathbf{u}(i)d^*(i) \qquad (10.53)$$

将式(10.48)代入式(10.53),然后应用式(10.52),可得

$$\mathbf{z}(n) = \sum_{i=1}^{n} \mathbf{u}(i)\mathbf{u}^{\mathrm{H}}(i)\mathbf{w}_o + \sum_{i=1}^{n} \mathbf{u}(i)e_o^*(i)$$

$$= \mathbf{\Phi}(n)\mathbf{w}_o - \mathbf{\Phi}(0)\mathbf{w}_o + \sum_{i=1}^{n} \mathbf{u}(i)e_o^*(i) \qquad (10.54)$$

式中的最后一行，我们应用了 $\lambda = 1$ 时的式(10.8)。由此，可以将式(10.51)重新写为

$$\hat{\mathbf{w}}(n) = \mathbf{\Phi}^{-1}(n)\mathbf{\Phi}(n)\mathbf{w}_o - \mathbf{\Phi}^{-1}(n)\mathbf{\Phi}(0)\mathbf{w}_o + \mathbf{\Phi}^{-1}(n)\sum_{i=1}^{n} \mathbf{u}(i)e_o^*(i)$$

$$= \mathbf{w}_o - \mathbf{\Phi}^{-1}(n)\mathbf{\Phi}(0)\mathbf{w}_o + \mathbf{\Phi}^{-1}(n)\sum_{i=1}^{n} \mathbf{u}(i)e_o^*(i) \qquad (10.55)$$

对式(10.55)的两边取数学期望，并引用假设 I 和假设 II，可以写出

$$\mathbb{E}[\hat{\mathbf{w}}(n)] \approx \mathbf{w}_o - \frac{1}{n}\mathbf{R}^{-1}\mathbf{\Phi}(0)\mathbf{w}_o$$

$$= \mathbf{w}_o - \frac{\delta}{n}\mathbf{R}^{-1}\mathbf{w}_o \qquad (10.56)$$

$$= \mathbf{w}_o - \frac{\delta}{n}\mathbf{p} \quad n > M$$

其中 $\mathbf{p}$ 是期望响应 $d(n)$ 与输入向量 $\mathbf{u}(n)$ 之间的集平均互相关向量。式(10.56)表明，RLS 算法在均值意义上是收敛的。如果 n 大于滤波器长度 M 的有限值，则由于用 $\mathbf{\Phi}(0) = \delta\mathbf{I}$ 对算法进行初始化，所以估计 $\hat{\mathbf{w}}(n)$ 是有偏的。但当 n 趋于无限时，偏差将趋于 0。

10.7.2 均方收敛性

加权误差相关矩阵定义为

$$\mathbf{K}(n) = \mathbb{E}[\boldsymbol{\varepsilon}(n)\boldsymbol{\varepsilon}^{\mathrm{H}}(n)]$$

$$= \mathbb{E}[(\mathbf{w}_o - \hat{\mathbf{w}}(n))(\mathbf{w}_o - \hat{\mathbf{w}}(n))^{\mathrm{H}}] \qquad (10.57)$$

将式(10.55)代入式(10.57)，并且忽略初始化的影响(这一点对 $n > M$ 成立)，可得

$$\mathbf{K}(n) = \mathbb{E}\left[\mathbf{\Phi}^{-1}(n)\sum_{i=1}^{n}\sum_{j=1}^{n}\mathbf{u}(i)\mathbf{u}^{\mathrm{H}}(j)\mathbf{\Phi}^{-1}(n)e_o^*(i)e_o(j) \right]$$

在假设 I 的条件下，输入向量 $\mathbf{u}(n)$ 及由它所得的 $\mathbf{\Phi}^{-1}(n)$ 与测量噪声 $e_o(n)$ 无关。因此，可以将 $\mathbf{K}(n)$ 表示为两个期望的积

$$\mathbf{K}(n) = \mathbb{E}\left[\mathbf{\Phi}^{-1}(n)\sum_{i=1}^{n}\sum_{j=1}^{n}\mathbf{u}(i)\mathbf{u}^{\mathrm{H}}(j)\mathbf{\Phi}^{-1}(n) \right]\mathbb{E}[e_o^*(i)e_o(j)]$$

由于测量噪声 $e_o(n)$ 是白色的(假设 I)，我们有

$$\mathbb{E}[e_o^*(i)e_o(j)] = \begin{cases} \sigma_o^2 & \text{对于 } i = j \\ 0 & \text{其他} \end{cases} \qquad (10.58)$$

其中 σ_o^2 是 $e_o(n)$ 的方差。因此，加权误差相关矩阵变为

$$\mathbf{K}(n) = \sigma_o^2\mathbb{E}\left[\mathbf{\Phi}^{-1}(n)\sum_{i=1}^{n}\mathbf{u}(i)\mathbf{u}^{\mathrm{H}}(i)\mathbf{\Phi}^{-1}(n) \right]$$

$$= \sigma_o^2\mathbb{E}[\mathbf{\Phi}^{-1}(n)\mathbf{\Phi}(n)\mathbf{\Phi}^{-1}(n)]$$

$$= \sigma_o^2\mathbb{E}[\mathbf{\Phi}^{-1}(n)]$$

最后，引用嵌入在式(10.49)中的假设 II，可写出①

$$\mathbf{K}(n) = \frac{1}{n} \sigma_o^2 \mathbf{R}^{-1} \qquad n > M \tag{10.59}$$

均方偏差定义为

$$\begin{aligned} \mathscr{D}(n) &= \mathbb{E}[\boldsymbol{\varepsilon}^{\mathrm{H}}(n)\boldsymbol{\varepsilon}(n)] \\ &= \mathrm{tr}[\mathbf{K}(n)] \end{aligned} \tag{10.60}$$

其中 tr[·]表示矩阵求迹算子。根据式(10.59)，RLS 算法的均方偏差为

$$\begin{aligned} \mathscr{D}(n) &= \frac{1}{n} \sigma_o^2 \, \mathrm{tr}[\mathbf{R}^{-1}] \\ &= \frac{1}{n} \sigma_o^2 \sum_{i=1}^{M} \frac{1}{\lambda_i} \qquad n > M \end{aligned} \tag{10.61}$$

其中 λ_i 是集平均相关矩阵 $\mathbf{R}$ 的特征值。

根据式(10.61)，我们现在可以对于 $n > M$ 的情况得出如下两点重要结论：

1) 均方偏差 $\mathscr{D}(n)$ 被最小特征值 $\lambda_{\min}$ 的倒数放大。因此，对于一阶近似，RLS 算法对特征值扩散的敏感性正比于最小特征值的倒数。因此，病态的最小二乘问题会使收敛性能变差。

2) 均方偏差 $\mathscr{D}(n)$ 随自适应循环次数 n 几乎呈线性衰减。因此，由 RLS 算法得到的估计 $\hat{\mathbf{w}}(n)$ 几乎随时间线性地按范数(即"均方")收敛于多重线性回归模型的参数向量 $\mathbf{w}_o$。

10.7.3　学习曲线

在 RLS 算法中，存在两类误差：先验估计误差 $\xi(n)$ 和后验估计误差 $e(n)$。给定 10.3 节中的初始条件，可以发现这两种误差的均方值随时间 n 的不同而变化。当 $n = 1$ 时，$\xi(n)$ 的均方值较大[等于期望响应 $d(n)$ 的均方值]，然后随着 n 的增大而衰减。另一方面，当 $n = 1$ 时，$e(n)$ 的均方值较小，然后随着 n 的增加而增大，一直增加到 $e(n)$ 等于 $\xi(n)$ 时一个 n 较大的点。因此，选择 $\xi(n)$ 作为感兴趣的误差，可得到一个与 LMS 算法学习曲线形状相同的 RLS 算法学习曲线。于是，我们能够通过图形直接在 RLS 算法与 LMS 算法的学习曲线之间进行比较。因此，我们可以先验估计误差 $\xi(n)$ 为基础计算 RLS 算法的集平均学习曲线，即

$$J'(n) = \mathbb{E}[|\xi(n)|^2] \tag{10.62}$$

式中 $J'(n)$ 的撇号用来区分 $\xi(n)$ 与 $e(n)$ 的均方值。

在式(10.26)和式(10.48)之间消去期望响应 $d(n)$，可以将先验估计误差表示为

---

① 关系式

$$\mathbb{E}[\boldsymbol{\Phi}^{-1}(n)] = \frac{1}{n}\mathbf{R}^{-1} \quad \text{对于} n > M$$

已为关于复维萨特分布(Wishart distributions)的附录 H 所证实。相关矩阵 $\boldsymbol{\Phi}^{-1}(n)$ 可在下列条件下：
- 输入向量 $\mathbf{u}(1), \mathbf{u}(2), \cdots, \mathbf{u}(n)$ 是独立同分布的(i.i.d.)。
- 输入向量 $\mathbf{u}(1), \mathbf{u}(2), \cdots, \mathbf{u}(n)$ 由具有零均值、集平均相关矩阵为 $\mathbf{R}$ 的多元高斯分布的随机过程产生。

由复维萨特分布表示。上述假设对工作在高斯环境下的阵列处理系统同样适用。

$$\xi(n) = e_o(n) + [\mathbf{w}_o - \hat{\mathbf{w}}(n-1)]^H \mathbf{u}(n)$$
$$= e_o(n) + \boldsymbol{\varepsilon}^H(n-1)\mathbf{u}(n) \tag{10.63}$$

其中包含 $\boldsymbol{\varepsilon}(n-1)$ 的第二项是无干扰估计误差。将式(10.63)代入式(10.62),然后展开,可得

$$J'(n) = \mathbb{E}[|e_o(n)|^2] + \mathbb{E}[\mathbf{u}^H(n)\boldsymbol{\varepsilon}(n-1)\boldsymbol{\varepsilon}^H(n-1)\mathbf{u}(n)]$$
$$+ \mathbb{E}[\boldsymbol{\varepsilon}^H(n-1)\mathbf{u}(n)e_o^*(n)] + \mathbb{E}[e_o(n)\mathbf{u}^H(n)\boldsymbol{\varepsilon}(n-1)] \tag{10.64}$$

为了处理式(10.64)中的四个数学期望项,要注意以下几点:

1) 由式(10.58)可知,$|e_o(n)|^2$ 的期望值是 σ_o^2。

2) 第二个期望可表示为

$$\mathbb{E}[\mathbf{u}^H(n)\boldsymbol{\varepsilon}(n-1)\boldsymbol{\varepsilon}^H(n-1)\mathbf{u}(n)] = \mathbb{E}[\mathrm{tr}\{\mathbf{u}^H(n)\boldsymbol{\varepsilon}(n-1)\boldsymbol{\varepsilon}^H(n-1)\mathbf{u}(n)\}]$$
$$= \mathbb{E}[\mathrm{tr}\{\mathbf{u}(n)\mathbf{u}^H(n)\boldsymbol{\varepsilon}(n-1)\boldsymbol{\varepsilon}^H(n-1)\}]$$
$$= \mathrm{tr}\{\mathbb{E}[\mathbf{u}(n)\mathbf{u}^H(n)\boldsymbol{\varepsilon}(n-1)\boldsymbol{\varepsilon}^H(n-1)]\}$$

在假设Ⅲ的条件下,n 时刻(time step)加权误差向量外积 $\boldsymbol{\varepsilon}(n-1)\boldsymbol{\varepsilon}^H(n-1)$ 的随机波动慢于外积 $\mathbf{u}(n)\mathbf{u}^H(n)$。因此,我们可利用第6章讨论的直接平均法写出

$$\mathbb{E}[\mathbf{u}^H(n)\boldsymbol{\varepsilon}(n-1)\boldsymbol{\varepsilon}^H(n-1)\mathbf{u}(n)] \approx \mathrm{tr}\{\mathbb{E}[\mathbf{u}(n)\mathbf{u}^H(n)]\mathbb{E}[\boldsymbol{\varepsilon}(n-1)\boldsymbol{\varepsilon}^H(n-1)]\}$$
$$= \mathrm{tr}[\mathbf{R}\mathbf{K}(n-1)] \tag{10.65}$$

将式(10.59)代入式(10.65)得

$$\mathbb{E}[\mathbf{u}^H(n)\boldsymbol{\varepsilon}(n-1)\boldsymbol{\varepsilon}^H(n-1)\mathbf{u}(n)] \approx \frac{1}{n}\sigma_o^2\mathrm{tr}[\mathbf{R}\mathbf{R}^{-1}]$$
$$= \frac{1}{n}\sigma_o^2\mathrm{tr}[\mathbf{I}] \tag{10.66}$$
$$= \frac{M}{n}\sigma_o^2 \quad n > M$$

其中 M 是滤波器长度。

3) 第三个期望等于零。原因有两个:首先,将 n 时刻视为现时刻,则加权误差向量 $\boldsymbol{\varepsilon}(n-1)$ 取决于输入向量 $\mathbf{u}(n)$ 和测量噪声 $e_o(n)$ 的过去值[参见式(10.50)]。第二,在假设Ⅰ的条件下,$\mathbf{u}(n)$ 和 $e_o(n)$ 是统计独立的,而且 $e_o(n)$ 的均值为零。因此,可以写出

$$\mathbb{E}[\boldsymbol{\varepsilon}^H(n-1)\mathbf{u}(n)e_o^*(n)] = \mathbb{E}[\boldsymbol{\varepsilon}^H(n-1)\mathbf{u}(n)]\,\mathbb{E}[e_o^*(n)]$$
$$= 0 \tag{10.67}$$

4) 除了共轭差别外,第四个期望与第三个期望的形式相同。因此,第四个期望也等于零。

将这些结果用于式(10.64),可写出

$$J'(n) \approx \sigma_o^2 + \frac{M}{n}\sigma_o^2 \qquad n > M \tag{10.68}$$

在本节所介绍的 RLS 算法的收敛性分析中,均假设指数加权因子 λ 等于1(即算法是无限记忆的)。正如本节的开始所提到的,当 λ 位于 $0 < \lambda < 1$ 范围的情况,将在第13章中讨论。

10.8 效率

既然我们知道如何表示 RLS 算法的学习曲线以便有类似于 LMS 算法那样的数学框架,因此,此时需要研究其统计效率(有效性)。

为此,在简化式(10.68)的基础上,我们可以确定平稳环境下 RLS 算法的三个特性:

特性 1 随着自适应循环次数 n 趋于无穷大,均方误差 $J'(n)$ 趋于由测量误差 $e_o(n)$ 的方差即 $\sigma_o^2(n)$ 定义的最优解。

为了验证这一特性,考虑 RLS 算法中可调 FIR 滤波器与图 9.1 中多线性回归模型具有相同长度时的理想条件。我们可以引用第 2 章 2.6 节中描述的严格匹配情况,其中维纳滤波器的最小均方误差有最小值 σ_o^2。在这种理想条件下,有如下关于特性 1 的推论和特性 2:

推论 当自适应循环次数 n 趋于无穷大,RLS 算法趋于维纳解且失调量为零。

特性 2 RLS 算法的集平均学习曲线在大约 $2M$ 次自适应循环后收敛于最终解(即维纳解),其中 M 是构成 RLS 算法的 FIR 滤波器的长度。

这一特性可以由蒙特卡罗仿真来验证。因此可以进一步说:在相同的平稳环境下,RLS 算法的收敛速率比 LMS 算法的收敛速率要快一个数量级。

特性 3 在均方意义下,RLS 算法的收敛性分析本质上独立于输入向量 $\mathbf{u}(n)$ 的相关矩阵 $\mathbf{R}$ 的特征值。

这一特性由式(10.68)推出。因此,通过比较式(6.98)与 LMS 算法的式(10.68),我们可以说:

RLS 算法对相关矩阵 $\mathbf{R}$ 特征值扩散的敏感性低于 LMS 算法。

亦可做如下推断:

一般来说,在相同的平稳环境下,RLS 算法的统计效率(有效性)优于 LMS 算法。

直观上满足这一推断是由于如下原因:在统计意义下,RLS 算法是一个二阶估计器,而 LMS 算法是一个一阶估计器。

在关于鲁棒性的下一章中,我们将在相同的平稳环境下评价 LMS 和 RLS 两种算法的统计效率(有效性)和鲁棒性。

10.9 自适应均衡的计算机实验

在这项计算机实验中,我们应用指数加权因子 $\lambda = 1$ 的 RLS 算法,设计线性离散通信信道的自适应均衡器。在 6.8 节已经讨论过用 LMS 算法解决该问题的情况。研究中所用的系统框图如图 10.5 中所示。系统中使用两个独立的随机数发生器,一个用 x_n 来表示,用来测试信道。另一个用 $\nu(n)$ 来表示,用来模拟接收器中加性白噪声的影响。序列 x_n 是

$x_n = \pm 1$ 的伯努利(Bernoulli)序列,随机变量 x_n 具有零均值和单位方差。第二个序列 $\nu(n)$ 具有零均值,其方差 σ_ν^2 由实验中需要的信噪比决定。均衡器有 11 个抽头。信道的冲激响应定义为

$$h_n = \begin{cases} \dfrac{1}{2}\left[1 + \cos\left(\dfrac{2\pi}{W}(n-2)\right)\right] & n = 1,2,3 \\ 0 & \text{其他} \end{cases} \qquad (10.69)$$

其中,W 控制幅度失真的大小,因此也控制信道产生的特征值扩展。将延迟 7 个样值之后的信道输入 x_n 作为均衡器的期望响应(详见 6.8 节)。

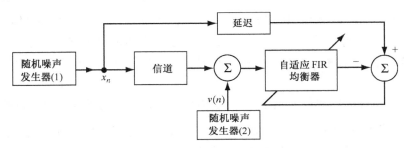

图 10.5   计算机实验用自适应均衡器框图

实验分为两部分:第一部分为高信噪比的情况,第二部分为低信噪比的情况。两部分的正则化参数都取 $\delta = 0.004$(因这里取 $\lambda = 1$,故 10.4 节中所介绍的按不同信噪比选择 δ 的方法在这里并不适用)。

1)信噪比 =30 dB   当信噪比固定为 30 dB(即方差 σ_ν^2 等于 0.001)而改变 W 或特征值 $\chi(\mathbf{R})$ 扩散度时的实验结果已在第 8 章介绍(见图 8.9)。图中的 4 种情况分别对应于参数 $W =$ 2.9、3.1、3.3 和 3.5,或等效地 $\chi(\mathbf{R}) = 6.0782$、11.124、21.713 和 46.822(详见表 6.2)。图中包括 LMS 算法、DCT-LMS 算法和 RLS 算法的学习曲线。4 种不同特征值扩散度 $\chi(\mathbf{R})$ 的 RLS 算法的一组实验结果如图 10.6 所示。为便于比较,当步长参数 $\mu = 0.075$ 时 LMS 算法相应的一组结果在图 6.21 中给出。根据两幅图中的结果,可以得出如下结论:

- RLS 算法大约经过 20 次自适应循环即收敛,大约是 FIR 均衡器抽头数的两倍。
- 与 LMS 算法的收敛性相比,RLS 算法的收敛性对特征值扩散度 $\chi(\mathbf{R})$ 的变化相对不敏感。
- RLS 算法比 LMS 算法收敛快得多,可以比较图 10.6 和图 6.21 画出的 LMS 算法的结果。
- RLS 算法所获得的集平均平方误差的稳态值比 LMS 算法小得多,这证实了我们前面所说的:RLS 算法至少在理论上失调量为零。

将图 10.6 所示的结果与图 6.21 中所示的结果进行比较,可以清楚地看出 RLS 算法的收敛速率优于 LMS 算法;但是,要达到这样的收敛速率,必须是高信噪比情况。当信噪比不是很高时,RLS 算法将失去这一优势,下面将会证明这一点。

2)信噪比 =10 dB   图 10.7 显示 $W = 3.1$、信噪比 =10 dB 时 RLS 算法和 LMS 算法(步长参数 $\mu = 0.075$)的学习曲线。在所关心的收敛范围内,可以看出 RLS 算法与 LMS 算法以几乎相同的方式进行学习,两种算法都需要约 40 次自适应循环达到收敛。但对于信道均衡问题,这两种算法都不能获得满意的结果。

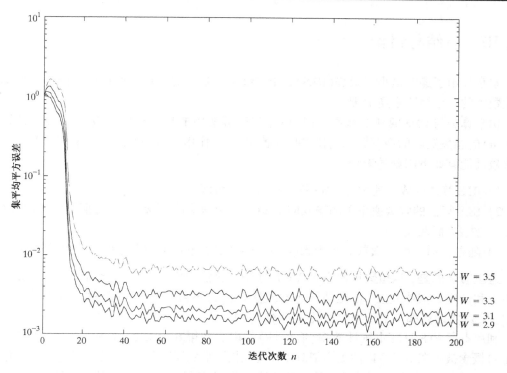

图 10.6　4 种不同特征值扩散度情况下 RLS 算法的学习曲线($\delta = 0.004, \lambda = 1.0$)

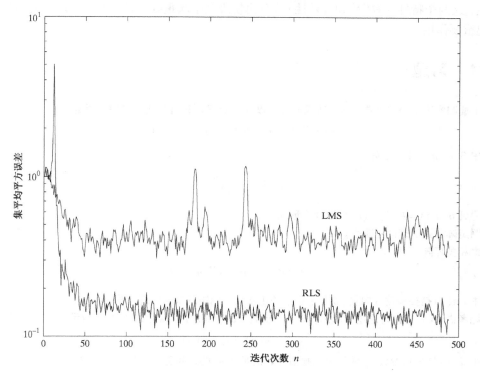

图 10.7　当 $W = 3.1$[即特征值分布 $\chi(\mathbf{R}) = 11.124$]和 SNR = 10 dB 时 RLS 算法
($\delta = 0.004, \lambda = 1.0$)和 LMS算法(步长参数 $\mu = 0.075$)的学习曲线

10.10　小结与讨论

本章导出了递归最小二乘法(RLS)，作为最小二乘法的一种自然推广。推导过程基于矩阵代数中的一个矩阵求逆引理。

RLS 算法与 LMS 算法的基本差别如下：LMS 算法中的步长参数 μ 被 $\boldsymbol{\Phi}^{-1}(n)$ [即输入向量 $\mathbf{u}(n)$ 的相关矩阵的逆]代替，它对抽头输入有白化作用。这一改进对平稳环境下 RLS 算法的收敛性能有如下深刻的影响：

1）RLS 算法的收敛速率比 LMS 算法快一个数量级。

2）RLS 算法的收敛速率不随输入向量 $\mathbf{u}(n)$ 的集平均相关矩阵 $\mathbf{R}$ 特征值的扩散度(即条件数)而改变。

3）随着自适应循环次数 n 趋于无限，RLS 算法的额外均方误差 $J'_{\mathrm{ex}}(n)$ 收敛于零。

这里总结的是，当指数加权因子 $\lambda = 1$ 时 RLS 算法应用于平稳环境的情况。当 $\lambda \neq 1$ 时，性质 1 和性质 2 依然成立，但是额外均方误差 $J'_{\mathrm{ex}}(n)$ 不再为零。不管怎样，RLS 算法中均方误差 $J'(n)$ 的计算都是基于先验估计误差 $\xi(n)$ 的。

利用本章 RLS 算法中统计效率(有效性)的内容和第 6 章 LMS 算法中的相应内容，分级(stage)概念被用在下一章以便更详细对照评价在相同平稳环境下运行的这两种算法。因此，我们不仅关注这两种线性自适应滤波算法的统计效率(有效性)，而且关注其鲁棒性。因为其实际重要性，这两个特性(鲁棒性和有效性)将在比较研究中起重要作用。自然，计算复杂性也在研究中起重要作用。

10.11　习题

1. 为了递归实现最小二乘法，窗函数或加权函数 $\beta(n,i)$ 必须具有合适的结构。假定

$$\beta(n,i) = \lambda(i)\beta(n, i-1) \qquad i = 1,\cdots,n$$

其中 $\beta(n, n) = 1$。证明

$$\beta(n,i) = \prod_{k=i+1}^{n} \lambda^{-1}(k)$$

要得到 $\beta(n,i) = \lambda^{n-i}$，$\lambda(k)$ 应取什么形式?

2. 证明矩阵求逆引理的正确性。

3. 考虑相关矩阵

$$\boldsymbol{\Phi}(n) = \mathbf{u}(n)\mathbf{u}^{\mathrm{H}}(n) + \delta\mathbf{I}$$

其中，$\mathbf{u}(n)$ 是抽头输入向量，δ 是一个小的正常数。用矩阵求逆引理计算 $\mathbf{P}(n) = \boldsymbol{\Phi}^{-1}(n)$。

4. 本题考虑 10.6 节曾讨论过的示例，即单一权值自适应噪声消除器(如图 10.3 所示)。定义加权误差为

$$\boldsymbol{\varepsilon}(n) = w_o - \hat{w}(n)$$

其中 $\hat{w}(n)$ 是未知参数 w_o 的最小二乘估计。证明 $\boldsymbol{\varepsilon}(n)$ 的时间更新满足以下递归方程

$$\boldsymbol{\varepsilon}(n) = a(n)\boldsymbol{\varepsilon}(n-1) - k(n)e_o^*(n)$$

其中 $k(n)$ 是 RLS 算法的增益因子，$e_o(n)$ 是零均值的白噪声，$a(n)$ 是一个时变的正参数，且对所有的

n，其值都小于 1。回答如下问题：$a(n)$ 的计算公式是什么样的？从递归方程式中可以得出什么结论？

5. 根据式(10.25)，证明加权误差向量

$$\boldsymbol{\varepsilon}(n) = \mathbf{w}_o - \hat{\mathbf{w}}(n)$$

可用式(10.50)表示。

6. 对于 RLS 算法，给定 10.3 节的初始条件，且当 $n=1$ 时后验估计误差 $e(n)$ 的均方值较小，然后随着 n 的增加而变大。试解释其原因。

7. 在基础方面，RLS 算法不同于 LMS 算法：LMS 算法中的步长参数 μ 被 RLS 算法中的逆相关矩阵 $\boldsymbol{\Phi}^{-1}(n)$ 代替。

(a) 证明这一代替对 RLS 滤波器具有自正交化作用，且可以表示为

$$\mathbb{E}[\boldsymbol{\varepsilon}(n)] \approx \left(1 - \frac{1}{n}\right)\mathbb{E}[\boldsymbol{\varepsilon}(n-1)] \qquad 对于大 \ n$$

其中

$$\boldsymbol{\varepsilon}(n) = \mathbf{w}_o - \hat{\mathbf{w}}(n)$$

推导中可用 10.7 节的假设 I 和假设 II 。

(b) 根据(a)中的结果，区分 RLS 滤波器与 8.4 节讨论的自正交化自适应滤波器之间的不同。

8. 在本题中，我们利用复维萨特分布(见附录 H)来研究应用于阵列信号处理的 RLS 算法的收敛性。假设：

　1. 构成阵列的 N 个传感器在输出端的观测值 $\mathbf{u}_1$，$\mathbf{u}_2$，$\cdots$，$\mathbf{u}_N$ 是独立同分布的。

　2. 测量数据服从多元高斯分布，该随机过程的均值为零、集平均相关矩阵为 $\mathbf{R}$。

　(a) 利用复维萨特分布得到期望值

$$\mathbb{E}[\boldsymbol{\Phi}^{-1}(n)] = \frac{1}{n}\mathbf{R}^{-1}$$

　(b) 利用(a)中的结论，导出在前述两条假设下，RLS 算法均方偏差的表达式。

计算机实验

9. 第 6 章中的习题 17 是应用 LMS 算法设计一个二阶自回归过程的线性预测器。试用 RLS 算法，重复该题中(b)~(e)的计算机实验。

10. 在本题中，我们重新探讨第 6 章习题 18 关于自适应均衡的计算机实验。该处描述的问题包含两个部分。现重做这两个部分：(a)验证信道输入与自适应 FIR 均衡器期望响应之间的延迟 Δ 与所用的自适应算法无关；(b)改用正则化参数 $\delta = 0.005$ 的 RLS 自适应算法重做该题中的(b)部分。

11. 第 6 章的习题 20 是将 LMS 算法用于研究 MVDR 波束成形器。试用 RLS 算法重复该计算机实验。

第11章 鲁 棒 性

作为本书中的一个特殊结合点，在这里梳理和回顾一下前面章节中讨论过的主要问题是很有必要的。这些问题可归纳如下：

- 在最小均方（LMS）算法中采用随机梯度下降法和在递归最小二乘（RLS）算法中采用最小二乘法。
- 计算复杂度：LMS 算法服从线性法则（运算量在 N 数量级），而 RLS 算法服从平方法则（运算量在 N^2 数量级）。
- 相对于稳环境下维纳解的统计效率：LMS 算法的收敛速率较慢，而 RLS 算法有较快的收敛速度。

现在，回顾在"背景与预览"章节中所列的要素，关于鲁棒性的问题并没有做深入的讨论，而这正是本章需要集中关注的问题。特别地，对于统计效率（有效性）、计算复杂度（复杂性）和鲁棒性的分析，将为具体的实际应用提供一个参考的框架，以决定是使用 LMS 算法还是 RLS 算法。

11.1 鲁棒性、自适应和干扰

本章的主题是鲁棒性，对在背景与预览章节中所提及的鲁棒性重述如下：

对一个鲁棒的自适应滤波器而言，较小的干扰（比如，干扰的能量较小）仅导致较小的估计误差。对滤波器的干扰可来自内部或外部的各种干扰源。

这段陈述中需要注意的关键词是：鲁棒、自适应和干扰。

从实用的观点来看，环境中干扰的存在是不可避免的。进一步可以说：若环境的统计特性限制为高斯白化特性或其他这样的统计特性，则自适应滤波问题可仅仅归结为统计参数估计问题，而这显然不是自适应滤波问题最初的目标。更明确地，自适应滤波算法有能力处理未知统计量的含噪数据，正因为这样使得它在跨域研究的文献中占据重要的位置。换句话说，我们可以这样表述（Hassibi,2003）：

自适应滤波过程不仅是关于预设统计模型的优化，而且与统计变化量的鲁棒性紧密相关。

一般来说，以上表述意味着我们可能不得不选择次优解来保证对干扰的鲁棒性。遗憾的是，在自适应滤波的研究中，并没对实际应用中的鲁棒性给予足够的关注。

11.2 鲁棒性：源于 H^∞ 优化的初步考虑

为了说明 H^∞ 优化所表示的意义，让我们回顾一下在第 5 章 5.2 节中采用"启发式"方法对 LMS 算法所做的最初推导。此时，我们采用瞬时估计误差的平方作为对构成该算法的有限冲激响应(FIR)滤波器中可调抽头权值进行优化的代价函数。但这样一来,LMS 算法与维纳滤波器之间的任何联系被完全隔断。这促使我们提出如下问题:

如果 LMS 算法在均方误差意义上不是最优的,那么什么是 LMS 算法最优的实际准则呢?

这个问题的答案就在 H^∞ 优化之中[1]。

11.2.1 自适应滤波的不确定性

在 11.1 节中强调指出,在寻找自适应滤波鲁棒解的过程中,需要格外关注不可避免存在的环境干扰。为此,需要考虑以下两个问题:

1)在关注自适应滤波算法的采样实现时,逻辑上可忽略基本的统计假设。因此,为了对抗未知的干扰源,在最差情况下,可采用确定性方法解决自适应滤波问题。

2)自适应滤波问题自身也可能是一个干扰源,我们有必要对其进行检测。

为了处理第 1 个问题,假设有一组训练数据 $\{\mathbf{u}(n), d(n)\}$,这些数据适合如下多重自回归模型[2]:

$$d(n) = \mathbf{w}^H\mathbf{u}(n) + v(n) \tag{11.1}$$

其中,$\mathbf{u}(n)$ 是回归量,$d(n)$ 是期望响应,$\mathbf{w}$ 是待估计的未知参数向量,上标 H 表示埃米尔特转置(即复共轭转置)。$v(n)$ 是由以下源产生的未知干扰:

- 测量噪声:由于使用非理想传感器所引起的测量噪声。
- 环境建模误差:例如,训练数据 $\{\mathbf{u}(n), d(n)\}$ 的正确模型可表征为无限冲激响应(IIR);为了简化,忽略了模型冲激响应的尾端,以适应使用数学上简单的有限冲激响应(FIR)模型。
- 其他干扰:来自未知干扰源的其他干扰。

转到第 2 个问题,令 $\hat{\mathbf{w}}(n)$ 表示式(11.1)中未知参数向量 $\mathbf{w}$ 的递归估计。通过采用一种

---

[1] H^∞ 优化最先引入到控制理论,用来设计"鲁棒控制器"。正如前面"背景与预览"章节中提到的,Zames(1981)、Zames 和 Francis(1983)、Francis 和 Zames(1984)都是研究 H^∞ 优化的开创者,并发表了许多开创性的期刊文章。对于线性时不变(LTI)系统,易知能量增益的最大化即是 LTI 传输函数在所有频率上平方系数的最大化,这也就是 H^∞ 的范数。Zames 和 Francis 的原创文章是用于解决 LTI 系统问题的,所以他们自然地采用了 H^∞ 范数。因此,人们开始了对 H^∞ 范数鲁棒性的研究,而且实际上的研究已经超越了 LTI 系统。在现在的模式下,已经没有转移函数,所以范数的鲁棒性也没有应用在数学领域。

今天,当我们谈到 H^∞ 范数时,我们实际上指的是 $\mathcal{H}^2$ 诱导范数。这样表述是因为从定义上来说,H^∞ 表示两个 $\mathcal{H}^2$ 范数之比的最大值,其中 $\mathcal{H}^2$ 范数代表能量。更精确地说,H^∞ 是数学理论中 Hardy 空间的组成部分,这个空间的名字是 Riesz(1923)为了纪念 Hardy(1915)所取的。特别地,我们有

· H 在 H^∞ 中表示 Hardy 空间。

· 上标 ∞ 表示 H^∞ 是位于单位圆外(含单位圆上某些有限值)的复变函数理论中所有解析函数的空间(Duren, 2000)。

H^∞ 优化的综述性评注,见 Kwakernaak(1993)的论文;关于 LMS 算法鲁棒性的第一篇杂志论文,见 Hassibi 等(1996)的论文。该课题的相关著作,见 Francis(1987)、Basar 和 Bernhard(1991)的工作。

[2] 式(11.1)与第 6 章中的式(6.6)的数学形式相同,但却有着重要的区别:在式(11.1)中,加法项 $v(n)$ 并没有关于统计特性的假设。

自适应滤波算法对 $i \leqslant n$ 处理所有的输入向量和期望响应 $\{\mathbf{u}(i), d(i)\}$ 来获得该估计。注意递归估计 $\hat{\mathbf{w}}(n)$ 是严格因果的,这意味着,在自适应循环 n 中,将 $\hat{\mathbf{w}}(n-1)$ 更新为 $\hat{\mathbf{w}}(n)$ 仅取决于当前的输入向量 $\mathbf{u}(n)$ 。加权误差向量 $\tilde{\mathbf{w}}(n)$ 定义为①

$$\tilde{\mathbf{w}}(n) = \mathbf{w} - \hat{\mathbf{w}}(n) \tag{11.2}$$

典型地,用于进行递归估计的初始值 $\hat{\mathbf{w}}(0)$ 是不同于 $\mathbf{w}$ 的。因此,我们有另一种评价干扰源的方法,即

$$\tilde{\mathbf{w}}(0) = \mathbf{w} - \hat{\mathbf{w}}(0) \tag{11.3}$$

因此,在评价基于递归估计策略的自适应滤波算法的性能时,要考虑如下两种干扰:

1)式(11.1)回归模型中的加性干扰 $v(n)$ 。

2)式(11.3)中初始加权误差向量 $\tilde{\mathbf{w}}(0)$ 。

11.2.2 H^∞ 优化问题的表示

让 $\mathcal{S}$ 表示一个因果估计器,它将上面提到的递归估计策略的输入干扰映射为其输出的估计误差,如图 11.1 所示。注意 $\mathcal{S}$ 是一个用来计算自适应循环 n 中估值 $\hat{\mathbf{w}}(n)$ 的策略函数。因此可以引入如下定义:

因果估计器的能量增益定义为输出端误差能量与输入端总干扰能量之比。

很明显,这种能量增益取决于未知干扰。为了消除这种依赖性,引入如下定义:

因果估计器 $\mathcal{S}$ 的 H^∞ 范数是所有固定能量可能干扰序列的最大能量增益。

于是,我们使用符号 γ^2 来表示最大能量增益,其中上标 2 表示 $\mathcal{H}^2$ 诱导范数中的 2。在解决 H^∞ 估计问题时,可将目标表述如下:

在所有可能的估计器中,寻找一个能够使 H^∞ 范数最小的因果估计器。

这样得到的最优 γ^2 可表示为 γ_{opt}^2 ,以此为基础,可进一步做如下表述②:

对于图 11.1 描述的因果估计器,H^∞ 意义下鲁棒的充分必要条件为

$$\gamma_{\mathrm{opt}}^2 \leqslant 1$$

该条件对于所有可能的不确定性均满足。

如果这个条件不满足的话会怎么样呢?在这种情况下,因果估计器比 $\gamma_{\mathrm{opt}}^2 < 1$ 的估计器的鲁棒性低。另一个需要注意的是:如果 γ_{opt}^2 恰好大于 1,这意味着某些(不是全部)干扰被估计器放大了。

图 11.1 最优 H^∞ 估计问题的表示

---

① 注意不要将加权误差向量 $\tilde{\mathbf{w}}(n)$ 与第 6 章引入的加权误差向量 $\boldsymbol{\varepsilon}(n)$ 相混淆。不同于 $\tilde{\mathbf{w}}(n)$,$\boldsymbol{\varepsilon}(n)$ 是关于维纳解 $\mathbf{w}_o$ 的定义。

② 下列比较值得注意:
   - 在统计学习理论中,我们是对一个自适应滤波算法独立实现的全体做期望运算。
   - 相反地,在鲁棒性中,我们不得不考虑所有可能的干扰对算法单个实现的影响。

11.3　LMS 算法的鲁棒性

根据前一节的叙述，现可证明在 H^∞ 意义下 LMS 算法是鲁棒的，只要用在算法中的步长参数 μ 足够小，满足某一确定性的条件[①]。

所找到的 H^∞ 最优估计器具有最小–最大（minimax）特性。更详细地，我们可将 H^∞ 最优估计问题看做如下博弈论问题（Basar & Bernhard，1991）：

作为反方，自然可以接入未知干扰，因此可使能量增益最大化。另一方面，设计者可以选择因果估计器使得能量增益最小化。

因为这里没有对干扰做出假设，故 H^∞ 估计器要考虑所有可能的干扰。因此，这样的估计器可能"过分保守"，即它是一个"最坏情况"下的估计器。

作为与加权误差向量 $\tilde{\mathbf{w}}(n)$ 直接有关的可测误差信号，我们引入无干扰估计误差或无干扰误差信号的概念，它定义为

$$
\begin{aligned}
\xi_u(n) &= (\mathbf{w} - \hat{\mathbf{w}}(n))^{\mathrm{H}}\mathbf{u}(n) \\
&= \tilde{\mathbf{w}}^{\mathrm{H}}(n)\mathbf{u}(n)
\end{aligned}
\tag{11.4}
$$

"无干扰"项用下标 u 表示，其目的是为了与第 5 章中的估计误差 $e(n)$ 相区别。特别地，$\xi_u(n)$ 比较了滤波器响应 $\hat{\mathbf{w}}^{\mathrm{H}}(n)\mathbf{u}(n)$ 与多重线性回归模型中"无干扰"响应 $\mathbf{w}^{\mathrm{H}}\mathbf{u}(n)$［而不是期望响应 $d(n)$］。实际上，由定义式(5.7)和式(11.4)可知，两个估计误差 $\xi_u(n)$ 与 $e(n)$ 的关系为

$$
\xi_u(n) = e(n) - v(n)
\tag{11.5}
$$

其中 $v(n)$ 是多重线性回归模型的加性干扰。

11.3.1　柯西–许瓦茨不等式用于计算 H^∞ 范数

为了计算任意估计器的 H^∞ 范数，需要计算最坏情况下从干扰到式(11.4)的无干扰估计误差的能量增益。为了得到能量增益的界，对内积 $\tilde{\mathbf{w}}^{\mathrm{H}}(n)\mathbf{u}(n)$ 使用柯西–许瓦茨（Cauchy-Schwarz）不等式。为了表述这个不等式，考虑两个复向量 $\mathbf{a}$ 和 $\mathbf{b}$ 的内积。柯西–许瓦茨不等式指出，内积 $\mathbf{a}^{\mathrm{H}}\mathbf{b}$ 的绝对值具有上界 $\|\mathbf{a}\|\|\mathbf{b}\|$，即

$$
|\mathbf{a}^{\mathrm{H}}\mathbf{b}|^2 \leqslant \|\mathbf{a}\|^2\|\mathbf{b}\|^2
$$

对于现有问题，我们有

$$
\mathbf{a} = \tilde{\mathbf{w}}(n)
$$

以及

$$
\mathbf{b} = \mathbf{u}(n)
$$

[①]　Hassibi et al.（1993）在会议上发表了关于 LMS 算法的 H^∞ 优化问题的论文，之后在 1996 年以期刊论文正式发表。有兴趣的读者可以参阅 Hassibi（2003）关于此问题的相关论述。

　　　需要注意的是，H^∞ 优化自适应滤波算法不是唯一的。特别地，H^∞ 优化可被推广，例如，包括归一化 LMS 算法（见习题 7）。

从而, 把柯西–许瓦茨不等式用于现有问题, 即得

$$|\widetilde{\mathbf{w}}^{\mathrm{H}}(n)\mathbf{u}(n)|^2 \leqslant \|\widetilde{\mathbf{w}}(n)\|^2 \|\mathbf{u}(n)\|^2$$

或等效地, 根据式(11.4), 有

$$|\xi_u(n)|^2 \leqslant \|\widetilde{\mathbf{w}}(n)\|^2 \|\mathbf{u}(n)\|^2 \tag{11.6}$$

下面, 假定选取一个正实数 μ, 使它满足如下条件

$$0 < \mu < \frac{1}{\|\mathbf{u}(n)\|^2}$$

很明显, 如果该条件成立, 式(11.6)的不等式可重写为

$$|\xi_u(n)|^2 \leqslant \mu^{-1}\|\widetilde{\mathbf{w}}(n)\|^2 \tag{11.7}$$

此外, 可进一步做如下工作: 假设式(11.7)的不等式对于任意估值 $\hat{\mathbf{w}}(n)$ 成立, 如果不等式的右边再增加一个干扰的幅度平方项 $|\nu(n)|^2$, 式(11.7)仍然成立。即

$$|\xi_u(n)|^2 \leqslant \mu^{-1}\|\widetilde{\mathbf{w}}(n)\|^2 + |\nu(n)|^2 \tag{11.8}$$

它把干扰 $\nu(n)$ 引入该分析中。

在以上讨论中, 我们还没有说到如何计算估值 $\hat{\mathbf{w}}(n)$。现在使用正实数 μ 作为步长参数的 LMS 算法来关注这个问题。式(5.5)定义了估值 $\hat{\mathbf{w}}(n)$ 的更新公式。利用该式, 很容易证明: 只要 μ 小于 $1/\|\mathbf{u}(n)\|^2$, 则在式左边增加一项 $\mu^{-1}\|\widetilde{\mathbf{w}}(n+1)\|^2$ 后, 式(11.8)的不等式将变得紧致(其证明参见习题6)。于是, 该紧致不等式为

$$\mu^{-1}\|\widetilde{\mathbf{w}}(n+1)\|^2 + |\xi_u(n)|^2 \leqslant \mu^{-1}\|\widetilde{\mathbf{w}}(n)\|^2 + |\nu(n)|^2 \tag{11.9}$$

它包括了所有的变量和感兴趣的参数。

当自适应滤波过程进行时, 输入向量 $\mathbf{u}(n)$ 自然随着离散时间 n 变化。假设我们从 $n=0$ 的初始条件 $\hat{\mathbf{w}}(0)$ 出发, 自适应循环 $N+1$ 次 LMS 算法, 则产生一系列估计 $\{\hat{\mathbf{w}}(0),\hat{\mathbf{w}}(1),\cdots,\hat{\mathbf{w}}(N)\}$ 及对应的无干扰估计误差 $\{\xi_u(0),\xi_u(1),\cdots,\xi_u(N)\}$。两个因果序列的所有元素都满足式(11.9), 只要对于任意整数 N, 步长参数 μ 满足如下条件

$$0 < \mu < \min_{1 \leqslant n \leqslant N} \frac{1}{\|\mathbf{u}(n)\|^2} \tag{11.10}$$

式(11.10)应对所有的 n 均成立。然而, 由于上式右边中, 回归输入向量 $\mathbf{u}(n)$ 的范数作为分母, 则 u 不可为零[①], 这样上式左边的不等式也就有了意义。

11.3.2　H^∞ 意义下 LMS 算法鲁棒性的证明

如果关于步长参数 μ 的式(11.10)条件成立, 则从初始条件 $\hat{\mathbf{w}}(0)$ 出发而且在 $0 \leqslant n \leqslant N$ 范围内对式(11.9)的不等式两边求和, 可得(消去公共项)

[①]　式(11.10)将 LMS 算法与随机逼近理论紧密结合(Robbins & Monro, 1951; Sakrison, 1966), 随着自适应循环次数的增加, 步长参数 μ 逐渐减小

$$\hat{\mathbf{w}}(n+1) = \hat{\mathbf{w}}(n) + \frac{1}{n}\mathbf{u}(n)e^*(n)$$

其中 $1/n$ 为时间相关的步长参数。

$$\mu^{-1}\|\widetilde{\mathbf{w}}(N)\|^2 + \sum_{n=0}^{N} |\xi_u(n)|^2 \leqslant \mu^{-1}\|\widetilde{\mathbf{w}}(0)\|^2 + \sum_{n=0}^{N} |\nu(n)|^2$$

很明显，如果不等式成立，必有

$$\sum_{n=0}^{N} |\xi_u(n)|^2 \leqslant \mu^{-1}\|\widetilde{\mathbf{w}}(0)\|^2 + \sum_{n=0}^{N} |\nu(n)|^2 \qquad (11.11)$$

在前面 11.2 节中我们引入 γ^2 来表示 H^∞ 范数（即最大能量增益）。令 γ_{LMS}^2 表示步长参数为 μ 的 LMS 算法的 H^∞ 范数。则利用式(11.11)可以写出

$$\gamma_{\text{LMS}}^2(\mu) = \sup_{\mathbf{w},\,\nu \in \mathcal{H}^2} \frac{\displaystyle\sum_{n=0}^{N} |\xi_u(n)|^2}{\mu^{-1}\|\widetilde{\mathbf{w}}(0)\|^2 + \displaystyle\sum_{n=0}^{N} |\nu(n)|^2} \qquad (11.12)$$

其中 $\mathcal{H}^2$ 表示所有平方可求和的因果序列空间，"sup"表示上确界（即最小的上界）。式(11.12)的分母表示总干扰能量，它包括两个部分：$\mu^{-1}\|\hat{\mathbf{w}}(0)\|^2$ 是由初始条件 $\hat{\mathbf{w}}(0)$ 引起的干扰能量，$\displaystyle\sum_{n=0}^{N} |\nu(n)|^2$ 是多重线性回归模型中干扰 $\nu(n)$ 的能量。式(11.12)的分子是 LMS 算法产生的无干扰估计误差 $\xi_u(n)$ 的能量。

式(11.11)具有重要的实际解释：

如果 LMS 算法的步长参数 μ 满足式(11.11)条件，无论多重线性回归模型未知参数向量 $\mathbf{w}$ 的初始权向量 $\hat{\mathbf{w}}(0)$ 如何不同，也无论加性干扰 $\nu(n)$ 的大小，LMS 算法的输出端产生的误差能量不会超出其输入端的两个干扰能量，而这两个干扰能量是由选择的初始条件 $\hat{\mathbf{w}}(0)$ 和存在的输入干扰 $\nu(n)$ 产生的。

这段解释说明了 LMS 算法鲁棒性的原因，因为在面对影响该算法运行的不可避免的干扰情况下，它力图估计未知参数向量 $\mathbf{w}$。

由式(11.11)和式(11.12)容易看出

$$\gamma_{\text{LMS}}^2(\mu) \leqslant 1, \qquad 0 < \mu \leqslant \min_{1 \leqslant n \leqslant N} \frac{1}{\|\mathbf{u}(n)\|^2} \qquad \text{且为任意整数 } N \qquad (11.13)$$

于是，可以证明 LMS 算法的最大能量增益（即 H^∞ 范数）以 1 为界；换言之，估计误差能量永远不会超过干扰能量。令人惊奇的事实是，LMS 算法的最大能量增益精确为 1。此外，不存在最大能量增益严格小于 1 的其他算法。这意味着 LMS 算法是 H^∞ 意义上最优的。

11.3.3　关于 LMS 算法鲁棒性的进一步讨论

为了证明 LMS 算法的这个特性，我们引入一个干扰序列，使得对于任何滤波器，其最大能量增益能够任意接近于 1。为此，想象一个干扰 $\nu(n)$，使得满足如下设置

$$\nu(n) = -\xi_u(n) \quad \text{对于所有 } n$$

乍一看，这个条件似乎是不现实的。然而，它的确是可能的，因为它处于式(11.1)所述干扰 $\nu(n)$ 的无约束模型范围内。在该特殊设置下，容易从式(11.5)推知：对于所有 n，$e(n) = 0$。

现在不难看出，当误差信号 $e(n) = 0$ 时，能得到有界的最大能量增益的任何算法都不

会改变它对未知加权向量 **w** 的估计。(否则,当干扰能量为 0 时,我们将得到非零的估计误差,这将导致无限能量增益。)例如,由第 5 章中更新方程(5.5)所描述的 LMS 算法一定是正确的。故可推断:对于这个特定干扰和能够获得最大有限能量增益的任意算法,我们们有

$$\hat{\mathbf{w}}(n) = \hat{\mathbf{w}}(0) \quad 对于所有 n$$

因为 $\xi_u(n) = -\nu(n)$,故对于特定干扰,式(11.12)的能量增益采取如下特殊形式:

$$\gamma^2(\mu) = \frac{\sum_{n=0}^{N} |\xi_u(n)|^2}{\mu^{-1}\|\tilde{\mathbf{w}}(0)\|^2 + \sum_{n=0}^{N} |\xi_u(n)|^2} \quad 对于 \xi_u(n) = -\nu(n) \tag{11.14}$$

当

$$\lim_{N \to \infty} \sum_{n=0}^{N} \|\mathbf{u}(n)\|^2 < \infty \tag{11.15}$$

[即输入向量 **u**(n) 是受激的]。由此可知,对于任意给定的正常数 Δ,总能找到一个参数向量 **w** 和一个整数 N ,使得

$$\sum_{n=0}^{N} |\xi_u(n)|^2 = \sum_{n=0}^{N} |(\mathbf{w} - \hat{\mathbf{w}}(n))^H \mathbf{u}(n)|^2 \geqslant \frac{1}{\Delta \mu} \|\mathbf{w} - \hat{\mathbf{w}}(0)\|^2 = \frac{1}{\Delta \mu} \|\tilde{\mathbf{w}}(0)\|^2$$

使用式(11.14)的选择消去公共项并保持 γ^2 的界,可得

$$\frac{1}{1 + \Delta} \leqslant \gamma^2 \leqslant 1$$

现可看出,对于这个特定干扰 $\xi_u(n) = -\gamma^2(n)$,通过使常数 Δ 趋于零,任意算法的最大能量增益可以任意地接近 1。因为任意算法的"最坏情况"干扰一定产生最大能量增益(而没有比这个特殊值更小的值),故可得出如下结论:

对应于"最坏情况"干扰的任意算法的最大能量增益永不会小于 1。

然而,式(11.13)告诉我们如下结论:

LMS 算法的最大能量增益不会超过 1。

这两个表述意味着 LMS 算法的确是 H^∞ 最优的,即它使最大能量增益最小化,且意味着

$$\gamma_{\text{opt}}^2 = 1$$

11.3.4　小结评论

刚刚介绍的内容是重要的,原因如下:

- 由于自适应均衡器首先应用于电话信道,因此那时人们认为基于 LMS 算法的自适应均衡器对于电话信道干扰具有鲁棒性。
- 事实从理论上证实了先前的实践观察:LMS 算法在 H^∞ 意义上是最优的。

因此,荣誉应该献给 Widrow 和 Hoff 在 1960 年对 LMS 算法所做的颇有见地的开创性工作。

11.4 RLS 算法的鲁棒性

我们已经证明了 LMS 算法的 H^∞ 最优性，下一步的工作如下[①]：

1）RLS 算法鲁棒性的研究。

2）RLS 算法与 LMS 算法鲁棒性的比较。

为此，用做 RLS 算法鲁棒性的模型包含 11.3 节中 LMS 算法引入的相同干扰对，即由式(11.1)定义的加性干扰 $\nu(n)$ 和由式(11.2)定义的未知抽头权向量 $\mathbf{w}$ 的初始估计误差 $\tilde{\mathbf{w}}(0)$。然而，由于 RLS 算法和 LMS 算法的不同，RLS 算法的无干扰估计误差定义如下：

$$\xi_u(n) = (\mathbf{w} - \hat{\mathbf{w}}(n-1))^{\mathrm{H}}\mathbf{u}(n) \tag{11.16}$$

上式不同于 LMS 算法，即 $\hat{\mathbf{w}}(n-1)$ 取代了 $\hat{\mathbf{w}}(n)$ 以便与第 10 章中的 RLS 理论保持一致。相应地，$\xi_u(n)$ 与 $\nu(n)$ 的关系为

$$\xi_u(n) = \xi(n) - \nu(n) \tag{11.17}$$

其中 $\xi(n)$ 为先验估计误差。

为了研究 RLS 算法的鲁棒性，需要计算从输入干扰到估计误差的最大能量增益的界。为了得到这些界，引用如下引理(引理的证明见习题9)：

引理 考虑 RLS 算法，其权向量的递归更新公式为

$$\hat{\mathbf{w}}(n) = \hat{\mathbf{w}}(n-1) + \mathbf{k}(n)\xi^*(n)$$

其中 $\mathbf{k}(n) = \mathbf{\Phi}^{-1}(n)\mathbf{u}(n)$ 是增益向量。然后，假设时间平均相关矩阵 $\mathbf{\Phi}(n)$ 是可逆的，且指数加权因子 λ 等于 1，则可写出

$$\tilde{\mathbf{w}}^{\mathrm{H}}(n)\mathbf{\Phi}(n)\tilde{\mathbf{w}}(n) + \frac{|\xi(n)|^2}{r(n)} = \tilde{\mathbf{w}}^{\mathrm{H}}(n-1)\mathbf{\Phi}(n-1)\tilde{\mathbf{w}}(n-1) + |\nu(n)|^2 \tag{11.18}$$

其中，当 $\lambda = 1$ 时，式中等号左边分母的因子 $r(n)$ 定义为

$$r(n) = 1 + \mathbf{u}^{\mathrm{H}}(n)\mathbf{\Phi}^{-1}(n-1)\mathbf{u}(n)$$

它是式(10.42)中定义的收敛因子 $\gamma(n)$ 的倒数，但要注意该式中的 $\gamma(n)$ 不要与本章中引入的 H^∞ 范数相混淆。

11.4.1 RLS 算法 H^∞ 范数的上界

式(11.18)引入的引理提供了寻找 RLS 算法 H^∞ 范数上界的基础。将式(11.18)的两边关于区间 $1 \le n \le N$ 对所有的 n 求和，再消去共同项，即得

$$\tilde{\mathbf{w}}^{\mathrm{H}}(N)\mathbf{\Phi}(N)\tilde{\mathbf{w}}(N) + \sum_{n=1}^{N}\frac{|\xi(n)|^2}{r(n)} = \tilde{\mathbf{w}}^{\mathrm{H}}(0)\mathbf{\Phi}(0)\tilde{\mathbf{w}}(0) + \sum_{n=1}^{N}|\nu(n)|^2 \tag{11.19}$$

在 RLS 算法中，相关矩阵 $\mathbf{\Phi}(n)$ 初始化为

$$\mathbf{\Phi}(0) = \delta\mathbf{I}$$

[①] 将 H^∞ 理论应用到 RLS 算法的工作可见 Hassibi 和 Kailath(2001)。

其中 δ 是正则化参数(见10.3节)。相应地,可将式(11.19)改写为

$$\widetilde{\mathbf{w}}^{\mathrm{H}}(N)\boldsymbol{\Phi}(N)\widetilde{\mathbf{w}}(N) + \sum_{n=1}^{N}\frac{|\xi(n)|^2}{r(n)} = \delta\|\widetilde{\mathbf{w}}(0)\|^2 + \sum_{n=1}^{N}|\nu(n)|^2 \qquad (11.20)$$

式(11.20)的右边正是我们所寻求的干扰误差能量。然而,其左边并不完全是估计误差能量。为了找出估计误差能量,需要应用一些技巧。首先,我们注意到,如果定义

$$\bar{r} = \max_n r(n)$$

则可将式(11.20)改写为不等式:

$$\widetilde{\mathbf{w}}^{\mathrm{H}}(N)\boldsymbol{\Phi}(N)\widetilde{\mathbf{w}}(N) + \frac{1}{\bar{r}}\sum_{n=1}^{N}|\xi(n)|^2 \leqslant \delta\|\widetilde{\mathbf{w}}(0)\|^2 + \sum_{n=1}^{N}|\nu(n)|^2 \qquad (11.21)$$

或者更简单地写为

$$\frac{1}{\bar{r}}\sum_{n=1}^{N}|\xi(n)|^2 \leqslant \delta\|\widetilde{\mathbf{w}}(0)\|^2 + \sum_{n=1}^{N}|\nu(n)|^2$$

由式(11.17),我们有

$$\xi(n) = \xi_u(n) + \nu(n)$$

故可进一步得到

$$\frac{1}{\bar{r}}\sum_{n=1}^{N}|\xi_u(n) + \nu(n)|^2 \leqslant \delta\|\widetilde{\mathbf{w}}(0)\|^2 + \sum_{n=1}^{N}|\nu(n)|^2 \qquad (11.22)$$

为了分离出估计误差能量,我们注意到,对任意 $\alpha > 0$,有以下的不等式:

$$|a + b|^2 \geqslant \left(1 - \frac{1}{\alpha}\right)|a|^2 - (1 - \alpha)|b|^2$$

其中 a 和 b 是任意的变量对。令 $a = \xi_u(n)$,$b = \nu(n)$,将此不等式用于式(11.22),经整理可得

$$\frac{1 - \dfrac{1}{\alpha}}{\bar{r}}\sum_{n=1}^{N}|\xi_u(n)|^2 \leqslant \delta\|\widetilde{\mathbf{w}}(0)\|^2 + \left(1 + \frac{1 - \alpha}{\bar{r}}\right)\sum_{n=1}^{N}|\nu(n)|^2 \qquad (11.23)$$

这里,现已分离出了无干扰估计误差能量项 $\sum_{n=1}^{N}|\xi_u(n)|^2$。式(11.23)的两边同除以 $\left(1 - \dfrac{1}{\alpha}\right)\Big/\bar{r}$,并假定 $\alpha > 1$,可得

$$\sum_{n=1}^{N}|\xi_u(n)|^2 \leqslant \frac{\bar{r}\delta}{1 - \dfrac{1}{\alpha}}\|\widetilde{\mathbf{w}}(0)\|^2 + \frac{\alpha^2 + \alpha(\bar{r} - 1)}{\alpha - 1}\sum_{n=1}^{N}|\nu(n)|^2$$

为了得到 $\sum_{n=1}^{N}|\xi_u(n)|^2$ 的尽可能"最紧"的界,在 $\alpha > 1$ 的情况下,我们对上述不等式中 $\sum_{n=1}^{N}|\nu(n)|^2$ 的系数进行最小化。实际上,不难证明

$$\min_{\alpha>1}\left(\frac{\alpha^2 + (\bar{r} - 1)\alpha}{\alpha - 1}\right) = (1 + \sqrt{\bar{r}})^2$$

和

$$\arg\min_{\alpha>1}\left(\frac{\alpha^2 + (\bar{r} - 1)\alpha}{\alpha - 1}\right) = 1 + \sqrt{\bar{r}}$$

应用这些结果, 可继续写出

$$\sum_{n=1}^{N} |\xi_u(n)|^2 \leqslant \frac{\bar{r}\delta}{1 - \dfrac{1}{1 + \sqrt{\bar{r}}}} \|\widetilde{\mathbf{w}}(0)\|^2 + (1 + \sqrt{\bar{r}})^2 \sum_{n=1}^{N} |\nu(n)|^2$$

$$= \sqrt{\bar{r}}(1 + \sqrt{\bar{r}})\delta\|\widetilde{\mathbf{w}}(0)\|^2 + (1 + \sqrt{\bar{r}})^2 \sum_{n=1}^{N} |\nu(n)|^2$$

$$\leqslant (1 + \sqrt{\bar{r}})^2 \Big(\delta\|\widetilde{\mathbf{w}}(0)\|^2 + \sum_{n=1}^{N} |\nu(n)|^2 \Big)$$

于是, 我们得到 RLS 算法能量增益的界如下:

$$\frac{\displaystyle\sum_{n=1}^{N} |\xi_u(n)|^2}{\delta\|\widetilde{\mathbf{w}}(0)\|^2 + \displaystyle\sum_{n=1}^{N} |\nu(n)|^2} \leqslant (1 + \sqrt{\bar{r}})^2 \tag{11.24}$$

因该不等式对所有的干扰都成立, 故有

$$\sup_{\mathbf{w}, \nu \in \mathscr{H}^2} \left(\frac{\displaystyle\sum_{n=1}^{N} |\xi_u(n)|^2}{\delta\|\widetilde{w}(0)\|^2 + \displaystyle\sum_{n=1}^{N} |\nu(n)|^2} \right) \leqslant (1 + \sqrt{\bar{r}})^2 \tag{11.25}$$

这就是所期望的 RLS 算法最大能量增益(或 H^∞ 范数)的上界。

11.4.2 RLS 算法 H^∞ 范数的下界

在 11.3 节中, 获得 LMS 算法最大能量增益下界的方法是: 构造一个合适的干扰信号并计算它的能量增益。这样做的理由是, 任何干扰信号的能量增益也适合作为最大能量增益(即最差情况)的下界。对于 RLS 算法, 我们将采用类似的方法。

为此, 应该注意到, 人们总能够选择干扰序列 $\nu(n)$, 使得不等式(11.21)成立: 我们需要做的是选择 $\nu(n)$ 使 $\xi(n) = \xi_u(n) + \bar{\nu}(n)$ 等于零, 只有 $\bar{r} = \max_n r(n)$ 这一时刻除外。另外, 我们总可以选择未知抽头权向量 $\mathbf{w}$, 使得 $\widetilde{\mathbf{w}}(N) = \mathbf{w} - \hat{\mathbf{w}}(N) = \mathbf{0}$。用 $\{\hat{\mathbf{w}}, \bar{\nu}(n)\}$ 表示这种特殊的干扰信号, 于是, 由式(11.20)可以写出

$$\frac{1}{\bar{r}} \sum_{n=1}^{N} |\xi_u(n) + \bar{\nu}(n)|^2 = \delta\|\bar{\widetilde{\mathbf{w}}}(0)\|^2 + \sum_{n=1}^{N} |\bar{\nu}(n)|^2 \tag{11.26}$$

其中新的初始条件 $\bar{\widetilde{\mathbf{w}}}(0)$ 对应于选择 $\bar{\mathbf{w}}$。现在着手考虑给出式(11.25)上界的关于 α 的对偶自变量问题。具体来说, 对所有的 $\alpha > 0$, 有

$$|a + b|^2 \leqslant \Big(1 + \frac{1}{\alpha} \Big) |a|^2 + (1 + \alpha)|b|^2$$

令 $a = \xi_u(n)$, $b = \nu(n)$, 将这个不等式用于式(11.26), 经整理可得

$$\frac{1 + \dfrac{1}{\alpha}}{\bar{r}} \sum_{n=1}^{N} |\xi_u(n)|^2 \geqslant \delta\|\bar{\widetilde{\mathbf{w}}}(0)\|^2 + \Big(1 - \frac{1 + \alpha}{\bar{r}} \Big) \sum_{n=1}^{N} |\bar{\nu}(n)|^2$$

不等式的两边同除以 $\Big(1 + \dfrac{1}{\alpha} \Big) / \bar{r}$, 可得

$$\sum_{n=1}^{N} |\xi_u(n)|^2 \geqslant \frac{\bar{r}\delta}{1 + \frac{1}{\alpha}} \|\bar{\bar{\mathbf{w}}}(0)\| + \frac{-\alpha^2 + \alpha(\bar{r} - 1)}{\alpha + 1} \sum_{n=1}^{N} |\bar{\nu}(n)|^2 \tag{11.27}$$

为了得到 $\sum_{n=1}^{N} |\xi_u(n)|^2$ 的"最紧"的可能界,在 $\alpha > 0$ 的情况下,对式(11.27)右边的和式 $\sum_{n=1}^{N} |\bar{\nu}(n)|^2$ 的系数进行最大化。实际上,不难得到

$$\min_{\alpha > 0} \left(\frac{-\alpha^2 + (\bar{r} - 1)\alpha}{\alpha + 1} \right) = (\sqrt{\bar{r}} - 1)^2$$

和

$$\arg\min_{a > 0} \left(\frac{-\alpha^2 + (\bar{r} - 1)\alpha}{\alpha + 1} \right) = \sqrt{\bar{r}} - 1$$

将此结果用于式(11.27),于是得到

$$\sum_{n=1}^{N} |\xi_u(n)|^2 \geqslant \frac{\bar{r}\delta}{1 + \frac{1}{\sqrt{\bar{r}} - 1}} \|\bar{\bar{\mathbf{w}}}(0)\|^2 + (\sqrt{\bar{r}} - 1)^2 \sum_{n=1}^{N} |\bar{\nu}(n)|^2$$

$$= \sqrt{\bar{r}}(\sqrt{\bar{r}} - 1)\delta \|\bar{\bar{\mathbf{w}}}(0)\|^2 + (\sqrt{\bar{r}} - 1)^2 \sum_{n=1}^{N} |\bar{\nu}(n)|^2$$

$$\geqslant (\sqrt{\bar{r}} - 1)^2 \left(\delta \|\bar{\bar{\mathbf{w}}}(0)\|^2 + \sum_{n=1}^{N} |\bar{\nu}(n)|^2 \right)$$

因此,对于这个特殊的干扰信号,我们得到 RLS 算法能量增益的下界为

$$\gamma_{\text{RLS}}^2 = \sup_{\mathbf{w}, v \in \mathscr{H}^2} \left(\frac{\sum_{n=1}^{N} |\xi_u(n)|^2}{\delta \|\bar{\bar{\mathbf{w}}}(0)\|^2 + \sum_{n=1}^{N} |v(n)|^2} \right) \tag{11.28}$$

$$\geqslant (\sqrt{\bar{r}} - 1)^2$$

11.4.3　合并下界和上界

有了式(11.25)和式(11.28)的结果,现可将它们合并为

$$(\sqrt{\bar{r}} - 1)^2 \leqslant \gamma_{\text{RLS}}^2 \leqslant (\sqrt{\bar{r}} + 1)^2 \tag{11.29}$$

式(11.29)中获得的 RLS 算法的上、下界,似乎相对比较紧(特别是 $\bar{r}$ 较大时),因为它们只相差 2,即

$$(\sqrt{\bar{r}} + 1) - (\sqrt{\bar{r}} - 1) = 2$$

11.5　从鲁棒性的角度比较 LMS 和 RLS 算法

我们已经完成 LMS 和 RLS 算法关于 H^∞ 范数(比如 γ^2)的分析,现在对这两种算法进行如下比较:

1)与 LMS 算法不同,式(11.28)中的最大能量增益 γ_{RLS}^2 可以超过 1,这意味着 RLS 算法

会将干扰信号放大。因此，一般来说，RLS 算法对干扰变化的鲁棒性比 LMS 算法要差。

2) RLS 算法的最大能量增益与输入数据有关，因为式(11.29) 中的下界和上界都取决于

$$\bar{r} = \max_n [1 + \mathbf{u}^H(n)\mathbf{\Phi}^{-1}(n-1)\mathbf{u}(n)]$$

它与数据有关。因此，与 LMS 算法不同，RLS 算法的鲁棒性取决于输入数据。这个结果有些出乎意料，因为 RLS 算法所采用的最小二乘法是与模型相关的。

3) 注意到

$$\bar{r} \geqslant r(0)$$
$$= 1 + \delta^{-1}\|\mathbf{u}(0)\|^2$$

其中 δ 是 RLS 算法中的正则化参数。因此可将式(11.29) 中 RLS 算法的 H^∞ 范数上界重新定义为

$$\gamma_{\mathrm{RLS}}^2 \leqslant \left(\sqrt{1 + \delta^{-1}\|\mathbf{u}(0)\|^2} + 1 \right)^2 \tag{11.30}$$

此式清楚地表明，正则化参数 δ 越小，RLS 算法的鲁棒性越差。在某种程度上，这一结论使人联想到 LMS 算法的性能与步长参数 μ 的关系，μ 越大，LMS 的鲁棒性越差。

11.6 风险敏感的最优性

区别 LMS 算法和 RLS 算法鲁棒性另一个值得关注的问题是风险敏感的最优性(risk-sensitive optimality)问题。将这个问题扩展开来，为了方便讨论，将式(11.1) 中的回归模型重写如下：

$$d(n) = \mathbf{w}^H\mathbf{u}(n) + v(n)$$

其中，$\{\mathbf{u}(n), d(n)\}_{n=1}^N$ 表示观测数据集，未知向量 $\mathbf{w}$ 为多重线性回归模型的参数，$v(n)$ 为加性干扰。我们采用随机性来阐明风险敏感的最优性问题，假设模型中由 $\mathbf{w}$ 和 $v(n)$ 表示的不确定源服从高斯分布。具体如下：

- $\mathbf{w}$ 具有零均值相关矩阵 $\mu\mathbf{I}$，其中 μ 为可调整参数，$\mathbf{I}$ 为单位矩阵。
- $v(n)$ 为零均值、单位方差且独立同分布(i.i.d.) 的高斯噪声。

此外，令 $y(n)$ 表示估计器的输出(线性自适应滤波算法)，并且取决于期望响应 $d(n)$ 的过去值，表示如下：

$y(1) = 0$，

$y(2)$ 取决于 $d(1)$，

$y(3)$ 取决于 $d(1)$ 和 $d(2)$。

直到 n 等于训练数据的长度 N。则在上述随机场景下，有如下两种表述(Hassibi, 2003)：

1) LMS 算法可用递归方式解决风险敏感的最优性问题

$$\min_{\{y(n)\}_{n=1}^N} \mathbb{E}_{\{\mathbf{u}(n), d(n)\}_{n=1}^N} \left[\exp\left(\sum_{i=1}^N (y(i) - \mathbf{w}^H\mathbf{u}(i))^2 \right) \right] \tag{11.31}$$

只要步长参数 μ 满足以下条件

$$\mu \leqslant \frac{1}{\|\mathbf{u}(n)\|^2} \quad \text{对于所有 } n$$

2) 再则,如果输入向量 $\mathbf{u}(n)$ 是受激励的,则不存在估计器可以使得由全部数据集的期望值所定义的代价函数,即

$$\underset{\{d(n),\,\mathbf{u}(n)\}_{n=1}^{N}}{\mathbb{E}}\left[\exp\left(\frac{1}{\gamma^2}\sum_{i=1}^{N}(y(i)-\mathbf{w}^{\mathrm{H}}\mathbf{u}(i))^2\right)\right] \tag{11.32}$$

对于任意的 $\gamma < 1$ 都是有限的。

相应地,在干扰为高斯的假设下,RLS 算法最小化如下均方误差代价函数:

$$\underset{\{\mathbf{u}(i),\,d(n)\}_{n=1}^{N}}{\mathbb{E}}\left[\sum_{i=1}^{N}(y(i)-\mathbf{w}^{\mathrm{H}}\mathbf{u}(i))^2\right] \tag{11.33}$$

将式(11.32)中 LMS 算法的代价函数与式(11.33)中 RLS 算法的代价函数进行比较,很容易看出,由于式(11.32)为指数函数,LMS 算法对由差值 $d(n) - \mathbf{w}^{\mathrm{H}}\mathbf{u}(n)$ 给出的较大的估计误差有非常大的惩罚。作为比较,我们可以说,在如下意义下,对于大的预测误差,LMS 算法比 RLS 算法更加敏感:

RLS 算法主要关注频繁出现的不大不小的估计误差,而 LMS 算法更关注偶尔出现的较大估计误差。

由于这个原因,并由 LMS 算法证实,式(11.32)称为风险敏感准则(risk-sensitive criterion)[①]。

11.7 在鲁棒性与有效性(效率)之间的折中

在本章中,我们已经对 LMS 算法和 RLS 算法进行了比较,在对抗未知干扰的鲁棒性方面,LMS 算法要优于 RLS 算法。但在实际应用中,效率也是一个关键的实际问题,它提供了一个特有的统计衡量标准,用来评价找到某一自适应滤波问题可接受解决方案的代价。

在前面的章节中,如在第 6 章的 LMS 算法和第 10 章的 RLS 算法中,我们已经讨论过效率的思想。在那里,自适应算法的统计效率由收敛速度来度量,而收敛速度定义为从某个初始条件开始,算法趋于稳态或逼近维纳解所需的自适应循环次数。通常,LMS 算法的收敛速度要比 RLS 算法慢很多。因此,当感兴趣的问题是收敛性能时,RLS 算法优于 LMS 算法。

这两种矛盾的情况暗示,在实际应用发生的所有可能问题中,缺少一种"通用"的最优自适应滤波器算法。特别地,缺少通用性其实是优化问题中所谓的没有免费午餐原理(no-free-lunch theorem)的体现。这可以简洁地表述如下(见 Wolpert 和 Macreedy, 1997):

一类问题中一个算法的性能提升总是伴随另一类问题中性能的降低。

因此,在自适应滤波算法的研究范畴内,要在面向不确定性的鲁棒性与统计效率之间寻求某种基本的折中。这种折中只能通过考虑感兴趣的实际应用来解决。

[①] 在 Whittle(1990)发表的文章中,由正的 γ 参数化的估计器可将式(11.32)的准则最小化,组成抵抗风险的估计器族。

在之前的相关研究中,值得注意的是,指数二次代价是由 Jacobson(1973)第一次提出的。

11.7.1 从没有免费午餐原理中得到的启示

一般来说(但不一定),在许多自适应滤波的应用中,鲁棒性比有效性(效率)更重要。凭直觉从工程的角度来看,倾向于选择具有鲁棒性的自适应滤波算法,从而在该算法运行于未知干扰时还能提供相对满意的性能。一般来说,在存在未知干扰的非统计环境中,通常通过选择 LMS 算法而不是 RLS 算法,在鲁棒性与收敛性能之间取得某种折中,这个问题的更详细的讨论可见第 13 章。

更喜欢选择 LMS 算法的另一个原因是其复杂度。从第 6 章和第 10 章的讨论来看,LMS 算法的计算复杂度与 FIR 滤波器的阶数(即抽头权值数)呈线性关系,而 RLS 算法的计算复杂度遵循平方律关系。所以,LMS 算法比 RLS 算法要简单。

因为这两个重要的原因,LMS 算法及其变形是信号处理和自动控制中最广泛应用的自适应滤波算法(Widrow & Kamenetsky, 2003)。

然而,在强调 LMS 算法流行的同时,我们不应该忽略 RLS 算法在那些对收敛性能的需要超过鲁棒性的场合中的应用。例如,在无线通信自适应均衡方面,实时性非常重要,快速收敛的 RLS 算法较之收敛速度较慢的 LMS 算法更受人们青睐。

RLS 算法超过 LMS 算法的优势,可利用图 11.2 中数字增强无绳通信电话的典型例子(Fuhl, 1994)得到很好的说明。由该图可以看出,RLS 算法在 10 比特数据后就已经收敛,而 LMS 算法几乎需要 300 比特数据后才收敛。在图 11.2 中,与 LMS 算法相比,RLS 算法的"残差"较大,这是由于环境的波动对 RLS 算法的影响要比 LMS 算法大得多。这个结果也证实,与 LMS 算法相比,RLS 算法的鲁棒性相对要差。尽管由于无线信道的时变性,RLS 算法的"残差"较大是弱点,但从实际效果看,我们发现 RLS 算法的快速收敛特性要比 LMS 的小残差重要得多。换句话说,在这种无线通信的应用中,RLS 算法的有效性(效率)要比 LMS 算法的鲁棒性更受青睐。

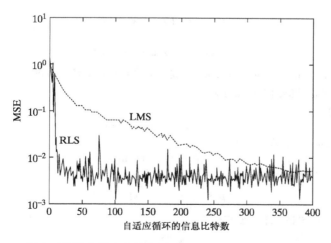

图 11.2 判决反馈均衡器中的均方误差(MSE)与自适应循环数的关系[其中 LMS: $\mu = 0.03$; RLS: $\lambda = 0.99$; $\delta = 10^{-9}$; 见 Molisch(2011)]

11.8 小结与讨论

本章详细讨论了自适应滤波算法的鲁棒性。实际上,我们把鲁棒性和先前章节讨论的统计效率(有效性)放到同等重要的位置。因此,关于 LMS 和 RLS 算法,我们有以下两个重要结论:

1) 其一,LMS 算法是统计上模型无关的。这样,由于推导中使用随机梯度下降法,注定只能得到一个次优解。通过设定一个足够小的步长参数 μ,可以保证 H^∞ 范数意义下的鲁棒性。但是,为此付出的代价是效率的降低,即表现为相对长的收敛时间。

2) 其二,RLS 算法是模型相关的,因为其推导基于最小二乘法,它依描述期望响应的多重线性回归模型而定。因此,从统计效率的角度来看,RLS 算法是最优的。RLS 算法的收敛速度比 LMS 算法快了不止一个数量级。然而,为此付出的代价是对干扰敏感度的提高,通常这将导致鲁棒性的降低。

我们在这里描述的仅仅是没有免费午餐原理教给我们的另一个例子。

总之,我们可以说,在自适应滤波中到底是选择 LMS 算法还是 RLS 算法,取决于面对的具体应用和需要的运行环境。

11.9 习题

注意:在下面的 4 个习题中,每一题都考虑其各自的鲁棒性,所以我们重提 LMS 算法的鲁棒性。将前 3 个题综合来看,LMS 算法的鲁棒性均得到增强,这与 11.3 节中的表述有所不同。第 4 道习题则深入研究 LMS 算法的鲁棒性问题。为了讨论简单,训练数据都是实数。

1. 考虑 LMS 算法,其中更新公式为

$$\hat{\mathbf{w}}(n+1) = \hat{\mathbf{w}}(n) + \mu\mathbf{u}(n)e(n)$$

式中误差信号为

$$e(n) = d(n) - \hat{\mathbf{w}}^\mathrm{T}(n)\mathbf{u}(n)$$

而期望响应为

$$d(n) = \mathbf{w}^\mathrm{T}\mathbf{u}(n) + v(n)$$

上标 T 表示转置。$\mathbf{w}$ 是未知的加权向量,$\hat{\mathbf{w}}(n)$ 是第 n 次自适应循环中通过算法获得的估计值。未知的 $\mathbf{w}$ 和 $\nu(n)$ 与影响算法性能的干扰相对应。

定义加权误差向量

$$\tilde{\mathbf{w}}(n) = \mathbf{w} - \hat{\mathbf{w}}(n)$$

期望响应的估计值 $d(n)$ 定义为

$$\hat{d}(n) = \hat{\mathbf{w}}^\mathrm{T}(n)\mathbf{u}(n)$$

其中步长参数 μ 满足条件

$$\mu < \frac{1}{\|\mathbf{u}(n)\|^2} \qquad 对于所有 n$$

试根据 11.3 节引入的术语,证明如下不等式

$$\frac{\displaystyle\sum_{n=1}^{N}\xi_u^2(n)}{\mu^{-1}\|\tilde{\mathbf{w}}(0)\|^2 + \displaystyle\sum_{n=0}^{N}v^2(n)} \leqslant 1$$

成立。

(a) 从 $\mu^{-1/2}\tilde{\mathbf{w}}(n)$ 出发,证明

$$\mu^{-\frac{1}{2}}\widetilde{\mathbf{w}}(n+1) = \mu^{-\frac{1}{2}}\widetilde{\mathbf{w}}(n) - \mu^{-\frac{1}{2}}\mathbf{u}(n)(d(n) - \hat{\mathbf{w}}^{\mathrm{T}}(n)\mathbf{u}(n))$$

(b)相应地，证明

$$v(n) = d(n) - \hat{\mathbf{w}}^{\mathrm{T}}(n)\mathbf{u}(n) - \widetilde{\mathbf{w}}^{\mathrm{T}}(n)\mathbf{u}(n)$$

(c)将(a)中表达式的欧式范数平方减去(b)中表达式的欧式范数平方，证明

$$\mu^{-1}\|\widetilde{\mathbf{w}}(n+1)\|^2 - v^2(n) = \mu^{-1}\|\widetilde{\mathbf{w}}(n)\|^2 - (\widetilde{\mathbf{w}}^{\mathrm{T}}(n)\mathbf{u}(n))^2 - (1 - \mu\|\mathbf{u}(n)\|^2)(d(n) - \widetilde{\mathbf{w}}^{\mathrm{T}}(n)\mathbf{u}(n))^2$$

(d)将(c)中的表达式从自适应循环循环 $n=0$ 到自适应循环 N 加在一起并消去公共项，得到如下式子：

$$\mu^{-1}\|\widetilde{\mathbf{w}}(N)\|^2 - \sum_{n=0}^{N} v^2(n) = \mu^{-1}\|\widetilde{\mathbf{w}}(0)\|^2 - \sum_{n=0}^{N}(\widetilde{\mathbf{w}}^{\mathrm{T}}(n)\mathbf{u}(n))^2 - \sum_{n=0}^{N}(1 - \mu\|\mathbf{u}(n)\|^2)(d(n) - \widetilde{\mathbf{w}}^{\mathrm{T}}(n)\mathbf{u}(n))^2$$

(e)重组(d)中表达式，以便取如下有理函数的形式：

$$\frac{\left(\mu^{-1}\|\widetilde{\mathbf{w}}(N)\|^2 + \sum_{n=0}^{N}(\widetilde{\mathbf{w}}^{\mathrm{T}}(n)\mathbf{u}(n))^2 + \sum_{n=0}^{N}(1 - \mu\|\mathbf{u}(n)\|^2)(d(n) - \widetilde{\mathbf{w}}^{\mathrm{T}}(n)\mathbf{u}(n))^2\right)}{\mu^{-1}\|\widetilde{\mathbf{w}}(0)\|^2 + \sum_{n=0}^{N} v^2(n)} = 1$$

(f)从鲁棒性的观点来看，(e)中表达式的分子中最重要的项是第 2 项。请说明原因。

试回答该问题，并证明强加给步长参数 μ 的条件就是如下问题的解：

$$\frac{\sum_{n=0}^{N} \xi_u^2(n)}{\mu^{-1}\|\widetilde{\mathbf{w}}(0)\|^2 + \sum_{n=0}^{N} v^2(n)} \leqslant 1$$

2. 在第 2 道习题中，换个思路考虑问题。具体来说，起始点基于以下不等式

$$\frac{\sum_{n=0}^{i}(\hat{d}(n) - \mathbf{w}^{\mathrm{T}}\mathbf{u}(n))^2}{\mu^{-1}\mathbf{w}^{\mathrm{T}}\mathbf{w} + \sum_{n=0}^{i-1} v^2(n)} \leqslant 1$$

在分子中，i 表示任意的时刻。为了使该不等式成立，步长参数 μ 必须满足以下条件：

$$\mu \leqslant \frac{1}{\mathbf{u}^{\mathrm{T}}(i)\mathbf{u}(i)} \quad \text{对于所有}\, i$$

(a)证明：上述不等式可等效地表示为

$$\mu^{-1}\mathbf{w}^{\mathrm{T}}\mathbf{w} + \sum_{n=0}^{i-1}(d(n) - \mathbf{w}^{\mathrm{T}}\mathbf{u}(n))^2 - \sum_{n=0}^{i}(\hat{d}(n) - \mathbf{w}^{\mathrm{T}}\mathbf{u}(n))^2 \geqslant 0$$

对于 $\mathbf{w}$ 的所有取值均成立。

(b)试说明：为什么(a)中不等式左边的表达式是一个不定二次型？

为了得到正的二次型，需要求得 $\mathbf{w}$ 的最小值。为此，对上述不等式求导两次可得以下结果：

$$\mu^{-1}\mathbf{I} - \mathbf{u}(i)\mathbf{u}^{\mathrm{T}}(i) \geqslant 0$$

其中 $\mathbf{I}$ 是单位矩阵。

(c)判明 $\mathbf{u}(i)\mathbf{u}^{\mathrm{T}}(i)$ 是秩为 1 的矩阵，并在此基础上证明步长参数 μ 必须满足以下条件：

$$\mu \leqslant \frac{1}{\mathbf{u}^{\mathrm{T}}(i)\mathbf{u}(i)} \quad \text{对于所有}\, i$$

以便证实(b)中表达式的正确性。由于 i 是任意的，这个条件也更精确。

3. 利用习题 1 和习题 2 的结果，证明 LMS 算法的鲁棒性与 11.3 节的分析结果完全一致。

4. 对习题 2(a)中的不定二次型进行扩展，对未知向量 $\mathbf{w}$ 求不等式的一阶导数，以便找到最优的 $\mathbf{w}$，证明该最优值为

$$\mathbf{w} = [\mu \mathbf{I} - \mathbf{u}(i)\mathbf{u}^{\mathrm{T}}(i)]^{-1}\left(\sum_{n=0}^{i-1} e(n)\mathbf{u}(n) - \hat{d}(i)\mathbf{u}(i)\right)$$

其中 $e(n)$ 是误差信号，定义为

$$e(n) = d(n) - \hat{d}(n)$$

5. LMS 算法有时又称为收缩性映射器（contractive mapper），它将干扰映射为估计误差。

   (a) 说明这个命题需要什么条件？证明你的答案。

   (b) 试参考 6.8 节所述的单步预测的实验，证实你的答案。

6. 从式(11.8)出发，证明：如果将 $\mu^{-1}\|\tilde{\mathbf{w}}(n+1)\|^2$ 加到左边，不等式仍然成立；并由此导出式(11.9)中的紧不等式。

7. 在这个习题中，研究归一化 LMS 算法的鲁棒性。步骤与习题 1 中的描述类似。具体来说，即对于实数观测数据，该归一化算法的更新公式为

$$\hat{\mathbf{w}}(n+1) = \hat{\mathbf{w}}(n) + \frac{\tilde{\mu}\mathbf{u}(n)}{\|\mathbf{u}(n)\|^2}e(n)$$

   其中 $\tilde{\mu}$ 是新的步长参数。

   (a) 证明：归一化算法的鲁棒性条件由如下不等式描述：

$$\tilde{\mu} < 1$$

   (b) 正如第 7 章所指出，为了防范输入向量 $\mathbf{u}(n)$ 可能非常接近零，为了对抗这种可能造成的影响，更新公式修正为

$$\hat{\mathbf{w}}(n+1) = \hat{\mathbf{w}}(n) + \frac{\tilde{\mu}\mathbf{u}(n)}{\varepsilon + \|\mathbf{u}(n)\|^2}$$

   其中 ε 是一个小的正常数。试回答：由于 ε 的变化，应该如何修改步长参数 $\tilde{\mu}$ 的条件？

8. 基于本章 LMS 算法与归一化 LMS 算法导出的结果，以及由第 6 章和第 7 章的统计学习理论导出的结果，可将影响步长参数的条件总结为表 P11.1。

   (a) 基于鲁棒性和统计学习理论，从实际应用观点来看，哪一个特殊集合更严格？

   (b) 讨论(a)中答案的实际含义。

表 P11.1

	鲁棒性	统计学习理论
LMS 算法	$0 < \mu < \dfrac{1}{\|\mathbf{u}(n)\|^2}$	$0 < \mu < \dfrac{2}{\lambda_{\max}}$
归一化 LMS 算法	$0 < \mu < 1$	$0 < \mu < 2$

9. 在这个习题中，当指数加权因子 $\lambda = 1$ 时，证明 11.4 节所述 RLS 算法的引理。

   从 RLS 算法的递归方程

$$\hat{\mathbf{w}}(n) = \hat{\mathbf{w}}(n-1) + \boldsymbol{\Phi}^{-1}(n)\mathbf{u}(n)\xi^*(n)$$

   导出递归方程(11.18)，它涉及式(11.2)的加权误差向量，即

$$\tilde{\mathbf{w}}(n) = \mathbf{w} - \hat{\mathbf{w}}(n)$$

   其中 $\mathbf{w}$ 是由式(11.1)定义的多重线性回归模型的加权向量。

10. 描述自适应滤波算法中鲁棒性和统计有效性（效率）之间折中的有见地的方法是画出以鲁棒性、有效性（效率）和计算复杂度为坐标的三维图。试用图解说明在这个图中如何分解 LMS 算法和 RLS 算法。特别地，突出两个可能的场景，其中首选如下算法：

   (a) LMS 算法。

   (b) RLS 算法。

第12章　有限字长效应

采用数字方式实现自适应滤波器时会产生量化误差或舍入误差。如不讨论这些因素对其性能的影响，从实用的观点来看，对自适应滤波器的研究将是不完整的。

在前面章节的自适应滤波理论研究中，都假设利用模拟模型（即具有无限字长或无限精度的模型）来产生输入数据的抽样值并进行内部的算术运算。做这一假设，是为了吸取大家熟悉的连续数学的优点。然而，自适应滤波器理论不能直接用来构造自适应滤波器，相反，它只是为这种构造提供一个理想化框架。特别地，当实际中自适应滤波算法用数字方式实现时，输入数据与内部运算（包括自适应滤波器系数）都要量化为有限字长或有限精度，其字长或精度由设计和费用决定。因此，量化过程将会影响算法数字实现的性能，使性能偏离其理论值。偏离的状况受以下诸因素的综合影响：

- 自适应滤波算法的设计细节
- 表征输入数据相关矩阵的病态程度（即特征值扩散的程度）
- 采用的数字计算的形式（定点或浮点）

对我们来说，了解自适应滤波算法的数值特性是很重要的，因为这有助于我们根据设计规范设计出相应的算法。此外，一个算法数字实现的费用受到与算法有关的数值计算所允许的可用比特数（即精度）的影响。一般来说，数字实现的费用随着所用比特数的增加而增加。因此，数字实现中一个十分现实的考虑是使用尽可能少的比特数。

下面，我们从考察量化误差的来源及数值稳定性和数值精度的相关问题入手，研究自适应滤波算法的数值特性。

12.1　量化误差

当用数字方式实现自适应滤波器时，量化误差基本上来源于以下两个方面：

1) **模数-转换**　假如输入数据以模拟方式给出，那么我们可以使用模数转换器将它们表示为数字形式。这里，我们假设用均匀步长 δ 进行量化，并且在 0，$\pm\delta$，$\pm2\delta$，$\cdots$ 处设定了一组量化等级。一个典型的均匀量化器的输入-输出特性如图 12.1 所示。考察量化器输入端的一个特定的抽样值，其幅值介于 $i\delta - (\delta/2)$ 到 $i\delta + (\delta/2)$ 之间，这里 i 是一个整数（正数，负数或零），而 $i\delta$ 则定义了量化器的输出。这一量化过程引入了一个以 $i\delta$ 为中心、宽为 δ 的不定区域。若用 η 表示量化误差，则量化器的输入为 $i\delta + \eta$，其中 $-\delta/2 \leqslant \eta \leqslant \delta/2$。当量化非常精细（即有 64 个或更多的量化等级）且信号频谱也很丰富时，由量化过程产生的失真则可建模为一个均值为 0、方差由量化器的步长 δ 决定的独立加性白噪声源(Gray, 1990)。通常假设量化误差在($-\delta/2$ 到 $\delta/2$)内服从均匀分布，则量化误差的方差可为

$$\sigma^2 = \int_{-\delta/2}^{\delta/2} \frac{1}{\delta} \eta^2 \mathrm{d}\eta \tag{12.1}$$
$$= \frac{\delta^2}{12}$$

通常假设量化器输入按适当的比例标度,使得它位于区间$(-1, +1]$内。如果用B比特加上一个符号表示每个量化级,则量化器的步长为

$$\delta = 2^{-B} \tag{12.2}$$

将式(12.2)代入式(12.1)可知,由输入模拟数据的数字表示所产生的量化误差的方差为

$$\sigma^2 = \frac{2^{-2B}}{12} \tag{12.3}$$

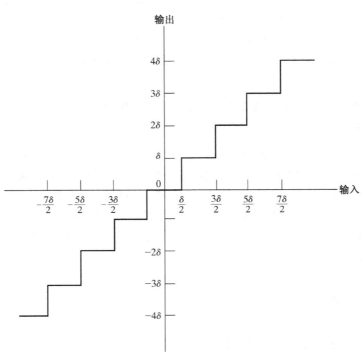

图 12.1   均匀量化器的输入-输出特性

2) 有限字长运算   在数字系统中,通常用有限字长来表示数字系统参数(如自适应滤波器系数)、进行内部运算和存储内部运算的结果。假如在计算过程中没有溢出,则加法不会引入任何误差(如果使用定点运算),而每次乘法在对乘积进行量化后会引入误差。有限字长计算误差与模数转换误差的统计特性完全不同。因为有限字长计算误差是为了与指定的字长相匹配,而对乘法器的输出进行舍入或截断操作产生的,所以其均值可能不为零。

在自适应滤波器的数字实现中,特别是当滤波器的抽头权值(系数)按照连续方式更新时,人们格外关注有限字长运算所带来的问题。数字滤波器会对这种误差呈现特殊的响应或

传播,从而使其性能偏离理想(无限字长或无限精度)的滤波器。实际上,使用有限字长运算产生的误差会无限累加,因此这种偏离可能会造成非常严重的后果。如果这种情况允许存在,滤波器最终将进入溢出状态,我们就说该算法是数值不稳定的。显然,一个自适应滤波器要有实用价值,它必须是数值稳定的。如果自适应滤波器使用有限字长计算时,相对于无限字长滤波器所产生的偏离是有界的,那么这种滤波器就是数值稳定的。值得注意的是,数值稳定是自适应滤波器的固有特征。换言之,如果一个自适应滤波器的数值不稳定,增加滤波器数字实现时的比特数并不能使它变为稳定。

用数字实现自适应滤波算法时要注意的另一个问题是数值精度问题。然而,与数值稳定性不同,自适应滤波器的数值精度是由实现滤波器内部运算的比特数决定的。所用的比特数越多,其性能与理想性能的偏差就越小,数字滤波器就越精确。就实用而言,仅当自适应滤波器数值稳定时,讨论它的数值精度才有意义。

下面,我们将讨论自适应滤波算法的数值特性和相关问题。与本书中前面章节的顺序一样,我们先讨论最小均方(LMS)算法,然后再讨论递归最小二乘(RLS)自适应滤波算法。

12.2　最小均方算法

为了简化讨论有限字长对 LMS 算法性能的影响[①],我们将不按照前面章节中的模式,而是假设输入数据及滤波器系数都取实数。做这一假设,仅仅是为了便于表述,并不影响结论的有效性。

有限字长 LMS 算法的原理框图如图 12.2 所示。标有 Q 的每个方框(算子)表示一个量化器。每个量化器自身都要引入一个量化或舍入误差。我们可以将图中量化器的输入–输出关系描述如下:

1) 对于与相连的输入量化器,我们有

$$\begin{aligned}\mathbf{u}_q(n) &= Q[\mathbf{u}(n)] \\ &= \mathbf{u}(n) + \boldsymbol{\eta}_u(n)\end{aligned} \tag{12.4}$$

式中 $\boldsymbol{\eta}_u(n)$ 是输入量化误差向量。

2) 对于与期望响应 $d(n)$ 相连的量化器,有

$$\begin{aligned}d_q(n) &= Q[d(n)] \\ &= d(n) + \eta_d(n)\end{aligned} \tag{12.5}$$

式中 $\eta_d(n)$ 是期望响应量化误差。

3) 对于量化的抽头权向量 $\hat{\mathbf{w}}_q(n)$,可写出

---

① Gitlin 等于 1973 年首先研究了有限字长对 LMS 算法的影响。随后。Weiss 和 Mitra(1979)、Caraiscos 和 Liu (1984)及 Alexander(1987)对此进行了更加详细的研究。由 Caraiscos 和 Liu 撰写的论文讨论了稳定状态的条件,而由 Alexander 撰写的论文涉及的范围则更广,因为该文还讨论了瞬态条件。Cioffi(1987)及 Sherwood 和 Bershad (1987)也在各自的论文中讨论了有限字长对 LMS 算法影响的问题。在实际使用 LMS 算法时遇到的另一个问题就是参数偏差。Sethares 等(1986)就在他们的论文中讨论了这个问题。12.2 节列出的材料在很大程度上受这些论文内容的影响。在此,我们假设使用定点算术。Caraiscos 和 Liu 于 1984 年分析了使用浮点算术的 LMS 算法的误差。

$$
\begin{aligned}
\hat{\mathbf{w}}_q(n) &= Q[\hat{\mathbf{w}}(n)] \\
&= \hat{\mathbf{w}}(n) + \Delta\hat{\mathbf{w}}(n)
\end{aligned}
\tag{12.6}
$$

式中 $\hat{\mathbf{w}}(n)$ 是无限字长 LMS 算法中的抽头权向量，$\Delta\hat{\mathbf{w}}(n)$ 是由量化引起的抽头权误差向量。

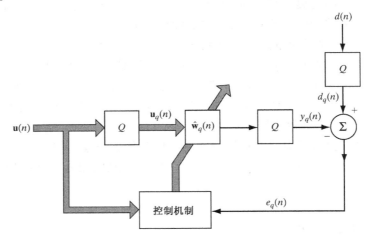

图 12.2　有限字长 LMS 算法的原理框图

4）对于与由量化的抽头权向量 $\hat{\mathbf{w}}_q(n)$ 所表征的与 FIR 滤波器的输出相连的量化器，可写出

$$
\begin{aligned}
y_q(n) &= Q[\mathbf{u}_q^{\mathrm{T}}(n)\hat{\mathbf{w}}_q(n)] \\
&= \mathbf{u}_q^{\mathrm{T}}(n)\hat{\mathbf{w}}_q(n) + \eta_y(n)
\end{aligned}
\tag{12.7}
$$

式中 $\eta_y(n)$ 是滤波输出量化误差。

有限字长 LMS 算法可用如下关系式来描述，即

$$
e_q(n) = d_q(n) - y_q(n)
\tag{12.8}
$$

和

$$
\hat{\mathbf{w}}_q(n+1) = \hat{\mathbf{w}}_q(n) + Q[\mu e_q(n)\mathbf{u}_q(n)]
\tag{12.9}
$$

式中 $y_q(n)$ 由式(12.7)定义。图 12.2 中没有明确表示出式(12.9)右边所示的量化运算，然而，它却是有限字长 LMS 算法中的一项基本运算。使用式(12.9)的实际意义如下：乘积 $\mu e_q(n)\mathbf{u}_q(n)$ 是梯度向量的一个估值，首先要对它进行量化，然后加到抽头权值累加器中。另一种方法是，先以双精度模式操作抽头权值累加器，然后以单精度模式对累加器的输出进行量化。由于受硬件实现条件的限制，因此优先选用前一种方法。

在对有限字长 LMS 算法进行统计分析时，通常做如下假设：

1）在滤波时，为了防止经量化后的抽头权向量 $\hat{\mathbf{w}}_q(n)$ 和 $y_q(n)$ 发生溢出，要用适当的比例对输入数据标度。

2）每个数据的样值用 B_D 比特加上一个符号表示，而每个抽头权值用 B_W 加上一个符号表示。与一个符号加 B_D 比特(样本数据)相关的量化误差的方差可表示为

$$\sigma_D^2 = \frac{2^{-2B_D}}{12} \qquad (12.10)$$

类似地，与 B_W 比特加一个符号（即抽头权值）相关的量化误差的方差可表示为

$$\sigma_W^2 = \frac{2^{-2B_W}}{12} \qquad (12.11)$$

3）输入数据量化误差向量 $\boldsymbol{\eta}_u(n)$ 的各分量与期望响应量化误差 $\eta_d(n)$ 是彼此相互独立的白噪声序列，而且与输入信号无关。其均值为零，方差为 σ_D^2。

4）输出量化误差 $\eta_y(n)$ 是与输入信号独立并与其他量化误差独立的白噪声序列，而且其均值为零，方差为 $c\sigma_D^2$，这里 c 是一个取决于计算内积 $\mathbf{u}_q^{\mathrm{T}}(n)\hat{\mathbf{w}}_q(n)$ 的方式的常数。如果 $\mathbf{u}_q^{\mathrm{T}}(n)\hat{\mathbf{w}}_q(n)$ 中的各个标量积都未经量化就进行计算，然后再求和，且如果最终的结果量化为 B_D 比特加一个符号，那么常数 c 就等于 1，而且 $\eta_y(n)$ 的方差就是由式（12.10）定义的 σ_D^2。相反，如果先对 $\mathbf{u}^{\mathrm{T}}(n)\hat{\mathbf{w}}_q(n)$ 中的各个标量积进行量化，然后再求和，那么常数 c 就等于 M，且 $\eta_y(n)$ 的方差等于 $M\sigma_D^2$，其中 M 是实现 LMS 算法的 FIR 滤波器的抽头数。

5）引用 6.4 节中研究无限字长 LMS 算法时使用的小步长理论。

12.2.1　总输出均方误差

由有限字长 LMS 算法产生的 $y_q(n)$ 是期望响应量化后估值。因此，总输出误差等于 $d(n) - y_q(n)$。由式（12.7），可将该误差表示为

$$
\begin{aligned}
e_{\mathrm{total}}(n) &= d(n) - y_q(n) \\
&= d(n) - \mathbf{u}_q^{\mathrm{T}}(n)\hat{\mathbf{w}}_q(n) - \eta_y(n)
\end{aligned} \qquad (12.12)
$$

将式（12.4）和式（12.6）代入式（12.12），并忽略所有高于一阶的量化误差项，则总输出误差可表示为

$$e_{\mathrm{total}}(n) = [d(n) - \mathbf{u}^{\mathrm{T}}(n)\hat{\mathbf{w}}(n)] - [\Delta\hat{\mathbf{w}}^{\mathrm{T}}(n)\mathbf{u}(n) + \boldsymbol{\eta}_u^{\mathrm{T}}(n)\hat{\mathbf{w}}(n) + \eta_y(n)] \qquad (12.13)$$

上式右边的第一对方括号内的各项是由无限字长 LMS 算法产生的估计误差 $e(n)$。第二对方括号内的各项是完全由有限字长 LMS 算法产生的量化误差。根据假设 3 和假设 4[即量化误差 $\boldsymbol{\eta}_u(n)$ 和 $\eta_y(n)$ 与输入信号独立，且彼此相互独立]，与量化误差有关的各项 $\Delta\hat{\mathbf{w}}^{\mathrm{T}}(n)\mathbf{u}(n)$ 和 $\eta_y(n)$ 是彼此不相关的。同理，无限字长下的估计误差 $e(n)$ 与 $\boldsymbol{\eta}_u^{\mathrm{T}}(n)\hat{\mathbf{w}}(n)$ 和 $\eta_y(n)$ 都不相关。由第 6 章的小步长理论可以得到

$$\mathbb{E}[e(n)\Delta\hat{\mathbf{w}}^{\mathrm{T}}(n)\mathbf{u}(n)] = \mathbb{E}[\Delta\hat{\mathbf{w}}^{\mathrm{T}}(n)]\mathbb{E}[e(n)\mathbf{u}(n)]$$

此外，由该理论可以证明数学期望 $\mathbb{E}[\Delta\hat{\mathbf{w}}(n)]$ 为零（见习题 2）。因此，$e(n)$ 与 $\Delta\hat{\mathbf{w}}^{\mathrm{T}}(n)\mathbf{u}(n)$ 也是不相关的。换言之，无限字长下的估计误差 $e(n)$ 与式（12.13）中的三个量化项 $\Delta\hat{\mathbf{w}}^{\mathrm{T}}(n)\mathbf{u}(n)$、$\boldsymbol{\eta}_u^{\mathrm{T}}(n)\hat{\mathbf{w}}(n)$ 和 $\eta_y(n)$ 都不相关。

利用这些结论并假设步长参数 μ 很小，Caraiscos 和 Liu（1984）证明了由有限字长算法产生的总输出均方误差由三个稳态成分构成，即

$$\mathbb{E}[e_{\mathrm{total}}^2(n)] = J_{\min}(1 + \mathcal{M}) + \xi_1(\sigma_w^2, \mu) + \xi_2(\sigma_D^2) \qquad (12.14)$$

式(12.14)右边的第一项 $J_{\min}(1+\mathcal{M})$ 是无限字长 LMS 算法的均方误差。特别地，$J_{\min}$ 是最优维纳滤波器的最小均方误差，而 $\mathcal{M}$ 是无限字长 LMS 算法的失调。第二项 $\xi_1(\sigma_w^2,\mu)$ 是由量化的抽头权向量 $\hat{\mathbf{w}}_q(n)$ 的误差 $\Delta\hat{\mathbf{w}}(n)$ 引起的。这部分对总输出均方误差的影响与步长参数 μ 成反比。第三项 $\xi_2(\sigma_D^2)$ 是由两个量化误差引起的，它们分别是量化后的输入向量 $\mathbf{u}_q(n)$ 的误差 $\boldsymbol{\eta}_u(n)$ 和量化后的滤波器输出 $y_q(n)$ 的误差 $\eta_y(n)$。与 $\xi_1(\sigma_w^2,\mu)$ 不同，在一阶近似下，最后一项对总输出均方误差的影响与步长参数 μ 无关。

由第 6 章介绍的无限字长 LMS 算法的统计定理可知，减小 μ 可降低失调 $\mathcal{M}$，从而改进该算法的性能。相反，式(12.14)中的 $\xi_1(\sigma_w^2,\mu)$ 项与 μ 成反比，这意味着减小 μ 的值会增加有限字长算法的性能偏离无限字长算法性能的程度(即偏离更大)。因此，实际上步长参数 μ 只能下降到某个数量级：在该数量级上：有限字长 LMS 算法抽头权值量化误差对自适应滤波器性能的影响将严重恶化。

由于失调 $\mathcal{M}$ 随 μ 的减小而下降，而 $\xi_1(\sigma_w^2,\mu)$ 随 μ 的减小而增加，因此可以从理论上求出使式(12.14)的总输出均方误差最小时 μ 的最优值。然而，由此得到的步长参数 μ 的最优值 μ_o 的数值太小，无实用价值。换言之，这个 μ_o 不能使 LMS 算法完全收敛。事实上，计算总输出均方误差的式(12.14)也仅当 μ 远大于 μ_o 时才有效。以这种方式选择 μ 可以防止算法出现所谓的停顿现象，我们将在后面加以阐述。

12.2.2　算法收敛期间的偏差

在假设算法达到稳定状态的条件下，式(12.14)描述了有限字长 LMS 算法总输出均方误差的一般结构。然而，在算法收敛期间，其表示形式更为复杂。

Alexander(1987)详细研究了有限字长 LMS 算法的瞬态自适应特性，特别是推导了有限字长 LMS 算法的抽头权值失调或扰动的一般公式，并相对于无限字长 LMS 算法求出的抽头权值解对这一公式进行了测试。抽头权值失调定义为

$$\mathcal{W}(n) = \mathbb{E}[\Delta\hat{\mathbf{w}}^{\mathrm{T}}(n)\Delta\hat{\mathbf{w}}(n)] \tag{12.15}$$

式中抽头权误差向量定义为[见式(12.6)]

$$\Delta\hat{\mathbf{w}}(n) = \hat{\mathbf{w}}_q(n) - \hat{\mathbf{w}}(n) \tag{12.16}$$

式中 $\hat{\mathbf{w}}_q(n)$ 和 $\hat{\mathbf{w}}(n)$ 分别是有限字长和无限字长 LMS 算法的抽头权向量。为了确定 $\mathcal{W}(n)$，将式(12.9)的权值更新方程表示为

$$\hat{\mathbf{w}}_q(n+1) = \hat{\mathbf{w}}_q(n) + \mu e_q(n)\mathbf{u}_q(n) + \boldsymbol{\eta}_w(n) \tag{12.17}$$

式中 $\boldsymbol{\eta}_w(n)$ 是梯度量化误差向量，它是由量化 $\mu e_q(n)\mathbf{u}_q(n)$ 产生的，此乘积项与梯度向量估值有关。假设 $\boldsymbol{\eta}_w(n)$ 的各分量与时间无关，彼此之间也互不相关，并假设各分量的方差皆为 σ_w^2。要使这一假设有效，必须使步长参数 μ 足够大以防止算法出现停顿现象。算法出现停顿的问题将在本节的后续部分讨论。

类似于 6.4 节中所述方法对式(12.17)中的 $\hat{\mathbf{w}}_q(n)$ 进行正交变换，就可以研究抽头权值失调 $\mathcal{W}(n)$ 在自适应和稳态期间的传播特性。利用这一方法，Alexander(1987)导出了如下所述的重要理论成果(已通过计算机仿真证实了这些成果)：

1) 在 LMS 算法的所有参数中，抽头权值对量化最敏感。对于不相关输入数据的情况，方

差 σ_w^2 [它作为抽头权值更新方程(12.17)统计特性的一部分]与乘积 $r(0)\mu$ 的倒数成正比,这里 $r(0)$ 是平均输入功率,μ 是步长参数;对于输入数据相关的情况,方差 σ_w^2 与 $\mu\lambda_{\min}$ 的倒数成正比,这里 $\lambda_{\min}$ 是输入数据向量 $\mathbf{u}(n)$ 的相关矩阵 $\mathbf{R}$ 的最小特征值。

2)当输入数据不相关时,抽头权值失调 $\mathcal{W}(n)$ 的自适应时间常数在很大程度上取决于步长参数 μ 所取的值。

3)当输入数据相关时,$\mathcal{W}(n)$ 的自适应时间常数在很大程度上取决于 μ 和最小特征值 $\lambda_{\min}$ 之间相互作用的结果。

从设计的观点来看,不选择太小的 μ 值是很重要的,尽管在 LMS 算法的无限字长理论中建议使用较小的 μ 值。此外,输入过程 $u(n)$ 的病态程度越严重,当用数字方式实现 LMS 算法时,有限字长的影响就越明显。

12.2.3　泄漏 LMS 算法

为了进一步使 LMS 算法的数字实现稳定,可以使用所谓泄漏(leakage)[1]。泄漏技术基本上防止了有限字长环境下的溢出,它通过最小化均方误差与抑制自适应滤波器冲激响应中能量之间的折中来达到这个目的。然而,与传统的无限字长 LMS 算法相比,此类防止溢出的方案则要付出增加算法实现的硬件费用和降低算法性能的双重代价。

泄漏 LMS 算法的代价函数可表示为

$$J(n) = e^2(n) + \alpha\|\hat{\mathbf{w}}(n)\|^2 \tag{12.18}$$

式中 α 是一个正的控制参数,它相对于抽头权向量 $\hat{\mathbf{w}}(n)$ 进行最小化。等式右边的第一项是估计误差的平方,第二项是抽头权向量 $\hat{\mathbf{w}}(n)$ 中包含的能量。按照此处(限于实数据)所述的最小化,将得到如下抽头权向量的时间更新方程(见第 5 章的习题 5)

$$\hat{\mathbf{w}}(n + 1) = (1 - \mu\alpha)\hat{\mathbf{w}}(n) + \mu e(n)\mathbf{u}(n) \tag{12.19}$$

式中 α 是一个常数,它满足以下条件

$$0 \leqslant \alpha < \frac{1}{\mu}$$

除了与式(12.19)右边第一项有关的泄漏因子 $(1 - \mu\alpha)$ 外,该算法具有与传统的 LMS 算法相同的数学表达式。

注意,式(12.19)中包含的泄漏因子 $(1 - \mu\alpha)$ 与输入过程 $u(n)$ 中加入一个均值为零、方差为 α 的白噪声序列是等效的。这隐含着稳定 LMS 算法数字实现的另一种方法:一种相对较弱、方差为 α 的白噪声序列(称为抖动)可加到输入过程 $u(n)$ 中,然后将其合并后的样值作为抽头输入(Werner,1983)。

---

[1] 泄漏可以看做增强算法鲁棒性的一种技术(Ioannou & Kokotovic,1983;Ioannou,1990)。有关泄漏技术在自适应滤波中的应用历史,可参见 Cioffi(1987)撰写的论文。要研讨泄漏 LMS 算法,可参见 Widrow 和 Stearns(1985)及 Cioffi(1987)撰写的论文。

遗憾的是,因为泄漏技术增加了权值估计的偏差,因此泄漏 LMS 算法的性能会有所下降。Nascimento 和 Sayed(1999)通过提出一种修正的 LMS 算法,即循环泄漏 LMS 算法解决了偏差和权值漂移这两个问题。这种新的自适应滤波算法在权值估计时无须引入偏差就可以解决权值漂移问题,而算法的计算复杂度与传统的 LMS 算法基本相同。

12. 2. 4　停顿

停顿, 也称为锁定, 是一种在式(12.14)中未明确表示、但在 LMS 算法数字实现中却会发生的现象。当梯度估算中没有足够的噪声成分时, 就会出现停顿现象。具体来说, LMS 算法的数字实现停止了自适应, 即停顿, 只要该算法更新方程(12.9)中第 i 个抽头权值的最低修正项 $\mu e_q(n)u_q(n-i)$ 小于抽头权值的有效位(LSB, least significant bit)时, 都会发生这种停顿现象。该现象在数学上可表示为(Gitlin et al., 1973)

$$|\mu e_q(n_0)u_q(n_0-i)| \leqslant \text{LSB} \qquad (12.20)$$

式中 n_0 是第 i 个抽头权值停止自适应的时间, 这里假设第 i 个抽头权值首先满足式(12.20)所示的条件。然后, 对式(12.20)做一阶近似, 即用均方根(rms)值 A_{rms} 代替 $u_q(n_0-i)$。因此, 将该值代入式(12.20)后, 可以得到数字实现的 LMS 算法中自适应停顿时量化误差的rms 值的关系式

$$|e_q(n)| \leqslant \frac{\text{LSB}}{\mu A_{\text{rms}}} = e_D(\mu) \qquad (12.21)$$

上式右边定义的 $e_D(\mu)$ 称为数字残留误差, 简称数字残差。

为了防止算法因数字化而出现停顿, 数字残差 $e_D(\mu)$ 越小越好。由式(12.21)得知, 为了达到这一要求, 可以使用以下两种方法:

1) 通过对数字表示的每个抽头权值挑选充分大的比特数, 来减小最低有效位(LSB)。
2) 在保证算法收敛的同时, 将步长参数 μ 尽可能选得大些。

防止停顿的另一个方法就是在量化器的输入端插入抖动, 即插入一种高频脉动, 该量化器置于抽头权值的累加器中(Sherwood & Bershad, 1987)。由随机序列组成的抖动基本上可使量化器线性化。换言之, 加入抖动可以保证: 对于将梯度量化误差向量 $\boldsymbol{\eta}_w$ 再次建模为白噪声来说, 量化器的输入是足够含噪的(即 $\boldsymbol{\eta}_w$ 的各分量在时间上互不相关, 彼此之间也互不相关, 而且各分量的方差皆为 σ_w^2)。当以这种方式使用抖动时, 可望使它对 LMS 算法整个运算的影响最小。这通常能够通过对该抖动的功率谱整形获得, 从而使它能被输出端的算法有效抑制。

12. 2. 5　参数偏差

除了与 LMS 算法有关的数值方面的问题外, 算法的实际应用中还会遇到另一个相当难以对付的问题: 某类输入激励会导致参数偏差, 即尽管输入、扰动和估计误差都是有界的, 但 LMS 算法中的参数估计值或抽头权值却会达到任意大(Sethares et al., 1986)。尽管人们很不希望出现这一无界现象, 但当算法中的所有可观测信号都收敛到零时, 这些参数估计值却有可能漂移到无限大。因为抽头权值代表算法的内部变量, 所以可将 LMS 算法的参数偏差看做隐形不稳定。参数偏差有可能导致新的数值问题, 使算法对非模型扰动的敏感性增加, 并且使算法的长期性能下降。

为了鉴别参数偏差这个难题, 需要引入一些与参数空间有关的新概念。因此, 我们要暂时脱离本节的主题, 转而介绍这些概念。

一系列随时间 n 变化的承载信息的抽头输入向量 $\mathbf{u}(n)$ 用于将实 M 维参数空间 $\mathbb{R}^M$ 划分为正交子空间, 这里 M 是抽头权值个数(即可用自由度数)。这一划分的目的是为了将自

适应滤波算法(如 LMS 算法)转化为更加简单的子系统,从而使参数估计的瞬态特性与滤波器激励之间建立起紧密的联系。该划分如图 12.3 所示。我们要特别注意区别 $\mathbb{R}^M$ 的下列子空间:

1)**非受激子空间**　若 $M \times 1$ 维向量 z 是参数空间 $\mathbb{R}^M$ 的任意一个元素,且满足以下两个条件:

- 向量 z 的欧氏范数为 1,即

$$\|\mathbf{z}\| = 1$$

- 对于除有限次自适应循环 n 之外的所有自适应循环,向量 z 与抽头输入向量 $\mathbf{u}(n)$ 正交。

$$\mathbf{z}^T\mathbf{u}(n) \neq 0, \quad 通常是有限的 \tag{12.22}$$

若用 $\mathscr{S}_u$ 表示由所有这些 z 向量的集合所张成的 $\mathbb{R}^M$ 子空间,则子空间 $\mathscr{S}_u$ 称为非受激子空间,因为它所张成的参数空间 $\mathbb{R}^M$ 中的那些方向通常只受到有限的激励。

图 12.3　以激励为基础对参数空间 $\mathbb{R}^M$ 进行分解

2)**受激子空间**　若用 $\mathscr{S}_e$ 表示非受激子空间 $\mathscr{S}_u$ 的正交补空间。显然,$\mathscr{S}_e$ 也是参数空间 $\mathbb{R}^M$ 的子空间,并且它所包含的参数空间 $\mathbb{R}^M$ 中的那些方向通常受到的激励却是无限的。因此,除了零向量外,属于子空间 $\mathscr{S}_e$ 的每个元素 z 满足如下条件

$$\mathbf{z}^T\mathbf{u}(n) \neq 0, \quad 通常是无限的 \tag{12.23}$$

正因为如此,子空间 $\mathscr{S}_e$ 也称为受激子空间。

按照激励对自适应滤波算法影响的不同,子空间 $\mathscr{S}_e$ 自身也可分解为三个正交子空间。这三个子空间可区分如下(Sethares et al., 1986):

- **持续受激子空间**　用 z 表示受激子空间 $\mathscr{S}_e$ 中的任意单位向量 z。对任意正整数 m 和任意的 $\alpha > 0$,选择这样一个向量 z,使它满足

$$\mathbf{z}^T\mathbf{u}(i) > \alpha \quad 对 \ n \leqslant i \leqslant n+m \ 和对所有除了 \ n \ 的有限数 \tag{12.24}$$

给定正数 m 和常数 α,若用 $\mathscr{S}_p(m, \alpha)$ 表示由满足式(12.24)的所有向量 z 所张成的子空间,那么存在一个有限大的数 m_0 和一个正数 α_0。此时,这两个参数的取值可使子空间 $\mathscr{S}_p(m_0, \alpha_0)$ 达到最大。换言之,对所有的 $m > 0$ 和所有的 $\alpha > 0$,$\mathscr{S}_p(m_0, \alpha_0)$ 包含 $\mathscr{S}_p(m, \alpha)$。子空间 $\mathscr{S}_p \equiv \mathscr{S}_p(m_0, \alpha_0)$ 称为持续受激子空间,而 m_0 则称为激励间隔。在持续受激子空间 $\mathscr{S}_p$ 中的每个 z 向量方向上,在有限个长为 m_0 的间隔之外,至少存在一个电平为 α_0 的激励。因此可以发现,在持续受激子空间中,抽头输入向量

u(n)所含信号的频率成分十分丰富，足以激励控制受测自适应滤波算法的瞬态特性的所有内部模式(Narendra & Annaswamy, 1989)。

- 递减受激子空间　考虑一个序列 $u(i)$，满足

$$\left(\sum_{i=1}^{\infty} |u(i)|^p \right)^{1/p} < \infty \tag{12.25}$$

对于 $1 < p < \infty$，这样一个序列称为正则线性空间 $\mathbb{L}^p$ 中的一个元素。这一新空间的范数定义为

$$\|\mathbf{u}\|_p = \left(\sum_{i=1}^{\infty} |u(i)|^p \right)^{1/p} \tag{12.26}$$

注意，对于 $1 < p < \infty$，若序列 $u(i)$ 是 $\mathbb{L}^p$ 中的一个元素，则

$$\lim_{n \to \infty} u(n) = 0 \tag{12.27}$$

令 **z** 表示受激子空间 $\mathscr{S}_e$ 中任意的单位范数向量，使得对于 $1 < p < \infty$，序列 $\mathbf{z}^T\mathbf{u}(n)$ 包含在正则线性空间 $\mathbb{L}^p$ 中。令 $\mathscr{S}_d$ 表示由所有 **z** 向量所张成的子空间。子空间 $\mathscr{S}_d$ 称为递减受激子空间，在这个意义上，$\mathscr{S}_d$ 的每个方向所受激励是递减的。对任意一个 $\mathbf{z} \neq \mathbf{0}$ 的向量，下列两个条件

$$|\mathbf{z}^T\mathbf{u}(n)| = \alpha > 0 \qquad \text{通常是无限的}$$

和

$$\lim_{n \to \infty} \mathbf{z}^T\mathbf{u}(n) = 0$$

无法同时满足。事实上，可以看出递减受激子空间 $\mathscr{S}_d$ 与持续受激子空间 $\mathscr{S}_p$ 是彼此正交的。

- 其他受激子空间　设用 $\mathscr{S}_p \cup \mathscr{S}_d$ 表示持续受激子空间 $\mathscr{S}_p$ 和递减受激子空间 $\mathscr{S}_d$ 的一个并集，用 $\mathscr{S}_o$ 表示位于受激子空间 $\mathscr{S}_e$ 内 $\mathscr{S}_p \cup \mathscr{S}_d$ 的正交补空间。子空间 $\mathscr{S}_o$ 称为其他性质的受激子空间(简称其他受激子空间)。在子空间 $\mathscr{S}_o$ 中的任何向量不是无激励的，也不是持续激励的，且对于任何有限的 p，它也不在正则线性空间 $\mathbb{L}^p$ 中。这样一个信号的例子是如下序列

$$\mathbf{z}^T\mathbf{u}(n) = \frac{1}{\ln(1 + n)} \qquad n = 1, 2, \cdots \tag{12.28}$$

现在，让我们回到 LMS 算法中参数偏差问题的讨论。可以发现，对于非受激子空间和持续受激子空间中的有界激励和有界扰动而言，由 LMS 算法应用导出的参数估计实际上是有界的。然而，在递减和其他受激子空间中，可能出现参数偏差(Sethares et al., 1986)。使用 LMS 算法时，消除参数偏差的一种通用方法就是在算法的权值更新方程中引入泄漏技术。事实上，这就是使用前述泄漏 LMS 算法的另外一个原因。

12.3　递归最小二乘算法

除了 LMS 算法外，求解自适应滤波问题的另一种方法就是 RLS 算法。如第 10 章所述，RLS 算法的特点是收敛速率快，收敛时对输入数据的基本相关矩阵的特征值扩散度不敏感，

而且失调几乎可以忽略不计(在无扰动的稳态条件下,失调为零)。此外,尽管该算法对计算的要求比较苛刻(因为它的计算复杂度是 M^2 数量级,这里 M 为抽头权向量的维数),但是它的数学表达式及其实现方式都相当简单。然而,当用有限字长运算实现 RLS 算法时,需要考虑其可能存在的数值不稳定问题。

基本上,RLS 算法的数值不稳定性或很强的发散性,类似于卡尔曼滤波实验中所呈现的特性,因为 RLS 算法是卡尔曼滤波的一个特例(见第 14 章)。实际上,这一问题可追踪到这样一个事实,Riccati方程中时间更新矩阵 $\mathbf{P}(n)$ 是作为两个非负定矩阵之差计算的,如式(10.19)所示。因此,当矩阵 $\mathbf{P}(n)$ 失去正定特性或埃尔米特对称性时,该算法就可能呈现很强的发散性。这正是表 10.1 所述的 RLS 算法一般表达式可能发生的问题(Verhaegen,1989)。

那么,在出现数值误差时,怎样能够使 RLS 算法保持矩阵 $\mathbf{P}(n)$ 的埃尔米特对称性呢?从实用的角度来看,如果可以用很高的计算效率求出这个基本问题的解,那么它显然会满足这一要求。为此,我们在这里给出表 12.1 所示的一种特殊的 RLS 算法。该算法由 Yang(1994)提出;为了保护所设计的矩阵 $\mathbf{P}(n)$ 的埃尔米特对称性,他使用了一种计算效率很高的方法[1]。由于该算法只简单地计算由算子 Tri{} 所表示的矩阵 $\mathbf{P}(n)$ 的上三角或下三角部分,而后将数值填入矩阵的其余部分,以保护矩阵的埃尔米特特性,因此改善了算法的计算效率。此外,算法中还用到与预先计算好的 λ^{-1} 值进行的乘法运算代替了用 λ 进行的除法运算。

表 12.1　计算高效的对称保护型 RLS 算法小结

算法初始化,即令

$$\mathbf{P}(0) = \delta^{-1}\mathbf{I} \quad \delta = \text{小的调整参数}$$

$$\hat{\mathbf{w}}(0) = \mathbf{0}$$

对每个时刻 $n = 1, 2, \cdots$,计算

$$\boldsymbol{\pi}(n) = \mathbf{P}(n-1)\mathbf{u}(n)$$

$$r(n) = \frac{1}{\lambda + \mathbf{u}^{\mathrm{H}}(n)\boldsymbol{\pi}(n)}$$

$$\mathbf{k}(n) = r(n)\boldsymbol{\pi}(n)$$

$$\xi(n) = d(n) - \hat{\mathbf{w}}^{\mathrm{H}}(n-1)\mathbf{u}(n)$$

$$\hat{\mathbf{w}}(n) = \hat{\mathbf{w}}(n-1) + \mathbf{k}(n)\xi^*(n)$$

$$\mathbf{P}(n) = \text{Tri}\{\lambda^{-1}[\mathbf{P}(n-1) - \mathbf{k}(n)\boldsymbol{\pi}^{\mathrm{H}}(n)]\}$$

12.3.1　误差传播模型

现将注意力转向误差传播模型[2]。根据表 12.1 的算法,计算相关矩阵 $\mathbf{P}(n)$ 的逆矩阵所

---

[1]　Verhaegen(1989)阐述了另外一种可以保持对称性的 RLS 算法。尽管 Verhaegen 提出的算法不如 Yang 提出的算法计算效率高,但是两者所呈现的数值特征是完全一样的。

[2]　本章讨论的 RLS 滤波器的误差传播模型,用于研究线性化后的舍入传播机制,并且重点讨论指数稳定特性。然而,实际上 RLS 滤波器中的舍入误差是按非线性机制传播的。因此,使用线性化方法只表明了 RLS 算法的局部指数稳定性,而并不能指出累加误差应小到什么程度才能够在忽略式(12.35)和式(12.37)中的非线性(二阶)项影响时,不破坏滤波器的稳定性。Liavas 和 Regalia(1999)在他们的论文中研究了无论从理论上还是从实践上而言都很重要的非线性问题。在他们的论文中,导出了字长要求的界限,以便保证标准 RLS 滤波器有精度实现中有界的误差积累和一致性。这些界限可按照指数加权因子和输入信号适应条件来表示。

涉及的递归关系式如下:

$$\boldsymbol{\pi}(n) = \mathbf{P}(n-1)\mathbf{u}(n) \tag{12.29}$$

$$r(n) = \frac{1}{\lambda + \mathbf{u}^{\mathrm{H}}(n)\boldsymbol{\pi}(n)} \tag{12.30}$$

$$\mathbf{k}(n) = r(n)\boldsymbol{\pi}(n) \tag{12.31}$$

$$\mathbf{P}(n) = \mathrm{Tri}\{\lambda^{-1}[\mathbf{P}(n-1) - \mathbf{k}(n)\boldsymbol{\pi}^{\mathrm{H}}(n)]\} \tag{12.32}$$

在式(12.32)中,λ 是指数加权因子。下面,我们在假设无其他量化误差的条件下,讨论自适应循环 $n-1$ 时的单个量化误差如何向相继的递归过程传播。特别地,令

$$\mathbf{P}_q(n-1) = \mathbf{P}(n-1) + \boldsymbol{\eta}_p(n-1) \tag{12.33}$$

式中误差矩阵 $\boldsymbol{\eta}_p(n-1)$ 是在量化 $\mathbf{P}(n-1)$ 时产生的。$\boldsymbol{\pi}(n)$ 相应的量化值为

$$\boldsymbol{\pi}_q(n) = \boldsymbol{\pi}(n) + \boldsymbol{\eta}_p(n-1)\mathbf{u}(n) \tag{12.34}$$

令 $r_q(n)$ 表示 $r(n)$ 的量化值,则利用定义式(12.30),可以写出

$$
\begin{aligned}
r_q(n) &= \frac{1}{\lambda + \mathbf{u}^{\mathrm{H}}(n)\boldsymbol{\pi}_q(n)} \\
&= \frac{1}{\lambda + \mathbf{u}^{\mathrm{H}}(n)\boldsymbol{\pi}(n) + \mathbf{u}^{\mathrm{H}}(n)\boldsymbol{\eta}_p(n-1)\mathbf{u}(n)} \\
&= \frac{1}{\lambda + \mathbf{u}^{\mathrm{H}}(n)\boldsymbol{\pi}(n)}\left(1 + \frac{\mathbf{u}^{\mathrm{H}}(n)\boldsymbol{\eta}_p(n-1)\mathbf{u}(n)}{\lambda + \mathbf{u}^{\mathrm{H}}(n)\boldsymbol{\pi}(n)}\right)^{-1} \\
&= \frac{1}{\lambda + \mathbf{u}^{\mathrm{H}}(n)\boldsymbol{\pi}(n)} - \frac{\mathbf{u}^{\mathrm{H}}(n)\boldsymbol{\eta}_p(n-1)\mathbf{u}(n)}{(\lambda + \mathbf{u}^{\mathrm{H}}(n)\boldsymbol{\pi}(n))^2} + O(\boldsymbol{\eta}_p^2) \\
&= r(n) - \frac{\mathbf{u}^{\mathrm{H}}(n)\boldsymbol{\eta}_p(n-1)\mathbf{u}(n)}{(\lambda + \mathbf{u}^{\mathrm{H}}(n)\boldsymbol{\pi}(n))^2} + O(\boldsymbol{\eta}_p^2)
\end{aligned}
\tag{12.35}
$$

式中 $O(\boldsymbol{\eta}_p^2)$ 表示 $\|\boldsymbol{\eta}_p\|^2$ 的数量级。

　　在理想情况(即无限字长)下,标量 $r(n)$ 是非负的,其取值介于 0 和 $1/\lambda$ 之间。另一方面,如果 $\mathbf{u}^{\mathrm{H}}(n)\boldsymbol{\pi}(n)$ 小于 λ,且 λ 远小于 1,则由式(12.35)可知,在有限字长条件下,$r_q(n)$ 可能取绝对值大于 $1/\lambda$ 的负数。当出现这种情况时,RLS 算法将呈现很强的发散性(Bottomley & Alexander,1989)[①]。

　　增益向量 $\mathbf{k}(n)$ 的量化值可写为

$$
\begin{aligned}
\mathbf{k}_q(n) &= r_q(n)\boldsymbol{\pi}_q(n) \\
&= \mathbf{k}(n) + \boldsymbol{\eta}_k(n)
\end{aligned}
\tag{12.36}
$$

式中

$$\boldsymbol{\eta}_k(n) = r(n)(\mathbf{I} - \mathbf{k}(n)\mathbf{u}^{\mathrm{H}}(n))\boldsymbol{\eta}_p(n-1)\mathbf{u}(n) + O(\boldsymbol{\eta}_p^2) \tag{12.37}$$

---

① Bottomley 和 Alexander(1989)在他们的论文中指出,因子 $r_q(n)$ 的演化过程很好地表示了该过程强烈的发散特性。因为该因子先增大,而后突然变为负数。

是增益向量量化误差。最后，由式(12.32)可见，计算更新的逆相关矩阵 $\mathbf{P}(n)$ 所产生的量化误差可表示为

$$\boldsymbol{\eta}_p(n) = \lambda^{-1}(\mathbf{I} - \mathbf{k}(n)\mathbf{u}^{\mathrm{H}}(n))\boldsymbol{\eta}_p(n-1)(\mathbf{I} - \mathbf{k}(n)\mathbf{u}^{\mathrm{H}}(n))^{\mathrm{H}} \tag{12.38}$$

式中忽略了 $O(\boldsymbol{\eta}_p^2)$ 项。

假设在前面的自适应循环中条件 $\boldsymbol{\eta}_p^{\mathrm{H}}(n-1) = \boldsymbol{\eta}_p(n-1)$ 成立，则在式(12.38)的基础上，可尝试推断出 $\boldsymbol{\eta}_p^{\mathrm{H}}(n) = \boldsymbol{\eta}_p(n)$，即表 12.1 所述的 RLS 算法在运算过程中保持埃尔米特对称性。在下文中，我们将通过 RLS 算法公式中不会出现崩溃现象这一事实，来证明以上断言的正确性。当然，在此过程中，还假设算法不会出现停顿现象。

式(12.38)以 $\mathbf{P}(n-1)$ 中的单个量化误差为基础定义了表 12.1 概述的 RLS 算法的误差传播机制。在单个量化误差 $\boldsymbol{\eta}_p(n-1)$ 通过算法传播的过程中，矩阵 $\mathbf{I} - \mathbf{k}(n)\mathbf{u}^{\mathrm{H}}(n)$ 起着非常重要的作用。利用式(10.22)对增益向量所做的原始定义，即

$$\mathbf{k}(n) = \boldsymbol{\Phi}^{-1}(n)\mathbf{u}(n) \tag{12.39}$$

可以写出

$$\mathbf{I} - \mathbf{k}(n)\mathbf{u}^{\mathrm{H}}(n) = \mathbf{I} - \boldsymbol{\Phi}^{-1}(n)\mathbf{u}(n)\mathbf{u}^{\mathrm{H}}(n) \tag{12.40}$$

其次，由式(10.12)，我们有

$$\boldsymbol{\Phi}(n) = \lambda\boldsymbol{\Phi}(n-1) + \mathbf{u}(n)\mathbf{u}^{\mathrm{H}}(n) \tag{12.41}$$

将式(12.41)两边同时乘以逆矩阵 $\boldsymbol{\Phi}^{-1}(n)$，并整理后可得

$$\mathbf{I} - \boldsymbol{\Phi}^{-1}(n)\mathbf{u}(n)\mathbf{u}^{\mathrm{H}}(n) = \lambda\boldsymbol{\Phi}^{-1}(n)\boldsymbol{\Phi}(n-1) \tag{12.42}$$

比较式(12.40)与式(12.42)，容易推断

$$\mathbf{I} - \mathbf{k}(n)\mathbf{u}^{\mathrm{H}}(n) = \lambda\boldsymbol{\Phi}^{-1}(n)\boldsymbol{\Phi}(n-1) \tag{12.43}$$

假设我们现在考虑 $n_0 \le n$ 时引起的量化误差 $\boldsymbol{\eta}_p(n_0)$ 的影响。则当使用表 12.1 所示的 RLS 算法，并按照式(12.38)所示的误差传播模型来保持矩阵 $\mathbf{P}(n)$ 的埃尔米特对称性时，可得出量化误差 $\boldsymbol{\eta}_p(n_0)$ 的影响变为在自适应循环 n 对它进行修正，从而得到

$$\boldsymbol{\eta}_p(n) = \lambda^{-(n-n_0)}\boldsymbol{\varphi}(n, n_0)\boldsymbol{\eta}_p(n_0)\boldsymbol{\varphi}^{\mathrm{H}}(n, n_0), \quad n \ge n_0 \tag{12.44}$$

式中

$$\boldsymbol{\varphi}(n, n_0) = (\mathbf{I} - \mathbf{k}(n)\mathbf{u}^{\mathrm{H}}(n)) \cdots (\mathbf{I} - \mathbf{k}(n_0 + 1)\mathbf{u}^{\mathrm{H}}(n_0 + 1)) \tag{12.45}$$

是转移矩阵。在式(12.45)中反复使用式(12.43)，则用等效形式可将转移矩阵表示为

$$\boldsymbol{\varphi}(n, n_0) = \lambda^{n-n_0}\boldsymbol{\Phi}^{-1}(n)\boldsymbol{\Phi}(n_0) \tag{12.46}$$

相关矩阵定义为[忽略式(10.8)中的正则化项]

$$\boldsymbol{\Phi}(n) = \sum_{i=1}^{n}\lambda^{n-i}\mathbf{u}(i)\mathbf{u}^{\mathrm{H}}(i) \tag{12.47}$$

在此定义基础上，当 n 充分大时，就将抽头输入向量 $\mathbf{u}(n)$ 称为均匀持续激励。当然，这里要假设 a、b 和 N 存在，并且满足 $0 < a < b < \infty$ 和如下的条件(Ljung & Ljung, 1985)：

$$a\mathbf{I} \le \boldsymbol{\Phi}(n) \le b\mathbf{I} \quad 对于所有 n \ge N \tag{12.48}$$

式(12.48)中使用的符号是为了说明矩阵 $\mathbf{\Phi}(n)$ 是正定矩阵。持续激励的条件不仅可以保证 $\mathbf{\Phi}(n)$ 的正定性,而且可以保证其矩阵范数在 $n \geq N$ 时一致有界,即

$$\|\mathbf{\Phi}^{-1}(n)\| \leq \frac{1}{a} \quad 对于 \, n > N \tag{12.49}$$

回到式(12.46)的转移矩阵 $\boldsymbol{\varphi}(n, n_0)$ 并引用矩阵范数的相互一致性[1],可以写出

$$\|\boldsymbol{\varphi}(n, n_0)\| \leq \lambda^{n-n_0} \|\mathbf{\Phi}^{-1}(n)\| \cdot \|\mathbf{\Phi}(n_0)\| \tag{12.50}$$

其次,由式(12.49),可将式(12.50)改写为

$$\|\boldsymbol{\varphi}(n, n_0)\| \leq \frac{\lambda^{n-n_0}}{a} \|\mathbf{\Phi}(n_0)\| \tag{12.51}$$

最后,我们可利用式(12.44)的误差传播方程将 $\boldsymbol{\eta}_p(n)$ 的欧氏范数表示为

$$\|\boldsymbol{\eta}_p(n)\| \leq \lambda^{-(n-n_0)} \|\boldsymbol{\varphi}(n, n_0)\| \cdot \|\boldsymbol{\eta}_p(n-1)\| \cdot \|\boldsymbol{\varphi}^{\mathrm{H}}(n, n_0)\|$$

由式(12.51),上式可改写为

$$\|\boldsymbol{\eta}_p(n)\| \leq \lambda^{n-n_0} M \quad n \geq n_0 \tag{12.52}$$

式中

$$M = \frac{1}{a^2} \|\mathbf{\Phi}(n_0)\|^2 \|\boldsymbol{\eta}_p(n-1)\| \tag{12.53}$$

是一个正数。式(12.53)表明表 12.1 的 RLS 算法是指数稳定的。因为只要 $\lambda < 1$(即只要算法具有有限记忆),在自适应循环 n_0 由相关矩阵 $\mathbf{P}(n_0)$ 逆矩阵产生的单量化误差 $\boldsymbol{\eta}_p(n_0)$ 就按指数方式衰减[2]。换言之,通过这个有限记忆标准 RLS 算法公式的单误差传播是收缩的。Verhaegen(1989)用计算机模拟的方法证实了这个结论的有效性。

然而,要注意的是,当记忆增强即 $\lambda = 1$ 时,单误差传播并不是收缩的;其原因是,此时即使输入向量 $\mathbf{u}(n)$ 是持续激励的,$\boldsymbol{\varphi}(n, n_0) \leq \mathbf{I}$ 和 $\|\boldsymbol{\varphi}(n, n_0)\| \leq 1$ 也都不成立;于是,数值误差不断累积,最终将导致算法发散(Yang, 1994)。另外,Slock 和 Kailath (1991)经过独立的研究后也指出,当 $\lambda = 1$ 时,RLS 算法中的误差传播机制是不稳定的,具有随机游动型特性。Ardalan 和 Alexander(1987)用实例证实了这种数值发散现象。

12.3.2 停顿

如同 LMS 算法一样,第二种形式的发散称为停顿,发生在 RLS 算法中的抽头权值停止自适应的时候。特别地,停顿发生在矩阵 $\mathbf{P}(n)$ 量化后的元素变得很小时,以至于此时乘以 $\mathbf{P}(n)$ 相当于乘以一个零矩阵(Bottomley & Alexander, 1989)。显然,无论以何种方式实现 RLS 算法都可能引起停顿。

停顿与指数加权因子 λ 及输入数据 $u(n)$ 的方差 σ_u^2 直接有关。假如 λ 接近于 1,则由相

---

[1] 若有两个维数相容的矩阵 $\mathbf{A}$ 和矩阵 $\mathbf{B}$,则它们之间的相互一致性可表示为
$$\|\mathbf{AB}\| \leq \|\mathbf{A}\| \cdot \|\mathbf{B}\|$$
(见附录 E)。

[2] Ljung 和 Ljung 首先于 1985 年严格地证明了 RLS 算法中的单误差传播是指数稳定的。Verhaegen(1989)则更加详细地研究了这个问题。随后,Slock 和 Kailath(1991)及 Yang(1994)又在各自的论文中进一步证实了 RLS 算法的误差传播机制具有指数稳定性。

关矩阵 $\boldsymbol{\Phi}(n)$ 的定义可知，$\boldsymbol{\Phi}(n)$ 的数学期望可表示为

$$\mathbb{E}\big[\boldsymbol{\Phi}(n)\big] \approx \frac{\mathbf{R}}{1-\lambda} \qquad 对于大的 n \tag{12.54}$$

[我们将在第 13 章中证明这一近似关系，见式(13.49)。]当 λ 接近于 1 时，

$$\mathbb{E}\big[\mathbf{P}(n)\big] = \mathbb{E}\big[\boldsymbol{\Phi}^{-1}(n)\big] \approx \big(\mathbb{E}\big[\boldsymbol{\Phi}(n)\big]\big)^{-1} \tag{12.55}$$

然后，将式(12.54)代入式(12.55)，可以得到

$$\mathbb{E}\big[\mathbf{P}(n)\big] \approx (1-\lambda)\mathbf{R}^{-1} \qquad 对于大的 n \tag{12.56}$$

式中 $\mathbf{R}^{-1}$ 是矩阵 $\mathbf{R}$ 的逆矩阵。如果，抽头输入向量 $\mathbf{u}(n)$ 的信号从均值为 0 的广义平稳过程中抽样，则可以得到如下关系式

$$\mathcal{R} = \frac{1}{\sigma_u^2}\mathbf{R}, \tag{12.57}$$

式中 $\mathcal{R}$ 是对角线上的元素等于 1、非对角元素小于等于 1 的归一化相关矩阵，σ_u^2 是输入数据抽样值 $u(n)$ 的方差。因此，式(12.56)可改写为

$$\mathbb{E}\big[\mathbf{P}(n)\big] \approx \left(\frac{1-\lambda}{\sigma_u^2}\right)\mathcal{R}^{-1} \qquad 对于大的 n \tag{12.58}$$

式(12.58)表明，如果指数加权因子 λ 接近 1 或输入数据的方差 σ_u^2 很大时，RLS 算法可能出现停顿。因此，通过在逆相关矩阵 $\mathbf{P}(n)$ 计算中使用充分大的累加器位数，可防止标准 RLS 算法出现停顿，但增加了算法实现的复杂度。

12.4　小结与讨论

本章研究了 LMS 和 RLS 算法的数值稳定性问题。

LMS 算法具有数值鲁棒性。当 LMS 算法在有限字长条件下工作时，需要注意的是：当步长参数 μ 下降到某一程度时，有限字长 LMS 算法抽头权值舍入误差的影响将变得很明显。此外，可以通过在算法中引入泄漏技术来改善有限字长 LMS 算法的性能。

另一方面，RLS 算法容易产生数值不稳定性或者剧烈的发散，其原因是其相关矩阵 $\mathbf{P}(n)$ 是按式(10.19)进行时间更新的。该时间更新式包含两个非负定矩阵之差的计算，结果造成 $\mathbf{P}(n)$ 可能不再是非负定的，因此会发生数值不稳定性。这一缺陷可通过采用平方根滤波来改善，但以增加计算复杂度为代价。(关于平方根滤波的问题，可见第 14 章关于卡尔曼滤波的讨论，RLS 算法是它的一个特例。)

当考虑自适应滤波器的有限字长实现时，LMS 算法一般来说是一个比 RLS 算法更好的选择，原因如下：

1) LMS 算法是模型独立的，这是随机梯度法的一个固有特点。
2) LMS 算法的计算复杂度较低。

12.5　习题

1. 考虑利用定点运算数字实现 LMS 算法，如 12.2 节所讨论的。证明由量化抽头权向量产生的 $M \times 1$ 误差向量 $\Delta\hat{\mathbf{w}}(n)$ 可以按下式进行更新

$$\Delta\hat{\mathbf{w}}(n+1) = \mathbf{F}(n)\Delta\mathbf{w}(n) + \mathbf{t}(n) \qquad n = 0,1,2,\cdots$$

式中 $\mathbf{F}(n)$ 是 $M \times M$ 矩阵，$\mathbf{t}(n)$ 是 $M \times 1$ 向量[从而定义了 $\mathbf{F}(n)$ 和 $\mathbf{t}(n)$]。将分析建立在实数据的基础上。

2. 利用习题 1 的结论，并引用第 6 章的小步长 LMS 理论，证明

$$\mathbb{E}\big[\Delta\hat{\mathbf{w}}(n)\big] = \mathbf{0}$$

3. 考虑 Ⅰ 和 Ⅱ 两个 FIR 滤波器，长度均为 M。滤波器 Ⅰ 的所有抽头输入和抽头权值都用无限精度形式表示。滤波器 Ⅱ 等同于滤波器 Ⅰ，除了这时用有限字长形式表示滤波器抽头权值之外。令 $y_{\text{I}}(n)$ 和 $y_{\text{II}}(n)$ 表示各滤波器对应于抽头输入 $u(n), u(n-1), \cdots, u(n-M-1)$ 的输出。定义误差

$$\varepsilon(n) = y_{\text{I}}(n) - y_{\text{II}}(n)$$

假设输入 $u(n)$ 是独立随机变量，且具有等于 A_{rms} 的共同 rms 值。试证明误差 $\varepsilon(n)$ 的均方值可表示为

$$\mathbb{E}\big[\varepsilon^2(n)\big] = A_{\text{rms}}^2 \sum_{i=0}^{M-1} \big(w_i - w_{iq}\big)^2$$

式中 w_{iq} 是抽头权值 w_i 的量化形式。

4. 考虑一个 17 个抽头、步长参数 $\mu = 0.07$ 的 LMS 算法。输入数据流具有等于 1 的均方根(rms)值。

   (a) 给定一个具有 12 比特精度的量化过程，试计算相应的数字残差值。

   (b) 假设抽头量化是引起输出误差的唯一原因。试利用习题 3 的结果，计算输出中产生的测量误差的 rms 值。并将这个误差与(a)中的计算结果相比较。

5. 在表 10.1 的 RLS 算法小结中，通过引入向量

$$\boldsymbol{\pi}(n) = \lambda^{-1}\mathbf{P}(n-1)\mathbf{u}(n)$$

简化 RLS 算法计算复杂度的计算。而在表 12.1 中，引入稍微不同的向量

$$\boldsymbol{\pi}(n) = \mathbf{P}(n-1)\mathbf{u}(n)$$

试说明本章选择后一种定义的合理性。

6. 证明表 12.1 中总结的 RLS 算法能保持埃尔米特对称性。假设在自适应循环 $n-1$ 中，单量化误差可表示为

$$\mathbf{P}_q(n-1) = \mathbf{P}(n-1) + \boldsymbol{\eta}_p(n-1)$$

式中 $\mathbf{P}_q(n-1)$ 是矩阵 $\mathbf{P}(n-1)$ 的量化矩阵，$\boldsymbol{\eta}_p(n-1)$ 是量化误差矩阵。

7. 在式(12.24)和式(12.48)中，我们用两种不同的方法定义了抽头输入向量 $\mathbf{u}(n)$ 持续激励的条件。试将这两个条件统一起来。

第13章 非平稳环境下的自适应

在前面的章节中，我们详细研究了最小均方（LMS）和递归最小二乘（RLS）算法，重点讨论了这两种算法工作在平稳环境下的平均特性。在这种环境下，误差性能曲面是固定不变的，而基本要求是以一步一步的方式搜索该曲面的最小点，从而保证算法具有最优或次优的性能。这一思想以维纳滤波器为参考框架，最小点由维纳解定义。

遗憾的是，实际中我们遇到的环境大多是非平稳的，这种情况下的维纳解将是时变的。因此，在实际应用中，自适应算法还要完成一个附加的任务：

跟踪误差性能曲面最小点的连续时变位置。

换言之，算法要不断地跟踪环境的统计变化。当然这些变化要足够慢，以使跟踪是实际可行的。

与收敛这一瞬态现象相比，跟踪是一种稳态现象。由此可知，要检测一个自适应滤波器的跟踪能力，首先要使它从瞬态工作模式切换到稳态工作模式；其次，滤波器的自由参数还必须连续可调。此外，要说明的是，收敛速率和跟踪能力一般来说是一个算法的两种不同特性。特别地，一个收敛性能好的自适应滤波算法不一定具有快速跟踪能力，反之亦然。

13.1 非平稳的前因后果

自适应滤波算法工作的非平稳环境，可能来自以下两种原因之一：

1）算法的期望响应不仅是含噪的而且是时变的。例如，由系统辨识问题引起的这种情况，如同我们提到的，研究的这种系统不仅含噪而且时变。此时，自适应滤波算法中抽头输入的相关矩阵仍然保持固定不变（如同平稳条件一样），而将抽头输入与期望响应之间的互相关向量假设为时变形式。

2）加到算法的抽头输入上的随机过程是非平稳的。例如，当用自适应滤波算法均衡一个时变信道时，就会出现这种情况。此时，抽头输入的相关矩阵和抽头输入与期望响应之间的互相关向量都假设为时变形式。

因此，时变系统的跟踪不仅取决于所用的自适应滤波算法，而且与所讨论的具体问题密切相关。

为了研究强调跟踪的非平稳环境下的自适应，需要考虑以下两个基本问题：

问题1：怎样在 LMS 和 RLS 算法中选择一个算法作为跟踪的基础？

问题2：怎样自动调整跟踪算法的自适应参数以实现尽可能好的性能？

问题1构成本章的第一部分，包含13.2节~13.7节；问题2构成本章的第二部分，包含13.8节~13.11节。

13.2 系统辨识问题

为了研究人们感兴趣的系统辨识中未知时变系统的跟踪问题，我们将集中研究非平稳环境下的通用时变模型。这个模型受制于如下两个基本过程：

1) 一阶马尔可夫过程　设用 FIR 滤波器建模一个未知环境的动态方程，则其抽头权向量 $\mathbf{w}_o(n)$（即冲激响应）的变化过程可用一个一阶马尔可夫过程来描述，其向量形式为

$$\mathbf{w}_o(n+1) = a\mathbf{w}_o(n) + \boldsymbol{\omega}(n) \tag{13.1}$$

式中，a 是模型的一个固定参数，$\boldsymbol{\omega}(n)$ 是均值为零、相关矩阵为 $\mathbf{R}_\omega$ 的过程噪声向量。抽头权向量 $\mathbf{w}_o(n)$ 可看做过程噪声 $\boldsymbol{\omega}(n)$ 的来源，其各个分量加到一组单极点低通滤波器。每个这样的低通滤波器转移函数为 $1/(1-az^{-1})$，这里 z^{-1} 是单位延迟算子。假设参数 a 的值很接近 1。这一假设的意义是，低通滤波器的带宽远小于输入数据的速率。等效地，我们可以说，马尔可夫模型要经过多次自适应循环才能产生抽头权向量 $\mathbf{w}_o(n)$ 的显著变化。

2) 多重回归模型　环境的可测特性即期望响应用 $d(n)$ 表示，它受制于多重线性回归模型

$$d(n) = \mathbf{w}_o^{\mathrm{H}}(n)\mathbf{u}(n) + \nu(n) \tag{13.2}$$

式中 $\nu(n)$ 是测量噪声，假设它是均值为零、方差为 σ_ν^2 的白噪声，上标 H 表示埃尔米特转置（即复共轭转置）。因此，即使输入向量 $\mathbf{u}(n)$ 与噪声 $\nu(n)$ 都是平稳过程，但由于 $\mathbf{w}_o(n)$ 是时变的，模型的输出 $d(n)$ 仍然是一个非平稳随机过程。这就是对自适应滤波器提出的挑战。

式(13.1)和式(13.2)所描述的图 13.1 称为线性动态模型。

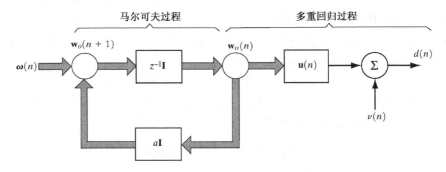

图 13.1　非平稳条件下的线性动态模型

在本章后面部分，我们把系统辨识看做感兴趣的自适应滤波任务。具体来说，给定可测 $d(n)$ 作为输入向量 $\mathbf{u}(n)$ 的期望响应。我们的任务就是设计一个自适应滤波器，使其跟踪马尔可夫模型的冲激响应向量 $\mathbf{w}_o(n)$ 的统计变化。图 13.2 描述了这个系统的辨识问题。该自适应过程涉及的误差信号定义为

$$
\begin{aligned}
e(n) &= d(n) - y(n) \\
&= \mathbf{w}_o^{\mathrm{H}}(n)\mathbf{u}(n) + \nu(n) - \hat{\mathbf{w}}^{\mathrm{H}}(n)\mathbf{u}(n)
\end{aligned}
\tag{13.3}
$$

式中 $\hat{\mathbf{w}}(n)$ 是自适应滤波器的抽头权向量，这里假设该自适应滤波器和与 $\mathbf{w}_o(n)$ 表征的未知动态模型均为 FIR 结构且具有相等的抽头数 M。抽头权向量 $\mathbf{w}_o(n)$ 表示滤波器要跟踪的目标。每当 $\hat{\mathbf{w}}(n)$ 等于 $\mathbf{w}_o(n)$ 时，由自适应滤波器产生的最小均方误差就等于不能降低的误差方差 σ_ν^2。

根据图 13.2，加到自适应滤波器上的期望响应 $d(n)$ 是环境的可观测量。因为环境是时变的，期望响应相应是非平稳的。我们发现，在抽头输入相关矩阵具有固定值 $\mathbf{R}_u$ 的情况下，自适应滤波器具有一个"碗状"的二次误差性能曲面，其位置在权值空间中处于恒定的运动状态中。

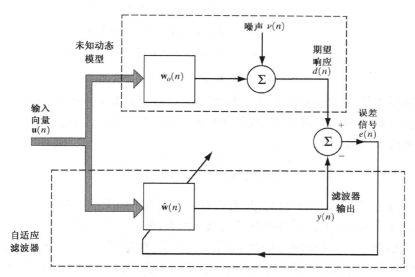

图 13.2　用自适应滤波器进行系统辨识：假设 $\mathbf{w}_o(n)$ 和 $\hat{\mathbf{w}}(n)$ 的长度均为 M

13.2.1　几点假设

典型地，因为图 13.1 未知动态模型中的过程噪声向量 $\boldsymbol{\omega}(n)$ 的时变过程很慢（即有界），这使得自适应 FIR 滤波器有可能使用 LMS 或 RLS 算法来跟踪未知环境动态特性的统计变化。

为了进行图 13.2 系统辨识问题中 LMS 和 RLS 算法的跟踪分析，在本章中做如下假设：

1）过程噪声 $\boldsymbol{\omega}(n)$ 是均值为零、相关矩阵为 $\mathbf{R}_\omega(n)$ 的白噪声。
2）测量噪声 $\nu(n)$ 是均值为零、方差为 σ_ν^2 的白噪声。
3）过程噪声 $\boldsymbol{\omega}(n)$ 与测量噪声 $\nu(n)$ 之间彼此独立。
4）测量矩阵 $\mathbf{u}^{\mathrm{H}}(n)$ 与测量噪声 $\nu(n)$、过程噪声 $\boldsymbol{\omega}(n)$ 均独立。

13.3　非平稳度

为了对模型的"慢"和"快"统计变化这一相当模糊的概念给出一个清晰的定义，我们引入了非平稳度（degree of nonstationarity）这一概念（Macchi，1995）。在图 13.1 的马尔可夫模型中，非平稳度(用 α 表示)正式定义为两个量[即过程噪声 $\boldsymbol{\omega}(n)$ 和向量 $\mathbf{u}(n)$ 之间内积的平方幅度的数学期望与测量噪声 $\nu(n)$ 平均功率的数学期望]之比的平方根，即

$$\alpha = \left(\frac{\mathbb{E}[|\boldsymbol{\omega}^{\mathrm{H}}(n)\mathbf{u}(n)|^2]}{\mathbb{E}[|\nu(n)|^2]} \right)^{1/2} \tag{13.4}$$

因此，非平稳度是单独时变系统的一个表征，即与自适应滤波器无关。

按照 $\boldsymbol{\omega}(n)$ 与 $\mathbf{u}(n)$ 之间独立的假设，式(13.4)中的分子可改写为

$$\begin{aligned}
\mathbb{E}[|\boldsymbol{\omega}^{\mathrm{H}}(n)\mathbf{u}(n)|^2] &= \mathbb{E}[\boldsymbol{\omega}^{\mathrm{H}}(n)\mathbf{u}(n)\mathbf{u}^{\mathrm{H}}(n)\boldsymbol{\omega}(n)] \\
&= \mathrm{tr}\{\mathbb{E}[\boldsymbol{\omega}^{\mathrm{H}}(n)\mathbf{u}(n)\mathbf{u}^{\mathrm{H}}(n)\boldsymbol{\omega}(n)]\} \\
&= \mathbb{E}\{\mathrm{tr}[\boldsymbol{\omega}^{\mathrm{H}}(n)\mathbf{u}(n)\mathbf{u}^{\mathrm{H}}(n)\boldsymbol{\omega}(n)]\} \\
&= \mathbb{E}\{\mathrm{tr}[\boldsymbol{\omega}(n)\boldsymbol{\omega}^{\mathrm{H}}(n)\mathbf{u}(n)\mathbf{u}^{\mathrm{H}}(n)]\} \\
&= \mathrm{tr}\{\mathbb{E}[\boldsymbol{\omega}(n)\boldsymbol{\omega}^{\mathrm{H}}(n)\mathbf{u}(n)\mathbf{u}^{\mathrm{H}}(n)]\} \\
&= \mathrm{tr}\{\mathbb{E}[\boldsymbol{\omega}(n)\boldsymbol{\omega}^{\mathrm{H}}(n)]\mathbb{E}[\mathbf{u}(n)\mathbf{u}^{\mathrm{H}}(n)]\} \\
&= \mathrm{tr}[\mathbf{R}_\omega \mathbf{R}_u]
\end{aligned} \tag{13.5}$$

这里 $\mathrm{tr}[\,\cdot\,]$ 表示方括号内矩阵的迹，$\mathbf{R}_u$ 是向量 $\mathbf{u}(n)$ 的相关矩阵，$\mathbf{R}_\omega$ 是过程噪声 $\boldsymbol{\omega}(n)$ 的相关矩阵。式(13.4)中的分母就是零均值测量噪声 $\nu(n)$ 的方差 σ_ν^2。于是，图13.1所示马尔可夫模型的非平稳度可简化为

$$\alpha = \frac{1}{\sigma_\nu} (\mathrm{tr}[\mathbf{R}_u \mathbf{R}_\omega])^{1/2} = \frac{1}{\sigma_\nu} (\mathrm{tr}[\mathbf{R}_\omega \mathbf{R}_u])^{1/2} \tag{13.6}$$

非平稳度 α 与自适应滤波器的失调 $\mathcal{M}$ 之间存在着一个很有用的关系。为了揭示这一关系，首先注意到，图13.2中自适应滤波器能够获得的最小均方误差 $J_{\min}$ 等于测量噪声 $\nu(n)$ 的方差 σ_ν^2。其次注意到，在跟踪图13.1的时变系统方面，自适应滤波器尽最大努力所能做到的也只是产生等于过程噪声向量 $\boldsymbol{\omega}(n)$ 的加权误差向量 $\boldsymbol{\varepsilon}(n)$。若令相关矩阵 $\boldsymbol{\varepsilon}(n)$ 等于相关矩阵 $\boldsymbol{\omega}(n)$，并回忆失调的定义(定义为额外均方误差与最小均方误差 $J_{\min} = \sigma_\nu^2$ 之比)，则可利用式(6.100)写出

$$\mathcal{M} = \frac{J_{\mathrm{ex}}(\infty)}{J_{\min}} \geqslant \frac{\mathrm{tr}[\mathbf{R}_u \mathbf{R}_\omega]}{\sigma_\nu^2} = \alpha^2 \tag{13.7}$$

换言之，失调 $\mathcal{M}$ 的平方根可作为非平稳度上界的估计。

下一节，我们将进一步讨论如何把失调作为一条准则来评估滤波器的跟踪特性。现在，我们利用式(13.7)做下列两点值得注意的陈述:

1) 对于慢统计变化，α 的值很小。这意味着可能构造一个能够跟踪图13.1中未知动态模型的自适应滤波器。

2) 当环境的统计特性变化太快时，α 的值可能大于1。此时，由自适应滤波器产生的失调超过100%，这意味着通过构造自适应滤波器来解决跟踪问题毫无优势可言。

13.4 跟踪性能评价准则

若以 $\mathbf{w}_o(n)$ 表示图13.2中未知动态系统的状态，用 $\hat{\mathbf{w}}(n)$ 表示自适应FIR滤波器的抽头权向量，则加权误差向量可定义为

$$\boldsymbol{\varepsilon}(n) = \mathbf{w}_o(n) - \hat{\mathbf{w}}(n) \tag{13.8}$$

根据 $\boldsymbol{\varepsilon}(n)$，我们可继续定义评价自适应滤波器跟踪能力的两个性能指标（figure of merit）。

1）均方偏差

评价跟踪能力时常用的指标是未知动态系统的实际权向量 $\mathbf{w}_o(n)$ 与自适应滤波器的可调权向量 $\hat{\mathbf{w}}(n)$ 之间的均方偏差，定义为

$$\begin{aligned}\mathscr{D}(n) &= \mathbb{E}[\|\mathbf{w}_o(n) - \hat{\mathbf{w}}(n)\|^2]\\ &= \mathbb{E}[\|\boldsymbol{\varepsilon}(n)\|^2]\end{aligned} \tag{13.9}$$

式中，假设自适应滤波器瞬态过程结束时自适应循环次数 n 足够大。按照类似于式（13.5）中介绍的步骤，将式（13.9）改写为

$$\mathscr{D}(n) = \mathrm{tr}\big[\mathbf{K}(n)\big] \tag{13.10}$$

式中

$$\mathbf{K}(n) = \mathbb{E}[\boldsymbol{\varepsilon}(n)\boldsymbol{\varepsilon}^{\mathrm{H}}(n)] \tag{13.11}$$

是误差向量 $\boldsymbol{\varepsilon}(n)$ 的相关矩阵。显然，对于良好的跟踪性能，均方偏差 $\mathscr{D}(n)$ 应该很小。

加权误差向量可表示为

$$\boldsymbol{\varepsilon}(n) = \boldsymbol{\varepsilon}_1(n) + \boldsymbol{\varepsilon}_2(n) \tag{13.12}$$

式中

$$\boldsymbol{\varepsilon}_1(n) = \mathbb{E}[\hat{\mathbf{w}}(n)] - \mathbf{w}(n) \tag{13.13}$$

是权向量噪声，其中 $\mathbb{E}[\hat{\mathbf{w}}(n)]$ 是抽头权向量的集平均值，而

$$\boldsymbol{\varepsilon}_2(n) = \mathbf{w}_o(n) - \mathbb{E}[\hat{\mathbf{w}}(n)] \tag{13.14}$$

是权向量延迟。引用 13.2 节的假设，$\boldsymbol{\varepsilon}_1(n)$ 与 $\boldsymbol{\varepsilon}_2(n)$ 内积的数学期望为零，即

$$\mathbb{E}[\boldsymbol{\varepsilon}_1^{\mathrm{H}}(n)\boldsymbol{\varepsilon}_2(n)] = \mathbb{E}[\boldsymbol{\varepsilon}_2^{\mathrm{H}}(n)\boldsymbol{\varepsilon}_1(n)] = 0 \tag{13.15}$$

因此，均方偏差可表示为

$$\mathscr{D}(n) = \mathscr{D}_1(n) + \mathscr{D}_2(n) \tag{13.16}$$

式（13.16）中第一项 $\mathscr{D}_1(n)$ 是由权向量噪声 $\boldsymbol{\varepsilon}_1(n)$ 引起的估计方差，定义为

$$\mathscr{D}_1(n) = \mathbb{E}[\|\boldsymbol{\varepsilon}_1(n)\|^2] \tag{13.17}$$

即使在平稳条件下，也会出现估计方差 $\mathscr{D}_1(n)$。第二项 $\mathscr{D}_2(n)$ 叫做延迟方差，是由权向量延迟引起的，可定义为

$$\mathscr{D}_2(n) = \mathbb{E}[\|\boldsymbol{\varepsilon}_2(n)\|^2] \tag{13.18}$$

$\mathscr{D}_2(n)$ 的存在是环境非平稳特性的证据。如式（13.16）所述，均方偏差 $\mathscr{D}(n)$ 分解为估计方差 $\mathscr{D}_1(n)$ 和迟延方差 $\mathscr{D}_2(n)$，该特性称为解耦特性（Macchi, 1986a,b）。

2）失调量

评估自适应滤波器跟踪能力的另一个通用数值指标是失调，定义为

$$\mathcal{M}(n) = \frac{J_{\mathrm{ex}}(n)}{\sigma_\nu^2} \tag{13.19}$$

式中 $J_{ex}(n)$ 是自适应滤波器的额外(残余)均方误差,它是相对于图 13.1 未知模型输出端的白噪声分量 $\nu(n)$ 的方差 σ_ν^2 测量得到的。这里,再一次假设过渡过程终止时自适应循环次数 n 足够大。不难发现,对于良好的跟踪性能,其失调 $\mathcal{M}(n)$ 小于 1。即对于所有的 n,$J_{ex}(n)$ 小于 σ_ν^2。

如同均方偏差那样,按照 13.2 节中所做的假设,额外均方误差 $J_{ex}(n)$ 也可以表示为两个分量 $J_{ex1}(n)$ 和 $J_{ex2}(n)$ 之和。第一个分量 $J_{ex1}(n)$ 是由权向量噪声 $\boldsymbol{\varepsilon}_1(n)$ 引起的,称为估计噪声。第二个分量 $J_{ex2}(n)$ 是由权向量延迟 $\boldsymbol{\varepsilon}_2(n)$ 引起的,称为延迟噪声。$J_{ex2}(n)$ 项的存在直接归因于环境的非平稳特性。因此,可将失调量表示为

$$\mathcal{M}(n) = \mathcal{M}_1(n) + \mathcal{M}_2(n) \tag{13.20}$$

式中 $\mathcal{M}_1(n) = J_{ex1}(n)/\sigma_\nu^2$ 和 $\mathcal{M}_2(n) = J_{ex2}(n)/\sigma_\nu^2$。其中第一项 $\mathcal{M}_1(n)$ 称为噪声失调,第二项 $\mathcal{M}_2(n)$ 称为延迟失调。于是,解耦特性对于失调量来说也是正确的,因为估计噪声和延迟噪声在功率上是解耦的。

一般来说,两个性能指标 $\mathcal{D}(n)$ 和 $\mathcal{M}(n)$ 都取决于自适应循环次数 n。此外,正如随后分析所要揭示的,上述两个指标以互补的方式强调了跟踪问题的两个不同方面。

13.5 LMS 算法的跟踪性能

为了着手研究跟踪问题,考虑图 13.2 的系统模型,图中的自适应(FIR)滤波器使用 LMS 算法。根据此算法,自适应滤波器抽头权向量的更新公式可表示为

$$\hat{\mathbf{w}}(n+1) = \hat{\mathbf{w}}(n) + \mu\mathbf{u}(n)e^*(n) \tag{13.21}$$

式中 μ 是步长参数[参见式(5.6)]。将式(13.3)中的误差信号 $e(n)$ 代入式(13.21),可用展开形式重新表示 LMS 算法为

$$\hat{\mathbf{w}}(n+1) = [\mathbf{I} - \mu\mathbf{u}(n)\mathbf{u}^H(n)]\hat{\mathbf{w}}(n) + \mu\mathbf{u}(n)\mathbf{u}^H(n)\mathbf{w}_o(n) + \mu\mathbf{u}(n)\nu^*(n) \tag{13.22}$$

其次,根据式(13.8)给出的加权误差向量 $\boldsymbol{\varepsilon}(n)$ 的定义和式(13.1)给出的一阶马尔可夫模型的描述,合并同类项后可写出

$$\begin{aligned}\boldsymbol{\varepsilon}(n+1) &= \mathbf{w}_o(n+1) - \hat{\mathbf{w}}(n+1) \\ &= [\mathbf{I} - \mu\mathbf{u}(n)\mathbf{u}^H(n)]\boldsymbol{\varepsilon}(n) - (1-a)\mathbf{w}_o(n) - \mu\mathbf{u}(n)\nu^*(n) + \boldsymbol{\omega}(n)\end{aligned} \tag{13.23}$$

式中 $\mathbf{I}$ 是单位矩阵。线性随机差分方程(13.23)完整地描述了嵌入在图 13.2 系统模型中的 LMS 算法。基于式(13.23)的马尔可夫模型的一般跟踪理论仍处在进一步发展之中。通常采取的方法是假设模型的参数 a 非常接近于 1,以至于可以忽略 $(1-a)\mathbf{w}_o(n)$ 项。为此,实际上我们这里正在研究一种用于随机游动模型的跟踪理论(Macchi, 1995)。因此,当 $a = 1$ 时,式(13.23)可简化为

$$\boldsymbol{\varepsilon}(n+1) = [\mathbf{I} - \mu\mathbf{u}(n)\mathbf{u}^H(n)]\boldsymbol{\varepsilon}(n) - \mu\mathbf{u}(n)\nu^*(n) + \boldsymbol{\omega}(n) \tag{13.24}$$

典型地,为了得到好的跟踪性能,通常对步长参数 μ 赋予一个很小的值。在这种情况下,我们可引用前面第 6 章中讨论的直接平均方法(Kushner, 1984),从式(13.24)中求出加权误差向量 $\boldsymbol{\varepsilon}(n)$。必须特别指出,当 μ 很小时,线性随机差分方程(13.24)的解 $\boldsymbol{\varepsilon}(n)$ 接近于用集平均 $(\mathbf{I} - \mu\mathbf{R}_u)$ 代替系统矩阵 $[\mathbf{I} - \mu\mathbf{u}(n)\mathbf{u}^H(n)]$ 得到的另一个线性随机差分方程的解,这里 $\mathbf{R}_u$ 是输入向量 $\mathbf{u}(n)$ 的相关矩阵。这一新的随机差分方程可表示为

$$\boldsymbol{\varepsilon}_0(n+1) = (\mathbf{I} - \mu\mathbf{R}_u)\boldsymbol{\varepsilon}_0(n) - \mu\mathbf{u}(n)\nu^*(n) + \boldsymbol{\omega}(n) \tag{13.25}$$

式中 $\boldsymbol{\varepsilon}_0(n)$ 是对加权误差向量 $\boldsymbol{\varepsilon}(n)$ 的小步长近似。

对相关矩阵 $\mathbf{R}_u$ 进行酉相似变换，得到

$$\mathbf{Q}^H\mathbf{R}_u\mathbf{Q} = \boldsymbol{\Lambda}_u \tag{13.26}$$

式中 $\boldsymbol{\Lambda}_u = \{\lambda_{u,k}\}_{k=1}^{M}$ 是由相关矩阵 $\mathbf{R}_u$ 的特征值组成的对角矩阵，$\mathbf{Q}$ 是酉矩阵，其列向量组成一个与上述特征值有关的特征向量的正交集。

然后，按照与 6.4 节中所述小步长 LMS 理论类似的步骤，可以将随机差分方程(13.25)变换为近似解耦的差分方程组，即

$$\nu_k(n+1) = (1 - \mu\lambda_{u,k})\nu_k(n) + \phi_k(n) \qquad k = 1, 2, \cdots, M \tag{13.27}$$

式中正常模式 $\nu_k(n)$ 是变换向量的第 k 个分量

$$\nu(n) = \mathbf{Q}^H\boldsymbol{\varepsilon}_0(n) \tag{13.28}$$

而 $\phi_k(n)$ 是均值为零的随机激励，定义为

$$\phi_k(n) = -\mu\mathbf{q}_k^H\mathbf{u}(n)\nu^*(n) + \mathbf{q}_k^H\boldsymbol{\omega}(n) \tag{13.29}$$

式中 $\mathbf{q}_k$ 是对应于特征值 $\lambda_{u,k}$ 的特征向量。若用相关矩阵 $\mathbf{R}_\omega$ 的第 k 个特征值来近似过程噪声 $\boldsymbol{\omega}(n)$ 在 $\mathbf{q}_k$ 上投影的方差 $\lambda_{\omega,k}$，则 $\phi_k(n)$ 的方差可表示为

$$\sigma_{\phi_k}^2 \approx \mu^2\sigma_\nu^2\lambda_{u,k} + \lambda_{\omega,k} \qquad k = 1, 2, \cdots, M \tag{13.30}$$

其中 $\lambda_{\omega,k}$ 是过程噪声 $\boldsymbol{\omega}_n$ (在 $\mathbf{q}_k$ 上投影)的本征值。

式(13.27)描述的方程组提供了评价应用于图 13.2 系统辨识问题的 LMS 算法跟踪性能的数学基础[①]。

13.5.1　均方偏差

根据式(6.92)，在小步长假设下，LMS 算法的均方偏差定义为

$$\begin{aligned}
\mathscr{D}(n) &\approx \mathbb{E}[\|\boldsymbol{\varepsilon}_0(n)\|^2] \\
&= \sum_{k=1}^{M}\mathbb{E}[|\nu_k(n)|^2]
\end{aligned} \tag{13.31}$$

经大量的自适应循环(即 n 取很大)后，上式取为

$$\mathscr{D}(n) \approx \frac{\mu}{2}M\sigma_\nu^2 + \frac{1}{2\mu}\sum_{k=1}^{M}\frac{\lambda_{\omega,k}}{\lambda_{u,k}} \tag{13.32}$$

[式(13.32)的推导留做练习，见习题 5。]均方偏差可以等效地表示为

$$\mathscr{D}(n) \approx \frac{\mu}{2}M\sigma_\nu^2 + \frac{1}{2\mu}\mathrm{tr}[\mathbf{R}_u^{-1}\mathbf{R}_\omega] \qquad \text{当 } n \text{ 很大时} \tag{13.33}$$

式中 $\mathrm{tr}[\cdot]$ 表示矩阵求迹运算。

---

① 如前所述，LMS 算法的跟踪特性假设算法收敛完成。在这个条件下，我们看到如下差异：
  ● 在 6.4 节，算法的稳态涉及输入向量的相关矩阵 $\mathbf{R}_u$ 的特征值。
  ● 对于这里考虑的系统辨识问题，算法的稳态也涉及过程噪声向量的相关矩阵 $\mathbf{R}_\omega$ 的特征值。
  这个差异在下一小节将变得很明显。

式(13.33)中的第一项 $\mu M \sigma_\nu^2/2$ 是由测量噪声 $\nu(n)$ 引起的估计方差,它随步长参数呈线性变化。第二项 $\mathrm{tr}[\mathbf{R}_u^{-1}\mathbf{R}_\omega]/2\mu$ 是由过程噪声向量 $\boldsymbol{\omega}(n)$ 引起的延迟方差;该项与步长参数 μ 成反比,它允许较快的跟踪速度。

用 μ_{opt} 表示均方偏差获得最小值 $\mathcal{D}_{\min}$ 时的最佳步长参数。当估计方差和延迟方差对均方偏差的贡献相同时,可实现这个最优条件。从式(13.33)容易发现

$$\mu_{\mathrm{opt}} \approx \frac{1}{\sigma_\nu \sqrt{M}}\left(\mathrm{tr}[\mathbf{R}_u^{-1}\mathbf{R}_\omega]\right)^{1/2} \tag{13.34}$$

和

$$\mathcal{D}_{\min} \approx \sigma_\nu \sqrt{M}\left(\mathrm{tr}[\mathbf{R}_u^{-1}\mathbf{R}_\omega]\right)^{1/2} \tag{13.35}$$

13.5.2　LMS 算法的失调量

为了计算图 13.2 所示系统辨识场合 LMS 算法的失调量,可利用式(6.91)写出

$$\mathcal{M} \approx \frac{1}{\sigma_\nu^2}\sum_{k=1}^{M}\lambda_{u,k}\mathbb{E}\left[|\nu_k(n)|^2\right] \tag{13.36}$$

经大量的自适应循环后,其期望值可表示为

$$\mathcal{M} \approx \frac{\mu}{2}\sum_{k=1}^{M}\lambda_{u,k} + \frac{1}{2\mu\sigma_\nu^2}\sum_{k=1}^{M}\lambda_{\omega,k} \tag{13.37}$$

[式(13.37)的推导留做练习,见习题 6。]等效地,可将 LMS 算法的失调量表示为

$$\mathcal{M} \approx \frac{\mu}{2}\mathrm{tr}[\mathbf{R}_u] + \frac{1}{2\mu\sigma_\nu^2}\mathrm{tr}[\mathbf{R}_\omega] \quad \text{当 } n \text{ 很大时} \tag{13.38}$$

第一项 $\mu\mathrm{tr}[\mathbf{R}_u]/2$ 是由测量噪声 $\nu(n)$ 引起的噪声失调,其形式与平稳条件下相同;对此,我们并不惊奇。第二项 $\mathrm{tr}[\mathbf{R}_\omega]/2\mu\sigma_\nu^2$ 是由过程噪声向量 $\boldsymbol{\omega}(n)$ 引起的延迟失调,用来表征环境的非平稳性。

噪声失调随步长参数 μ 呈线性变化,而延迟失调与 μ 成反比。当估计噪声功率与迟延噪声功率相等时,失调量达到最小值 $\mathcal{M}_{\min}$,此时获得步长参数 μ_{opt} 的最优值。从式(13.38)易知

$$\mu_{\mathrm{opt}} \approx \frac{1}{\sigma_\nu}\left(\frac{\mathrm{tr}[\mathbf{R}_\omega]}{\mathrm{tr}[\mathbf{R}_u]}\right)^{1/2} \tag{13.39}$$

和

$$\mathcal{M}_{\min} \approx \frac{1}{\sigma_\nu}\left(\mathrm{tr}[\mathbf{R}_u]\mathrm{tr}[\mathbf{R}_\omega]\right)^{1/2} \tag{13.40}$$

式(13.34)和式(13.39)意味着,对均方偏差和失调量这两个性能指标进行优化时,通常会得到步长参数 μ 的不同最优值。这并不奇怪,因为这两个指标从不同侧面关注跟踪问题。此外,在选择步长参数时,总是假设其最优值 μ 在均方意义下满足 LMS 算法的收敛条件,它与 6.4 节一致。

13.6　RLS 算法的跟踪性能

下面考虑 RLS 算法如何用于实现图 13.2 系统模型中的自适应滤波器。回顾第 10 章的式(10.22)~式(10.25)可知,自适应 *FIR* 滤波器权向量相应的更新方程可表示为如下形式:

$$\hat{\mathbf{w}}(n) = \hat{\mathbf{w}}(n-1) + \mathbf{\Phi}^{-1}(n)\mathbf{u}(n)\xi^*(n) \tag{13.41}$$

式中(当忽略正则化项时)

$$\mathbf{\Phi}(n) = \sum_{i=1}^{n} \lambda^{n-i}\mathbf{u}(i)\mathbf{u}^{\mathrm{H}}(i) \tag{13.42}$$

是输入向量 $\mathbf{u}(n)$ 的相关矩阵,且

$$\xi(n) = d(n) - \hat{\mathbf{w}}^{\mathrm{H}}(n-1)\mathbf{u}(n) \tag{13.43}$$

是先验估计误差。式(13.42)中, λ 是 $0 < \lambda \leqslant 1$ 区间内的一个指数加权因子。

为了容纳式(13.41)中的权向量在记号方面较之式(13.21)出现的少许变化,将式(13.1)的一阶马尔可夫模型和式(13.2)的期望响应 $d(n)$ 分别修改如下:

$$\mathbf{w}_o(n) = a\mathbf{w}_o(n-1) + \boldsymbol{\omega}(n) \tag{13.44}$$

和

$$d(n) = \mathbf{w}_o^{\mathrm{H}}(n-1)\mathbf{u}(n) + \nu(n) \tag{13.45}$$

因此,利用式(13.41)、式(13.44)和式(13.45),RLS 算法的加权误差向量的更新方程可表示为

$$\boldsymbol{\varepsilon}(n) = [\mathbf{I} - \mathbf{\Phi}^{-1}(n)\mathbf{u}(n)\mathbf{u}^{\mathrm{H}}(n)]\boldsymbol{\varepsilon}(n-1) - \mathbf{\Phi}^{-1}(n)\mathbf{u}(n)\nu^*(n)$$
$$- (1-a)\mathbf{w}_o(n-1) + \boldsymbol{\omega}(n) \tag{13.46}$$

式中 $\mathbf{I}$ 是单位矩阵。除了记住符号上有一点微小变化外,线性随机差分方程(13.46)提供了嵌入在图 13.2 系统模型中的 RLS 算法的一个完整描述。如同 LMS 算法一样,我们也假设模型参数 a 非常接近1,以至于可以忽略 $(1-a)\mathbf{w}_o(n-1)$ 项。也就是说,可用随机游动模型描述过程方程。因此,式(13.46)可简化为

$$\boldsymbol{\varepsilon}(n) = [\mathbf{I} - \mathbf{\Phi}^{-1}(n)\mathbf{u}(n)\mathbf{u}^{\mathrm{H}}(n)]\boldsymbol{\varepsilon}(n-1) - \mathbf{\Phi}^{-1}(n)\mathbf{u}(n)\nu^*(n) + \boldsymbol{\omega}(n) \tag{13.47}$$

在深入研究之前,首先寻找逆矩阵 $\mathbf{\Phi}^{-1}(n)$ 的一个近似表达式,以使得 RLS 算法的跟踪分析在数学上易于处理。为此,首先对式(13.42)两边求数学期望,则得

$$\mathbb{E}[\mathbf{\Phi}(n)] = \sum_{i=1}^{n} \lambda^{n-i}\mathbb{E}[\mathbf{u}(i)\mathbf{u}^{\mathrm{H}}(i)]$$
$$= \sum_{i=1}^{n} \lambda^{n-i}\mathbf{R}_u \tag{13.48}$$
$$= \mathbf{R}_u(1 + \lambda + \lambda^2 + \cdots + \lambda^{n-1})$$

式中 $\mathbf{R}_u$ 是输入向量 $\mathbf{u}(n)$ 的集平均相关矩阵。式(13.48)右边圆括号内的序列代表一个首项为1、公比为 λ、长为 n 的几何级数。现在假设,收敛模式基本结束时自适应循环次数 n 足够大。在这个条件下,我们可把该几何级数基本上看做是无限长的。这样,利用级数的求和公式,式(13.48)可简化为

$$\mathbb{E}[\mathbf{\Phi}(n)] = \frac{\mathbf{R}_u}{1-\lambda} \quad 当 n 很大时 \tag{13.49}$$

式(13.49)定义了 $\mathbf{\Phi}(n)$ 的数学期望(集平均)。在此基础上,可将 $\mathbf{\Phi}(n)$ 表示如下(Eleftheriou & Falconer, 1986):

$$\Phi(n) = \frac{\mathbf{R}_u}{1 - \lambda} + \tilde{\Phi}(n) \qquad 当n很大时 \tag{13.50}$$

式中 $\tilde{\Phi}(n)$ 是埃尔米特扰动矩阵,其各个元素可用零均值随机变量表示,该随机变量与输入向量 $\mathbf{u}(n)$ 统计独立。设有一个慢自适应过程(即指数加权因子 λ 接近于1),我们可将式(13.50)中的 $\Phi(n)$ 看做一个准确定性矩阵,因为当 n 很大时,存在下述关系[①]

$$\mathbb{E}[\|\tilde{\Phi}(n)\|^2] \ll \mathbb{E}[\|\Phi(n)\|^2]$$

式中 $\| \cdot \|$ 表示矩阵范数。在这个条件下,可进一步将扰动矩阵 $\tilde{\Phi}(n)$ 忽略不计,于是相关矩阵 $\Phi(n)$ 可近似为

$$\Phi(n) \approx \frac{\mathbf{R}_u}{1 - \lambda} \qquad 当n很大时 \tag{13.51}$$

这一近似对分析 RLS 算法的跟踪性能是很关键的。同理,逆矩阵 $\Phi^{-1}(n)$ 可表示为

$$\Phi^{-1}(n) \approx (1 - \lambda)\mathbf{R}_u^{-1} \qquad 当n很大时 \tag{13.52}$$

式中 $\mathbf{R}_u^{-1}$ 是集平均相关矩阵 $\mathbf{R}_u$ 的逆。

回到式(13.47),并对 $\Phi^{-1}(n)$ 利用式(13.52)的近似,现可写出

$$\begin{aligned}\boldsymbol{\varepsilon}(n) \approx{} & [\mathbf{I} - (1 - \lambda)\mathbf{R}_u^{-1}\mathbf{u}(n)\mathbf{u}^H(n)]\boldsymbol{\varepsilon}(n-1) \\ & - (1 - \lambda)\mathbf{R}_u^{-1}\mathbf{u}(n)\nu^*(n) + \boldsymbol{\omega}(n) \qquad 当n很大时\end{aligned} \tag{13.53}$$

典型地,指数加权因子 λ 接近于1,以至于 $1 - \lambda$ 很小。于是,引用 6.4 节中介绍的直接平均法,可以看出 $\boldsymbol{\varepsilon}(n)$ 的值与以 $\boldsymbol{\varepsilon}_0(n)$ 为变量的新的随机差分方程的解很接近:

$$\boldsymbol{\varepsilon}_0(n) \approx \lambda\boldsymbol{\varepsilon}_0(n-1) - (1 - \lambda)\mathbf{R}_u^{-1}\mathbf{u}(n)\nu^*(n) + \boldsymbol{\omega}(n) \qquad 当n很大时 \tag{13.54}$$

RLS 算法中的式(13.54)具有完全不同于 LMS 算法中的式(13.25)的形式,这正是我们所预期的。

计算式(13.54)中 $\boldsymbol{\varepsilon}_0(n)$ 的相关矩阵,并引用 13.2 节的假设,可以得到

$$\mathbf{K}_0(n) \approx \lambda^2\mathbf{K}_0(n-1) + (1 - \lambda)^2\sigma_\nu^2\mathbf{R}_u^{-1} + \mathbf{R}_\omega \qquad 当n很大时 \tag{13.55}$$

当 n 很大时,对于差分方程(13.55)的稳态解,可立即令 $\mathbf{K}_0(n-1) = \mathbf{K}_0(n)$。在这个条件下,式(13.55)可简化为

$$(1 - \lambda^2)\mathbf{K}_0(n) \approx (1 - \lambda)^2\sigma_\nu^2\mathbf{R}_u^{-1} + \mathbf{R}_\omega \qquad 当n很大时 \tag{13.56}$$

当 λ 接近于1时,有如下近似关系式

$$\begin{aligned}1 - \lambda^2 &= (1 - \lambda)(1 + \lambda) \\ &\approx 2(1 - \lambda)\end{aligned} \tag{13.57}$$

因此,RLS 算法的相关矩阵可进一步简化为

---

①　有关相关矩阵 $\Phi(n)$ 是准确定性矩阵的完整的一般性证明可见相关的参考文献。Eleftheriou 和 Falconer(1986)首先使用启发式论证方法探讨了这个问题。而后 Macchi 和 Bershad(1991)证明了这一结论对一个非平稳信号,即噪声啁啾正弦也成立。我们通常遇到的正弦与白高斯噪声的合成信号是这种信号的一个特例。而且,如果我们能证明某个结论在这种信号条件下成立,那么这一结论在平稳条件下也成立。然而,由 Macchi 和 Bershad 提出的证明有其局限性,即它依赖于后续输入向量统计独立这一不现实的假设。

$$\mathbf{K}_0(n) \approx \frac{1-\lambda}{2} \sigma_\nu^2 \mathbf{R}_u^{-1} + \frac{1}{2(1-\lambda)} \mathbf{R}_\omega \quad \text{当} n \text{很大时} \tag{13.58}$$

这是评价图 13.2 系统辨识问题中 RLS 算法跟踪能力的方程,其约束条件是 a 接近于 1。

13.6.1　RLS 算法的均方偏差

由式(13.10)~式(13.58)可以发现,RLS 算法的均方偏差定义为

$$\mathscr{D}(n) \approx \frac{1-\lambda}{2} \sigma_\nu^2 \operatorname{tr}[\mathbf{R}_u^{-1}] + \frac{1}{2(1-\lambda)} \operatorname{tr}[\mathbf{R}_\omega] \quad \text{当} n \text{很大时} \tag{13.59}$$

第一项 $(1-\lambda)\sigma_\nu^2 \operatorname{tr}[\mathbf{R}_u^{-1}]/2$ 是由测量噪声 $\nu(n)$ 引起的估计方差。第二项 $\operatorname{tr}[\mathbf{R}_\omega]/2(1-\lambda)$ 是由过程噪声向量 $\boldsymbol{\omega}(n)$ 引起的延迟方差。这两项贡献的变化分别与 $(1-\lambda)$ 和 $(1-\lambda)^{-1}$ 成正比和成反比。当这两项贡献相同时,遗忘因子达到最优值 λ_{opt}。故由式(13.59)容易求出

$$\lambda_{\text{opt}} \approx 1 - \frac{1}{\sigma_\nu} \left(\frac{\operatorname{tr}[\mathbf{R}_\omega]}{\operatorname{tr}[\mathbf{R}_u^{-1}]} \right)^{1/2} \tag{13.60}$$

因此,RLS 算法的最小均方偏差为

$$\mathscr{D}_{\min} \approx \sigma_\nu \operatorname{tr}([\mathbf{R}_u^{-1}] \operatorname{tr}[\mathbf{R}_\omega])^{1/2} \tag{13.61}$$

13.6.2　RLS 算法的失调量

将式(13.58)两边同时乘以 $\mathbf{R}_u$,得到

$$\mathbf{R}_u \mathbf{K}_0(n) \approx \frac{1-\lambda}{2} \sigma_\nu^2 \mathbf{I} + \frac{1}{2(1-\lambda)} \mathbf{R}_u \mathbf{R}_\omega \quad \text{当} n \text{很大时} \tag{13.62}$$

式中 $\mathbf{I}$ 是一个 $M \times M$ 单位矩阵,这里 M 是自适应 FIR 滤波器的抽头数。从而对式(13.62)求迹,得

$$\operatorname{tr}[\mathbf{R}_u \mathbf{K}_0(n)] \approx \frac{1-\lambda}{2} \sigma_\nu^2 M + \frac{1}{2(1-\lambda)} \operatorname{tr}[\mathbf{R}_u \mathbf{R}_\omega] \quad \text{当} n \text{很大时} \tag{13.63}$$

最后,利用式(13.19)容易求出,RLS 算法的失调量为

$$\mathscr{M}(n) \approx \frac{1-\lambda}{2} M + \frac{1}{2\sigma_\nu^2(1-\lambda)} \operatorname{tr}[\mathbf{R}_u \mathbf{R}_\omega] \quad \text{当} n \text{很大时} \tag{13.64}$$

式中右边的第一项表示由测量噪声 $\nu(n)$ 引起的 RLS 算法的噪声失调,该项随 $1-\lambda$ 呈线性变化,而且依赖于自适应 FIR 滤波器中的抽头数 M。式中第二项是由过程噪声向量 $\boldsymbol{\omega}(n)$ 引起的 RLS 算法的延迟失调,它与 $1-\lambda$ 成反比。当它们对失调量的影响相等时,遗忘因子达到最优值 λ_{opt}。于是,由式(13.64)可求出该最优值

$$\lambda_{\text{opt}} \approx 1 - \frac{1}{\sigma_\nu} \left(\frac{1}{M} \operatorname{tr}[\mathbf{R}_u \mathbf{R}_\omega] \right)^{1/2} \tag{13.65}$$

因此,由 RLS 算法产生的最小失调可表示为

$$\mathscr{M}_{\min} \approx \frac{1}{\sigma_\nu} \left(M \operatorname{tr}[\mathbf{R}_u \mathbf{R}_\omega] \right)^{1/2} \tag{13.66}$$

这里,我们再次发现,最小失调和最小均方偏差这两个准则导致不同的最优遗忘因子值 λ_{opt}。为了使这些值有意义,必须满足 $0 < \lambda_{\text{opt}} < 1$。

至此,有了我们所需要的全部工具,便可在图13.2系统模型的LMS算法和RLS算法之间进行定量比较。

13.7 LMS算法和RLS算法的跟踪性能比较

由于LMS算法和RLS算法是以完全不同的方式构造的,故易看出,它们不但呈现不同的收敛特性,而且跟踪性能也不同。跟踪性能的差异来源于随机差分方程(13.25)和方程(13.54)。在RLS算法中,输入向量$\mathbf{u}(n)$左乘逆矩阵$\mathbf{R}^{-1}$,这正是它与LMS算法之间的本质区别。此外,通过比较作为前两节跟踪分析基础的式(13.25)和式(13.54)可以看出,在宽松的意义下,RLS算法中$1-\lambda$的作用类似于LMS算法中μ的作用。在进行这个类比时,我们总是力图做得更精确。特别地,指数加权因子λ是无量纲的,而步长参数μ的量纲是功率量纲的倒数。为了消除这个量纲差异,我们做如下工作:

- 对于LMS算法,定义归一化步长参数

$$\mu_{\mathrm{norm}} = \mu\sigma_u^2 \tag{13.67}$$

式中σ_u^2是零均值抽头输入$u(n)$的方差。
- 对于RLS算法,定义遗忘率

$$\beta = 1 - \lambda \tag{13.68}$$

下面转到我们感兴趣的主要问题,分别使用式(13.35)和式(13.61)及式(13.40)和式(13.66)来表示现有系统辨识问题中LMS算法与RLS算法的"最优"跟踪性能相比较的一对比率。在这一对比率表达式中,一个基于均方偏差的性能指标,而另一个基于失调量的性能指标;即

$$\frac{\mathscr{D}_{\mathrm{min}}^{\mathrm{LMS}}}{\mathscr{D}_{\mathrm{min}}^{\mathrm{RLS}}} \approx \left(\frac{M\,\mathrm{tr}[\mathbf{R}_u^{-1}\mathbf{R}_\omega]}{\mathrm{tr}[\mathbf{R}_u^{-1}]\,\mathrm{tr}[\mathbf{R}_\omega]}\right)^{1/2} \tag{13.69}$$

和

$$\frac{\mathscr{M}_{\mathrm{min}}^{\mathrm{LMS}}}{\mathscr{M}_{\mathrm{min}}^{\mathrm{RLS}}} \approx \left(\frac{\mathrm{tr}[\mathbf{R}_u]\,\mathrm{tr}[\mathbf{R}_\omega]}{M\,\mathrm{tr}[\mathbf{R}_u\mathbf{R}_\omega]}\right)^{1/2} \tag{13.70}$$

式中$\mathbf{R}_u$是输入向量$\mathbf{u}(n)$的相关矩阵,$\mathbf{R}_\omega$是过程噪声向量$\boldsymbol{\omega}$的相关矩阵,M是图13.2中自适应FIR滤波器的抽头数。显然,当以式(13.69)和式(13.70)为基础比较LMS算法和RLS算法的跟踪性能时,其结果取决于有关的环境条件,特别是取决于如何定义相关矩阵$\mathbf{R}_u$和$\mathbf{R}_\omega$。下面,考虑下列三个特殊例子[①]。

例1:$\mathbf{R}_\omega = \sigma_\omega^2\mathbf{I}$

首先,考虑来源于均值为零、方差为σ_ω^2白噪声源的式(13.1)一阶马尔可夫模型中过程噪声向量$\boldsymbol{\omega}(n)$的情况。$\boldsymbol{\omega}(n)$的相关矩阵可表示为

---

① 例1曾在Widrow和Walach(1984)及Eleftheriou和Falconer(1986)的论文中讨论过。例2和例3曾在Benveniste等(1987)及Slock和Kailath(1993)的论文中讨论过。

$$\mathbf{R}_\omega = \sigma_\omega^2 \mathbf{I} \tag{13.71}$$

式中 $\mathbf{I}$ 是 $M \times M$ 单位矩阵。将式(13.71)分别代入式(13.69)和式(13.70)，并消去公共项后，其结果为

$$\mathscr{D}_{\min}^{\mathrm{LMS}} \approx \mathscr{D}_{\min}^{\mathrm{RLS}} \qquad \mathbf{R}_\omega = \sigma_\omega^2 \mathbf{I} \tag{13.72}$$

和

$$\mathscr{M}_{\min}^{\mathrm{LMS}} \approx \mathscr{M}_{\min}^{\mathrm{RLS}} \qquad \mathbf{R}_\omega = \sigma_\omega^2 \mathbf{I} \tag{13.73}$$

由此可见，不管输入向量 $\mathbf{u}(n)$ 的统计特性如何变化，只要过程噪声向量 $\boldsymbol{\omega}(n)$ 由白噪声源产生，LMS 算法和 RLS 算法产生的最小失调和最小均方偏差都基本相同。

例 2：$\mathbf{R}_\omega = c_1 \mathbf{R}_u$

其次，考虑另一个例子。在该例子中，式(13.1)一阶马尔可夫模型中的过程噪声向量 $\boldsymbol{\omega}(n)$ 的相关矩阵 $\mathbf{R}_\omega$ 等于某一常数 c_1 乘以输入向量 $\mathbf{u}(n)$ 的相关矩阵 $\mathbf{R}_u$。这里引入比例因子 c_1，由于以下两个原因：

1）为了说明过程噪声向量 $\boldsymbol{\omega}(n)$ 和输入向量 $\mathbf{u}(n)$ 通常是用不同单位测量的。
2）为了保证式(13.34)或式(13.39)中 LMS 算法的最优 μ 值，以及式(13.60)或式(13.65)中 RLS 算法的最优 λ 值是有意义的值。

因此，在式(13.69)和式(13.70)中，令 $\mathbf{R}_\omega = c_1 \mathbf{R}_u$ 并消去比例因子 c_1 后，得到表 13.1 中列在 $\mathbf{R}_\omega = c_1 \mathbf{R}_u$ 栏下面的两个比较的衡量标准。在评论这些结果之前，继续考虑下一个与本例互补的例子将是很有指导意义的。

例 3：$\mathbf{R}_\omega = c_2 \mathbf{R}_u^{-1}$

在最后的例子中，过程噪声向量 $\boldsymbol{\omega}(n)$ 的相关矩阵 $\mathbf{R}_\omega$ 等于某一常数 c_2 乘以输入向量 $\mathbf{u}(n)$ 的相关矩阵 $\mathbf{R}$ 之逆。这里使用比例因子 c_2 的缘由与例 2 相同。因此，在式(13.69)和式(13.70)中，令 $\mathbf{R}_\omega = c_2 \mathbf{R}_u^{-1}$，并消去比例因子 c_2 后，可得到表 13.1 中列在 $\mathbf{R}_\omega = c_2 \mathbf{R}_u^{-1}$ 之下的两个比较的衡量标准。

13.7.1　关于例 2 和例 3 的评述

表 13.1 中示出的 2×2 阵列项显示出一个很有用的特性，即倒数对称性。这个性能在理论方面的重要意义在于：该阵列中的交叉对角项适合于应用柯西-许瓦茨不等式(Cauchy-Schwartz inequality)。对此，读者可参考习题 7，将该习题中的柯西-许瓦茨不等式应用于表中 2×2 阵列的对角项，可导出如下两个有用的结果：

$$\mathscr{D}_{\min}^{\mathrm{LMS}} \leqslant \mathscr{D}_{\min}^{\mathrm{RLS}} \qquad \text{对于 } \mathbf{R}_\omega = c_1 \mathbf{R}_u \tag{13.74}$$

和

$$\mathscr{M}_{\min}^{\mathrm{RLS}} \leqslant \mathscr{M}_{\min}^{\mathrm{LMS}} \qquad \text{对于 } \mathbf{R}_\omega = c_2 \mathbf{R}_u^{-1} \tag{13.75}$$

由式(13.74)和式(13.75)所体现的倒数对称性可表示为：若 $\mathbf{R}_\omega = c_1 \mathbf{R}_u$ 时，LMS 算法的最小均方偏差 $\mathscr{D}_{\min}$ 小于 RLS 算法的最小均方偏差；而当 $\mathbf{R}_\omega = c_2 \mathbf{R}_u^{-1}$ 时，RLS 算法的最小失调 $\mathscr{M}_{\min}$ 小于 LMS 算法的最小失调。

表 13.1   例 2 和例 3 中 LMS 算法和 RLS 算法的比较标准

	$\mathbf{R}_\omega = c_1 \mathbf{R}_u$	$\mathbf{R}_\omega = c_2 \mathbf{R}_u^{-1}$
$\dfrac{\mathscr{D}_{min}^{LMS}}{\mathscr{D}_{min}^{RLS}}$	$\dfrac{M}{(\text{tr}[\mathbf{R}_u^{-1}]\,\text{tr}[\mathbf{R}_u])^{1/2}}$	$\dfrac{(M\,\text{tr}[\mathbf{R}_u^{-2}])^{1/2}}{\text{tr}[\mathbf{R}_u^{-1}]}$
$\dfrac{\mathscr{M}_{min}^{LMS}}{\mathscr{M}_{min}^{RLS}}$	$\dfrac{\text{tr}[\mathbf{R}_u]}{(M\,\text{tr}[\mathbf{R}_u^2])^{1/2}}$	$\dfrac{1}{M}(\text{tr}[\mathbf{R}_u]\text{tr}[\mathbf{R}_u^{-1}])^{1/2}$

为了说明后一论述的正确性,考虑一个 $M=2$ 的自适应滤波器。此时,输入向量 $\mathbf{u}(n)$ 的 2×2 相关矩阵可表示为

$$\mathbf{R}_u = \begin{bmatrix} r_{11} & r_{21} \\ r_{21} & r_{22} \end{bmatrix}, \quad r_{12} = r_{21}$$

对于这个特定的 $\mathbf{R}_u$,表 13.1 中的 2×2 阵列项取为表 13.2 的特殊形式。其次,容易看出,任何 2×2 相关矩阵都满足如下条件

$$(r_{11} - r_{22})^2 + (2r_{21})^2 \geqslant 0$$

由表 13.2,可以对阵列中四项做如下说明:

1) 当 $\mathbf{R}_\omega = c_1\mathbf{R}_u$ 时,LMS 算法的性能优于 RLS 算法,这是因为,与 RLS 算法相比,它的最小均方偏差 $\mathscr{D}_{min}$ 和最小失调 $\mathscr{M}_{min}$ 都更小。

2) 当 $\mathbf{R}_\omega = c_2\mathbf{R}_u^{-1}$ 时,RLS 算法的性能优于 LMS 算法,这是因为,与 LMS 算法相比,它的最小均方偏差 $\mathscr{D}_{min}$ 和最小失调 $\mathscr{M}_{min}$ 都更小。

例 2 和例 3 清楚地说明,无论是 LMS 算法还是 RLS 算法,都不能完全独占良好的跟踪性能。这是从例 2 和例 3 引申出的一个很有见地的理论观点。

然而,根据实用的观点,在非平稳环境下优先选用这两种自适应滤波算法的哪一种(LMS 算法或 RLS 算法)取决于所要解决问题的环境。它超出传统自适应滤波算法(LMS 算法或 RLS 算法)的范畴,将在 13.8 节和 13.11 节中讨论。

表 13.2   例 2 和例 3 中当 $M=2$ 时 LMS 算法和 RLS 算法的比较标准

	$\mathbf{R}_\omega = c_1\mathbf{R}_u$	$\mathbf{R}_\omega = c_2\mathbf{R}_u^{-1}$
$\dfrac{\mathscr{D}_{min}^{LMS}}{\mathscr{D}_{min}^{RLS}}$	$\dfrac{2\sqrt{r_{11}r_{22} - r_{21}^2}}{r_{11} + r_{22}}$	$\dfrac{\sqrt{2(r_{11}^2 + 2r_{21}^2 + r_{22}^2)}}{r_{11} + r_{22}}$
$\dfrac{\mathscr{M}_{min}^{LMS}}{\mathscr{M}_{min}^{RLS}}$	$\dfrac{r_{11} + r_{22}}{\sqrt{2(r_{11}^2 + 2r_{21}^2 + r_{22}^2)}}$	$\dfrac{r_{11} + r_{22}}{2\sqrt{r_{11}r_{22} - r_{21}^2}}$

13.8   自适应参数的调整

根据前面 6 节关于时变系统辨识问题的内容,我们可以说,除了怎样选择自适应参数,13.1 节的问题 1 中提到的传统 LMS 和 RLS 算法都已经讨论。最简单直接的方法是手动调

整,这在平稳环境中是可行的。然而,在非平稳环境下,更合理的方法则是自动调整自适应参数,以使得逼近非平稳环境的连续变化状态。这是 13.1 节中问题 2 的首要任务。

为了修改 LMS 和 RLS 算法以使相应的自适应参数 μ 或 $1 - \lambda$ 以自动的方式调整,可以通过增加一个二级自适应来扩展算法功能。

通过学习再学习(learning within learning)模式来满足算法功能扩展的需求,如图 13.3 中的框图所示。这种新的模式包括两个一起工作的单独控制机制。具体如下:

● 主控制机制,由估计误差 $e(n)$ 驱动,目的是以传统的方式来自动控制 FIR 滤波器抽头权值的调整。

● 次控制机制,也是由估计误差 $e(n)$ 驱动,但其目的是自动地适当调整主控制机制里的自适应参数。

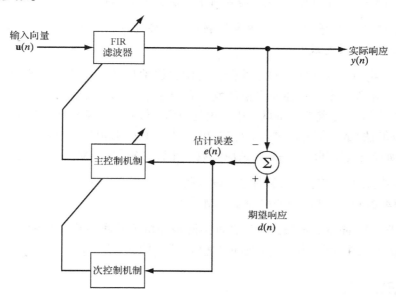

图 13.3　有监督的学习再学习方案框图

要实现图 13.3 中的学习再学习方案,有以下两种方法:

1)标量方法。在这第一种方法里,自适应参数采用时变标量的形式。例如,在 LMS 算法中,我们用 $\mu(n + 1)$ 来表示步长参数 μ,而不再是传统的固定值 μ,如下式:
$$\hat{\mathbf{w}}(n + 1) = \hat{\mathbf{w}}(n) + \mu(n + 1)(\mathbf{u}(n)e*(n))$$

2)向量方法。在这第二种方法里,自适应参数采用时变向量的形式,向量中的每一个分量与输入数据向量 $\mathbf{u}(n)$ 的某些特征相联系。再次考虑 LMS 算法,可以写出
$$\hat{\mathbf{w}}(n + 1) = \hat{\mathbf{w}}(n) + \boldsymbol{\mu}(n + 1)\mathrm{o}(\mathbf{u}(n)e*(n))$$

其中算子 o 表示内积,即 $\boldsymbol{\mu}(n + 1)$ 和 $\mathbf{u}(n)$ 做内积运算。根据这个公式,步长参数向量 $\boldsymbol{\mu}(n + 1)$ 和输入向量 $\mathbf{u}(n)$ 的维数相同,或者等价地,抽头权值向量 $\hat{\mathbf{w}}(n)$ 直接满足条件。

这两种方法的区别可以总结如下:在标量方法中,误差性能曲面是二次的,其最小点(即最优维纳解)是时变的。另一方面,向量方法相比于标量方法的优点是,它能处理更为复杂、在不同方向有不同曲率的误差性能曲面。

从某种程度上说，没有什么能阻止我们扩展这种向量方法并应用于 RLS 算法。遗憾的是，RLS 算法的复杂度遵循平方率。从而导致这种基于图 13.3 的 RLS 扩展算法变得难以计算，尤其是当 FIR 滤波器的维数很高时。因此，当我们不得不处理大数据(即数据量持续增长)时，计算复杂度的简化是基本要求，因此我们选择 LMS 算法作为算法修改的基础。

总结本节讨论的内容，可得出完成图 13.3 中学习再学习(learning within learning)模式的两个方案：

方案 1：主控制机制中的自适应参数自动调整，而次控制机制中的自适应参数手动调整。

方案 2：主次控制机制中的自适应参数均自动调整。

显然，方案 2 比方案 1 更加复杂。

有了扩展 LMS 算法的想法之后，需要着手解决的相关问题如下：

如何使图 13.3 中的学习再学习方案机制化，使得自适应参数的训练能够以严格方式贯穿整个方案的自动完成？

在某种程度上，我们可以把这个问题看做自动调整线性自适应滤波的首要问题。无须赘言，它提出的挑战，不仅是要工作在非平稳环境，而且还要排除人工调整。

本节中提到的问题，将为下面两节中提出的问题打好基础。特别地，13.9 节介绍了一个算法(称为 IDBD 算法)的详细处理过程，而 13.10 节描述了一种新的方法(称为自动步长法)。ID-BD 算法和自动步长法都利用了一对自适应参数。此后，均采用下面两个术语：

- 步长参数 μ，保存在图 13.3 的主控制机制中。
- 元学习率参数 κ，被图中的次控制机制采用。

术语"元学习"(meta learning)常用在神经网络和机器学习的相关文献中，这里用来描述基于图 13.3 的算法中学习再学习方案的自适应参数(即学习率)。

13.9 IDBD 算法

IDBD(incremental delta-bar-delta)算法是一种增量元学习算法[①]。本质上，算法的数学构成包括下面两部分：

- 第一部分针对作为其基础的 LMS 算法，其中包括利用时变步长参数 $\mu_i(n+1)$ ($i = 0, 1, \cdots, M-1$)的一个细小改动，且 FIR 滤波器的 M 个抽头权值都依照向量方法自动调整。
- 第二部分是由三个公式组成的附加项，其中两个涉及相关记忆参数的用法，第三个是元学习率参数(即元步长参数)的人工调整。

---

① 直观上看，Sutton(1992)提出的 IDBD 算法与 Jacobs(1988)最初提出的 DBD 算法基本相同。IDBD 中的 I 表示"incremental"(增量)，指应用到 FIR 滤波器抽头权值的调整相当较小，这与随机梯度下降算法的基本要求相一致。实际上，IDBD 算法与 DBD 算法有如下两处不同：

1. 首先，最初 Jacobs 提出 DBD 算法是为了解决神经网络监督训练问题。然而，Sutton 提出的 IDBD 算法是为了依次进行随机梯度下降中的监督训练，并且每个数据点仅被用到一次。

2. 其次，DBD 算法有三个自由参数，而 IDBD 算法只有一个参数，称为元学习率参数(即元步长参数)。

13.9.1 IDBD 的 LMS 部分

设 $\{u(n-i), d(n)\}$ $(i = 0, 1, \cdots, M-1)$，表示 IDBD 算法中 LMS 部分的用于监督训练的数据集，这里 $n = 1, 2, \cdots$。通常，M 表示 FIR 滤波器抽头权值的数量。依照 LMS 的传统形式，我们写出

$$e(n) = d(n) - \sum_{i=0}^{M-1} \hat{w}_i^*(n)u(n-i) \tag{13.76}$$

和

$$\hat{w}_i(n+1) = \hat{w}_i(n) + \mu_i(n+1)u(n-i)e^*(n) \quad i = 0, 1, \cdots, M-1 \tag{13.77}$$

这里 $e(n)$ 是估计误差。显然，在式（13.77）中，在更新抽头权值前先更新时变步长参数 μ_i。依照 13.8 节中的向量方法，该式中步长参数随抽头权值变化。

LMS 算法中的步长参数在监督学习过程中起着关键作用，这也是神经网络文献中通常把它称为"学习率参数"的原因。在处理非平稳环境的自适应问题时，这个参数的赋值应该谨慎，理想的情况是（见 Sutton，1992）：

可能是不相关的输入应该赋予较小的学习率（步长）；可能是相关的输入，因此变得更加重要，应该赋予相对较大的学习率。

考虑这样的理想情况，IDBD 算法中的时变步长参数 $\mu_i(n)$ 可以定义如下：

$$\mu_i(n) = \exp(\alpha_i(n)), \quad i = 0, 1, \cdots, M-1 \tag{13.78}$$

这里 $\alpha_i(n)$ 是 IDBD 算法中两个可适应记忆参数（adaptable memory parameter）中的第一个记忆参数。式（13.78）中的指数关系在实际中会带来两个好处：

1）它确保对于所有的 i 和 n，随机梯度下降的步长参数 $\mu_i(n)$ 总是正数。
2）它提供了一个简单机制来产生 $\alpha_i(n)$ 中的"几何"步数（steps），即通过相对较慢的加性更新来改变 $\alpha_i(n)$。

13.9.2 IDBD 附加部分

在自适应过程中，$\mu_i(n)$ 从一个自适应循环运行到下一个自适应循环，由图 13.3 中的次控制机制完成。特别地，式（13.78）中第一个可适应记忆参数 $\alpha_i(n)$ 的更新公式（Sutton，1992）如下：

$$\alpha_i(n+1) = \alpha_i(n) + \kappa u(n-i)e^*(n)h_i(n), \quad i = 0, 1, \cdots, M-1 \tag{13.79}$$

这里 κ 为正的常数，指 IDBD 算法中的元学习率参数（即元步长参数）。

在式（13.79）中，我们还引入了一个新的参数 $h_i(n)$ 来表示 IDBD 算法中的第二个可适应记忆参数。这个新参数的更新公式（Sutton，1992）如下：

$$h_i(n+1) = \left(1 - \mu_i(n+1)|u(n-i)|^2\right)^+ h_i(n) + \mu_i(n+1)u(n-i)e^*(n), \atop i = 0, 1, \cdots, M-1 \tag{13.80}$$

这里我们引入新的记号来表示正界操作：

$$(x)^+ = \begin{cases} x & x > 0 \\ 0 & \text{其他} \end{cases} \tag{13.81}$$

记忆参数 h_i 所起的作用是表示第 i 个抽头权值 w_i 最近改变的累积和的衰减轨迹。

　　为了更直观地理解 IDBD 算法,首先考虑式(13.79)的更新公式。在不考虑元步长参数 κ 时,相关运算的符号在增量调整时起着重要的作用。特别地,在每个自适应循环 n 中,我们可以把乘积项 $u(n-i)e^*(n)h_i(n)$ 看做以下两部分的相关运算:

1)乘积 $u(n-i)e^*(n)$ 表示第 i 个抽头权值 $\hat{w}_i(n)$ 的增量变化。

2)参数 $h_i(n)$ 表示抽头权值最近变化的轨迹。

因此可以说,如果该相关值为正,则以前自适应循环的累积结果将导致第一个可适应记忆参数 α_i($i=0,1,\cdots,M-1$)的增加。反之,最终导致 α_i 的减小。

　　下面,转向考虑式(13.80)中第二个可调记忆参数 h_i($i=0,1,\cdots,M-1$),我们可以有以下的直观理解:

- 式(13.80)中右边的第一项是一个衰减项,因为乘积项 $\mu_i(n+1)\mid u(n-1)\mid^2$ 是一个很小的正数,或者为 0。
- 式(13.80)中右边的第二项表示 h_i 的变化,其变化量与(13.77)中 $\hat{w}_i(n)$ 的增量变化相同。

由此可见,在每一个自适应循环里,式(13.80)中的 h_i 都以微小的增量变化。

　　综上所述,我们可以直观地表述:IDBD 算法是关于第一个记忆参数 α_i 随机梯度下降算法的另一个特例。下面,这些直观的表述将得到数学上的证实。

13.9.3　IDBD 附加部分的推导

　　从算法上来看,IDBD 附加部分由式(13.79)和式(13.80)构成。我们首先来推导式(13.79)中的元步长参数 κ,推导步骤与第 5 章中 LMS 算法的推导相类似。特别地,着手眼下的问题,式(5.4)中的更新公式变为

$$\alpha_i(n+1)=\alpha_i(n)-\frac{1}{2}\kappa\frac{\partial\mid e(n)\mid^2}{\partial\alpha_i} \tag{13.82}$$

式中第二项包含 κ,而且为了表示方便引入比例因子 $1/2$。需要指出的是,在式(13.82)中,估计误差 $e(n)$ 的绝对值的平方对 α_i 求偏导数,并不依赖于自适应循环 n;这样写的原因在于:对于所有的 n,求偏导都是针对无穷小 α_i 而言的。更进一步,在计算 $\partial\mid e(n)\mid^2/\partial\alpha_i$ 时借助 $\mid e(n)\mid^2$ 先对 $\hat{w}_i(n)$ 求偏导数。为此,用微积分的链式法则可将这个求偏导数过程表示为

$$\frac{\partial\mid e(n)\mid^2}{\partial\alpha_i}=\sum_{j=0}^{M-1}\frac{\partial\mid e(n)\mid^2}{\partial\hat{w}_j(n)}\frac{\partial\hat{w}_j(n)}{\partial\alpha_i} \tag{13.83}$$

这里的求和运算是对 FIR 滤波器中的所有 M 个抽头权值进行的。合理的方案是,对式(13.83)中的 α_i,以 $\hat{w}_i(n)$ 为中心,给以很小的增量变化,即

$$\frac{\partial\hat{w}_j(n)}{\partial\alpha_i}\approx 0\quad\text{对于所有 }i\neq j \tag{13.84}$$

这样,式(13.83)就可以近似表示为

$$\frac{\partial\mid e(n)\mid^2}{\partial\alpha_i}\approx\frac{\partial\mid e(n)\mid^2}{\partial\hat{w}_i(n)}\frac{\partial\hat{w}_i(n)}{\partial\alpha_i}$$

在第 5 章中,已经有[见式(5.3)]

$$\frac{\partial |e(n)|^2}{\partial \hat{w}_i(n)} \approx -2u(n-i)e^*(n)$$

这里用符号 i 代替了 k。此外,对第二个可适应记忆参数引入如下定义:

$$h_i(n) = \frac{\partial \hat{w}_i(n)}{\partial \alpha_i} \tag{13.85}$$

可以进一步将式(13.83)近似表示为

$$\frac{\partial |e(n)|^2}{\partial \alpha_i} \approx -2u(n-i)e^*(n)h_i(n) \tag{13.86}$$

因此,将式(13.84)~式(13.86)代入式(13.82),即得式(13.79)中第一个可适应记忆参数 α_i 的更新公式。

下面,我们将继续推导第二个可适应记忆参数 h_i 的更新公式。考虑到时间更新,使用定义式(13.85)及式(13.77),可以写出

$$\begin{aligned}
h_i(n+1) &= \frac{\partial \hat{w}_i(n+1)}{\partial \alpha_i} \\
&= \frac{\partial}{\partial \alpha_i}(\hat{w}_i(n) + \mu_i(n+1)u(n-i)e^*(n)) \\
&= \frac{\partial \hat{w}_i(n)}{\partial \alpha_i} + u(n-i)\frac{\partial}{\partial \alpha_i}(\mu_i(n+1)e^*(n)) \\
&= h_i(n) + u(n-i)\frac{\partial}{\partial \alpha_i}(\mu_i(n+1)e^*(n))
\end{aligned} \tag{13.87}$$

将微积分的乘积法则应用于式(13.87)最后一行的第二项,得到

$$\frac{\partial}{\partial \alpha_i}(\mu_i(n+1)e^*(n)) = e^*(n)\frac{\partial \mu_i(n+1)}{\partial \alpha_i} + \mu_i(n+1)\frac{\partial e^*(n)}{\partial \alpha_i} \tag{13.88}$$

对于式(13.88)左边的一阶偏导数,采用定义式(13.78),可以写出

$$\begin{aligned}
\frac{\partial \mu_i(n+1)}{\partial \alpha_i} &= \frac{\partial}{\partial \alpha_i}\exp(\alpha_i(n+1)) \\
&= \exp(\alpha_i(n+1)) \\
&= \mu_i(n+1)
\end{aligned} \tag{13.89}$$

对于式(13.88)中的二阶偏导数,如用式(13.76)来估计误差 $e(n)$,可得

$$\begin{aligned}
\frac{\partial e^*(n)}{\partial \alpha_i} &= \frac{\partial}{\partial \alpha_i}\left(d^*(n) - \sum_{j=0}^{M-1}\hat{w}_j(n)u^*(n-j)\right) \\
&\approx -u^*(n-i)\frac{\partial \hat{w}_j(n)}{\partial \alpha_i}; \quad \text{同样见式(13.84), 其中} \frac{\partial \hat{w}_j(n)}{\partial \alpha_i} \approx 0 \text{(对于所有的 } j \neq i) \\
&= -u^*(n-i)h_i(n)
\end{aligned}$$
$$\tag{13.90}$$

于是,将式(13.89)和式(13.90)代入式(13.88),得到

$$\frac{\partial}{\partial \alpha_i}(\mu_i(n+1)e^*(n)) = \mu_i(n+1)e^*(n) - \mu_i(n+1)u^*(n-i)h_i(n)$$

将这个偏导数应用于式(13.87)并合并同类项,得到

$$h_i(n + 1) = (1 - \mu_i(n + 1)|u(n - i)|^2) h_i(n) + \mu_i(n + 1)u(n - i)e^*(n) \quad (13.91)$$

我们现在要做的是将式(13.81)引入的正边界操作作用于式(13.91)右边的大括号部分。至此,完成了第二个记忆参数 h_i 的更新公式(13.80)的推导。

　　IDBD 算法的 LMS 部分是一种随机梯度方法,而且可以证明 IDBD 的附加部分也是如此。因此,我们可以说,总体上 IDBD 算法是随机梯度下降法的一个应用实例。所以,IDBD 算法的计算复杂度与算法中 FIR 滤波器的阶数呈线性关系。

13.9.4　IDBD 算法小结

　　表 13.3 给出复数形式[①]的 IDBD 算法,它是下节自动步长法的基础。特别地,表中基于式(13.78)的更新公式不同于式(13.79)。

表 13.3　IDBD 算法小结

定义:

　　训练数据:$\{\mathbf{u}(n - i), d(n)\}$, $i = 0, 1, \cdots, M - 1$, $n = 0, 1, 2, \cdots$

　　$\mu_i(n)$:抽头权重 $\hat{w}_i(n)$ 的步长参数

　　　κ:元步长参数

初始化:设

　　$\kappa = 10^{-2}$

　　$h_i(0) = 0$

　　$\hat{w}_i(0) = 0$

　　$\mu_i(0) = $ 手动调整或 $\dfrac{0.1}{\lambda_{\max}}$(输入向量的相关矩阵的最大特征值)

　　$\mathbf{u}(n)$ 是可计算的

计算:

　　对于训练数据的每个点 $\{\mathbf{u}(n - i), d(n)\}$ $(i = 0, 1, \cdots, M - 1)$,在自适应循环 n,计算

$$e(n) = d(n) - \sum_{i=0}^{M-1} \hat{w}_i^*(n)u(n - i)$$

$$\alpha_i(n + 1) = \log(\mu_i(n)) + \kappa u(n - i)e^*(n)h_i(n)$$

$$\mu_i(n + 1) = \exp(\alpha_i(n + 1))$$

$$\hat{w}_i(n + 1) = \hat{w}_i(n) + \mu_i(n + 1)u(n - i)e^*(n)$$

$$h_i(n + 1) = (1 - \mu_i(n + 1)|u(n - i)|^2)^+ h_i(n) + \mu_i(n + 1)u(n - i)e^*(n)$$

13.10　自动步长法

　　自动步长法(Autostep method)是 LMS 算法(Mahmood, 2010)免调整步长自适应过程发展的重要结果。当输入数据为高维且大量时,源于随机梯度下降法的线性自适应滤波算法,例如 LMS 算法,是为数不多的选择。因此,一个明显的逻辑步骤是减轻其固有缺陷。

　　传统梯度下降法遇到的最糟糕的问题之一是与其步长参数有关。IDBD 算法对于减轻

---

　　① IDBD 算法的实数形式最先由 Sutton(1992)给出,它是表 13.3 总结的复数形式 IDBD 算法的一种特殊情形。

LMS 算法的步长效应，是一种强有力的解决方案。正如前面章节所阐述的，IDBD 算法向量化 LMS 算法的步长参数，其中向量中的每个元素都与描述输入数据的一个特定功能相对应；在 LMS 算法之下，建立了时间及内存复杂度的线性关系。通过自适应过程，IDBD 算法提高了 LMS 算法的性能。遗憾的是，潜在的缺点是采用元步长参数 κ，IDBD 算法很可能需要手动调整参数。

紧接着需要解决的一个重要问题是，如何使 IDBD 算法避免手动调整；也就是说，设参数 κ 为一个定值。为了实现这一目标，需要做如下工作：

> 找到一种方法使得 IDBD 算法从一种应用转到另一应用时，其元步长参数 κ 预设值的大波动是稳定的。

然而，要找到实现这一目标的数学方法是困难的。为了克服这一困难，可能需要进行穷举的实验方法，包含各种不同的应用。

为此，Mahmood 进行了一个关于大数据库的详细实验研究，该实验基于大量的仿真数据及各种实际数据集；该实验总结如下：

- 基于仿真数据时，输入数据来自于独立同分布（i. i. d.）的标准高斯分布，且假定目标抽头权值为随机游走。这样，通过交替变化选择输入数据的方差和目标抽头权值的漂移方差，产生各种不同的仿真问题。
- 基于实际数据时，输入数据来自于机器人的传感器马达记录，该机器人具有 56 个不同传感器，包括光传感器、距离传感器、温度传感器、加速计、磁强计等。从不同种类的传感器中采集来的输入数据有着不同大小的统计量（即均值和方差）。运行机器人几个小时后采集到三百万条数据样值。IDBD 算法的任务是在一个特定的抽样点使用所有的传感器，以便算法可以预测下一个抽样点中的某一传感器的输出。通过选择不同传感器作为目标传感器，产生了 6 个这样的任务。

大量的数据库实验发现，不管是仿真问题还是实际问题，IDBD 算法的性能都优于 LMS 算法。但是，IDBD 算法要求针对每一个特定的问题，手动调节元步长参数 κ。此外，对于同一问题的不同数量级，参数 κ 的最佳调节值是不同的。这种调节依赖性也可从其他著名的线性自适应滤波算法的实验研究中观察到。

在研究过程中，也发现 IDBD 算法的元步长参数 κ 是有量纲的，该量纲代表其最佳值依赖于训练数据的重要特性（即应用于 IDBD 算法的输入向量和相应的期望响应）。在应用之前，训练数据是无法观察到的，但针对所研究的特定问题必须手动调整 IDBD 算法的参数 κ 又是一个需要解决的问题。因此，改善 IDBD 算法的第一步就是将参数 κ 归一化，使它变为无量纲的。事实上，这个归一化过程要求调节基于训练数据的参数 κ。与原始 IDBD 算法相比，这种方法大大减小了对参数 κ 的依赖性。但是，这一方法并非完全免调整的，当从一个问题切换到另一个问题时，仍需要进行手动调整。

为了使 IDBD 算法对元步长参数 κ 更加不敏感，下一步就是界定参数 κ 的容许值。特别地，每当样本代价函数中发生过调时，减小步长使其不再过调。IDBD 算法的这种修改，的确大大降低了估计过程对元步长参数的敏感度。

最后感兴趣的一点是：在本节描述的实验中，发现自动步长法的元步长参数值的通常范围大约在 0.01 周围，这似乎对所有的仿真或实际问题有"最佳效果"。而且，所获得的性能在最差或最好的情况下都优于 IDBD 算法。自动步长法对于固定元步长参数 κ 的不敏感性，最后在 6 个现实中的机器人问题装置中进行了测试。这些实验证实了自动步长法的实用性，作为一种新的自适应滤波算法，它的步长是免调节的，这是一个显著的成就。

总而言之，当采用上述两种修正的 IDBD 算法时，其最终结果构成所谓自动步长法，自动步长的名称来源于两个词："自动"和"步长"。

13.10.1 自动步长法的调整规则

自动步长法的启发式规则中所涉及的步骤，首先出现在 Mahmood(2010) 的硕士论文中，然后出现在 Mahmood 等(2012)发表的会议论文中。实数据的自动步长法步骤如下。

步骤 1：归一化。定义一个递归的归一化因子为 $v_i(n)$，并将其引入到实值形式的式(13.79)的多个乘积 $\kappa u_i(n)e(n)h_i(n)$ 的增量调整量中，具体如下：

$$v_i(n+1) = v_i(n) + \gamma \mu_i(n)u_i^2(n)\big(|u_i(n)e(n)h_i(n)| - v_i(n)\big) \qquad (13.92)$$

其中输入量为

$$u_i(n) = u(n-i), \quad i = 0, 1, \cdots, M-1$$

新参数 γ 是遗忘因子，定义为时变标量参数 τ 的倒数。相应地，式(13.79)可以修改为如下形式：

$$\alpha_i(n+1) = \alpha_i(n) + \kappa \left(\frac{u_i(n)e(n)h_i(n)}{v_i(n+1)} \right) \qquad (13.93)$$

或者

$$\alpha_i(n+1) = \alpha_i(n) \qquad 如果 \ v_i(n+1) = 0 \qquad (13.94)$$

因此，当新的一项 $v_i(n+1)$ 为非零时，它起着归一化的作用。

步骤 2：修正归一化因子。达到式(13.92)的更新公式上界时，归一化因子修正为

$$v_i(n+1) = \max\big(|u_i(n)e(n)h_i(n)|, v_i(n) + \gamma \mu_i(n)u_i^2(n)(|u_i(n)e(n)h_i(n)| - v_i(n))\big)$$
$$(13.95)$$

该二次修正的最终结果包含 $u_i(n)e(n)h_i(n)/v_i(n+1)$，其上界为 1。这样做使得元步长参数 κ 的选择避免了多项积 $u_i(n)e(n)h_i(n)$ 突增偶发性的发生。

步骤 3：高步检测。自动步长法的最后一步包括下面两件事：

a. 沿着 FIR 滤波器中抽头权值更新的方向，进行高步检测，这可能发生在误差性能曲面的一个样例实现中。

b. 将 $M \times 1$ 步长向量 $\boldsymbol{\mu}$ 的数值范围定为较小值，以确保更新的抽头权向量 $\hat{\mathbf{w}}$ 没有超过沿曲面更新方向的最低点。

上述大步长(和减小步长)检测的获得基于如下的"if-then"规则：

$$\text{if} \ \sum_{j=0}^{M-1} \mu_j(n+1)\mu_j^2(n) > 1, \text{then} \ \mu_i(n+1) \ 由 \ \frac{\mu_i(n+1)}{\displaystyle\sum_{j=0}^{M-1} \mu_j(n+1)u_j^2(n)} \ 代替 \qquad (13.96)$$

刚才描述的所有规则都能够分别应用于 IDBD 算法。但是，只有当同时应用所有规则时，

IDBD 算法才能表现出最佳鲁棒性，这已经在各种算法（Mahmood et al., 2012）应用中通过实验得到证明。

13.10.2　自动步长法小结

表 13.4 总结了基于实数据的自动步长法。表中需着重注意的是，不同于 IDBD 算法，自动步长法不要求标记 $(\cdot)^+$，因为它可由步长参数 μ 的上界确保，即

$$\mu_i(n+1) \leftarrow \frac{\mu_i(n+1)}{B} \tag{13.97}$$

其中，

$$B = \max\left(\sum_{i=0}^{M-1} \mu_i(n+1)u^2(n-i), 1\right) \tag{13.98}$$

相应地，μ_i 总是非负的。注意，在表 13.4 中，我们也使用了式（13.78）。

表 13.4　自动步长法小结

初始化：设

κ 和 γ 分别为 10^{-2}，10^{-4}

$h_i(0) = 0$

$v_i(0) = 0$

$\hat{w}_i(0) = 0$

$\mu_i(0) = 0.1$ 或 $\dfrac{0.1}{\lambda_{\max}}$，其中 $\lambda_{\max}$ 是输入向量 $u(n)$ 相关矩阵的最大特征值。

计算：

对于训练数据中的每个抽样点 $\{u(n-i), d(n)\}$（$i = 0,1,\cdots, M-1$）和自适应循环次数 n，计算

$$e(n) = d(n) - \sum_{i=0}^{M-1} \hat{w}_i(n)u(n-i)$$

$$v_i(n+1) = \max\left(|e(n)u(n-i)h_i(n)|, v_i(n) + \gamma\mu_i(n)|u(n-i)|^2(|e(n)u(n-i)h_i(n)| - v_i(n))\right)$$

$$\alpha_i(n+1) = \log(\mu_i(n)) + \kappa\frac{e(n)u(n-i)h_i(n)}{v_i(n+1)}, \text{ 或 } \alpha_i(n+1) = \log(\mu_i(n)), \text{ 如果 } v_i(n+1) = 0$$

$$\mu_i(n+1) = \exp(\alpha_i(n+1))$$

$$B = \max\left(\sum_{i=0}^{M-1} \mu_i(n+1)|u(n-i)|^2, 1\right)$$

$$\mu_i(n+1) = \frac{\mu_i(n+1)}{B}$$

$$\hat{w}_i(n+1) = \hat{w}_i(n) + \mu_i(n+1)e(n)u(n-i)$$

$$h_i(n+1) = (1 - \mu_i(n+1)|u(n-i)|^2)h_i(n) + \mu_i(n+1)e(n)u(n-i)$$

注意：除了计算 $e(n)$ 和 B，每行公式中 $i = 0,1,\cdots, M-1$。

13.10.3　元步长参数 κ

在本章第二部分的 13.8 节已经指出，线性自适应滤波算法的根本目标是发现一种免调算法。这一目标已经由自动步长法的实验实现，并总结在表 13.4 中。

现在，细心的读者检查这一表格，也许会提出下面的问题：

确定元步长参数 κ 的值为 0.01 的理由是什么?

在回答这一问题之前,有必要解释自动步长法不同于 IDBD 算法的基本点:当 IDBD 算法从一个应用切换到另一个应用时必须手动调整参数 κ,而自动步长法不需要这么做。

另一方面,在自动步长法中,已通过运行各种计算机实验证明表 13.4 中的算法对参数 κ 的调整是不敏感的。此外,再一次通过实验证明,参数 κ 取为固定值 $\kappa = 0.01$ 是一个可靠的选择。

实际上,设 $\kappa = 0.01$ 已经保证自动步长法不需要手动调整参数即可获得近似最优性。总结这一讨论,我们可以进一步说(Mahmood, 2013):

在非平稳环境中,当对感兴趣的跟踪应用一无所知或需要解决大规模跟踪问题时,取 $\kappa = 0.01$ 作为自动步长法的元步长参数值,是一个合理的选择。

13.11   计算机实验:平稳和非平稳环境数据的混合

这一实验基于 13.2 节描述的系统识别问题。参考图 13.1,数据生成器由一阶马尔可夫过程即式(13.1)来描述。相应地,期望响应由式(13.2)的多重线性回归模型来描述。

在实验中,设式(13.1)和式(13.2)中的未知权值向量 $\mathbf{w}_o$ 的维数 $M = 20$,M 选择足够大使得实验具有合理的挑战性。对于式(13.2),我们有

测量(输入)协方差矩阵,$\mathbf{R}_u = \mathbf{I}$,$\mathbf{I}$ 是单位矩阵。
测量噪声方差,$\sigma_v^2 = 1.0$。

对于式(13.1),我们有

常数量,$a = 0.9998$。
过程噪声方差矩阵为

$$\mathbf{R}_{\omega, ii} = \begin{cases} \sigma_\omega^2 & i = 0, 1, \cdots, 4 \\ 0 & i = 5, 6, \cdots, 19 \end{cases}$$

及

$$\mathbf{R}_{\omega, ij} = 0 \quad 对于所有 i \neq j$$

因此,图 13.1 的回归模型中生成的数据是非平稳和平稳环境数据的混合。

实验研究了以下两个问题:

问题 1:$\sigma_\omega^2 = 0.1$

σ_ω^2 指式(13.1)的过程噪声 $\omega(n)$ 的方差,它对过程方程式的激励相对较小。因此,问题 1 采用弱非平稳数据与平稳数据(分别由回归模型的前 5 个抽头权值和后 15 个抽头权值生成)的混合。

问题 2:$\sigma_\omega^2 = 10$

在第二个问题中,采用强非平稳数据和平稳数据的混合。

实验中的其他兴趣点如下:

1)对于问题 1 和问题 2,生成由 50 000 个抽样值构成的序列数据集,分别测试 LMS、RLS、IDBD 三种算法及自动步长法。

2）对于所有这三种算法和自动步长法，可调自适应参数范围为 $10^{-12} \sim 1.0$，采用相等的对数间隔。可调参数由表 13.5 确定。

3）对于自动步长法，时间参数为 $\tau = 10^{+4}$。

4）所有三种算法和自动步长法的初始估计抽头权值都设为零。

5）IDBD 算法和自动步长法的初始步长参数 $\mu_i(0)$ 设为 $\dfrac{1}{M} = 0.05$，其中模型维数（阶数）为 $M = 20$，如前所述。

6）采用平方根误差（RMSE）来测量性能，且按 25 000 个样值取平均；这时三种算法和自动步长法都松弛为稳态响应。

7）对于性能的最终测量，RMSE 被当做两个问题中平均的相对最佳 LMS 算法性能。为此，设问题 1 和问题 2 中元步长参数 κ 的 IDBD 算法的 RMSE 分别记做 $\mathrm{RMSE}_{\mathrm{IDBD}(\kappa),1}$ 和 $\mathrm{RMSE}_{\mathrm{IDBD}(\kappa),2}$。相应地用 $\mathrm{RMSE}_{\mathrm{LMSbest},1}$ 和 $\mathrm{RMSE}_{\mathrm{LMSbest},2}$ 分别表示运用 LMS 算法来求解问题 1 和问题 2 的最优 RMSE。于是，IDBD 算法的平均性能度量可定义为

$$S(\kappa) = \frac{1}{2}\left(\frac{\mathrm{RMSE}_{\mathrm{IDBD}(\kappa),1}}{\mathrm{RMSE}_{\mathrm{LMSbest},1}} + \frac{\mathrm{RMSE}_{\mathrm{IDBD}(\kappa),2}}{\mathrm{RMSE}_{\mathrm{LMSbest},2}}\right) \qquad (13.99)$$

类似地，可以定义 RLS 算法和自动步长法的最终衡量性能。由式（13.99）可知，LMS 算法的度量 $S = 1$。

表 13.5　可调参数

算法或方法	可调参数
LMS	步长参数，μ
RLS	$1 - \lambda$，其中 λ 是指数权值因子
IDBD	元步长参数，κ
自动步长	元步长参数，κ

13.11.1　实验结果

表 13.6 提供了三种算法和自动步长法的最优度量值 S，由表中可以看出，自动步长法的平均度量 S 最好。

表 13.6　LMS、RLS、IDBD 及自动步长法的参数

算法或方法	可调参数	平均度量 S
LMS	$\mu = 0.05$	1
RLS	$1 - \lambda = 0.1$	0.89
IDBD	$\alpha = 2 \times 10^{-6}$	0.79
自动步长	$\alpha = 0.2$	0.73

图 13.4 给出了三种算法及自动步长法的平均指标 S 和相关的可调参数。由于每种算法的自适应参数均可调，图中的每个点代表了与 LMS 算法的最优性能相比的算法的最优参数取值。由图可知，自动步长法要优于其余的三种算法，特别是 IDBD 算法。

表 13.6 和图 13.4 的结果是基于两种不同问题的平均。下面考虑每种算法及自动步长法对这两种问题单独处理的能力。为此，图 13.5(a) 和 (b) 分别对应于问题 1 和问题 2 的

RMSE。由图 13.5 可得下面两个结论:

1) IDBD 算法和自动步长法均优于 RLS 算法和 LMS 算法。

2) 总体来说,要使得问题 1 和问题 2 的 RMSE 最小,自动步长法中元步长参数 κ 的参考值均取为 $\kappa = 0.01$。与之相对照,为使两个问题中的 RMSE 最小,IDBD 算法中元步长参数 κ 的取值从问题 1 中的 $\kappa = 10^{-3}$ 下降到问题 2 中的 $\kappa = 10^{-6}$。

　　简言之,我们有

　　从问题 1 转向问题 2 时,IDBD 算法需手动调整,而自动步长法可自动调整。

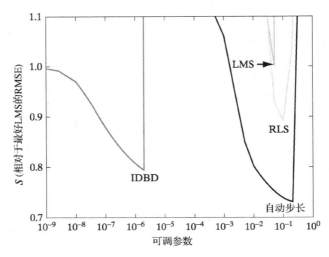

图 13.4　LMS、RLS、IDBD 算法及自动步长法的平均度量 S 和可调参数

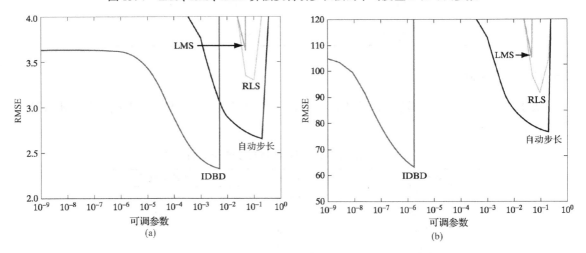

图 13.5　LMS、RLS、IDBD 及自动步长法对两种不同问题的实
验结果:(a)弱平稳环境数据;(b)强非平稳环境数据

13.11.2　实验结论

　　实验中给出的两种问题代表了实际中的典型问题。在这种问题中,我们不清楚给出的数据是平稳的还是非平稳的。考虑理想的平稳场景,自适应滤波算法的步长参数应该更小,因

为算法松弛到了稳态响应。另一方面，对于非平稳场景，为了保持跟踪数据，步长参数应该
很大。

实验表明，一个算法是否具有随环境数据统计变化而自适应不同方向步长参数的能力是
很重要的。具体来讲，当面对平稳和非平稳的混合数据时，LMS 算法和 RLS 算法都不能处理
统计变化量，IDBD 算法虽然能够处理上述情形，但需要对元步长参数进行手动调整，而自动
步长法则不需要。

13.12　小结与讨论

本章研究如何应对非平稳数据自适应滤波这一重要的实用课题。为此，自适应滤波器必
须跟踪产生数据的环境的统计变化以获得稳态响应（即完成收敛过程）。

本章的第一部分应用系统识别问题比较了 LMS 算法和 RLS 算法对非平稳数据的处理能
力，其结果归纳如下：

1）LMS 算法和 RLS 算法都不具备良好的内置跟踪能力。

2）优选哪种自适应滤波算法来跟踪非平稳环境，取决于产生数据的环境的非平稳特性。

3）无论使用哪种算法，都需要手动调整自适应参数。

本章的第二部分介绍了 IDBD 算法和自动步长法，IDBD 算法以 LMS 算法为基础，用向
量化的步长参数来代替 LMS 算法的固定步长参数，使得每个基本步长参数都与输入数据的
一个特定特征相关。对 LMS 算法进行这种修正的理由如下：

- 不相关的输入数据应该使用小步长。
- 相关的重要输入数据，应该使用相对较大的步长。

通常，在 IDBD 算法中，选取步长向量的维数与抽头权向量的维数相同。

IDBD 算法是学习再学习策略的一个例子；为了迎合步长向量，引入一个称之为元步长参数
的新参数。如同传统的 LMS 算法，IDBD 算法的元步长参数必须手动调整。为了避免手动调整
的需要，人们期望以 IDBD 算法为基础的自动步长法。具体而言，通过对 IDBD 算法进行不同的
实验并将其整合成一个新的复合算法，由此组成自动步长法。13.11 节的计算机实验支持自动
步长法作为一种准自由调整方法的实际应用，以处理未知非平稳环境和解决大规模跟踪问题。

在相关范围内，本章自适应滤波器的最终结论可表述为如下问题：

如何以一种严格的方式自动调整某一自适应滤波算法，基于以下两点：

- 如何保证随机梯度下降法的线性复杂度法则？
- 如何由 IDBD 算法来体现学习再学习的策略？

尽管使用了启发式，自动步长法仍是目前付诸实际应用的唯一自适应滤波方法。

13.13　习题

1. 试定性描述时变通信信道自适应均衡器与固定特征通信信道自适应均衡器的误差特性曲面之间的差异。

2. 在预测中，若期望响应由信号的当前值组成，输入向量由有限个信号的过去值组成，试描述非平稳过程

中自适应预测器与平稳过程中自适应预测器误差特性曲面之间的差异。

3. 加权误差向量 $\boldsymbol{\varepsilon}(n)$ 可以表示为权向量噪声 $\boldsymbol{\varepsilon}_1(n)$ 和权向量延迟 $\boldsymbol{\varepsilon}_2(n)$ 之和,试证明

$$\mathbb{E}[\boldsymbol{\varepsilon}_1^H(n)\boldsymbol{\varepsilon}_2(n)] = \mathbb{E}[\boldsymbol{\varepsilon}_2^H(n)\boldsymbol{\varepsilon}_1(n)] = 0$$

并利用 13.2 节中所做假设,证明

$$\mathbb{E}[\|\boldsymbol{\varepsilon}(n)\|^2] = \mathbb{E}[\|\boldsymbol{\varepsilon}_1(n)\|^2] + \mathbb{E}[\|\boldsymbol{\varepsilon}_2(n)\|^2]$$

4. 继续习题 3,试用 13.2 节中所做的假设,证明

$$\mathbb{E}[\boldsymbol{\varepsilon}_1^H(n)\mathbf{u}(n)\mathbf{u}^H(n)\boldsymbol{\varepsilon}_1(n)] = \mathrm{tr}[\mathbf{R}_u\mathbf{K}_1(n)]$$
$$\mathbb{E}[\boldsymbol{\varepsilon}_2^H(n)\mathbf{u}(n)\mathbf{u}^H(n)\boldsymbol{\varepsilon}_2(n)] = \mathrm{tr}[\mathbf{R}_u\mathbf{K}_2(n)]$$

和

$$\mathbb{E}[\boldsymbol{\varepsilon}_1^H(n)\mathbf{u}(n)\mathbf{u}^H(n)\boldsymbol{\varepsilon}_2(n)] = \mathbb{E}[\boldsymbol{\varepsilon}_2^H(n)\mathbf{u}(n)\mathbf{u}^H(n)\boldsymbol{\varepsilon}_1(n)] = 0$$

式中 $\mathbf{u}(n)$ 是均值为零的输入向量,$\mathbf{R}_u$ 是 $\mathbf{u}(n)$ 的相关矩阵,$\mathbf{K}_1(n)$ 和 $\mathbf{K}_2(n)$ 分别表示 $\boldsymbol{\varepsilon}_1(n)$ 和 $\boldsymbol{\varepsilon}_2(n)$ 的相关矩阵。试说明 $\boldsymbol{\varepsilon}(n)$ 的相关矩阵 $\mathbf{K}(n)$ 与 $\mathbf{K}_1(n)$ 和 $\mathbf{K}_2(n)$ 之间的关系。

5. 假设瞬态分量已经消失,试在 6.4 节中介绍的小步长 LMS 理论的基础上,式(13.31)出发,导出 LMS 算法的均方偏差公式(13.32)。

6. 在本题中,我们继续讨论 LMS 算法在小步长参数假设下的跟踪性能。假设瞬态分量已经消失,试从式(13.36)出发,导出 LMS 算法的失调公式(13.37)。

7. 给定同维数的向量 $\mathbf{x}$ 和 $\mathbf{y}$,柯西–许瓦茨不等式表示了它们之间的关系

$$|\mathbf{x}^H\mathbf{y}|^2 \leqslant \|\mathbf{x}\|^2\|\mathbf{y}\|^2$$

将这个不等式用于表 13.1 中 2×2 阵列的交叉对角项,导出式(13.74)和式(13.75)的结果。

8. 继续讨论表 13.2 所列 $M=2$ 时自适应滤波器的结果。通过如下工作证明该表中所列各项的正确性:

(a)确定 LMS 算法的最小均方偏差 $\mathscr{D}_{\min}$、最小失调 $\mathscr{M}_{\min}$ 和相应的步长参数 μ 的最优值。

(b)确定 RLS 算法的最小均方偏差 $\mathscr{D}_{\min}$、最小失调 $\mathscr{M}_{\min}$ 和相应的指数加权因子 λ 的最优值。

9. 对于某一实时非平稳问题,观察其每个自适应周期 n 中单个输入 $u(n)$ 和相应的实际响应 $y(n)$。实际输出响应输出如下:

$$y(n) = w(n)u(n) + v(n)$$

其中,$w(n)$ 为目标权值,$v(n)$ 为某一零均值、方差为 1 的高斯白噪声过程。目标权值在每 10 个自适应周期内在 -1 和 $+1$ 之间交替变化。输入 $u(n)=10$ 固定不变。

(a)在下列条件下,用 IDBD 算法学习由输入得到的输出:

(i) $w(0)=0$

(ii)步长参数 $u(0)=0$

(iii)中继步长参数 $\kappa=0.001$

证明由 IDBD 算法可以很好地由输入得到输出。要做到这一点,在自适应周期为 n 时,画出估计权值 $\hat{w}(n)$,其中,瞬时响应结束后,$\hat{w}(n)$ 应该接近于目标权值 $w(n)$(即在每 10 个自适应周期内在 -1 到 $+1$ 之间交替变化)。

(b)稍微改变问题的描述,保持 IDBD 参数不变,使得 IDBD 算法发散。例如,你可将输入提高 10 倍或将白噪声方差提高 100 倍。因此,对应每个例子,回答如下问题:

(i)为什么 IDBD 算法发散?

(ii)IDBD 参数[例如,初始化步长参数 $\mu(0)$ 或者中继步长参数 κ]最少需要改变多少,才能防止算法发散。

10. 考虑习题 9 中描述的自动步长法的实验。此处,设初始条件 $\hat{w}(0)=0$,中继步长 $\kappa=0.01$,初始化步长参数 $\mu(0)=0.1$,遗忘因子 $\gamma=0.0001$。

(a)自动步长法有可能完全发散吗？

(b)在这个习题中，自动步长方法的特征与 IDBD 的这些特征有何区别？

证明你的答案。

11. 假设自动步长法的初始步长参数为一个正数。

(a)理论上，步长参数可以永远移为零值吗？

(b)实际上，有可能由于计算机的有限字长效应导致下溢吗？

(c)如果(b)的问题可能发生，在计算机上，可以采用什么方法来防止步长参数移变为零值？

(d)由于上溢或下溢，类似的问题会发生于自动步长参数(即 w、h 和 γ)吗？

证明你的答案。

为了简化(d)中的答案，需要注意以下两点：

(i)算术下溢是指计算机浮点运算结果在数值上比在感兴趣目标数据中某一正常浮点数可表示的最小值还要小(即接近于零)。

(ii)算术上溢是指在计算机运算中，一个计算产生的结果比给定的寄存器或者存储区本身可以存储或者表示的数值要大。

计算机实验

习题 12、13 和 14 的说明

这三个习题的输入数据是平稳的。未知权值向量 **w** 是固定的，过程噪声 $\boldsymbol{\omega}(n)$ 为零。

12. 平稳对称输入数据。本次实验的输入协方差矩阵 $\mathbf{R}_u$ 如下：

$$\mathbf{R}_{u, ii} = 1, \quad i = 0, 1, \cdots, 19$$
$$\mathbf{R}_{u, ij} = 0, \quad i \neq j$$

换句话说，这个实验的所有输入有相同的方差，因此我们可以得到一个最小化问题的球状代价函数。

(a)生成 25 000 个序列样值，分别测试 LMS、RLS、IDBD 算法和自动步长法。

(b)对每种算法和自动步长法，将可调的步长参数从 10^{-12} 到 1 以相同的时间间隔变化。

(c)对于自动步长法，设时间参数 $\tau = 10^4$，初始化步长 $u(0) = \left(\frac{1}{M}\right) = 0.05$，后者和 IDBD 算法一致。

(d)如常，取估计的抽头权值的初始值为零。

(e)使用 RMSE 作为性能度量，对 25 000 样值的完整集取平均。

因为这个实验数据是平稳的，故仅考虑每种算法和自动步长法的瞬态响应。为此，完成如下工作：

(i)列表表示四种算法的最优 RMSE。

(ii)画出每种算法中 RMSE 与可调步长参数的关系图。

最后，通过比较 LMS、RLS、IDBD 和自动步长法，总结你的发现。

13. 平稳对称输入数据。第二个实验的技术条件同习题 12。但此处假设输入协方差矩阵 $\mathbf{R}_u$ 如下：

$$\mathbf{R}_{u,ii} = \begin{cases} 100 & i = 0, 1, \cdots, 4 \\ 1 & i = 5, 6, \cdots, 19 \end{cases}$$
$$\mathbf{R}_{u,ij} = 0 \quad \text{对于所有 } i \neq j$$

相应地，不同的输入有不同的方差，因此导致目标函数为椭圆形。同时，设置 IDBD 算法和自动步长法的初始步长参数 $\mu(0) = \left(\frac{1}{100 \times M}\right) = 0.0005$ 。

结合上述变化，重复习题 12 的所有步骤，绘制出最佳 RMSE 表格并画出 RMSE 与可调参数的曲线关系。

14. 平稳相关输入数据。第三个实验的技术条件与习题 12 一样，唯一的修改是：输入协方差矩阵 $\mathbf{R}_u$ 是一随机产生的正定矩阵，使得

$$\mathbf{R}_{u,ii} = 1 \qquad i = 0, 1, \cdots, 19$$
$$\mathbf{R}_{u,ij} = \mathbf{R}_{\omega,ji} \in [-1, +1] \qquad 对于所有 i \neq j$$

在这个习题中，所有输入数据有相同的方差但它们之间具有相关性，因此生成了一个稍微旋转的椭圆形目标函数。此外，其他所有技术条件与习题 12 相同。

综合上述改变，与习题 12 一样重复所有的步骤，绘制出最佳的 RMSE 表格并画出 RMSE 与可调参数的关系图。

15. **非平稳输入数据**。在第四个计算机实验中，处理的是一个非平稳环技术条件，同习题 12，但有如下变化：

输入协方差矩阵 $\mathbf{R}_u = 1$

测量噪声方差 $\sigma_\nu^2 = 1.0$

标度参数 $a = 0.9998$

过程噪声协方差矩阵 $\mathbf{R}_\omega$ 满足如下条件：

$$\mathbf{R}_{\omega,ii} = \begin{cases} 100 & i = 0, 1, \cdots, 4 \\ 1 & i = 5, 6, \cdots, 19 \end{cases}$$

$$\mathbf{R}_{\omega,ij} = 0 \quad 对于所有 i \neq j$$

因此，在这个实验中，所有元素都是非平稳的，但是 5 个目标抽头权值中具有不同于其他 15 个抽头权值的非平稳性速率。此外，这个实验的技术条件同习题 12。

综合上述变化，与习题 12 一样，重复所有的步骤，绘制最佳 RMSE 表格并画出 RMSE 与可调参数的关系图。

第14章 卡尔曼滤波器

本章继续研究前一章所关注的非平稳环境下的跟踪问题。然而，此处将通过研究卡尔曼滤波器(Kalman，1960)的基本思想拓宽其研究范围。

为此，本章引入状态的概念以便为卡尔曼滤波的数学阐述提供基础。这个概念在构建状态空间模型中起着关键的作用，它体现为如下一对方程：

- 系统方程(system equation)，描述状态随时间的演变关系。
- 观测方程(measurement equation)，描述状态观测值之间的依赖关系。

在某种意义上，可将这一对方程看成分别由式(13.1)和式(13.2)所述的一阶马尔可夫模型和多重线性回归模型的推广。简言之，状态空间模型是组成卡尔曼滤波器的核心。

卡尔曼滤波器的另一个新颖特点是，它的解是递归计算的，故可不加修改地应用于平稳和非平稳环境。特别是，状态的每一次更新估计都由其前一次估计和新的输入数据计算获得，因此只需存储前一次估值。除了无须存储所有过去观测数据外，卡尔曼滤波器的计算上比直接根据滤波过程中每一步的所有过去数据进行估计的方法(如第2章维纳滤波器讨论的)更加有效。

卡尔曼滤波的研究提供了高斯环境下线性时变系统的未知隐状态估计的数学基础，只要给定一组观测值，该状态估计就能以递归方式完成。这种递归计算使得卡尔曼滤波器如同LMS和RLS算法那样很适合于计算机数据处理。最重要的是，卡尔曼滤波器连同其变形和扩展为解决信号处理和自动控制中的目标跟踪问题提供了一个不可或缺的工具。

然而，就本章而言，我们关注卡尔曼滤波器的主要动因是基于如下事实：卡尔曼滤波器为RLS自适应滤波算法族提供了一个统一的框架。这个算法族包括以下算法：

- 常规RLS算法(第10章)
- 平方根RLS算法(第15章)
- 阶递归RLS算法(第16章)

下面，我们将从一个标量随机变量的简单例子出发，通过求解该例子所表示的递归最小均方估计问题来开始本章的讨论。

14.1 标量随机变量的递归最小均方估计

假设从自适应循环1开始一直观测到自适应循环$n-1$(含自适应循环$n-1$)，观测到的一组随机变量为$y(1),y(2),\cdots,y(n-1)$，而与它们有关的某零均值随机变量$x(n-1)$的最小均方估计为$\hat{x}(n-1|\mathcal{Y}_{n-1})$。这里，假设$n=0$时(或此刻之前)的观测值为0；由观测值$y(1),\cdots,y(n-1)$张成的空间用$\mathcal{Y}_{n-1}$表示。假设现在还有另一自适应循环$n$时的观测值$y(n)$，而要求是计算随机变量的更新估值$\hat{x}(n|\mathcal{Y}_n)$，其中$\mathcal{Y}_n$表示由$y(1),\cdots,y(n)$张成的空间。我们可以通过存储过去的观测值$y(1),y(2),\cdots,y(n-1)$，然后用包括新观测值在内的所有可用数据$y(1),y(2),\cdots,y(n-1),y(n)$重解这一问题来完成计算。然而，如果采用递归估

计过程，其计算效率要高得多，因为这种方法只存储前一个估值 $\hat{x}(n-1|\mathcal{Y}_{n-1})$，并利用它及新观测值计算更新的估值 $\hat{x}(n|\mathcal{Y}_n)$。推导这种递归估计算法的方法有几种。我们将利用"新息"概念(Kailath,1968,1970)，它的起源可追溯到 Kolmogorov(1939)的研究结果。

定义前向预测误差

$$f_{n-1}(n) = y(n) - \hat{y}(n|\mathcal{Y}_{n-1}) \quad n = 1,2,\cdots \tag{14.1}$$

其中 $\hat{y}(n|\mathcal{Y}_{n-1})$ 是用自适应循环 $n-1$(含自适应循环 $n-1$)及其之前的所有观测值，对自适应循环 n 观测到的随机变量 $y(n)$ 所做的一步预测。估计中用到的过去观测值为 $y(1)$,$y(2)$,$\cdots$,$y(n-1)$，故预测阶数为 $n-1$ 阶。我们可将 $f_{n-1}(n)$ 看做滤波器输入为时间序列 $y(1)$,$y(2)$,$\cdots$,$y(n)$ 时 $n-1$ 阶前向预测误差滤波器的输出。注意，预测阶数 $n-1$ 随着 n 线性增长。根据正交性原理，预测误差 $f_{n-1}(n)$ 应与过去所有的观测值 $y(1)$,$y(2)$,$\cdots$,$y(n-1)$ 正交，故可看做是自适应循环 n 时观测的随机变量 $y(n)$ 中所含新信息的一个度量，因而叫做"新息"。事实上，观测值 $y(n)$ 携带的并不全是新信息，因为可预测部分 $\hat{y}(n|\mathcal{Y}_{n-1})$ 完全由过去的观测值 $y(1)$,$y(2)$,$\cdots$,$y(n-1)$ 确定。确切地说，观测值 $y(n)$ 中真正"新"的部分包含在前向预测误差 $f_{n-1}(n)$ 中。因此，可以将这个预测误差称为"新息"，为表示方便，记为

$$\alpha(n) = f_{n-1}(n) \quad n = 1,2,\cdots \tag{14.2}$$

新息 $\alpha(n)$ 具有一些重要的性质，现叙述如下：

性质 1　与观测随机变量 $y(n)$ 有关的新息 $\alpha(n)$ 与过去观测值 $y(1)$,$y(2)$,$\cdots$,$y(n-1)$ 正交，即

$$\mathbb{E}[\alpha(n)y^*(k)] = 0 \quad 1 \leqslant k \leqslant n-1 \tag{14.3}$$

这是正交性原理的一种简单表示。

性质 2　新息 $\alpha(1)$,$\alpha(2)$,$\cdots$,$\alpha(n)$ 彼此正交，即

$$\mathbb{E}[\alpha(n)\alpha^*(k)] = 0 \quad 1 \leqslant k \leqslant n-1 \tag{14.4}$$

这是下式[见第 3 章习题 20(e)]

$$\mathbb{E}[f_{n-1}(n)f_{k-1}^*(k)] = 0 \quad 1 \leqslant k \leqslant n-1$$

的另一种表示。实际上，式(14.4)表明，式(14.1)和式(14.2)表示的新息过程 $\alpha(n)$ 是白色的。

性质 3　观测数据 $\{y(1),y(2),\cdots,y(n)\}$ 与新息 $\{\alpha(1),\alpha(2),\cdots,\alpha(n)\}$ 之间存在一一对应的关系。因为借助因果可逆滤波器，可以由一个序列得到另一个序列，而不会丢失任何信息。于是可以写为

$$\{y(1),y(2),\cdots,y(n)\} \Longleftrightarrow \{\alpha(1),\alpha(2),\cdots,\alpha(n)\} \tag{14.5}$$

为了证明这个性质，我们应用 Gram-Schmidt 正交化过程(详见第 3 章)。该过程假设，观测值 $y(1)$,$y(2)$,$\cdots$,$y(n)$ 在代数意义上是线性独立的。首先令

$$\alpha(1) = y(1) \tag{14.6}$$

其中假定 $\hat{y}(1|\mathcal{Y}_0)$ 为 0。其次，令

$$\alpha(2) = y(2) + a_{1,1}y(1) \tag{14.7}$$

选择系数 $a_{1,1}$ 使得新息 $\alpha(1)$ 与 $\alpha(2)$ 正交，即

$$\mathbb{E}[\alpha(2)\alpha^*(1)] = 0 \tag{14.8}$$

欲使上式成立，$a_{1,1}$ 应选为

$$a_{1,1} = -\frac{\mathbb{E}[y(2)y^*(1)]}{\mathbb{E}[y(1)y^*(1)]} \tag{14.9}$$

如果不考虑负号，$a_{1,1}$ 是一个偏相关系数（partial correlation coefficient），因为它等于观测值 $y(1)$ 和 $y(2)$ 的互相关并对 $y(1)$ 的均方值进行归一化。

其次，再令

$$\alpha(3) = y(3) + a_{2,1}y(2) + a_{2,2}y(1) \tag{14.10}$$

其中系数 $a_{2,1}$ 和 $a_{2,2}$ 的选择，应使得 $\alpha(3)$ 与 $\alpha(1)$ 和 $\alpha(2)$ 都正交，依次类推。因此，一般来说，可以通过

$$\begin{bmatrix} \alpha(1) \\ \alpha(2) \\ \vdots \\ \alpha(n) \end{bmatrix} = \begin{bmatrix} 1 & 0 & \cdots & 0 \\ a_{1,1} & 1 & \cdots & 0 \\ \vdots & \vdots & \ddots & \vdots \\ a_{n-1,n-1} & a_{n-1,n-2} & \cdots & 1 \end{bmatrix} \begin{bmatrix} y(1) \\ y(2) \\ \vdots \\ y(n) \end{bmatrix} \tag{14.11}$$

将观测数据 $y(1), y(2), \cdots, y(n)$ 变换为新息 $\alpha(1), \alpha(2), \cdots, \alpha(n)$。式(14.11)右边下三角变换矩阵中第 k 行的非零元素表示为 $a_{k-1,k-1}, a_{k-1,k-2}, \cdots, 1$，其中 $k = 1, 2, \cdots, n$。这些元素代表 $k-1$ 阶前向预测误差滤波器的系数。注意，对所有的 k，$a_{k,0} = 1$。因此，给定观测数据 $y(1), y(2), \cdots, y(n)$，就可以计算出新息 $\alpha(1), \alpha(2), \cdots, \alpha(n)$。在变换过程中没有信息 $\alpha(1), \alpha(2), \cdots, \alpha(n)$ 损失，因为我们可以从新息中恢复出原始的观测数据 $y(1), y(2), \cdots,$ $y(n)$。恢复时只要将式(14.11)的两边前乘下三角变换矩阵的逆矩阵即可。该变换矩阵是非奇异阵，因为对所有的 n 其行列式的值都为 1。因此，该变换是可逆的。

于是，由式(14.5)可以写出

$\hat{x}(n|\mathcal{Y}_n) = $ 给定观测数据 $y(1), y(2), \cdots, y(n)$ 时 $x(n)$ 的最小均方估计

或等效地

$\hat{x}(n|\mathcal{Y}_n) = $ 给定新息 $\alpha(1), \alpha(2), \cdots, \alpha(n)$ 时 $x(n)$ 的最小均方估计

将估计 $\hat{x}(n|\mathcal{Y}_n)$ 定义为新息 $\alpha(1), \alpha(2), \cdots, \alpha(n)$ 的线性组合

$$\hat{x}(n|\mathcal{Y}_n) = \sum_{k=1}^{n} b_k \alpha(k) \tag{14.12}$$

其中，b_k 是待定量。因新息 $\alpha(1), \alpha(2), \cdots, \alpha(n)$ 相互正交，故可选择 b_k 使估计误差 $x(n) - \hat{x}(n|\mathcal{Y}_n)$ 的均方值为最小，于是有

$$b_k = \frac{\mathbb{E}[x(n)\alpha^*(k)]}{\mathbb{E}[\alpha(k)\alpha^*(k)]} \quad 1 \leq k \leq n \tag{14.13}$$

将式(14.12)中 $k = n$ 的项分离出来，式(14.12)可重写为

$$\hat{x}(n \mid \mathcal{Y}_n) = \sum_{k=0}^{n-1} b_k \alpha(k) + b_n \alpha(n) \tag{14.14}$$

其中

$$b_n = \frac{\mathbb{E}\big[x(n)\alpha^*(n)\big]}{\mathbb{E}\big[\alpha(n)\alpha^*(n)\big]} \tag{14.15}$$

然而，由定义可知，式(14.14)右边的求和项等于前一估计$\hat{x}(n-1 \mid \mathcal{Y}_{n-1})$。因此，可将我们所寻求的递归估计算法表示为

$$\hat{x}(n \mid \mathcal{Y}_n) = \hat{x}(n-1 \mid \mathcal{Y}_{n-1}) + b_n \alpha(n) \tag{14.16}$$

其中b_n由式(14.15)定义。这样，通过对前一估计$\hat{x}(n-1 \mid \mathcal{Y}_{n-1})$加上一个与新息$\alpha(n)$成正比的修正项$b_n \alpha(n)$，就可以得到更新的估计$\hat{x}(n \mid \mathcal{Y}_n)$。

式(14.1)、式(14.3)、式(14.15)和式(14.16)表明，递归最小均方误差估计器的基本结构是预测器–修正器，如图14.1所示。这一结构包含两步：

- 利用观测值计算称为"新息"的前向预测误差。
- 利用新息更新(亦即修正)与随机变量的观测值线性相关的最小均方估计。

有了图14.1所示的简单而又有效的结构描述，很容易研究更一般的卡尔曼滤波问题。

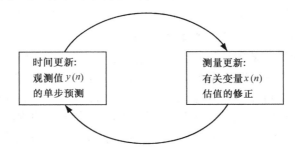

图14.1　用预测器–修正器递归描绘最小均方估计问题的求解过程

14.2　卡尔曼滤波问题

考虑图14.2中用信号流图表示的线性动态离散时间系统。图中给出的系统时域描述有以下优点(Gelb, 1974)：

- 数学上和表示上方便
- 与物理过程关系密切
- 它是分析原系统统计特性的有用基础

"状态"的概念是这种表示的基础。状态向量，或简单地说状态[在图14.2中用$\mathbf{x}(n)$表示]，定义为数据的最小集合，这组数据足以唯一地描述系统的自然动态行为。换句话说，状态由预测系统未来特性时所需要的、与系统的过去行为有关的最少数据组成。典型地，比较有代表性的情况是，状态$\mathbf{x}(n)$(假设为M维)是未知的。为了估计它，我们使用一组观测数据，在图中用向量$\mathbf{y}(n)$表示。$\mathbf{y}(n)$称为观测向量或简称观测值，并假设它是N维的。

在数学上, 图 14.2 表示的信号流图隐含着以下两个方程:

1) 过程方程

$$\mathbf{x}(n + 1) = \mathbf{F}(n + 1, n)\mathbf{x}(n) + \boldsymbol{\nu}_1(n) \tag{14.17}$$

式中, $M \times 1$ 向量 $\boldsymbol{\nu}_1(n)$ 表示过程噪声, 可建模为零均值的白噪声过程, 且其相关矩阵定义为

$$\mathbb{E}\big[\boldsymbol{\nu}_1(n)\boldsymbol{\nu}_1^{\mathrm{H}}(k)\big] = \begin{cases} \mathbf{Q}_1(n) & n = k \\ \mathbf{O} & n \neq k \end{cases} \tag{14.18}$$

过程方程 (14.7) 将状态 $\mathbf{x}(n)$ 所表示的未知随机物理现象建模为线性动态系统在白噪声 $\boldsymbol{\nu}_1(n)$ 激励下的输出, 如图 14.2 左边所示。该线性动态系统可由两个单元的反馈连接唯一表征, 它们分别是: 用 $\mathbf{F}(n+1, n)$ 表示的转移矩阵和用 $z^{-1}\mathbf{I}$ 表示的存储单元, 其中 z^{-1} 是单位延迟, $\mathbf{I}$ 是 $M \times M$ 单位矩阵。转移矩阵 $\mathbf{F}(n+1, n)$ 表示从自适应循环 n 到自适应循环 $n+1$ 系统的转移, 且具有如下性质:

a) 乘法规则

$$\mathbf{F}(n, m)\,\mathbf{F}(m, l) = \mathbf{F}(n, l)$$

其中 l、m 和 n 为整数。

b) 求逆规则

$$\mathbf{F}^{-1}(n, m) = \mathbf{F}(m, n)$$

其中 m 和 n 为整数。

从上面两条规则容易看出

$$\mathbf{F}(n, n) = \mathbf{I}$$

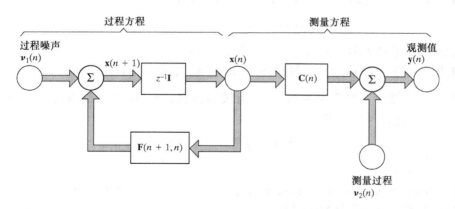

图 14.2 线性动态离散时间系统的信号流图表示

2) 测量方程 该方程将观测向量表示为

$$\mathbf{y}(n) = \mathbf{C}(n)\mathbf{x}(n) + \boldsymbol{\nu}_2(n) \tag{14.19}$$

其中 $\mathbf{C}(n)$ 是已知的 $N \times M$ 测量矩阵。$N \times 1$ 向量 $\boldsymbol{\nu}_2(n)$ 称为测量噪声, 建模为零均值的白噪声过程, 其相关矩阵为

$$\mathbb{E}\left[\boldsymbol{v}_2(n)\boldsymbol{v}_2^{\mathrm{H}}(k)\right] = \begin{cases} \mathbf{Q}_2(n) & n = k \\ \mathbf{O} & n \neq k \end{cases} \qquad (14.20)$$

测量方程(14.19)确立了可测系统输出 $\mathbf{y}(n)$ 与状态 $\mathbf{x}(n)$ 之间的关系, 如图 14.2 右边所示。

假设状态初始值 $\mathbf{x}(0)$ 与 $\boldsymbol{v}_1(n)$ 和 $\boldsymbol{v}_2(n)(n \geq 0)$ 都不相关。噪声向量 $\boldsymbol{v}_1(n)$ 和 $\boldsymbol{v}_2(n)$ 相互统计独立, 于是有

$$\mathbb{E}\left[\boldsymbol{v}_1(n)\boldsymbol{v}_2^{\mathrm{H}}(k)\right] = \mathbf{O} \qquad \text{对所有} n \text{和} k \qquad (14.21)$$

卡尔曼滤波问题, 即以某种最优方式联合求解未知状态过程方程和测量方程的问题, 现可以规范地描述为

利用所有由观测值 $\mathbf{y}(1), \mathbf{y}(2), \cdots, \mathbf{y}(n)$ 组成的观测数据, 对所有的 $n \geq 1$, 寻找状态 $\mathbf{x}(i)$ 的最小均方估计。

若 $i = n$, 该问题称为滤波;若 $i > n$, 称为预测;若 $1 \leq i < n$, 则称为平滑。本章中, 我们只考虑滤波和预测, 它们是密切相关的。

14.3　新息过程

为了求解卡尔曼滤波问题, 我们将应用基于新息过程(innovations process)[①]的方法。根据 14.1 节中引入的新息的概念, 用向量 $\hat{\mathbf{y}}(n|\mathcal{Y}_{n-1})$ 表示自适应循环 $n = 1$ 到自适应循环 $n-1$ (含自适应循环 $n-1$)所有观测数据过去值给定的情况下, 在自适应循环 n 观测数据 $\mathbf{y}(n)$ 的最小均方估计。过去的值用观测值 $\mathbf{y}(1), \mathbf{y}(n), \cdots, \mathbf{y}(n-1)$ 表示, 它们张成的向量空间用 $\mathcal{Y}_{n-1}$ 表示。根据式(14.1)和式(14.2), 将 $\mathbf{y}(n)$ 所对应的新息过程定义为

$$\boldsymbol{\alpha}(n) = \mathbf{y}(n) - \hat{\mathbf{y}}(n|\mathcal{Y}_{n-1}) \qquad n = 1, 2, \cdots \qquad (14.22)$$

其中 $M \times 1$ 向量 $\boldsymbol{\alpha}(n)$ 表示观测数据 $\mathbf{y}(n)$ 中新的信息。

如将式(14.3)、式(14.4)和式(14.5)的结果推广, 可发现新息过程 $\boldsymbol{\alpha}(n)$ 具有如下性质:

1) 与自适应循环 n 时观测数据 $\mathbf{y}(n)$ 有关的新息过程 $\boldsymbol{\alpha}(n)$ 与所有过去观测值 $\mathbf{y}(1)$, $\mathbf{y}(2), \cdots, \mathbf{y}(n-1)$, 即

$$\mathbb{E}\left[\boldsymbol{\alpha}(n)\mathbf{y}^{\mathrm{H}}(k)\right] = \mathbf{O} \qquad 1 \leq k \leq n-1 \qquad (14.23)$$

---

① 由卡尔曼本人的经典论文(1960)介绍的卡尔曼滤波器推导是基于正交投影定理的。对于标量随机变量的情况, 该定理可以描述如下(Doob, 1953; Kalman, 1960):

用 $x(n)$ 和 $y(n)$ 表示零均值标量随机过程, 即

$$\mathbb{E}[x(n)] = \mathbb{E}[y(n)] = 0 \qquad \text{对于所有} n$$

假设给定观测到的随机变量 $y(1), y(2), \cdots, y(n)$, 并设以下条件之一成立:

(i) 随机过程 $x(n)$ 和 $y(n)$ 是高斯过程, 或

(ii) 限制最优估计是观测到的随机变量的线性函数, 代价函数定义为 $x(n)$ 与其估值之差的均方值。

那么, 给定观测数据 $y(1), y(2), \cdots, y(n), x(n)$ 的最优估计是 $x(n)$ 在由这些观测值所张成的线性空间 $\mathcal{Y}_{(n)}$ 上的正交投影。与卡尔曼的推导方法不同, 这里介绍的卡尔曼滤波器是根据 Kailath(1968, 1970)提出的新息方法推导的。

2）新息过程由一系列随机向量组成，它们相互正交，即

$$\mathbb{E}\big[\boldsymbol{\alpha}(n)\boldsymbol{\alpha}^{\mathrm{H}}(k)\big] = \mathbf{O} \qquad 1 \leqslant k \leqslant n-1 \tag{14.24}$$

3）表示观测数据的随机向量序列 $\{\mathbf{y}(1),\mathbf{y}(2),\cdots,\mathbf{y}(n)\}$ 与表示新息过程的随机向量序列 $\{\boldsymbol{\alpha}(1),\boldsymbol{\alpha}(2),\cdots,\boldsymbol{\alpha}(n)\}$ 之间存在一一对应关系，因为借助于稳定的线性算子可以从一个序列得到另一个序列，而不丢失任何信息。因此，可以得出如下关系

$$\{\mathbf{y}(1),\mathbf{y}(2),\cdots,\mathbf{y}(n)\} \Longleftrightarrow \{\boldsymbol{\alpha}(1),\boldsymbol{\alpha}(2),\cdots,\boldsymbol{\alpha}(n)\} \tag{14.25}$$

为了生成定义新息过程的随机向量序列，我们应用 Gram-Schmidt 正交化过程，这与 14.1 节中的过程相似，不同之处只是现在按照向量和矩阵表示该过程（见习题 1）。

14.3.1　新息过程的相关矩阵

为了确定新息过程 $\boldsymbol{\alpha}(n)$ 的相关矩阵，首先递归地求解状态方程（14.17），从而得到

$$\mathbf{x}(k) = \mathbf{F}(k,0)\mathbf{x}(0) + \sum_{i=1}^{k-1} \mathbf{F}(k,i+1)\boldsymbol{v}_1(i) \tag{14.26}$$

这里用到了转移矩阵的乘法规则及以下两点假设：

1）状态初始值是 $\mathbf{x}(0)$；

2）当 $n \leqslant 0$ 时，观测的数据及噪声向量 $\boldsymbol{v}_1(n)$ 均为零。

式（14.26）表明，$\mathbf{x}(k)$ 是 $\mathbf{x}(0)$ 与 $\boldsymbol{v}_1(1),\boldsymbol{v}_1(2),\cdots,\boldsymbol{v}_1(k-1)$ 的线性组合。

根据假设，测量噪声向量 $\boldsymbol{v}_2(n)$ 与初始状态向量 $\mathbf{x}(0)$ 和过程噪声向量 $\boldsymbol{v}_1(n)$ 都不相关。因此，式（14.26）两边同时左乘 $\boldsymbol{v}_2^{\mathrm{H}}(n)$，再取期望，可推出

$$\mathbb{E}\big[\mathbf{x}(k)\boldsymbol{v}_2^{\mathrm{H}}(n)\big] = \mathbf{O} \qquad k,n \leqslant 0 \tag{14.27}$$

相应地，从测量方程式（14.19）可推出

$$\mathbb{E}\big[\mathbf{y}(k)\boldsymbol{v}_2^{\mathrm{H}}(n)\big] = \mathbf{O} \qquad 0 \leqslant k \leqslant n-1 \tag{14.28}$$

此外，可以写出

$$\mathbb{E}\big[\mathbf{y}(k)\boldsymbol{v}_1^{\mathrm{H}}(n)\big] = \mathbf{O} \qquad 0 \leqslant k \leqslant n \tag{14.29}$$

给定过去的观测值 $\mathbf{y}(1),\cdots,\mathbf{y}(n-1)$ 及它们所张成的空间 $\mathscr{Y}_{n-1}$，由测量方程（14.19）还可以得出观测向量当前值 $\mathbf{y}(n)$ 的最小均方估计

$$\hat{\mathbf{y}}(n|\mathscr{Y}_{n-1}) = \mathbf{C}(n)\hat{\mathbf{x}}(n|\mathscr{Y}_{n-1}) + \hat{\boldsymbol{v}}_2(n|\mathscr{Y}_{n-1})$$

然而，由于 $\boldsymbol{v}_2(n)$ 与过去所有的观测值 $\mathbf{y}(1),\cdots,\mathbf{y}(n-1)$ 都正交［见式（14.28）］，所以测量噪声向量的估计 $\hat{\boldsymbol{v}}_2(n|\mathscr{Y}_{n-1})$ 为 0。因此，上式可以简化为

$$\hat{\mathbf{y}}(n|\mathscr{Y}_{n-1}) = \mathbf{C}(n)\hat{\mathbf{x}}(n|\mathscr{Y}_{n-1}) \tag{14.30}$$

于是，由式（14.22）和式（14.30），可以将新息过程表示为

$$\boldsymbol{\alpha}(n) = \mathbf{y}(n) - \mathbf{C}(n)\hat{\mathbf{x}}(n|\mathscr{Y}_{n-1}) \tag{14.31}$$

将测量方程式（14.19）代入式（14.31），得

$$\boldsymbol{\alpha}(n) = \mathbf{C}(n)\boldsymbol{\varepsilon}(n,n-1) + \boldsymbol{v}_2(n) \tag{14.32}$$

其中 $\varepsilon(n, n-1)$ 是用自适应循环 $n-1$ 及其以前的数据进行预测时，得到的自适应循环 n 的预测状态误差向量。即 $\varepsilon(n, n-1)$ 是状态 $\mathbf{x}(n)$ 和一步预测值 $\hat{\mathbf{x}}(n|\mathcal{Y}_{n-1})$ 之差

$$\varepsilon(n, n-1) = \mathbf{x}(n) - \hat{\mathbf{x}}(n|\mathcal{Y}_{n-1}) \tag{14.33}$$

注意，预测状态误差向量 $\mathbf{v}_1(n)$ 与过程噪声向量 $\mathbf{v}_2(n)$ 和测量噪声向量都正交(见习题 2)。

新息过程 $\boldsymbol{\alpha}(n)$ 的相关矩阵定义为

$$\mathbf{R}(n) = \mathbb{E}[\boldsymbol{\alpha}(n)\boldsymbol{\alpha}^{\mathrm{H}}(n)] \tag{14.34}$$

因此，将式(14.32)代入式(14.34)，展开有关项，并利用向量 $\varepsilon(n, n-1)$ 与 $\mathbf{v}_2(n)$ 的正交关系，可以得到

$$\mathbf{R}(n) = \mathbf{C}(n)\mathbf{K}(n, n-1)\mathbf{C}^{\mathrm{H}}(n) + \mathbf{Q}_2(n) \tag{14.35}$$

其中 $\mathbf{Q}_2(n)$ 是测量噪声向量 $\mathbf{v}_2(n)$ 的相关矩阵，$M \times M$ 矩阵 $\mathbf{K}(n, n-1)$ 称为预测状态误差相关矩阵，定义为

$$\mathbf{K}(n, n-1) = \mathbb{E}[\varepsilon(n, n-1)\varepsilon^{\mathrm{H}}(n, n-1)] \tag{14.36}$$

其中，$\varepsilon(n, n-1)$ 是预测状态误差向量。矩阵 $\mathbf{K}(n, n-1)$ 可看做计算预测估计 $\hat{\mathbf{x}}(n|\mathcal{Y}_{n-1})$ 时新产生的误差[见式(14.33)]的统计描述。

14.4　应用新息过程进行状态估计

下面，我们根据新息过程导出状态 $\mathbf{x}(i)$ 的最小均方估计。从 14.1 节的讨论中已经得出，这个估计可以表示成新息过程 $\boldsymbol{\alpha}(1), \boldsymbol{\alpha}(2), \cdots, \boldsymbol{\alpha}(n)$ 序列的线性组合[对照式(14.12)]，即

$$\hat{\mathbf{x}}(i|\mathcal{Y}_n) = \sum_{k=1}^{n} \mathbf{B}_i(k)\boldsymbol{\alpha}(k) \tag{14.37}$$

其中 $\{\mathbf{B}_i(k)\}_{k=1}^{n}$ 是一组待定的 $M \times N$ 矩阵。根据正交性原理，预测状态误差向量与新息过程正交，即

$$\begin{aligned}
\mathbb{E}[\varepsilon(i, n)\boldsymbol{\alpha}^{\mathrm{H}}(m)] &= \mathbb{E}\{[\mathbf{x}(i) - \hat{\mathbf{x}}(i|\mathcal{Y}_n)]\boldsymbol{\alpha}^{\mathrm{H}}(m)\} \\
&= \mathbf{O}, \quad m = 1, 2, \cdots, n
\end{aligned} \tag{14.38}$$

将式(14.37)代入式(14.38)，并利用新息过程的正交性质，即式(14.24)，得

$$\begin{aligned}
\mathbb{E}[\mathbf{x}(i)\boldsymbol{\alpha}^{\mathrm{H}}(m)] &= \mathbf{B}_i(m)\mathbb{E}[\boldsymbol{\alpha}(m)\boldsymbol{\alpha}^{\mathrm{H}}(m)] \\
&= \mathbf{B}_i(m)\mathbf{R}(m)
\end{aligned} \tag{14.39}$$

因此，式(14.39)两边同时右乘逆矩阵 $\mathbf{R}^{-1}(m)$，可得 $\mathbf{B}_i(m)$ 的表达式为

$$\mathbf{B}_i(m) = \mathbb{E}[\mathbf{x}(i)\boldsymbol{\alpha}^{\mathrm{H}}(m)]\mathbf{R}^{-1}(m) \tag{14.40}$$

最后，将式(14.40)代入式(14.37)，得到最小均方误差估计

$$\begin{aligned}
\hat{\mathbf{x}}(i|\mathcal{Y}_n) &= \sum_{k=1}^{n} \mathbb{E}[\mathbf{x}(i)\boldsymbol{\alpha}^{\mathrm{H}}(k)]\mathbf{R}^{-1}(k)\boldsymbol{\alpha}(k) \\
&= \sum_{k=1}^{n-1} \mathbb{E}[\mathbf{x}(i)\boldsymbol{\alpha}^{\mathrm{H}}(k)]\mathbf{R}^{-1}(k)\boldsymbol{\alpha}(k) \\
&\quad + \mathbb{E}[\mathbf{x}(i)\boldsymbol{\alpha}^{\mathrm{H}}(n)]\mathbf{R}^{-1}(n)\boldsymbol{\alpha}(n)
\end{aligned}$$

故对于 $i = n + 1$, 有

$$
\begin{aligned}
\hat{\mathbf{x}}(n + 1 | \mathcal{Y}_n) = & \sum_{k=1}^{n-1} \mathbb{E}[\mathbf{x}(n + 1)\boldsymbol{\alpha}^H(k)]\mathbf{R}^{-1}(k)\boldsymbol{\alpha}(k) \\
& + \mathbb{E}[\mathbf{x}(n + 1)\boldsymbol{\alpha}^H(n)]\mathbf{R}^{-1}(n)\boldsymbol{\alpha}(n)
\end{aligned} \tag{14.41}
$$

然而, 自适应循环 $n+1$ 的状态 $\mathbf{x}(n+1)$ 与自适应循环 n 的状态 $\mathbf{x}(n)$ 之间的关系由式(14.17)给出。因此, 利用这个关系式, 对于 $0 \leqslant k \leqslant n$, 有

$$
\begin{aligned}
\mathbb{E}[\mathbf{x}(n + 1)\boldsymbol{\alpha}^H(k)] &= \mathbb{E}\{\mathbf{F}[(n + 1, n)\mathbf{x}(n) + \boldsymbol{\nu}_1(n)]\boldsymbol{\alpha}^H(k)\} \\
&= \mathbf{F}(n + 1, n)\mathbb{E}[\mathbf{x}(n)\boldsymbol{\alpha}^H(k)]
\end{aligned} \tag{14.42}
$$

其中 $\boldsymbol{\alpha}(k)$ 只与观测数据 $\mathbf{y}(1), \cdots, \mathbf{y}(k)$ 有关。因此, 由式(14.29)可知, $\boldsymbol{\nu}_1(n)$ 与 $\boldsymbol{\alpha}(k)$ 彼此正交(其中 $0 \leqslant k \leqslant n$)。利用式(14.42)及当 $i = n$ 时 $\hat{\mathbf{x}}(i | \mathcal{Y}_n)$ 的计算公式, 可将式(14.41)右边的求和项改写为

$$
\begin{aligned}
\sum_{k=1}^{n-1} \mathbb{E}[\mathbf{x}(n + 1)\boldsymbol{\alpha}^H(k)]\mathbf{R}^{-1}(k)\boldsymbol{\alpha}(k) &= \mathbf{F}(n + 1, n)\sum_{k=1}^{n-1} \mathbb{E}[\mathbf{x}(n)\boldsymbol{\alpha}^H(k)]\mathbf{R}^{-1}(k)\boldsymbol{\alpha}(k) \\
&= \mathbf{F}(n + 1, n)\hat{\mathbf{x}}(n | \mathcal{Y}_{n-1})
\end{aligned} \tag{14.43}
$$

这里, 在导出式(14.43)中的最后一行时, 我们利用了式(14.40a)中第一行的结果。

14.4.1 卡尔曼增益

为了进一步讨论, 定义 $M \times N$ 矩阵

$$
\mathbf{G}(n) = \mathbb{E}[\mathbf{x}(n + 1)\boldsymbol{\alpha}^H(n)]\mathbf{R}^{-1}(n) \tag{14.44}
$$

其中 $\mathbb{E}[\mathbf{x}(n+1)\boldsymbol{\alpha}^H(n)]$ 是状态向量 $\mathbf{x}(n+1)$ 和新息过程 $\boldsymbol{\alpha}(n)$ 的互相关矩阵。利用这一定义和式(14.43)的结果, 可以将式(14.41)简单地重写为

$$
\hat{\mathbf{x}}(n + 1 | \mathcal{Y}_n) = \mathbf{F}(n + 1, n)\hat{\mathbf{x}}(n | \mathcal{Y}_{n-1}) + \mathbf{G}(n)\boldsymbol{\alpha}(n) \tag{14.45}
$$

式(14.45)具有明确的物理意义。它表明: 线性动态系统状态的最小均方估计 $\hat{\mathbf{x}}(n + 1 | \mathcal{Y}_n)$ 可由前一估计 $\hat{\mathbf{x}}(n | \mathcal{Y}_{n-1})$ 求得, 只要将其左乘以转移矩阵 $\mathbf{F}(n + 1, n)$, 再加上修正项 $\mathbf{G}(n)\boldsymbol{\alpha}(n)$ 即可。修正项等于新息过程 $\boldsymbol{\alpha}(n)$ 左乘以矩阵 $\mathbf{G}(n)$。为了表示对卡尔曼开创性贡献的认可, 将矩阵 $\mathbf{G}(n)$ 称为卡尔曼增益(Kalman gain)。

现在剩下唯一要解决的问题是, 怎样以一种便于计算的形式来表示卡尔曼增益 $\mathbf{G}(n)$。为此, 首先用式(14.32)和式(14.42)将 $\mathbf{x}(n+1)$ 与 $\boldsymbol{\alpha}^H(n)$ 乘积的期望表示为

$$
\begin{aligned}
\mathbb{E}[\mathbf{x}(n + 1)\boldsymbol{\alpha}^H(n)] &= \mathbf{F}(n + 1, n)\mathbb{E}[\mathbf{x}(n)\boldsymbol{\alpha}^H(n)] \\
&= \mathbf{F}(n + 1, n)\mathbb{E}[\mathbf{x}(n)(\mathbf{C}(n)\boldsymbol{\varepsilon}(n, n - 1) + \boldsymbol{\nu}_2(n))^H] \\
&= \mathbf{F}(n + 1, n)\mathbb{E}[\mathbf{x}(n)\boldsymbol{\varepsilon}^H(n, n - 1)]\mathbf{C}^H(n)
\end{aligned} \tag{14.46}
$$

式中利用了状态 $\mathbf{x}(n)$ 与噪声向量 $\boldsymbol{\nu}_2(n)$ 互不相关[见式(14.27)]这一事实。其次, 由于预测状态误差向量 $\boldsymbol{\varepsilon}(n, n-1)$ 与估计 $\hat{\mathbf{x}}(n | \mathcal{Y}_{n-1})$ 正交, 因此 $\hat{\mathbf{x}}(n | \mathcal{Y}_{n-1})$ 与 $\boldsymbol{\varepsilon}^H(n, n-1)$ 乘积的期望为零。这样, 用预测状态误差向量 $\boldsymbol{\varepsilon}(n, n-1)$ 代替相乘因子 $\mathbf{x}(n)$, 将不会引起式(14.46)的变化, 故有

$$\mathbb{E}[\mathbf{x}(n+1)\boldsymbol{\alpha}^{\mathrm{H}}(n)] = \mathbf{F}(n+1,n)\mathbb{E}[\boldsymbol{\varepsilon}(n,n-1)\boldsymbol{\varepsilon}^{\mathrm{H}}(n,n-1)]\mathbf{C}^{\mathrm{H}}(n) \qquad (14.47)$$

由式(14.36)可看出, 式(14.47)右边的期望等于预测状态误差相关矩阵。故式(14.47)可改写为

$$\mathbb{E}[\mathbf{x}(n+1)\boldsymbol{\alpha}^{\mathrm{H}}(n)] = \mathbf{F}(n+1,n)\mathbf{K}(n,n-1)\mathbf{C}^{\mathrm{H}}(n) \qquad (14.48)$$

我们现在重新定义卡尔曼增益。为此, 将式(14.48)代入式(14.44), 得

$$\mathbf{G}(n) = \mathbf{F}(n+1,n)\mathbf{K}(n,n-1)\mathbf{C}^{\mathrm{H}}(n)\mathbf{R}^{-1}(n) \qquad (14.49)$$

其中相关矩阵 $\mathbf{R}(n)$ 由式(14.35)定义。

图14.3 表示用式(14.49)计算卡尔曼增益 $\mathbf{G}(n)$ 的信号流图。一旦求出 $\mathbf{G}(n)$, 就可以用式(14.45)对一步预测进行更新, 由给定的旧值 $\hat{\mathbf{x}}(n|\mathcal{Y}_{n-1})$ 计算 $\hat{\mathbf{x}}(n+1|\mathcal{Y}_n)$, 如图14.4所示。图中利用了式(14.31)的新息过程 $\boldsymbol{\alpha}(n)$。

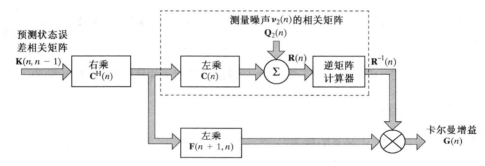

图14.3　卡尔曼增益计算器

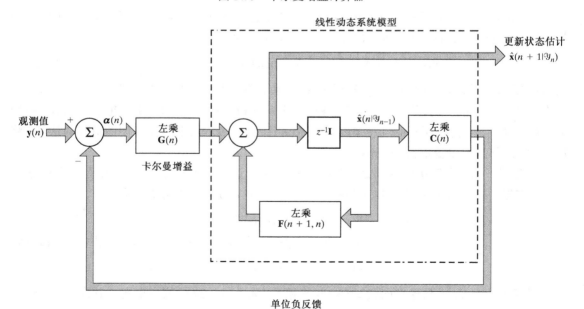

图14.4　一步状态预测器: 给定旧估计 $\hat{\mathbf{x}}(n|\mathcal{Y}_{n-1})$ 和观测值 $\mathbf{y}(n)$, 由预测器计算新状态 $\hat{\mathbf{x}}(n+1|\mathcal{Y}_n)$

14.4.2　Riccati 方程

事实上，式(14.49)对计算卡尔曼增益 $\mathbf{G}(n)$ 并不是十分有用，因为它需要知道预测状态误差相关矩阵 $\mathbf{K}(n,n-1)$。为克服这一点，我们导出计算 $\mathbf{K}(n,n-1)$ 的递归公式。

预测状态误差向量 $\boldsymbol{\varepsilon}(n+1,n)$ 等于状态 $\mathbf{x}(n+1)$ 与一步预测 $\hat{\mathbf{x}}(n+1\mid\mathcal{Y}_n)$ 之差［见式(14.33)］

$$\boldsymbol{\varepsilon}(n+1,n) = \mathbf{x}(n+1) - \hat{\mathbf{x}}(n+1\mid\mathcal{Y}_n) \tag{14.50}$$

将式(14.17)和式(14.45)代入式(14.50)，并对新息过程的 $\boldsymbol{\alpha}(n)$ 应用式(14.31)，可得

$$\begin{aligned}\boldsymbol{\varepsilon}(n+1,n) = {} & \mathbf{F}(n+1,n)\big[\mathbf{x}(n) - \hat{\mathbf{x}}(n\mid\mathcal{Y}_{n-1})\big]\\ & - \mathbf{G}(n)\big[\mathbf{y}(n) - \mathbf{C}(n)\hat{\mathbf{x}}(n\mid\mathcal{Y}_{n-1})\big] + \boldsymbol{v}_1(n)\end{aligned} \tag{14.51}$$

其次，利用式(14.19)消去式(14.51)中的 $\mathbf{y}(n)$，可得递归计算预测状态误差向量的差分方程

$$\begin{aligned}\boldsymbol{\varepsilon}(n+1,n) = {} & \big[\mathbf{F}(n+1,n) - \mathbf{G}(n)\mathbf{C}(n)\big]\boldsymbol{\varepsilon}(n,n-1)\\ & + \boldsymbol{v}_1(n) - \mathbf{G}(n)\boldsymbol{v}_2(n)\end{aligned} \tag{14.52}$$

预测状态误差向量 $\boldsymbol{\varepsilon}(n+1,n)$ 的相关矩阵为［见式(14.36)］

$$\mathbf{K}(n+1,n) = \mathbb{E}\big[\boldsymbol{\varepsilon}(n+1,n)\boldsymbol{\varepsilon}^{\mathrm{H}}(n+1,n)\big] \tag{14.53}$$

将式(14.52)代入式(14.53)，由于误差向量 $\boldsymbol{\varepsilon}(n,n-1)$ 与噪声向量 $\boldsymbol{v}_1(n)$ 和 $\boldsymbol{v}_2(n)$ 互不相关，可将预测状态误差相关矩阵表示为

$$\begin{aligned}\mathbf{K}(n+1,n) = {} & \big[\mathbf{F}(n+1,n) - \mathbf{G}(n)\mathbf{C}(n)\big]\mathbf{K}(n,n-1)\big[\mathbf{F}(n+1,n) - \mathbf{G}(n)\mathbf{C}(n)\big]^{\mathrm{H}}\\ & + \mathbf{Q}_1(n) + \mathbf{G}(n)\mathbf{Q}_2(n)\mathbf{G}^{\mathrm{H}}(n)\end{aligned} \tag{14.54}$$

其中 $\mathbf{Q}_1(n)$ 和 $\mathbf{Q}_2(n)$ 分别是 $\boldsymbol{v}_1(n)$ 和 $\boldsymbol{v}_2(n)$ 的相关矩阵。将式(14.54)右边展开，再用式(14.49)和式(14.35)求卡尔曼增益，可得递归计算预测状态误差相关矩阵的 Riccati 差分方程[①]

$$\mathbf{K}(n+1,n) = \mathbf{F}(n+1,n)\mathbf{K}(n)\mathbf{F}^{\mathrm{H}}(n+1,n) + \mathbf{Q}_1(n) \tag{14.55}$$

在式(14.55)中引入了新的 $M\times M$ 矩阵 $\mathbf{K}(n)$，其递归形式为

$$\mathbf{K}(n) = \mathbf{K}(n,n-1) - \mathbf{F}(n,n+1)\mathbf{G}(n)\mathbf{C}(n)\mathbf{K}(n,n-1) \tag{14.56}$$

这里，利用了如下性质

$$\mathbf{F}(n+1,n)\mathbf{F}(n,n+1) = \mathbf{I}$$

此性质来自转移矩阵的乘法规则和求逆规则［矩阵 $\mathbf{K}(n)$ 的数学意义将在 14.5 节中介绍］。

图 14.5 是式(14.56)和式(14.55)的信号流图表示。这幅图可看做 Riccati 方程求解器，给定 $\mathbf{K}(n,n-1)$，它可计算更新值 $\mathbf{K}(n+1,n)$。

式(14.49)、式(14.35)、式(14.31)、式(14.45)、式(14.56)和式(14.55)定义了卡尔曼一步预测算法。

---

① Riccati 差分方程是为纪念 C. J. F. Riccati 而命名的。该方程在控制论中具有特别重要的意义。

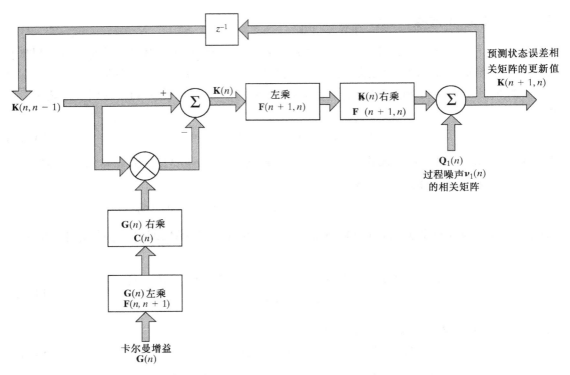

图 14.5 递归计算预测状态误差相关矩阵的 Riccati 方程求解器

14.5 滤波

下面，我们所要考虑的信号处理运算是滤波。特别是，我们希望利用前面讨论的一步预测算法来计算滤波估计 $\hat{\mathbf{x}}(n|\mathcal{Y}_n)$。

首先注意到状态 $\mathbf{x}(n)$ 和过程噪声 $\boldsymbol{\nu}_1(n)$ 相互独立。因此，给定自适应循环 n 及其之前的观测数据[即给定 $\mathbf{y}(1),\cdots,\mathbf{y}(n)$]，由状态方程(14.17)可得自适应循环 $n+1$ 的状态 $\mathbf{x}(n+1)$ 的最小均方估计为

$$\hat{\mathbf{x}}(n+1|\mathcal{Y}_n) = \mathbf{F}(n+1,n)\hat{\mathbf{x}}(n|\mathcal{Y}_n) + \hat{\boldsymbol{\nu}}_1(n|\mathcal{Y}_n) \tag{14.57}$$

因为噪声 $\boldsymbol{\nu}_1(n)$ 独立于观测数据 $\mathbf{y}(1),\cdots,\mathbf{y}(n)$，故相应的最小均方估计 $\hat{\boldsymbol{\nu}}_1(n|\mathcal{Y}_n)$ 为零。于是，式(14.57)简化为

$$\hat{\mathbf{x}}(n+1|\mathcal{Y}_n) = \mathbf{F}(n+1,n)\hat{\mathbf{x}}(n|\mathcal{Y}_n) \tag{14.58}$$

为了得到滤波估计 $\mathbf{x}(n|\mathcal{Y}_n)$，将式(14.58)两边同时左乘以转移矩阵 $\mathbf{F}(n,n+1)$，可得

$$\hat{\mathbf{x}}(n|\mathcal{Y}_n) = \mathbf{F}(n,n+1)\hat{\mathbf{x}}(n+1|\mathcal{Y}_n) \tag{14.59}$$

该式表明，如果已知一步预测问题的解[即最小均方估计 $\hat{\mathbf{x}}(n+1|\mathcal{Y}_n)$]，那么只需要将转移矩阵 $\mathbf{F}(n,n+1)$ 乘以 $\hat{\mathbf{x}}(n+1|\mathcal{Y}_n)$ 就可以得到相应的滤波估计 $\hat{\mathbf{x}}(n|\mathcal{Y}_n)$。注意，在得出式(14.59)时，我们利用了支配该转移矩阵的求逆规则。

14.5.1　滤波估计误差和收敛因子

在滤波框架中，很自然地根据状态的滤波估计定义滤波估计误差向量为

$$\mathbf{e}(n) = \mathbf{y}(n) - \mathbf{C}(n)\hat{\mathbf{x}}(n|\mathcal{Y}_n) \tag{14.60}$$

这个定义与式(14.31)新息向量 $\boldsymbol{\alpha}(n)$ 的定义相似，只是将预测估计 $\hat{\mathbf{x}}(n|\mathcal{Y}_{n-1})$ 用滤波估计 $\hat{\mathbf{x}}(n|\mathcal{Y}_n)$ 代替。将式(14.45)和式(14.59)代入式(14.60)，得

$$\begin{aligned}
\mathbf{e}(n) &= \mathbf{y}(n) - \mathbf{C}(n)\hat{\mathbf{x}}(n|\mathcal{Y}_{n-1}) - \mathbf{C}(n)\mathbf{F}(n, n+1)\mathbf{G}(n)\boldsymbol{\alpha}(n) \\
&= \boldsymbol{\alpha}(n) - \mathbf{C}(n)\mathbf{F}(n, n+1)\mathbf{G}(n)\boldsymbol{\alpha}(n) \\
&= [\mathbf{I} - \mathbf{C}(n)\mathbf{F}(n, n+1)\mathbf{G}(n)]\boldsymbol{\alpha}(n)
\end{aligned} \tag{14.61}$$

式(14.61)方括号的内矩阵量称为收敛因子。利用这个量，建立了将新息向量 $\boldsymbol{\alpha}(n)$ 转化为滤波估计误差向量 $\mathbf{e}(n)$ 的计算公式。利用式(14.49)消除上式中的卡尔曼增益 $\mathbf{G}(n)$ 及相同的项，可将式(14.61)重写为其等效形式

$$\mathbf{e}(n) = \mathbf{Q}_2(n)\mathbf{R}^{-1}(n)\boldsymbol{\alpha}(n) \tag{14.62}$$

其中 $\mathbf{Q}_2(n)$ 是测量噪声过程 $\boldsymbol{\nu}_2(n)$ 的相关矩阵，而 $\mathbf{R}(n)$ 是由式(14.35)定义的新息过程 $\boldsymbol{\alpha}(n)$ 的相关矩阵。由式(14.62)可以看出，如果不考虑左乘以 $\mathbf{Q}_2(n)$，则逆矩阵 $\mathbf{R}^{-1}(n)$ 在卡尔曼滤波器理论中起到了收敛因子的作用。事实上，在 $\mathbf{Q}_2(n)$ 等于单位矩阵的特殊情况下，逆矩阵 $\mathbf{R}^{-1}$ 正是这里定义的收敛因子。

14.5.2　滤波状态误差相关矩阵

前面，在 Riccati 差分方程(14.55)中引入了 $M \times M$ 矩阵 $\mathbf{K}(n)$。下面，我们通过证明该矩阵等于滤波估计 $\hat{\mathbf{x}}(n|\mathcal{Y}_n)$ 中所固有的误差相关矩阵，来得出现正在讨论的标准卡尔曼滤波器理论的有关结论。

将状态 $\mathbf{x}(n)$ 与滤波估计 $\hat{\mathbf{x}}(n|\mathcal{Y}_n)$ 之差定义为滤波状态误差向量 $\boldsymbol{\varepsilon}(n)$，即

$$\boldsymbol{\varepsilon}(n) = \mathbf{x}(n) - \hat{\mathbf{x}}(n|\mathcal{Y}_n) \tag{14.63}$$

将式(14.45)和式(14.59)代入式(14.63)，利用 $\mathbf{F}(n, n+1)$ 和 $\mathbf{F}(n+1, n)$ 的乘积等于单位阵，可得

$$\begin{aligned}
\boldsymbol{\varepsilon}(n) &= \mathbf{x}(n) - \hat{\mathbf{x}}(n|\mathcal{Y}_{n-1}) - \mathbf{F}(n, n+1)\mathbf{G}(n)\boldsymbol{\alpha}(n) \\
&= \boldsymbol{\varepsilon}(n, n-1) - \mathbf{F}(n, n+1)\mathbf{G}(n)\boldsymbol{\alpha}(n)
\end{aligned} \tag{14.64}$$

其中 $\boldsymbol{\varepsilon}(n, n-1)$ 是利用自适应循环 $n-1$ 及其之前的数据得到的自适应循环 n 的预测状态误差向量，$\boldsymbol{\alpha}(n)$ 是新息过程。

根据定义，$\boldsymbol{\varepsilon}(n)$ 的相关矩阵等于期望 $\mathbb{E}[\boldsymbol{\varepsilon}(n)\boldsymbol{\varepsilon}^{\mathrm{H}}(n)]$。故由式(14.64)，可将此期望表示为

$$\begin{aligned}
\mathbb{E}[\boldsymbol{\varepsilon}(n)\boldsymbol{\varepsilon}^{\mathrm{H}}(n)] = {}& \mathbb{E}[\boldsymbol{\varepsilon}(n, n-1)\boldsymbol{\varepsilon}^{\mathrm{H}}(n, n-1)] \\
&+ \mathbf{F}(n, n+1)\mathbf{G}(n)\mathbb{E}[\boldsymbol{\alpha}(n)\boldsymbol{\alpha}^{\mathrm{H}}(n)]\mathbf{G}^{\mathrm{H}}(n)\mathbf{F}^{\mathrm{H}}(n, n+1) \\
&- \mathbb{E}[\boldsymbol{\varepsilon}(n, n-1)\boldsymbol{\alpha}^{\mathrm{H}}(n)]\mathbf{G}^{\mathrm{H}}(n)\mathbf{F}^{\mathrm{H}}(n, n+1) \\
&- \mathbf{F}(n+1, n)\mathbf{G}(n)\mathbb{E}[\boldsymbol{\alpha}(n)\boldsymbol{\varepsilon}^{\mathrm{H}}(n, n-1)]
\end{aligned} \tag{14.65}$$

仔细分析一下式(14.65)的右边，可以发现其中的四个期望可分别解释如下：

1）第一个期望等于预测状态误差相关矩阵

$$\mathbf{K}(n, n - 1) = \mathbb{E}[\boldsymbol{\varepsilon}(n, n - 1)\boldsymbol{\varepsilon}^{\mathrm{H}}(n, n - 1)]$$

2）第二项中的期望等于新息过程 $\boldsymbol{\alpha}(n)$ 的相关矩阵

$$\mathbf{R}(n) = \mathbb{E}[\boldsymbol{\alpha}(n)\boldsymbol{\alpha}^{\mathrm{H}}(n)]$$

3）第三项中的期望可以表示为

$$\mathbb{E}[\boldsymbol{\varepsilon}(n, n - 1)\boldsymbol{\alpha}^{\mathrm{H}}(n)] = \mathbb{E}[(\mathbf{x}(n) - \hat{\mathbf{x}}(n | \mathcal{Y}_{n-1}))\boldsymbol{\alpha}^{\mathrm{H}}(n)]$$
$$= \mathbb{E}[\mathbf{x}(n)\boldsymbol{\alpha}^{\mathrm{H}}(n)]$$

其中，利用了估计 $\hat{\mathbf{x}}(n | \mathcal{Y}_{n-1})$ 与新息过程 $\boldsymbol{\alpha}(n)$ 正交这个事实。其次，由式(14.42)可知，通过令 $k = n$，然后将其两边同时左乘以 $\mathbf{F}^{-1}(n + 1, n) = \mathbf{F}(n, n + 1)$，有

$$\mathbb{E}[\mathbf{x}(n)\boldsymbol{\alpha}^{\mathrm{H}}(n)] = \mathbf{F}(n, n + 1)\mathbb{E}[\mathbf{x}(n + 1)\boldsymbol{\alpha}^{\mathrm{H}}(n)]$$
$$= \mathbf{F}(n, n + 1)\mathbf{G}(n)\mathbf{R}(n)$$

式中最后一行利用了式(14.44)，从而有

$$\mathbb{E}[\boldsymbol{\varepsilon}(n, n - 1)\boldsymbol{\alpha}^{\mathrm{H}}(n)] = \mathbf{F}(n, n + 1)\mathbf{G}(n)\mathbf{R}(n)$$

类似地，可以将第四项中的期望表示为

$$\mathbb{E}[\boldsymbol{\alpha}(n)\boldsymbol{\varepsilon}^{\mathrm{H}}(n, n - 1)] = \mathbf{R}(n)\mathbf{G}^{\mathrm{H}}(n)\mathbf{F}^{\mathrm{H}}(n, n - 1)$$

利用式(14.65)的结果，可得

$$\mathbb{E}[\boldsymbol{\varepsilon}(n)\boldsymbol{\varepsilon}^{\mathrm{H}}(n)] = \mathbf{K}(n, n - 1) - \mathbf{F}(n, n + 1)\mathbf{G}(n)\mathbf{R}(n)\mathbf{G}^{\mathrm{H}}(n)\mathbf{F}^{\mathrm{H}}(n, n + 1) \quad (14.66)$$

对这一结果可做进一步简化，已知[见(式14.49)]

$$\mathbf{G}(n)\mathbf{R}(n) = \mathbf{F}(n + 1, n)\mathbf{K}(n, n - 1)\mathbf{C}^{\mathrm{H}}(n) \quad (14.67)$$

由式(14.66)和式(14.67)，应用转移矩阵的求逆规则，可得

$$\mathbb{E}[\boldsymbol{\varepsilon}(n)\boldsymbol{\varepsilon}^{\mathrm{H}}(n)] = \mathbf{K}(n, n - 1) - \mathbf{K}(n, n - 1)\mathbf{C}^{\mathrm{H}}(n)\mathbf{G}^{\mathrm{H}}(n)\mathbf{F}^{\mathrm{H}}(n, n + 1) \quad (14.68)$$

利用 $\mathbb{E}[\boldsymbol{\varepsilon}(n)\boldsymbol{\varepsilon}^{\mathrm{H}}(n)]$ 和 $\mathbf{K}(n, n - 1)$ 的埃尔米特特性，有

$$\mathbb{E}[\boldsymbol{\varepsilon}(n)\boldsymbol{\varepsilon}^{\mathrm{H}}(n)] = \mathbf{K}(n, n - 1) - \mathbf{F}(n, n + 1)\mathbf{G}(n)\mathbf{C}(n)\mathbf{K}(n, n - 1) \quad (14.69)$$

比较式(14.69)和式(14.56)，容易看出

$$\mathbb{E}[\boldsymbol{\varepsilon}(n)\boldsymbol{\varepsilon}^{\mathrm{H}}(n)] = \mathbf{K}(n) \quad (14.70)$$

这表明，Riccati 差分方程(14.55)中用到的矩阵 $\mathbf{K}(n)$，实际上是滤波状态误差相关矩阵。矩阵 $\mathbf{K}(n)$ 用做滤波估计 $\hat{\mathbf{x}}(n | \mathcal{Y}_n)$ 中误差的统计描述。

14.6 初始条件

为实现 14.4 节和 14.5 节中介绍的一步预测和滤波算法，很显然需要规定初始条件。下面就这一问题进行讨论。

不可能精确知道过程方程(14.17)的初始状态,而通常用均值和相关矩阵对它进行描述。在自适应循环 $n = 0$ 时没有任何观测数据的情况下,可选择初始预测估计为

$$\hat{\mathbf{x}}(1 \mid \mathcal{Y}_0) = \mathbb{E}[\mathbf{x}(1)] \tag{14.71}$$

其相关矩阵为

$$\begin{aligned} \mathbf{K}(1, 0) &= \mathbb{E}\big[(\mathbf{x}(1) - \mathbb{E}[\mathbf{x}(1)])(\mathbf{x}(1) - \mathbb{E}[\mathbf{x}(1)])^{\mathrm{H}}\big] \\ &= \Pi_0 \end{aligned} \tag{14.72}$$

这样选择初始条件不仅直观,而且所得到的滤波状态估计 $\hat{\mathbf{x}}(n \mid \mathcal{Y}_n)$ 是无偏的(见习题7)。如果假定状态向量 $\mathbf{x}(n)$ 的均值为零,可将式(14.71)和式(14.72)简化为

$$\hat{\mathbf{x}}(1 \mid \mathcal{Y}_0) = \mathbf{0}$$

和

$$\mathbf{K}(1, 0) = \mathbb{E}[\mathbf{x}(1)\mathbf{x}^{\mathrm{H}}(1)] = \Pi_0$$

14.7　卡尔曼滤波器小结

表14.1总结了求解卡尔曼滤波问题[①]的公式中用到的变量和参数。滤波器的输入是向量过程 $\mathbf{y}(n)$,用向量空间 $\mathcal{Y}_n$ 表示,滤波器的输出是状态向量的滤波估计 $\hat{\mathbf{x}}(n \mid \mathcal{Y}_n)$。表14.2总结了对基于一步预测算法的卡尔曼滤波器(包括初始条件)。

表14.1　卡尔曼变量和参数小结

变量	定义	维数
$\mathbf{x}(n)$	自适应循环 n 时的状态	$M \times 1$
$\mathbf{y}(n)$	自适应循环 n 时的观测值	$N \times 1$
$\mathbf{F}(n+1, n)$	从自适应循环 n 到自适应循环 $n+1$ 时的转移矩阵	$M \times M$
$\mathbf{C}(n)$	自适应循环 n 时的测量矩阵	$N \times M$
$\mathbf{Q}_1(n)$	过程噪声 $\nu_1(n)$ 的相关矩阵	$M \times M$
$\mathbf{Q}_2(n)$	测量噪声 $\nu_2(n)$ 的相关矩阵	$N \times N$
$\hat{\mathbf{x}}(n \mid \mathcal{Y}_{n-1})$	给定观测值 $\mathbf{y}(1), \mathbf{y}(2), \cdots, \mathbf{y}(n-1)$ 在自适应循环 n 时状态的预测估计	$M \times 1$
$\hat{\mathbf{x}}(n \mid \mathcal{Y}_n)$	给定观测值 $\mathbf{y}(1), \mathbf{y}(2), \cdots, \mathbf{y}(n)$ 在自适应循环 n 时状态的滤波估计	$M \times 1$
$\mathbf{G}(n)$	自适应循环 n 时的卡尔曼增益矩阵	$M \times N$
$\boldsymbol{\alpha}(n)$	自适应循环 n 时的新息向量	$N \times 1$
$\mathbf{R}(n)$	新息向量 $\boldsymbol{\alpha}(n)$ 的相关矩阵	$N \times N$
$\mathbf{K}(n, n-1)$	$\hat{\mathbf{x}}(n \mid \mathcal{Y}_{n-1})$ 中误差的相关矩阵	$M \times M$
$\mathbf{K}(n)$	$\hat{\mathbf{x}}(n \mid \mathcal{Y}_n)$ 中误差的相关矩阵	$M \times M$

---

① 在表示表14.1中的卡尔曼滤波器变量和参数时,我们用 $\hat{\mathbf{x}}(n \mid \mathcal{Y}_{n-1})$ 和 $\hat{\mathbf{x}}(n \mid \mathcal{Y}_n)$ 来区分状态 $\mathbf{x}(n)$ 的先验估计[包括观测值 $\mathbf{y}(n)$ 之前的估计]和后验估计[包括观测值 $\mathbf{y}(n)$ 之后的估计],在有关卡尔曼滤波器的文献中经常用符号 $\mathbf{x}_n^-$ 和 $\hat{\mathbf{x}}_n$ 分别表示状态的先验估计和后验估计。同样,常用 $\mathbf{K}_n^-$ 和 $\mathbf{K}_n$ 分别代替这里的 $\mathbf{K}(n, n-1)$ 和 $\mathbf{K}(n)$。

表 14.2 基于单步预测的卡尔曼滤波器的小结

输入向量过程:
    观测值 $= \{\mathbf{y}(1), \mathbf{y}(2), \cdots, \mathbf{y}(n)\}$

已知参数:
    转移矩阵 $= \mathbf{F}(n+1, n)$
    测量矩阵 $= \mathbf{C}(n)$
    过程噪声的相关矩阵 $= \mathbf{Q}_1(n)$
    测量噪声的相关矩阵 $= \mathbf{Q}_2(n)$

计算: $n = 1, 2, 3 \cdots$
$$\mathbf{G}(n) = \mathbf{F}(n+1, n)\mathbf{K}(n, n-1)\mathbf{C}^{\mathrm{H}}(n)\big[\mathbf{C}(n)\mathbf{K}(n, n-1)\mathbf{C}^{\mathrm{H}}(n) + \mathbf{Q}_2(n)\big]^{-1}$$
$$\boldsymbol{\alpha}(n) = \mathbf{y}(n) - \mathbf{C}(n)\hat{\mathbf{x}}(n \mid \mathcal{Y}_{n-1})$$
$$\hat{\mathbf{x}}(n+1 \mid \mathcal{Y}_n) = \mathbf{F}(n+1, n)\hat{\mathbf{x}}(n \mid \mathcal{Y}_{n-1}) + \mathbf{G}(n)\boldsymbol{\alpha}(n)$$
$$\mathbf{K}(n) = \mathbf{K}(n, n-1) - \mathbf{F}(n, n+1)\mathbf{G}(n)\mathbf{C}(n)\mathbf{K}(n, n-1)$$
$$\mathbf{K}(n+1, n) = \mathbf{F}(n+1, n)\mathbf{K}(n)\mathbf{F}^{\mathrm{H}}(n+1, n) + \mathbf{Q}_1(n)$$

初始条件:
$$\hat{\mathbf{x}}(1 \mid \mathcal{Y}_0) = \mathbb{E}\big[\mathbf{x}(1)\big]$$
$$\mathbf{K}(1, 0) = \mathbb{E}\big[(\mathbf{x}(1) - \mathbb{E}[\mathbf{x}(1)])(\mathbf{x}(1) - \mathbb{E}[\mathbf{x}(1)])^{\mathrm{H}}\big] = \Pi_0$$

图 14.6 为卡尔曼滤波器的框图表示,该图基于三个功能块:

- 一步预测器(见图 14.4)
- 卡尔曼增益计算器(见图 14.3)
- Riccati 方程解算器(见图 14.5)

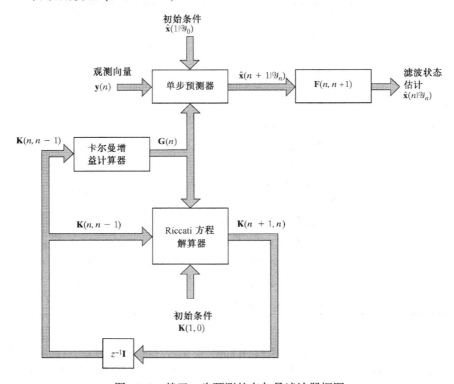

图 14.6 基于一步预测的卡尔曼滤波器框图

14.8　卡尔曼滤波的最优性准则

表 14.2 给出的卡尔曼滤波的核心可追溯到 14.4 节,其中用来进行状态空间模型中状态估计的递归公式由式(14.45)导出。这个推导通过利用新息过程(innovation process)来完成,而不必引用最优性准则。然而,最优性是一个数学重要性问题,因此需要理解它在导出卡尔曼滤波中的重要作用。

在这个范畴内,我们经常说卡尔曼滤波是著名的贝叶斯估计原理的衍生品。根据这一这个观点,需要关注以下两个问题:

1)状态 $\mathbf{x}(n)$ 的概率密度函数(pdf)是以所有过去观测值即 $\mathcal{Y}_n$ 为条件的形式。

2)$\mathcal{Y}_n$ 中观测序列沿时间从 n 到 $n+1$ 传播的路径。

一旦明确了这两个问题,该状态就被看成是卡尔曼滤波的最优性估计(Ho & Lee,1964;Maybeck,1979)。在习题 8 中,推导卡尔曼滤波器的贝叶斯方法假设系统噪声 $v_1(n)$ 和观测噪声 $v_2(n)$ 均为零均值的高斯过程。更准确地说,最大后验概率(MAP)准则的解即为表 14.2 中的卡尔曼滤波。

另一个适用于解决卡尔曼滤波器问题的最优性准则是最小均方误差准则(MMSE)。设 $\hat{\mathbf{x}}_{\text{est}}(n)$ 表示在时刻 n 由给定的观测 $\mathcal{Y}_n$ 得到的未知状态 $\mathbf{x}(n)$ 的估计。事实证明,使估计误差向量[即向量 $\mathbf{x}(n)$ 与 $\hat{\mathbf{x}}_{\text{est}}(n \mid \mathcal{Y}_n)$ 之差]的平方欧氏范数最小化的特殊估计是 $\hat{\mathbf{x}}_{\text{est}}(n \mid \mathcal{Y}_n)$ 的条件均值估计(条件均值估计的讨论见附录 D)。在第二种方法中,卡尔曼滤波器可看做条件均值估计的详尽阐述(Van Trees,1968)。MMSE 准则起着类似于最小二乘误差(LSE)准则的作用。LSE 准则是第 10 章中用来导出 RLS 算法的一个特殊准则。故可预见,卡尔曼滤波与 RLS 算法之间存在着密切的关系,这将在下一节中证明。

14.9　卡尔曼滤波器作为 RLS 算法的统一基础

正如本章前言所提到的,人们关注卡尔曼滤波器理论的主要原因是,它为推导那些组成 RLS 算法族的线性自适应滤波算法提供了一个统一的框架[①]。关键问题是,给定一个卡尔曼滤波器或其随机模型变形算法之一,如何得到基于确定性模型的相应 RLS 算法呢?

为了解决这一基本问题,显然需要 RLS 算法动力学特性的状态空间描述。首先考虑指数加权因子 $\lambda = 1$ 时 RLS 算法的特殊情况。从第 10 章中业已知道,RLS 算法是图 10.4 中的多重回归模型的线性估计器。现在,我们再将该模型示于图 14.7 中。根据这一模型,参考信号或期望响应 $d(n)$ 与输入向量 $\mathbf{u}(n)$ 的关系为

---

① 卡尔曼滤波器理论在自适应滤波中的应用,首先出现在 Lawrence 和 Kaufman(1971)的文献中(见习题 8)。接着,Godard(1974)用一种不同于 Lawrence 和 Kaufman 的方法,通过抽头延迟线结构,将自适应滤波问题表示为高斯噪声下状态向量的估计问题,它代表了经典卡尔曼滤波问题。Godard 的论文促使许多其他研究者去探索卡尔曼滤波器理论在自适应滤波问题中的应用。

　　然而,直到 Sayed 和 Kailath(1994)的论文发表,实际上才发现基于 Riccati 方程的卡尔曼滤波算法及其变形算法,如何能够正确地组成与 RLS 族中已知的所有算法一一对应起来。

$$d(n) = \mathbf{w}_o^H \mathbf{u}(n) + e_o(n) \tag{14.73}$$

其中 $\mathbf{w}_o$ 是模型的未知参数向量,$e_o(n)$ 是测量误差,且可建模为白噪声。因为假定 λ 为 1,所以显而易见,状态空间模型的转移矩阵是单位矩阵。另外,RLS 算法的动力学特性是非受激的,这就意味着过程噪声为零。因此,利用本章采用的卡尔曼滤波器概念,可将 $\lambda = 1$ 时 RLS 算法的状态空间模型假设为

$$\mathbf{x}(n + 1) = \mathbf{x}(n) \tag{14.74}$$

$$y(n) = \mathbf{C}(n)\mathbf{x}(n) + \nu(n) \tag{14.75}$$

在式(14.75)中,测量噪声 $\nu(n)$ 是均值为零的白噪声。$\mathbf{x}(n)$ 合乎逻辑的选择应是参数向量 $\mathbf{w}_o$。对式(14.73)两边取复共轭,并与式(14.75)的测量方程相比较,可推出下列等式:

$$\left. \begin{array}{l} \mathbf{x}(n) = \mathbf{w}_o \\ y(n) = d^*(n) \\ \mathbf{C}(n) = \mathbf{u}^H(n) \\ \nu(n) = e_o^*(n) \end{array} \right\} \text{对于 } \lambda = 1 \tag{14.76}$$

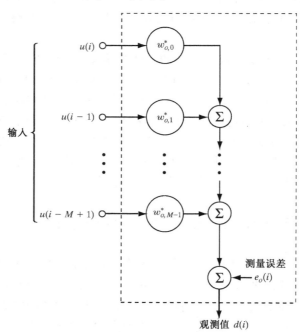

图 14.7　多重线性回归模型

下面考虑一般情况下的 RLS 算法,即其指数加权因子 λ 的取值为 $0 < \lambda \leqslant 1$ 的情况。此时,可以写出

$$\mathbf{x}(n + 1) = \mathbf{F}(n + 1, n)\mathbf{x}(n) \tag{14.77}$$

和

$$y(n) = \mathbf{u}^H(n)\mathbf{x}(n) + \nu(n) \tag{14.78}$$

这里,式(14.76)中依然成立的等式只有 $\mathbf{C}(n) = \mathbf{u}^H(n)$,这可从为 $\mathbf{u}(n)$ 与 λ 无关的事实

中得到证实。为了得到正确的转移矩阵 $\mathbf{F}(n+1,n)$，以及 $0<\lambda\leqslant1$ 的情况下卡尔曼滤波器测量方程(14.78)与式(14.73)RLS 滤波器多重回归模型之间的对应关系，我们采取如下步骤：

1) 根据式(14.55)容易发现，对于非受激的动态模型，如令 $\mathbf{Q}_1(n)=\mathbf{0}$，可得

$$\mathbf{K}(n+1,n)=\mathbf{F}(n+1,n)\mathbf{K}(n)\mathbf{F}^{\mathrm{H}}(n+1,n) \tag{14.79}$$

另外，正如后面将要说明的，表征我们正在寻找的非受激动态模型的转移矩阵 $\mathbf{F}(n+1,n)$ 应该是这样一种形式，以使得式(14.79)能够简化为

$$\mathbf{K}(n+1,n)=\mathbf{K}(n)$$

因此，后面的推导将以此为基础，预测状态误差相关矩阵 $\mathbf{K}(n+1,n)$ 与滤波状态误差相关矩阵 $\mathbf{K}(n)$ 在 n 时刻具有相同的相关性。

2) 假定测量噪声 $v(n)$ 的方差为 1，利用式(14.35)和式(14.49)，可将卡尔曼增益公式取为向量形式，且定义为

$$\mathbf{g}(n)=\frac{\mathbf{F}(n+1,n)\mathbf{K}(n-1)\mathbf{u}(n)}{1+\mathbf{u}^{\mathrm{H}}(n)\mathbf{K}(n-1)\mathbf{u}(n)} \tag{14.80}$$

由第 10 章的式(10.18)，RLS 滤波器的增益向量定义为

$$\mathbf{k}(n)=\frac{\lambda^{-1}\mathbf{P}(n-1)\mathbf{u}(n)}{1+\lambda^{-1}\mathbf{u}^{\mathrm{H}}(n)\mathbf{P}(n-1)\mathbf{u}(n)} \tag{14.81}$$

如果令

$$\mathbf{K}(n-1)=\lambda^{-1}\mathbf{P}(n-1) \tag{14.82}$$

则式(14.80)与式(14.81)的分母相同。由此立即得到等式

$$\mathbf{g}(n)=\mathbf{F}(n+1,n)\mathbf{k}(n) \tag{14.83}$$

3) 根据卡尔曼滤波器的式(10.45)，有

$$\hat{\mathbf{x}}(n+1|\mathscr{Y}_n)=\mathbf{F}(n+1,n)\hat{\mathbf{x}}(n|\mathscr{Y}_{n-1})+\mathbf{g}(n)\alpha(n) \tag{14.84}$$

这里，新息 $\alpha(n)$ 是标量。相应地，由第 10 章关于 RLS 滤波器的式(10.25)，有

$$\hat{\mathbf{w}}(n)=\hat{\mathbf{w}}(n-1)+\mathbf{k}(n)\xi^*(n) \tag{14.85}$$

其中 $\xi(n)$ 是先验估计误差。令

$$\hat{\mathbf{x}}(n+1|\mathscr{Y}_n)=\varphi(n)\hat{\mathbf{w}}(n) \tag{14.86}$$

其中 $\varphi(n)$ 是待定的标量函数，将式(14.83)和式(14.86)代入式(14.84)中，并将所得结果与式(14.85)进行比较，可推出如下两个式子

$$\mathbf{F}(n+1,n)\varphi^{-1}(n)\varphi(n-1)=\mathbf{I} \tag{14.87}$$

和

$$\mathbf{F}(n+1,n)\varphi^{-1}(n)\alpha(n)=\xi^*(n) \tag{14.88}$$

其中 $\mathbf{I}$ 是单位矩阵。如果令

$$\mathbf{F}(n+1, n) = \lambda^{-1/2}\mathbf{I} \tag{14.89}$$

和

$$\varphi(n) = \lambda^{-(n+1)/2} \tag{14.90}$$

则式(14.87)成立。这时,式(14.88)、式(14.86)和式(14.83)可分别简化为

$$\alpha(n) = \lambda^{-n/2}\xi^*(n) \tag{14.91}$$

$$\hat{\mathbf{x}}(n+1 \mid \mathcal{Y}_n) = \lambda^{-(n+1)/2}\hat{\mathbf{w}}(n) \tag{14.92}$$

和

$$\mathbf{g}(n) = \lambda^{-1/2}\mathbf{k}(n) \tag{14.93}$$

此外,现在可以看出,不考虑标度因子(即指数加权因子)λ,如果将式(14.89)用于式(14.79),则可得到 $\mathbf{K}(n+1, n) = \mathbf{K}(n)$,从而证明了步骤1给出的关系是正确的。

4) 根据卡尔曼滤波器的式(14.31),有

$$\begin{aligned}\alpha(n) &= y(n) - \mathbf{C}(n)\hat{\mathbf{x}}(n \mid \mathcal{Y}_{n-1}) \\ &= y(n) - \lambda^{-n/2}\mathbf{u}^{\mathrm{H}}(n)\hat{\mathbf{w}}(n-1)\end{aligned} \tag{14.94}$$

相应地,由第10章关于RLS滤波器的式(10.26),有

$$\xi(n) = d(n) - \hat{\mathbf{w}}^{\mathrm{H}}(n-1)\mathbf{u}(n) \tag{14.95}$$

将式(14.91)代入式(14.94),并将结果与式(14.95)相比较,可得如下等式:

$$y(n) = \lambda^{-n/2}d^*(n) \tag{14.96}$$

5) 将式(14.96)代入卡尔曼滤波器的测量方程(14.78),并将得到的结果与RLS算法中多重回归模型的式(14.73)相比较,可得如下等式:

$$\mathbf{x}(n) = \lambda^{-n/2}\mathbf{w}_o \tag{14.97}$$

和

$$\nu(n) = \lambda^{-n/2}e_o^*(n) \tag{14.98}$$

6) 根据式(14.35)和式(14.63),可以将式(14.77)和式(14.78)表示的卡尔曼滤波器的标量收敛因子定义为

$$\begin{aligned}r^{-1}(n) &= \frac{e(n)}{\alpha(n)} \\ &= \frac{1}{1 + \mathbf{C}(n)\mathbf{K}(n-1)\mathbf{C}^{\mathrm{H}}(n)} \\ &= \frac{1}{1 + \lambda^{-1}\mathbf{u}^{\mathrm{H}}(n)\mathbf{P}(n-1)\mathbf{u}(n)}\end{aligned} \tag{14.99}$$

其中 $e(n)$ 为滤波估计误差,$\alpha(n)$ 是卡尔曼滤波器的新息。RLS算法用其自身的收敛因子来表征,记为 $\gamma(n)$,并用第10章的式(10.42)和式(10.18)来定义。[注意,不要将RLS算法的 $e(n)$ 与卡尔曼滤波器的 $e(n)$ 混淆。]由这些等式,有

$$\gamma(n) = \frac{1}{1 + \lambda^{-1}\mathbf{u}^H(n)\mathbf{P}(n-1)\mathbf{u}(n)} \tag{14.100}$$

将式(14.99)与式(14.100)相比较,立即可得

$$r^{-1}(n) = \gamma(n) \tag{14.101}$$

因此,根据式(14.97)、式(14.96)、式(14.98)、式(14.92)、式(14.82)、式(14.93)、式(14.91)和式(14.101)定义的关系,可以建立随机的卡尔曼变量与确定性的 RLS 变量之间的对应关系,表 14.3 汇总了它们之间的对应关系。表中的左半部分是卡尔曼变量及其说明,右半部分是 RLS 变量的相应内容。但是,在描述 RLS 的变量时,为了简单起见,没有考虑对变量取复共轭及与指数加权向量 λ 之幂相乘的运算。只有表中的第二条出现了"指数加权",这只是为了与表中的第一条有所区别。

表 14.3　卡尔曼变量与 RLS 变量之间的对应关系

卡尔曼	(图 14.8 的非受激动态模型)	RLS	(图 14.7 的多重回归模型)
说明	变量	变量	说明
状态初值	$\mathbf{x}(0)$	$\mathbf{w}_o$	参数向量
状态	$\mathbf{x}(n)$	$\lambda^{-n/2}\mathbf{w}_o$	指数加权参数向量
参考(观测)信号	$y(n)$	$\lambda^{-n/2}d^*(n)$	期望响应
测量噪声	$\nu(n)$	$\lambda^{-n/2}e_o^*(n)$	测量误差
状态向量的一步预测	$\hat{\mathbf{x}}(n+1\|\mathcal{Y}_n)$	$\lambda^{-(n+1)/2}\hat{\mathbf{w}}(n)$	参数向量估值
状态预测中误差的相关矩阵	$\mathbf{K}(n)$	$\lambda^{-1}\mathbf{P}(n)$	输入向量相关矩阵之逆
卡尔曼增益	$\mathbf{g}(n)$	$\lambda^{-1/2}\mathbf{k}(n)$	增益向量
新息	$\alpha(n)$	$\lambda^{-n/2}\xi^*(n)$	先验估计误差
转换因子	$r^{-1}(n)$	$\gamma(n)$	转换因子
初始条件	$\hat{\mathbf{x}}(1\|\mathcal{Y}_0) = \mathbf{0}$	$\hat{\mathbf{w}}(0) = \mathbf{0}$	初始条件
	$\mathbf{K}(0)$	$\lambda^{-1}\|\mathbf{p}(0)$	

下面,我们对卡尔曼滤波器和 RLS 算法的基本关系做一总结。假设非受激的状态空间模型为

$$\mathbf{x}(n+1) = \lambda^{-1/2}\mathbf{x}(n) \qquad 0 < \lambda \leqslant 1 \tag{14.102}$$

$$y(n) = \mathbf{u}^H(n)\mathbf{x}(n) + \nu(n) \tag{14.103}$$

其中 $\mathbf{x}(n)$ 为状态向量,$\mathbf{u}^H(n)$ 为测量矩阵,$\nu(n)$ 是测量噪声,可看做均值为零、方差为 1 的白噪声。指数加权因子 λ 和输入向量 $\mathbf{u}(n)$ 与 RLS 算法有关。过程方程(14.102)从式(14.77)和式(14.89)得到。测量方程(14.103)是式(14.78)的重复,列出来只是出于完整性的考虑。从初始条件 $\mathbf{x}(0)$ 开始,由式(14.102)容易得到

$$\mathbf{x}(n) = \lambda^{-n/2}\mathbf{x}(0)$$

显然,$\mathbf{x}(0)$ 与图 14.7 中的多重回归模型参数向量 $\mathbf{w}_o$ 之间的关系与指数加权因子 λ 无关。因此,根据式(14.76)的第一行,可取

$$\mathbf{x}(0) = \mathbf{w}_o$$

因此,对于任意的 λ,可以用 $\mathbf{w}_o$ 将 $\mathbf{x}(n)$ 定义为

$$\mathbf{x}(n) = \lambda^{-n/2}\mathbf{w}_o \tag{14.104}$$

式(14.102)和式(14.103)的非受激的线性动态模型用图14.8的信号流图表示,它通过包含状态演变的动态成分而推广了图14.7的多重回归模型。显然,图14.8的状态空间模型比图14.7的多重回归模型更有效。然而,值得注意的是,由于指数加权因子 λ 限制在 $0 < \lambda \leqslant 1$ 范围内,因此状态 $\mathbf{x}(n)$ 要么在 $\mathbf{w}_o$ 处保持不变,要么随 n 呈指数增长(该问题的进一步讨论参见习题12)。

利用图14.8中的非受激动态模型和表14.3表示的14.10节和14.11节所要遵循的参考框架,我们将分别研究变形的卡尔曼滤波器的两种自适应滤波算法:

1)协方差滤波算法,它传播滤波过的协方差矩阵 $\mathbf{K}(n)$。

2)信息滤波算法,它传播逆协方差矩阵 $\mathbf{K}^{-1}(n)$。

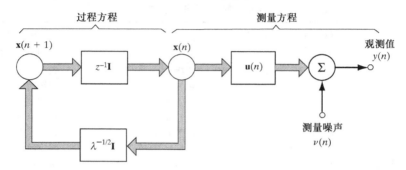

图14.8 RLS算法的状态空间模型(指数加权因子的范围为 $0 < \lambda \leqslant 1$)

14.10 协方差滤波算法

表14.4是表14.2的简化版,后者属于最一般形式的卡尔曼滤波器。事实上,表14.4从表14.2经由表14.3(表示卡尔曼滤波器与图14.8中非受激动态模型的RLS算法之间的对应关系)得到。表14.4中的向量 $\mathbf{g}(n)$ 是表14.2中卡尔曼增益的另一种表达方式。后面,将 $\mathbf{g}(n)$ 称为增益向量,它类似于RLS算法中的增益向量。

14.10.1 发散现象

协方差滤波算法[①]的难点是表14.4中最后一行表示的 Riccati 方程,即

$$\mathbf{K}(n) = \lambda^{-1}\mathbf{K}(n-1) - \lambda^{-1/2}\mathbf{g}(n)\mathbf{u}^H(n)\mathbf{K}(n-1) \tag{14.105}$$

它定义为两个非负定矩阵之差。因此,除非算法中每一个步骤使用的数值精度足够高,否则由此计算得到的滤波器协方差矩阵 $\mathbf{K}(n)$ 就可能不是非负定矩阵。这一情况显然是不可接受的,因为 $\mathbf{K}(n)$ 代表相关矩阵。由有限字长运算引起的数值不精确将导致协方差滤波算法不稳定,这种现象称为发散现象。

克服发散现象的一种简单方法是,将高斯白噪声人为加到图14.8所示的非受激动态模

---

① 协方差(卡尔曼滤波)算法的严重数值困难问题详见参考文献(Kaminski et al., 1971; Bierman & Thornton, 1977)。

型的(无噪)系统方程(14.102)中。这个加性噪声方差应选取得足够大,以保证矩阵 $\mathbf{K}(n)$ 对所有的 n 都是非负的。

14.10.2 平方根滤波

克服发散现象的更加完善方法是在卡尔曼滤波的每个自适应循环中采用数值稳定的酉变换(Potter,1963;Kaminski et al.,1971;Morf & Kailath,1975)。特别是,将矩阵 $\mathbf{K}(n)$ 利用 Cholesky 分解变为平方根形式

$$\mathbf{K}(n) = \mathbf{K}^{1/2}(n)\mathbf{K}^{\mathrm{H}/2}(n) \tag{14.106}$$

式中 $\mathbf{K}^{1/2}(n)$ 为下三角矩阵,$\mathbf{K}^{\mathrm{H}/2}$ 是它的埃尔米特转置矩阵。在线性代数中,Cholesky 因子 $\mathbf{K}^{1/2}(n)$ 通常指矩阵 $\mathbf{K}(n)$ 的平方根。因此,任何基于 Cholesky 分解的卡尔曼滤波算法都称为平方根滤波。重要的一点是,矩阵乘积 $\mathbf{K}^{1/2}(n)\,\mathbf{K}^{\mathrm{H}/2}(n)$ 不大可能是不定矩阵,因为任何一个方阵与其埃尔米特转置矩阵的乘积总是正定的。事实上,即使存在舍入误差,Cholesky 因子 $\mathbf{K}^{1/2}(n)$ 的数值条件一般比 $\mathbf{K}(n)$ 好得多。

表 14.4　图 14.8 所示的特殊非受激动态模型协方差(卡尔曼)滤波算法小结

输入标量过程:
　　观测值: $y(1),y(2),\cdots,y(n)$
已知参数:
　　转移矩阵　　　　$\mathbf{F}(n+1,n) = \lambda^{-1/2}\mathbf{I}$　　　　$\mathbf{I} = $ 单位矩阵
　　测量矩阵　　　　$\mathbf{C}(n) = \mathbf{u}^{\mathrm{H}}(n)$
　　测量噪声方差　　$\nu(n) = \alpha_{\nu}^2 = 1$
初始条件:
　　$\hat{\mathbf{x}}(1|\mathcal{Y}_0) = \mathbb{E}[\mathbf{x}(1)]$
　　$\mathbf{K}(1,0) = \mathbb{E}[(\mathbf{x}(1) - \mathbb{E}[\mathbf{x}(1)])(\mathbf{x}(1) - \mathbb{E}[\mathbf{x}(1)])^{\mathrm{H}}] = \Pi_0$
计算: $n = 1,2,3,\cdots$

$$\mathbf{g}(n) = \frac{\lambda^{-1/2}\mathbf{K}(n-1)\mathbf{u}(n)}{\mathbf{u}^{\mathrm{H}}(n)\mathbf{K}(n-1)\mathbf{u}(n) + 1}$$

$$\alpha(n) = y(n) - \mathbf{u}^{\mathrm{H}}(n)\hat{\mathbf{x}}(n|\mathcal{Y}_{n-1})$$

$$\hat{\mathbf{x}}(n+1|\mathcal{Y}_n) = \lambda^{-1/2}\hat{\mathbf{x}}(n|\mathcal{Y}_{n-1}) + \mathbf{g}(n)\alpha(n)$$

$$\mathbf{K}(n) = \lambda^{-1}\mathbf{K}(n-1) - \lambda^{-1/2}\mathbf{g}(n)\mathbf{u}^{\mathrm{H}}(n)\mathbf{K}(n-1)$$

14.11　信息滤波算法

如前所述,信息滤波算法是卡尔曼滤波器的第二种变形。追溯到弗雷泽的理论(Fraser,1967),这个新的自适应滤波算法与 14.10 节中协方差滤波算法的区别主要有以下两个方面:它传播逆协方差矩阵 $\mathbf{K}^{-1}(n)$ 以代替滤波协方差矩阵 $\mathbf{K}(n)$;较之协方差滤波算法,信息滤波算法在文献中既未被充分认识,也尚未被广泛应用。然而,它有一些独特且有用的特征,将在本节后续部分讨论。

14.11.1　信息滤波算法的推导

下面,分三个步骤推导信息滤波算法:

步骤1 首先，从 Riccati 方程(14.105)出发，我们有

$$\lambda^{1/2}\mathbf{K}(n) = \lambda^{-1/2}\mathbf{K}(n-1) - \mathbf{g}(n)\mathbf{u}^{\mathrm{H}}(n)\mathbf{K}(n-1) \tag{14.107}$$

其次，由表14.4算法的第一行，图14.8中非受激动态模型的增益向量定义为

$$\mathbf{g}(n) = \frac{\lambda^{-1/2}\mathbf{K}(n-1)\mathbf{u}(n)}{\mathbf{u}^{\mathrm{H}}(n)\mathbf{K}(n-1)\mathbf{u}(n) + 1} \tag{14.108}$$

两边乘以分母并经整理，式(14.108)可重新写为

$$\mathbf{g}(n) = [\lambda^{-1/2}\mathbf{K}(n-1) - (\mathbf{g}(n)\mathbf{u}^{\mathrm{H}}(n)\mathbf{K}(n-1)]\mathbf{u}(n) \tag{14.109}$$

将式(14.109)的方括号内的表达式用式(14.107)代替，可简单定义增益向量为

$$\mathbf{g}(n) = \lambda^{1/2}\mathbf{K}(n)\mathbf{u}(n) \tag{14.110}$$

然后，消去式(14.107)和式(14.110)之间的 $\mathbf{g}(n)$，并用 $\lambda^{1/2}$ 乘以所得的结果，我们得到

$$\mathbf{K}(n-1) = \lambda\mathbf{K}(n)\mathbf{u}(n)\mathbf{u}^{\mathrm{H}}(n)\mathbf{K}(n-1) + \lambda\mathbf{K}(n) \tag{14.111}$$

分别用 $\mathbf{K}^{-1}(n)$ 和 $\mathbf{K}^{-1}(n-1)$ 左、右乘式(14.111)，可得信息滤波算法的第一个递归表达式为

$$\mathbf{K}^{-1}(n) = \lambda\mathbf{K}^{-1}(n-1) + \lambda\mathbf{u}(n)\mathbf{u}^{\mathrm{H}}(n) \tag{14.112}$$

步骤2 由表14.4中算法的第二行、第三行，分别有

$$\alpha(n) = y(n) - \mathbf{u}^{\mathrm{H}}(n)\hat{\mathbf{x}}(n\,|\,\mathcal{Y}_{n-1}) \tag{14.113}$$

和

$$\hat{\mathbf{x}}(n+1\,|\,\mathcal{Y}_n) = \lambda^{-1/2}\hat{\mathbf{x}}(n\,|\,\mathcal{Y}_{n-1}) + \mathbf{g}(n)\alpha(n) \tag{14.114}$$

因此，将式(14.110)代入式(14.114)，可得

$$\hat{\mathbf{x}}(n+1\,|\,\mathcal{Y}_n) = \lambda^{-1/2}\hat{\mathbf{x}}(n\,|\,\mathcal{Y}_{n-1}) + \lambda^{1/2}\mathbf{K}(n)\mathbf{u}(n)\alpha(n) \tag{14.115}$$

其次，由式(14.113)和式(14.115)消去 $\alpha(n)$，得到

$$\hat{\mathbf{x}}(n+1\,|\,\mathcal{Y}_n) = [\lambda^{-1/2}\mathbf{I} - \lambda^{1/2}\mathbf{K}(n)\mathbf{u}(n)\mathbf{u}^{\mathrm{H}}(n)]\hat{\mathbf{x}}(n\,|\,\mathcal{Y}_{n-1}) + \lambda^{1/2}\mathbf{K}(n)\mathbf{u}(n)y(n) \tag{14.116}$$

另外，由式(14.111)，很容易得到关系式：

$$\lambda^{-1/2}\mathbf{I} - \lambda^{1/2}\mathbf{K}(n)\mathbf{u}(n)\mathbf{u}^{\mathrm{H}}(n) = \lambda^{1/2}\mathbf{K}(n)\mathbf{K}^{-1}(n-1) \tag{14.117}$$

于是，可以将式(14.116)简化为

$$\hat{\mathbf{x}}(n+1\,|\,\mathcal{Y}_n) = \lambda^{1/2}\mathbf{K}(n)\mathbf{K}^{-1}(n-1)\hat{\mathbf{x}}(n\,|\,\mathcal{Y}_{n-1}) + \lambda^{1/2}\mathbf{K}(n)\mathbf{u}(n)y(n)$$

用逆矩阵 $\mathbf{K}^{-1}(n)$ 左乘等式两边，可得信息滤波算法的第二个递归表达式为

$$\mathbf{K}^{-1}(n)\hat{\mathbf{x}}(n+1\,|\,\mathcal{Y}_n) = \lambda^{1/2}[\mathbf{K}^{-1}(n-1)\hat{\mathbf{x}}(n\,|\,\mathcal{Y}_{n-1}) + \mathbf{u}(n)y(n)] \tag{14.118}$$

步骤3 结合步骤2的结果与步骤1的矩阵求逆，即得状态估计更新值的计算式为

$$\begin{aligned}
\hat{\mathbf{x}}(n+1\,|\,\mathcal{Y}_n) &= \mathbf{K}(n)(\mathbf{K}^{-1}(n)\hat{\mathbf{x}}(n+1\,|\,\mathcal{Y}_n)) \\
&= [\mathbf{K}^{-1}(n)]^{-1}(\mathbf{K}^{-1}(n)\hat{\mathbf{x}}(n+1\,|\,\mathcal{Y}_n))
\end{aligned} \tag{14.119}$$

式(14.112)、式(14.118)和式(14.119)构成了式(14.102)和式(14.103)的非受激动态模型的信息滤波算法,汇总在表 14.5 中。

表 14.5 图 14.8 所示的特殊非受激动态模型信息滤波算法小结

输入标量过程:

　　观测值 $= y(1), y(2), \cdots, y(n)$

已知参数:

　　转移矩阵　　　　$\mathbf{F}(n+1, n) = \lambda^{-1/2}\mathbf{I}$　$\mathbf{I} =$ 单位矩阵

　　测量矩阵　　　　$\mathbf{C}(n) = \mathbf{u}^{\mathrm{H}}(n)$

　　测量噪声方差　　$\nu(n) = \sigma_\nu^2 = 1$

初始条件:

　　$\hat{\mathbf{x}}(1 \mid \mathcal{Y}_0) = \mathbb{E}[\mathbf{x}(1)]$

　　$\mathbf{K}(1, 0) = \mathbb{E}\big[(\mathbf{x}(1) - \mathbb{E}[\mathbf{x}(1)])(\mathbf{x}(1) - \mathbb{E}[\mathbf{x}(1)])^{\mathrm{H}}\big] = \Pi_0$

计算: $n = 1, 2, 3, \cdots$

$$\mathbf{K}^{-1}(n) = \lambda\big[\mathbf{K}^{-1}(n-1) + \mathbf{u}(n)\mathbf{u}^{\mathrm{H}}(n)\big]$$

$$\mathbf{K}^{-1}(n)\hat{\mathbf{x}}(n+1 \mid \mathcal{Y}_n) = \lambda^{1/2}\big[\mathbf{K}^{-1}(n-1)\hat{\mathbf{x}}(n \mid \mathcal{Y}_{n-1}) + \mathbf{u}(n)y(n)\big]$$

$$\hat{\mathbf{x}}(n+1 \mid \mathcal{Y}_n) = \big[\mathbf{K}^{-1}(n)\big]^{-1}\mathbf{K}^{-1}(n)\hat{\mathbf{x}}(n+1 \mid \mathcal{Y}_n)$$

14.11.2　状态估计的启动过程

表 14.5 中的初始条件,很类似于奇异的逆协方差矩阵 $\mathbf{K}^{-1}(0)$。在这种情况下,不能用式(14.119)来估计全状态 $\mathbf{x}(n)$,除非有可用的启动程序(Maybeck, 1979)。为此,引入如下矩阵

$$\mathbf{\Phi}(n) = \mathbf{K}^{-1}(n) \tag{14.120}$$

然后,根据式(14.111),即表 14.5 中算法的第一行,可以写出

$$\mathbf{\Phi}(n) = \lambda\big[\mathbf{\Phi}(n-1) + \mathbf{u}(n)\mathbf{u}^{\mathrm{H}}(n)\big] \tag{14.121}$$

于是,从初始条件 $\mathbf{\Phi}(0) = \mathbf{K}^{-1}(0)$ 开始,逐步进行式(14.121)的时间更新。一旦矩阵 $\mathbf{\Phi}(n)$ 和 $\mathbf{K}^{-1}(n)$ 非奇异,表 14.5 的信息滤波算法(包括最后一步的状态估计)就可以毫不困难地进行。

然而,如果状态估计 $\hat{\mathbf{x}}(n \mid \mathcal{Y}_n)$ 在所有的观测值都计算处理完毕后仍然不是所需要的,可以简单地将逆协方差矩阵设定为

$$\mathbf{K}^{-1}(0) = \mathbf{0}$$

14.11.3　信息滤波算法的独特特性

尽管总结在表 14.4 和表 14.5 中的两个自适应滤波算法在计算程序上不同,但它们在代数上是等价的,故需相同的算术运算(即乘除)量。然而,信息滤波算法有其本身独特的特性:

1)信息滤波算法拥有不同于协方差滤波算法的数值特性(Kaminski et al., 1971)。具体来说,当算法数字实现时,协方差滤波算法已被证明存在不稳定性,其根源是 Riccati 方程;但信息滤波算法不包含 Riccati 方程,因此是数值稳定的。

2)当初始条件 $\mathbf{K}^{-1}(0)$ 为奇异时,信息滤波算法允许使用启动程序(Maybeck,1979),如前所述。

3)信息滤波算法可直接用于设计固定间隔平滑器(Fraser, 1967; Maybeck, 1982)。特别是,这个平滑器结合了两个最优线性滤波器,一个以前向方式从输入数据区间起点开始运算,另一个以后向方式从该数据区间终点开始运算。

4)信息滤波算法允许用信息论术语解释滤波过程,这将在下面解释。

14.11.4　信息滤波算法的 Fisher 信息

为了描述这个算法内在的 Fisher 信息,可回顾第 9 章中最小二乘估计的性质 4,即估计值 $\hat{\mathbf{w}}$ 可达到无偏估计器的 Cramér-Rao 下界。更特别地,估计值 $\hat{\mathbf{w}}$ 的逆协方差矩阵实际上就是最小二乘法所期望的 Fisher 信息矩阵。使用式(9.63)和式(9.66),可将该矩阵定义为

$$\mathbf{J} = \mathbb{E}\left[\left(\frac{\partial l}{\partial \mathbf{w}}\right)\left(\frac{\partial l}{\partial \mathbf{w}^{\mathrm{H}}}\right)\right] = [\mathrm{cov}(\hat{\mathbf{w}})]^{-1}$$

其中 l 是估计误差向量

$$\boldsymbol{\varepsilon}_o = \mathbf{w}_o - \hat{\mathbf{w}}$$

的对数似然函数,而 $\mathbf{w}_o$ 是图9.1 中多线性回归模型的未知参数向量。

在基本关系方面,图9.1 与图14.7 相同。故可相对应地做如下描述:

表 14.5 中的信息滤波算法的逆协方差矩阵 $\mathbf{K}^{-1}$ 是期望 Fisher 信息矩阵。

正是由于这个表述,信息滤波算法才无可非议地有了这个名字。

此外,根据 Frieden 的著作(2004),可以进一步说,Fisher 信息在信息滤波算法中起着两个关键作用:

1)Fisher 信息在估计未知状态的某一元素时提供了信息滤波算法能力的一种度量;在一般情况下,这个作用代表了统计学的基础[①]。

2)Fisher 信息提供了信息滤波算法所经历的失常状态的一个度量。

最后一个评论是:Fisher 信息是局部类型的,故有不同于信息论的全局类型的熵的概念。

14.12　小结与讨论

卡尔曼滤波器是具有递归结构的有限维线性离散时间系统,很适合用数字计算机实现。卡尔曼滤波器的一个关键特性是:卡尔曼滤波器是从随机状态空间模型导出的线性动态系统状态的最小二乘(方差)估计。

在源于确定性最小二乘估计的线性自适应滤波算法族中,卡尔曼滤波器理论具有极其重要的理论意义和实际意义,这基于下面两个原因:

1)由取值范围为 $0 < \lambda \leqslant 1$ 的指数加权因子 λ 表征的递归最小平方(RLS)算法基本动态特性用图14.8 的非受激动态模型来描述。这个模型为建立卡尔曼变量和 RLS 变量之间的对应关系提供了基础。这些关系归纳在表 14.3 中,而且该表是在详细比较

---

　　①　在 Cavanaugh & Shumway(1996)的著述中,递归算法用来计算期望的实数据状态空间参数的 Fisher 信息矩阵。

表 14.2 的卡尔曼滤波算法和表 10.1 的 RLS 滤波算法基础上给出的。

2）卡尔曼滤波器的文献资料非常丰富。因此，我们可以利用这些文献导出 RLS 算法的变形算法，即平方根 RLS 算法和阶递归 RLS 算法，正如第 15 章所证明的。虽然这些算法为人们所了解已有很长时间，但正是有了卡尔曼滤波器理论，人们才有了以统一方式对它们进行推导的数学基础。

大量的评论认为，信号处理和控制理论中的许多问题在数学上是等效的。而据我们所知，卡尔曼滤波器理论源于控制文献，本章确立的卡尔曼滤波器与线性自适应滤波器之间的联系进一步贴切地说明了这种"数学等价性"的合理性。

14.13 习题

1. Gram-Schmidt 正交化过程，可以将一组观测向量 $\mathbf{y}(1), \mathbf{y}(2), \cdots, \mathbf{y}(n)$ 变换为一组新息过程 $\boldsymbol{\alpha}(1), \boldsymbol{\alpha}(2), \cdots, \boldsymbol{\alpha}(n)$，而不会损失任何信息，反之亦然。试对 $n=2$ 的情况说明这个过程，并就 $n>2$ 的情况对该过程发表意见。

2. 预测状态误差向量定义为

$$\boldsymbol{\varepsilon}(n, n-1) = \mathbf{x}(n) - \hat{\mathbf{x}}(n|\mathcal{Y}_{n-1})$$

其中 $\hat{\mathbf{x}}(n|\mathcal{Y}_{n-1})$ 是当给定空间 $\mathcal{Y}_{n-1}$［由观测数据 $\mathbf{y}(1), \cdots, \mathbf{y}(n-1)$ 张成的］时状态 $\mathbf{x}(n)$ 的最小均方估计。令 $\boldsymbol{\nu}_1(n)$ 和 $\boldsymbol{\nu}_2(n)$ 分别表示过程噪声向量和测量噪声向量。试证明 $\boldsymbol{\varepsilon}(n, n-1)$ 与 $\boldsymbol{\nu}_1(n)$ 和 $\boldsymbol{\nu}_2(n)$ 都正交，即证明

$$\mathbb{E}[\boldsymbol{\varepsilon}(n, n-1)\boldsymbol{\nu}_1^{\mathrm{H}}(n)] = \mathbf{O}$$

和

$$\mathbb{E}[\boldsymbol{\varepsilon}(n, n-1)\boldsymbol{\nu}_2^{\mathrm{H}}(n)] = \mathbf{O}$$

3. 考虑一组零均值的标量观测数据 $y(n)$，现将它们变换为一组均值为零、方差为 $\sigma_\alpha^2(n)$ 的新息 $\alpha(n)$。给定这组数据，将状态向量 $\mathbf{x}(i)$ 的估计表示为

$$\hat{\mathbf{x}}(i|\mathcal{Y}_n) = \sum_{k=1}^{n} \mathbf{b}_i(k)\alpha(k)$$

其中 $\mathcal{Y}_n$ 是由 $y(1), \cdots, y(n)$ 生成的空间，而 $\mathbf{b}_i(k)(k=1, 2, \cdots, n)$ 是一组待定向量。要求是选择 $\mathbf{b}_i(k)$，使得估计状态误差向量

$$\boldsymbol{\varepsilon}(i|\mathcal{Y}_n) = \mathbf{x}(i) - \hat{\mathbf{x}}(i|\mathcal{Y}_n)$$

范数平方的期望值最小。试证明该最小化得到结果

$$\hat{\mathbf{x}}(i|\mathcal{Y}_n) = \sum_{k=1}^{n} \mathbb{E}[\mathbf{x}(i)\phi^*(k)]\phi(k)$$

其中

$$\phi(k) = \frac{\alpha(k)}{\sigma_\alpha(k)}$$

是归一化新息。该结果可以看做式（14.37）和式（14.40）的特殊情况。

4. 式（14.49）定义的卡尔曼增益 $\mathbf{G}(n)$ 包含逆矩阵 $\mathbf{R}^{-1}(n)$。矩阵 $\mathbf{R}(n)$ 本身由式（14.35）定义，即

$$\mathbf{R}(n) = \mathbf{C}(n)\mathbf{K}(n, n-1)\mathbf{C}^{\mathrm{H}}(n) + \mathbf{Q}_2(n)$$

矩阵 $\mathbf{C}(n)$ 是非负定阵，但不必是非奇异阵。

(a) 为什么 $\mathbf{R}(n)$ 是非负定的?

(b) 为了保证逆矩阵 $\mathbf{R}^{-1}(n)$ 存在,对矩阵 $\mathbf{Q}_2(n)$ 应施加什么样的先决条件?

5. 在许多情况下,当自适应循环次数 n 趋于无穷时,预测状态误差相关矩阵 $\mathbf{K}(n+1,n)$ 收敛于稳态值 $\mathbf{K}$。证明极限值 $\mathbf{K}$ 满足 Riccati 代数方程

$$\mathbf{KC}^{\mathrm{H}}(\mathbf{CKC}^{\mathrm{H}} + \mathbf{Q}_2)^{-1}\mathbf{CK} - \mathbf{Q}_1 = \mathbf{O}$$

其中,假定状态转移矩阵等于单位矩阵,且矩阵 $\mathbf{C}$、$\mathbf{Q}_1$ 和 $\mathbf{Q}_2$ 分别是 $\mathbf{C}(n)$、$\mathbf{Q}_1(n)$ 和 $\mathbf{Q}_2(n)$ 的极限值。

6. 某二阶跟踪系统的状态空间方程为

$$\mathbf{x}(n+1) = \begin{bmatrix} 0 & 1 \\ 1 & 1 \end{bmatrix}\mathbf{x}(n) + \boldsymbol{\nu}_1(n)$$

$$y(n) = [1, \quad 0]\mathbf{x}(n) + \boldsymbol{\nu}_2(n)$$

过程噪声 $\nu_1(n)$ 是均值为零、相关矩阵等于单位矩阵的白噪声。类似地,测量噪声 $\nu_2(n)$ 是均值为零、方差为 1 的白噪声。

(a) 利用表 14.2,用公式表示计算卡尔曼滤波器的递归过程。

(b) 假定可以应用习题 5 中给出的 Riccati 代数方程,计算满足该方程的矩阵 $\mathbf{K}$;并由此确定相应的卡尔曼增益。

7. 利用式(14.71)和式(14.72)给出的初始条件,证明由卡尔曼滤波器得到的滤波估计 $\hat{\mathbf{x}}(n \mid \mathcal{Y}_n)$ 是无偏的,即证明

$$\mathbb{E}[\hat{\mathbf{x}}(n) \mid \mathcal{Y}(n)] = \mathbf{x}(n)$$

8. 14.4 节介绍的卡尔曼滤波器是基于最小均方误差估计导出的。本题中,我们研究另一种推导卡尔曼滤波器的方法,即基于最大后验概率(MAP, maximum a posteriori probability)准则的推导。推导中,假设过程噪声 $\nu_1(n)$ 和测量噪声 $\nu_2(n)$ 皆为零均值的高斯过程,其相关矩阵分别是 $\mathbf{Q}_1(n)$ 和 $\mathbf{Q}_2(n)$。用 $f_X(\mathbf{x}(n) \mid \mathcal{Y}_n)$ 表示在给定 $\mathcal{Y}_n$[表示观测值 $\mathbf{y}(1),\cdots,\mathbf{y}(n)$ 的集合]条件下 $\mathbf{x}(n)$ 的条件概率密度函数(pdf)。用 $\hat{\mathbf{x}}_{\mathrm{MAP}}(n)$ 表示 $\mathbf{x}(n)$ 的 MAP 估计,定义为使 $f_X(\mathbf{x}(n) \mid \mathcal{Y}_n)$ 或其对数取最大值时 $\mathbf{x}(n)$ 的特殊值。这项计算要求对于如下条件

$$\left. \frac{\partial \ln f_X(\mathbf{x}(n) \mid \mathcal{Y}_n)}{\partial \mathbf{x}(n)} \right|_{\mathbf{x}(n) = \hat{\mathbf{x}}_{\mathrm{MAP}}(n)} = \mathbf{0} \tag{1}$$

求解方程,而且证明

$$\left. \frac{\partial^2 \ln f_X(\mathbf{x}(n) \mid \mathcal{Y}_n)}{\partial^2 \mathbf{x}(n)} \right|_{\mathbf{x}(n) = \hat{\mathbf{x}}_{\mathrm{MAP}}(n)} < \mathbf{0} \tag{2}$$

(a) 利用贝叶斯(Bayes)准则,将 $f_X(\mathbf{x}(n) \mid \mathcal{Y}_n)$ 表示为

$$f_X(\mathbf{x}(n) \mid \mathcal{Y}_n) = \frac{f_{XY}(\mathbf{x}(n), \mathcal{Y}_n)}{f_Y(\mathcal{Y}_n)}$$

根据联合概率密度函数的定义,上式还可以表示为

$$f_X(\mathbf{x}(n) \mid \mathcal{Y}_n) = \frac{f_{XY}(\mathbf{x}(n), \mathbf{y}(n), \mathcal{Y}_{n-1})}{f_Y(\mathbf{y}(n), \mathcal{Y}_{n-1})}$$

由此证明

$$f_X(\mathbf{x}(n) \mid \mathcal{Y}_n) = \frac{f_Y(\mathbf{y}(n) \mid \mathbf{x}(n)) f_X(\mathbf{x}(n) \mid \mathcal{Y}_{n-1})}{f_Y(\mathbf{y}(n), \mathcal{Y}_{n-1})}$$

(b) 利用过程噪声 $\boldsymbol{\nu}_1(n)$ 和测量 $\boldsymbol{\nu}_2(n)$ 的高斯特性,导出 $f_Y(\mathbf{y}(n)|\mathbf{x}(n))$ 和 $f_X(\mathbf{x}(n)|\mathcal{Y}_{n-1})$ 的表达式。其次,因为 $f_Y(\mathbf{y}(n)|\mathcal{Y}_{n-1})$ 与状态 $\mathbf{x}(n)$ 无关,故可看做常数。试给出 $f_X(\mathbf{x}(n)|\mathcal{Y}_n)$ 的表达式。

(c) 将(b)的结果代入式(1),根据矩阵求逆引理,导出 $\hat{\mathbf{x}}_{\text{MAP}}(n)$ 的表达式,并证明它与 14.4 节导出的卡尔曼滤波器表达式相同。

(d) 利用式(2),证明(c)中得到的 MAP 估计 $\hat{\mathbf{x}}_{\text{MAP}}(n)$ 确实满足该式。

9. 考虑一个由无噪声状态空间模型

$$\mathbf{x}(n+1) = \mathbf{F}\mathbf{x}(n)$$
$$\mathbf{y}(n) = \mathbf{C}\mathbf{x}(n)$$

描述的线性动态系统,其中 $\mathbf{x}(n)$ 是状态,$\mathbf{y}(n)$ 是观测值,$\mathbf{F}$ 是转移矩阵,$\mathbf{C}$ 是测量矩阵。

(a) 证明

$$\hat{\mathbf{x}}(n|\mathcal{Y}_n) = \mathbf{F}(\mathbf{I} - \mathbf{G}(n)\mathbf{C})\hat{\mathbf{x}}(n|\mathcal{Y}_{n-1}) + \mathbf{C}\mathbf{G}(n)\mathbf{y}(n)$$
$$\boldsymbol{\alpha}(n) = \mathbf{y}(n) - \mathbf{C}\hat{\mathbf{x}}(n|\mathcal{Y}_{n-1})$$

其中 $\mathbf{G}(n)$ 是卡尔曼增益,$\boldsymbol{\alpha}(n)$ 表示新息。试问 $\mathbf{G}(n)$ 如何定义?

(b) 根据(a)中的结果,证明卡尔曼滤波器是白化滤波器,因为它产生响应 $\mathbf{y}(n)$ 的"白色"估计误差。

10. 本题中,我们探讨建立表 14.3 中所介绍的某些对应关系的另一种过程。

(a) 从图 14.7 的多重回归模型出发,建立由 RLS 滤波器的输入向量 $\mathbf{u}(i)$ 定义期望响应 $d(i)(i = 0,1,\cdots,n)$ 的线性方程组。

(b) 从图 14.8 的非受激动态模型出发,建立由卡尔曼滤波器的状态向量 $\mathbf{x}(i)$ 定义观测值 $y(i)(i = 0,1,\cdots,n)$ 的线性方程组。

(c) 利用(a)和(b)中的结果,导出下列 RLS 算法和卡尔曼滤波器之间的恒等式

$$\mathbf{x}(0) = \mathbf{w}_o$$
$$y(n) = \lambda^{-n/2}d*(n)$$
$$\nu(n) = \lambda^{-n/2}e_o^*(n)$$

11. RLS 算法的系统方程(14.102)将状态的演变描述为

$$\mathbf{x}(n+1) = \lambda^{-1/2}\mathbf{x}(n)$$

其中指数加权因子 λ 的取值范围为 $0 < \lambda \leqslant 1$。当 $\lambda < 1$ 时,状态 $\mathbf{x}(n)$ 的欧氏范数随时间 n 无限增长。然而实际上 RLS 滤波器运行中并没有出现这种似乎异常的现象。为什么?

12. 表 14.3 的最后两项是卡尔曼变量和 RLS 变量之间初始条件的对应关系。请证明之。

13. 令 $\chi(\mathbf{K})$ 表示滤波状态误差相关矩阵 $\mathbf{K}(n)$ 的条件数,定义为最大特征值 $\lambda_{\max}$ 与最小特征值 $\lambda_{\min}$ 之比。试证明

$$\chi(\mathbf{K}) = \left(\chi(\mathbf{K}^{1/2})\right)^2$$

其中 $\mathbf{K}^{1/2}(n)$ 是 $\mathbf{K}(n)$ 的平方根。该关系式意味着什么?

14. 在 UD 分解算法中,滤波状态误差相关矩阵表示为

$$\mathbf{K}(n) = \mathbf{U}(n)\mathbf{D}(n)\mathbf{U}^{\mathrm{H}}(n)$$

其中 $\mathbf{U}(n)$ 是主对角线元素为 1 的上三角矩阵,$\mathbf{D}(n)$ 是实对角矩阵。令 $\lambda_{\max}$ 和 $\lambda_{\min}$ 分别表示矩阵 $\mathbf{K}(n)$ 的最大和最小特征值。试证明对角矩阵 $\mathbf{D}(n)$ 的条件数由下式控制

$$\chi(\mathbf{D}) \geqslant \frac{\lambda_{\max}}{\lambda_{\min}} = \chi(\mathbf{K})$$

15. 平方根滤波和 UD 分解这两种方法中,哪一种方法是减轻发散现象的首选方法?试证实你的答案。

第 15 章　平方根自适应滤波算法

使用第 10 章的 RLS 算法时所遇到的一个问题就是数值不稳定性,这是因为采用了 Riccati 差分方程。在经典卡尔曼滤波算法中,由于相同的原因,也会出现这样的问题。第 14 章已经指出,卡尔曼滤波器中的不稳定性(发散)问题可采用其平方根变形来改善。在该处讨论中,由于还不需要用到平方根卡尔曼滤波,我们没有对它进行详细的讨论。本章从下一节开始,将对它进行全面的讨论。由于卡尔曼变量和前一章建立的 RLS 变量之间存在着一一对应关系,平方根卡尔曼滤波问题的解为得出相应的平方根 RLS 算法提供了条件。

15.1　平方根卡尔曼滤波器

卡尔曼滤波器中协方差类型的递归形式传递矩阵 $\mathbf{K}(n)$,该矩阵表示滤波器状态估计中误差的自相关矩阵,该传递方式通过 Riccati 差分方程来实现。另一方面,平方根卡尔曼滤波器中的递归形式传递一个由 $\mathbf{K}(n)$ 定义的平方根下三角矩阵 $\mathbf{K}^{1/2}(n)$。$\mathbf{K}(n)$ 与 $\mathbf{K}^{1/2}(n)$ 之间的关系定义如下:

$$\mathbf{K}(n) = \mathbf{K}^{1/2}(n)\mathbf{K}^{\mathrm{H}/2}(n) \tag{15.1}$$

其中,上三角矩阵 $\mathbf{K}^{\mathrm{H}/2}(n)$ 为 $\mathbf{K}^{1/2}(n)$ 的埃尔米特转置。不像协方差卡尔曼滤波器中的情况,相关矩阵 $\mathbf{K}(n)$ 的非负定特性是根据任何平方矩阵与其埃尔米特转置的乘积总是非负确定性矩阵的性能而保持的。

在本节中,我们将推导出卡尔曼滤波器协方差及信息实现的平方根形式。然而,考虑到算法的变形,我们把注意力集中于 14.8 节给出的特殊无激励动态模型。在该模型中,有

$$\mathbf{x}(n + 1) = \lambda^{-1/2}\mathbf{x}(n) \tag{15.2}$$

和

$$y(n) = \mathbf{u}^{\mathrm{H}}(n)\mathbf{x}(n) + \nu(n) \tag{15.3}$$

其中 $\mathbf{x}(n)$ 为状态向量,行向量 $\mathbf{u}^{\mathrm{H}}(n)$ 为测量矩阵,标量 $y(n)$ 为可观测信号或参考信号,标量 $\nu(n)$ 是均值为零、方差为 1 的白噪声序列,正实数标量 λ 为该模型的一个常数。式(15.2)和式(15.3)分别与式(14.102)和式(14.103)相同,这里再次写出是为了表示方便。在继续平方根卡尔曼滤波器的推导之前,先来考虑一个对我们现在的讨论非常关键的矩阵代数学引理。

15.1.1　矩阵分解引理

假设有任意两个 $N \times M$ 的矩阵 $\mathbf{A}$ 和 $\mathbf{B}$,其中 $N \leqslant M$,矩阵因子分解定理指出(Stewart, 1973;Sayed & Kailath, 1994;Golub & Van Loan, 1996)

$$\mathbf{A}\mathbf{A}^{\mathrm{H}} = \mathbf{B}\mathbf{B}^{\mathrm{H}} \tag{15.4}$$

当且仅当存在下面的归一矩阵 $\mathbf{\Theta}$ 使得

$$\mathbf{B} = \mathbf{A}\mathbf{\Theta} \tag{15.5}$$

成立。容易发现

$$\mathbf{B}\mathbf{B}^{\mathrm{H}} = \mathbf{A}\mathbf{\Theta}\mathbf{\Theta}^{\mathrm{H}}\mathbf{A}^{\mathrm{H}} \tag{15.6}$$

由归一矩阵的定义,有

$$\mathbf{\Theta}\mathbf{\Theta}^{\mathrm{H}} = \mathbf{I} \tag{15.7}$$

其中 $\mathbf{I}$ 为单位矩阵。因此,式(15.6)立即简化为式 (15.4)。

相反,式(15.4)中描述的等同性表明矩阵 $\mathbf{A}$ 和 $\mathbf{B}$ 必定有某种关系。我们可以采用单一值分解定理,来证明矩阵因子分解定理的逆命题的含义。这样,矩阵 $\mathbf{A}$ 可以分解为(见 9.11 节)

$$\mathbf{A} = \mathbf{U}_A \mathbf{\Sigma}_A \mathbf{V}_A^{\mathrm{H}} \tag{15.8}$$

其中 $\mathbf{U}_A$ 和 $\mathbf{V}_A$ 分别为 $N \times N$ 和 $M \times M$ 的酉矩阵,$\mathbf{\Sigma}_A$ 为由矩阵 $\mathbf{A}$ 定义的 $N \times M$ 矩阵。类似地,第二个矩阵 $\mathbf{B}$ 可分解为

$$\mathbf{B} = \mathbf{U}_B \mathbf{\Sigma}_B \mathbf{V}_B^{\mathrm{H}} \tag{15.9}$$

恒等式 $\mathbf{A}\mathbf{A}^{\mathrm{H}} = \mathbf{B}\mathbf{B}^{\mathrm{H}}$ 意味着有

$$\mathbf{U}_A = \mathbf{U}_B \tag{15.10}$$

和

$$\mathbf{\Sigma}_A = \mathbf{\Sigma}_B \tag{15.11}$$

现在,令

$$\mathbf{\Theta} = \mathbf{V}_A \mathbf{V}_B^{\mathrm{H}} \tag{15.12}$$

利用式(15.8)和式(15.12)来求矩阵乘积 $\mathbf{A}\mathbf{\Theta}$;根据式(15.9)~式(15.11),得到 $\mathbf{B}$。这一结果准确地表达了矩阵分解定理的逆命题含义。

15.1.2 平方根协方差滤波算法

现在回到平方根卡尔曼滤波问题,注意到协方差卡尔曼滤波器的 Riccati 差分方程可以表示为(通过表 14.4 中第一行和最后一行算法的结合)

$$\mathbf{K}(n) = \lambda^{-1}\mathbf{K}(n-1) - \lambda^{-1}\mathbf{K}(n-1)\mathbf{u}(n)r^{-1}(n)\mathbf{u}^{\mathrm{H}}(n)\mathbf{K}(n-1) \tag{15.13}$$

标量 $r(n)$ 为滤波估计误差的协方差且定义为

$$r(n) = \mathbf{u}^{\mathrm{H}}(n)\mathbf{K}(n-1)\mathbf{u}(n) + 1 \tag{15.14}$$

下面四个不同矩阵构成了 Riccati 方程(15.13)右边的项:

- 标量: $\qquad \mathbf{u}^{\mathrm{H}}(n)\mathbf{K}(n-1)\mathbf{u}(n) + 1$
- $1 \times M$ 向量: $\qquad \lambda^{-1/2}\mathbf{u}^{\mathrm{H}}(n)\mathbf{K}(n-1)$
- $M \times 1$ 向量: $\qquad \lambda^{-1/2}\mathbf{K}(n-1)\mathbf{u}(n)$
- $M \times M$ 矩阵: $\qquad \lambda^{-1}\mathbf{K}(n-1)$

考虑到这四项维数的兼容性，可采用包含 $\mathbf{K}(n)$ 全部信息的块矩阵来排列这四项：

$$\mathbf{H}(n) = \begin{bmatrix} \mathbf{u}^{\mathrm{H}}(n)\mathbf{K}(n-1)\mathbf{u}(n) + 1 & \lambda^{-1/2}\mathbf{u}^{\mathrm{H}}(n)\mathbf{K}(n-1) \\ \lambda^{-1/2}\mathbf{K}(n-1)\mathbf{u}(n) & \lambda^{-1}\mathbf{K}(n-1) \end{bmatrix} \tag{15.15}$$

将相关矩阵 $\mathbf{K}(n-1)$ 用其分解的形式表示，有

$$\mathbf{K}(n-1) = \mathbf{K}^{1/2}(n-1)\mathbf{K}^{\mathrm{H}/2}(n-1) \tag{15.16}$$

考虑到矩阵 $\mathbf{H}(n)$ 为非负确定性矩阵，我们可采用 Cholesky 分解来表示式(15.15)为

$$\mathbf{H}(n) = \begin{bmatrix} 1 & \mathbf{u}^{\mathrm{H}}(n)\mathbf{K}^{1/2}(n-1) \\ \mathbf{0} & \lambda^{-1/2}\mathbf{K}^{1/2}(n-1) \end{bmatrix} \begin{bmatrix} 1 & \mathbf{0}^{\mathrm{T}} \\ \mathbf{K}^{\mathrm{H}/2}(n-1)\mathbf{u}(n) & \lambda^{-1/2}\mathbf{K}^{\mathrm{H}/2}(n-1) \end{bmatrix} \tag{15.17}$$

其中 $\mathbf{0}$ 表示零向量。

式(15.17)右边的矩阵乘积可以理解为矩阵 $\mathbf{A}$ 与其埃尔米特转置矩阵 $\mathbf{A}^{\mathrm{H}}$ 的乘积。这就为采用矩阵分解引理创造了条件，根据这个引理，可以写出

$$\underbrace{\begin{bmatrix} 1 & \mathbf{u}^{\mathrm{H}}(n)\mathbf{K}^{1/2}(n-1) \\ \mathbf{0} & \lambda^{-1/2}\mathbf{K}^{1/2}(n-1) \end{bmatrix}}_{\mathbf{A}} \boldsymbol{\Theta}(n) = \underbrace{\begin{bmatrix} b_{11}(n) & \mathbf{0}^{\mathrm{T}} \\ \mathbf{b}_{21}(n) & \mathbf{B}_{22}(n) \end{bmatrix}}_{\mathbf{B}} \tag{15.18}$$

这里，$\boldsymbol{\Theta}(n)$ 为酉旋转(unitary rotation)，标量 $b_{11}(n)$、向量 $\mathbf{b}_{21}(n)$ 和矩阵 $\mathbf{B}_{22}(n)$ 表示矩阵 $\mathbf{B}$ 中的非零块元素。在式(15.18)中，我们可以区分两种阵列：

- 前阵列(prearray) $\mathbf{A}$，它进行酉旋转运算；
- 后阵列(postarray) $\mathbf{B}$，它用酉旋转而引起的零块(block zero entry)来表征。因此后阵列具有块意义上的"三角形"结构。

为了计算后阵列的未知的块元素 b_{11}、$\mathbf{b}_{21}$ 和 $\mathbf{B}_{22}$，我们将式(15.18)的两边取平方。则容易看出，$\boldsymbol{\Theta}(n)$ 为酉矩阵，从而对所有 n，$\boldsymbol{\Theta}(n)\boldsymbol{\Theta}^{\mathrm{H}}(n)$ 等于单位矩阵，于是可以写出

$$\underbrace{\begin{bmatrix} 1 & \mathbf{u}^{\mathrm{H}}(n)\mathbf{K}^{1/2}(n-1) \\ \mathbf{0} & \lambda^{-1/2}\mathbf{K}^{1/2}(n-1) \end{bmatrix}}_{\mathbf{A}} \underbrace{\begin{bmatrix} 1 & \mathbf{0}^{\mathrm{T}} \\ \mathbf{K}^{\mathrm{H}/2}(n-1)\mathbf{u}(n) & \lambda^{-1/2}\mathbf{K}^{\mathrm{H}/2}(n-1) \end{bmatrix}}_{\mathbf{A}^{\mathrm{H}}}$$

$$= \underbrace{\begin{bmatrix} b_{11}(n) & \mathbf{0}^{\mathrm{T}} \\ \mathbf{b}_{21}(n) & \mathbf{B}_{22}(n) \end{bmatrix}}_{\mathbf{B}} \underbrace{\begin{bmatrix} b_{11}^{*}(n) & \mathbf{b}_{21}^{\mathrm{H}}(n) \\ \mathbf{0} & \mathbf{B}_{22}^{\mathrm{H}}(n) \end{bmatrix}}_{\mathbf{B}^{\mathrm{H}}} \tag{15.19}$$

将矩阵的乘积展开，然后比较式(15.19)两边各自的项，可以得到下面三个等式

$$\left| b_{11}(n) \right|^2 = \mathbf{u}^{\mathrm{H}}(n)\mathbf{K}(n-1)\mathbf{u}(n) + 1 = r(n) \tag{15.20}$$

$$\mathbf{b}_{21}(n)b_{11}^{*}(n) = \lambda^{-1/2}\mathbf{K}(n-1)\mathbf{u}(n) \tag{15.21}$$

$$\mathbf{b}_{21}(n)\mathbf{b}_{21}^{\mathrm{H}}(n) + \mathbf{B}_{22}(n)\mathbf{B}_{22}^{\mathrm{H}}(n) = \lambda^{-1}\mathbf{K}(n-1) \tag{15.22}$$

为了满足式(15.20)~式(15.22)，必须满足如下条件

$$b_{11}(n) = r^{1/2}(n) \tag{15.23}$$

$$\mathbf{b}_{21}(n) = \lambda^{-1/2}\mathbf{K}(n-1)\mathbf{u}(n)r^{-1/2}(n) = \mathbf{g}(n)r^{1/2}(n) \tag{15.24}$$

和

$$\mathbf{B}_{22}(n) = \mathbf{K}^{1/2}(n) \tag{15.25}$$

其中第二行的 $\mathbf{g}(n)$ 表示卡尔曼增益,其定义在表 14.4 的第一步计算中给出。

因此,我们可将式(15.18)重新写为

$$\begin{bmatrix} 1 & \mathbf{u}^{\mathrm{H}}(n)\mathbf{K}^{1/2}(n-1) \\ \mathbf{0} & \lambda^{-1/2}\mathbf{K}^{1/2}(n-1) \end{bmatrix} \boldsymbol{\Theta}(n) = \begin{bmatrix} r^{1/2}(n) & \mathbf{0}^{\mathrm{T}} \\ \mathbf{g}(n)r^{1/2}(n) & \mathbf{K}^{1/2}(n) \end{bmatrix} \tag{15.26}$$

式(15.26)中前后阵列的块元素值得进行仔细研究,因为它们揭示了各自的特性:

- 前阵列中的块元素 $\lambda^{-1/2}\mathbf{K}^{1/2}(n-1)$ 和 $\mathbf{u}^{\mathrm{H}}(n)\mathbf{K}^{1/2}(n-1)$ 唯一地表征了除 $r(n)$ 外的式(15.13)右边变量的组成。对应地,后阵列中的块元素 $\mathbf{K}^{1/2}(n)$ 提供了需要更新前阵列的量,从而启动算法的下一次迭代。

- 前阵列中包含的块元素 1 和 0,导致后阵列中产生两个块元素,即 $r^{1/2}(n)$ 和 $\mathbf{g}(n)r^{1/2}(n)$。由这两个块元素可能计算出两个有用的变量:卡尔曼增益 $\mathbf{g}(n)$ 和滤波估计误差的协方差 $r(n)$,它通过将标量项简单地取平方即可得到。卡尔曼增益也可以通过将 $\mathbf{g}(n)r^{1/2}(n)$ 除以 $r^{1/2}(n)$ 而简单得到。

在后一结果的基础上,我们现在很容易更新状态估计为

$$\hat{\mathbf{x}}(n+1\,|\,\mathscr{Y}_n) = \lambda^{-1/2}\hat{\mathbf{x}}(n\,|\,\mathscr{Y}_{n-1}) + \mathbf{g}(n)\alpha(n) \tag{15.27}$$

其中

$$\alpha(n) = y(n) - \mathbf{u}^{\mathrm{H}}(n)\hat{\mathbf{x}}(n\,|\,\mathscr{Y}_{n-1}) \tag{15.28}$$

为新息。

式(15.28)和式(15.27)分别来自表 14.4 的第二个和第三个计算步骤。表 15.1 的第一部分总结出平方根协方差滤波算法中所涉及的计算(Sayed & Kailath,1994)。该算法的初始化与常规的协方差滤波算法完全相同(见表 14.4)。

表 15.1　平方根协方差滤波算法中执行的计算小结

1. 平方根协方差滤波算法:

$$\begin{bmatrix} 1 & \mathbf{u}^{\mathrm{H}}(n)\mathbf{K}^{1/2}(n-1) \\ \mathbf{0} & \lambda^{-1/2}\mathbf{K}^{1/2}(n-1) \end{bmatrix} \boldsymbol{\Theta}(n) = \begin{bmatrix} r^{1/2}(n) & \mathbf{0}^{\mathrm{T}} \\ \mathbf{g}(n)r^{1/2}(n) & \mathbf{K}^{1/2}(n) \end{bmatrix}$$

$$\mathbf{g}(n) = \big(\mathbf{g}(n)r^{1/2}(n)\big)\big(r^{1/2}(n)\big)^{-1}$$

$$\alpha(n) = y(n) - \mathbf{u}^{\mathrm{H}}(n)\hat{\mathbf{x}}(n\,|\,\mathscr{Y}_{n-1})$$

$$\hat{\mathbf{x}}(n+1\,|\,\mathscr{Y}_n) = \lambda^{-1/2}\hat{\mathbf{x}}(n\,|\,\mathscr{Y}_{n-1}) + \mathbf{g}(n)\alpha(n)$$

2. 平方根信息滤波算法:

$$\begin{bmatrix} \lambda^{1/2}\mathbf{K}^{-\mathrm{H}/2}(n-1) & \lambda^{1/2}\mathbf{u}(n) \\ \hat{\mathbf{x}}^{\mathrm{H}}(n\,|\,\mathscr{Y}_{n-1})\mathbf{K}^{-\mathrm{H}/2}(n-1) & y^{*}(n) \\ \mathbf{0}^{\mathrm{T}} & 1 \end{bmatrix} \boldsymbol{\Theta}(n) = \begin{bmatrix} \mathbf{K}^{-\mathrm{H}/2}(n) & \mathbf{0} \\ \hat{\mathbf{x}}^{\mathrm{H}}(n+1\,|\,\mathscr{Y}_n)\mathbf{K}^{-\mathrm{H}/2}(n) & r^{-1/2}(n)\alpha^{*}(n) \\ \lambda^{1/2}\mathbf{u}^{\mathrm{H}}(n)\mathbf{K}^{1/2}(n) & r^{-1/2}(n) \end{bmatrix}$$

$$\hat{\mathbf{x}}^{\mathrm{H}}(n+1\,|\,\mathscr{Y}_n) = \big(\hat{\mathbf{x}}^{\mathrm{H}}(n+1\,|\,\mathscr{Y}_n)\mathbf{K}^{-\mathrm{H}/2}(n)\big)\big(\mathbf{K}^{-\mathrm{H}/2}(n)\big)^{-1}$$

表注:在两个滤波器中,$\boldsymbol{\Theta}(n)$ 是酉旋转,它在后阵列的第一行产生一个零块元素。

15.1.3　平方根信息滤波算法

下面考虑卡尔曼滤波算法的平方根实现,它不是传递 $\mathbf{K}(n)$ 本身而是其逆矩阵 $\mathbf{K}^{-1}(n)$。

这种形式对初始不确定性很大的情况[即相关矩阵 $\mathbf{K}(0)$ 初始值 $\mathbf{\Pi}_0$ 很大的情况]特别有用。表 14.5 列出了信息滤波算法的小结。为了表述方便,重写出该算法的前两个递归表达式:

$$\mathbf{K}^{-1}(n) = \lambda\mathbf{K}^{-1}(n-1) + \lambda\mathbf{u}(n)\mathbf{u}^{\mathrm{H}}(n) \tag{15.29}$$

$$\mathbf{K}^{-1}(n)\hat{\mathbf{x}}(n+1\,|\,\mathcal{Y}_n) = \lambda^{1/2}\mathbf{K}^{-1}(n-1)\hat{\mathbf{x}}(n\,|\,\mathcal{Y}_{n-1}) + \lambda^{1/2}\mathbf{u}(n)y(n) \tag{15.30}$$

令逆矩阵 $\mathbf{K}^{-1}(n)$ 用其分解形式表示为

$$\mathbf{K}^{-1}(n) = \mathbf{K}^{-\mathrm{H}/2}(n)\mathbf{K}^{-1/2}(n) \tag{15.31}$$

将式(15.29)和式(15.30)用其埃尔米特转置的形式表示,显然将更为方便。于是,将这两个表达式右边的 4 个量用其分解的形式表示为

$$\lambda\mathbf{K}^{-\mathrm{H}}(n-1) = \left(\lambda^{1/2}\mathbf{K}^{-\mathrm{H}/2}(n-1)\right)\left(\lambda^{1/2}\mathbf{K}^{-1/2}(n-1)\right)$$

$$\lambda\mathbf{u}(n)\mathbf{u}^{\mathrm{H}}(n) = \left(\lambda^{1/2}\mathbf{u}(n)\right)\left(\lambda^{1/2}\mathbf{u}^{\mathrm{H}}(n)\right)$$

$$\lambda^{1/2}\hat{\mathbf{x}}^{\mathrm{H}}(n\,|\,\mathcal{Y}_{n-1})\mathbf{K}^{-\mathrm{H}}(n-1) = \left(\hat{\mathbf{x}}^{\mathrm{H}}(n\,|\,\mathcal{Y}_{n-1})\mathbf{K}^{-\mathrm{H}/2}(n-1)\right)\left(\lambda^{1/2}\mathbf{K}^{-1/2}(n-1)\right)$$

$$\lambda^{1/2}y^*(n)\mathbf{u}^{\mathrm{H}}(n) = \left(y^*(n)\right)\left(\lambda^{1/2}\mathbf{u}(n)\right)$$

现在,可采用下面成对的方式来识别前阵列中作为块元素的因子:

- $\lambda^{1/2}\mathbf{K}^{-\mathrm{H}/2}(n-1)$ 和 $\lambda^{1/2}\mathbf{u}(n)$,其维数分别为 $M\times M$ 和 $M\times 1$。
- $\hat{\mathbf{x}}^{\mathrm{H}}(n\,|\,\mathcal{Y}_{n-1})\mathbf{K}^{-\mathrm{H}/2}(n-1)$ 和 $y^*(n)$,其维数分别为 $1\times M$ 和 1×1。

就前阵列而言,由于前两个因子分别为矩阵和向量,因而自然相容;后一对因子作为行向量的兼容性是因为式(15.29)和式(15.30)采用了埃尔米特转置。于是,可重新构造如下前阵列

$$\begin{bmatrix} \lambda^{1/2}\mathbf{K}^{-\mathrm{H}/2}(n-1) & \lambda^{1/2}\mathbf{u}(n) \\ \hat{\mathbf{x}}^{\mathrm{H}}(n\,|\,\mathcal{Y}_{n-1})\mathbf{K}^{-\mathrm{H}/2}(n-1) & y^*(n) \\ \mathbf{0}^{\mathrm{T}} & 1 \end{bmatrix}$$

加上由 M 个零和一个 1 所组成的最后一行是为了给后阵列中的卡尔曼变量提供空间(Morf & Kailath,1975；Sayed & Kailath,1994)。下面,假设选择酉旋转量 $\mathbf{\Theta}(n)$ 对前阵列进行变换,从而在后阵列顶行的第二个元素处产生零块,即

$$\begin{bmatrix} \lambda^{1/2}\mathbf{K}^{-\mathrm{H}/2}(n-1) & \lambda^{1/2}\mathbf{u}(n) \\ \hat{\mathbf{x}}^{\mathrm{H}}(n\,|\,\mathcal{Y}_{n-1})\mathbf{K}^{-\mathrm{H}/2}(n-1) & y^*(n) \\ \mathbf{0}^{\mathrm{T}} & 1 \end{bmatrix}\mathbf{\Theta}(n) = \begin{bmatrix} \mathbf{B}_{11}^{\mathrm{H}}(n) & \mathbf{0} \\ \mathbf{b}_{21}^{\mathrm{H}}(n) & b_{22}^*(n) \\ \mathbf{b}_{31}^{\mathrm{H}}(n) & b_{32}^*(n) \end{bmatrix} \tag{15.32}$$

实际上,经过这种变换,消除了前阵列中的向量 $\lambda^{1/2}\mathbf{u}(n)$。通过采用与平方根协方差滤波器类似的方法[即对式(15.32)的两边取平方,然后比较所得到的等式两边各自的项],我们可将后阵列块元素选择为(见习题 1)

$$\mathbf{B}_{11}^{\mathrm{H}}(n) = \mathbf{K}^{-\mathrm{H}/2}(n) \tag{15.33}$$

$$\mathbf{b}_{21}^{\mathrm{H}}(n) = \hat{\mathbf{x}}^{\mathrm{H}}(n+1\,|\,\mathcal{Y}_n)\mathbf{K}^{-\mathrm{H}/2}(n) \tag{15.34}$$

$$\mathbf{b}_{31}^{\mathrm{H}}(n) = \lambda^{1/2}\mathbf{u}^{\mathrm{H}}(n)\mathbf{K}^{1/2}(n) \tag{15.35}$$

$$b_{22}^*(n) = r^{-1/2}(n)\alpha^*(n) \tag{15.36}$$

$$b_{32}^*(n) = r^{-1/2}(n) \tag{15.37}$$

对应地，可将式(15.32)写成如下所期望的形式

$$
\begin{bmatrix}
\lambda^{1/2}\mathbf{K}^{-H/2}(n-1) & \lambda^{1/2}\mathbf{u}(n) \\
\hat{\mathbf{x}}^H(n|\mathscr{Y}_{n-1})\mathbf{K}^{-H/2}(n-1) & y^*(n) \\
\mathbf{0}^T & 1
\end{bmatrix}\Theta(n)
$$
$$
= \begin{bmatrix}
\mathbf{K}^{-H/2}(n) & \mathbf{0} \\
\hat{\mathbf{x}}^H(n+1|\mathscr{Y}_n)\mathbf{K}^{-H/2}(n) & r^{-1/2}(n)\alpha^*(n) \\
\lambda^{1/2}\mathbf{u}^H(n)\mathbf{K}^{1/2}(n) & r^{-1/2}(n)
\end{bmatrix} \tag{15.38}
$$

后阵列中的块元素提供了两组有用的结果：

1）更新的前阵列块元素：
- 更新的平方根 $\mathbf{K}^{-H/2}(n)$，由 $\mathbf{B}_{11}^H(n)$ 给出。
- 更新的矩阵乘积 $\hat{\mathbf{x}}^H(n+1|\mathscr{Y}_n)\mathbf{K}^{-H/2}(n)$，由 $\mathbf{b}_{21}^H(n)$ 给出。

2）其他卡尔曼变量：
- 变换因子 $r^{-1}(n)$，通过将实数 $b_{32}(n)$ 取平方得到。
- 新息项 $\alpha(n)$，通过用 $b_{22}(n)$ 除 $b_{32}(n)$ 来得到。

更新的状态估计 $\hat{\mathbf{x}}(n+1|\mathscr{Y}_n)$ 通过式(15.34)中的上三角系统得到，其中 $\mathbf{K}^{-H/2}(n)$ 由式(15.33)得到。具体而言，可以通过回代的方法(method of back-substitution)，利用平方根矩阵 $\mathbf{K}^{-H/2}(n)$ 的上三角结构计算 $\hat{\mathbf{x}}(n+1|\mathscr{Y}_n)$ 的各个元素。

表 15.1 的第二部分总结了平方根信息滤波算法，该算法的初始化与表 14.5 相同。

表 15.1 中总结的平方根协方差滤波器和平方信息滤波器具有一个共同点：两者从一次自适应循环到下一次自适应循环所需的运算次数(乘法和加法次数)都是 $O(M^2)$，这里 M 为状态维数。

15.2　在两种变形卡尔曼滤波器基础上构建平方根自适应滤波器

前一节描述的卡尔曼滤波器的平方根变形，为导出平方根自适应滤波算法提供了总体框架；该算法采用指数加权递归最小二乘(RLS)估计。其根据是第 14 章中卡尔曼变量与 RLS 变量之间的一一对应关系(见表 14.3)。

RLS 估计中两个重要的平方根自适应滤波算法称为基于 QR 分解的 RLS(QRD-RLS)算法和逆 QRD-RLS 算法。采用这一术语的原因是因为该算法的导出传统上都依赖于一种或另一种形式的正交三角形化的过程，这一过程在矩阵代数中称为 QR 分解。在自适应滤波中采用 QR 分解的动因是由于其良好的数值特性。

矩阵 $\mathbf{A}(n)$ 的 QR 分解可以写为(Stewart,1973；Golub & Van Loan,1996)

$$\mathbf{Q}(n)\mathbf{A}(n) = \begin{bmatrix} \mathbf{R}(n) \\ \mathbf{O} \end{bmatrix} \tag{15.39}$$

其中 $\mathbf{Q}(n)$ 为单位矩阵，$\mathbf{R}(n)$ 为上三角矩阵，$\mathbf{O}$ 为零矩阵。由于变换中大量使用 $\mathbf{Q}$ 和 $\mathbf{R}$，故称其为"QR 分解"。出于同样的原因，基于 QR 分解的自适应 RLS 滤波算法也称为"QRD-

RLS 算法"。通常，指数加权 RLS 估计 QRD-RLS 算法的推导起源于数据矩阵的预加窗处理，而后采用 QR 分解进行三角形化。根据 15.2 节的内容，这些自适应滤波算法可以直接从它们对应的平方根卡尔曼滤波器得出，从而达到两个非常理想的目标：

- 统一处理指数加权 RLS 估计的 QRD-RLS 自适应滤波算法。
- 巩固了确定性 RLS 估计理论与随机卡尔曼滤波器理论之间的联系。

在本章的其余部分，我们采用这一方法来推导不同的 QRD-RLS 自适应滤波算法。考虑这些算法的顺序，按照处理 RLS 估计理论的常规顺序，而不是表 15.1 总结的平方根卡尔曼滤波器的顺序。

15.3 QRD-RLS 算法

QRD-RLS 算法，或者更确切地说是基于 QR 分解的 RLS 算法，其名字来源于如下考虑：在自适应滤波算法的有限冲激响应(FIR)实现中，是通过直接处理经 QR 分解的输入数据矩阵来完成最小二乘权向量的计算，而不像标准 RLS 算法那样是通过处理输入数据的(时间平均)相关矩阵(Gentleman & Kung,1981；McWhirter,1983；Haykin,1991)来完成权向量计算的。因此，QRD-RLS 算法在数值上比标准的 RLS 算法更稳定。

假设对输入数据进行预加窗，数据矩阵定义为

$$\mathbf{A}^{\mathrm{H}}(n) = \left[\mathbf{u}(1), \mathbf{u}(2), \cdots, \mathbf{u}(M), \cdots, \mathbf{u}(n) \right]$$

$$= \begin{bmatrix} u(1) & u(2) & \cdots & u(M) & \cdots & u(n) \\ 0 & u(1) & \cdots & u(M-1) & \cdots & u(n-1) \\ \vdots & \vdots & & \vdots & & \vdots \\ 0 & 0 & \cdots & u(1) & \cdots & u(n-M+1) \end{bmatrix} \quad (15.40)$$

其中 M 为 FIR 滤波器系数的数目(即滤波器阶数)。相应地，输入数据的自相关矩阵定义为

$$\mathbf{\Phi}(n) = \sum_{i=1}^{n} \lambda^{n-i} \mathbf{u}(i) \mathbf{u}^{\mathrm{H}}(i) \quad (15.41)$$
$$= \mathbf{A}^{\mathrm{H}}(n) \mathbf{\Lambda}(n) \mathbf{A}(n)$$

其中矩阵

$$\mathbf{\Lambda}(n) = \operatorname{diag}\left[\lambda^{n-1}, \lambda^{n-2}, \cdots, 1 \right] \quad (15.42)$$

称为指数加权矩阵，λ 为指数加权因子。式(15.41)表示最小二乘法的式(9.45)的推广。

从第 10 章可知，用于推导 RLS 算法的矩阵 $\mathbf{P}(n)$ 定义为时间平均相关矩阵 $\mathbf{\Phi}(n)$ 的逆矩阵[见方程(10.17)]，即

$$\mathbf{P}(n) = \mathbf{\Phi}^{-1}(n) \quad (15.43)$$

从第 14 章的表 14.3，我们也注意到卡尔曼变量与 RLS 变量有如下一一对应关系：

卡尔曼变量	RLS 变量	说明
$\mathbf{K}^{-1}(n)$	$\lambda \mathbf{P}^{-1}(n) = \lambda \mathbf{\Phi}(n)$	相关矩阵
$r^{-1}(n)$	$\gamma(n)$	变换因子
$\mathbf{g}(n)$	$\lambda^{-1/2} \mathbf{K}(n)$	增益向量
$\alpha(n)$	$\lambda^{-n/2} \xi^*(n)$	先验估计误差
$y(n)$	$\lambda^{-n/2} d^*(n)$	期望响应
$\hat{\mathbf{x}}(n \mid \mathcal{Y}_{n-1})$	$\lambda^{-n/2} \hat{\mathbf{w}}(n-1)$	抽头权向量的估值

在由这些关系导出 QRD-RLS 算法之前，我们发现改变一下记号将更为方便。根据正则方程，抽头权向量 $\hat{\mathbf{w}}(n)$ 的最小二乘估计定义为[见式(9.35)]

$$\boldsymbol{\Phi}(n)\hat{\mathbf{w}}(n) = \mathbf{z}(n) \tag{15.44}$$

其中 $\mathbf{z}(n)$ 为期望响应 $d(n)$ 与输入数据向量 $\mathbf{u}(n)$ 之间时间平均互相关向量。设 $\boldsymbol{\Phi}(n)$ 表示为

$$\boldsymbol{\Phi}(n) = \boldsymbol{\Phi}^{1/2}(n)\boldsymbol{\Phi}^{H/2}(n) \tag{15.45}$$

其次，在式(15.44)的两边乘以 $\boldsymbol{\Phi}^{-1/2}(n)$，可引入一个新的向量变量 $\mathbf{p}(n)$，定义为

$$\mathbf{p}(n) = \boldsymbol{\Phi}^{H/2}(n)\hat{\mathbf{w}}(n) = \boldsymbol{\Phi}^{-1/2}(n)\mathbf{z}(n) \tag{15.46}$$

于是，通过传递 $\boldsymbol{\Phi}^{1/2}(n)$ 和 $\mathbf{p}(n)$，可将 QRD-RLS 算法看做卡尔曼滤波器理论的平方根信息滤波形式(见第 14 章)。

我们现在容易表示线性自适应滤波的 QRD-RLS 算法。具体来说，我们可以将式(15.38)的平方根信息滤波算法转变为对应的 QRD-RLS 算法的前后阵列变换(在消去公共项后)

$$\begin{bmatrix} \lambda^{1/2}\boldsymbol{\Phi}^{1/2}(n-1) & \mathbf{u}(n) \\ \lambda^{1/2}\mathbf{p}^{H}(n-1) & d(n) \\ \mathbf{0}^{T} & 1 \end{bmatrix}\boldsymbol{\Theta}(n) = \begin{bmatrix} \boldsymbol{\Phi}^{1/2}(n) & \mathbf{0} \\ \mathbf{p}^{H}(n) & \xi(n)\gamma^{1/2}(n) \\ \mathbf{u}^{H}(n)\boldsymbol{\Phi}^{-H/2}(n) & \gamma^{1/2}(n) \end{bmatrix} \tag{15.47}$$

通常，$\boldsymbol{\Theta}(n)$ 为酉旋转量，它对前阵列中输入数据矩阵 $\mathbf{u}(n)$ 的元素进行运算，如将它们一一消除，即可产生后阵列顶行的零块项。自然，平方根自相关矩阵 $\boldsymbol{\Phi}^{1/2}$ 的下三角结构在变换前后得以正确保留。事实上，这正是 RLS 估计 QR 分解的本质，故取名为"QRD-RLS 算法"。

在算出更新块 $\boldsymbol{\Phi}^{1/2}(n)$ 和 $\mathbf{p}^{H}(n)$ 后，则可用如下公式来求最小二乘权向量 $\hat{\mathbf{w}}(n)$[见式(15.46)]

$$\hat{\mathbf{w}}^{H}(n) = \mathbf{p}^{H}(n)\boldsymbol{\Phi}^{-1/2}(n) \tag{15.48}$$

利用 $\boldsymbol{\Phi}^{1/2}(n)$ 的下三角结构，用回代的方法可求出该方程的解。但是值得注意的是，该计算只对自适应循环 $n > M$ 可行，此时为数据矩阵 $\mathbf{A}(n)$，从而 $\boldsymbol{\Phi}^{1/2}(n)$ 都是满列秩的。

为了对 QRD-RLS 算法进行初始化，可令 $\boldsymbol{\Phi}^{1/2}(0) = \delta^{1/2}\mathbf{I}$ 和 $\mathbf{p}(0) = \mathbf{0}$，其中 δ 为调节参数。QRD-RLS 算法的严格初始化发生在 $0 \leqslant n \leqslant M$ 阶段，此时后验估计误差 $e(n)$ 为零。在自适应循环 $n = M$ 时初始化完成，此时 $e(n)$ 为非零值。

表 15.2 列出了 QRD-RLS 算法的总结，它包括初始化细节及其他让人感兴趣的事情。

表 15.2 指数加权 RLS 估计的 QRD-RLS 算法小结

输入：
    数据矩阵：$\mathbf{A}^{H}(n) = [\mathbf{u}(1), \mathbf{u}(2), \cdots, \mathbf{u}(n)]$
    期望响应：$\mathbf{d}^{H}(n) = [d(1)\ d(2), \cdots, d(n)]$
预给参数：
    指数加权向量 $= \lambda$
    调整参数 $= \delta$
    酉旋转 $= \boldsymbol{\Theta}(n)$
初始条件：
    $\boldsymbol{\Phi}^{1/2}(0) = \delta^{1/2}\mathbf{I}$
    $\mathbf{p}(0) = \mathbf{0}$

计算:

对 $n = 1, 2, \cdots$, 计算

$$\begin{bmatrix} \lambda^{1/2}\mathbf{\Phi}^{1/2}(n-1) & \mathbf{u}(n) \\ \lambda^{1/2}\mathbf{p}^H(n-1) & d(n) \\ \mathbf{0}^T & 1 \end{bmatrix} \mathbf{\Theta}(n) = \begin{bmatrix} \mathbf{\Phi}^{1/2}(n) & \mathbf{0} \\ \mathbf{p}^H(n) & \xi(n)\gamma^{1/2}(n) \\ \mathbf{u}^H(n)\mathbf{\Phi}^{-H/2}(n) & \gamma^{1/2}(n) \end{bmatrix}$$

$$\hat{\mathbf{w}}^H(n) = \mathbf{p}^H(n)\mathbf{\Phi}^{-1/2}(n)$$

表注:$\mathbf{\Theta}(n)$ 是运行在前阵列的酉旋转量,以便在后阵列的第一行产生一个零块元素。

15.3.1   QRD-RLS 算法的脉动阵列实现[①]

到目前为止,除了要求选择酉旋转 $\mathbf{\Theta}(n)$,以便在后阵列顶行产生一个零块外,还没有注意它的细节。适应这一要求的酉矩阵是基于 Givens 旋转的变换,其详细讨论在附录 G 中给出。

采用 Givens 旋转可以得出脉动(systolic)阵列的并行实现形式(Kung & Leiserson,1978)。脉动阵列由具有规则结构的处理单元阵列构成。阵列中的每个单元装有它本身的存储器,而且每个单元只与最靠近它的单元相连。该阵列的设计是为了使有序数据流在时钟的控制下,非常有节奏地穿过它,就像人的心脏跳动一样——因此取名"脉动"(Kung,1982)。这里需要着重注意的是,脉动阵列非常适合于复杂的信号处理算法实现,如 QRD-RLS 算法,当要求在实时和高数据带宽情况下运行时尤其如此。

图 15.1 示出实现 QRD-RLS 算法的一种高效的脉动阵列结构(McWhirter,1983),该结构可用于带有三个元素(即 $M = 3$)的权向量 $\hat{\mathbf{w}}(n)$ 的例子。式(15.47)中的 $(M+1) \times (M+1)$ 酉矩阵 $\mathbf{\Theta}$ 可以通过 M 个 Givens 旋转的序列来实现,配置每一 Givens 旋转以便消除前阵列中 $M \times 1$ 向量的一个特殊元素 $\mathbf{u}(n)$。于是,可以写出

$$\mathbf{\Theta} = \prod_{k=1}^{M} \mathbf{\Theta}_k \qquad (15.49)$$

其中 $\mathbf{\Theta}_k$ 构成了除了四个位于 k 和 $M+1$ 行与 k 和 $M+1$ 列相交点上的重要元素外的酉矩阵。

---

① QRD-RLS 算法的第一个脉动实现由 Gentleman 和 Kung(1981)发表,他们采用由两个不同节构成的脉动阵列结构(三角脉动阵列和线性脉动阵列)。Gentleman-Kung 阵列与图 15.1 中的 McWhirter 阵列的不同如下:

· 构成 QRD-RLS 算法数学基础的式(15.47)变换分两级来实现。在第一级中,去掉了前后阵列中的最后一行,酉矩阵维数也相应降低;于是,现在可以写出

$$\begin{bmatrix} \lambda^{1/2}\mathbf{\Phi}^{1/2}(n-1) & \mathbf{u}(n) \\ \lambda^{1/2}\mathbf{p}^H(n-1) & d(n) \end{bmatrix} \mathbf{\Theta}(n) = \begin{bmatrix} \mathbf{\Phi}^{1/2}(n) & \mathbf{0} \\ \mathbf{p}^H(n) & \xi(n)\gamma^{1/2}(n) \end{bmatrix}$$

它由 Gentleman-Kung 阵列的三角节(triangular section)来实现。在计算的第一级,产生更新的下三角矩阵和行向量。一旦整个三角化过程完成,数据流就停止;而且存储的 $\mathbf{\Phi}^{1/2}(n)$ 和 $\mathbf{p}^H(n)$ 值在时钟控制下送给计算的第二级以便由线性脉动阵列进行处理。特别地,在第二级中,回代的形式被该级用来计算滤波器权值 $\hat{w}_{M-1}(n)$,$\cdots, \hat{w}_2(n), \hat{w}_1(n)$。相比之下,由单一三角阵列构成的 McWhirter 阵列用来计算后验估计误差 $e(n)$。

· 在结构方面,为了计算后验估计误差,Gentleman-Kung 阵列采用内部和边界单元,而 McWhirter 阵列采用一个附加单元(即最后处理单元)。

就实用而言,我们可以说:如果要求计算后验估计误差,并且对最小二乘滤波器权值只是偶尔需要,那么建议采用的脉动过程是 McWhirter 阵列。另一方面,如果主要要求是获得最小二乘滤波器权值,那么 15.5 节所描述的逆 QRD-RLS 算法的脉动形式是比 Gentleman-Kung 阵列更喜欢采用的方法。

这四个元素记为 θ_{kk}, $\theta_{M+1,k}$, $\theta_{k,M+1}$ 和 $\theta_{M+1,M+1}$ 且定义为

$$
\left.
\begin{aligned}
\theta_{kk} &= \theta_{M+1,M+1} = c_k \\
\theta_{M+1,k} &= s_k^* \\
\theta_{k,M+1} &= -s_k
\end{aligned}
\right\}
\tag{15.50}
$$

式中 $k = 1, 2, \cdots, M$。余弦参数 c_k 为实数,而正弦参数 s_k 为复数。c_k 和 s_k 的选择满足如下约束关系

$$
c_k^2 + |s_k|^2 = 1 \quad \text{对于所有} k \tag{15.51}
$$

式(15.50)定义的变换形式称为 Givens 旋转。

图 15.1 所示脉动结构的设置主要考虑两点。首先,通过该结构从左到右的数据流必须和前面章节考虑的所有其他自适应滤波器相一致。其次,脉动阵列直接对输入信号向量 $\mathbf{u}(n)$ 的相继值表示的输入数据和期望响应 $d(n)$ 进行运算。

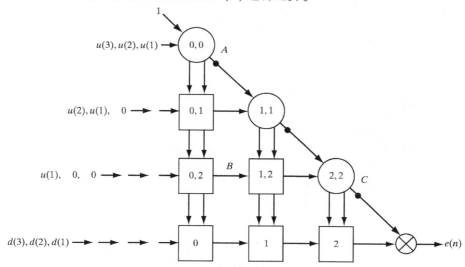

图 15.1 QRD-RLS 算法的脉动实现:对角线上的点表示存储元素,强加于输入数据的一系列瞬态偏移的处理时延可合并到相关的边界单元内

脉动阵列由单一时钟控制,并由以三角形结构排列的三种类型的处理单元构成:

● **内部单元** 用方框表示。它只进行加和乘的运算,如图 15.2(a)所示。

● **边界单元** 用大圆描述。它比内部单元更复杂,因为计算平方根及倒数,如图 15.2(b)所示。

● **最后处理单元** 用小圆描述。它将两个输入简单相乘,得到输出,如图 15.2(c)所示。

由输入向量 $\mathbf{u}(n)$ 元素激励的三角节的每个处理单元存储下三角矩阵 $\mathbf{\Phi}^{1/2}(n)$ 的一个特殊元素,这取决于所考虑的单元的位置。处理单元每一列的作用是旋转所存储的由左边接收到的数据向量构成的三角矩阵的一列,而该向量以接收到的输入向量 $\mathbf{u}(n)$ 的首个元素即被消除的方式获得。然后,降维的(reduced)数据向量再向右传递给下一列处理单元。三角节每一列的边界单元计算有关的旋转参数,并将它们向下传递给下一个时钟周期。接着,内部单元对输入向量 $\mathbf{u}(n)$ 的所有其他元素施以相同的旋转。由于在将旋转参数沿着一个列向下

传递时，每个周期会出现一个时钟周期的延迟，因此输入向量 $\mathbf{u}(n)$ 必须以斜序(skewed order)的方式进入阵列，当 $M=3$ 时，如图 15.1 所示；对期望响应 $d(n)$ 也是一样。这种输入数据的安排确保了当数据矩阵 $\mathbf{A}^{\mathrm{H}}(n)$ 的每一列向量 $\mathbf{u}(n)$ 通过阵列传递时，它与前面存储的三角形矩阵 $\mathbf{\Phi}^{1/2}(n-1)$ 相互作用，并由此经历一系列用 $\mathbf{\Theta}(n)$ 表示的 Givens 旋转序列，正如所要求的。因此，列向量 $\mathbf{u}(n)$ 的所有元素一个接一个地被消除，在此过程中产生并存储了更新的下三角矩阵 $\mathbf{\Phi}^{1/2}(n)$，同时为下面的一系列运算做好了准备。

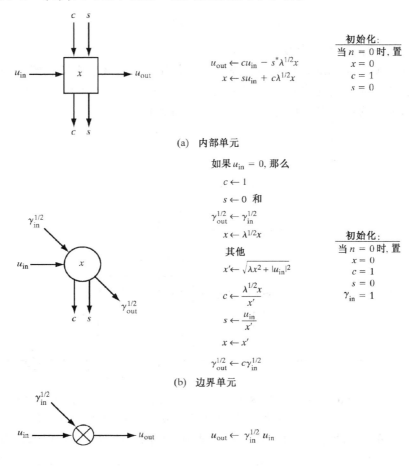

$$u_{\mathrm{out}} \leftarrow cu_{\mathrm{in}} - s^* \lambda^{1/2} x$$
$$x \leftarrow su_{\mathrm{in}} + c\lambda^{1/2} x$$

初始化:
当 $n=0$ 时，置
$$x=0$$
$$c=1$$
$$s=0$$

(a) 内部单元

如果 $u_{\mathrm{in}} = 0$，那么

$$c \leftarrow 1$$
$$s \leftarrow 0 \text{ 和}$$
$$\gamma_{\mathrm{out}}^{1/2} \leftarrow \gamma_{\mathrm{in}}^{1/2}$$
$$x \leftarrow \lambda^{1/2} x$$

其他

$$x' \leftarrow \sqrt{\lambda x^2 + |u_{\mathrm{in}}|^2}$$
$$c \leftarrow \frac{\lambda^{1/2} x}{x'}$$
$$s \leftarrow \frac{u_{\mathrm{in}}}{x'}$$
$$x \leftarrow x'$$
$$\gamma_{\mathrm{out}}^{1/2} \leftarrow c\gamma_{\mathrm{in}}^{1/2}$$

初始化:
当 $n=0$ 时，置
$$x=0$$
$$c=1$$
$$s=0$$
$$\gamma_{\mathrm{in}}=1$$

(b) 边界单元

$$u_{\mathrm{out}} \leftarrow \gamma_{\mathrm{in}}^{1/2} u_{\mathrm{in}}$$

(c) 最后处理单元

图 15.2　图 15.1 中的脉动阵列单元[注意：存储的 x 值初始化为零(即实数)。对于边界单元，它总是实数。从而由边界单元计算的旋转参数 c 和 s 可大大简化，如(a)中所示。也注意到，在(a)和(b)中存储在阵列中的 x 值是下三角矩阵 $\mathbf{R}^{\mathrm{H}}$ 的元素；从而对于阵列的所有元素，$r^* = x$]

　　脉动阵列以高度流水线的方式运行，因此当(时间偏移的)输入数据向量从左边进入阵列时，我们发现每一个这样的向量实际上定义了一个跨阵列移动的处理波阵面(processing wave front)。因此，在任意一个时钟周期，下三角矩阵 $\mathbf{\Phi}^{1/2}(n)$ 的元素只沿着相关的波阵面存在。

　　由于正交三角化由图中标有 ABC 的脉动部分进行，而行向量 $\mathbf{p}^{\mathrm{H}}(n)$ 由内部单元的最后一行计算，其最后一个元素产生输出 $\xi(n)\gamma^{1/2}(n)$(见习题 7)。

从图 15.2(b)看到,图 15.1 脉动阵列结构中的第 k 个边界单元进行下面的运算

$$\gamma_{\mathrm{out}, k}^{1/2} = c_k(n)\gamma_{\mathrm{in}, k}^{1/2}(n) \qquad k = 1, 2, \cdots, M \tag{15.52}$$

这里,$c_k(n)$ 为该单元的余弦参数。因此,对于图 15.1 所示 M 个边界单元连接在一起的情况,与加到第一个边界单元输入相对应的最后一个边界单元的输出可以表示为

$$\begin{aligned}
\gamma^{1/2}(n) &= \gamma_{\mathrm{out}, M}^{1/2}(n) \bigg|_{\gamma_{\mathrm{in},1}^{1/2}(n)=1} \\
&= \prod_{k=1}^{M} c_k(n)
\end{aligned} \tag{15.53}$$

对于输入等于 $\gamma^{1/2}(n)$ 和 $\xi(n)\gamma^{1/2}(n)$,图 15.1 的最终处理单元产生的输出等于后验估计误差 $e(n)$,其关系[见第 10 章式(10.42)的第一行]

$$\begin{aligned}
e(n) &= \xi(n)\gamma(n) \\
&= \big(\xi(n)\gamma^{1/2}(n)\big)\big(\gamma^{1/2}(n)\big)
\end{aligned} \tag{15.54}$$

当时间偏移的输入数据向量进入图中的脉动阵列时,我们发现更新的估计误差以每个时钟周期一个的速率在阵列的输出端产生。当然,给定的时钟周期所产生的估计误差对应于进入阵列前 M 个时钟周期序列的期望响应 $d(n)$ 的特殊元素。

值得注意的是,先验估计误差 $\xi(n)$ 可通过内部单元附加(最底部)行最后一个单元的输出除以最后一个边界单元的输出得到。同样,变换因子 $\gamma(n)$ 可以通过将最后一个边界单元的输出取平方得到。

图 15.3 用示意图的形式给出图 15.1 中脉动阵列的信号流。为了简化表示,我们用 $\mathbf{R}^{\mathrm{H}}(n)$ 代替图 15.3 中的 $\mathbf{\Phi}^{1/2}(n)$。图中包括外部输入 $\mathbf{u}(n)$ 和 $d(n)$、三角部分内部状态变换和内部单元的附加行、两部分各自的输出,以及整个处理器的总输出。

图 15.1 所示脉动结构的一个显著特点就是绕过计算权向量 $\hat{\mathbf{w}}(n)$ 而直接计算后验估计误差。然而,如果需要权向量,可利用串行权值刷新(serial weight flushing)的方法非脉动地完成它的计算(Ward et al.,1986; Shepherd & McWhirter,1993)。令 $\mathbf{u}(n)$ 和 $d(n)$ 分别表示自适应循环 n 的输入向量和期望响应。已知该自适应循环的权向量为 $\hat{\mathbf{w}}(n)$,对应的后验估计误差为

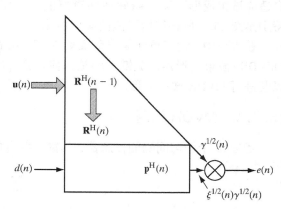

图 15.3　图 15.1 的脉动阵列信号流图示

$$e(n) = d(n) - \hat{\mathbf{w}}^{\mathrm{H}}(n)\mathbf{u}(n) \tag{15.55}$$

假设自适应循环 n 的脉动计算完成后,立即在自适应循环 n_+ 冻结阵列的状态。也就是说,假设阵列存储值的任何更新都被抑制,但处理器其他方面功能正常。在自适应循环 n_+,同样令期望响应 $d(n)$ 等于零。我们现在定义除第 i 个元素为 1 外由一串零组成的输入向量为

$$\mathbf{u}^{\mathrm{H}}(n_+) = [0\ldots010\ldots0] \tag{15.56}$$
$$\underset{\text{第}i\text{个元素}}{\uparrow}$$

然后，令 $d(n) = 0$ 并将式(15.56)代入式(15.55)，得

$$e(n_+) = -\hat{w}_i^*(n_+) \tag{15.57}$$

换句话说，除了一个微不足道的符号改变外，我们可以通过冻结自适应循环 n 的处理器状态来计算 $M \times 1$ 权向量 $\mathbf{w}^H(n)$ 的第 i 个元素，从而将期望响应置为零，并且以第 i 个元素为1、其他 $M-1$ 个元素为零的输入向量供给处理器。所有这些的本质是，埃尔米特转置权向量 $\hat{\mathbf{w}}^H(n)$ 可看做非自适应形式(即冻结形式)脉动阵列处理器的冲激响应；在这个意义上，它可看做在图 15.1 中把 $(M-1) \times (M-1)$ 单位矩阵输给主三角阵列，而把零向量输给阵列的底行所产生的输出(Shepherd & McWhirter, 1993)。为了"刷新"脉动处理器的整个 $M \times 1$ 权向量 $\hat{\mathbf{w}}^H(n)$，该过程因而必须停止对所有存储值的更新，并输入由 M 维单位阵构成的数据矩阵。

15.4 自适应波束成形

从前面章节对自适应波束成形的讨论中我们知道，采用空间形式自适应滤波的目的是为了修改阵列传感器的各个输出，以便产生一个总的远场图样(far-field pattern)，该图样从某种统计意义上对沿着某个感兴趣方向的接收目标信号进行优化。对任何自适应滤波器，这样一种优化都是通过适当修改构成阵列的一组权值而获得的。与其他自适应滤波应用不同的是，自适应波束成形不需要明确地知道权值。这表明，以脉动阵列形式实现的 QRD-RLS 算法，特别是图 15.1 所述结构可能的应用领域。

在本节中，我们重新复习前面第 2 章、第 6 章和第 9 章讨论过的最小方差无失真响应(MVDR)波束成形器。关键问题是如何得到 QRD-RLS 算法及图 15.1 所示的三角脉动阵列，以便进行 MVDR 波束成形。

15.4.1 MVDR 问题

考虑 M 个均匀间隔的传感器，其输出各自加权并相加，从而产生波束成形器的输出

$$e(i) = \sum_{l=1}^{M} w_l^*(n)u_l(i) \tag{15.58}$$

其中 $u_l(i)$ 为传感器 l 在自适应循环 i 的输出，$w_l(n)$ 为相关的(复)权值。为了简化数学表达式，考虑单个观察方向的简单情况。令 $s_1(\theta), s_2(\theta), \cdots, s_M(\theta)$ 为所描述的转向向量 $\mathbf{s}(\theta)$ 的元素；电角度 θ 由观察方向决定。特别地，元素 $s_l(\theta)$ 为没有信号情况下传感器 l 的输出。于是，我们可表述 MVDR 问题如下：

最小化代价函数

$$\mathcal{E}(n) = \sum_{i=1}^{n} \lambda^{n-i}|e(i)|^2 \tag{15.59}$$

满足约束条件

$$\sum_{l=1}^{M} w_l^*(n)s_l(\theta) = 1 \quad \text{对于所有 } n \tag{15.60}$$

采用矩阵表示，可重新定义式(15.59)中的代价函数为

$$\mathcal{E}(n) = \boldsymbol{\varepsilon}^{\mathrm{H}}(n)\boldsymbol{\Lambda}(n)\boldsymbol{\varepsilon}(n) \tag{15.61}$$

其中 $\boldsymbol{\Lambda}(n)$ 为指数加权矩阵，$\boldsymbol{\varepsilon}(n)$ 为受约束的波束成形器的输出向量。根据式(15.58)，波束形成器的输出向量 $\boldsymbol{\varepsilon}(n)$ 与数据矩阵 $\mathbf{A}(n)$ 之间的关系为

$$
\begin{aligned}
\boldsymbol{\varepsilon}(n) &= [e(1), e(2), \cdots, e(n)]^{\mathrm{H}} \\
&= \mathbf{A}(n)\mathbf{w}(n)
\end{aligned}
\tag{15.62}
$$

其中 $\mathbf{w}(n)$ 为权向量，$\mathbf{A}(n)$ 可按照快照 $\mathbf{u}(1), \mathbf{u}(2), \cdots, \mathbf{u}(n)$ 定义为

$$
\begin{aligned}
\mathbf{A}^{\mathrm{H}}(n) &= [\mathbf{u}(1), \mathbf{u}(2), \cdots, \mathbf{u}(n)] \\
&= \begin{bmatrix}
u_1(1) & u_1(2) & \cdots & u_1(n) \\
u_2(1) & u_2(2) & \cdots & u_2(n) \\
\vdots & \vdots & & \vdots \\
u_M(1) & u_M(2) & \cdots & u_M(n)
\end{bmatrix}
\end{aligned}
\tag{15.63}
$$

现在，可用矩阵形式重述 MVDR 问题如下：

在给定数据矩阵 $\mathbf{A}(n)$ 及指数加权矩阵 $\boldsymbol{\Lambda}(n)$ 的情况下，将对代价函数

$$\mathcal{E}(n) = \|\boldsymbol{\Lambda}^{1/2}(n)\mathbf{A}(n)\mathbf{w}(n)\|^2 \tag{15.64}$$

相对于权向量 $\mathbf{w}(n)$ 进行最小化，且满足约束条件

$$\mathbf{w}^{\mathrm{H}}(n)\mathbf{s}(\theta) = 1 \quad \text{对于所有 } n$$

式中 $\mathbf{s}(\theta)$ 为角 θ 的转向向量。

该约束最优化问题的解用 MVDR 公式表示为 [见式(9.91)]

$$\hat{\mathbf{w}}(n) = \frac{\boldsymbol{\Phi}^{-1}(n)\mathbf{s}(\theta)}{\mathbf{s}^{\mathrm{H}}(\theta)\boldsymbol{\Phi}^{-1}(n)\mathbf{s}(\theta)} \tag{15.65}$$

其中

$$\boldsymbol{\Phi}(n) = \mathbf{A}^{\mathrm{H}}(n)\boldsymbol{\Lambda}(n)\mathbf{A}(n) \tag{15.66}$$

是 n 次快照平均后指数加权传感器输出 $M \times M$ 的相关矩阵。

15.4.2 脉动 MVDR 波束成形器

令相关矩阵 $\boldsymbol{\Phi}(n)$ 用其分解形式表示为

$$\boldsymbol{\Phi}(n) = \boldsymbol{\Phi}^{1/2}(n)\boldsymbol{\Phi}^{\mathrm{H}/2}(n) \tag{15.67}$$

相应地，可将式(15.65)重新写为

$$\hat{\mathbf{w}}(n) = \frac{\boldsymbol{\Phi}^{-\mathrm{H}/2}(n)\boldsymbol{\Phi}^{-1/2}(n)\mathbf{s}(\theta)}{\mathbf{s}^{\mathrm{H}}(\theta)\boldsymbol{\Phi}^{-\mathrm{H}/2}(n)\boldsymbol{\Phi}^{-1/2}(n)\mathbf{s}(\theta)} \tag{15.68}$$

为了简化起见，定义辅助向量

$$\mathbf{a}(n) = \boldsymbol{\Phi}^{-1/2}(n)\mathbf{s}(\theta) \tag{15.69}$$

我们现在注意到，式(15.68)的分母是一个实值标量，它等于辅助向量 $\mathbf{a}(n)$ 的欧氏范数的平方。分子等于埃尔米特转置的逆平方根 $\boldsymbol{\Phi}^{-H/2}(n)$ 右乘以辅助向量 $\mathbf{a}(n)$。于是，可将式(15.68)简化为

$$\hat{\mathbf{w}}(n) = \frac{\boldsymbol{\Phi}^{-H/2}(n)\mathbf{a}(n)}{\|\mathbf{a}(n)\|^2} \tag{15.70}$$

自适应循环 n 的 MVDR 波束成形器输出，或者按照自适应滤波术语，响应快照 $\mathbf{u}(n)$ 所产生的后验估计误差为

$$
\begin{aligned}
e(n) &= \hat{\mathbf{w}}^H(n)\mathbf{u}(n) \\
&= \frac{\mathbf{a}^H(n)\boldsymbol{\Phi}^{-1/2}(n)\mathbf{u}(n)}{\|\mathbf{a}(n)\|^2}
\end{aligned} \tag{15.71}
$$

令

$$e'(n) = \mathbf{a}^H(n)\boldsymbol{\Phi}^{-1/2}(n)\mathbf{u}(n) \tag{15.72}$$

表示新的估计误差。

则式(15.71)简化为

$$e(n) = \frac{e'(n)}{\|\mathbf{a}(n)\|^2} \tag{15.73}$$

该方程表明，MVDR 波束成形器的输出 $e(n)$ 由两个变量 $e'(n)$ 和 $\mathbf{a}(n)$ 唯一定义。

关于这一点，回忆 QRD-RLS 算法中计算后验估计误差 $e(n)$ 的公式是很有启发意义的。根据定义，有

$$e(n) = d(n) - \hat{\mathbf{w}}^H(n)\mathbf{u}(n) \tag{15.74}$$

其中 $d(n)$ 为期望响应，$\hat{\mathbf{w}}(n)$ 为最小二乘权向量，$\mathbf{u}(n)$ 为输入数据向量。将式(15.48)代入式(15.74)，可得

$$e(n) = d(n) - \mathbf{p}^H(n)\boldsymbol{\Phi}^{-1/2}(n)\mathbf{u}(n) \tag{15.75}$$

于是，比较式(15.72)与式(15.75)，容易得到表 15.3 所列的 QRD-RLS 自适应滤波变量与 MVDR 波束成形变量之间的对应关系。这里列出的对应关系只表示 MVDR 波束成形中的变量和QRD-RLS自适应滤波中变量之间的"作用的相似性"，而不是等效性。

表 15.3 QRD-RLS 自适应滤波变量和 MVDR 波束成形变量之间的对应关系

QRD-RLS 自适应滤波	MVDR 波束成形	说明
$e(n)$	$-e'(n)$	估计误差
$d(n)$	0	期望响应
$\mathbf{p}(n)$	$\mathbf{a}(n)$	辅助向量
$\mathbf{u}(n)$	$\mathbf{u}(n)$	快照

该阶段现在的任务是改写 QRD-RLS 算法，以适合于 MVDR 波束成形问题。首先，我们将表 15.3 中的对应关系用于 QRD-RLS 算法式(15.47)中的前阵列，从而可将 MVDR 波束成

形器的前阵列写为

$$\begin{bmatrix} \lambda^{1/2}\boldsymbol{\Phi}^{1/2}(n-1) & \mathbf{u}(n) \\ \lambda^{1/2}\mathbf{a}^{\mathrm{H}}(n-1) & 0 \\ \mathbf{0}^{\mathrm{T}} & 1 \end{bmatrix}$$

然后, 我们采用与 15.3 节描述的同样方式来确定后阵列。于是, 可以写出

$$\begin{bmatrix} \lambda^{1/2}\boldsymbol{\Phi}^{1/2}(n-1) & \mathbf{u}(n) \\ \lambda^{1/2}\mathbf{a}^{\mathrm{H}}(n-1) & 0 \\ \mathbf{0}^{\mathrm{T}} & 1 \end{bmatrix} \boldsymbol{\Theta}(n) = \begin{bmatrix} \boldsymbol{\Phi}^{1/2}(n) & \mathbf{0} \\ \mathbf{a}^{\mathrm{H}}(n) & -e'(n)\gamma^{-1/2}(n) \\ \mathbf{u}^{\mathrm{H}}(n)\boldsymbol{\Phi}^{-\mathrm{H}/2}(n) & \gamma^{1/2}(n) \end{bmatrix} \quad (15.76)$$

现可看出, MVDR 问题中的两个感兴趣的新变量可从式(15.76)中的后阵列中得到:

- 更新的辅助向量 $\mathbf{a}(n)$ 可直接从后阵列的第二行读出。
- 估计误差由下式给出:

$$e'(n) = \left(e'(n)\gamma^{-1/2}(n)\right)\left(\gamma^{1/2}(n)\right) \quad (15.77)$$

其中 $e'(n)\gamma^{-1/2}(n)$ 和 $\gamma^{1/2}(n)$ 可直接从后阵列第二列的非零项读出。

最后, 我们可以采用图 15.4 所示的脉动阵列来实现 MVDR 波束成形器。除了一些小的改动外, 它与图 15.1 基本相同(McWhirter & Shepherd,1989)。具体而言, 对所有 n, $d(n)$ 都置为零。对于这一适当的改变, 从图 15.4 我们注意到如下两点:

- 辅助向量 $\mathbf{a}(n)$ 在单元的最底行产生并存储。
- 最后处理单元的输出等于 $-e'(n)$。

对于加到图 15.4 所示脉动阵列的一个连续快照序列 $\mathbf{u}(n)$, $\mathbf{u}(n+1)$,$\cdots$, 根据式(15.73), 可由 MVDR 波束成形器产生相应的估计误差序列 $e(n)$,$e(n+1)$,$\cdots$。

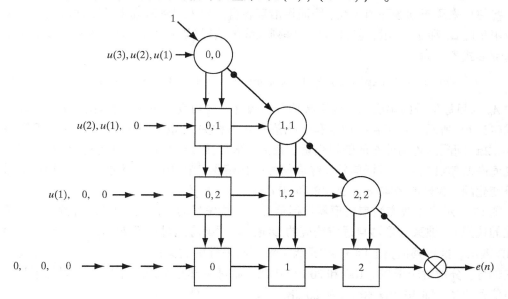

图 15.4　解决 MVDR 波束成形问题的脉动阵列

15.4.3　计算机实验

我们现在通过考虑 5 个均匀放置的传感器线性序列，来阐述 MVDR 波束成形器脉动阵列实现的性能。相邻元素之间的距离 d 等于 1.5 个接收波长。该阵列运行的环境由一个期望信号和一个单一干扰信号组成，它们来源于互不相关的源信号。指数加权因子 $\lambda = 1$。

实验目的有以下两个方面：

- 检验波束成形器的适当空间响应(模式)随时间的演变。
- 通过改变干扰信号和目标信号的比值，来测试干扰为零时波束成形器的性能。

期望信号和干扰信号源的方向如下：

激励	相对于阵列的正则方程测量的实际入射角 φ (弧度)
目标	arcsin(0.2)
干扰	0

转向向量定义为

$$\mathbf{s}^{\mathrm{T}}(\theta) = [1, e^{-j\theta}, e^{-j2\theta}, e^{-j3\theta}, e^{-j4\theta}] \tag{15.78}$$

其中电角度

$$\theta = \pi \sin \varphi \tag{15.79}$$

φ 为实际入射角。

用于该实验的数据集合由三部分构成：目标信号、基本接收噪声和干扰信号。目标信号和干扰信号来源于远场阵列天线，因而用沿着各自方向入射到阵列上的平面波表示。令这些方向用角度 φ_1 和 φ_2 表示，它们相对于阵列天线的法线(以弧度)测量。阵列天线的基本信号用基带形式表示为

$$u(n) = A_0 \exp(jn\theta_0) + A_1 \exp(jn\theta_1 + j\psi) + \nu(n), \quad n = 0, 1, 2, 3, 4 \tag{15.80}$$

其中 A_0 为目标信号的幅度，A_1 为干扰信号的幅度。电角度 θ_0 和 θ_1 与入射角 φ_0 和 φ_1 的关系如式(15.79)所示。由于目标信号和干扰信号互不相关，式(15.80)第二部分的相位差 φ 为在 $(0, 2\pi]$ 间隔内均匀分布的随机变量。最后，附加接收器噪声 $\nu(n)$ 是均值为零、方差为 1 的复值高斯随机变量。目标信号和噪声信号的比值保持在 10 dB；干扰信号和噪声信号的比值是变化的，假设值为 40 dB、30 dB 和 20 dB。

图 15.5 示出了改变波束成形器目标信号和干扰信号的比值及快照数目(除了那些需要初始化的快照)对波束成形器自适应响应的影响。幅度响应通过计算 $20 \log_{10} |e(n) e^{jn\theta}|$ 得到，并用 dB 表示。这里乘以指数因子 $e^{jn\theta}$ 是为了对空间采样的波束成形器输出 $e(n)$ 取平均。结果分三部分，分别对应于 20、100 和 200 个快照；而每一部分又对应于三个不同的干扰信号和噪声信号比值，即 40 dB、30 dB 和 20 dB。

在这些结果的基础上(见图 15.5)，我们可以进行如下观测：

- 沿波束成形器目标方向的响应根据需要对所有情况固定为 1 (即 0 dB) , 如所要求的。
- 对于 20 个快照的情况, 除了初始化外波束成形器呈现出合理有效的置零能力, 并随着处理快照数目的增加而提高。
- 波束成形器对干扰信号和目标信号比的变化响应相对不敏感。

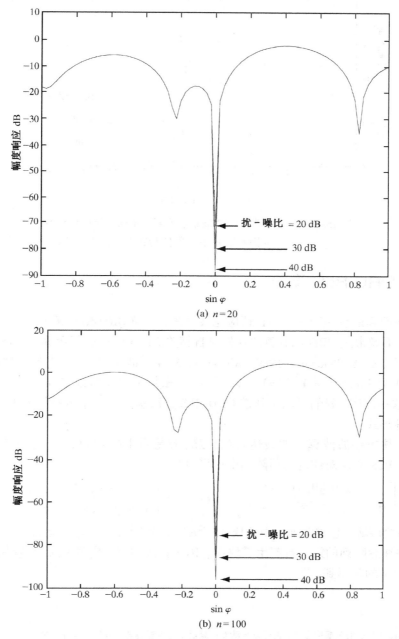

(a) $n = 20$

(b) $n = 100$

图 15.5　脉动 MVDR 波束成形器对不同干扰信号和不同
快照数目情况下空间响应的计算机实验结果

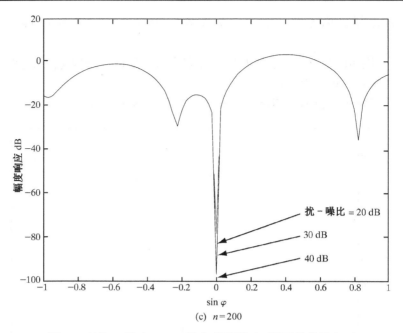

(c) $n = 200$

图15.5(续) 脉动 MVDR 波束成形器对不同干扰信号和不同快照数目下空间响应的计算机实验结果

15.5 逆 QRD-RLS 算法

我们现在回到最后一种平方根自适应滤波算法,即逆 QRD-RLS 算法[①]。该算法取名逆算法是因为,它不像常规 QRD-RLS 算法那样对自相关矩阵 $\mathbf{\Phi}(n)$ 进行运算,而是对 $\mathbf{\Phi}(n)$ 的逆矩阵进行运算(Pan & Plemmons,1989;Alexander & Ghirnikar,1993)。更具体地说,就平方根而言,逆QRD-RLS算法传递 $\mathbf{P}^{1/2}(n) = \mathbf{\Phi}^{-1/2}(n)$。根据卡尔曼参数 $\mathbf{K}(n)$ 对应于加权 RLS 参数 $\lambda^{-1}\mathbf{P}(n)$ 这一事实,我们可以看到逆 QRD-RLS 算法基本上是平方根协方差(卡尔曼)滤波算法的另一种形式。

从平方根协方差滤波算法的表达式(15.26)容易看出(从最后一行消去公共因子 $\lambda^{-1/2}$ 后),逆 QRD-RLS 算法对应的前后阵列变换可写为

$$\begin{bmatrix} 1 & \lambda^{-1/2}\mathbf{u}^{\mathrm{H}}(n)\mathbf{P}^{1/2}(n-1) \\ \mathbf{0} & \lambda^{-1/2}\mathbf{P}^{1/2}(n-1) \end{bmatrix}\mathbf{\Theta}(n) = \begin{bmatrix} \gamma^{-1/2}(n) & \mathbf{0}^{\mathrm{T}} \\ \mathbf{k}(n)\gamma^{-1/2}(n) & \mathbf{P}^{1/2}(n) \end{bmatrix} \quad (15.81)$$

其中 $\mathbf{\Theta}(n)$ 为酉旋转,它对前阵列中的块 $\lambda^{-1/2}\mathbf{u}^{\mathrm{H}}(n)\mathbf{P}^{1/2}(n-1)$ 进行运算,从而一一消除其中的元素,并在后阵列的第一行产生零块项。RLS 算法的增益向量 $\mathbf{k}(n)$ 很容易从式(15.81)后阵列第一列中的项得到,即

---

① 逆 QRD-RLS 算法的重要优点是,它可以脉动地计算最小二乘滤波器的权值。这样,它是扩展 QRD-RLS 算法的一种更好的替代者,其原来的动机是想通过 Gentleman-Kung 阵列中的线性部分来消除对回代的需要。然而,就历史时间而言,扩展的 QRD-RLS 算法的发明(Hudson & Shepherd,1989)先于逆 QRD-RLS 算法(Alexander & Ghirnikar,1993)。扩展的 QRD-RLS 算法的推导在习题 3 中介绍。

$$\mathbf{k}(n) = \big(\mathbf{k}(n)\gamma^{-1/2}(n)\big)\big(\gamma^{-1/2}(n)\big)^{-1} \tag{15.82}$$

因此，最小二乘权向量可以采用如下递归形式

$$\hat{\mathbf{w}}(n) = \hat{\mathbf{w}}(n-1) + \mathbf{k}(n)\xi^*(n) \tag{15.83}$$

进行更新。其中，先验估计误差以通常的方式定义为

$$\xi(n) = d(n) - \hat{\mathbf{w}}^{\mathrm{H}}(n-1)\mathbf{u}(n) \tag{15.84}$$

逆 QRD-RLS 算法的小结（包括初始化条件）在表 15.4 中列出。

表 15.4　逆 QRD-RLS 算法小结

输入：
　　数据矩阵：$\mathbf{A}^{\mathrm{H}}(n) = \{\mathbf{u}(1), \mathbf{u}(2), \cdots, \mathbf{u}(n)\}$
　　期望响应：$\mathbf{d}^{\mathrm{H}}(n) = \{d(1), d(2), \cdots, d(n)\}$
预给参数：
　　指数加权因子 $=\lambda$
　　调整参数 $=\delta$
初始条件：
　　$\mathbf{P}^{1/2}(0) = \delta^{-1/2}\mathbf{I}$
　　$\hat{\mathbf{w}}(0) = \mathbf{0}$
计算：
　　对 $n = 1, 2, \cdots,$ 计算

$$\begin{bmatrix} 1 & \lambda^{-1/2}\mathbf{u}^{\mathrm{H}}(n)\mathbf{P}^{1/2}(n-1) \\ \mathbf{0} & \lambda^{-1/2}\mathbf{P}^{1/2}(n-1) \end{bmatrix}\mathbf{\Theta}(n) = \begin{bmatrix} \gamma^{-1/2}(n) & \mathbf{0}^{\mathrm{T}} \\ \mathbf{k}(n)\gamma^{-1/2}(n) & \mathbf{P}^{1/2}(n) \end{bmatrix}$$

　　式中 $\mathbf{\Theta}(n)$ 是后阵列第一行中零元素产生的酉旋转

$$\mathbf{k}(n) = \big(\mathbf{k}(n)\gamma^{-1/2}(n)\big)\big(\gamma^{-1/2}(n)\big)^{-1}$$
$$\xi(n) = d(n) - \hat{\mathbf{w}}^{\mathrm{H}}(n-1)\mathbf{u}(n)$$
$$\hat{\mathbf{w}}(n) = \hat{\mathbf{w}}(n-1) + \mathbf{k}(n)\xi^*(n)$$

这里需要注意的是，既然平方根 $\mathbf{\Phi}^{1/2}(n)$ 是下三角矩阵，根据式（15.45），$\mathbf{\Phi}^{-1/2}(n) = \mathbf{P}^{1/2}(n)$，则其逆矩阵为上三角矩阵。

逆 QRD-RLS 算法与常规的 QRD-RLS 算法一个基本不同点是，输入数据向量 $\mathbf{u}(n)$ 本身并不作为块项出现在该算法的前阵列中，而是将它乘以 $\lambda^{-1/2}\mathbf{P}^{1/2}(n-1)$。因此，输入数据向量 $\mathbf{u}(n)$ 在进行式（15.81）中所描述的旋转之前，需要进行预处理。预处理器要做的事情只需要简单地计算 $\mathbf{u}(n)$ 与标有 $\lambda^{-1/2}$ 的平方根矩阵 $\mathbf{P}^{1/2}(n-1)$ 的每一列之间的内积。预处理器可吸取 $\mathbf{P}^{1/2}(n-1)$ 的上三角形式的优点进行构建。

逆 QRD-RLS 算法中的脉动处理可通过如图 15.6 所示的两部分连接的方式来实现：

- 三角脉动阵列，它运行在预处理输入向量 $\lambda^{-1/2}\mathbf{P}^{\mathrm{H}/2}(n-1)\mathbf{u}(n)$ 上，与式（15.81）的埃尔米特转置形式相一致。更新矩阵 $\mathbf{P}^{\mathrm{H}/2}(n)$ 的非零元素存储在脉动阵列的内部单元中。脉动计算的其他两项为 $\gamma^{-1/2}(n)$ 和 $\gamma^{-1/2}(n)\mathbf{k}^{\mathrm{H}}(n)$。
- 线性部分，它附属于三角部分，用来对脉动计算的后两项进行运算，以便产生与式（15.82）、式（15.84）和式（15.83）相一致的更新权向量 $\hat{\mathbf{w}}(n)$ 的元素。

将这两部分相结合，可以设计出以完全并行的方式进行运算的脉动处理算法（Alexander & Ghirnikar, 1993）。

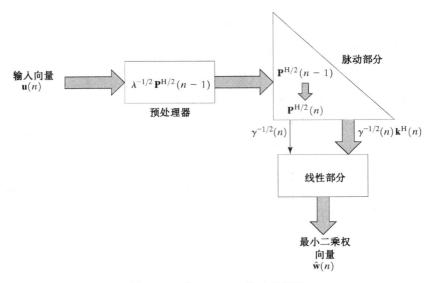

图 15.6　逆 QRD-RLS 算法的框图

15.6　有限字长效应

在第 12 章中，讨论了有限字长效应对最小均方(LMS)和 RLS 算法的影响。以此为基础，本章介绍有限字长效应对平方根自适应滤波算法性能的影响。

15.6.1　QRD-RLS 算法

通常认为，求解递归最小二乘估计问题最好的数值方法之一是 QR 分解，这是因为它有如下两个重要特性：

1）QR 分解直接对输入数据进行运算。

2）QR 分解只使用数值特性很好的酉旋转(例如，Givens 旋转)。

特别地，因为 QRD-RLS 算法在运算过程中传播的是相关矩阵 $\boldsymbol{\Phi}(n)$ 的平方根，而不是 $\boldsymbol{\Phi}(n)$，因此 $\boldsymbol{\Phi}^{1/2}(n)$ 的条件数等于 $\boldsymbol{\Phi}(n)$ 的条件数的平方根。这将引起基于 QR 分解的算法的数据动态范围显著变小，同样也导致比传播 $\boldsymbol{\Phi}(n)$ 的标准 RLS 算法更精确的计算。此外，有限字长 QRD-RLS 算法在有界输入/有界输出(BIBO, bounded-input, bounded-output)意义下是稳定的(Leung & Haykin, 1989)。然而，需要强调的是，当算法在有限字长条件下工作时，QRD-RLS 算法的有界输入/有界输出稳定并不能保证由算法计算获得的各个量在任何情况下都有意义(Yang & Böhme, 1992)。特别地，一个酉旋转(例如，一系列 Givens 旋转)可用来抵消左阵列中的某一向量，并对左阵列中的其他相关各项进行操作。内部计算中的一个扰动可能会在旋转角中产生相应的扰动，从而在右阵列的旋转项中引入另一个数值误差源。这些误差相应地又会在旋转角后续计算中产生进一步的扰动。其结果就好像我们得到了一个复杂参数反馈系统，但是，又不完全清楚这个反馈系统是否是数值稳定的。

Yang 和 Böhme(1992)在其论文中介绍了由实验得出的结论，即当 $\lambda < 1$ 时，QRD-RLS 算法是数值稳定的。他们在实验中使用该算法对自回归(AR)过程进行了自适应预测。论文中

介绍的所有计算机仿真程序可以在任何一台使用浮点运算的 PC 上运行。为了在合理的仿真时间内观测到有限字长效应，在不影响指数的前提下，通过在预定的位置截断尾数，减少浮点表示中有效的尾数比特数。在 Yang 和 Böhme 介绍的实验中，尾数的长度分别是 52、12 和 5 比特。实验结果表明，字长的变化对算法收敛特性的影响很小。此外，Yang 和 Böhme 还证明了当 $\lambda = 1$ 时，QRD-RLS 算法发散。

Ward 等(1986)在进行自适应波束成形时也通过实验证明了当 $\lambda < 1$ 时，QRD-RLS 算法是数值稳定的。他们还特别证明了在表示运算精度的比特数的相同条件下，QRD-RLS 算法的性能明显优于 Reed 等(1974)所述的样值矩阵求逆算法。

15.6.2　逆 QRD-RLS 算法

逆 QRD-RLS 算法传播的是 $\mathbf{P}^{1/2}(n)$，即逆相关矩阵 $\mathbf{P}(n) = \mathbf{\Phi}^{-1}(n)$ 的平方根。尽管逆 QRD-RLS 算法不同于运算过程中传播 $\mathbf{\Phi}^{1/2}(n)$ 的 QRD-RLS 算法，但是这两个算法有一个共同的特性，即它们都避免在运算过程中传播各自矩阵的埃尔米特逆矩阵。因此，类似于 QRD-RLS 算法，逆 QRD-RLS 算法也有 QR 分解所具有的良好数值特性。

当 $\lambda < 1$ 时，逆 QRD-RLS 算法中(而且就此在 QRD-RLS 算法中)的单误差传播是指数稳定的。这个论断的合理性遵循 12.3 节介绍的 RLS 算法的数值稳定性分析。然而，当 $\lambda = 1$ 时，单误差传播不是收缩的。由此可以推断，量化误差的累积会导致逆 QRD-RLS 算法的数值不稳定(发散)，这个现象已为计算机模拟实验所证实[1]。对 QRD-RLS 算法本身，也有类似的论断，而且 Yang 和 Böhme(1992)也用实验验证了这一论断的正确性。

总之，有关有限字长环境下平方根自适应滤波器工作的要求，可以描述如下[2]：

- 如果仅要求估计误差 $e(n)$，QRD-RLS 算法将更可取。
- 如果要求权值向量 $\hat{\mathbf{w}}(n)$，逆 QRD-RLS 算法是一个很好的候选者。

15.7　小结与讨论

在本章中，我们统一考虑了两种指数加权递归最小二乘(RLS)估计的平方根自适应滤波算法，它们是 QRD-RLS 算法和逆 QRD-RLS 算法。这两种算法分别利用与平方根信息滤波算法和平方根协方差滤波算法的一一对应关系而得到；它们都是著名的卡尔曼滤波器的平方根变形。QRD-RLS 算法和逆 QRD-RLS 算法分别传递单个平方根 $\mathbf{\Phi}^{1/2}(n)$ 和 $\mathbf{P}^{1/2}(n) = \mathbf{\Phi}^{-1/2}(n)$。

QRD-RLS 算法和逆 QRD-RLS 算法的一个共同特征是，它们在不同程度上都可以通过脉动阵列的形式并行实现。当然，脉动阵列实现的实际细节取决于采用何种算法。特别地，需要仔细注意它们的一些基本差别。QRD-RLS 算法直接对输入数据进行运算，而逆 QRD-RLS 算法在对输入数据向量 $\mathbf{u}(n)$ 进行脉动阵列处理前，需要将它乘以平方根矩阵 $\lambda^{-1/2}\mathbf{P}^{H/2}(n-1)$。这就增加了逆 QRD-RLS 算法并行实现的计算复杂度。

逆 QRD-RLS 算法的并行实现允许以一种有效的方式直接计算最小二乘权向量。因此，平方根自适应滤波算法非常适合于诸如系统辨识、谱估计及自适应均衡等应用；此处需要知

---

① Yang，个人通信，1995。

② 这里介绍的总结与评注基于 Yang 的表述。Yang，个人通信，1995。

道权向量的相关知识。相比之下，QRD-RLS 算法要计算后验估计误差 $e(n)$，这实质上把它的应用限制于自适应波束成形及回波消除等方面，这里不需要知道权向量的明显知识。

最后，需要指出的是，无论 QRD-RLS 算法还是逆 QRD-RLS 算法，都保留了标准 RLS 算法的收敛性，即快速收敛速率，以及对输入数据相关矩阵特征值扩散度变化的不敏感性。

15.8　习题

1. 对平方根信息滤波算法，根据式(15.32)描述的前后阵列变换形式，推导出式(15.33)到式(15.37)定义的方程式。

2. 在本题中，我们重新考虑平方根信息滤波算法。具体来说，令式(15.2)和式(15.3)状态空间模型中的 $\nu(n)$ 是均值为零、方差为 $Q(n)$ 的随机变量。证明平方根信息滤波算法可以写为

$$\mathbf{K}^{-1}(n) = \lambda(\mathbf{K}^{-1}(n-1) + Q^{-1}(n)\mathbf{u}(n)\mathbf{u}^{\mathrm{H}}(n))$$

$$\mathbf{K}^{-1}(n)\hat{\mathbf{x}}(n+1\,|\,\mathcal{Y}_n) = \lambda^{1/2}(\mathbf{K}^{-1}(n-1)\hat{\mathbf{x}}(n\,|\,\mathcal{Y}_{n-1}) + Q^{-1}(n)\mathbf{u}(n)y(n))$$

它包含式(15.29)和式(15.30)作为其特例。

3. (a) 下面的前阵列

$$\begin{bmatrix} \lambda^{1/2}\mathbf{K}^{-\mathrm{H}/2}(n-1) & \lambda^{1/2}\mathbf{u}(n) \\ \hat{\mathbf{x}}^{\mathrm{H}}(n\,|\,\mathcal{Y}_{n-1})\mathbf{K}^{-\mathrm{H}/2}(n-1) & y^*(n) \\ \mathbf{0}^{\mathrm{T}} & 1 \\ \lambda^{-1/2}\mathbf{K}^{1/2}(n-1) & \mathbf{0} \end{bmatrix}$$

为式(15.38)中前阵列的扩展形式。证明扩展的平方根信息滤波算法可以写为

$$\begin{bmatrix} \lambda^{1/2}\mathbf{K}^{-\mathrm{H}/2}(n-1) & \lambda^{1/2}\mathbf{u}(n) \\ \hat{\mathbf{x}}^{\mathrm{H}}(n\,|\,\mathcal{Y}_{n-1})\mathbf{K}^{-\mathrm{H}/2}(n-1) & y^*(n) \\ \mathbf{0}^{\mathrm{T}} & 1 \\ \lambda^{-1/2}\mathbf{K}^{1/2}(n-1) & \mathbf{0} \end{bmatrix}\mathbf{\Theta}(n)$$

$$= \begin{bmatrix} \mathbf{K}^{-\mathrm{H}/2}(n) & \mathbf{0} \\ \hat{\mathbf{x}}^{\mathrm{H}}(n+1\,|\,\mathcal{Y}_n)\mathbf{K}^{-\mathrm{H}/2}(n) & r^{-1/2}(n)\alpha^*(n) \\ \lambda^{1/2}\mathbf{u}^{\mathrm{H}}(n)\mathbf{K}^{1/2}(n) & r^{-1/2}(n) \\ \mathbf{K}^{1/2}(n) & -\mathbf{g}(n)r^{1/2}(n) \end{bmatrix}$$

从而写出更新状态估计 $\hat{\mathbf{x}}(n+1\,|\,\mathcal{Y}_n)$ 的表达式。

(b) 利用(a)的结果，证明扩展 QRD-RLS 算法可以描述为下面的递归形式：

　　对 $n = 1,2,\cdots$，计算

$$\begin{bmatrix} \lambda^{1/2}\mathbf{\Phi}^{1/2}(n-1) & \mathbf{u}(n) \\ \lambda^{1/2}\mathbf{p}^{\mathrm{H}}(n-1) & d(n) \\ \mathbf{0}^{\mathrm{T}} & 1 \\ \lambda^{-1/2}\mathbf{\Phi}^{-\mathrm{H}/2}(n-1) & \mathbf{0} \end{bmatrix}\mathbf{\Theta}(n) = \begin{bmatrix} \mathbf{\Phi}^{1/2}(n) & \mathbf{0} \\ \mathbf{p}^{\mathrm{H}}(n) & \xi(n)\gamma^{1/2}(n) \\ \mathbf{u}^{\mathrm{H}}(n)\mathbf{\Phi}^{-\mathrm{H}/2}(n) & \gamma^{1/2}(n) \\ \mathbf{\Phi}^{-\mathrm{H}/2}(n) & -\mathbf{k}(n)\gamma^{1/2}(n) \end{bmatrix}$$

其中 $\mathbf{\Theta}(n)$ 为酉旋转，它对前阵列进行运算，在以后阵列的第一行产生零块项。该算法是如何计算最小二乘权向量的？

4. 扩展的 QRD-RLS 定义为如下递归形式(见习题3)：对于 $n = 1,2,\cdots$，计算

$$\begin{bmatrix} \lambda^{1/2}\mathbf{\Phi}^{1/2}(n-1) & \mathbf{u}(n) \\ \lambda^{1/2}\mathbf{p}^{\mathrm{H}}(n-1) & d(n) \\ \mathbf{0}^{\mathrm{T}} & 1 \\ \lambda^{-1/2}\mathbf{\Phi}^{-\mathrm{H}/2}(n-1) & \mathbf{0} \end{bmatrix}\mathbf{\Theta}(n) = \begin{bmatrix} \mathbf{\Phi}^{1/2}(n) & \mathbf{0} \\ \mathbf{p}^{\mathrm{H}}(n) & \xi(n)\gamma^{1/2}(n) \\ \mathbf{u}^{\mathrm{H}}(n)\mathbf{\Phi}^{-\mathrm{H}/2}(n) & \gamma^{1/2}(n) \\ \mathbf{\Phi}^{-\mathrm{H}/2}(n) & -\mathbf{k}(n)\gamma^{-1/2}(n) \end{bmatrix}$$

和

$$\hat{\mathbf{w}}(n) = \hat{\mathbf{w}}(n-1) + (\mathbf{k}(n)\gamma^{-1/2}(n))(\xi(n)\gamma^{-1/2}(n))^*$$

其中 $\boldsymbol{\Theta}(n)$ 为酉矩阵, 它对前阵列进行运算, 以在后阵列第一行产生零块项。

令

$$\mathbf{X}(n) = \boldsymbol{\Phi}^{-H/2}(n) + \boldsymbol{\eta}_x(n)$$

表示埃尔米特逆矩阵 $\boldsymbol{\Phi}^{-H/2}(n)$ 的量化型。证明在 $n-1$ 步扩展 QRD-RLS 算法中, 由于局部误差趋于无界增长, 由 $\boldsymbol{\eta}_x(n)$ 引起的误差传播不一定是稳定的。

5. 令数据矩阵 $\mathbf{A}(n)$ 的 QR 分解涉及的 $n \times n$ 酉矩阵 $\mathbf{Q}(n)$ 采用下面的方式分解:

$$\mathbf{Q}(n) = \begin{bmatrix} \mathbf{Q}_1(n) \\ \mathbf{Q}_2(n) \end{bmatrix}$$

其中 $\mathbf{Q}_1(n)$ 与 $\mathbf{A}(n)$ 的 QR 分解中的上三角矩阵 $\mathbf{R}(n)$ 具有相同的行数。假设指数加权因子 $\lambda = 1$。

根据第 9 章给出的最小二乘法, 投影算子为

$$\mathbf{P}(n) = \mathbf{A}(n)(\mathbf{A}^H(n)\mathbf{A}(n))^{-1}\mathbf{A}^H(n)$$

证明, 对本题中的问题, 有

$$\mathbf{P}(n) = \mathbf{Q}_1^H(n)\mathbf{Q}_1(n)$$

对于 $0 < \lambda \leqslant 1$ 的情况, 结果是如何修改的?

6. 解释为何图 15.1 中的脉动阵列结构可以用做预测误差滤波器进行计算。

7. 在 15.3 节描述的 QRD-RLS 算法的脉动实现中, 我们说图 15.1 中附加在三角脉动部分内部单元的最后一个元素产生输出 $\xi(n)\gamma^{1/2}(n)$。根据输入数据, 推导这一结果。

8. 图 P15.1 为 MVDR 波束成形算法的框图。图中 (a) 部分的三角阵列在自适应循环 n 被冻结, 转向向量 $\mathbf{s}(\theta)$ 为阵列的输入。阵列存储值 $\mathbf{R}^H(n)$ 及输出 $\mathbf{a}^H(n)$ 被图 (b) 中的线性脉动部分采用。

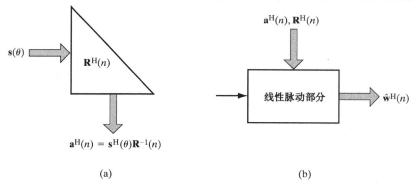

图 P15.1 MVDR 波束成形算法的框图

(a) 证明三角阵列的输出为

$$\mathbf{a}^H(n) = \mathbf{s}^H(\theta)\mathbf{R}^{-1}(n)$$

(b) 利用回代方法, 证明线性脉动阵列的输出为权向量的埃尔米特转置向量 $\mathbf{w}^H(n)$。

9. 证明对于 15.4 节描述的脉动 MVDR 波束成形器, 有

$$\lambda \|\mathbf{a}(n-1)\|^2 = \|\mathbf{a}(n)\|^2 + |\varepsilon(n)|^2$$

其中 $\|\mathbf{a}(n)\|$ 为辅助向量 $\mathbf{a}(n)$ 的欧氏范数, λ 为指数加权因子, $\varepsilon(n)$ 为某个估计误差。

10. 逆 QRD-RLS 算法是常规 RLS 算法的自然扩展, 因此它可以看做平方根 RLS 算法。证明这一表述的正确性。

面向计算机的实验

11. 本题中，我们再来考虑 15.4 节描述的 MVDR 波束成形的计算机实验，它涉及互不相关的目标信号源和干扰信号源。该目标的信噪比为 10 dB，干扰噪声比为 40 dB。如前，干扰信号到达角为

$$\varphi_{\text{interf}} = \arcsin(0)$$

然而，此时我们研究当目标信号逼近干扰信号时，波束成形器的空间响应。试对下面目标信号的到达角：

(i) $\varphi_{\text{target}} = \arcsin(-0.15)$

(ii) $\varphi_{\text{target}} = \arcsin(-0.10)$

(iii) $\varphi_{\text{target}} = \arcsin(-0.05)$

画出波束成形器的空间响应随自适应循环次数增加的曲线图，并评论所得结果。

12. 习题 11 中的目标信号源和干扰信号源之间互不相关。在本题中，我们研究当两者相关时，MVDR 波束成形器空间响应的情况。即将阵列天线的信号用基带的形式定义如下：

$$u(n) = A_0 \exp(jn\theta_0) + A_1 \exp(jn\theta_1 + j\psi_1) + \nu(n) \qquad n = 0, 1, 2, 3, 4$$

其中 A_0 和 A_1 分别为目标信号和干扰信号的幅度，θ_0 和 θ_1 为各自的角度，ψ_1 为某个固定相移。对新的输入 $u(n)$ 重做习题 11 的计算机实验。

第 16 章 阶递归自适应滤波算法

本章研究另一类线性自适应滤波器，其设计基于阶更新和时间更新的递归算法[1]。除第 5 章外，这些自适应滤波器与前面章节所研究的滤波器的不同之处在于阶更新，而这可以利用均匀采样后时间数据的时移特性来实现。就结构而言，阶更新可导致计算高效、模块化及格型的结构，它可将前面 $m-1$ 阶滤波器计算得到的信息传递到更新后的 m 阶滤波器。最后结果是实现其计算复杂度与滤波器阶数 m 呈线性关系的自适应滤波器。

回顾第 5 章的梯度自适应格型(GAL)算法，它也是一个高效计算的自适应格型滤波算法，但源于随机梯度下降法，如同著名的 LMS 算法那样。另一方面，贯穿本章的阶递归自适应滤波算法属于著名的最小二乘估计范畴，因此称为阶递归最小二乘格型(LSL)自适应滤波算法。另一方面，GAL 算法的每个格形模块只有单一复反射系数，而阶递归 LSL 自适应滤波算法的每一个模块均有一对复反射系数，因此，LSL 算法的代数计算公式比 GLA 算法更复杂。

本章将花费大量篇幅从数学方面讨论具有数值鲁棒性的阶递归自适应滤波算法，它涉及联合使用与某一变换因子有关的后验估计误差和先验估计误差。在本章的最后部分，通过描述使用先验误差的简化版阶递归算法来结束该讨论。然而，代数方面的简化是以复杂的数值鲁棒性为代价的，这也是没有免费午餐理论的另一例证。

16.1 采用最小二乘估计的阶递归自适应滤波器：概述

在第 14 章，我们建立了卡尔曼滤波器和递归最小二乘(RLS)滤波器之间的对应关系。本章将利用这一关系来表示格型滤波最基本的状态空间模型；以便在使用精确最小二乘估计推导阶递归自适应滤波器算法公式时，也能够利用卡尔曼滤波器理论的相关结果。如所周知，最小二乘阶递归自适应滤波算法涉及像 GAL 滤波算法那样的前后向预测。然而，与 GAL 滤波器不同的是，采用最小二乘估计的阶递归自适应滤波器的每一级都需要两个反射系数，一个用于前向预测，另一个用于后向预测。结果表明，采用最小二乘估计的阶递归自适应滤波器的基础理论更加严密，但比 GAL 自适应滤波器复杂得多。

采用最小二乘估计的阶递归自适应滤波器有两种：

1) 基于 QR 分解的最小二乘格型 (QRD-LSL) 自适应滤波器　它依赖于 QR 分解中酉旋转的使用。采用酉旋转的目的是为了产生一个后阵列以消除前阵列中的某一项。

2) 递归最小二乘格型(LSL)自适应滤波器　它通过将 QRD-LSL 算法中的阵列取平方而

---

① 本章讨论的阶递归自适应滤波算法族是更大一类自适应滤波算法(称为快速算法)的一部分。在 RLS 估计的范畴内，如果一个算法的计算复杂度与可调参数的数目之间呈线性增长关系，则说该算法是快速的。因此，一个快速算法在其计算要求上类似于 LMS 算法，但是在其编码方面有更多的要求。

　　快速算法族也包括所谓的快速横向滤波器(FTF)，它涉及联合使用四种横向(即有限冲激响应)滤波器，这些滤波器分别负责前向预测误差和后向预测误差计算、增益向量计算和联合过程估计。FTF 算法在数学上是完美的，遗憾的是，该算法在有限字长运算实现时有可能不稳定。

得到。平方的结果去除了算法中的酉旋转，从而简化了实现。然而，当递归 LSL 算法采用有限精度实现时，这种简化会降低数值的精度，可能带来不稳定。

因此，可以明显地看出，QRD-LSL 算法是基本的阶递归自适应滤波算法。在本章其余部分将介绍该算法的推导。

QRD-LSL 算法涉及的计算有以下几项：

- 自适应前后向线性预测器，它们用各自独立的参数向量来表征。
- 变换因子，它提供了先验和后验估计误差不同集合之间的联系。
- 最小二乘格型预测器，它的每一级用一对反射系数来表征。
- 角度归一化，它使得格型预测器的公式对先验和后验误差具有不变性。
- 格型滤波的一阶状态空间模型，其公式为导出 QRD-LSL 算法铺平了道路。

在讲述这些方面时，我们既推导 LSL 形式的列文森–杜宾(Levinson-Durbin)递推，也推导用 $\Delta_{m-1}(n)$ 表示的某种互相关函数的时间更新递归关系式(见第 3 章)。后者对 QRD-LSL 算法的进步起着关键性作用。

16.2 自适应前向线性预测

如图 16.1(a)所示，考虑运行在自适应循环 n 的 m 阶前向线性预测器。在整个观测区间 $1 \leqslant i \leqslant n$ 内，在最小二乘意义下优化抽头权向量 $\hat{\mathbf{w}}_{f,m}(n)$，令

$$f_m(i) = u(i) - \hat{\mathbf{w}}_{f,m}^{\mathrm{H}}(n)\mathbf{u}_m(i-1) \qquad i = 1, 2, \cdots, n \tag{16.1}$$

表示预测器在自适应循环 i 产生的前向预测误差，它对 $m \times 1$ 抽头输入向量 $\mathbf{u}_m(i-1)$ 做出响应，其中上标 H 表示埃尔米特转置(即复共轭转置)。根据定义，$u(i)$ 为前向线性预测器的期望响应。输入向量 $\mathbf{u}_m(i-1)$ 和权向量 $\hat{\mathbf{w}}_m(n)$ 分别为

$$\mathbf{u}_m(i-1) = [u(i-1), u(i-2), \cdots, u(i-m)]^{\mathrm{T}}$$

和

$$\hat{\mathbf{w}}_{f,m}(n) = [w_{f,m,1}(n), w_{f,m,2}(n), \cdots, w_{f,m,m}(n)]^{\mathrm{T}}$$

我们将 $f_m(i)$ 看做前向后验预测误差，因为其计算基于前向预测器抽头权向量的当前值 $\hat{\mathbf{w}}_{f,m}(n)$。相应地，可定义前向先验预测误差为

$$\eta_m(i) = u(i) - \hat{\mathbf{w}}_{f,m}^{\mathrm{H}}(n-1)\mathbf{u}_m(i-1) \qquad i = 1, 2, \cdots, n \tag{16.2}$$

其计算基于前向预测器抽头权向量的过去值 $\hat{\mathbf{w}}_{f,m}(n-1)$。效应上，$\eta_m(i)$ 是新息的一种形式。

考虑到 RLS 算法，表 16.1 列出了表征一般线性估计的各种量与表征特殊的前向线性预测各种量之间的对应关系。通过该表，可直接修改 10.3 节和 10.4 节导出的 RLS 算法，以写出前向自适应线性预测器的递归形式。我们具体导出了前向预测器抽头权向量更新的递归形式：

$$\hat{\mathbf{w}}_{f,m}(n) = \hat{\mathbf{w}}_{f,m}(n-1) + \mathbf{k}_m(n-1)\eta_m^*(n) \tag{16.3}$$

其中 $\eta_m(n)$ 为式(16.2)中 $i = n$ 时的前向先验预测误差，$\mathbf{k}_m(n-1)$ 为下式所定义的增益向量的过去值

$$\mathbf{k}_m(n-1) = \mathbf{\Phi}_m^{-1}(n-1)\mathbf{u}_m(n-1) \tag{16.4}$$

矩阵 $\boldsymbol{\Phi}_m^{-1}(n-1)$ 是输入数据相关矩阵的逆矩阵，可定义为

$$\boldsymbol{\Phi}_m(n-1) = \sum_{i=1}^{n-1} \lambda^{n-1-i} \mathbf{u}_m(i) \mathbf{u}_m^{\mathrm{H}}(i) \tag{16.5}$$

刚才描述的自适应前向线性预测问题是一种以抽头权向量 $\hat{\mathbf{w}}_{f,m}(n)$ 表征的预测器问题。等效地，我们也可以将它描述为如图 16.1(b) 所示的前向预测误差滤波器。令 $\mathbf{a}_m(n)$ 表示 m 阶预测误差滤波器的 $(m+1) \times 1$ 抽头权向量，它与图 16.1(a) 中的前向预测器的关系为

$$\mathbf{a}_m(n) = \begin{bmatrix} 1 \\ -\hat{\mathbf{w}}_{f,m}(n) \end{bmatrix} \tag{16.6}$$

其中 $\mathbf{a}_m(n)$ 的第一个元素 $a_{m,0}(n)$ 为 1。然后，我们可分别将前向后验预测误差和前向先验预测误差重新定义为

$$f_m(i) = \mathbf{a}_m^{\mathrm{H}}(n) \mathbf{u}_{m+1}(i) \qquad i = 1, 2, \cdots, n \tag{16.7}$$

和

$$\eta_m(i) = \mathbf{a}_m^{\mathrm{H}}(n-1) \mathbf{u}_{m+1}(i) \qquad i = 1, 2, \cdots, n \tag{16.8}$$

其中，$(m+1) \times 1$ 输入向量 $\mathbf{u}_{m+1}(i)$ 以如下方式分块

$$\mathbf{u}_{m+1}(i) = \begin{bmatrix} u(i) \\ \mathbf{u}_m(i-1) \end{bmatrix}$$

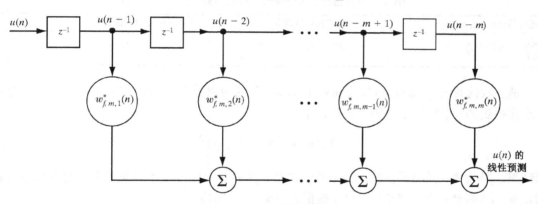

(a) m 阶前向预测器

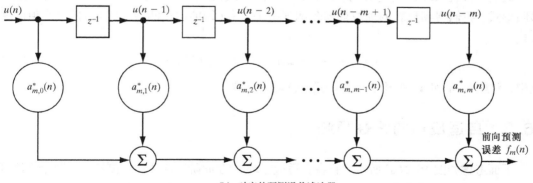

(b) 对应的预测误差滤波器

图 16.1　自适应前向线性预测器

抽头权向量 $\hat{\mathbf{w}}_{f,m}(n)$ 满足前向线性预测的正交性原理, 即

$$\sum_{i=1}^{n} \lambda^{n-i}\mathbf{u}_m(i-1)f_m^*(i) = \mathbf{0} \tag{16.9}$$

表 16.2 总结出线性最小二乘估计、前向预测和后向预测的正交性原理。表中的第一列是第 9 章中用线性最小二乘法导出的式(9.15)的一种指数加权扩展。第二列利用表 16.1 的对应关系直接从第一列得出。

表 16.1　线性估计、前向预测和后向预测之间的对应关系小结

参量	线性估计(一般)	m 阶前向线性预测	m 阶后向线性预测
抽头输入向量	$\mathbf{u}(n)$	$\mathbf{u}_m(n-1)$	$\mathbf{u}_m(n)$
期望响应	$d(n)$	$u(n)$	$u(n-m)$
抽头权向量	$\hat{\mathbf{w}}(n)$	$\hat{\mathbf{w}}_{f,m}(n)$	$\hat{\mathbf{w}}_{b,m}(n)$
后验估计误差	$e(n)$	$f_m(n)$	$b_m(n)$
先验估计误差	$\xi(n)$	$\eta_m(n)$	$\beta_m(n)$
增益向量	$\mathbf{k}(n)$	$\mathbf{k}_m(n-1)$	$\mathbf{k}_m(n)$
加权误差平方和的最小值	$\mathscr{E}_{\min}(n)$	$\mathscr{F}_m(n)$	$\mathscr{B}_m(n)$

表 16.2　线性估计、前向预测和后向预测正交性原理小结

线性估计(一般)	m 阶前向线性预测	m 阶后向线性预测
$\sum_{i=1}^{n} \lambda^{n-i}\mathbf{u}(i)e^*(i) = \mathbf{0}$	$\sum_{i=1}^{n} \lambda^{n-i}\mathbf{u}_m(i-1)f_m^*(i) = \mathbf{0}$	$\sum_{i=1}^{n} \lambda^{n-i}\mathbf{u}_m(i)b_m^*(i) = \mathbf{0}$

抽头权向量 $\hat{\mathbf{w}}_{f,m}(n)$ 也可以看做在 $1 \leqslant i \leqslant n$ 范围内对前向后验预测误差加权平方和进行最小化得到的解, 即最小化如下代价函数

$$\mathscr{F}_m(n) = \sum_{i=1}^{n} \lambda^{n-i}|f_m(i)|^2 \tag{16.10}$$

的结果。等效地, 预测误差滤波器抽头权向量 $\mathbf{a}_m(n)$ 也是同一最小化问题在满足约束条件即满足 $\mathbf{a}_m(n)$ 的第一个元素应等于 1 [根据式(16.6)]时的解。

最后, 将式(16.1)的定义用于式(16.10), 并根据式(16.9)的正交性原理和式(16.3)的递归形式, 我们得到更新的加权前向预测误差平方和(即前向预测误差能量)的最小值的递归形式

$$\mathscr{F}_m(n) = \lambda\mathscr{F}_m(n-1) + \eta_m(n)f_m^*(n) \tag{16.11}$$

式中, 对所有 m 和 n, 乘积项 $\eta_m(n)f_m^*(n)$ 均为实数。

16.3　自适应后向线性预测

下面考虑如图 16.2(a)所示运行在自适应循环 n 的 m 阶后向线性预测器。在整个观测区间 $1 \leqslant i \leqslant n$ 内, 该预测器的抽头权向量 $\hat{\mathbf{w}}_{b,m}(n)$ 在最小二乘意义下被最小化。令

$$b_m(i) = u(i-m) - \hat{\mathbf{w}}_{b,m}^{\mathrm{H}}(n)\mathbf{u}_m(i) \qquad i = 1, 2, \cdots, n \tag{16.12}$$

表示预测器在自适应循环 i 产生的后向预测误差, 它对 $m \times 1$ 抽头输入向量 $\mathbf{u}_m(i)$ 做出响应。根据定义, $u(i-m)$ 为后向线性预测器的期望响应, 故有

$$\mathbf{u}_m(i) = \left[u(i), u(i-1), \cdots, u(i-m+1) \right]^{\mathrm{T}}$$

和

$$\hat{\mathbf{w}}_{b,m}(n) = \left[\hat{w}_{b,m,1}(n), \hat{w}_{b,m,2}(n), \cdots, \hat{w}_{b,m,m}(n) \right]^{\mathrm{T}}$$

我们将 $b_m(i)$ 看做后向后验预测误差, 因其计算基于后向预测器抽头权向量的当前值 $\hat{\mathbf{w}}_{b,m}(n)$。对应地, 我们可定义后向先验预测误差为

$$\beta_m(i) = u(i-m) - \hat{\mathbf{w}}_{b,m}^{\mathrm{H}}(n-1)\mathbf{u}_m(i) \qquad i = 1, 2, \cdots, n \qquad (16.13)$$

它的计算基于后向预测器抽头权向量的过去值 $\hat{\mathbf{w}}_{b,m}(n-1)$。

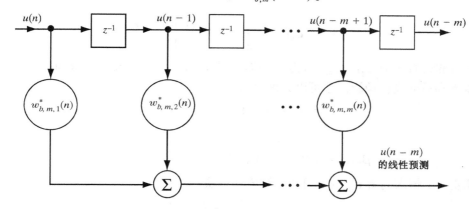

(a) m 阶后向预测器

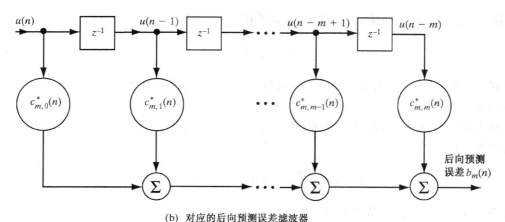

(b) 对应的后向预测误差滤波器

图 16.2　自适应后向线性预测

表 16.1 也列出表征一般的线性估计的各种量与表征特殊的后向线性预测各种量之间的对应关系。同样, 我们可以通过这些对应关系, 修改 10.3 节和 10.4 节导出的 RLS 算法, 写出自适应后向线性预测器的递归形式。于是, 得到后向预测器抽头权向量更新的递归形式为

$$\hat{\mathbf{w}}_{b,m}(n) = \hat{\mathbf{w}}_{b,m}(n-1) + \mathbf{k}_m(n)\beta_m^*(n) \qquad (16.14)$$

其中 $\beta_m(n)$ 为 $i = n$ 时式(16.13)定义的后向先验预测误差。而

$$\mathbf{k}_m(n) = \mathbf{\Phi}_m^{-1}(n)\mathbf{u}_m(n) \tag{16.15}$$

是增益向量的当前值,其中 $\mathbf{\Phi}_m^{-1}(n)$ 为输入数据相关矩阵(忽略了正则化项)

$$\mathbf{\Phi}_m(n) = \sum_{i=1}^{n} \lambda^{n-i}\mathbf{u}_m(i)\mathbf{u}_m^{\mathrm{H}}(i) \tag{16.16}$$

的逆矩阵。

　　刚才所描述的后向线性预测器问题是一种由抽头权向量 $\hat{\mathbf{w}}_{b,m}(n)$ 表征的后向预测器问题。等效地,我们也可以借助后向预测误差滤波器描述该问题,如图 16.2(b) 所示。令 $\mathbf{c}_m(n)$ 表示 m 阶预测误差滤波器的 $(m+1) \times 1$ 抽头权向量,它与图 16.1(a) 中后向预测器的关系为

$$\mathbf{c}_m(n) = \begin{bmatrix} -\hat{\mathbf{w}}_{b,m}(n) \\ 1 \end{bmatrix} \tag{16.17}$$

其中 $\mathbf{c}_m(n)$ 的最后一个元素 $c_{m,m}(n)$ 为 1。这样,利用 $(m+1) \times 1$ 输入向量 $\mathbf{u}_{m+1}(i)$,后向后验预测误差和后向先验预测误差可以分别写为

$$b_m(i) = \mathbf{c}_m^{\mathrm{H}}(n)\mathbf{u}_{m+1}(i) \qquad i = 1, 2, \cdots, n \tag{16.18}$$

和

$$\beta_m(i) = \mathbf{c}_m^{\mathrm{H}}(n-1)\mathbf{u}_{m+1}(i) \qquad i = 1, 2, \cdots, n \tag{16.19}$$

在这种情况下,输入向量 $\mathbf{u}_{m+1}(i)$ 可用下列方式分块

$$\mathbf{u}_{m+1}(i) = \begin{bmatrix} \mathbf{u}_m(i) \\ u(i-m) \end{bmatrix}$$

抽头权向量 $\hat{\mathbf{w}}_{b,m}(n)$ 满足后向线性预测的正交性原理,即

$$\sum_{i=1}^{n} \lambda^{n-i}\mathbf{u}_m(i)b_m^*(i) = \mathbf{0} \tag{16.20}$$

这个式子(即表 16.2 中的最后一列)可利用表 16.1 中的对应关系,从线性最小二乘估计的第一列直接推出。

　　抽头权向量 $\hat{\mathbf{w}}_{b,m}(n)$ 也可以看做对加权后向后验预测误差平方和最小化获得的解,即最小化如下代价函数

$$\mathcal{B}_m(n) = \sum_{i=1}^{n} \lambda^{n-i}|b_m(i)|^2 \qquad 对 1 \leqslant i \leqslant n \tag{16.21}$$

的结果。等效地,后向预测误差滤波器的抽头权向量 $\mathbf{c}_m(n)$,也是同一最小化问题在满足约束条件,即 $\mathbf{c}_m(n)$ 的最后一个元素等于 1[根据式(16.17)]时的解。

　　将式(16.12)的定义用于式(16.21),并根据式(16.20)的正交性原理和式(16.14)的递归形式,可得后向预测误差加权和的最小值(即后向预测误差能量)的递归形式如下:

$$\mathcal{B}_m(n) = \lambda\mathcal{B}_m(n-1) + \beta_m(n)b_m^*(n) \tag{16.22}$$

式中,对所有 m 和 n,乘积项 $\beta_m(n)b_m^*(n)$ 均为实数。

在结束递归最小二乘预测问题的讨论前，令人感兴趣地注意到，在后向预测情况下，从输入向量 $\mathbf{u}_{m+1}(n)$ 中分出最后一项作为期望响应 $u(n-m)$；另一方面，在前向预测情况下，从输入向量 $\mathbf{u}_{m+1}(n)$ 中分出第一项作为期望响应 $u(n)$。同样，我们也注意到，式(16.14)中后向线性预测器的抽头权向量 $\hat{\mathbf{w}}_{b,m}(n)$ 的更新递归需要知道增益向量的当前值 $\mathbf{k}_m(n)$；而另一方面，式(16.3)中前向线性预测器的抽头权向量 $\hat{\mathbf{w}}_{f,m}(n)$ 的更新递归需要知道增益向量的过去值 $\mathbf{k}_m(n-1)$。

16.4　变换因子

定义 $m \times 1$ 向量

$$\mathbf{k}_m(n) = \boldsymbol{\Phi}_m^{-1}(n)\mathbf{u}_m(n)$$

它可看做最小二乘估计正则方程一种特殊情况的解。具体来说，增益向量 $\mathbf{k}_m(n)$ 定义了横向滤波器的抽头权向量，该滤波器包含 m 个抽头，而且对输入数据 $u(1), u(2), \cdots, u(n)$ 进行运算以产生如下特殊期望响应

$$d(i) = \begin{cases} 1 & i = n \\ 0 & i = 1, 2, \cdots, n-1 \end{cases} \tag{16.23}$$

的最小二乘估计，其元素等于式(16.23)中 $d(i)$ 的 $n \times 1$ 向量称为第一坐标向量，该向量具有如下性质：它与任何时间相关向量的内积，产生该向量上方或"最新"的元素。

将式(16.23)代入式(10.9)可知，FIR 滤波器 m 个抽头输入与期望响应之间的 $m \times 1$ 互相关向量 $\mathbf{z}_m(n)$ 等于 $\mathbf{u}_m(n)$。因此，这也验证了增益向量 $\mathbf{k}_m(n)$ 是由式(16.23)定义的期望响应所产生的正则方程的特殊解。

对这里描述的问题，我们定义估计误差

$$\begin{aligned} \gamma_m(n) &= 1 - \mathbf{k}_m^{\mathrm{H}}(n)\mathbf{u}_m(n) \\ &= 1 - \mathbf{u}_m^{\mathrm{H}}(n)\boldsymbol{\Phi}_m^{-1}(n)\mathbf{u}_m(n) \end{aligned} \tag{16.24}$$

该估计误差 $\gamma_m(n)$ 表示其抽头输入权向量等于增益向量 $\mathbf{k}_m(n)$ 且其激励信号为抽头输入向量 $\mathbf{u}_m(n)$ 时 FIR 滤波器的输出，如图 16.3 所示。由于滤波器的输出具有埃尔米特形式，故可导出估计误差 $\gamma_m(n)$ 为实值标量。而且，$\gamma_m(n)$ 具有以 0 和 1 为边界的重要性质，即

$$0 < \gamma_m(n) \leqslant 1 \tag{16.25}$$

该性质很容易通过以式(10.16)的递归形式代替式(16.24)的逆矩阵 $\boldsymbol{\Phi}_m^{-1}(n)$ 而得到证明，而且经简化后可得

$$\gamma_m(n) = \frac{1}{1 + \lambda^{-1}\mathbf{u}_m^{\mathrm{H}}(n)\boldsymbol{\Phi}_m^{-1}(n-1)\mathbf{u}_m(n)} \tag{16.26}$$

该埃尔米特形式 $\mathbf{u}_m^{\mathrm{H}}(n)\boldsymbol{\Phi}_m^{-1}(n-1)\mathbf{u}_m(n) \geqslant 0$ 且 $0 < \lambda \leqslant 1$。因此，估计误差 $\gamma_m(n)$ 以式(16.25)为界。

值得注意的是，$\gamma_m(n)$ 也等于图 16.3 FIR 滤波器所产生的加权误差平方和，该滤波器的抽头权向量等于增益向量 $\mathbf{k}_m(n)$，以便获得第一坐标向量的最小二乘估计(见习题1)。

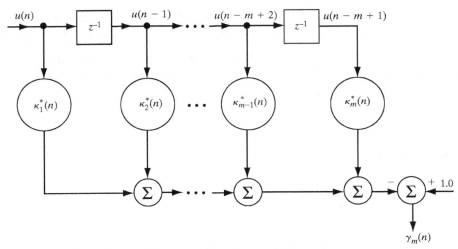

图 16.3　定义估计误差 $\gamma_m(n)$ 的 FIR 滤波器

16.4.1　$\gamma_m(n)$ 的其他有用解释

根据所采用方法, 参数 $\gamma_m(n)$ 可以有其他三种完全不同的解释:

1) 参数 $\gamma_m(n)$ 可以看做似然变量(Lee et al., 1981), 这一解释是在假设输入抽头具有联合高斯分布的情况下, 根据其对数似然函数, 从输入抽头向量的统计公式得出的(见习题 14)。

2) 参数 $\gamma_m(n)$ 可看做角度变量(Lee et al., 1981; Carayannis et al., 1983), 这一解释来自式(16.24)。特别地, 根据 15.3 节的讨论, 可将 $\gamma_m(n)$ 的(正)平方根表示为

$$\gamma_m^{1/2}(n) = \cos \phi_m(n)$$

其中 $\phi_m(n)$ 表示平面(Givens)旋转角[见式(15.53)]。

3) 参数 $\gamma_m(n)$ 可看做变换因子(Carayannis et al., 1983)。根据这一解释, 在已知相应的先验估计误差时, $\gamma_m(n)$ 的有效性可帮助我们确定先验估计误差值。

这里我们要讨论的是第三种解释。事实上, 正是由于这一解释, 我们才引入"变换因子"这一术语来描述 $\gamma_m(n)$。

16.4.2　三种估计误差

在线性最小二乘估计中, 需要考虑三种类型的估计误差: 一般估计误差(涉及一些期望响应的估计)、前向预测误差和后向预测误差。相应地, $\gamma_m(n)$ 作为变换因子也有如下三种不同的解释:

1) 对于递归最小二乘估计

$$\gamma_m(n) = \frac{e_m(n)}{\xi_m(n)} \tag{16.27}$$

其中 $e_m(n)$ 为后验估计误差, 而 $\xi_m(n)$ 为先验估计误差。式(16.27)表明, 给定先验估计误差 $\xi_m(n)$, 可将它乘以 $\gamma_m(n)$, 确定相应的后验估计误差值 $e_m(n)$。因此, 可将 $\xi_m(n)$ 看做计算 $e_m(n)$ 的实验值, 而将 $\gamma_m(n)$ 看做乘法修正(因子)。

2）对于自适应前向线性预测

$$\gamma_m(n-1) = \frac{f_m(n)}{\eta_m(n)} \tag{16.28}$$

式（16.28）表明，在已知前向先验预测误差 $\eta_m(n)$ 的情况下，我们可将它乘以延迟的估计误差 $\gamma_m(n-1)$ 来计算前向后验预测误差 $f_m(n)$。因此，我们可将 $\eta_m(n)$ 看做计算前向后验预测误差 $f_m(n)$ 的实验值，而将 $\gamma_m(n-1)$ 看做乘法校验（因子）。

3）对于自适应后向线性预测

$$\gamma_m(n) = \frac{b_m(n)}{\beta_m(n)} \tag{16.29}$$

式（16.29）表明，在已知后向先验预测误差 $\beta_m(n)$ 的情况下，我们可以将它乘以估计误差 $\gamma_m(n)$ 来计算后向后验预测误差 $b_m(n)$。因此，我们可将 $\beta_m(n)$ 看做计算后向后验预测误差 $b_m(n)$ 的实验值，而将 $\gamma_m(n)$ 看做乘积校验（因子）。

以上三点的证明见习题 6。

前面的讨论指出变量 $\gamma_m(n)$ 的独特作用：不管是从一般估计、前向预测还是后向预测的角度，$\gamma_m(n)$ 都是先验估计误差变换为后验估计误差过程中的公共因子（常规形式或者延迟形式）。因此，我们可将 $\gamma_m(n)$ 看做变换因子。实际上，值得注意的是，通过使用这个变换因子，能够算出自适应循环 n 的后验误差 $e_m(n)$、$f_m(n)$ 和 $b_m(n)$，而这项工作可在产生这些误差的相关滤波器抽头权向量实际计算之前完成（Carayannis et al.，1983）。

16.5　最小二乘格型（LSL）预测器

下面，我们来看输入数据的时移特性，根据如下分块向量

$$\mathbf{u}_{m+1}(n) = \begin{bmatrix} \mathbf{u}_m(n) \\ u(n-m) \end{bmatrix}$$

可以看出，$m-1$ 阶后向线性预测器的输入向量 $\mathbf{u}_m(n)$ 与 m 阶后向线性预测器的输入向量 $\mathbf{u}_{m+1}(n)$ 的前 $m-1$ 项完全相同。同样，由如下分块向量

$$\mathbf{u}_{m+1}(n) = \begin{bmatrix} u(n) \\ \mathbf{u}_m(n-1) \end{bmatrix}$$

可以看出，$m-1$ 阶前向线性预测器的输入向量 $\mathbf{u}_m(n-1)$ 和 m 阶前向线性预测器的输入向量 $\mathbf{u}_{m+1}(n)$ 的后 $m-1$ 项完全相同。这一观察结果使我们想到了以下问题：

在预测阶数从 $m-1$ 阶到 m 阶的递增过程中，是否可能将先前有关 $m-1$ 阶预测的计算信息传递给 m 阶预测？

问题的答案是肯定的，而且体现在人们所知道的最小二乘格型（LSL）预测器的模块化结构中。

为了导出这一重要的滤波结构及其算法设计，我们提出如下着手要做的事情：在本节中，利用正交性原则导出表征 LSL 预测器的基本方程。然后，在本章的其余各节，在卡尔曼滤波器理论的指导下，导出设计 LSL 预测器的各种算法。

　　为了开始此项工作，考虑图 16.4 所示的情况，它涉及一对 $m-1$ 阶前后向预测误差滤波器问题。两个滤波器输入向量均为 $\mathbf{u}_m(i)$。由抽头权向量 $\mathbf{a}_{m-1}(n)$ 表征的前向预测误差滤波器，在其输出端产生 $f_{m-1}(i)$；由抽头权向量 $\mathbf{c}_{m-1}(n)$ 表征的后向预测误差滤波器，在其输出端产生 $b_{m-1}(i)$。输入数据 $u(i)$ 占据观察区间 $1 \leqslant i \leqslant n$。我们要讨论的问题可表述如下：

　　　　给定前向预测误差 $f_{m-1}(i)$ 和后向预测误差 $b_{m-1}(i)$，以一种计算上有效的方法，分别确定其阶更新值 $f_m(i)$ 和 $b_m(i)$。

图 16.4　设定表示最小二乘格型预测器的级

　　我们说的"计算上有效"是指：图中的输入向量加上过去样值 $u(i-m)$ 进行扩充，且预测阶数增加 1 时，涉及 $f_{m-1}(i)$ 和 $b_{m-1}(i)$ 的计算仍保持原封不动。

16.5.1　前向线性预测

　　前向预测误差 $f_{m-1}(i)$ 由 $u(i), u(i-1), \cdots, u(i-m+1)$ 决定。阶更新的前向预测误差 $f_m(i)$ 要求知道另外的抽头输入(即过去值)$u(i-m)$。后向预测误差 $b_{m-1}(i)$ 由 $f_{m-1}(i)$ 所涉及的相同抽头输入决定。因此，如果我们将 $b_{m-1}(i)$ 延迟一个时间单元，计算 $f_m(i)$ 所需要的其他过去值 $u(i-m)$ 可在延迟的后向预测误差 $b_{m-1}(i-1)$ 的合成中找到。于是，如果将 $b_{m-1}(i-1)$ 看做单抽头最小二乘滤波器的输入，将 $f_{m-1}(i)$ 看做期望响应，而将 $f_m(i)$ 看做由最小二乘估计法得到的残差，则可写出下式[见图 16.5(a)]

$$f_m(i) = f_{m-1}(i) + \kappa_{f,m}^*(n)b_{m-1}(i-1) \qquad i = 1, 2, \cdots, n \qquad (16.30)$$

其中 $\kappa_{f,m}(n)$ 为滤波器的待定标度系数。注意，根据最小二乘法，系数 $\kappa_{f,m}(n)$ 在从 $i=1$ 到 $i=n$ 的整个观察区间内保持不变。对于运行在平稳输入环境下的格型滤波器，式(16.30)的形式类似于第 3 章导出的相应阶更新形式。然而，$\kappa_{f,m}(n)$ 的公式不同。对于该系数的确定，我们求助于表 16.2 总结的线性最小二乘估计三种基本形式的正交性原则。根据这个原则，响应输入 $b_{m-1}(i-1)$ 的线性最小二乘滤波器所产生的估计误差正交于整个感兴趣观察区间内的每一个输入(在时间平均的意义上)。因此，将这个原理应用于输入 $b_{m-1}(i-1)$ 和式(16.30)给出的线性前向预测问题的残差 $f_m(i)$[见图 16.5(a)]，可得

$$\sum_{i=1}^{n} \lambda^{n-i} b_{m-1}(i-1) f_m^*(i) = 0 \qquad (16.31)$$

将式(16.30)代入式(16.31)，可求出

$$\kappa_{f,m}(n) = -\frac{\displaystyle\sum_{i=1}^{n} \lambda^{n-i} b_{m-1}(i-1) f_{m-1}^*(i)}{\displaystyle\sum_{i=1}^{n} \lambda^{n-i} \left| b_{m-1}(i-1) \right|^2} \qquad (16.32)$$

式中的分母为 $m-1$ 阶后向预测误差加权平方和，即

$$
\begin{aligned}
\mathcal{B}_{m-1}(n-1) &= \sum_{i=1}^{n-1} \lambda^{n-1-i}\big|b_{m-1}(i)\big|^2 \\
&= \sum_{i=1}^{n} \lambda^{n-i}\big|b_{m-1}(i-1)\big|^2
\end{aligned}
\tag{16.33}
$$

在上式最后一行中，我们已经用到下式

$$
b_{m-1}(0) = 0 \qquad 对于所有 m \geqslant 1
$$

它是依靠输入数据预加窗得到的。对式(16.32)的分子，我们引入前后向预测误差之间的指数加权互相关定义

$$
\Delta_{m-1}(n) = \sum_{i=1}^{n} \lambda^{n-i} b_{m-1}(i-1) f_{m-1}^*(i)
\tag{16.34}
$$

将式(16.33)和式(16.34)的定义用于式(16.32)，可得标度系数的紧凑形式

$$
\kappa_{f,m}(n) = -\frac{\Delta_{m-1}(n)}{\mathcal{B}_{m-1}(n-1)}
\tag{16.35}
$$

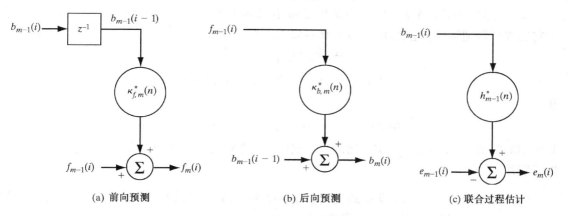

(a) 前向预测 (b) 后向预测 (c) 联合过程估计

图 16.5 单系数线性组合器

16.5.2 后向线性预测

下面考虑阶更新后向预测误差 $b_m(i)$ 的计算问题。如前，我们仍然采用前向预测误差 $f_{m-1}(i)$ 和延迟后向预测误差 $b_{m-1}(i-1)$，只是现在其滤波作用互换。具体而言，我们有一个单抽头最小二乘滤波器，它以 $f_{m-1}(i)$ 作为输入，以 $b_{m-1}(i-1)$ 作为期望响应，以 $b_m(i)$ 作为滤波过程的残差[见图 16.5(b)]。于是，我们可以写出

$$
b_m(i) = b_{m-1}(i-1) + \kappa_{b,m}^*(n) f_{m-1}(i) \qquad i = 1, 2, \cdots, n
\tag{16.36}
$$

其中 $\kappa_{b,m}(n)$ 为滤波器待定的标度系数。这里，再一次根据最小二乘法，系数 $\kappa_{b,m}(n)$ 在从 $i=1$ 到 $i=n$ 的整个观察区间内保持不变。对于运行在平稳输入环境下的格型滤波器，式(16.36)的形式也类似于第 3 章导出的相应阶更新形式。然而，$\kappa_{b,m}(n)$ 的公式不同。特别地，通过将正交性原则应用于输入 $f_{m-1}(i)$ 与式(16.36)给出的后向预测问题的残差来确定 $\kappa_{b,m}(n)$。于是，将表 16.2 的第三项代入图 16.5(b)的后预测模块，可写出

$$
\sum_{i=1}^{n} \lambda^{n-i} f_{m-1}(i) b_m^*(i) = 0
\tag{16.37}
$$

将式(16.36)代入式(16.37),解 $\kappa_{b,m}(n)$ 得

$$\kappa_{b,m}(n) = -\frac{\displaystyle\sum_{i=1}^{n} \lambda^{n-i} f_{m-1}(i) b_{m-1}^*(i-1)}{\displaystyle\sum_{i=1}^{n} \lambda^{n-i} |f_{m-1}(i)|^2} \tag{16.38}$$

式中的分子为式(16.34)所定义的 $\Delta_{m-1}(n)$ 的复共轭;分母为 $m-1$ 阶前向预测误差加权平方和,即

$$\mathscr{F}_{m-1}(n) = \sum_{i=1}^{n} \lambda^{n-i} |f_{m-1}(i)|^2 \tag{16.39}$$

因此,可将式(16.38)重新写成下列紧凑形式

$$\kappa_{b,m}(n) = -\frac{\Delta_{m-1}^*(n)}{\mathscr{F}_{m-1}(n)} \tag{16.40}$$

16.5.3 投影理论

式(16.30)和式(16.36)所述的结果是最小二乘格型(LSL)预测器的基本表达式。为了对它们进行物理解释,定义如下 $n \times 1$ 预测误差向量

$$\mathbf{f}_m(n) = \left[f_m(1), f_m(2), \cdots, f_m(n) \right]^{\mathrm{T}}$$
$$\mathbf{b}_m(n) = \left[b_m(1), b_m(2), \cdots, b_m(n) \right]^{\mathrm{T}}$$

和

$$\mathbf{b}_m(n-1) = \left[0, b_m(1), \cdots, b_m(n-1) \right]^{\mathrm{T}}$$

其中预测阶数 $m = 0, 1, 2, \cdots, M$。然后,在式(16.30)和式(16.36)的基础上,对投影理论做如下表述:

1) 将向量 $\mathbf{b}_{m-1}(n-1)$ 投影到 $\mathbf{f}_{m-1}(n)$ 的结果用残差向量 $\mathbf{f}_m(n)$ 表示;前向反射系数 $\kappa_{f,m}(n)$ 是做这个投影所需要的参数。

2) 将向量 $\mathbf{f}_{m-1}(n)$ 投影到 $\mathbf{b}_{m-1}(n-1)$ 的结果用残差向量 $\mathbf{b}_m(n)$ 表示;后向反射系数 $\kappa_{b,m}(n)$ 是做这个投影所需要的参数。

在结束这部分讨论之前,我们计算观测区间端点 $i = n$ 的式(16.30)和式(16.36)。于是,得到一对相互有关的阶更新递归关系式

$$f_m(n) = f_{m-1}(n) + \kappa_{f,m}^*(n) b_{m-1}(n-1) \tag{16.41}$$

和

$$b_m(n) = b_{m-1}(n-1) + \kappa_{b,m}^*(n) f_{m-1}(n) \tag{16.42}$$

其中 $m = 1, 2, \cdots, M$,而 M 为最终预测阶数。当 $m = 0$ 时,对输入数据不进行预测,这对应于下述初始条件

$$f_0(n) = b_0(n) = u(n) \tag{16.43}$$

其中 $u(n)$ 为自适应循环 n 的输入数据。这样,当我们从零一直到最终值 M 改变预测阶数 m 时,得到如图16.6所示的 M 级 LSL 预测器。此处,LSL 预测器的一个重要特征是它的模块化的结构,这表明其计算复杂度随预测阶呈线性变化。

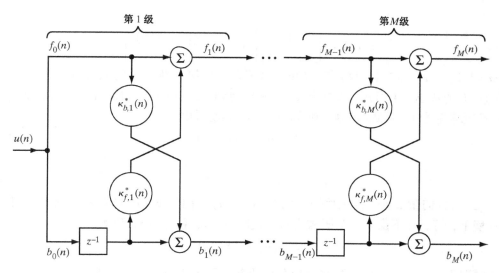

图 16.6　*M* 级格型滤波器

16.5.4　列文森-杜宾递归的 LSL 形式

前向预测误差 $f_m(n)$ 和后向预测误差 $b_m(n)$ 分别由式(16.7)和式(16.18)定义，当 $i=n$ 时重写为

$$f_m(n) = \mathbf{a}_m^{\mathrm{H}}(n)\mathbf{u}_{m+1}(n)$$

和

$$b_m(n) = \mathbf{c}_m^{\mathrm{H}}(n)\mathbf{u}_{m+1}(n)$$

其中 $\mathbf{a}_m(n)$ 和 $\mathbf{c}_m(n)$ 分别为相应的前向和后向预测误差滤波器的抽头权向量。与低阶预测误差有关的前向预测误差 $f_{m-1}(n)$ 和延迟后向预测误差 $b_{m-1}(n-1)$ 定义如下：

$$
\begin{aligned}
f_{m-1}(n) &= \mathbf{a}_{m-1}^{\mathrm{H}}(n)\mathbf{u}_m(n) \\
&= \begin{bmatrix} \mathbf{a}_{m-1}(n) \\ 0 \end{bmatrix}^{\mathrm{H}} \begin{bmatrix} \mathbf{u}_m(n) \\ u(n-m) \end{bmatrix} \\
&= \begin{bmatrix} \mathbf{a}_{m-1}(n) \\ 0 \end{bmatrix}^{\mathrm{H}} \mathbf{u}_{m+1}(n) \\
b_{m-1}(n-1) &= \mathbf{c}_{m-1}^{\mathrm{H}}(n-1)\mathbf{u}_m(n-1) \\
&= \begin{bmatrix} 0 \\ \mathbf{c}_{m-1}(n-1) \end{bmatrix}^{\mathrm{H}} \begin{bmatrix} u(n) \\ \mathbf{u}_m(n-1) \end{bmatrix} \\
&= \begin{bmatrix} 0 \\ \mathbf{c}_{m-1}(n-1) \end{bmatrix}^{\mathrm{H}} \mathbf{u}_{m+1}(n)
\end{aligned}
$$

刚才定义的四种预测误差具有相同的输入向量，即 $\mathbf{u}_{m+1}(n)$。因此，将其定义式代入式(16.41)和式(16.42)并比较结果的两边，我们得到下面一对阶更新表达式

$$\mathbf{a}_m(n) = \begin{bmatrix} \mathbf{a}_{m-1}(n) \\ 0 \end{bmatrix} + \kappa_{f,m}(n)\begin{bmatrix} 0 \\ \mathbf{c}_{m-1}(n-1) \end{bmatrix} \tag{16.44}$$

和

$$\mathbf{c}_m(n) = \begin{bmatrix} 0 \\ \mathbf{c}_{m-1}(n) \end{bmatrix} + \kappa_{b,m}(n) \begin{bmatrix} \mathbf{a}_{m-1}(n) \\ 0 \end{bmatrix} \tag{16.45}$$

其中 $m=1,2,\cdots,M$。式(16.44)和式(16.45)可以看做第 3 章讨论的列文森-杜宾(Levinson-Durbin)递归的最小二乘形式。根据定义,我们注意到,$\mathbf{c}_{m-1}(n-1)$ 的最后一个元素和 $\mathbf{a}_{m-1}(n)$ 的第一个元素都为 1。从式(16.44)式(16.45),容易看出

$$\kappa_{f,m}(n) = a_{m,m}(n) \tag{16.46}$$

和

$$\kappa_{b,m}(n) = c_{m,0}(n) \tag{16.47}$$

其中 $a_{m,m}(n)$ 为向量 $\mathbf{a}_m(n)$ 的最后一个元素,$c_{m,0}(n)$ 为向量 $\mathbf{c}_m(n)$ 的第一个元素。因此,在平稳环境下,情况并不像第 3 章所描述的。人们通常发现,在 LSL 预测器中,有

$$\kappa_{f,m}(n) \neq \kappa_{b,m}^*(n)$$

在任何情况下,式(16.44)和式(16.45)的阶更新揭示了 M 阶 LSL 滤波器的一个重要性质:

在含蓄的意义上,这样一种预测器隐含阶为 $1,2,\cdots,M$ 的前向预测误差滤波器链和后向预测误差滤波器链,它们都具有模块化结构,如图 16.6 所示。

16.5.5　$\Delta_{m-1}(n)$ 的时间更新递归

从式(16.35)式(16.40)可以看出,LSL 预测器的反射系数 $\kappa_{f,m}(n)$ 和 $\kappa_{b,m}(n)$ 由 $\Delta_{m-1}(n)$、$\mathscr{F}_{m-1}(n)$ 和 $\mathscr{B}_{m-1}(n-1)$ 三个量唯一确定。式(16.11)和式(16.22)提供了后两个量的时间更新方法。为了递归计算这两个反射系数,需要有相应的计算 $\Delta_{m-1}(n)$ 的时间更新递归关系式。

为着手推导剩下的另一个递归关系式,我们回忆 16.2 节中关于前向线性预测的下面两个公式(式中用 $m-1$ 代替了 m)

$$f_{m-1}(i) = u(i) - \hat{\mathbf{w}}_{f,m-1}^{\mathrm{H}}(n)\mathbf{u}_{m-1}(i-1) \qquad i = 1,2,\cdots,n$$

和

$$\hat{\mathbf{w}}_{f,m-1}(n) = \hat{\mathbf{w}}_{f,m-1}(n-1) + \mathbf{k}_{m-1}(n-1)\eta_{m-1}^*(n)$$

将以上两式代入式(16.34),整理后得

$$\Delta_{m-1}(n) = \sum_{i=1}^{n} \lambda^{n-i}[u(i) - \hat{\mathbf{w}}_{f,m-1}^{\mathrm{H}}(n-1)\mathbf{u}_{m-1}(i-1)]^* b_{m-1}(i-1)$$

$$- \eta_{m-1}(n)\mathbf{k}_{m-1}^{\mathrm{T}}(n-1)\sum_{i=1}^{n} \lambda^{n-i}\mathbf{u}_{m-1}^*(i-1)b_{m-1}(i-1)$$

这个式子化简如下:

● 利用后向线性预测的正交性原理,等式右边第二项为零,即

$$\sum_{i=1}^{n} \lambda^{n-i}\mathbf{u}_{m-1}(i-1)b_{m-1}^*(i-1) = \mathbf{0}$$

[见式(16.20)和表 16.2 第三列]。

- 根据定义，等式右边方括号中的第一项为前向先验预测误差

$$\eta_{m-1}(i) = u(i) - \hat{\mathbf{w}}_{f,m-1}^{\mathrm{H}}(n-1)\mathbf{u}_{m-1}(i-1) \qquad i = 1, 2, \cdots, n$$

[见式(16.2)]。

因此，我们可简单地将 $\Delta_{m-1}(n)$ 重新定义为

$$\Delta_{m-1}(n) = \sum_{i=1}^{n} \lambda^{n-i} \eta_{m-1}^{*}(i) b_{m-1}(i-1) \tag{16.48}$$

下面，我们将从和式中分离对应于 $i = n$ 的项 $\eta_{m-1}^{*}(n) b_{m-1}(n-1)$，于是写出

$$\Delta_{m-1}(n) = \sum_{i=1}^{n-1} \lambda^{n-i} \eta_{m-1}^{*}(i) b_{m-1}(i-1) + \eta_{m-1}^{*}(n) b_{m-1}(n-1)$$

$$= \lambda \sum_{i=1}^{n-1} \lambda^{n-1-i} \eta_{m-1}^{*}(i) b_{m-1}(i-1) + \eta_{m-1}^{*}(n) b_{m-1}(n-1)$$

这个式子右边的和式可以看做 $\Delta_{m-1}(n-1)$ 的过去值。因此，我们可最终写出

$$\Delta_{m-1}(n) = \lambda \Delta_{m-1}(n-1) + \eta_{m-1}^{*}(n) b_{m-1}(n-1) \tag{16.49}$$

它就是我们所期望的递归方程。注意，这个方程类似于 $\mathscr{F}_m(n)$ 的式(16.11)和 $\mathscr{B}_m(n)$ 的式(16.22)，因为这三个更新式中的修正项都涉及后验预测误差与先验预测误差的乘积。

16.5.6　LSL 预测器的精确解耦性质

m 级 LSL 预测器的另一个重要性质是：从时间平均意义上讲，预测器各级产生的后向预测误差 $b_0(n), b_1(n), \cdots, b_m(n)$ 在所有自适应循环都不相关(相互正交)。换句话说，LSL 预测器可以将一个相关输入序列 $\{u(n), u(n-1), \cdots, u(u-m)\}$ 变换为一个新的不相关的后向预测误差序列

$$\{u(n), u(n-1), \cdots, u(n-m)\} \Longleftrightarrow \{b_0(n), b_1(n), \cdots, b_m(n)\} \tag{16.50}$$

这里示出的变换是互易的，即 LSL 预测器保留了输入数据的全部信息。

现在，考虑 m 阶后向预测误差滤波器。令滤波器的 $(m+1) \times 1$ 抽头权向量在整个时间区间 $1 \leqslant i \leqslant n$ 内进行最小二乘意义上的最优化，并用 $\mathbf{c}_m(n)$ 表示，其展开形式为

$$\mathbf{c}_m(n) = [c_{m,m}(n), c_{m,m-1}(n), \cdots, 1]^{\mathrm{T}}$$

令 $b_m(i)$ 表示在滤波器输出端产生的与 $(m+1) \times 1$ 向量 $\mathbf{u}_{m+1}(i)$ 对应的后向后验预测误差，其展开形式为

$$\mathbf{u}_{m+1}(i) = [u(i), u(i-1), \cdots, u(i-m)]^{\mathrm{T}} \qquad i > m$$

这样，我们可以将误差 $b_m(i)$ 表示为

$$\begin{aligned} b_m(i) &= \mathbf{c}_m^{\mathrm{H}}(n)\mathbf{u}_{m+1}(i) \\ &= \sum_{k=0}^{m} c_{m,k}^{*}(n) u(i-m+k) \qquad \begin{matrix} m < i \leqslant n \\ m = 0, 1, 2, \cdots \end{matrix} \end{aligned} \tag{16.51}$$

令

$$\mathbf{b}_{m+1}(i) = \left[b_0(i), b_1(i), \cdots, b_m(i) \right]^{\mathrm{T}} \qquad \begin{array}{l} m < i \leqslant n \\ m = 0, 1, 2, \cdots \end{array}$$

为 $(m+1) \times 1$ 后向后验预测误差向量。将式(16.51)代入该向量,可将输入数据变换为对应的后向后验预测误差,且该变换关系可表示为

$$\mathbf{b}_{m+1}(i) = \mathbf{L}_m(n)\mathbf{u}_{m+1}(i) \tag{16.52}$$

其中 $(m+1) \times (m+1)$ 的变换矩阵

$$\mathbf{L}_m(n) = \begin{bmatrix} 1 & 0 & \cdots & 0 \\ c_{1,1}^*(n) & 1 & \cdots & 0 \\ \vdots & \vdots & \ddots & \vdots \\ c_{m,m}^*(n) & c_{m,m-1}^*(n) & \cdots & 1 \end{bmatrix} \tag{16.53}$$

为一个下三角形矩阵。注意,符号 $\mathbf{L}_m(n)$ 中的下标 m 表示矩阵组成中所涉及的后向预测误差滤波器的最高阶。我们还要注意以下几点:

- 矩阵 $\mathbf{L}_m(n)$ 中行 l 的非零元素用 $l-1$ 阶后向预测误差滤波器的抽头权值定义。
- 矩阵 $\mathbf{L}_m(n)$ 中对角线上的元素等于1,这是因为每一个后向预测误差滤波器的最后抽头权值为1。
- 矩阵 $\mathbf{L}_m(n)$ 的行列式对所有 m 都等于1,因此逆矩阵 $\mathbf{L}_m^{-1}(n)$ 存在,式(16.50)中的互易性得以证实。

根据定义,不同阶数(k 和 m)的后向预测误差的相关系数由指数加权的时间平均给出为

$$\begin{aligned} \phi_{km}(n) &= \sum_{i=1}^{n} \lambda^{n-i} b_k(i) b_m^*(i) \\ &= \sum_{i=1}^{n} \lambda^{n-i} \mathbf{c}_k^{\mathrm{H}}(n) \mathbf{u}_k(i) b_m^*(i) \\ &= \mathbf{c}_k^{\mathrm{H}}(n) \sum_{i=1}^{n} \lambda^{n-i} \mathbf{u}_k(i) b_m^*(i) \end{aligned} \tag{16.54}$$

其中 $\mathbf{c}_k(n)$ 为 k 阶后向预测误差滤波器的抽头权向量,它用来产生误差 $b_k(n)$。不失一般性,可假设 $m > k$。如注意到输入权向量 $\mathbf{u}_k(n)$ 包含在用误差 $b_m(n)$ 表示并用最小二乘法优化的后向预测产生之中,则根据正交性原理容易推断:当 $m > k$ 时,相关系数 $\phi_{km}(n)$ 为零。换句话说,从时间平均的意义上,当 $m \neq k$ 时,后向预测误差 $b_k(n)$ 和 $b_m(n)$ 彼此不相关。

这一重要性质使得最小二乘估计格型滤波器成为精确最小二乘联合过程估计的理想设备。具体而言,我们可用图16.6所示的格型结构产生的后向预测误差序列,以图16.7的阶递归方式完成期望响应的最小二乘估计。特别地,对于 m 阶(级),我们有

$$e_m(n) = e_{m-1}(n) - h_{m-1}^*(n) b_{m-1}(n) \qquad m = 1, 2, \cdots, M+1 \tag{16.55}$$

该联合过程估计的初始条件为

$$e_0(n) = d(n) \tag{16.56}$$

参数 $h_{m-1}(n)$($m = 1, 2, \cdots, M+1$)称为联合过程估计系数或回归系数。于是,期望响应 $d(n)$ 的最小二乘估计可与线性预测过程联合并一级一级地进行。

式(16.55)可看做图 16.5(c)所示的单阶线性组合器。该处,对于估计变量,故意用 i 代替 n,以便与图中的(a)和(b)两部分相一致。这里需要注意的是,对所有 $1 \leqslant i \leqslant n$, $b_{m-1}(i)$ 可看做输入,而 $e_{m-1}(i)$ 可看做期望响应。

图16.6的多级格型预测器的后向预测误差

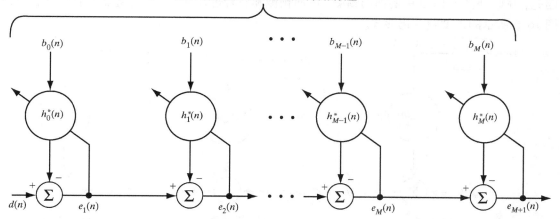

图 16.7　采用后向预测误差序列的最小二乘估计

16.6　角度归一化估计误差

上一节讲述的 LSL 预测器公式是基于前向后验预测误差 $f_m(n)$ 和后向后验预测误差 $b_m(n)$ 的。式(16.41)和式(16.42)中的阶递归关系依据前向反射系数的当前值 $\kappa_{f,m}(n)$ 和后向反射系数 $\kappa_{b,m}(n)$ 的当前值来定义。我们可同样满意地依据前向先验预测误差 $\eta_m(n)$ 和后向先验预测误差 $\beta_m(n)$ 表示 LSL 预测器。在后一种情况下,可根据前向反射系数的过去值 $\kappa_{f,m}(n-1)$ 和后向反射系数的过去值 $\kappa_{b,m}(n-1)$ 定义如下阶递归关系:

$$\eta_m(n) = \eta_{m-1}(n) + \kappa_{f,m}^*(n-1)\beta_{m-1}(n-1) \tag{16.57}$$

$$\beta_m(n) = \beta_{m-1}(n-1) + \kappa_{b,m}^*(n-1)\eta_{m-1}(n) \tag{16.58}$$

从发展的观点来看,如果能以一种对选择后验或先验预测误差具有不变性的方式来表示最小二乘预测器问题,这将是很理想的。我们通过引入角度归一化估计误差(angle-normalized estimation error)概念来达到这个目标。在这一点上,考虑到三种不同形式的估计,我们引入如下一组 m 阶 LSL 预测器的角度归一化估计误差:

- 角度归一化前向预测误差,定义为

$$\varepsilon_{f,m}(n) = \gamma_m^{1/2}(n-1)\eta_m(n) = \frac{f_m(n)}{\gamma_m^{1/2}(n-1)} \tag{16.59}$$

其中 $\gamma_m(n-1)$ 为变换因子的过去值。

- 角度归一化后向预测误差,定义为

$$\varepsilon_{b,m}(n) = \gamma_m^{1/2}(n)\beta_m(n) = \frac{b_m(n)}{\gamma_m^{1/2}(n)} \tag{16.60}$$

其中 $\gamma_m(n)$ 为变换因子的当前值。

- 角度归一化联合过程估计误差,定义为

$$\varepsilon_m(n) = \gamma_m^{1/2}(n)\xi_m(n) = \frac{e_m(n)}{\gamma_m^{1/2}(n)} \tag{16.61}$$

其中 $e_m(n)$ 和 $\xi_m(n)$ 分别为联合过程估计误差的后验值和先验值。

因此,我们可将图 16.5 中的前向预测、后向预测和联合过程估计三种单系数线性组合器写成图 16.8 所示的角度归一化形式。

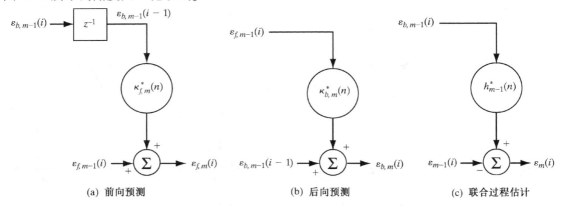

图 16.8　单系数线性组合器的角度归一化形式

使用"角度"一词是因为变换因子作为一个角的余弦(其细节见 16.4 节)。不论什么情况下,这里要注意的重要一点是,在基于角度归一化估计误差的 LSL 滤波算法中,我们不再需要区分不同估计误差的后验形式和先验形式,该方法的通用性很强。

16.7　格型滤波的一阶状态空间模型

利用 16.2 节 ~ 16.6 节介绍的背景材料,现在我们着手推导基于最小二乘估计的阶递归自适应滤波器算法。这里采用的方法建立在 RLS 变量和卡尔曼变量一一对应关系的基础上。显然,为了进行这个推导,需要建立基于格型结构及其联合过程估计的最小二乘预测的状态空间表示。根据前一节说明的原因,我们希望依照角度归一化估计误差建立状态空间模型。

然后,考虑下面三种 $m-1$ 阶角度归一化预测误差的 $n \times 1$ 向量

$$\left. \begin{aligned}
\boldsymbol{\varepsilon}_{f,m-1}(n) &= \begin{bmatrix} \varepsilon_{f,m-1}(1) \\ \varepsilon_{f,m-1}(2) \\ \vdots \\ \varepsilon_{f,m-1}(n) \end{bmatrix} \\
\boldsymbol{\varepsilon}_{b,m-1}(n-1) &= \begin{bmatrix} 0 \\ \varepsilon_{b,m-1}(1) \\ \vdots \\ \varepsilon_{b,m-1}(n-1) \end{bmatrix} \\
\boldsymbol{\varepsilon}_{m-1}(n) &= \begin{bmatrix} e_{m-1}(1) \\ e_{m-1}(2) \\ \vdots \\ e_{m-1}(n) \end{bmatrix}
\end{aligned} \right\} \tag{16.62}$$

为了初始化 LSL 预测器, 典型地取

$$\mathscr{F}_{m-1}(0) = \mathscr{B}_{m-1}(-1) = \delta$$

和

$$\Delta_{m-1}(0) = 0$$

调节参数 δ 通常取足够小, 以便能忽略 n 增大时对 $\mathscr{F}_{m-1}(n)$ 和 $\mathscr{B}_{m-1}(n-1)$ 的影响。因此, 可分别从式 (16.10)、式 (16.21) 和式 (16.34) 得出如下结论:

1) 前向预测误差的加权和 $\mathscr{F}_{m-1}(n)$ 等于对应的角度归一化向量 $\boldsymbol{\varepsilon}_{f,m-1}(n)$ 指数加权平方范数, 即

$$\mathscr{F}_{m-1}(n) = \boldsymbol{\varepsilon}_{f,m-1}^{\mathrm{H}}(n)\boldsymbol{\Lambda}(n)\boldsymbol{\varepsilon}_{f,m-1}(n) \tag{16.63}$$

其中

$$\boldsymbol{\Lambda}(n) = \mathrm{diag}[\lambda^{n-1}, \lambda^{n-2}, \cdots, 1]$$

是 $n \times n$ 指数加权矩阵。

2) 后向预测误差的加权和 $\mathscr{B}_{m-1}(n-1)$ 等于对应的角度归一化向量 $\boldsymbol{\varepsilon}_{b,m-1}(n-1)$ 指数加权平方范数, 即

$$\mathscr{B}_{m-1}(n-1) = \boldsymbol{\varepsilon}_{b,m-1}^{\mathrm{H}}(n-1)\boldsymbol{\Lambda}(n-1)\boldsymbol{\varepsilon}_{b,m-1}(n-1) \tag{16.64}$$

3) 参数 $\Delta_{m-1}^{*}(n)$ 表示指数加权互相关系数, 它等于角度归一化向量 $\boldsymbol{\varepsilon}_{b,m-1}(n-1)$ 与 $\boldsymbol{\varepsilon}_{f,m-1}(n)$ 指数加权的内积, 即

$$\Delta_{m-1}^{*}(n) = \boldsymbol{\varepsilon}_{b,m-1}^{\mathrm{H}}(n-1)\boldsymbol{\Lambda}(n)\boldsymbol{\varepsilon}_{f,m-1}(n) \tag{16.65}$$

这些表明, 复共轭的前向反射系数

$$\kappa_{f,m}^{*}(n) = -\frac{\Delta_{m-1}^{*}(n)}{\mathscr{B}_{m-1}(n-1)}$$

亦可写为

$$\kappa_{f,m}^{*}(n) = -\frac{\boldsymbol{\varepsilon}_{b,m-1}^{\mathrm{H}}(n-1)\boldsymbol{\Lambda}(n)\boldsymbol{\varepsilon}_{f,m-1}(n)}{\boldsymbol{\varepsilon}_{b,m}^{\mathrm{H}}(n-1)\boldsymbol{\Lambda}(n-1)\boldsymbol{\varepsilon}_{b,m-1}(n-1)} \tag{16.66}$$

换句话说, 标度系数 $\kappa_{f,m}^{*}(n)$ 可以看做将 $\boldsymbol{\varepsilon}_{b,m-1}(n-1)$ 投影到 $\boldsymbol{\varepsilon}_{f,m-1}(n)$ 上所需要的系数。这也暗示着, 将后验预测向量 $\mathbf{b}_{m-1}(n-1)$ 投影到后验预测向量 $\mathbf{f}_{m-1}(n)$ 的问题, 可用将角度归一化预测向量 $\boldsymbol{\varepsilon}_{b,m-1}(n-1)$ 投影到角度归一化预测向量 $\boldsymbol{\varepsilon}_{f,m-1}(n)$ 的等效问题来代替。对于将 $\mathbf{f}_{m-1}(n)$ 投影到 $\mathbf{b}_{m-1}(n-1)$ 的问题及联合过程估计问题, 我们也可以得出类似的结论。

因此, 参考图 16.8 所示的三种信号流图, 我们可以得出 LSL 滤波问题的三种 m 级一阶状态空间模型, 它基于如下三个投影:

- 对于前向线性预测, 将 $\boldsymbol{\varepsilon}_{b,m-1}(n-1)$ 投影到 $\boldsymbol{\varepsilon}_{f,m-1}(n)$。
- 对于后向线性预测, 将 $\boldsymbol{\varepsilon}_{f,m-1}(n)$ 投影到 $\boldsymbol{\varepsilon}_{b,m-1}(n-1)$。
- 对于联合处理线性估计, 将 $\boldsymbol{\varepsilon}_{b,m-1}(n)$ 投影到 $\boldsymbol{\varepsilon}_{m-1}(n)$。

于是, 考虑到第 14 章建立的卡尔曼变量与 RLS 变量之间的一一对应关系, 我们可将 LSL 滤波问题的 m 级状态空间表征分为以下三个部分:

1) 前向预测：这时

$$x_1(n + 1) = \lambda^{-1/2}x_1(n) \tag{16.67}$$

和

$$y_1(n) = \varepsilon_{b,m-1}^*(n - 1)x_1(n) + \nu_1(n) \tag{16.68}$$

其中 $x_1(n)$ 为状态变量，参考信号(观测)为

$$y_1(n) = \lambda^{-n/2}\varepsilon_{f,m-1}^*(n) \tag{16.69}$$

标量测量噪声 $\nu_1(n)$ 是一个均值为零、方差为 1 的随机变量。

2) 后向预测：这时

$$x_2(n + 1) = \lambda^{-1/2}x_2(n) \tag{16.70}$$

和

$$y_2(n) = \varepsilon_{f,m-1}^*(n)x_2(n) + \nu_2(n) \tag{16.71}$$

其中 $x_2(n)$ 为第二个状态变量，而第二个参考信号(观测)为

$$y_2(n) = \lambda^{-n/2}\varepsilon_{b,m-1}^*(n) \tag{16.72}$$

与 $\nu_1(n)$ 相同，标量测量噪声 $\nu_2(n)$ 也是一个均值为零、方差为 1 的随机变量。

3) 联合过程估计：这时

$$x_3(n + 1) = \lambda^{-1/2}x_3(n) \tag{16.73}$$

和

$$y_3(n) = \varepsilon_{b,m-1}^*(n)x_3(n) + \nu_3(n) \tag{16.74}$$

其中 $x_3(n)$ 为第三个即最后一个状态变量，而相应的参考信号(观测)为

$$y_3(n) = \lambda^{-n/2}\varepsilon_{m-1}^*(n) \tag{16.75}$$

如前，标量测量噪声 $\nu_3(n)$ 是一个均值为零、方差为 1 的随机变量。噪声变量 $\nu_1(n)$、$\nu_2(n)$ 和 $\nu_3(n)$ 相互独立。

在前述状态空间模型的基础上，表 16.3 列出假设预测阶数为 $m - 1$ 时卡尔曼变量与三组 LSL 变量之间的一一对应关系。三组 LSL 变量分别为前向预测、后向预测和联合过程估计。表中的前三行很容易从式(16.67)~式(16.75)的状态空间模型以及第 14 章的表 14.3 所列出的卡尔曼变量与 RLS 变量的一一对应关系得出。为了证实其他三行的对应关系，我们以前向线性预测情况为例，讨论如下：

表 16.3 m 级格型预测器中卡尔曼变量与角度归一化 LSL 变量之间的一一对应关系

卡尔曼变量	LSL 变量/参数		
	前向预测	后向预测	联合过程估计
$y(n)$	$\lambda^{-n/2}\varepsilon_{f,m-1}^*(n)$	$\lambda^{-n/2}\varepsilon_{b,m-1}^*(n - 1)$	$\lambda^{-n/2}\varepsilon_{m-1}^*(n)$
$\mathbf{u}^H(n)$	$\varepsilon_{b,m-1}^*(n - 1)$	$\varepsilon_{f,m-1}^*(n)$	$\varepsilon_{b,m-1}^*(n)$
$\hat{\mathbf{x}}(n\,|\,\mathcal{Y}_{n-1})$	$-\lambda^{-n/2}\kappa_{f,m}(n - 1)$	$-\lambda^{-n/2}\kappa_{b,m}(n - 1)$	$\lambda^{-n/2}\kappa_{m-1}(n - 1)$
$\mathbf{K}(n - 1)$	$\lambda^{-1}\mathcal{B}_{m-1}^{-1}(n - 2)$	$\lambda^{-1}\mathcal{F}_{m-1}^{-1}(n - 1)$	$\lambda^{-1}\mathcal{B}_{m-1}^{-1}(n - 1)$
$\mathbf{g}(n)$	$\lambda^{-1/2}\mathcal{B}_{m-1}^{-1}(n - 1)\varepsilon_{b,m-1}(n - 1)$	$\lambda^{-1/2}\mathcal{F}_{m-1}^{-1}(n)\varepsilon_{f,m-1}(n)$	$\lambda^{-1/2}\mathcal{B}_{m-1}^{-1}(n)\varepsilon_{b,m-1}(n)$
$r(n)$	$\dfrac{\gamma_{m-1}(n - 1)}{\gamma_m(n - 1)}$	$\dfrac{\gamma_{m-1}(n - 1)}{\gamma_m(n)}$	$\dfrac{\gamma_{m-1}(n)}{\gamma_m(n)}$

1）从第 14 章的表 14.3 我们知道，卡尔曼滤波器理论中滤波状态误差的相关矩阵与 RLS 理论中输入向量相关矩阵逆矩阵的对应关系为

$$\mathbf{K}(n-1) \leftrightarrow \lambda^{-1}\mathbf{P}(n-1) = \lambda^{-1}\boldsymbol{\Phi}^{-1}(n-1)$$

（此后，双向箭头表示——对应关系。）对于图 16.8（a）所示的现有问题，我们看到加到前向反射系数的输入经单位延迟后为 $\varepsilon_{b,m-1}(i-1)$。对于 $m-1$ 阶前向预测，我们有

$$\mathbf{K}(n-1) \leftrightarrow \lambda^{-1}\left(\sum_{i=1}^{n-2}\lambda^{n-i+2}\left|\varepsilon_{b,m-1}(i-2)\right|^2\right)^{-1} = \lambda^{-1}\mathscr{B}_{m-1}^{-1}(n-2) \tag{16.76}$$

2）由第 14 章的表 14.3，我们同样可以得到下面卡尔曼滤波器理论中卡尔曼增益向量与 RLS 理论中增益向量的——对应关系

$$\mathbf{g}(n) \leftrightarrow \lambda^{-1/2}\mathbf{k}(n)$$

对于 $m-1$ 阶前向预测问题，采用第 10 章式（10.22）中增益向量 $\mathbf{k}(n)$ 的定义，可以写出

$$\mathbf{g}(n) \leftrightarrow \lambda^{-1/2}\mathscr{B}_{m-1}^{-1}(n-1)\varepsilon_{b,m-1}(n-1) \tag{16.77}$$

3）至此，由式（16.76）和式（16.77）所定义的各项推导已经相当简明易懂。然而，对表 16.3 中的最后一项，我们需要做更加细致的考虑。从 14.8 节可知，卡尔曼滤波器理论中变换因子 $r^{-1}(n)$ 的值等于后验估计误差 $e(n)$ 与先验估计误差 $\alpha(n)$ 的比值。相比之下，图 16.8 中角度归一化单系数模型则无法区分先验与后验估计误差。为了克服这一困难，我们进行如下工作：首先，将先验估计误差或卡尔曼滤波器理论中的所谓"新息"定义为

$$\alpha(n) = y(n) - \mathbf{u}^{\mathrm{H}}(n)\hat{\mathbf{x}}(n\,|\,\mathscr{Y}_{n-1}) \tag{16.78}$$

根据表 16.3 中的前三行，我们有如下前向预测的——对应关系

$$y(n) \leftrightarrow \lambda^{-n/2}\varepsilon_{f,m}^*(n)$$

$$\mathbf{u}^{\mathrm{H}}(n) \leftrightarrow \varepsilon_{b,m-1}^*(n-1)$$

$$\hat{\mathbf{x}}(n\,|\,\mathscr{Y}_{n-1}) \leftrightarrow -\lambda^{-n/2}\kappa_{f,m}(n-1)$$

因此，将上面的对应关系代入式（16.78）的右边，得到

$$\alpha(n) \leftrightarrow \lambda^{-n/2}\left(\varepsilon_{f,m-1}^*(n) + \kappa_{f,m}(n-1)\varepsilon_{b,m-1}^*(n-1)\right)$$

其次，利用式（16.79）和式（16.60），可以等效地写出

$$\alpha(n) \leftrightarrow \lambda^{-n/2}\gamma_{m-1}^{1/2}(n-1)\left(\eta_{m-1}^*(n) + \kappa_{f,m}(n-1)\beta_{m-1}^*(n-1)\right)$$

于是，利用式（16.57），对于 $m-1$ 阶前向预测，我们得出如下结果：

$$\alpha(n) \leftrightarrow \lambda^{-n/2}\gamma_{m-1}^{1/2}(n-1)\eta_m^*(n) \tag{16.79}$$

下面，将卡尔曼滤波器理论中的滤波估计误差定义为

$$e(n) = y(n) - \mathbf{u}^{\mathrm{H}}(n)\hat{\mathbf{x}}(n\,|\,\mathscr{Y}_n) \tag{16.80}$$

其中，滤波状态估计自身定义为

$$\hat{\mathbf{x}}(n\,|\,\mathscr{Y}_n) = \mathbf{F}(n, n+1)\hat{\mathbf{x}}(n+1)\,|\,\mathscr{Y}_n)$$

对于现有问题,变换矩阵为[见式(14.89)]

$$\mathbf{F}(n+1,n) = \lambda^{-1/2}$$

而根据支配该转移矩阵的求逆规则,有

$$\mathbf{F}(n,n+1) = \lambda^{1/2}$$

因此,从表16.3中的第三行

$$\hat{\mathbf{x}}(n+1|\mathcal{Y}_n) \leftrightarrow -\lambda^{-(n+1)/2}\kappa_{f,m}(n)$$

如所期望的,可得出

$$\hat{\mathbf{x}}(n|\mathcal{Y}_n) \leftrightarrow -\lambda^{-n/2}\kappa_{f,m}(n)$$

因此,对于前向线性预测,利用式(16.80),可以写出

$$e(n) \leftrightarrow \lambda^{-n/2}(\varepsilon_{f,m-1}^*(n) + \kappa_{f,m}(n)\varepsilon_{b,m-1}^*(n-1))$$

再一次利用式(16.79)和式(16.60)的关系,可以等效地写出

$$e(n) \leftrightarrow \lambda^{-n/2}\gamma_{m-1}^{-1/2}(n-1)(f_{m-1}^*(n) + \kappa_{f,m}(n)b_{m-1}^*(n-1))$$

这样,根据式(16.41),对 $m-1$ 阶前向预测,我们得出

$$e(n) \leftrightarrow \lambda^{-n/2}\gamma_{m-1}^{-n/2}(n-1)f_m^*(n) \tag{16.81}$$

最后,利用式(16.79)和式(16.81),对 $m-1$ 阶前向预测,可写出如下一一对应关系

$$r(n) \leftrightarrow \frac{\gamma_{m-1}(n-1)}{\gamma_m(n-1)} \tag{16.82}$$

于是,对于表16.3中列出的前后向预测误差,式(16.76)、式(16.77)和式(16.82)提供了卡尔曼变量和LSL变量后三行变量之间的一一对应关系。通过采用类似的方法,可以得出剩下的后向预测和联合过程估计的对应关系(我们将它作为练习留给读者,见习题11)。

16.8　基于 QR 分解的最小二乘格型(QRD-LSL)滤波器

在给出16.7节描述的 LSL 滤波和第15章导出的平方根信息滤波的状态空间模型后,最后我们推导首要的阶递归自适应滤波算法。对算法阵列及其扩展的讲述将分三部分进行,依次论及自适应前向预测、自适应后向预测和自适应联合过程估计。本节采用的基本工具为前、后阵列变换,它定义了式(15.38)的平方根信息滤波算法。为了表示方便,这里再次将其重写出

$$\underbrace{\begin{bmatrix} \lambda^{1/2}\mathbf{K}^{-H/2}(n-1) & \lambda^{1/2}\mathbf{u}(n) \\ \hat{\mathbf{x}}^H(n|\mathcal{Y}_{n-1})\mathbf{K}^{-H/2}(n-1) & y^*(n) \\ \mathbf{0}^T & 1 \end{bmatrix}\Theta(n)}_{\text{前阵列}}$$

$$= \underbrace{\begin{bmatrix} \mathbf{K}^{-H/2}(n) & \mathbf{0} \\ \hat{\mathbf{x}}^H(n+1|\mathcal{Y}_n)\mathbf{K}^{-H/2}(n) & r^{-1/2}(n)\alpha^*(n) \\ \lambda^{1/2}\mathbf{u}^H(n)\mathbf{K}^{1/2}(n) & r^{-1/2}(n) \end{bmatrix}}_{\text{后阵列}} \tag{16.83}$$

其中 $\Theta(n)$ 为酉旋转,用来消除前阵列第二列中的第一个分块项 $\lambda^{1/2}\mathbf{u}(n)$。

16.8.1　自适应前向预测阵列

为了使式(16.83)适合状态空间方程(16.67)～方程(16.69)所描述的前向预测模型,借助于表16.3列出的卡尔曼变量与 LSL 变量的一一对应关系(对于前向预测),我们可以写出 m 级 LSL 预测器的如下阵列方程:

$$\underbrace{\begin{bmatrix} \lambda^{1/2}\mathscr{B}_{m-1}^{1/2}(n-2) & \varepsilon_{b,m-1}(n-1) \\ \lambda^{1/2}p_{f,m-1}^{*}(n-1) & \varepsilon_{f,m-1}(n) \\ 0 & \gamma_{m-1}^{1/2}(n-1) \end{bmatrix}}_{\text{前阵列}}\Theta_{b,m-1}(n-1)$$

$$= \underbrace{\begin{bmatrix} \mathscr{B}_{m-1}^{1/2}(n-1) & 0 \\ p_{f,m-1}^{*}(n) & \varepsilon_{f,m}(n) \\ b_{m-1}^{*}(n-1)\mathscr{B}_{m-1}^{-1/2}(n-1) & \gamma_{m}^{1/2}(n-1) \end{bmatrix}}_{\text{后阵列}} \tag{16.84}$$

然而注意到,在式(16.84)的书写中,我们做了两件事:首先,从前、后阵列的第一行和第二行中分别删除了公共因子 $\lambda^{1/2}$ 和 $\lambda^{-n/2}$;其次,在第三行,我们用 $\gamma_{m-1}^{1/2}(n-1)$ 乘以前、后阵列。这么做的目的是为了简化变换的乘积。

后阵列中出现的标量 $\mathscr{B}_{m-1}(n-1)$ 和 $p_{f,m-1}(n)$ 分别定义如下:

1) 实值量

$$\begin{aligned} \mathscr{B}_{m-1}(n-1) &= \sum_{i=1}^{n-1}\lambda^{n-1-i}\varepsilon_{b,m-1}(i-1)\varepsilon_{b,m-1}^{*}(i-1) \\ &= \lambda\mathscr{B}_{m-1}(n-2) + \varepsilon_{b,m-1}(n-1)\varepsilon_{b,m-1}^{*}(n-1) \end{aligned} \tag{16.85}$$

为零延迟后的角度归一化后向预测误差 $\varepsilon_{b,m-1}(n-1)$ 的自相关函数。$\mathscr{B}_{m-1}(n-1)$ 也可以理解为后向后验预测误差加权平方和的最小值。按照 RLS 理论,可定义如下[见式(16.22)]

$$\mathscr{B}_{m-1}(n-1) = \lambda\mathscr{B}_{m-1}(n-2) + \beta_{m-1}(n-1)b_{m-1}^{*}(n-1)$$

注意,乘积项 $\beta_{m-1}(n-1)b_{m-1}^{*}(n-1)$ 总是实数,即

$$\beta_{m-1}(n-1)b_{m-1}^{*}(n-1) = \beta_{m-1}^{*}(n-1)b_{m-1}(n-1)$$

2) 除了因子 $\mathscr{B}_{m-1}^{-1/2}(n-1)$ 外,复值量

$$p_{f,m-1}(n) = \frac{\Delta_{m-1}(n)}{\mathscr{B}_{m-1}^{1/2}(n-1)} \tag{16.86}$$

其中

$$\begin{aligned} \Delta_{m-1}(n) &= \sum_{i=1}^{n}\lambda^{n-i}\varepsilon_{b,m-1}(i-1)\varepsilon_{f,m-1}^{*}(i) \\ &= \lambda\Delta_{m-1}(n-1) + \varepsilon_{b,m-1}(n-1)\varepsilon_{f,m-1}^{*}(n) \end{aligned} \tag{16.87}$$

为角度归一化前向和后向预测误差的互相关函数。实际上,$p_{f,m-1}(n)$ 与 m 阶前向反射系数 $\kappa_{f,m}(n)$ 的关系如下(Haykin, 1991):

$$\begin{aligned} \kappa_{f,m}(n) &= -\frac{\Delta_{m-1}(n)}{\mathscr{B}_{m-1}(n-1)} \\ &= -\frac{p_{f,m-1}(n)}{\mathscr{B}_{m-1}^{1/2}(n-1)} \end{aligned} \tag{16.88}$$

式(16.84)中的 2×2 矩阵为酉旋转矩阵 $\Theta_{b,m-1}(n-1)$，它将后阵列中的 $(1,2)$ 项变为零，即该矩阵消除了前阵列中的项 $\varepsilon_{b,m-1}(n-1)$。这一要求可通过 Givens 旋转

$$\Theta_{b,m-1}(n-1) = \begin{bmatrix} c_{b,m-1}(n-1) & -s_{b,m-1}(n-1) \\ s_{b,m-1}^*(n-1) & c_{b,m-1}(n-1) \end{bmatrix} \tag{16.89}$$

来实现，式中的余弦和正弦参数分别定义为

$$c_{b,m-1}(n-1) = \frac{\lambda^{1/2}\mathscr{B}_{m-1}^{1/2}(n-2)}{\mathscr{B}_{m-1}^{1/2}(n-1)} \tag{16.90}$$

和

$$s_{b,m-1}(n-1) = \frac{\varepsilon_{b,m-1}(n-1)}{\mathscr{B}_{m-1}^{1/2}(n-1)} \tag{16.91}$$

于是，将式(16.89)代入式(16.84)，可得到如下更新关系[除了式(16.85)]

$$p_{f,m-1}^*(n) = c_{b,m-1}(n-1)\lambda^{1/2}p_{f,m-1}^*(n-1) + s_{b,m-1}^*(n-1)\varepsilon_{f,m-1}(n) \tag{16.92}$$

$$\varepsilon_{f,m}(n) = c_{b,m-1}(n-1)\varepsilon_{f,m-1}(n) - s_{b,m-1}(n-1)\lambda^{1/2}p_{f,m-1}^*(n-1) \tag{16.93}$$

$$\gamma_m^{1/2}(n-1) = c_{b,m-1}(n-1)\gamma_{m-1}^{1/2}(n-1) \tag{16.94}$$

式(16.85)和式(16.90)~式(16.94)构成了阶递归 LSL 滤波理论中自适应前向线性预测问题的平方根信息滤波解的一组递归关系式。

16.8.2   自适应后向预测阵列

下面，考虑由状态空间方程(16.70)~方程(16.72)所描述的后向预测模型。根据表 16.3 中列出的卡尔曼变量与 LSL 变量的一一对应关系(对于后向预测)，利用式(16.83)，我们可以写出如下 m 级 LSL 预测器阵列方程：

$$\underbrace{\begin{bmatrix} \lambda^{1/2}\mathscr{F}_{m-1}^{1/2}(n-1) & \varepsilon_{f,m-1}(n) \\ \lambda^{1/2}p_{b,m-1}^*(n-1) & \varepsilon_{b,m-1}(n-1) \\ 0 & \gamma_{m-1}^{1/2}(n-1) \end{bmatrix}}_{\text{前阵列}} \Theta_{f,m-1}(n) = \underbrace{\begin{bmatrix} \mathscr{F}_{m-1}^{1/2}(n) & 0 \\ p_{b,m-1}^*(n) & \varepsilon_{b,m}(n) \\ f_{m-1}^*(n)\mathscr{F}_{m-1}^{-1/2}(n) & \gamma_m^{1/2}(n) \end{bmatrix}}_{\text{后阵列}} \tag{16.95}$$

其中，在式(16.95)的书写中同样做了两件事：首先，从前、后阵列的第一行和第二行中分别删除了公共因子 $\lambda^{1/2}$ 和 $\lambda^{-n/2}$；其次，在第三行中，我们用 $\gamma_{m-1}^{1/2}(n-1)$ 乘以前、后阵列。这么做的目的同样是为了简化变换的乘积。

出现在式(16.95)的后阵列中的标度变量 $\mathscr{F}_{m-1}(n)$ 和 $p_{b,m-1}(n)$ 分别定义如下：

1) 实值量 $\mathscr{F}_{m-1}(n)$ 为零滞后的角度归一化前向预测误差 $\varepsilon_{f,m-1}(n)$ 的自相关函数，即

$$\begin{aligned} \mathscr{F}_{m-1}(n) &= \sum_{i=1}^{n}\lambda^{n-i}\varepsilon_{f,m-1}(i)\varepsilon_{f,m-1}^*(i) \\ &= \lambda\mathscr{F}_{m-1}(n-1) + \varepsilon_{f,m-1}(n)\varepsilon_{f,m-1}^*(n) \end{aligned} \tag{16.96}$$

$\mathscr{F}_{m-1}(n)$ 也可以理解为前向预测误差加权平方和的最小值。根据 RLS 理论，可定义为[见式(16.11)]

$$\mathscr{F}_{m-1}(n) = \lambda\mathscr{F}_{m-1}(n-1) + \eta_{m-1}(n)f_{m-1}^*(n) \tag{16.97}$$

类似于自适应前向预测，乘积项 $\eta_{m-1}(n)f_{m-1}^*(n)$ 总是实数。

2）除了因子$\mathscr{F}_{m-1}^{-1/2}(n)$外，复值变量

$$p_{b,m-1}(n) = \frac{\Delta_{m-1}^*(n)}{\mathscr{F}_{m-1}^{1/2}(n)} \tag{16.98}$$

为角度归一化前向和后向预测误差互相关函数之间的复共轭［这里所说的互相关在式（16.87）中定义］。变量 $p_{b,m-1}(n)$ 与 m 阶后向反射系数的关系如下（Haykin, 1991）：

$$
\begin{aligned}
\kappa_{b,m}(n) &= -\frac{\Delta_{m-1}^*(n)}{\mathscr{F}_{m-1}(n)} \\
&= -\frac{p_{b,m-1}(n)}{\mathscr{F}_{m-1}^{1/2}(n)}
\end{aligned} \tag{16.99}
$$

式（16.95）中的 2×2 矩阵 $\boldsymbol{\Theta}_{f,m-1}(n)$ 为酉旋转矩阵，它将后阵列中的 $(1,2)$ 项变为零，即该矩阵消除了同一式子前阵列中的项 $\varepsilon_{f,m-1}(n)$。这一要求也可以通过 Givens 旋转

$$\boldsymbol{\Theta}_{f,m-1}(n) = \begin{bmatrix} c_{f,m-1}(n) & -s_{f,m-1}(n) \\ s_{f,m-1}^*(n) & c_{f,m-1}(n) \end{bmatrix} \tag{16.100}$$

来实现。式中，余弦和正弦参数分别定义为

$$c_{f,m-1}(n) = \frac{\lambda^{1/2}\mathscr{F}_{m-1}^{1/2}(n-1)}{\mathscr{F}_{m-1}^{1/2}(n)} \tag{16.101}$$

$$s_{f,m-1}(n) = \frac{\varepsilon_{f,m-1}(n)}{\mathscr{F}_{m-1}^{1/2}(n)} \tag{16.102}$$

于是，如将式（16.100）代入式（16.95），容易导出如下递归表达式

$$p_{b,m-1}^*(n) = c_{f,m-1}(n)\lambda^{1/2}p_{b,m-1}^*(n-1) + s_{f,m-1}^*(n)\varepsilon_{b,m-1}(n-1) \tag{16.103}$$

$$\varepsilon_{b,m}(n) = c_{f,m-1}(n)\varepsilon_{b,m-1}(n-1) - s_{f,m-1}(n)\lambda^{1/2}p_{b,m-1}^*(n-1) \tag{16.104}$$

$$\gamma_m^{1/2}(n) = c_{f,m-1}(n)\gamma_{m-1}^{1/2}(n-1) \tag{16.105}$$

式（16.96）和式（16.101）～式（16.105）构成了阶递归 LSL 滤波理论中自适应后向预测问题的平方根信息滤波解的一组递归关系式。

16.8.3　联合过程估计阵列

最后，考虑由状态空间方程（16.73）～方程（16.75）所描述的联合过程估计问题，它属于 m 级 LSL 滤波过程。利用表 16.3 中列出的卡尔曼变量与 LSL 变量之间的一一对应关系（对于联合过程估计），用式（16.83）可以写出

$$\underbrace{\begin{bmatrix} \lambda^{1/2}\mathscr{B}_{m-1}^{1/2}(n-1) & \varepsilon_{b,m-1}(n) \\ \lambda^{1/2}p_{m-1}^*(n-1) & \varepsilon_{m-1}(n) \\ 0 & \gamma_{m-1}^{1/2}(n) \end{bmatrix}}_{\text{前阵列}}\boldsymbol{\Theta}_{b,m-1}(n) = \underbrace{\begin{bmatrix} \mathscr{B}_{m-1}^{1/2}(n) & 0 \\ p_{m-1}^*(n) & \varepsilon_m(n) \\ b_{m-1}^*(n)\mathscr{B}_{m-1}^{-1/2}(n) & \gamma_m^{1/2}(n) \end{bmatrix}}_{\text{后阵列}} \tag{16.106}$$

在式（16.106）的书写中，我们对前阵列和后阵列做了处理，这与自适应前向和后向预测中相应方程所做的处理相同。

在式（16.106）中，只有一个必须描述的新变量，即 $p_{m-1}(n)$。除了因子 $\mathscr{B}_{m-1}^{-1/2}(n)$ 外，新

变量为角度归一化后向预测误差和角度归一化联合过程估计之间的互相关函数，即

$$p_{m-1}(n) = \frac{1}{\mathcal{B}_{m-1}^{1/2}(n)} \sum_{i=1}^{n} \lambda^{n-i} \varepsilon_{b,m-1}(i) \varepsilon_{m-1}^*(i) \qquad (16.107)$$

预测阶数为 $m-1$ 的联合估计(回归)参数 $h_{m-1}(n)$ 对应地定义为(Haykin,1991)

$$h_{m-1}(n) = \frac{p_{m-1}(n)}{\mathcal{B}_{m-1}^{1/2}(n)} \qquad (16.108)$$

2×2 矩阵 $\boldsymbol{\Theta}_{b,m-1}(n)$ 为酉旋转，它被设计用来消除式(16.106)前阵列中的 $\varepsilon_{b,m-1}(n)$ 项。为此，我们可使用与式(16.109)相同的 Givens 旋转来实现，除了时移一个单元之外。即

$$\boldsymbol{\Theta}_{b,m-1}(n) = \begin{bmatrix} c_{b,m-1}(n) & -s_{b,m-1}(n) \\ s_{b,m-1}^*(n) & c_{b,m-1}(n) \end{bmatrix} \qquad (16.109)$$

其中

$$c_{b,m-1}(n) = \frac{\lambda^{1/2} \mathcal{B}_{m-1}^{1/2}(n-1)}{\mathcal{B}_{m-1}^{1/2}(n)} \qquad (16.110)$$

和

$$s_{b,m-1}(n) = \frac{\varepsilon_{b,m-1}(n)}{\mathcal{B}_{m-1}^{1/2}(n)} \qquad (16.111)$$

将式(16.109)代入式(16.106)，即得如下新的递归关系式

$$p_{m-1}^*(n) = c_{b,m-1}(n) \lambda^{1/2} p_{m-1}^*(n-1) + s_{b,m-1}^*(n) \varepsilon_{m-1}(n) \qquad (16.112)$$

和

$$\varepsilon_m(n) = c_{b,m-1}(n) \varepsilon_{m-1}(n) - s_{b,m-1}(n) \lambda^{1/2} p_{m-1}^*(n-1) \qquad (16.113)$$

式(16.85)、式(16.90)和式(16.91)(式中，用 n 代替 $n-1$)，连同式(16.112)和式(16.113)，构成了阶递归 LSL 滤波理论中联合过程估计问题的平方根信息滤波解的一组递归关系式。

16.8.4　QRD-LSL 算法总结

在式(16.84)、式(16.95)和式(16.106)基础上，表16.4给出角度归一化 QRD-LSL 算法小结[①]。注意，对于前后向预测，$m=1,2,\cdots,M$；而对于联合过程估计，$m=1,2,\cdots,M+1$，其中

---

① 采用阵列来导出 QRD-LSL 算法的思想首先是由 Sayed 和 Kailath 在 1994 年提出的。

对于递归最小二乘估计问题，基于快速 QR 分解的算法首先由 Cioffi 在 1988 年提出。该算法的详细推导过程由 Cioffi 在 1990 年给出。在后来的论文中，Cioffi 介绍了该推导的几何方法，实际上是对以前快速 FIR 滤波器工作的回顾和总结。Cioffi 得出的算法是一种卡尔曼型或面向矩阵型算法。其他几位学者提出了似乎简单的代数方法和其他形式的 QRD 快速 RLS 算法(Bellanger,1988a,b;Proudler et al.,1988,1989;Regalia & Bellanger,1991)。Proudler 等(1989)的论文是人们特别关注的。因为他们采用格型结构导出了 QRD-RLS 算法的一种新颖实现。一种类似的快速算法由 Ling 在 1989 年独立给出，他采用修改的 Gram-Schmidt 正交化过程。Shepherd 和 McWhirter 在 1993 年讨论了修改的 Gram-Schmidt 正交化过程与 QR 分解过程之间的联系。

Haykin(1991)提出了 QRD-LSL 算法的一种推导，是建立在 Proudler 等(1989)、Regalia 和 Bellanger(1991)等人思想相结合的基础上。具体来说，在推导前后向线性预测问题基于 QR 分解的解决方案时，他们遵循 Proudler 等的思想，而在解决联合过程估计问题时他们遵照 Regalia 和 Bellanger 的思想。该方法避免了 Proudler 等过程(把前向线性预测误差用于联合过程估计)的复杂性问题。Haykin 导出的 QRD-LSL 算法在逻辑上与常见的 LSL 算法非常类似。

Rontogiannis 和 Theodoridis 在 1998 年提出了推导 QRD 快速算法的一种统一方法。其出发点是输入数据时间平均自相关矩阵的 Cholesky 逆因子，而该逆因子利用 QR 分解导出。Rontogiannis 和 Theodoridis 实际上提出了两种算法：一种是固定阶数的基于 QR 分解的方案，另一种是基于 Givens 旋转的阶递归格型算法。

M 为最终预测阶数。也就是说，联合过程估计还与最后 $m = M + 1$ 阶的计算有关。同样需要注意的是，在表中的第二个阵列和第三个阵列中，我们省略了涉及变换因子更新的特殊行。这个要求已为第一个阵列所注意。

表 16.4　QRD-LSL 算法小结

---

1. 酉(Givens)旋转

$$\Theta_{b,m}(n) = \begin{bmatrix} c_{b,m}(n) & -s_{b,m}(n) \\ s_{b,m}^*(n) & c_{b,m}(n) \end{bmatrix}$$

其中

$$c_{b,m}(n) = \frac{\lambda^{1/2} \mathcal{B}_m^{1/2}(n-1)}{\mathcal{B}_m^{1/2}(n)}$$

和

$$s_{b,m}(n) = \frac{\varepsilon_{b,m}(n)}{\mathcal{B}_m^{1/2}(n)}$$

$$\Theta_{f,m}(n) = \begin{bmatrix} c_{f,m}(n) & -s_{f,m}(n) \\ s_{f,m}^*(n) & c_{f,m}(n) \end{bmatrix}$$

其中

$$c_{f,m}(n) = \frac{\lambda^{1/2} \mathcal{F}_m^{1/2}(n-1)}{\mathcal{F}_m^{1/2}(n)}$$

和

$$s_{f,m}(n) = \frac{\varepsilon_{f,m}(n)}{\mathcal{F}_m^{1/2}(n)}$$

2. 计算

(a) 预测：对每个时刻 $n = 1, 2, \cdots$，完成如下计算，并对每个预测阶数 $m = 1, 2, \cdots, M$，重复该计算(其中 M 为最终预测阶数)

$$\begin{bmatrix} \lambda^{1/2} \mathcal{B}_{m-1}^{1/2}(n-2) & \varepsilon_{b,m-1}(n-1) \\ \lambda^{1/2} p_{f,m-1}^*(n-1) & \varepsilon_{f,m-1}(n) \\ 0 & \gamma_{m-1}^{1/2}(n-1) \end{bmatrix} \Theta_{b,m-1}(n-1) = \begin{bmatrix} \mathcal{B}_{m-1}^{1/2}(n-1) & 0 \\ p_{f,m-1}^*(n) & \varepsilon_{f,m}(n) \\ b_{m-1}^*(n-1)\mathcal{B}_{m-1}^{-1/2}(n-1) & \gamma_m^{1/2}(n-1) \end{bmatrix}$$

$$\begin{bmatrix} \lambda^{1/2} \mathcal{F}_{m-1}^{1/2}(n-1) & \varepsilon_{f,m-1}(n) \\ \lambda^{1/2} p_{b,m-1}^*(n-1) & \varepsilon_{b,m-1}(n-1) \end{bmatrix} \Theta_{f,m-1}(n) = \begin{bmatrix} \mathcal{F}_{m-1}^{1/2}(n) & 0 \\ p_{b,m-1}^*(n) & \varepsilon_{b,m}(n) \end{bmatrix}$$

(b) 滤波：对每个时刻 $n = 1, 2, \cdots$，完成如下计算，并对每个预测阶数 $m = 1, 2, \cdots, M+1$，重复该计算(其中 M 为最终预测阶数)

$$\begin{bmatrix} \lambda^{1/2} \mathcal{B}_{m-1}^{1/2}(n-1) & \varepsilon_{b,m-1}(n) \\ \lambda^{1/2} p_{m-1}^*(n-1) & \varepsilon_{m-1}(n) \end{bmatrix} \Theta_{b,m-1}(n) = \begin{bmatrix} \mathcal{B}_{m-1}^{1/2}(n) & 0 \\ p_{m-1}^*(n) & \varepsilon_m(n) \end{bmatrix}$$

3. 初始化

(a) 辅助参数初始化：对 $m = 1, 2, \cdots, M$，令

$$p_{f,m-1}(0) = p_{b,m-1}(0) = 0$$

并对阶数 $m = 1, 2, \cdots, M+1$，令

$$p_{m-1}(0) = 0$$

(b) 自约束初始化：对 $m = 0, 1, \cdots, M$，令

$$\mathcal{B}_m(-1) = \mathcal{B}_m(0) = \delta$$
$$\mathcal{F}_m(0) = \delta$$

式中 δ 是小的正常数。

(c) 数据初始化：对 $n = 1, 2, \cdots$，计算

$$\varepsilon_{f,0}(n) = \varepsilon_{b,0}(n) = u(n)$$
$$\varepsilon_0(n) = d(n)$$
$$\gamma_0(n) = 1$$

其中 $u(n)$ 和 $d(n)$ 分别为 n 时刻的输入向量和期望响应。

表 16.4 包括了初始化过程，它是一种软约束的形式。这种初始化形式与第 10 章描述的常规 RLS 算法所采用的形式相一致。这一算法选择一组由输入数据 $u(n)$ 和期望响应 $d(n)$ 所决定的初始值，即

$$\varepsilon_{f,0}(n) = \varepsilon_{b,0}(n) = u(n)$$

和

$$\varepsilon_0(n) = d(n)$$

变换因子的初始值选为

$$\gamma_0(n) = 1$$

16.9　QRD-LSL 滤波器基本特性

表 16.4 所总结的 QRD-LSL 算法可以根据三个事实来辨别。首先，式(16.84)、式(16.95)和式(16.106)中的酉变换可以将后阵列中的(1,2)项变为零，这些都是 QR 分解的例子。其次，该算法来源于递归最小二乘估计。第三，由该算法完成的计算是按一级一级方式进行的，每一级皆为格型结构。由于这些事实，QRD-LSL 算法具有一系列令人满意的运算和实现特性：

- 良好的数值特性　它是算法中 QR 分解所固有的特性。
- 良好的收敛特性　即快的收敛速率，并且对输入数据相关矩阵特征值的变化不敏感，这是由算法的递归最小二乘特性引起的。
- 很高的计算效率　这是由预测过程的模块化、格型结构引起的。

这些特征的独特结合使得 QRD-LSL 算法成为一种强有力的自适应滤波算法。

采用一系列 Givens 旋转的 QRD-LSL 算法的格型结构可通过图 16.9 的多级信号流图清楚地表述。特别地，该算法 m 级预测器部分涉及角度归一化预测误差 $\varepsilon_{f,m}(n)$ 和 $\varepsilon_{b,m}(n)$ 的计算，其中 $m = 0,1,2,\cdots,M$。另一方面，该算法还涉及角度归一化联合过程估计误差 $\varepsilon_m(n)$ 的计算，这里 $m = 0,1,2,\cdots,M+1$。这些计算的细节在图 16.10 中通过信号流图给出，它进一步强调了 QRD-LSL 算法所固有的格型特征。

图 16.9 中标有 $z^{-1}\mathbf{I}$ 的方框表示存储器，设置该存储器是为了适应这样一种需要：存储自适应前向预测过程中涉及的 Givens 旋转(操作)相对于联合过程估计中涉及的操作延迟了一个时间单元。然而，需要注意到，联合过程估计还独自涉及最后一个 Givens 旋转。

从图 16.9 的信号流图中可以清楚地看到，计算 $\varepsilon_{M+1}(n)$ 所需要的 Givens 旋转总数为 $2M+1$，它随最终预测阶数 M 线性增加。然而，与第 10 章描述的常规 RLS 算法相比，为了获得高的计算效率付出的代价是需要编写更复杂的算法指令集，它会限制其实际应用。

仔细观察图 16.9 和图 16.10 中的信号流图，我们可辨认出 QRD-LSL 算法中两类不同的递归关系式：

1) 阶更新(递归)　在算法的每一级，都要对角度归一化估计误差进行阶更新。具体来说，加到初始值 $\varepsilon_{f,o}(n)$ 和 $\varepsilon_{b,o}(n)$ 的 M 阶更新序列分别产生最终值 $\varepsilon_{f,M}(n)$ 和 $\varepsilon_{b,M}(n)$，其中 M 为最终预测阶数。为了计算角度归一化联合过程估计误差的最终值 $\varepsilon_{M+1}(n)$，另一个 $M+1$ 阶更新序列被加到初始值 $\varepsilon_0(n)$ 上。后一个更新集合需要使用角度归一化后向预测误差 $\varepsilon_{b,0}(n)$，$\varepsilon_{b,1}(n)$，$\cdots$，$\varepsilon_{b,M}(n)$。最后的阶更新要计算变换因子的平方根 $\gamma_{M+1}^{1/2}(n)$，该平方根涉及将 $M+1$ 阶更新用于初始值 $\gamma_0^{1/2}(n)$。最终值 $\varepsilon_{M+1}(n)$ 的有效性使得它可能计算联合过程估计的最终值 $e_{M+1}(n)$。

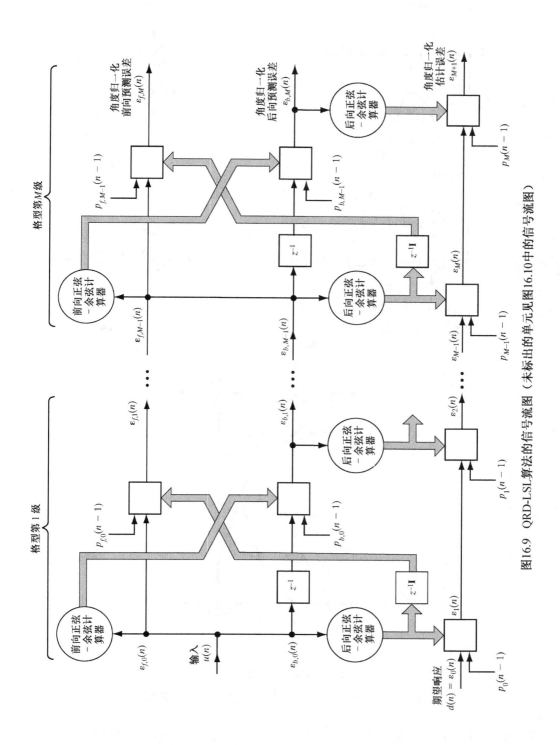

图16.9 QRD-LSL算法的信号流图（未标出的单元见图16.10中的信号流图）

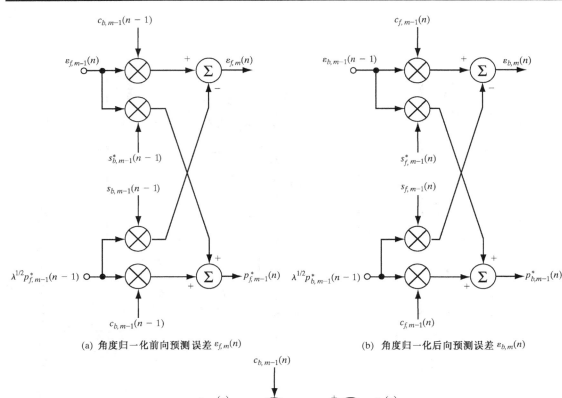

(a) 角度归一化前向预测误差 $\varepsilon_{f,m}(n)$ (b) 角度归一化后向预测误差 $\varepsilon_{b,m}(n)$

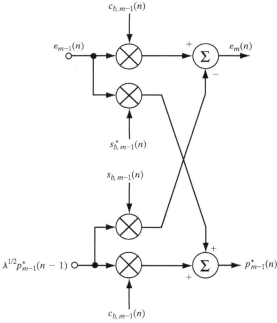

(c) 角度归一化联合处理估计误差 $\varepsilon_m(n)$

图 16.10 计算 QRD-LSL 算法归一化变量的信号流图

2) 时间更新(递归) 算法中 m 级预测器中输出 $\varepsilon_{f,m}(n)$ 和 $\varepsilon_{b,m}(n)$ 的计算分别涉及使用辅助参数 $p_{f,m-1}(n)$ 和 $p_{b,m-1}(n)$, $m=1,2,\cdots,M$。类似地, $\varepsilon_m(n)$ 的计算涉及使用辅助参数 $p_{m-1}(n)$, $m=1,2,\cdots,M+1$。这三个辅助参数本身的计算具有如下共同特性:

- 它们都由一阶差分方程控制。
- 方程的系数都是时变的。对于指数加权(即 $\lambda \leqslant 1$),这些系数的绝对值为 1。因此,方程的解收敛。
- 起激励作用的项由某种形式的估计误差表示。
- 通过预加窗的方法,当 $n \leqslant 0$ 时,三个参数都为零。

  因此, $m = 1, 2, \cdots, M$ 时的辅助参数 $p_{f,m-1}(n)$ 和 $p_{b,m-1}(n)$ 及 $m = 0, 1, \cdots, M$ 时的参数 $p_m(n)$ 可以通过时间递归来计算。

最后且或许最重要的是,表 16.4 总结的角度归一化 QRD-LSL 算法在导出整族递归最小二乘格型(LSL)算法中起着核心作用。我们这么说是因为所有采用后验估计误差或先验估计误差(或者它们的组合)的其他现有递归 LSL 算法都可以看做是 QRD-LSL 算法的改写。这个表述的正确性将在后面的 16.11 节中证明,并在 16.12 节讨论两种不同的递归 LSL 算法。

16.10　自适应均衡的计算机实验

在这项计算机实验中,我们研究 QRD-LSL 算法用于有失真线性信道的自适应均衡问题。信道的参数与 10.9 节研究 RLS 算法应用时相同。实验结果可以帮助我们进行与标准 RLS 算法的比较,并对阶递归算法的性能做出评价。

这里研究的 QRD-LSL 算法的参数与 10.9 节中的 RLS 算法完全相同:

- 数加权因子:　　　　$\lambda = 1$
- 最终预测阶数:　　　$M = 10$
- 均衡器抽头数:　　　$M + 1 = 11$
- 归一化参数:　　　　$\delta = 0.004$

我们对式(6.112)中定义的四个不同信道参数值(即 $W = 2.9$、3.1、3.3 和 3.5)进行了计算机模拟。这些 W 值分别对应于信道输出(均衡器输入)相关矩阵 $\mathbf{R}$ 的下列特征值扩散度: $\chi(\mathbf{R}) = 6.78$、11.124、21.713 和 46.822。信道输出端测得的信噪比为 30 dB(关于实验的更多细节,读者可参阅 6.8 节和 10.9 节)。

16.10.1　学习曲线

图 16.11 给出当信道参数取四种不同值($W = 2.9$、3.1、3.3 和 3.5)时 QRD-LSL 算法的学习曲线。通过对最终预测阶数 $M = 10$ 进行 200 次独立的实验,再对最后的先验估计误差(即新息项)$\xi_{M+1}(n)$ 的平方值取集平均,得到了每一条曲线。为了计算 $\xi_{M+1}(n)$,我们对 $m = M + 1$ 利用式(16.61),于是有

$$\xi_{M+1}(n) = \frac{\varepsilon_{M+1}(n)}{\gamma_{M+1}^{1/2}(n)}$$

其中, $\varepsilon_{M+1}(n)$ 为角度归一化联合过程估计误差的最终值, γ_{M+1} 为相关的变换因子。

对于每一个特征值扩散度,一旦初始化完成,QRD-LSL 算法与 RLS 算法的学习曲线的路径实际上是相同的。这一关系通过比较图 16.11 与图 10.6 中的曲线很容易验证(在这两种情况下,都采用双精度算法,这样有限字长效应可以忽略)。

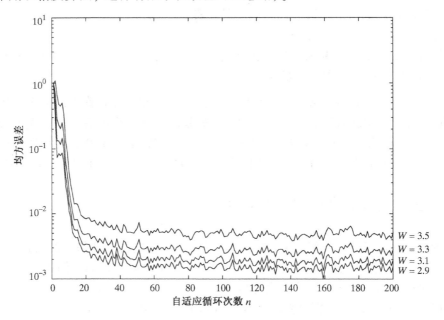

图 16.11　自适应均衡实验中的 QRD-LSL 算法的学习曲线

需要注意的是,当计算图 16.11 中的曲线时,在初始化阶段,计算新息项 $\xi_{M+1}(n)$ 时不考虑变换因子 $\gamma_{M+1}(n)$ 固有的瞬态变化的影响。

16.10.2　变换因子

在图 16.12 中,我们示出了四种变换因子 $\gamma_{M+1}(n)$ 的集平均(对于最后一级)与自适应循环次数之间的关系,它对应前面指定的四个不同的特征值扩散度 $\chi(\mathbf{R})$。图中画出的曲线通过对 $\gamma_{M+1}(n)$ 进行 200 次独立实验并取集平均获得。值得注意的是,在初始瞬态结束后,变换因子的集平均 $\mathbb{E}[\gamma_m(n)]$ 随时间的变化规律遵循以下所谓的逆定律(已被逼近证实)

$$\mathbb{E}[\gamma_m(n)] \approx 1 - \frac{m}{n} \quad \text{对于 } m = 1, 2, \cdots, M+1 \text{ 和 } n \geqslant m$$

这一方程提供了对图 16.12 所示实验计算曲线的良好拟合,特别是当 n 比预测阶数 $m = M+1$ 大很多的情况下。读者可以检验拟合结果的正确性。同样需要注意的是,当 $n \geqslant 10$ 时,实验得到的变换因子 $\gamma_{M+1}(n)$ 曲线对均衡器输入相关矩阵特征值扩散度的变化不敏感。

16.10.3　冲激响应

在图 16.13 中,我们画出经 $n = 500$ 次自适应循环后自适应均衡器冲激响应对于四个特征值扩散度中每一个的集平均结果。如前,实验中集平均通过 200 次独立实验得到。对于所有实际情况,QRD-LSL 算法的结果很难与信道冲激响应的相应理论值区分。

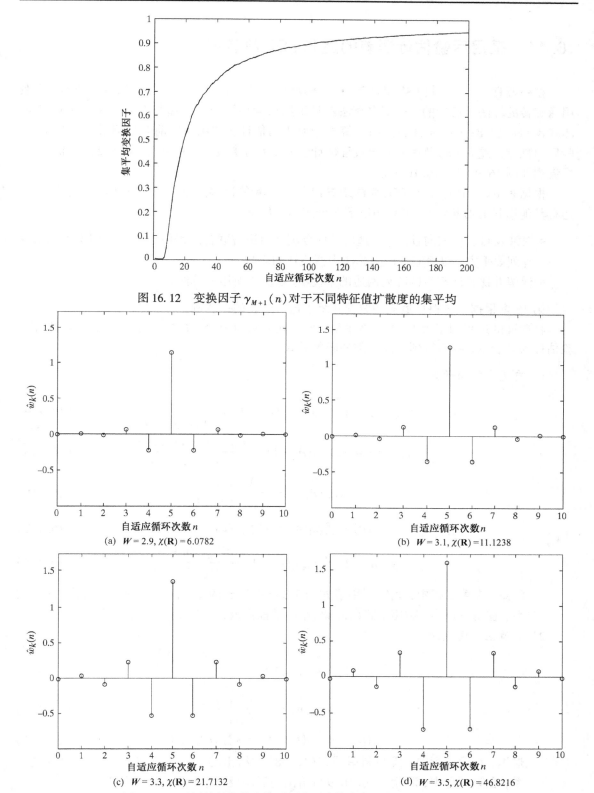

图 16.12　变换因子 $\gamma_{M+1}(n)$ 对于不同特征值扩散度的集平均

(a)　$W = 2.9, \chi(\mathbf{R}) = 6.0782$

(b)　$W = 3.1, \chi(\mathbf{R}) = 11.1238$

(c)　$W = 3.3, \chi(\mathbf{R}) = 21.7132$

(d)　$W = 3.5, \chi(\mathbf{R}) = 46.8216$

图 16.13　不同特征值分布情况下自适应均衡器的集平均冲激响应

16.11 采用后验估计误差的递归 LSL 滤波器

在一般意义上,递归 LSL 算法族可以分为两个子类:涉及使用酉旋转的算法和不涉及使用酉旋转的算法。后者的一个著名算法就是采用后验估计误差的递归 LSL 算法(Morf,1974;Morf & Lee,1978;Lee et al.,1981)。算法中所用的估计误差用后验前向预测误差 $f_m(n)$、后验后向预测误差 $b_m(n)$ 及后验联合过程估计误差 $e_m(n)$ 来表示,其中 $m=0,1,2,\cdots,M$,其信号流图如图 16.9 和图 16.10 所示。

根据表 16.4 中的 QRD-LSL 算法来导出基于后验估计误差的递归 LSL 算法(就此而论,还有其他递归 LSL 算法),可采用以下两个简单的步骤:

- 对涉及自适应前向预测、自适应后向预测和自适应联合过程估计的三个 QRD-LSL 算法阵列取平方,以便完全消除算法中酉旋转的影响。
- 保留并比较所产生的阵列两边的某些项(取决于所用的算法)。

第 15 章根据平方根自适应滤波器介绍了这一过程的一些例子。

将前面的过程用于表 16.4 中描述角度归一化 QRD-LSL 算法的三个阵列,并将结果用后验估计误差表示,我们得到下面三类递归关系式:

1) 自适应前向预测

$$\mathscr{B}_{m-1}(n-1) = \lambda\mathscr{B}_{m-1}(n-2) + \frac{|b_{m-1}(n-1)|^2}{\gamma_{m-1}(n-1)} \tag{16.114}$$

$$\Delta_{m-1}(n) = \lambda\Delta_{m-1}(n-1) + \frac{b_{m-1}(n-1)f_{m-1}^*(n)}{\gamma_{m-1}(n-1)} \tag{16.115}$$

$$\kappa_{f,m}(n) = -\frac{\Delta_{m-1}(n)}{\mathscr{B}_{m-1}(n-1)} \tag{16.116}$$

$$f_m(n) = f_{m-1}(n) + \kappa_{f,m}^*(n)b_{m-1}(n-1) \tag{16.117}$$

$$\gamma_m(n-1) = \gamma_{m-1}(n-1) - \frac{|b_{m-1}(n-1)|^2}{\mathscr{B}_{m-1}(n-1)} \tag{16.118}$$

注意,在第二行中,我们利用了式(16.86)中给出的 $\Delta_{m-1}(n)$ 和 $p_{f,m-1}(n)$ 之间的关系;在第三行中,利用了式(16.88)给出的前向反射系数 $\kappa_{f,m}(n)$ 的定义。

2) 自适应后向预测

$$\mathscr{F}_{m-1}(n) = \lambda\mathscr{F}_{m-1}(n-1) + \frac{|f_{m-1}(n)|^2}{\gamma_{m-1}(n-1)} \tag{16.119}$$

$$\kappa_{b,m}(n) = -\frac{\Delta_{m-1}^*(n)}{\mathscr{F}_{m-1}(n)} \tag{16.120}$$

$$b_m(n) = b_{m-1}(n-1) + \kappa_{b,m}^*(n)f_{m-1}(n) \tag{16.121}$$

这里,在第二行中,我们利用了式(16.98)中给出的 $\Delta_{m-1}(n)$ 和 $p_{b,m-1}(n)$ 之间的关系;在第三行中,利用了式(16.99)给出的后向反射系数 $\kappa_{b,m}(n)$ 的定义。

3) 自适应联合过程估计

$$\pi_{m-1}(n) = \lambda\pi_{m-1}(n-1) + \frac{b_{m-1}(n)e^*_{m-1}(n)}{\gamma_{m-1}(n)} \tag{16.122}$$

$$h_{m-1}(n) = \frac{\pi_{m-1}(n)}{\mathscr{B}_{m-1}(n)} \tag{16.123}$$

$$e_m(n) = e_{m-1}(n) - h^*_{m-1}(n)b_{m-1}(n) \tag{16.124}$$

其中 $\pi_{m-1}(n)$ 依照 $p_{m-1}(n)$ 定义为

$$\pi_{m-1}(n) = \mathscr{B}^{1/2}_{m-1}(n)p_{m-1}(n) \tag{16.125}$$

而联合过程回归系数 $h_{m-1}(n)$ 依照 $p_{m-1}(n)$ 定义为

$$h_{m-1}(n) = \frac{p_{m-1}(n)}{\mathscr{B}^{1/2}_{m-1}(n)} \tag{16.126}$$

16.11.1　采用后验估计误差的递归 LSL 算法小结

表 16.5 中列出了基于后验估计误差的递归 LSL 算法的总结。由于表中总结的 LSL 算法在某些步骤需要除以更新参数，因而必须注意保证这些参数值不能取得太小。除非使用高精度计算机，否则归一化参数值 δ 的选取[决定了初始值 $\mathscr{F}_0(0)$ 和 $\mathscr{B}_0(0)$]会对 LSL 算法的初始瞬态特性产生严重影响。Friedlander(1982)就此提出采用某种形式的门限，如果在 LSL 算法的任何计算中除数小于预给的门限，则涉及该除数的相应项置零。这种方法也适合于其他形式的递归 LSL 算法(如后面表 16.6 中总结的情况)。

表 16.5　采用后验估计误差的递归 LSL 算法小结

预测：

对 $n = 1, 2, 3, \cdots$，计算 $m = 1, 2, \cdots, M$ 时的阶更新(其中 M 为最小二乘格型预测器的最终阶数)

$$\Delta_{m-1}(n) = \lambda\Delta_{m-1}(n-1) + \frac{b_{m-1}(n-1)f^*_{m-1}(n)}{\gamma_{m-1}(n-1)}$$

$$\mathscr{B}_{m-1}(n-1) = \lambda\mathscr{B}_{m-1}(n-2) + \frac{|b_{m-1}(n-1)|^2}{\gamma_{m-1}(n-1)}$$

$$\mathscr{F}_{m-1}(n) = \lambda\mathscr{F}_{m-1}(n-1) + \frac{|f_{m-1}(n)|^2}{\gamma_{m-1}(n-1)}$$

$$\kappa_{f,m}(n) = -\frac{\Delta_{m-1}(n)}{\mathscr{B}_{m-1}(n-1)}$$

$$\kappa_{b,m}(n) = -\frac{\Delta^*_{m-1}(n)}{\mathscr{F}_{m-1}(n)}$$

$$f_m(n) = f_{m-1}(n) + \kappa^*_{f,m}(n)b_{m-1}(n-1)$$

$$b_m(n) = b_{m-1}(n-1) + \kappa^*_{b,m}(n)f_{m-1}(n)$$

$$\gamma_m(n-1) = \gamma_{m-1}(n-1) - \frac{|b_{m-1}(n-1)|^2}{\mathscr{B}_{m-1}(n-1)}$$

滤波：

对 $n = 1, 2, 3, \cdots$，计算 $m = 1, 2, \cdots, M+1$ 时的阶更新

$$\pi_{m-1}(n) = \lambda\pi_{m-1}(n-1) + \frac{b_{m-1}(n)e^*_{m-1}(n)}{\gamma_{m-1}(n)}$$

$$h_{m-1}(n) = \frac{\pi_{m-1}(n)}{\mathscr{B}_{m-1}(n)}$$

$$e_m(n) = e_{m-1}(n) - h^*_{m-1}(n)b_{m-1}(n)$$

初始化:

1. 对算法初始化,即在 $n = 0$ 时刻,令

$$\Delta_{m-1}(0) = 0$$
$$\mathscr{F}_{m-1}(0) = \delta$$
$$\mathscr{B}_{m-1}(-1) = \delta \quad \delta = \text{小的正常数}$$
$$\gamma_0(0) = 1$$

2. 在每个 $n \geqslant 1$ 时刻,产生各种零阶变量如下

$$f_0(n) = b_0(n) = u(n)$$
$$\mathscr{F}_0(n) = \mathscr{B}_0(n) = \lambda\mathscr{F}_0(n-1) + |u(n)|^2$$
$$\gamma_0(n-1) = 1$$

3. 对于联合过程估计,在 $n = 0$ 时刻,对算法初始化设

$$\pi_{m-1}(0) = 0$$

在每个 $n \geqslant 1$ 时刻,产生零阶变量

$$e_0(n) = d(n)$$

表注:对于预加窗数据,输入 $u(n)$ 和期望响应 $d(n)$ 都为零 $(n \leqslant 0)$。

16.11.2 递归 LSL 算法的初始化

为了对采用后验估计误差的递归 LSL 算法进行初始化,我们从最简单的零阶预测器出发,于是有[见式(16.43)]

$$f_0(n) = b_0(n) = u(n)$$

其中 $u(n)$ 为自适应循环 n 的格型预测器输入。

剩余的零阶初始值为后验预测误差加权平方和。具体而言,在式(16.11)中令 $m = 0$,有

$$\mathscr{F}_0(n) = \lambda\mathscr{F}_0(n-1) + |u(n)|^2 \tag{16.127}$$

类似地,在式(16.22)中令 $m = 0$,有

$$\mathscr{B}_0(n) = \lambda\mathscr{B}_0(n-1) + |u(n)|^2 \tag{16.128}$$

对于以 0 和 1 为界的变换因子 $\gamma_m(n-1)$,其零阶参数逻辑上可选择为

$$\gamma_0(n-1) = 1 \tag{16.129}$$

为了完成前向和后向预测算法的初始化,可在 $n = 0$ 处应用如下条件

$$\Delta_{m-1}(0) = 0 \tag{16.130}$$

和

$$\mathscr{F}_{m-1}(0) = \mathscr{B}_{m-1}(-1) = \delta \tag{16.131}$$

小的调整参数 δ 用来保证相关矩阵 $\boldsymbol{\Phi}_m(n)$ 的非奇异性。

最后转向对联合过程估计进行初始化。对于零阶预测,有

$$e_0(n) = d(n)$$

其中 $d(n)$ 为期望响应。于是,为了对这一部分进行初始化,我们对每一个自适应循环 n,产生一个 $e_0(n)$。为了完成联合过程估计的递归 LSL 算法,在自适应循环 $n = 0$,令

$$\pi_{m-1}(0) = 0 \quad \text{对于 } m = 1, 2, \cdots, M+1$$

表 16.5 包括了刚才描述的递归 LSL 算法的初始化。

16.12 采用带误差反馈先验估计误差的递归 LSL 滤波器

在这一节，我们导出递归 LSL 算法，该算法有两个方面不同于 16.11 节的算法。首先，它基于先验估计误差；其次，反射系数和联合过程估计系数都是直接导出的。当使用有限精度算法实现时，后者具有重要的实际意义。

该算法称为带误差反馈的先验估计误差的递归 LSL 算法（Ling & Proakis, 1984a; Ling et al., 1985）。这个算法可用多种方法导出，最常用的两种方法是

1）将平方步骤应用于 QRD-LSL 算法的展开形式。

2）应用卡尔曼滤波器理论连同卡尔曼变量与角归一化 LSL 变量之间对应关系的表 14.4。

我们将遵照第二种方法，因为它既深刻又相当简单明了。第一种方法可参见 Haykin（1996）的著作。

为了继续得出该算法，我们首先回忆卡尔曼滤波器的状态更新方程，在这里将其重写如下

$$\hat{\mathbf{x}}(n+1 \mid \mathcal{Y}_n) = \lambda^{-1/2}\hat{\mathbf{x}}(n \mid \mathcal{Y}_{n-1}) + \mathbf{g}(n)\alpha(n) \qquad (16.132)$$

（见表 14.4 中的第三行）。其次，我们注意到 $m-1$ 阶前向预测情况下卡尔曼滤波器与 LSL 滤波器变量之间的对应关系：

$$\hat{\mathbf{x}}(n \mid \mathcal{Y}_{n-1}) \leftrightarrow -\lambda^{-n/2}\kappa_{f,m}(n-1)$$

$$\mathbf{g}(n) \leftrightarrow \lambda^{-1/2}\mathcal{B}_{m-1}^{-1}(n-1)\varepsilon_{b,m-1}(n-1)$$

$$\alpha(n) \leftrightarrow \lambda^{-n/2}\gamma_{m-1}^{1/2}(n-1)\eta_m^*(n)$$

[见表 16.3 中的第三行及式（16.77）和式（16.79）]。将这些对应关系代入式（16.132），并利用式（16.60）消去公共项，可得

$$\kappa_{f,m}(n) = \kappa_{f,m}(n-1) - \left(\frac{\gamma_{m-1}(n-1)\beta_{m-1}(n-1)}{\mathcal{B}_{m-1}(n-1)}\right)\eta_m^*(n) \quad m = 1, 2, \cdots, M \qquad (16.133)$$

现在我们可直接根据阶更新先验前向预测误差 $\eta_m(n)$ 和延迟的先验后向预测误差 $\beta_{m-1}(n-1)$ 来递归计算前向反射系数。从式（16.57）中我们发现，$\eta_m(n)$ 依赖于 $\kappa_{f,m}(n-1)$。由此可见，式（16.133）右边的第二项将误差反馈应用于 $\kappa_{f,m}(n)$ 的计算。

以类似的方式继续进行下去，我们可以证明，计算预测阶数为 $m-1$ 的后向反射系数的相应递归关系式为

$$\kappa_{b,m}(n) = \kappa_{b,m}(n-1) - \left(\frac{\gamma_{m-1}(n-1)\eta_{m-1}(n)}{\mathcal{F}_{m-1}(n)}\right)\beta_m^*(n) \quad m = 1, 2, \cdots, M \qquad (16.134)$$

同理，可以证明计算相应的联合过程估计系数的递归表达式为

$$h_{m-1}(n) = h_{m-1}(n-1) + \left(\frac{\gamma_{m-1}(n)\beta_{m-1}(n)}{\mathcal{B}_{m-1}(n)}\right)\xi_m^*(n) \quad m = 1, 2, \cdots, M+1 \qquad (16.135)$$

式（16.133）～式（16.135）中右边等式第二项外括号内的量分别起着前向预测、后向预测和联合过程估计增益因子的作用。式（16.134）和式（16.135）的推导留做习题（见习题 17）。

16.12.1 采用带误差反馈的先验估计误差的递归 LSL 算法小结

表 16.6 给出带有误差反馈的递归 LSL 算法前、后向预测部分及联合过程估计部分的计算公式。表中各项说明如下。

表16.6　采用带误差反馈的先验估计误差的递归 LSL 算法小结

预测：

对 $n = 1, 2, 3, \cdots$, 计算 $m = 1, 2, \cdots, M$ 时的各阶更新(其中 M 为最小二乘预测器的最终阶数)

$$\mathscr{F}_{m-1}(n) = \lambda \mathscr{F}_{m-1}(n-1) + \gamma_{m-1}(n-1)|\eta_{m-1}(n)|^2$$

$$\mathscr{B}_{m-1}(n-1) = \lambda \mathscr{B}_{m-1}(n-2) + \gamma_{m-1}(n-1)|\beta_{m-1}(n-1)|^2$$

$$\eta_m(n) = \eta_{m-1}(n) + \kappa_{f,m}^*(n-1)\beta_{m-1}(n-1)$$

$$\beta_m(n) = \beta_{m-1}(n-1) + \kappa_{b,m}^*(n-1)\eta_{m-1}(n)$$

$$\kappa_{f,m}(n) = \kappa_{f,m}(n-1) - \frac{\gamma_{m-1}(n-1)\beta_{m-1}(n-1)}{\mathscr{B}_{m-1}(n-1)}\eta_m^*(n)$$

$$\kappa_{b,m}(n) = \kappa_{b,m}(n-1) - \frac{\gamma_{m-1}(n-1)\eta_{m-1}(n)}{\mathscr{F}_{m-1}(n)}\beta_m^*(n)$$

$$\gamma_m(n-1) = \gamma_{m-1}(n-1) - \frac{\gamma_{m-1}^2(n-1)|\beta_{m-1}(n-1)|^2}{\mathscr{B}_{m-1}(n-1)}$$

滤波：

对 $n = 1, 2, 3, \cdots$, 计算 $m = 1, 2, \cdots, M+1$ 时各阶的更新

$$\xi_m(n) = \xi_{m-1}(n) - h_{m-1}^*(n-1)\beta_{m-1}(n)$$

$$h_{m-1}(n) = h_{m-1}(n-1) + \frac{\gamma_{m-1}(n)\beta_{m-1}(n)}{\mathscr{B}_{m-1}(n)}\xi_m^*(n)$$

初始化：

1. 对算法初始化, 即在 $n = 0$ 时刻, 令

$$\mathscr{F}_{m-1}(0) = \delta$$
$$\mathscr{B}_{m-1}(-1) = \delta$$
$$\kappa_{f,m}(0) = \kappa_{b,m}(0) = 0 \qquad \delta = \text{小的正常数}$$
$$\gamma_0(0) = 1$$

2. 对每个 $n \geqslant 1$ 时刻, 产生零阶变量

$$\eta_0(n) = \beta_0(n) = u(n)$$
$$\mathscr{F}_0(n) = \mathscr{B}_0(n) = \lambda \mathscr{F}_0(n-1) + |u(n)|^2$$
$$\gamma_0(n-1) = 1$$

3. 对于联合过程估计, 在 $n = 0$ 时刻, 令

$$h_{m-1}(0) = 0$$

在每个 $n \geqslant 1$ 时刻, 产生零阶变量

$$\xi_0(n) = d(n)$$

1) 预测
- 第 1 行和第 2 行来自式(16.11)、式(16.22)、式(16.28)和式(16.29)的结合。
- 第 3 行和第 4 行分别为式(16.57)和式(16.58)的重复。
- 第 5 行和第 6 行分别为式(16.133)和式(16.134)的重复。
- 最后, 第 7 行来自式(16.29)和式(16.118)的结合。

2) 滤波
- 第 1 行来自式(16.27)、式(16.29)和式(16.55)的结合。
- 第 2 行为式(16.135)的重复。

3) 初始化条件基本上相同于表16.5。

16.12.2　两种递归 LSL 算法的比较

图 16.14 给出第二种递归 LSL 算法的信号流图, 它强调了自适应循环 n 中涉及的变量(即先验前向预测、后向预测和联合过程估计误差)的阶更新需要知道前面的自适应循环 $n-1$ 中前向反射系数、后向反射系数和回归系数的有关知识。

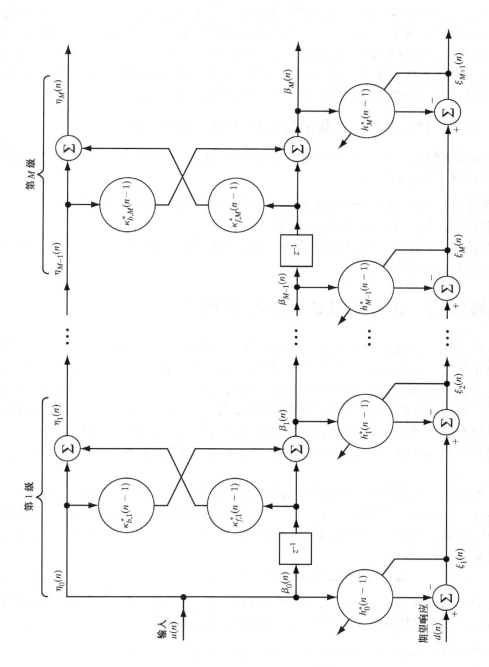

图 16.14 采用基于先验估计误差递归 LSL 算法的联合过程估计器。为简单起见，图中仅示出误差反馈对回归系数的作用，而没有示出误差反馈对前向反射系数和后向反射系数的作用，以便保持该图的简单

表 16.5 和表 16.6 总结的两种递归 LSL 算法之间的一个重要区别是反射系数与回归系数的更新方式的不同。对于表 16.5，更新是间接完成的。首先，我们计算前向预测误差与延迟的后向预测误差之间的互相关系数，以及后向预测误差与联合过程估计之间的互相关系数。其次，我们计算前向预测误差加权平方和，以及后向误差加权平方和。最后，通过将预测误差加权平方和除以互相关(系数)，得到反射系数和回归系数。相反，表 16.6 中的反射系数和回归系数的更新是直接完成的。这里所描述的直接更新形式与间接更新形式之间的区别，对这些 LSL 算法的数值特性具有重要的影响。该问题将在 16.14 节中讨论。

16.12.3　带误反馈的递归 LSL 算法与 GAL 算法之间的关系

最后要说明的依次是，表 5.2 中的 GAL 算法可以看做下面特殊情况下表 16.6 中递归 LSL 算法的简化形式(见习题 19)：

1) 对所有的 m 和 n，取后向反射系数 $\kappa_{b,m}(n)$ 等于前向反射系数 $\kappa_{f,m}(n)$ 的复共轭。
2) 对所有的 m 和 n，取变换因子 $\gamma_m(n)$ 等于 1。
3) 在自适应循环 n，以一种特殊的方式调整 GAL 算法中的反射系数 κ_m，使之与 $\kappa_{f,m}(n)$ 和 $\kappa_{b,m}(n)$ 中的相应调整有关。

16.13　递归 LSL 算法与 RLS 算法之间的关系

在解决阶递归自适应滤波器的联合过程估计问题中，我们已经看到如何推广最小二乘预测器以便包含对期望响应的估计。解决这个问题，包括计算一组回归系数 $\{h_0(n), h_1(n), \cdots, h_M(n)\}$，这组系数被加上由后向预测误差 $\{b_0(n), b_1(n), \cdots, b_M(n)\}$ 所表示的相应输入(见图 16.7)。在看出这组后向预测误差与抽头输入集 $\{u(n), u(n-1), \cdots, u(n-M)\}$ 之间存在的一一对应关系[如式(16.50)所示]之后，我们希望找到 LSL 回归系数序列与最小二乘抽头权系数集 $\{\hat{w}_0(n), \hat{w}_1(n), \cdots, \hat{w}_M(n)\}$ 之间的对应关系。本节的目的就是为了正式导出这一关系。

为此，考虑图 16.15 所示的抽头延迟线或 FIR 滤波器结构。对 m 阶情况，抽头输入 $u(n), u(n-1), \cdots, u(n-m)$ 直接从过程 $u(n)$ 得到；抽头权系数 $\hat{w}_0(n), \hat{w}_1(n), \cdots, \hat{w}_m(n)$ 用来构造各自的标量内积。从第 9 章已经知道，由元素 $\hat{w}_0(n), \hat{w}_1(n), \cdots, \hat{w}_m(n)$ 组成的 $(m+1) \times 1$ 抽头权向量 $\hat{\mathbf{w}}_m(n)$ 定义为

$$\mathbf{\Phi}_{m+1}(n)\hat{\mathbf{w}}_m(n) = \mathbf{z}_{m+1}(n) \tag{16.136}$$

其中 $\mathbf{\Phi}_{m+1}(n)$ 为抽头输入 $(m+1) \times (m+1)$ 相关矩阵，$\mathbf{z}_{m+1}(n)$ 为对应的抽头输入和期望响应之间的 $(m+1) \times 1$ 互相关向量。我们分两步修改式(16.136)：

1) 用一个 $(m+1) \times (m+1)$ 下三角变换矩阵 $\mathbf{L}_m(n)$ 左乘等式的两边；
2) 在等式左边的 $\mathbf{\Phi}_{m+1}(n)$ 与向量 $\hat{\mathbf{w}}_m(n)$ 之间插入一个 $(m+1) \times (m+1)$ 单位矩阵 $\mathbf{I} = \mathbf{L}_m^{\mathrm{H}}(n)\mathbf{L}_m^{-\mathrm{H}}(n)$。

矩阵 $\mathbf{L}_m(n)$ 由式(16.53)所示的预测阶数为 $0, 1, 2, \cdots, m$ 的后向预测误差滤波器的抽头权值来定义。$\mathbf{L}_m^{-\mathrm{H}}(n)$ 表示逆矩阵 $\mathbf{L}_m^{-1}(n)$ 的埃尔米特转置。于是，可以写出

$$\mathbf{L}_m(n)\boldsymbol{\Phi}_{m+1}(n)\mathbf{L}_m^{\mathrm{H}}(n)\mathbf{L}_m^{-\mathrm{H}}(n)\hat{\mathbf{w}}_m(n) = \mathbf{L}_m(n)\mathbf{z}_{m+1}(n) \tag{16.137}$$

对于式(16.137)，现令

$$\mathbf{D}_{m+1}(n) = \mathbf{L}_m(n)\boldsymbol{\Phi}_{m+1}(n)\mathbf{L}_m^{\mathrm{H}}(n) \tag{16.138}$$

然后，利用后向线性预测增广正则方程式可以证明，乘积项 $\boldsymbol{\Phi}_{m+1}(n)\mathbf{L}_m^{\mathrm{H}}(n)$ 构成下三角矩阵，其对角线元素等于各个后验预测误差加权平方和，即 $\mathscr{B}_0(n)$，$\mathscr{B}_1(n)$，$\cdots$，$\mathscr{B}_m(n)$（见习题13）。根据定义，矩阵 $\mathbf{L}_m(n)$ 为对角线元素皆为 1 的下三角矩阵。因而，$\mathbf{L}_m(n)$ 与 $\boldsymbol{\Phi}_{m+1}(n)\mathbf{L}_m^{\mathrm{H}}(n)$ 的乘积也是一个下三角矩阵。我们也知道，$\mathbf{L}_m^{\mathrm{H}}(n)$ 为上三角矩阵，以至于矩阵乘积 $\mathbf{L}_m(n)\boldsymbol{\Phi}_{m+1}(n)$ 也是上三角矩阵。于是，$\mathbf{L}_m(n)\boldsymbol{\Phi}_{m+1}(n)$ 与 $\mathbf{L}_m^{\mathrm{H}}(n)$ 的乘积是一个上三角矩阵。换句话说，$\mathbf{D}_{m+1}(n)$ 既是上三角矩阵也是下三角矩阵，只有当 $\mathbf{D}_{m+1}(n)$ 为对角矩阵时才是正确的。因此，可以写出

$$\begin{aligned}\mathbf{D}_{m+1}(n) &= \mathbf{L}_m(n)\boldsymbol{\Phi}_{m+1}(n)\mathbf{L}_m^{\mathrm{H}}(n)\\ &= \mathrm{diag}\big[\mathscr{B}_0(n),\mathscr{B}_1(n),\cdots,\mathscr{B}_m(n)\big]\end{aligned} \tag{16.139}$$

式(16.139)进一步证明，由 LSL 预测器各级产生的后向后验预测误差 $b_0(n)$，$b_1(n)$，$\cdots$，$b_m(n)$ 在所有自适应循环都是不相关的(在时间平均的意义上)。

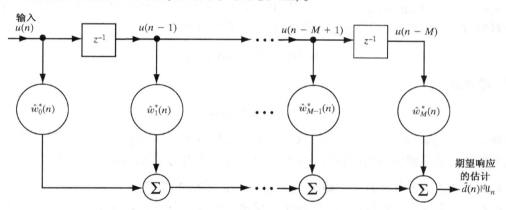

图 16.15　使用 RLS 算法估计期望响应的常规 FIR 滤波器

式(16.137)右边的乘积项 $\mathbf{L}_m(n)\mathbf{z}_{m+1}(n)$ 等于后向预测误差与期望响应之间的互相关向量。令

$$\mathbf{t}_{m-1}(n) = \sum_{i=1}^{n}\lambda^{n-i}\mathbf{b}_{m+1}(i)d^*(i) \tag{16.140}$$

表示互相关向量，其中 $d(i)$ 为期望响应。将式(16.52)代入式(16.140)，得到

$$\begin{aligned}\mathbf{t}_{m+1}(n) &= \sum_{i=1}^{n}\lambda^{n-i}\mathbf{L}_m(n)\mathbf{u}_{m+1}(i)d^*(i)\\ &= \mathbf{L}_m(n)\sum_{i=1}^{n}\lambda^{n-i}\mathbf{u}_{m+1}(i)d^*(i)\\ &= \mathbf{L}_m(n)\mathbf{z}_{m+1}(n)\end{aligned} \tag{16.141}$$

这正是我们所期望的结果。因此，在式(16.137)中，结合使用式(16.138)和式(16.141)，得

到变换的 RLS 解

$$\mathbf{D}_{m+1}(n)\mathbf{L}_m^{-\mathrm{H}}(n)\hat{\mathbf{w}}_m(n) = \mathbf{t}_{m+1}(n) \tag{16.142}$$

至此,我们已经考虑如何应用下三角矩阵 $\mathbf{L}_m(n)$ 来变换图 16.15 所示的常规 FIR 滤波器抽头权向量的 RLS 解。下面,我们来考虑涉及回归系数向量的图 16.7 所示的线性组合器

$$\mathbf{h}_m(n) = \left[h_0(n), h_1(n), \cdots, h_m(n)\right]^{\mathrm{T}} \tag{16.143}$$

向量 $\mathbf{h}_m(n)$ 可以看做下面最小化代价函数的解

$$\sum_{i=1}^{n} \lambda^{n-i}\left|d(i) - \mathbf{b}_{m+1}^{\mathrm{T}}(i)\mathbf{h}_m^*(n)\right|^2$$

其中,对于 $1 \leqslant i \leqslant n$,$\mathbf{h}_m(n)$ 保持不变。RLS 问题的解为

$$\mathbf{D}_{m+1}(n)\mathbf{h}_m(n) = \mathbf{t}_{m+1}(n) \tag{16.144}$$

式中 $\mathbf{D}_{m+1}(n)$ 是用做回归系数输入的后向后验预测误差 $(m+1) \times (m+1)$ 相关矩阵,而 $\mathbf{t}_{m+1}(n)$ 为这些输入与期望响应之间的 $(m+1) \times 1$ 互相关向量。

通过比较式(16.144)的 RLS 解与式(16.142)经过变换的 RLS 解,我们立刻可以看出,两个解通过式(16.53)中的下三角矩阵 $\mathbf{L}_m(n)$ 相联系,即

$$\mathbf{h}_m(n) = \mathbf{L}_m^{-\mathrm{H}}(n)\hat{\mathbf{w}}_m(n) \tag{16.145}$$

或者,等效地

$$\hat{\mathbf{w}}_m(n) = \mathbf{L}_m^{\mathrm{H}}(n)\mathbf{h}_m(n) \tag{16.146}$$

在这两个方程的基础上,我们来总结最小二乘估计的讨论。其结论是,诸如系统辨识和信道均衡等线性自适应滤波问题能够由下面两种具有各自优点的等效结构之一来求解:

- 最小二乘 FIR 估计器　它提供了图 16.15 所示的结构简单性。
- 最小二乘联合过程估计器　它提供了模块化结构;具体地说,它由装有图 16.7 线性组合器的图 16.6 的多级格型预测器组成。

16.14　有限字长效应

在本节,我们继续进行始于第 12 章(主要关注 LMS 和 RLS 算法)和 15.6 节(讨论平方根自适应滤波算法)的有限字长运算对自适应滤波算法影响的讨论。此处,我们将通过讨论有限字长运算对阶递归自适应滤波算法的影响来系统地研究有限字长效应。在这些算法(就此而言,至今已知的所有快速 RLS 算法)中,负责联合过程估计的特殊部分从属于负责完成前向和后向线性预测部分。因此,阶递归 LSL 自适应滤波算法的数值稳定性在很大程度上取决于预测部分如何进行它的计算。

16.14.1　QRD-LSL 算法

在表 16.4 总结的基于 QR 分解的最小二乘格型(QRD-LSL)算法中,预测部分由 M 个格

型级的预测部分组成，这里 M 是最终的预测阶数。预测部分的每一级以 Givens 旋转形式使用 QR 分解进行计算。其结果是将输入数据序列 $u(n)$，$u(n-1)$，$\cdots$，$u(n-M)$ 转换为相应的归一化角度后向预测误差 $\varepsilon_{b,0}(n)$，$\varepsilon_{b,1}(n)$，$\cdots$，$\varepsilon_{b,M}(n)$ 序列。如给定后一个序列，则联合过程估计也利用 QR 分解一级一级地进行计算，最终的结果是某个期望响应 $d(n)$ 的最小平方估计。换言之，贯穿算法的所有运算都是采用 QR 分解完成的。

从数值计算的观点来看，QRD-LSL 算法具有如下需要的数值特性：

1）应用 Givens 旋转所涉及的正弦和余弦都有很好的数值特性。

2）算法具有良好的数值一致性，这是因为从一个自适应循环转到下一个自适应循环时，算法的每一级只传递那些为满足运算需要的最小可能的参数，即避免传播（其他）有关参数。表 16.4 示出由算法的这三个部分传播的参数，如下表所示。

部分	参数传播
前向预测	$\mathscr{B}_{m-1}^{1/2}(n-2)$, $p_{f,m-1}(n-1)$, $\gamma_{m-1}^{1/2}(n-1)$
后向预测	$\mathscr{F}_{m-1}^{1/2}(n-1)$, $p_{b,m-1}(n-1)$
联合过程估计	$p_{m-1}(n-1)$

3）分别涉及归一化角度估计误差 $\varepsilon_{f,m-1}(n)$、$\varepsilon_{b,m-1}(n)$ 和 $\varepsilon_m(n)$ 阶更新运算的辅助参数的 $p_{f,m-1}(n-1)$、$p_{b,m-1}(n-1)$ 和 $p_{m-1}(n-1)$ 都是直接计算的。也就是说，用来计算每个辅助参数的时间更新递归过程中涉及局部误差反馈。这种反馈形式是保证算法数值稳定的另一个要素。

在用实验方式证明 QRD-LSL 算法具有数值稳定性的各种文献中，包括 Ling（1989）、Yang & Böhme（1992）、McWhirter & Proudler（1993）和 Levin & Cowan（1994）等所做的计算机模拟研究。所有这些实验都证明了 QRD-LSL 算法的各类变种的数值鲁棒性。尤其是 Levin & Cowan（1994）在他们的论文中评价了 8 种不同类型的 RLS 自适应滤波算法在有限字长条件下的性能。文中给出的结果证明：属于平方根信息范畴（以 QRD-LSL 算法为例）的算法，其性能优于属于方差范畴的算法。此外，在所研究的 8 种算法中，数值不精确对 QRD-LSL 算法的影响最小。

QRD-LSL 算法数值鲁棒性的进一步证据出现在 Capman 等（1995）的论文中。他介绍了一种多速率方案与 QRD-LSL 算法变种相结合的回音消除器。文中的模拟结果表明，所求得的解对回音消除问题具有数值鲁棒性。

16.14.2　递归 LSL 算法

接下来我们讨论递归 LSL 算法。由前面的讨论可知，这些算法是 QRD-LSL 算法的特例。事实上，它们是通过先对 QRD-LSL 算法的各阵列进行平方，然后再比较各项导出的。考虑到在算法数值特性的范畴内，某个量取平方对数值特性的影响与该量取平方根的影响正好相反。因此，尽管递归 LSL 算法是由 QRD-LSL 算法导出的，但在有限字长条件下，其性能总是逊于 QRD-LSL 算法。

通过采用多级格型预测器将输入数据转换为相应的后向预测误差序列，递归 LSL 算法可迅速求出递归最小二乘问题的解。这种变换可看做经典 Gram-Schmidt 正交化过程的一种表示形式，它是数值上不精确的。因此，传统的递归 LSL 算法(它建立在后验或先验预测误差的基础上)数值特性较差。克服递归 LSL 算法数值精度问题的实用方法的关键是，直接更新前向和后向反射系数，而不是先计算加权前向和后向预测误差及其互相关的各个和，然后再求近似量之比(如在传统的递归 LSL 算法中那样)。带有误差反馈的递归 LSL 算法(Ling & Proakis, 1984a)就是完全这样做的，表 16.6 中总结的算法就是它的一个实例。对于规定的定点表示，带有误差反馈的递归 LSL 算法在计算前向和后向反射系数时的数值精度要高得多，而前向和后向反射系数是任何递归 LSL 算法的关键参数。因此，尽管由于有限字长效应会引起量化误差，但是直接计算前向和后向反射系数对保持输入数据逆相关矩阵的正定性具有全面的影响。所以，就所关心的数值特性而言，带有误差反馈的递归 LSL 算法优于传统的递归 LSL 算法[①]。

16.15　小结与讨论

在本章中，进一步强化了卡尔曼滤波器理论与源于最小二乘估计的自适应线性滤波器族之间的密切关系。特别地，我们证明了作为卡尔曼滤波器变形的平方根信息滤波算法是如何用来导出基于 QR 分解的最小二乘格型(QRD-LSL)算法的，而 QRD-LSL 算法是阶递归自适应滤波算法的最基本形式。其他阶递归自适应滤波算法，诸如采用后验估计误差的递归 LSL 算法和采用带误差反馈的先验估计误差的递归 LSL 算法，实际上都是 QRD-LSL 算法。

QRD-LSL 算法结合了递归最小二乘估计、QR 分解及格型结构等许多人们高度期望的特性。因此，它提供了一组独特的运算和实现优点：

- QRD-LSL 算法具有快速收敛速率，它是 RLS 估计所固有的。
- QRD-LSL 算法可采用一系列 Givens 旋转来实现，它代表了 QR 分解的一种形式。而且，QR 分解好的数值特性意味着 QRD-LSL 算法在数值上是稳定的。
- QRD-LSL 算法提供了很高的计算效率，因为其复杂度是 M 阶的，其中 M 为最终预测阶数(即可用的自由度)。
- QRD-LSL 算法的格型结构本质上是模块化的，这意味着增加预测阶数时不需要计算所有前面的值。当不存在关于预测阶数最终值的先验知识时，这一性质将特别有用。
- QRD-LSL 算法模块化结构的另一种实现方法就是采用超大规模集成电路(VLSI, very large-scale integration)技术，通过硬件实现。当然，只有当感兴趣的应用要求使用大量的VLSI芯片时，采用这种复杂的技术才是合理的。
- QRD-LSL 算法还包括一组必备的期望变量和参数，它们对于信号处理应用很有用。具体来说，该算法提供了下面两组有用的副产物：
  - ☆ 角度归一化前、后向预测误差；
  - ☆ 用于间接计算前、后向反射系数和回归系数(即抽头权值)的辅助参数。

递归 LSL 算法具有许多 QRD-LSL 算法的特性，即快速收敛性、模块性及用于信号处理的

---

① North 等(1993)用计算机模拟比较了 32 比特直接更新递归 LSL 算法(即带有误差反馈的算法)与 32 比特间接更新递归 LSL 算法的数值特性。他们的研究涉及自适应干扰消除。业已发现，在间接更新递归 LSL 算法中，经过大约 10^5 次迭代后，产生的数字误差积累将导致算法在干扰消除方面的性能较之直接更新递归 LSL 算法下降约 20 dB。

一系列有用的参数和变量。然而，递归 LSL 算法的数值特性取决于其组成中是否包含误差反馈；这一问题已在第 12 章讨论过。

本章讲述的阶递归自适应滤波器的计算优势超过前面章节讨论的平方根自适应滤波器：对于阶递归滤波器，其计算费用随调节参数呈线性增长。而对平方根滤波器，计算费用随调节参数的平方增长。然而，阶递归自适应滤波器限于可利用输入信号时移特性的时间信号处理应用。相比之下，平方根自适应滤波器可用于时间和空间信号处理应用。

16.16 习题

1. 试证明参数

$$\gamma_m(n) = 1 - \mathbf{k}_m^H(n)\mathbf{u}_m(n)$$

等于从使用图 16.3 的 FIR 滤波器得出的加权误差平方和，该滤波器的抽头权向量等于增益向量 $\mathbf{k}_m(n)$，而抽头输入向量等于 $\mathbf{u}_m(n)$；并设计一个滤波器以便产生等于式(16.23)中第一坐标向量的期望向量的最小二乘估计。

2. 令 $\mathbf{\Phi}_m(n)$ 表示自适应循环 n 的抽头输入向量 $\mathbf{u}_m(n)$ 的时间平均相关函数，对于 $\mathbf{\Phi}_m(n-1)$ 也同样。试证明变换因子为

$$\gamma_m(n) = \lambda \frac{\det[\mathbf{\Phi}_m(n-1)]}{\det[\mathbf{\Phi}_m(n)]}$$

其中 λ 是指数加权因子。[提示：使用恒等式

$$\det(\mathbf{I}_1 + \mathbf{AB}) = \det(\mathbf{I}_2 + \mathbf{BA})$$

其中 $\mathbf{I}_1$ 和 $\mathbf{I}_2$ 为合适维数的单位矩阵，而 $\mathbf{A}$ 和 $\mathbf{B}$ 为相容维数的矩阵。]

3. (a) 证明 $\mathbf{\Phi}_{m-1}(n)$ 的逆矩阵可表示为

$$\mathbf{\Phi}_{m+1}^{-1}(n) = \begin{bmatrix} 0 & \mathbf{0}_m^T \\ \mathbf{0}_m & \mathbf{\Phi}_m^{-1}(n-1) \end{bmatrix} + \frac{1}{\mathscr{F}_m(n)}\mathbf{a}_m(n)\mathbf{a}_m^H(n)$$

其中 $\mathbf{0}_m$ 为 $M \times 1$ 零向量，$\mathbf{0}_m^T$ 为其转置向量，$\mathscr{F}_m(n)$ 是最小加权前向预测误差平方和，而 $\mathbf{a}_m(n)$ 是前向预测误差滤波器的抽头权向量。$\mathbf{a}_m(n)$ 和 $\mathscr{F}_m(n)$ 的预测阶数均为 m。

   (b) 证明 $\mathbf{\Phi}_{m+1}(n)$ 的逆矩阵可表示为

$$\mathbf{\Phi}_{m+1}^{-1}(n) = \begin{bmatrix} \mathbf{\Phi}_m^{-1}(n) & \mathbf{0}_m \\ \mathbf{0}_m^T & 0 \end{bmatrix} + \frac{1}{\mathscr{B}_m(n)}\mathbf{c}_m(n)\mathbf{c}_m^H(n)$$

其中 $\mathscr{B}_m(n)$ 是最小加权后向预测误差平方和，而 $\mathbf{c}_m(n)$ 是后向预测误差滤波器的抽头权向量。$\mathbf{c}_m(n)$ 和 $\mathscr{B}_m(n)$ 的预测阶数均为 m。

4. 导出如下变换因子的更新公式

$$\gamma_{m+1}(n) = \gamma_m(n-1) - \frac{|f_m(n)|^2}{\mathscr{F}_m(n)}$$

$$\gamma_{m+1}(n) = \gamma_m(n) - \frac{|b_m(n)|^2}{\mathscr{B}_m(n)}$$

$$\gamma_{m+1}(n) = \lambda \frac{\mathscr{F}_m(n-1)}{\mathscr{F}_m(n)} \gamma_m(n-1)$$

$$\gamma_{m+1}(n) = \lambda \frac{\mathscr{B}_m(n-1)}{\mathscr{B}_m(n)} \gamma_m(n)$$

5. (a) 从式(16.10)出发并利用式(16.9)的正交条件,推导计算前向预测误差能量的时间更新方程 (16.11)。

   (b) 从式(16.21)出发并利用式(16.20)的正交条件,推导计算后向预测误差能量的时间更新方程 (16.22)。

6. 参考关于变换因子的16.4节所讨论的三种估计误差,证明以下表达式:

   (a) 用做 RLS 估计的式(16.27)。

   (b) 用做自适应前向预测的式(16.28)。

   (c) 用做自适应后向预测的式(16.29)。

7. 式(16.49)介绍了更新指数加权互相关 $\Delta_{m-1}(n)$ 的一种方法。等效地,可采用更新方程

$$\Delta_{m-1}(n) = \lambda\Delta_{m-1}(n-1) + f^*_{m-1}(n)\beta_{m-1}(n-1)$$

从而,可推断出等效性

$$f^*_{m-1}(n)\beta_{m-1}(n-1) = \eta^*_{m-1}(n)b_{m-1}(n)$$

   (a) 从式(16.34)的定义出发并遵照类似于16.5节所采用的步骤,导出这个问题中介绍的 $\Delta_{m-1}(n)$ 的第二个递归关系式。

   (b) 使用16.4节介绍的变换因子的表示,证明所给出的涉及前向和后向预测误差的先验和后验形式的等效性。

8. 在本题中,我们利用导出用来计算 $\Delta_{m-1}(n)$ 的时间更新方程(16.49)的另一种步骤(尽管复杂得多)。

   (a) 从前向线性预测的增广正则方程

$$\mathbf{\Phi}_{m+1}(n)\mathbf{a}_m(n) = \begin{bmatrix} \mathscr{F}_m(n) \\ \mathbf{0}_m \end{bmatrix}$$

出发,并利用展开式

$$\mathbf{\Phi}_{m+1}(n) = \begin{bmatrix} \mathbf{\Phi}_m(n) & \vdots & \boldsymbol{\phi}_2(n) \\ \cdots & \vdots & \cdots \\ \boldsymbol{\phi}_2^{\mathrm{H}}(n) & \vdots & \mathscr{U}_2(n) \end{bmatrix}$$

证明

$$\mathbf{\Phi}_{m+1}(n)\begin{bmatrix} \mathbf{a}_{m-1}(n) \\ 0 \end{bmatrix} = \begin{bmatrix} \mathscr{F}_{m-1}(n) \\ \mathbf{0}_{m-1} \\ \Delta_{m-1}(n) \end{bmatrix}$$

其中

$$\Delta_{m-1}(n) = \boldsymbol{\phi}_2^{\mathrm{H}}(n)\mathbf{a}_{m-1}(n)$$

   (b) 证明 $\Delta_{m-1}(n)$ 的这个新定义等效于式(16.34)的定义。

   (c) 增广正则方程可写为等效形式

$$\mathbf{\Phi}_{m+1}(n)\mathbf{c}_m(n) = \begin{bmatrix} \mathbf{0}_m \\ \mathscr{B}_m(n) \end{bmatrix}$$

其中 $\mathbf{\Phi}_{m+1}(n)$ 为

$$\mathbf{\Phi}_{m+1}(n) = \begin{bmatrix} \mathscr{U}_1(n) & \vdots & \boldsymbol{\phi}_1^{\mathrm{H}}(n) \\ \cdots & \vdots & \cdots \\ \boldsymbol{\phi}_1(n) & \vdots & \mathbf{\Phi}_m(n-1) \end{bmatrix}$$

以此算法为基础,证明亦可写出

$$\boldsymbol{\Phi}_{m+1}(n)\begin{bmatrix} 0 \\ \mathbf{c}_{m-1}(n-1) \end{bmatrix} = \begin{bmatrix} \Delta'_{m-1}(n) \\ \mathbf{0}_{m-1} \\ \mathscr{B}_{m-1}(n-1) \end{bmatrix}$$

(d) 其次,利用(a)和(c)的结果,证明参数 $\Delta_{m-1}(n)$ 和 $\Delta'_{m-1}(n)$ 是相互复共轭的,即

$$\Delta'_{m-1}(n) = \Delta^*_{m-1}(n)$$

(e) 考虑到向量 $\mathbf{a}_{m-1}(n-1)$ 的第一个元素等于1,我们可以表示 $\Delta_{m-1}(n)$ 为

$$\Delta_{m-1}(n) = \begin{bmatrix} \Delta_{m-1}(n), & \mathbf{0}^{\mathrm{T}}, & \mathscr{B}_{m-1}(n-1) \end{bmatrix}\begin{bmatrix} \mathbf{a}_{m-1}(n-1) \\ 0 \end{bmatrix}$$

从而,利用递归关系

$$\boldsymbol{\Phi}_{m+1}(n) = \lambda\boldsymbol{\Phi}_{m+1}(n-1) + \mathbf{u}_{m+1}(n)\mathbf{u}^{\mathrm{H}}_{m+1}(n)$$

证明

$$\Delta_{m-1}(n) = \lambda\begin{bmatrix} 0, & \mathbf{c}^{\mathrm{H}}_{m-1}(n-1)\boldsymbol{\Phi}_{m+1}(n-1) \end{bmatrix}\begin{bmatrix} \mathbf{a}_{m-1}(n-1) \\ 0 \end{bmatrix}$$

$$+ \begin{bmatrix} 0, & \mathbf{c}^{\mathrm{H}}_{m-1}(n-1)\mathbf{u}_{m+1}(n) & \mathbf{u}^{\mathrm{H}}_{m+1}(n) \end{bmatrix}\begin{bmatrix} \mathbf{a}_{m-1}(n-1) \\ 0 \end{bmatrix}$$

(f) 最后,利用前向先验预测误差 $\eta_{m-1}(n)$ 和后向后验预测误差 $b_{m-1}(n-1)$,导出所期望的递归表达式

$$\Delta_{m-1}(n) = \lambda\Delta_{m-1}(n-1) + \eta^*_{m-1}(n)b_{m-1}(n-1)$$

9. 利用习题7 中(a)和(c)得到的结果,导出分别涉及前向和后向预测误差平方和的阶更新递归关系

$$\mathscr{F}_m(n) = \mathscr{F}_{m-1}(n) - \frac{\left|\Delta_{m-1}(n)\right|^2}{\mathscr{B}_{m-1}(n-1)}$$

$$\mathscr{B}_m(n) = \mathscr{B}_{m-1}(n-1) - \frac{\left|\Delta_{m-1}(n)\right|^2}{\mathscr{F}_{m-1}(n)}$$

10. 在本题中,我们证明快速预测方程的各个量如何相互关联,且证明它们所包含的参数冗余度[①]。

(a) 通过合并来自习题3 的(a)和(b)两部分,证明

$$\begin{bmatrix} \boldsymbol{\Phi}^{-1}_m(n) & \mathbf{0}_m \\ \mathbf{0}^{\mathrm{T}}_m & 0 \end{bmatrix} - \begin{bmatrix} 0 & \mathbf{0}^{\mathrm{T}}_m \\ \mathbf{0}_m & \boldsymbol{\Phi}^{-1}_m(n-1) \end{bmatrix} = \frac{\mathbf{a}_m(n)\mathbf{a}^{\mathrm{H}}_m(n)}{\mathscr{F}_m(n)} - \frac{\mathbf{c}_m(n)\mathbf{c}^{\mathrm{H}}_m(n)}{\mathscr{B}_m(n)}$$

(b) 根据第10 章的递归方程,加上式(16.26),证明时间更新 $\boldsymbol{\Phi}^{-1}_m$ 可重写为

$$\boldsymbol{\Phi}^{-1}_m(n) = \lambda^{-1}\boldsymbol{\Phi}^{-1}_m(n-1) - \frac{\mathbf{k}_m(n)\mathbf{k}^{\mathrm{H}}_m(n)}{\gamma_m(n)}$$

其中 $\mathbf{k}_m(n)$ 是增益向量,而 $\gamma_m(n)$ 是变换因子。

(c) 通过从前面的两个表达式中消去 $\boldsymbol{\Phi}^{-1}_m(n-1)$,证明所有的变量服从于如下关系

$$\begin{bmatrix} \boldsymbol{\Phi}^{-1}_m(n) & \mathbf{0}_m \\ \mathbf{0}^{\mathrm{T}}_m & 0 \end{bmatrix} - \lambda\begin{bmatrix} 0 & \mathbf{0}^{\mathrm{T}}_m \\ \mathbf{0}_m & \boldsymbol{\Phi}^{-1}_m(n) \end{bmatrix} = \frac{\mathbf{a}_m(n)\mathbf{a}^{\mathrm{H}}_m(n)}{\mathscr{F}_m(n)} + \lambda\begin{bmatrix} 0 \\ \mathbf{k}_m(n) \end{bmatrix}\frac{\begin{bmatrix} 0, & \mathbf{k}^{\mathrm{H}}_m(n) \end{bmatrix}}{\gamma_m(n)} - \frac{\mathbf{c}_m(n)\mathbf{c}^{\mathrm{H}}_m(n)}{\mathscr{B}_m(n)}$$

其中所有变量具有共同的时间下标 n 和一个共同的阶数下标 m。上式的左边称为 $\boldsymbol{\Phi}^{-1}_m(n)$ 的位移残差,而右边是三个向量的和与差,但秩不超过3。在矩阵理论中,我们说 $\boldsymbol{\Phi}^{-1}_m(n)$ 具有位移秩3 作为9.2 节第3 项中"预加窗法"所述数据矩阵结构的一个结果。注意,这个结构成立与否与组成该数据矩阵的序列 $u(n)$ 无关。

(d) 假设用行向量 $[1, z\sqrt{\lambda}, \cdots, (z/\sqrt{\lambda})^m]$ 左乘(c)中的结果,并用列向量 $[1, w\sqrt{\lambda}, \cdots, (w/\sqrt{\lambda})^m]^{\mathrm{H}}$ 右乘

---

① 　这个问题原来由 P. Regalia 提出(私人通信,1995)。

它, 其中 z 和 w 是两个复变量。试证明(c)中的结果等效于两个变量的多项式方程。

$$(1 - zw^*)P(z, w^*) = A(z)A^*(w) + K(z)K^*(w) - C(z)C^*(w) \quad 对于所有 z, w$$

只要做如下对应

$$P(z, w^*) = \left[1, z/\sqrt{\lambda}, \cdots, (z/\sqrt{\lambda})^{m-1}\right]\mathbf{\Phi}_m^{-1}(n)\begin{bmatrix} 1 \\ w^*/\sqrt{\lambda} \\ \vdots \\ (w^*/\sqrt{\lambda})^{M-1} \end{bmatrix}$$

$$A(z) = \left[1, z/\sqrt{\lambda}, \cdots, (z/\sqrt{\lambda})^m\right]\frac{\mathbf{a}_m(n)}{\sqrt{\mathscr{F}_m(n)}}$$

$$K(z) = \left[1, z/\sqrt{\lambda}, \cdots, (z/\sqrt{\lambda})^m\right]\sqrt{\frac{\lambda}{\gamma_m(n)}}\begin{bmatrix} 0 \\ \mathbf{k}_m(n) \end{bmatrix}$$

及

$$C(z) = \left[1, z/\sqrt{\lambda}, \cdots, (z/\sqrt{\lambda})^m\right]\frac{\mathbf{c}_m(n)}{\sqrt{\mathscr{B}_m(n)}}$$

类似地, $A^*(w) = [A(w)]^*$, 等等。

(e) 在(d)的结果中令 $z = w = \mathrm{e}^{j\omega}$, 证明

$$\left|A(\mathrm{e}^{j\omega})\right|^2 + \left|K(\mathrm{e}^{j\omega})\right|^2 = \left|C(\mathrm{e}^{j\omega})\right|^2 \quad 对于所有 \omega$$

即三个多项式 $A(z)$、$K(z)$ 和 $C(z)$ 在单位圆 $|z| = 1$ 上是功率互补的。

(f) 因为 $\mathbf{\Phi}_m^{-1}(n)$ 是正定的, 证明如下必然的不等式结果

$$\left|A(z)\right|^2 + \left|K(z)\right|^2 - \left|C(z)\right|^2 = \begin{cases} < 0 & |z| > 1 \\ = 0 & |z| = 1 \\ \geqslant 0 & |z| < 1 \end{cases}$$

[提示: 在(d)中令 $w^* = z^*$。并注意, 如果 $\mathbf{\Phi}_m^{-1}(n)$ 是正定的, 则

$$P(z, z^*) > 0 \quad 对于所有 z$$

一定成立。同时注意, 中间等式等效于(e)中的结果。]

(g) 从(f)中的不等式推断, 在 $|z| > 1$ 内 $C(z)$ 一定没有零点, 进而推断在给定 $A(z)$ 和 $K(z)$ 的情况下, 多项式 $C(z)$ 通过谱分解唯一地由(e)确定; 并证明, 一旦前向预测和增益已知, 后向预测变量对解没有进一步贡献, 因而理论上是冗余的。

11. 在 16.7 节中, 我们已导出表 16.3 中前向预测情况下的各项内容, 这些内容总结了 m 级格型预测器中卡尔曼变量与角度归一化 LSL 变量之间的一一对应关系。试推导后向预测和联合过程估计情况下该表所列各项。

12. 证明如下关系:

(a) 联合过程估计误差

$$\left|\varepsilon_m(n)\right| = \sqrt{\left|e_m(n)\right| \cdot \left|\xi_m(n)\right|}$$

$$\mathrm{ang}\left[\varepsilon_m(n)\right] = \mathrm{ang}\left[e_m(n)\right] + \mathrm{ang}\left[\xi_m(n)\right]$$

(b) 后向预测误差

$$\left|\varepsilon_{b,m}(n)\right| = \sqrt{\left|b_m(n)\right| \cdot \left|\beta_m(n)\right|}$$

$$\mathrm{ang}\left[\varepsilon_{b,m}(n)\right] = \mathrm{ang}\left[b_m(n)\right] + \mathrm{ang}\left[\beta_m(n)\right]$$

（c）前向预测误差

$$|\varepsilon_{f,m}(n)| = \sqrt{|f_m(n)| \cdot |\eta_m(n)|}$$

$$\text{ang}[\varepsilon_{f,m}(n)] = \text{ang}[f_m(n)] + \text{ang}[\eta_m(n)]$$

13. 相关矩阵 $\mathbf{\Phi}_{m+1}(n)$ 为右乘以式（16.53）定义的下三角矩阵 $\mathbf{L}_m(n)$ 的埃尔米特转置。证明乘积矩阵 $\mathbf{\Phi}_{m+1}(n)\mathbf{L}_m^{\mathrm{H}}(n)$ 由其对角元素等于加权预测误差平方和 $\mathscr{B}_0(n)$，$\mathscr{B}_1(n)$，…，$\mathscr{B}_m(n)$ 的下三角矩阵组成。进而，证明乘积矩阵 $\mathbf{L}_m(n)\mathbf{\Phi}_{m-1}(n)\mathbf{L}_m^{\mathrm{H}}(n)$ 是一个由下式给出的对角矩阵

$$\mathbf{D}_{m+1}(n) = \text{diag}[\mathscr{B}_0(n), \mathscr{B}_1(n), \cdots, \mathscr{B}_m(n)]$$

14. 考虑输入样值 $u(n)$，$u(n-1)$，…，$u(n-M)$ 具有均值为零的高斯分布的情况。假设除了一个标度因子外，当时间 $n \geqslant M$ 时输入信号的集平均相关矩阵 $\mathbf{R}_{M+1}$ 等于其时间平均相关矩阵 $\mathbf{\Phi}_{M+1}(n)$。证明这个输入的对数似然函数包括一个等于参数 $\gamma_M(n)$ 的项，而该参数与递归 LSL 算法有关。［由于这个原因，参数 $\gamma_M(n)$ 称为似然变量。］

15. 给定输入 $u(n-m+1)$，…，$u(n)$（它张成空间 $\mathcal{U}_{n-m+1}$），并令 $\hat{d}(n|\mathcal{U}_{n-m+1})$ 表示期望响应 $d(n)$ 的最小二乘估计。类似地，给定输入 $u(n-m)$，$u(n-m+1)$，…，$u(n)$（它张成空间 $\mathcal{U}_{n-m}$），并令 $\hat{d}(n|\mathcal{U}_{n-m})$ 表示该期望响应的最小二乘估计。实际上，格型估计利用了一个由输入 $u(n-m)$ 表示的附加片段信息。证明这个新的信息可用相应的后向预测误差 $b_m(n)$ 来表示；同时证明这两个估计之间的关系可表示为如下递归形式

$$\hat{d}(n|\mathcal{U}_{n-m}) = \hat{d}(n|\mathcal{U}_{n-m+1}) + h_m^*(n)b_m(n)$$

其中 $h_m(n)$ 表示联合过程估计器中有关的回归系数；并将这个结果与 14.1 节涉及新息概念的结果进行比较。

16. 令 $\mathbf{\Phi}(n)$ 表示输入数据 $u(n)$ 的 $(M+1) \times (M+1)$ 相关矩阵。证明通过使用格型预测器所带来的后向预测误差变量的变化精确地获得矩阵 $\mathbf{P}(n) = \mathbf{\Phi}^{-1}(n)$ 的 Cholesky 分解。

17. 从卡尔曼滤波器方程（16.132）出发，并利用表 16.3 及式（16.77）和式（16.79），导出后向反射系数 $\hat{\kappa}_{b,m}(n)$ 和联合过程估计系数 $\hat{h}_{m-1}(n)$ 的更新表达式（16.134）和式（16.135），此即带有误差反馈的递归 LSL 算法。

18. 在本题中，我们研究 GAL 的推导作为采用带有误差反馈的后验估计的递归 LSL 算法的特例。从表 16.6 总结的算法出发，做如下事情：

（a）对所有 m 和 n，迫使

$$\kappa_{b,m}(n) = \kappa_{f,m}^*(n)$$

和

$$\gamma_m(n) = 1$$

（b）在这个特殊条件下，探讨把表 16.6 的递归 LSL 算法变为表 5.2 的 GAL 算法的途径。

19. 在 16.12 节中，讨论了利用误差反馈的一种形式来修改先验误差 LSL 算法。本题中，我们考虑后验 LSL 算法的相应修改形式。试证明

$$\kappa_{f,m}(n) = \frac{\gamma_m(n-1)}{\gamma_{m-1}(n-1)}\left[\kappa_{f,m}(n-1) - \frac{1}{\lambda}\frac{b_{m-1}(n-1)f_{m-1}^*(n)}{\mathscr{B}_{m-1}(n-2)\gamma_{m-1}(n-1)}\right]$$

和

$$\kappa_{b,m} = \frac{\gamma_m(n)}{\gamma_{m-1}(n-1)} \left[\kappa_{b,m}(n-1) - \frac{1}{\lambda} \frac{f_{m-1}(n)b_{m-1}^*(n-1)}{\mathscr{F}_{m-1}(n-1)\gamma_{m-1}(n-1)} \right]$$

20. 归一化 LSL 算法的总结如下：

$$\overline{\Delta}_{m-1}(n) = \overline{\Delta}_{m-1}(n-1)\big[1 - |\overline{f}_{m-1}(n)|^2\big]^{1/2}\big[1 - |\overline{b}_{m-1}(n-1)|^2\big]^{1/2} + \overline{b}_{m-1}(n-1)\overline{f}_{m-1}^*(n)$$

$$\overline{b}_m(n) = \frac{\overline{b}_{m-1}(n-1) - \overline{\Delta}_{m-1}(n)\overline{f}_{m-1}(n)}{\big[1 - |\overline{\Delta}_{m-1}(n)|^2\big]^{1/2}\big[1 - |\overline{f}_{m-1}(n)|^2\big]^{1/2}}$$

$$\overline{f}_m(n) = \frac{\overline{f}_{m-1}(n) - \overline{\Delta}_{m-1}^*(n)\overline{b}_{m-1}(n-1)}{\big[1 - |\overline{\Delta}_{m-1}(n)|^2\big]^{1/2}\big[1 - |\overline{b}_{m-1}(n-1)|^2\big]^{1/2}}$$

归一化参数定义为

$$\overline{f}_m(n) = \frac{f_m(n)}{\mathscr{F}_m^{1/2}(n)\gamma_m^{1/2}(n-1)}$$

$$\overline{b}_m(n) = \frac{b_m(n)}{\mathscr{B}_m^{1/2}(n)\gamma_m^{1/2}(n)}$$

和

$$\overline{\Delta}_m(n) = \frac{\Delta_m(n)}{\mathscr{F}_m^{1/2}(n)\mathscr{B}_m^{1/2}(n-1)}$$

导出定义归一化 LSL 算法的递归关系式。

第17章 盲反卷积

反卷积(deconvolution)是一种能拆开线性时不变系统卷积关系的信号处理运算。更特别地,在盲反卷积中,输出信号和系统均已知,而要求是重构所需要的输入信号。然而,在盲反卷积(blind deconvolution)[更确切地说是无监督反卷积(unsupervised deconvolution)]中,仅仅知道输出信号(系统和输入信号均未知),要求求出输入信号和系统本身。显然,盲反卷积是一种比普通反卷积更难的信号处理任务。

为了替盲反卷积问题的研究铺平道路,本章从介绍盲反卷积理论的含义和实际重要性入手开始我们的讨论。

17.1 盲反卷积问题概述

考虑输入为 $x(n)$ 的一个未知线性时不变系统 $\mathscr{L}$,如图 17.1 所示。假设输入数据(承载信息)序列由独立同分布(i.i.d.)的符号组成。问题如下:

在仅知输入概率分布且给定系统输出观测序列 $u(n)$ 的条件下,恢复 $x(n)$,即辨识系统 $\mathscr{L}$ 的逆系统 $\mathscr{L}^{-1}$。

如果系统 $\mathscr{L}$ 是最小相位的,即系统转移函数的所有极点和零点均在 z 平面单位圆内,那么不仅 $\mathscr{L}$ 是稳定的,而且逆系统 $\mathscr{L}^{-1}$ 也是稳定的。此时,我们可将输入序列 $x(n)$ 看做系统输出 $u(n)$ 的"新息",而逆系统 $\mathscr{L}^{-1}$ 刚好是一个白化滤波器;利用它解决了盲反卷积问题。这种方法是根据第 3 章所述的线性预测理论导出的。

然而,在许多实际情况下,$\mathscr{L}$ 并不是最小相位系统。若系统转移函数具有 z 平面单位圆外零点,我们就说该系统是一个非最小相位的。而且,要使系统具有指数稳定性,它的极点必须都在单位圆内。电话信道和无线衰落信道就

图 17.1 盲反卷积示意图

是非最小相位系统的两个实例。此时,要在给定信道输出的条件下,恢复输入序列 $x(n)$ 是相当困难的。

通常,在数字通信中使用的自适应均衡器要有一个初始训练阶段;此时,发送一个已知的数据序列。在接收端产生一个与发送端完全同步的数据序列,以此作为均衡器的期望响应,从而有可能根据均衡器设计所采用的自适应滤波算法调整均衡器系数。当训练结束后,均衡器就切换到面向判决的模式,开始正常的数据传输。在第 6 章的 LMS 算法中,我们曾经讨论过自适应滤波器的这种工作模式。

然而,在某些实际情况下,我们十分希望接收机无须接入期望响应,就能获得完全的自适应。例如,在涉及一个控制单元连接到多个数据终端设备(DTE)的多点数据网络中,控制单元与 DTE 之间是一个"主、从"关系,因为只有当 DTE 的调制解调器被控制单元的调制解

调器询问时，才允许 DTE 发送数据。这类网络特有的一个问题是，要对无法识别数据和询问信息的 DTE 中的接收机进行训练的问题，这是因为信道特性的急剧变化，或者因为某个接收机在网络初始同步期间未接通电源所引起的。显然，在一个大型网络或负载很重的网络中，如果将某种形式的盲均衡嵌入接收机设计，则可提高数据吞吐量，减轻监控网络负担(Godard, 1980)。

在无线通信中，无监督的盲反卷积具有如下超过传统的监督自适应均衡技术的优点：

- 无监督(自组织)学习不需要在接收机端外加期望响应。
- 无监督学习不需要耗费时间沿信道传输估计信道用的有关信息，从而保护了信道带宽，改善了频谱效率。

在反射地震学中，传统的方法是通过线性预测反卷积从地震图中滤除信源波形(这种方法在第 6 章中讨论过)。预测反卷积法导自四个基本假设(Gray, 1979)：

1) 反射系数序列是白色的。然而，反射地震图经常违背这个假设，因为来自不同过程的反射结果加到声波阻抗上。在许多由沉积物形成的盆地中，有些薄层会使反射序列在符号方面彼此相关。

2) 信源信号是最小相位的，因为它的所有零点都在 z 平面的单位圆内；这里假设信源信号是离散时间信号。这一假设对几种爆炸性信源(例如炸药)来说是合理的，但对诸如海洋探测中使用的那些更加复杂的信源来说，这只是一个近似假设。

3) 反射系数序列和噪声是统计独立的，而且时间上是平稳的。然而，常常违背平稳假设，因为地震波是呈球形辐射和衰减的。为了应对数据的非平稳性，可采用自适应盲反卷积。但是，这一方法常常会破坏人们感兴趣的基本事件。

4) 最小均方准则用来求解线性预测问题。然而，仅当预测误差(反射系数序列和噪声)服从高斯分布时，该准则才适合。但是，对反射系数进行的统计测试表明它们的峰度远高于由高斯分布得到的峰度。一个分布函数的斜度(skewness)和峰度(kurtosis)分别定义为

$$\gamma_1 = \frac{\mu_3}{\sigma^3} \tag{17.1}$$

和

$$\gamma_2 = \frac{\mu_4}{\sigma^4} - 3 \tag{17.2}$$

式中 σ^2 是分布的方差，μ_3 和 μ_4 分别是 3 阶和 4 阶中心矩。对于均值为零的实值高斯分布，$\gamma_1 = 0$，$\gamma_2 = 0$。

值得注意的是，预测反卷积法忽略了反射地震图中所包含的有用相位信息。使用盲反卷积可以克服这一局限(Godfrey & Rocca, 1981)。

数字通信中的盲均衡和反射地震学中的盲反卷积是一种特殊的自适应逆滤波问题。仅需提供接收信号和以概率信源模型形式表示的某些附加信息，它就能以非监督方式工作。在均衡数字通信信道时，信源模型描述的是所发送数据序列的统计特性；而在地震盲反卷积情况下，信源模型描述的是地球反射系数的统计特性。

17.1.1　盲反卷积法

扩展刚才简要介绍的盲反卷积很容易看到，在过去三四十年中盲反卷积算法及其实际应用的文献稳步增长，以至于已有多本该课题的著作出版[①]。

然而，由于篇幅的限制，本章只限于讨论如下特殊且重要的盲反卷积系统：

接收信号为非高斯信号的单输入单输出(SISO)类非最小相位线性时不变系统。

更精确地说，我们主要关注如下两种盲反卷积算法：

1) 线性盲反卷积　此处，接收信号以整数倍符号速率过抽样。由此，把接收信号变为一个多路信号。给定接收信号新的描述，我们的任务是如何提取所考虑系统(即信道)的二阶统计量信息，用来弥补无法利用系统输入或期望响应的不足。完成这个艰巨任务的一个有趣的方法是寻找系统的循环平稳特性(通信中已调信号的一种固有特性)以作为所期望二阶统计量信息的来源。

需要特别注意的是，尽管我们无法知道系统的输入(即源信号)，但是有可能利用接收信号的循环平稳特性来完成盲系统(即闭系统)的辨识。解决的方法是面向块的子空间分解方法(Tong et al.，1995)；这个非凡成就的代价是计算上深入细致的辨识过程[②]。

2) 非线性盲反卷积　线性滤波器与二阶统计量(SOS)有关，而非线性滤波器则要使用高阶统计量(HOS)。利用接收信号的 HOS 有以下两种方法：

- 在显式意义上，它以使用高阶累积量或称其为多谱的离散傅里叶变换(见第 1 章)作

---

① 关于盲反卷积，读者可参考如下所列著作：

1. Haykin(1994)：这是关于盲卷积的第一本书。

2. Haykin(2000)：这本书包含两卷，第一卷"盲源分离"，第二卷"盲反卷积"，这两个信号处理方法是相关联的。

3. Ding 和 Li(2001)：该书尝试阐述盲均衡算法的功能和限制性，而且描述了算法的单输入多输出(SIMO)系统的算法。

4. Tugnait(2003)：该书有一章综述了单输入单输出(SISO)盲信道均衡的各种方法，并把多信道带宽和受限信道带宽作为感兴趣的两个实际问题和盲均衡的实际应用。

5. Campisi 和 Egiazarian(2007)：该书探讨了不同领域(包括图像重建、显微镜学、医学图像，生物遥感、物理、地球地理探测等)中的各种图像反卷积算法。

6. Pinchas(2012)：该书描述了采用最大熵原理的盲信道均衡新方法的数学方面及与传统方法的比较。

② 下面，将实现盲反卷积的其他方法总结如下：

- 最小噪声子空间(minimal noise subspace)(Hua et al.，1997)。这篇文章引入了最小噪声子空间概念，它根据一组树形信道对进行计算。这种具有最小冗余度的树(tree)利用了子信道间的分集。据报道，这一新方法的计算效率高于 Moulines 等(1995)提出的子空间法。

- 线性预测理论(Slock，1964；Slock and Papadias，1995；Papadias & Slock，1999；Mannerkoski & Taylor，1999)。与17.3 节所述的盲辨识子空间分解法不同，这一预测法的目的是盲均衡。Mannerkoski 和 Taylor(1999)描述的方法是以使用最小平方二乘预测为基础(即阶递归自适应滤波)，其理论曾在本书第 16 章讨论过。

- 互参考滤波器(Gesbert et al.，1997)。在这一方法中，考虑了几种滤波器，在自适应过程中，每个滤波器的输出作为其他滤波器自适应过程中的训练信号。相应地，设计一个多维均方误差形式的代价函数，其最小化似乎提供了均衡的充要条件。这个过程的基本理论与线性预测有关。

- 线性神经网络(Fang & Chow，1999)。这个方法使用由两个线性神经层级联的网络，该网络跟随一个过抽样器。网络的第一层对采样器的多路输出信号进行白化处理。第二层(输出层)设计用来对传送的数据符号估值进行优化。用来计算这两层可调权值的随机学习算法是彼此独立的。

以上这些方法有一个共同的特性：它们都引用过抽样，如图 17.2 的过抽样信道模型所示。

为例证。能保护相位信息的多谱特性，使得显式的基于 HOS 的算法很适合于盲反卷积(Pan & Nikias, 1988; Hatzinakos & Nikias, 1989, 1991)。

- 在隐式意义上，这种方法不直接利用接收信号的高阶统计量。基于隐式 HOS 的算法包含 Bussgang 算法。之所以称为 Bussgang 算法，是因为当算法以均值收敛时，其盲反卷积的信号呈现 Bussgang 统计特性(Bellini, 1986, 1988, 1994)。

基于隐式 HOS 的盲反卷积算法的实现相对简单且一般性能良好，这已由它在数字通信系统中的实际使用所证明。然而，这类算法有两个基本局限：其一是有可能收敛到局部最小点；其二是对定时抖动很敏感。相反，显式 HOS 算法通过避免对代价函数的最小化，避免了出现局部最小问题；遗憾的是，其计算过程要复杂得多。也许，这两类算法的一个最严重的局限性是收敛速率慢。只要注意到求高阶统计量的时间平均估计所需的样本数远多于二阶统计量的时间平均估计所需的样本数，就不难发现这两类算法收敛速率慢的原因。按照 Brillinger(1975)的理论，估计某一随机过程 n 阶统计量所需要的样本数，受到估计偏差和方差指定值的约束，它几乎随阶数 n 呈指数增长。与依赖于训练序列工作的传统自适应滤波算法相比，基于 HOS 的盲反卷积算法收敛速率慢就不足为奇了。于是，传统自适应滤波算法需要几百次自适应循环就能收敛，而基于 HOS 的盲反卷积算法需要几千次自适应循环才能收敛。在某些应用场合(如地震反卷积)，收敛速率的快慢并不是严重关注的问题。然而，在高度非平稳的环境下，例如移动数字通信，算法可能会没有足够的时间达到稳定状态，从而可能无法跟踪环境的统计变化。因此，这类盲反卷积算法不能用于系统要求快速捕获的应用场合。

17.1.2   本章安排

线性盲反卷积算法将在本章的 17.2 节和 17.3 节讨论。该节介绍的内容主要关注如何利用信道输出信号具有循环平稳特性的二阶统计量(SOS)来进行通信信道辨识。

非线性盲反卷积算法包括如下内容：

- 17.4 节到 17.6 节主要讨论盲信道均衡的 Bussgang 算法族，这个特殊族已有很长的历史，可以追溯到 Sato(1975a)的经典文章。Bussgang 算法已推广应用于信道慢变的通信系统。
- 在 17.7 节中，我们研究了分数均衡器，其中基于 SOS 的算法和 Bussgang 算法结合在一起；在一个宽松的环境下，可将这些盲反卷积算法看做互补的。
- 17.8 节主要讨论基于最大熵原理(Pinchas & Bobrosvky, 2006; Pinchas 2012)的非线性盲反卷积方法。这个信道均衡算法的推导在数学方面有高度需求。

在讨论非线性盲反卷积算法时应该认识到，某些形式的非线性被引入其结构中，以便于期望响应的自组织计算。

17.2   利用循环平稳统计量的信道辨识

在基于 HOS 的反卷积算法中，利用信道输出信号的高阶统计量提取非最小相位信道的未知相位响应信息。此时，输出信号的抽样速率等于波特率，即符号速率。此外，我们也可以利用信道的另一个固有特性，即循环平稳性来提取相位信息。为了说明后一个特性，先将

数字通信系统的接收信号表示为更一般的基带形式，即

$$u(t) = \sum_{k=-\infty}^{\infty} x_k h(t - kT) + \nu(t) \tag{17.3}$$

式中 x_k 表示每隔 T 秒(即波特率为 $1/T$)发送一个符号，t 表示连续时间，$h(t)$ 是信道总的冲激响应(包括发送和接收滤波器)，$\nu(t)$ 是信道噪声(不要把这里使用的信道噪声 ν 与后面讨论 Bussgang 算法时所用的卷积噪声 ν 相混淆)。式(17.3)的所有参量都是复值的。假设发送信号 x_k 和信道噪声 $\nu(t)$ 都是均值为零的广义平稳信号，则容易证明，接收信号 $u(t)$ 的均值也为零，且其自相关函数以符号持续时间 T 为周期(见习题1)，即

$$\begin{aligned} r_u(t_1, t_2) &= \mathbb{E}[u(t_1)u^*(t_2)] \\ &= r_u(t_1 + T, t_2 + T) \end{aligned} \tag{17.4}$$

这表明，接收信号 $u(t)$ 是广义循环平稳的。

使用循环平稳性作为另一种盲反卷积方法的基础之所以特别吸引人，是因为它仅仅使用二阶统计量(SOS)即可提取相位信息，从而克服了基于高阶统计量(HOS)的算法收敛速率慢的限制。

Gardner(1991)是第一个看出调制信号的循环平稳性允许仅仅利用 SOS 就可以恢复信道的幅度和相位响应的学者。然而，利用循环平稳统计量进行盲信道识别和均衡的思想则应该归功于 Tong 等(1995)。事实上，仅靠 SOS 即可求解盲反卷积这个难题的能力被看做一项重要的技术突破。由 Tong 等提出的最初思想依赖于使用时间分集，即对接收信号进行过抽样。通常，在数字通信系统中，完成该运算是为了定时和相位恢复的特定用途。然而，就我们所讨论的内容而言，过抽样的应用导致一个分数间隔均衡器(FSE, fractionally spaced equalizer)。之所以这样称谓，是因为其均衡抽头的间隔小于输入符号速率的倒数。

在目前已提出的许多分数间隔盲信道识别或均衡技术中，我们选择了子空间分解法，它与 Schmidt(1979)最初提出的用来估计信号到达角的多信号分类(MUSIC, multiple signal classification)算法之间有密切的联系。因此，下一节所述内容揭示了这样一个事实：在求解盲反卷积问题时，可以从大量的统计阵列信号处理文献中获得许多有益的启示。

17.3 分数间隔盲辨识用子空间分解

正如前面所提到的，从接收信号过抽样出发，讨论子空间分解。假设接收信号 $u(t)$ 通过令

$$t = \frac{iT}{L} \tag{17.5}$$

进行过抽样，式中 T 表示符号间隔，L 为正整数。则式(17.3)取为离散形式

$$u\left(\frac{iT}{L}\right) = \sum_{k=-\infty}^{\infty} x_k h\left(\frac{iT}{L} - kT\right) + \nu\left(\frac{iT}{L}\right) \tag{17.6}$$

令

$$i = nL + l \qquad l = 0, 1, \cdots, L - 1 \tag{17.7}$$

式(17.6)可改写为

$$u\left(nT + \frac{lT}{L}\right) = \sum_{k=-\infty}^{\infty} x_k h\left((n-k)T + \frac{lT}{L}\right) + \nu\left(nT + \frac{lT}{L}\right) \qquad (17.8)$$

为了表示方便,设

$$h_n^{(l)} = h\left(nT + \frac{lT}{L}\right)$$

$$u_n^{(l)} = u\left(nT + \frac{lT}{L}\right)$$

和

$$\nu_n^{(l)} = \nu\left(nT + \frac{lT}{L}\right)$$

因此,我们可用如下简单形式定义式(17.8)的过抽样信道输出

$$u_n^{(l)} = \sum_{k=-\infty}^{\infty} x_k h_{n-k}^{(l)} + \nu_n^{(l)} \qquad l = 0, 1, \cdots, L-1 \qquad (17.9)$$

在进一步阐述这个问题前,先做如下两个假设:

1)信道是因果且具有有限时间支持的,即

$$h_k^{(l)} = 0 \qquad \text{对于 } k < 0 \text{ 或 } k > M \text{ 和所有 } l \qquad (17.10)$$

式中 M 是真实信道的阶数。

2)在 n 时刻,接收机处理由发送信号向量引起的信道输出,它由 $M+N$ 符号组成,即

$$\mathbf{x}_n = \left[x_n, x_{n-1}, \cdots, x_{n-M-N+1}\right]^{\mathrm{T}} \qquad (17.11)$$

因此,在接收端我们发现,每个数据块含有 NL 个样本。取决于这些样本如何分块,过抽样信道有如下两种等效的矩阵表示:

1)单输入多输出(SIMO, single-input, multiple-output)模型 它由共享一个输入端的 L 个子信道组成,如图 17.2 所示。每个子信道具有类似的时间支持和各自的噪声分布。设第 l 个子信道可表征如下:

- $(M+1) \times 1$ 抽头权(系数)向量

$$\mathbf{h}^{(l)} = \left[h_0^{(l)}, h_1^{(l)}, \cdots, h_M^{(l)}\right]^{\mathrm{T}}$$

- $N \times 1$ 接收信号向量

$$\mathbf{u}_n^{(l)} = \left[u_n^{(l)}, u_{n-1}^{(l)}, \cdots, u_{n-N+1}^{(l)}\right]^{\mathrm{T}}$$

- $N \times 1$ 噪声向量

$$\boldsymbol{\nu}_n^{(l)} = \left[\nu_n^{(l)}, \nu_{n-1}^{(l)}, \cdots, \nu_{n-N+1}^{(l)}\right]^{\mathrm{T}}$$

于是,可用矩阵形式(代表 N 个连续的接收信号)将式(17.9)简洁地表示为

$$\mathbf{u}_n^{(l)} = \mathbf{H}^{(l)}\mathbf{x}_n + \boldsymbol{\nu}_n^{(l)} \qquad l = 0, 1, \cdots, L-1 \qquad (17.12)$$

式中发送信号向量 $\mathbf{x}_n$ 由式(17.11)定义。$N \times (M+N)$ 滤波矩阵 $\mathbf{H}^{(l)}$ 具有托伯利兹(Toeplitz)结构,可表示为

$$\mathbf{H}^{(l)} = \begin{bmatrix} h_0^{(l)} & h_1^{(l)} & \cdots & h_M^{(l)} & 0 & \cdots & 0 \\ 0 & h_0^{(l)} & \cdots & h_{M-1}^{(l)} & h_M^{(l)} & \cdots & 0 \\ \vdots & \vdots & \ddots & \vdots & \vdots & \ddots & \vdots \\ 0 & 0 & \cdots & h_0^{(l)} & h_1^{(l)} & \cdots & h_M^{(l)} \end{bmatrix} \tag{17.13}$$

最后，将式(17.12)的 L 个方程构成的方程组合并为单一式子，可写出

$$u_n = \mathcal{H} \mathbf{x}_n + \mathbf{o}_n \tag{17.14}$$

式中

$$u_n = \begin{bmatrix} \mathbf{u}_n^{(0)} \\ \mathbf{u}_n^{(1)} \\ \vdots \\ \mathbf{u}_n^{(L-1)} \end{bmatrix}$$

是 $LN \times 1$ 多信道接收信号向量

$$\mathbf{o}_n = \begin{bmatrix} \boldsymbol{\nu}_n^{(0)} \\ \boldsymbol{\nu}_n^{(1)} \\ \vdots \\ \boldsymbol{\nu}_n^{(L-1)} \end{bmatrix}$$

是 $LN \times 1$ 多信道噪声向量，而

$$\mathcal{H} = \begin{bmatrix} \mathbf{H}^{(0)} \\ \mathbf{H}^{(1)} \\ \vdots \\ \mathbf{H}^{(L-1)} \end{bmatrix} \tag{17.15}$$

$LN \times (M+N)$ 是信道卷积矩阵，矩阵中的各项由式(17.13)定义。

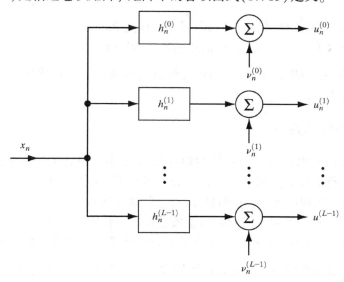

图 17.2　单输入多输出过抽样信道模型

2)Sylvester 矩阵表示   其中具有相同延迟下标的 L 个子信道系数多分在一起,即

$$\mathbf{h}_k' = \left[h_k^{(0)}, h_k^{(1)}, \cdots, h_k^{(L-1)} \right]^\mathrm{T} \qquad k = 0, 1, \cdots, M$$

相应地,定义 $L \times 1$ 接收信号向量

$$\mathbf{u}_n' = \left[u_n^{(0)}, u_n^{(1)}, \cdots, u_n^{(L-1)} \right]^\mathrm{T}$$

和 $L \times 1$ 噪声向量

$$\boldsymbol{v}_n' = \left[\nu_n^{(0)}, \nu_n^{(1)}, \cdots, \nu_n^{(L-1)} \right]^\mathrm{T}$$

然后,在此基础上用式(17.9)将 NL 个接收信号组合为

$$u_n' = \begin{bmatrix} \mathbf{u}_n' \\ \mathbf{u}_{n-1}' \\ \vdots \\ \mathbf{u}_{n-N+1}' \end{bmatrix} \tag{17.16}$$

$$= \mathcal{H}'\mathbf{x}_n + o_n'$$

式中,发送信号向量 $\mathbf{x}_n$ 由式(17.11)定义。$LN \times 1$ 噪声向量 o_n' 定义为

$$o_n' = \begin{bmatrix} \boldsymbol{v}_n' \\ \boldsymbol{v}_{n-1}' \\ \vdots \\ \boldsymbol{v}_{n-N+1}' \end{bmatrix}$$

而 $LN \times (M+N)$ 矩阵 $\mathcal{H}'$ 定义为

$$\mathcal{H}' = \begin{bmatrix} \mathbf{h}_0' & \mathbf{h}_1' & \cdots & \mathbf{h}_M' & \mathbf{0} & \cdots & \mathbf{0} \\ \mathbf{0} & \mathbf{h}_0' & \cdots & \mathbf{h}_{M-1}' & \mathbf{h}_M' & \cdots & \mathbf{0} \\ \vdots & \vdots & \vdots & \vdots & \vdots & \vdots & \vdots \\ \mathbf{0} & \mathbf{0} & \cdots & \mathbf{h}_0' & \mathbf{h}_1' & \cdots & \mathbf{h}_M' \end{bmatrix} \tag{17.17}$$

分块托伯利兹矩阵 $\mathcal{H}'$ 称为 Sylvester 合成矩阵(Rosenbrock,1970;Tong et al.,1993),因此,这个术语用来称谓过抽样信道的第二种矩阵表示。

令人感兴趣的是,单输入多输出(SIMO)信道能够利用 L 个传感器或天线组成的阵列获得,正如前面所论述的。

17.3.1 滤波矩阵秩定理

分别由式(17.15)和式(17.17)定义的矩阵 $\mathcal{H}$ 和 $\mathcal{H}'$ 中所包含的信道信息是相同的,它们之间的主要区别是行向量的排列顺序不同。最重要的是,由 $\mathcal{H}$ 或 $\mathcal{H}'$ 的各列所张成的空间是规范等效的。因此,从现在开始,我们只需讨论图 17.2 所示的单输入多输出模型。

多信道滤波矩阵 $\mathcal{H}$ 在盲辨识问题时起着核心作用。特别地,当且仅当 $\mathcal{H}$ 满列秩时,该问题才有解。由 Tong 等(1993)提出的一个重要定理论述了这个要求,该定理可表述如下。

$LN \times (M+N)$ 信道卷积矩阵 $\mathcal{H}$ 是满秩矩阵[即 $\mathrm{rank}(\mathcal{H}) = M+N$],只要满足三个条件:

1)多项式

$$H^{(l)}(z) = \sum_{m=0}^{M} h_m^{(l)} z^{-m} \qquad\qquad l = 0, 1, \cdots, L-1$$

没有公共零点。

2)至少一个多项式 $H^{(l)}(z)$（$l=0, 1, \cdots, L-1$）具有最大可能的度 M，这个条件通常称为信道不等性（disparity）条件。

3)每个子信道接收信号向量 $\mathbf{u}_n^{(l)}$ 的维数 N 大于 M。

利用这个定理（此后，我们将这个定理称为滤波矩阵秩定理），很容易阐述盲辨识的子空间分解法。

17.3.2 盲辨识

基本方程（17.14）是过抽样信道的矩阵表达式。这个方程可用图 17.3 所示的框图来表示。这个框图可以看做图 17.2 所示的单输入多输出模型的一个简化模型。为了进行信道的统计特性分析，做如下假设：

- 发送信号向量 $\mathbf{x}_n$ 和多信道噪声向量 $\mathbf{v}_n$ 由统计独立的广义平稳信源产生。
- 发送信号向量 $\mathbf{x}_n$ 的均值为零，相关矩阵为

$$\mathbf{R}_x = \mathbb{E}[\mathbf{x}_n \mathbf{x}_n^{\mathrm{H}}]$$

式中 $(M+N) \times (M+N)$ 矩阵 $\mathbf{R}_x$ 是一个未知的满列秩矩阵。

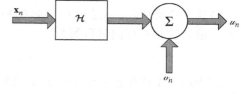

图 17.3　过抽样信道的矩阵表示

- 加性信道噪声是白噪声。这个噪声向量 $\mathbf{v}_n$ 的均值为零，相关矩阵为

$$\begin{aligned}\mathbf{R}_\nu &= \mathbb{E}[\boldsymbol{\nu}_n \boldsymbol{\nu}_n^{\mathrm{H}}] \\ &= \sigma^2 \mathbf{I}\end{aligned}$$

式中噪声方差 σ^2 是已知的，而 $\mathbf{I}$ 为 $N \times N$ 单位矩阵。

因此，$LN \times 1$ 接收信号向量 u_n 的均值为零，而相关矩阵定义为

$$\begin{aligned}\mathbf{R} &= \mathbb{E}[u_n u_n^{\mathrm{H}}] \\ &= \mathbb{E}[(\mathcal{H}\mathbf{x}_n + o_n)(\mathcal{H}\mathbf{x}_n + o_n)^{\mathrm{H}}] \\ &= \mathbb{E}[\mathcal{H}\mathbf{x}_n \mathbf{x}_n^{\mathrm{H}} \mathcal{H}^{\mathrm{H}}] + \mathbb{E}[o_n o_n^{\mathrm{H}}] \\ &= \mathcal{H}\mathbf{R}_x \mathcal{H}^{\mathrm{H}} + \mathbf{R}_o\end{aligned} \qquad (17.18)$$

其中

$$\begin{aligned}\mathbf{R}_o &= \mathbb{E}[o(n) o^{\mathrm{H}}(n)] \\ &= \sigma^2 \mathbf{I}_{LN}\end{aligned} \qquad (17.19)$$

式中 $\mathbf{I}_{LN}$ 是 $LN \times LN$ 单位矩阵。应该注意，信号诱导项 $\mathcal{H}\mathbf{R}_x \mathcal{H}^{\mathrm{H}}$ 的秩为 $M+N$，它小于相关矩阵 $\mathbf{R}$ 的维数 LN。事实上，矩阵 $\mathbf{R}$ 的信号诱导部分的奇异性是用于所有子空间估计算法的一个关键特性。

为了获得对盲辨识问题的深入了解,我们用最初由 Schmidt(1979,1981)提出的几何框架来考虑这个问题。首先,引用附录 E 的谱定理,按照其特征值和相应的特征向量来描述 $LN \times LN$ 相关矩阵

$$\mathbf{R} = \sum_{k=0}^{LN-1} \lambda_k \mathbf{q}_k \mathbf{q}_k^{\mathrm{H}} \tag{17.20}$$

式中特征值以递减顺序排列

$$\lambda_0 \geqslant \lambda_1 \geqslant \cdots \geqslant \lambda_{LN-1}$$

其次,我们用滤波矩阵秩定理将这些特征值分成两组:

1)$\lambda_k > \sigma^2$　　　$k = 0, 1, \cdots, M+N-1$

2)$\lambda_k = \sigma^2$　　　$k = M+N, M+N+1, \cdots, LN-1$

因此,由矩阵 $\mathbf{R}$ 的特征向量所张成的空间可分为两个子空间:

1)信号子空间 $\mathscr{S}$　该空间由特征值 $\lambda_0, \lambda_1, \cdots, \lambda_{M+N-1}$ 相应的特征向量张成。这些特征向量可写为

$$\mathbf{s}_k = \mathbf{q}_k \qquad k = 0, 1, \cdots, M+N-1$$

2)噪声子空间 $\mathscr{N}$　该空间由其余的特征值 $\lambda_{M+N}, \lambda_{M+N+1}, \cdots, \lambda_{LN-1}$ 所对应的特征向量张成。这些特征向量可写为

$$\mathbf{g}_k = \mathbf{q}_k \qquad k = 0, 1, \cdots, M+N-1$$

噪声子空间是信号子空间的正交分量。

定义

$$\mathbf{R}\mathbf{g}_k = \sigma^2 \mathbf{g}_k \qquad k = 0, 1, \cdots, LN-M-N-1 \tag{17.21}$$

将带有 $\mathbf{R}_v = \sigma^2 \mathbf{I}$ 的式(17.18)代入式(17.21)后,经化简后得

$$\mathscr{H}\mathbf{R}_x \mathscr{H}^{\mathrm{H}} \mathbf{g}_k = \mathbf{0} \qquad k = 0, 1, \cdots, LN-M-N-1$$

因为矩阵 $\mathscr{H}$ 和 $\mathbf{R}_x$ 都是满秩矩阵,由此可得出

$$\mathscr{H}^{\mathrm{H}} \mathbf{g}_k = \mathbf{0} \qquad k = 0, 1, \cdots, LN-M-N-1 \tag{17.22}$$

式(17.22)是 Moulines 等(1995)给出的盲辨识子空间分解法的理论框架。这个方法基于下列内容:

1)接收信号向量 u_n 的相关矩阵 $\mathbf{R}$ 的 $LN-M-N$ 个最小特征值对应的特征向量的知识。

2)未知多信道滤波矩阵 $\mathscr{H}$ 的各列与噪声空间 $\mathscr{N}$ 的正交性。

换句话说,在一个乘性常数范围内,由相关矩阵 $\mathbf{R}$ 表征的接收信号 u_n 的循环平稳性确实足以满足信道盲辨识的需要。

17.3.3　另一个正交条件公式

从计算的观点看,式(17.22)所示的另一个正交条件公式使用起来更加方便。为此,先将这个条件改写为等效的标量形式

$$\|\mathcal{H}^{\mathrm{H}}\mathbf{g}_k\|^2 = \mathbf{g}_k^{\mathrm{H}}\mathcal{H}\mathcal{H}^{\mathrm{H}}\mathbf{g}_k = 0 \qquad k = 0,1,\cdots,LN-M-N-1 \tag{17.23}$$

考虑到式(17.15)所示的信道卷积矩阵 $\mathcal{H}$ 的分块结构，可将 $LN\times1$ 特征向量 $\mathbf{g}_k$ 用相应的方式分块为

$$\mathbf{g}_k = \begin{bmatrix} \mathbf{g}_k^{(0)} \\ \mathbf{g}_k^{(1)} \\ \vdots \\ \mathbf{g}_k^{(L-1)} \end{bmatrix} \tag{17.24}$$

式中 $\mathbf{g}_k^{(l)}$ $(l=0,1,\cdots,L-1)$ 是 $N\times1$ 向量。其次，根据式(17.13)给出的矩阵 $\mathbf{H}^{(l)}$ 的组成方式，我们构造 $(M+1)\times(M+N)$ 矩阵

$$\mathbf{G}_k^{(l)} = \begin{bmatrix} g_{k,0}^{(l)} & g_{k,1}^{(l)} & \cdots & g_{k,N-1}^{(l)} & 0 & \cdots & 0 \\ 0 & g_{k,0}^{(l)} & \cdots & g_{k,N-2}^{(l)} & g_{k,N-1}^{(l)} & \cdots & 0 \\ \vdots & \vdots & \ddots & \vdots & \vdots & \ddots & \vdots \\ 0 & 0 & \cdots & g_{k,0}^{(l)} & g_{k,1}^{(l)} & \cdots & g_{k,N-1}^{(l)} \end{bmatrix} \tag{17.25}$$

最后，当 $l=0,1,\cdots,L-1$ 时，按照描述信道卷积矩阵 $\mathcal{H}$ 的式(17.15)，我们对 $l=0,1,\cdots,L-1$ 利用式(17.25)定义的矩阵来构造 $L(M+1)\times(M+N)$ 矩阵

$$\mathcal{G}_k = \begin{bmatrix} \mathbf{G}_k^{(0)} \\ \mathbf{G}_k^{(1)} \\ \vdots \\ \mathbf{G}_k^{(L-1)} \end{bmatrix} \qquad k = 0,1,\cdots,LN-M-N-1 \tag{17.26}$$

给定刚刚定义的 $\mathcal{G}_k$，则可以证明(见习题3)

$$\mathbf{g}_k^{\mathrm{H}}\mathcal{H}\mathcal{H}^{\mathrm{H}}\mathbf{g}_k = \mathbf{h}^{\mathrm{H}}\mathcal{G}_k\mathcal{G}_k^{\mathrm{H}}\mathbf{h} \tag{17.27}$$

式中

$$\mathbf{h} = \begin{bmatrix} \mathbf{h}^{(0)} \\ \mathbf{h}^{(1)} \\ \vdots \\ \mathbf{h}^{(L-1)} \end{bmatrix}$$

是按照多信道系数定义的 $L(M+1)\times1$ 向量。故可用等效形式表示式(17.23)的正交条件

$$\mathbf{h}^{\mathrm{H}}\mathcal{G}_k\mathcal{G}_k^{\mathrm{H}}\mathbf{h} = 0 \qquad k = 0,1,\cdots,LN-M-N-1 \tag{17.28}$$

这就是我们所期望的关系式。在式(17.28)中，未知多信道系数用向量 $\mathbf{h}$ 表示，而在式(17.23)中，则以具有高度灵巧结构的矩阵 $\mathcal{H}$ 表征信道系数。

17.3.4 估计信道系数

在实际应用中，我们必须使用特征向量 $\mathbf{g}_k$ 的估值。假设这些估值用 $\hat{\mathbf{g}}_k$ $(k=0,1,\cdots,LN-M-N-1)$ 表示。为了推导多信道系数向量 $\mathbf{h}$ 的估计式，利用式(17.28)的正交条件定义代价函数

$$\mathcal{E}(\mathbf{h}) = \mathbf{h}^{\mathrm{H}}\mathcal{Q}\mathbf{h} \tag{17.29}$$

式中

$$\mathcal{Q} = \sum_{k=0}^{LN-M-N-1} \hat{\mathcal{G}}_k \hat{\mathcal{G}}_k^{\mathrm{H}} \qquad (17.30)$$

是一个 $L(M+1) \times L(M+1)$ 矩阵。估计矩阵 $\hat{\mathcal{G}}_k$ 由式(17.26)和式(17.25)定义，不过在这两个式中要用 $\hat{\mathbf{g}}_k$ 代替 $\mathbf{g}_k$。在真实(非估计)相关矩阵 $\mathbf{R}$ 的理想情况下，真实(非估计)多信道系数向量 $\mathbf{h}$ 可由条件 $\mathscr{E}(\mathbf{h}) = 0$ 唯一确定(除了一个乘性常数外)。利用基于估值 $\hat{\mathbf{g}}_k$ 的矩阵 $\mathcal{Q}$，向量 $\mathbf{h}$ 的最小二乘估计通过最小化代价函数 $\mathscr{E}(\mathbf{h})$ 来计算。然而，这个最小化必须在合适约束条件下完成，以避免 $\mathbf{h} = \mathbf{0}$ 这一平凡解。Moulines 等(1995)提出了两条可能的优化准则：

1)线性约束　在约束条件 $\mathbf{c}^{\mathrm{H}}\mathbf{h} = 1$ 下最小化代价函数 $\mathscr{E}(\mathbf{h})$，其中 $\mathbf{c}$ 是一个任意的 $L(M+1) \times 1$ 向量。
2)二次约束　在约束条件 $\|\mathbf{h}\| = 1$ 时最小化代价函数 $\mathscr{E}(\mathbf{h})$。

第一个准则要求指定一个任意向量 $\mathbf{c}$，而第二个准则看起来似乎更自然些，但其计算量更大。

17.3.5　实际考虑

由式(17.5)~式(17.30)包含的子空间分解理论是一个相当理想化的理论，因为它的成功运用依赖于如下三个假设：

1)加性信道噪声 $\nu(t)$ 是白噪声，且已知其方差为 σ^2。
2)图17.2所示模型中虚信道转移函数无公共零点。
3)信道的阶数 M 已知。

第一个假设是合理的。为了考察第二个假设的合理性，我们需要知道信道阶数 M 的确切值，而它恰是第三个假设的实质性内容。遗憾的是，在实际中无法获得这些信息。因此，我们不得不利用过抽样数据矩阵来估计信道阶数。

确定模型阶数的问题会由于其他实际情况变得复杂：典型地，通信信道冲激响应很长且可分解为两部分：

1)主部　它位于冲激响应的中间部分，且构成冲激响应的主要部分。
2)尾部　它由冲激响应的前导部分和尾部组成，在整个响应中所占比例较小。

以此为基础，可定义有效信道阶数为信道冲激响应主部的阶数。当然，有效信道阶数小于信道阶数的真正值。Liavas 等(1999a)在论文中指出，在盲信道辨识问题中，只需建模信道冲激响应的主部。设定这个限制的原因是，除了建模信道冲激响应主部外，人们也试图建模其尾部，最后可能导致一个病态的过建模情况，由于计算的原因这是应该避免的。因此，设定了这一限制。忽略信道冲激响应尾部所造成的影响，相当于引入一个可看做色噪声的扰动。

17.3.6　经典信息论准则不能成功地确定有效信道阶数的原因

为了估计未知的有效信道阶数 M，可采用经典的信息论准则，即Akaike的信息论准则(AIC)和Rissanen的最小描述长度(MDL)准则。根据第1章的讨论，我们已经得知，这两个准则的推导基于两个假设：相继数据向量是独立同分布(i.i.d.)的零均值高斯随机向量，而加性噪声是与信道输出端承载信息的信号不相关的白高斯噪声。遗憾的是，在某些情况下，这两个假设的有效性对于盲信道辨识问题是靠不住的，原因如下：

- 式(17.18)的相关矩阵 **R** 是由呈现时移特性的数据向量构成的，结果是相继数据向量之间不是统计独立的，这意味着第一个假设无效。
- 考虑信道冲激响应尾部影响(它在确定有效信道阶数时忽略掉)的加性有色噪声，使第二个假设无效。

实际上，利用实测微波无线信道数据，Liavas 等(1999b)已经证明：基于 AIC 和MDL准则的模型阶数估值对信噪比(SNR)变化和估计中所用的数据样本数是很敏感的。说明如下：

- 当高 SNR(SNR > 30 dB)和多数据样本($N > 300$)时，用这两个信息论准则将导致过建模，它将使得到的模型阶数估值是实际上无用的。
- 当低 SNR 和少数据样本数且模型的统计特性变化不是很大时，AIC 和 MDL 提供了模型阶数的有用估值，它导致足够好的盲辨识结果。然而，这些估计值对统计变化高度敏感，使得该结果对于实际应用不能令人满意。此外，对统计变化的敏感性是造成数据分类(分为欠建模或过建模)混乱的原因之一，这显然是我们所不希望的。

17.3.7　秩检测准则

为了克服经典信息论准则的局限性，Liavas 等(1999b)提出一种确定有效信道阶数 M 的秩检测准则(rank-detection criterion)。这个新的准则来源于数值分析。只要注意到这里所述的基于 SOS 的盲信道辨识方法依赖于子空间分解思想，就会明白采取该准则是一件很自然的事。

令

$$\hat{\mathbf{R}} = \frac{1}{K} \sum_{n=1}^{K} u_n u_n^{\mathrm{H}} \tag{17.31}$$

表示 $LN \times LN$ 相关矩阵 **R** 的估值，其中 u_n 表示过抽样型接收信号向量，而 K 是估计时所用的 $LN \times 1$ 数据向量的块数。假设 $\hat{\mathbf{R}}$ 为两个分量(秩为 p 的"理想"矩阵 $\mathbf{R}_{\text{ideal}}$ 和"扰动"矩阵 **E**)之和，即

$$\hat{\mathbf{R}} = \mathbf{R}_{\text{ideal}} + \mathbf{E} \tag{17.32}$$

秩 p 定义为

$$p = N + M \tag{17.33}$$

有效信道阶数为 M，因而秩 p 要被确定。假设"扰动"矩阵 **E** 由三部分影响组成：(1)忽略的信道冲激响应尾部；(2)白色或有色加性信道噪声；(3)计算 $\hat{\mathbf{R}}$ 估值时产生的数值误差。此外，还假设 **E** 小于 $\mathbf{R}_{\text{ideal}}$。

把 $\hat{\mathbf{R}}$ 分为 $\mathbf{R}_{\text{ideal}}$ 和 **E** 是由物理方面的考虑激发的，即信道冲激响应的主要部分决定有效信道阶数 M。然而，实际上，我们并不估计信道的冲激响应，而仅仅对 $\hat{\mathbf{R}}$ 进行分解。设 $\hat{\mathbf{R}}$ 的谱分解为

$$\hat{\mathbf{R}} = \sum_{k=0}^{LN-1} \hat{\lambda}_k \hat{\mathbf{q}}_k \hat{\mathbf{q}}_k^{\mathrm{H}} \tag{17.34}$$

令 $\hat{\mathcal{G}}$ 表示由 p 个最大特征值 $\hat{\lambda}_0, \hat{\lambda}_1, \cdots, \hat{\lambda}_{p-1}$ 相应的特征向量张成的"估计"信号子空间，$\hat{\mathcal{N}}$ 表

示由其余的特征值 $\hat{\lambda}_p, \hat{\lambda}_{p+1}, \cdots, \hat{\lambda}_{LN-1}$ 相应的特征向量张成的"估计"噪声子空间。噪声子空间 $\hat{\mathcal{N}}$ 与信号子空间 $\hat{\mathcal{S}}$ 彼此正交。

我们所要寻找的是"理想"子空间 $\mathcal{S}_{ideal}$ 的一个近似,即由矩阵 $\mathbf{R}_{ideal}$ 的列向量张成的一个 p 维子空间。特别地,可用由 $\hat{\mathbf{R}}$ 求出的 $\hat{\mathcal{S}}$ 近似表示 $\mathcal{S}_{ideal}$。引用 $\mathbf{R}_{ideal}$ 的秩等于 p 这一假设,可以导出扰动矩阵 $\mathbf{E}$ 的平方欧氏范数的下界

$$\|\mathbf{E}\|^2 \geqslant \hat{\lambda}_p \tag{17.35}$$

这里 $\|\mathbf{E}\|$ 表示矩阵 $\mathbf{E}$ 的范数(矩阵范数的定义见附录 E)。换句话说,未知的"理想"信号子空间和"估计"信号子空间是通过一个范数大于等于特征值 $\hat{\lambda}_p$ 的扰动矩阵联系在一起的。

因为与理想矩阵 $\mathbf{R}_{ideal}$ 相比,假设扰动矩阵 $\mathbf{E}$ 是小的,所以我们很希望估计信号子空间 $\hat{\mathcal{S}}$ 在某种意义上接近要确定的理想信号子空间 $\mathcal{S}_{ideal}$。最后,注意到尽管式(17.35)不足以计算这两个信号子空间之间的距离,但它还是为我们检查估计信号子空间 $\hat{\mathcal{S}}$ 相对于小扰动的敏感性指出了一个方法。下面,用一个 $LN \times LN$ 矩阵表示这一扰动,其大小(即平方欧氏范数)定义为

$$\|\boldsymbol{\varepsilon}\|^2 \geqslant \hat{\lambda}_p \tag{17.36}$$

这是实际扰动矩阵 $\mathbf{E}$ 可能有的最小范数。

一方面,若 $\hat{\mathcal{S}}$ 对扰动 $\boldsymbol{\varepsilon}$ 不敏感,则认为估值信号子空间 $\hat{\mathcal{S}}$ 接近于理想信号子空间 $\mathcal{S}_{ideal}$ 是正确的。另一方面,若 $\hat{\mathcal{S}}$ 对扰动 $\boldsymbol{\varepsilon}$ 敏感,就有理由认为这两个信号子空间是相互远离的。

以这些直觉上令人满意的思想为基础,可将秩估计准则表述如下(Liavas et al.,1999b):

理想矩阵 $\mathbf{R}_{ideal}$ 未知秩的估值是一正整数 p,与估值信号子空间 $\hat{\mathcal{S}}$ 有关的矩阵

$$\hat{\mathbf{S}} = \sum_{i=0}^{p-1} \hat{\lambda}_i \hat{\mathbf{q}}_i \hat{\mathbf{q}}_i^{\mathrm{H}} \tag{17.37}$$

是相对于 $\|\boldsymbol{\varepsilon}\|^2 \geqslant \hat{\lambda}_p$(当 p 取所有可能的值)的所有扰动 $\boldsymbol{\varepsilon}$ 中最不敏感的。

然后,考虑用来估计矩阵 $\hat{\mathbf{R}}$ 的某一扰动 $\boldsymbol{\varepsilon}$,由此得到一个新的矩阵

$$\tilde{\mathbf{R}} = \hat{\mathbf{R}} + \boldsymbol{\varepsilon} \tag{17.38}$$

其谱分解式为

$$\tilde{\mathbf{R}} = \sum_{i=0}^{LN-1} \tilde{\lambda}_i \tilde{\mathbf{q}}_i \tilde{\mathbf{q}}_i^{\mathrm{H}} \tag{17.39}$$

因此,可以定义一个由如下矩阵

$$\tilde{\mathbf{S}} = \sum_{i=0}^{p-1} \tilde{\lambda}_i \tilde{\mathbf{q}}_i \tilde{\mathbf{q}}_i^{\mathrm{H}} \tag{17.40}$$

描述的"扰动"信号子空间 $\hat{\mathcal{S}}$。

为了进一步讨论,利用两个同维线性子空间之间的距离测度,即数值分析中常用的典型角三角正弦的概念。特别地,这可表述如下(Stewart & Sun, 1990):

设 X 和 Y 表示两个同维的线性子空间,用矩阵 $\mathbf{X}_\perp$ 的列向量构造空间 $X_\perp$(即空间 X 的正交补)的标准正交基,用矩阵 $\mathbf{Y}$ 的列向量构造空间 Y 的标准正交基。那么,矩阵 $\mathbf{X}_\perp^{\mathrm{H}}\mathbf{Y}$ 的非零奇异值就是子空间 X 和 Y 之间非零规范角的正弦。

在此基础上，引入所要寻求的距离测度

$$\mathscr{T} = \|\sin\angle(\hat{\mathscr{S}}, \tilde{\mathscr{S}})\|^2 \tag{17.41}$$

式中 $\angle(\hat{\mathscr{S}}, \tilde{\mathscr{S}})$ 是子空间 $\hat{\mathscr{S}}$ 和 $\tilde{\mathscr{S}}$ 之间的夹角。结果是，这个距离测度取决于扰动 $\boldsymbol{\varepsilon}$ 的大小及与扰动信号子空间 $\tilde{\mathscr{S}}$ 和估计噪声子空间 $\hat{\mathcal{N}}$ 有关的特征值之间的间隔（Wedin，1972）。基于这个结果，Liavas 等（1999b）继续导出下面的距离测度 $\mathscr{T}$ 的上界

$$\mathscr{T} \leqslant r(p) = \begin{cases} \dfrac{\hat{\lambda}_p}{\hat{\lambda}_{p-1} - 2\hat{\lambda}_p} & \text{如果} \quad \hat{\lambda}_p \leqslant \dfrac{\hat{\lambda}_{p-1}}{3} \\ 1 & \text{其他} \end{cases} \tag{17.42}$$

式（17.42）表明，估计信号子空间 $\hat{\mathscr{S}}$ 相对于满足式（17.36）的扰动 $\boldsymbol{\varepsilon}$ 的敏感性，主要由估计信号子空间 $\hat{\mathscr{S}}$ 的最小特征值 $\hat{\lambda}_{p-1}$ 和估计噪声子空间 $\hat{\mathcal{N}}$ 的最大特征值 $\hat{\lambda}_p$ 之间的间隔决定。

若 $r(p) \ll 1$，即 $\hat{\lambda}_p \gg \hat{\lambda}_{p-1}$，则估计信号子空间 $\hat{\mathscr{S}}$ 对大小为 $\hat{\lambda}_p$ 的扰动 $\boldsymbol{\varepsilon}$ 不敏感。这一结果证实，估计信号子空间 $\hat{\mathscr{S}}$ 接近于理想信号子空间 $\mathscr{S}_{\text{ideal}}$。相反，若 $r(p) \approx 1$，即 $\hat{\lambda}_p \approx \hat{\lambda}_{p-1}$，则估计信号子空间 $\hat{\mathscr{S}}$ 对扰动 $\boldsymbol{\varepsilon}$ 很敏感；此时，两个子空间之间相互接近是值得怀疑的。

因此，可将秩检测过程用公式表示为

$$\hat{p} = \arg\min_p r(p) \tag{17.43}$$

式中 $r(p)$ 由式（17.42）定义，$\hat{p}$ 是理想矩阵 $\mathbf{R}_{\text{ideal}}$ 的未知秩的估值。

17.3.8　基于 SOS 的子空间分解法小结

表 17.1 总结了用于盲信道辨识的子空间分解法的步骤。该表突出了该方法的如下特性：

- 仅仅信道输出的二阶统计量（SOS）用在计算中。
- 该方法是面向批（分块）处理的。
- 该方法的计算量很大。

在表 17.1 的小结中，我们用奇异值分解（SVD，见第 9 章）计算相关矩阵估值 $\hat{\mathbf{R}}$ 的特征值和特征向量。应用于数据矩阵 $\mathbf{A}$ 的 SVD 过程已被证明，其数值误差比时间平均相关矩阵 $\hat{\mathbf{R}}$ 的直接特征分析要小。

表 17.1　盲信道辨识子空间分解法小结

1. 过抽样信道输出 $u(t)$，通过取

$$t = nT + \frac{lT}{L} \qquad l = 0, 1, \cdots, L-1$$

来实现，式中 T 是发送符号间隔，L 是子信道数，由此定义

$$u_n^{(l)} = u\left(nT + \frac{lT}{L}\right)$$

$$\mathbf{u}_n^{(l)} = \left[u_n^{(l)}, u_{n-1}^{(l)}, \cdots, u_{n-N+1}^{(l)}\right]^{\mathrm{T}}$$

和

$$u_n = \begin{bmatrix} \mathbf{u}_n^{(0)} \\ \mathbf{u}_n^{(1)} \\ \vdots \\ \mathbf{u}_n^{(L-1)} \end{bmatrix}$$

2. 构造 $W \times K$ 数据矩阵

$$\mathbf{A}^H = \begin{bmatrix} u_1, u_2, \cdots, u_K \end{bmatrix}$$

其中 $W = LN$ 而 K 是用在盲信道辨识中的数据块数。典型地，$W > K$，这意味着矩阵 $\mathbf{A}$ 对应于超定系统。

3. 计算数据矩阵 $\mathbf{A}$ 的奇异值分解，即

$$\mathbf{U}^H \mathbf{A} \mathbf{V} = \begin{bmatrix} \mathbf{\Sigma} & \mathbf{0} \\ \mathbf{0} & \mathbf{0} \end{bmatrix}$$

其中

$$\mathbf{\Sigma} = \mathrm{diag}(\sigma_0, \sigma_1, \cdots, \sigma_{W-1})$$

而 $\mathbf{U}$ 和 $\mathbf{V}$ 为酉矩阵，其列分别是数据矩阵的左、右奇异向量。参数 σ 的大小排序为：$\sigma_0 \geqslant \sigma_1 \geqslant \cdots \geqslant \sigma_{w-1} > 0$，它们是数据矩阵的奇异值。第 k 个奇异值 σ_k 是相关矩阵估值

$$\hat{\mathbf{R}} = \mathbf{A}^H \mathbf{A}$$

的第 k 个特征值的平方根，其中我们忽略了比例因子 $1/K$。而矩阵 $\mathbf{V}$ 的列是矩阵 $\hat{\mathbf{R}}$ 的特征向量。

4. 利用秩检测准则

$$r(p) = \begin{cases} \dfrac{\sigma_p^2}{\sigma_{p-1}^2 - 2\sigma_p^2} & \text{如果 } \sigma_p^2 \leqslant \dfrac{\sigma_{p-1}^2}{3} \\ 1 & \text{其他} \end{cases}$$

估计理想矩阵 $\mathbf{R}_{\mathrm{ideal}}$ 的秩 p

$$\hat{p} = \arg \min_p r(p)$$

5. 利用第 4 步确定的"有效秩" $\hat{p}$，将数据空间分为

（a）信号子空间 $\hat{\mathcal{S}}$，对此有

$$\hat{\mathbf{s}}_k = \mathbf{v}_k \qquad k = 0, 1, \cdots, \hat{p} - 1$$

（b）噪声子空间 $\hat{\mathcal{N}}$，对此有

$$\hat{\mathbf{g}}_k = \mathbf{v}_{\hat{p}+k} \qquad k = 0, 1, \cdots, W - \hat{p} - 1$$

现在表示矩阵

$$\hat{\mathbf{G}}_k^{(l)} = \begin{bmatrix} \hat{\mathbf{g}}_{k,0}^{(l)} & \hat{\mathbf{g}}_{k,1}^{(l)} & \cdots & \hat{\mathbf{g}}_{k,N-1}^{(l)} & 0 & \cdots & 0 \\ 0 & \hat{\mathbf{g}}_{k,0}^{(l)} & \cdots & \hat{\mathbf{g}}_{k,N-2}^{(l)} & \hat{\mathbf{g}}_{k,N-1}^{(l)} & \cdots & 0 \\ \vdots & \vdots & & \vdots & \vdots & & \vdots \\ 0 & 0 & \cdots & \hat{\mathbf{g}}_{k,0}^{(l)} & \hat{\mathbf{g}}_{k,1}^{(l)} & \cdots & \hat{\mathbf{g}}_{k,N-1}^{(l)} \end{bmatrix}$$

和

$$\hat{\mathcal{G}}_k = \begin{bmatrix} \hat{\mathbf{G}}_k^{(0)} \\ \hat{\mathbf{G}}_k^{(1)} \\ \vdots \\ \hat{\mathbf{G}}_k^{(L-1)} \end{bmatrix} \qquad k = 0, 1, \cdots, W - \hat{p} - 1$$

6. 计算信道冲激响应向量 $\mathbf{h}$ 的估值，这通过在约束条件 $\| \mathbf{h} \| = 1$ 下最小化如下代价函数

$$\mathcal{E}(\mathbf{h}) = \mathbf{h}^H \mathcal{Q} \mathbf{h}$$

来实现，其中

$$\mathcal{Q} = \sum_{k=0}^{W-\hat{p}-1} \hat{\mathcal{G}}_k \hat{\mathcal{G}}_k^H$$

注意，在表 17.1 第 6 步中，在 $\| \mathbf{h} \| = 1$ 的约束条件下最小化 $\mathcal{E}(\mathbf{h})$ 等效于寻找矩阵 $\mathcal{Q}$ 的极端特征向量。因此，有关使用数据矩阵 $\mathbf{A}$ 奇异值分解而不是矩阵乘积 $\mathbf{A}^H \mathbf{A}$ 特征分解的这

一优点, 也应用于第 6 步。这样做, 我们能够计算矩阵

$$[\hat{\mathbf{G}}_0, \hat{\mathbf{G}}_1, \cdots, \hat{\mathbf{G}}_{W-\hat{p}-1}]$$

的一个极端左奇异向量, 而不是矩阵 $\boldsymbol{\mathcal{Q}}$ 的极端特征向量。

17.4 Bussgang 盲均衡算法

下面, 转到盲反卷积的第二种方法, 考虑如图 17.4 所示数字通信系统的基带模型。该模型由一个线性通信信道和一个盲均衡器级联组成。

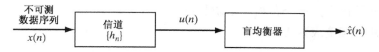

图 17.4 未知信道和盲均衡器的无噪声级联

如前, 信道包括发送滤波器、传输媒质和接收滤波器的联合作用。信道可用一个未知慢时变冲激响应 h_n 来表征。h_n 的特性(是实值还是复值)由所采用的调制类型来决定。为了简化讨论, 在本节假设冲激响应是实值的, 对应于使用多级脉幅调制(M-ary PAM, multilevel pulse-amplitude modulation)的情况。于是, 可用卷积和

$$u(n) = \sum_{k=-\infty}^{\infty} h_k x(n-k) \qquad n = 0, \pm 1, \pm 2, \cdots \qquad (17.44)$$

来描述抽样的信道输入-输出关系, 式中 $x(n)$ 是加到信道输入端的数据(信息)序列, $u(n)$ 是处理结果产生的信道输出。在这个盲反卷积的初步论述中, 图 17.4 中接收端忽略了噪声的影响。这种噪声忽略已被证明是合理的, 因为数据传输(如在一个语音级电话信道上传输)性能的恶化通常是由信道色散引起的符号间干扰(ISI)造成的。进一步假设

$$\sum_k h_k^2 = 1$$

它意味着使用了自动增益控制(AGC, automatic gain control), 它使信道输出 $u(n)$ 的方差保持基本不变。一般来说, 信道也是非因果的, 这表明

$$h_n \neq 0 \qquad \text{对于 } n < 0$$

于是, 我们要解决的问题可表述如下:

假设已知接收信号(信道输出)$u(n)$, 重构加到信道输入端的原数据序列 $x(n)$。

这个问题可以等效地重述如下:

在信道输入不可测和无法获得期望响应的情况下, 设计一个等于未知信道之逆的均衡器。

为了求解这个盲均衡问题, 需要规定数据序列 $x(n)$ 的概率模型。为此, 做如下假设(Bellini, 1986, 1994):

1)数据序列 $x(n)$ 是白色的, 即数据符号是均值为零、方差为 1 的独立同分布(i.i.d.)随机变量, 即

$$\mathbb{E}\big[x(n)\big] = 0, \text{ 对于所有 } n \tag{17.45}$$

和

$$\mathbb{E}\big[x(n)x(k)\big] = \begin{cases} 1 & k = n \\ 0 & k \neq n \end{cases} \tag{17.46}$$

式中 $\mathbb{E}$ 表示统计期望算子。

2) 数据符号 $x(n)$ 的概率密度函数是对称和均匀的(见图 17.5)

$$f_X(x) = \begin{cases} 1/2\sqrt{3} & -\sqrt{3} \leqslant x < \sqrt{3} \\ 0 & \text{其他} \end{cases} \tag{17.47}$$

这个分布的优点是该分布独立于调制过程中所用的幅度级数 M。

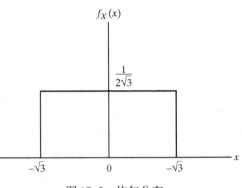

图 17.5　均匀分布

注意，式(17.45)和式(17.46)的第一行从式(17.47)导出。

由于假设 $x(n)$ 的分布是对称的，如图 17.5 所示，故知整个数据序列 $-x(n)$ 具有相同于 $x(n)$ 的变化规律。因此，我们无法区分期望的逆滤波器 $\mathcal{L}^{-1}[$ 对应于 $x(n)]$ 及其逆的滤波器 $-\mathcal{L}^{-1}[$ 对应于 $-x(n)]$。我们可通过初始化反卷积算法，使得存在一个带有期望代数符号的非零单抽头权值逆滤波器，以此来克服符号模糊问题。这也能够通过采用信源信号差分编码无害地实施。

17.4.1　迭代反卷积：目标

令 w_i 表示理想逆滤波器的冲激响应，则它与信道冲激响应 h_i 之间的关系为

$$\sum_i w_i h_{l-i} = \delta_l \tag{17.48}$$

式中 δ_l 是 Kronecker δ 函数

$$\delta_l = \begin{cases} 1 & l = 0 \\ 0 & l \neq 0 \end{cases} \tag{17.49}$$

以这种方式定义的逆滤波器正确地重构了发送的数据序列 $x(n)$，在这个意义上说该滤波器是"理想"的。所以，它是理想逆滤波器。为了证明这一点，首先写出

$$\sum_i w_i u(n-i) = \sum_i \sum_k w_i h_k x(n-i-k) \tag{17.50}$$

然后，在式(17.50)中，做 $k = l - i$ 的下标变换，并改变求和顺序，得到

$$\sum_i w_i u(n-i) = \sum_l x(n-l) \sum_i w_i h_{l-i} \tag{17.51}$$

将式(17.48)用于式(17.51)，并利用式(17.49)的定义，可得

$$\sum_i w_i u(n-i) = \sum_l \delta_l x(n-l) = x(n) \tag{17.52}$$

这就是我们想要得到的结果。

对于这里讨论的情况，冲激响应 h_n 是未知的。因此我们不能用式（17.48）确定逆滤波器。代之，我们用迭代反卷积方法求出由冲激响应 $\hat{w}_i(n)$ 表征的近似逆滤波器，即表示 $w(n)$ 的估计。下标 i 表示近似逆滤波器 FIR 实现的抽头权值数，如图 17.6 所示。n 表示自适应循环次数，每次自适应循环对应于传输一个符号。这项计算以下述方式迭代地进行：冲激响应 $\hat{w}(n)$ 与接收信号 $u(n)$ 卷积的结果完全或部分地消除了符号间干扰（Bellini，1986）。于是，在第 n 次自适应循环，得到一个近似的反卷积序列或逆滤波器输出（二者可交替使用）

$$y(n) = \sum_{i=-L}^{L} \hat{w}_i(n)u(n-i) \qquad (17.53)$$

式中 $2L+1$ 是截断的冲激响应 $\hat{w}_i(n)$ 的长度（见图 17.6）。图中假设 FIR 滤波器（均衡器）关于中点 $i=0$ 对称，也可不做此假设。

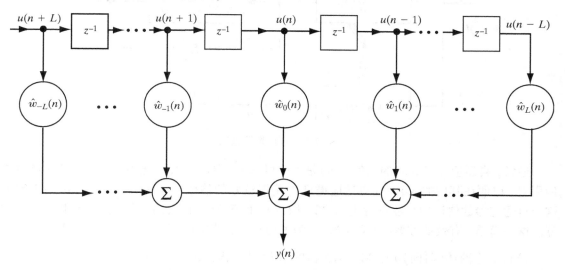

图 17.6   假定用实数据的近似逆滤波器的 FIR 滤波器

理想逆滤波器的式（17.52）左边的卷积和是一个无限求和式，因为下标 i 介于 $-\infty$ 到 ∞ 范围内。此时，我们称它为双无限滤波器或双无限均衡器。另一方面，属于近似逆滤波器的式（17.53）右边的卷积和是一个有限求和式，因为 i 从 $-L$ 变化到 L。我们将这后一种滤波器称为有限参数化滤波器或有限参数化均衡器，它就是实际中常遇到的那种滤波器。显然，式（17.53）可改写为

$$y(n) = \sum_{i} \hat{w}_i(n)u(n-i) \qquad \hat{w}_i(n) = 0 \text{ 对于} |i| > L$$

或等效地表示为

$$y(n) = \sum_{i} w_i u(n-i) + \sum_{i} \left[\hat{w}_i(n) - w_i \right] u(n-i) \qquad (17.54)$$

令

$$\nu(n) = \sum_{i} \left[\hat{w}_i(n) - w_i \right] u(n-i) \qquad \hat{w}_i = 0 \text{ 对于} |i| > L \qquad (17.55)$$

然后，利用式（17.52）的理想结果和式（17.55）的定义，可将式（17.54）简化为

$$y(n) = x(n) + \nu(n) \tag{17.56}$$

式中$\nu(n)$叫做卷积噪声,它表示使用近似逆滤波器所产生的残余符号间干扰。正如在17.2节所指出的,式(17.56)中的卷积噪声ν不要与17.2节所用的信道噪声混为一谈。

　　下面,逆滤波器输出$y(n)$被加到零记忆非线性估计器上,从而产生数据符号$x(n)$的估值$\hat{x}(n)$。这一运算画在图17.7的盲均衡器框图中。于是,可以写出

$$\hat{x}(n) = g(y(n)) \tag{17.57}$$

式中$g(\cdot)$表示某个非线性函数(非线性估计将在下一节讨论)。

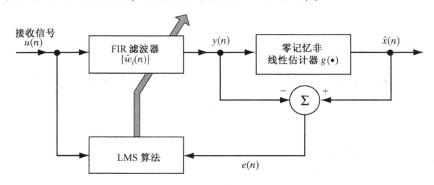

图 17.7　盲均衡器框图

　　通常,自适应循环n时的估值$\hat{x}(n)$是不够可靠的。不过,我们能够以一种自适应的方式使用它,以便在其后的$n+1$次自适应循环中获得较好的估值。实际上,有各种可用来完成这个自适应参数估计的线性自适应滤波算法(在前面章节中讨论过)。特别地,可以使用LMS算法这一简单、有效的方案(见第6章)。为了用它解决当前的问题,要注意以下几点:

1)自适应循环(时间)n中FIR滤波器的第i个抽头输入是$u(n-i)$。

2)将非线性估计$\hat{x}(n)$当做期望响应[因为我们无法得到发送的数据符号$x(n)$],并注意到相应的FIR滤波器的输出为$y(n)$,可将迭代反卷积过程的估计误差表示为

$$e(n) = \hat{x}(n) - y(n) \tag{17.58}$$

3)自适应循环n中第i个抽头权值$\hat{w}_i(n)$代表参数估计的"过去值"。

因此,自适应循环$n+1$中第i个抽头权值的更新值为

$$\hat{w}_i(n + 1) = \hat{w}_i(n) + \mu u(n - i)e(n) \qquad i = 0, \pm 1, \cdots, \pm L \tag{17.59}$$

式中μ是步长参数(注意,对于这里讨论的情况,所有的数据都是实数据)。

　　式(17.53)、式(17.57)、式(17.58)和式(17.59)构成了实基带信道盲均衡的迭代反卷积算法(Bellini, 1986)。如前所述,算法的每次自适应循环对应于发送一个数据符号,其持续时间假设在接收机中是已知的。

　　产生估计误差$e(n)$的思想,如式(17.57)和式(17.58)所详述,在原理上类似于自适应均衡器面向判决的运行模式(见第6章)(本节后面还将对这个问题做进一步讨论)。

17.4.2　非凸代价函数

　　对应于抽头权值更新方程(17.59)的盲反卷积算法的集平均代价函数定义为

$$J(n) = \mathbb{E}\left[e^2(n)\right]$$
$$= \mathbb{E}\left[(\hat{x}(n) - y(n))^2\right] \tag{17.60}$$
$$= \mathbb{E}\left[(g(y(n)) - y(n))^2\right]$$

式中$y(n)$由式(17.53)定义。在LMS算法中，代价函数是抽头权值的二次凸函数，因而它只有一个极小点。相反，式(17.60)的代价函数$J(n)$是抽头权值的集平均非凸函数。这表明，此处所述的迭代反卷积方法的误差特性曲面除了一个全局极小点外，通常还有多个局部极小点。可能存在若干个全局极小点，对应于在所选择的盲反卷积准则下得到若干个等效的数据序列。代价函数$J(n)$可能是非凸的，因为作为内部生成"期望响应"的估值$\hat{x}(n)$是由线性组合器的输出$y(n)$通过一个非线性函数产生的，还因为$y(n)$自身也是抽头权值的函数。

值得注意的是，实际实验表明多数（如果不是所有）盲反卷积准则下的代价函数是多峰的（multimodal），由此呈现多个极小点。当由不同的极小点得到不同的性能指标时，使用这个准则就会出现问题。在这类算法中，逼近哪一个极小点强烈地取决于初始条件。一般来说，在全局最小吸引域内搜索初始值的过程仍然是一个有待解决的问题。然而，正如将在17.7节说明的那样，也会出现这个规律的某些例外（本节的后面部分将更详细地讨论算法收敛性这个重要问题）。

17.4.3 卷积噪声的统计特性

加性卷积噪声由式(17.55)定义。为了导出更好的$\nu(n)$表达式，我们注意到该式右边求和项中抽头输入$u(n-i)$为[见式(17.44)]

$$u(n - i) = \sum_k h_k x(n - i - k) \tag{17.61}$$

因此，可将式(17.55)改写为双求和表达式，即

$$\nu(n) = \sum_i \sum_k h_k[\hat{w}_i(n) - w_i]x(n - i - k) \tag{17.62}$$

现设

$$n - i - k = l$$

则式(17.62)可改写为

$$\nu(n) = \sum_l x(l)\nabla(n - l) \tag{17.63}$$

式中

$$\nabla(n) = \sum_k h_k[\hat{w}_{n-k}(n) - w_{n-k}] \tag{17.64}$$

序列$\nabla(n)$是一系列绝对值很小的数，它代表因不理想均衡产生的残余冲激响应。可以将$\nabla(n)$想象为一个长的振荡波。它与发送数据序列$x(n)$卷积产生卷积噪声序列$\nu(n)$，如式(17.63)所示。

式(17.63)所示的定义是卷积噪声$\nu(n)$统计特性的基础。$\nu(n)$的均值为零，即

$$\mathbb{E}\big[\nu(n)\big] = \mathbb{E}\bigg[\sum_l x(l)\nabla(n-l)\bigg]$$

$$= \sum_l \nabla(n-l)\mathbb{E}\big[x(l)\big] \qquad (17.65)$$

$$= 0$$

在式中最后一行,已经利用了式(17.45)。其次,对于延迟j,$\nu(n)$的自相关函数表示为

$$\mathbb{E}\big[\nu(n)\nu(n-j)\big] = \mathbb{E}\bigg[\sum_l x(l)\nabla(n-l)\sum_m x(m)\nabla(n-m-j)\bigg]$$

$$= \sum_l \sum_m \nabla(n-l)\nabla(n-m-j)\mathbb{E}\big[x(l)x(m)\big] \qquad (17.66)$$

$$= \sum_l \nabla(n-l)\nabla(n-l-j)$$

在式中的最后一行利用了式(17.46)。由于$\nabla(n)$是一条长的振荡波,故仅当$j=0$时,式(17.66)右边的和式才不等于零,因此

$$\mathbb{E}\big[\nu(n)\nu(n-j)\big] = \begin{cases} \sigma^2(n) & j=0 \\ 0 & j\neq 0 \end{cases} \qquad (17.67)$$

式中

$$\sigma^2(n) = \sum_l \nabla^2(n-l) \qquad (17.68)$$

在式(17.65)和式(17.67)的基础上,可以将卷积噪声$\nu(n)$描述为方差等于$\sigma^2(n)$[由式(17.68)定义]的零均值、时变白噪声过程。

根据式(17.63)的模型,卷积噪声$\nu(n)$是代表数据符号不同传输的独立同分布(i.i.d.)随机变量的加权和。因此,如果残余冲激响应$\nabla(n)$足够长,则根据中心极限定理可知,$\nu(n)$可用高斯模型表征。

独立表征卷积噪声$\nu(n)$后,剩下要做的所有事情是计算$\nu(n)$和数据样本$x(n)$之间的互相关。因为$\nu(n)$是残余冲激响应$\nabla(n)$与$x(n)$卷积后得到的结果[如式(17.63)所示],因此这两个随机变量之间一定是彼此相关的。然而,与$\nu(n)$的方差相比,$\nu(n)$与$x(n)$之间的互相关可以忽略不计。为了证明这一点,我们写出

$$\mathbb{E}\big[x(n)\nu(n-j)\big] = \mathbb{E}\bigg[x(n)\sum_l x(l)\nabla(n-l-j)\bigg]$$

$$= \sum_l \nabla(n-l-j)\mathbb{E}\big[x(n)x(l)\big] \qquad (17.69)$$

$$= \nabla(-j)$$

式中的最后一行已经利用了式(17.46)。这里,再次利用$\nabla(n)$是一个长的振荡波这一假设可以推断,与互相关$\mathbb{E}\big[x(n)\nu(n-j)\big]$的幅值相比,$\nu(n)$的方差较大。

因为根据假设数据序列$x(n)$是白噪声,而根据上述推断卷积噪声序列$\nu(n)$是近似白噪声,而且这两个序列基本上是不相关的,所以它们之和$y(n)$也是白噪声。这隐含着$x(n)$和$\nu(n)$基本上是相互独立的。因此,可把卷积噪声$\nu(n)$建模为一个与数据序列$x(n)$统计独立的加性、零均值、高斯白噪声模型。

因为在推导卷积噪声模型时做了一些近似处理, 因此在应用它进行迭代解卷积过程时将得到数据序列的一个次优估计器。特别地, 如果迭代解卷积过程是收敛的, 则该过程后期阶段的符号间干扰(ISI)对可用模型来说将足够小。然而, 在迭代反卷积过程的早期阶段, ISI 通常很大, 结果是数据序列与卷积噪声是强相关的, 而且卷积噪声序列的分布比高斯噪声更均匀(Godfrey & Rocca, 1981)。

17.4.4 数据序列的零记忆非线性估计

现在考虑另一个重要问题: 给定 FIR 滤波器输出端的反卷积序列 $y(n)$, 估计数据序列 $x(n)$。特别地, 我们可表示估计问题如下:

已知一个(经滤波的)观测值 $y(n)$ 由两部分之和组成(见图 17.8):

1)一个均值为零、方差为 1 的均匀分布数据符号 $x(n)$。

2)一个均值为零、方差为 $\sigma^2(n)$ 的白高斯噪声 $\nu(n)$, 且它与 $x(n)$ 统计独立。

要求导出一个统计最优化的 $x(n)$ 的贝叶斯估计。

在着手讨论这个经典估计问题以前, 提出了两个值得注意的问题。首先, 这个估计本质上是依赖于最优性准则的条件估计。其次, 尽管这个估计(理论上)是均方误差意义上的最优估计, 但是就现在的情况而言, 它是一个次优估计。因为在推导卷积噪声 $\nu(n)$ 的模型时, 做了一些近似处理。

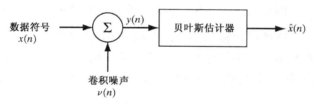

图 17.8 给定观测值 $y(n)$, 估计数据符号 $x(n)$

暂且撇开该模型的近似式不谈, 一个特别有趣的最优性准则是最小化实际传送数据 $x(n)$ 与估值 $\hat{x}(n)$ 之间误差的均方值。这个最优性准则的选择得到一个条件均值估计器[①], 该估计器在贝叶斯意义上既灵敏, 又鲁棒。

为了表示方便起见, 我们隐去随机变量与时间 n 的关系。给定反卷积输出观测值 $Y = y$, 令 $f_X(x \mid y)$ 表示随机变量 X 的条件概率密度函数。对应的条件均值估计 $\hat{x}$(及输入的未知观测值)由如下条件期望定义:

$$\hat{x} = \mathbb{E}[X \mid Y]$$
$$= \int_{-\infty}^{\infty} x f_X(x \mid y) \mathrm{d}x \qquad (17.70)$$

根据贝叶斯规则, 有

$$f_X(x \mid y) = \frac{f_Y(y \mid x) f_X(x)}{f_Y(y)} \qquad (17.71)$$

---

① 反卷积输出条件均值估计及其与均方误差估计的关系的推导参见附录 D。

式中$f_Y(y|x)$表示给定x时y的条件概率密度函数,$f_X(x)$和$f_Y(y)$分别表示x和y的概率密度函数。因此,式(17.70)可改写为

$$\hat{x} = \frac{1}{f_Y(y)} \int_{-\infty}^{\infty} x f_Y(y|x) f_X(x) \mathrm{d}x \qquad (17.72)$$

设除了一个加性噪声$\nu(n)$外,反卷积序列y是原数据序列x的标度型,即

$$y = c_0 x + \nu \qquad (17.73)$$

式中比例因子c_0略小于1。引入比例因子c_0是为了保持均方值$\mathbb{E}[y^2]$恒等于1。由前面导出的卷积噪声ν的统计模型可知,x与ν统计独立。由于ν建模为均值为零、方差为σ^2的白噪声,故从式(17.73)易见,比例因子c_0为

$$c_0 = \sqrt{1 - \sigma^2} \qquad (17.74)$$

此外,由式(17.73)可以得出

$$f_Y(y|x) = f_V(y - c_0 x) \qquad (17.75)$$

因此,将式(17.75)代入式(17.72),得

$$\hat{x} = \frac{1}{f_Y(y)} \int_{-\infty}^{\infty} x f_V(y - c_0 x) f_X(x) \mathrm{d}x \qquad (17.76)$$

$\hat{x}$的计算是通俗易懂的,但却很乏味冗长。因此,在进行计算时,要注意以下几点:

1) 贝叶斯(条件均值)估计器输出端产生的估值$\hat{x}(n)$的数学表达式取决于原数据符号$x(n)$的概率密度函数。为了分析,假设x服从均值为零、方差为1的均匀分布(见图17.5),且其概率密度函数由式(17.47)定义。为了方便起见,将该式重写如下

$$f_X(x) = \begin{cases} 1/2\sqrt{3} & -\sqrt{3} \leqslant x < \sqrt{3} \\ 0 & 其他 \end{cases} \qquad (17.77)$$

2) 卷积噪声ν服从均值为零、方差为σ^2的高斯分布,其概率密度函数为

$$f_V(\nu) = \frac{1}{\sqrt{2\pi}\,\sigma} \exp\left(-\frac{\nu^2}{2\sigma^2}\right) \qquad (17.78)$$

3) 经滤波的观测值y等于$c_0 x$与ν之和,因此其概率密度函数等于x与ν这两个随机变量概率密度函数的卷积

$$f_Y(y) = \int_{-\infty}^{\infty} f_X(x) f_V(y - c_0 x) \mathrm{d}x \qquad (17.79)$$

将式(17.77)到式(17.79)用于式(17.76),得到(Bellini, 1988)

$$\hat{x} = \frac{1}{c_0 y} - \frac{\sigma}{c_0} \frac{Z(y_1) - Z(y_2)}{Q(y_1) - Q(y_2)} \qquad (17.80)$$

式中变量

$$y_1 = \frac{1}{\sigma}(y + \sqrt{3}\,c_0)$$

和

$$y_2 = \frac{1}{\sigma}(y - \sqrt{3}\, c_0)$$

函数 $Z(y)$ 是归一化高斯概率密度函数

$$Z(y) = \frac{1}{\sqrt{2\pi}}\, e^{-y^2/2} \tag{17.81}$$

函数 $Q(y)$ 是相应的概率分布函数

$$Q(y) = \frac{1}{\sqrt{2\pi}} \int_y^\infty e^{-u^2/2}\, du \tag{17.82}$$

需要对式(17.80)的非线性估计器做微小的增益修正,以便当迭代反卷积算法[由式(17.57)到式(17.59)所述]最终收敛时,获得理想均衡[1],即满足 $y = x$。在最小均方误差条件下,估计误差与近似逆滤波器 FIR 实现中的每个抽头输入正交。把所有这些放在一起,我们发现必须满足如下条件(Bellini, 1986, 1988)

$$\mathbb{E}[\hat{x}g(\hat{x})] = 1 \tag{17.83}$$

式中 $g(\hat{x})$ 是理想均衡用带有 $y = \hat{x}$ 的非线性估计器 $\hat{x} = g(y)$(见习题 6)。

图 17.9 示出 8 量化级 PAM 系统的非线性估计器 $\hat{x} = g(y)$ 与 $|z|$ 之间的关系曲线(Bellini, 1986, 1988)。该估计器按照式(17.83)进行了归一化。图中,考虑了三种广泛差异的卷积噪声量级。此处,根据式(17.73)我们注意到,失真与含噪信号(信号加失真)的比率为

$$\begin{aligned}\frac{\mathbb{E}[(y-x)^2]}{\mathbb{E}[y^2]} &= (1 - c_0)^2 + \sigma^2 \\ &= 2(1 - c_0)\end{aligned} \tag{17.84}$$

对于式中的最后一行,我们已经利用了式(17.74)。图中曲线对应于三个不同的比值,即 0.01、0.1 和 0.8。由这三条曲线可看出如下几点:

1)当卷积噪声低时,盲均衡算法逼近于最小均方误差准则。

2)当卷积噪声高时,非线性估计器似乎与调幅数据结构好坏无关。实际上,由于式(17.83)所定义的归一化作用,不同的调幅值只会产生增益值的微小差别。这表明在多量化级调制系统中,使用均匀幅度分布已是一个足够好的近似。

3)非线性估计器对卷积噪声方差的变化具有鲁棒性。

4)当噪声与含噪信号的比率很高时(例如,0.8),用双曲正切函数(Haykin, 1996)可以很好地近似表示图 17.9 所示的输入-输出特性曲线,该双曲正切函数为

---

① 一般来说,对于理想均衡,我们要求

$$y = (x - D)e^{j\phi}$$

式中 D 是延迟常数,ϕ 是相移常数。这个条件对应于一个具有单位幅频响应和线性相位响应特性的均衡器。因为输入数据序列 x_i 是平稳的,并且信道是线性和时不变的。因此,信道输出端的观测值 $y(n)$ 也是平稳的,而且其概率密度函数具有不随延迟常数 D 变化的特性。当输入序列的概率密度函数在旋转下仍保持对称特性时,相移常数 ϕ 是无关紧要的。对于所假设的式(17.77)中的密度函数,情况的确如此。因此,我们可通过要求 $y = x$,将理想均衡的条件简化。

$$\hat{x} = a_1 \tanh\left(\frac{a_2 y}{2}\right) \qquad (17.85)$$

式中,第一个参数为

$$a_1 = 1.945$$

而第二个参数为

$$a_2 = 1.25$$

注意,该非线性函数的起始部分的斜率与 a_2 成正比。

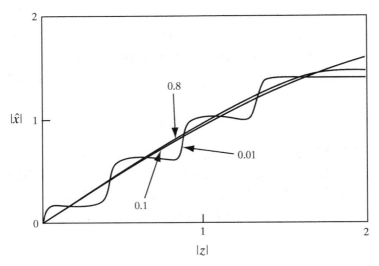

图 17.9　在高斯噪声条件下,8 量化级 PAM 数据非线性估计器 $\hat{x} = g(z)$ 的性能,其中噪声与(信号 + 噪声)之比分别为0.01、0.1和0.8(Bellini,1986,IEEE授权使用)

17.4.5　收敛性考虑

当式(17.57)~式(17.59)描述的迭代反卷积算法在均值意义上收敛时,我们要求抽头权值 $\hat{w}_i(n)$ 的期望值随着自适应循环次数 n 趋于无穷而接近某个常数。因此,均值收敛的条件可表示为

$$\mathbb{E}[u(n-i)y(n)] = \mathbb{E}[u(n-i)g(y(n))] \quad \text{当 } n \text{ 较大且 } i = 0, \pm 1, \cdots, \pm L \text{ 时}$$

在该式两边同时乘以 $\hat{w}_{i-k}$ 并对 i 求和,得到

$$\mathbb{E}\left[y(n)\sum_{i=-L}^{L}\hat{w}_{i-k}(n)u(n-i)\right] = \mathbb{E}\left[g(y(n))\sum_{i=-L}^{L}\hat{w}_{i-k}(n)u(n-i)\right] \quad \text{当 } n \text{ 较大时}$$

$$(17.86)$$

其次,由式(17.53)注意到

$$\begin{aligned}
y(n-k) &= \sum_{i=-L}^{L}\hat{w}_i(n-k)u(n-k-i) \\
&= \sum_{i=-L-k}^{L-k}\hat{w}_{i-k}(n)u(n-i) \quad \text{当 } n \text{ 较大时}
\end{aligned}$$

如果 L 很大, 足以使 FIR 均衡器获得理想均衡, 则可近似写出

$$y(n-k) \approx \sum_{i=-L}^{L} \hat{w}_{i-k}(n)u(n-i) \qquad \text{当}n\text{和}L\text{较大时} \qquad (17.87)$$

因此, 我们可利用式(17.87)将式(17.86)简化为

$$\mathbb{E}[y(n)y(n-k)] \approx \mathbb{E}[g(y(n))y(n-k)] \qquad \text{当}n\text{和}L\text{较大时} \qquad (17.88)$$

现可看出如下特性: 一个随机过程 $y(n)$ 被认为是 Bussgang 过程, 如果它满足如下条件

$$\mathbb{E}[y(n)y(n-k)] = \mathbb{E}[y(n)g(y(n-k))] \qquad (17.89)$$

式中函数 g 是一个零记忆非线性函数[①]。换句话说, Bussgang过程具有这样的特性: 自相关函数等于该过程与其产生的零记忆非线性系统输出之间的互相关, 而且这两个相关是对相同延迟测得的。注意, Bussgang过程满足式(17.89)可以相差一个乘性常数; 但在此处, 这个乘性常数等于1, 因为式(17.83)所做的假设。

若回到当前的问题, 则可指出, 只要 L 较大, 图17.7 零记忆非线性函数输入的过程$y(n)$可近似为Bussgang过程; 而且 L 越大, 近似的程度就越好。由于这个原因, 由式(17.57)到式(17.59)描述的盲均衡算法称为Bussgang算法(Bellini, 1986, 1988)。

一般来说, Bussgang 算法的收敛性是难以保征的。实际上, 由于运行在有限长 L 方式下的 Bussgang 算法的代价函数是非凸的, 因此有许多不正确的极小点。

然而, 在双无限均衡器的理想情况下, Bussgang 算法收敛性的一个粗糙证明可大致叙述如下(Bellini, 1988) [其证明依赖于 Benveniste 等(1980)导出的一个定理][②]: 设函数 $\psi(y)$ 表示 LMS 算法中的估计误差对 FIR 滤波器输出 $y(n)$ 的依赖关系, 根据前面的术语, 则有[见式(17.57) 和式(17.58)]

$$\psi(y) = g(y) - y \qquad (17.90)$$

Benveniste-Goursat-Ruget 定理指出, 如果数据序列 $x(n)$ 的概率分布是次高斯分布, 且 $\psi(y)$ 的二阶导数在$[0, \infty)$内取负值, 则可保证 Bussgang 算法收敛。它可表述如下:

1) 如果一个分布的峰度 γ_2 小于高斯分布的峰度, 我们就称该分布是次高斯分布的。根据式(17.2)给出的峰度的定义, 高斯分布的峰度为 $\gamma_2 = 3$。例如, 当 $\nu > 2$ 时, 随机变量 x 的概率密度函数

$$f_X(x) = Ke^{-|x/\beta|^\nu} \qquad K = 常数 \qquad (17.91)$$

是一个次高斯分布; 而当 $\nu = \infty$ 时, 式(17.91)所示的概率密度函数就退化为一个均匀分布函数。此时, 若选择 $\beta = \sqrt{3}$, 则有 $\mathbb{E}[x^2] = 1$。于是, 式(17.47)所假设的概率模型满足 Benveniste-Goursat-Ruget 定理的第一部分。

---

① 大量的随机过程属于Bussgang类随机过程。Bussgang于1952 年首先发现, 任何相关的高斯过程都具有式(17.89)所述特性。随后, Barrett和Lampard(1995)将Bussgang的结果推广到所有具有指数衰减自相关函数的随机过程。这些过程中包含了一个独立过程, 因其自相关函数是由一个可看做无限快指数衰减的 δ 函数构成的。

② 注意: 式(17.90)中定义的函数 $\psi(y)$ 是 Benveniste 等(1980)论文中定义的函数取负。

2)Bussgang 算法也满足该定理的第二部分, 这是因为

$$\frac{\partial^2 \psi}{\partial y^2} < 0 \qquad 当 0 < y < \infty \tag{17.92}$$

这容易通过检查图 17.9 的曲线或式(17.85)而得到证实。

证明 Bussgang 算法收敛性时所用的 Benveniste-Goursat-Ruget 定理是基于双无限均衡器假设的。遗憾的是, 在实际中这一假设会受到破坏, 因为我们利用了有限参数化均衡器。至今, 人们已经知道, 非零记忆非线性函数将导致图 17.7 的盲均衡器全局收敛到未知信道之逆 (Verdú, 1984; Johnson, 1991)。任意有限滤波器长度的 Bussgang 算法的全局收敛性仍然是一个有待解决的问题。不过, 由实际的证据[它为 Li 和 Ding(1995)介绍的收敛性分析结果所支持]可以推断, 如果 FIR 滤波器足够长并用非零值中心抽头初始化, [例如, 图 17.6 中 $\hat{w}_0(0) = 1$], Bussgang 算法将收敛到所期望的全局极小点。

17.4.6　面向判决的算法

当 Bussgang 算法收敛后, 应当将均衡器平稳切换到面向判决的工作模式。如同传统的自适应均衡器一样, 我们要对这类均衡器中 FIR 滤波器抽头权值的最小均方误差施加控制。

图 17.10 介绍了一个工作在面向判决模式的均衡器框图。这种工作模式与图 17.7 所述盲均衡模式的唯一不同在于使用了零记忆非线性形式的函数。特别地, 该图中用门限判决部件代替了条件均值估计。给定观测值 $y(n)$(即 FIR 滤波器输出的均衡信号), 门限判决部件利用接近于 $y(n)$ 的发送数据序列的已知字符的特殊值做判决。于是, 可以写出

$$\hat{x}(n) = \text{dec}(y(n)) \tag{17.93}$$

例如, 在等概率二进制数据序列的简单情况下, 数据电平为

$$x(n) = \begin{cases} +1 & 对信号 1 \\ -1 & 对信号 0 \end{cases} \tag{17.94}$$

而判决函数是

$$\text{dec}(y(n)) = \text{sgn}(y(n)) \tag{17.95}$$

式中 sgn 表示符号函数。若 $y(n)$ 为正, 则估计 $\hat{x}(n)$ 为 +1; 若 $y(n)$ 为负, 则估计为 –1。

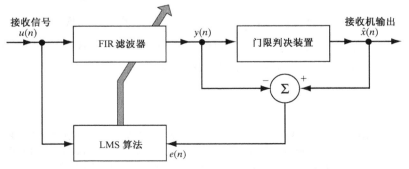

图 17.10　面向判决的工作模式框图

除了用式(17.93)代替式(17.57)外,控制面向判决算法运行的方程同于 Bussgang 算法。其中,基于 Bussgang 算法并结合面向判决算法的盲均衡器的实际重要性在于:

它的实现只略比传统的自适应滤波器复杂,但无须使用训练序列。

假设满足以下条件:

1) 当完成盲均衡时,眼图是张开的。[眼图是指接收信号不同实现(每个实现对应于一个发送符号)时同步叠加后的合成图案;该图案与人的眼睛相似,故称为眼图。]
2) 面向判决的 LMS 算法中使用的步长参数 μ 是固定不变的。
3) 用向量 $\mathbf{u}(n)$ 表示的信道输出的观测序列是各态历经的,即

$$\lim_{N \to \infty} \frac{1}{N} \sum_{n=1}^{N} \mathbf{u}(n)\mathbf{u}^{\mathrm{T}}(n) \to \mathbb{E}\left[\mathbf{u}(n)\mathbf{u}^{\mathrm{T}}(n)\right] \qquad \text{几乎确信无疑} \qquad (17.96)$$

则在这些条件下,面向判决算法的抽头权向量在均方误差意义上收敛到最优(维纳)解(Macchi & Eweda, 1984)。这是一个很有用的结果,它使面向判决的算法成为数字通信中盲均衡 Bussgang 算法的一个重要助手。

17.4.7　退火过程

从上面关于 Bussgang 算法的讨论可以看出,需要一个退火过程,以便随着均衡一步一步地进行,均衡器能够借此对不同等级的卷积噪声进行处理。对于这样一个过程的需要,可从考查图 17.9 中三个不同的噪声与噪声加信号之比的曲线中看得很清楚。然而,首先不难看出,当噪声电平高时,双曲正切函数 $a_1\tanh(a_2 y/2)$ 可作为图 17.7 的盲均衡器中零记忆软非线性函数 g 的一个良好的逼近器。退火过程的主要目的是为了在保持标度参数 a_1 不变的同时改变斜率参数 a_2。考虑到这个特殊情况,现在假设此处所述的三阶段退火过程如下:

1) *初始化阶段*　分别对标度参数 a_1 和斜率参数 a_2 赋予一个指定值。正如前面所指出的,对于图 17.9 的例图,一个合适的选择是: $a_1 = 1.945$ 和 $a_2 = 1.25$。
2) *收敛阶段*　从图 17.9 可以看出,当噪声对噪声加信号比从 0.8 降到 0.1 时,斜率参数 a_2 略有增加。然而,在这样的噪声与含噪信号比的大幅降低能够达到之前,盲均衡器要经过大量的自适应循环。因此,在退火过程的收敛阶段(可能占用 1000 多次自适应循环或更多),斜率参数 a_2 逐渐增加直至盲均衡器进入局部或全局极小点的某个邻域。
3) *面向判决阶段*　一旦盲均衡器收敛且其眼图张开,斜率参数 a_2 以一种特定方式平滑地增大,即在少量自适应循环的过程中,双曲正切函数逐步变为其极限形式(符号函数的形式)。

因此,通过加入一个退火过程,可将图 17.7 的盲均衡器结构扩展为图 17.11 的形式。事实上,这种新的盲均衡器的结构满足了图 17.10 所示的面向判决工作模式的要求。

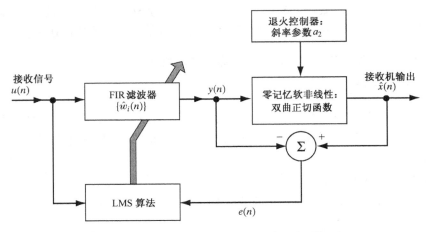

图 17.11　包含退火控制器的扩展盲均衡器框图

17.5　将 Bussgang 算法推广到复基带信道

至今,我们仅对 M 进制 PAM 系统的盲均衡讨论了 Bussgang 算法的应用,该系统是由实基带信道表征的。本节,我们将这类盲均衡算法的应用推广到正交幅度调制(QAM, quadrature-amplitude modulation)系统,它涉及幅度调制和相位调制的混合使用(Haykin, 2013)。

在信道复基带模型的情况下,发送信号 $x(n)$、信道冲激响应 h_n 和接收信号 $u(n)$ 都是复数。于是,可写出

$$x(n) = x_I(n) + \mathrm{j}x_Q(n) \tag{17.97}$$

$$h_n = h_{I,n} + \mathrm{j}h_{Q,n} \tag{17.98}$$

和

$$u(n) = u_I(n) + \mathrm{j}u_Q(n) \tag{17.99}$$

式中下标 I 和 Q 分别表示同相(实)向量和正交(虚)分量。因此,给定 FIR 滤波器输出的观测值 $y(n)$,复数据 $x(n)$ 的条件均值估计可表示为

$$\begin{aligned}
\hat{x}(n) &= \mathbb{E}\big[x(n)\,|\,y(n)\big] \\
&= \hat{x}_I(n) + \mathrm{j}\hat{x}_Q(n) \\
&= g(y_I(n)) + \mathrm{j}g(y_Q(n))
\end{aligned} \tag{17.100}$$

式中 g 表示零记忆非线性函数。式(17.100)表明,发送数据序列 $x(n)$ 的同相和正交分量可通过分别对 FIR 滤波器输出 $y(n)$ 的同相和正交分量进行估计而得到。然而,要注意的是,仅当同相和正交信道发送的数据彼此统计独立时,条件均值 $\mathbb{E}\big[x(n)\,|\,y(n)\big]$ 才能表示成式(17.100)的形式。实际应用中,通常就是这种情况。

以第 5 章和第 6 章所描述的复 LMS 算法为基础,表 17.2 给出用于复基带信道的 Bussgang 算法的一个总结;该表也包括实基带信道的算法作为特例。

表 17.2 复基带信道盲均衡的 Bussgang 算法小结

表 17.2 复基带信道盲均衡的 Bussgang 算法小结

初始化:

$$\hat{w}_i(0) = \begin{cases} 1 & i = 0 \\ 0 & i = \pm 1, \cdots, \pm L \end{cases}$$

计算: $n = 1, 2, \cdots$

$$y(n) = y_I(n) + jy_Q(n)$$

$$= \sum_{i=-L}^{L} \hat{w}_i^*(n)u(n - i)$$

$$\hat{x}(n) = \hat{x}_I(n) + j\hat{x}_Q(n)$$

$$= g(y_I(n)) + jg(y_Q(n))$$

$$e(n) = \hat{x}(n) - y(n)$$

$$\hat{w}_i(n + 1) = \hat{w}_i(n) + \mu u(n - i)e^*(n) \qquad i = 0, \pm 1, \cdots, \pm L$$

17.6 Bussgang 算法的特例

17.4 节和 17.5 节中讨论了 Bussgang 算法的一般形式,它包括了大量的盲均衡算法作为特例。本节我们考虑 Bussgang 算法的两个特例。

17.6.1 Sato 算法

M 进制 PAM 系统中盲均衡算法的构想可追溯到 Sato(1975b)的开创性工作。Sato 的算法由如下代价函数

$$J(n) = \mathbb{E}\big[(\hat{x}(n) - y(n))^2\big] \tag{17.101}$$

的最小化组成,式中 $y(n)$ 是由式(17.53)定义的 FIR 滤波器的输出,$\hat{x}(n)$ 是发送数据 $x(n)$ 的一个估值。这个估计由零记忆非线性方式获得,即

$$\hat{x}(n) = \alpha \, \text{sgn}\big[y(n)\big] \tag{17.102}$$

常数

$$\alpha = \frac{\mathbb{E}\big[x^2(n)\big]}{\mathbb{E}\big[|x(n)|\big]} \tag{17.103}$$

置为均衡器的增益。很明显,Sato 算法是 Bussgang 算法的一个(非最优)特例,其非线性函数 $g(y)$ 定义为

$$g(y) = \alpha \text{sgn}(y) \tag{17.104}$$

式中 sgn 表示符号函数。除了一个与数据有关的增益因子 α 外,式(17.104)中定义的非线性函数类似于二进制 PAM 的面向判决算法中的非线性函数。

盲均衡 Sato 算法的引入最初是为了处理一维多电平(M 进制 PAM)信号,其目的是获得比面向判决算法更好的鲁棒性。开始时,算法通过估计信号中最重要的比特,将这种数据信号看做二进制信号,该信号的其余比特都当做盲均衡过程中的加性噪声。然后,算法利用这个初步步骤中获得的结果修正由常规的面向判决算法获得的误差信号。

即使非线性函数 ψ 不可导,Sato 算法也满足 Benveniste-Goursat-Ruget 收敛定理。根据这一定理,能够获得 Sato 算法的全局收敛性,只要发送数据序列的概率密度函数可用诸如均匀

分布之类的次高斯函数近似表示(Benveniste et al., 1980)。然而, Sato 算法的全局收敛仅在双无限均衡器的极限情况下成立[①]。

17.6.2　Godard 算法

　　Godard 于 1980 年首次提出一种用于二维数字通信系统(例如, M 进制 QAM 系统)的常数模盲均衡算法[②]。Godard 算法要最小化如下代价函数

$$J(n) = \mathbb{E}\big[(|y(n)|^p - R_p)^2\big] \tag{17.105}$$

式中 p 是一个正整数, 且

$$R_p = \frac{\mathbb{E}\big[|x(n)|^{2p}\big]}{\mathbb{E}\big[|x(n)|^p\big]} \tag{17.106}$$

是一个正的实常数。Godard 算法设计用来惩罚盲均衡的输出 $\hat{x}(n)$ 与常数模的偏差。常数 R_p 的选择要使得获得理想均衡即 $\hat{x}(n) = x(n)$ 时, 代价函数 $J(n)$ 的梯度等于零。

　　均衡器的抽头权向量按照随机梯度算法自适应调节(Godard, 1980), 即

$$\hat{\mathbf{w}}(n + 1) = \hat{\mathbf{w}}(n) + \mu\mathbf{u}(n)e^*(n) \tag{17.107}$$

式中 μ 是步长参数, $\mathbf{u}(n)$ 是抽头输入向量, 而

$$e(n) = y(n)|y(n)|^{p-2}(R_p - |y(n)|^p) \tag{17.108}$$

是误差信号。根据式(17.105)的代价函数 $J(n)$ 的定义和式(17.108)的误差信号 $e(n)$ 的定义可见, 按照 Godard 算法的均衡器自适应不需要恢复载波相位。因此, 这种算法收敛很慢。然而, 其优点是消除了 ISI 均衡与载波相位恢复问题之间的相互影响。

　　人们特别感兴趣的 Godard 算法有两类:

　　情况 1($p = 1$)　此时, 式(17.105)的代价函数退化为

$$J(n) = \mathbb{E}\big[(|y(n)| - R_1)^2\big] \tag{17.109}$$

式中

$$R_1 = \frac{\mathbb{E}\big[|x(n)|^2\big]}{\mathbb{E}\big[|x(n)|\big]} \tag{17.110}$$

情况 1 可以看做是修正的 Sato 算法。

[①]　以下论文给出了双无限均衡器的极限情况下 Sato 算法的推导:
　　· 在 Mazo(1980)、Verdú(1984)、Macchi 和 Eweda(1984)的论文中业已证明, 对于离散 QAM 输入信号, Sato 算法收敛到局部极小点。
　　· 在 Ding 和 Li 等(1989)论文中证明了对于有限参数化均衡器, Sato 算法在处理次高斯输入信号时, 会收敛到局部极小点。

[②]　研究 Godard 算法的最初目的, 是为了消除信道均衡和载波同步(使用 M 进制 QAM 信号)之间的相互影响。常数包络调频信号用常模算法(CMA), 作为 Godard 算法的一个特例, 是由 Treichler 和 Agee(1983)命名的, 并在独立于 Godard(1980)论文的情况下完成的。CMA 可能是最广泛研究的盲均衡算法, 也是实际中使用最广泛的一种算法。
　　降低盲均衡器计算复杂度的期望和要求推动了对修正型 CMA 的研究:
　　· 符号误差型 CMA, 其中误差项 $e(n)$ 为符号函数所替代。Schnitter 和 Johnson(1999)利用抖动谨慎地使用修正符号误差 CMA, 由此得到一个十分像原始 CMA 的鲁棒性算法; 它以增加均方误差为代价获得计算复杂度的降低(详见习题 10)。
　　· CMA 中误差项的基于区域的量化, 它能够用查表法实现, 以代替耗费的乘法器和加法器(Endres et al., 2001)。

情况2 ($p=2$) 此时，式(17.105)的代价函数退化为

$$J(n) = \mathbb{E}\big[(|y(n)|^2 - R_2)^2\big] \tag{17.111}$$

式中

$$R_2 = \frac{\mathbb{E}\big[|x(n)|^4\big]}{\mathbb{E}\big[|x(n)|^2\big]} \tag{17.112}$$

情况2在一些文献中称为常模数算法(CMA, constant-modulus algorithm)。

Godard 算法被认为是 Godard 族盲均衡算法中最成功的一种算法，正如 Shynk 等(1991)和 Jablon(1992)报道的比较研究所证明。这可说明如下(Papadias, 1995)：

- 就载波相位补偿而言，Godard 算法比其他 Bussgang 算法更具鲁棒性。该算法的这个重要特性是由于推导中使用的代价函数仅以接收信号的幅度为基础。
- 在稳态条件下，Godard 算法得到的均方误差小于其他 Bussgang 算法的均方误差。
- 最后，但并不意味着最不重要，Godard 算法通常能够均衡色散信道，使得在各种实际应用中，开始时眼图闭合，而当均衡后眼图张开。

17.6.3 特殊形式的复数 Bussgang 算法小结

面向判决算法、Sato 算法、常模数算法和 Godard 算法都可以看做是复 Bussgang 算法的特例(Bellini, 1986)。特别地，对于这些算法中零记忆非线性函数 g 的特殊形式，可由式(17.93)、式(17.102)和式(17.108)得出，示于表17.3(Hatzinakos, 1990)。面向判决算法和 Sato 算法中的各项都可以直接从定义得到，即

$$\hat{x}(n) = g(y(n))$$

在 Godard 算法的情况下，我们注意到

$$e(n) = \hat{x}(n) - y(n)$$

或等效地，有

$$g(y(n)) = y(n) + e(n)$$

因此，我们可用后一个关系式和式(17.108)导出表17.3中复 Bussgang 算法的各种特殊形式。

表17.3 复数 Bussgang 算法的特例

算法	零记忆非线性函数 g	定义
面向判决算法 [*]	sgn	—
Sato 算数法	αsgn	$\alpha = \dfrac{[x^2(n)]}{\mathbb{E}[|x(n)|]}$
恒模数算法	$y(n)(1 + R_2 - |y(n)|^2)$	$R_2 = \dfrac{\mathbb{E}[|x(n)|^4]}{\mathbb{E}[|x(n)|^2]}$
Godard 算法	$\dfrac{y(n)}{|y(n)|}(|y(n)|) + R_p |y(n)|^{p-1} - |y(n)|^{2p-1})$	$R_p = \dfrac{\mathbb{E}[|x(n)|^{2p}]}{\mathbb{E}[|x(n)|^p]}$

表注：若输入数据是二进制的，则应用直接判决算法中零记忆非线性函数 sgn；对于 M 进制 PAM，则需要一个 M 进制限幅器。

17.7 分数间隔 Bussgang 均衡器

在本节,我们将本章的两个主题[基于二阶统计量(SOS)的算法和依赖高阶统计量(HOS)的 Bussgang 算法]结合在一起,以完成盲反卷积算法的研究。为此,强调循环平稳性与 SOS 算法和 Bussgang 算法都有关系。

按照 17.2 节介绍的内容,我们可以说,过抽样、分数间隔和周期平稳在基于 SOS 的反卷积算法中的重要性现在已经完全确立。17.3 节中讨论的相同信道的不等性条件和滤波矩阵秩条件也能方便地用于 17.4 节和 17.5 节中讨论的 Bussgang 算法。这个重要结果也出现在 Li 和 Ding(1996)的研究中。他们证明了 Godard 算法的所有极小点在单输入多输出信道设置(结合多输入单输出均衡器)下获得理想的信道均衡;其前提是采用几乎相同于滤波矩阵秩定理的条件,只要对定理的条件 3 略做修改:N 的大小现在代表均衡器每个分支系数的个数。这与单输入单输出信道(即有单输入单输出均衡器)所涉及的情况形成了鲜明的对照,因为在单输入单输出情况下,由常模数准则导出的多个极小点通常给出无法与之相比的性能水平。

Li 和 Ding(1996)提出一种灵巧的证明方法,它一开始就不像 Benveniste-Goursat-Ruget 定理的证明,尽管某些相切点已为众人所知。该定理假设了一个双无限均衡器,并假设信道转移函数在单位圆内无零点。用 $\{w_k\}$ 表示均衡器的抽头权值,信道-均衡器组合响应即总响应为

$$\{c_k\} = \{h_k\}*\{w_k\}$$

式中符号" $*$ "表示卷积。若 $\{w_k\}$ 是双无限长的,则 $\{c_k\}$ 也是双无限长的;如果转移函数 $H(z)$ 在单位圆内无零点,只要合理设置均衡器的抽头权值,就可以得到任意形状的总响应 $\{c_k\}$。然而,若 $\{w_k\}$ 是有限长序列,则 $W(z)$ 是一有限长滤波器,且 $H(z)$ 的任何零点保留在组合转移函数中;这种信道-均衡器的总响应显然要受到约束,即在 $H(z)$ 的零点处,其 z 变换消失。

现在,将 $\mathbb{E}[\psi^2(n)]$ 作为代价函数,其中 $\psi(n)$ 由式(17.90)定义,信道-均衡器总响应空间的稳定点就是如下系统的解,即

$$\frac{d\mathbb{E}[\psi^2(n)]}{dc_k} = 0 \quad \text{对于所有} k \tag{17.113}$$

代价函数的极小点就是那些稳定点,在这些点处,其 (j,k) 元素为 $\partial^2\mathbb{E}[\psi^2(n)]/(dc_j dc_k)$ 的二阶偏导矩阵(即 Hessian 矩阵)是正定或半正定的。对于"正确"选择的非线性函数 $g(\cdot)$ 和合适的信号统计特性,可以由所有这些解得到理想的总响应,即该响应有唯一的非零项[例如,参见 Benveniste 等(1980)和 Godard(1980)的论文]。

然而,这种分析方法不能用于有限均衡器的情况,因为它忽略了总响应中含有若干个信道零点作为因子这一约束。特别地,均衡器的有限长度约束有可能妨碍我们得到任何理想的总响应。

双无限均衡器(与一个在单位圆内无零点的信道相结合)是一个例外,因为此时可获得任意形状的总响应,也包含理想均衡器的总响应。因此,均衡器系数空间与总响应空间的描述是等效的。形式上,对于这种情况可以证明(Benveniste et al.,1980),总响应空间的任一稳

定点产生均衡器空间的一个稳定点[或者可能是一个稳定的"复式接头"(manifold)],而且每个稳定点作为极小点或鞍点的特性保持不变。(在一个鞍点的情况下,走向鞍点的轨迹是稳定的,而离开鞍点的轨迹是不稳定的。)

这里描述的良好状态可转移到有限长均衡器的情况,只要将单输入多输出信道与多输入单输出均衡器相结合使用即可。这个特殊的结合可得到类似于图 17.2 的信号流图,此时图中每个信道输出 $u_n^{(l)}$ 被送到具有抽头权值 $\{w_k^{(l)}\}$ 的 FIR 滤波器,再对 L 个滤波器的输出求和。将第 l 个均衡器的抽头权向量表示为

$$\mathbf{w}^{(l)} = \left[w_0^{(l)}, w_1^{(l)}, \cdots, w_{N-1}^{(l)}\right]^{\mathrm{T}} \qquad l = 0, 1, \cdots, L-1 \tag{17.114}$$

则信道均衡器总响应为 L 个均衡器响应之和,即

$$\mathbf{c} = \left[c_0, c_1, \cdots, c_{M+N-1}\right]^{\mathrm{T}}$$
$$= \mathcal{H}^{\mathrm{T}}\mathbf{w} \tag{17.115}$$

式中

$$\mathcal{H} = \begin{bmatrix} \mathbf{H}^{(0)} \\ \mathbf{H}^{(1)} \\ \vdots \\ \mathbf{H}^{(L-1)} \end{bmatrix}$$

和

$$\mathbf{w} = \begin{bmatrix} \mathbf{w}^{(0)} \\ \mathbf{w}^{(1)} \\ \vdots \\ \mathbf{w}^{(L-1)} \end{bmatrix}$$

式(17.115)的总响应中涉及与式(17.15)相同的信道卷积矩阵 $\mathcal{H}$。若满足滤波矩阵秩定理的条件(这里,N 是每个均衡器的长度),则 $\mathcal{H}$ 是一个秩为 $M+N$ 的满列秩矩阵。此时,只要选择适当的均衡器系数,即可得到任意形状的信道均衡器总响应向量 $\mathbf{c}$(包含 $M+N$ 个元素)。计算均衡器空间中极小点的问题就变为计算总响应空间中极小点的问题。若满足Benveniste-Goursat-Ruget定理中的其余条件,则在没有信道噪声的情况下[1],则所有 Bussgang 极小点得到理想的均衡器。故可看出,除了对基于 SOS 的盲反卷积算法特别感兴趣外,循环平稳性和有关概念也对保持Bussgang算法的性能优势起重要作用。特别应该指出,使用分数间隔Bussgang算法的理想盲均衡性条件如下(Li and Ding, 1996; Johnson et al., 2000):

1) 信道卷积矩阵 $\mathcal{H}$ 是满列秩矩阵。

---

[1] 随机梯度下降自适应算法的收敛性分析相当于研究算法的稳定平衡点,即局部或全局极小点。因为信道卷积矩阵有一个非平凡的零空间,故算法的平衡点可分为
- 与信道有关的平衡点(CDE)
- 与算法有关的平衡点(ADE)
$\mathcal{H}$ 的零空间受到由过抽样产生的信道分集的影响。Ding(1997)证明了分数间隔均衡器(FSE)的收敛特性仅由 ADE 决定,只要信道卷积矩阵 $\mathcal{H}$ 是满列秩矩阵。这个满列秩条件等效于:(1)要求所有的子信道无共同的零点;(2)$\mathcal{H}$ 足够大,这个条件也称为长度和零点条件。特别地,使用诸如Godard算法(Godard,1980)和Shalvi-Weinstein算法(Shalvi & Weinstein, 1990)之类的盲反卷积算法的 FSE 可以全局收敛到期望的平衡点。

2)信道是无噪声的。

3)发送信号(即信道输入)由循环对称的独立同分布(i.i.d.)复值符号组成。

4)发送信号的基本概率分布为次高斯分布,它意味着其峰度小于高斯分布的峰度。

条件1和条件2属于信道–均衡器合成,而条件3和条件4属于发送信号。然而,在实际应用中信道总是有噪声的。只要信道噪声是白噪声且相对较小(即接收信号的信噪比高时),盲均衡器的极小点就会有扰动,但是它仍在无噪信道理想极小点邻域内(Li & Ding,1996)。

17.7.1 计算机实验

在这项计算机实验中[1],我们讨论一个4抽头信道模型和2抽头均衡器。二者都是 $T/2$ 间隔的,这里 T 是符号周期。实验中使用 2×2 的信道矩阵为

$$\mathcal{H} = \begin{bmatrix} h_1 & h_3 \\ h_0 & h_2 \end{bmatrix} = \begin{bmatrix} -0.5 & 0.3 \\ 1.0 & 0.2 \end{bmatrix}$$

这个矩阵是可逆的,这表明偶多项式

$$H_e(z) = h_0 + h_2 z^{-1}$$

和奇多项式

$$H_o(z) = h_1 + h_3 z^{-1}$$

具有不同的根。因此,转移函数 $H(z)$ 在单位圆内没有零点。

设盲均衡器抽头权向量表示为

$$\mathbf{w} = \begin{bmatrix} w_0 \\ w_1 \end{bmatrix}$$

则在含噪信道的一般情况下,分数间隔 Bussgang 均衡器的代价函数定义为(Johnson et al., 2000)

$$\begin{aligned}
J(\mathbf{w}) = &\frac{1}{4} \sigma_s^4 (\gamma_{2,s} - 3) \|\mathcal{H}^{\mathrm{T}}\mathbf{w}\|_4^4 + \frac{3}{4} \sigma_s^4 \|\mathcal{H}^{\mathrm{T}}\mathbf{w}\|_2^4 \\
&+ \frac{1}{4} \sigma_n^4 (\gamma_{2,n} - 3) \|\mathbf{w}\|_4^4 + \frac{3}{4} \sigma_n^4 \|\mathbf{w}\|_2^4 \\
&+ \frac{3}{2} \sigma_s^2 \sigma_n^2 \|\mathcal{H}^{\mathrm{T}}\mathbf{w}\|_2^2 \cdot \|\mathbf{w}\|_2^2 - \frac{1}{2} \sigma_s^2 \gamma_{2,s} (\sigma_s^2 \|\mathcal{H}^{\mathrm{T}}\mathbf{w}\|^2 + \sigma_n^2 \|\mathbf{w}\|_2^2) \\
&+ \frac{1}{4} \sigma_s^4 \gamma_{2,s}^2
\end{aligned} \tag{17.116}$$

式中 σ_s^2 和 $\gamma_{2,s}$ 分别为零均值发送信号的方差和峰度, σ_n^2 和 $\gamma_{2,n}$ 分别是零均值加性白信道噪声的方差和峰度。向量 $\mathbf{x}$ 关于分量 x_1 和 x_2 的 $\mathbb{L}^k$ 范数定义为

$$\|\mathbf{x}\|_k = (x_1^k + x_2^k)^{1/k} \qquad k = 2, 4 \tag{17.117}$$

图 17.12 画出了代价函数 $J(\mathbf{w})$ 关于抽头权值 w_0 和 w_1 的三维曲面图。对于具有 i.i.d. 符号、峰度 $\gamma_{2,s} = 1$ 的二进制相移键控形式的发送信号和无噪信道,该图可由式(17.116)算

---

[1] 这项计算机实验基于 Johnson 等(2000)的研究。该参考文献详细研究了分数间隔 Bussgang 算法。

出。图 17.13 显示出改变代价函数值 J 时相应的抽头权值 w_1 对抽头权值 w_0 的等高线。这两幅图清楚地显示出，代价函数的 4 个极小点实际上都是全局极小点，因此每个极小点都可以获得理想均衡。

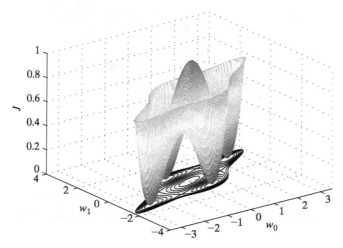

图 17.12　假设信道中无噪声时，代价函数 $J(w_0, w_1)$ 对抽头权值 w_0 和 w_1 的三维曲面

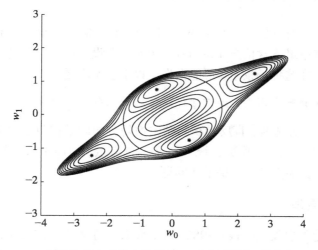

图 17.13　无噪信道中的等高线图[每一条等高线表示当代价函数
$J(w_0, w_1)$ 取某个特定值时抽头权值 w_0 和 w_1 之间的关系]

图 17.14 说明了非零信道噪声对盲均衡器等高线的影响。该图是在信噪比为 20 dB 下绘出的，这里信噪比定义为

$$\mathrm{SNR} = 10 \log_{10}\left(\frac{\sigma_s^2}{\sigma_n^2}\right) \mathrm{dB}$$

比较图 17.13 与图 17.14 的等高线可以发现，信道噪声会引起误差特性曲面形状的变动，结果是代价函数 $J(\mathbf{w})$ 的极小点现在是局部极小点，而不是全局极小点。换句话说，当有信道噪声时，代价函数的不同极小点不再导致相同等级的均衡器特性。

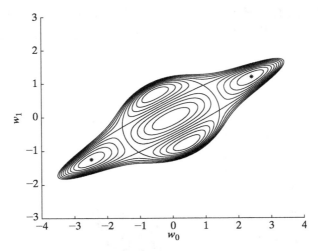

图 17.14 含噪信道中的等高线图[每一条等高线表示当代价函数 $J(w_0, w_1)$ 取某个特定值时抽头权值 w_0 和 w_1 之间的关系；计算时所用的信噪比为20 dB]

17.8 信号源未知的概率分布函数的估计

在推导 17.4 节中的盲反卷积 Bussgang 算法时，假设信号源概率分布为均匀分布，这是所有可能的概率分布中最不含信息量的分布。然而，假设我们用累积量来表示信源的不完备但有用之概率模型。在这种场景下，可能会发生以下基本问题。

给定信源不完备的概率模型，如何估计该信源的未知概率分布。

显然，在研究这一方法时，盲反卷积问题比均匀分布问题提供了更多信息，而且采用未知分布估计的算法比 Bussgang 算法在统计意义上更有效，因而本节介绍的内容更令人感兴趣。在任何情况下，首要任务是解决上述问题。

17.8.1 最大熵原理

受到香农信息论的启发，Jaynes(1982)给出最大熵方法的宽定义域，而且发现在多个领域的应用。详细来说，最大熵原理(简称为 MaxEnt Principle)可以概括如下：

当我们以所研究问题的不完全信息为基础对感兴趣的概率问题做推理时，该推理应该从概率分布受实际问题约束的熵最大化的概率分布中得出。

因此，最大熵问题是约束优化问题，其解决很自然涉及附录 C 中讨论的拉格朗日乘子法。

然而，在进一步讨论之前，需要对上面提到的熵做出定义。考虑一个连续随机变量 X，其样本值记为 x。根据香农的信息理论[1]，随机变量 X 的熵定义如下：

---

① 在经典论文"通信的数学理论"(A Mathematical Theory of Communication)中，香农(1948)确立了信息论的基础。式(17.118)定义的熵的概念来源于热力学中熵的概念。它在信息论中占据重要位置。

$$H(X) = -\int_{-\infty}^{\infty} f_X(x) \log f_X(x) \mathrm{d}x \tag{17.118}$$

其中 $f_X(x)$ 是 X 的概率密度函数（pdf）。注意 $H(X)$ 不是 X 的函数。$H(X)$ 中自变量 X 是一个用来定义熵的随机变量。它是用来定义最大熵原理的式（17.118）的基础。

继续手头的问题，令 $m_1, m_2, \cdots, m_k$ 表示随机变量 X 的统计量的先验知识。X 的第 i 阶矩用数学期望定义为

$$\begin{aligned} m_i &= \mathbb{E}[X^i] \\ &= \int_{-\infty}^{\infty} x^i f_X(x) \mathrm{d}x \quad i = 1, 2, \cdots, K \end{aligned} \tag{17.119}$$

利用这个先验知识，现引用最大熵原理来找概率密度函数 $f_X(x)$ 的估计值，该估计值记为 $\hat{f}_X(x)$。具体来说，利用式（17.118）中定义的随机变量 X 的熵作为约束的拉格朗日乘子法，我们可以按照 Jumarie(1990) 描述的步骤将所期望的估计值 $\hat{f}_X(x)$ 表示为

$$\hat{f}_X(x) = \exp\left(\sum_{i=1}^{K} \lambda_i x^i\right) \tag{17.120}$$

其中 λ_i 是第 i 个拉格朗日乘子。此外，根据 Jumarie 的研究结果，用来得到拉格朗日乘子的公式定义为如下和式：

$$\sum_{k=1}^{K} k\lambda_k m_{k+i} = -m_i \quad i = 1, 2, \cdots, K \tag{17.121}$$

然而，应当注意的是，根据式（17.121），我们需要随机变量 X 的 $2K$ 矩来计算所期望的 K 个拉格朗日乘子[①]。然而，采用式（17.120）中的近似 pdf 所产生的统计误差与最大熵原理完全一致。

17.8.2 条件期望的估计

利用式（17.120）中定义的估计值 $\hat{f}_X(x)$，我们可以继续考虑条件均值期望 $\mathbb{E}[X|Y]$，它在进行 17.4 节讨论的零均值贝叶斯估计中起到了关键作用。为此，我们使用概率论的边际分布定义来表示图 17.7 中盲均衡器输出的概率密度函数；具体来说，我们写出

$$f_Y(y) = \int_{-\infty}^{\infty} f_Y(y|x) f_X(x) \mathrm{d}x \tag{17.122}$$

然后，将上式代入式（17.71），可将条件平方期望重新定义如下

$$\mathbb{E}[X|Y] = \frac{\int_{-\infty}^{\infty} x f_Y(y|x) f_X(x) \mathrm{d}x}{\int_{-\infty}^{\infty} f_Y(y|x) f_X(x) \mathrm{d}x} \tag{17.123}$$

注意，式（17.123）的两个积分相类似，除了分子的积分中出现样值 x。

在 17.4 节，我们假设卷积噪声 ν 是零均值、方差为 σ^2 的高斯分布，ν 在式（17.73）中定

---

① Pinchas 和 Bobrovsky(2006) 为简化拉格朗日乘子推导了新公式，推导时假设未知概率密度函数 $f_X(x)$ 是偶对称的，它超越了 17.4 节推导 Bussgang 算法时所做的假设。

义为

$$\nu = y - c_0 x$$

其中, 比例因子 c_0 略小于 1。

另一方面, 在 Pinchas 和 Bobrovsky(2006) 提出的使用最大熵原理求解盲反卷积问题中, c_0 取为 1。在这种情况下, 式(17.78)中卷积噪声 ν 的高斯分布改写为

$$f_Y(y|x) = \frac{1}{\sqrt{2\pi}\sigma} \exp\left(-\frac{(y-x)^2}{2\sigma^2}\right) \tag{17.124}$$

其中, σ^2 为卷积噪声 ν 的方差。因此, 将式(17.120)和式(17.124)代入式(17.123), 我们得到条件均值期望的近似式 $\mathbb{E}[X|Y]$。

为了使这种近似易于解析处理, Pinchas 和 Bobrovsky 在假设未知 pdf $f_X(x)$ 是偶对称的前提下引入一组新的定义:

$$\mathbb{E}[X|Y] = \frac{\displaystyle\int_{-\infty}^{\infty} \alpha_1(x) \exp(-\psi(x)/\rho)\mathrm{d}x}{\displaystyle\int_{-\infty}^{\infty} \alpha_0(x) \exp(-\psi(x)/\rho)\mathrm{d}x} \tag{17.125}$$

其中, 按照式(17.123)并利用式(17.121), 如取

$$\alpha_0(x) = \exp\left(\sum_{k=1}^{K} \lambda_k x^k\right) \tag{17.126}$$

则

$$\alpha_1(x) = x\alpha_0(x) \tag{17.127}$$

$$\psi(x) = (y-x)^2 \tag{17.128}$$

且

$$\rho = 2\sigma^2 \tag{17.129}$$

式(17.125)中不做近似, 条件是求和阶数 K 为无穷大。

此后, 函数 $\alpha_0(x)$、$\alpha_1(x)$ 和 $\psi(x)$ 均假设为变量 x 的实连续函数。在这个假设下, 我们们可把式(17.125)分子和分母中的定积分视为拉普拉斯(Laplace)积分, 其中指数函数 $\exp(-\psi(x)/\rho)$ 起核函数的作用。

17.8.3 局部分析的拉普拉斯方法

式(17.125)中的拉普拉斯积分的解析计算是一个很困难的命题。为了解决这个难题, Pinchas 和 Bobrovsky(2006)勉强接受分子和分母中积分的近似局部解析。采用拉普拉斯方法[①], 对式(17.125)的分子和分母中两个定积分进行级数展开。如考虑围绕点 $-\infty < x_0 < \infty$ 的

---

① 考虑积分

$$I(t) = \int_{-\infty}^{\infty} \alpha(x) \exp(-t\psi(x))\mathrm{d}x$$

其中 $\alpha(x)$ 和 $\psi(x)$ 都是 x 的连续函数。拉普拉斯方法依赖于以下思想(Bender & Orszag, 1999):

如果函数 $\psi(x)$ 在点 $x = x_0$, 其中 $-\infty < x_0 < \infty$ 到达其最小值, 且如果 $\alpha(x_0) \neq 0$, 则只有 $x = x_0$ 的最近邻对大 t 时 $I(t)$ 的充分渐近级数展开有贡献。

注意, 这个脚注中的 t 对应于式(17.125)中的 $1/\rho$。

局部近似，该近似含有新的项 $\alpha_j(x_0)$、$\alpha_j^{(2)}(x_0)/\psi(x_0)$ 和 $\alpha_j^{(4)}(x_0)/\psi(x_0)$，依据 $\alpha_j(x_0)$，有以下偶阶偏导数：

$$\alpha_j^{(2)}(x_0) = \left.\frac{\partial^2}{\partial x^2}\alpha_j(x)\right|_{x=x_0} \tag{17.130}$$

和

$$\alpha_j^{(4)}(x_0) = \left.\frac{\partial^4}{\partial x^4}\alpha_j(x)\right|_{x=x_0} \tag{17.131}$$

当 $j=0$ 时，在式(17.130)中偏导数对应于式(17.125)分母中的定积分。当 $j=1$ 时，式(17.131)中的偏导数对应于式(17.125)分母中的定积分。注意到，式(17.130)和式(17.131)定义的偶阶偏导数源于概率密度函数 $f_X(x)$ 的偶对称假设。根据 Pinchas 和 Bobrovsky(2006)的论文，当 $K=4$ 时使用拉普拉斯方法的数值误差是 ρ^3 的量级。因此，当 ρ 很小(即大 SNR)时，在实际应用中该误差小到可以忽略不计。

17.8.4 盲信道均衡

令 $\hat{x}$ 表示给定 Y 时随机值 X 的条件均值估计。则根据式(17.70)，刚才描述的逼近过程可总结如下：

$$\mathbb{E}[X|Y] \approx \hat{x}$$

把盲信道均衡作为感兴趣的任务，给定观测 $Y=y$ 作为图 17.7 的解码序列及相应的估计 $X=\hat{x}$，Pinchas 和 Bobrovsky(2006)构造了盲信道均衡数学上所需要的算法。对于其细节，可参考他们在 2006 年发表的论文，该论文中包括五种不同信道、工作于不同等级的符号间干扰及用于 16-QAM 和 64-QAM 系统(其中 64 表示仿真中使用的符号数)的大量蒙特卡罗(Monte Carlo)仿真。在仿真中，Pinchas 和 Bobrovsky 将他们新的盲信道均衡算法与若干其他相应算法(包括前面章节中描述过的 Godard 算法)进行了比较。Pinchas-Bobrovsky 算法的仿真结果在统计效率方面优于老的算法，这意味着稳态均方误差较小，而收敛速率较快。

从盲均衡实际应用的观点来看，就统计效率而论，基于最大熵原理的 Pinchas-Bobrovsky 算法的收敛速率似乎优于传统的 Bussgang 算法。然而，这个新算法的公式只是数学上所需要的，反过来，这可能意味着该算法比 Godard 算法对有限字长效应更敏感。这个对比评价显然是 Pinchas 和 Bobrovsky 的论文(2006)中所没有的。

17.9 小结与讨论

盲反卷积是无监督学习的一个例子。在这个意义上，它无须训练序列(即期望相应)即可辨识一个未知线性时不变(可能非最小相位)系统之逆。这个运算要求辨识系统转移函数的幅度和相位。为了辨识幅度分量，我们仅需接收信号(即系统输出)的二阶统计量。但是，辨识系统的相位分量要困难得多。

一类反卷积方法依赖于二阶统计量(SOS)，它通过利用表征通信信道输出的循环平稳性来弥补缺乏期望响应的不足。本章中已经证明，仅依靠接收信号的循环平稳性的确可以辨识未知的线性信道,正如17.3节中子空间分解法所证明的。这实际上是信道盲均衡技术的一个重要突破。

盲信道辨识的基于SOS的子空间分解法依赖于批(分块)处理实现。因此它提供了快速捕获,这使得它对于高度非平稳环境(例如无线通信)的应用特别有吸引力。然而,这一重要优点是以计算复杂度大量增加为代价的。由于计算机技术的日益进步,这或许不会成为一个严重的实际应用问题。

这里讨论的另一类盲反卷积法,即Bussgang算法,依赖于以一种隐含的方式使用高阶统计量来弥补无法获得期望响应的不足。这种盲反卷积形式强制使用非线性处理。最重要的是,这个方法能处理非高斯的接收信号。

Bussgang算法通过使接收信号服从于迭代反卷积过程来进行线性信道的盲均衡。当该算法以均值方式收敛时,反卷积序列服从Bussgang统计,故将它命名为Bussgang算法。Bussgang算法有如下特性:

- 非凸代价函数的最小化,因此可能陷入局部最小。
- 低计算复杂度,但略高于需要训练序列的传统自适应均衡器的计算复杂度。
- 相对慢的收敛速率。

从某种意义上说,基于SOS的子空间分解法和基于隐式HOS的Bussgang算法族是互补的;而且在设计分数间隔Bussgang均衡器中,常常将这两个方法结合在一起。

本章中所讨论的另一种基于HOS的盲卷积算法是Pinchas & Bobrovsky(2006)提出的采用最大熵原理的新算法。在数学方面,新算法比Godard算法有更多要求。然而,仿真表明新算法在统计效率(有效性)方面优于Godard算法。

根据这个讨论,可以得出一系列值得考虑的重要问题,特别是如下问题:在第11章,我们强调要注意自适应滤波算法对未知环境失调(不确定性)的鲁棒性。在某种意义上,鲁棒性也包括第12章讨论的算法对有限字长效应的灵敏度问题。但令人遗憾的是,鲁棒性在盲反卷积信号处理文献中也起到比传统的LMS和RLS算法更重要的作用。

17.10 习题

1. 在本题中,我们探讨利用循环平稳性提取未知信道相位响应的可能性。

   (a) 将式(17.3)用于冲激响应 h_n 的线性通信信道输出端的接收信号 $u(t)$,并引用17.3节中对发送信号 x_k 和信道噪声 $\nu(t)$ 所做的假设,试证明 $u(t)$ 在 t_1 和 t_2 两个时刻的自相关函数为

   $$r_u(t_1, t_2) = \mathbb{E}[u(t_1)u^*(t_2)]$$
   $$= \sum_{k=-\infty}^{\infty} \sum_{l=-\infty}^{\infty} r_x(kT - lT)h(t_1 - kT)h^*(t_2 - lT) + \sigma_\nu^2 \delta(t_1 - t_2)$$

   式中 $r_x(kT)$ 是延迟为 kT 的发送信号的自相关函数,σ_ν^2 是噪声方差;证明 $u(t)$ 是广义循环平稳的。

   (b) 循环自相关函数和循环平稳过程 $u(t)$ 的谱密度分别用连续时间形式的式(1.163)和式(1.167)来定义,即

   $$r_u^\alpha(\tau) = \frac{1}{T} \int_{-T/2}^{T/2} r_u\left(t + \frac{\tau}{2}, t - \frac{\tau}{2}\right) \exp(j2\pi\alpha t)dt$$

   和

$$S_u^\alpha(\omega) = \int_{-\infty}^{\infty} r_u^\alpha(\tau) \exp(-j2\pi f\tau)dt, \qquad \omega = 2\pi f$$

式中

$$\alpha = \frac{k}{T} \qquad k = 0, \pm 1, \pm 2, \cdots$$

令 $\Psi_k(\omega)$ 表示 $S_u^{k/T}(\omega)$ 的相位响应，而 $\Phi(\omega)$ 表示信道的相位响应，试证明

$$\Psi_k(\omega) = \Phi\left(\omega + \frac{k\pi}{T}\right) - \Phi\left(\omega - \frac{k\pi}{T}\right) \qquad k = 0, \pm 1, \pm 2, \cdots$$

（c）令 $\psi_k(T)$ 和 $\phi(\tau)$ 分别表示 $\Psi_k(\omega)$ 和 $\Phi(\omega)$ 的逆傅里叶变换。试利用（b）中结果，证明

$$\psi_k(\tau) = -2j\phi(\tau)\sin\left(\frac{\pi k\tau}{T}\right) \qquad k = 0, \pm 1, \pm 2, \cdots$$

由这个关系[即关于从 $\psi_k(\tau)$ 提取相位响应 $\Phi(\omega)$ 的可能性]，可以得出什么结论？

2. 假设利用17.3节所述子空间分解法估计式（17.15）定义的 SIMO 模型的信道卷积矩阵 $\mathcal{H}$。试证明在无噪声的条件下，理想均衡可通过利用其滤波矩阵由 $\mathcal{H}$ 的伪逆定义的多信道结构来获得。

3. 利用信道卷积矩阵 $\mathcal{H}$ 的定义及与噪声空间 $\mathcal{N}$ 有关的特征向量 $\mathbf{g}_k$，导出式（17.27）的结果。

4. 线性预测的应用为其他盲辨识方法提供了基础。这些方法的基本思想归结为广义（Bezout）恒等式（Kailath, 1980）。定义 $L \times 1$ 多项式列向量

$$\mathbf{H}(z) = \left[H^{(0)}(z), H^{(1)}(z), \cdots, H^{(L-1)}(z)\right]^T$$

式中 $H^{(l)}(z)$ 是第 l 个子信道的转移函数。在 $\mathbf{H}(z)$ 不可约的条件下，由广义 Bezout 恒等式可知，存在一个 $1 \times L$ 多项式行向量

$$\mathbf{G}(z) = \left[G^{(0)}(z), G^{(1)}(z), \cdots, G^{(L-1)}(z)\right]^T$$

使得

$$\mathbf{G}(z)\mathbf{H}(z) = 1$$

即

$$\sum_{l=0}^{L-1} G^{(l)}(z)H^{(l)}(z) = 1$$

这个等式的含义是：按照白噪声过程 $\nu(n)$ 由 $\mathbf{y}(n) = \mathbf{H}(z)[\nu(n)]$ 描述的一组滑动平均过程，亦可用一个有限阶的自回归过程表示。此外，考虑无噪信道的理想情况，这时第 l 个子信道的接收信号定义为

$$u_n^{(l)} = \sum_{m=0}^M h_m^{(l)}x_{n-m} \qquad l = 0, 1, \cdots, L-1$$

式中 x_n 是发送的符号，$h_n^{(l)}$ 是第 l 个子信道的冲激响应。试利用广义 Bezout 恒等式证明

$$\sum_{l=0}^{L-1} G^{(l)}(z)[u_n^{(l)}] = x_n$$

由此证明 x_n 被精确再生[注意：上式中 $G^{(l)}(z)$ 被看做一个算子]；并根据线性预测理论，说明这个结果。

5. 参考图17.7，图中采用了零记忆非线性函数 g。假设卷积噪声 ν 是加性白高斯的，且统计独立于数据 x，式（17.80）定义了数据 x 的条件均值估计。试推导这个公式。

6. 对于理想均衡，我们要求均衡器的输出 $y(n)$ 精确地等于发送信号 $x(n)$。试证明，当Bussgang算法以均值收敛且获得理想均衡时，非线性估计器必须满足的条件是

$$\mathbb{E}[\hat{x}g(\hat{x})] = 1$$

式中 $\hat{x}$ 是 x 的条件均值估计。

7. 在执行迭代反卷积的Bussgang算法中,式(17.59)为求 FIR 滤波器抽头权值提供了一个自适应方法。试导出进行这个计算的另外一种方法,假设可用一超定方程组并使用用第 9 章所述的最小二乘法。

8. 由 i.i.d. 符号组成的数据流加到一个二进制相移键控(PSK)系统。得到的调制信号 $x(n)$ 加到某一冲激响应未知的线性信道。常模数算法(即 $p=2$ 的Godard算法)用来进行信道盲均衡。试做如下工作:
   (a) 画出误差信号 $e(n)$ 对于均衡器输出 $y(n)$ 的曲线图。
   (b) 假设使用信号误差型 CMA,画出 $e(n)$ 的分段近似曲线。
   (c) 用公式表示 CMA 及其信号误差型。
   [提示:可参考本章注释中关于符号误差 CMA 的主要描述。]

9. 在发射机使用四相相移键控(QPSK)的条件下,重做习题8。

10. 本题的条件与习题 8 相同,不过我们现在使用抖动符号误差型 CMA 来处理实数据。此后,将它简称为 DSE-CMA(参见本章 16.6 节的脚注)。这个新算法可用更新方程表述为

$$\mathbf{w}(n+1) = \mathbf{w}(n) + \mu\mathbf{u}(n)[\alpha\,\text{sgn}(\nu(n))]$$

   式中

$$\nu(n) = e(n) + \alpha\varepsilon(n)$$
$$e(n) = y(n)(R_2 - y^2(n))$$

   这里 μ、α 和 R_2 都是正的常数,$\varepsilon(n)$ 是附加的抖动。抖动的样值在区间 $[-1, 1]$ 上是 i.i.d.。此外,根据量化理论,算子 $\alpha\text{sgn}(\nu(n))$ 等效于一个两级量化器

$$Q(\nu(n)) = \begin{cases} \Delta/2 & \text{对于 } \nu(n) \geq 0 \\ -\Delta/2 & \text{对于 } \nu(n) < 0 \end{cases}$$

   式中,对于量化器输出 $y(n)$ 的相关部分,$\Delta = 2\alpha$ 和 $\alpha \geq |e(n)|$。
   (a) 给定 $y(n)$,证明条件期望 $\nu(n)$ 等效于传统 CMA 中误差信号 $e(n)$ 的硬限幅形式

$$\mathbb{E}[\nu(n)|y(n)] = \begin{cases} \alpha & \text{对于 } \nu(n) > 0 \\ e(n) & \text{对于 } |\nu(n)| \leq \alpha \\ -\alpha & \text{对于 } \nu(n) < -\alpha \end{cases}$$

   (b) 对于 $\alpha=2$,画出(a)中所得结果的曲线。

11. 数字通信系统的发射机使用QPSK,它由 i.i.d. 符号组成的数据流驱动。已调信号加到未知冲激响应的线性信道。现用Shalvi-Weinstein均衡器进行信道盲均衡。其设计基于如下代价函数

$$J = \mathbb{E}[|y(n)|^4] \qquad \text{受约束于 } \mathbb{E}[|y(n)|^2] = \sigma_x^2$$

   式中 $y(n)$ 是均衡器的输出,σ_x^2 是信源数据序列的方差。
   (a) 证明Shalvi-Weinstein准则实际上就是 $p=2$ 时的Godard准则。
   (b) 更准确地证明,在无噪信道的条件下,Shalvi-Weinstein 代价函数的极小点与Godard代价函数的极小点相同。
   [提示:以极坐标形式重写抽头权值,即一个单位范数向量乘某一径向标度因子,而后,Godard代价函数相对于径向标度因子进行最优化。]

12. 线性通信信道用的分数间隔Bussgang均衡器的代价函数 $J(\mathbf{w})$ 由式(17.116)定义。试推导该代价函数。

后　记

在本书的最后一章中，我们将从两个方面总结自适应滤波器：

1) 第一部分回顾了本书前面章节所涉及的内容。具体而言，这一部分重温了线性自适应滤波应用中发挥关键作用的三个贯穿始终的问题：鲁棒性、有效性和复杂性。
2) 第二部分展望了非线性自适应滤波这个新兴课题，已有一些文献对此展开了一定范围的讨论。本部分介绍了一类新的基于核的自适应滤波，这类滤波以机器学习和线性自适应滤波为基础。

第二部分涉及的内容是本书的新增部分，其篇幅大于第一部分。

1. 鲁棒性、有效性与复杂性

这三个问题作为重点贯穿书中所有章节，其中第 11 章和第 13 章中对这三个问题进行了一一考虑。

1.1　鲁棒性和有效性之间的权衡

从实用的角度来看，在未知干扰存在的情况下，自适应滤波算法对鲁棒性有很高要求。另一个需要的特性，即统计有效性(statistical efficiency)或效率，因为其实际的重要性也值得关注。这里重新提及两个关键问题：

1) 怎样单独衡量鲁棒性和有效性？
2) 同样重要的是，如何决定二者取舍？

首先考虑鲁棒性问题，假设有一个线性自适应滤波算法，在输入端易出现未知干扰。线性自适应滤波可以视为一个估计器，它将输入端的干扰映射成输出端的估计误差。在此基础上，引入能量增益的概念，定义如下：

估计器的能量增益定义为输出端误差能量与输入端总干扰能量的比值。

由于这个比值取决于未知的干扰，为了解决此问题，我们考虑实际中所有可能产生的干扰，然后计算出最大能量增益。为此，我们提出用估计器的 H^∞ 范数来描述如下的最优 H^∞ 估计问题：

找出特定的因果估计器使其 H^∞ 范数在所有可能的干扰下有最小值。

解决这个问题的最优 H^∞ 估计器在以下意义上具有极小-极大(minmax)性质：

作为对手的外界会产生所有可能的未知干扰，从而增加能量增益。另一方面，算法的设计者需要选择特定的算法来最大限度地减少能量增益。

在上文提及的线性自适应滤波中，有两种可供选择的基本算法，分别是最小均方(LMS)算法

和递归最小二乘(RLS)算法。在第 11 章中提及的这两种算法在鲁棒性方面的成果,可归纳如下:

1) LMS 算法是 H^∞ 最优的,因为没有其他自适应滤波算法可以实现小于 1 的最大能量增益。其数学形式可以写成

$$\gamma_{\mathrm{LMS}}^2 \leqslant 1, \quad 0 < \mu < \min_{n=1,\cdots,N} \frac{1}{\|\mathbf{u}(n)\|^2} \quad \text{和任意整数 } N \tag{1}$$

其中 γ^2 为最大能量增益, μ 为步长参数, $\mathbf{u}(n)$ 为输入向量。

2) 另一方面,RLS 算法的最大能量的上下界为

$$(\sqrt{\bar{r}} - 1)^2 \leqslant \gamma_{\mathrm{RLS}}^2 \leqslant (\sqrt{\bar{r}} + 1)^2 \tag{2}$$

其中 $\bar{r}$ 为大于 1 的无量纲量。

从这对公式不难发现,在考虑鲁棒性的情况下,LMS 算法优于 RLS 算法。所以,如果鲁棒性是线性自适应滤波应用时的要求,那么 LMS 算法是首选方法。

下面,再来看看统计有效性的问题。量化有效性有两种可能的度量:

1) 收敛速率,定义为自适应滤波算法有效到达"稳态"所需要的自适应循环次数。
2) 失调量,定义为自适应滤波算法的超量均方误差,可以表示为相对于维纳滤波器产生的最优均方误差的百分比,这里维纳滤波视为算法的参照系。

第 11 章中,采用收敛速率作为衡量统计有效性的方法:

通常,在这里 RLS 算法要比 LMS 算法好上一个数量级。

因此,如果以收敛速率衡量的统计有效性是我们的要求,则 RLS 算法是首选方法。

至此,我们可以说:

线性自适应滤波算法的设计无法既满足鲁棒性又保持统计有效性。

确切地说,设计者需根据应用的要求来选择 LMS 或者 RLS 算法,或是这二者各自的扩展算法。以另外一种方式来讲,这里没有免费的午餐;换言之,算法需要在鲁棒性和有效性之间做出权衡。

1.2　复杂性

今天,在我们生活的世界里,越来越多地提及大数据,同时对快速在线数据处理的需求也不断增长。"大数据"这个术语是指庞大且复杂的数据集的集合,其处理过程构成新的挑战。在涉及线性自适应滤波的部分,为了满足上面提到的这种挑战,不得不保持尽可能低的算法复杂度。那么,要求所选择的自适应滤波算法的计算复杂度相对于有限冲激响应(FIR)滤波器可调抽头权值(即参数)数目呈线性增长,尤其当抽头权值数目很大时。

在这种情况下,要解决的问题是

LMS 和 RLS 这两种自适应滤波算法,哪一个是低复杂度要求系统的首选?

从第 6 章和第 9 章的讨论中业已知道,LMS 的算法复杂度遵循线性定律,而 RLS 的算法复杂度遵循平方定律。因此,选择 LMS 算法是刚才所提问题的明显答案。

我们已经知道，LMS 算法有别于 RLS 算法的两个重要实用方面是其计算简单性和鲁棒性。这并不奇怪，LMS 算法在线性自适应滤波应用中，是最广泛使用的方法。在未来的几年内，它仍将如此。

面对高效处理大数据的挑战，我们提出如下问题：

如何构建可以广泛使用的 LMS 算法，使其线性自适应滤波能力显著提高，并且包括不需要步长参数的人工调整？

对这个日益重要的关于非平稳环境中自适应的回答（见第 13 章）分为两部分：

1) 通过向量化步长参数来扩展 LMS 算法，并引入新的元步长（meta-step-size）参数。这种扩展的新成果，以增量 delta-bar-delta（IDBD）算法（Sutton，1992）为例，可以使向量中每一个元素自适应匹配输入数据的特定特征。

2) 为了实现 IDBD 算法中所有参数的完全自动调节，人们努力消除元步长参数的人工调整。例如，在 IDBD 基础上的自动步进法（autostep）（Mahmood，2013），以启发性的方式关注上述问题的第二部分。

IDBD 算法和自动步长法都是以随机梯度下降法为基础的，本书第 5 章中对此进行了讨论。因此，与 LMS 算法一致，其计算复杂度都遵循线性规律。

1.3　小结

自动步长法在线性自适应滤波的两个方面引入了新的思维方式：

1) 采用了自适应再自适应（adaptation-within-adaptation）机制。

2) 消除了 IDBD 算法中元步长参数的人工调整，因此所有参数均可自动调节。

已经提到的自动步长法作为 IDBD 算法的一种启发式扩展，通过巧妙的构想来消除元步长参数。但如何用严格的数学方法来提升自动步长法还是一个挑战。

2. 基于核（函数）的非线性自适应滤波

在本书大量内容中，我们主要关注线性自适应滤波，也就是从某种意义上来讲，滤波结构上没有涉及非线性物理成分（除了第 17 章的盲反卷积部分）。但是，存在某些基础物理机制生成固有非线性的训练数据（对于监督自适应）。例如，在水下通信中，通信信道不仅是高度非平稳的，而且是非线性的。在这种情况下，有可能需要用到非线性自适应滤波。在其他应用中，非线性自适应滤波也会有差异。

本节[①]重新讨论了流行的 LMS 问题，但这时滤波结构中有意加入了非线性成分。这样，LMS 算法的实际效用扩展到超越其传统自适应信号处理能力的范围。新算法称为核最小均方（KLMS）算法，它是一类新定义的核自适应滤波器，其中核函数负责非线性任务。使用这类非线性滤波的原因有两个方面[②]：

---

① 本节介绍的大量内容（包括表示定理）适应于本书（Haykin，2009）的 6.10 节。

② Liu 等（2010）介绍了两个核自适应滤波器族的细节，除了 LMS 算法、RLS 算法及其扩展。

1)将非线性自适应滤波问题转换成线性自适应滤波问题,以便利用 LMS 或 RLS 型线性自适应滤波器的研究成果。

2)构造新的非线性自适应滤波算法,便于以在线方式迭代运行。

更准确地说,核自适应滤波算法的数学公式源于再生核希尔伯特空间(reproducing kernel Hilbert spaces)。正因为如此,这类新的自适应滤波算法在整体意义上是非线性的,但在再生核希尔伯特空间上是线性的;它将出现在线性自适应滤波仍将发挥作用的本节后文中。为了与本书的其他部分保持一致,表述全部在复数域进行。

在历史范畴内,再生核希尔伯特空间可追溯到 Aronszajn(1950)的经典论文。然而,它是在机器学习文献中发展出来的一种新方法,特别是称为支持向量机(SVM,support vector machines)(Boser 等,1992;Vapnik,1998;Schölkopf & Smola,2002)的一类机器学习算法发展起来的新方法。

核自适应滤波还处于其发展的早期阶段。虽然如此,它已提供了很多有用的特性(Theodoridis 等, 2011;Theodoridis,2012):

1)使用了凸代价函数,可以导致独特且具有良好特性的解决方案。

2)计算和内存的需求相对适中。

3)对不同类型的非线性提供了统一的数学处理。

然而,核自适应滤波算法的每一创新都有其自身的局限性,将在本节稍后讨论。

2.1　复希尔伯特空间

如前所述,再生核希尔伯特空间的思想在核最小均方滤波算法的基础数学理论方面起到了关键的作用。在 RKHS 定义阶段,必须从什么是希尔伯特空间开始。为了简化数学论述并为方便起见,使用如下符号:

$$\mathbf{u}_n \equiv \mathbf{u}(n) \tag{3}$$

将信号向量应用到 KLMS 的输入中,是此处所关注的焦点;并且,n 表示离散时间。

然后,考虑一个非线性复函数 $\varphi(\mathbf{u}_n)$[①],其中自变量 $\mathbf{u}_n$ 位于复欧几里得空间(简称复欧氏空间)。然而,这个函数所属的复连续空间是完全不同的。为了定义这个新的空间,要求它满足以下两个数学条件:

1)空间是无限维的。

2)空间的每一个柯西序列[②]都是收敛的。

同时满足这两个条件的复连续函数空间称为复希尔伯特空间;今后,这个空间用 $\mathcal{H}$ 表示,不要与第 17 章盲反卷积中所用的同样符号混淆。

2.2　复希尔伯特空间的性质

复希尔伯特空间的性质如下:

---

① 　实际上,$\varphi(\mathbf{u}_n)$ 是一泛函(functional),表示函数的函数。

② 　考虑一个序列 $\{\varphi(\mathbf{u}_n)\}_{n=1}^M$,如果它满足如下要求:
对于任何 $\varepsilon > 0$,存在一个整数 M,使得对于所有的 $n, i > M$,$|\varphi(\mathbf{u}_n) - \varphi(\mathbf{u}_i)| < \varepsilon$ 成立。

1）共轭对称性。$\mathcal{H}$ 空间中一对非线性函数 $\varphi(\mathbf{u}_n)$ 和 $\varphi(\mathbf{u}_i)$ 的内积满足如下共轭对称：

$$\langle \varphi(\mathbf{u}_n), \varphi(\mathbf{u}_i) \rangle_{\mathcal{H}} = \langle \varphi(\mathbf{u}_i), \varphi(\mathbf{u}_n) \rangle^* \text{ 对于所有} n \text{ 和} i \tag{4}$$

其中星号表示复共轭。

2）半正定性。一个复非线性函数 $\varphi(\mathbf{u}_n)$ 的范数，定义为 $\mathcal{H}$ 空间内函数 $\varphi(\mathbf{u}_n)$ 与其本身的内积，且满足半正定性，即

$$\begin{aligned} \|\varphi(\mathbf{u}_n)\|_{\mathcal{H}}^2 &= \langle \varphi(\mathbf{u}_n), \varphi(\mathbf{u}_n) \rangle_{\mathcal{H}} \\ &\geq 0 \text{ 对于所有} n \end{aligned} \tag{5}$$

我们就说该序列是柯西序列，$\|\varphi(\mathbf{u}_n)\|_{\mathcal{H}}^2$ 称为 $\mathcal{H}$ 空间复非线性函数 $\varphi(\mathbf{u}_n)$ 的平方范数。

3）分配律（线性）。给定一对常数 a 和 b，复希尔伯特空间的复非线性函数的分配律（线性）描述如下：

$$\langle (a\varphi(\mathbf{u}_n) + b\varphi(\mathbf{u}_m)), \varphi(\mathbf{u}_l) \rangle_{\mathcal{H}} = a\langle \varphi(\mathbf{u}_n), \varphi(\mathbf{u}_l) \rangle + b\langle (\varphi(\mathbf{u}_m), \varphi(\mathbf{u}_l)) \rangle_{\mathcal{H}} \tag{6}$$

其适用于所有的常数 a 和 b，以及所有的下标 n, m, l。

2.3　核的概念

定义完复希尔伯特空间后，下一个问题就是核的概念。

正如 FIR 滤波器是线性自适应滤波的核心一样，核在我们看来是新的一类非线性自适应滤波器的核心。在线性滤波中只有两个空间，一个是输入数据所在的输入空间，另一个是实际的滤波器响应所在的输出空间。另一方面，基于核的自适应滤波器有三个空间：输入空间、特征空间和输出空间。因为不能从外部直接到达特征空间，所以特征空间是隐藏的。核就位于特征空间。

KLMS 算法的输入空间以无权值方式直接连到特征空间，特征空间以线性关系连到输出空间。在 KLMS 算法中，LMS 在后面的设定中发挥作用。一般来说，输入空间是前面提到的复欧氏空间，而特征空间是设计好的复希尔伯特空间。

下面考虑图 1，其中关注的是输入空间到特征空间的非线性映射。具体来讲，输入向量 $\mathbf{u}_n$ 和 $\mathbf{u}_i$ 分别映射为复非线性函数 $\varphi(\mathbf{u}_n)$ 和 $\varphi(\mathbf{u}_i)$。在这样的设定下，可以给出如下令人满意的直观描述：

由 $k(\mathbf{u}_n, \mathbf{u}_i)$ 表示的核，提供了特征空间内一对复非线性函数 $\varphi(\mathbf{u}_n)$ 和 $\varphi(\mathbf{u}_i)$ 之间可能存在的相似性（匹配）的一种度量。

如将上述数学表述用复希尔伯特空间的内积表示，则核可正式定义为

$$k(\mathbf{u}_n, \mathbf{u}_i) = \langle (\varphi(\mathbf{u}_i), \varphi(\mathbf{u}_n)) \rangle_{\mathcal{H}} \tag{7}$$

在这个定义式中，请仔细注意内核 $k(\mathbf{u}_n, \mathbf{u}_i)$ 中的下标 n 和 i，相对于 $\mathcal{H}$ 空间的复非线性函数 $\varphi(\mathbf{u}_n)$ 和 $\varphi(\mathbf{u}_i)$ 中内积的下标 n 和 i，发生了翻转。还应当注意另一点是：本节前面要求复希尔伯特空间是无限维的。故可得出，特征映射 φ 可以顾及所有类型的核，不管它们是有限维还是无限维，或是复数还是实数。

根据式（7）中定义的核 $k(\mathbf{u}_n, \mathbf{u}_i)$，可用另一种颇有见地的方式来描述它：

核 $k(\mathbf{u}_n, \mathbf{u}_i)$ 提供了特征空间内以非线性嵌入的形式产生的图像之间的相似性（匹配）的

一种度量,如用特征映射 φ 表示,它可以应用到位于复欧氏空间(即输入空间)的任何一对向量 $\mathbf{u}_n$ 和 $\mathbf{u}_i$ 。

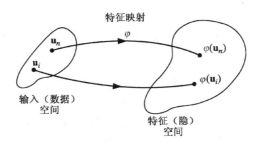

图 1　输入空间中向量 $\mathbf{u}_n$ 和 $\mathbf{u}_i$ 分别非线性映射为特征
空间变换的非线性函数 $\varphi(\mathbf{u}_n)$ 和 $\varphi(\mathbf{u}_i)$ 的示意图

在机器学习文献中,式(7)中定义的核通常称为 Mercer 核。之所以这么命名是因为 Mercer(1909)最早给出核 $k(\mathbf{u}_n,\mathbf{u}_i)$ 满足泛函分析中的一个定理[①]。此后,人们就采用 Mercer 核这个名字。

2.4　Mercer 核的性质

Mercer 核具有如下性质:

1)Mercer 核是其自变量的半正定函数。为了证明这个性质,首先,核 $k(\mathbf{u}_n,\mathbf{u}_i)$ 表示为如下等效形式:

---

① Mercer 定理(Mercer Theorem)(Mercer,1909)。这个定理最初用在实数域。为了与本书所讨论内容一致,复数域的 Mercer 定理陈述如下:

令 $k(\mathbf{u},\tilde{\mathbf{u}})$ 是一连续埃尔米特对称核,其中向量 $\mathbf{u}$ 和 $\tilde{\mathbf{u}}$ 位于由 $\mathcal{U}$ 表示的复欧氏空间。该核可展成级数:

$$k(\mathbf{u},\tilde{\mathbf{u}}) = \sum_{i=1}^{\infty} \lambda_i q_i^*(\mathbf{u})q_i(\tilde{\mathbf{u}}) \tag{a}$$

式中,对于所有的 i,非负系数 $\lambda_i \geqslant 0$。该级数展开式绝对均匀收敛的充分必要条件为

$$\int_{\mathcal{U}}\int_{\mathcal{U}} k(\mathbf{u},\tilde{\mathbf{u}})\psi^*(\mathbf{u})\psi(\tilde{\mathbf{u}})\mathrm{d}\mathbf{u}\mathrm{d}\tilde{\mathbf{u}} > 0 \tag{b}$$

该条件对于所有的 $\psi(\cdot)$ 均成立,且可归一化为

$$\int_{\mathcal{U}} |\psi(\mathbf{u})|^2 \mathrm{d}\mathbf{u} = 1 \tag{c}$$

$q_i(\mathbf{u})$ 被称为该展开式的特征函数,对应的 λ_i 被称为关联特征值。所有特征值非负,表示核是半正定的。

Mercer 定理值得关注,不仅因为它定义了核 $k(\mathbf{u},\tilde{\mathbf{u}})$ 的级数展开式收敛的充分必要条件,而且提供了对于相应的特征映射的构造步骤。为了验证后者,考虑如下映射:

$$\boldsymbol{\phi}(\mathbf{u}) = \left[\sqrt{\lambda_1}q_1(\mathbf{u}), \sqrt{\lambda_2}q_2(\mathbf{u}), \cdots \right]^{\mathrm{T}} \tag{d}$$

这里上标 T 表示转置。然后,以习惯的方式表示核 $k(\mathbf{u},\tilde{\mathbf{u}})$ 为

$$\begin{aligned} k(\mathbf{u},\tilde{\mathbf{u}}) &= \sum_{i=1}^{\infty} \left(\sqrt{\lambda_i}q_i(\mathbf{u}) \right)^* \cdot \left(\sqrt{\lambda_i}q_i(\tilde{\mathbf{u}}) \right) \\ &= \sum_{i=1}^{\infty} \varphi_i^*(\mathbf{u}) \cdot \varphi_i(\tilde{\mathbf{u}}) \\ &= \langle \varphi_i(\mathbf{u}), \varphi_i(\tilde{\mathbf{u}}) \rangle_{\mathcal{H}} \end{aligned} \tag{e}$$

$$k(\mathbf{u}_n, \mathbf{u}_i) = \langle k(\bullet, \mathbf{u}_i), k(\bullet, \mathbf{u}_n) \rangle_{\mathcal{H}} \tag{8}$$

这是描述复希尔伯特空间中内积的另一种形式,这里 Mercer 核可视为一个非线性复函数。因此,给定 $n = 1, 2, \cdots, N$ 和 i,并给定相应的常数向量,即 $\mathbf{c}_n = \{c_n\}_{n=1}^{N}$ 和 $\mathbf{c}_i$,可以写出

$$
\begin{aligned}
\sum_{n=1}^{N} \sum_{i=1}^{N} c_n^* k(\mathbf{u}_n, \mathbf{u}_i) c_i &= \sum_{i=1}^{n} \left(\sum_{n=1}^{N} c_n^* \langle k(\bullet, \mathbf{u}_i), k(\bullet, \mathbf{u}_n) \rangle_{\mathcal{H}} \right) \\
&= \sum_{i=1}^{N} c_i \left\langle k(\bullet, \mathbf{u}_i), \sum_{n=1}^{N} c_n k(\bullet, \mathbf{u}_n) \right\rangle_{\mathcal{H}} \\
&= \left\langle \sum_{i=1}^{N} c_i k(\bullet, \mathbf{u}_i), \sum_{n=1}^{N} c_n k(\bullet, \mathbf{u}_n) \right\rangle_{\mathcal{H}} \\
&= \left\| \sum_{n=1}^{N} c_n k(\bullet, \mathbf{u}_n) \right\|_{\mathcal{H}}^2
\end{aligned}
\tag{9}
$$

式(9)第一行的右边,应用了式(8)。第二行和第三行,应用了式(6)中 $\mathcal{H}$ 的分布性质。最后一行应用了式(5)中 $\mathcal{H}$ 的半正定性质。

2)Mercer 核是共轭对称函数。证明如下:

$$
\begin{aligned}
k(\mathbf{u}_n, \mathbf{u}_i) &= \langle k(\bullet, \mathbf{u}_i), k(\bullet, \mathbf{u}_n) \rangle_{\mathcal{H}} \\
&= \langle k(\bullet, \mathbf{u}_n), k(\bullet, \mathbf{u}_i) \rangle_{\mathcal{H}}^* \\
&= k^*(\mathbf{u}_i, \mathbf{u}_n)
\end{aligned}
\tag{10}
$$

3)Mercer 核 $k(\mathbf{u}_n, \mathbf{u}_i)$ 是一个 $N \times N$ 半正定矩阵中的一个元素。这是 Mercer 核的第三个,也是最后一个性质。为证明这一性质,首先引入一个 $N \times N$ 的矩阵:

$$
\begin{aligned}
\mathbf{K} &= \{k(\mathbf{u}_n, \mathbf{u}_i)\}_{n, i=1}^{N} \\
&= \begin{bmatrix}
k(\mathbf{u}_1, \mathbf{u}_1) & k(\mathbf{u}_1, \mathbf{u}_2) & \cdots & k(\mathbf{u}_1, \mathbf{u}_N) \\
k(\mathbf{u}_2, \mathbf{u}_1) & k(\mathbf{u}_2, \mathbf{u}_2) & \cdots & k(\mathbf{u}_2, \mathbf{u}_N) \\
\vdots & \vdots & & \vdots \\
k(\mathbf{u}_N, \mathbf{u}_1) & k(\mathbf{u}_N, \mathbf{u}_2) & \cdots & k(\mathbf{u}_N, \mathbf{u}_N)
\end{bmatrix}
\end{aligned}
\tag{11}
$$

这是个半正定矩阵,对于任意 $N \times 1$ 的复向量 $\mathbf{c}$,矩阵 $\mathbf{K}$ 都满足条件:

$$\mathbf{c}^{\mathrm{H}} \mathbf{K} \mathbf{c} \geqslant 0 \tag{12}$$

其中上标 H 表示埃尔米特矩阵转置。式(12)可由矩阵 $\mathbf{K}$ 和向量 $\mathbf{c}$ 的定义导出。因此,矩阵 $\mathbf{K}$ 是一个埃尔米特对称矩阵,即 $\mathbf{K} = \mathbf{K}^{\mathrm{H}}$。这种矩阵称为核矩阵;在机器学习文献中也常称为格雷蒙(Gram)矩阵。

例 1 高斯核

高斯核[①]定义为

$$k(\bullet, \mathbf{u}_n) = \exp\left(-\frac{1}{2\sigma^2} \|\bullet - \mathbf{u}_n\|^2 \right) \tag{13}$$

对于所有 $\mathbf{u}_n$,向量 σ^2 定义了高斯核的中心,n 则给出其宽度的度量。实际上,高斯核的特征空间是无限维的,从式(13)中可以很容易地确定其中的一个点。

---

① 高斯核是机器学习文献定义的众多核中的一个(参考 Schölkopf & Smola,2002)。

2.5　Mercer 核的再生性质

设从复希尔伯特空间($\mathcal{H}$)中取一函数$f(\bullet)$，其中 $\bullet$ 表示任意非线性向量。则$f(\bullet)$可由核 $k(\bullet, \mathbf{u}_i)_{\mathcal{H}}$级数展开：

$$f(\bullet) = \sum_{i-1}^{l} a_i k(\bullet, \mathbf{u}_i) \tag{14}$$

其中 a_i 是展开式系数。函数$f(\bullet)$和 Mercer 核$k(\bullet, \mathbf{u})$在 $\mathcal{H}$ 中的内积可表示为

$$\begin{aligned}
\langle f(\bullet), k(\bullet, \mathbf{u}) \rangle_{\mathcal{H}} &= \left\langle \left(\sum_{i=1}^{l} a_i k(\bullet, \mathbf{u}_i) \right), k(\bullet, \mathbf{u}) \right\rangle_{\mathcal{H}} \\
&= \sum_{i=1}^{l} a_i \langle k(\bullet, \mathbf{u}_i), k(\bullet, \mathbf{u}) \rangle_{\mathcal{H}} \\
&= \sum_{i=1}^{l} a_i k(\mathbf{u}, \mathbf{u}_i) \\
&= f(\mathbf{u})
\end{aligned} \tag{15}$$

式中第二行应用了式(8)。式(15)的最终结果仍是式(14)中的函数$f(\bullet)$，向量 $\mathbf{u}$ 是其自变量。

显而易见，式(15)描述的 Mercer 核性质称为再生性质(Aronszajn，1950)。因此我们可以说：

Mercer 核具有再生核希尔伯特空间(RKHS)性质。

后续章节中，这一性质简称为 RKHS 性质。

2.6　核技巧

由前述内容可知，与输入空间相比，特征空间的维数可以很高，甚至可能为无限维。因此，在特征空间中 KLMS 的算法优化，要求很高的计算量。为克服这一困难，可将 KLMS 算法表示为输入空间中的映像，即遵循先前引入的语言描述 Mercer 核的第二种直观方法。若使用数学方法表述，则可应用 RKHS 性质，即

$$\begin{aligned}
\langle \varphi(\mathbf{u}_i), \varphi(\mathbf{u}_n) \rangle_{\mathcal{H}} &= \langle k(\bullet, \mathbf{u}_i), k(\bullet, \mathbf{u}_n) \rangle_{\mathcal{H}} \\
&= k(\mathbf{u}_n, \mathbf{u}_i)
\end{aligned} \tag{16}$$

它是式(7)的复述。这样，高维特征空间中的内积运算可用初始欧氏输入空间中很低计算要求的 $\mathbf{u}_n$ 和 $\mathbf{u}_i$ 的核函数来代替。

为实现式(16)所述性质，需经过两个步骤：

步骤 1　在特征空间中使用复连续函数表示 KLMS 算法。

步骤 2　为了优化这个算法，将特征空间中的内积运算替换为复欧氏空间中的 Mercer 核运算。

这种用步骤 2 代替步骤 1 的方法，机器学习文献中常称为核技巧(Kernel trick)。

2.7　表示定理

前述内容是为引入基于核的自适应滤波所做的准备工作，它通过证明在这个新空间中的

解析能力来建立 RKHS。为了继续深入，首先定义一个具备 RKHS 性质的空间 $\mathcal{H}$，其中 RKHS 是由 Mercer 核 $k(\bullet, \mathbf{u})$ 导出的。给定任意非线性复函数 $f(\bullet) \in \mathcal{H}$，它可分解为位于 $\mathcal{H}$ 中的两分量之和：

1）一个分量包含在核函数张开的空间中，该核函数记做 $k(\bullet\, \mathbf{u}_1)$，$k(\bullet\, \mathbf{u}_2)$，$\cdots$，$k(\bullet\, \mathbf{u}_l)$。如将这一分量记为函数 $f_\parallel(\bullet)$，则可使用式（15）将它表示为级数展开式：

$$f_\parallel(\bullet) = \sum_{i=1}^{l} a_i k(\bullet, \mathbf{u}_i)_{\mathcal{H}} \tag{17}$$

2）另一个分量与核函数张开的空间正交，记为 $f_\perp(\bullet)$。

于是，原函数 $f(\bullet)$ 可表示为二者之和：

$$\begin{aligned}
f(\bullet) &= f_\parallel(\bullet) + f_\perp(\bullet) \\
&= \sum_{i=1}^{l} a_i k(\bullet, \mathbf{u}_i)_{\mathcal{H}} + f_\perp(\bullet)
\end{aligned} \tag{18}$$

其次，考虑 RKHS 中记做 $f(\mathbf{u}_n)$ 的非线性复函数。根据式（8），可将这一新的函数表示为

$$\begin{aligned}
f(\mathbf{u}_n) &= \langle f(\bullet), k(\bullet, \mathbf{u}_n) \rangle_{\mathcal{H}} \\
&= \left\langle \left(\sum_{i=1}^{l} a_i k(\bullet, \mathbf{u}_i) + f_\perp(\bullet) \right), k(\bullet, \mathbf{u}_n) \right\rangle_{\mathcal{H}} \\
&= \left\langle \left(\sum_{i=1}^{l} a_i k(\bullet, \mathbf{u}_i), k(\bullet, \mathbf{u}_n) \right) \right\rangle_{\mathcal{H}} + \langle f_\perp(\bullet), k(\bullet, \mathbf{u}_n) \rangle_{\mathcal{H}} \\
&= \sum_{i=1}^{l} a_i \langle k(\bullet, \mathbf{u}_i), k(\bullet, \mathbf{u}_n) \rangle_{\mathcal{H}} \\
&= \sum_{i=1}^{l} a_i k(\mathbf{u}_n, \mathbf{u}_i),
\end{aligned} \tag{19}$$

式中第三行应用了式（7）的复希尔伯特空间的分配律（线性），第四行应用了 $f_\perp(\bullet)$ 与 $f_\perp(\bullet)$ 的零正交性，最后应用了式（8）。

式（19）是表示定理（representer theorem）的数学表述[①]，其语言描述如下：

任意 RKHS 中的非线性复函数都可表示为 Mercer 核的线性组合。

在下一节中将看到，表示定理在 KLMS 算法的确立中占有非常重要的位置。

2.8　核最小均方（KLMS）算法

现在可以推导 KLMS 算法了。在推导过程中，不仅要用到本节中所阐述的准备知识，还需要用到第 6 章中涉及的传统 LMS 算法的相关内容。

首先回顾第 6 章中的权值更新公式（6.3）：

$$\hat{\mathbf{w}}_{n+1} = \hat{\mathbf{w}}_n + \mu e_n^* \mathbf{u}_n$$

---

① 著名的表示定理最先由 Kimeldorf 和 Wahba（1971）在论文中提出，其目的是为了解决基于平方代价函数的统计估计中的实际问题。

其中,我们使用了式(3)中定义的简化记号。然后,在零初始条件的假设下,重复利用这一更新公式可得如下输入-输出关系:

$$\hat{d}_n = \hat{\mathbf{w}}_n^{\mathrm{H}}\mathbf{u}_n = \mu\sum_{i=1}^{n-1}e_i\mathbf{u}_i^{\mathrm{H}}\mathbf{u}_n \tag{20}$$

其中 $\hat{d}_n$ 是期望响应 d_n 的估计,而 d_n 是 LMS 算法对输入向量 $\mathbf{u}_n$ 的响应;e_i 表示误差信号。式(20)揭示了以下两点:

1)线性输入-输出关系,它再次表明 LMS 是一种线性滤波算法。

2)绕过权向量 $\hat{w}_n$ 的计算,这是所进行的讨论中特别感兴趣的一点。

回顾图 1,可以看到,对于复欧氏空间中的一个输入向量 $\mathbf{u}_i$,它在特征空间中的非线性映射是一个复函数 $\varphi(\mathbf{u}_i)$。在此基础上,可以进行线性 LMS 算法和对应的非线性 KLMS 算法的对比,如表 1 所示。该表对于了解 LMS 算法及将其应用于 KLMS 算法非常有帮助;亦可将它看做线性自适应滤波与基于核的非线性滤波的关系表。

表 1 LMS 和 KLMS 算法的数学对比

算法	输入	复内积	相关(协方差)函数
传统 LMS	$\mathbf{u}_n, \mathbf{u}_i$	复欧氏空间 $\mathbf{u}_i^{\mathrm{H}}\mathbf{u}_n$	抽头输入向量的相关 $\mathbf{R}$
KLMS	变换输入:$\varphi(\mathbf{u}_i), \varphi(\mathbf{u}_n)$	复希尔伯特空间:$\langle\varphi(\mathbf{u}_i), \varphi(\mathbf{u}_n)\rangle_{\mathcal{H}}$	核矩阵(Cram 矩阵):$\frac{1}{N}\mathbf{K}$,其中 N 是定义矩阵上训练数据集的长度

利用表 1 可得出以下结论:

用式(20)中的内积 $\mathbf{u}_i^{\mathrm{H}}\mathbf{u}_n$ 代替传统 LMS 算法中的复欧氏输入空间,我们有 KLMS 算法中复希尔伯特空间的内积 $\langle\varphi(\mathbf{u}_i), \varphi(\mathbf{u}_n)\rangle_{\mathcal{H}}$。

因此,如注意到特征空间与 KLMS 算法中输出空间之间的线性关系,则可以式(20)为基础,得到 KLMS 算法中对输入 $\mathbf{u}_n$ 做出响应的期望响应 d_n 的估计值 $\hat{d}_n$:

$$\begin{aligned}\hat{d}_n &= \mu\sum_{i=1}^{n-1}e_i\langle\varphi(\mathbf{u}_i), \varphi(\mathbf{u}_n)\rangle_{\mathcal{H}} \\ &= \mu\sum_{i=1}^{n-1}e_i k(\mathbf{u}_n, \mathbf{u}_i)\end{aligned} \tag{21}$$

式中第二行中应用了式(16)。

式(21)是一个关于估计值 $\hat{d}_n$ 的重要公式,因为这一公式不需要计算 KLMS 算法中的权向量。其之所以重要的原因如下:

在依赖 Mercer 核选取的 KLMS 算法中,由于算法的特征空间可能是无限维的,因此有可能通过无限展开的方法来进行权向量的迭代计算。

因此,需要解决的关键问题是

怎样才能克服计算困难?

答案是绕过权值的计算,使用表示定理。

具体来说,比较 KLMS 算法的式(21)与表示定理的式(19),令 $l = n - 1$,$f(\mathbf{u}_n) = d_n$,即可得出以下观察结果:

KLMS 算法是表示定理的一个特例。

更具体一点,可将式(20)表示为等价形式:

$$\hat{d}_n = \sum_{i=1}^{n-1} a_i k(\mathbf{u}_n, \mathbf{u}_i) \tag{22}$$

这是对应于输入向量 $\mathbf{u}_n$ 的响应。此外,作为比较的结果,我们有

$$a_i = \mu e_i, \quad i = 1, 2, \cdots, n - 1 \tag{23}$$

设 d_n 是实际期望响应,在自适应循环 n 内是可知的,故可将误差信号表示为

$$e_n = d_n - \hat{d}_n \tag{24}$$

在式(22)的基础上,可将 KLMS 算法表示为如图 2 所示的拓扑框图。注意到,图中"线性组合器"起着类似于传统 LMS 算法中所起的作用,只有一点不同:

KLMS 算法中的线性组合器是由以误差信号为基础的参数组成的,而 LMS 算法中的线性组合器则是由 FIR 滤波器的抽头权值组成的。

2.9　KLMS 拓扑结构与径向基函数(RBF)网络的比较

图 2 是基于表示定理的 KLMS 算法拓扑框图。初看该拓扑框图似乎很像机器学习(Haykin,2009)中广泛应用的径向基函数(RBF)网络。但实际上,KLMS 算法与 RBF 网络有以下不同:

1)KLMS 算法能容纳 RBF 算法所不能容纳的各种 Mercer 核。

2)与 RBF 网络的固定结构不同,图 2 中的 KLMS 网络是随时间增长变化的网络。

3)连接特征空间与输出空间的参数不是权值,而是式(23)表示的误差信号参数 a_i。

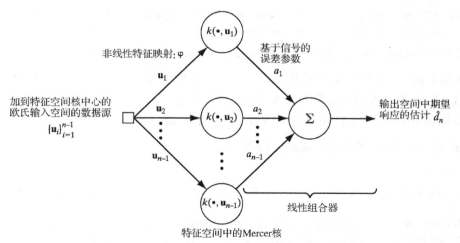

图 2　基于表示定理的 KLMS 算法拓扑框图

此外,KLMS 算法是一种简单的基于核的自适应滤波算法,其计算复杂度是线性增长的,与传统 LMS 算法类似。

2.10　KLMS 算法的建立

表 2 给出了复数形式 KLMS 算法的概要,其中可应用高斯核。表格的前面部分即准备阶段,包括选择有关参数及初始化,无须详细介绍。这里主要介绍三个计算步骤,它是算法的核心部分[①]。

表 2　复数域中的 KLMS 算法

预备:

　　训练序列:$\{\mathbf{u}_n, d_n\}_{n=1}^N$

　　输入向量字典:$\mathcal{U} = \{\mathbf{u}_n\}$

　　表示理论中的参数字典:$a = \{a_n\}_{n=1}^{N-1}$

选择:

　　1)参考式(25)选择步长参数 μ。

　　2)选择 Mercer 核与相关 RKHS。

　　3)选择特征空间

初始化:

　　1)误差信号 $e_1 = d_1$,令 e_0 在 $n = 0$ 时为零。

　　2)表示理论参数 $a_1 = \mu d_1$。

　　3)字典 $\mathcal{U}$ 中的第一行为输入向量 $\mathbf{u}_1$。

计算:

　　对于 $n = 2, 3, \cdots$,计算

　　步骤 1. $\hat{d}_n = \sum_{i=1}^{n-1} a_i k(\mathbf{u}_n, \mathbf{u}_i)$

　　步骤 2. $e_n = d_n - \hat{d}_n$

　　步骤 3. $a_n = \mu e_n$

　　步骤 4. 返回步骤 1,将新的输入 $\mathbf{u}_{n+1}$ 加入字典 $\mathcal{U}$,将 a_n 加入字典 a,重复计算过程。

表 2 中计算标题下的步骤 1,是在对式(20)所表示的传统 LMS 算法深刻理解的基础上建立的,从而组成表示 KLMS 算法的式(22)。这一步骤中的公式定义了期望响应的估计值 $\hat{d}_n$,这是通过 KLMS 算法得出的对应于输入向量 $\mathbf{u}_n$ 的响应。

计算标题下的步骤 2,使用自适应滤波中的传统术语。其中,误差信号 e_n 定义为实际期望响应 d_n 与估计值 $\hat{d}_n$ 的差值,如式(24)所示。

[①]　在 Bouboulis 和 Theodoridis(2011)及 Bouboulis 等(2012)的论文中,KLMS 算法的建立过程与本节所讨论的完全不同。

　　具体来讲,附录 B 中的沃廷格微积分法更通用。这种通用性是将 Frechét 微分并入 Wirtinger 微积分而获得,因此这一通用方法也称为 Frechét-Wirtinger 微积分。Frechét 微分涉及到泛函,正如前面所提到的,$\varphi(\mathbf{u}_n)$ 实际上是泛函。在利用随机梯度下降法中梯度概念导出非线性滤波的 KLMS 算法时,可将 Frechét-Wirtinger 微积分作为数学工具。这样一来,通过首先使用复 RKHS 中的原理,然后使用 Frechét-Wirtinger 微积分即可得出前述两篇论文中所介绍的严格数学推导。

最后，计算标题下的步骤 3，是根据步骤 2 中更新的误差信号 e_n，对表示定理中的参数 a_n 进行更新的过程。与式(23)相同，只是令 $i = n$。

这三个步骤可以证明 KLMS 算法在计算复杂度方面是非常简单的。

2.11　继承 LMS 算法的性质

正则化　传统 LMS 和 KLMS 算法中有很多通用性质，这源于它们同属于第 5 章中讨论的随机梯度方法中的两个实例应用。因此它们都是模型独立的，反过来，这说明 KLMS 算法与传统的 LMS 算法一样，不需要正则化。

统计学习理论　回顾一下 6.4 节中详细讨论过的传统 LMS 算法的算法学习曲线，可归纳如下：

在假定步长参数 μ 很小的前提下，LMS 算法的学习曲线由式(6.98)描述，其中有两点比较重要：

1）式(6.98)中不包含 FIR 的抽头权值。

2）式(6.98)的基础是对输入向量 $\mathbf{u}_n$ 的相关矩阵 $\mathbf{R}$ 进行特征分解。

因此可以得出，与式(6.98)相同的公式也同样应用于 KLMS 算法，只要与表 1 中最后一列一致。因此，可得以下替代算法：

在分析用来表示 KLMS 算法学习曲线的式(6.98)时，将相关矩阵 $\mathbf{R}$ 替换成归一化核矩阵 $(1/N)\mathbf{K}$，其中 N 是用于计算 $\mathbf{K}$ 的训练数据的长度。

在此基础上，如果 $\lambda_{\max}$ 表示核扩展矩阵 $(1/N)\mathbf{K}$ 的最大特征值，那么为了保证 KLMS 算法的学习曲线的收敛性，步长参数 μ 必须满足：

$$\mu < \frac{2}{\lambda_{\max}} \tag{25}$$

考虑到 KLMS 算法本身，μ 优先选取比 $1/\lambda_{\max}$ 小的数值。

此外，根据 6.6 节中的式(6.104)和式(6.105)关于 LMS 算法的有效性分析及表 1，我们可以通过下列两个度量继续表征 KLMS 算法的统计有效性：

1）收敛速率。KLMS 算法的 N 个自然模的每一个均可由其本身的一个特征值表征，其中的第 k 个时间常数定义如下

$$\tau_{\mathrm{mse},\, k,\, \mathrm{KLMS}} \approx \frac{1}{2\mu\lambda_k} \quad k = 1, 2, \cdots, N \tag{26}$$

相应地，最慢时间常数定义为

$$\tau_{\mathrm{mse},\, \min,\, \mathrm{KLMS}} \approx \frac{1}{2\mu\lambda_{\min}} \tag{27}$$

其中 $\lambda_{\min}$ 表示 $(1/N)\mathbf{K}$ 的最小特征值，式(27)实际上给出了 KLMS 算法有可能的最差收敛速率。注意到收敛速率和步长参数 μ 成反比，从而 μ 的值越小，收敛速率将会越慢。

2）失调。统计有效性的第二个度量是 KLMS 的超额均方误差，用维纳滤波器产生的最优均方误差的一个百分比表示。具体表示为下式

$$\mathcal{M}_{\text{KLMS}} \approx \frac{\mu}{2N} \text{tr}[\mathbf{K}] \tag{28}$$

其中 tr[ ] 为迹算子。可以看出失调直接与步长参数 μ 成正比, μ 的值越小, 算法的失调也会越小。

鲁棒性　式(1)中描述的 LMS 算法鲁棒性的内容同样适用于 KLMS 算法, 具体而言, KLMS 算法的鲁棒性能够保证它获取的最大能量满足下列条件:

$$\gamma^2_{\text{KLMS}} \leq 1 \quad \text{对于} \quad 0 < \mu < \min_{n=1,\cdots,N} \frac{1}{\|\varphi(\mathbf{u}_n)\|^2_{\mathcal{H}}} \quad \text{和任意整数} N \tag{29}$$

$\|\varphi(\mathbf{u}_n)\|^2_{\mathcal{H}}$ 是非线性复函数 $\varphi(\mathbf{u}_n)$ 的平方范数, 其定义见式(5)。这个定义可以拓展为如下形式:

$$\begin{aligned}\|\varphi(\mathbf{u}_n)\|^2_{\mathcal{H}} &= \langle \varphi(\mathbf{u}_n), \varphi(\mathbf{u}_n)\rangle_{\mathcal{H}} \\ &= \int_{\mathcal{U}} |\varphi(\mathbf{u}_n)|^2 \mathrm{d}\mathbf{u}_n\end{aligned} \tag{30}$$

其中 $\mathcal{U}$ 表示对所有的 n 都适用的输入向量 $\mathbf{u}_n$ 所在的复欧氏空间。

为了满足式(29)的要求, 式(30)中的积分要对所有的 $n = 1, 2, \cdots, N$ 求值, 并将最小值取为 μ 可能的上界。积分的求解需要慎重考虑, 举例来讲, 当 $\varphi(\mathbf{u}_n)$ 为高斯核时, 需要利用计算机仿真并运用蒙特卡罗积分定理(Press et al., 1988)对其进行近似求值。

例 2　KLMS 算法和 LMS 算法的比较

在这个例子中, 我们通过运用 KLMS 算法和传统的 LMS 算法预测美国的月度失业率并进行两者的比较, 共有从 1948 年 1 月到 2012 年的 775 个数据点, 目标是基于 10 个数据点(如 $n = 10$)来进行单步预测, 并且以此方式来完成整个数据集。为了进行比较, 我们用上述方式分别对两种算法进行计算, 从而得到对应的学习曲线。

在绘制图 3 中 LMS 算法和 KLMS 算法的学习曲线时, 运用了下列技术参数:

1) LMS: 步长参数 = 0.1
2) LMS: 步长参数 = 1.0
　　高斯核的宽度(幅度) $\sigma^2 = 500$

观察图 3 中的两条学习曲线, 可得出下列结论:

1) KLMS 算法的收敛速率比 LMS 算法的收敛速率快一个数量级。
2) KLMS 算法产生的失调比 LMS 算法的失调低了将近 20%。

2.12　KLMS 算法的局限性

在本节中, 我们强调了 KLMS 算法作为非线性自适应滤波的特性, 下面分析它在实际应用中的两个局限(Theodoridis et al., 2011 和 Theodoridis, 2012):

1) KLMS 算法具有机器学习中其余的核方法相同的缺点。

　　在实际遇到的每一个具体应用中, 如何挑选出合适的 Mercer 核?

　　遗憾的是, 在实践中我们还没有找到解决这个问题的一个系统的过程。

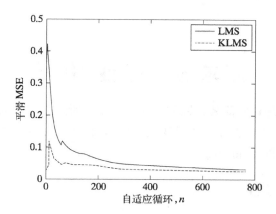

图 3　KLMS 算法和 LMS 算法应用于预测美国失业率问题的平滑 MSE 曲线

2）回顾式(21)，显然 KLMS 算法有一个内存增长问题，即

KLMS 算法的内存随着自适应循环数的增加而增长。

可以用下面的两种途径来处理内存增长问题：

1）稀疏化　在这种方式中，KLMS 算法执行的计算是稀疏化的，为此，我们将训练数据集合看做一个字典，如表 2 所示，而这些计算资源只在需要时才被调用。因此，在满足指定规则条件下的内存扩展是有限的(Liu et al., 2010)。
2）量化　在此方法中，采用量化过程，需要压缩输入数据空间或特征空间的尺度，如同 Chen et al. (2012)所描述的。在其论文中，利用了冗余的概念，在输入空间或特征空间采取一种简单的在线矢量量化方法。

无论采取稀疏化还是量化方法来缓解内存增长问题，都会产生其他的负面问题，通过文中的实际问题可以看出，内存的持续增长可以通过舍弃最优方案来获得减缓。

2.13　总结性评论

KLMS 算法基本是传统的 LMS 算法的非线性延伸。从理论的角度来看，这种新颖的非线性自适应滤波方法丰富了机器学习中已经在支持向量机及其延伸领域获得深入发展的文献资料。

更重要的是，实验结果表明，与传统的 LMS 算法相比，KLMS 算法的收敛速率和失调明显改善，并且其统计效率几乎与传统的 RLS 算法不相上下。因此，当鲁棒性和效率都有要求时，就要以增加系统的复杂度为代价；但是仍然维持所期望的计算复杂度线性增长。因此，KLMS 算法可以视为自适应处理大数据的另一种有效算法，其内存增长问题可以通过稀疏化、量化或两者的联合应用及另外的有效方法来克服，这在未来的一段时间内都将是一个具有挑战性的课题。

附录 A　复变函数

本附录对复变函数理论做简要的回顾。在本书正文所述内容的范围内，所用的复变量是与 z 变换有关的变量 z。我们首先回顾复变量解析函数的定义，然后导出一些重要定理，这些定理构成了复变函数的重要课题[①]。

A.1　柯西-黎曼方程

考虑一个复变量

$$z = x + jy$$

其中 x 是 z 的实部，y 是 z 的虚部。我们提出这样一个域，在这个域中，用复变量 z 描绘 z 域。设 $f(z)$ 定义了复变量 z 的一个函数，记为

$$w = f(z) = u + jv$$

如果在 z 域的某一给定区域上，每个 z 值对应一个 w 值，则说函数 $w = f(z)$ 是单值函数。如果一个 z 值对应多个 w 值，则说函数 $w = f(z)$ 为多值函数。

假设当 $x \to x_0$ 且 $y \to y_0$ 时，z 域中的点 $z = x + jy$ 逼近固定点 $z_0 = x_0 + jy_0$。在点 $z = z_0$ 的邻域内定义 z 的一单值函数 $f(z)$。z_0 的邻域就是以 z_0 为中心的一个足够小的圆形区域内所有点的集合。令

$$\lim_{z \to z_0} f(z) = w_0$$

特别地，如果 $f(z_0) = w_0$，则称函数 $f(z)$ 在点 $z = z_0$ 连续。

$f(z)$ 由它的实部和虚部表示为

$$f(z) = u(x, y) + jv(x, y)$$

当 $f(z)$ 在点 $z_0 = x_0 + jy_0$ 连续时，它的实部和虚部，即 $u(x, y)$ 和 $v(x, y)$，在点 (x_0, y_0) 处都是连续函数，反之亦然。

如果 $w = f(z)$ 在 z 域某一范围内的每一点处都连续，则用复变量 w 和 z 来分别描述它们各自的域，称为 w 域和 z 域。而且，z 域的点 (x, y) 通过关系 $w = f(z)$ 对应 w 域的点 (u, v)。

考虑增量转换 Δz，使得点 $z_0 + \Delta z$ 可位于 z_0 邻域内的任何地方，函数在该处有定义。我们可以定义 $f(z)$ 在点 $z = z_0$ 关于 z 的导数为

$$f'(z_0) = \lim_{\Delta z \to 0} \frac{f(z_0 + \Delta z) - f(z_0)}{\Delta z} \tag{A.1}$$

显然，要使 $f'(z_0)$ 有唯一值，必须使得式（A.1）中的极限值与 Δz 趋于零的路径无关。

要使 $f(z)$ 在某点 $z = x + jy$ 有唯一导数，它的实部和虚部必须满足一定条件。令

[①]　对复变函数理论更详细的讨论，参见 Wylie 和 Barrett（1982）。

$$w = f(z) = u(x, y) + jv(x, y)$$

其中 $\Delta w = \Delta u + j\Delta v$ 且 $\Delta z = \Delta x + j\Delta y$ 时，我们可以写

$$f'(z) = \lim_{\Delta z \to 0} \frac{\Delta w}{\Delta z}$$

$$= \lim_{\substack{\Delta x \to 0 \\ \Delta y \to 0}} \frac{\Delta u + j\Delta v}{\Delta x + j\Delta y} \tag{A.2}$$

假设我们通过先令 $\Delta y \to 0$，再令 $\Delta x \to 0$ 来使 $\Delta z \to 0$，在这种情况下，Δz 是纯实数。则由式(A.2)可得

$$f'(z) = \lim_{\Delta x \to 0} \frac{\Delta u}{\Delta x} + j\frac{\Delta v}{\Delta x}$$

$$= \frac{\partial u}{\partial x} + j\frac{\partial v}{\partial x} \tag{A.3}$$

假设我们通过先令 $\Delta x \to 0$，再令 $\Delta y \to 0$ 来使 $\Delta z \to 0$，在这种情况下，Δz 是纯虚数。此时，由式(A.2)可得

$$f'(z) = \lim_{\Delta y \to 0} \frac{\Delta v}{\Delta y} - j\frac{\Delta u}{\Delta y}$$

$$= \frac{\partial v}{\partial y} - j\frac{\partial u}{\partial y} \tag{A.4}$$

要使导数 $f'(z)$ 存在，式(A.3)和式(A.4)必须相等，因此要求

$$\frac{\partial u}{\partial x} + j\frac{\partial v}{\partial x} = \frac{\partial v}{\partial y} - \frac{\partial u}{\partial y}$$

令虚部和实部分别相等，可得如下两个关系式：

$$\frac{\partial u}{\partial x} = \frac{\partial v}{\partial y} \tag{A.5}$$

$$\frac{\partial v}{\partial x} = -\frac{\partial u}{\partial y} \tag{A.6}$$

式(A.5)和式(A.6)称为柯西-黎曼(Cauchy-Riemann)方程。我们是通过研究 $\Delta z \to 0$ 的无穷多条路径中的两条得出这个等式。要使沿其他路径计算出的 $\Delta w/\Delta z$ 也趋近于 $f'(z)$，只要再满足一个条件，即式(A.5)和式(A.6)中的偏导数在点 (x, y) 连续。换句话说，如果实部 $u(x, y)$、虚部 $v(x, y)$ 及其一阶偏导在点 (x, y) 处连续，柯西-黎曼方程就是复函数 $w = u(x, y) + jv(x, y)$ 在点 (x, y) 处可导的充要条件。

如果函数 $f(z)$ 在点 $z = z_0$ 及 z_0 邻域内的每一点都可导，则说 $f(z)$ 在 z_0 点处解析，或称同态；z_0 称为 $f(z)$ 的正则点。如果函数 $f(z)$ 在点 z_0 处不解析，而在 z_0 的邻域内解析，则 z_0 称为 $f(z)$ 的奇点。

A.2 柯西积分公式

$f(z)$ 是复变量 z 的任意连续函数，解析或非解析。$\mathscr{C}$ 是连接 z 域点 $A = z_0$ 和 $B = z_n$ 的一段光滑曲线。假设曲线 $\mathscr{C}$ 被点 z_k 分为 n 个小段 ΔS_k，$k = 1, 2, \cdots, n-1$，如图 A.1 所示。图中还

标出了 ΔS_k 段上的任意一点 ζ_k，用来描述一小段长度为 Δz_k 的弧。因此可以认为和为 $\sum_{k=1}^{n} f(\zeta_k)\Delta z_k$。当分段数 n 趋于无穷，Δz_k 趋于零，$f(z)$ 沿路径 $\mathscr{C}$ 的线积分可用上述和式的极限值来定义，即

$$\oint_{\mathscr{C}} f(z)\,\mathrm{d}z = \lim_{n\to\infty} \sum_{k=1}^{n} f(\zeta_k)\Delta z_k \tag{A.7}$$

在特殊情况下，当点 A 和点 B 重合且 $\mathscr{C}$ 为一闭曲线时，式(A.7)中的积分就是围线积分，记为 $\oint_{\mathscr{C}} f(z)\,\mathrm{d}z$。注意，对于此处描述的概念，沿闭曲线 $\mathscr{C}$ 的积分是逆时针方向。

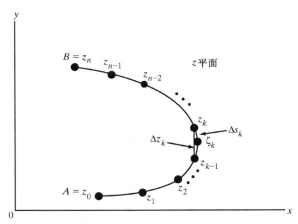

图 A.1   分段光滑路径

$f(z)$ 是给定区域 $\mathscr{R}$ 上的解析函数，导数 $f'(z)$ 在这里连续。线积分 $\oint_{\mathscr{C}} f(z)\,\mathrm{d}z$ 与区域 $\mathscr{R}$ 上连接任意两点的路径 $\mathscr{C}$ 无关。如果路径 $\mathscr{C}$ 是闭曲线，则积分值为零。这样得到柯西积分定理，表述如下：

如果函数 $f(z)$ 在区域 $\mathscr{R}$ 内解析，则 $f(z)$ 在区域 $\mathscr{R}$ 内沿闭曲线 $\mathscr{C}$ 的围线积分是零。即

$$\oint_{\mathscr{C}} f(z)\,\mathrm{d}z = 0 \tag{A.8}$$

柯西积分定理在解析函数的研究中有重要作用。

柯西定理的一个重要结果是柯西积分公式。$f(z)$ 在单连通区域内部和边界 $\mathscr{C}$ 上解析。z_0 是 $\mathscr{C}$ 内部的任一点。柯西积分公式表述如下：

$$f(z_0) = \frac{1}{2\pi\mathrm{j}} \oint_{\mathscr{C}} \frac{f(z)}{z - z_0}\,\mathrm{d}z \tag{A.9}$$

其中，沿 $\mathscr{C}$ 线的积分是逆时针方向的。

柯西积分公式根据解析函数 $f(z)$ 沿边界 $\mathscr{C}$ 的积分值来表示其在 $\mathscr{C}$ 内部点 z_0 处的函数值。由这个公式，直接导出 $f(z)$ 的各阶导数值为

$$f^{(n)}(z_0) = \frac{n!}{2\pi\mathrm{j}} \oint_{\mathscr{C}} \frac{f(z)}{(z - z_0)^{n+1}}\,\mathrm{d}z \tag{A.10}$$

这里，$f^{(n)}(z_0)$ 是 $f(z)$ 在点 $z = z_0$ 处的 n 阶导数。式(A.10)由式(A.9)对 z_0 求导得出。

柯西不等式

假设边界$\mathscr{C}$包含了一个以z_0为中心、半径为r的圆。利用式(A.10)计算$f^{(n)}(z_0)$的幅值,可以写出

$$
\begin{aligned}
|f^{(n)}(z_0)| &= \frac{n!}{2\pi} \left| \oint_{\mathscr{C}} \frac{f(z)}{(z-z_0)^{n+1}} \mathrm{d}z \right| \leqslant \frac{n!}{2\pi} \oint_{\mathscr{C}} \frac{|f(z)|}{|z-z_0|^{n+1}} |\mathrm{d}z| \\
&\leqslant \frac{n!}{2\pi} \frac{M}{r^{n+1}} \oint_{\mathscr{C}} |\mathrm{d}z| = \frac{n!}{2\pi} \frac{M}{r^{n+1}} 2\pi r = n! \frac{M}{r^n}
\end{aligned}
\tag{A.11}
$$

式中,M是$f(z)$沿$\mathscr{C}$积分的最大值。不等式(A.11)称为柯西不等式。

A.3 罗朗级数

设函数$f(z)$在图 A.2 所示的环形区域及其边界解析。该区域由两个同心圆$\mathscr{C}_1$和$\mathscr{C}_2$组成,其共同中心为z_0。令点$z = z_0 + h$在环形区域内部,如图所示。根据罗朗级数(Laurent series)

$$
f(z_0 + h) = \sum_{k=-\infty}^{\infty} a_k h^k
\tag{A.12}
$$

其中,对不同的k,系数为

$$
a_k = \begin{cases} \dfrac{1}{2\pi \mathrm{j}} \displaystyle\oint_{\mathscr{C}_2} \frac{f(z)\,\mathrm{d}z}{(z-z_0)^{k+1}} & k = 0, 1, 2, \cdots \\[4mm] \dfrac{1}{2\pi \mathrm{j}} \displaystyle\oint_{\mathscr{C}_1} \frac{f(z)\,\mathrm{d}z}{(z-z_0)^{k+1}} & k = -1, -2, \cdots \end{cases}
\tag{A.13}
$$

注意,$f(z)$在z点的罗朗展开式为

$$
f(z) = \sum_{k=-\infty}^{\infty} a_k (z-z_0)^k
\tag{A.14}
$$

当所有负指数项的系数为零时,式(A.14)可简化为泰勒级数(Taylor series)

$$
f(z) = \sum_{k=0}^{\infty} a_k (z-z_0)^k
\tag{A.15}
$$

根据式(A.10)和式(A.13)的第一行,可定义系数

$$
a_k = \frac{f^{(k)}(z_0)}{k!} \quad k = 0, 1, 2, \cdots
\tag{A.16}
$$

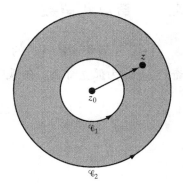

图 A.2 环形区域

泰勒级数是下文所讨论的刘维尔定理(Liouville's theorem)的基础。

刘维尔定理

复变量z的函数$f(z)$有界且在所有z点处解析,根据刘维尔定理,$f(z)$为一常数。

为了证明这个定理,首先注意到 $f(z)$ 在 z 域处处解析,可将其在原点处展开为泰勒级数

$$f(z) = \sum_{k=0}^{\infty} \frac{f^{(k)}(0)}{k!} z^k \qquad (\text{A.17})$$

式(A.17)中的幂级数收敛,因此可以表示出 $f(z)$。边界 $\mathscr{C}$ 包含以原点为圆心、半径为 r 的圆。然后调用柯西不等式(A.11),可得

$$\left| f^{(k)}(0) \right| \leqslant \frac{k! M_c}{r^k} \qquad (\text{A.18})$$

这里,M_c 是 $f(z)$ 在边界 $\mathscr{C}$ 上积分所得的最大值。相应地,式(A.17)中的幂级数展开式,其第 k 个系数值被限定于

$$|a_k| = \frac{\left| f^{(k)}(0) \right|}{k!} \leqslant \frac{M_c}{r^k} \leqslant \frac{M}{r^k} \qquad (\text{A.19})$$

这里,M 是 $|f(z)|$ 的最大值。根据假设,M 是存在的,它是从式(A.19)导出的。对于半径 r 为无穷大的情况,有

$$a_k = \begin{cases} f(0) & k = 0 \\ 0 & k = 1, 2, \cdots \end{cases} \qquad (\text{A.20})$$

相应地,式(A.17)简化为

$$f(z) = f(0) = \text{常数}$$

这就是刘维尔定理的证明。

函数 $f(z)$ 在 z 域处处解析,称其为整函数。因此,刘维尔定理可以表述如下(Wylie & Barrett,1982):

对 z 的所有取值,有界整函数为常数。

A.4 奇点和留数

$z = z_0$ 是解析函数 $f(z)$ 的一个奇点。如果 $f(z)$ 在点 $z = z_0$ 的邻域内没有其他奇点,则称该奇点 $z = z_0$ 为孤立奇点。在孤立奇点的邻域内,函数 $f(z)$ 可展开为如下罗朗级数

$$\begin{aligned} f(z) &= \sum_{k=-\infty}^{\infty} a_k (z - z_0)^k \\ &= \sum_{k=0}^{\infty} a_k (z - z_0)^k + \sum_{k=-\infty}^{-1} a_k (z - z_0)^k \\ &= \sum_{k=0}^{\infty} a_k (z - z_0)^k + \sum_{k=1}^{\infty} \frac{a_{-k}}{(z - z_0)^k} \end{aligned} \qquad (\text{A.21})$$

在孤立奇点 $z = z_0$ 邻域内 $f(z)$ 的罗朗展开式的系数 a_{-1} 称为 $f(z)$ 在 $z = a$ 处的留数。计算解析函数的积分过程中,留数起着重要作用。将 $k = -1$ 代入式(A.13),可得留数 a_{-1} 和函数 $f(z)$ 积分之间的关系式:

$$a_{-1} = \frac{1}{2\pi j} \oint_{\mathscr{C}} f(z) \, dz \qquad (\text{A.22})$$

下面，考虑两种重要情况：

1）$f(z)$ 的罗朗展开式包含无穷多项 $z-z_0$ 的负幂次方，如式（A.21）。点 $z-z_0$ 称为 $f(z)$ 的本性奇点。

2）$f(z)$ 的罗朗展开式最多包括 m 项 $z-z_0$ 的负幂次，即

$$f(z) = \sum_{k=0}^{\infty} a_k(z - z_0)^k + \frac{a_{-1}}{z - z_0} + \frac{a_{-2}}{(z - z_0)^2} + \cdots + \frac{a_{-m}}{(z - z_0)^m} \qquad (A.23)$$

根据后面的描述，称 $z=z_0$ 为 $f(z)$ 的 m 阶极点。等式右边所有负幂次方项的有限和称为 $f(z)$ 在 $z=z_0$ 点的主部。

注意，当极点 $z=z_0$ 是 m 阶极点时，极点的留数由下式给出

$$a_{-1} = \frac{1}{(m - 1)!} \frac{\mathrm{d}^{m-1}}{\mathrm{d}z^{m-1}} \left[(z - z_0)^m f(z) \right]_{z=z_0} \qquad (A.24)$$

实际上，通过利用这个公式，可以不必导出罗朗级数。当阶数 $m=1$ 时，该极点称为单极点。式（A.24）简化为单极点留数公式

$$a_{-1} = \lim_{z \to z_0} (z - z_0)f(z) \qquad (A.25)$$

A.5 柯西留数定理

z 域的闭曲线 $\mathscr{C}$ 包含了函数 $f(z)$ 的多个孤立奇点。设 $z_1, z_2, \cdots, z_n$ 定义了这些奇点的位置。以这些奇点为圆心做一足够小的圆，使其不包含 $f(z)$ 的其他奇点，如图 A.3 所示。初始边界 $\mathscr{C}$ 和这些小圆一起组成了多连通区域的边界。在这个区域中，$f(z)$ 处处解析。因此，可以应用柯西定理。特别地，对图中的情况，可以写出

$$\frac{1}{2\pi\mathrm{j}} \oint_{\mathscr{C}} f(z)\,\mathrm{d}z + \frac{1}{2\pi\mathrm{j}} \oint_{\mathscr{C}_1} f(z)\,\mathrm{d}z + \cdots + \frac{1}{2\pi\mathrm{j}} \oint_{\mathscr{C}_n} f(z)\,\mathrm{d}z = 0 \qquad (A.26)$$

注意，沿边界 $\mathscr{C}$ 的积分路径是正方向（即逆时针方向），而沿各小圆的积分路径是负方向（即顺时针方向）。

假设反转图中各小圆的积分方向，相当于将式（A.26）中沿各小圆的围线积分取负值。因此，当沿边界 $\mathscr{C}$ 和各小圆 $\mathscr{C}_1, \cdots, \mathscr{C}_n$ 的所有积分都取为逆时针方向时，式（A.26）可写为

$$\frac{1}{2\pi\mathrm{j}} \oint_{\mathscr{C}} f(z)\,\mathrm{d}z = \frac{1}{2\pi\mathrm{j}} \oint_{\mathscr{C}_1} f(z)\,\mathrm{d}z + \cdots + \frac{1}{2\pi\mathrm{j}} \oint_{\mathscr{C}_n} f(z)\,\mathrm{d}z \qquad (A.27)$$

根据定义，式（A.27）右边的积分即为函数 $f(z)$ 在边界 $\mathscr{C}$ 内各个孤立奇点的留数。因此，可以得到 $f(z)$ 沿边界 $\mathscr{C}$ 的积分为

$$\oint_{\mathscr{C}} f(z)\,\mathrm{d}z = 2\pi\mathrm{j} \sum_{k=1}^{n} \mathrm{Res}(f(z), z_k) \qquad (A.28)$$

其中，$\mathrm{Res}(f(z), z_k)$ 表示 $f(z)$ 在孤立奇点 $z=z_k$ 的留数。式（A.28）称为柯西留数定理。一般来说，在函数理论中这个公式非常重要，尤其是定积分的计算。

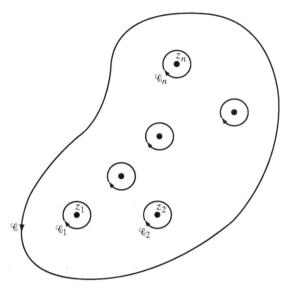

图 A.3 多连通区域

A.6 幅角原理

考虑一复函数 $f(z)$，其特征如下：

1）函数 $f(z)$ 在闭曲线 $\mathscr{C}$ 的内部除了在有限个极点处不解析外，在其他地方处处解析。

2）$f(z)$ 在闭曲线 $\mathscr{C}$ 上无零、极点。所谓零点，即 z 域中 $f(z)=0$ 的点。相反，所谓极点即 $f(z)=\infty$ 的点。N 是 $f(z)$ 在边界 $\mathscr{C}$ 内部零点的个数，而 P 是极点个数，这里对每个零点或极点的计数已考虑其多重性。

于是，有如下定理（Wylie & Barrett,1982）

$$\frac{1}{2\pi \mathrm{j}} \oint_{\mathscr{C}} \frac{f'(z)}{f(z)} \mathrm{d}z = N - P \tag{A.29}$$

这里，和通常一样，$f'(z)$ 表示 $f(z)$ 的导数。注意到

$$\frac{\mathrm{d}}{\mathrm{d}z} \ln f(z) = \frac{f'(z)}{f(z)} \mathrm{d}z$$

式中 $\ln$ 表示自然对数，从而有

$$\oint_{\mathscr{C}} \frac{f'(z)}{f(z)} \mathrm{d}z = \ln f(z)\big|_{\mathscr{C}} = \ln|f(z)|\big|_{\mathscr{C}} + \mathrm{j} \arg f(z)\big|_{\mathscr{C}} \tag{A.30}$$

其中 $|f(z)|$ 表示 $f(z)$ 的幅值，$\arg f(z)$ 表示 $f(z)$ 的幅角。式（A.30）右边的第一项是零，而且对数函数 $\ln f(z)$ 是单值函数，边界 $\mathscr{C}$ 为闭曲线，故有

$$\oint_{\mathscr{C}} \frac{f'(z)}{f(z)} \mathrm{d}z = \mathrm{j} \arg f(z)\big|_{\mathscr{C}} \tag{A.31}$$

将式（A.31）代入式（A.29），可得

$$N - P = \frac{1}{2\pi} \arg f(z)|_{\mathscr{C}} \qquad (\text{A.32})$$

这个结果是式(A.29)所述原理的另一种表达形式,称为幅角原理(principle of the argument)。

为了几何解释幅角原理,设$\mathscr{C}$是z域的闭曲线,如图 A.4(a)所示。当z沿边界$\mathscr{C}$以逆时针方向运动时,$w=f(z)$在w域的运动轨迹为边界$\mathscr{C}'$。为了便于说明,$\mathscr{C}'$也示于图 A.4(b)中。在w域,从原点到点$w=f(z)$做一直线,如图 A.4(b)所示。这条直线与图中水平线的夹角θ为$\arg f(z)$。幅角原理给出了当复变量z沿边界$\mathscr{C}$逆时针运动时,点$w=f(z)$在w域绕原点(即点$w=0$)旋转的周数。

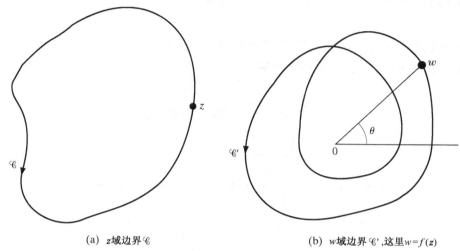

(a)　z域边界$\mathscr{C}$　　　　　　　　　(b)　w域边界$\mathscr{C}'$,这里$w=f(z)$

图 A.4　幅角原理示意图

儒歇(Rouché)定理

函数$f(z)$在闭曲线$\mathscr{C}$及其内部解析。$g(z)$是二次函数。它和$f(z)$一样满足解析性,同时在边界$\mathscr{C}$上还满足如下条件:

$$|f(z)| > |g(z)|$$

换句话说,在边界$\mathscr{C}$上

$$\left| \frac{g(z)}{f(z)} \right| < 1 \qquad (\text{A.33})$$

定义函数

$$F(z) = 1 + \frac{g(z)}{f(z)} \qquad (\text{A.34})$$

此函数在$\mathscr{C}$上无零点或极点。对$F(z)$应用幅角原理,有

$$N - P = \frac{1}{2\pi} \arg F(z)|_{\mathscr{C}} \qquad (\text{A.35})$$

然而,由式(A.33),当z在边界$\mathscr{C}$时,$F(z)$满足下式

$$|F(z) - 1| < 1 \qquad (\text{A.36})$$

换句话说，点 $w = F(z)$ 位于以 $w = 1$ 为圆心的单位圆内部，如图 A.5 所示。因此

$$|\arg F(z)| < \frac{\pi}{2} \quad \text{对于 } \mathscr{C} \text{ 上的 } z \tag{A.37}$$

或等价地，有

$$\arg F(z)|_{\mathscr{C}} = 0 \tag{A.38}$$

由式(A.38)可以推出 $N = P$，这里 N 和 P 都是对应于 $f(z)$ 的。根据式(A.34)对 $F(z)$ 的定义，可以看出 $F(z)$ 的极点是 $f(z)$ 的零点，$F(z)$ 的零点是 $f(z) + g(z)$ 的零点。因此，$N = P$ 意味着 $f(z) + g(z)$ 和 $f(z)$ 有相同的零点，这个结果称为儒歇定理(Rouché's theorem)，表述如下：

假设函数 $f(z)$ 和 $g(z)$ 在闭曲线 $\mathscr{C}$ 及其内部解析，并设在 $\mathscr{C}$ 上 $|f(z)| > |g(z)|$。则在边界 $\mathscr{C}$ 的内部 $g(z) + f(z)$ 和 $f(z)$ 有相同的零点。

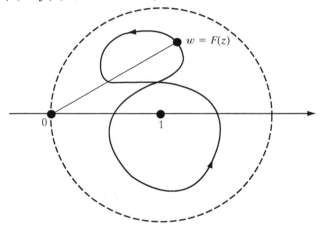

图 A.5　单位圆内闭曲线上的点 $w = F(z)$

举例

考虑图 A.6(a)中所示的边界线。这条边界线组成了 z 域中多连通区域的边界。$F(z)$ 和 $G(z)$ 是关于 z^{-1} 的两个多项式。在边界线上及其内部，$F(z)$ 和 $G(z)$ 解析。此外，令 $|F(z)| > |G(z)|$。则根据儒歇定理，$F(z)$ 和 $F(z) + G(z)$ 在图 A.6(a)所示区域内有相同的零点。

假设令外圆 $\mathscr{C}$ 的半径 R 趋于无穷，同时令边界的两条直线之间的间隙 l 趋于 0。在这个极限情况下，该边界围成的区域包括了内圆 $\mathscr{C}_1$ 外部的所有地方，如图 A.6(b)所示。换句话说，多项式 $F(z)$ 和 $F(z) + G(z)$ 在圆 $\mathscr{C}_1$ 外部有相同的零点。[注意，这里圆 $\mathscr{C}_1$ 是顺时针方向(即负方向)。]

A.7　z 变换的反演积分

A.1 节至 A.6 节所讲述的内容适用于一般的复变量。本节及后面所讨论的是一种特殊的复函数，它由一系列离散时间样本的 z 变换定义。

$X(z)$ 表示序列 $x(n)$ 的 z 变换，它在环形区域 $R_1 < |z| < R_2$ 内收敛于一解析函数。根据定

义, $X(z)$ 可写为罗朗级数

$$X(z) = \sum_{m=-\infty}^{\infty} x(m)z^{-m} \qquad R_1 < |z| < R_2 \qquad (A.39)$$

这里, 为了表示方便, 用 m 代替 n 作为时间的下标。$\mathscr{C}$ 是收敛域 $R_1 < |z| < R_2$ 内的一条闭曲线。

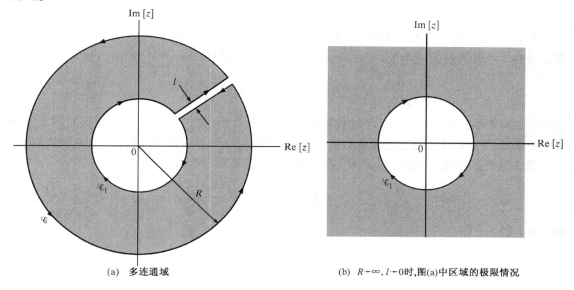

(a)　多连通域　　　　　　　　　(b)　$R \to \infty, l \to 0$ 时,图(a)中区域的极限情况

图 A.6　儒歇定理示意图

　　然后, 在式(A.39)的两边同乘以 z^{n-1}, 沿边界 $\mathscr{C}$ 逆时针方向积分, 并交换积分和求和的顺序, 可以得到

$$\frac{1}{2\pi j} \oint_{\mathscr{C}} X(z)z^n \frac{dz}{z} = \sum_{m=-\infty}^{\infty} x(m) \frac{1}{2\pi j} \oint_{\mathscr{C}} z^{n-m} \frac{dz}{z} \qquad (A.40)$$

这种积分和求和的顺序的交换已证明是合理的, 因为定义 $X(z)$ 的罗朗级数在 $\mathscr{C}$ 上一致收敛。令

$$z = re^{j\theta} \qquad R_1 < r < R_2 \qquad (A.41)$$

则

$$z^{n-m} = r^{n-m}e^{j(n-m)\theta}$$

且

$$\frac{dz}{z} = j\,d\theta$$

因此, 可将式(A.40)右边的围线积分写为

$$\frac{1}{2\pi j} \oint_{\mathscr{C}} z^{n-m} \frac{dz}{z} = \frac{1}{2\pi} \int_0^{2\pi} r^{n-m}e^{j(n-m)\theta}\,d\theta$$

$$= \begin{cases} 1 & m = n \\ 0 & m \neq n \end{cases} \qquad (A.42)$$

将式(A.42)代入式(A.40), 可得

$$x(n) = \frac{1}{2\pi \mathrm{j}} \oint_{\mathscr{C}} X(z) z^n \frac{\mathrm{d}z}{z} \tag{A.43}$$

式(A.43)称为 z 变换的反演积分公式。

A.8　帕斯瓦尔定理

$X(z)$ 表示序列 $x(n)$ 的 z 变换，$x(n)$ 的收敛域为 $R_{1x} < |z| < R_{2x}$。$Y(z)$ 表示另一序列 $y(n)$ 的 z 变换，$y(n)$ 的收敛域为 $R_{1y} < |z| < R_{2y}$，帕斯瓦尔定理(Parseval's theorem)描述如下

$$\sum_{n=-\infty}^{\infty} x(n) y^*(n) = \frac{1}{2\pi \mathrm{j}} \oint_{\mathscr{C}} X(z) Y^* \left(\frac{1}{z^*} \right) \frac{\mathrm{d}z}{z} \tag{A.44}$$

这里，$\mathscr{C}$ 是定义在 $X(z)$ 和 $Y(z)$ 收敛域重叠部分的闭曲线，$X(z)$ 和 $Y(z)$ 在此区域解析。将 $Y(z)$ 中的 z 用 $1/z^*$ 来代替，然后取共轭可得函数 $Y^*(1/z^*)$，注意 $Y^*(1/z^*)$ 也是解析的。

为了证明帕斯瓦尔定理，我们利用式(A.43)的反演积分公式写出

$$\sum_{n=-\infty}^{\infty} x(n) y^*(n) = \frac{1}{2\pi \mathrm{j}} \sum_{n=-\infty}^{\infty} y^*(n) \oint_c X(z) z^n \frac{\mathrm{d}z}{z} = \frac{1}{2\pi \mathrm{j}} \oint_{\mathscr{C}} X(z) \sum_{n=-\infty}^{\infty} y^*(n) z^n \frac{\mathrm{d}z}{z} \tag{A.45}$$

由 $y(n)$ 的 z 变换定义，即

$$Y(z) = \sum_{n=-\infty}^{\infty} y(n) z^{-n}$$

可以得到

$$Y^* \left(\frac{1}{z^*} \right) = \sum_{n=-\infty}^{\infty} y^*(n) z^n \tag{A.46}$$

因此，将式(A.46)代入式(A.45)，可得式(A.44)给出的结果，从而帕斯瓦尔定理得证。

附录 B　计算复梯度的沃廷格微分

第 2 章的维纳滤波器中，我们描述了计算一个依据其滤波器系数的实代价函数复梯度向量的步骤。其中描述的步骤是基于分别计算滤波器系数实部和虚部的代价函数偏导数的。从代数的角度来看，这个步骤非常直观。

然而，当要求采用简单而直接的步骤计算代价函数复梯度向量时，特别是要求矩阵分析数学紧凑性时，我们需要一个新的计算过程，该计算过程不必分别计算成本函数中每个滤波器系数实部和虚部的导数。为了满足这个要求，我们求助于沃廷格（Wirtinger）微分[这个命名是为了纪念 Wilhelm Wirtinger（1927）]。与第 2 章中所述方法相比，沃廷格微分在数学上更复杂。

B.1　沃廷格微分：标量梯度

在开始这个讨论前，我们必须认识到实代价函数在复平面上不是复可微的。其原因在于，它违反了柯西–黎曼（Cauchy-Riemann）方程即附录 A 复变函数理论导出的式（A.5）和式（A.6）。简单来说，它违反了定义中代价函数的虚部为零这个事实。

沃廷格微分[1]以一种巧妙的方法放松了对柯西–黎曼方程的严格数学要求：

代价函数可看做复平面上的实可微函数。

其最终结果是计算代价函数的复梯度为一个简单且直接的过程。

沃廷格微分的关键点可总结为如下定理（Adali & Li, 2010）：

设 f 是实变量 x 和 y 的函数，使得

$$f(z, z^*) = f(x, y) \tag{B.1}$$

其中 z 是一个复变量，定义为

$$z = x + \mathrm{j}y \tag{B.2}$$

且 z^* 是 z 的共轭复数，这样定义的函数 f 是对 z 和 z^* 复可微的，它可看做一对独立常数。

从这个定理得到以下两个推论：

1）偏导数定义为

$$\frac{\partial f}{\partial z} = \frac{1}{2}\left(\frac{\partial f}{\partial x} - \mathrm{j}\frac{\partial f}{\partial y}\right) \tag{B.3}$$

和

---

[1]　对于沃廷格微分，详见 Adali 和 Li（Adali & Li, 2010）的著作。此外，Adali 和 Li 还论及雅可比（Jacobians）和海森（Hessians）的结果（包含二阶偏导）。

$$\frac{\partial f}{\partial z^*} = \frac{1}{2}\left(\frac{\partial f}{\partial x} + \mathrm{j}\frac{\partial f}{\partial y}\right) \tag{B.4}$$

二者都是可计算的,因为 z 和 z^* 在 $f(z, z^*)$ 中被视为独立常量。

2)第二种推论分两部分:

(a)函数 f 在复平面上有一个稳定点的充分必要条件为

$$\frac{\partial f}{\partial z} = 0 \tag{B.5}$$

其中 z^* 视为一个常数。

(b)同理,我们有

$$\frac{\partial f}{\partial z^*} = 0 \tag{B.6}$$

也是一个充分必要条件,这时 z 可看做一个常数。

为了总结计算实函数 f 的复合梯度过程,可以按下列两种方式之一进行:

1)已知函数 f 以 $f(z, z^*)$ 的形式表示,偏导数 $\partial f / \partial z^*$ 可通过将 z 视为一个常数计算得到。

2)$\partial f / \partial z$ 通过将 z^* 视为一个常数计算得到。

这两个偏导数之间有如下关系:

$$\frac{\partial f}{\partial z^*} = \left(\frac{\partial f}{\partial z}\right)^* \tag{B.7}$$

此后,我们着手进行 $\partial f / \partial z^*$ 的计算,如下例所示。

例1　一阶预测器

考虑一阶预测器由标量积定义为

$$\hat{u}(n) = w^* u(n - 1) \tag{B.8}$$

其中 w 是一个可调复参数,$\hat{u}(n)$ 是根据过去输入 $u(n-1)$ 对当前输入 $u(n)$ 的一个预测,预测误差定义为

$$\begin{aligned} e(n) &= u(n) - \hat{u}(n) \\ &= u(n) - w^* u(n-1) \end{aligned} \tag{B.9}$$

代价函数定义为预测误差的均方值:

$$\begin{aligned} J(w) &= \mathbb{E}[e(n)e^*(n)] \\ &= \mathbb{E}[(u(n) - w^* u(n-1))(u^*(n) - wu^*(n-1))] \end{aligned} \tag{B.10}$$

其中 $\mathbb{E}$ 表示期望算子。利用沃廷格微分,可重新定义式(B.10)的代价函数为

$$J(w, w^*) = \mathbb{E}[(u(n) - w^* u(n-1))(u^*(n) - wu^*(n-1))] \tag{B.10a}$$

因此,将 $J(w, w^*)$ 对 w^* 求微分,且将 w 视为一个常数,可进一步写出

$$\begin{aligned} \frac{\partial J(w, w^*)}{\partial w^*} &= \frac{\partial}{\partial w^*}\mathbb{E}[(u(n) - w^* u(n-1))(u^*(n) - wu^*(n-1))] \\ &= \mathbb{E}\left[\frac{\partial}{\partial w^*}\{(u(n) - w^* u(n-1))(u^*(n) - wu^*(n-1))\}\right] \\ &= -\mathbb{E}[u(n-1)(u^*(n) - wu^*(n-1))] \end{aligned} \tag{B.11}$$

按照式(2.42)引入的自相关函数定义，我们有

$$r(-1) = \mathbb{E}[u(n-1)u^*(n)] \tag{B.12}$$

此外，假设输入是平稳的，我们还有

$$\sigma_u^2 = \mathbb{E}[|u(n-1)|^2] \tag{B.13}$$

它描述了输入的方差，此处假设均值为零。于是将式(B.12)和式(B.13)代入式(B.11)，并设偏导数为零，解出最优 w，即 w_o，我们写出

$$w_o = \frac{r(-1)}{\sigma_u^2} \tag{B.14}$$

它定义了一阶最优预测器。

B.2　广义沃廷格微分：梯度向量

下面考虑由其抽头权向量表征的多维有限冲激响应(FIR)滤波器代价函数的更一般形式。在这种情况下，我们通过定义相应的代价函数 $J(\mathbf{w}, \mathbf{w}^{\mathrm{H}})$（其中上标 H 表示埃尔米特转置，即复共轭转置）来推广沃廷格微分。这个定义是合适的，因为它与本书中使用的内积定义一致。提醒一下，给出一对维数相同的向量 $\mathbf{w}$ 和 $\mathbf{u}$，其内积定义为 $\mathbf{w}^{\mathrm{H}}\mathbf{u}$ 和 $\mathbf{u}^{\mathrm{H}}\mathbf{w}$。实际上，用来计算梯度向量的 $\mathbf{w}^{\mathrm{H}}$ 假设起到计算标量梯度 w^* 的作用。除了这个变化，沃廷格微分基础理论成立。

因此，为了推广计算代价函数的过程，我们可沿下列两条路径之一进行：

1）将 $\mathbf{w}$ 视为一个常向量，将 $J(\mathbf{w}, \mathbf{w}^{\mathrm{H}})$ 对 $\mathbf{w}^{\mathrm{H}}$ 求微分。
2）将 $\mathbf{w}^{\mathrm{H}}$ 视为一个常向量，将 $J(\mathbf{w}, \mathbf{w}^{\mathrm{H}})$ 对 $\mathbf{w}$ 求微分。

为了与 B.1 节中的选择相一致，我们采用第一种方式，如下例所示。

例2　维纳滤波器

参考第 2 章的维纳滤波器，广义代价函数定义为

$$J(\mathbf{w}, \mathbf{w}^{\mathrm{H}}) = \mathbb{E}\left[\underbrace{(d(n) - \mathbf{w}^{\mathrm{H}}\mathbf{u}(n))}_{\text{estimation error, } e(n)}\underbrace{(d^*(n) - \mathbf{u}^{\mathrm{H}}(n)\mathbf{w})}_{e^*(n)}\right] \tag{B.15}$$

其中 $\mathbf{u}(n)$ 是输入向量，$d(n)$ 是期望响应，将 $J(\mathbf{w}, \mathbf{w}^{\mathrm{H}})$ 对 $\mathbf{w}^{\mathrm{H}}$ 求积分，且 $\mathbf{w}$ 视为一个常向量，我们得到偏导数

$$\begin{aligned}
\frac{\partial J(\mathbf{w}, \mathbf{w}^{\mathrm{H}})}{\partial \mathbf{w}^{\mathrm{H}}} &= \frac{\partial}{\partial \mathbf{w}^{\mathrm{H}}}\mathbb{E}[(d(n) - \mathbf{w}^{\mathrm{H}}\mathbf{u}(n))(d^*(n) - \mathbf{u}^{\mathrm{H}}(n)\mathbf{w})] \\
&= \mathbb{E}\left[\frac{\partial}{\partial \mathbf{w}^{\mathrm{H}}}\{(d(n) - \mathbf{w}^{\mathrm{H}}\mathbf{u}(n))(d^*(n) - \mathbf{u}^{\mathrm{H}}(n)\mathbf{w})\}\right] \\
&= -\mathbb{E}[\mathbf{u}(n)(d^*(n) - \mathbf{u}^{\mathrm{H}}(n)\mathbf{w})]
\end{aligned} \tag{B.16}$$

在此，引入如下定义：

输入向量 $\mathbf{u}(n)$ 的相关函数

$$\mathbf{R} = \mathbb{E}[\mathbf{u}(n)\mathbf{u}^{\mathrm{H}}(n)] \tag{B.17}$$

及输入函数 $\mathbf{u}(n)$ 与期望响应 $d(n)$ 的互相关函数

$$\mathbf{p} = \mathbb{E}[\mathbf{u}(n)d^*(n)] \tag{B.18}$$

二者分别由式(2.29)和式(2.32)得出。

因此,可将式(B.16)改写为如下形式:

$$\frac{\partial J(\mathbf{w}, \mathbf{w}^{\mathrm{H}})}{\partial \mathbf{w}^{\mathrm{H}}} = -\mathbf{p} + \mathbf{R}\mathbf{w} \tag{B.19}$$

设这个局部梯度向量为零,可解出最优权向量 $\mathbf{w}_o$,我们得到

$$\mathbf{w}_o = \mathbf{R}^{-1}\mathbf{p} \tag{B.20}$$

这是式(2.36)中定义的特解。

从这个例子得到的很有见地的观察是导出维纳解[见式(B.20)]的最直接方式。沃廷格微分也同样可以很好地用在下一例子中。

例 3 对数似然函数

另一个例子,考虑第 9 章中讨论的对数似然函数,这里重写为

$$l(\mathbf{w}) = F - \frac{1}{\sigma^2}\boldsymbol{\varepsilon}^{\mathrm{H}}\boldsymbol{\varepsilon} \tag{B.21}$$

其中 F 是一个常数,σ^2 是多重线性回归模型中代表测量误差的白噪声的方差,且估计误差向量定义为

$$\boldsymbol{\varepsilon} = \mathbf{d} - \mathbf{A}\mathbf{w} \tag{B.22}$$

其中 $\mathbf{d}$ 是期望响应向量,$\mathbf{A}$ 是数据矩阵,$\mathbf{w}$ 是表征参数回归模型的向量。

根据广义沃廷格微分,我们引入了目标函数的一个新符号:

$$l(\mathbf{w}, \mathbf{w}^{\mathrm{H}}) = F - \frac{1}{\sigma^2}(\mathbf{d} - \mathbf{A}\mathbf{w})^{\mathrm{H}}(\mathbf{d} - \mathbf{A}\mathbf{w})$$

$$= F - \frac{1}{\sigma^2}(\mathbf{d}^{\mathrm{H}} - \mathbf{w}^{\mathrm{H}}\mathbf{A}^{\mathrm{H}})(\mathbf{d} - \mathbf{A}\mathbf{w}) \tag{B.23}$$

将 $l(\mathbf{w}, \mathbf{w}^{\mathrm{H}})$ 对 $\mathbf{w}^{\mathrm{H}}$ 求微分,且将 $\mathbf{w}$ 视为一个常向量,可以获得

$$\frac{\partial}{\partial \mathbf{w}^{\mathrm{H}}}l(\mathbf{w}, \mathbf{w}^{\mathrm{H}}) = \frac{\partial}{\partial \mathbf{w}^{\mathrm{H}}}\left[F - \frac{1}{\sigma^2}(\mathbf{d}^{\mathrm{H}} - \mathbf{w}^{\mathrm{H}}\mathbf{A}^{\mathrm{H}})(\mathbf{d} - \mathbf{A}\mathbf{w})\right]$$

$$= \frac{1}{\sigma^2}\mathbf{A}^{\mathrm{H}}(\mathbf{d} - \mathbf{A}\mathbf{w}) \tag{B.24}$$

再次使用 $\mathbf{w}_o$ 表示最优 $\mathbf{w}$,相应地,定义最优误差向量 $\boldsymbol{\varepsilon}_o$ 为

$$\boldsymbol{\varepsilon}_o = \mathbf{d} - \mathbf{A}\mathbf{w}_o$$

我们可以重写式(B.24)为

$$\frac{\partial l}{\partial \mathbf{w}^{\mathrm{H}}} = \frac{1}{\sigma^2}\mathbf{A}^{\mathrm{H}}\boldsymbol{\varepsilon}_o \tag{B.25}$$

其中的结果已在式(9.70)中给出。

B.3 计算梯度向量的另一种方法

从例 1 到例 3,我们沿着下列两个步骤执行:

1）定义估计误差。

2）将广义沃廷格微分应用于用其复共轭相乘的预测误差的期望值，该乘积以其完整形式代表了代价函数。

解决该问题的另一个方法是

1）使用期望算子以其扩展形式定义代价函数。

2）使用广义沃廷格微分。

通常地，在后面这个方法中，我们找到内积项，例如 $\mathbf{p}^{\mathrm{H}}\mathbf{w}$ 和 $\mathbf{w}^{\mathrm{H}}\mathbf{p}$，以及二次项，例如 $\mathbf{w}^{\mathrm{H}}\mathbf{R}\mathbf{w}$，它们均出现在代价函数中。将广义沃廷格微分应用于这些项，得到以下有用的结果：

$$\frac{\partial}{\partial \mathbf{w}^{\mathrm{H}}}(\mathbf{p}^{\mathrm{H}}\mathbf{w}) = \mathbf{0} \tag{B.26}$$

式中 $\mathbf{w}$ 通常被视为一个常向量；

$$\frac{\partial}{\partial \mathbf{w}^{\mathrm{H}}}(\mathbf{w}^{\mathrm{H}}\mathbf{p}) = \mathbf{p} \tag{B.27}$$

和

$$\frac{\partial}{\partial \mathbf{w}^{\mathrm{H}}}(\mathbf{w}^{\mathrm{H}}\mathbf{R}\mathbf{w}) = \mathbf{R}\mathbf{w} \tag{B.28}$$

式中 $\mathbf{w}$ 通常被视为一个常向量。

最后例子说明了第二个过程。

例 4　重温维纳滤波

参照维纳滤波一章的式（2.50），代价函数定义为

$$J(\mathbf{w}) = \sigma_d^2 - \mathbf{w}^{\mathrm{H}}\mathbf{p} - \mathbf{p}^{\mathrm{H}}\mathbf{w} + \mathbf{w}^{\mathrm{H}}\mathbf{R}\mathbf{w} \tag{B.29}$$

根据广义沃廷格微分，可写出

$$J(\mathbf{w}, \mathbf{w}^{\mathrm{H}}) = \sigma_d^2 - \mathbf{w}^{\mathrm{H}}\mathbf{p} - \mathbf{p}^{\mathrm{H}}\mathbf{w} + \mathbf{w}^{\mathrm{H}}\mathbf{R}\mathbf{w} \tag{B.30}$$

将 $J(\mathbf{w}, \mathbf{w}^{\mathrm{H}})$ 相对于 $\mathbf{w}^{\mathrm{H}}$ 求微分，且通常将 $\mathbf{w}$ 视为一个常向量，容易得到

$$\frac{\partial}{\partial \mathbf{w}^{\mathrm{H}}}J(\mathbf{w}, \mathbf{w}^{\mathrm{H}}) = -\mathbf{p} + \mathbf{R}\mathbf{w} \tag{B.31}$$

其中，我们使用了式（B.26）～式（B.28）。设式（B.31）等于零并解出 $\mathbf{w}_o$，可获得与式（B.20）相同的结果。

B.4　偏导数 $\dfrac{\partial f}{\partial z}$ 和 $\dfrac{\partial f}{\partial z^*}$ 的表达式

根据定义，复变量 $z = x + \mathrm{j}y$，故有

$$x = \frac{1}{2}(z + z^*) \quad \text{和} \quad y = \frac{1}{2\mathrm{j}}(z - z^*)$$

应用沃廷格微分，当 z^* 视为某一常数时，可以写出

$$\frac{\partial x}{\partial z} = \frac{1}{2} \quad \text{和} \quad \frac{\partial y}{\partial z} = \frac{-\mathrm{j}}{2}$$

因此，利用微分链式法则，可进一步写出

$$\frac{\partial f}{\partial z} = \frac{\partial f}{\partial x}\frac{\partial x}{\partial z} + \frac{\partial f}{\partial y}\frac{\partial y}{\partial z}$$

$$= \frac{1}{2}\left(\frac{\partial f}{\partial x} - \mathrm{j}\frac{\partial f}{\partial y}\right)$$

（B. 32）

同理，可以表示出

$$\frac{\partial f}{\partial z^*} = \frac{1}{2}\left(\frac{\partial f}{\partial x} + \mathrm{j}\frac{\partial f}{\partial y}\right)$$

（B. 33）

因此，函数 $f(z)$ 具有稳定点的充分必要条件是两个偏导数 $\dfrac{\partial f}{\partial x}$ 和 $\dfrac{\partial f}{\partial y}$ 都等于零，它可以很直观地证明。

附录 C 拉格朗日乘子法

最优化问题包括确定某些特定变量的值,从而使得性能指标或代价函数值最大或最小。最优化可能是有约束的也可能是无约束的,这取决于变量是否需要满足一些边界条件。不用说,满足一个或多个边界条件的附加要求会使得约束最优化问题变得复杂。在这篇附录中,我们推导出经典的拉格朗日乘子法(method of Lagrange multipliers)来解决约束最优化问题。推导中用到的一些概念受到我们所熟悉的应用特性的影响。首先考虑只有一个边界条件的情况,然后讨论更一般即有多个边界条件的情况。

C.1 只含一个等式约束的最优化

实函数 $f(\mathbf{w})$ 是参数向量 $\mathbf{w}$ 的二次函数,约束条件是

$$\mathbf{w}^H\mathbf{s} = g \tag{C.1}$$

其中 $\mathbf{s}$ 是已知向量,g 是复常数。可以通过引入一个关于 $\mathbf{w}$ 的线性函数 $c(\mathbf{w})$ 来重新定义这个约束条件。即

$$
\begin{aligned}
c(\mathbf{w}) &= \mathbf{w}^H\mathbf{s} - g \\
&= 0 + j0
\end{aligned} \tag{C.2}
$$

通常,向量 $\mathbf{w}$ 和 $\mathbf{s}$,函数 $c(\mathbf{w})$ 均为复数。例如,在一个波束形成应用中,向量 $\mathbf{w}$ 表示各传感器输出的一组复数权值。$\mathbf{s}$ 表示一个转向向量,其元素由指定的观察方向定义。函数 $f(\mathbf{w})$ 的最小值表示所有波束成形器输出的均方值。在谐波恢复应用中,$\mathbf{w}$ 表示 FIR 滤波器的抽头权向量,$\mathbf{s}$ 是一个正弦向量(其元素由受滤波器输入限制的复正弦函数的角频率来决定);函数 $f(\mathbf{w})$ 表示滤波器输出的均方值。不管怎样,假设这个问题是一个最小化问题,则可把该约束最优化问题描述为

$$
\begin{aligned}
&\min \quad f(\mathbf{w}) \\
&\text{s.t.} \ c(\mathbf{w}) = 0 + j0
\end{aligned} \tag{C.3}
$$

拉格朗日乘子法通过引入拉格朗日乘子,将上述约束最小化问题转化为无约束最小化问题。首先,利用实函数 $f(\mathbf{w})$ 和复函数约束函数 $c(\mathbf{w})$ 定义一个新的实函数

$$h(\mathbf{w}) = f(\mathbf{w}) + \lambda_1\text{Re}[c(\mathbf{w})] + \lambda_2\text{Im}[c(\mathbf{w})] \tag{C.4}$$

其中 λ_1 和 λ_2 为实拉格朗日乘子,且

$$c(\mathbf{w}) = \text{Re}[c(\mathbf{w})] + j\,\text{Im}[c(\mathbf{w})] \tag{C.5}$$

现在,再定义一个复拉格朗日乘子

$$\lambda = \lambda_1 + j\lambda_2 \tag{C.6}$$

可将式(C.4)写为

$$h(\mathbf{w}) = f(\mathbf{w}) + \lambda^*c(\mathbf{w}) \tag{C.7}$$

其中星号表示共轭复数。乘积项 $\lambda^* c(\mathbf{w})$ 为实数。正确选择式(C.2)的约束函数 $c(\mathbf{w})$ 即可满足上述要求。

下面为了求出 $h(\mathbf{w})$ 关于向量 $\mathbf{w}$ 的函数最小值,令共轭导数 $\partial h/\partial \mathbf{w}^*$ 等于零向量,即

$$\frac{\partial}{\partial \mathbf{w}^H} h(\mathbf{w}, \mathbf{w}^H) = \frac{\partial}{\partial \mathbf{w}^H} f(\mathbf{w}) + \lambda^* \frac{\partial}{\partial \mathbf{w}^H} c(\mathbf{w})$$
$$= 0 + j0 \tag{C.8}$$

式(C.8)和式(C.2)约束条件的联立方程组定义了向量 $\mathbf{w}$ 和拉格朗日乘子 λ 的最优解。式(C.8)称为伴随方程,式(C.2)称为初始方程(Dorny,1975)。

C.2 包含多个等式约束的最优化

下面,考虑实函数 $f(\mathbf{w})$ 的最小化问题。实函数 $f(\mathbf{w})$ 是向量 $\mathbf{w}$ 的二次函数,受限于多个线性约束条件

$$\mathbf{w}^H \mathbf{s}_k = g_k \qquad k = 1, 2, \cdots, K \tag{C.9}$$

其中约束的个数 K 小于向量 $\mathbf{w}$ 的维数,g_k 是复常数。可将这个多约束最优化问题表示为

$$\begin{aligned} \min \quad & f(\mathbf{w}) \\ \text{s.t.} \quad & c_k(\mathbf{w}) = 0 + j0, \quad k = 1, 2, \cdots, K \end{aligned} \tag{C.10}$$

由 C.1 节的结果容易获得这个最优化问题的解。特别地,将伴随方程

$$\frac{\partial f}{\partial \mathbf{w}^H} + \sum_{k=1}^{K} \frac{\partial}{\partial \mathbf{w}^H} (\lambda_k^* c_k(\mathbf{w})) = 0 + j0 \tag{C.11}$$

和初始方程

$$c_k(\mathbf{w}) = 0 + j0 \qquad k = 1, 2, \cdots, K \tag{C.12}$$

联合组成方程组。这个方程组定义了向量 $\mathbf{w}$ 和复拉格朗日乘子 $\lambda_1, \lambda_2, \cdots, \lambda_k$ 的最优解。

C.3 最优波束形成器

通过下面的示例,考虑求波束形成器权向量 $\mathbf{w}$ 问题,即函数

$$f(\mathbf{w}) = \mathbf{w}^H \mathbf{w} \tag{C.13}$$

在如下约束条件

$$c(\mathbf{w}) = \mathbf{w}^H \mathbf{s} - g = 0 + j0 \tag{C.14}$$

下的最小化问题。这个问题的伴随方程为

$$\frac{\partial}{\partial \mathbf{w}^H} (\mathbf{w}^H \mathbf{w}) + \lambda^* \frac{\partial}{\partial \mathbf{w}^H} (\mathbf{w}^H \mathbf{s} - g) = 0 + j0 \tag{C.15}$$

用附录 B 导出的微分规则,我们有

$$\frac{\partial}{\partial \mathbf{w}^H} (\mathbf{w}^H \mathbf{w}) = \mathbf{w}$$

$$\frac{\partial}{\partial \mathbf{w}^H} (\mathbf{w}^H \mathbf{s} - g) = \mathbf{s}$$

将这些结果代入式(C.15),可得

$$\mathbf{w} + \lambda^* \mathbf{s} = 0 + j0 \qquad (\text{C.16})$$

其次,由式(C.16)解出未知数 λ,得

$$\lambda = -\frac{\mathbf{w}^H \mathbf{s}}{\mathbf{s}^H \mathbf{s}} = -\frac{g}{\mathbf{s}^H \mathbf{s}} \qquad (\text{C.17})$$

最后,将式(C.17)代入式(C.16)并求权向量 $\mathbf{w}$ 的最优解,得

$$\mathbf{w}_o = \left(\frac{g^*}{\mathbf{s}^H \mathbf{s}}\right)\mathbf{s} \qquad (\text{C.18})$$

从 $\mathbf{w}_o$ 满足式(C.14)的约束条件且可能在最小长度的意义上它是最优的。

附录 D 估 计 理 论

估计理论是概率论和统计学的一个重要分支，它由一组给定的观测样本导出随机变量和随机过程某些特性的信息。这个问题经常出现在通信和控制系统的研究中。最大似然法是目前最常见、最强有力的估计方法。它最早由著名的统计学家 R. A. Fisher 使用。原则上，最大似然法可用于任意估值问题，但以能组成可用观测数据的联合概率密度函数为条件。这个方法可将几乎所有熟知的估值问题作为特例。

D. 1 似然函数

最大似然法基于一种比较简单的思想（Kmenta, 1971）：

不同的群体产生不同的数据样本，而给定的数据样本比从其他群体中产生的样本具有更大的相似性。

令 $f_U(\mathbf{u}|\boldsymbol{\theta})$ 表示随机向量 U 的联合条件概率密度函数。U 由元素为 $u_1, u_2, \cdots, u_M$ 的观测样本向量 u 来表示，其中 $\boldsymbol{\theta}$ 是元素为 $\theta_1, \theta_2, \cdots, \theta_K$ 的参数向量。最大似然法是基于这样一个原理，即给定观测样本向量 u，我们可用参数向量 $\boldsymbol{\theta}$ 最可能的值来估计该向量。换句话说，$\theta_1, \theta_2, \cdots, \theta_k$ 的最大似然估计器是联合条件概率密度函数 $f_U(\mathbf{u}|\boldsymbol{\theta})$ 为最大时参数向量的值。

似然函数 [记为 $l(\boldsymbol{\theta})$] 由联合条件概率密度函数 $f_U(\mathbf{u}|\boldsymbol{\theta})$ 给出，它是参数向量 $\boldsymbol{\theta}$ 的函数，因此，可以写为

$$l(\boldsymbol{\theta}) = f_U(\mathbf{u}|\boldsymbol{\theta}) \tag{D.1}$$

尽管联合条件概率密度函数和似然函数具有完全相同的公式，但区分二者之间的不同物理含义是至关重要的。在联合条件概率密度函数中，参数向量 $\boldsymbol{\theta}$ 是固定的，而观测向量 u 是变化的。而在似然函数中，参数向量 $\boldsymbol{\theta}$ 是可变的，观测向量 u 是固定的。

在许多情况下，用似然函数的自然对数比用它本身更方便，因此，常用 $L(\boldsymbol{\theta})$ 表示对数似然函数，记为

$$L(\boldsymbol{\theta}) = \ln[l(\boldsymbol{\theta})] = \ln[f_U(\mathbf{u}|\boldsymbol{\theta})] \tag{D.2}$$

对数函数 $L(\boldsymbol{\theta})$ 是 $l(\boldsymbol{\theta})$ 的单调变换式。这意味着当 $l(\boldsymbol{\theta})$ 增大时，$L(\boldsymbol{\theta})$ 也增大。因为表示联合条件概率密度函数的 $l(\boldsymbol{\theta})$ 不可能是负数，故计算其对数就不会有问题。因此可以得出结论，似然函数 $l(\boldsymbol{\theta})$ 取得最大值的参数向量完全等同于对数似然函数 $L(\boldsymbol{\theta})$ 取得最大值的参数向量。

为了得到参数向量 $\boldsymbol{\theta}$ 最大似然估值的第 θ_i 个元素，我们计算对数似然函数关于 θ_i 的偏导数并令其结果为零。于是，得到一组一阶条件

$$\frac{\partial L}{\partial \theta_i} = 0 \qquad i = 1, 2, \cdots, K \tag{D.3}$$

对数似然函数对 θ_i 的一阶偏导称为参数的得分，这个参数向量就是得分向量（即梯度向量）。在参数取得最大似然估值时，得分向量为零[即 $\boldsymbol{\theta}$ 值可由式(D.3)求出]。

为了评价最大似然方法的有效性，可以计算每个参数估计值的偏差和一致性。然而这是很难做到的。因此，代替直接进行计算，我们推导出任意无偏估计误差的下限。如果估计值的平均值和待估计的参数值相等，则说这个估计是无偏的。后面我们会给出最大似然估计的方差与这个下限之间的比较。

D. 2　Cramér-Rao 不等式

$\mathbf{U}$ 是一随机变量，联合条件概率密度函数为 $f_{\mathbf{U}}(\mathbf{u}|\boldsymbol{\theta})$，这里 $\mathbf{u}$ 是元素为 $u_1, u_2, \cdots, u_M$ 的观测样本向量，而 $\boldsymbol{\theta}$ 是元素为 $\theta_1, \theta_2, \cdots, \theta_K$ 的参数向量。用式(D.2)定义的对数似然函数 $L(\boldsymbol{\theta})$，并根据联合条件概率密度函数 $f_{\mathbf{U}}(\mathbf{U}|\boldsymbol{\theta})$，可写出 K 行、K 列的矩阵

$$\mathbf{J} = -\begin{bmatrix} \mathbb{E}\left[\dfrac{\partial^2 L}{\partial \theta_1^2}\right] & \mathbb{E}\left[\dfrac{\partial^2 L}{\partial \theta_1 \partial \theta_2}\right] & \cdots & \mathbb{E}\left[\dfrac{\partial^2 L}{\partial \theta_1 \partial \theta_K}\right] \\ \mathbb{E}\left[\dfrac{\partial^2 L}{\partial \theta_2 \partial \theta_1}\right] & \mathbb{E}\left[\dfrac{\partial^2 L}{\partial \theta_2^2}\right] & \cdots & \mathbb{E}\left[\dfrac{\partial^2 L}{\partial \theta_2 \partial \theta_K}\right] \\ \vdots & \vdots & & \vdots \\ \mathbb{E}\left[\dfrac{\partial^2 L}{\partial \theta_K \partial \theta_1}\right] & \mathbb{E}\left[\dfrac{\partial^2 L}{\partial \theta_K \partial \theta_2}\right] & \cdots & \mathbb{E}\left[\dfrac{\partial^2 L}{\partial \theta_K^2}\right] \end{bmatrix} \tag{D.4}$$

矩阵 $\mathbf{J}$ 称为 Fisher 信息矩阵。

令 $\mathbf{I}$ 表示 Fisher 信息矩阵 $\mathbf{J}$ 的逆阵，I_{ii} 表示逆矩阵 $\mathbf{I}$ 的第 i 个对角线元素。令 $\hat{\theta}_i$ 为参数 θ_i 基于观测样本的无偏估计，则可写出(Van Trees,1968)

$$\mathrm{var}\left[\hat{\theta}_i\right] \geqslant I_{ii} \qquad i = 1, 2, \cdots, K \tag{D.5}$$

式(D.5)称为 Cramér-Rao 不等式。它使得我们能够构造出任意无偏估计器方差的下限(大于 0)，当然，需要知道对数似然函数。该下限称为 Cramér-Rao 下界。

如果能找到一无偏估计器，其方差等于 Cramér-Rao 下界，则由式(D.5)可知，这个无偏估计误差最小。这样一个估计器就可说是有效的。

D. 3　最大似然估计的性质

最大似然估计法不仅是一个基于直观的想法(从实际观测样本中得到的参数具有更大的相似性)，而且估值结果也具有某些预期的性质(见 D.1 节)。实际上，在一般的情况下，可证明下面的渐近特性(Kmenta,1971)：

1) 最大似然估计器是一致的。也就是说，当样本长度 M 趋于无穷时，每个偏导数 $\partial L/\partial \theta_i = 0$ 依概率收敛于 θ_i 的真值，$i = 1, 2, \cdots, K$。

2) 最大似然估计器是渐近有效的，即

$$\lim_{M \to \infty} \left\{ \frac{\operatorname{var}\left[\theta_{i,\mathrm{ml}} - \theta_i\right]}{I_{ii}} \right\} = 1 \qquad i = 1, 2, \cdots, K$$

其中，$\theta_{i,\mathrm{ml}}$是参数θ_i的最大似然估计，I_{ii}是 Fisher 信息矩阵的逆阵的第i个对角元素。

3）最大似然估计器是渐近高斯的。

在实践中可以发现，最大似然估计器的大样本性质在样本长度$M \geqslant 50$时是相当好的。

D.4 条件均值估计

估计理论中的另一类经典问题是随机参数的贝叶斯估计。这个问题有多种答案，取决于贝叶斯估计中代价函数的组成形式(Van Trees，1968)。本书中我们所关注的是贝叶斯估计的一种特殊形式，即所谓条件均值估计。现在，我们希望做两件事：(1)推导出条件均值公式；(2)证明这种估计等同于最小均方误差估计。

为了达到这个目的，考虑一个随机参数x。观测值y取决于x，而且要求估计x。令$\hat{x}(y)$表示参数x的估值。符号$\hat{x}(y)$表明估计值是观测值y的函数。令$C(x, \hat{x}(y))$表示一个取决于x和$\hat{x}(y)$的代价函数。则根据贝叶斯估计理论，可写出如下风险表达式(Van Trees，1968)：

$$\mathscr{R} = \mathbb{E}\left[C(x, \hat{x}(y))\right] = \int_{-\infty}^{\infty} \mathrm{d}x \int_{-\infty}^{\infty} C(x, \hat{x}(y)) f_{X,Y}(x, y)\, \mathrm{d}y \tag{D.6}$$

其中$f_{X,Y}(x, y)$表示x和y的联合概率密度函数。对于特殊的代价函数$C(x, \hat{x}(y))$，贝叶斯估计定义为使风险$\mathscr{R}$为最小的估值$\hat{x}(y)$。

人们特别感兴趣的代价函数(本书的核心内容)是均方误差函数，规定为估计误差的平方，估计误差定义为参数x的真值与估值$\hat{x}(y)$之差，即

$$\varepsilon = x - \hat{x}(y) \tag{D.7}$$

相应地，代价函数定义为

$$C(x, \hat{x}(y)) = C(x - \hat{x}(y)) \tag{D.8}$$

或简写为

$$C(\varepsilon) = \varepsilon^2 \tag{D.9}$$

因此，代价函数随着估计误差ε的变化而变化，如图 D.1 中的曲线所示。这里假设x和y都是实数，因此对于目前的情况，可将式(D.6)写为

$$\mathscr{R}_{\mathrm{ms}} = \int_{-\infty}^{\infty} \mathrm{d}x \int_{-\infty}^{\infty} \left[x - \hat{x}(y)\right]^2 f_{X,Y}(x, y)\, \mathrm{d}y \tag{D.10}$$

其中，风险$\mathscr{R}_{\mathrm{ms}}$的下标表示以均方误差作为它的基。由概率论可知

$$f_{X,Y}(x, y) = f_X(x|y) f_Y(y) \tag{D.11}$$

其中$f_X(x/y)$是在已知y的情况下x的条件概率密度函数。$f_Y(y)$是y的边际概率密度函数。因此，将式(D.11)代入式(D.10)，可得

$$\mathscr{R}_{\mathrm{ms}} = \int_{-\infty}^{\infty} \mathrm{d}y f_Y(y) \int_{-\infty}^{\infty} \left[x - \hat{x}(y)\right]^2 f_X(x|y)\, \mathrm{d}x \tag{D.12}$$

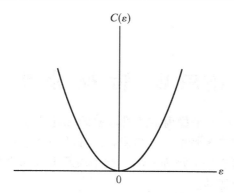

图 D.1　作为二次代价函数的均方误差曲线图

　　由此可见，内积与式(D.12)中的 $f_Y(y)$ 都是非负的。因此可以通过令内积最小化来使风险 $\mathscr{R}_{ms}$ 最小。这样得到的估值用 $\hat{x}_{ms}(y)$ 表示。内积对 $\hat{x}(y)$ 求导并令其为零，即可求出 $\hat{x}_{ms}(y)$。

　　为了简化这个表达式，令 I 表示式(D.12)中的内积，然后 I 对 $\hat{x}(y)$ 求导，可得

$$\frac{\mathrm{d}I}{\mathrm{d}\hat{x}} = -2\int_{-\infty}^{\infty} x f_X(x\mid y)\,\mathrm{d}x + 2\hat{x}(y)\int_{-\infty}^{\infty} f_X(x\mid y)\,\mathrm{d}x \tag{D.13}$$

式(D.13)右边的第二项积分表示概率密度曲线下的总面积，故为定值。令导数 $\mathrm{d}I/\mathrm{d}\hat{x} = 0$，即得

$$\hat{x}_{ms}(y) = \int_{-\infty}^{\infty} x f_X(x\mid y)\,\mathrm{d}x \tag{D.14}$$

式(D.14)定义的解是唯一最小值。

　　式(D.14)定义的估值 $\hat{x}_{ms}(y)$ 自然地是最小均方误差估值，故用 ms 作为下标。这个估值还有另外一种解释，即等式右边的积分就是在给定 y 的情况下 x 的条件均值。

　　因此可以得出结论，最小均方误差估值 $\hat{x}(y)$ 和条件平均估值实质上是同一回事，因此是相等的。换句话说，我们有

$$\hat{x}_{ms}(y) = \mathbb{E}[x\mid y] \tag{D.15}$$

用式(D.15)代替式(D.12)的估值 $\hat{x}(y)$，容易发现，内积就是在给定 y 的条件下 x 的条件方差。因此，风险 $\mathscr{R}_{ms}$ 的最小值是所有观测值 y 的条件方差的平均值。

附录 E 特 征 分 析

在本附录中，我们详述广义平稳离散随机过程的统计特性。根据第 1 章我们知道，这个过程的集平均相关矩阵是埃尔米特的。埃尔米特矩阵的一个重要特点是，它允许根据其特征值及其相关的特征向量进行有用的矩阵分解。这个表示形式通常称为特征值分析(eigenanalysis)，这是统计信号处理的基础。

首先，通过概述相关矩阵特征分析问题，开始特征分析的讨论。然后，研究相关矩阵特征值和特征向量的性质及相关的最优滤波问题。最后，通过简要描述特征值计算的一套程序及其相关问题，完成本附录的讨论。

E.1 特征值问题

埃尔米特矩阵 $\mathbf{R}$ 表示一个广义平稳离散随机过程的 $M \times M$ 相关矩阵，随机过程由 $M \times 1$ 观测向量 $\mathbf{u}(n)$ 来描述。一般来说，矩阵可以包含复元素。我们希望找到一个 $M \times 1$ 非零列向量 $\mathbf{q}$，使得对于某一常数 λ，满足如下条件

$$\mathbf{Rq} = \lambda \mathbf{q} \tag{E.1}$$

这个条件表明，通过埃尔米特矩阵 $\mathbf{R}$，向量 $\mathbf{q}$ 可线性变换为矩阵 $\lambda \mathbf{q}$。因为 λ 是常数，故向量 $\mathbf{q}$ 有特殊意义，即线性变换后方向不变(在 M 维空间)。对于一个典型的 $M \times M$ 矩阵 $\mathbf{R}$，存在 M 个这样的向量。为了证明这一点，将式(E.1)写为下面的形式

$$(\mathbf{R} - \lambda \mathbf{I})\mathbf{q} = \mathbf{0} \tag{E.2}$$

其中 $\mathbf{I}$ 是 $M \times M$ 单位矩阵，$\mathbf{0}$ 是 $M \times 1$ 零矩阵。矩阵 $(\mathbf{R} - \lambda \mathbf{I})$ 必须是奇异矩阵，因此，当且仅当矩阵 $(\mathbf{R} - \lambda \mathbf{I})$ 的行列式为零时，向量 $\mathbf{q}$ 有非零解，即

$$\det(\mathbf{R} - \lambda \mathbf{I}) = 0 \tag{E.3}$$

显然这个行列式展开后是 λ 的 M 阶多项式。故易发现，式(E.3)一般有 M 个根。因此，式(E.2)有 M 个解。式(E.3)称为矩阵 $\mathbf{R}$ 的特征方程。令 $\lambda_1, \lambda_2, \cdots, \lambda_M$ 表示方程的 M 个根。这些根叫做矩阵 $\mathbf{R}$ 的特征值。注意，一般情况下，通过求特征方程(E.3)的根来得到矩阵 $\mathbf{R}$ 的特征值不是好的方法。对于特征值的计算，将在 E.5 节专门讨论。

令 λ_i 表示矩阵 $\mathbf{R}$ 的第 i 个特征值，且设 $\mathbf{q}_i$ 为非零向量，满足

$$\mathbf{Rq}_i = \lambda_i \mathbf{q}_i \tag{E.4}$$

向量 $\mathbf{q}_i$ 称为关于 λ_i 的特征向量。一个特征向量只可对应一个特征值。然而，一个特征值可对应多个特征向量。例如，如果 $\mathbf{q}_i$ 是对应于 λ_i 的特征向量，则对于任一不为零的 a，$a\mathbf{q}_i$ 也是对应于 λ_i 的特征向量。

尽管 $M \times M$ 矩阵 $\mathbf{R}$ 有 M 个特征值，但它们可以相等。如果矩阵 $\mathbf{R}$ 有一个特征值，其代数重数超过几何重数，则称矩阵 $\mathbf{R}$ 是无效的(退化的)。代数重数指特征值 λ_i 的阶数，几何

重数指相应特征向量 $\mathbf{q}_i$ 的维数。特征值亏损的一个严重后果是矩阵 $\mathbf{R}$ 的非对角化(对角化问题将在 E.5 节中讨论)。

例 1　亏损矩阵

一个亏损矩阵的标准示例是

$$\mathbf{R} = \begin{bmatrix} 0 & 1 \\ 0 & 0 \end{bmatrix}$$

$\mathbf{R}$ 的特征值是

$$\lambda_1 = \lambda_2 = 0$$

对应的特征向量 $\mathbf{q}$ 满足条件

$$\begin{bmatrix} 0 & 1 \\ 0 & 0 \end{bmatrix}\mathbf{q} = 0$$

满足

$$\mathbf{q} = \begin{bmatrix} q_1 \\ 0 \end{bmatrix}$$

特征值 $\lambda = 0$ 的代数重数为 2,因为有两个特征值。而特征值的几何重数是 1,因为对应的特征向量 $\mathbf{q}$ 是一维的。所以说给定矩阵 $\mathbf{R}$ 是亏损(退化)的。

例 2　白噪声

考虑一个白噪声过程的 $M \times M$ 相关矩阵,用如下对角矩阵

$$\mathbf{R} = \mathrm{diag}(\sigma^2, \sigma^2, \cdots, \sigma^2)$$

来描述,式中 σ^2 是该过程样本的方差。相关矩阵 $\mathbf{R}$ 有一个等于方差 σ^2 的亏损的特征值,重数为 M。然而,任意 $M \times 1$ 随机向量可作为其对应的特征向量。这表明,对于白噪声,一个特征值 σ^2 对应 M 个线性无关的特征向量。因此,矩阵 $\mathbf{R} = \sigma^2\mathbf{I}$ 是非亏损矩阵。

例 3　复正弦向量

下面,考虑一个时间序列的 $M \times M$ 相关矩阵,其元素是复正弦曲线的样本,幅度为 1,相位随机。该相关矩阵可写为

$$\mathbf{R} = \begin{bmatrix} 1 & \mathrm{e}^{\mathrm{j}\omega} & \cdots & \mathrm{e}^{\mathrm{j}(M-1)\omega} \\ \mathrm{e}^{-\mathrm{j}\omega} & 1 & \cdots & \mathrm{e}^{\mathrm{j}(M-2)\omega} \\ \vdots & \vdots & \ddots & \vdots \\ \mathrm{e}^{-\mathrm{j}(M-1)\omega} & \mathrm{e}^{-\mathrm{j}(M-2)\omega} & \cdots & 1 \end{bmatrix}$$

其中 ω 是复正弦曲线的角频率。$M \times 1$ 向量

$$\mathbf{q} = \left[1, \mathrm{e}^{\mathrm{j}\omega}, \cdots, \mathrm{e}^{\mathrm{j}(M-1)\omega}\right]^\mathrm{T}$$

是相关矩阵 $\mathbf{R}$ 的特征向量,相应特征值是 M(即矩阵 $\mathbf{R}$ 的维数)。换句话说,一个复正弦向量在排除一些不重要的复共轭处理的情况下,可表示出其关系矩阵本身的特征向量。

注意关系矩阵 $\mathbf{R}$ 的秩为 1,这意味着 $\mathbf{R}$ 的任意列可用其他列的线性组合来表示(即矩阵 $\mathbf{R}$ 仅有一个独立的行)。它也意味着 $\mathbf{R}$ 的其他特征值是 0,重数为 $M-1$,且这个特征值对应 $M-1$ 个线性无关的特征向量。

E.2　特征值和特征向量的性质

在这一节,我们讨论平稳随机过程相关矩阵 $\mathbf{R}$ 的特征值和特征向量的各种性质。这里导出的一些性质是埃尔米特性质和相关矩阵 $\mathbf{R}$ 非负性的直接结果,这在1.3节中已经确立。

性质1　如果 λ_1,λ_2,$\cdots$,λ_M 表示相关矩阵 $\mathbf{R}$ 的特征值,则对任意整数 $k > 0$,矩阵 $\mathbf{R}^k$ 的特征值是 λ_1^k,λ_2^k,$\cdots$,λ_M^k。

在式(E.1)的两边重复左乘矩阵 $\mathbf{R}$,得到

$$\mathbf{R}^k \mathbf{q} = \lambda^k \mathbf{q} \tag{E.5}$$

这个等式表明:(1)若 λ 是矩阵 $\mathbf{R}$ 的特征值,则 λ^k 是 $\mathbf{R}^k$ 的特征值,这是人们所期望的结果;(2) $\mathbf{R}$ 的每个特征向量也是 $\mathbf{R}^k$ 的特征向量。

性质2　令 $\mathbf{q}_1$,$\mathbf{q}_2$,$\cdots$,$\mathbf{q}_M$ 分别是相关矩阵 $\mathbf{R}$ 不同的特征值 λ_1,λ_2,$\cdots$,λ_M 对应的特征向量 $\mathbf{q}_1$,$\mathbf{q}_2$,$\cdots$,$\mathbf{q}_M$,则特征向量为线性无关。

我们说特征向量 $\mathbf{q}_1$,$\mathbf{q}_2$,$\cdots$,$\mathbf{q}_M$ 为线性相关,就是存在不全为零的标量 $v_1,v_2,\cdots,v_M$ 使得

$$\sum_{i=1}^{M} v_i \mathbf{q}_i = \mathbf{0} \tag{E.6}$$

如果这样的标量不存在,则说特征向量为线性无关。

我们用反证法证明性质2。假设存在不全为零的标量 v_i 使得式(E.6)成立。矩阵 $\mathbf{R}$ 重复左乘以式(E.6),并利用式(E.5),得到如下一组方程

$$\sum_{i=1}^{M} v_i \lambda_i^{k-1} \mathbf{q}_i = \mathbf{0} \qquad k = 1, 2, \cdots, M \tag{E.7}$$

这组方程可写为一个矩阵方程

$$[v_1 \mathbf{q}_1, v_2 \mathbf{q}_2, \cdots, v_M \mathbf{q}_M] \mathbf{S} = \mathbf{0} \tag{E.8}$$

其中

$$\mathbf{S} = \begin{bmatrix} 1 & \lambda_1 & \lambda_1^2 & \cdots & \lambda_1^{M-1} \\ 1 & \lambda_2 & \lambda_2^2 & \cdots & \lambda_2^{M-1} \\ \vdots & \vdots & \vdots & \ddots & \vdots \\ 1 & \lambda_M & \lambda_M^2 & \cdots & \lambda_M^{M-1} \end{bmatrix} \tag{E.9}$$

矩阵 $\mathbf{S}$ 称为范得蒙(Vandermonde)矩阵(Strang, 1980)。当 λ_i 不同时,范得蒙矩阵 $\mathbf{S}$ 是非奇异阵。因此,式(E.8)右乘以逆阵 $\mathbf{S}^{-1}$,可得

$$[v_1 \mathbf{q}_1, v_2 \mathbf{q}_2, \ldots, v_M \mathbf{q}_M] = \mathbf{O}$$

因此,每一列 $v_i \mathbf{q}_i = \mathbf{0}$。因为特征向量 $\mathbf{q}_i$ 非零,则当且仅当 v_i 全为零时这个条件才成立,这与假设 v_i 不全为零相矛盾。换句话说,特征向量为线性无关。

性质2有一重要作用,即将线性无关特征向量 $\mathbf{q}_1$,$\mathbf{q}_2$,$\cdots$,$\mathbf{q}_M$ 作为一组基,用来表示与它同维数的向量 $\mathbf{w}$。特别地,可将任意向量 $\mathbf{w}$ 表示为如下特征向量 $\mathbf{q}_1$,$\mathbf{q}_2$,$\cdots$,$\mathbf{q}_M$ 的线性组合

$$\mathbf{w} = \sum_{i=1}^{M} v_i \mathbf{q}_i \qquad (\text{E.10})$$

其中 $v_1, v_2, \cdots, v_M$ 是常数。现在假设对向量 $\mathbf{w}$ 进行线性变换,即用矩阵 $\mathbf{R}$ 左乘它,则有

$$\mathbf{Rw} = \sum_{i=1}^{M} v_i \mathbf{Rq}_i \qquad (\text{E.11})$$

根据定义,$\mathbf{Rq}_i = \lambda_i \mathbf{q}_i$。因此,这个线性变换的结果还可写为

$$\mathbf{Rw} = \sum_{i=1}^{M} v_i \lambda_i \mathbf{q}_i \qquad (\text{E.12})$$

因此,可以看出,对式(E.10)定义的任意向量 $\mathbf{w}$ 进行线性变换,特征向量仍然为线性无关,变换的结果只是在每个特征向量前面乘以各自的特征值。

性质3 设 $\lambda_1, \lambda_2, \cdots, \lambda_M$ 是 $M \times M$ 相关矩阵 $\mathbf{R}$ 的特征值,则所有这些特征值是实数且非负。

为了证明这个性质,首先用式(E.1)将第 i 个特征值 λ_i 的条件表示为

$$\mathbf{Rq}_i = \lambda_i \mathbf{q}_i \qquad i = 1, 2, \cdots, M \qquad (\text{E.13})$$

在上式的两边左乘以 $\mathbf{q}_i^{\mathrm{H}}$($\mathbf{q}_i$ 的埃尔米特转置),可得

$$\mathbf{q}_i^{\mathrm{H}} \mathbf{Rq}_i = \lambda_i \mathbf{q}_i^{\mathrm{H}} \mathbf{q}_i \qquad i = 1, 2, \cdots, M \qquad (\text{E.14})$$

内积 $\mathbf{q}_i^{\mathrm{H}} \mathbf{q}_i$ 是正标量,表示向量 $\mathbf{q}_i$ 欧氏长度的平方,即 $\mathbf{q}_i^{\mathrm{H}} \mathbf{q}_i > 0$。因此可在式(E.14)的两边同除以 $\mathbf{q}_i^{\mathrm{H}} \mathbf{q}_i$,可将第 i 个特征值表示为

$$\lambda_i = \frac{\mathbf{q}_i^{\mathrm{H}} \mathbf{Rq}_i}{\mathbf{q}_i^{\mathrm{H}} \mathbf{q}_i} \qquad i = 1, 2, \cdots, M \qquad (\text{E.15})$$

因为相关矩阵 $\mathbf{R}$ 总是非负的,上式分子中的 $\mathbf{q}_i^{\mathrm{H}} \mathbf{Rq}_i$ 是实数且非负,即 $\mathbf{q}_i^{\mathrm{H}} \mathbf{Rq}_i \geq 0$。故由式(E.15)可知,对于所有 i,$\lambda_i \geq 0$;即相关矩阵 $\mathbf{R}$ 的特征值总是实数,而且是非负的。

除了罕见的无噪声正弦或无噪声阵列信号处理问题外,相关矩阵 $\mathbf{R}$ 是正定的;因此通常有 $\mathbf{q}_i^{\mathrm{H}} \mathbf{Rq}_i > 0$,故对所有 i,$\lambda_i > 0$。也就是说,相关矩阵的所有特征值总为正实数。

式(E.15)右边的埃尔米特形式 $\mathbf{q}_i^{\mathrm{H}} \mathbf{Rq}_i$ 与内积 $\mathbf{q}_i^{\mathrm{H}} \mathbf{q}_i$ 之比称为瑞利商(Rayleigh quotient)。因此可以说,相关矩阵 $\mathbf{R}$ 的特征值与其相应特征向量的瑞利商相等。

性质4 令 $\mathbf{q}_1, \mathbf{q}_2, \cdots, \mathbf{q}_M$ 分别表示 $M \times M$ 相关矩阵 $\mathbf{R}$ 的不同特征值 $\lambda_1, \lambda_2, \cdots, \lambda_M$ 所对应的特征向量,则特征向量 $\mathbf{q}_1, \mathbf{q}_2, \cdots, \mathbf{q}_M$ 相互正交。

令 $\mathbf{q}_i$ 和 $\mathbf{q}_j$ 表示相关矩阵的两个任意特征向量。如果满足下式条件

$$\mathbf{q}_i^{\mathrm{H}} \mathbf{q}_j = 0 \qquad i \neq j \qquad (\text{E.16})$$

则说这两个向量相互正交。利用式(E.1),可以写出特征向量 $\mathbf{q}_i$ 和 $\mathbf{q}_j$ 的条件分别为

$$\mathbf{Rq}_i = \lambda_i \mathbf{q}_i \qquad (\text{E.17})$$

和

$$\mathbf{Rq}_j = \lambda_j \mathbf{q}_j \qquad (\text{E.18})$$

在式(E.17)的两边左乘以埃尔米特转置向量 $\mathbf{q}_j^{\mathrm{H}}$,可得

$$\mathbf{q}_j^H \mathbf{R} \mathbf{q}_i = \lambda_i \mathbf{q}_j^H \mathbf{q}_i \qquad (\text{E}.19)$$

因为相关矩阵 $\mathbf{R}$ 是埃尔米特矩阵，$\mathbf{R}^H = \mathbf{R}$。此外，由性质3可知，对所有 j，特征值 λ_j 都是实数。因此，将式(E.18)的两边进行埃尔米特转置，可得

$$\mathbf{q}_j^H \mathbf{R} = \lambda_j \mathbf{q}_j^H \qquad (\text{E}.20)$$

式(E.20)的两边右乘以向量 $\mathbf{q}_i$ 可得

$$\mathbf{q}_j^H \mathbf{R} \mathbf{q}_i = \lambda_j \mathbf{q}_j^H \mathbf{q}_i \qquad (\text{E}.21)$$

将式(E.19)代入式(E.21)，得到

$$(\lambda_i - \lambda_j)\mathbf{q}_j^H \mathbf{q}_i = 0 \qquad (\text{E}.22)$$

因为假设矩阵 $\mathbf{R}$ 的特征值不同，有 $\lambda_i \neq \lambda_j$。因此，式(E.22)成立，当且仅当

$$\mathbf{q}_j^H \mathbf{q}_i = 0 \qquad i \neq j \qquad (\text{E}.23)$$

这是人们期望的结果。即当 $i \neq j$ 时，向量 $\mathbf{q}_i$ 和 $\mathbf{q}_j$ 相互正交。

性质5 酉相似变换 令 $\mathbf{q}_1, \mathbf{q}_2, \cdots, \mathbf{q}_M$ 分别表示 $M \times M$ 相关矩阵 $\mathbf{R}$ 的不同特征值 λ_1, $\lambda_2, \cdots, \lambda_M$ 所对应的特征向量，并定义 $M \times M$ 相关矩阵

$$\mathbf{Q} = [\mathbf{q}_1, \mathbf{q}_2, \cdots, \mathbf{q}_M]$$

这里

$$\mathbf{q}_i^H \mathbf{q}_j = \begin{cases} 1 & i = j \\ 0 & i \neq j \end{cases}$$

定义 M 行、M 列对角矩阵

$$\mathbf{\Lambda} = \mathrm{diag}(\lambda_1, \lambda_2, \cdots, \lambda_M)$$

则相关矩阵 $\mathbf{R}$ 可实现对角化如下：

$$\mathbf{Q}^H \mathbf{R} \mathbf{Q} = \mathbf{\Lambda}$$

条件 $\mathbf{q}_i^H \mathbf{q}_i = 1 (i = 1, 2, \cdots, M)$ 要求每个特征向量归一化为具有单位长度。向量 $\mathbf{q}_i$ 的平方长度或平方范数，定义为内积 $\mathbf{q}_i^H \mathbf{q}_i$。当 $i \neq j$ 时，由性质4有，$\mathbf{q}_i^H \mathbf{q}_j = 0$。当这两个条件同时满足，即当

$$\mathbf{q}_i^H \mathbf{q}_j = \begin{cases} 1 & i = j \\ 0 & i \neq j \end{cases} \qquad (\text{E}.24)$$

就说特征向量 $\mathbf{q}_1, \mathbf{q}_2, \cdots, \mathbf{q}_M$ 组成正交集。根据定义，特征向量 $\mathbf{q}_1, \mathbf{q}_2, \cdots, \mathbf{q}_M$ 满足方程

$$\mathbf{R} \mathbf{q}_i = \lambda_i \mathbf{q}_i \qquad i = 1, 2, \cdots, M \qquad (\text{E}.25)$$

$M \times M$ 矩阵 $\mathbf{Q}$ 将特征向量 $\mathbf{q}_1, \mathbf{q}_2, \cdots, \mathbf{q}_M$ 的正交集作为它的列，即

$$\mathbf{Q} = [\mathbf{q}_1, \mathbf{q}_2, \cdots, \mathbf{q}_M] \qquad (\text{E}.26)$$

$M \times M$ 对角矩阵 $\mathbf{\Lambda}$ 的主对角线元素就是特征值 $\lambda_1, \lambda_2, \cdots, \lambda_M$

$$\mathbf{\Lambda} = \mathrm{diag}(\lambda_1, \lambda_2, \cdots, \lambda_M) \qquad (\text{E}.27)$$

因此，可将式(E.25)中的 M 个方程重写为矩阵形式

$$\mathbf{RQ} = \mathbf{Q\Lambda} \qquad (\text{E.28})$$

由于式(E.24)中定义的特征向量的正交性,有

$$\mathbf{Q}^H\mathbf{Q} = \mathbf{I}$$

可等价写为

$$\mathbf{Q}^{-1} = \mathbf{Q}^H \qquad (\text{E.29})$$

即矩阵 $\mathbf{Q}$ 非奇异,其逆阵 $\mathbf{Q}^{-1}$ 等于 $\mathbf{Q}$ 的埃尔米特转置。具有这种性质的矩阵称为酉矩阵。

因此,在式(E.28)的两边左乘以埃尔米特转置矩阵 $\mathbf{Q}^H$,并利用式(E.29)的性质,可得

$$\mathbf{Q}^H\mathbf{RQ} = \mathbf{\Lambda} \qquad (\text{E.30})$$

这个变换称为酉相似变换。

于是,我们可证明一个重要结果:相关矩阵 $\mathbf{R}$ 可通过酉相似变换实现对角化。更进一步,用于使 $\mathbf{R}$ 对角化的矩阵 $\mathbf{Q}$,使用与矩阵 $\mathbf{R}$ 有关的特征向量的正交集 $\mathbf{R}$ 作为它的列。结果对角矩阵 $\mathbf{\Lambda}$ 用 $\mathbf{R}$ 的特征值作为其对角线元素。

对式(E.28)的两边右乘以逆阵 $\mathbf{Q}^{-1}$,然后利用式(E.29)的性质,可得

$$\mathbf{R} = \mathbf{Q\Lambda Q}^H$$
$$= \sum_{i=1}^{M} \lambda_i \mathbf{q}_i \mathbf{q}_i^H \qquad (\text{E.31})$$

其中 M 是矩阵 $\mathbf{R}$ 的维数。令投影 $\mathbf{p}_i$ 表示外积 $\mathbf{q}_i\mathbf{q}_i^H$。则可直接得出

$$\mathbf{P}_i = \mathbf{P}_i^2 = \mathbf{P}_i^H$$

实际上这意味着 $\mathbf{P}_i = \mathbf{q}_i\mathbf{q}_i^H$ 是单秩投影。因此,式(E.31)表明广义平稳随机过程的相关矩阵等于所有这样的单秩投影的线性组合,每一项都被各自的特征值加权。这就是 Mercer 定理,也称做谱定理。

性质6 令 $\lambda_1, \lambda_2, \cdots, \lambda_M$ 表示 $M \times M$ 相关矩阵 $\mathbf{R}$ 的特征值,则这些特征值之和等于矩阵 $\mathbf{R}$ 的迹。

方阵的迹定义为该矩阵对角线元素之和。对式(E.30)的两边求迹,可写出

$$\text{tr}[\mathbf{Q}^H\mathbf{RQ}] = \text{tr}[\mathbf{\Lambda}] \qquad (\text{E.32})$$

其中 tr 表示求迹算子。对角矩阵 $\mathbf{\Lambda}$ 以 $\mathbf{R}$ 的特征值作为其对角线元素,故有

$$\text{tr}[\mathbf{\Lambda}] = \sum_{i=1}^{M} \lambda_i \qquad (\text{E.33})$$

用矩阵代数定律[①],可以写出

$$\text{tr}[\mathbf{Q}^H\mathbf{RQ}] = \text{tr}[\mathbf{RQQ}^H]$$

而 $\mathbf{QQ}^H$ 等于单位矩阵 $\mathbf{I}$,因此有

$$\text{tr}[\mathbf{Q}^H\mathbf{RQ}] = \text{tr}[\mathbf{R}]$$

因此,可将式(E.32)重写为

① 在矩阵代数中有如下定理:$\mathbf{A}$ 是 $M \times N$ 矩阵,$\mathbf{B}$ 是 $N \times M$ 矩阵。则矩阵 $\mathbf{AB}$ 与矩阵 $\mathbf{BA}$ 的迹相等。

$$\operatorname{tr}[\mathbf{R}] = \sum_{i=1}^{M} \lambda_i \qquad (E.34)$$

由此可以证明,相关矩阵 $\mathbf{R}$ 的迹等于 $\mathbf{R}$ 的特征值之和。尽管在证明这个结果的时候,我们利用了一个性质,即要求 $\mathbf{R}$ 是具有不同特征值的埃尔米特矩阵,但这个结论适用于任意方阵。

性质 7　如果相关矩阵 $\mathbf{R}$ 的最大特征值和最小特征值之比很大,则 $\mathbf{R}$ 是病态的。

为了理解性质 7 的影响,认识用来有效求解信号处理问题算法的推导过程并理解与之相关的摄动理论(perturbation theory)是很重要的(Van Loan, 1989)。我们可以通过讨论线性系统方程

$$\mathbf{Aw} = \mathbf{d}$$

来说明这两个领域之间的联系。式中,矩阵 $\mathbf{A}$ 和向量 $\mathbf{d}$ 是与数据相关的量,$\mathbf{w}$ 是表征线性 FIR 滤波器的系数向量。摄动理论的基本公式告诉我们,如果矩阵 $\mathbf{A}$ 和向量 $\mathbf{d}$ 分别被很小的量 $\delta\mathbf{A}$ 和 $\delta\mathbf{d}$ 扰动,且 $\|\delta\mathbf{A}\|/\|\mathbf{A}\|$ 和 $\|\delta\mathbf{d}\|/\|\mathbf{d}\|$ 都属于某种 $\varepsilon \ll 1$ 的数量级,则有(Golub & Van Loan, 1996)

$$\frac{\|\delta\mathbf{w}\|}{\|\mathbf{w}\|} \leqslant \varepsilon\, \chi(\mathbf{A})$$

其中 $\delta\mathbf{w}$ 是由 $\delta\mathbf{A}$ 和 $\delta\mathbf{d}$ 引起的 $\mathbf{w}$ 的变化量,而 $\chi(\mathbf{A})$ 是矩阵 $\mathbf{A}$ 相对于其逆的条件数。之所以称为条件数,因为它从数量上描述了矩阵 $\mathbf{A}$ 的病态或坏的特性。特别地,它被定义为(Wilkinson, 1963; Strang, 1980; Golub & Van Loan, 1996)

$$\chi(\mathbf{A}) = \|\mathbf{A}\|\|\mathbf{A}^{-1}\| \qquad (E.35)$$

这里,$\|\mathbf{A}\|$ 是矩阵 $\mathbf{A}$ 的范数,$\|\mathbf{A}^{-1}\|$ 是逆阵 $\mathbf{A}^{-1}$ 的相应范数。矩阵的范数在某种意义上是矩阵量值的一种度量。很显然,矩阵范数满足下列条件:

1) $\|\mathbf{A}\| \geqslant 0$,仅当 $\mathbf{A} = \mathbf{0}$ 时取等号。

2) $\|c\mathbf{A}\| = |c|\|\mathbf{A}\|$,其中 c 是实数,$|c|$ 是其绝对值。

3) $\|\mathbf{A} + \mathbf{B}\| \leqslant \|\mathbf{A}\| + \|\mathbf{B}\|$

4) $\|\mathbf{AB}\| \leqslant \|\mathbf{A}\|\|\mathbf{B}\|$

条件 3 是三角不等式,条件 4 表示互一致性。有几种方法定义范数 $\|\mathbf{A}\|$ 使得它满足前述条件(Ralston, 1965)。然而,对于目前的讨论,使用谱范数[①]将更加方便,而谱范数定义为矩阵乘积 $\mathbf{A}^{\mathrm{H}}\mathbf{A}$ 最大特征值的平方根,其中 $\mathbf{A}^{\mathrm{H}}$ 是矩阵 $\mathbf{A}$ 的埃尔米特转置;即

$$\|\mathbf{A}\|_s = (\mathbf{A}^{\mathrm{H}}\mathbf{A}\ 的最大特征值)^{1/2} \qquad (E.36)$$

因为,对任意矩阵 $\mathbf{A}$,乘积 $\mathbf{A}^{\mathrm{H}}\mathbf{A}$ 都是埃尔米特矩阵且非负,由此可得出 $\mathbf{A}^{\mathrm{H}}\mathbf{A}$ 的特征值也都是非负实数,正如所要求的。此外,从式(E.15)我们注意到 $\mathbf{A}^{\mathrm{H}}\mathbf{A}$ 的特征值等于其对应的特

---

① 矩阵 $\mathbf{A}$ 的另一种范数是 Frobenius 范数,定义为(Stewart, 1973)

$$\|\mathbf{A}\|_{\mathrm{F}} = \sqrt{\sum_{i=1}^{M} \sum_{j=1}^{N} |a_{ij}|^2}$$

其中 M 和 N 是矩阵 $\mathbf{A}$ 的维数,a_{ij} 是矩阵 $\mathbf{A}$ 的第 i 行、第 j 列元素。

征向量的瑞利系数。将式(E.36)的两边平方并利用此性质,可以写出①

$$\|\mathbf{A}\|_s^2 = \max \frac{\mathbf{x}^H \mathbf{A}^H \mathbf{A} \mathbf{x}}{\mathbf{x}^H \mathbf{x}}$$

$$= \max \frac{\|\mathbf{A}\mathbf{x}\|^2}{\|\mathbf{x}\|^2}$$

其中分母 $\|\mathbf{x}\|^2$ 是向量 $\mathbf{x}$ 的欧氏范数平方,或平方长度,分子 $\|\mathbf{A}\mathbf{x}\|^2$ 亦然。于是,可用等效形式将矩阵 $\mathbf{A}$ 的谱范数写为

$$\|\mathbf{A}\|_s = \max \frac{\|\mathbf{A}\mathbf{x}\|}{\|\mathbf{x}\|} \tag{E.37}$$

根据这个关系式,$\mathbf{A}$ 的谱范数度量出其最大值,由此,任何向量(不一定是特征向量)通过矩阵乘法被放大。而且被放大最大的向量就是 $\mathbf{A}^H \mathbf{A}$ 的最大特征值所对应的特征向量(Strang, 1980)。

现考虑将式(E.36)的定义应用于相关矩阵 $\mathbf{R}$。因为 $\mathbf{R}$ 是埃尔米特矩阵,$\mathbf{R}^H = \mathbf{R}$;故由性质 1 可推知,若 $\lambda_{\max}$ 是 $\mathbf{R}$ 的最大特征值,则 $\mathbf{R}^H \mathbf{R}$ 的最大特征值等于 $\lambda_{\max}^2$。因此,相关矩阵 $\mathbf{R}$ 的谱范数为

$$\|\mathbf{R}\|_s = \lambda_{\max} \tag{E.38}$$

类似地可以证明,逆相关矩阵 $\mathbf{R}^{-1}$ 的谱范数为

$$\|\mathbf{R}^{-1}\|_s = \frac{1}{\lambda_{\min}} \tag{E.39}$$

其中 $\lambda_{\min}$ 是 $\mathbf{R}$ 的最小特征值。因此,通过采用谱范数作为计算条件数的基础,容易证明相关矩阵 $\mathbf{R}$ 的条件数为

$$\chi(\mathbf{R}) = \frac{\lambda_{\max}}{\lambda_{\min}} \tag{E.40}$$

这个比值通常称为相关矩阵的特征值扩散度或特征值比。注意,$\chi(\mathbf{R}) \geq 1$ 总是成立的。

假设相关矩阵 $\mathbf{R}$ 是归一化的,使得最大元素 $r(0)$ 等于 1。如果相关矩阵 $\mathbf{R}$ 的条件数或特征值扩散度很大,则逆阵 $\mathbf{R}^{-1}$ 中会包含很大的元素。这个特性会在求解含有 $\mathbf{R}^{-1}$ 的方程组时引起麻烦。在这种情况下,我们说相关矩阵 $\mathbf{R}$ 是病态的,从而证明了性质 7。

性质 8 离散随机过程相关矩阵的特征值以过程的功率谱密度的最大值和最小值为界。

令 λ_i 和 $\mathbf{q}_i (i = 1, 2, \cdots, M)$ 分别表示离散随机过程 $u(n)$ 的 $M \times M$ 相关矩阵 $\mathbf{R}$ 的特征值和相关的特征向量。

为了表达方便,重写式(E.15),有

$$\lambda_i = \frac{\mathbf{q}_i^H \mathbf{R} \mathbf{q}_i}{\mathbf{q}_i^H \mathbf{q}_i} \qquad i = 1, 2, \cdots, M \tag{E.41}$$

式(E.41)分子中的埃尔米特形式可以展开形式表示为

---

① 向量 $\mathbf{x}$ 是矩阵 $\mathbf{A}^H \mathbf{A}$ 的一个特征向量。因此目前只能说 $\|\mathbf{A}\|_s^2$ 是特征向量的最大瑞利商。然而,在最大化定理被证明之后,性质 7 可适用于任何向量(参见性质 9)。

$$\mathbf{q}_i^H \mathbf{R} \mathbf{q}_i = \sum_{k=1}^{M} \sum_{l=1}^{M} q_{ik}^* r(l-k) q_{il} \qquad (\text{E}.42)$$

这里 q_{ik}^* 是行向量 $\mathbf{q}_i^H$ 的第 k 个元素, $r(l-k)$ 是矩阵 $\mathbf{R}$ 的第 k 行第 l 列元素, q_{il} 是列向量 $\mathbf{q}_i$ 的第 l 个元素。利用式(1.116)的爱因斯坦–维纳–辛钦(Einstein-Wiener-Khintchine)关系式, 可以写出

$$r(l-k) = \frac{1}{2\pi} \int_{-\pi}^{\pi} S(\omega) \mathrm{e}^{\mathrm{j}\omega(l-k)} \,\mathrm{d}\omega \qquad (\text{E}.43)$$

其中 $S(\omega)$ 是过程 $u(n)$ 的功率谱密度。因此, 可重写式(E.42)为

$$\begin{aligned}
\mathbf{q}_i^H \mathbf{R} \mathbf{q}_i &= \frac{1}{2\pi} \sum_{k=1}^{M} \sum_{l=1}^{M} q_{ik}^* q_{il} \int_{-\pi}^{\pi} S(\omega) \mathrm{e}^{\mathrm{j}\omega(l-k)} \,\mathrm{d}\omega \\
&= \frac{1}{2\pi} \int_{-\pi}^{\pi} \mathrm{d}\omega S(\omega) \sum_{k=1}^{M} q_{ik}^* \mathrm{e}^{-\mathrm{j}\omega k} \sum_{l=1}^{M} q_{il} \mathrm{e}^{\mathrm{j}\omega l}
\end{aligned} \qquad (\text{E}.44)$$

令序列 $q_{i1}^*, q_{i2}^*, \cdots, q_{iM}^*$ 的离散傅里叶变换可记为

$$Q_i'(\mathrm{e}^{\mathrm{j}\omega}) = \sum_{k=1}^{M} q_{ik}^* \mathrm{e}^{-\mathrm{j}\omega k} \qquad (\text{E}.45)$$

将式(E.45)代入式(E.44), 可得

$$\mathbf{q}_i^H \mathbf{R} \mathbf{q}_i = \frac{1}{2\pi} \int_{-\pi}^{\pi} |Q_i'(\mathrm{e}^{\mathrm{j}\omega})|^2 S(\omega) \,\mathrm{d}\omega \qquad (\text{E}.46)$$

类似地, 可以证明

$$\mathbf{q}_i^H \mathbf{q}_i = \frac{1}{2\pi} \int_{-\pi}^{\pi} |Q_i'(\mathrm{e}^{\mathrm{j}\omega})|^2 \,\mathrm{d}\omega \qquad (\text{E}.47)$$

因此, 根据有关的功率谱密度, 可利用式(E.41)重新定义相关矩阵 $\mathbf{R}$ 的特征值 λ_i 为

$$\lambda_i = \frac{\displaystyle\int_{-\pi}^{\pi} |Q_i'(\mathrm{e}^{\mathrm{j}\omega})|^2 S(\omega) \,\mathrm{d}\omega}{\displaystyle\int_{-\pi}^{\pi} |Q_i'(\mathrm{e}^{\mathrm{j}\omega})|^2 \,\mathrm{d}\omega} \qquad (\text{E}.48)$$

令 $S_{\min}$ 和 $S_{\max}$ 分别表示功率谱密度 $S(\omega)$ 的绝对最小值和最大值。则

$$\int_{-\pi}^{\pi} |Q_i'(\mathrm{e}^{\mathrm{j}\omega})|^2 S(\omega) \,\mathrm{d}\omega \geqslant S_{\min} \int_{-\pi}^{\pi} |Q_i'(\mathrm{e}^{\mathrm{j}\omega})|^2 \,\mathrm{d}\omega \qquad (\text{E}.49)$$

和

$$\int_{-\pi}^{\pi} |Q_i'(\mathrm{e}^{\mathrm{j}\omega})|^2 S(\omega) \,\mathrm{d}\omega \leqslant S_{\max} \int_{-\pi}^{\pi} |Q_i'(\mathrm{e}^{\mathrm{j}\omega})|^2 \,\mathrm{d}\omega \qquad (\text{E}.50)$$

因此, 利用式(E.48), 可以推出特征值 λ_i 以有关功率谱密度的最大值和最小值为界, 即

$$S_{\min} \leqslant \lambda_i \leqslant S_{\max} \qquad i = 1, 2, \cdots, M \qquad (\text{E}.51)$$

相应地, 特征值扩展 $\chi(\mathbf{R})$ 被限制为

$$\chi(\mathbf{R}) = \frac{\lambda_{\max}}{\lambda_{\min}} \leqslant \frac{S_{\max}}{S_{\min}} \qquad (\text{E}.52)$$

令人感兴趣的是,当相关矩阵维数 M 趋于无穷时,最大特征值 λ_{max} 趋于 S_{max},最小特征值 λ_{min} 趋于 S_{min}。因此,当相关矩阵 $\mathbf{R}$ 的维数 M 趋于无穷时,其特征值扩散度 $\lambda(\mathbf{R})$ 趋于 S_{max}/S_{min}。

性质9 极小-极大定理 设 $M \times M$ 相关矩阵 $\mathbf{R}$ 具有特征值 λ_1,λ_2,$\cdots$,λ_M,它们按递减顺序排列如下

$$\lambda_1 \geq \lambda_2 \geq \cdots \geq \lambda_M$$

最小-最大定理指出

$$\lambda_k = \min_{\dim(\mathscr{S})=k} \max_{\substack{\mathbf{x} \in \mathscr{S} \\ \mathbf{x} \neq \mathbf{0}}} \frac{\mathbf{x}^H \mathbf{R} \mathbf{x}}{\mathbf{x}^H \mathbf{x}} \qquad k = 1, 2, \cdots, M \tag{E.53}$$

其中 $\mathscr{S}$ 是所有 $M \times 1$ 复向量空间的子空间。$\dim(\mathscr{S})$ 表示空间 $\mathscr{S}$ 的维数,$\mathbf{x} \in \mathscr{S}$ 意味着向量 $\mathbf{x}$(假设非零)随子空间 $\mathscr{S}$ 而变化。

令 $\mathbb{C}^M$ 表示 M 维复向量空间。为了方便目前的讨论,定义复(线性)向量空间 $\mathbb{C}^M$ 是所有复向量的集合,这些复向量可表示为 M 个基向量的线性组合。特别地,可以写出

$$\mathbb{C}^M = \{\mathbf{y}\} \tag{E.54}$$

其中

$$\mathbf{y} = \sum_{i=1}^{M} a_i \mathbf{q}_i \tag{E.55}$$

是任意复向量,$\mathbf{q}_i$ 是基向量,a_i 为实系数。对于基向量 $\mathbf{q}_1, \mathbf{q}_2, \cdots, \mathbf{q}_M$ 可使用向量的任意正交集,它满足如下条件

$$\mathbf{q}_i^H \mathbf{q}_j = \begin{cases} 1 & i = j \\ 0 & i \neq j \end{cases} \tag{E.56}$$

换句话说,每个基向量都进行了归一化,使得欧氏长度或范数为1且正交于该集合中的其他基向量。复向量空间 $\mathbb{C}^M$ 的维数 M 是张成整个空间所需的基向量的最少数。

基函数定义了复向量空间的坐标。任意维数可相容的复向量都可简单地表示为该空间的一点。实际上,复向量空间的思想是欧氏几何的自然推广。这个思想的核心是子空间的概念。如果 $\mathscr{S}$ 包括了定义 $\mathbb{C}^M$ 的 M 个基向量的子集,则说 $\mathscr{S}$ 是复向量空间 $\mathbb{C}^M$ 的子空间。换句话说,k 维子空间定义为复向量的集合,它可写为基向量 $\mathbf{q}_1$,$\mathbf{q}_2$,$\cdots$,$\mathbf{q}_M$ 的线性组合,即

$$\mathbf{x} = \sum_{i=1}^{k} a_i \mathbf{q}_i \tag{E.57}$$

显然,$k \leq M$。但要注意向量 $\mathbf{x}$ 的维数是 M。

这些思想用图 E.1 所示的三维向量空间来说明。$\mathbf{q}_1$,$\mathbf{q}_2$ 平面表示两维子空间 $\mathscr{S}$。向量 $\mathbf{y}$ 和向量 $\mathbf{x}$ 的表示(即子空间 $\mathscr{S}$ 内 $\mathbf{y}$ 的部分)也见该图。

回到目前的问题,即式(E.53)极小-极大定理的证明。这项工作进行如下:首先利用式(E.31)的谱定理将 $M \times M$ 相关矩阵 $\mathbf{R}$ 分解为

$$\mathbf{R} = \sum_{i=1}^{M} \lambda_i \mathbf{q}_i \mathbf{q}_i^H$$

其中 λ_i 是 $\mathbf{R}$ 的特征值,$\mathbf{q}_i$ 是对应的特征向量。考虑到特征向量 $\mathbf{q}_1, \mathbf{q}_2, \cdots, \mathbf{q}_M$ 满足式(E.24)

的正交条件，故可用它作为复向量空间$\mathbb{C}^M$的M个基向量。$M \times 1$向量$\mathbf{x}$被限制在k维子空间$\mathscr{S}$内，如式(E.57)所定义。然后，利用式(E.31)，可将向量$\mathbf{x}$的瑞利商写为

$$\frac{\mathbf{x}^H\mathbf{R}\mathbf{x}}{\mathbf{x}^H\mathbf{x}} = \frac{\sum\limits_{i=1}^{k} a_i^2 \lambda_i}{\sum\limits_{i=1}^{k} a_i^2} \tag{E.58}$$

式(E.58)表明k维子空间$\mathscr{S}$(即特征向量$\mathbf{q}_1$，$\mathbf{q}_2$，$\cdots$，$\mathbf{q}_k$张成的子空间)内向量$\mathbf{x}$的瑞利商是特征值$\lambda_1,\lambda_2,\cdots,\lambda_k$的加权平均。因为假设$\lambda_1 \geqslant \lambda_2 \geqslant \cdots \geqslant \lambda_k$，故对任意$k$维子空间$\mathscr{S}$，有

$$\max_{\substack{\mathbf{x}\in\mathscr{S}\\ \mathbf{x}\neq\mathbf{0}}} \frac{\mathbf{x}^H\mathbf{R}\mathbf{x}}{\mathbf{x}^H\mathbf{x}} \leqslant \lambda_k$$

这个结果意味着

$$\min_{\dim(\mathscr{S})=k} \max_{\substack{\mathbf{x}\in\mathscr{S}\\ \mathbf{x}\neq\mathbf{0}}} \frac{\mathbf{x}^H\mathbf{R}\mathbf{x}}{\mathbf{x}^H\mathbf{x}} \leqslant \lambda_k \tag{E.59}$$

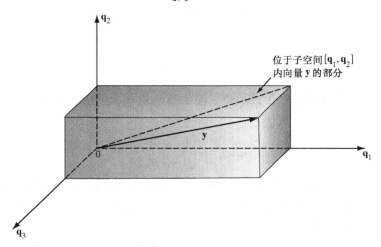

图 E.1　三维(实)向量空间中一向量投影到子空间上

下面来证明，对于任意由特征向量$\mathbf{q}_{i_1}$，$\mathbf{q}_{i_2}$，$\cdots$，$\mathbf{q}_{i_k}$张成的k维子空间$\mathscr{S}$，其中$\{i_1,i_2,\cdots,i_k\}$是$\{1,2,\cdots,M\}$的子集，至少存在一非零向量$\mathbf{x}$为$\mathscr{S}$和特征向量$\mathbf{q}_k$，$\mathbf{q}_{k+1}$，$\mathbf{q}_M$张成的子空间$\mathscr{S}'$所共有。为此，考虑由M个齐次方程组

$$\sum_{j=1}^{k} a_j \mathbf{q}_{i_j} = \sum_{i=k}^{M} b_i \mathbf{q}_i \tag{E.60}$$

其中$(M+1)$个未知数构成如下：

1) k个标量，即a_1，a_2，$\cdots$，a_k在左边。

2) $M-k+1$个标量，即b_k，b_{k+1}，$\cdots$，b_M在右边。

因此，式(E.60)的方程组总有非平凡解。此外，由性质2知道，特征向量$\mathbf{q}_{i_1}$，$\mathbf{q}_{i_2}$，$\cdots$，$\mathbf{q}_{i_k}$和$\mathbf{q}_k$，$\mathbf{q}_{k+1}$，$\cdots$，$\mathbf{q}_M$特征向量是线性无关的。因此，至少有一非零向量$\mathbf{x} = \sum_{j=1}^{k} a_j \mathbf{q}_{i_j}$为$\mathbf{q}_{i_1}$，$\mathbf{q}_{i_2}$，$\cdots$，$\mathbf{q}_{i_k}$

空间和 $\mathbf{q}_k$，$\mathbf{q}_{k+1}$，$\cdots$，$\mathbf{q}_M$ 空间所共有。于是，利用式(E.60)、式(E.57)和式(E.41)，也可将向量 $\mathbf{x}$ 的瑞利商写为特征值 λ_k，λ_{k+1}，$\cdots$，λ_M 的加权平均，即

$$\frac{\mathbf{x}^{\mathrm{H}}\mathbf{R}\mathbf{x}}{\mathbf{x}^{\mathrm{H}}\mathbf{x}} = \frac{\sum_{i=k}^{M} b_i^2 \lambda_i}{\sum_{i=k}^{M} b_i^2} \tag{E.61}$$

假设 $\lambda_k \geqslant \lambda_{k+1} \geqslant \cdots \geqslant \lambda_M$，且 $\mathbf{x}$ 也是子空间 $\mathscr{S}$ 内的向量，故可写出

$$\max_{\substack{\mathbf{x}\in\mathscr{S}\\ \mathbf{x}\neq\mathbf{0}}} \frac{\mathbf{x}^{\mathrm{H}}\mathbf{R}\mathbf{x}}{\mathbf{x}^{\mathrm{H}}\mathbf{x}} \geqslant \lambda_k$$

因此

$$\min_{\dim(\mathscr{S})=k} \max_{\substack{\mathbf{x}\in\mathscr{S}\\ \mathbf{x}\neq\mathbf{0}}} \frac{\mathbf{x}^{\mathrm{H}}\mathbf{R}\mathbf{x}}{\mathbf{x}^{\mathrm{H}}\mathbf{x}} \geqslant \lambda_k \tag{E.62}$$

因为 $\mathscr{S}$ 是 k 维的任意子空间。

下面剩下要做的事情是组合式(E.59)和式(E.62)的结果，从而立即得出性质 9 所述的式(E.53)的极小-极大定理。

由性质 9，有以下两个重要的观察结果：

1）式(E.53)所表述的极小-极大定理，对相关矩阵 $\mathbf{R}$ 的特征结构(即特征值和特征向量)没有任何特殊要求。实际上，这个定理可作为定义特征值 λ_k，$k=1,2,\cdots,M$ 的基础。

2）极小-极大定理指出了相关矩阵特征结构独特的两个特性：(a)特征向量给出了 M 维空间的特殊基，从能量意义上，它是最有效的；(b)特征值是 $M\times 1$ 输入(观测)向量 $\mathbf{u}(n)$ 的某些能量。这个问题将在性质 10 中进一步讨论。

还有一点值得注意的是，式(E.53)亦可表示为如下等价形式

$$\lambda_k = \max_{\dim(\mathscr{S}')=M-k+1} \min_{\substack{\mathbf{x}\in\mathscr{S}'\\ \mathbf{x}\neq\mathbf{0}}} \frac{\mathbf{x}^{\mathrm{H}}\mathbf{R}\mathbf{x}}{\mathbf{x}^{\mathrm{H}}\mathbf{x}} \tag{E.63}$$

式(E.63)称为极大-极小定理。

由式(E.53)和式(E.63)，可容易推导出下面两种特殊情况下的结果：

1）当 $k=M$ 时，子空间 $\mathscr{S}$ 完全占据整个向量空间 $\mathbb{C}^M$。在这种情况下，式(E.53)变为

$$\lambda_1 = \max_{\substack{\mathbf{x}\in\mathbb{C}^M\\ \mathbf{x}\neq\mathbf{0}}} \frac{\mathbf{x}^{\mathrm{H}}\mathbf{R}\mathbf{x}}{\mathbf{x}^{\mathrm{H}}\mathbf{x}} \tag{E.64}$$

其中 λ_1 为相关矩阵 $\mathbf{R}$ 的最大特征值。

2）当 $k=1$ 时，子空间 $\mathscr{S}'$ 完全占据整个向量空间 $\mathbb{C}^M$。在这种情况下，式(E.63)变为

$$\lambda_M = \min_{\substack{\mathbf{x}\in\mathbb{C}^M\\ \mathbf{x}\neq\mathbf{0}}} \frac{\mathbf{x}^{\mathrm{H}}\mathbf{R}\mathbf{x}}{\mathbf{x}^{\mathrm{H}}\mathbf{x}} \tag{E.65}$$

其中 λ_M 是相关矩阵 $\mathbf{R}$ 的最小特征值。

性质 10 Karhunen-Loève 展开 $M\times 1$ 向量 $\mathbf{u}(n)$ 表示取自均值为零和相关矩阵为 $\mathbf{R}$ 的

广义平稳随机过程的数据序列。$\mathbf{q}_1$，$\mathbf{q}_2$，$\cdots$，$\mathbf{q}_M$ 是矩阵 $\mathbf{R}$ 的 M 个特征值所对应的特征向量。则向量$\mathbf{u}(n)$可表示为这些特征向量的线性组合，即

$$\mathbf{u}(n) = \sum_{i=1}^{M} c_i(n)\mathbf{q}_i \qquad (\text{E.}66)$$

展开式的系数是均值为零，由内积

$$c_i(n) = \mathbf{q}_i^{\text{H}}\mathbf{u}(n) \qquad i = 1, 2, \cdots, M \qquad (\text{E.}67)$$

定义的非相关随机变量。

　　式(E.66)和式(E.67)中所描述的随机向量 $\mathbf{u}(n)$ 表示就是 Karhunen-Loève 展开式。特别地，式(E.67)是展开式的"分析"部分，因为它依据输入向量 $\mathbf{u}(n)$ 定义了 $c_i(n)$。另一方面，式(E.66)是展开式的"综合"部分，因为它从 $c_i(n)$ 中重建了输入向量 $\mathbf{u}(n)$。给定式(E.66)，式(E.67)中 $c_i(n)$ 的定义可直接得出，其根据是特征向量 $\mathbf{q}_1$，$\mathbf{q}_2$，$\cdots$，$\mathbf{q}_M$ 组成一个正交集(假设其均归一化为单位长度)。相反，这个性质可用于导出式(E.66)，只要给定式(E.67)。

　　展开式系数作为随机变量可表征为

$$\mathbb{E}\big[c_i(n)\big] = 0 \qquad i = 1, 2, \cdots, M \qquad (\text{E.}68)$$

和

$$\mathbb{E}\big[c_i(n)c_j^*(n)\big] = \begin{cases} \lambda_i & i = j \\ 0 & i \neq j \end{cases} \qquad (\text{E.}69)$$

式(E.68)表明，所有展开式系数的均值为零。根据式(E.67)及随机向量 $\mathbf{u}(n)$ 本身的均值假设为零，可直接得出这一结论。式(E.69)表明该展开式的系数是无关的，而且每个系数的均方值等于各自的特征值。通过利用相关矩阵 $\mathbf{R}$ 的定义中式(E.66)的展开式作为外积 $\mathbf{u}(n)\mathbf{u}^{\text{H}}(n)$ 的数学期望，然后引用酉相似变换(即性质5)，很容易得到第二个式子。

　　为了对 Karhunen-Loève 展开式做出物理解释，可将特征向量 $\mathbf{q}_1$，$\mathbf{q}_2$，$\cdots$，$\mathbf{q}_M$ 看做 M 维空间的坐标，从而用它在这些轴上投影 $c_1(n)$，$c_2(n)$，$\cdots$，$c_M(n)$ 的集合来表示随机向量$\mathbf{u}(n)$。此外，式(E.66)可以看出

$$\sum_{i=1}^{M} \big|c_i(n)\big|^2 = \|\mathbf{u}(n)\|^2 \qquad (\text{E.}70)$$

其中 $\|\mathbf{u}(n)\|$ 是 $\mathbf{u}(n)$ 的欧氏范数。也就是说，系数 $c_i(n)$ 具有一个能量，它等于观测向量 $\mathbf{u}(n)$ 沿第 i 个坐标轴测得的能量。显然，这个能量是随机变量，其均值等于第 i 个特征值，即

$$\mathbb{E}\big[\big|c_i(n)\big|^2\big] = \lambda_i \qquad i = 1, 2, \cdots, M \qquad (\text{E.}71)$$

这个结果可从式(E.67)和式(E.69)直接得出。

E.3　低秩建模

　　统计信号处理的一个关键问题是特征选择(feature selection)，意指数据空间变换为特征空间(feature space)的过程。从理论上讲，特征空间与原来的数据空间同维数。然而，我们希望以这样一种方式来设计该变换，使得能用较少的"有效"特征来表示数据空间，且保

持输入数据固有的大部分信息内容。换言之，数据向量可降维处理(reduction in demension-ality)。

具体来说，假设有一个 M 维数据向量 $\mathbf{u}(n)$，它表示平稳随机过程的一种特殊实现。同时假设通过一噪声信道传输该向量，传输中使用由 p 个不同数组成的一个新集合，其中 $p < M$。本质上，这是一个特征选择问题，可借助 Karhunen-Loève 展开式来解决这个问题，描述如下。

根据式(E.66)，数据向量 $\mathbf{u}(n)$ 可展开为其相关矩阵 $\mathbf{R}$ 特征值 $\lambda_1, \lambda_2, \cdots, \lambda_M$ 所对应的特征向量 $\mathbf{q}_1, \mathbf{q}_2, \cdots, \mathbf{q}_M$ 的线性组合。假设特征值都不同且按递减顺序排列如下

$$\lambda_1 > \lambda_2 > \cdots > \lambda_i > \cdots > \lambda_M \tag{E.72}$$

使用矩阵 $\mathbf{R}$ 所有特征值的式(E.66)的数据表示是精确的，从这种意义上讲，这种表示没有信息损失。然而，如果我们有先验知识，即预知式(E.72)尾部的 $M - p$ 个特征值 $\lambda_{p+1}, \cdots, \lambda_M$ 都很小。那么，我们可利用这个先验知识，保留矩阵 $\mathbf{R}$ 的 p 个最大特征值，而在 $i = p$ 处将式(E.66)的 Karhunen-Loève 展开式截断。因此，可将数据向量 $\mathbf{u}(n)$ 近似重建为

$$\hat{\mathbf{u}}(n) = \sum_{i=1}^{p} c_i(n)\mathbf{q}_i \qquad p < M \tag{E.73}$$

向量 $\hat{\mathbf{u}}(n)$ 的秩为 p，小于原数据向量 $\mathbf{u}(n)$ 的秩 M。由于这个原因，式(E.73)定义的数据模型称为低秩模型(low-rank model)。这里要注意的重要一点是，我们可通过 p 个数 $\{c_i(n); i = 1, 2, \cdots, p\}$ 来重建近似的 $\hat{\mathbf{u}}(n)$。根据式(E.67)，$c_i(n)$ 自身由 $\mathbf{u}(n)$ 定义。换言之，以 $c_1(n), c_2(n), \cdots, c_p(n)$ 为元素的新向量 $\mathbf{c}(n)$，可看做原数据向量 $\mathbf{u}(n)$ 的降秩表示。

图 E.2 描述了特征选择过程的本质。我们从 M 维数据空间[其中某一特殊点确定了数据向量 $\mathbf{u}(n)$ 的位置]出发。通过式(E.67)，将该特殊点变换为 $p(p < M)$ 维特征空间的一个新的点。图中所示的变换有时也称为子空间分解或降秩(reduced-rank)分解。

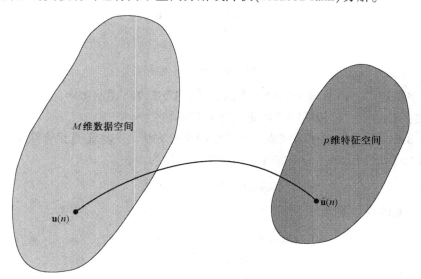

图 E.2 含有子空间分解的变换

显然，在运用式(E.73)重建数据向量 $\mathbf{u}(n)$ 时，由于 $\hat{\mathbf{u}}(n)$ 的秩低于 $\mathbf{u}(n)$ 的秩，故会引

入误差。重建误差向量定义为

$$\mathbf{e}(n) = \mathbf{u}(n) - \hat{\mathbf{u}}(n) \tag{E.74}$$

将式(E.66)和式(E.73)代入式(E.74),得到

$$\mathbf{e}(n) = \sum_{i=p+1}^{M} c_i(n)\mathbf{q}_i \tag{E.75}$$

因此,均方误差为

$$\begin{aligned}
\varepsilon &= \mathbb{E}[\|\mathbf{e}(n)\|^2] \\
&= \mathbb{E}[\mathbf{e}^{\mathrm{H}}(n)\mathbf{e}(n)] \\
&= \mathbb{E}\left[\sum_{i=p+1}^{M}\sum_{j=p+1}^{M} c_i^*(n)c_j(n)\mathbf{q}_i^{\mathrm{H}}\mathbf{q}_j\right] \\
&= \sum_{i=p+1}^{M}\sum_{j=p+1}^{M} \mathbb{E}[c_i^*(n)c_j(n)]\mathbf{q}_i^{\mathrm{H}}\mathbf{q}_j \\
&= \sum_{i=p+1}^{M} \lambda_i,
\end{aligned} \tag{E.76}$$

该式证明:式(E.73)定义了一个良好的重建,只要特征向量 $\lambda_{p+1}, \cdots, \lambda_M$ 远小于 $\lambda_1, \cdots, \lambda_p$。

E3.1　低秩建模的应用

为了体现基于式(E.73)的低秩模型的实用价值,考虑沿含有噪声的通信信道传输数据向量 $\mathbf{u}(n)$ 的问题。假设接收信号受到信道噪声向量 $\boldsymbol{v}(n)$ 的干扰,噪声建模为零均值的加性高斯白噪声。则

$$\mathbb{E}[\mathbf{u}(n)\boldsymbol{v}^{\mathrm{H}}(n)] = \mathbf{0} \tag{E.77}$$

和

$$\mathbb{E}[\boldsymbol{v}(n)\boldsymbol{v}^{\mathrm{H}}(n)] = \sigma^2\mathbf{I} \tag{E.78}$$

式中 $\mathbf{I}$ 表示单位矩阵,σ^2 为噪声向量元素的方差。式(E.77)说明噪声向量 $\boldsymbol{v}(n)$ 和数据向量 $\mathbf{u}(n)$ 不相关;而式(E.78)说明噪声向量的元素互不相关。

在图 E.3 中,给出了沿信道完成数据传输的两种方法。一种是直接方法,另一种是间接方法。在图 E.3(a)所示的直接方法中,接收信号向量为

$$\mathbf{y}_{\mathrm{direct}}(n) = \mathbf{u}(n) + \boldsymbol{v}(n) \tag{E.79}$$

因此,传输误差的均方值为

$$\begin{aligned}
\varepsilon_{\mathrm{direct}} &= \mathbb{E}[\|\mathbf{y}_{\mathrm{direct}}(n) - \mathbf{u}(n)\|^2] \\
&= \mathbb{E}[\|\boldsymbol{v}(n)\|^2] \\
&= \mathbb{E}[\boldsymbol{v}^{\mathrm{H}}(n)\boldsymbol{v}(n)]
\end{aligned}$$

由式(E.78)可以看出,噪声向量 $\boldsymbol{v}(n)$ 的每个元素 $v_i(n)$ 的方差为 σ^2。因此,可简单地将 $\varepsilon_{\mathrm{direct}}$ 表示为

$$\varepsilon_{\text{direct}} = \sum_{i=1}^{M} \mathbb{E}\big[|\nu_i(n)|^2\big]$$
$$= M\sigma^2 \tag{E.80}$$

其中 M 是 $\boldsymbol{\nu}(n)$ 的维数。

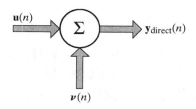

(a) 直接方法

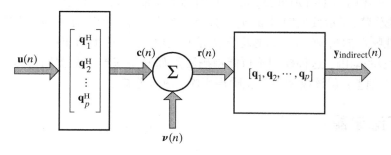

(b) 间接方法

图 E.3 数据传输的两种方法

下面，考虑图 E.3(b) 所示的间接方法，其中输入向量 $\mathbf{u}(n)$ 首先被加到发送滤波器组，其各抽头权向量等于 $\mathbf{u}(n)$ 相关矩阵 $\mathbf{R}$ 的 p 个最大特征值 $\lambda_1, \lambda_2, \cdots, \lambda_p$ 所对应的特征向量 $\mathbf{q}_1, \mathbf{q}_2, \cdots, \mathbf{q}_p$ 的埃尔米特转置。结果产生的 $p \times 1$ 向量 $\mathbf{c}(n)$[其元素由 $\mathbf{u}(n)$ 与 $\mathbf{q}_1, \mathbf{q}_2, \cdots, \mathbf{q}_p$ 的内积组成]根据式(E.67)构成发送信号向量

$$\mathbf{c}(n) = \big[\mathbf{q}_1, \mathbf{q}_2, \cdots, \mathbf{q}_p\big]^{\mathrm{H}} \mathbf{u}(n) \tag{E.81}$$

相应地，接收信号向量定义为

$$\mathbf{r}(n) = \mathbf{c}(n) + \boldsymbol{\nu}(n) \tag{E.82}$$

其中信道噪声向量 $\boldsymbol{\nu}(n)$ 的维数现为 p，与 $\mathbf{c}(n)$ 相一致。为了重建原始数据信号 $\mathbf{u}(n)$，将接收信号向量 $\mathbf{r}(n)$ 加到一接收滤波器组，其各抽头权向量由特征向量 $\mathbf{q}_1, \mathbf{q}_2, \cdots, \mathbf{q}_p$ 定义。结果产生的接收机的输出向量为

$$\mathbf{y}_{\text{indirect}}(n) = \big[\mathbf{q}_1, \mathbf{q}_2, \cdots, \mathbf{q}_p\big]\mathbf{r}(n)$$
$$= \big[\mathbf{q}_1, \mathbf{q}_2, \cdots, \mathbf{q}_p\big]\mathbf{c}(n) + \big[\mathbf{q}_1, \mathbf{q}_2, \cdots, \mathbf{q}_p\big]\boldsymbol{\nu}(n) \tag{E.83}$$

因此，计算出间接法所有重建误差的均方值，可得

$$\varepsilon_{\text{indirect}} = \mathbb{E}\big[\|\mathbf{y}_{\text{indirect}}(n) - \mathbf{u}(n)\|^2\big]$$
$$= \sum_{i=p+1}^{M} \lambda_i + p\sigma^2 \tag{E.84}$$

式(E.84)的第一项是数据沿信道传送之前由数据向量 $\mathbf{u}(n)$ 低秩建模所引起的。第二项是由于信道噪声的影响造成的。

比较式(E.84)的间接法与式(E.80)的直接法容易看出,采用低秩建模具有一个明显的优点,只要满足如下条件

$$\sum_{i=p+1}^{M} \lambda_i < (M - p)\sigma^2 \qquad (E.85)$$

这是一个令人感兴趣的结果(Scharf & Tufts,1987)。它表明,当数据向量 $\mathbf{u}(n)$ 的相关矩阵 $\mathbf{R}$ 的末端特征值 $\lambda_{p+1},\cdots,\lambda_M$ 都很小时,采用近似于原数据向量 $\mathbf{u}(n)$ 的低秩传送[如图 E.3(b) 所示]所产生的均方误差小于不加任何近似地直接传送原数据向量[如图 E.3(a) 所示]所产生的均方误差。

式(E.84)所述的结果特别重要,因为它指明了通常所说的"偏差-方差折中"的本质。特别地,用低秩模型来表示数据向量 $\mathbf{u}(n)$,会由此产生偏差。但有趣的是,这样做反而降低了方差[即由加性噪声向量 $\mathbf{v}(n)$ 引起的均方误差]。实际上,这里给出的例子清楚地说明了采用比较简单模型的动因,这种模型不可能精确匹配那些用来产生数据向量 $\mathbf{u}(n)$ 的基础物理过程,因此产生偏差;但该模型不易受噪声影响,故方差减小。

E.4　特征滤波器

通信理论中的一个基本问题就是确定最优有限冲激响应(FIR)滤波器,其最优性准则是使输出信噪比最大。在本节中,我们将看到这个滤波器优化问题与特征值问题有关。

考虑其冲激响应用序列 w_n 表示的线性 FIR 滤波器。加到滤波器输入端的序列 $x(n)$ 由有用信号分量 $u(n)$ 加上一个加性噪声分量 $\nu(n)$ 组成。信号 $u(n)$ 取自零均值、相关矩阵为 $\mathbf{R}$ 的广义平稳随机过程。零均值噪声 $\nu(n)$ 是具有常数功率谱密度(由方差 σ^2 确定)的白噪声。假设信号 $u(n)$ 和噪声 $\nu(n)$ 是不相关的,即

$$\mathbb{E}\big[u(n)\nu^*(m)\big] = 0 \qquad 对于所有(n,m)$$

滤波器输出由 $y(n)$ 表示。这种情况如图 E.4 所示。

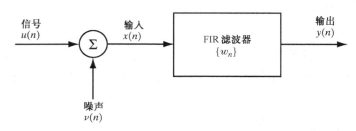

图 E.4　线性滤波

由于滤波器是线性的,故可运用叠加原理。因此我们分别考虑信号和噪声的影响。设 P_o 表示滤波器输出 $y(n)$ 的信号分量的平均功率。则可写出

$$P_o = \mathbf{w}^{\mathrm{H}} \mathbf{R} \mathbf{w} \qquad (E.86)$$

其中向量 $\mathbf{w}$ 的元素为滤波器系数,$\mathbf{R}$ 为滤波器输入 $x(n)$ 的信号分量 $u(n)$ 的相关矩阵。

其次，单独考虑噪声影响。设 N_o 表示滤波器输出 $y(n)$ 的噪声分量的平均功率。这是式(E.86)的特例，可表示为

$$N_o = \sigma^2 \mathbf{w}^{\mathrm{H}} \mathbf{w} \qquad (\mathrm{E}.87)$$

其中 σ^2 为滤波器输入 $x(n)$ 的白噪声的方差。

设 $(\mathrm{SNR})_o$ 表示输出信噪比。式(E.86)除以式(E.87)，可以写出

$$\begin{aligned}
(\mathrm{SNR})_o &= \frac{P_o}{N_o} \\
&= \frac{\mathbf{w}^{\mathrm{H}} \mathbf{R} \mathbf{w}}{\sigma^2 \mathbf{w}^{\mathrm{H}} \mathbf{w}}
\end{aligned} \qquad (\mathrm{E}.88)$$

则这个最优化问题现可表述如下：

确定 FIR 滤波器系数向量 $\mathbf{w}$，以在 $\mathbf{w}^{\mathrm{H}} \mathbf{w} = 1$ 约束条件下，使输出信噪比 $(\mathrm{SNR})_o$ 最大。

式(E.88)表明，除了比例因子 $1/\sigma^2$ 外，输出信噪比等于 FIR 滤波器系数向量 $\mathbf{w}$ 的瑞利商。于是，我们看到，这里所述的最优滤波问题可看做特征值问题。事实上，这个问题的解可直接从极小–极大定理得出。具体地，利用式(E.64)给出的极小–极大定理的特殊形式，我们可表述如下：

- 输出信噪比的最大值为

$$(\mathrm{SNR})_{o,\max} = \frac{\lambda_{\max}}{\sigma^2} \qquad (\mathrm{E}.89)$$

其中 $\lambda_{\max}$ 为相关矩阵 $\mathbf{R}$ 的最大特征值（注意 $\lambda_{\max}$ 和 σ^2 具有相同单位，但物理意义不同）。

- 获得式(E.89)最大输出信噪比的最优 FIR 滤波器的系数向量定义为

$$\mathbf{w}_o = \mathbf{q}_{\max} \qquad (\mathrm{E}.90)$$

其中 $\mathbf{q}_{\max}$ 为相关矩阵 $\mathbf{R}$ 的最大特征值对应的特征向量。相关矩阵 $\mathbf{R}$ 属于滤波器输入中的信号分量 $u(n)$。

冲激响应系数等于特征向量元素的 FIR 滤波器称为特征滤波器(Makhoul, 1981)。相应地，我们可以说，最大特征滤波器(即特征滤波器与滤波器输入信号分量的相关矩阵的最大特征值有关)就是最优滤波器。需要注意的是，以这种方式定义的最优滤波器，由滤波器输入信号分量的相关矩阵的特征分解唯一表征。滤波器输入端白噪声的功率谱只不过影响输出信噪比 $(\mathrm{SNR})_o$ 的最大值。特别地，为了计算最大特征滤波器，我们采用以下步骤：

1) 对相关矩阵 $\mathbf{R}$ 进行特征分解。
2) 只保留最大特征值 $\lambda_{\max}$ 及其相应特征向量 $\mathbf{q}_{\max}$。
3) 特征向量 $\mathbf{q}_{\max}$ 定义了最优滤波器的冲激响应，$\lambda_{\max}/\sigma^2$ 定义了输出信噪比 $(\mathrm{SNR})_o$ 的最大值。

这种最优滤波器可看做匹配滤波器的随机复本。上述最优滤波器使得加性噪声中随机信号(即离散广义平稳随机过程的样本函数)的输出信噪比 $(\mathrm{SNR})_o$ 最大。另一方面，匹配滤波器使加性噪声中已知信号的输出信噪比 $(\mathrm{SNR})_o$ 最大(North, 1963; Haykin, 2001)。

E. 5　特征值计算

　　一般来说,方阵特征值的计算是一个复杂的问题。在 1958 年到 1970 年之间,由一个专家小组开发了若干广泛用于矩阵特征值计算的整套程序(Parlett, 1985)。其中,很容易得到如下程序库:

- MATLAB:一个基于矩阵的数值计算系统,用于交互计算、可视化、建模和算法编制 (Riddle, 1994)。
- MATHEMATICA:一个用于数值计算、符号和图表计算和可视化的综合数学系统(Riddle, 1994)。
- LINPACK:标准子程序包,用于线性代数计算(Dongarra et al., 1979),它没有特征值子程序,但包括奇异值分解子程序。
- LAPACK:一个用于单地址空间机线性代数库,是 EISPACK 的继承,具有特征值子程序。
- ScaLAPACK:一个多地址空间机的线性代数库(Demmel, 1994)。

这些程序库中封装的所有特征程序,均已进行过很好的证明和测试。

　　几乎所有上述特征程序的来源都可以追溯到 Wilkinson 和 Reinsch(1971)合著的《自动化计算手册》的第二卷“线性代数”。这个参考文献是特征值计算的“圣经”[①]。

　　这些程序的另一个有用的来源是 Press 等(1988)的著作《C 编程语言》及其姐妹篇《FORTRAN 和 Pascal 语言》。其中,用 C 编写的特征程序只能处理实值矩阵。然而,将这些特征程序推广应用于处理埃尔米特矩阵,是一件很直接的事情。

　　为了这个目的,设 $\mathbf{A}$ 表示一个 $M \times M$ 的埃尔米特矩阵,其实部和虚部可写为

$$\mathbf{A} = \mathbf{A}_r + j\mathbf{A}_i \tag{E.91}$$

相应地,设一个相关的 $M \times 1$ 特征向量 $\mathbf{q}$ 可写为

$$\mathbf{q} = \mathbf{q}_r + j\mathbf{q}_i \tag{E.92}$$

于是, $M \times M$ 复特征值问题

$$(\mathbf{A}_r + j\mathbf{A}_i)(\mathbf{q}_r + j\mathbf{q}_i) = \lambda(\mathbf{q}_r + j\mathbf{q}_i) \tag{E.93}$$

可重写为 $2M \times 2M$ 实特征值问题

$$\begin{bmatrix} \mathbf{A}_r & -\mathbf{A}_i \\ \mathbf{A}_i & \mathbf{A}_r \end{bmatrix} \begin{bmatrix} \mathbf{q}_r \\ \mathbf{q}_i \end{bmatrix} = \lambda \begin{bmatrix} \mathbf{q}_r \\ \mathbf{q}_i \end{bmatrix} \tag{E.94}$$

其中特征值 λ 为实数。埃尔米特性质

$$\mathbf{A}^H = \mathbf{A}$$

等价于 $\mathbf{A}_r^T = \mathbf{A}_r$ 和 $\mathbf{A}_i^T = -\mathbf{A}_i$。相应地,式(E.94)中的 $2M \times 2M$ 矩阵不仅是实值,而且对称。注意,对于给定的特征值 λ,向量

[①]　有关特征值计算的著作可参见 Cullum 和 Willoughby(1985), Saad(2011), Chaitlin-Chatellin 和 Ahues(1993), Golub 和 Van Loan(1996), Parlett(1998)。

$$\begin{bmatrix} -\mathbf{q}_i \\ \mathbf{q}_r \end{bmatrix}$$

也是特征向量。这意味着，如果 λ_1，λ_2，$\cdots$，λ_M 为 $M \times M$ 埃尔米特矩阵 $\mathbf{A}$ 的特征值，则式(E.94)的 $2M \times 2M$ 对称矩阵的特征值为 λ_1，λ_1，λ_2，λ_2，$\cdots$，λ_M，λ_M。于是，我们可观察到如下两点：

1）式(E.94)中矩阵的每个特征值都重复两次。

2）相关的特征向量成对组成，每个形式如 $\mathbf{q}_r + j\mathbf{q}_i$ 和 $j(\mathbf{q}_r + j\mathbf{q}_i)$，区别仅在于旋转了 90°。

因此，为了借助实值特征程序来解决式(E.93)的 $M \times M$ 复特征值问题，我们从与式(E.94)的 $2M \times 2M$ 增广实特征值问题有关的每对特征值中选择一个特征值和一个特征向量。

E5.1　矩阵特征值计算的策略

在后面的实际问题中，所有现代特征程序中有两种不同的策略：对角化和三角形化。由于不是所有矩阵都可以通过一系列酉相似变换进行对角化，因此对角化策略只能用于埃尔米特矩阵，如相关矩阵。另一个方面，三角形化策略是一般的，因为它可用于任何方阵。下面描述这两种策略。

对角化　这个策略的思想是，通过重复使用酉相似变换，使埃尔米特矩阵 $\mathbf{A}$ 逐步接近对角形式，例如

$$\begin{aligned} \mathbf{A} &\to \mathbf{Q}_1^H \mathbf{A} \mathbf{Q}_1 \\ &\to \mathbf{Q}_2^H \mathbf{Q}_1^H \mathbf{A} \mathbf{Q}_1 \mathbf{Q}_2 \\ &\to \mathbf{Q}_3^H \mathbf{Q}_2^H \mathbf{Q}_1^H \mathbf{A} \mathbf{Q}_1 \mathbf{Q}_2 \mathbf{Q}_3 \end{aligned} \tag{E.95}$$

等等。这个酉相似变换序列在理论上是无限长的。但在实际中，当接近对角矩阵时即可停止。这样得到的对角矩阵的元素定义了原来埃尔米特矩阵 $\mathbf{A}$ 的特征值。相关的特征向量是变换序列所累积的列向量，即

$$\mathbf{Q} = \mathbf{Q}_1 \mathbf{Q}_2 \mathbf{Q}_3 \cdots \tag{E.96}$$

实现式(E.95)的对角化策略的一种方法是使用 Givens 旋转。这个方法在附录 G 中讨论。

三角形化　第二种策略的思想是，通过一系列酉相似变换，将埃尔米特矩阵 $\mathbf{A}$ 变为三角形式。产生的迭代过程称为 QL 算法[①]。假设给定一个 $M \times M$ 埃尔米特矩阵 $\mathbf{A}_n$，其中下标 n 表示迭代过程中的一个具体阶段。设矩阵 $\mathbf{A}_n$ 可以分解为

$$\mathbf{A}_n = \mathbf{Q}_n \mathbf{L}_n \tag{E.97}$$

其中 $\mathbf{Q}_n$ 为酉矩阵，$\mathbf{L}_n$ 为下三角矩阵（即位于主对角线上面的矩阵 $\mathbf{L}_n$ 的元素均为 0）。在迭代过程的第 $n+1$ 步，我们用已知矩阵 $\mathbf{Q}_n$ 和 $\mathbf{L}_n$ 来计算一个新的 $M \times M$ 矩阵

$$\mathbf{A}_{n+1} = \mathbf{L}_n \mathbf{Q}_n \tag{E.98}$$

---

① QL 算法使用一个下三角矩阵。一个称为 QR 的算法使用上三角矩阵。不要将 QR 算法与 QR 分解混淆，它在附录 G 中讨论，而且用于第 15 章和第 16 章中。

注意，式(E.98)中的分解以相反于式(E.97)中的顺序写出。因为 $\mathbf{Q}_n$ 是一个酉矩阵，故有 $\mathbf{Q}_n^{-1} = \mathbf{Q}_n^H$，以至于可将式(E.97)重写为

$$\begin{aligned} \mathbf{L}_n &= \mathbf{Q}_n^{-1}\mathbf{A}_n \\ &= \mathbf{Q}_n^H\mathbf{A}_n \end{aligned} \tag{E.99}$$

因此，将式(E.99)代入式(E.98)，可得

$$\mathbf{A}_{n+1} = \mathbf{Q}_n^H\mathbf{A}_n\mathbf{Q}_n \tag{E.100}$$

式(E.100)表明，$n+1$ 步迭代时埃尔米特矩阵 $\mathbf{A}_{n+1}$ 的确酉相似于 n 步时埃尔米特矩阵 $\mathbf{A}_n$。

因此，QL 算法由一系列酉相似转换组成，可总结为

$$\mathbf{A}_n = \mathbf{Q}_n\mathbf{L}_n$$

和

$$\mathbf{A}_{n+1} = \mathbf{L}_n\mathbf{Q}_n$$

其中 $n = 0, 1, 2, \cdots$。算法被初始化为

$$\mathbf{A}_0 = \mathbf{A}$$

其中 $\mathbf{A}$ 为给定的 $M \times M$ 埃尔米特矩阵。

对于一般矩阵 $\mathbf{A}$，下面的定理是 QL 算法[1]的基础：

若矩阵 $\mathbf{A}$ 有不同绝对值的特征值，则当迭代次数 n 趋向无穷时矩阵 $\mathbf{A}_n$ 接近下三角矩阵。

原矩阵 $\mathbf{A}$ 的特征值以绝对值从小到大的顺序出现在由 QL 算法得出的下三角矩阵主对角线上。

为了实现式(E.98)的分解，可以使用 Givens 旋转(见附录 G，其中讨论了一般矩阵奇异值分解的计算，它包括特征分解作为一种特例)。

---

[1]　这个定理的证明参见 Stoer 和 Bulirsch(1980)。QL 算法的改进版本见 Stewart(1973)、Golub 和 Van Loan(1996)。

附录 F　非平衡热力学的朗之万方程

F.1　布朗运动

布朗运动是以英国科学家罗伯特·布朗（Robert Brown）的名字命名的。这里介绍的布朗运动的物理描述由 Reif(1965)给出。布朗运动有时也称为维纳过程，这样的命名是为了纪念罗伯特·维纳对其数学描述(Kloeden & Platen, 1995)。

考虑一个质量为 m 的微观粒子沉浸在热力学温度 T 下的一个粘性流体中。假设重力场中点的方向沿着 z 轴，且令 $v_x(t)$ 表示在 t 时刻测量的该粒子质量中心速度的 x 分量。由于对称性，$v_x(t)$ 的集平均均值必须为零，即

$$\mathbb{E}[v_x(t)] = 0 \quad \text{对于所有} \ t \tag{F.1}$$

然而，对于这样的粒子集，速度波动发生在时间 t，因此，按照经典统计力学的等分律，速度 $v_x(t)$ 的集平均方差与粒子质量 m 成反比，即

$$\mathbb{E}[v_x^2(t)] = \frac{k_B t}{m} \quad \text{对于所有} \ t \tag{F.2}$$

其中 k_B 是玻尔兹曼（Baltzmann）常数。故当粒子很小时，速度 $v_x(t)$ 的波动很大，从直观上看它是令人满意的。式(F.1)和式(F.2)描述了一个随机游走（random walk）。

因此，我们可对布朗运动的正式定义做如下表述：

布朗运动是一个高斯分布的随机游走。

F.2　朗之万方程

在简要描述布朗运动之后，现给出朗之万（Langevin）方程。为此，我们首先看到，由粘性流体中分子施加于粒子的总作用力包括如下两部分(Reif, 1965)：

1）一个是连续阻尼力，等于 $-\alpha v_x(t)$（α 为摩擦系数），它与流体力学中 Stoke 定律相一致。

2）一个是波动力，记作 $F_f(t)$，它实际上是一个随机过程，其特性是统计平均的。

因此，当没有任何外力时，粒子运动方程定义为阻尼力和波动力之和：

$$m \frac{\mathrm{d}v_x(t)}{\mathrm{d}t} = -\alpha v(t) + F_f(t)$$

两边同除以 m，可以等价地写出

$$\frac{\mathrm{d}v_x(t)}{\mathrm{d}t} = -\gamma v_x(t) + \Gamma(t) \tag{F.3}$$

其中 $\gamma = \alpha/m$ 表示归一化摩擦系数，而

$$\Gamma(t) = \frac{F_f(t)}{m}$$

为加到粒子的归一化随机(波动)力。

　　随机微分方程(F.3)称为朗之万方程;相应地,$\Gamma(t)$ 为高斯分布的朗之万力,假设它为高斯分布。如果指定其初始条件,朗之万方程描述了粘性流体中粒子的随机运动。这一点很重要,因为它是第一个描述非平衡热力学(nonequilibrium thermodynamics)的数学方程(Langevin, 1908;Uhlenbeck & Ornstein 1930; Reif, 1965)。

　　考虑到最小均方(LMS)算法是随机梯度法的一个非线性例子,朗之万方程的非平衡特性适合于研究 LMS 学习理论。因为当 LMS 算法进行到最终接近维纳解时,它呈现像布朗运动那样的性状,如第 6 章中的 6.7 节和 6.8 节描述的计算机实验例子所示。

附录 G　旋转和映射

在第 9 章，我们强调了奇异值分解（SVD，singular-value decomposition）作为求解线性最小二乘问题工具的重要性。在这篇附录中，我们讨论一个实际的问题，即如何计算一个数据矩阵的 SVD。由于数值稳定性作为主要设计目标，因此这里推荐的计算 SVD 的方法直接考虑数据矩阵。就此，我们给出计算 SVD 的两种不同算法。

- QR 算法　通过一系列平面映射（称为 Householder 变换）来实现。
- 循环 Jacobi 算法　使用一系列 2×2 平面旋转（称为 Jacobi 旋转或 Givens 旋转）来实现。

循环 Jacobi 算法和 QR 算法都是数据自适应或面向块处理的。尽管方法不同，但目标相同：

一步一步地进行数据矩阵的对角化，直到满足给定的数值精度要求。

值得注意的是，平面旋转和映射应用广泛，特别是在平方根卡尔曼滤波器和有关线性自适应滤波器设计中起着关键作用。因此本书的一些章节参考了这里介绍的某些基本概念。然而，这篇附录主要关注 SVD 计算（应用旋转和映射）的数值稳定算法。本附录首先考虑平面旋转，而后探讨平面映射。

G. 1　平面旋转

循环 Jacobi 算法的一个基本代数工具是 2×2 正交非对称矩阵

$$\Theta = \begin{bmatrix} c & s \\ -s & c \end{bmatrix} \tag{G.1}$$

其中余弦旋转参数

$$c = \cos\theta \tag{G.2}$$

和正弦旋转参数

$$s = \sin\theta \tag{G.3}$$

都是实参数，而且该矩阵受如下三角函数关系约束

$$c^2 + s^2 = 1 \tag{G.4}$$

［在 SVD 术语（和对其特征分析）中，"正交矩阵"用于实数据范围，而"酉矩阵"用于复数据范围。］我们把变换 Θ 看做某一平面旋转，因为 2×1 数据向量乘以 Θ 相当于该向量的平面旋转。这个特性成立与否取决于该向量被 Θ 左乘还是右乘。

将式（G.1）的变换称为 Jacobi 旋转是为了纪念 Jacobi（1846），它提出将对称矩阵变为对角形式的一种方法。式（G.1）称为 Givens 旋转，本书中采用后一种术语，或简称"平面旋转"。

为了说明平面旋转的特性，考虑一个 2×1 向量的情况

$$\mathbf{a} = \begin{bmatrix} a_i \\ a_k \end{bmatrix}$$

向量 $\mathbf{a}$ 左乘以 $\mathbf{\Theta}$, 得

$$\begin{aligned}
\mathbf{x} &= \mathbf{\Theta a} \\
&= \begin{bmatrix} c & s \\ -s & c \end{bmatrix} \begin{bmatrix} a_i \\ a_k \end{bmatrix} \\
&= \begin{bmatrix} ca_i + sa_k \\ -sa_i + ca_k \end{bmatrix}
\end{aligned}$$

由旋转参数 c 和 s 的定义容易看出, 向量 $\mathbf{x}$ 和向量 $\mathbf{a}$ 具有相同的欧氏长度。此外, 已知角 θ 是正值, 因此变换 $\mathbf{\Theta}$ 是将向量 $\mathbf{a}$ 按顺时针方向旋转到一个由 $\mathbf{x}$ 定义的新位置, 如图 G.1 所示。注意, 向量 $\mathbf{a}$ 和向量 $\mathbf{x}$ 在同一平面 (i, k) 内, 故称为 "平面旋转"。

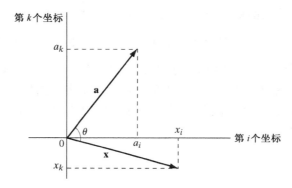

图 G.1　实 2×1 向量的平面旋转

G.2　双边 Jacobi 算法

为了替循环 Jacobi 算法的推导铺平道路, 考虑如下实矩阵的简单情况

$$\mathbf{A} = \begin{bmatrix} a_{ii} & a_{ik} \\ a_{ki} & a_{kk} \end{bmatrix} \tag{G.5}$$

假设 $\mathbf{A}$ 是非对称的, 即 $a_{ki} \neq a_{ik}$。要求是将该矩阵对角化。我们利用两个平面旋转 $\mathbf{\Theta}_1$ 和 $\mathbf{\Theta}_2$ 来达到这个目的, 即

$$\underbrace{\begin{bmatrix} c_1 & s_1 \\ -s_1 & c_1 \end{bmatrix}^{\mathrm{T}}}_{\mathbf{\Theta}_1} \underbrace{\begin{bmatrix} a_{ii} & a_{ik} \\ a_{ki} & a_{kk} \end{bmatrix}}_{\mathbf{A}} \underbrace{\begin{bmatrix} c_2 & s_2 \\ -s_2 & c_2 \end{bmatrix}}_{\mathbf{\Theta}_2} = \underbrace{\begin{bmatrix} d_1 & 0 \\ 0 & d_2 \end{bmatrix}}_{\text{对角矩阵}} \tag{G.6}$$

为了设计式(G.6)所示的两个平面旋转, 我们分两个阶段进行: 第一阶段将矩阵 $\mathbf{A}$ 变为对称矩阵, 这一阶段称为 "对称化"; 第二阶段将前一阶段得到的对称阵对角化, 这一阶段称为 "对角化"。当然, 如果矩阵本来就是对称的, 则可直接进入第二阶段。为方便计, 下面将第一阶段和第二阶段分别称为 "阶段 I" 和 "阶段 II"。

阶段 I: 对称化　为了将 2×2 矩阵 $\mathbf{A}$ 变换为对称矩阵, 可用平面旋转矩阵 $\mathbf{\Theta}$ 的转置来左

乘矩阵 $\mathbf{A}$，即

$$\underbrace{\begin{bmatrix} c & s \\ -s & c \end{bmatrix}^{\mathrm{T}}}_{\boldsymbol{\Theta}^{\mathrm{T}}} \underbrace{\begin{bmatrix} a_{ii} & a_{ik} \\ a_{ki} & a_{kk} \end{bmatrix}}_{\mathbf{A}} = \underbrace{\begin{bmatrix} y_{ii} & y_{ik} \\ y_{ki} & y_{kk} \end{bmatrix}}_{\mathbf{Y}} \tag{G.7}$$

将式（G.7）左边展开，并使对应项相等，可得

$$y_{ii} = ca_{ii} - sa_{ki} \tag{G.8}$$

$$y_{kk} = sa_{ik} + ca_{kk} \tag{G.9}$$

$$y_{ik} = ca_{ik} - sa_{kk} \tag{G.10}$$

和

$$y_{ki} = sa_{ii} + ca_{ki} \tag{G.11}$$

阶段 I 的目的是计算正弦–余弦旋转对 (c, s)，使得由平面旋转 $\boldsymbol{\Theta}$ 得到的矩阵 $\mathbf{Y}$ 对称。换句话说，要求元素 y_{ik} 和 y_{ki} 相等。

定义参数 ρ 为 c 与 s 之比，即

$$\rho = \frac{c}{s} \tag{G.12}$$

通过令 $y_{ik} = y_{ki}$，可以得到 ρ 与矩阵元素的关系。为此，利用式（G.10）和式（G.11）的定义，可得

$$\rho = \frac{a_{ii} + a_{kk}}{a_{ik} - a_{ki}} \qquad a_{ki} \neq a_{ik} \tag{G.13}$$

下面，通过消去式（G.4）和式（G.12）中的 c 来确定 s 的值，从而有

$$s = \frac{\mathrm{sgn}(\rho)}{\sqrt{1 + \rho^2}} \tag{G.14}$$

因此，c 和 s 的计算过程如下：

- 利用式（G.13）算出 ρ。
- 利用式（G.14）算出正弦参数 s。
- 利用式（G.12）算出余弦参数 c。

如果 $\mathbf{A}$ 原先就是对称矩阵，则 $a_{ki} = a_{ik}$，在这种情况下 $s = 0$，$c = 1$；也就是说，阶段 I 可省去。

阶段 II：对角化 这一阶段的目的是将阶段 I 得到的对称阵 $\mathbf{Y}$ 对角化。为了达到这个目的，将 $\mathbf{Y}$ 分别左乘以 $\boldsymbol{\Theta}_2^{\mathrm{T}}$，右乘以 $\boldsymbol{\Theta}_2$，这里 $\boldsymbol{\Theta}_2$ 定义了又一个平面旋转。该运算是一个应用于对称阵的正交相似变换。于是，可以写出

$$\underbrace{\begin{bmatrix} c_2 & s_2 \\ -s_2 & c_2 \end{bmatrix}^{\mathrm{T}}}_{\boldsymbol{\Theta}_2^{\mathrm{T}}} \underbrace{\begin{bmatrix} y_{ii} & y_{ik} \\ y_{ki} & y_{kk} \end{bmatrix}}_{\mathbf{Y}} \underbrace{\begin{bmatrix} c_2 & s_2 \\ -s_2 & c_2 \end{bmatrix}}_{\boldsymbol{\Theta}_2} = \underbrace{\begin{bmatrix} d_1 & 0 \\ 0 & d_2 \end{bmatrix}}_{\mathbf{D}} \tag{G.15}$$

其中 $y_{ik} = y_{ki}$，将式（G.15）左边展开，并令对角元素分别相等，可得

$$d_1 = c_2^2 y_{ii} - 2c_2 s_2 y_{ki} + s_2^2 y_{kk} \tag{G.16}$$

和

$$d_2 = s_2^2 y_{ii} - 2c_2 s_2 y_{ki} + s_2^2 y_{kk} \tag{G.17}$$

现令 o_1 和 o_2 代表 2×2 矩阵的非对角线上的元素,该矩阵由式(G.15)左边的矩阵乘法得到。根据对称考虑,有

$$o_1 = o_2 \tag{G.18}$$

为了对角化,计算非对角项并令其为零,得到

$$0 = (y_{ii} - y_{kk}) - \left(\frac{s_2}{c_2}\right) y_{ki} + \left(\frac{c_2}{s_2}\right) y_{ki} \tag{G.19}$$

为了便于计算式(G.19),引入如下两个定义

$$t = \frac{s_2}{c_2} \tag{G.20}$$

和

$$\zeta = \frac{y_{kk} - y_{ii}}{2 y_{ki}} \tag{G.21}$$

于是,可将式(G.19)重写为

$$t^2 + 2\zeta t - 1 = 0 \tag{G.22}$$

式(G.22)是关于 t 的二次方程式,故可能有两个解,由此得到如下两个不同的平面旋转:

1) 内旋,在这种情况下,我们有如下解

$$t = \frac{\mathrm{sign}(\zeta)}{|\zeta| + \sqrt{1 + \zeta^2}} \tag{G.23}$$

算出 t 后,可用式(G.4)和式(G.20)解出 c_2 和 s_2,从而得到

$$c_2 = \frac{1}{\sqrt{1 + t^2}} \tag{G.24}$$

和

$$s_2 = t c_2 \tag{G.25}$$

由式(G.2)、式(G.3)和式(G.20),得到旋转角 θ_2 与 t 之间的关系为

$$\theta_2 = \arctan(t) \tag{G.26}$$

因此,采用式(G.23)的解,产生平面旋转 $\boldsymbol{\Theta}_2$,由此,$|\theta_2|$ 位于区间 $[0, \pi/4]$;这种旋转被称为内旋。计算过程如下:

(a) 由式(G.21)计算出 ζ。

(b) 由式(G.23)计算出 t。

(c) 由式(G.24)和式(G.25)分别计算出 c_2 和 s_2。

如果原矩阵 **A** 是对角矩阵,即 $a_{ik} = a_{ki} = 0$,则角 $\theta_2 = 0$,故矩阵保持不变。

2) 外旋,对于这种情况,我们有如下解

$$t = -\mathrm{sign}(\zeta)\left(|\zeta| + \sqrt{1 + \zeta^2}\right) \tag{G.27}$$

算出 t 后，可用式（G.24）和式（G.25）分别解出 c_2 和 s_2；可以这样做，是因为这两个式子的推导与二次方程（G.22）无关。然而，在第二种情况下，式（G.27）用于式（G.26）将产生一个平面旋转，其旋转角 $|\theta_2|$ 位于区间 $[\pi/4, \pi/2]$ 内。因此，这个与第二个解有关的旋转称为外旋。注意，若矩阵 $\mathbf{A}$ 是对角矩阵，即 $a_{ik} = a_{ki} = 0$，则 $\theta_2 = \pi/2$。在这个特殊情况下，矩阵的对角元素只是简单地互换，如下式所示

$$\begin{bmatrix} 0 & -1 \\ 1 & 0 \end{bmatrix} \begin{bmatrix} a_{ii} & 0 \\ 0 & a_{kk} \end{bmatrix} \begin{bmatrix} 0 & 1 \\ -1 & 0 \end{bmatrix} = \begin{bmatrix} a_{kk} & 0 \\ 0 & a_{ii} \end{bmatrix} \tag{G.28}$$

G2.1 旋转 $\boldsymbol{\Theta}$ 和 $\boldsymbol{\Theta}_2$ 的融合

将式（G.7）中的矩阵 $\mathbf{Y}$ 代入式（G.15），并将结果与式（G.6）比较，可以推出按照 $\boldsymbol{\Theta}$（对称化阶段定义）和 $\boldsymbol{\Theta}_2$（对角化阶段定义）对 $\boldsymbol{\Theta}_1$ 的定义

$$\boldsymbol{\Theta}_1^{\mathrm{T}} = \boldsymbol{\Theta}_2^{\mathrm{T}} \boldsymbol{\Theta}^{\mathrm{T}}$$

等价于

$$\boldsymbol{\Theta}_1 = \boldsymbol{\Theta}\boldsymbol{\Theta}_2 \tag{G.29}$$

换句话说，根据正余弦旋转参数，有

$$\underbrace{\begin{bmatrix} c_1 & s_1 \\ -s_1 & c_1 \end{bmatrix}}_{\boldsymbol{\Theta}_1} = \underbrace{\begin{bmatrix} c & s \\ -s & c \end{bmatrix}}_{\boldsymbol{\Theta}} \underbrace{\begin{bmatrix} c_2 & s_2 \\ -s_2 & c_2 \end{bmatrix}}_{\boldsymbol{\Theta}_2} \tag{G.30}$$

上式展开并令对应项相等，可得

$$c_1 = cc_2 - ss_2 \tag{G.31}$$

和

$$s_1 = sc_2 + cs_2 \tag{G.32}$$

对于实数据，由式（G.31）和式（G.32）可以发现，角 θ 和 θ_2 分别与平面旋转 $\boldsymbol{\Theta}$ 和 $\boldsymbol{\Theta}_2$ 有关，角 θ_1 与 $\boldsymbol{\Theta}_1$ 有关。

G2.2 两类特殊情况

由于更详细的算法在将后面的 G.3 节中给出，故这里计算 SVD 的 Jacobi 算法只需考虑两类特殊情况：

情况 1：$a_{kk} = a_{ik} = 0$。这种情况下，只需将 $\mathbf{A}$ 对称化，即

$$\begin{bmatrix} c_1 & s_1 \\ -s_1 & c_1 \end{bmatrix}^{\mathrm{T}} \begin{bmatrix} a_{ii} & 0 \\ a_{ki} & 0 \end{bmatrix} \begin{bmatrix} 1 & 0 \\ 0 & 1 \end{bmatrix} = \begin{bmatrix} d_1 & 0 \\ 0 & 0 \end{bmatrix} \tag{G.33}$$

情况 2：$a_{kk} = a_{ki} = 0$。在这种情况下，有

$$\begin{bmatrix} 1 & 0 \\ 0 & 1 \end{bmatrix} \begin{bmatrix} a_{ii} & a_{ik} \\ 0 & 0 \end{bmatrix} \begin{bmatrix} c_2 & s_2 \\ -s_2 & c_2 \end{bmatrix} = \begin{bmatrix} d_1 & 0 \\ 0 & 0 \end{bmatrix} \tag{G.34}$$

G2.3 复数数据的附加运算

式（G.6）定义的平面旋转只能用于实数据，首先因为定义旋转的正弦和余弦参数都选为实

数。为了把旋转的应用推广到更一般的复数情况,就要对数据进行附加处理。显然,要使得双边 Jacobi 算法适用于 2×2 复矩阵,主要修改它的阶段 I。然而,实际上解决复数问题(在Jacobi算法范围内)并不简单。这里采取的方法是首先将式(G.5)的 2×2 复矩阵变为实数形式,然后按通常的方法应用双边 Jacobi 算法。复矩阵到实矩阵的变换由下列两个阶段完成,具体描述如下:

阶段 I: 三角化   考虑一个形式如式(G.5)的 2×2 复数矩阵 **A**。不失一般性,假设第一个元素 a_{ii} 是正实数。这种假设是合理的(如果需要),只要分解出指数项 $e^{j\theta_{ii}}$,这里 θ_{ii} 是 a_{ii} 的相角。该分解具有这样的影响:使量值等于 a_{ii} 的一个正实数项留在矩阵内,而从矩阵中剩下的三个复数项的各自相角中减去 θ_{ii}。

为了三角化,令所述矩阵 **A** 左乘以 2×2 平面旋转矩阵,即

$$\begin{bmatrix} c & s^* \\ -s & c \end{bmatrix} \begin{bmatrix} a_{ii} & a_{ik} \\ a_{ki} & a_{kk} \end{bmatrix} = \begin{bmatrix} \omega_{ii} & \omega_{ik} \\ 0 & \omega_{kk} \end{bmatrix} \qquad (G.35)$$

如前,余弦参数 c 是实数,但正弦参数 s 是复数。为了强调这一点,将 s 记为

$$s = |s|e^{j\alpha} \qquad (G.36)$$

其中,$|s|$ 是 s 的绝对值,α 是 s 的相角。而且,要求 (c, s) 对满足如下约束

$$c^2 + |s|^2 = 1 \qquad (G.37)$$

我们的目标是选择 (c, s) 对,使得第 ki 项(非对角元素)消失。为此,必须满足如下条件

$$-sa_{ii} + ca_{ki} = 0$$

或等价为

$$s = \frac{a_{ki}}{a_{ii}} c \qquad (G.38)$$

将式(G.38)代入式(G.37),并解出余弦参数,得

$$c = \frac{|a_{ii}|}{\sqrt{|a_{ii}|^2 + |a_{ki}|^2}} \qquad (G.39)$$

注意,在式(G.39)中,我们选择正实根作为余弦参数的值。而且,如果 a_{ki} 为零(即数据矩阵一开始就是上三角矩阵),则 $c = 1$ 和 $s = 0$,此时,我们可以跳过阶段 I。同样,假如 a_{ik} 为零,则可进行转置并进行阶段 II。

求出 2×2 矩阵 **A** 三角化所需的 c 和 s 值后,即可确定式(G.35)右边上三角矩阵的各个元素如下

$$\omega_{ii} = ca_{ii} + s^* a_{ki} \qquad (G.40)$$

$$\omega_{ik} = ca_{ik} + s^* a_{kk} \qquad (G.41)$$

$$\omega_{kk} = -sa_{ik} + ca_{kk} \qquad (G.42)$$

由于已知 a_{ii} 是由设计得到的正实数,将式(G.38)和式(G.39)用于式(G.40)可显示出,对角元素 ω_{ii} 是正实数,即

$$\omega_{ii} \geqslant 0 \qquad (G.43)$$

然而,式(G.35)右边上三角矩阵的其余两个元素 ω_{ik} 和 ω_{kk} 一般均为复数。

阶段 II：相位消除　为了将复数 ω_{ik} 和 ω_{kk} 化为实数形式，对式（G.35）右边的三角矩阵左乘和右乘以一对相位消除对角矩阵，即

$$\begin{bmatrix} e^{-j\beta} & 0 \\ 0 & e^{-j\gamma} \end{bmatrix} \begin{bmatrix} \omega_{ii} & \omega_{ik} \\ 0 & \omega_{kk} \end{bmatrix} \begin{bmatrix} e^{j\beta} & 0 \\ 0 & 1 \end{bmatrix} = \begin{bmatrix} \omega_{ii} & |\omega_{ik}| \\ 0 & |\omega_{kk}| \end{bmatrix} \qquad (G.44)$$

左乘矩阵的旋转角 β 和 γ 的选取要能够分别消除 ω_{ik} 和 ω_{kk} 的相角，因此选为

$$\beta = \arg(\omega_{ik}) \qquad (G.45)$$

和

$$\gamma = \arg(\omega_{kk}) \qquad (G.46)$$

包括右乘矩阵是为了修正由左乘矩阵所产生的元素 ω_{ii} 的相位变化。换句话说，式（G.44）中的左乘和右乘的联合过程不会引起对角元素 ω_{ii} 的变化。

因此，阶段 II 获得一个上三角矩阵，其三个非零元素都是实数且非负。将 2×2 复矩阵 **A** 转化为上三角实矩阵的过程中要求四个自由度，即 (c, s) 对及角度 β 和 γ。现在已经为我们将 Jacobi 算法应用于 2×2 实矩阵铺平了道路，正如本节前面所述。

G2.4　Givens 旋转的性质

我们通过总结 Givens（平面）旋转

$$\mathbf{\Theta} = \begin{bmatrix} c & s^* \\ -s & c \end{bmatrix}$$

的性质来结束本节的讨论。

性质 1　余弦参数 c 总是实数，但正弦参数 s 在处理复数据时是复数。

性质 2　参数 c 和 s 总是受到如下三角关系的约束

$$c^2 + |s|^2 = 1$$

性质 3　Givens 旋转是非埃尔米特的，即

$$\mathbf{\Theta}^H \neq \mathbf{\Theta}$$

其中上标 H 表示埃尔米特转置。

性质 4　Givens 旋转矩阵是酉矩阵，即

$$\mathbf{\Theta}^{-1} = \mathbf{\Theta}^H$$

性质 5　Givens 旋转能保持长度不变，即

$$\|\mathbf{\Theta}\mathbf{x}\| = \|\mathbf{x}\|$$

其中 **x** 是任意的 2×2 向量。

G.3　循环 Jacobi 算法

现在准备讲述循环 Jacobi 算法或广义 Jacobi 算法；在数据方阵情况下，这一算法可通过求解一系列合适的 2×2 奇异值分解问题来实现。我们将针对实数据进行介绍。为了处理复数据，可引用前一节后面部分导出的复数据到实数据的转换。

令 $\Theta_1(i, k)$ 表示 (i, k) 平面的平面旋转, 其中 $k > i$。除了 i、k 行和 i、k 列的四个关键元素外, 矩阵 $\Theta_1(i, k)$ 与 $M \times M$ 单位阵相同, 如下所示

$$\Theta_1(i, k) = \begin{bmatrix} 1 & & 0 & \cdots & 0 & \cdots & 0 \\ \vdots & \ddots & \vdots & & \vdots & \ddots & \vdots \\ 0 & & c_1 & \cdots & s_1 & \cdots & 0 \\ \vdots & & \vdots & \ddots & \vdots & & \vdots \\ 0 & & -s_1 & \cdots & c_1 & \cdots & 0 \\ \vdots & \ddots & \vdots & & \vdots & \ddots & \vdots \\ 0 & & 0 & \cdots & 0 & \cdots & 1 \end{bmatrix} \begin{matrix} \\ \\ \leftarrow \ \text{行} \ i \\ \\ \leftarrow \ \text{行} \ k \\ \\ \\ \end{matrix} \qquad (\text{G.47})$$

$$\begin{matrix} \uparrow & & \uparrow \\ \text{列} \ i & & \text{列} \ k \end{matrix}$$

令 $\Theta_2(i, k)$ 表示 (i, k) 平面的另一平面旋转, 其定义与上面的类似。第二个变换的维数也是 M。于是, 数据矩阵 $\mathbf{A}$ 的 Jacobi 变换可描述如下

$$\mathbf{T}_{ik} : \mathbf{A} \leftarrow \Theta_1^{\mathrm{T}}(i, k) \mathbf{A} \Theta_2(i, k) \qquad (\text{G.48})$$

Jacobi 旋转 $\Theta_1(i, k)$ 和 $\Theta_2(i, k)$ 设计用来消除矩阵 $\mathbf{A}$ 的 (i, k) 及 (k, i) 元素。相应地, 变换 $\mathbf{T}_{ik}$ 产生一个比原来的 $\mathbf{A}$ 更对角化的矩阵 $\mathbf{X}$ (等于 $\mathbf{A}$ 的更新值), 在这个意义上

$$\text{off}(\mathbf{X}) = \text{off}(\mathbf{A}) - a_{ik}^2 - a_{ki}^2 \qquad (\text{G.49})$$

其中 off$(\mathbf{A})$ 是非对角线元素的范数

$$\text{off}(\mathbf{A}) = \sum_{i=1}^{M} \sum_{\substack{k=1 \\ k \neq 1}}^{M} a_{ik}^2 \qquad \text{对} \ \mathbf{A} = \{a_{ik}\} \qquad (\text{G.50})$$

在循环 Jacobi 算法中, 式(G.48)的变换应用于 $m = M(M-1)/2$ 个不同下标对["主元(pivots)"]的情况, 这些点以某种固定的顺序选出。这样一系列 m 变换称为扫描。扫描可以是逐行循环或逐列循环, 其简短说明如例1所示。在任意情况下, 扫描后得到一个新的矩阵 $\mathbf{A}$, 由此算出 off$(\mathbf{A})$。一方面, 如果 off$(\mathbf{A}) \leqslant \delta$($\delta$ 是一个与机器有关的很小的数), 则停止计算; 另一方面, 如果 off$(\mathbf{A}) > \delta$, 则继续计算。对于 δ 的典型值[如 $\delta = 10^{-12}$off$(\mathbf{A}_0)$, 其中 $\mathbf{A}_0$ 是初始矩阵]和范围为 $4 \sim 2000$ 的 M 值, 算法经过大约 4 次 ~ 10 次扫描后收敛。

由此可知, 行和列的排列是为了保证 Jacobi 循环算法收敛的唯一排列[1]。"收敛"意指

$$\text{off}(\mathbf{A}^{(k)}) \longrightarrow 0 \qquad \text{因} \ k \longrightarrow \infty \qquad (\text{G.51})$$

其中 $\mathbf{A}^{(k)}$ 是 k 次扫描后计算得出的 $M \times M$ 矩阵。

例1 考虑一个 4×4 实矩阵 $\mathbf{A}$。矩阵维数 $M = 4$, 在每一次扫描中共有六种排序。一种按行排列的扫描如下

$$\mathbf{T}_{\mathrm{R}} = \mathbf{T}_{34} \mathbf{T}_{24} \mathbf{T}_{23} \mathbf{T}_{14} \mathbf{T}_{13} \mathbf{T}_{12}$$

一种按列排列的扫描如下

$$\mathbf{T}_{\mathrm{C}} = \mathbf{T}_{34} \mathbf{T}_{24} \mathbf{T}_{14} \mathbf{T}_{23} \mathbf{T}_{13} \mathbf{T}_{12}$$

---

[1] 基于行或列排序的 Jacobi 循环算法的收敛性证明, 由 Forsythe 和 Henrici(1960)给出。随后, Luk 和 Park(1989)证明了用在算法并行实现中的各种排序等效于按行排序, 因此同样保证了收敛性。

容易看出，如果满足以下两个条件

　　1）下标 i 和 p、q 都不相同。

　　2）下标 k 和 p、q 都不相同。

则变换 $\mathbf{T}_{ik}$ 和 $\mathbf{T}_{pq}$ 互换。因此我们发现，变换 $\mathbf{T}_R$ 和 $\mathbf{T}_C$ 实际上是等价的，如所预期的。

　　下面，考虑将变换 $\mathbf{T}_R$（由按行轮换排序扫描得到的）用于数据矩阵 $\mathbf{A}$。特别地，利用式（G.48）的旋转，可以写出如下变换

$$\mathbf{T}_{12}: \mathbf{A} \leftarrow \mathbf{\Theta}_1^{\mathrm{T}}(1,2)\mathbf{A}\mathbf{\Theta}_2(1,2)$$

$$\mathbf{T}_{13}\mathbf{T}_{12}: \mathbf{A} \leftarrow \mathbf{\Theta}_3^{\mathrm{T}}(1,3)\mathbf{\Theta}_1^{\mathrm{T}}(1,2)\mathbf{A}\mathbf{\Theta}_2(1,2)\mathbf{\Theta}_4(1,3)$$

$$\mathbf{T}_{14}\mathbf{T}_{13}\mathbf{T}_{12}: \mathbf{A} \leftarrow \mathbf{\Theta}_5^{\mathrm{T}}(1,4)\mathbf{\Theta}_3^{\mathrm{T}}(1,3)\mathbf{\Theta}_1^{\mathrm{T}}(1,2)\mathbf{A}\mathbf{\Theta}_2(1,2)\mathbf{\Theta}_4(1,3)\mathbf{\Theta}_6(1,4)$$

等等。这一系列变换的最后一步可以写为

$$\mathbf{T}_R:\ \mathbf{A}\leftarrow\mathbf{U}^{\mathrm{T}}\mathbf{A}\mathbf{V}$$

它定义了实数据矩阵 $\mathbf{A}$ 的奇异值分解。正交矩阵 $\mathbf{U}$ 和 $\mathbf{V}$ 分别定义

$$\mathbf{U} = \mathbf{\Theta}_1(1,2)\mathbf{\Theta}_3(1,3)\mathbf{\Theta}_5(1,4)\mathbf{\Theta}_7(2,3)\mathbf{\Theta}_9(2,4)\mathbf{\Theta}_{11}(3,4)$$

和

$$\mathbf{V} = \mathbf{\Theta}_2(1,2)\mathbf{\Theta}_4(1,3)\mathbf{\Theta}_6(1,4)\mathbf{\Theta}_8(2,3)\mathbf{\Theta}_{10}(2,4)\mathbf{\Theta}_{12}(3,4)$$

G3.1　矩形数据矩阵

　　至此，我们专注于计算方阵奇异值分解的 Jacobi 循环算法。为了处理矩形矩阵这个更一般的情况，可以通过以下步骤扩展这个算法的应用：首先考虑 $K \times M$ 实数据矩阵 $\mathbf{A}$ 的情况，此时 $K > M$。通过在 $\mathbf{A}$ 中添加 $K - M$ 列零元素，可得到一个方阵。故可写出

$$\widetilde{\mathbf{A}} = [\mathbf{A}, \mathbf{O}] \tag{G.52}$$

矩阵 $\widetilde{\mathbf{A}}$ 称为增广数据矩阵。然后，像以前那样继续进行，将循环 Jacobi 算法用于 $K \times K$ 矩阵 $\widetilde{\mathbf{A}}$。在进行这项计算时，要求利用式（G.33）所述的特殊情况 1。在任何时候，都有如下分解

$$\mathbf{U}^{\mathrm{T}}[\mathbf{A}, \mathbf{O}]\begin{bmatrix}\mathbf{V} & \mathbf{O} \\ \mathbf{O} & \mathbf{I}\end{bmatrix} = \mathrm{diag}(\sigma_1, \cdots, \sigma_M, 0, \cdots, 0) \tag{G.53}$$

从而，可得到原数据矩阵 $\mathbf{A}$ 所期望的分解为

$$\mathbf{U}^{\mathrm{T}}\mathbf{A}\mathbf{V} = \mathrm{diag}(\sigma_1, \cdots, \sigma_M) \tag{G.54}$$

如果矩阵 $\mathbf{A}$ 的维数 $M > K$，则可在矩阵中添加 $M - K$ 行来增广该矩阵；于是可写出

$$\widetilde{\mathbf{A}} = \begin{bmatrix}\mathbf{A} \\ \mathbf{O}\end{bmatrix} \tag{G.55}$$

然后用类似于前面的方法处理方阵 $\widetilde{\mathbf{A}}$。在第二种情况下，要求利用式（G.34）所述的特殊情况 2。

　　在复数矩形数据矩阵 $\mathbf{A}$ 的情况下，除了矩阵 $\mathbf{U}$ 和 $\mathbf{V}$ 的特征有所变化外，其余均可按前面描述的方法进行。对于实矩阵，矩阵 $\mathbf{U}$ 和 $\mathbf{V}$ 都是正交的，然而对于复矩阵，两者都是酉阵。

这里描述的矩阵增广的策略,表示了方阵使用的 Jacobi 算法的一种简单扩展。然而,这种方法的缺点是,当矩阵 **A** 的维数 K 远大于维数 M 时,算法效率过低,反之亦然[①]。

G. 4 Householder 变换

下面,转向讨论 Householder 变换(或称 Householder 矩阵),这是为了纪念其创始人(Householder,1958a,b,1964)而得名的。为了简化讨论,考虑一个 $M \times 1$ 向量,其欧氏范数为

$$\|\mathbf{u}\| = \left(\mathbf{u}^{\mathrm{T}}\mathbf{u}\right)^{1/2}$$

然后,Householder 变换用 $M \times M$ 矩阵定义为

$$\mathbf{Q} = \mathbf{I} - \frac{2\mathbf{u}\mathbf{u}^{\mathrm{T}}}{\|\mathbf{u}\|^2} \tag{G.56}$$

其中 **I** 是 $M \times M$ 单位矩阵。

为了给出 Householder 变换的几何解释,考虑一个 $M \times 1$ 向量 **x** 被左乘以矩阵 **Q** 的情况

$$
\begin{aligned}
\mathbf{Qx} &= \left(\mathbf{I} - \frac{2\mathbf{u}\mathbf{u}^{\mathrm{T}}}{\|\mathbf{u}\|^2}\right)\mathbf{x} \\
&= \mathbf{x} - \frac{2\mathbf{u}^{\mathrm{T}}\mathbf{x}}{\|\mathbf{u}\|^2}\mathbf{u}
\end{aligned}
\tag{G.57}
$$

利用定义,**x** 在 **u** 上的投影为

$$\mathbf{P}_u(\mathbf{x}) = \frac{\mathbf{u}^{\mathrm{T}}\mathbf{x}}{\|\mathbf{u}\|^2}\mathbf{u} \tag{G.58}$$

这个投影如图 G.2 所示。图中还包括了乘积 **Qx** 的向量表示。由此可见,向量 **Qx** 是 **x** 关于超平面 $\mathrm{span}\{\mathbf{u}\}^{\perp}$ 的镜像映射,它与向量 **u** 正交。正是由于这个原因,Householder 变换也称为 Householder 映射[②]。

式(G.56)定义的实数据 Householder 变换有如下性质:

性质 1 Householder 变换是对称的,即

$$\mathbf{Q}^{\mathrm{T}} = \mathbf{Q} \tag{G.59}$$

性质 2 Householder 变换是正交的,即

$$\mathbf{Q}^{-1} = \mathbf{Q}^{\mathrm{T}} \tag{G.60}$$

[①] 克服这个困难的一个可供选择的方法如下(Luk,1986):

    1) 通过 OR 分解,将 $K \times M$ 数据矩阵 **A** 三角化,定义如下:

$$\mathbf{A} = \mathbf{Q}\begin{bmatrix} \mathbf{R} \\ \mathbf{O} \end{bmatrix}$$

       其中 **Q** 是 $K \times K$ 正交矩阵,**R** 是 $M \times M$ 上三角矩阵。

    2) 用循环 Jacobi 算法将矩阵 **R** 对角化。

    3) 结合第一步和第二步的结果。

[②] 对于 Householder 变换的综述性回顾及其在自适应信号处理中的应用,参见 Steinhardt(1988)。

性质 3　Householder 变换是长度受保护的，即

$$\|\mathbf{Qx}\| = \|\mathbf{x}\|$$ （G.61）

这个特性由图 G.2 说明。由该图可见，向量 $\mathbf{x}$ 和它的映射 $\mathbf{Qx}$ 的长度完全相等。

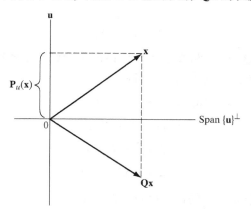

图 G.2　**Householder** 变换的几何解释

性质 4　两个向量进行相同的 Householder 变换，其内积不变。

考虑任意的三个向量 $\mathbf{x}$、$\mathbf{y}$ 和 $\mathbf{u}$。令 Householder 变换矩阵 $\mathbf{Q}$ 按照式（G.56）的向量 $\mathbf{u}$ 来定义。再令剩余的两个向量 $\mathbf{x}$ 和 $\mathbf{y}$ 由 $\mathbf{Q}$ 进行变换，分别得到 $\mathbf{Qx}$ 和 $\mathbf{Qy}$。这两个变换向量的内积为

$$\begin{aligned}(\mathbf{Qx})^{\mathrm{T}}(\mathbf{Qy}) &= \mathbf{x}^{\mathrm{T}}\mathbf{Q}^{\mathrm{T}}\mathbf{Qy}\\ &= \mathbf{x}^{\mathrm{T}}\mathbf{y}\end{aligned}$$ （G.62）

这里用到了性质 2。这里，变换向量 $\mathbf{Qx}$ 和 $\mathbf{Qy}$ 与原来的向量 $\mathbf{x}$ 和 $\mathbf{y}$ 有相同的内积。

性质 4 在数值求解最小线性二乘问题中具有重要的实际意义。特别地，Householder 变换用来将给定的数据矩阵转化为稀疏矩阵（即大多数元素为零）。从某种数学意义上，这个稀疏矩阵与原来的数据矩阵“等价”。不必说，该稀疏矩阵的特殊形式取决于感兴趣的应用。然而，无论何种应用，这里所述的矩阵转换形式用来简化求解问题中所涉及的数值计算。在这个范围内，数据转换的一种特殊形式是三角化，就是将全矩阵转化为上三角矩阵。给定这种形式的数据转换，我们可简单地利用高斯消元法完成矩阵求逆，从而求出这个问题的最小二乘解。

性质 5　给定 Householder 变换 $\mathbf{Q}$，变换向量 $\mathbf{Qx}$ 是超平面上 $\mathbf{x}$ 的一个映像，此超平面与 $\mathbf{Q}$ 定义中所涉及的向量 $\mathbf{u}$ 正交。

这个性质只是式（G.57）的另一种表述。性质 5 的如下两种极限情况特别值得注意：

● 向量 $\mathbf{x}$ 是 $\mathbf{u}$ 的标量倍数。在这种情况下，式（G.57）简化为

$$\mathbf{Qx} = -\mathbf{x}$$

● 向量 $\mathbf{x}$ 与 $\mathbf{u}$ 正交。即 $\mathbf{x}$ 和 $\mathbf{u}$ 的内积为零。在这种情况下，式（G.57）简化为

$$\mathbf{Qx} = \mathbf{x}$$

性质 6 令 $\mathbf{x}$ 是任一非零 $M \times 1$ 向量，其欧氏范数为 $\|\mathbf{x}\|$。令 $\mathbf{1}$ 表示第一象限的 $M \times 1$ 向量

$$\mathbf{1} = [1, 0, \cdots, 0]^{\mathrm{T}} \tag{G.63}$$

则存在一个由如下向量

$$\mathbf{u} = \mathbf{x} - \|\mathbf{x}\|\mathbf{1} \tag{G.64}$$

定义的 Householder 变换 $\mathbf{Q}$，使得相应于 $\mathbf{u}$ 的变换向量 $\mathbf{Qx}$ 是向量 $\mathbf{1}$ 的线性倍数。

当赋予向量 $\mathbf{u}$ 式(G.64)中的值时，我们有

$$\begin{aligned}
\|\mathbf{u}\|^2 &= \mathbf{u}^{\mathrm{T}}\mathbf{u} \\
&= (\mathbf{x} - \|\mathbf{x}\|\mathbf{1})^{\mathrm{T}}(\mathbf{x} - \|\mathbf{x}\|\mathbf{1}) \\
&= 2\|\mathbf{x}\|^2 - 2\|\mathbf{x}\|x_1 \\
&= 2\|\mathbf{x}\|(\|\mathbf{x}\| - x_1)
\end{aligned} \tag{G.65}$$

其中 x_1 是向量 $\mathbf{x}$ 的第一个元素。同样，我们可以写出

$$\begin{aligned}
\mathbf{u}^{\mathrm{T}}\mathbf{x} &= (\mathbf{x} - \|\mathbf{x}\|\mathbf{1})^{\mathrm{T}}\mathbf{x} \\
&= \|\mathbf{x}\|^2 - \|\mathbf{x}\|x_1 \\
&= \|\mathbf{x}\|(\|\mathbf{x}\| - x_1)
\end{aligned} \tag{G.66}$$

因此，将式(G.65)和式(G.66)代入式(G.57)可以发现，对应于式(G.64)向量 $\mathbf{u}$ 定义的变换向量 $\mathbf{Qx}$ 为

$$\begin{aligned}
\mathbf{Qx} &= \mathbf{x} - \mathbf{u} \\
&= \mathbf{x} - (\mathbf{x} - \|\mathbf{x}\|\mathbf{1}) \\
&= \|\mathbf{x}\|\mathbf{1}
\end{aligned} \tag{G.67}$$

这就证明了性质6[见式(G.64)]。

从式(G.65)可以看出，$\mathbf{x}$ 的欧氏范数必须满足以下条件

$$\|\mathbf{x}\| > |x_1| \tag{G.68}$$

这个条件仅仅说明，不仅 $\mathbf{x}$ 的第一个元素，而且至少一个其他元素也必须非零。这样，式(G.64)定义的向量 $\mathbf{u}$ 才真正有效。

性质 6 使得 Householder 变换成为一个非常强有力的计算工具。给定一个向量 $\mathbf{x}$，可以用式(G.64)来定义 $\mathbf{u}$，使得相应的 Householder 变换 $\mathbf{Q}$ 可消除向量 $\mathbf{x}$ 中除第一个元素外的所有 M 个元素。这个结果等价于应用 $M-1$ 次平面旋转，一个微小的不同是：式(G.56)中定义的 Householder 矩阵 $\mathbf{Q}$ 的行列式为

$$\begin{aligned}
\det(\mathbf{Q}) &= \det\left(\mathbf{I} - \frac{2\mathbf{u}\mathbf{u}^{\mathrm{T}}}{\|\mathbf{u}\|^2}\right) \\
&= -1
\end{aligned} \tag{G.69}$$

因此，Householder 变换使该结构的方向反向。

注意，性质1、性质5和性质6显示出 Householder 变换与 Givens 旋转的区别。这两个酉变换的基本区别通过比较图 G.1 和图 G.2 来说明。

G. 5　QR 算法

研究计算 SVD 的 QR 算法的出发点是找到一类能够保护数据矩阵 **A** 奇异值的正交矩阵。就此,假设实数据的情况,如果

$$\mathbf{B} = \mathbf{PAQ} \tag{G.70}$$

则说矩阵 **A** 与另一个矩阵 **B** 正交等价,式中 **P** 和 **Q** 是正交矩阵,即

$$\mathbf{P}^{\mathrm{T}}\mathbf{P} = \mathbf{I}$$

和

$$\mathbf{Q}^{\mathrm{T}}\mathbf{Q} = \mathbf{I}$$

因此

$$\begin{aligned}
\mathbf{B}^{\mathrm{T}}\mathbf{B} &= \mathbf{Q}^{\mathrm{T}}\mathbf{A}^{\mathrm{T}}\mathbf{P}^{\mathrm{T}}\mathbf{PAQ} \\
&= \mathbf{Q}^{\mathrm{T}}\mathbf{A}^{\mathrm{T}}\mathbf{AQ}
\end{aligned} \tag{G.71}$$

若相关矩阵 $\mathbf{A}^{\mathrm{T}}\mathbf{A}$ 右乘以正交矩阵 **Q**,同时左乘以矩阵 **Q** 的转置,则 $\mathbf{A}^{\mathrm{T}}\mathbf{A}$ 的特征值不变。因此,相关矩阵 $\mathbf{A}^{\mathrm{T}}\mathbf{A}$ 和 $\mathbf{B}^{\mathrm{T}}\mathbf{B}$,或简单地说,矩阵 **A** 和矩阵 **B** 是特征等价的。

利用式(G.70)所定义变换的目的是,将数据矩阵 **A** 化为上双对角形式,并具有上面提到的特征值等价性,对此 Householder 变换是很合适的。如果,除了主对角和上对角元素外,其他所有元素均为零,则说转换数据矩阵 **B** 为上双对角矩阵,即 **B** 的第 ij 个元素为

$$b_{ij} = 0 \qquad \text{每当 } i > j \text{ 或 } j > i + 1 \tag{G.72}$$

由于矩阵 **A** 化为上双对角形式,故下一步就是运用 Householder 双对角化,如下所述。

G5. 1　Householder 双对角化

考虑一个 $K \times M$ 数据矩阵 **A**,其中 $K \geqslant M$。令 $\mathbf{Q}_1, \mathbf{Q}_2, \cdots, \mathbf{Q}_M$ 表示一组 $K \times K$ Householder 矩阵,令 $\mathbf{P}_1, \mathbf{P}_2, \cdots, \mathbf{P}_{M-2}$ 表示另一组 $M \times M$ Householder 矩阵。为了将矩阵 **A** 化为上双对角形式,首先确定 Householder 矩阵的乘积

$$\mathbf{Q}_{\mathrm{B}} = \begin{cases} \mathbf{Q}_1 \mathbf{Q}_2 \cdots \mathbf{Q}_{M-1} & K = M \\ \mathbf{Q}_1 \mathbf{Q}_2 \cdots \mathbf{Q}_M & K > M \end{cases} \tag{G.73}$$

和

$$\mathbf{P}_{\mathrm{B}} = \mathbf{P}_1 \mathbf{P}_2 \cdots \mathbf{P}_{M-2} \tag{G.74}$$

使得

$$\mathbf{Q}_{\mathrm{B}}^{\mathrm{T}}\mathbf{A}\mathbf{P}_{\mathrm{B}} = \mathbf{B} = \begin{bmatrix} d_1 & f_2 & & \mathbf{O} \\ & d_2 & \ddots & \\ & & \ddots & f_M \\ \mathbf{O} & & & d_M \\ \hdashline & & \mathbf{O} & \end{bmatrix} \left.\vphantom{\begin{matrix}a\\b\end{matrix}}\right\} (K - M) \times M \text{ 零矩阵} \tag{G.75}$$

对于 $K > M$ 的情况,矩阵 **A** 左乘以 Householder 矩阵 $\mathbf{Q}_1, \mathbf{Q}_2, \cdots, \mathbf{Q}_M$,对应于映射变换 **A** 的

每一列,而右乘以矩阵 $\mathbf{P}_1$, $\mathbf{P}_2$,$\cdots$, $\mathbf{P}_{M-2}$ 对应于映射变换 $\mathbf{A}$ 的每一行。通过列和行"乒乓"映射获得期望的上双对角形式。注意到,当 $K>M$ 时,组成的 $\mathbf{Q}_B$ 的 Householder 矩阵数目为 M,而组成 $\mathbf{P}_B$ 的矩阵数目为 $M-2$。也注意到,通过设计,矩阵乘积 $\mathbf{P}_1\mathbf{P}_2$,$\cdots$, $\mathbf{P}_{M-2}$ 并不改变它所右乘的任何矩阵的第一列。

我们通过一个例子来说明这个转换的思想。

例2　考虑一个 5×4 矩阵 $\mathbf{A}$, 该矩阵以展开形式写为

$$
\mathbf{A} = \begin{bmatrix} x & x & x & x \\ x & x & x & x \\ x & x & x & x \\ x & x & x & x \\ x & x & x & x \end{bmatrix}
$$

其中 x 表示矩阵中的非零元素。矩阵 $\mathbf{A}$ 的上双对角化过程如下:
首先, 选择 $\mathbf{Q}_1$ 使得 $\mathbf{Q}_1^{\mathrm{T}}\mathbf{A}$ 在如下所标位置处变为零

$$
\begin{bmatrix} x & x & x & x \\ \otimes & x & x & x \\ \otimes & x & x & x \\ \otimes & x & x & x \\ \otimes & x & x & x \end{bmatrix}
$$

于是

$$
\mathbf{Q}_1^{\mathrm{T}}\mathbf{A} = \begin{bmatrix} x & x & \otimes & \otimes \\ 0 & x & x & x \\ 0 & x & x & x \\ 0 & x & x & x \\ 0 & x & x & x \end{bmatrix} \tag{G.76}
$$

其次, 选择 $\mathbf{P}_1$ 使得 $\mathbf{Q}_1^{\mathrm{T}}\mathbf{A}\mathbf{P}_1$ 在 $\mathbf{Q}_1^{\mathrm{T}}\mathbf{A}$ 的第一行如式 (G.76) 所示的有区别位置处变为零。从而

$$
\mathbf{Q}_1^{\mathrm{T}}\mathbf{A}\mathbf{P}_1 = \begin{bmatrix} x & x & 0 & 0 \\ \hline 0 & x & x & x \\ 0 & x & x & x \\ 0 & x & x & x \\ 0 & x & x & x \end{bmatrix} \tag{G.77}
$$

注意, $\mathbf{P}_1$ 没有影响到 $\mathbf{Q}_1^{\mathrm{T}}\mathbf{A}$ 的第一列。

通过对具有非零元素 $\mathbf{Q}^{\mathrm{T}}\mathbf{A}\mathbf{P}_1$ 的尾部的 4×3 子矩阵进行操作,可继续数据转换。特别地,选择 $\mathbf{Q}_2$ 和 $\mathbf{P}_2$ 使得

$$
\mathbf{Q}_2^{\mathrm{T}}\mathbf{Q}_1^{\mathrm{T}}\mathbf{A}\mathbf{P}_1\mathbf{P}_2 = \begin{bmatrix} x & x & 0 & 0 \\ 0 & x & x & 0 \\ \hline 0 & 0 & x & x \\ 0 & 0 & x & x \\ 0 & 0 & x & x \end{bmatrix} \tag{G.78}
$$

下面, 我们对具有非零元素的 $\mathbf{Q}_2^{\mathrm{T}}\mathbf{Q}_1^{\mathrm{T}}\mathbf{A}\mathbf{P}_1\mathbf{P}_2$ 尾部的 3×2 子矩阵进行操作。特别地,我们选择 $\mathbf{Q}_3$ 使得

$$\mathbf{Q}_3^\mathsf{T}\mathbf{Q}_2^\mathsf{T}\mathbf{Q}_1^\mathsf{T}\mathbf{AP}_1\mathbf{P}_2 = \begin{bmatrix} x & x & 0 & 0 \\ 0 & x & x & 0 \\ 0 & 0 & x & x \\ \hline 0 & 0 & 0 & x \\ 0 & 0 & 0 & x \end{bmatrix} \tag{G.79}$$

最后，选择 $\mathbf{Q}_4$ 以便对 $\mathbf{Q}_3^\mathsf{T}\mathbf{Q}_2^\mathsf{T}\mathbf{Q}_1^\mathsf{T}\mathbf{AP}_1\mathbf{P}_2$ 尾部的 2×1 子矩阵进行操作，我们可写出

$$\mathbf{B} = \mathbf{Q}_4^\mathsf{T}\mathbf{Q}_3^\mathsf{T}\mathbf{Q}_2^\mathsf{T}\mathbf{Q}_1^\mathsf{T}\mathbf{AP}_1\mathbf{P}_2 = \begin{bmatrix} x & x & 0 & 0 \\ 0 & x & x & 0 \\ 0 & 0 & x & x \\ 0 & 0 & 0 & x \\ 0 & 0 & 0 & 0 \end{bmatrix} \tag{G.80}$$

至此，完成了数据矩阵 $\mathbf{A}$ 的上双对角化。

G5.2　Golub-Kahan 步骤

数据矩阵 $\mathbf{A}$ 双对角化后，紧接着是将矩阵进一步化为对角形式的迭代过程。由式 (G.75) 可以看出，在由 $\mathbf{A}$ 双对角化得到的矩阵 $\mathbf{B}$ 中，M 行以下全为零。显然，矩阵 $\mathbf{B}$ 中后 $K-M$ 行零元素对于求原数据矩阵 $\mathbf{A}$ 的奇异值不起作用，因此可以去掉 $\mathbf{B}$ 的后 $K-M$ 行元素，从而把它看做一个 M 维方阵。矩阵 $\mathbf{B}$ 对角化的基础是 Golub-Kahan 算法（Golub & Kahan, 1965），它是最初用来求解对称特征值问题的 QR 算法的一种自适应实现[①]。

令 $\mathbf{B}$ 表示 $M \times M$ 上双对角矩阵，它的主对角线和上对角线上没有零元素。Golub-Kahan 算法的第一步迭代过程如下（Golub & Kahan, 1965; Golub & Van Loan, 1996）：

1）确定乘积 $\mathbf{T} = \mathbf{B}^\mathsf{H}\mathbf{B}$ 尾部的 2×2 子矩阵，其形式为

$$\begin{bmatrix} d_{M-1}^2 + f_{M-1}^2 & d_{M-1}f_M \\ f_M d_{M-1} & d_M^2 + f_M^2 \end{bmatrix} \tag{G.81}$$

其中 d_{M-1} 和 d_M 是矩阵 $\mathbf{B}$ 尾部的对角线元素，f_{M-1} 和 f_M 是尾部的上对角线元素[参见式 (G.75) 的右边]。令 λ 表示子矩阵的特征值，它与 $d_M^2 + f_M^2$ 很接近；这个特殊的特征值 λ 称为 Wilkinson 漂移。

2）计算 Givens 旋转参数 c_1 和 s_2，使得

$$\begin{bmatrix} c_1 & s_1 \\ -s_1 & c_1 \end{bmatrix}^\mathsf{T} \begin{bmatrix} d_1^2 - \lambda \\ f_2 d_1 \end{bmatrix} = \begin{bmatrix} \star \\ 0 \end{bmatrix} \tag{G.82}$$

其中 d_1 和 f_2 分别表示矩阵 $\mathbf{B}$ 的主对角线元素和上对角线元素[参见式 (G.75) 的右边]。式 (G.82) 中标有 ☆ 号的元素表示非零元素。令

$$\Theta_1^\mathsf{T} = \left[\begin{array}{cc|c} c_1 & s_1 & \mathbf{O} \\ -s_1 & c_1 & \\ \hline \mathbf{O} & & \mathbf{I} \end{array}\right] \tag{G.83}$$

3）将 Givens 旋转 Θ_1 应用于矩阵 $\mathbf{B}$。因为 $\mathbf{B}$ 为上双对角矩阵，而 Θ_1 是在 (2, 1) 平面中

---

① QR 算法的外在形式和附录 E 讨论的 QL 算法有所不同。

的旋转矩阵，乘积 $\mathbf{B\Theta}_1$ 有如下形式(以 $M=4$ 的情况为例来说明)

$$\mathbf{B\Theta}_1 = \begin{bmatrix} \mathrm{x} & \mathrm{x} & 0 & 0 \\ z^{(1)} & \mathrm{x} & \mathrm{x} & 0 \\ 0 & 0 & \mathrm{x} & \mathrm{x} \\ 0 & 0 & 0 & \mathrm{x} \end{bmatrix}$$

其中 $z^{(1)}$ 是经 Givens 旋转 $\mathbf{\Theta}_1$ 后产生的新元素。

4) 确定以"乒乓"方式对 $\mathbf{B\Theta}_1$ 进行操作的 Givens 旋转序列 $\mathbf{U}_1$，$\mathbf{V}_2$，$\mathbf{U}_2$，$\cdots$，$\mathbf{V}_{M-1}$ 和 $\mathbf{U}_{M-1}$，以便在双对角线的情况下寻找不想要的非零元素 $z^{(1)}$。这一系列运算再一次以 $M=4$ 的情况为例说明如下

$$\mathbf{U}_1^\mathrm{T}\mathbf{B\Theta}_1 = \begin{bmatrix} \mathrm{x} & \mathrm{x} & z^{(2)} & 0 \\ 0 & \mathrm{x} & \mathrm{x} & 0 \\ 0 & 0 & \mathrm{x} & \mathrm{x} \\ 0 & 0 & 0 & \mathrm{x} \end{bmatrix}$$

$$\mathbf{U}_1^\mathrm{T}\mathbf{B\Theta}_1\mathbf{V}_2 = \begin{bmatrix} \mathrm{x} & \mathrm{x} & 0 & 0 \\ 0 & \mathrm{x} & \mathrm{x} & 0 \\ 0 & z^{(3)} & \mathrm{x} & \mathrm{x} \\ 0 & 0 & 0 & \mathrm{x} \end{bmatrix}$$

$$\mathbf{U}_2^\mathrm{T}\mathbf{U}_1^\mathrm{T}\mathbf{B\Theta}_1\mathbf{V}_2 = \begin{bmatrix} \mathrm{x} & \mathrm{x} & 0 & 0 \\ 0 & \mathrm{x} & \mathrm{x} & z^{(4)} \\ 0 & 0 & \mathrm{x} & \mathrm{x} \\ 0 & 0 & 0 & \mathrm{x} \end{bmatrix}$$

$$\mathbf{U}_2^\mathrm{T}\mathbf{U}_1^\mathrm{T}\mathbf{B\Theta}_1\mathbf{V}_2\mathbf{V}_3 = \begin{bmatrix} \mathrm{x} & \mathrm{x} & 0 & 0 \\ 0 & \mathrm{x} & \mathrm{x} & 0 \\ 0 & 0 & \mathrm{x} & \mathrm{x} \\ 0 & 0 & z^{(5)} & \mathrm{x} \end{bmatrix}$$

$$\mathbf{U}_3^\mathrm{T}\mathbf{U}_2^\mathrm{T}\mathbf{U}_1^\mathrm{T}\mathbf{B\Theta}_1\mathbf{V}_2\mathbf{V}_3 = \begin{bmatrix} \mathrm{x} & \mathrm{x} & 0 & 0 \\ 0 & \mathrm{x} & \mathrm{x} & 0 \\ 0 & 0 & \mathrm{x} & \mathrm{x} \\ 0 & 0 & 0 & \mathrm{x} \end{bmatrix}$$

因此，该迭代终止于一个新的双对角矩阵 $\mathbf{B}$，它与原对角矩阵 $\mathbf{B}$ 的关系如下

$$\mathbf{B} \leftarrow (\mathbf{U}_{M-1}^\mathrm{T} \dots \mathbf{U}_2^\mathrm{T}\mathbf{U}_1^\mathrm{T})\mathbf{B}(\mathbf{\Theta}_1 \mathbf{V}_2 \dots \mathbf{V}_{M-1}) = \mathbf{U}^\mathrm{T}\mathbf{B}\mathbf{V} \tag{G.84}$$

其中

$$\mathbf{U} = \mathbf{U}_1\mathbf{U}_2 \cdots \mathbf{U}_{M-1} \tag{G.85}$$

和

$$\mathbf{V} = \mathbf{\Theta}_1\mathbf{V}_2 \cdots \mathbf{V}_{M-1} \tag{G.86}$$

步骤 1 到步骤 4 包括了 Golub-Kahan 算法的一次迭代。典型地，经少数迭代后，上对角线元素 f_M 将变得可以忽略不计。当 f_M 充分小时，可以缩小矩阵，而将算法应用于较小的矩阵。f_M 足够小的标准通常采取如下形式：

$$|f_M| \leqslant \varepsilon(|d_{M-1}| + |d_M|) \quad \text{其中} \varepsilon \text{是机器精度的小倍数} \tag{G.87}$$

刚刚进行的论述极少说到用于方阵对角化的 Golub-Kahan 算法。对于该算法的更详细的论述，读者可以参考 Golub 和 Kahan(1965)的论文及 Golub 和 Van Loan(1996)的书。

Golub-Kahan 算法已有重要改进。Golub-Kahan 算法具有性质：它可计算具有绝对误差上界 $\varepsilon \| \mathbf{B} \|$ 的双对角矩阵 $\mathbf{B}$ 的每一个奇异值，其中 ε 是机器精度。因此，可以在相当高的精度下计算出大的奇异值(接近 $\| \mathbf{B} \|$)，而小奇异值(接近 $\varepsilon \| \mathbf{B} \|$ 或更小)的计算不够精确。改进型算法可在相当高精度下计算出每一个奇异值，而与算法规模无关。它也可用高得多的精度计算奇异向量。速度与老算法差不多一样快(偶尔要快得多)的新算法是 Golub-Kahan 算法与简化型算法[对应式(G.82)中取 $\lambda = 0$]的结合。当 $\lambda = 0$ 时，可固定算法的剩余部分，以便以相当高的精度计算每个矩阵元素，并由此得到奇异值的最终精度[对这个算法的分析，参见 Demmel 和 Kahan(1990)及 Deift 等(1989)]。

G5.3 QR 算法小结

QR 算法不仅数学上灵巧，而且计算能力很强，是 SVD 计算中高度通用的算法。给定 $K \times M$ 数据矩阵 $\mathbf{A}$，用于计算 $\mathbf{A}$ 的 SVD 的 QR 算法过程如下：

1) 计算一系列 Householder 变换，将 $\mathbf{A}$ 化为上双对角形式。

2) 将 Golub-Kahan 算法用于步骤 1 得到的 $M \times M$ 非零子矩阵。重复这个应用，直到按照式(G.87)定义的准则，上对角线元素变得可以忽略为止。

3) 确定 $\mathbf{A}$ 的 SVD 过程如下：

- 步骤 2 得到的矩阵的对角线元素，是矩阵 $\mathbf{A}$ 的奇异值。
- 步骤 1 的 Householder 变换与左乘所涉及的步骤 2 的 Givens 旋转的乘积定义了矩阵 $\mathbf{A}$ 的左奇异向量。Householder 变换与右乘所涉及的 Givens 旋转的乘积定义了矩阵 $\mathbf{A}$ 的右奇异向量。

例 3 考虑一个 3×3 实双对角矩阵

$$\mathbf{B} = \begin{bmatrix} 1 & 1 & 0 \\ 0 & 2 & 1 \\ 0 & 0 & 3 \end{bmatrix}$$

对此矩阵重复使用 Golub-Kahan 算法，得到表 G.1 中所示的一系列结果[当式(G.87)定义的终止准则中 $\varepsilon = 10^{-4}$ 时]。经过两次迭代后，矩阵 $\mathbf{B}$ 的(2, 3)元素变得很小，此时矩阵缩小。因此，现在处理最重要的 2×2 子矩阵

$$\begin{bmatrix} 0.8817 & 0.4323 \\ 0.0000 & 2.0791 \end{bmatrix}$$

经过一步，这个子矩阵最终被对角化为

$$\begin{bmatrix} 0.8596 & 0.0000 \\ 0.0000 & 2.1326 \end{bmatrix}$$

算出双对角矩阵的奇异值为

$$\sigma_1 = 0.8596$$

$$\sigma_2 = 2.1326$$

和

$$\sigma_3 = 3.2731$$

通过比较矩阵乘积 $\mathbf{BB}^T$ 的迹及其特征值之和，即 $\sum_{i=1}^{3} \sigma_i^2$，可以证明这个计算的正确性。这个问题留给读者作为练习。

表 G.1　Golub-Kahan 算法的开始两次迭代

迭代数	矩阵 B		
0	1.0000	1.0000	0.0000
	0.0000	2.0000	1.0000
	0.0000	0.0000	3.0000
1	0.9155	0.6627	0.0000
	0.0000	2.0024	0.0021
	0.0000	0.0000	3.2731
2	0.8817	0.4323	0.0000
	0.0000	2.0791	0.0000
	0.0000	0.0000	3.2731

附录 H   复数维萨特分布

维萨特(Wishart)分布在统计信号处理中起着重要作用。在本附录中，我们概述了复值数据分布的一些重要特性。特别地，我们导出标准 RLS 算法收敛性分析(见第 10 章的习题 7)的一个关键性结果。首先讨论复数维萨特分布的定义。

H.1   定义

考虑一个 $M \times M$ 时间平均(样本)相关矩阵

$$\boldsymbol{\Phi}(n) = \sum_{i=1}^{n} \mathbf{u}(i)\mathbf{u}^{\mathrm{H}}(i) \tag{H.1}$$

其中

$$\mathbf{u}(i) = [u_1(i), u_2(i), \cdots, u_M(i)]^{\mathrm{T}}$$

下面，假设 $\mathbf{u}(1), \mathbf{u}(2), \cdots, \mathbf{u}(n) (n > M)$ 是独立同分布的(i.i.d.)。则复数维萨特分布可正式定义如下(Muirhead, 1982)：

假设 $\{u_1(i), u_2(i), \cdots, u_M(i) | i = 1, 2, \cdots, n\}$，$n \geqslant M$ 是 M 维高斯分布 $\mathcal{N}(\mathbf{0}, \mathbf{R})$ 的一个样本，$\boldsymbol{\Phi}(n)$ 是式(H.1)定义的时间平均相关矩阵，则 $\boldsymbol{\Phi}(n)$ 的元素具有复数维萨特分布 $\mathcal{W}_M(n, \mathbf{R})$，它由参数 M、n 和 $\mathbf{R}$ 表征。

用特定的术语，我们可以说，如果矩阵 $\boldsymbol{\Phi}$ 是 $\mathcal{W}_M(n, \mathbf{R})$ 分布的，则 $\boldsymbol{\Phi}$ 的概率密度函数为

$$f(\boldsymbol{\Phi}) = \frac{1}{2^{Mn/2} \Gamma_M\left(\frac{1}{2}n\right)(\det(\mathbf{R}))^{n/2}} \mathrm{etr}\left(-\frac{1}{2}\mathbf{R}^{-1}\boldsymbol{\Phi}\right)(\det(\boldsymbol{\Phi}))^{n-M-1/2} \tag{H.2}$$

其中 det 表示矩阵的行列式，etr 表示有关矩阵迹的指数幂。$\Gamma_M(a)$ 表示多变量伽马函数，定义为

$$\Gamma_M(a) = \int_A \mathrm{etr}(-\mathbf{A})(\det(\mathbf{A}))^{a-(M+1)/2} \mathrm{d}\mathbf{A} \tag{H.3}$$

其中 $\mathbf{A}$ 是正定矩阵。

H.2   一种特殊情况——χ^2 分布

对于单变量布理(即 $M = 1$)的特殊情况，式(H.1)变为标量形式

$$\varphi(n) = \sum_{i=1}^{n} |u(i)|^2 \tag{H.4}$$

相应地，$\mathbf{u}(n)$ 的相关矩阵 $\mathbf{R}$ 变为方差 σ^2。令

$$\chi^2(n) = \frac{\varphi(n)}{\sigma^2} \tag{H.5}$$

则利用式(H.2)，可将归一化随机变量 $\chi^2(n)$ 的归一化概率密度函数定义为

$$f(\chi^2) = \frac{\left(\dfrac{\chi^2}{2}\right)^{n/2-1} e^{-\chi^2/2}}{2^{n/2}\Gamma\left(\dfrac{1}{2}n\right)} \tag{H.6}$$

其中 $\Gamma(1/2n)$ 是(标量)伽马函数[①]。变量 $\chi^2(n)$ 是自由度为 n 的 χ^2 分布(chi-square distribution)。因此,复数维萨特分布可看做无变量 χ^2 分布的推广。

自由度为 n 的 χ^2 分布的一个有用性质是:它相对于 $1/2n$ 重复产生(Wilks,1962)。即 $\chi^2(n)$ 的第 r 个矩为

$$\mathbb{E}[\chi^{2r}(n)] = \frac{2^r\Gamma\left(\dfrac{n}{2}+r\right)}{\Gamma\left(\dfrac{n}{2}\right)} \tag{H.7}$$

因此, $\chi^2(n)$ 的均值、均方值和方差分别如下

$$\mathbb{E}[\chi^2(n)] = n \tag{H.8}$$

$$\mathbb{E}[\chi^4(n)] = n(n+2) \tag{H.9}$$

$$\mathrm{var}[\chi^2(n)] = n(n+2) - n^2 = 2n \tag{H.10}$$

此外,将 $r = -1$ 代入式(H.7),可求出 $\chi^2(n)$ 倒数的均值为

$$\mathbb{E}\left[\frac{1}{\chi^2(n)}\right] = \frac{1}{2}\frac{\Gamma\left(\dfrac{n}{2}-1\right)}{\Gamma\left(\dfrac{n}{2}\right)} = \frac{1}{2}\frac{\Gamma\left(\dfrac{n}{2}-1\right)}{\left(\dfrac{n}{2}-1\right)\Gamma\left(\dfrac{n}{2}-1\right)} = \frac{1}{n-2} \tag{H.11}$$

H.3　复数维萨特分布的性质

复数维萨特分布具有如下重要性质(Muirhead,1982;Anderson,1984):

1) 若 $\boldsymbol{\Phi}$ 是 $\mathscr{W}_M(n,\mathbf{R})$ 分布,而 $\mathbf{a}$ 是与 $\boldsymbol{\Phi}$ 无关且具有概率分布为 $\mathbb{P}(\mathbf{a}=\mathbf{0})=0$(即 $\mathbf{a}=\mathbf{0}$ 的概率是零)的任意 $M\times1$ 随机列向量,则 $\mathbf{a}^{\mathrm{H}}\boldsymbol{\Phi}\mathbf{a}/\mathbf{a}^{\mathrm{H}}\mathbf{Ra}$ 是自由度为 n 的 χ^2 分布且独立于 $\mathbf{a}$。

2) 若 $\boldsymbol{\Phi}$ 是 $\mathscr{W}_M(n,\mathbf{R})$ 分布,而 $\mathbf{Q}$ 是 $M\times k$ 矩阵,则 $\mathbf{Q}^{\mathrm{H}}\boldsymbol{\Phi}\mathbf{Q}$ 是 $\mathscr{W}_k(n,\mathbf{Q}^{\mathrm{H}}\mathbf{RQ})$ 分布。

3) 若 $\boldsymbol{\Phi}$ 是 $\mathscr{W}_M(n,\mathbf{R})$ 分布,而 $\mathbf{Q}$ 是 $M\times k$ 矩阵且秩为 k,则 $(\mathbf{Q}^{\mathrm{H}}\boldsymbol{\Phi}^{-1}\mathbf{Q})^{-1}$ 是 $\mathscr{W}_k(n-M+k,(\mathbf{Q}^{\mathrm{H}}\mathbf{R}^{-1}\mathbf{Q})^{-1})$ 分布。

[①]　对于其实部为正的复数 g 的一般情况,伽马函数 $\Gamma(g)$ 可定义为如下定积分形式(Wilks,1962)

$$\Gamma(g) = \int_0^\infty x^{g-1}e^{-x}\mathrm{d}x$$

积分结果,容易得出

$$\Gamma(g) = (g-1)\Gamma(g-1)$$

对于 g 是正常数的情况,可把伽马函数表示为阶乘形式

$$\Gamma(g) = (g-1)!$$

当 $g>0$ 但不为整数时,有

$$\Gamma(g) = (g-1)\Gamma(\delta)$$

其中 $0<\delta<1$。对于 $\delta=1/2$ 的特殊情况, $\Gamma(\delta)=\sqrt{\pi}$。

4）若 $\boldsymbol{\Phi}$ 是 $\mathcal{W}_M(n, \mathbf{R})$ 分布，而 $\mathbf{a}$ 是与 $\boldsymbol{\Phi}$ 无关且具有 $\mathbb{P}(\mathbf{a}=\mathbf{0})=0$ 概率分布的任意 $M \times 1$ 随机列向量，则 $\mathbf{a}^H \mathbf{R}^{-1} \mathbf{a} / \mathbf{a}^H \boldsymbol{\Phi}^{-1} \mathbf{a}$ 是自由度为 $n-M+1$ 的 χ^2 分布。

5）设矩阵 $\boldsymbol{\Phi}$ 和 $\mathbf{R}$ 分块为 $p \times (M-p)$ 子矩阵

$$\boldsymbol{\Phi} = \begin{bmatrix} \boldsymbol{\Phi}_{11} & \boldsymbol{\Phi}_{12} \\ \boldsymbol{\Phi}_{21} & \boldsymbol{\Phi}_{22} \end{bmatrix}$$

和

$$\mathbf{R} = \begin{bmatrix} \mathbf{R}_{11} & \mathbf{R}_{12} \\ \mathbf{R}_{21} & \mathbf{R}_{22} \end{bmatrix}$$

如果 $\boldsymbol{\Phi}$ 是 $\mathcal{W}_M(n, \mathbf{R})$ 分布，则 $\boldsymbol{\Phi}_{11}$ 是按 $\mathcal{W}_p(n, \mathbf{R}_{11})$ 分布的。

H.4　逆相关矩阵 $\boldsymbol{\Phi}^{-1}(n)$ 的数学期望

复数维萨特分布的性质 4 可用来求逆相关矩阵 $\boldsymbol{\Phi}^{-1}(n)$ 的数学期望，在某些情况下，它与 RLS 算法的均方敛性有关。特别是，对于 $\mathbb{R}^M$ 中任一固定的非零向量 $\boldsymbol{\alpha}$，由性质 4 可知，$\boldsymbol{\alpha}^H \mathbf{R}^{-1} \boldsymbol{\alpha} / \boldsymbol{\alpha}^H \boldsymbol{\Phi}^{-1} \boldsymbol{\alpha}$ 是自由度为 $n-M+1$ 的 χ^2 分布。令 $\chi^2(n-M+1)$ 表示这个变换系数，则利用式（H.11）中所述结果，可写出

$$\begin{aligned} \mathbb{E}[\boldsymbol{\alpha}^H \boldsymbol{\Phi}^{-1}(n) \boldsymbol{\alpha}] &= \boldsymbol{\alpha}^H \mathbf{R}^{-1} \boldsymbol{\alpha}\, \mathbb{E}\left[\frac{1}{\chi^2(n-M+1)}\right] \\ &= \frac{1}{n-M+1} \boldsymbol{\alpha}^H \mathbf{R}^{-1} \boldsymbol{\alpha}, \quad n > M+1 \end{aligned}$$

这也表明

$$\mathbb{E}[\boldsymbol{\Phi}^{-1}(n)] = \frac{1}{n-M-1} \mathbf{R}^{-1}, \quad n > M+1 \tag{H.12}$$

术　语

I. 书中约定

1. 黑体小写字母表示列向量。黑体大写字母表示矩阵。
2. 标量、向量、矩阵的估计值用顶部带有^符号来表示。
3. 符号||表示取其内部所含复标量的幅值或者绝对值。符号ang[ ]或者arg[ ]表示取括号内标量的相角。
4. 符号 $\parallel\ \parallel$ 表示取其内部所含向量或者矩阵的欧氏范数。
5. 符号 $\det(\ )$ 表示括号内方阵的行列式。
6. 开区间 (a, b) 表示变量 x 的范围为 $a < x < b$，闭区间 $[a, b]$ 表示 $a \leqslant x \leqslant b$，$(a, b]$ 表示 $a < x \leqslant b$。
7. 非奇异矩阵(方阵) $\mathbf{A}$ 的逆表示为 $\mathbf{A}^{-1}$。
8. 矩阵 $\mathbf{A}$(不必是方阵)的伪逆表示为 $\mathbf{A}^{+}$。
9. 标量、向量、矩阵的复共轭用上标星号符号表示。向量和矩阵的转置用上标 T 表示。向量和矩阵的埃尔米特转置用上标 H 表示。向量中元素的后向重排序用上标 B 表示。
10. 符号 $\mathbf{A}^{-H}$ 表示非奇异矩阵(方阵) $\mathbf{A}$ 之逆的埃尔米特转置。
11. 方阵 $\mathbf{A}$ 的平方根表示为 $\mathbf{A}^{1/2}$。
12. 符号 $\mathrm{diag}(\lambda_1, \lambda_2, \cdots, \lambda_M)$ 表示对角矩阵，其主对角线上的元素等于 $\lambda_1, \lambda_2, \cdots, \lambda_M$。
13. 线性预测器的阶或自回归模型的阶由相应标量或向量参数加有下标的符号来表示。
14. 统计期望运算表示为 $\mathbb{E}[\cdot]$，方括号内的量是随机变量或者随机向量。随机变量的方差表示为 $\mathrm{var}[\cdot]$，方括号内的量是随机变量。
15. 设条件 H_i 为真，随机变量 U 的条件概率密度函数表示为 $f_U(u|\mathrm{H}_i)$，这里 u 表示随机变量 U 的一个样本值。
16. 两个向量 $\mathbf{x}$ 和 $\mathbf{y}$ 的内积定义为 $\mathbf{x}^H\mathbf{y} = \mathbf{y}^T\mathbf{x}^*$。另一个定义为 $\mathbf{y}^H\mathbf{x} = \mathbf{x}^T\mathbf{y}^*$。这两个内积彼此复共轭。向量 $\mathbf{x}$ 和向量 $\mathbf{y}$ 的外积定义为 $\mathbf{x}\mathbf{y}^H$。内积结果是标量，而外积结果是矩阵。
17. 方阵 $\mathbf{R}$ 的迹记为 $\mathrm{tr}[\mathbf{R}]$，定义为其对角线上的元素之和。矩阵 $\mathbf{R}$ 之迹的指数幂作为 $\mathrm{etr}[\mathbf{R}]$。
18. 平稳离散时间随机过程 $u(n)$ 的自相关函数定义为

$$r(k) = \mathbb{E}[u(n)u^*(n-k)]$$

两个同分布的平稳随机过程 $u(n)$ 和 $d(n)$ 的互相关函数定义为

$$p(-k) = \mathbb{E}[u(n-k)d^*(n)]$$

19. 随机向量 $\mathbf{u}(n)$ 的总体均值相关矩阵定义为

$$\mathbf{R} = \mathbb{E}[\mathbf{u}(n)\mathbf{u}^H(n)]$$

书中避免使用带有下标的 $\mathbf{R}$ 来表示相关矩阵，只有第 13 章是个例外，该处有

$$\mathbf{R}_u = \mathbb{E}\big[\mathbf{u}(n)\mathbf{u}^{\mathrm{H}}(n)\big]$$

和

$$\mathbf{R}_\omega = \mathbb{E}\big[\boldsymbol{\omega}(n)\boldsymbol{\omega}^{\mathrm{H}}(n)\big]$$

20. 随机向量 $\mathbf{u}(n)$ 和随机变量 $d(n)$ 的集平均互相关向量表示为

$$\mathbf{p} = \mathbb{E}\big[\mathbf{u}(n)d^*(n)\big]$$

21. 在观测区间 $1 \leqslant i \leqslant n$ 上，向量 $\mathbf{u}(i)$ 的时间平均（样本）相关矩阵定义为

$$\boldsymbol{\Phi}(n) = \sum_{i=1}^{n} \mathbf{u}(i)\mathbf{u}^{\mathrm{H}}(i)$$

其指数加权形式为

$$\boldsymbol{\Phi}(n) = \sum_{i=1}^{n} \lambda^{n-i}\mathbf{u}(i)\mathbf{u}^{\mathrm{H}}(i)$$

这里 λ 是指数加权因子，取值范围是 $0 < \lambda \leqslant 1$。

22. 在观测区间 $1 \leqslant i \leqslant n$ 上，向量 $\mathbf{u}(i)$ 与标量 $d(i)$ 的时间平均互相关矩阵定义为

$$\mathbf{z}(n) = \sum_{i=1}^{n} \mathbf{u}(i)d^*(i)$$

其指数加权型为

$$\mathbf{z}(n) = \sum_{i=1}^{n} \lambda^{n-i}\mathbf{u}(i)d^*(i)$$

23. 时间函数 $u(n)$ 的离散时间傅里叶变换表示为 $\mathrm{F}\big[u(n)\big]$，频率函数 $U(\omega)$ 的离散时间傅里叶反变换表示为 $\mathrm{F}^{-1}\big[U(\omega)\big]$。

24. 在构建包含矩阵量的框图（信号流图）中，使用了下列符号

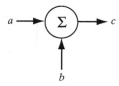

该符号描绘了加法器 $c = a + b$；类似地，符号

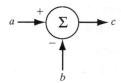

描绘了减法器 $c = a - b$。符号

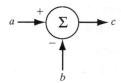

表示 $y = hx$ 做运算的乘法器。该乘法也可以表示为

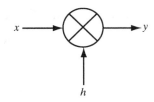

单位抽样(延迟)操作符表示为

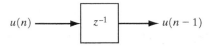

25. 在构建包含矩阵量的框图(信号流图)中, 使用下列符号

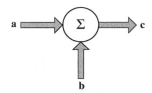

描绘了加法器 $\mathbf{c} = \mathbf{a} + \mathbf{b}$。符号

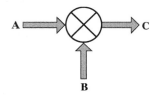

表示乘法器 $\mathbf{C} = \mathbf{AB}$。符号

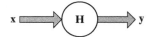

表示传递系数为 $\mathbf{H}$(即 $\mathbf{y} = \mathbf{Hx}$)的支路。单位取样操作符表示为

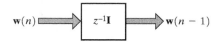

II. 缩略词

ADE	Algorithm-dependent equilibria	与算法有关的平衡点
AGC	Automatic gain control	自动增益控制
AIC	An information-theoretic criterion	信息理论准则
ALE	Adaptive line enhancer	自适应谱线增强器
AP	Affine projection	仿射投影
AR	Autoregressive	自回归
ARMA	Autoregressive moving average	自回归滑动平均
BEFAP	Block exact fast affine projection	块精确快速仿射投影
BIBO	Bounded input, bounded output	有界输入, 有界输出

BLP	Backward linear prediction	后向线性预测
BLUE	Best linear unbiased estimate	最佳线性无偏估计
CDE	Channel-dependent equilibria	与信道有关的平衡点
CMA	Constant modulus algorithm	常数模(恒模)算法
CRLB	Cramér-Rao lower bound	Cramér-Rao 下界
dB	Decibel	分贝
DCT	Discrete cosine transform	离散余弦变换
DFT	Discrete Fourier transform	离散傅里叶变换
DPCM	Differential pulse-code modulation	差分脉码调制
DSE-CMA	Dithered signed-error constant modulus algorithm	抖动符号误差恒模算法
DTE	Data terminal equipment	数据终端设备
EC	Echo canceller	回波消除器
FAP	Fast affine projection	快速仿射投影
FBLP	Forward-backward linear prediction	前向-后向线性预测
FDAF	Frequency-domain adaptive filter	频域自适应滤波器
FFT	Fast Fourier transform	快速傅里叶变换
FIR	Finite-duration impulse response	有限冲激响应
FLM	Fourth-least-mean	最小四阶矩(亦即 LMF)
FLP	Forward linear prediction	前向线性预测
FM	Frequency modulated (signal)	调频(信号)
FSE	Fractionally spaced equalizer	分数间隔均衡器
FTF	Fast transversal(FIR) filtering algorithm	快速横向有限冲激响应滤波算法
GAL	Gradient-adaptive lattice	梯度自适应格型
GSC	Generalized sidelobe canceller	广义旁瓣消除器
HOS	Higher-order statistics	高阶统计量
Hz	Hertz	赫兹
IDBD	Incremental delta-bar-delta(algorithm)	增量 DBD(算法)
IF	Intermediate frequency	中频
IFFT	Inverse fast Fourier transform	快速傅里叶反变换
i. i. d	Independent and identically distributed	独立同分布
IIR	Infinite-duration impulse response	无限冲激响应
INR	Interference-to-noise ratio	干扰噪声比
ISI	Intersymbol interference	符号间(码间)干扰
KaGE	Kalman gain estimator	卡尔曼增益估计器
kb/s	Kilobits per second	千位/秒
KLMS	Kernel least mean square (algorithm)	核最小均方(算法)
KLT	Karhunen-Loève transform	Karhunen-Loève 变换
LCMV	Linearly constrained minimum variance	线性约束最小方差(算法)
LEM	Loudspeaker-enclosure-microphone	扬声器-机壳-麦克风

LMS	Least-mean-square	最小均方
LPC	Linear predictive coding	线性预测编码
LSB	Least significant bit	最低有效比特(位)
LSL	Least-squares lattice	最小二乘格型
LTI	Linear time invariant	线性时不变
M-ary PAM	Multilevel phase-amplitude modulation	多级脉幅调制
MA	Moving average	滑动平均
MAIC	Minimum Akaike information-theoretic criterion	最小 Akaike 信息论准则
MAP	Maximum a posteriori probability	最大后验概率
MaxEnt	Maximum entropy	最大熵
MDL	Minimum descriptive length(criterion)	最小描述长度(准则)
MEM	Maximum entropy method	最大熵方法
MISO	Multiple input, single output	多输入单输出
MLM	Maximum-likelihood method	最大似然方法
MSD	Mean-square deviation	均方偏差
MSE	Mean-square error	均方误差
MUSIC	Multiple signal classification (algorithm)	多重信号分类(算法)
MVDR	Minimum-variance distortionless response	最小方差无失真响应
MVUE	Minimum-variance unbiased estimate	最小方差无偏估计
PARCOR	Partial correlation	偏相关
PCM	Pulse-code modulation	脉冲编码调制(脉码调制)
pdf	Probability density function	概率密度函数
PEF	Prediction error filter	预测误差滤波器
PN	Pseudonoise	伪噪声
PSK	Phase-shift keying	相移键控
QAM	Quadrature amplitude modulation	正交幅度调制
QPSK	Quadrature phase-shift keying	正交相移键控
QRD	QR-decomposition	QR 分解
QRD-LSL	QR-decomposition-based least-squares lattice	基于 QR 分解的最小二乘格型
QRD-RLS	QR-decomposition-based recursive least squares	基于 QR 分解的递归最小二乘
RBF	Radial basis function	径向基函数
RKHS	Reproduction Kernel Hilbert space	再生核希尔伯特空间
RLS	Recursive least squares(algorithm)	递归最小二乘(算法)
rms	Root mean square	均方根
RMSE	Root mean-square-error	均方根误差
s	Second	秒
SIMO	Single input, multiple output	单输入多输出
SISO	Single input, single output	单输入单输出

SNR	Signal-to-noise ratio	信噪比
SOS	Second-order statistics	二阶统计量
SVD	Singular-value decomposition	奇异值分解
VLSI	Very large-scale integration	超大规模集成

III. 基本符号

$a_{M,k}(n)$	M 阶（自适应循环 n 时）前向预测误差滤波器第 k 个抽头权值，$k=0$，$1,\cdots,M$；注意，对于所有的 n，$a_{m,0}(n)=1$
$\mathbf{a}_M(n)$	M 阶（自适应循环 n 时）前向预测误差滤波器的抽头权向量
$\mathbf{A}$	协方差算法中的数据矩阵
$\mathbf{A}(n)$	前加窗法中的数据矩阵，表示为数据长度的函数
$b_m(n)$	自适应循环 n 时由 m（$m=0,1,\cdots$）阶预测误差滤波器产生的后向（后验）预测误差
$\mathbf{b}(n)$	后向（后验）预测误差向量，表示由 $(0,1,\cdots,M)$ 阶后向预测误差滤波器产生的误差序列
$\mathscr{B}_M(n)$	由 M 阶后向预测误差滤波器产生的后向预测误差的加权平方和
c	Givens 旋转中的余弦参数
$c_{M,k}(n)$	自适应循环 n 中 M 阶后向预测误差滤波器的第 k（$k=0,1,\cdots,M$）个抽头权值。注意，对于所有的 n，$c_{M,M}(n)=1$
$\mathbf{c}_M(n)$	自适应循环 n 中 M 阶后向预测误差滤波器的抽头权向量
$\mathbf{c}(n)$	最速下降算法中的加权误差向量
$c_k(\tau_1,\tau_2,\cdots,\tau_k)$	第 k 阶累积量
$C_k(\omega_1,\omega_2,\cdots,\omega_k)$	第 k 阶多谱
$\mathscr{C}$	复变函数理论中的围线
$\mathbb{C}^M$	M 维复向量空间
$\mathscr{C}(n)$	收敛比
d	积分算子
det( )	括号内矩阵的行列式
diag( )	对角矩阵
$d(n)$	期望响应
$\mathbf{d}$	协方差法中的期望响应向量
$\mathbf{d}(n)$	前加窗法中的期望响应向量
D	单位延迟运算
$\mathbf{D}_{m+1}(n)$	后向预测误差的相关矩阵
$\mathscr{D}$	均方偏差
dec( )	描述门限装置执行判决的函数
$e(n)$	后验估计误差或者误差信号
$e_m(n)$	使用递归 LSL 算法或 QRD-LSL 算法时，第 m 级输出的后验估计误差
e	自然对数的底

etr( )	括号内矩阵之迹的指数幂运算
exp	指数
$\mathbb{E}$	期望运算
$\mathbf{E}$	扰动矩阵
$\mathscr{E}(\mathbf{w}, n)$	定义为误差平方加权和的代价函数,表示为自适应循环 n 和加权向量 $\mathbf{w}$ 的函数
$\mathscr{E}(\mathbf{w})$	定义为误差平方和的代价函数,表示为抽头权向量 $\mathbf{w}$ 的函数
$\mathscr{E}_{\min}$	$\mathscr{E}(\mathbf{w})$ 的最小值
$\mathscr{E}(n)$	定义为误差平方加权和的代价函数,表示为自适应循环 n 的函数
$f_M(n)$	自适应循环 n 时由 M 阶前向预测误差滤波器产生的前向(后验)预测误差
$\mathbf{f}(n)$	前向(后验)预测误差向量,表示由 $(0, 1, \cdots, M)$ 阶前向预测误差滤波器产生的误差序列
$f_U(u)$	样本值为 u 时,随机变量 U 的概率密度函数
$f_{\mathbf{U}}(\mathbf{u})$	样本值为 $\mathbf{u}$ 时,随机向量 $\mathbf{U}$ 的联合概率密度函数
$F_M(z)$	M 阶前向预测误差滤波器产生的前向预测误差序列的 z 变换
$\mathbf{F}(n+1, n)$	转移矩阵
$\mathscr{F}_M(n)$	由 M 阶前向预测误差滤波器产生的前向预测误差的加权平方和
$F[\ ]$	傅里叶变换算子
$F^{-1}[\ ]$	傅里叶反变换算子
$g(\cdot)$	用于盲均衡的非线性函数
$\mathbf{G}(n)$	卡尔曼增益
h_k	基于格型预测器的联合过程估计的第 k 个回归系数
H_i	第 i 个假设
$H(z)$	离散时间线性滤波器的转移函数
I	表示复基带信号同相(实部)分量的下标
$\mathbf{I}$	单位矩阵
$\mathbf{I}$	Fisher 信息矩阵 $\mathbf{J}$ 的逆矩阵
j	-1 的平方根
$J(\mathbf{w})$	用于表示维纳滤波问题的代价函数,表示为抽头权向量 $\mathbf{w}$ 的函数
$\mathbf{J}$	Fisher 信息矩阵
$\mathbf{k}(n)$	RLS 算法中的增益向量
$\mathbf{K}(n)$	加权误差向量 $\boldsymbol{\varepsilon}(n)$ 的相关矩阵
ln	自然对数
$l(\boldsymbol{\theta})$	参数向量 $\boldsymbol{\theta}$ 的对数似然函数
$\mathbf{L}(n)$	下三角矩阵形式中的变换矩阵
$\mathscr{L}$	线性时不变系统
$\mathbb{L}^p$	线性范数(欧氏)空间
m	线性预测器或自回归模型的可变阶数

M	线性预测器或自回归模型的最终阶数
M, K	自回归滑动平均模型的最终阶数
$\mathscr{M}$	失调
n	离散时间或者用于递归算法的迭代次数
N	数据长度
$\mathscr{N}$	表示高斯(正态)分布的符号
$\mathscr{N}$	噪声子空间
$O(M^k)$	M^k 的阶数
$p(-k)$	延时 k 后的互相关向量 **p** 中的元素
p	抽头输入向量 $\mathbf{u}(n)$ 与期望响应 $d(n)$ 之间的互相关向量
P_M	平稳输入情况下预测阶数为 M 的(前向或者后向)平均预测误差功率
$\mathbf{P}(n)$	RLS 算法公式中与时间平均相关矩阵 $\boldsymbol{\Phi}(n)$ 之逆相等的矩阵
q_{ki}	第 k 个特征向量的第 i 个元素
$\mathbf{q}_k$	第 k 个特征向量
Q	表示复基带信号正交(虚部)分量的下标
Q	由集合 $\{\mathbf{q}_k\}$ 中归一化特征向量作为列组成的酉矩阵
$Q(y)$	标准高斯随机变量的概率分布函数
$r(k)$	延时 k 后(集平均)相关矩阵 **R** 的元素
$r^{-1}(n)$	变换因子
R	固定离散时间过程 $u(n)$ 的集平均相关矩阵
$\mathbb{R}^M$	M 维实向量空间
s	信号向量;导向向量
sgn( )	符号函数
$S(\omega)$	功率谱密度
$S_{AR}(\omega)$	自回归(功率)谱
$S_{MEM}(\omega)$	MEM(最大熵算法)谱
$S_{MVDR}(\omega)$	最小方差无失真响应(MVDR)谱
$\mathscr{S}$	系统
$\mathscr{S}_d$	渐减激励子空间
$\mathscr{S}_o$	其他激励子空间
$\mathscr{S}_p$	持续激励子空间
$\mathscr{S}_u$	无激励子空间
t	时间
t	非平稳输入时联合过程估计中产生的向量
$\mathfrak{T}$	盲反卷积子空间分解过程中的距离度量
$u(n)$	在时刻 n FIR 滤波器中的抽头输入样本值
$\mathbf{u}(n)$	由 $u(n), u(n-1), \cdots$ 作为元素组成的抽头输入向量
$u_1(n)$	$u(n)$ 的同相分量

$u_Q(n)$	$u(n)$ 的正交分量
$\mathbf{u}_k$	数据矩阵 $\mathbf{A}$ 中第 k 个左奇异向量
$\mathbf{U}$	数据矩阵 $\mathbf{A}$ 中左奇异向量构成的矩阵
$\mathcal{U}_n$	由抽头输入 $u(n), u(n-1), \cdots$ 张成的空间
$\mathcal{U}(n)$	抽头输入 $u(i)(i=1,2,\cdots,n)$ 的加权平方和
$\mathbf{v}(n)$	在最速下降算法和 LMS 算法中的变换加权误差向量
$\mathbf{v}_k(n)$	数据矩阵 $\mathbf{A}$ 中第 k 个右奇异向量
$\mathbf{V}$	数据矩阵 $\mathbf{A}$ 的右奇异向量矩阵
$w_k(n)$	n 时刻 FIR 滤波器的第 k 个抽头权值
$w_{b,m,k}(n)$	自适应循环 n 时 m 阶后向预测器的第 k 个抽头加权
$w_{f,m,k}(n)$	自适应循环 n 时 m 阶前向预测器的第 k 个抽头加权
$\mathbf{w}(n)$	n 时刻 FIR 滤波器的抽头权向量
$\mathbf{w}_{b,m}(n)$	自适应循环 n 时 m 阶后向滤波器的抽头权向量
$\mathbf{w}_{f,m}(n)$	自适应循环 n 时 m 阶前向滤波器的抽头权向量
$\mathcal{W}$	表示维萨特分布的符号
$\mathbf{x}(n)$	卡尔曼滤波器理论中的状态
$\mathbf{y}(n)$	用来表示卡尔曼滤波器理论的观测值
$\mathcal{Y}_n$	由观测值 $\mathbf{y}(n), \mathbf{y}(n-1), \cdots$ 张成的向量空间
$y'(n)$	设计 IIR 自适应滤波器的方程误差法中修正的输出信号
z^{-1}	序列 z 变换中定义的单位延迟算子(单位延迟器)
$\mathbf{z}$	抽头输入向量 $\mathbf{u}(i)$ 与期望响应 $d(i)$ 之间的时间平均互相关向量
$Z(y)$	标准高斯概率密度函数
$\boldsymbol{\alpha}(n)$	n 时刻的新息向量
β	DCT-LMS 算法中使用的常数
β	GAL 算法中使用的常数
$\beta_m(n)$	n 时刻 m 阶的后向预测误差
$\gamma(n)$	在 FTF 算法、递归 LSL 算法和递归 QRD-LSL 算法中的变换因子
$\Gamma(g)$	g 的伽马函数
γ_1	随机变量的斜度
γ_2	随机变量的峰度
δ	正则化参数,调整参数
$\boldsymbol{\delta}$	第一象限向量(也用 $\mathbf{1}$ 表示)
δ_l	Kronecker δ 序列,当 $l=0$ 时等于 1,$l \neq 0$ 时等于 0
$\Delta_m(n)$	前向预测误差 $f_m(n)$ 与延迟的后向预测误差 $b_m(n-1)$ 之间的互相关
$\varepsilon_m(n)$	预测阶数为 m 的角归一化联合过程估计误差
$\varepsilon_{b,m}(n)$	预测阶数为 m 的角归一化后向预测误差
$\varepsilon_{f,m}(n)$	预测阶数为 m 的角归一化前向预测误差
$\boldsymbol{\varepsilon}(n)$	加权误差向量

$\eta(n)$	前向(先验)预测误差
$\boldsymbol{\theta}$	参数向量
$\boldsymbol{\Theta}$	酉旋转
κ_m	平稳环境下格型预测器的第 m 个反射系数
$\kappa_{b,m}(n)$	非平稳环境下最小二乘格型预测器的第 m 个后向反射系数
$\kappa_{f,m}(n)$	非平稳环境下最小二乘格型预测器的第 m 个前向反射系数
$\kappa_4(\tau_1, \tau_2, \tau_3)$	三谱
λ	RLS、LSL、QRD-RLS 和 QRD-LSL 算法中的指数加权向量
λ_k	相关矩阵 $\mathbf{R}$ 的第 k 个特征值
$\lambda_{\max}$	相关矩阵 $\mathbf{R}$ 的最大特征值
$\lambda_{\min}$	相关矩阵 $\mathbf{R}$ 的最小特征值
$\boldsymbol{\Lambda}(n)$	指数加权因子对角矩阵
μ	均值
μ	最速下降算法和 LMS 算法中的步长参数
μ	软约束 FTF 算法中的常数
$\nu(n)$	零均值白噪声过程的样本值
$\nu(n)$	Bussgang 算法中的卷积噪声
$\boldsymbol{v}_1(n)$	过程噪声向量
$\boldsymbol{v}_2(n)$	测量噪声向量
$\boldsymbol{v}(n)$	随机游动状态模型中的过程噪声向量
$\boldsymbol{\pi}$	RLS 算法中的向量
$\pi_m(n)$	QRD-LSL 算法中的第 m 个参数
$\xi(n)$	先验估计误差
$\xi_u(n)$	无干扰估计误差
$\phi(t,k)$	时间平均相关矩阵 $\boldsymbol{\Phi}$ 的第 t,k 个元素
$\boldsymbol{\varphi}(n,n_0)$	RLS 算法有限精度分析中的转移矩阵
$\boldsymbol{\Phi}$	时间平均相关矩阵
$\boldsymbol{\Phi}(n)$	时间平均相关矩阵,表示为观测间隔 n 的函数
$\chi^2(n)$	具有 n 个自由度的 χ^2 分布随机变量
$\chi(\mathbf{R})$	相关矩阵 $\mathbf{R}$ 的特征值扩散度或条件数(最大特征值与最小特征值之比)
ω	归一化角频率;$0 < \omega \leq 2\pi$ 或者 $-\pi < \omega \leq \pi$
$\boldsymbol{\omega}(n)$	马尔可夫模型中的过程噪声向量
ρ_m	延迟 m 后自相关函数的相关系数或者归一化值
σ^2	方差
τ_k	最速下降算法中的第 k 个自然模式的时间常数
$\tau_{\mathrm{mse,av}}$	近似 LMS 算法学习曲线的单衰变指数的时间常数
$\nabla(n)$	盲均衡中信道的残余冲激响应
∇	梯度向量

参 考 文 献

ABRAMOVICH, Y. I. (2000). "Convergence analysis of linearly constrained SMI and LSMI adaptive algorithms," in *Proceedings of the IEEE 2000 Adaptive Systems for Signal Processing, Communications, and Control Symposium,* Lake Louise, AB, Canada, pp. 255–259.

ADALI, T., and H. LI (2010). "Complex-valued adaptive signal processing," in T. Adali and S. Haykin, eds., *Adaptive Signal Processing: Next-Generation Solutions,* Wiley Interscience, Hoboken, NJ, pp. 1–85.

AKAIKE, H. (1973). "Maximum likelihood identification of Gaussian autoregressive moving average models," *Biometrika,* vol. 60, pp. 255–265.

AKAIKE, H. (1974). "A new look at the statistical model identification," *IEEE Trans. Autom. Control,* vol. AC-19, pp. 716–723.

AKAIKE, H. (1977). "An entropy maximisation principle," in P. Krishnaiah, ed., *Proceedings of Symposium on Applied Statistics,* North-Holland, Amsterdam.

ALBERT, A. E., and L. S. GARDNER, JR. (1967). *Stochastic Approximation and Nonlinear Regression,* MIT Press, Cambridge, MA.

ALEXANDER, S. T. (1986). *Adaptive Signal Processing: Theory and Applications,* Springer-Verlag, New York.

ALEXANDER, S. T. (1987). "Transient weight misadjustment properties for the finite precision LMS algorithm," *IEEE Trans. Acoust. Speech Signal Process.,* vol. ASSP-35, pp. 1250–1258.

ALEXANDER, S. T., and A. L. GHIRNIKAR (1993). "A method for recursive least-squares filtering based upon an inverse QR decomposition," *IEEE Trans. Signal Process.,* vol. 41, pp. 20–30.

ANDERSON, T. W. (1984). *An Introduction to Multivariate Statistical Analysis,* 2nd ed., Wiley, New York.

APPLEBAUM, S. P. (1966). *Adaptive Arrays,* Rep. SPL TR 66-1, Syracuse University Research Corporation, Syracuse, NY.

ARDALAN, S. H., and S. T. ALEXANDER (1987). "Fixed-point roundoff error analysis of the exponentially windowed RLS algorithm for time varying systems," *IEEE Trans. Acoust. Speech Signal Process.,* vol. ASSP-35, pp. 770–783.

ARONSZAJN, N. (1950). "Theory of reproducing kernels," *Trans. Am. Math. Soc.,* vol. 68, pp. 337–404.

ATAL, B. S., and S. L. HANAUER (1971). "Speech analysis and synthesis by linear prediction of the speech wave," *J. Acoust. Soc. Am.,* vol. 50, pp. 637–655.

ATAL, B. S., and M. R. SCHROEDER (1970). "Adaptive predictive coding of speech signals," *Bell Syst. Tech. J.,* vol. 49, pp. 1973–1986.

AUSTIN, M. E. (1967). *Decision-Feedback Equalization for Digital Communication over Dispersive Channels,* Tech. Rep. 437, MIT Lincoln Laboratory, Lexington, MA.

BARRETT, J. F., and D. G. LAMPARD (1955). "An expansion for some second-order probability distributions and its application to noise problems," *IRE Trans. Information Theory,* vol. IT-1, pp. 10–15.

BASAR, T., and P. BERNHARD (1991). *H∞-Optimal Control and Related Minimax Design Problems: A Dynamic Game Approach,* Birkhauser, Boston.

BEAUFAYS, F. (1995). "Transform-domain adaptive filters: An analytical approach," *IEEE Trans. Signal Process.,* vol. 43, pp. 422–431.

BEAUFAYS, F., and B. WIDROW (1994). "Two-layer linear structures for fast adaptive filtering," in *World Congress on Neural Networks,* vol. III, San Diego, pp. 87–93.

BELLANGER, M. G. (1988a). *Adaptive Filters and Signal Analysis,* Dekker, New York.

BELLANGER, M. G. (1988b). "The FLS-QR algorithm for adaptive filtering," *Signal Process.,* vol. 17, pp. 291–304.

BELLANGER, M., G. BONNEROT, and M. COUDREUSE (1976). "Digital filtering by polyphase network: Application to sample rate alteration and filter banks," *IEEE Trans. Acoust. Speech Signal Process.,* vol. ASSP-24, pp. 109–114.

BELLINI, S. (1986). "Bussgang techniques for blind equalization," in GLOBECOM, Houston, TX, pp. 1634–1640.

BELLINI, S. (1988). "Blind equalization," *Alta Freq.,* vol. 57, pp. 445–450.

Bellini, S. (1994). "Bussgang techniques for blind deconvolution and equalization," in S. Haykin, ed., *Blind Deconvolution,* Prentice-Hall, Englewood Cliffs, NJ.

Bellman, R. (1961). *Adaptive Control Processes: A Guided Tour,* Princeton University Press, Princeton, NJ.

Bender, C. M., and S. A. Orszag (1999). *Advanced Mathematical Methods for Scientists and Engineers: Asymptotic Methods and Perturbation Theory,* Springer-Verlag, New York.

Benesty, J., T. Gänsler, D. R. Morgan, M. M. Sondhi, and S. L. Gay (2001). *Advances in Network and Acoustic Echo Cancellation,* Springer-Verlag, Berlin.

Benveniste, A., M. Goursat, and G. Ruget (1980). "Robust identification of a nonminimum phase system: Blind adjustment of a linear equalizer in data communications," *IEEE Trans. Autom. Control,* vol. AC-25, pp. 385–399.

Benveniste, A., M. Mètivier, and P. Priouret (1987). *Adaptive Algorithms and Stochastic Approximations,* Springer-Verlag, New York.

Bierman, G. J., and C. L. Thornton (1977). "Numerical comparison of Kalman filter algorithms: Orbit determination case study," *Automatica,* vol. 13, pp. 23–35.

Bitmead, R. R., and B. D. O. Anderson (1980a). "Lyapunov techniques for the exponential stability of linear difference equations with random coefficients," *IEEE Trans. Autom. Control,* vol. AC-25, pp. 782–787.

Bitmead, R. R., and B. D. O. Anderson (1980b). "Performance of adaptive estimation algorithms in dependent random environments," *IEEE Trans. Autom. Control,* vol. AC-25, pp. 788–794.

Boser, B. E., I. M. Guyon, and V. Vapnik (1992). "A training algorithm for optimal margin classifiers," in D. Haussler, ed., *Proceedings of the 5th Annual ACM Workshop on Computational Learning Theory,* July, Pittsburgh, PA, pp. 144–152.

Bottomley, G. E., and S. T. Alexander (1989). "A theoretical basis for the divergence of conventional recursive least squares filters," in *Proc. ICASSP,* Glasgow, pp. 908–911.

Bouboulis, P., and S. Theodoridis (2011). "Extension of Wirtinger's calculus to reproducing kernel Hilbert spaces and the complex kernel LMS," *IEEE Trans. Signal Process.,* vol. 53, pp. 964–978.

Bouboulis, P., S. Theodoridis, and M. E. Mavroforakis (2012). "The Augmented Complex Kernel LMS," *IEEE Trans. Signal Process.,* vol. 60, pp. 4962–4967.

Box, G. E. P., and G. M. Jenkins (1976). *Time Series Analysis: Forecasting and Control,* Holden-Day, San Francisco.

Brady, D. M. (1970). "An adaptive coherent diversity receiver for data transmission through dispersive media," in *Conf. Rec. ICC 70,* pp. 21-35–21-40.

Breining, C., et al. (1999). "Acoustic echo control," *IEEE Signal Process. Maga.,* vol. 16, no. 4, pp. 42–69.

Brillinger, D. R. (1975). *Time Series: Data Analysis and Theory,* Holt, Rinehart, and Winston, New York.

Brooks, L. W., and I. S. Reed (1972). "Equivalence of the likelihood ratio processor, the maximum signal-to-noise ratio filter, and the Wiener filter," *IEEE Trans. Aerospace Electron. Syst.,* vol. AES-8, pp. 690–692.

Burg, J. P. (1967). "Maximum entropy spectral analysis," in *37th Ann. Int. Meet., Soc. Explor. Geophys.,* Oklahoma City, OK.

Burg, J. P. (1968). "A new analysis technique for time series data," *NATO Advanced Study Institute on Signal Processing,* Enschede, The Netherlands.

Burg, J. P. (1975). *Maximum entropy spectral analysis,* Ph.D. dissertation, Stanford University, Stanford, CA.

Bussgang, J. J. (1952). *Cross Correlation Functions of Amplitude-Distorted Gaussian Signals,* Tech. Rep. 216, MIT Research Laboratory of Electronics, Cambridge, MA.

Butterweck, H. J. (1995). "A steady-state analysis of the LMS adaptive algorithm without use of the independence assumption," in *Proc. ICASSP,* Detroit, pp. 1404–1407.

Butterweck, H. J. (2001). "A wave theory of long adaptive filters," *IEEE Trans. Circuits Syst. Fundam. Theory Appl.,* vol. 48, pp. 739–747.

Butterweck, H. J. (2003). "Traveling-wave model of long LMS filters," in S. Haykin and B. Widrow, eds., *Least-Mean-Square Adaptive Filters,* Wiley, New York, pp. 35–78.

Butterweck, H. J. (2011). "Steady-state analysis of long LMS filters," *Signal Process.,* vol. 91, pp. 690–701.

Campisi, P., and K. Egiazarian, eds. (2007). *Blind Image Deconvolution,* CRC Press, Boca Raton, FL.

Capman, F., J. Boudy, and P. Lockwood (1995). "Acoustic echo cancellation using a fast QR-RLS algorithm and multirate schemes," in *Proc. ICASSP,* Detroit, pp. 969–971.

Capon, J. (1969). "High-resolution frequency-wavenumber spectrum analysis," *Proc. IEEE,* vol. 57, pp. 1408–1418.

Caraiscos, C., and B. Liu (1984). "A roundoff error analysis of the LMS adaptive algorithm," *IEEE Trans. Acoust. Speech Signal Process.,* vol. ASSP-32, pp. 34–41.

Carayannis, G., D. G. Manolakis, and N. Kalouptsidis (1983). "A fast sequential algorithm for least-squares filtering and prediction," *IEEE Trans. Acoust. Speech Signal Process.,* vol. ASSP-31, pp. 1394–1402.

CAVANAUGH, J. E., and R. H. SHUMWAY (1996). "On computing the expected Fisher information matrix for state-space model parameters," *Statistics and Probability Letters*, vol. 26, pp. 347–355.

CHAITLIN-CHATELLIN, F., and M. AHUÉS (1993). *Eigenvalues of Matrices*, Wiley, New York.

CHANG, R. W. (1971). "A new equalizer structure for fast start-up digital communications," *Bell Syst. Tech. J.*, vol. 50, pp. 1969–2014.

CHAO, J., H. PEREZ, and S. TSUJII (1990). "A fast adaptive filter algorithm using eigenvalue reciprocals as step sizes," *IEEE Trans. Acoust. Speech Signal Process.*, vol. ASSP-38, pp. 1343–1352.

CHEN, B., S. ZHAO, P. ZHU, and J. C. PRINCIPE (2012). "Quantized kernel least mean square algorithm," *IEEE Trans. Neural Networks Learning Syst.*, vol. 23, pp. 23–32.

CHEN, J., H. BES, J. VANDEWALLE, and P. JANSSENS (1988). "A new structure for sub-band acoustic echo canceller," in *Proc. IEEE ICASSP*, New York, pp. 2574–2577.

CHILDERS, D. G., ed. (1978). *Modern Spectrum Analysis*, IEEE Press, New York.

CIOFFI, J. M. (1987). "Limited-precision effects in adaptive filtering," *IEEE Trans. Circuits Syst.*, vol. CAS-34, pp. 821–833.

CIOFFI, J. M. (1988). "High speed systolic implementation of fast QR adaptive filters," in *Proc. IEEE ICASSP*, New York, pp. 1584–1588.

CIOFFI, J. M. (1990). "The fast adaptive rotor's RLS algorithm," *IEEE Trans. Acoust. Speech Signal Process.*, vol. ASSP-38, pp. 631–653.

CIOFFI, J. M., and T. KAILATH (1984). "Fast, recursive-least-squares transversal filters for adaptive filtering," *IEEE Trans. Acoust. Speech Signal Process.*, vol. ASSP-32, pp. 304–337.

CLARK, G. A., S. K. MITRA, and S. R. PARKER (1981). "Block implementation of adaptive digital filters," *IEEE Trans. Circuits Syst.*, vol. CAS-28, pp. 584–592.

CLARK, G. A., S. R. PARKER, and S. K. MITRA (1983). "A unified approach to time- and frequency-domain realization of FIR adaptive digital filters," *IEEE Trans. Acoust. Speech Signal Process.*, vol. ASSP-31, pp. 1073–1083.

COHEN, L. (1995). *Time-Frequency Analysis*, Prentice-Hall, Upper Saddle River, NJ.

COHN, A. (1922). "Über die Anzahl der Wurzeln einer algebraischen Gleichung in einem Kreise," *Math. Z.*, vol. 14, pp. 110–148.

COWAN, C. F. N. (1987). "Performance comparisons of finite linear adaptive filters," *IEE Proc. (London)*, part F, vol. 134, pp. 211–216.

COWAN, C. F. N., and P. M. GRANT (1985). *Adaptive Filters*, Prentice-Hall, Englewood Cliffs, NJ.

CULLUM, J. K., and R. A. WILLOUGHBY (1985). *Lanczos Algorithms for Large Symmetric Eigenvalue Computations: Vol. 1, Theory*, Society for Industrial and Applied Mathematics, Philadelphia.

CUTLER, C. C. (1952). *Differential Quantization for Communication Signals*, U.S. Patent 2,605,361.

DE COURVILLE, M., and P. DUHAMEL (1998). "Adaptive filtering in subbands using a weighted criterion," *IEEE Trans. Signal Processing*, vol. 46, pp. 2359–2371.

DEIFT, P. J., DEMMEL, C. TOMAL, and L.-C. LI (1989). *The Bidiagonal Singular Value Decomposition and Hamiltonian Mechanics*, Rep. 458, Department of Computer Science, Courant Institute of Mathematical Sciences, New York University, New York.

DEMMEL, J., and W. KAHAN (1990). "Accurate singular values of bidiagonal matrices," *SIAM J. Sci. Stat. Comp.*, vol. 11, pp. 873–912.

DEWILDE, P. (1969). *Cascade scattering matrix synthesis*, Ph.D. dissertation, Stanford University, Stanford, CA.

DING, Z. (1997). "On convergence analysis of fractionally spaced adaptive blind equalizers," *IEEE Trans. Signal Process.*, vol. 35, pp. 650–657.

DING, Z., and Y. LI (2001). *Blind Equalization and Identification*, Marcel Decker, New York.

DITORO, M. J. (1965). "A new method for high speed adaptive signal communication through any time variable and dispersive transmission medium," in *1st IEEE Annu. Commun. Conf.*, pp. 763–767.

DOLPH, C. L. (1946). "A current distribution for broadside arrays which optimizes the relationship between beam width and side-lobe level," *Proc. IRE*, vol. 34, pp. 335–348. (See also the discussion on this paper in *Proc. IRE*, vol. 35, pp. 489–492, May 1947.)

DOOB, L. J. (1953). *Stochastic Processes*, Wiley, New York.

DOUGLAS, S. C. (1994). "A family of normalized LMS algorithms," *IEEE Signal Process. Letters*, vol. 1, pp. 49–51.

DOUGLAS, S. C., and T. H.-Y MENG (1994). "Normalized data nonlinearities for LMS adaptation," *IEEE Trans. Acoust. Speech Signal Process.*, vol. 42, pp. 1352–1365.

DUDA, R. O., P. E. HART, and D. G. STORK (2001). *Pattern Classification*, 2nd ed., Wiley, New York.

DURBIN, J. (1960). "The fitting of time series models," *Rev. Int. Stat. Inst.*, vol. 28, pp. 233–244.

DUREN, P. (2000). *Theory of HP Spaces*, Dover Publications, Mineola, NY.

ECKART, G., and G. YOUNG (1936). "The approximation of one matrix by another of lower rank," *Psychometrika*, vol. 1, pp. 211–218.

ELEFTHERIOU, E., and D. D. FALCONER (1986). "Tracking properties and steady state performance of RLS adaptive filter algorithms," *IEEE Trans. Acoust. Speech Signal Process.*, vol. ASSP-34, pp. 1097–1110.

EL-JAROUDI, A., and J. MAKHOUL (1991). "Discrete all-pole modeling," *IEEE Trans. Signal Process.*, vol. 39, pp. 411–423.

ENDRES, T. J., S. N. HULYALKAR, C. H. STROLLE, and T. A. SCHAFFER (2001). "Low-complexity and low-latency implementation of the Godard/CMA update," *IEEE Trans. Commun.*, vol. 49, pp. 219–225.

FALCONER, D. D., and L. LJUNG (1978). "Application of fast Kalman estimation to adaptive equalization," *IEEE Trans. Commun.*, vol. COM-26, pp. 1439–1446.

FANG, Y., and T. W. S. CHOW (1999). "Blind equalization of a noisy channel by linear neural network," *IEEE Trans. Neural Networks*, vol. 10, pp. 918–924.

FARHANG-BOROUJENY, B. (1998). *Adaptive Filters: Theory and Applications*, Wiley, New York.

FERRARA, E. R., JR. (1980). "Fast implementation of LMS adaptive filters," *IEEE Trans. Acoust. Speech Signal Process.*, vol. ASSP-28, pp. 474–475.

FERRARA, E. R., JR. (1985). "Frequency-domain adaptive filtering," in C. F. N. Cowan and P. M. Grant, eds., *Adaptive Filters*, Prentice-Hall, Englewood Cliffs, NJ, pp. 145–179.

FISHER, R. A. (1922). "On the mathematical foundation of theoretical statistics," *Philos. Trans. Royal Soc. London*, vol. A-222, pp. 309–368.

FORSYTHE, G. E., and P. HENRICI (1960). "The cyclic Jacobi method for computing the principal values of a complex matrix," *Trans. Am. Math. Soc.*, vol. 94, pp. 1–23.

FRANCIS, B. A. (1987). A *Course in H-Infinity Control Theory*, Springer-Verlag, New York.

FRANCIS, B. A., and G. ZAMES (1984). "On H-infinity-optimal sensitivity theory for SISO feedback systems," *IEEE Trans. Autom. Control*, vol. AC-29, pp. 9–16.

FRANKS, L. E. (1969). *Signal Theory*, Prentice-Hall, Englewood Cliffs, NJ.

FRASER, D. C. (1967). *A new technique for the optimal smoothing of data*, Sc.D. thesis, Massachusetts Institute of Technology, Cambridge, MA.

FRIEDEN, B. R. (2004). *Science from Fisher Information: A Unification*, Cambridge University Press, New York.

FROST, O. L., III (1972). "An algorithm for linearly constrained adaptive array processing," *Proc. IEEE*, vol. 60, pp. 926–935.

FUHL, J. (1994). Diploma thesis, Technical University of Vienna, Vienna, Austria.

GABRIEL, W. F. (1976). "Adaptive arrays: An introduction," *Proc. IEEE*, vol. 64, pp. 239–272.

GARDNER, W. A. (1984). "Learning characteristics of stochastic-gradient-descent algorithms: A general study, analysis and critique," *Signal Process.*, vol. 6, pp. 113–133.

GARDNER, W. A. (1987). "Nonstationary learning characteristics of the LMS algorithm," *IEEE Trans. Circuits Syst.*, vol. CAS-34, pp. 1199–1207.

GARDNER, W. A. (1990). *Introduction to Random Processes with Applications to Signals and Systems*, McGraw-Hill, New York.

GARDNER, W. A. (1991). "A new method of channel identification," *IEEE Trans. Commun.*, vol. COM-39, pp. 813–817.

GARDNER, W. A., ed. (1994a). *Cyclostationarity in Communications and Signal Processing*, IEEE Press, New York.

GARDNER, W. A. (1994b). "An introduction to cyclostationary signals," in W. A. Gardner, ed., *Cyclostationarity in Communications and Signal Processing*, IEEE Press, New York, pp. 1–90.

GARDNER, W. A., and L. E. FRANKS (1975). "Characterization of cyclostationary random signal processes," *IEEE Trans. Information Theory*, vol. IT-21, pp. 4–14.

GAUSS, C. F. (1809). *Theoria motus corporum coelestium in sectionibus conicus solem ambientum*, Hamburg (translation: Dover, New York, 1963).

GAY, S. L., and J. BENESTY, eds. (2000). *Acoustic Signal Processing for Telecommunication*, Kluwer Academic Press, Boston.

GAY, S. L., and S. TAVATHIA (1995). "The fast affine projection algorithm," *Proc. IEEE ICASSP*, pp. 3023–3026.

GELB, A., ed. (1974). *Applied Optimal Estimation*, MIT Press, Cambridge, MA.

GENTLEMAN, W. M., and H. T. KUNG (1981). "Matrix triangularization by systolic arrays," *Proc. SPIE*, vol. 298, *Real Time Signal Processing* IV, pp. 298–303.

GERSHO, A. (1968). "Adaptation in a quantized parameter space," in *Proc. Allerton Conf. on Circuit and System Theory*, Urbana, IL, pp. 646–653.

GESBERT, D., P. DUHAMEL, and S. MAYRARGUE (1997). "On-line blind multichannel equalization based on mutually referenced filters." *IEEE Trans. Signal Process.*, vol. 45, pp. 2307–2317.

GILLOIRE, A., and M. VETTERLI (1992). "Adaptive filtering in subbands with critical sampling: Analysis, experiments, and applications to acoustic echo cancellation," *IEEE Trans. Circuits Syst.*, vol. 40, pp. 1862–1875.

GITLIN, R. D., J. E. MAZO, and M. G. TAYLOR (1973). "On the design of gradient algorithms for digitally implemented adaptive filters," *IEEE Trans. Circuit Theory*, vol. CT-20, pp. 125–136.

GITLIN, R. D., and S. B. WEINSTEIN (1981). "Fractionally spaced equalization: An improved digital transversal equalizer," *Bell Syst. Tech. J.*, vol. 60, pp. 275–296.

GLOVER, J. R., JR. (1977). "Adaptive noise cancelling applied to sinusoidal interferences," *IEEE Trans. Acoust. Speech Signal Process.*, vol. ASSP-25, pp. 484–491.

GODARD, D. N. (1974). "Channel equalization using a Kalman filter for fast data transmission," *IBM J. Res. Dev.*, vol. 18, pp. 267–273.

GODARD, D. N. (1980). "Self-recovering equalization and carrier tracking in a two-dimensional data communication system," *IEEE Trans. Commun.*, vol. COM-28, pp. 1867–1875.

GODFREY R., and F. ROCCA (1981). "Zero memory non-linear deconvolution," *Geophys. Prospect.*, vol. 29, pp. 189–228.

GOLUB, G. H., and W. KAHAN (1965). "Calculating the singular values and pseudo-inverse of a matrix," *J. SIAM Numer. Anal. B.*, vol. 2, pp. 205–224.

GOLUB, G. H., and C. F. VAN LOAN (1996). *Matrix Computations*, 3rd ed., The Johns Hopkins University Press, Baltimore.

GOODWIN, G. C., and R. L. PAYNE (1977). *Dynamic System Identification: Experiment Design and Data Analysis*, Academic Press, New York.

GRAY, R. M. (1972). "On the asymptotic eigenvalue distribution of Toeplitz matrices," *IEEE Trans. Information Theory*, vol. IT-18, pp. 725–730.

GRAY, R. M. (1990). "Quantization noise spectra," *IEEE Trans. Information Theory*, vol. 36, pp. 1220–1244.

GRAY, R. M., and L. D. DAVISSON (1986). *Random Processes: A Mathematical Approach for Engineers*, Prentice-Hall, Englewood Cliffs, NJ.

GRAY, W. (1979). *Variable norm deconvolution*, Ph.D. dissertation, Department of Geophysics, Stanford University, Stanford, CA.

GRENANDER, U., and G. SZEGÖ (1958). *Toeplitz Forms and Their Applications*, University of California Press, Berkeley, CA.

GRIFFITHS, L. J. (1975). "Rapid measurement of digital instantaneous frequency," *IEEE Trans. Acoust. Speech Signal Process.*, vol. ASSP-23, pp. 207–222.

GRIFFITHS, L. J. (1977). "A continuously adaptive filter implemented as a lattice structure," *Proc. IEEE ICASSP*, Hartford, CT, pp. 683–686.

GRIFFITHS, L. J. (1978). "An adaptive lattice structure for noise-cancelling applications," Proc. *IEEE ICASSP*, Tulsa, OK, pp. 87–90.

GRIFFITHS, L. J., and C. W. JIM (1982). "An alternative approach to linearly constrained optimum beamforming," *IEEE Trans. Antennas Propag.*, vol. AP-30, pp. 27–34.

GRIFFITHS, L. J., F. R. SMOLKA, and L. D. TREMBLY (1977). "Adaptive deconvolution: A new technique for processing time-varying seismic data," *Geophysics*, vol. 42, pp. 742–759.

HÄNSLER, E., and G. SCHMIDT (2004). *Acoustic Echo and Noise Control: A Practical Approach*, Wiley, New York.

HÄNSLER, E., and G. SCHMIDT, eds. (2008). *Speech and Audio Processing in Adverse Environments*, Springer, London.

HANSON, R. J., and C. L. LAWSON (1969). "Extensions and applications of the Householder algorithm for solving linear least squares problems," *Math. Comput.*, vol. 23, pp. 787–812.

HARDY, G. H. (1915). "On the mean value of the modulus of an analytic function," *Proc. London Math. Soc.*, vol. 214, pp. 269–277.

HASSIBI, B. (2003). "On the robustness of LMS filters," in S. Haykin and B. Widrow, eds., *Least-Mean-Square Adaptive Filters*, Wiley, New York, pp. 105–144.

HASSIBI, B., A. H. SAYED, and T. KAILATH (1993). "LMS is H^∞ optimal," in *Proceedings of the 32nd IEEE Conference on Decision and Control*, San Antonio, TX, pp. 74–80.

HASSIBI, B., A. H. SAYED, and T. KAILATH (1996). "H^∞ optimality of the LMS algorithm," *IEEE Trans. Signal Process.*, vol. 44, pp. 267–280.

HASSIBI, B., and T. KAILATH (2001). "H-infinity bounds for least-squares estimators," *IEEE Trans. Autom. Control*, vol. 46, pp. 309–314.

HASSIBI, B., A. H. SAYED, and T. KAILATH (1996). "H^∞-optimality of the LMS algorithm," *IEEE Trans. Signal Process.*, vol. 44, pp. 267–280.

HATZINAKOS, D. (1990). *Blind equalization based on polyspectra*, Ph.D. thesis, Northeastern University, Boston, MA.

HATZINAKOS, D., and C. L. NIKIAS (1989). "Estimation of multipath channel response in frequency selective channels," *IEEE J. Sel. Areas Commun.*, vol. 7, pp. 12–19.

HATZINAKOS, D., and C. L. NIKIAS (1991). "Blind equalization using a tricepstrum based algorithm," *IEEE Trans. Commun.*, vol. COM-39, pp. 669–682.

HAYKIN, S. (1989). *Modern Filters*, Macmillan, New York.

HAYKIN, S. (1991). *Adaptive Filter Theory*, 2nd ed., Prentice-Hall, Englewood Cliffs, NJ.

HAYKIN, S, ed. (1994). *Blind Deconvolution*, Prentice-Hall, Upper Saddle River, NJ.

HAYKIN, S. (1996). *Adaptive Filter Theory*, 3rd ed., Prentice-Hall, Upper Saddle River, NJ.

HAYKIN, S. (1999). *Neural Networks: A Comprehensive Foundation*, Prentice-Hall: Upper Saddle River, NJ.

HAYKIN, S., ed. (2000). *Unsupervised Adaptive Filtering, Volume I: Blind Source Separation*, and *Volume II: Blind Deconvolution*, Wiley, New York.

HAYKIN, S. (2001). *Communication Systems*, 4th ed., Wiley, New York.

HAYKIN, S. (2009). *Neural Networks and Learning Machines*, 3rd ed., Prentice-Hall, Upper Saddle River, NJ.

HAYKIN, S. (2013). *Digital Communication Systems*, Wiley, 2013.

HO, K. C. (2000). "A study of two adaptive filters in tandem," *IEEE Trans. Signal Process.*, vol. 48, pp. 1626–1636.

HO, Y. C. (1963). "On the stochastic approximation method and optimal filter theory," *J. Math. Anal. Appl.*, vol. 6, pp. 152–154.

HO, Y. C., and R. C. K. LEE (1964). "A Bayesian approach to problems in stochastic estimation and control," *IEEE Trans. Autom. Control*, vol. AC-9, pp. 333–339.

HOUSEHOLDER, A. S. (1958a). "Unitary triangularization of a nonsymmetric matrix," *J. Assoc. Comput. Mach.*, vol. 5, pp. 339–342.

HOUSEHOLDER, A. S. (1958b). "The approximate solution of matrix problems," *J. Assoc. Comput. Mach.*, vol. 5, pp. 204–243.

HOUSEHOLDER, A. S. (1964). *The Theory of Matrices in Numerical Analysis*, Blaisdell, Waltham, MA.

HOWELLS, P. W. (1965). *Intermediate Frequency Sidelobe Canceller*, U.S. Patent 3,202,990.

HOWELLS, P. W. (1976). "Explorations in fixed and adaptive resolution at GE and SURC," *IEEE Trans. Antennas Propag.*, vol. AP-24, Special Issue on Adaptive Antennas, pp. 575–584.

HUA, Y., K. ABED-MERAIM, and M. WAX (1997). "Blind system identification using minimum noise subspace," *IEEE Trans. Signal Process.*, vol. 45, pp. 770–773.

HUDSON, J. E., and T. J. SHEPHERD (1989). "Parallel weight extraction by a systolic least squares algorithm," in *Proc. SPIE, vol. 1152, Advanced Algorithms and Architectures for Signal Processing IV*, pp. 68–77.

HUGHES, D. T., and J. G. MCWHIRTER (1995). "Penalty function method for sidelobe control in least squares adaptive beamforming," *Proc. SPIE, vol. 2563, Advanced Signal Processing Algorithms*.

IEEE COMPUTER SOCIETY (2008). *IEEE Standard for Floating-Point Arithmetic*, IEEE, doi:10.1109/IEEESTD.2008.4610935, IEEE Std. 754-2008.

IOANNOU, P. A. (1990). "Robust adaptive control," *Proc. Sixth Yale Workshop on Adaptive and Learning Systems*, Yale University, New Haven, CT, pp. 32–39.

IOANNOU, P. A., and E. V. KOKOTOVIC (1983). *Adaptive Systems with Reduced Models*, Springer-Verlag, New York.

ITAKURA, F., and S. SAITO (1970). "A statistical method for estimation of speech spectral density and formant frequencies," *Electron. Commun. Japan*, vol. 53-A, pp. 36–43.

ITAKURA, F., and S. SAITO (1971). "Digital filtering techniques for speech analysis and synthesis," in *Proc. 7th Int. Conf. Acoust.*, Budapest, vol. 25-C-1, pp. 261–264.

ITAKURA, F., and S. SAITO (1972). "On the optimum quantization of feature parameters in the PARCOR speech synthesizer," *IEEE 1972 Conf. Speech Commun. Process.*, New York, pp. 434–437.

JABLON, N. K. (1992). "Joint blind equalization, carrier recovery, and timing recovery for high-order QAM constellations," *IEEE Trans. Signal Process.*, vol. 40, pp. 1383–1398.

JACOBI, C. G. J. (1846). "Über ein leichtes Verfahren, die in der Theorie der Säkularstörungen vorkommenden Gleichungen numerisch aufzulösen," *J. Reine Angew. Math.* vol. 30, pp. 51–95.

JACOBS, R. A. (1988). "Increased rates of convergence through learning rate adaptation," *Neural Networks*, vol. 1, pp. 295–307.

JACOBSON, D. (1973). "Optimal stochastic linear systems with exponential criteria and their relation to deterministic differential games," *IEEE Trans. Autom. Control*, vol. AC-18, pp. 124–131.

JAYNES, E. T. (1982). "On the rationale of maximum-entropy methods," *Proc. IEEE*, vol. 70, pp. 939–952.

JOHNSON, C. R., JR. (1991). "Admissibility in blind adaptive channel equalization: A tutorial survey of an open problem," *IEEE Control Systems Mag.*, vol. 11, pp. 3–15.

JOHNSON, C. R., JR., ET AL. (2000). "The core of FSE-CMA behavior theory," in S. Haykin, ed., *Unsupervised Adaptive Filtering, Vol. II: Blind Deconvolution*, pp. 13–112, Wiley, New York.

JUMARIE, G. (1990). "Nonlinear filtering, a weighted mean-square approach and a Bayesian one via the maximum entropy principle," *Signal Process.*, vol. 21, pp. 323–338.

KAILATH, T. (1960). *Estimating Filters for Linear Time-Invariant Channels,* Quarterly Progress Rep. 58, MIT Research Laboratory for Electronics, Cambridge, MA, pp. 185–197.

KAILATH, T. (1968). "An innovations approach to least-squares estimation: Part 1. Linear filtering in additive white noise," *IEEE Trans. Autom. Control,* vol. AC-13, pp. 646–655.

KAILATH, T. (1970). "The innovations approach to detection and estimation theory," *Proc. IEEE,* vol. 58, pp. 680–695.

KAILATH, T. (1974). "A view of three decades of linear filtering theory," *IEEE Trans. Information Theory,* vol. IT-20, pp. 146–181.

KAILATH, T., ed. (1977). *Linear Least-Squares Estimation,* Benchmark Papers in Electrical Engineering and Computer Science, Dowden, Hutchinson & Ross, Stroudsburg, PA.

KAILATH, T. (1980). *Linear Systems,* Prentice-Hall, Englewood Cliffs, NJ.

KAILATH, T., and P. A. FROST (1968). "An innovations approach to least-squares estimation: Part 2. Linear smoothing in additive white noise," *IEEE Trans. Autom. Control,* vol. AC-13, pp. 655–660.

KAILATH, T., and R. A. GEESEY (1973). "An innovations approach to least-squares estimation: Part 5. Innovation representations and recursive estimation in colored noise," *IEEE Trans. Autom. Control,* vol. AC-18, pp. 435–453.

KALMAN, R. E. (1960). "A new approach to linear filtering and prediction problems," *Trans. ASME, J. Basic Eng.,* vol. 82, pp. 35–45.

KALMAN, R. E., and R. S. BUCY (1961). "New results in linear filtering and prediction theory," *Trans. ASME, J. Basic Eng.,* vol. 83, pp. 95–108.

KAMINSKI, P. G., A. E. BRYSON, and S. F. SCHMIDT (1971). "Discrete square root filtering: A survey of current techniques," *IEE Trans. Autom. Control,* vol. AC-16, pp. 727–735.

KAY, S. M. (1988). *Modern Spectral Estimation: Theory and Application,* Prentice-Hall, Englewood Cliffs, NJ.

KELLERMAN, W. (1985). "Kompensation akustischer Echos in Frequenzteilbändern," *Aachener Kolloquium,* Aachen, FRG, pp. 322–325.

KELLY, E. J., I. S. REED, and W. L. ROOT (1960). "The detection of radar echoes in noise: I," *J. SIAM,* vol. 8, pp. 309–341.

KELLY, J. L, JR., and R. F. LOGAN (1970). *Self-Adaptive Echo Canceller,* U.S. Patent 3,500,000.

KIMELDORF, G. S., and G. WAHBA (1971). "Some results on Tchebycheffian spline functions," *J. Math. Anal. Appl.,* vol. 33, pp. 82–95.

KIRSCH, A. (1996). *An Introduction to the Mathematical Theory of Inverse Problems,* New York, Springer-Verlag.

KLEMA, V. C., and A. J. LAUB (1980). "The singular value decomposition: Its computation and some applications," *IEEE Trans Autom. Control,* vol. AC-25, pp. 164–176.

KLOEDEN, P. E., and E. PLATEN (1995). *Numerical Solution of Stochastic Differential Equations,* 2nd corrected printing, Springer-Verlag, New York.

KMENTA, J. (1971). *Elements of Econometrics,* Macmillan, New York.

KOLMOGOROV, A. N. (1939). "Sur l'interpolation et extrapolation des suites stationaries," *C.R. Acad. Sci.,* Paris, vol. 208, pp. 2043–2045. [English translation reprinted in Kailath, 1977.]

KOLMOGOROV, A. N. (1968). "Three approaches to the quantitative definition of information," *Probl. Inf. Transm. USSR,* vol. 1, pp. 1–7.

KREIN, M. G. (1945). "On a problem of extrapolation of A. N. Kolmogorov," *C. R. (Dokl.) Akad. Nauk SSSR,* vol. 46, pp. 306–309. [Reproduced in Kailath, 1977.]

KULLBACK, S., and R. A. LEIBLER (1951). "On information and sufficiency," *Ann. Math. Statist.,* vol. 22, pp. 79–86.

KUNG, H. T. (1982). "Why systolic architectures?" *Computer,* vol. 15, pp. 37–46.

KUNG, H. T., and C. E. LEISERSON (1978). "Systolic arrays (for VLSI)," *Sparse Matrix Proc. 1978, Soc. Ind. Appl. Math.,* 1978, pp. 256–282. [A version of this paper is reproduced in Mead and Conway, 1980.]

KUSHNER, H. J. (1984). *Approximation and Weak Convergence Methods for Random Processes with Applications to Stochastic System Theory,* MIT Press, Cambridge, MA.

KUSHNER, H. J., and D. S. CLARK (1978). *Stochastic Approximation Methods for Constrained and Unconstrained Systems,* Springer-Verlag, New York.

LANCZOS, C. (1964). *Linear Differential Operators,* London: Van Nostrand.

LANGEVIN, P. (1908). "Sur la théorie du mouvement brownien," *C. R. Acad. Sci. (Paris),* vol. 146, pp. 530–533.

LAWRENCE, R. E., and H. KAUFMAN (1971). "The Kalman filter for the equalization of a digital communication channel," *IEEE Trans. Commun. Technol.,* vol. COM-19, pp. 1137–1141.

LEE, D. T. L., M. MORF, and B. FRIEDLANDER (1981). "Recursive least-squares ladder estimation algorithms," *IEEE Trans. Circuits Syst.*, vol. CAS-28, pp. 467–481.

LEE, J. C., and C. K. UN (1989). "Performance analysis of frequency-domain block LMS adaptive digital filters," *IEEE Trans. Circuits Syst.*, vol. 36, pp. 173–189.

LEGENDRE, A. M. (1810). "Méthode des moindres quarrés, pour trouver le milieu le plus probable entre les résultats de différentes observations," *Mem. Inst. France,* pp. 149–154.

LEHMER, D. H. (1961). "A machine method for solving polynomial equations," *J. Assoc. Comput. Mach.*, vol. 8, pp. 151–162.

LEUNG, H., and S. HAYKIN (1989). "Stability of recursive QRD-LS algorithms using finite-precision systolic array implementation," *IEEE Trans. Acoust. Speech Signal Process.*, vol. ASSP-37, pp. 760–763.

LEVIN, M. D., and C. F. N. COWAN (1994). "The performance of eight recursive least squares adaptive filtering algorithms in a limited precision environment," in *Proc. European Signal Process. Conf.*, Edinburgh, pp. 1261–1264.

LEVINSON, N. (1947). "The Wiener RMS (root-mean-square) error criterion in filter design and prediction," *J. Math Phys.*, vol. 25, pp. 261–278.

LI, Y., and Z. DING (1995). "Convergence analysis of finite length blind adaptive equalizers," *IEEE Trans. Signal Process.*, vol. 43, pp. 2120–2129.

LI, Y., and Z. DING (1996). "Global convergence of fractionally spaced Godard (CMA) adaptive equalizers," *IEEE Trans. Signal Process.*, vol. 44, pp. 818–826.

LIAVAS, A. P., and P. A. REGALIA (1999). "On the numerical stability and accuracy of the conventional recursive least-squares algorithm," *IEEE Trans. Signal Process.*, vol. 47, pp. 88–96.

LIAVAS, A. P., P. A. REGALIA, and J.-P DELMAS (1999a). "Robustness of least-squares and subspace methods for blind channel identification/equalization with respect to effective channel undermodeling/overmodeling," *IEEE Trans. Signal Process.*, vol. 47, pp. 1636–1645.

LIAVAS, A. P., P. A. REGALIA, and J.-P DELMAS (1999b). "Blind channel approximation: Effective channel order determination," *IEEE Trans. Signal Process.*, vol. 47, pp. 336–344.

LING, F. (1989). "Efficient least-squares lattice algorithms based on Givens rotation with systolic array implementations," in *Proc. IEEE ICASSP,* Glasgow, pp. 1290–1293.

LING, F., and J. G. PROAKIS (1984). "Numerical accuracy and stability: Two problems of adaptive estimation algorithms caused by round-off error," in *Proc. ICASSP,* San Diego, pp. 30.3.1–30.3.4.

LING, F., D. MANOLAKIS, and J. G. PROAKIS (1985). "New forms of LS lattice algorithms and an analysis of their round-off error characteristics," in *Proc. IEEE ICASSP,* Tampa, pp. 1739–1742.

LIU, K. J. R., S.-F. HSIEH, and K. YAO (1992). "Systolic block Householder transformation for RLS algorithm with two-level pipelined implementation," IEEE *Trans. Signal Process.*, vol. 40, pp. 946–958.

LIU, W., J. C. PRINCIPE, and S. HAYKIN (2010). *Kernel Adaptive Filtering: A Comprehensive Introduction,* Wiley, New York.

LJUNG, S., and L. LJUNG (1985). "Error propagation properties of recursive least-squares adaptation algorithms," *Automatica,* vol. 21, pp. 157–167.

LUCKY, R. W. (1965). "Automatic equalization for digital communication," *Bell Syst. Tech. J.*, vol. 44, pp. 547–588.

LUCKY, R. W. (1966). "Techniques for adaptive equalization of digital communication systems," *Bell Syst. Tech. J.*, vol. 45, pp. 255–286.

LUK, F. T. (1986). "A triangular processor array for computing singular values," *Linear Algebra Applications,* vol. 77, pp. 259–273.

LUK, F. T., and H. PARK (1989). "A proof of convergence for two parallel Jacobi SVD algorithms," *IEEE Trans. Comput.*, vol. 38, pp. 806–811.

MACCHI, O. (1986a). "Advances in Adaptive Filtering," in E. Biglieri and G. Prati, eds., *Digital Communications,* North-Holland, Amsterdam, pp. 41–57.

MACCHI, O. (1986b). "Optimization of adaptive identification for time-varying filters," *IEEE Trans. Autom. Control,* vol. AC-31, pp. 283–287.

MACCHI, O. (1995). *Adaptive Processing: The LMS Approach with Applications in Transmission,* Wiley, New York.

MACCHI, O., and N. J. BERSHAD (1991). "Adaptive recovery of a chirped sinusoid in noise, Part I: Performance of the RLS algorithm," *IEEE Trans. Acoust. Speech Signal Process.*, vol. 39, pp. 583–594.

MACCHI, O., and E. EWEDA (1984). "Convergence analysis of self-adaptive equalizers," *IEEE Trans. Information Theory,* vol. IT-30, Special Issue on Linear Adaptive Filtering, pp. 161–176.

MADER, A., H. PUDER, and G. V. SCHMIDT (2000). "Step-size control for acoustic echo cancellation filters—An overview," *Signal Process.*, vol. 80, pp. 1697–1719.

MAHMOOD, A. R. (2010). *Automatic step-size adaptation in incremental supervised learning,* M.Sc. Thesis, Department of Computing Science, University of Alberta, Edmonton, Canada.

MAHMOOD, A. R. (2013). Private communications.

MAHMOOD, A. R., R. S. SUTTON, T. DEGRIS, and P. M. PILARSKI (2012). "Tuning-free step-size adaptation," in *Proceedings of the IEEE International Conference on Acoustics, Speech, and Signal Processing (ICASSP),* March 25–30, Kyoto, Japan, pp. 2121–2124.

MAKHOUL, J. (1975). "Linear prediction: A tutorial review," *Proc. IEEE,* vol. 63, pp. 561–580.

MAKHOUL, J. (1977). "Stable and efficient lattice methods for linear prediction," *IEEE Trans. Acoust. Speech Signal Process.,* vol. ASSP-25, pp. 423–428.

MAKHOUL, J. (1978). "A class of all-zero lattice digital filters: Properties and applications," *IEEE Trans. Acoust. Speech Signal Process.,* vol. ASSP-26, pp. 304–314.

MAKHOUL, J. (1981). "On the eigenvectors of symmetric Toeplitz matrices," *IEEE Trans. Acoust. Speech Signal Process.,* vol. ASSP-29, pp. 868–872.

MAKHOUL, J., and L. K. COSSELL (1981). "Adaptive lattice analysis of speech," *IEEE Trans. Circuits Syst.,* vol. CAS-28, pp. 494–499.

MANNERKOSKI, J., and D. P. TAYLOR (1999). "Blind equalization using least-squares lattice prediction," *IEEE Trans. Signal Process.,* vol. 47, pp. 630–640.

MANSOUR, D., and A. H. GRAY, JR. (1982). "Unconstrained frequency-domain adaptive filters," *IEEE Trans. Acoust. Speech Signal Process.,* vol. ASSP-30, pp. 726–734.

MARDEN, M. (1949). "The geometry of the zeros of a polynomial in a complex variable," *Am. Math. Soc. Surveys,* no. 3, chap. 10, American Mathematical Society, New York.

MARKEL, J. D., and A. H. GRAY, JR. (1976). *Linear Prediction of Speech,* Springer-Verlag, New York.

MARPLE, S. L., JR. (1987). *Digital Spectral Analysis with Applications,* Prentice-Hall, Englewood Cliffs, NJ.

MAYBECK, P. S. (1979). *Stochastic Models, Estimation, and Control,* vol. 1, Academic Press, New York.

MAZO, J. E. (1979). "On the independence theory of equalizer convergence," *Bell Syst. Tech. J.,* vol. 58, pp. 963–993.

MAZO, J. E. (1980). "Analysis of decision-directed equalizer convergence," *Bell Syst. Tech. J.,* vol. 59, pp. 1857–1876.

MCAULAY, R. J. M. (1984). "Maximum likelihood spectral estimation and its application to narrow-band speech," *IEEE Trans. Signal Process.,* vol. ASSP-32, pp. 243–251.

MCCOOL, J. M., ET AL. (1980). *Adaptive Line Enhancer,* U.S. Patent 4,238,746.

MCDONALD, R. A. (1966). "Signal-to-noise performance and idle channel performance of differential pulse code modulation systems with particular applications to voice signals," *Bell Syst. Tech. J.,* vol. 45, pp. 1123–1151.

MCDONOUGH, R. N., and A. D. WHALEN (1995). *Detection of Signals in Noise,* 2nd ed., Academic Press, San Diego, CA.

MCGEE, W. F. (1971). "Complex Gaussian noise moments," *IEEE Trans. Information Theory,* vol. IT-17, pp. 149–157.

MCWHIRTER, J. G. (1983). "Recursive least-squares minimization using a systolic array," *Proc. SPIE,* vol. 431, *Real-Time Signal Processing* VI, San Diego, pp. 105–112.

MCWHIRTER, J. G., and I. K. PROUDLER (1993). "The QR family," in N. Kalouptsidis and S. Theodoridis, eds., *Adaptive System Identification and Signal Processing Algorithms,* Prentice-Hall, Englewood Cliffs, NJ, pp. 260–321.

MCWHIRTER, J. G., and T. J. SHEPHERD (1989). "Systolic array processor for MVDR beamforming," *IEE Proc. (London), Part F,* vol. 136, pp. 75–80.

MCWHIRTER, J. G., H. D. REES, S. D. HAYWARD, and J. L. MATHER (2000). "Adaptive radar processing," *Proceedings of the IEEE 2000 Adaptive Systems for Signal Processing, Communications, and Control Symposium,* Lake Louise, AB, Canada, pp. 25–30.

MCWHORTER, L. T., and L. L. SCHARF (1995). "Nonlinear maximum likelihood estimation of autoregressive time series," *IEEE Trans. Signal Process.,* vol. 43, pp. 2909–2919.

MEAD, C., and L. CONWAY (1980). *Introduction to VLSI Systems,* Addison-Wesley, Reading, MA.

MERCER, J. (1909). "Functions of positive and negative type and their connection with the Theory of Integral Equations," *Philos. Trans. Royal Soc. London,* vol. A-209, pp. 415–446.

MILLER, K. S. (1974). *Complex Stochastic Processes: An Introduction to Theory and Application,* Addison-Wesley, Reading, MA.

MOLISCH, A. F. (2011). *Wireless Communications,* 2nd ed., Wiley, New York.

MONSEN, P. (1971). "Feedback equalization for fading dispersive channels," *IEEE Trans. Information Theory,* vol. IT-17, pp. 56–64.

MONZINGO, R. A., and T. W. MILLER (1980). *Introduction to Adaptive Arrays,* Wiley-Interscience, New York.

MORF, M. (1974). *Fast algorithms for multivariable systems*, Ph.D. dissertation, Stanford University, Stanford, CA.

MORF, M., and T. KAILATH (1975). "Square-root algorithms for least-squares estimation," *IEEE Trans. Autom. Control*, vol. AC-20, pp. 487–497.

MORF, M., and D. T. LEE (1978). "Recursive least squares ladder forms for fast parameter tracking," in *Proc. 1978 IEEE Conf. Decision Control*, San Diego, pp. 1362–1367.

MORSE, P. M., and H. FESHBACH (1953). *Methods of Theoretical Physics*, Pt. I, McGraw-Hill, New York.

MOULINES, E., P. DUHAMEL, J.-F. CARDOSO, and S. MAYRARGUE (1995). "Subspace methods for blind identification of multi-channel FIR filters," *IEEE Trans. Signal Process.*, vol. 43, pp. 516–525.

MOUSTAKIDES, G. V. (1997). "Study of the transient phase of the forgetting factor RLS," *IEEE Trans. Signal Process.*, vol. 45, pp. 2468–2476.

MUIRHEAD, R. J. (1982). *Aspects of Multivariate Statistical Theory*, Wiley, New York.

MULLIS, C. T., and L. L. SCHARF (1991). "Quadratic estimation of power spectrum," in S. Haykin, ed., *Advances in Spectrum Analysis*, Prentice-Hall, Englewood Cliffs, NJ, pp. 1–57.

NAGUMO, J. I., and A. NODA (1967). "A learning method for system identification," *IEEE Trans. Autom. Control*, vol. AC-12, pp. 282–287.

NARAYAN, S. S., A. M. PETERSON, and M. J. NARASHIMA (1983). "Transform domain LMS algorithm," *IEEE Trans. Acoust., Speech Signal Process.*, vol. ASSP-31, pp. 609–615.

NARENDRA, K. S., and A. M. ANNASWAMY (1989). *Stable Adaptive Systems*, Prentice-Hall, Englewood Cliffs, NJ.

NASCIMENTO, V. H., and A. H. SAYED (1999). "Unbiased and stable leakage-based adaptive filters," *IEEE Trans. Signal Process.*, vol. 47, pp. 3261–3276.

NASCIMENTO, V. H., and A. H. SAYED (2000). "On the learning mechanism of adaptive algorithms," *IEEE Trans. Signal Process.*, vol. 48, pp. 1609–1625.

NIKIAS, C. L., and M. R. RAGHUVEER (1987). "Bispectrum estimation: A digital signal processing framework," *Proc. IEEE*, vol. 75, pp. 869–891.

NORTH, D. O. (1963). "An analysis of the factors which determine signal/noise discrimination in pulsed carrier systems," *Proc. IEEE*, vol. 51, pp. 1016–1027.

NORTH, R. C., J. R. ZEIDLER, W. H. KU, and T. R. ALBERT (1993). "A floating-point arithmetic error analysis of direct and indirect coefficient updating techniques for adaptive lattice filters," *IEEE Trans. Signal Process.*, vol. 41, pp. 1809–1823.

OJA, E. (1982). "A simplified neuron model as a principal component analyzer," *J. Math. Biol.*, vol. 15, pp. 267–273.

OPPENHEIM, A. V., and R. W. SCHAFER (1989). *Discrete-Time Signal Processing*, Prentice-Hall, Englewood Cliffs, NJ.

OWSLEY, N. L. (1985). "Sonar array processing," in S. Haykin, ed., *Array Signal Processing*, Prentice-Hall, Englewood Cliffs, NJ, pp. 115–193.

PAN, C. T., and R. J. PLEMMONS (1989). "Least squares modifications with inverse factorizations: Parallel implications," *J. Comput. Appl. Math.*, vol. 27, pp. 109–127.

PAN, R., and C. L. NIKIAS (1988). "The complex cepstrum of higher order cumulants and nonminimum phase identification," *IEEE Trans. Acoust. Speech Signal Process.*, vol. ASSP-36, pp. 186–205.

PAPADIAS, C. (1995). *Methods for blind equalization and identification of linear channels*, Ph.D. thesis, École Nationale Supérieure des Télécommunications, Paris, France.

PAPADIAS, C. S., and D. T. M. SLOCK (1999). "Fractionally spaced equalization of linear polyphase channels and related blind techniques based on multichannel linear prediction," *IEEE Trans. Signal Process.*, vol. 47, pp. 641–654.

PARLETT, B. N. (1998). "The symmetric eigenvalue problem," in *Classics in Applied Mathematics*, vol. 20, Society for Industrial and Applied Mathematics, Philadelphia, PA. Corrected reprint of the 1980 original.

PETRAGLIA, M. R., and S. K. MITRA (1993). "Performance analysis of adaptive filter structures based on subband decomposition," in *Proceedings of International Symposium on Circuits and Systems*, Chicago, pp. I.60–I.63.

PINCHAS, M. (2012). *The Whole Story Behind Blind Adaptive Equalizers/Blind Deconvolution*, Bentham eBooks, Oak Park, IL.

PINCHAS, M., and B. Z. BOBROVSKY (2006). "A maximum entropy approach for blind deconvolution," *Signal Process.*, vol. 86, pp. 2913–2931.

PLACKETT, R. L. (1950). "Some theorems in least squares," *Biometrika*, vol. 37, p. 149.

PRADHAN, S. S., and V. U. REDDY (1999). "A new approach to subband adaptive filtering," *IEEE Trans. Signal Processing*, vol. 47, pp. 655–664.

PRESS, W. H., ET AL. (1988). *Numerical Recipes in C*, Cambridge University Press, Cambridge, U.K.

PRIESTLEY, M. B. (1981). *Spectral Analysis and Time Series*, vols. 1 and 2, Academic Press, New York.

PROAKIS, J. G., and J. H. MILLER (1969). "An adaptive receiver for digital signaling through channels with intersymbol interference," *IEEE Trans. Information Theory*, vol. IT-15, pp. 484–497.

PROUDLER, I. K., J. G. MCWHIRTER, and T. J. SHEPHERD (1988). "Fast QRD-based algorithms for least squares linear prediction," in *Proc. IMA Conf. Math. Signal Process.*, Warwick, U.K.

PROUDLER, I. K., J. G. MCWHIRTER, and T. J. SHEPHERD (1989). "QRD-based lattice filter algorithms," *Proceedings of the SPIE — The International Society for Optical Engineering*, vol. 1152, pp. 56–67.

QUATIERI, T. F. (2001). *Discrete-Time Speech Signal Processing: Principles and Practice*, Prentice-Hall, Upper Saddle River, NJ.

RADER, C. M. (1990). "Linear systolic array for adaptive beamforming," in *1990 Digital Signal Processing Workshop*, New Paltz, NY, Sponsored by IEEE Signal Processing Society, pp. 5.2.1–5.2.2.

RALSTON, A. (1965). *A First Course in Numerical Analysis*, McGraw-Hill, New York.

REED, I. S. (1962). "On a moment theorem for complex Gaussian processes," *IRE Trans. Information Theory*, vol. IT-8, pp. 194–195.

REED, I. S., J. D. MALLET, and L. E. BRENNAN (1974). "Rapid convergence rate in adaptive arrays," *IEEE Trans. Aerospace Electron. Syst.*, vol. AES-10, pp. 853–863.

REEVES, A. H. (1975). "The past, present, and future of PCM," *IEEE Spectrum*, vol. 12, pp. 58–63.

REGALIA, P. A., and G. BELLANGER (1991). "On the duality between fast QR methods and lattice methods in least squares adaptive filtering," *IEEE Trans. Signal Process.*, vol. 39, pp. 879–891.

REIF, F. (1965). *Fundamentals of Statistical and Thermal Physics*, McGraw-Hill, New York.

RICKARD, J. T., and J. R. ZEIDLER (1979). "Second-order output statistics of the adaptive line enhancer," *IEEE Trans. Acoust. Speech Signal Process.*, vol. ASSP-27, pp. 31–39.

RIESZ, R. (1923). "Ueber die Randwerte einer analytischen Funktion," *Math. Z.*, vol. 18, pp. 87–95.

RISSANEN, J. (1978). "Modelling by shortest data description," *Automatica*, vol. 14, pp. 465–471.

RISSANEN, J. (1989). *Stochastic complexity in statistical enquiry*, Series in Computer Science, vol. 15, World Scientific, Singapore.

ROBBINS, H., and S. MONRO (1951). "A stochastic approximation method," *Ann. Math. Stat.*, vol. 22, pp. 400–407.

ROBINSON, E. A. (1957). "Predictive decomposition of seismic traces," *Geophysics*, vol. 22, pp. 767–778.

ROBINSON, E. A. (1982). "A historical perspective of spectrum estimation," *Proc. IEEE*, vol. 70, Special Issue on Spectral Estimation, pp. 885–907.

ROBINSON, E. A., and T. DURRANI (1986). *Geophysical Signal Processing*, Prentice-Hall, Englewood Cliffs, NJ.

ROMBOUTS, G., and M. MOONEN (2000). "A fast exact frequency domain implementation to the exponentially windowed affine projection algorithm," in *Proceedings of IEEE 2000 Adaptive Systems for Signal Processing, Communications, and Control Symposium*, Lake Louise, AB, Canada, pp. 342–346.

RONTOGIANNIS, A. A., and S. THEODORIDIS (1998a). "Multichannel fast QRD-LS adaptive filtering: New techniques and algorithms," *IEEE Trans. Signal Process.*, vol. 46, pp. 2862–2876.

RONTOGIANNIS, A. A., and S. THEODORIDIS (1998b). "New fast QR decomposition least squares adaptive algorithms," *IEEE Trans. Signal Process.*, vol. 46, pp. 2113–2121.

ROSENBROCK, H. H. (1970). *State-Space and Multivariable Theory*, Wiley, New York.

RUMELHART, D. E., G. E. HINTON, and R. J. WILLIAMS (1986). "Representations by back-propagating errors," *Nature*, vol. 323, pp. 533–536.

SAAD, Y. (2011). *Numerical Methods for Large Eigenvalue Problems*, 2nd ed., Society for Industrial and Applied Mathematics, Philadelphia, PA.

SAITO, S., and F. ITAKURA (1966). *The Theoretical Consideration of Statistically Optimum Methods for Speech Spectral Density*, Rep. 3107, Electrical Communication Laboratory, N. T. T., Tokyo (in Japanese).

SAKRISON, D. (1966). "Stochastic approximation: A recursive method for solving regression problems," in A. V. Balakrishnan, ed., *Advances in Communication Systems*, vol. 2, Academic Press, New York, pp. 51–106.

SANKARAN, S. G., and A. A. BEEX (2000). "Convergence behavior of affine projection algorithms," *IEEE Trans. Signal Process.*, vol. 48, pp. 1086–1096.

SATO, Y. (1975a). "A method of self-recovering equalization for multilevel amplitude-modulation systems," *IEEE Trans. Commun.*, vol. 23, pp. 679–682.

SATO, Y. (1975b). "Two extensional applications of the zero-forcing equalization method," *IEEE Trans. Commun.*, vol. COM-23, pp. 684–687.

SATORIUS, E. H., and S. T. ALEXANDER (1979). "Channel equalization using adaptive lattice algorithms," *IEEE Trans. Commun.*, vol. COM-27, pp. 899–905.

SATORIUS, E. H., and J. D. PACK (1981). "Application of least squares lattice algorithms to adaptive equalization," *IEEE Trans. Commun.*, vol. COM-29, pp. 136–142.

SAYED, A. H. (2003). *Fundamentals of Adaptive Filtering*, IEEE-Wiley Interscience, Hoboken, NJ.

SAYED, A. H., and T. KAILATH (1994). "A state-space approach to adaptive RLS filtering," *IEEE Signal Process. Mag.*, vol. 11, pp. 18–60.

SCHARF, L. L., and D. W. TUFTS (1987). "Rank reduction for modeling stationary signals," *IEEE Trans. Acoust., Speech Signal Process.*, vol. ASSP-35, pp. 350–355.

SCHMIDT, R. O. (1979). "Multiple emitter location and signal parameter estimation," in *Proc. RADC Spectral Estimation Workshop*, Griffith AFB, Rome, NY, pp. 243–258.

SCHMIDT, R. O. (1981). *A signal subspace approach to multiple emitter location and spectral estimation*, Ph.D. dissertation, Stanford University, Stanford, CA.

SCHNEIDER, W. A. (1978). "Integral formulation for migration in two and three dimensions," *Geophysics*, vol. 43, pp. 49–76.

SCHNITTER, P., and C. R. JOHNSON, JR. (1999). "Dithered signed-error CMA: Robust, computationally efficient blind adaptive equalization," *IEEE Trans. Signal Process,* vol. 47, pp. 1592–1603.

SCHÖLKOPF, B., and A. J. SMOLA (2002). *Learning with Kernels: Support Vector Machines, Regularization, Optimization, and Beyond,* MIT Press, Cambridge, MA.

SCHROEDER, M. R. (1966). "Vocoders: Analysis and synthesis of speech," *Proc. IEEE,* vol. 54, pp. 720–734.

SCHUR, I. (1917). "Über Potenzreihen, die im Innern des Einheitskreises beschränkt sind," *J. Reine Angew. Math.*, vol. 147, pp. 205–232; vol. 148, pp. 122–145.

SCHUSTER, A. (1898). "On the investigation of hidden periodicities with applications to a supposed 26-day period of meterological phenomena," *Terr. Magn. Atmos. Electr.*, vol. 3, pp. 13–41.

SCHWARTZ, G. (1978). "Estimating the dimension of a model," *Ann. Stat.*, vol. 6, pp. 461–464.

SCHWARTZ, G. E. (1989). "Estimating the dimension of a model," *Ann. Stat.*, vol. 6, pp. 461–464.

SETHARES, W. A., D. A. LAWRENCE, C. R. JOHNSON, JR., and R. R. BITMEAD (1986). "Parameter drift in LMS adaptive filters," *IEEE Trans. Acous. Speech Signal Process.*, vol. ASSP-34, pp. 868–879.

SHALVI, O., and E. WEINSTEIN (1990). "New criteria for blind equalization of non-minimum phase systems (channels)," *IEEE Trans. Information Theory*, vol. 36, pp. 312–321.

SHANNON, C. E. (1948). "A mathematical theory of communication," *Bell Syst. Tech. J.*, vol. 27, pp. 379–423, 623–656.

SHEPHERD, T. J., and J. G. MCWHIRTER (1993). "Systolic adaptive beamforming," in S. Haylan, J. Litua, and T. J. Shepherd, eds., *Radar Array Processing*, Springer-Verlag, New York, pp. 153–243.

SHERWOOD, D. T., and N. J. BERSHAD (1987). "Quantization effects in the complex LMS adaptive algorithm: Linearization using dither-theory," *IEEE Trans. Circuits Syst.*, vol. CAS-34, pp. 848–854.

SHYNK, J. J. (1992). "Frequency-domain and multirate adaptive filtering," *IEEE Signal Process. Mag.*, vol. 9, no. 1, pp. 14–37.

SHYNK, J. J., and B. WIDROW (1986). "Bandpass adaptive pole-zero filtering," in *Proc. IEEE ICASSP*, Tokyo, Japan, pp. 2107–2110.

SHYNK, J. J., R. P. GOOCH, G. KRISHNAMURTHY, and C. K. CHAN (1991). "A comparative performance study of several blind equalization algorithms," in *Proc. SPIE, Adaptive Signal Processing*, vol. 1565, San Diego, pp. 102–117.

SKIDMORE, I. D., and I. K. PROUDLER (2001). "KAGE: A new fast RLS algorithm," in *Proc. IEEE ICASSP* 2001, Salt Lake City, UT.

SLEPIAN, D. (1978). "Prolate spheroidal wave functions, Fourier analysis, and uncertainty—V: The discrete case," *Bell Syst. Tech. J.*, vol. 57, pp. 1371–1430.

SLOCK, D. T. M. (1994). "Blind fractionally-spaced equalization, perfect-reconstruction filter banks and multichannel linear prediction," in *Proc. IEEE ICASSP*, Adelaide, Australia, vol. 4, pp. 585–588.

SLOCK, D. T. M., and T. KAILATH (1991). "Numerically stable fast transversal filters for recursive least squares adaptive filtering," *IEEE Trans. Signal Process.* vol. 39, pp. 92–114.

SLOCK, D. T. M., and T. KAILATH (1993). "Fast transversal RLS algorithms," in N. Kalouptsidis and S. Theodoridis, eds., *Adaptive System Identification and Signal Processing Algorithms*, Prentice-Hall, Englewood Cliffs, NJ, pp. 123–190.

SLOCK, D. T. M., and C. B. PAPADIAS (1995). "Further results on blind identification and equalization of multiple FIR channels," in *Proc. ICASSP*, Detroit, vol. 3, pp. 1964–1967.

SOLO, V. (1992). "The error variance of LMS with time-varying weights," *IEEE Trans. Signal Process.*, vol. 40, pp. 803–813.

SOMMEN, P. C. W., and J. A. K. S. JAYASINGHE (1988). "On frequency-domain adaptive filters using the overlap-add method," in *Proc. IEEE Int. Symp. Circuits Syst.*, Espoo, Finland, pp. 27–30.

SOMMEN, P. C. W., P. J. VAN GERWEN, H. J. KOTMANS, and A. E. J. M. JANSEN (1987). "Convergence analysis of a frequency-domain adaptive filter with exponential power averaging and generalized window function," *IEEE Trans. Circuits Syst.*, vol. CAS-34, pp. 788–798.

SONDHI, M. M. (1967). "An adaptive echo canceller," *Bell Syst. Tech. J.*, vol. 46, pp. 497–511.

SONDHI, M. M. (1970). *Closed Loop Adaptive Echo Canceller Using Generalized Filter Networks,* U.S. Patent 3,499,999.

SONDHI, M., and D. A. BERKLEY (1980). "Silencing echoes in the telephone network," *Proc. IEEE,* vol. 68, pp. 948–963.

SORENSON, H. W. (1970). "Least-squares estimation: From Gauss to Kalman," *IEEE Spectrum,* vol. 7, pp. 63–68.

SPALL, J. L. (2003). *Introduction to Stochastic Search and Optimization: Estimation, Simulation, and Control,* Wiley, New York.

STEINHARDT, A. O. (1988). "Householder transforms in signal processing," *IEEE ASSP Mag.,* vol. 5, pp. 4–12.

STENGEL, R. F. (1986). *Optimal Control and Estimation,* Dover Publications, Mineola, NY.

STEWART, G. W. (1973). *Introduction to Matrix Computations,* Academic Press, New York.

STEWART, G. W., and J. G. SUN (1990). *Matrix Perturbation Theory,* Academic Press, London.

STEWART, R. W., and R. CHAPMAN (1990). "Fast stable Kalman filter algorithms utilizing the square root," in *Proc. ICASSP,* Albuquerque, NM, pp. 1815–1818.

STOER, J., and R. BULLIRSCH (1980). *Introduction to Numerical Analysis,* Springer-Verlag, New York.

STRANG, G. (1980). *Linear Algebra and Its Applications,* 2nd ed., Academic Press, New York.

SUTTON, R. S. (1992). "Adapting bias by gradient descent: An incremental version of delta-bar-delta," *Proceedings of the Tenth National Conference on Artificial Intelligence,* MIT Press, Cambridge, MA, pp. 171–176.

SWAMI, A., and J. M. MENDEL (1990). "Time and lag recursive computation of cumulants from a state-space model," *IEEE Trans. Autom. Control,* vol AC-35, pp. 4–17.

SWERLING, P. (1958). *A Proposed Stagewise Differential Correction Procedure for Satellite Tracking and Prediction,* Rep. P-1292, Rand Corporation, Santa Monica, CA.

SWERLING, P. (1963). "Comment on a statistical optimizing navigation procedure for space flight,'" *AIAA J.,* vol. 1, p. 1968.

SZEGÖ, G. (1939). *Orthogonal polynomials,* Colloquium Publications, no. 23, American Mathematical Society, Providence, RI.

TANAKA, M., S. MAKINO, and L. KOJIMA (1999). "A block exact fast affine projection algorithm," *IEEE Trans. Speech Audio Process.,* vol. 7, pp. 79–86.

THEODORIDIS, S. (2012). Private communications.

THEODORIDIS, S., K. SLAVAKIS, and I. YAMADA (2011). "Adaptive learning in a world of projections: A unified framework for linear and nonlinear regression and classification tasks," *IEEE Signal Processing Magazine,* vol. 28, pp. 97–123.

THOMAS, J. B. (1969). *An Introduction to Statistical Communication Theory,* Wiley, New York.

THOMSON, D. J. (1982). "Spectral estimation and harmonic analysis," *Proc. IEEE,* vol. 70, pp. 1055–1096.

TIKHONOV, A. N. (1963). "On solving incorrectly posed problems and method of regularization," *Doklady Akademii Nauk USSR,* vol. 151, pp. 501–504.

TIKHONOV, A. N. (1973). "On regularization of ill-posed problems," *Doklady Akademii Nauk USSR,* vol. 153, pp. 49–52.

TIKHONOV, A. N., and V. Y. ARSENIN (1977). *Solutions of Ill-Posed Problems,* Washington, DC: W. H. Winston.

TONG, L., and S. PERREAU (1998). "Multichannel blind identification: From subspace to maximum likelihood methods," *Proc. IEEE,* vol. 86, pp. 1951–1968.

TONG, L., G. XU, B. HASSIBI, and T. KAILATH (1995). "Blind identification and equalization based on second-order statistics: A frequency-domain approach," *IEEE Trans. Information Theory,* vol. 41, pp. 329–334.

TONG, L., G. XU, and T. KAILATH (1993). "Fast blind equalization via antenna arrays," in *Proc. IEEE ICASSP,* Minneapolis, vol. 4, pp. 272–275.

TONG, L., G. XU, and T. KAILATH (1994a). "Blind identification and equalization based on secondorder statistics: A time-domain approach," *IEEE Trans. Information Theory,* vol. 40, pp. 340–349.

TONG, L., G. XU, and T. KAILATH (1994b). "Blind channel identification and equalization using spectral correlation measurements, Part II: A time-domain approach," in W. A. Gardner, ed., *Cyclostationarity in Communications and Signal Processing,* IEEE Press, New York, pp. 437–454.

TREICHLER, J. R. (1979). "Transient and convergent behavior of the adaptive line enhancer," *IEEE Trans. Acoust. Speech Signal Process.,* vol. ASSP-27, pp. 53–62.

TREICHLER, J. R., and B. G. AGEE (1983). "A new approach to multipath correction of constant modulus signals," *IEEE Trans. Acoust. Speech Signal Process.,* vol. ASSP-31, pp. 459–471.

TRETTER, S. A. (1976). *Introduction to Discrete-Time Signal Processing,* Wiley, New York.

TUGNAIT, J. K. (2003). "Blind equalization techniques," in J. G. Proakis, ed., *Encyclopedia of Telecommunications,* Wiley, New York.

UHLENBECK, G. E., and L. S. ORNSTEIN (1930). "The theory of the Brownian motion, I," *Phys. Rev.,* vol. 36, p. 823, Section 2.

UNGERBOECK, G. (1972). "Theory on the speed of convergence in adaptive equalizers for digital communication," *IBM J. Res. Dev,* vol. 16, pp. 546–555.

UNGERBOECK, G. (1976). "Fractional tap-spacing equalizer and consequences for clock recovery in data modems," *IEEE Trans. Commun.*, vol. COM-24, pp. 856–864.

ULRYCH, T. J., and M. OOE (1983). "Autoregressive and mixed autoregressive-moving average models and spectra," in S. Haykin, ed., *Nonlinear Methods of Spectral Analysis*, Springer-Verlag, New York, pp. 73–125.

VAIDYANATHAN, P. P. (1993). *Multirate Systems and Filter Banks*, Prentice-Hall, Englewood Cliffs, NJ.

VAN DEN BOS, A. (1971). "Alternative interpretation of maximum entropy spectral analysis," *IEEE Trans. Information Theory*, vol. IT-17, pp. 493–194.

VAN LOAN, C. (1989). "Matrix computations in signal processing," in S. Haykin, ed., *Selected Topics in Signal Processing*, Prentice-Hall, Englewood Cliffs, NJ.

VAN TREES, H. L. (1968). *Detection, Estimation and Modulation Theory*, Part I, Wiley, New York.

VAN VEEN, B. (1992). "Minimum variance beamforming," in S. Haykin and A. Steinhardt, eds., *Adaptive Radar Detection and Estimation*, Wiley-Interscience, New York.

VAN VEEN, B. D., and K. M. BUCKLEY (1988). "Beamforming: A versatile approach to spatial filtering," *IEEE ASSP Mag.*, vol. 5, pp. 4–24.

VAPNIK, V. (1998). *Statistical Learning Theory*, Wiley-Interscience, New York.

VERDÚ, S. (1984). "On the selection of memoryless adaptive laws for blind equalization in binary communications," in *Proc. 6th Intern. Conference on Analysis and Optimization of Systems*, Nice, France, pp. 239–249.

VERHAEGEN, M. H. (1989). "Round-off error propagation in four generally applicable, recursive, least-squares estimation schemes," *Automatica*, vol. 25, pp. 437–444.

WAKITA, H. (1973). "Direct estimation of the vocal tract shape by inverse filtering of acoustic speech waveforms," *IEEE Trans. Audio Electroacoust.*, vol. AU-21, pp. 417–427.

WALKER, G. (1931). "On periodicity in series of related terms," *Proc. Royal Soc.*, vol. A131, pp. 518–532.

WALZMAN, T., and M. SCHWARTZ (1973). "Automatic equalization using the discrete frequency domain," *IEEE Trans. Information Theory*, vol. IT-19, pp. 59–68.

WARD, C. R., P. H. HARGRAVE, and J. G. MCWHIRTER (1986). "A novel algorithm and architecture for adaptice digital beamforming," *IEEE Trans. Antennas Propag.*, vol. AP-34, pp. 338–346.

WAX, M. (1995). "Model based processing in sensor arrays," in S. Haykin, ed., *Advances in Spectrum Analysis and Array Processing*, vol. 3, Prentice-Hall, Englewood Cliffs, NJ, pp. 1–47.

WEDIN, P. A. (1972). "Perturbation bounds in connection with singular value decomposition," *Nordisk Tidskr. Informationsbehandling (BIT)*, vol. 12, pp. 99–111.

WEISBERG, S. (1980). *Applied Linear Regression*, Wiley, New York.

WEISS, A., and D. MITRA (1979). "Digital adaptive filters: Conditions for convergence, rates of convergence, effects of noise and errors arising from the implementation," *IEEE Trans. Information Theory*, vol. IT-25, pp. 637–652.

WERNER, J. J. (1983). *Control of Drift for Fractionally Spaced Equalizers*, U.S. Patent 438 4355.

WHITTAKER, E. T., and G. N. WATSON (1965). *A Course of Modern Analysis*, Cambridge University Press, Cambridge, U.K.

WHITTLE, P. (1963). "On the fitting of multivariate autoregressions and the approximate canonical factorization of a spectral density matrix," *Biometrika*, vol. 50, pp. 129–134.

WHITTLE, P. (1990). *Risk-Sensitive Optimal Control*, Wiley, New York.

WIDROW, B. (1970). "Adaptive filters," in R. E. Kalman and N. Declaris, eds., *Aspects of Network and System Theory*, Holt, Rinehart and Winston, New York.

WIDROW, B., and M. E. HOFF, JR. (1960). "Adaptive switching circuits," *IRE WESCON Conv. Rec.*, Pt. 4, pp. 96–104.

WIDROW, B., and M. KAMENETSKY (2003). "On the efficiency of adaptive algorithms," in S. Haykin and B. Widrow, eds., *Least-Mean-Square Adaptive Filters*, Wiley, New York, pp. 1–34.

WIDROW, B., and S. D. STEARNS (1985). *Adaptive Signal Processing*, Prentice-Hall, Englewood Cliffs, NJ.

WIDROW, B., and E. WALACH (1984). "On the statistical efficiency of the LMS algorithm with nonstationary inputs," *IEEE Trans. Information Theory*, vol. IT-30, Special Issue on Linear Adaptive Filtering, pp. 211–221.

WIDROW, B., J. MCCOOL, and M. BALL (1975a). "The complex LMS algorithm," *Proc. IEEE*, vol. 63, pp. 719–720.

WIDROW, B., ET AL. (1967). "Adaptive antenna systems," *Proc. IEEE*, vol. 55, pp. 2143–2159.

WIDROW, B., ET AL. (1975b). "Adaptive noise cancelling: Principles and applications," *Proc. IEEE*, vol. 63, pp. 1692–1716.

WIDROW, B., ET AL. (1976). "Stationary and nonstationary learning characteristics of the LMS adaptive filter," *Proc. IEEE*, vol. 64, pp. 1151–1162.

WIENER, N. (1949). *Extrapolation, Interpolation, and Smoothing of Stationary Time Series, with Engineering Applications*, MIT Press, Cambridge, MA (Originally issued as a classified National Defense Research Report in February 1942).

WIENER, N., and E. HOPF (1931). "On a class of singular integral equations," *Proc. Prussian Acad. Math-Phys. Ser,* p. 696.

WILKINSON, J. H. (1963). *Rounding Errors in Algebraic Processes,* Prentice-Hall, Englewood Cliffs, NJ.

WILKINSON, J. H., and C. REINSCH, eds. (1971). *Handbook for Automatic Computation, vol. 2, Linear Algebra,* Springer-Verlag, New York.

WILKS, S. S. (1962). *Mathematical Statistics,* Wiley, New York.

WIRTINGER, W. (1927). "Zur Formalen Theorie der Funktionen von Mehr Komplexen Veräderlichen," *Math. Ann.,* vol. 97, pp. 357–375.

WOLD, H. (1938). *A Study in the Analysis of Stationary Time Series,* Almqvist and Wiksell, Uppsala, Sweden.

WOLPERT, D. H., and W. G. MACREEDY (1997). "No free lunch theorems for optimization," *IEEE Trans. Evol. Comput.,* vol. 1, pp. 67–82.

WOODBURY, M. (1950). *Inverting Modified Matrices,* Mem. Rep. 42, Statistical Research Group, Princeton University, Princeton, NJ.

WOZENCRAFT, J. M., and I. M. JACOBS (1965). *Principles of Communications Engineering,* Wiley, New York.

WYLIE, C. R., and L. C. BARRETT (1982). *Advanced Engineering Mathematics,* 5th ed., McGraw-Hill, New York.

YAMAMOTO, S., and S. KITAYAMA (1982). "An adaptive echo canceller with variable step gain method," *Trans. IECE Japan,* vol. E65, pp. 1–8.

YANG, B. (1994). "A note on the error propagation analysis of recursive least squares algorithms," *IEEE Trans. Signal Process.,* vol. 42, pp. 3523–3525.

YANG, V., and J. F. BÖHME (1992). "Rotation-based RLS algorithms: Unified derivations, numerical properties and parallel implementations," *IEEE Trans. Signal Process.,* vol. 40, pp. 1151–1167.

YASUKAWA, H., and S. SHIMADA (1987). "Acoustic echo canceler with high speed quality," *Proc. IEEE ICASSP,* Dallas, TX, pp. 2125–2128.

YULE, G. U. (1927). "On a method of investigating periodicities in disturbed series, with special reference to Wöfer's sunspot numbers," *Philos. Trans. Royal Soc. London,* vol. A-226, pp. 267–298.

ZAMES, G. (1979). "On the metric complexity of causal linear systems: ε-entropy and ε-dimension for continuous time," *IEEE Trans. Autom. Control,* vol. AC-24, pp. 222–230.

ZAMES, G. (1981). "Feedback and optimal sensitivity: Model reference transformations, multiplicative seminorms, and approximate inverses," *IEEE Trans. Autom. Control,* vol. AC-26, pp. 301–320.

ZAMES, G. (1996). "Input-output feedback stability and robustness, 1959–85," *IEEE Control Systems,* vol. 16, pp. 61–66.

ZAMES, G., and B. A. FRANCIS (1983). "Feedback, minimax sensitivity, and optimal robustness," *IEEE Trans. Autom. Control,* vol. AC-28, pp. 585–601.

ZEIDLER, J. R. (1990). "Performance analysis of LMS adaptive prediction filters," *Proc. IEEE,* vol. 78, pp. 1781–1806.

ZEIDLER, J. R., E. H. SATORIUS, D. M. CHABRIES, and H. T. WEXLER (1978). "Adaptive enhancement of multiple sinusoids in uncorrelated noise," *IEEE Trans. Acous. Speech Signal Process.,* vol. ASSP-26, pp. 240–254.

建议阅读文献

ABRAHAM, J. A., ET AL. (1987). "Fault tolerance techniques for systolic arrays," *Computer,* vol. 20, pp. 65–75.

ALEXANDER, S. T. (1986). "Fast adaptive filters: A geometrical approach," *IEEE ASSP Mag.,* pp. 18–28.

AMARI, S., A. CICHOCKI, and H. H. YANG (2000). "Blind signal separation and extraction: Neural and information approaches," in S. Haykin, ed., *Unsupervised Adaptive Filtering, Vol. I: Blind Source Separation,* Wiley, New York, pp. 63–138.

ANDERSON, B. D. O., and J. B. MOORE (1979). *Linear Optimal Control,* Prentice-Hall, Englewood Cliffs, NJ.

ANDERSON, T. W. (1963). "Asymptotic theory for principal component analysis," *Ann. Math. Stat.,* vol. 34, pp. 122–148.

ANDREWS, H. C., and C. L. PATTERSON (1975). "Singular value decomposition and digital image processing," *IEEE Trans. Acoust. Speech Signal Process.,* vol. ASSP-24, pp. 26–53.

APPLEBAUM, S. P., and D. J. CHAPMAN (1976). "Adaptive arrays with main beam constraints," *IEEE Trans. Antennas Propag.,* vol. AP-24, pp. 650–662.

ARDALAN, S. H. (1986). "Floating-point error analysis of recursive least-squares and least-mean-squares adaptive filters," *IEEE Trans. Circuits Syst.,* vol. CAS-33, pp. 1192–1208.

ÅSTRÖM, K. J., and P. EYKHOFF (1971). "System identification—A survey," *Automatica,* vol. 7, pp. 123–162.

AUTONNE, L. (1902). "Sur les groupes linéaires, réels et orthogonaux," *Bull. Soc. Math., France,* vol. 30, pp. 121–133.

BARRON, A. R. (1993). "Universal approximation bounds for superpositions of a sigmoidal function," *IEEE Trans. Information Theory,* vol. 39, pp. 930–945.

BATTITI, R. (1992). "First- and second-order methods for learning: Between steepest descent and Newton's method," *Neural Computation,* vol. 4, pp. 141–166.

BEAUFAYS, F. (1995). *Two-layer linear structures for fast adaptive filtering,* Ph.D. dissertation, Stanford University, Stanford, CA.

BELFIORE, C. A., and J. H. PARK, JR. (1979). "Decision feedback equalization," *Proc. IEEE,* vol. 67, pp. 1143–1156.

BELL, A. J. (2000). "Information theory, independent-component analysis and applications," in S. Haykin, ed., *Unsupervised Adaptive Filtering, Vol. I: Blind Source Separation,* Wiley, New York, pp. 237–264.

BELL, A. J., and T. J. SEJNOWSKI (1995). "An information maximization approach to blind separation and blind deconvolution," *Neural Computation,* vol. 7, pp. 1129–1159.

BELLINI, S., and F. ROCCA (1986). "Blind deconvolution: Polyspectra or Bussgang techniques?" in E. Biglieri and G. Prati, eds., *Digital Communications,* North-Holland, Amsterdam, pp. 251–263.

BELLMAN, R. (1960). *Introduction to Matrix Analysis,* McGraw-Hill, New York.

BENESTY, J., and T. GÄNSLER (2001). "A robust fast recursive least squares adaptive algorithm," in *Proc. IEEE ICASSP,* Salt Lake City, UT.

BENVENISTE, A. (1987). "Design of adaptive algorithms for the tracking of time-varying systems," *Int. J. Adaptive Control Signal Proc.,* vol. 1, pp. 3–29.

BENVENISTE, A., and M. GOURSAT (1984). "Blind equalizers," *IEEE Trans. Commun.,* vol. COM-32, pp. 871–883.

BENVENISTE, A., and G. RUGET (1982). "A measure of the tracking capability of recursive stochastic algorithms with constant gains," *IEEE Trans. Autom. Control,* vol. AC-27, pp. 639–649.

BENVENUTO, N., ET AL. (1986). "The 32 kb/s ADPCM coding standard," *AT&T J.,* vol. 65, pp. 12–22.

BENVENUTO, N., and F. PIAZZA (1992). "On the complex backpropagation algorithm," *IEEE Trans. Signal Process.,* vol. 40, pp. 967–969.

BERGMANS, J. W. M. (1990). "Tracking capabilities of the LMS adaptive filter in the presence of gain variations," *IEEE Trans. Acoust. Speech Signal Process.,* vol. 38, pp. 712–714.

BERKHOUT, A. J., and P. R. ZAANEN (1976). "A comparison between Wiener filtering, Kalman filtering, and deterministic least squares estimation," *Geophysical Prospect.,* vol. 24, pp. 141–197.

BERSHAD, N. J. (1986). "Analysis of the normalized LMS algorithm with Gaussian inputs," *IEEE Trans. Acoust. Speech Signal Process.*, vol. ASSP-34, pp. 793–806.

BERSHAD, N. J., and P. L. FEINTUCH (1986). "A normalized frequency domain LMS adaptive algorithm," *IEEE Trans. Acoust. Speech Signal Process.*, vol. ASSP-34, pp. 452–461.

BERSHAD, N. J., and O. MACCHI (1991). "Adaptive recovery of a chirped sinusoid in noise, Part 2: Performance of the LMS algorithm," *IEEE Trans. Acoust. Speech Signal Process.*, vol. ASSP-39, pp. 595–602.

BERSHAD, N. J., and L. Z. QU (1989). "On the probability density function of the LMS adaptive filter weights," *IEEE Trans. Acoust. Speech Signal Process.*, vol. ASSP-37, pp. 43–56.

BIRKETT, A. N., and R. A. GOUBRAN (1995). "Acoustic echo cancellation using NLMS-neural network structures," in *Proc. ICASSP*, vol. 5, Detroit, pp. 3035–3038.

BITMEAD, P. R., and B. D. O. ANDERSON (1981). "Adaptive frequency sampling filters," *IEEE Trans. Circuits Syst.*, vol. CAS-28, pp. 524–535.

BITMEAD, P. R. (1983). "Convergence in distribution of LMS-type adaptive parameter studies," *IEEE Trans. Autom. Control*, vol. AC-28, pp. 54–60.

BITMEAD, P. R. (1984). "Convergence properties of LMS adaptive estimators with unbounded dependent inputs," *IEEE Trans. Autom. Control*, vol. AC-29, pp. 477–479.

BJÖRCK, A. (1967). "Solving linear least squares problems by Gram–Schmidt orthogonalization," BIT, vol. 7, pp. 1–21.

BODE, H. W., and C. E. SHANNON (1950). "A simplified derivation of linear least square smoothing and prediction theory," *Proc. IRE*, vol. 38, pp. 417–425.

BOJANCZYK, A. W., and F. T. LUK (1990). "A unified systolic array for adaptive beamforming," *J. Parallel Distrib. Comput.*, vol. 8, pp. 388–392.

BORAY, G. K., and M. D. SRINATH (1992). "Conjugate gradient techniques for adaptive filtering," *IEEE Trans. Circuits Syst. Fundam. Theory Appl.*, vol. 39, pp. 1–10.

BOTTO, J. L., and G. V. MOUSTAKIDES (1989). "Stabilizing the fast Kalman algorithms," *IEEE Trans. Acoust., Speech Signal Process.*, vol. ASSP-37, pp. 1342–1348.

BRACEWELL, R. N. (1986). *The Fourier Transform and Its Applications,* McGraw-Hill, New York.

BRENT, R. P., F. T. LUK, and C. VAN LOAN (1983). "Decomposition of the singular value decomposition using mesh-connected processors," *J. VLSI Comput. Syst.*, vol. 1, pp. 242–270.

BRILLINGER, D. R., and M. ROSENBLATT (1967). "Computation and interpretation of k-th order spectra," in B. Harris, ed., *Spectral Analysis of Time Series,* Wiley, New York.

BROGAN, W. L. (1985). *Modern Control Theory,* 2nd ed., Prentice-Hall, Englewood Cliffs, NJ.

BROOME, P. W. (1965). "Discrete orthonormal sequences," *J. Assoc. Comput. Machinary,* vol. 12, pp. 151–168.

BROOMHEAD, D. S., and D. LOWE (1988). "Multi-variable functional interpolation and adaptive networks," *Complex Syst.*, vol. 2, pp. 269–303.

BROSSIER, J. M. (1992). *Egalisation Adaptive et Estimation de Phase: Application aux Communications Sous-marines,* Thèse de Docteur, del'Institut National Polytechnique de Grenoble, France.

BRUCKSTEIN, A., and T. KAILATH (1987). "An inverse scattering framework for several problems in signal processing," *IEEE ASSP Mag.*, vol. 4, pp. 6–20.

BUCKLEW, J. A., T. KURTZ, and W. A. SETHARES (1993). "Weak convergence and local stability properties of fixed stepsize recursive algorithms," *IEEE Trans. Information Theory,* vol. 39, pp. 966–978.

BUCKLEY, K. M., and L. J. GRIFFITHS (1986). "An adaptive generalized sidelobe canceller with derivative constraints," *IEEE Trans. Antennas Propag.*, vol. AP-34, pp. 311–319.

BUCY, R. S. (1994). *Lectures on Discrete Time Filtering,* Springer-Verlag, New York.

BURG, J. P. (1972). "The relationship between maximum entropy spectra and maximum likelihood spectra," *Geophysics,* vol. 37, pp. 375–376.

CARDOSO, J.-F. (2000). "Entropic contrasts for source separation: Geometry and stability," in S. Haykin, ed., *Unsupervised Adaptive Filtering, Vol. I: Blind Source Separation,* Wiley, New York, pp. 139–189.

CARINI, A., V. J. MATHEWS, and G. L. SICURANZA (1999). "Sufficient stability bounds for slowly varying direct-form recursive linear filters and their applications in adaptive IIR filters," *IEEE Trans. Signal Process.*, vol. 47, pp. 2561–2567.

CHAZAN, D., Y. MEDAN, and U. SHVADRON (1988). "Noise cancellation for hearing aids," *IEEE Trans. Acoust. Speech Signal Process.*, vol. ASSP-36, pp. 1697–1705.

CHEN, S. (1995). "Nonlinear time series modelling and prediction using Gaussian RBF networks with enhanced clustering and RLS learning," *Electronics Letters,* vol. 31, no. 2, pp. 117–118.

CHEN, S., S. MCLAUGHLIN, and B. MULGREW (1994). "Complex-valued radial basis function network, Part I: Network architecture and learning algorithms," *Signal Proc.*, vol. 35, pp. 19–31.

CHEN, S., S. MCLAUGHLIN, and B. MULGREW (1994). "Complex-valued radial basis function network, Part II: Application to digital communications channel equalisation," *Signal Proc.*, vol. 36, pp. 175–188.

CHESTER, D. L. (1990). "Why two hidden layers are better than one," *International Joint Conference on Neural Networks,* Washington, DC., vol. 1, pp. 265–268.

CHINRUNGRUENG, C., and C. H. SÈQUIN (1995). "Optimal adaptive k-means algorithm with dynamic adjustment of learning rate," *IEEE Trans. Neural Networks,* vol. 6, pp. 157–169.

CHUI, C. K., and G. CHEN (1987). *Kalman Filtering with Real-time Application,* Springer-Verlag, New York.

CLAESSON, I., S. NORDHOLM, and P. ERIKSSON (1991). "Noise cancelling convergence rates for the LMS algorithm," *Mechanical Systems and Signal Processing,* vol. 5, pp. 375–388.

CLARKE, T. L. (1990). "Generalization of neural networks to the complex plane," in *International Joint Conference on Neural Networks,* vol. II, San Diego, pp. 435–440.

CLARKSON, P. M. (1993). *Optimal and Adaptive Signal Processing,* CRC Press, Boca Raton, FL.

CLARKSON, P. M., and P. R. WHITE (1987). "Simplified analysis of the LMS adaptive filter using a transfer function approximation," *IEEE Trans. Acoust. Speech Signal Process.,* vol. ASSP-35, pp. 987–993.

CLASSEN, T. A. C. M., and W. F. G. MECKLANBRÄUKER (1985). "Adaptive techniques for signal processing in communications," *IEEE Commun.,* vol. 23, pp. 8–19.

COMON, P. (1994). "Independent component analysis: A new concept?" *Signal Processing,* vol. 36, pp. 287–314.

COMON, P., and P. CHEVALIER (2000). "Blind source separation: Models, concepts, algorithms and performance," in S. Haykin, ed., *Unsupervised Adaptive Filtering, Vol. I: Blind Source Separation,* Wiley, New York, pp. 191–236.

COMPTON, R. T. (1988). *Adaptive Antennas: Concepts and Performance,* Prentice-Hall, Englewood Cliffs, NJ.

COWAN, J. D. (1990). "Neural networks: The early days," in D. S. Touretzky, ed., *Advances in Neural Information Processing Systems 2,* Morgan Kaufman, San Mateo, CA, pp. 828–842.

COX, H., R. M. ZESKIND, and M. M. OWEN (1987). "Robust adaptive beamforming," *IEEE Trans. Acoust. Speech Signal Process.,* vol. ASSP-35, pp. 1365–1376.

CROCHIERE, R. E., and L. R. RABINER (1983). *Multirate Digital Signal Processing,* Prentice-Hall, Englewood Cliffs, NJ.

CYBENKO, G. (1989). "Approximation by superpositions of a sigmoidal function," *Mathematics of Control, Signals, and Systems,* vol. 2, pp. 303–314.

DAVIDSON, G. W., and D. D. FALCONER (1991). "Reduced complexity echo cancellation using orthonormal functions," *IEEE Trans. Circuits Syst.,* vol. 38, pp. 20–28.

DE, P., and H. H. FAN (1999). "A delta least squares lattice algorithm for fast sampling," *IEEE Trans. Signal Process.,* vol. 47, pp. 2396–2406.

DELMAS, J.-P, H. GAZZAH, A. P. LIAVAS, and P. A. REGALIA (2000). "Statistical analysis of some second-order methods for blind channel identification/equalization with respect to channel undermodeling," *IEEE Trans. Signal Process.,* vol. 48, pp. 1984–1998.

DEMMEL, J. (1994). *Designing High Performance Linear Algebra Software for Parallel Computers,* CS Division and Math Dept., UC Berkeley, CA.

DEMMEL, J., and K. VESELIC´ (1989). *Jacobi's Method Is More Accurate Than QR,* Tech. Rep. 468, Department of Computer Science, Courant Institute of Mathematical Sciences, New York University, New York.

DE MOOR, B. L. R., and G. H. GOLUB (1989). *Generalized Singular Value Decompositions: A Proposal for a Standardized Nomenclature,* Manuscript NA-89-05, Numerical Analysis Project, Computer Science Department, Standard University, Stanford, CA.

DENTINO, M., J. MCCOOL, and B. WIDROW (1978). "Adaptive filtering in the frequency domain," *Proc. IEEE,* vol. 66, no. 12, pp. 1658–1659.

DEPRETTERE, E. F., ed. (1988). *SVD and Signal Processing: Algorithms, Applications, and Architectures,* North-Holland, Amsterdam.

DEVIJVER, P. A., and J. KITTLER (1982). *Pattern Recognition: A Statistical Approach,* Prentice-Hall International, London.

DEVRIES, B., and J. C. PRINCIPE (1992). "The gamma model—A new neural model for temporal processing," *Neural Networks,* vol. 5, pp. 565–576.

DEWAELE, S., and P. M. T. BREERSEN (1998). "The Burg algorithm for segments," *IEEE Trans. Signal Process.,* vol. 48, pp. 2876–2880.

DEWILDE, P., A. C. VIEIRA, and T. KAILATH (1978). "On a generalized Szegö–Levinson realization algorithm for optimal linear predictors based on a network synthesis approach," *IEEE Trans. Circuits Syst.,* vol. CAS-25, pp. 663–675.

DHRYMUS, P. J. (1970). *Econometrics: Statistical Foundations and Applications,* Harper & Row, New York.

DING, Z. (1994). "Blind channel identification and equalization using spectral correlation measurements, Part I: Frequency-domain approach," in W. A. Gardner, ed., *Cyclostationarity in Communications and Signal Processing,"* IEEE Press, New York, pp. 417–436.

DING, Z., and Z. MAO (1995). "Knowledge based identification of fractionally sampled channels," in *Proc. ICASSP,* vol. 3, Detroit, pp. 1996–1999.

DING, Z., C. R. JOHNSON, JR., and R. A. KENNEDY (1994). "Global convergence issues with linear blind adaptive equalizers," in S. Haykin, ed., *Blind Deconvolution,* Prentice-Hall, Englewood Cliffs, NJ.

DINIZ, P. S. R. (1997). *Adaptive Filtering: Algorithms and Practical Implementation,* Kluwer Academic Publishers, Boston.

DINIZ, P. S. R., and L. W. P. BISCAINHO (1992). "Optimal variable step size for the LMS/Newton algorithm with application to subband adaptive filtering," *IEEE Trans. Signal Process.,* vol. 40, pp. 2825–2829.

DONGARRA, J. J., ET AL. (1979). *LINPACK User's Guide,* Society for Industrial and Applied Mathematics, Philadelphia.

DONOHO, D. L. (1981). "On minimum entropy deconvolution," in D. F. Findlay, ed., *Applied Time Series Analysis II,* Academic Press, New York.

DORNY, C. N. (1975).

DOUGLAS, S. C. (1995). "Generalized gradient adaptive step sizes for stochastic gradient adaptive filters," *Proc. of ICASP,* pp. 1396–1399.

DOUGLAS, S. C., and S. AMARI (2000). "Natural gradient adaptation," in S. Haykin, ed., *Unsupervised Adaptive Filtering, Vol. I: Blind Source Separation,* Wiley, New York, pp. 13–62.

DOUGLAS, S. C., and S. HAYKIN (2000). "Relationships between blind deconvolution and blind source separation," in S. Haykin, ed., *Unsupervised Adaptive Filtering, Vol. II: Blind Deconvolution,* Wiley, New York, pp. 113–146.

DOUGLAS, S. C., and W. PAN (1995). "Exact expectation analysis of the LMS adaptive filter," *Trans. IEEE Signal Process.,* vol. 43, pp. 2863–2871.

DOUGLAS, S. C., Q. ZHU, and K. F. SMITH (1998). "A pipelined LMS adaptive FIR filter architecture without adaptation delay," *IEEE Trans. Signal Process.,* vol. 46, pp. 775–779.

DOYLE, J. C., K. GLOVER, P. KHARGONEKAR, and B. FRANCIS (1989). "State-space solutions to standard H_2 and H_∞ control problems," *IEEE Trans. Autom. Control,* vol. AC-34, pp. 831–847.

DUDA, R. O., and P. E. HART (1973). *Pattern Classification and Scene Analysis,* Wiley, New York.

DUGARD, L., M. M'SAAD, and I. D. LANDAU (1993). *Adaptive Systems in Control and Signal Processing,* Pergamon Press, Oxford, United Kingdom.

DUTTWEILER, D. L. (2000). "Speech enhancement — Proportionate normalized least-mean-squares adaptation in echo cancelers," *IEEE Trans. Speech Audio Process.,* vol. 8, pp. 508–518.

DUTTWEILER, D. L., and Y. S. CHEN (1980). "A single-chip VLSI echo canceler," *Bell Syst. Tech. J.,* vol. 59, pp. 149–160.

ECKART, G., and G. YOUNG (1939). "A principal axis transformation for non-Hermitian matrices," *Bull. Am. Math. Soc.,* vol. 45, pp. 118–121.

EDWARDS, A. W. F. (1972). *Likelihood,* Cambridge University Press, New York.

E SILVA, T. O. (1995). "On the determination of the optimal pole position of Laguerre filters," *IEEE Trans. Signal Process.,* vol. 43, pp. 2079–2087.

EVANS, J. B., P. XUE, and B. LIU (1993). "Analysis and implementation of variable step-size adaptive algorithms," *IEEE Trans. Signal Process.,* vol. 41, pp. 2517–2534.

EWEDA, E. (1994). "Comparison of RLS, LMS, and sign algorithms for tracking randomly time-varying channels," *IEEE Trans. Signal Process.,* vol. 42, pp. 2937–2944.

EWEDA, E., and O. MACCHI (1985). "Tracking error bounds of adaptive nonstationary filtering," *Automatica,* vol. 21, pp. 293–302.

EWEDA, E., and O. MACCHI (1987). "Convergence of the RLS and LMS adaptive filters," *IEEE Trans. Circuits Syst.,* vol. CAS-34, pp. 799–803.

FARDEN, D. C. (1981). "Stochastic approximation with correlated data," *IEEE Trans. Information Theory,* vol. IT-27, pp. 105–113.

FARDEN, D. C. (1981). "Tracking properties of adaptive signal processing algorithms," *IEEE Trans. Acoust. Speech Signal Process.,* vol. ASSP-29, pp. 439–446.

FEJZO, Z., and H. LEV-ARI (1997). "Adaptive Laguerre-lattice filters," *IEEE Trans. Signal Process.,* vol. 45, pp. 3006–3016.

FELDKAMP, L. A., G. V. PUSKORIUS, L. I. DAVIS, JR., and F. YUAN (1994). "Enabling concepts for application of neurocontrol," in *Proc. Eighth Yale Workshop on Adaptive and Learning Systems,* Yale University, New Haven, CT, pp. 168–173.

FELDKAMP, L. A., T. M. FELDKAMP, and D. V. PROKHOROV (2001). "Neural network training with npr KF," in *International Joint Conference on Neural Networks,* Washington, DC.

FELDMAN, D. D., and L. J. GRIFFITHS (1984). "A projection approach for robust adaptive beamforming," *IEEE Trans. Signal Process.,* vol. 42, pp. 867–876.

FENG, D.-Z., Z. BAO, and L.-C. JIAO (1998). "Total least mean square algorithm," *IEEE Trans. Signal Process.,* vol. 46, pp. 2122–2130.

FERNANDO, K. V., and B. N. PARLETT (1994). "Accurate singular values and differential qd algorithms," *Numer. Math.,* vol. 67, pp. 191–229.

FIJALKOW, I., J. R. TREICHLER, and C. R. JOHNSON, JR. (1995). "Fractionally spaced blind equalization: Loss of channel disparity," in *Proc. ICASSP,* Detroit, pp. 1988–1991.

FISHER, B., and N. J. BERSHAD (1983). "The complex LMS adaptive algorithm—Transient weight mean and covariance with applications to the ALE," *IEEE Trans. Acoust. Speech Signal Process.,* vol. ASSP-31, pp. 34–44.

FOLEY, J. B., and F. M. BOLAND (1987). "Comparison between steepest descent and LMS algorithms in adaptive filters," *IEE Proc. (London), Part F,* vol. 134, pp. 283–289.

FOLEY, J. B., and F. M. BOLAND (1988). "A note on the convergence analysis of LMS adaptive filters with Gaussian data," *IEEE Trans. Acoust. Speech Signal Process.,* vol. 36, pp. 1087–1089.

FORNEY, G. D. (1972). "Maximum-likelihood sequence estimation of digital sequence in the presence of intersymbol interference," *IEEE Trans. Information Theory,* vol. IT-18, pp. 363–378.

FOSCHINI, G. J. (1985). "Equalizing without altering or detecting data," *AT&T Tech. J.,* Vol. 64, pp. 1885–1911.

FRANKS, L. E., ed. (1974). *Data Communication: Fundamentals of Baseband Transmission,* Benchmark Papers in Electrical Engineering and Computer Science, Dowden, Hutchinson & Ross, Stroudsburg, PA.

FRIEDLANDER, B. (1982). "Lattice filters for adaptive processing," *Proc. IEEE,* vol. 70, pp. 829–867.

FRIEDLANDER, B. (1988). "A signal subspace method for adaptive interference cancellation," *IEEE Trans. Acoust. Speech Signal Process.,* vol. ASSP-36, pp. 1835–1845.

FRIEDLANDER, B., and B. PORAT (1989). "Adaptive IIR algorithm based on high-order statistics," *IEEE Trans. Acoust. Speech Signal Process.,* vol. ASSP-37, pp. 485–495.

FRIEDRICHS, B. (1992). "Analysis of finite-precision adaptive filters. I. Computation of the residual signal variance," *Frequenz,* vol. 46, pp. 218–223.

FUKUNAGA, K. (1990). *Statistical Pattern Recognition,* 2nd ed., Academic Press, New York.

FUNAHASHI, K. (1989). "On the approximate realization of continuous mappings by neural networks," *Neural Networks,* vol. 2, pp. 183–192.

GABOR, D., W. P. L. WILBY, and R. WOODCOCK (1961). "A universal non-linear filter, predictor and simulator which optimizes itself by a learning process," *IEE Proc. (London),* vol. 108, pt. B, pp. 422–438.

GALLIVAN, K. A., and C. E. LEISERSON (1984). "High-performance architectures for adaptive filtering based on the Gram–Schmidt algorithm," in *Proc. SPIE,* vol. 495, *Real Time Signal Processing* VII, pp. 30–38.

GARBOW, B. S., ET AL. (1977). *Matrix Eigensystem Routines—EISPACK Guide Extension,* Lecture Notes in Computer Science, vol. 51, Springer-Verlag, New York.

GARDNER, W. A. (1993). "Cyclic Wiener filtering: Theory and method," *IEEE Trans. Signal Process.,* vol. 41, pp. 151–163.

GARDNER, W. A., and C. M. SPOONER (1994). "The cumulant theory of cyclostationary time-series, Part I: Foundation," *IEEE Trans. Signal Process.,* vol. 42, pp. 3387–3408.

GAY, S. L. (1998). "An efficient, fast converging adaptive filter for network echo cancellation," in *Proceedings of the Asilomar Conference on Signals, Systems, and Computers,* Pacific Grove, California.

GENTLEMAN, W. M. (1973). "Least squares computations by Givens transformations without square-roots," *J. Inst. Math. Its Appl.,* vol. 12, pp. 329–336.

GEORGCOU, G. N., and C. KOUTSOUGERAS (1992). "Complex domain backpropagation," *IEEE Trans. Circuits Syst. Analog Digital Signal Process.,* vol. 39, pp. 330–334.

GERSHO, A. (1969). "Adaptive equalization of highly dispersive channels for data transmission," *Bell Syst. Tech. J.,* vol. 48, pp. 55–70.

GERSHO, A., B. GOPINATH, and A. M. OLDYZKO (1979). "Coefficient inaccuracy in transversal filtering," *Bell Syst. Tech. J.,* vol. 58, pp. 2301–2316.

GHOGHO, M., M. IBNKAHLA, and N. J. BERSHAD (1998). "Analytic behavior of the LMS adaptive line enhancer for sinusoids computed by multiplicative and additive noise," *IEEE Trans. Signal Process.,* vol. 46, pp. 2386–2393.

GHOLKAR, V. A. (1990). "Mean square convergence analysis of LMS algorithm (adaptive filters)," *Electronics Letters,* vol. 26, pp. 1705–1706.

GIANNAKIS, G. B., and S. D. HALFORD (1995). "Blind fractionally-spaced equalization of noisy FIR channels: Adaptive and optimal solutions," in *Proc. IEEE ICASSP*, Detroit, pp. 1972–1975.

GIBSON, G. J., and C. F. N. COWAN (1990). "On the decision regions of multilayer perceptrons," *Proc. IEEE*, vol. 78, pp. 1590–1599.

GIBSON, J. D. (1980). "Adaptive prediction in speech differential encoding systems," *Proc. IEEE*, vol. 68, pp. 488–525.

GILL, P. E., G. H. GOLUB, W. MURRAY, and M. A. SAUNDERS (1974). "Methods of modifying matrix factorizations," *Math. Comput.*, vol. 28, pp. 505–535.

GILLOIRE, A., and M. VETTERLI (1988). "Adaptive filtering in subbands," in *Proc. IEEE ICASSP '88*, New York, NY, pp. 1572–1575.

GILLOIRE, A., E. MOULINES, D. SLOCK, and P. DUHAMEL (1996). "State of the art in acoustic echo cancellation," in A. R. Figueras-Vidal, ed., *Digital Signal Processing in Telecommunications*, Springer, Berlin, pp. 45–91.

GITLIN, R. D., and F. R. MAGEE, JR. (1977). "Self-orthogonalizing adaptive equalization algorithms," *IEEE Trans. Commun.*, vol. COM-25, pp. 666–672.

GITLIN, R. D., and S. B. WEINSTEIN (1979). "On the required tap-weight precision for digitally implemented mean-squared equalizers," *Bell Syst. Tech. J.*, vol. 58, pp. 301–321.

GIVENS, W. (1958). "Computation of plane unitary rotations transforming a general matrix to triangular form," *J. Soc. Ind. Appl. Math*, vol. 6, pp. 26–50.

GLASER, E. M. (1961). "Signal detection by adaptive filters," *IRE Trans. Information Theory*, vol. IT-7, pp. 87–98.

GODARA, L. C., and A. CANTONI (1986). "Analysis of constrained LMS algorithm with application to adaptive beamforming using perturbation sequences," *IEEE Trans. Antennas Propag.*, vol. AP-34, pp. 368–379.

GOLOMB, S. W., ed. (1964). *Digital Communications with Space Applications*, Prentice-Hall, Englewood Cliffs, NJ.

GOLUB, G. H. (1965). "Numerical methods for solving linear least squares problems," *Numer. Math.*, vol. 7, pp. 206–216.

GOLUB, G. H., and C. REINSCH (1970). "Singular value decomposition and least squares problems," *Numer. Math.*, vol. 14, pp. 403–420.

GOLUB, G. H., F. T. LUK, and M. L. OVERTON (1981). "A block Lanczos method for computing the singular values and corresponding singular vectors of a matrix," *ACM Trans. Math. Software*, vol. 7, pp. 149–169.

GOODWIN, G. C., and K. S. SIN (1984). *Adaptive Filtering, Prediction and Control*, Prentice-Hall, Englewood Cliffs, NJ.

GRAY, R. M. (1977). *Toeplitz and Circulant Matrices: II*, Tech. Rep. 6504-1, Information Systems Laboratory, Stanford University, Stanford, CA.

GREEN, M., and D. J. N. LIMEBBER (1995). *Linear Robust Control*, Prentice-Hall, Englewood Cliffs, NJ.

GRIFFITHS, L. J., and R. PRIETO-DIAZ (1977). "Spectral analysis of natural seismic events using autoregressive techniques," *IEEE Trans. Geosci. Electron.*, vol. GE-15, pp. 13–25.

GU, M., and S. C. EISENSTAT (1994). *A Divide-and-Conquer Algorithm for the Bidiagonal SVD*, Research Report YALEU/DCS/RR-933, UC Berkeley, CA.

GU, M., J. DEMMEL, and I. DHILLON (1994). *Efficient Computation of the Singular Value Decomposition with Applications to Least Squares Problems*, Department of Mathematics, UC Berkeley, CA.

GUILLEMIN, E. A. (1949). *The Mathematics of Circuit Analysis*, Wiley, New York.

GUNNARSSON, S., and L. LJUNG (1989). "Frequency domain tracking characteristics of adaptive algorithms," *IEEE Trans. Signal Process.*, vol. 37, pp. 1072–1089.

GUO, L., L. LJUNG, and G.-J. WANG (1997). "Necessary and sufficient conditions for stability of LMS," *IEEE Trans. Autom. Control*, vol. 42, pp. 761–770.

GUPTA, I. J., and A. A. KSIENSKI (1986). "Adaptive antenna arrays for weak interfering signals," *IEEE Trans. Antennas Propag.*, vol. AP-34, pp. 420–426.

GUTOWSKI, P. R., E. A. ROBINSON, and S. TREITEL (1978). "Spectral estimation: Fact or fiction," *IEEE Trans. Geosci. Electron.*, vol. GE-16, pp. 80–84.

HADHOUD, M. M., and D. W. THOMAS (1988). "The two-dimensional adaptive LMS (TDLMS) algorithm," *IEEE Trans. Circuits Syst.*, vol. CAS-35, pp. 485–494.

HAMPEL, F. R., ET AL. (1986). *Robust Statistics: The Approach Based on Influence Functions*, Wiley, New York.

HÄNSLER, E. (1992). "The hands-free telephone problem—An annotated bibliography," *Signal Process.*, vol. 27, pp. 259–271.

HARTENEK, M., R. W. STEWART, J. G. MCWHIRTER, and I. K. PROUDLER (1998). "Using algorithmic engineering to derive a fast parallel weight extraction algorithm based on QR recursive least squares," in J. G. McWhirter and I. K. Proudler, eds., *Mathematics in Signal Processing IV*, Oxford University Press, New York, pp. 127–137.

HARTMAN, E. J., J. D. KEELER, and J. M. KOWALSKI (1990). "Layered neural networks with Gaussian hidden units as universal approximations," *Neural Computation*, vol. 2, pp. 210–215.

HASSIBI, B., A. H. SAYED, and T. KAILATH (1994). "*H*∞ optimality criteria for LMS and backpropagation," in J. D. Cowan, et al., eds., *Advances in Neural Information Processing Systems,* vol. 6, Morgan–Kaufmann, New York, pp. 351–359.

HASSIBI, B., A. H. SAYED, and T. KAILATH (1999). *Infinite-Quadratic Estimation and Control: A Unified Approach to H² and H*∞ *Theories,* SIAM, Philadelphia.

HASTINGS-JAMES, R., and M. W. SAGE (1969). "Recursive generalized-least-squares procedure for online identification of process parameters," *IEE Proc. (London),* vol. 116, pp. 2057–2062.

HATZINAKOS, D., and C. L. NIKIAS (1994). "Blind equalization based on higher-order statistics (HOS)," in S. Haykin, ed., *Blind Deconvolution,* Prentice-Hall, Englewood Cliffs, NJ.

HAYKIN, S., ed. (1983). *Nonlinear Methods of Spectral Analysis,* 2nd ed., Springer-Verlag, New York.

HAYKIN, S., ed. (1984). *Array Signal Processing,* Prentice-Hall, Englewood Cliffs, NJ.

HAYKIN, S. (1989). "Adaptive filters: Past, present, and future," in *Proc. IMA Conf. Math. Signal Process.,* Warwick, U.K.

HAYKIN, S., and L. LI (1995). "Nonlinear adaptive prediction of nonstationary signals," *IEEE Trans. Signal Process.,* vol. 43, pp. 526–535.

HAYKIN, S., and A. UKRAINEC (1993). "Neural networks for adaptive signal processing," in N. Kalouptsidis and S. Theodoridis, eds., *Adaptive System Identification and Signal Processing Algorithms,* Prentice-Hall, Englewood Cliffs, NJ, pp. 512–553.

HAYKIN, S., A. H. SAYED, J. R. ZEIDLER, P. YEE, and P. C. WEI (1997). "Adaptive tracking of linear time-variant systems by extended RLS algorithms," *IEEE Trans. Signal Process.,* vol. 45, pp. 1118–1128.

HENSELER, J., and E. J. BRASPENNING (1990). *Training Complex Multi-Layer Neural Networks,* Tech. Rep. CS90-02, Department of Computer Science, University of Limburg, Maastricht, The Netherlands.

HÉRAULT, J., C. JUTTEN, and B. ANS (1985). "Détection de grandeurs primitives dans un message composite par une architecture de calcul neuromimetique un apprentissage non supervisé," in *Procedures of GRETSI,* Nice, France.

HERZBERG, H., and R. HAIMI-COHEN (1992). "A systolic array realization of an LMS adaptive filter and the effects of delayed adaptation," *IEEE Trans. Signal Process,* vol. 40, pp. 2799–2803.

HODGKISS, W. S., JR., and D. ALEXANDROU (1983). "Applications of adaptive least-squares lattice structures to problems in underwater acoustics," in *Proc. SPIE,* vol. 431, *Real Time Signal Processing* VI, pp. 48–54.

HOMER, J., P. R. BITMEAD, and I. MAREELS (1998). "Quantifying the effects of dimension on the convergence rate of the LMS adaptive FIR estimator," *IEEE Trans. Signal Process.,* vol. 46, pp. 2611–2615.

HOMER, J., I. MARELLS, P. R. BITMEAD, B. WAHLBERG, and F. GUSTAFSSON (1998). "LMS estimation via structural detection," *IEEE Trans. Signal Process.,* vol. 46, pp. 2651–2663.

HONIG, M. L., and D. G. MESSERSCHMITT (1981). "Convergence properties of an adaptive digital lattice filter," *IEEE Trans. Acous. Speech Signal Process.,* vol. ASSP-29, pp. 642–653.

HONIG, M. L., and D. G. MESSERSCHMITT (1984). *Adaptive Filters: Structures, Algorithms and Applications,* Kluwer, Boston.

HORNIK, K., M. STINCHCOMSE, and H. WHITE (1989). "Multilayer feedforward networks are universal approximators," *Neural Networks,* vol. 2, pp. 359–366.

HOROWITZ, L. L., and K. D. SENNE (1981). "Performance advantage of complex LMS for controlling narrow-band adaptive arrays," *IEEE Trans. Acoust. Speech Signal Process.,* vol. ASSP-29, pp. 722–736.

HSIA, T. C. (1983). "Convergence analysis of LMS and NLMS adaptive algorithms," in *Proc. ICASSP,* Boston, pp. 667–670.

HSU, F. M. (1982). "Square root Kalman filtering for high-speed data received over fading dispersive HF channels," *IEEE Trans. Information Theory,* vol. IT-28, pp. 753–763.

HU, Y. H. (1992). "CORDIC-based VLSI architectures for digital signal processing," *IEEE Signal Process. Maga.,* vol. 9, pp. 16–35.

HUBER, P. J. (1981). *Robust Statistics,* Wiley, New York.

HUBING, N. E., and S. T. ALEXANDER (1990). "Statistical analysis of the soft constrained initialization of recursive least squares algorithms," in *Proc. IEEE ICASSP,* Albuquerque, NM.

HUDSON, J. E. (1981). *Adaptive Array Principles,* Peregrinus, London.

HUHTA, J. C., and J. G. WEBSTER (1973). "60-Hz interference in electrocardiography," *IEEE Trans. Biomed. Eng.,* vol. BME-20, pp. 91–101.

HYVÄRINEN, A., J. KARHUNEN, and E. OJA (2001). *Independent Component Analysis,* Wiley, New York.

JABLON, N. K. (1986). "Steady state analysis of the generalized sidelobe canceller by adaptive noise canceling techniques," *IEEE Trans. Antennas Propag.,* vol. AP-34, pp. 330–337.

JABLON, N. K. (1991). "On the complexity of frequency-domain adaptive filtering," *IEEE Trans. Signal Process.,* vol. 39, pp. 2331–2334.

JAYANT, N. S. (1986). "Coding speech," *IEEE Spectrum,* vol. 23, pp. 58–63.

JAYANT, N. S., and P. NOLL (1984). *Digital Coding of Waveforms,* Prentice-Hall, Englewood Cliffs, NJ.

JAZWINSKI, A. H. (1969). "Adaptive filtering," *Automatica,* vol. 5, pp. 475–485.

JAZWINSKI, A. H. (1970). *Stochastic Processes and Filtering Theory,* Academic Press, New York.

JOHNSON, C. R., JR. (1984). "Adaptive IIR filtering: Current results and open issues," *IEEE Trans. Information Theory,* vol. IT-30, Special Issue on Linear Adaptive Filtering, pp. 237–250.

JOHNSON, C. R., JR. (1988). *Lectures on Adaptive Parameter Estimation,* Prentice-Hall, Englewood Cliffs, NJ.

JOHNSON, C. R., JR., S. DASGUPTA, and W. A. SETHARES (1988). "Averaging analysis of local stability of a real constant modulus algorithm adaptive filter," *IEEE Trans. Acoust. Speech Signal Process.,* vol. ASSP-36, pp. 900–910.

JOHNSON, D. H., and P. S. RAO (1990). "On the existence of Gaussian noise," in *1990 Digital Signal Processing Workshop,* New Paltz, NY, pp. 8.14.1–8.14.2.

JONES, S. K., R. K. CAVIN, III, and W. M. REED (1982). "Analysis of error-gradient adaptive linear equalizers for a class of stationary-dependent processes," *IEEE Trans. Information Theory,* vol. IT-28, pp. 318–329.

JOU, J.-Y., and A. ABRAHAM (1986). "Fault-tolerant matrix arithmetic and signal processing on highly concurrent computing structures," *Proc. IEEE,* vol. 74, Special Issue on Fault Tolerance in VLSI, pp. 732–741.

JULIER, S. J., and J. K. UHLMANN (1997). "A new extension of the Kalman filter to nonlinear systems," in *Proceedings of Aero-Sense: The 11th Symposium on Aerospace/Defence Sensing, Simulation and Control,* Orlando, FL.

JULIER, S. J., J. K. UHLMANN, and H. DURRANT-WHYTE (1995). "A new approach for filtering nonlinear systems," *Proceedings of the American Control Conference,* Seattle, pp. 1628–1632.

JUSTICE, J. H. (1985). "Array processing in exploration seismology," in S. Haykin, ed., *Array Signal Processing,* Prentice-Hall, Englewood Cliffs, NJ, pp. 6–114.

KADLEC, I., and F. M. F. GASTON (1995). "Identification with directional parameter tracking for high-performance fixed-point implementations," in *Proc. 6th Irish DSP, and Control Colloquium,* Queen's University, Belfast, Northern Ireland, pp. 215–222.

KAILATH, T. (1969). "A generalized likelihood ratio formula for random signals in Gaussian noise," *IEEE Trans. Information Theory,* vol. IT-15, pp. 350–361.

KAILATH, T. (1981). *Lectures on Linear Least-Squares Estimation,* Springer-Verlag, New York.

KAILATH, T. (1982). "Time-variant and time-invariant lattice filters for nonstationary processes," in I. Laudau, ed., *Outils et Modèles Mathématique pour l' Automatique, L' Analyse de Systemes et le Traitement du Signal,* vol. 2, CNRS, Paris, pp. 417–464.

KAILATH, T. (1991). "Remarks on the origin of the displacement-rank concept," *Appl. Math. Comput.,* vol. 45, pp. 193–206.

KAILATH, T. (1999). "Displacement structure and array algorithms," in T. Kailath and A. H. Sayed, eds., *Fast Reliable Algorithms for Matrices with Structure,* SIAM, Philadelphia, pp. 1–56.

KAILATH, T., and A. H. SAYED (1999). *Fast Reliable Algorithms for Matrices with Structure,* SIAM, Philadelphia.

KAILATH, T., A. VIEIRA, and M. MORF (1978). "Inverses of Toeplitz operators, innovations, and orthogonal polynomials," *SIAM Rev,* vol. 20, pp. 106–119.

KALLMANN, H. J. (1940). "Transversal filters," *Proc. IRE,* vol. 28, pp. 302–310.

KALOUPTSIDIS, N., and S. THEODORIDIS (1987). "Parallel implementation of efficient LS algorithms for filtering and prediction," *IEEE Trans. Acoust. Speech Signal Process.,* vol. ASSP-35, pp. 1565–1569.

KALOUPTSIDIS, N., and S. THEODORIDIS, eds. (1993). *Adaptive System Identification and Signal Processing Algorithms,* Prentice-Hall, Englewood Cliffs, NJ.

KANG, G. S., and L. J. FRANSEN (1987). "Experimentation with an adaptive noise-cancellation filter," *IEEE Trans. Circuits Syst.,* vol. CAS-34, pp. 753–758.

KAUTZ, W. H. (1954). "Transient synthesis in the time domain," *IRE Trans. Circuit Theory,* vol. CT-1, pp. 29–39.

KAY, S. M., and L. S. MARPLE, JR. (1981). "Spectrum analysis—A modern perspective," *Proc. IEEE,* vol. 69, pp. 1380–1419.

KHARGONEKAR, P. P., and K. M. NAGPAL (1991). "Filtering and smoothing in an H^{∞}-setting," *IEEE Trans. Autom. Control,* vol. AC-36, pp. 151–166.

KIM, M. S., and C. C. GUEST (1990). "Modification of backpropagation networks for complex-valued signal processing in frequency domain," *International Joint Conference on Neural Networks,* vol. III, San Diego, pp. 27–31.

KIMURA, H. (1984). "Robust realizability of a class of transfer functions," *IEEE Trans. Autom. Control,* vol. AC-29, pp. 788–793.

KNIGHT, W. C., R. G. PRIDHAM, and S. M. KAY (1981). "Digital signal processing for sonar," *Proc. IEEE,* vol. 69, pp. 1451–1506.

KOH, T., and E. J. POWERS (1985). "Second-order Volterra filtering and its application to nonlinear system identification," *IEEE Trans. Acoust. Speech Signal Process.,* vol. ASSP-33, pp. 1445–1455.

KOLMOGOROV, A. N. (1941). "Stationary sequences in Hilbert Space," *Bull. Math. Univ. Moscow,* vol. 2, No. 6 (in Russian). (A translation of this paper by N. Artin is available in some libraries.)

KUMAR, R. (1983). "Convergence of a decision-directed adaptive equalizer," in *Proc. Conf. Decision Control,* vol. 3, pp. 1319–1324.

KUNG, S. Y. (1988). *VLSI Array Processors,* Prentice-Hall, Englewood Cliffs, NJ.

KUNG, S. Y., H. J. WHITEHOUSE, and T. KAILATH, eds. (1985). *VLSI and Modern Signal Processing,* Prentice-Hall, Englewood Cliffs, NJ.

KUNG, S. Y., ET AL. (1987). "Wavefront array processors—Concept to implementation," *Computer,* vol. 20, pp. 18–33.

KUSHNER, H. J., and J. YANG (1995). "Analysis of adaptive step size SA algorithms for parameter tracking," *IEEE Trans. Autom. Control,* vol. 40, pp. 1403–1410.

KUZMINSKY, A. M. (1982). "Self adjustment of noise canceler adaptation gain in a nonstationary environment," *Izvestiya VUZ, Radioelektronika,* vol. 25, pp. 78–80 (in Russian).

KUZMINSKY, A. M. (1997). "A robust step size adaptation scheme for LMS adaptive filters," *IEEE Workshop on Digital Signal Processing,* July, pp. 33–36.

LAMBERT, R. H., and C. L. NIKIAS (2000). "Blind deconvolution of multipath mixtures," in S. Haykin, ed., *Unsupervised Adaptive Filtering, Vol. I: Blind Source Separation,* Wiley, New York, pp. 377–436.

LANDAU, I. D. (1984). "A feedback system approach to adaptive filtering," *IEEE Trans. Information Theory,* vol. IT-30, Special Issue on Linear Adaptive Filtering, pp. 251–262.

LANG, S. W., and J. H. McCLELLAN (1979). "A simple proof of stability for all-pole linear prediction models," *Proc. IEEE,* vol. 67, pp. 860–861.

LAWSON, C. L., and R. J. HANSON (1974). *Solving Least Squares Problems,* Prentice-Hall, Englewood Cliffs, NJ.

LAWSON, J. E., and G. E. UHLENBECK (1965). *Threshold Signals,* Dover Publications, New York.

LEE, D. T. L. (1980). *Canonical ladder form realizations and fast estimation algorithms,* Ph.D. dissertation, Stanford University, Stanford, CA.

LEE, J. C., and C. K. UN (1986). "Performance of transform-domain LMS adaptive algorithms," *IEEE Trans. Acoust. Speech Signal Process.,* vol. ASSP-34, pp. 499–510.

LEE, Y. W. (1960). *Statistical Theory of Communication,* Wiley, New York.

LEUNG, H., and S. HAYKIN (1991). "The complex backpropagation algorithm," *IEEE Trans. Acoust. Speech Signal Process.,* vol. ASSP-39, pp. 2101–2104.

LEV-ARI, H., T. KAILATH, and J. CIOFFI (1984). "Least-squares adaptive lattice and transversal filters: A unified geometric theory," *IEEE Trans. Information Theory,* vol. IT-30, pp. 222–236.

LEVINSON, N., and R. M. REDHEFFER (1970). *Complex Variables,* Holden-Day, San Francisco.

LEWIS, A. (1992). "Adaptive filtering-applications in telephony," *BT Technol. J.,* vol. 10, pp. 49–63.

LEWIS, F. L. (1986). *Optimal Estimation: With an Introduction to Stochastic Control Theory,* Wiley, New York.

LI, X., and H. FAN (2000). "QR factorization based blind channel identification and equalization with second-order statistics," *IEEE Trans. Signal Process.,* vol. 48, pp. 60–69.

LI, Y., and K. J. R. LIU (1996). "Static and dynamic convergence behavior of adaptive blind equalizers," *IEEE Trans. Signal Process.,* vol. 44, pp. 2736–2745.

LI, Y., K. J. R. LIU, and Z. DING (1996). "Length and cost dependence of local minima of unconstrained blind channel equalizers," *IEEE Trans. Signal Process.,* vol. 44, pp. 2726–2735.

LIAPUNOV, A. M. (1966). *Stability of Motion,* trans. F. Abramovici and M. Shimshoni, Academic Press, New York.

LII, K. S. and M. ROSENBLATT (1982). "Deconvolution and estimation of transfer function phase and coefficients for non-Gaussian linear processes," *Ann. Stat.,* vol. 10, pp. 1195–1208.

LILES, W. C., J. W. DEMMEL, and L. E. BRENNAN (1980). *Gram–Schmidt Adaptive Algorithms,* Tech. Rep. RADC-TR-79-319, RADC, Griffiss Air Force Base, NY.

LIN, D. W. (1984). "On digital implementation of the fast Kalman algorithm," *IEEE Trans. Acoust. Speech Signal Process.,* vol. ASSP-32, pp. 998–1005.

LING, F. (1991). "Givens rotation based least-squares lattice and related algorithms," *IEEE Trans. Signal Process.,* vol. 39, pp. 1541–1551.

LING, F., and J. G. PROAKIS (1984). "Nonstationary learning characteristics of least squares adaptive estimation algorithms," in *Proc. IEEE ICASSP,* San Diego, pp. 3.7.1–3.7.4.

LING, F., and J. G. PROAKIS (1986). "A recursive modified Gram–Schmidt algorithm with applications to least squares estimation and adaptive filtering," *IEEE Trans. Acoust. Speech Signal Process.,* vol. ASSP-34, pp. 829–836.

LING, F., D. MANOLAKIS, and J. G. PROAKIS (1986). "Numerically robust least-squares lattice-ladder algorithm with direct updating of the reflection coefficients," *IEEE Trans. Acoust. Speech Signal Process.,* vol. ASSP-34, pp. 837–845.

LIPPMANN, R. E. (1987). "An introduction to computing with neural nets," *IEEE ASSP Mag.,* vol. 4, pp. 4–22.

LITTLE, G. R., S. C. GUSTAFSON, and R. A. SENN (1990). "Generalization of the backpropagation neural network learning algorithm to permit complex weights," *Appl. Opt.,* vol. 29, pp. 1591–1592.

LIU, Z.-S. (1995). "QR methods of $O(N)$ complexity in adaptive parameter estimation," *IEEE Trans. Signal Process.,* vol. 43, pp. 720–729.

LJUNG, L. (1977). "Analysis of recursive stochastic algorithms," *IEEE Trans. Autom. Control.,* vol. AC-22, pp. 551–575.

LJUNG, L. (1984). "Analysis of stochastic gradient algorithms for linear regression problems," *IEEE Trans. Information Theory,* vol. IT-30, Special Issue on Linear Adaptive Filtering, pp. 151–160.

LJUNG, L. (1987). *System Identification: Theory for the User,* Prentice-Hall, Englewood Cliffs, NJ.

LJUNG, L., and S. GUNNARSSON (1990). "Adaptation and tracking in system identification—A survey," *Automatica,* vol. 26, pp. 7–21.

LJUNG, L., M. MORF, and D. FALCONER (1978). "Fast calculation of gain matrices for recursive estimation schemes," *Int. J. Control,* vol. 27, pp. 1–19.

LJUNG, L., and T. SÖDERSTRÖM (1983). *Theory and Practice of Recursive Identification,* MIT Press, Cambridge, MA.

LÓPEZ-VALCARCE, R., and S. DASGUPTA (1999). "A new proof for the stability of equation-error models," *IEEE Signal Process. Letters,* vol. 6, pp. 148–150.

LÓPEZ-VALCARCE, R., S. DASGUPTA, R. TEMPO, and M. FU (2000). "Exponential asymptotic stability of time-varying inverse prediction error filters," *IEEE Trans. Signal Process.,* vol. 48, pp. 1928–1936.

LORENZ, H., G. M. RICHTER, M. CAPACCIOLI, and G. LONGO (1993). "Adaptive filtering in astronomical image processing. I. Basic considerations and examples," *Astron. Astrophys.,* vol. 277, pp. 321–330.

LUCKY, R. W. (1973). "A survey of the communication literature: 1968–1973," *IEEE Trans. Information Theory,* vol. IT-19, pp. 725–739.

LUCKY, R. W., J. SALZ, and E. J. WELDON, JR. (1968). *Principles of Data Communication,* McGraw-Hill, New York.

LUENBERGER, D. G. (1969). *Optimization by Vector Space Methods,* Wiley, New York.

LUK, F. T., and S. QIAO (1989). "Analysis of a recursive least-squares signal-processing algorithm," *SIAM J. Sci. Stat. Comput.,* vol. 10, pp. 407–418.

LYNCH, M. R., and P. J. RAYNER (1989). "The properties and implementation of the non-linear vector space connectionist model," in *Proc. First IEE Int. Conf. Artif. Neural Networks,* London, pp. 186–190.

MACCHI, O., N. J. BERSHAD, and M. M-BOUP (1991). "Steady-state superiority of LMS over LS for time-varying line enhancer in noisy environment," *IEE Proc. (London), part F,* vol. 138, pp. 354–360.

MACCHI, O., and M. JAIDANE-SAIDNE (1989). "Adaptive IIR filtering and chaotic dynamics: Application to audio-frequency coding," *IEEE Trans. Circuits Syst.,* vol. 36, pp. 591–599.

MACCHI, O., and M. TURKI (1992). "The nonstationarity degree: Can an adaptive filter be worse than no processing?" in *Proc. IFAC International Symposium on Adaptive Systems in Control and Signal Processing,* Grenoble, France, pp. 743–747.

MÄKLIÄ, P. M. (1990). "Approximation of stable systems by Laguerre filters," *Automatica,* vol. 26, pp. 333–345.

MANDIC, D. P., J. BALTERSEE, and J. A. CHAMBERS (1998). "Nonlinear prediction of speech with a pipelined recurrent neural network and advanced learning algorithms," in A. Prochazka, J. Uhlir, P. J. W. Rayner, and N. G. Kingsbury, eds., *Signal Analysis and Prediction,* Birkhauser, Boston, pp. 291–309.

MANDIC, D. P., and J. CHAMBERS (1999). "Exploiting inherent relationships in RNN architectures," *Neural Networks,* vol. 12, pp. 1341–1345.

MANOLAKIS, D., F. LING, and J. G. PROAKIS (1987). "Efficient time-recursive least-squares algorithms for finite-memory adaptive filtering," *IEEE Trans. Circuits Syst.,* vol. CAS-34, pp. 400–408.

MARCOS, S., and O. MACCHI (1987). "Tracking capability of the least mean square algorithm: Application to an asynchronous echo canceller," *IEEE Trans. Acoust. Speech Signal Process.,* vol. ASSP–35, pp. 1570–1578.

MARPLE, S. L., JR. (1980). "A new autoregressive spectrum analysis algorithm," *IEEE Trans. Acoust. Speech Signal Process.,* vol. ASSP-28, pp. 441–454.

MARPLE, S. L., JR. (1981). "Efficient least squares FIR system identification," *IEEE Trans. Acoust. Speech Signal Process.,* vol. ASSP-29, pp. 62–73.

MARSHALL, D. F., W. K. JENKINS, and J. J. MURPHY (1989). "The use of orthogonal transforms for improving performance of adaptive filters," *IEEE Trans. Circuits Syst.,* vol. 36, pp. 474–484.

MASON, S. J. (1956). "Feedback theory: Further properties of signal flow graphs," *Proc. IRE,* vol. 44, pp. 920–926.

MATHEWS, V. J., and Z. XIE (1993). "A stochastic gradient adaptive filter with gradient adaptive step size," *IEEE Trans. Signal Process.,* vol. 41, pp. 2075–2087.

MATHIAS, R. (1995). "Accurate eigen system computation by Jacobi methods," *SIMAX*, vol. 16, pp. 977–1003.

MAYBECK, P. S. (1979). *Stochastic Models, Estimation, and Control*, vol. 1, Academic Press, New York.

MAYBECK, P. S. (1982). *Stochastic Models, Estimation, and Control*, vol. 2, Academic Press, New York.

McCANNY, J. V., and J. G. McWHIRTER (1987). "Some systolic array developments in the United Kingdom," *Computer*, vol. 2, pp. 51–63.

McCOOL, J. M., ET AL. (1981). *An Adaptive Detector*, U.S. Patent 4,243.935.

McCULLOCH, W. S., and W. PITTS (1943). "A logical calculus of the ideas immanent in nervous activity," *Bulletin of Mathematical Biophysics*, vol. 5, pp. 115–133.

McLACHLAN, G. J., and K. E. BASFORD (1988). *Mixture Models: Inference and Applications to Clustering*, Dekker, New York.

McWHIRTER, J. G. (1989). "Algorithmic engineering—An emerging technology," *Proc. SPIE*, vol. 1152, *Real-Time Signal Processing* VI, San Diego.

MEDAUGH, R. S., and L. J. GRIFFITHS (1981). "A comparison of two linear predictors," in *Proc. IEEE ICASSP*, Atlanta, pp. 293–296.

MEHRA, R. K. (1972). "Approaches to adaptive filtering," *IEEE Trans. Autom. Control*, vol. AC-17, pp. 693–698.

MENDEL, J. M. (1973). *Discrete Techniques of Parameter Estimation: The Equation Error Formulation*, Dekker, New York.

MENDEL, J. M. (1974). "Gradient estimation algorithms for equation error formulations," *IEEE Trans. Autom. Control*, vol. AC-19, pp. 820–824.

MENDEL, J. M. (1986). "Some modeling problems in reflection seismology," *IEEE ASSP Mag.*, vol. 3, pp. 4–17.

MENDEL, J. M. (1990). *Maximum-Likelihood Deconvolution: A Journey into Model-Based Signal Processing*, Springer-Verlag, New York.

MENDEL, J. M. (1990). "Introduction," *IEEE Trans. Autom. Control*, vol. AC-35, Special Issue on Higher Order Statistics in System Theory and Signal Processing, p. 3.

MENDEL, J. M. (1995). *Lessons in Digital Estimation Theory*, 2nd ed., Prentice-Hall, Upper Saddle River, NJ.

MERCHED, R., and A. H. SAYED (2000). "Order-recursive RLS Laguerre adaptive filtering," *IEEE Trans. Signal Process.*, vol. 48, pp. 3000–3010.

MERCHED, R., and A. H. SAYED (2001). "RLS-Laquette lattice adaptive filtering: Error-feedback, normalized, and array-based algorithms," *IEEE Trans. Signal Process.*, vol. 49, pp 2565–2576.

MERCHED, R., P. S. R. DINIZ, and M. R. PETRAGLIA (1999). "A new delayless subband adaptive filter structure," *IEEE Trans. Signal Process.*, vol. 47, pp. 1580–1591.

MERIAM, K. A., ET AL. (1995). "Prediction error methods for time-domain blind identification of multichannel FIR filters," in *Proc. IEEE ICASSP*, Detroit, vol. 3, pp. 1968–1971.

MERMOZ, H. F. (1981). "Spatial processing beyond adaptive beamforming," *J. Acoust. Soc. Am.*, vol. 70, pp. 74–79.

MESSERCHMITT, D. G. (1984). "Echo cancellation in speech and data transmission," *IEEE J. Sel. Areas Commun.*, vol. SAC-2, pp. 283–297.

METFORD, P. A. S., and S. HAYKIN (1985). "Experimental analysis of an innovations-based detection algorithm for surveillance radar," *IEE Proc. (London), Part F*, vol. 132, pp. 18–26.

MIAO, K. X., H. FAN, and M. DOROSLOVAČKI (1994). "Cascade normalized lattice adaptive IIR filters," *IEEE Trans. Signal Process.*, vol. 42, pp. 721–742.

MIDDLETON, D. (1960). *An Introduction to Statistical Communication Theory*, McGraw-Hill, New York.

MIRANDA, M. D., and M. GERKEN (1997). "A hybrid least squares QR-lattice algorithm using a priori errors," *IEEE Trans. Signal Process.*, vol. 45, pp. 2900–2911.

MOODY, J. E., and C. J. DARKEN (1989). "Fast learning in networks of locally-tuned processing units," *Neural Computation*, vol. 1, pp. 281–294.

MOONEN, M., and J. G. McWHIRTER (1993). "Systolic array for recursive least squares by inverse updating," *Electronics Letters*, vol. 29, No. 13, pp. 1217–1218.

MOONEN, M., and J. VANDEWALLE (1990). "Recursive least squares with stabilized inverse factorization," *Signal Process.*, vol. 21, pp. 1–15.

MORF, M., T. KAILATH, and L. LJUNG (1976). "Fast algorithms for recursive identification," in *Proc. 1976 IEEE Conf. Decision Control*, Clearwater Beach, FL, pp. 916–921.

MORF, M., A. VIEIRA, and D. T. LEE (1977). "Ladder forms for identification and speech processing," in *Proc. 1977 IEEE Conf. Decision Control*, New Orleans, pp. 1074–1078.

MORONEY, P. (1983). *Issues in the Implementation of Digital Feedback Compensators*, MIT Press, Cambridge, MA.

MOROZOV, V. A. (1993). *Regularization Methods for Ill-Posed Problems*, CRC Press, Boca Raton, FL.

MOSCHNER, J. L. (1970). *Adaptive Filter with Clipped Input Data,* Tech. Rep. 6796-1, Stanford University Center for Systems Research, Stanford, CA.

MUELLER, M. S. (1981). "Least-squares algorithms for adaptive equalizers," *Bell Syst. Tech. J.,* vol. 60, pp. 1905–1925.

MUELLER, M. S. (1981). "On the rapid initial convergence of least-squares equalizer adjustment algorithms," *Bell Syst. Tech. J.,* vol. 60, pp. 2345–2358.

MULGREW, B. (1987). "Kalman filter techniques in adaptive filtering," *IEE Proc. (London), Part F,* vol. 134, pp. 239–243.

MULGREW, B., and C. F. N. COWAN (1987). "An adaptive Kalman equalizer: Structure and performance," *IEEE Trans. Acoust. Speech Signal Process.,* vol. ASSP-35, pp. 1727–1735.

MULGREW, B., and C. F. N. COWAN (1988). *Adaptive Filters and Equalizers,* Kluwer, Boston.

MULLIS, C. T., and R. A. ROBERTS (1976). "The use of second-order information in the approximation of discrete-time linear systems," *IEEE Trans. Acoust., Speech, Signal Process.,* vol. 24, pp. 226–238.

MURANO, K., ET AL. (1990). "Echo cancellation and applications," *IEEE Commun.,* vol. 28, pp. 49–55.

MUSICUS, B. R. (1985). "Fast MLM power spectrum estimation from uniformly spaced correlations," *IEEE Trans. Acoust., Speech, Signal Process.,* vol. ASSP-33, pp. 1333–1335.

NARAYAN, S. S., and A. M. PETERSON (1981). "Frequency domain LMS algorithm," *Proc. IEEE.,* vol. 69, pp. 124–126.

NAU, R. F., and R. M. OLIVER (1979). "Adaptive filtering revisited," *J. Oper. Res. Soc.,* vol. 30, pp. 825–831.

NGIA, L. S. H., and J. SJÖBERG (2000). "Efficient training of neural nets for nonlinear adaptive filtering using a recursive Levenberg–Marquardt algorithm," *IEEE Trans. Signal Process.,* vol. 48, pp. 1915–1927.

NIELSEN, P. A., and J. B. THOMAS (1988). "Effect of correlation on signal detection in arctic under-ice noise," in *Conf. Rec. Twenty-Second Asilomar Conference on Signals, Systems and Computers,* Pacific Grove, CA, pp. 445–450.

NIKIAS, C. L. (1991). "Higher-order spectral analysis," in S. Haykin, ed., *Advances in Spectrum Analysis and Array Processing,* vol. 1, Prentice-Hall, Englewood Cliffs, NJ.

NINNESS, B., and J. C. GÓMEZ (1998). "Frequency domain analysis of tracking and noise performance of adaptive algorithms," *IEEE Trans. Signal Process.,* vol. 46, pp. 1314–1332.

NORGAARD, M., N. POULSEN, and O. RAV (2000). *Advances in Derivative-Free State Estimation for Nonlineer Systems,* TR, Technical University of Denmark.

NORMILE, J. O. (1983). "Adaptive filtering with finite wordlength constraints," *IEE Proc. (London),* part E, vol. 130, pp. 42–46.

OLMOS, S., and P. LAGUNA (2000). "Steady-state MSE convergence of LMS adaptive filters with deterministic reference inputs," *IEEE Trans. Signal Process.,* vol. 48, pp. 2229–2241.

OPPENHEIM, A. V., and J. S. LIM (1981). "The importance of phase in signals," *Proc. IEEE,* vol. 69, pp. 529–541.

OWSLEY, N. L. (1973). "A recent trend in adaptive spatial processing for sensor arrays: Constrained adaptation," in J. W. R. Griffiths et al., eds., *Signal Processing,* Academic Press, New York, pp. 591–604.

OZEKI, K., and T. UMEDA (1984). "An adaptive filtering algorithm using an orthogonal projection to an affine subspace and its properties," *Electron. Commun. Japan,* vol. 67-A, pp. 126–132.

PANDA, G., B. MULGREW, C. F. N. COWAN, and P. M. GRANT (1986). "A self-orthogonalizing efficient block adaptive filter," *IEEE Trans. Acoust. Speech Signal Process.,* vol. ASSP-34, pp. 1573–1582.

PAPADIAS, C. (2000). "Blind separation of independent sources based on multiuser kurtosis optimization criteria," in S. Haykin, ed., *Unsupervised Adaptive Filtering, Vol. II: Blind Deconvolution,* Wiley, New York. pp. 147–179.

PAPADIAS, C. B., and D. T. M. SLOCK (1994). "New adaptive blind equalization algorithms for constant modulus constellations," in *Proc. IEEE ICASSP94,* Adelaide, Australia, pp. 321–324.

PAPOULIS, A. (1984). *Probability, Random Variables, and Stochastic Processes,* 2nd ed., McGraw-Hill, New York.

PARLETT, B. N. (1980). *The Symmetric Eigenvalue Problem,* Prentice-Hall, Englewood Cliffs, NJ.

PARZEN, E. (1962). "On the estimation of a probability density function and mode," *Ann. Math. Stat.,* vol. 33, pp. 1065–1076.

PATRA, J. C., and G. PANDA (1992). "Performance evaluation of finite precision LMS adaptive filters using probability density approach," *J. Inst. Electron. Telecommun. Eng.,* vol. 38, pp. 192–195.

PEACOCK, K. L., and S. TREITEL (1969). "Predictive deconvolution: Theory and practice," *Geophysics,* vol. 34, pp. 155–169.

PETRAGLIA, M. R., R. G. ALVES, and P. S. R. DINIZ (2000). "New structures for adaptive filtering in subbands with critical sampling," *IEEE Trans. Signal Process.,* vol. 48, pp. 3316–3327.

PICCHI, G., and G. PRATI (1984). "Self-orthogonalizing adaptive equalization in the discrete frequency domain," *IEEE Trans. Commun.,* vol. COM-32, pp. 371–379.

PICCHI, G., and G. PRATI (1987). "Blind equalization and carrier recovery using a 'stop-and-go' decision-directed algorithm," *IEEE Trans. Commun.,* vol. COM-35, pp. 877–887.

PORAT, B., B. FRIEDLANDER, and M. MORF (1982). "Square root covariance ladder algorithms," *IEEE Trans. Autom. Control.*, vol. AC-27, pp. 813–829.

PORAT, B., and T. KAILATH (1983). "Normalized lattice algorithms for least-squares FIR system identification," *IEEE Trans. Acoust. Speech Signal Process.*, vol. ASSP-31, pp. 122–128.

POTTER, J. E. (1963). *New Statistical Formulas,* Space Guidance Analysis Memo No. 40, Instrumentation Laboratory, MIT, Cambridge, MA.

PRINCIPE, J. C., D. XU, and J. W. FISHER, III (2000). "Information-theoretic learning," in S. Haykin, ed., *Unsupervised Adaptive Filtering, Vol. I: Blind Source Separation,* Wiley, New York, pp. 265–320.

PROAKIS, J. G. (1975). "Advances in equalization for intersymbol interference," in A. V. Balakrishnan, ed., *Advances in Communication Systems,* vol. 4, Academic Press, New York, pp. 123–198.

PROAKIS, J. G. (1991). "Adaptive equalization for TDMA digital mobile radio," *IEEE Trans. Vehicular Technol.*, vol. 40, pp. 333–341.

PROUDLER, I. K., J. G. MCWHIRTER, M. MOONEN, and G. HEKSTRA (1996). "Formal derivation of a systolic array for recursive least squares estimation," *IEEE Trans. Circuits Syst. Analog Digital Signal Process.*, vol. 43, pp. 247–254.

PROUDLER, I. K., J. G. MCWHIRTER, and T. J. SHEPHERD (1991). "Computationally efficient, QR decomposition approach to least squares adaptive filtering," *IEE Proc. (London), Part F,* vol. 138, pp. 341–353.

PUSKORIUS, G. V., and L. A. FELDKAMP (2001). "Parameter-based Kalman filter training: Theory and implementation," in S. Haykin, ed., *Kalman Filters and Neural Networks,* Wiley, New York.

QIN, L., and M. G. BELANGER (1996). "Convergence analysis of a variable step-size normalized LMS adaptive filter algorithm," in *Proceedings of EUPSICO,* pp. 1231–1234.

QUIRK, K. J., L. B. MILSTEIN, and J. R. ZEIDLER (2000). "A performance bound for the LMS estimator," *IEEE Trans. Information Theory,* vol. 46, pp. 1150–1158.

QURESHI, S. (1982). "Adaptive equalization," *IEEE Commun. Soc. Mag.*, vol. 20, pp. 9–16.

QURESHI, S. U. H. (1985). "Adaptive equalization," *Proc. IEEE,* vol. 73, pp. 1349–1387.

RABINER, L. R., and B. GOLD (1975). *Theory and Application of Digital Signal Processing,* Prentice-Hall, Englewood Cliffs, NJ.

RABINER, L. R., and R. W. SCHAFER (1978). *Digital Processing of Speech Signals,* Prentice-Hall, Englewood Cliffs, NJ.

RADER, C. M., and A. O. STEINHARDT (1986). "Hyperbolic Householder transformations," *IEEE Trans. Acoust. Speech, Signal Process.*, vol. ASSP-34, pp. 1589–1602.

RAO, C. R. (1973). *Linear Statistical Inference and Its Applications,* 2nd ed., Wiley, New York.

RAO, K. R., and P. YIP (1990). *Discrete Cosine Transform: Algorithms, Advantages, Applications,* Academic Press, San Diego.

RAO, S. K., and T. KAILATH (1986). "What is a systolic algorithm?" in *Proc. SPIE, Highly Parallel Signal Processing Architectures,* San Diego, vol. 614, pp. 34–48.

RAYLEIGH, L. (1879). "Investigations in optics with special reference to the spectral scope," *Philos. Mag.*, vol. 8, pp. 261–274.

RAYNER, P. J. W., and M. F. LYNCH (1989), "A new connectionist model based on a non-linear adaptive filter," in *Proc. IEEE ICASSP,* Glasgow, pp. 1191–1194.

REDDI, S. S. (1979). "Multiple source location—A digital approach," *IEEE Trans. Aerospace Electron. Syst.*, vol. AES-15, pp. 95–105.

REDDI, S. S. (1984). "Eigenvector properties of Toeplitz matrices and their application to spectral analysis of time series," *Signal Process.*, pp. 45–56.

REDDY, V. U., B. EGARDT, and T. KAILATH (1981). "Optimized lattice-form adaptive line enhancer for a sinusoidal signal in broad-band noise," *IEEE Trans. Acoust. Speech Signal Process.*, vol. ASSP-29, pp. 702–710.

REGALIA, P. A. (1992). "Numerical stability issues in fast least-squares adaptation algorithms," *Optical Engineering,* vol. 31, pp. 1144–1152.

REGALIA, P. A. (1993). "Numerical stability properties of a QR-based fast least squares algorithm," *IEEE Trans. Signal Process.*, vol. 41, pp. 2096–2109.

REGALIA, P. A. (1994). *Adaptive IIR Filtering in Signal Processing and Control,* Dekker, New York.

REGALIA, P. A. (1994). "An unbiased equation error identifier and reduced order approximations," *IEEE Trans. Signal Process.*, vol. 42, pp. 1397–1412.

REUTER, M., and J. R. ZEIDLER (1999). "Nonlinear effects in LMS adaptive equalizers," *IEEE Trans. Signal Process.*, vol. 47, pp. 1570–1579.

RICKARD, J. T., ET AL. (1981). "A performance analysis of adaptive line enhancer-augmented spectral detectors," *IEEE Trans. Circuits Syst.*, vol. CAS-28, pp. 534–541.

RICKARD, J. T., J. R. ZEIDLER, M. J. DENTING, and M. SHENSA (1981). "A performance analysis of adaptive line enhancer-augmented spectral detectors," *IEEE Trans. Circuits Syst.*, vol. CAS-28, no. 6, pp. 534–541.

RIDDLE, A. (1994). "Engineering software: Mathematical power tools," *IEEE Spectrum*, vol. 31, pp. 35–17, 95.

RISSANEN, J. (1986). "Stochastic complexity and modeling," *Ann. Stat.*, vol. 14, pp. 1080–1100.

ROBINSON, E. A. (1954). *Predictive decomposition of time series with applications for seismic exploration*, Ph.D. thesis, Massachusetts Institute of Technology, Cambridge, MA.

ROBINSON, E. A. (1984). "Statistical pulse compression," *Proc. IEEE*, vol. 72, pp. 1276–1289.

ROBINSON, E. A., and S. TREITEL (1980). *Geophysical Signal Analysis*, Prentice-Hall, Englewood Cliffs, NJ.

ROSENBLATT, M. (1985). *Stationary Sequences and Random Fields*, Birkhäuser, Stuttgart.

RUMELHART, D. E., and J. L. MCCLELLAND, eds. (1986). *Parallel Distributed Processing*, vol. 1, *Foundations*, MIT Press, Cambridge, MA.

RUMELHART, D. E., G. E. HINTON, and R. J. WILLIAMS (1986). "Learning representations by backpropogating errors," *Nature*, vol. 323, pp. 533–536.

RUPP, M. (1998). "A family of adaptive filter algorithms with decorrelating properties," *IEEE Trans. Signal Process.*, vol. 46, pp. 771–775.

SAMBUR, M. R. (1978). "Adaptive noise cancelling for speech signals," *IEEE Trans. Acoust. Speech Signal Process.*, vol. ASSP-26, pp. 419–423.

SAMSON, C. (1982). "A unified treatment of fast Kalman algorithms for identification," *Int. J. Control*, vol. 35, pp. 909–934.

SANDERS, J. A., and F. VERHULST (1985). *Averaging Methods in Nonlinear Dynamical Systems*, Springer-Verlag, New York.

SARI, H. (1992). "Adaptive equalization of digital line-of-sight radio systems," in L. Dugard, M. M'Saad, and I. D. Landau, eds., *Adaptive Systems in Control and Signal Processing 1992*, Pergamon Press, Oxford, U.K., pp. 505–510.

SATO, Y. (1994). "Blind equalization and blind sequence estimation," *IEICE Trans. Commun.*, vol. E77-B, pp. 545–556.

SATORIUS, E. H., ET AL. (1983), "Fixed-point implementation of adaptive digital filters," in *Proc. ICAASP*, Boston, pp. 33–36.

SAYED, A. H., and M. RUPP (1997). "Robustness issues in adaptive filtering," in V. K. Madisetti and D. B. Williams, eds., *The Digital Signal Processing Handbook*, CRC Press, Boca Raton, FL, pp. 21–1 to 21–35.

SAYYARRODSARI, B., J. P. HOW, B. HASSIBI, and A. CARRIER (2001). "Estimation-based synthesis of H_∞-optimal adaptive FIR filters for filtered-LMS problems," *IEEE Trans. Signal Process.*, vol. 49, pp. 164–178.

SCHARF, L. L. (1991). *Statistical Signal Processing: Detection, Estimation, and Time Series Analysis*, Addison–Wesley, Reading, MA.

SCHARF, L. L., and L. T. MCWHORTER (1994). "Quadratic estimators of the correlation matrix," in *IEEE ASSP Workshop on Statistical Signal and Array Processing*, Quebec City, Canada.

SCHARF, L. L., and J. K. THOMAS (1995). "Data adaptive low rank modelling," *National Radio Science Meeting*, Boulder, CO, p. 200.

SCHARF, L. L., and J. K. THOMAS (1998). "Wiener filters in canonical coordinates for transform coding, filtering, and quantizing," *IEEE Trans. Signal Process.*, vol. 46, pp. 647–654.

SCHELL, S. V, and W. A. GARDNER (1993). "Spatio-temporal filtering and equalization for cyclostationary signals," in C. T. Leondes, ed., *Control and Dynamic Systems*, vol. 66, Academic Press, New York, pp. 1–85.

SCHERTLER, T., and G. U. SCHMIDT (1997). "Implementation of a low-cost acoustic echo canceller," in *Proceedings of the IWAENC'07*, London, U.K., pp. 49–52.

SCHETZEN, M. (1981). "Nonlinear system modeling based on the Wiener theory," *Proc. IEEE*, vol. 69, pp. 1557–1572.

SCHREIBER, R. J. (1986). "Implementation of adaptive array algorithm," *IEEE Trans. Acoust. Speech Signal Process.*, vol. ASSP-34, pp. 1038–1045.

SCHROEDER, M. R. (1985). "Linear predictive coding of speech: Review and current directions," *IEEE Commun. Mag.*, vol. 23, pp. 54–61.

SCHWARTZ, L. (1967). *Cours d'Analyse*, vol. II, Hermann, Paris, pp. 271–278.

SENNE, K. D. (1968). *Adaptive Linear Discrete-Time Estimation*, Tech. Rep., 6778-5, Stanford University Center for Systems Research, Stanford, CA.

SETHARES, W. A. (1993). "The least mean square family," in N. Kalouptsidis and S. Theodoridis, eds., *Adaptive System Identification and Signal Processing Algorithms*, Prentice-Hall, Englewood Cliffs, NJ, pp. 84–122.

SHAN, T.-J., and T. KAILATH (1985). "Adaptive beamforming for coherent signals and interference," *IEEE Trans. Acoust. Speech Signal Process.*, vol. ASSP-33, pp. 527–536.

SHANBHAG, N. R., and K. K. PARHI (1994). *Pipelined Adaptive Digital Filters*, Kluwer, Boston.

SHARPE, S. M., and L. W. NOLTE (1981). "Adaptive MSE estimation," in *Proc. ICASSP*, Atlanta, pp. 518–521.

SHENSA, M. J. (1980). "Non-Wiener solutions of the adaptive noise canceller with a noisy reference," *IEEE Trans. Acoust. Speech Signal Process.*, vol. ASSP-28, pp. 468–473.

SHI, K. H., and F. KOZIN (1986). "On almost sure convergence of adaptive algorithms," *IEEE Trans. Autom. Control,* vol. AC-31, pp. 471–474.

SHICHOR, E. (1982). "Fast recursive estimation using the lattice structure," *Bell Syst. Tech. J.*, vol. 61, pp. 97–115.

SHYNK, J. J. (1989). "Adaptive IIR filtering," *IEEE ASSP Mag.*, vol. 6, pp. 4–21.

SIBUL, L. H. (1984). "Application of singular value decomposition to adaptive beamforming," in *Proc. ICASSP,* San Diego, vol. 2, pp. 33.11/1–4.

SICURANZA, G. L. (1985). "Nonlinear digital filter realization by distributed arithmetic," *IEEE Trans. Acoust. Speech Signal Process.*, vol. ASSP-33, pp 939–945.

SICURANZA, G. L., and G. RAMPONI (1986). "Adaptive nonlinear digital filters using distributed arithmetic," *IEEE Trans. Acoust. Speech Signal Process.*, vol. ASSP-34, pp. 518–526.

SKOLNIK, M. I. (1980). *Introduction to Radar Systems,* New York: McGraw-Hill.

SLOCK, D. T. M. (1989). *Fast algorithms for fixed-order recursive least-squares parameter estimation,* Ph.D. dissertation, Stanford University, Stanford, CA.

SLOCK, D. T. M. (1991). "Fractionally-spaced subband and multiresolution adaptive filters," *Proceedings of ICASSP91,* pp. 3693–3696.

SLOCK, D. T. M. (1992). "The backward consistency concept and roundoff error propagation dynamics in RLS algorithms," *Optical Engineering,* vol. 31, pp. 1153–1169.

SLOCK, D. T. M. (1993). "On the convergence behavior of the LMS and the normalized LMS filters," *IEEE Trans. Signal Process.,* vol. 41, pp. 2811–2825.

SLOCK, D. T. M. (1994). "Blind fractionally-spaced equalization, perfect-reconstruction filter banks and multichannel linear prediction," in *Proc. IEEE ICASSP,* Adelaide, Australia, vol. 4, pp. 585–588.

SLOCK, D. T. M., and C. B. PAPADIAS (1995). "Further results on blind identification and equalization of multiple FIR channels," in *Proc. ICASSP,* Detroit, vol. 3, pp. 1964–1967.

SÖDERSTRÖM, T., and P. STOICA (1981). "On the stability of dynamic models obtained by least-squares identification," *IEEE Trans. Autom. Control,* vol. 26, pp. 575–577.

SOLO, V. (1989). "The limiting behavior of LMS," *IEEE Trans. Acoust. Speech Signal Process.*, vol. 37, pp. 1909–1922.

SOLO, V. (1997). "The stability of LMS," *IEEE Trans. Signal Process.,* vol. 45, pp. 3017–3026.

SOLO, V., and X. KONG (1995). *Adaptive Signal Processing Algorithms,* Prentice-Hall, Englewood Cliffs, NJ.

SONDHI, M., and D. A. BERKLEY (1980). "Silencing echoes in the telephone network," *Proc. IEEE,* vol. 68, pp. 948–963.

SONDHI, M. M., and A. J. PRESTI (1966). "A self-adaptive echo canceller," *Bell Syst. Tech. J.*, vol. 45, pp. 1851–1854.

SONI, T., J. R. ZEIDLER, and W. H. KU (1995). "Behavior of the partial correlation coefficients of a least squares lattice filter in the presence of a nonstationary chirp input," *IEEE Trans. Signal Process.*, vol. 43, pp. 852–863.

SONTAG, E. D. (1990). *Mathematical Control Theory: Deterministic Finite Dimensional Systems,* Springer-Verlag.

SOO, J.-S., and K. K. PAGN (1991). "A multistep size (MSS) frequency domain adaptive filter," *IEEE Trans. Signal Process.,* vol. 39, pp. 115–121.

SORENSON, H. W. (1967). "On the error behavior in linear minimum variance estimation problems," *IEEE Trans. Autom. Control,* vol. AC-12, pp. 557–562.

SORENSON, H. W., ed. (1985). *Kalman Filtering: Theory and Application,* IEEE Press, New York.

SPECIAL ISSUE ON ADAPTIVE ANTENNAS (1976). *IEEE Trans. Antennas Propag.*, vol. AP-24, September.

SPECIAL ISSUE ON ADAPTIVE ARRAYS (1983). *IEE Proc. Commun. Radar Signal Process.,* London, vol. 130, pp. 1–151.

SPECIAL ISSUE ON ADAPTIVE FILTERS (1987). *IEE Proc. Commun. Radar Signal Process.,* London, vol. 134, Pt. F.

SPECIAL ISSUE ON ADAPTIVE PROCESSING ANTENNA SYSTEMS (1986). *IEEE Trans. Antennas Propag.,* vol. AP-34, pp. 273–462.

SPECIAL ISSUE ON ADAPTIVE SIGNAL PROCESSING (1981). *IEEE Trans. Circuits Syst.,* vol. CAS-28, pp. 465–602.

SPECIAL ISSUE ON ADAPTIVE SYSTEMS (1976). *Proc. IEEE,* vol. 64, pp. 1123–1240.

SPECIAL ISSUE ON ADAPTIVE SYSTEMS AND APPLICATIONS (1987). *IEEE Trans. Circuits Syst.,* vol. CAS-34, pp. 705–854.

SPECIAL ISSUE ON BLIND SYSTEM IDENTIFICATION AND ESTIMATION (1998). *Proc. IEEE,* vol. 86, pp. 1903–2089.

SPECIAL ISSUE ON HIGHER ORDER STATISTICS IN SYSTEM THEORY AND SIGNAL PROCESSING (1990). *IEEE Trans. Autom. Control,* vol. AC-35, pp. 1–56.

SPECIAL ISSUE ON LINEAR ADAPTIVE FILTERING (1984). *IEEE Trans. Information Theory,* vol. IT-30, pp. 131–295.

SPECIAL ISSUE ON LINEAR-QUADRATIC-GAUSSIAN PROBLEMS (1971). *IEEE Trans. Autom. Control,* vol. AC-16, December.

SPECIAL ISSUE ON NEURAL NETWORKS (1990). *Proc. IEEE,* vol. 78: Neural Nets I, September; Neural Nets II, October.

SPECIAL ISSUE ON SPECTRAL ESTIMATION (1982). *Proc. IEEE,* vol. 70, pp. 883–1125.

SPECIAL ISSUE ON SYSTEM IDENTIFICATION AND TIME-SERIES ANALYSIS (1974). *IEEE Trans. Autom. Control,* vol. AC-19, pp. 638–951.

SPECIAL ISSUE ON SYSTOLIC ARRAYS (1987). *Computer,* vol. 20, no. 7.

STROBACH, P. (1990). *Linear Prediction Theory,* Springer-Verlag, New York.

SUBBA RAO, T., and M. M. GABR (1980). "A test for linearity of stationary time series," *J. Time Series Analysis,* vol. 1, pp. 145–158.

SUZUKI, H. (1994). "Adaptive signal processing for optimal transmission in mobile radio communications," *IEICE Trans. Commun.,* vol. E77-B, pp. 535–544.

TARRAB, M., and A. FEUER (1988). "Convergence and performance analysis of the normalized LMS algorithm with uncorrelated Gaussian data," *IEEE Trans. Information Theory,* vol. IT-34, pp. 680–691.

TETTERINGTON, D. M., A. F. M. SMITH, and U. E. MAKOV (1985). *Statistical Analysis of Finite Mixture Distributions,* Wiley, New York.

THAKOR, N. V., and Y.-S. ZHU (1991). "Applications of adaptive filtering to ECG analysis: Noise cancellation and arrhythmia detection," *IEEE Trans. Biomed. Eng.,* vol. 38, pp. 785–794.

THEODORIDIS, S., C. M. S. SEE, and C. F. N. COWAN (1992). "Nonlinear channel equalization using clustering techniques," in *ICC,* Chicago, vol. 3, pp. 1277–1279.

THOMSON, W. T. (1950). "Transmission of elastic waves through a stratified solid medium," *J. Appl. Phys.,* vol. 21, pp. 89–93.

TOBIAS, O. J., J. C. M. BERMÚDEZ, and N. J. BERSHAD (2000). "Mean weight behavior of the filtered-X LMS algorithm," *IEEE Trans. Signal Process.,* vol. 48, pp. 1061–1075.

TORKKOLA, K. (2000). "Blind separation of delayed and convolved sources," in S. Haykin, ed., *Unsupervised Adaptive Filtering, Vol. I: Blind Source Separation,* Wiley, New York, pp. 321–376.

TREICHLER, J. R., C. R. JOHNSON, JR., and M. G. LARIMORE (1987). *Theory and Design of Adaptive Filters,* Wiley-Interscience, New York.

TREICHLER, J. R., and M. G. LARIMORE (1985). "New processing techniques based on the constant modulus adaptive algorithm," *IEEE Trans. Acoust. Speech Signal Process.,* vol. ASSP-33, pp. 420–431.

TREICHLER, J. R., and M. G. LARIMORE (1985). "The tone capture properties of CMA-based interference suppressions," *IEEE Trans. Acoust. Speech Signal Process.,* vol. ASSP-33, pp. 946–958.

TUGNAIT, J. K. (1994). "Testing for linearity of noisy stationary signals," *IEEE Trans. Signal Process.,* vol. 42, pp. 2742–2748.

TUGNAIT, J. K. (1995). "On fractionally-spaced blind adaptive equalization under symbol timing offsets using Godard and related equalizers," in *Proc. ICASSP,* Detroit, vol. 3, pp. 1976–1979.

ULRYCH, T. J., and R. W. CLAYTON (1976). "Time series modelling and maximum entropy," *Phys. Earth Planet. Inter.,* vol. 12, pp. 188–200.

VAIDYANATHAN, P. P. (1987). "Quadrature mirror filter bands, M-band extensions and perfect reconstruction techniques," *IEEE ASSP Mag.* vol. 4, pp. 4–20.

VALENZUELA, R. A. (1989). "Performance of adaptive equalization for indoor radio communications," *IEEE Trans. Commun.,* vol. 37, pp. 291–293.

VAN DE KERKHOF, L. M., and W. J. W. KITZEN (1992). "Tracking of a time-varying acoustic impulse response by an adaptive filter," *IEEE Trans. Signal Process.,* vol. 40, pp. 1285–1294.

VAN HUFFEL, S., and J. VANDEWALLE (1988). "The partial total least squares algorithm," *J. Comput. Appl. Math.,* vol. 21, pp. 333–341.

VAN HUFFEL, S., J. VANDEWALLE, and A. HAEGEMANS (1987). "An efficient and reliable algorithm for computing the singular subspace of a matrix, associated with its smallest singular values," *J. Comput. Appl. Math.,* vol. 19, pp. 313–330.

VARVITSIOTIS, A. P., S. THEODORIDIS, and G. MOUSTAKIDES (1989). "A new novel structure for adaptive LS FIR filtering based on QR decomposition," in *Proc. IEEE ICASSP,* Glasgow, pp. 904–907.

VEMBU, S., S. VERDÚ, R. A. KENNEDY, and W. SETHARES (1994). "Convex cost functions in blind equalization," *IEEE Trans. Signal Process.,* vol. 42, pp. 1952–1960.

VERHAEGEN, M. H., and P. VAN DOOREN (1986). "Numerical aspects of different Kalman filter implementations," *IEEE Trans. Autom. Control,* vol. AC-31, pp. 907–917.

VETTERLI, M., and J. KOVAČEVIĆ (1995). *Wavelets and Subband Coding,* Prentice-Hall, Englewood Cliffs, NJ.

VOLDER, J. E. (1959). "The CORDIC trigonometric computing technique," *IEEE Trans. Electron. Comput.,* vol. EC-8, pp. 330–334.

WAHLBERG, B. (1991). "System identification using Laguerre models," *IEEE Trans. Autom. Control,* vol. 36, pp. 551–562.

WALACH, E., and B. WIDROW (1984). "The least mean fourth (LMF) adaptive algorithm and its family," *IEEE Trans. Information Theory,* vol. IT-30, Special Issue on Linear Adaptive Filtering, pp. 275–283.

WAN, E. A., and R. VAN DER MERWE (2001). "The unscented Kalman filter," in S. Haykin, ed., *Kalman Filtering and Neural Networks,* Wiley, New York, Chapter 7.

WARD, C. R., ET AL. (1984). "Application of a systolic array to adaptive beamforming," *IEE Proc. (London),* pt. F, vol. 131, pp. 638–645.

WAX, M., and T. KAILATH (1985). "Detection of signals by information theoretic criteria," *IEEE Trans. Acoust. Speech Signal Process.,* vol. ASSP-33, pp. 387–392.

WAX, M., and I. ZISKIND (1989). "Detection of the number of coherent signals by the MDL principle," *IEEE Trans. Acoust. Speech Signal Process.,* vol. ASSP-37, pp. 1190–1196.

WEBB, A. R. (1994). "Functional approximation by feed-forward networks: A least-squares approach to generalisation," *IEEE Trans. Neural Networks,* vol. 6, pp. 363–371.

WEDIN, P. A. (1973). "On the almost rank deficient case of the least squares problem," *Nordisk Tidskr. Informationsbehandling (BIT),* vol. 13, pp. 344–354.

WEDIN, P. A. (1973). "Perturbation theory for pseudo-inverses," *Nordisk Tidskr. Informationsbehandling (BIT),* vol. 13, pp. 217–232.

WEI, P, J. R. ZEIDLER, and W. H. KU (1994). "Adaptive recovery of a Doppler-shifted mobile communications signal using the RLS algorithm," in *Conf. Rec. Asilomar Conference on Signals, Systems, and Computers,* Pacific Grove, CA, vol. 2, pp. 1180–1184.

WEIGEND, A. S., D. E. RUMELHART, and B. A. HUBERMAN (1991). "Generalization by weight elimination with application to forecasting," in *Advances in Neural Information Processing Systems 3,* Morgan Kaufman, San Mateo, CA, pp. 875–882.

WELLSTEAD, P. E., G. R. WAGNER, and J. R. CALDAS-PINTO (1987). "Two-dimensional adaptive prediction, smoothing and filtering," *IEE Proc. (London),* part F, vol. 134, pp. 253–268.

WERBOS, P. J. (1974). *Beyond regression: New tools for prediction and analysis in the behavioral sciences,* Ph.D. dissertation, Harvard University, Cambridge, MA.

WERBOS, P. J. (1993). *The Roots of Backpropagation: From Ordered Derivatives to Neural Networks and Political Forecasting,* Wiley-Interscience, New York.

WHEELWRIGHT, S. C., and S. MAKRIDAKIS (1973). "An examination of the use of adaptive filtering in forecasting," *Oper. Res Q.,* vol. 24, pp. 55–64.

WIDROW, B. (1966). *Adaptive Filters I: Fundamentals,* Rep. SEL-66-126 (TR 6764-6), Stanford Electronics Laboratories, Stanford, CA.

WIDROW, B., K. M. DUVALL, R. P. GOOCH, and W. C. NEWMAN (1982). "Signal cancellation phenomena in adaptive antennas: Causes and cures," *IEEE Trans. Antennas Propag.,* vol. AP-30, pp. 469–478.

WIDROW, B., and M. LEHR (1990). "30 years of adaptive neural networks: Perceptron, madaline, and backpropagation," *Proc IEEE,* vol. 78, Special Issue on Neural Networks I, September.

WIDROW, B., ET AL. (1987). "Fundamental relations between the LMS algorithm and the DFT," *IEEE Trans. Circuits Syst.,* vol. CAS-34, pp. 814–819.

WIENER, N. (1956). *The Theory of Prediction,* McGraw-Hill, New York.

WIENER, N. (1958). *Nonlinear Problems in Random Theory,* Wiley, New York.

WILKINSON, J. H. (1965). *The Algebraic Eigenvalue Problem,* Oxford University Press, Oxford, U.K.

WILLIAMS, J. R., and G. G. RICKER (1972). "Signal detectability performance of optimum Fourier receivers," *IEEE Trans. Audio Electroacoustics,* vol. AU-20, pp. 254–270.

WILLIAMS, R. J., and D. ZIPSER (1989). "A learning algorithm for continually running fully recurrent neural networks," *Neural Computation,* vol. 1, pp. 270–280.

WILLIAMS, R. J., and D. ZIPSER (1995). "Gradient-based learning algorithms for recurrent networks and their computational complexity." In Chauvin and D. E. Rumelhart, eds., *Backpropagation: Theory, Architecture, and Applications,* Lawrence Erlbaum, Hillsdale, NJ, pp. 433–486.

WILSKY, A. S. (1979). *Digital Signal Processing and Control and Estimation Theory: Points of Tangency, Areas of Intersection, and Parallel Directions,* MIT Press, Cambridge, MA.

YASSA, F. F. (1987). "Optimality in the choice of the convergence factor for gradient-based adaptive algorithms," *IEEE Trans. Acoust. Speech Signal Process.,* vol. ASSP-35, pp. 48–59.

YOGANANDAM, Y., V. U. REDDY, and T. KAILATH (1988). "Performance analysis of the adaptive line enhancer for sinusoidal signals in broad-band noise," *IEEE Trans. Acoust. Speech Signal Process.,* vol. ASSP-36, pp. 1749–1757.

Young, P C. (1984). *Recursive Estimation and Time-Series Analysis,* Springer-Verlag, New York.

Yuan, J.-T. (2000). "QR-decomposition–based least-squares lattice interpolators," *IEEE Trans. Signal Process.,* vol. 48, pp. 70–79.

Yuan, J.-T., and J. A. Stuller (1995). "Least-squares order-recursive lattice smoothers," *IEEE Trans. Signal Process.,* vol. 43, pp. 1058–1067.

Zhang, Q-T., and S. Haykin (1983). "Tracking characteristics of the Kalman filter in a nonstationary environment for adaptive filter applications," in *Proc. IEEE ICASSP,* Boston, pp. 671–674.

Zhang, Q-T., S. Haykin, and P. Yip (1989). "Performance limits of the innovations-based detection-algorithm," *IEEE Trans. Information Theory,* vol. IT-35, pp. 1213–1222.

Ziegler, R. A., and J. M. Cioffi (1989). "A comparison of least squares and gradient adaptive equalization for multipath fading in wideband digital mobile radio," in *GLOBECOM,* vol. 1, New York, pp.102–106.

Ziegler, R. A., and J. M. Cioffi (1992). "Adaptive equalization for digital wireless data transmission," in *Virginia Tech Second Symposium on Wireless Personal Communications Proceedings,* pp. 5/1–5/12.

中英文术语对照表

A

Adaptive autoregressive spectrum analysis 自适应自回归谱分析

Adaption cycle 自适应循环

Adaptive beam-forming 自适应波束成形

Adaptation in beam space 波束空间的自适应

Adaptation in data space 数据空间的自适应

Adaptive differential pulse-code modulation(ADPCM) 自适应差分脉码调制

Adaptive equalization 自适应均衡

Adaptive filtering algorithms 自适应滤波算法

Adaptive filtering applications 自适应滤波应用

    identification 辨识

    interference canceling 干扰消除

    inverse modeling 逆模型

    prediction 预测

Adaptive filters 自适应滤波器

Adaptive filters theory 自适应滤波器原理

Adaptive line enhancer 自适应谱线增强器

Adaptive noise canceling 自适应噪声消除

Adaptive speech enhancement 自适应语音增强

All-pass filters 全通滤波器

All-pole filters 全极点滤波器

All-zero filters 全零点滤波器

Analog-to-digital conversion 模-数转换

Angle-normalized backward prediction error 角度归一化反向预测误差

Angle-normalized forward prediction error 角度归一化正向预测误差

Angle-normalized joint-process estimation error 角度归一化联合过程估计误差

Akaik's information-theoretic criterion(AIC) Akaik 信息论准则

Array signal processing 阵列信号处理

Autocorrelation function 自相关函数

Autocorrelation method of data windowing 数据开窗自相关方法

Auto-covariance function 自协方差函数

Automatic tuning of adaptive constants 自适应常数自动调整

Autoregressive(AR) models 自回归(AR)模型

Autoregressive power spectrum 自回归功率谱

Autoregressive-movingaverage(ARMA) models 自回归滑动平均(ARMA)模型

Autostep method 自动步长法

B

Backward prediction 后向预测

Backward prediction error 后向预测误差

Backward reflection coefficients 后向反射系数

Bartlett window 巴特利特窗口

Base-band 基带

Bayes' risk 贝叶斯风险

Beam-forming 波束成形

Benveniste-Goursat-ruget theorem Benveniste-Goursat-ruget 定理

Best linear unbiased estimate(BLUE) 最佳无偏估计

Bezout identity Bezout 等式

Bi-spectrum 双谱

Blind de-convolution 盲反卷积

Blind equalization 盲均衡

Block adaptive filter 块自适应滤波器

Block estimation 分块估计

Block LMS algorithm 分块 LMS 算法

Bootstrap technique 自举技术

Brownian motion 布朗运动

Burg formula 伯格公式

Bussgang algorithm Bussgang 算法

C

Cauchy-Riemann equations 柯西-黎曼方程

Cauchy-Schwarz inequality　柯西-许瓦茨不等式

Cauchy's inequality　柯西不等式

Cauchy's integral formula　柯西积分公式

Cauchy's residue theorem　柯西余数定理

Chi-square distribution　卡方分布

Cholesky factorization　Cholesky 分解

Circular convolution　循环卷积

Circularly complex Gaussian process　循环复数高斯过程

Complex Wishart distribution　复数维萨特分布

Conditional mean estimator　条件平均估计器

Condition number　条件数

Constant modulus algorithm(CMA)　常数模算法

Constrained optimization　约束最优化

Conversion factor　收敛因子

Convolution noise　卷积噪声

CORDIC processor　CORDIC 处理器

Correlation coefficient　相关系数

Correlation matrix　相关矩阵

Covariance(Kalman)filter　协方差(卡尔曼)滤波器

Covariance method of windowing　开窗的协方差法(协方差窗口法)

Cramér-Rao inequality　Cramér-Rao 不等式

Cramér-Rao low bound　Cramér-Rao 下界

Cramér spectral representation for a stationary process　平稳过程的 Cramér 谱表示

Cross-correlation vactor　互相关向量

Cyclic autocorrelation function　循环自相关函数

Cyclic Jacobi algorithm　循环雅可比算法

Cycloergodic process　循环各态历经过程

Cyclostationarity　循环平稳性

D

Data terminal equipment　数据终端设备

Data windowing　数据开窗

DCT-LMS algorithm　DCT-LMS 算法

Decision-feedback equalizer　判决反馈均衡器

Decorrelation parameter(delay)　解相关参数(时延)

Decoupling property　解耦特性

Decreasingly excited subspace　递减受激子空间

Degree of non-stationarity　非平稳度

Delay-and-sum beamformer　时延和波束成形器

Diagonalization　对角化

Differential pulse-code modulation(DPCM)　差分脉码调制

Digital communication system　数字通信系统

Discrete signal processing theory　数字信号处理理论

Dynamical system model　动态系统模型

Direct-averaging method　直接平均法

Dirichlet kernel　Dirichlet 核

Discrete cosine transform(DCT)　离散余弦变换

Discrete Fourier transform(DFT)　离散傅里叶变换

Discrete signal processing　离散信号处理

Dither　抖动、脉动

E

Echocancellation　回音消除

Eigenanalysis　特征分析

Eigenfilter　特征滤波器

Eigenvalue　特征值

Eigenvalue spread　特征值扩散

Eigenvectors　特征向量

Einstein-Wiener-Khintchine relations　爱因斯坦-维纳-辛钦关系式

Ensemble-average autocorrelation function　集平均自相关函数

Ensemble-average forward prediction error power　集平均前向预测误差功率

Error energy　误差能量

Error-performance surface　误差性能曲面

Error-propagation model　误差传播模型

Estimation error　估计误差

Estimation(filtering) theory　估计(滤波)理论

Excess mean-square error　额外均方误差

Excited subspace　受激子空间

Exponential weighting factor　指数加权因子

F

Fast Fourier transform(FFT) algorithm　快速傅里叶变换(FFT)算法

Fault tolerance　容错

Filtered state estimate　滤波状态估计

Filtered state-error correlation matrix　滤波状态误差相关矩阵

Filtering matrix rank theorem　滤波矩阵秩定理

Finite-duration impulse response(FIR) filters　有限冲激响应(FIR)滤波器

Finite-precision effects　有限精度(字长)效应

Firstcoordinate vector　第一象限向量

Fisher's information matrix　Fisher 信息矩阵

Forgetting factor　遗忘因子

Forward and backward linear prediction（FBLP）algorithms　前向和后向线性预测(FBLP)算法

Forward prediction　前向预测

Forward prediction error　前向预测误差

Forward reflection coefficients　前向反射系数

Fractionally spaced equalizer（FSE）　分数间隔均衡器

Fractionally spaced blind identification　分数间隔盲辨识

Fredholm integral equation of the first kind　第一类 Fredholm 积分方程

Frequency-domain adaptive filters（FDAF）　频域自适应滤波器

Full column rank　满列秩

G

Gain vector　增益向量

Gaussian moment factoring theorem　高斯矩分解定理

Gaussian stochastic processes　高斯随机过程

Generalized sidelobe canceler　广义旁瓣消除器

Givens rotations　Givens 旋转(运算)

Godard algorithm　Godard 算法

Gohberg-Semencul formula　Gohberg-Semencul 公式

Golub-Kahan algorithm　Golub-Kahan 算法

Gradient adaptive lattice（GAL）algorithm　梯度自适应格型算法

Gradient-based adaptation　基于梯度的自适应

Gradient noise　梯度噪声

Gradient vector　梯度向量

Gram-Schmidt orthogonalization　Gram-Schmidt 正交化

H

H^∞ criterion（norm）　H^∞ 准则(范数)

Hadamard theorem　Hadamard 定理

Hermitian transposition（matrix）　埃尔米特转置(矩阵)

Higher-order statistics　高阶统计量

Householder bidiagonalization　Householder 双对角化

Householder transformation　Householder 变换

Hyperellipsoid equation　超椭圆方程

I

Ideal inverse filter　理想逆滤波器

Ill-conditioned matrix　病态条件矩阵

Independence assumption（theory）　独立假设(理论)

Incremental delta-bar-delta（IDBD）algorithm　IDBD 算法

Information（Kalman）filter　信息(卡尔曼)滤波器

Innovations process　新息过程(更新过程)

Instantaneous frequency measurement　瞬态频率测量

Interpolation matrix　内插矩阵

Inter-symbol interference（ISI）　码间干扰

Inverse correlation matrix　逆相关矩阵

Inverse filtering　逆滤波

Inverse QR-RLS algorithm　逆 QR-RLS 算法

Inversion integral for the z-transform　z 变换的反积分

Itakura-Saito distance measure　Itakura-Saito 距离测量

Iterative de-convolution　迭代反卷积

J

Jacobi algorithm　雅可比算法

Jacobi rotation　雅可比旋转

Joint-process estimation　联合过程估计

K

Kalman-Bucy filter　卡尔曼-布西滤波器

Kalman filter　卡尔曼滤波器

Kalman gain　卡尔曼增益

Karhunen-Loève expansion　Karhunen-Loève 展开式

Kernel adaptive filters　核自适应滤波器

Kernel-based nonlinear adaptive filtering　核非线性自适应滤波

Kernel Hilbert space　核希尔伯特空间

Kernel least-mean-square（KLMS）filtering algorithm　核最小均方滤波算法

k-mean clustering algorithm　k 平均聚类算法

Kullback-leibler divergence　Kullback-leibler 偏差

Kusher's direct-averaging method　Kusher 直接平均法

L

Lagrange multiplies　拉格朗日乘子

Langevin equation　朗之万方程

Lattice prediction　格型预测

Order-recursive adaptive filters 阶递归自适应滤波器

Otherwise excited subspace 其他受激子空间

Orthogonality of backward prediction errors 后向预测误差的正交性

Orthogonality principle 正交性原理

Over-determined system 超定系统

Overlap-add method 重叠相加方法

Over-save method 重叠存储方法

P

Parameter drift 参数偏差

Parseval's theorem 帕斯瓦尔定理

Partial correlation(PARCOR)coefficients 偏相关系数

Periodogram 周期图

Persistently excited subspace 持续受激子空间

Perturbation theory 摄动理论

Phase-shift keying(PSK) 相移键控

Plane rotation 平面旋转

Polyphase decomposition 多相分解

Poly-spectra 多谱

positive-definite matrix 正定矩阵

Post-windowing method 后开窗法

Power spectral density 功率谱密度

Power spectrum 功率谱

Power spectrum analyzer 功率谱分析仪

Predicted state-error correlation matrix 预测状态误差相关矩阵

Predicted state-error vector 预测状态误差向量

Prediction depth 预测深度

Predicted-error filter 预测误差滤波器

Prediction de-convolution 预测反卷积

Pre-windowing method 前开窗法

Principle of the argument 幅角原理

Principle of minimum disturbance 最小偏差(扰动)原理

Projection operator 投影算子

Pseudo-inverse 伪逆

Q

QR algorithm QR 算法

QR-decomposition-based least-squares lattice (QRD-LSL)algorithm QR 分解最小二乘算法

QR-RLS algorithm QR-RLS 算法

Quadrature amplitude modulation(QAM) 正交幅度调制

Quadrature phase-shift keying(QPSK) 正交相移键控

Quantization errors 量化误差

Quiescent weight vector 静态加权向量

R

Radial based functions(RBF)network 径向基函数网络

Random procedure 随机过程

Random walk behavior 随机游走特性

Recursive least-squares(RLS)algorithm 递归最小二乘(RLS)算法

Recursive least-squares lattice (LSL)algorithm 递归最小二乘格型(LSL)算法

Reflection coefficients 反射系数

Regression coefficients 回归系数

Regularization 正则化

Reproducing kernel Hilbert space 再生核希尔伯特空间

Residue 余数、留数

Riccati equation Riccati 方程

Rissanen's minimum description length(MDL) Rissanen 最小描述长度

Risk-sensitive optimality 风险敏感的最优性

Robustness 鲁棒性

Rouché's theorem 儒歇定理

S

Sample correlation matrix 抽样相关矩阵

Sampling theorem 抽样定理

Sato algorithm Sato 算法

Scale random variance 标量随机变量

Scanning vector 扫描向量

Schur-Cohn test 舒尔-科恩检验

Second-order statistics(SOS) 二阶统计量

Seismic de-convolution 地震(信号)反卷积

Self-orthogonalizing adaptive filters 自正交化自适应滤波器

Self-orthogonalizing block adaptive filters 自正交化块自适应滤波器

Serial weight flushing 串行权重淹没

Shannon's information theory 香农信息论

Signal detection 信号检测

Whitening property of forward prediction-error filters
  前向预测误差滤波器的白化特性

White (Gaussian) noise　高斯白噪声

Wide-sense stationary process　广义平稳过程

Wiener filters　维纳滤波器

Wiener-Hopf equations　维纳–霍夫方程

Wishart distribution　维萨特分布

Wold's de-composition theorem　沃尔德分解定理

Woodbury's identity　Woodbury 恒等式

Y

Yule-walker equations　尤拉–沃克方程

Z

Zero-forcing algorithm　迫零算法

Zero-memory nonlinearity　零记忆非线性

z-transform　z 变换

尊敬的老师：

您好！

为了确保您及时有效地申请培生整体教学资源，请您务必完整填写如下表格，加盖学院的公章后传真给我们，我们将会在 2-3 个工作日内为您处理。

请填写所需教辅的开课信息：

采用教材				□中文版 □英文版 □双语版	
作　者			出版社		
版　次			**ISBN**		
课程时间	始于　　年　月　日		学生人数		
	止于　　年　月　日		学生年级	□专科　　□研究生	□本科 **1/2** 年级　□本科 **3/4** 年级

请填写您的个人信息：

学　　校				
院系/专业				
姓　　名		职　　称		□助教 □讲师 □副教授 □教授
通信地址/邮编				
手　　机		电　　话		
传　　真				
official email(必填) (eg:XXX@ruc.edu.cn)		**email** (eg:XXX@163.com)		
是否愿意接受我们定期的新书讯息通知：		□是　　　□否		

系 / 院主任：＿＿＿＿＿＿＿＿（签字）

（系 / 院办公室章）

＿＿＿年＿＿＿月＿＿＿日

资源介绍：

—教材、常规教辅（PPT、教师手册、题库等）资源：请访问www.pearsonhighered.com/educator；　　（免费）

—MyLabs/Mastering 系列在线平台：适合老师和学生共同使用；访问需要 Access Code；　　（付费）

100013　北京市东城区北三环东路 36 号环球贸易中心 D 座 1208 室

电话：（8610）57355003　　传真：（8610）58257961

Please send this form to: